W0208497

C

in 21 Tagen

Peter Aitken
Bradley L. Jones

Deutsche Übersetzung:
Frank Langenau

C

in 21 Tagen

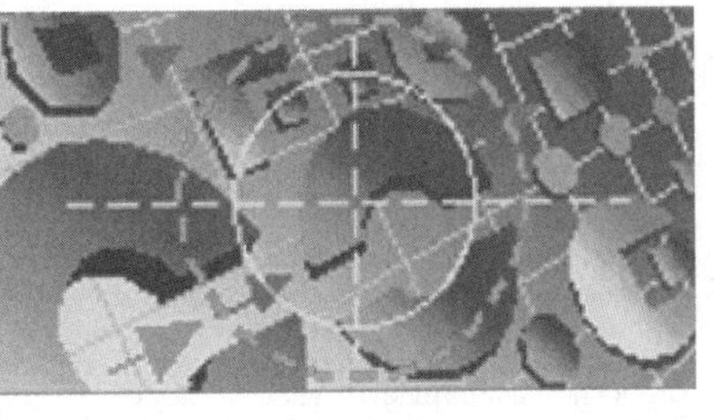

Markt+Technik Verlag

Die Deutsche Bibliothek – CIP-Einheitsaufnahme

Ein Titeldatensatz für diese Publikation ist
bei der Deutschen Bibliothek erhältlich.

Die Informationen in diesem Produkt werden ohne Rücksicht auf einen eventuellen Patentschutz veröffentlicht.
Warennamen werden ohne Gewährleistung der freien Verwendbarkeit benutzt.
Bei der Zusammenstellung von Texten und Abbildungen wurde mit größter Sorgfalt vorgegangen.
Trotzdem können Fehler nicht vollständig ausgeschlossen werden.
Verlag, Herausgeber und Autoren können für fehlerhafte Angaben und deren Folgen weder eine juristische Verantwortung noch irgendeine Haftung übernehmen.
Für Verbesserungsvorschläge und Hinweise auf Fehler sind Verlag und Herausgeber dankbar.

Autorisierte Übersetzung der amerikanischen Originalausgabe:
Teach Yourself C in 21 Days © 1999 by SAMS Publishing

Alle Rechte vorbehalten, auch die der fotomechanischen Wiedergabe und der Speicherung in elektronischen Medien.
Die gewerbliche Nutzung der in diesem Produkt gezeigten Modelle und Arbeiten ist nicht zulässig.

Fast alle Hardware- und Software-Bezeichnungen, die in diesem Buch erwähnt werden, sind gleichzeitig auch eingetragene Warenzeichen oder sollten als solche betrachtet werden.

Umwelthinweis:
Dieses Buch wurde auf chlorfrei gebleichtem Papier gedruckt.
Die Einschrumpffolie – zum Schutz vor Verschmutzung – ist aus umweltverträglichem und recyclingfähigem PE-Material.

10 9 8 7 6 5 4 3 2 1

04 03 02 01 00

ISBN 3-8272-5727-1

© 2000 by Markt+Technik Verlag,
ein Imprint der Pearson Education Deutschland GmbH.
Martin-Kollar-Straße 10–12, D–81829 München/Germany
Alle Rechte vorbehalten
Übersetzung: Frank Langenau
Lektorat: Erik Franz, efranz@pearson.de
Herstellung: Claudia Bäurle, cbaeurle@pearson.de
Satz: reemers publishing services gmbh, Krefeld
Einbandgestaltung: Grafikdesign Heinz H. Rauner, München
Druck und Verarbeitung: Bercker, Kevelaer
Printed in Germany

Inhaltsverzeichnis

Einführung

Einführung

Wie der Titel schon andeutet, zielt dieses Buch darauf ab, Ihnen die Programmiersprache C in 21 Tagen zu vermitteln. Trotz starker Konkurrenz durch neuere Sprachen wie C++ und Java bleibt C auch weiterhin die erste Wahl für alle, die gerade in die Programmierung einsteigen. Tag 1 nennt die Gründe, warum Sie in Ihrer Entscheidung für C als Programmiersprache gar nicht fehlgehen können.

Der logische Aufbau des Buches erleichtert Ihnen das Studium von C. Für das hier gewählte Konzept spricht nicht zuletzt, dass die amerikanische Ausgabe bereits in vier Auflagen die Bestsellerlisten angeführt hat. Die Themen des Buches sind so angelegt, dass Sie sich jeden Tag eine neue Lektion erarbeiten können. Das Buch setzt keine Programmiererfahrungen voraus; wenn Sie jedoch Kenntnisse in einer anderen Sprache wie etwa BASIC haben, können Sie sich den Stoff sicherlich schneller erschließen. Weiterhin treffen wir keine Annahmen über Ihren Computer und Ihren Compiler; das Buch konzentriert sich auf die Vermittlung der Sprache C – unabhängig davon, ob Sie mit einem PC, einem Macintosh oder einem UNIX-System arbeiten.

Im Anschluss an den 21-Tage-Teil finden Sie sieben zusätzliche »Bonuskapitel«, die einen Überblick über die objektorientierte Programmierung und eine Einführung in die beiden populärsten objektorientierten Sprachen – C++ und Java – bringen. Diese Kapitel können die objektorientierten Aspekte zwar nicht erschöpfend behandeln, bieten Ihnen aber einen guten Ausgangspunkt für weitere Studien.

Besonderheiten dieses Buches

Dieses Buch enthält einige Besonderheiten, die Ihnen den Weg des C-Studiums ebnen sollen. Syntaxabschnitte zeigen Ihnen, wie Sie bestimmte C-Konzepte umsetzen. Jeder Syntaxabschnitt enthält konkrete Beispiele und eine vollständige Erläuterung des C-Befehls oder -Konzepts. Das folgende Beispiel zeigt einen derartigen Syntaxabschnitt. (Um die Bedeutung des angegebenen Codes brauchen Sie sich noch keine Gedanken zu machen, schließlich haben wir noch nicht einmal Tag 1 erreicht.)

Syntax

```
#include <stdio.h>
printf (Formatstring[,Argumente], ...]);
```

Die Funktion `printf` übernimmt eine Reihe von *Argumenten*. Die einzelnen Argumente beziehen sich der Reihe nach auf Formatspezifizierer, die im *Formatstring* enthalten sind. Die Funktion gibt die formatierten Informationen auf dem Standardausgabegerät, normalerweise dem Bildschirm, aus. Wenn Sie `printf` in einem Programm aufrufen, müssen Sie die Header-Datei `stdio.h` einbinden, die für die Standard-Ein-/ Ausgabe verantwortlich ist.

Der `Formatstring` ist obligatorisch, die `Argumente` hingegen sind optional. Zu jedem Argument muss es einen Formatspezifizierer geben. Der Formatstring kann auch Escapesequenzen enthalten. Die folgenden Beispiele zeigen Aufrufe von `printf()` und die resultierenden Ausgaben:

Beispiel 1

```
#include <stdio.h>
int main(void)
{
    printf ("Dies ist ein Beispiel für eine Ausgabe!\n");
    return 0;
}
```

Ausgabe von Beispiel 1

```
Dies ist ein Beispiel für eine Ausgabe!
```

Beispiel 2

```
#include <stdio.h>
int main(void)
{
    printf ("Dieser Befehl gibt ein Zeichen, %c\neine Zahl,
           %d\nund eine Fließkommazahl, %f\naus ", 'z', 123, 456.789);
    return 0;
}
```

Ausgabe von Beispiel 2

```
Dieser Befehl gibt ein Zeichen, z
eine Zahl, 123
und eine Fließkommazahl, 456.789
aus
```

Weiterhin finden Sie in diesem Buch Abschnitte, die Ihnen kurz und knapp sagen, worauf Sie achten sollten:

Was Sie tun sollten	Was nicht
Lesen Sie den Rest dieses Kapitels. Dort finden Sie Erläuterqungen zum Workshop-Abschnitt, der den Abschluss eines Tages bildet.	Überspringen Sie keine Kontrollfragen oder Übungen. Haben Sie den Workshop des Tages beendet, sind Sie gut gerüstet, um mit dem Lernstoff fortzufahren.

Außerdem begegnen Ihnen noch Felder mit Tipps, Hinweisen und Warnungen. Die Tipps bieten Ihnen wertvolle Informationen zu abkürzenden Verfahren und Techniken bei der Arbeit mit C. Hinweise enthalten spezielle Details, die die Erläuterungen der C-Konzepte noch verständlicher machen. Die Warnungen sollen Ihnen helfen, potenzielle Probleme zu vermeiden.

Zahlreiche Beispielprogramme veranschaulichen die Eigenheiten und Konzepte von C, damit sie diese auf eigene Programme übertragen können. Die Diskussion eines jeden Programms gliedert sich in drei Teile: das Programm selbst, die erforderliche Eingabe und die resultierende Ausgabe sowie eine zeilenweise Analyse des Programms.

Die Zeilennummern und Doppelpunkte in den Beispiellistings dienen lediglich Verweiszwecken. Wenn Sie den Quellcode abtippen, dürfen Sie die Zeilennummern und Doppelpunkte nicht mit übernehmen.

Jeder Tag schließt mit einem Abschnitt, der Antworten auf häufig gestellte Fragen zum aktuellen Thema gibt. Darauf folgt ein Workshop mit Kontrollfragen und Übungen. Anhand dieser Kontrollfragen können Sie feststellen, ob Sie die im Kapitel vermittelten Konzepte verstanden haben. Wenn Sie Ihre Antworten überprüfen wollen oder einfach nur nicht weiterwissen, können Sie die Antworten im Anhang F einsehen.

C lernt man jedoch nicht, indem man lediglich ein Buch liest. Als angehender Programmierer müssen Sie auch selbst Programme schreiben. Deshalb finden Sie nach den Kontrollfragen einen Übungsteil. Auf jeden Fall sollten Sie zumindest versuchen, die Übungen durchzuarbeiten. C-Code zu schreiben ist der beste Weg, C zu lernen.

Die mit dem Hinweis FEHLERSUCHE eingeleiteten Übungsabschnitte stellen ebenfalls eine gute Vorbereitung auf den Programmieralltag dar. In diesen Listings sind Fehler (im Englischen auch *Bugs* genannt) eingebaut. Ihre Aufgabe ist es, diese Fehler zu entdecken und zu beheben. Gegebenenfalls können Sie die Antworten im Anhang F nachschlagen.

Der Umfang der Antworten zu den Kontrollfragen und Übungen nimmt zum Ende des Buches hin ständig zu, so dass im Antwortteil nicht immer alle möglichen Lösungen angegeben sind.

Wie das Buch noch besser wird

Autor und Verlag haben alles daran gesetzt, um Ihnen korrekte Informationen und Codebeispiele zu präsentieren. Dennoch kann es sein, dass sich Fehler eingeschlichen haben. Falls Ihnen Fehler auffallen, wenn Sie Kritik oder Anregungen haben, wenden Sie sich bitte an den Verlag. Die E-Mail-Adresse lautet:

`support@pearson.de`

Hinweis

Der Quellcode zu diesem Buch wurde für die folgenden Plattformen kompiliert und getestet: DOS, Windows, System 7.x (Macintosh), UNIX, Linux und OS/2.

Besonders zu erwähnen sind die sechs Abschnitte mit dem Titel *Type & Run*. Hier finden Sie praktische und unterhaltsame C-Programme, die bestimmte Programmierverfahren veranschaulichen. Den Code dieser Listings können Sie ohne Änderungen ausführen. Es empfiehlt sich aber auch, dass Sie mit diesem Code experimentieren, um Erfahrungen mit den Elementen der Sprache C zu sammeln.

Konventionen

Wie in vielen Computerbüchern üblich, sind die Schlüsselwörter der Sprache, die Namen von Funktionen und Variablen sowie der Code für Anweisungen an den Computer in `Schreibmaschinenschrift` gesetzt. Die Eingaben durch den Benutzer sind in den Programmbeispielen **in Fettschrift** markiert. Neue Begriffe sind *kursiv* gedruckt.

Type&Run

Im Anhang D finden Sie eine Reihe von Type & Run-Abschnitten mit Listings, die umfangreicher als in den einzelnen Lektionen sind. Es handelt sich um vollständige Programme, die Sie eintippen (Type) und ausführen (Run) können. Hier kommen auch Elemente vor, die im Buch noch nicht erklärt wurden.

Die Programme dienen einerseits der Unterhaltung, haben andererseits aber auch einen praktischen Hintergrund. Nach dem Eingeben und Ausführen dieser Programme sollten Sie sich etwas Zeit nehmen, um mit dem Code zu experimentieren. Ändern Sie den Code, kompilieren Sie ihn neu und führen Sie dann das Programm erneut aus. Warten Sie ab, was passiert. Zur Arbeitsweise des Codes gibt es keine Erläuterungen, nur zu seiner Wirkung. Wenn Sie das Buch weiter durcharbeiten, erschließt sich Ihnen auch die Bedeutung von Elementen, die Ihnen fürs Erste noch unbekannt sind. Bis dahin haben Sie zumindest Gelegenheit, Programme auszuprobieren, die etwas mehr an Unterhaltung und Praxis bieten als die kleinen Beispiele in den Lektionen.

Erste Schritte mit C

Woche 1

Willkommen zu *C in 21 Tagen*! Mit dieser ersten Lektion steigen Sie ein in die Welt der professionellen C-Programmierer. Heute erfahren Sie

- warum C die beste Wahl unter den Programmiersprachen darstellt,
- welche Schritte der Entwicklungszyklus eines Programms umfasst,
- wie Sie Ihr erstes C-Programm schreiben, kompilieren und ausführen,
- wie Sie mit Fehlermeldungen des Compilers und Linkers umgehen.

Abriss zur Geschichte der Sprache C

Dennis Ritchie hat die Programmiersprache C im Jahre 1972 in den Bell Telephone Laboratories entwickelt und dabei das Ziel verfolgt, mit dieser Sprache das – heute weitverbreitete – Betriebssystem UNIX zu entwerfen. Von Anfang an sollte C das Leben der Programmierer erleichtern – d.h. eine höhere Programmiersprache sein und gleichzeitig die Vorteile der bisher üblichen Assemblerprogrammierung bieten.

C ist eine leistungsfähige und flexible Sprache. Diese Eigenschaften haben sie schnell über die Grenzen der Bell Labs hinaus bekannt gemacht und Programmierer in allen Teilen der Welt begannen damit, alle möglichen Programme in dieser Sprache zu schreiben. Bald aber entwickelten verschiedene Unternehmen eigene Versionen von C, so dass feine Unterschiede zwischen den Implementierungen den Programmierern Kopfschmerzen bereiteten. Als Reaktion auf dieses Problem bildete das American National Standards Institute (ANSI) im Jahre 1983 ein Komitee, um eine einheitliche Definition von C zu schaffen. Herausgekommen ist dabei das so genannte ANSI Standard-C. Mit wenigen Ausnahmen beherrscht heute jeder moderne C-Compiler diesen Standard.

Die Sprache hat den Namen C erhalten, weil ihr Vorgänger, eine von Ken Thompson an den Bell Labs entwickelte Sprache, die Bezeichnung B trägt. Vielleicht können Sie erraten, warum diese B heißt.

Warum C?

In der heutigen Welt der Computerprogrammierung kann man unter vielen Hochsprachen wie zum Beispiel C, Perl, BASIC und Java wählen. Zweifellos sind das alles Sprachen, die sich für die meisten Programmieraufgaben eignen. Dennoch gibt es Gründe, warum bei vielen Computerprofis die Sprache C den ersten Rang einnimmt:

- C ist eine leistungsfähige und flexible Sprache. Was sich mit C erreichen lässt, ist nur durch die eigene Phantasie begrenzt. Die Sprache selbst legt Ihnen keine Beschränkungen auf. Mit C realisiert man Projekte, die von Betriebssystemen über Textverarbeitungen, Grafikprogramme, Tabellenkalkulationen bis hin zu Compilern für andere Sprachen reichen.
- C ist eine weithin bekannte Sprache, mit der professionelle Programmierer bevorzugt arbeiten. Das hat zur Folge, dass eine breite Palette von C-Compilern und hilfreichen Ergänzungsprogrammen zur Verfügung steht.
- C ist *portabel*. Das bedeutet, dass sich ein C-Programm, das für ein bestimmtes Computersystem (zum Beispiel einen IBM PC) geschrieben wurde, auch auf einem anderen System (vielleicht eine DEC VAX) ohne bzw. nur mit geringfügigen Änderungen kompilieren und ausführen lässt. Darüber hinaus kann man ein Programm für das Betriebssystem Microsoft Windows ebenso einfach auf einen unter Linux laufenden Computer übertragen. Der ANSI-Standard für C – das Regelwerk für C-Compiler – forciert diese Portabilität.
- C kommt mit wenigen Wörtern – den so genannten *Schlüsselwörtern* – aus. Auf diesem Fundament baut die Funktionalität der Sprache auf. Man könnte meinen, dass eine Sprache mit mehr Schlüsselwörtern (manchmal auch als *reservierte Wörter* bezeichnet) leistungsfähiger wäre. Dass diese Annahme nicht zutrifft, werden Sie feststellen, wenn Sie mit C programmieren und nahezu jede Aufgabe damit umsetzen können.
- C ist modular. Den C-Code schreibt man normalerweise in Routinen – den so genannten *Funktionen*. Diese Funktionen lassen sich in anderen Anwendungen oder Programmen wieder verwenden. Den Funktionen kann man Daten übergeben und somit Code schreiben, der sich wieder verwenden lässt.

Wie diese Merkmale verdeutlichen, ist C eine ausgezeichnete Wahl für Ihre erste Programmiersprache. Wie steht es jedoch mit C++?. Vielleicht haben Sie von C++ und der so genannten *objektorientierten Programmierung* gehört und wollen wissen, worin die Unterschiede zwischen C und C++ liegen und ob Sie nicht besser gleich C++ anstelle von C lernen sollten.

Kein Grund zur Beunruhigung! C++ ist eine Obermenge von C, d.h. C++ enthält alles, was auch zu C gehört, und bringt darüber hinaus Erweiterungen für die objektorientierte Programmierung mit. Wenn Sie sich C++ zuwenden, können Sie fast Ihr gesamtes Wissen über C einbringen. Mit C lernen Sie nicht nur eine der heutzutage leistungsfähigsten und bekanntesten Programmiersprachen, sondern bereiten sich auch auf die objektorientierte Programmierung vor.

Noch eine andere Sprache hat eine Menge Aufmerksamkeit auf sich gezogen: Java. Genau wie C++ basiert Java auf C. Wenn Sie sich später mit Java beschäftigen wollen, können Sie ebenfalls einen großen Teil dessen, was Sie über C gelernt haben, in Java anwenden.

Hinweis

Viele, die C lernen, wenden sich später C++ oder Java zu. Als Bonus enthält dieses Buch sieben zusätzliche Lektionen, die Ihnen einen ersten Überblick über C++ und Java verschaffen. Diese Lektionen gehen davon aus, dass Sie zuerst C gelernt haben.

Vorbereitungen

Um ein Problem zu lösen, halten Sie bestimmte Schritte ein. Als Erstes ist das Problem zu definieren. Denn wenn Sie das Problem an sich nicht kennen, können Sie auch keine Lösung finden. Sind Sie sich über die Aufgabe im Klaren, können Sie einen Plan zur Lösung entwerfen. Diesen Plan setzen Sie dann um. Anschließend testen Sie die Ergebnisse, um festzustellen, ob das Problem gelöst ist. Die gleiche Logik ist auf viele andere Bereiche einschließlich der Programmierung anwendbar.

Wenn Sie ein Programm in C (oder überhaupt ein Computerprogramm in einer beliebigen Sprache) erstellen, sollten Sie eine ähnliche Schrittfolge einhalten:

1. Sie bestimmen das Ziel des Programms.
2. Sie bestimmen die Methoden, die Sie im Programm einsetzen wollen.
3. Sie erstellen das Programm, um das Problem zu lösen.
4. Sie führen das Programm aus, um die Ergebnisse anzuzeigen.

Das Ziel (siehe Schritt 1) könnte zum Beispiel eine Textverarbeitung oder eine Datenbankanwendung sein. Eine wesentlich einfachere Zielsetzung besteht darin, Ihren Namen auf den Bildschirm zu schreiben. Wenn Sie kein Ziel hätten, würden Sie auch kein Programm schreiben, der erste Schritt ist also bereits getan.

Im zweiten Schritt bestimmten Sie die Methode, nach der Sie programmieren wollen. Brauchen Sie überhaupt ein Computerprogramm, um das Problem zu lösen? Welche Informationen sind zu berücksichtigen? Welche Formeln brauchen Sie? In diesem Schritt müssen Sie herausfinden, welche Kenntnisse erforderlich sind und in welcher Reihenfolge die Lösung zu implementieren ist.

Nehmen wir zum Beispiel an, Sie sollen ein Programm schreiben, das eine Kreisfläche berechnet. Schritt 1 ist bereits erledigt, da Sie das Ziel kennen: Die Fläche eines Kreises berechnen. Im Schritt 2 ermitteln Sie, welche Kenntnisse für eine Flächenberechnung nötig sind. In diesem Beispiel gehen wir davon aus, dass der Benutzer des Programms den Radius des Kreises vorgibt. Das Ergebnis können Sie demnach mit der Formel `Pi * r2` berechnen. Jetzt haben Sie alle Teile beisammen, um mit den Schritten 3 und 4 fortzufahren, die den Entwicklungszyklus eines Programms betreffen.

Der Entwicklungszyklus eines Programms

Der Entwicklungszyklus eines Programms gliedert sich in weitere Schritte. Im ersten Schritt erstellen Sie mit dem Editor eine Datei, die den Quellcode des Programms enthält. Dann kompilieren Sie den Quellcode zu einer Objektdatei. Als dritten Schritt linken Sie den kompilierten Code zu einer ausführbaren Datei. Schließlich starten Sie das Programm und prüfen, ob es wie geplant arbeitet.

Den Quellcode erstellen

Der *Quellcode* besteht aus einer Reihe von Anweisungen oder Befehlen, mit denen man dem Computer mitteilt, welche Aufgaben auszuführen sind. Wie oben erwähnt, besteht der erste Schritt im Entwicklungszyklus eines Programms darin, den Quellcode mit einem Editor zu erfassen. Die folgende Zeile zeigt ein Beispiel für C-Quellcode:

```
printf("Hello, Mom!");
```

Diese Anweisung bringt den Computer dazu, die Meldung `Hello, Mom!` auf dem Bildschirm auszugeben. (Die Arbeitsweise einer derartigen Anweisung lernen Sie noch kennen.)

Der Editor

Die meisten Compiler verfügen über einen integrierten Editor, mit dem Sie den Quellcode eingeben können. Einfache Compiler bringen oftmals keinen eigenen Editor mit. Sehen Sie in der Dokumentation Ihres Compilers nach, ob ein Editor zum Lieferumfang gehört. Wenn das nicht der Fall ist, stehen noch genügend alternative Editoren zur Auswahl.

Ein Editor gehört zu fast allen Computersystemen. Wenn Sie mit Linux oder UNIX arbeiten, können Sie mit Editoren wie *ed*, *ex*, *edit*, *emacs* oder *vi* arbeiten. Unter Microsoft Windows sind die Programme *Editor* (die ausführbare Datei heißt `Notepad.exe` – unter diesem Namen erscheint der Editor auch in verschiedenen Dialogfeldern) und *WordPad* verfügbar. In MS-DOS ab der Version 5.0 gibt es das Programm *Edit*. In älteren DOS-Versionen können Sie auf das Programm *Edlin* zurückgreifen. Unter PC-DOS ab der Version 6.0 verwenden Sie *E*. Wenn Sie mit OS/2 arbeiten, stehen Ihnen die Editoren *E* und *EPM* zur Verfügung.

Textverarbeitungen verwenden oftmals spezielle Codes, um Dokumente zu formatieren. Andere Programme können mit diesen Codes in der Regel nichts anfangen und interpretieren sie nicht richtig. Der *American Standard Code for Information Interchange* (ASCII) definiert ein Standardtextformat, das nahezu alle Programme, einschließlich C, verstehen. Viele Textverarbeitungen – wie zum Beispiel WordPerfect,

Microsoft Word, WordPad und WordStar – können Quelldateien im ASCII-Format (d.h. als reine Textdatei statt als formatierte Dokumentdatei) speichern. Wenn Sie die Datei einer Textverarbeitung als ASCII-Datei speichern möchten, wählen Sie als Dateityp die Option *ASCII* oder *Text*.

Falls Ihnen keiner dieser Editoren zusagt, können Sie auch auf andere kommerzielle Produkte oder Shareware-Programme ausweichen, die speziell darauf ausgelegt sind, Quellcode einzugeben und zu bearbeiten.

Hinweis

Nach alternativen Editoren können Sie sich beispielsweise in Ihrem Computerladen, im Internet oder im Anzeigenteil von Computerzeitschriften umsehen.

Wenn Sie eine Quelldatei speichern, müssen Sie ihr einen Namen geben. Der Name sollte die Funktion des Programms deutlich machen. Da Sie es hier mit C-Programmen zu tun haben, geben Sie der Datei die Erweiterung `.c`. Sie können die Quelldatei zwar mit beliebigen Namen und Dateierweiterungen speichern, allerdings sind die Compiler darauf ausgelegt, die Erweiterung `.c` als Standarderweiterung für Quellcode zu erkennen.

Den Quellcode kompilieren

Neuer Begriff

Selbst wenn Sie in der Lage sind, den C-Quellcode zu verstehen (zumindest, nachdem Sie dieses Buch gelesen haben), Ihr Computer kann es nicht. Ein Computer erfordert digitale oder binäre Anweisungen in der so genannten *Maschinensprache*. Bevor Sie also Ihr C-Programm auf einem Computer ausführen können, müssen Sie es vom Quellcode in die Maschinensprache übersetzen. Diese Übersetzung – den zweiten Schritt in der Programmentwicklung – erledigt der *Compiler*. Er übernimmt Ihre Quelldatei als Eingabe und produziert eine Datei mit Anweisungen in Maschinensprache, die Ihren Anweisungen im Quellcode entsprechen. Die vom Compiler erzeugten Maschinenbefehle bezeichnet man als *Objektcode* und die Datei, die diese Befehle enthält, als *Objektdatei*.

Hinweis

Dieses Buch behandelt C nach dem ANSI-Standard. Das heißt, es spielt keine Rolle, mit welchem C-Compiler Sie arbeiten, solange er sich an den ANSI-Standard hält.

Jeder Compiler erfordert einen bestimmten Befehl, um den Objektcode zu erstellen. In der Regel ist das der Startbefehl für den Compiler gefolgt vom Dateinamen des Quellcodes. Die folgenden Beispiele zeigen Befehle für das Kompilieren einer Quelldatei `radius.c` mit verschiedenen Compilern unter DOS und Windows:

Compiler	Befehl
Microsoft C	`cl radius.c`
Turbo C von Borland	`tcc radius.c`
Borland C	`bcc radius.c`
Zortec C	`ztc radius.c`

Tabelle 1.1: Befehle zum Kompilieren einer Quelldatei bei verschiedenen Compilern

Auf einem UNIX-Computer kompilieren Sie die Datei `radius.c` mit dem folgenden Befehl:

```
cc radius.c
```

Wenn Sie mit dem GCC-Compiler unter Linux arbeiten, geben Sie Folgendes ein:

```
gcc radius.c
```

Den konkreten Befehl entnehmen Sie bitte der Dokumentation zu Ihrem Compiler.

In einer grafischen Entwicklungsumgebung ist das Kompilieren noch einfacher. Hier kompilieren Sie den Quelltext eines Programms, indem Sie auf ein entsprechendes Symbol klicken oder einen Befehl aus einem Menü wählen. Nachdem der Code kompiliert ist, wählen Sie das Symbol oder den jeweiligen Menübefehl zum Ausführen des Programms.

Nach dem Kompilieren haben Sie zunächst eine Objektdatei. Wenn Sie die Liste der Dateien in dem Verzeichnis ansehen, in das Sie die Quelldatei kompiliert haben, finden Sie eine Datei mit dem gleichen Namen wie die Quelldatei, allerdings mit der Erweiterung `.obj` (statt `.c`). Die Erweiterung `.obj` kennzeichnet eine Objektdatei, auf die der Linker zugreift. Auf Linux- oder UNIX-Systemen erzeugt der Compiler Objektdateien mit der Erweiterung `.o` anstelle von `.obj`.

Zu einer ausführbaren Datei linken

Neuer Begriff

Bevor Sie ein Programm ausführen können, ist noch ein weiterer Schritt erforderlich. Zur Sprache C gehört eine Funktionsbibliothek, die *Objektcode* (d.h. bereits kompilierten Code) für vordefinierte Funktionen enthält. Eine *vordefinierte Funktion* enthält fertigen C-Code, der zum Lieferumfang des Compilers gehört.

Neuer Begriff

Die im obigen Beispiel verwendete Funktion `printf` ist eine *Bibliotheksfunktion*. Derartige Bibliotheksfunktionen realisieren häufig auszuführende Aufgaben, wie zum Beispiel die Anzeige von Informationen auf dem Bildschirm oder das Lesen von Daten aus Dateien. Wenn Ihr Programm diese Funktionen einsetzt (und es gibt kaum ein Programm, das nicht mindestens eine Funktion verwendet), muss die beim Kompilieren Ihres Quellcodes entstandene Objektdatei mit dem Objektcode der Funktionsbibliothek verknüpft werden, um das endgültige ausführbare Programm zu erzeugen. (*Ausführbar* heißt, das sich das Programm auf dem Computer starten oder ausführen lässt.) Dieses Verknüpfen von Objektdateien bezeichnet man als *Linken*, und das Programm, das diese Aufgabe wahrnimmt, als *Linker*.

Abbildung 1.1 zeigt die Schritte vom Quellcode über den Objektcode zum ausführbaren Programm.

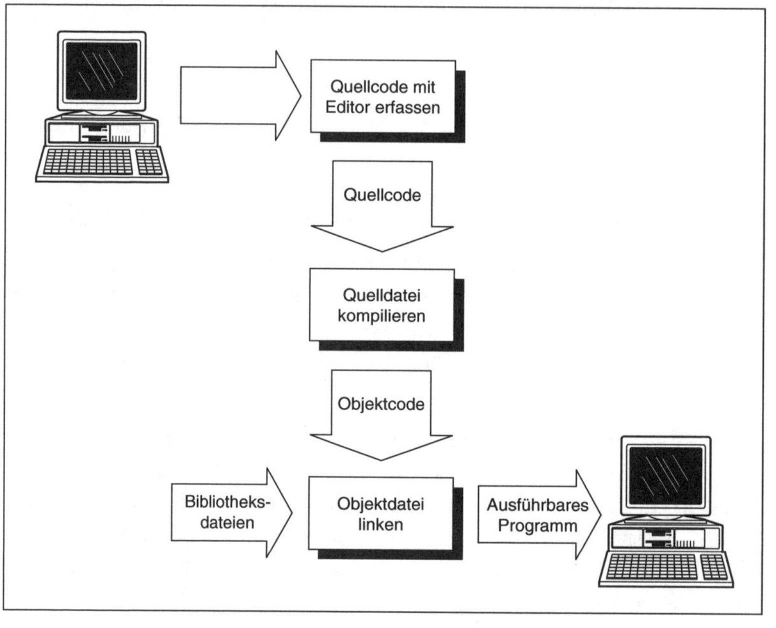

Abbildung 1.1: Den von Ihnen verfassten C-Quellcode konvertiert der Compiler in den Objektcode und der Linker produziert daraus die ausführbare Datei

Den Entwicklungszyklus abschließen

Nachdem Sie Ihr Programm kompiliert und zu einer ausführbaren Datei gelinkt haben, können Sie es ausführen, indem Sie den Namen des Programms an der Eingabeaufforderung eingeben oder wie jedes andere Programm starten. Wenn das laufende Programm andere Ergebnisse bringt, als Sie es sich bei der Entwicklung vorgestellt haben, müssen Sie zum ersten Schritt im Entwicklungszyklus zurückkehren. Jetzt geht es darum, dass Sie das Problem ermitteln und den Quellcode entsprechend korrigieren. Nachdem Sie die Änderungen am Quellcode vorgenommen haben, ist das Programm erneut zu kompilieren und zu linken, um eine korrigierte Version der ausführbaren Datei zu erhalten. Dieser Kreislauf wiederholt sich so lange, bis das Programm genau das tut, was Sie beabsichtigt haben.

Ein abschließender Hinweis zum Kompilieren und Linken: Obwohl es sich eigentlich um zwei Schritte handelt, legen viele Compiler – beispielsweise die weiter vorn erwähnten DOS-Compiler – beide Schritte zusammen und führen sie in einem Zuge aus. In den meisten grafischen Entwicklungsumgebungen haben Sie die Möglichkeit, die Schritte Kompilieren und Linken entweder als Einheit oder separat auszuführen. Unabhängig von der gewählten Methode handelt es sich um zwei separate Aktionen.

Der C-Entwicklungszyklus

Syntax

Schritt 1: Erfassen Sie Ihren Quellcode mit einem Editor. Traditionell erhalten C-Quelldateien die Erweiterung `.c` (beispielsweise `myprog.c` oder `database.c`).

Schritt 2: Kompilieren Sie das Programm mit einem Compiler. Wenn der Compiler keine Fehler im Programm bemängelt, liefert er eine Objektdatei mit der Erweiterung `.obj` und dem gleichen Namen wie die Quelldatei (zum Beispiel wird `myprog.c` zu `myprog.obj` kompiliert). Enthält das Quellprogramm Fehler, meldet sie der Compiler. In diesem Fall müssen Sie zurück zu Schritt 1 gehen, um den Quellcode zu korrigieren.

Schritt 3: Linken Sie das Programm mit einem Linker. Wenn keine Fehler auftreten, produziert der Linker ein ausführbares Programm als Datei mit der Erweiterung `.exe` und dem gleichen Namen wie die Objektdatei (zum Beispiel wird `myprog.obj` zu `myprog.exe` gelinkt).

Schritt 4: Führen Sie das Programm aus. Testen Sie, ob es wie erwartet funktioniert. Falls nicht, gehen Sie zurück zu Schritt 1 und nehmen Änderungen am Quellcode vor.

Abbildung 1.2 zeigt die Schritte im Entwicklungszyklus eines Programms. Außer bei den aller einfachsten Programmen durchlaufen Sie diese Sequenz sicherlich mehrfach, bis das Programm fertig gestellt ist. Selbst die erfahrensten Programmierer schreiben fehlerfreie Programme nicht in einem Zug. Da Sie den Zyklus Bearbeiten-Kompilieren-Linken-Testen mehrfach durchlaufen, sollten Sie auf jeden Fall mit Ihren Entwicklungswerkzeugen – Editor, Compiler und Linker – vertraut sein.

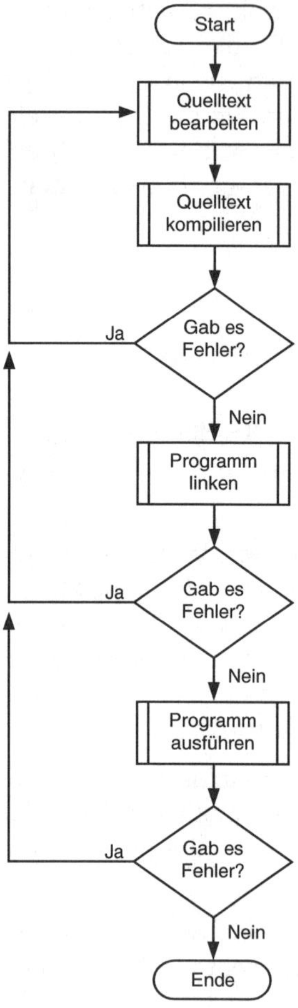

Abbildung 1.2:
Die Schritte im Entwicklungszyklus eines C-Programms

Ihr erstes C-Programm

Wahrscheinlich brennen Sie schon darauf, Ihr erstes C-Programm auszuprobieren. Damit Sie sich mit Ihrem Compiler besser vertraut machen können, zeigt Listing 1.1 ein kurzes Programm zur Übung. Auch wenn Sie jetzt noch nicht alle Elemente verstehen, erhalten Sie eine Vorstellung davon, wie Sie ein echtes C-Programm schreiben, kompilieren und ausführen.

Diese Demonstration basiert auf dem Programm `hello.c`, das nichts weiter als die Wörter `Hello, World!` auf dem Bildschirm ausgibt. Es handelt sich um ein traditionelles Beispiel, das in keiner Einführung zur Sprache C fehlt und sich gut für Ihre ersten

Schritte eignet. Listing 1.1 zeigt den Quellcode für `hello.c`. Wenn Sie das Listing in Ihren Editor eingeben, lassen Sie die mit Doppelpunkt versehene Nummerierung der Zeilen weg. Diese soll nur der besseren Orientierung bei Erläuterungen dienen und gehört nicht zum eigentlichen Quelltext.

Listing 1.1: Der Quelltext des Programms Hello.c

```
#include <stdio.h>

int main()
{
    printf("Hello, World!\n");
    return 0;
}
```

Vergewissern Sie sich, dass Sie Ihren Compiler entsprechend den Installationsanweisungen installiert haben. Ob Sie nun mit Linux, UNIX, DOS, Windows oder einem anderen Betriebssystem arbeiten – auf jeden Fall sollten Sie mit Ihrem Compiler und Editor umgehen können. Nachdem Compiler und Editor einsatzbereit sind, führen Sie die folgenden Schritte aus, um `hello.c` einzugeben, zu kompilieren und auszuführen.

Hello.c eingeben und kompilieren

Führen Sie die folgenden Schritte aus, um das Programm `hello.c` einzugeben und zu kompilieren:

1. Wechseln Sie in das Verzeichnis, in dem Sie das C-Programm speichern möchten, und starten Sie den Editor. Wie bereits erwähnt, können Sie jeden Editor verwenden, mit dem sich Dateien im reinen Textformat speichern lassen. Die meisten C-Compiler (wie zum Beispiel Turbo C++ von Borland und Visual C++ von Microsoft) bringen eine integrierte Entwicklungsumgebung (IDE) mit, in der Sie Ihre Programme in einem komfortablen Rahmen eingeben, kompilieren und linken können. Informieren Sie sich in der Dokumentation Ihres Compilers, ob eine IDE existiert und wie Sie sie bedienen.

2. Tippen Sie den Quellcode für `hello.c` genau wie in Listing 1.1 dargestellt ein. Drücken Sie am Ende jeder Zeile die [↵]-Taste.

Hinweis

Geben Sie die mit Doppelpunkt versehenen Zeilennummern nicht mit ein. Diese dienen nur dem Verweis im Text.

3. Speichern Sie den Quellcode. Als Dateiname geben Sie `hello.c` ein.

4. Vergewissern Sie sich, dass sich `hello.c` im gewünschten Verzeichnis befindet.

5. Kompilieren und linken Sie `hello.c`. Führen Sie dazu den Befehl aus, der für Ihren Compiler zutrifft. Am Ende sollten Sie eine Meldung erhalten, dass keine Fehler oder Warnungen aufgetreten sind.

6. Prüfen Sie die Compilermeldungen. Wenn keine Meldungen zu Fehlern oder Warnungen erscheinen, ist alles okay.

   Falls Sie den Quellcode nicht richtig eingetippt haben, sollte der Compiler einen Fehler erkennen und eine Fehlermeldung anzeigen. Haben Sie zum Beispiel das Schlüsselwort `printf` als `prntf` geschrieben, erscheint etwa folgende Meldung (wobei der konkrete Text vom jeweiligen Compiler abhängig ist):

   ```
   Fehler: unbekanntes Symbol: prntf in hello.c (hello.obj)
   ```

7. Gehen Sie zurück zu Schritt 2, wenn eine derartige Fehlermeldung erscheint. Öffnen Sie die Datei `hello.c` im Editor. Vergleichen Sie den Inhalt der Datei sorgfältig mit Listing 1.1 und korrigieren Sie den Quelltext entsprechend. Fahren Sie dann mit Schritt 3 fort.

8. Ihr erstes C-Programm sollte nun kompiliert und bereit zur Ausführung sein. Wenn Sie alle Dateien mit dem Namen `hello` und beliebiger Dateierweiterung im oben erwähnten Verzeichnis auflisten, sollten folgende Dateien vorhanden sein:

   - `hello.c` ist die Quellcodedatei, die Sie mit Ihrem Editor erstellt haben
   - `hello.obj` bzw. `hello.o` enthält den Objektcode für `hello.c`
   - `hello.exe` ist das ausführbare Programm, das nach dem Kompilieren und Linken entstanden ist.

9. Um das Programm `hello.exe` auszuführen, tippen Sie an der Eingabeaufforderung `hello` ein. Auf dem Bildschirm sollte nun die Meldung `Hello, World!` erscheinen.

Gratulation! Sie haben Ihr erstes C-Programm eingegeben, kompiliert und ausgeführt. Zweifellos ist `hello.c` ein einfaches Programm, das nichts Sinnvolles bewirkt, aber es ist ein Anfang. In der Tat haben die meisten der heutigen C-Profis genau so begonnen – mit dem Kompilieren von `hello.c`. Sie befinden sich also in guter Gesellschaft.

Compilerfehler

Ein Compilerfehler tritt auf, wenn der Compiler etwas am Quellcode entdeckt, das er nicht kompilieren kann. Dabei kann es sich um eine falsche Schreibweise, einen typographischen Fehler oder Dutzende andere Dinge handeln. Zum Glück nörgeln die modernen Compiler nicht einfach, sondern weisen auch darauf hin, wo das Problem liegt. Damit lassen sich Fehler im Quellcode leichter finden und korrigieren.

Um diesen Punkt zu verdeutlichen, bauen Sie gezielt einen Fehler in das Programm `hello.c` ein. Wenn Sie das Beispiel durchgearbeitet haben (was wohl anzunehmen ist), befindet sich die Datei `hello.c` auf Ihrer Festplatte. Öffnen Sie diese Datei im Editor, setzen Sie den Cursor an das Ende der Zeile, die den Aufruf von `printf` enthält, und löschen Sie das Semikolon. Der Quellcode von `hello.c` sollte nun Listing 1.2 entsprechen.

Listing 1.2: Die Quelldatei hello.c mit einem Fehler

```
1: #include <stdio.h>
2:
3: int main()
4: {
5:     printf("Hello, World!")
6:     return 0;
7: }
```

Speichern Sie die Datei. Wenn Sie die Datei jetzt kompilieren, zeigt der Compiler eine Fehlermeldung wie die folgende an:

```
hello.c (6) : Fehler: ';' erwartet
```

Diese Fehlermeldung besteht aus drei Teilen:

- `hello.c` Der Name der Datei, in der der Compiler den Fehler gefunden hat
- `(6) :` Die Zeilennummer, wo der Compiler den Fehler vermutet
- `Fehler: ';' erwartet` Eine Beschreibung des Fehlers

Diese Meldung ist recht informativ. Sie besagt, dass der Compiler in Zeile 6 der Datei `hello.c` ein Semikolon erwartet, aber nicht gefunden hat. Allerdings wissen Sie, dass Sie das Semikolon am Ende von Zeile 5 entfernt haben. Wie kommt diese Diskrepanz zustande? In der Sprache C spielt es keine Rolle, ob man eine logische Programmzeile in ein und derselben Quelltextzeile formuliert oder auf mehrere Zeilen aufteilt. Das Semikolon, das nach der Anweisung `printf` stehen sollte, könnte man auch auf der nächsten Zeile platzieren (auch wenn das nicht gerade zur Lesbarkeit eines Programms beiträgt). Erst nachdem der Compiler die nächste Anweisung (`return`) in Zeile 6 analysiert hat, ist er sicher, dass ein Semikolon fehlt. Folglich meldet der Compiler, dass sich der Fehler in Zeile 6 befindet.

Das zeigt eine nicht vom Tisch zu weisende Tatsache über C-Compiler und Fehlermeldungen. Obwohl der Compiler intelligent genug ist, Fehler zu erkennen und einzukreisen, ist er kein Einstein. Mit Ihrem Wissen über die Sprache C müssen Sie die Meldungen des Compilers interpretieren und die tatsächliche Position des gemeldeten Fehlers ermitteln. Oftmals befindet sich der Fehler in derselben Zeile, ebenso häufig aber auch in der vorherigen. Am Anfang haben Sie vielleicht noch einige Probleme damit, mit der Zeit gewöhnen Sie sich daran.

Hinweis

Die gemeldeten Fehler können sich von Compiler zu Compiler unterscheiden. In den meisten Fällen sollte jedoch die Fehlermeldung einen Hinweis auf die Ursache des Problems liefern.

Bevor wir das Thema verlassen, sehen Sie sich noch ein anderes Beispiel für einen Compilerfehler an. Laden Sie die Datei `hello.c` wieder in den Editor und nehmen Sie die folgenden Änderungen vor:

1. Ersetzen Sie das Semikolon am Ende von Zeile 5.
2. Löschen Sie das (doppelte) Anführungszeichen unmittelbar vor dem Wort `Hello`.

Speichern Sie die Datei und kompilieren Sie das Programm erneut. Dieses Mal sollte der Compiler Meldungen der folgenden Art liefern:

```
hello.c : Fehler: unbekannter Bezeichner 'Hello'
hello.c : Lexikalischer Fehler: nicht abgeschlossene Zeichenfolge
Lexikalischer Fehler: nicht abgeschlossene Zeichenfolge
Lexikalischer Fehler: nicht abgeschlossene Zeichenfolge

Fataler Fehler: vorzeitiges Dateiende gefunden
```

Die erste Fehlermeldung weist genau auf den Fehler in Zeile 5 beim Wort `Hello` hin. Die Fehlermeldung `unbekannter Bezeichner` bedeutet, dass der Compiler nicht weiß, was er mit dem Wort `Hello` anfangen soll, da es nicht mehr in Anführungszeichen eingeschlossen ist. Wie steht es aber mit den anderen vier Fehlermeldungen? Um die Bedeutung dieser Fehler brauchen Sie sich jetzt nicht zu kümmern, sie unterstreichen nur die Tatsache, dass ein einziger Fehler in einem C-Programm mehrere Fehlermeldungen nach sich ziehen kann.

Fazit: Wenn der Compiler mehrere Fehler meldet und Sie nur einen einzigen entdecken können, sollten Sie diesen Fehler beseitigen und das Programm neu kompilieren. Oftmals genügt diese eine Korrektur, und das Programm lässt sich ohne weitere Fehlermeldungen kompilieren.

Linkerfehler

Fehler beim Linken treten relativ selten auf und resultieren gewöhnlich aus einem falsch geschriebenen Namen einer C-Bibliotheksfunktion. In diesem Fall erhalten Sie eine Fehlermeldung wie `Fehler: unbekanntes Symbol`, worauf der falsch geschriebene Name (mit einem vorangestellten Unterstrich) folgt. Nachdem Sie die Schreibweise berichtigt haben, sollte das Problem verschwunden sein.

Zusammenfassung

Dieses Kapitel sollte Sie einigermaßen davon überzeugt haben, dass Sie mit Ihrer Wahl der Programmiersprache C richtig liegen. C bietet eine einmalige Mischung aus Leistung, Bekanntheitsgrad und Portabilität. Zusammen mit der engen Verwandtschaft von C zur objektorientierten Sprache C++ und Java machen diese Faktoren C unschlagbar.

Das Kapitel hat die verschiedenen Schritte erläutert, die Sie beim Schreiben eines C-Programms durchlaufen – den so genannten Entwicklungszyklus eines Programms. Dabei haben Sie die Einheit von Bearbeiten, Kompilieren und Linken sowie die Werkzeuge für die einzelnen Schritte kennen gelernt.

Fehler sind ein unvermeidbarer Bestandteil der Programmentwicklung. Der C-Compiler entdeckt Fehler im Quellcode und zeigt eine Fehlermeldung an, die sowohl auf die Natur des Fehlers als auch seine Position im Quellcode hinweist. Anhand dieser Angaben können Sie Ihren Quellcode bearbeiten und den Fehler korrigieren. Dabei ist allerdings zu beachten, dass der Compiler nicht immer die genaue Stelle und Ursache eines Fehlers melden kann. Manchmal müssen Sie Ihre Kenntnisse von C bemühen, um genau diejenige Stelle zu finden, die als Auslöser für die Fehlermeldung in Frage kommt.

Fragen und Antworten

F Wenn ich ein von mir geschriebenes Programm vertreiben möchte, welche Dateien muss ich dann weitergeben?

A *Zu den Vorteilen von C gehört es, dass es sich um eine kompilierte Sprache handelt. Das bedeutet, dass Sie ein ausführbares Programm erhalten, nachdem Sie den Quellcode kompiliert haben. Wenn Sie Ihren Freunden ein* `Hello` *sagen möchten, geben Sie ihnen einfach die ausführbare Programmdatei* `hello.exe`. *Die Quelldatei* `hello.c` *oder die Objektdatei* `hello.obj` *brauchen Sie nicht weiterzugeben. Zum Ausführen von* `hello.exe` *ist nicht einmal ein C-Compiler erforderlich.*

F Nachdem ich eine ausführbare Datei erstellt habe, muss ich dann noch die Quelldatei (`.c`) oder Objektdatei (`.obj`) aufbewahren?

A *Wenn Sie die Quelldatei löschen, haben Sie zukünftig keine Möglichkeit mehr, Änderungen am Programm vorzunehmen. Die Quelldatei sollten Sie also behalten. Bei den Objektdateien liegen die Dinge anders. Es gibt zwar Gründe, die Objektdateien zu behalten, diese sind aber momentan nicht für Sie von Belang. Bei den Beispielen in diesem Buch können Sie die Objekt-*

dateien ohne weiteres löschen, nachdem Sie die ausführbare Datei erstellt haben. Falls Sie die Objektdatei wider Erwarten benötigen, können Sie die Quelldatei einfach erneut kompilieren.

Die meisten integrierten Entwicklungsumgebungen erstellen neben der Quelldatei (`.c`*), der Objektdatei (*`.obj` *oder* `.o`*) und der ausführbaren Datei noch weitere Dateien. Solange Sie die Quelldateien behalten, können Sie die anderen Dateien immer wieder neu erstellen.*

F Wenn zum Lieferumfang meines Compilers ein Editor gehört, muss ich ihn dann auch benutzen?

A *Keineswegs. Es lässt sich jeder Editor einsetzen, solange er den Quellcode in einem reinen Textformat speichern kann. Wenn zum Compiler ein Editor gehört, sollten Sie ihn zumindest ausprobieren. Gefällt Ihnen ein anderer Editor besser, nehmen Sie eben diesen. Wie bei vielen Dingen ist das auch hier eine Frage des persönlichen Geschmacks und der eigenen Arbeitsgewohnheiten. Die mit den Compilern gelieferten Editoren zeigen den Quellcode oftmals formatiert an und verwenden verschiedene Farben für unterschiedliche Codeabschnitte (wie Kommentare, Schlüsselwörter oder normale Anweisungen). Das erleichtert es, Fehler im Quelltext aufzuspüren.*

F Was mache ich, wenn ich nur einen C++-Compiler besitze und keinen C-Compiler?

A *Wie die heutige Lektion erläutert hat, ist C++ eine Obermenge von C. Folglich können Sie Ihre C-Programme mit einem C++-Compiler kompilieren. Viele Programmierer arbeiten zum Beispiel mit Visual C++ von Microsoft., um C-Programme unter Windows zu kompilieren, oder mit dem GNU-Compiler unter Linux und UNIX.*

F Kann ich Warnungen ignorieren?

A *Bestimmte Warnungen haben keinen Einfluss auf den Programmablauf, andere schon. Wenn Ihnen der Compiler eine Warnung ausgibt, ist das ein Signal, das etwas nicht 100%ig korrekt ist. Bei den meisten Compilern kann man verschiedene Warnstufen festlegen. Zum Beispiel lässt man sich nur schwerwiegende Warnungen anzeigen oder auch alle Warnungen einschließlich der unbedeutendsten. Auch Zwischenstufen sind bei manchen Compilern möglich. In Ihren Programmen sollten Sie sich jede Warnung genau ansehen und dann eine Entscheidung treffen. Am besten ist es natürlich, wenn Sie Programme schreiben, die absolut keine Fehler oder Warnungen produzieren. (Bei einem Fehler erstellt der Compiler ohnehin keine ausführbare Datei.)*

Workshop

Die Kontrollfragen im Workshop sollen Ihnen helfen, die neu erworbenen Kenntnisse zu den behandelten Themen zu festigen. Die Übungen geben Ihnen die Möglichkeit, praktische Erfahrungen mit dem gelernten Stoff zu sammeln. Die Antworten zu den Kontrollfragen und Übungen finden Sie im Anhang F.

Kontrollfragen

1. Nennen Sie drei Gründe, warum C die beste Wahl unter den Programmiersprachen darstellt.
2. Welche Aufgabe erledigt der Compiler?
3. Welche Schritte zählen zum Entwicklungszyklus eines Programms?
4. Welchen Befehl müssen Sie eingeben, um ein Programm namens `program1.c` mit Ihrem Compiler zu kompilieren?
5. Führt Ihr Compiler das Kompilieren und Linken auf einen Befehl hin aus oder müssen Sie getrennte Befehle auslösen?
6. Welche Erweiterung sollte man für C-Quelldateien verwenden?
7. Ist `filename.txt` ein gültiger Name für eine C-Quelldatei?
8. Wenn Sie ein kompiliertes Programm ausführen und dieses Programm nicht wie erwartet funktioniert, welche Schritte unternehmen Sie dann?
9. Was versteht man unter Maschinensprache?
10. Welche Aufgabe erledigt der Linker?

Übungen

1. Sehen Sie sich die aus Listing 1.1 erzeugte Objektdatei in Ihrem Editor an. Sieht sie wie die Quelldatei aus? (Speichern Sie diese Datei nicht, wenn Sie den Editor verlassen.)
2. Geben Sie das folgende Programm ein und kompilieren Sie es. Was bewirkt das Programm? (Geben Sie die Zeilennummern mit den Doppelpunkten nicht mit ein.)

```
#include <stdio.h>

int radius, flaeche;

int main(void)
```

```
{
    printf( "Geben Sie einen Radius ein (z.B. 10): " );
    scanf( "%d", &radius );
    flaeche = (int) (3.14159 * radius * radius);
    printf( "\n\nFläche = %d\n", flaeche );
    return 0;
}
```

3. Geben Sie das folgende Programm ein und kompilieren Sie es. Was bewirkt das Programm?

```
#include <stdio.h>

int x,y;

int main(void)
{
    for ( x = 0; x < 10; x++, printf( "\n" ) )
        for ( y = 0; y < 10; y++ )
            printf( "X" );

    return 0;
}
```

4. **FEHLERSUCHE:** Das folgende Programm weist ein Problem auf. Geben Sie das Programm im Editor ein und kompilieren Sie es. Welche Zeilen führen zu Fehlermeldungen?

```
#include <stdio.h>

int main(void);
{
    printf( "Weitersuchen!" );
    printf( "Du wirst\'s finden!\n" );
    return 0;
}
```

5. **FEHLERSUCHE:** Das folgende Programm weist ein Problem auf. Geben Sie das Programm im Editor ein und kompilieren Sie es. Welche Zeilen verursachen Probleme?

```
#include <stdio.h>

int main()
{
    printf( "Das ist ein Programm mit einem " );
    do_it( "Problem!");
    return 0;
}
```

6. Nehmen Sie die folgende Änderung am Programm von Übung 3 vor. Kompilieren und starten Sie das Programm erneut. Was bewirkt das Programm jetzt?

```
9:  printf( "%c", 1);
```

Hinweis

An dieser Stelle empfiehlt es sich, dass Sie den Abschnitt »Type & Run 1 – Listings drucken« in Anhang D durcharbeiten.

2

Die Komponenten eines C-Programms

Woche 1

Jedes C-Programm besteht aus verschiedenen Komponenten, die in bestimmter Weise kombiniert werden. Der größte Teil dieses Buches beschäftigt sich damit, diese Programmkomponenten zu erläutern und deren Einsatz zu zeigen. Für das Gesamtbild ist es hilfreich, wenn Sie sich zunächst ein vollständiges – wenn auch kleines – C-Programm ansehen, in dem alle Komponenten gekennzeichnet sind.

Die heutige Lektion erläutert

- ein kurzes C-Programm und seine Komponenten,
- den Zweck der einzelnen Programmkomponenten,
- wie man ein Beispielprogramm kompiliert und ausführt.

Ein kurzes C-Programm

Listing 2.1 zeigt den Quellcode für das Programm `multiply.c`. Dieses sehr einfache Programm übernimmt zwei Zahlen, die der Benutzer über die Tastatur eingibt, und berechnet das Produkt der beiden Zahlen. Momentan brauchen Sie sich noch keine Gedanken darum zu machen, wie das Programms im Detail arbeitet. Es geht zunächst darum, dass Sie die Teile eines C-Programms kennen lernen, damit Sie die später in diesem Buch präsentierten Listings besser verstehen.

Neuer Begriff

Bevor Sie sich das Beispielprogramm ansehen, müssen Sie wissen, was eine Funktion ist, da Funktionen eine zentrale Rolle in der C-Programmierung spielen. Unter einer *Funktion* versteht man einen unabhängigen Codeabschnitt, der eine bestimmte Aufgabe ausführt und dem ein Name zugeordnet ist. Ein Programm verweist auf den Funktionsnamen, um den Code in der Funktion auszuführen. Das Programm kann auch Informationen – so genannte *Argumente* – an die Funktion übermitteln und die Funktion kann Informationen an den Hauptteil des Programms zurückgeben. In C unterscheidet man *Bibliotheksfunktionen*, die zum Lieferumfang des C-Compilers gehören, und *benutzerdefinierte Funktionen*, die der Programmierer erstellt. Im Verlauf dieses Buches erfahren Sie mehr über beide Arten von Funktionen.

Beachten Sie, dass die Zeilennummern in Listing 2.1 wie bei allen Listings in diesem Buch nicht zum Programm gehören und nur für Verweise im laufenden Text vorgesehen sind. Geben Sie die Zeilennummern also nicht mit ein.

Listing 2.1: Das Programm multiply.c multipliziert zwei Zahlen

```
/* Berechnet das Produkt zweier Zahlen. */
#include <stdio.h>

int a,b,c;

int product(int x, int y);

int main()
{
    /* Erste Zahl einlesen */
    printf("Geben Sie eine Zahl zwischen 1 und 100 ein: ");
    scanf("%d", &a);

    /* Zweite Zahl einlesen */
    printf("Geben Sie eine weitere Zahl zwischen 1 und 100 ein: ");
    scanf("%d", &b);

    /* Produkt berechnen und anzeigen */
    c = product(a, b);
    printf ("%d mal %d = %d\n", a, b, c);

    return 0;
}

/* Funktion gibt Produkt der beiden bereitgestellten Werte zurück */
int product(int x, int y)
{
    return (x * y);
}
```

Eingabe/Ausgabe

```
Geben Sie eine Zahl zwischen 1 und 100 ein: 35
Geben Sie eine weitere Zahl zwischen 1 und 100 ein: 23

35 mal 23 = 805
```

Die Komponenten eines Programms

Die folgenden Abschnitte beschreiben die verschiedenen Komponenten des Beispielprogramms aus Listing 2.1. Durch die angegebenen Zeilennummern können Sie die jeweiligen Stellen schnell finden.

Die Funktion main (Zeilen 8 bis 23)

Zu einer C-Funktion gehören auch die Klammern nach dem Funktionsnamen, selbst wenn die Funktion keine Argumente übergibt. Um den Lesefluss nicht zu beeinträchtigen, wurden die Klammern nach dem Funktionsnamen im laufenden Text weggelassen. Korrekt müsste es also heißen: »die Funktion `main()`« statt einfach nur »die Funktion `main`«.

Die einzige Komponente, die in jedem ausführbaren C-Programm vorhanden sein muss, ist die Funktion `main`. In ihrer einfachsten Form besteht diese Funktion nur aus dem Namen `main` gefolgt von einem leeren Klammernpaar (siehe den obigen Hinweis) und einem Paar geschweifter Klammern. Innerhalb der geschweiften Klammern stehen die Anweisungen, die den Hauptrumpf des Programms bilden. Unter normalen Umständen beginnt die Programmausführung bei der ersten Anweisung in `main` und endet mit der letzten Anweisung in dieser Funktion.

Die #include-Direktive (Zeile 2)

Die `#include`-Direktive weist den C-Compiler an, den Inhalt einer so genannten *Include-Datei* während der Kompilierung in das Programm einzubinden. Eine Include-Datei ist eine separate Datei mit Informationen, die das Programm oder der Compiler benötigt. Zum Lieferumfang des Compilers gehören mehrere dieser Dateien (man spricht auch von *Header-Dateien*). Diese Dateien müssen Sie nie modifizieren. Aus diesem Grund hält man sie auch vom Quellcode getrennt. Include-Dateien sollten die Erweiterung `.h` erhalten (zum Beispiel `stdio.h`).

In Listing 2.1 bedeutet die `#include`-Direktive: »Füge den Inhalt der Datei `stdio.h` in das Programm ein«. In den meisten C-Programmen sind eine oder mehrere Include-Dateien erforderlich. Mehr Informationen dazu bringt Tag 21.

Die Variablendefinition (Zeile 4)

Neuer Begriff

Eine *Variable* ist ein Name, der sich auf eine bestimmte Speicherstelle für Daten bezieht. Ein Programm verwendet Variablen, um verschiedene Arten von Daten während der Programmausführung zu speichern. In C muss man eine Variable zuerst definieren, bevor man sie verwenden kann. Die Variablendefinition informiert den Compiler über den Namen der Variablen und den Typ der Daten, die die Variable aufnehmen kann.

Das Beispielprogramm definiert in Zeile 4 mit der Anweisung

```
int a,b,c;
```

drei Variablen mit den Namen `a`, `b` und `c`, die jeweils einen ganzzahligen Wert aufnehmen. Mehr zu Variablen und Variablendefinitionen erfahren Sie am dritten Tag.

Der Funktionsprototyp (Zeile 6)

Neuer Begriff

Ein *Funktionsprototyp* gibt dem C-Compiler den Namen und die Argumente der im Programm vorkommenden Funktionen an. Der Funktionsprototyp muss erscheinen, bevor das Programm die Funktion aufruft. Ein Funktionsprototyp ist nicht mit der *Funktionsdefinition* zu verwechseln. Die Funktionsdefinition enthält die eigentlichen Anweisungen, die die Funktion ausmachen. (Auf Funktionsdefinitionen geht die heutige Lektion später ein.)

Programmanweisungen (Zeilen 11, 12, 15, 16, 19, 20, 22 und 28)

Die eigentliche Arbeit eines C-Programms erledigen die Anweisungen. Mit C-Anweisungen zeigt man Informationen auf dem Bildschirm an, liest Tastatureingaben, führt mathematische Operationen aus, ruft Funktionen auf, liest Dateien – kurz gesagt realisieren die Anweisungen alle Operationen, die ein Programm ausführen muss. Der größte Teil dieses Buches erläutert Ihnen die verschiedenen C-Anweisungen. Fürs Erste sollten Sie sich merken, dass man im Quellcode gewöhnlich eine Anweisung pro Zeile schreibt und eine Anweisung immer mit einem Semikolon abzuschließen ist. Die folgenden Abschnitte erläutern kurz die Anweisungen im Programm `multiply.c`.

Die Anweisung printf

Die Anweisung `printf` in den Zeilen 11, 15 und 20 ist eine Bibliotheksfunktion, die Informationen auf dem Bildschirm ausgibt. Wie die Zeilen 11 und 15 zeigen, kann die Anweisung `printf` eine einfache Textnachricht ausgeben oder – wie in Zeile 20 – die Werte von Programmvariablen.

Die Anweisung scanf

Die Anweisung `scanf` in den Zeilen 12 und 16 ist eine weitere Bibliotheksfunktion. Sie liest Daten von der Tastatur ein und weist diese Daten einer oder mehreren Programmvariablen zu.

Die Anweisung in Zeile 19 ruft die Funktion `product` auf, d.h. sie führt die Programmanweisungen aus, die in der Funktion `product` enthalten sind. Außerdem übergibt sie die Argumente `a` und `b` an die Funktion. Nachdem die Anweisungen in der Funktion `product` abgearbeitet sind, gibt `product` einen Wert an das Programm zurück. Diesen Wert speichert das Programm in der Variablen `c`.

Die Anweisung return

Die Zeilen 22 und 28 enthalten `return`-Anweisungen. Die `return`-Anweisung in Zeile 28 gehört zur Funktion `product`. Der Ausdruck in der `return`-Anweisung berechnet das Produkt der Werte in den Variablen `x` und `y` und gibt das Ergebnis an das Programm zurück, das die Funktion `product` aufgerufen hat. Unmittelbar bevor das Programm endet, gibt die `return`-Anweisung in Zeile 22 den Wert 0 an das Betriebssystem zurück.

Die Funktionsdefinition (Zeilen 26 bis 29)

Neuer Begriff

Eine *Funktion* ist ein unabhängiger und selbstständiger Codeabschnitt, der für eine bestimmte Aufgabe vorgesehen ist. Jede Funktion hat einen Namen. Um den Code in einer Funktion auszuführen, gibt man den Namen der Funktion in einer Programmanweisung an. Diese Operation bezeichnet man als *Aufrufen* der Funktion.

Die Funktion mit dem Namen `product` in den Zeilen 26 bis 29 ist eine benutzerdefinierte Funktion, die der Programmierer (d.h. der Benutzer der Sprache C) während der Programmentwicklung erstellt. Die einfache Funktion in den Zeilen 26 bis 29 multipliziert lediglich zwei Werte und gibt das Ergebnis an das Programm zurück, das die Funktion aufgerufen hat. In Lektion 5 lernen Sie, dass der richtige Gebrauch von Funktionen ein wichtiger Grundpfeiler der C-Programmierpraxis ist.

In einem »richtigen« C-Programm schreibt man kaum eine Funktion für eine so einfache Aufgabe wie die Multiplikation zweier Zahlen. Das Beispielprogramm `multiply.c` soll lediglich das Prinzip verdeutlichen.

C umfasst auch Bibliotheksfunktionen, die Teil des C-Compilerpakets sind. Bibliotheksfunktionen führen vor allem die allgemeinen Aufgaben (wie die Ein-/Ausgabe mit Bildschirm, Tastatur und Festplatte) aus, die ein Programm benötigt. Im Beispielprogramm sind `printf` und `scanf` Bibliotheksfunktionen.

Programmkommentare (Zeilen 1, 10, 14, 18 und 25)

Jeder Teil eines Programms, der mit den Zeichen /* beginnt und mit den Zeichen */ endet, ist ein *Kommentar*. Da der Compiler alle Kommentare ignoriert, haben sie keinen Einfluss auf die Arbeitsweise des Programms. Man kann alles Mögliche in Kommentare schreiben, ohne dass es sich irgendwie im Programm bemerkbar machen würde. Ein Kommentar kann nur einen Teil der Zeile, eine ganze Zeile oder auch mehrere Zeilen umfassen. Dazu drei Beispiele:

```
/* Ein einzeiliger Kommentar */

int a, b, c; /* Ein Kommentar, der nur einen Teil der Zeile betrifft */

/* Ein Kommentar,
der sich über mehrere
Zeilen erstreckt. */
```

Achten Sie darauf, keine verschachtelten Kommentare zu verwenden. Unter einem *verschachtelten Kommentar* versteht man einen Kommentar, der innerhalb der Begrenzungszeichen eines anderen Kommentars steht. Die meisten Compiler akzeptieren keine Konstruktionen wie:

```
/*
/* Verschachtelter Kommentar */
*/
```

Manche Compiler lassen verschachtelte Kommentare zu. Obwohl die Versuchung groß ist, sollte man generell auf verschachtelte Kommentare verzichten. Einer der Vorteile von C ist bekanntlich die Portabilität, und Konstruktionen wie zum Beispiel verschachtelte Kommentare können die Portabilität Ihres Codes einschränken. Darüber hinaus führen derartige Kommentarkonstruktionen oftmals zu schwer auffindbaren Fehlern.

Viele Programmieranfänger betrachten Kommentare als unnötig und verschwendete Zeit. Das ist ein großer Irrtum! Die Arbeitsweise eines Programms mag noch vollkommen klar sein, wenn Sie den Code niederschreiben. Sobald aber Ihr Programm größer und komplexer wird, oder wenn Sie Ihr Programm nach sechs Monaten verändern müssen, stellen Kommentare eine unschätzbare Hilfe dar. Spätestens dann dürften Sie erkennen, dass man Kommentare großzügig einsetzen sollte, um alle Programmstrukturen und Abläufe zu dokumentieren.

Viele Programmierer haben sich einen neueren Stil der Kommentare in ihren C-Programmen zu eigen gemacht. In C++ und Java kann man Kommentare mit doppelten Schrägstrichen kennzeichnen, wie es die folgenden Beispiele zeigen:

```
// Das ist ein Kommentar, der sich über eine ganze Zeile erstreckt.
int x;  // Dieser Kommentar läuft nur über einen Teil der Zeile.
```

Die Schrägstriche signalisieren, dass der Rest der Zeile ein Kommentar ist. Obwohl viele C-Compiler diese Form der Kommentare unterstützen, sollte man sie vermeiden, wenn die Portabilität des Programms zu wahren ist.

Was Sie tun sollten	Was nicht

Fügen Sie großzügig Kommentare in den Quellcode Ihres Programms ein, insbesondere bei Anweisungen oder Funktionen, die Ihnen oder einem anderen Programmierer, der den Code vielleicht modifizieren muss, später unklar erscheinen könnten.
 	
Eignen Sie sich einen Stil an, der ein gesundes Mittelmaß an Kommentaren bedeutet. Zu sparsame oder kryptische Kommentare bringen nichts. Bei zu umfangreichen Kommentaren verbringt man dagegen mehr Zeit mit dem Kommentieren als mit dem Programmieren.
	Fügen Sie keine unnötigen Kommentare für Anweisungen hinzu, die bereits klar sind. Beispielsweise ist der folgende Kommentar überzogen und überflüssig, zumindest nachdem Sie sich mit der `printf`-Anweisung auskennen:
	
	`/* Die folgende Anweisung gibt die`
	`Zeichenfolge Hello World! auf dem`
	`Bildschirm aus */`
	`printf("Hello World!);`

Geschweifte Klammern (Zeilen 9, 23, 27 und 29)

Neuer Begriff

Mit den geschweiften Klammern { und } schließt man Programmzeilen ein, die eine C-Funktion bilden – das gilt auch für die Funktion `main`. Eine Gruppe von einer oder mehreren Anweisungen innerhalb geschweifter Klammern bezeichnet man als *Block*. In den weiteren Lektionen lernen Sie noch viele Einsatzfälle für Blöcke kennen.

Das Programm ausführen

Nehmen Sie sich die Zeit, das Programm `multiply.c` einzugeben, zu kompilieren und auszuführen. Es bringt Ihnen etwas mehr Praxis im Umgang mit Editor und Compiler. Zur Wiederholung seien hier noch einmal die Schritte analog zu Lektion 1 genannt:

1. Machen Sie Ihr Programmierverzeichnis zum aktuellen Verzeichnis.
2. Starten Sie den Editor.
3. Geben Sie den Quellcode für `multiply.c` genau wie in Listing 2.1 gezeigt ein (außer den Zeilennummern mit Doppelpunkt).

4. Speichern Sie die Programmdatei.
5. Kompilieren und linken Sie das Programm mit dem entsprechenden Befehl Ihres Compilers. Wenn keine Fehlermeldungen erscheinen, können Sie das Programm durch Eingabe von `multiply` an der Eingabeaufforderung ausführen.
6. Sollte der Compiler Fehlermeldungen anzeigen, gehen Sie zurück zu Schritt 2 und korrigieren die Fehler.

Eine Anmerkung zur Genauigkeit

Ein Computer arbeitet schnell und genau. Allerdings nimmt er alles wörtlich und er kann nicht einmal einfachste Fehler korrigieren. Er übernimmt daher alles genau so, wie Sie es eingegeben – und nicht wie Sie es gemeint haben!

Das gilt ebenso für Ihren C-Quellcode. Ein simpler Schreibfehler im Programm – schon beschwert sich der C-Compiler und bricht die Kompilierung ab. Auch wenn der Compiler Ihre Fehler nicht korrigieren kann, so ist er doch zum Glück so intelligent, dass er Fehler erkennt und meldet. (Die gestrige Lektion hat gezeigt, wie der Compiler Fehler meldet und wie man sie interpretiert.)

Die Teile eines Programms im Überblick

Nachdem diese Lektion alle Teile eines Programms erläutert hat, sollten Sie in jedem beliebigen Programm Ähnlichkeiten feststellen können. Versuchen Sie, die verschiedenen Teile in Listing 2.2 zu erkennen.

Listing 2.2: Das Programm list_it.c listet Codelistings auf

```
/* list_it.c Zeigt ein Listing mit Zeilennummern an */
#include <stdio.h>
#include <stdlib.h>

void display_usage(void);
int line;

int main( int argc, char *argv[] )
{
   char buffer[256];
   FILE *fp;

   if( argc < 2 )
   {
```

```
          display_usage();
          return;
      }

      if (( fp = fopen( argv[1], "r" )) == NULL )
      {
           fprintf( stderr, "Fehler beim Öffnen der Datei, %s!", argv[1] );
           return;
      }

      line = 1;

      while( fgets( buffer, 256, fp ) != NULL )
         fprintf( stdout, "%4d:\t%s", line++, buffer );

      fclose(fp);
      return 0;
 }

void display_usage(void)
{
        fprintf(stderr, "\nProgramm wie folgt starten: " );
        fprintf(stderr, "\n\nlist_it Dateiname.ext\n" );
}
```

Eingabe/Ausgabe

```
C:\>list_it list_it.c
1:   /* list_it.c Zeigt ein Listing mit Zeilennummern an */
2:   #include <stdio.h>
3:   #include <stdlib.h>
4:
5:   void display_usage(void);
6:   int line;
7:
8:   int main( int argc, char *argv[] )
9:   {
10:     char buffer[256];
11:     FILE *fp;
12:
13:     if( argc < 2 )
14:     {
15:        display_usage();
16:        return;
17:     }
```

```
18:
19:     if (( fp = fopen( argv[1], "r" )) == NULL )
20:     {
21:         fprintf( stderr, "Fehler beim Öffnen der Datei, %s!", argv[1] );
22:         return;
23:     }
24:
25:     line = 1;
26:
27:     while( fgets( buffer, 256, fp ) != NULL )
28:        fprintf( stdout, "%4d:\t%s", line++, buffer );
29:
30:     fclose(fp);
31:     return 0;
32: }
33:
34: void display_usage(void)
35: {
36:        fprintf(stderr, "\nProgramm wie folgt starten: " );
37:        fprintf(stderr, "\n\nlist_it Dateiname.ext\n" );
38: }
```

Analyse

Das Programm `list_it.c` in Listing 2.2 zeigt C-Programmlistings an, die Sie gespeichert haben. Das Programm gibt diese Listings auf dem Bildschirm aus und fügt Zeilennummern hinzu.

Sicherlich können Sie jetzt die verschiedenen Teile eines Programms in Listing 2.2 wiedererkennen. Die erforderliche Funktion `main` steht in den Zeilen 8 bis 32. Die Zeilen 2 und 3 enthalten `#include`-Direktiven. In den Zeilen 6, 10 und 11 finden Sie Variablendefinitionen. Zeile 5 zeigt den Funktionsprototyp `void display_usage(void)`. Weiterhin gehören mehrere Anweisungen in den Zeilen 13, 15, 16, 19, 21, 22, 25, 27, 28, 30, 31, 36 und 37 zum Programm. Die Funktionsdefinition für `display_usage` erstreckt sich über die Zeilen 34 bis 38. Das gesamte Programm hindurch sind Blöcke in geschweifte Klammern eingeschlossen. Schließlich ist in Zeile 1 ein Kommentar angegeben. In den meisten Programmen sehen Sie wahrscheinlich mehr als eine einzige Kommentarzeile vor.

Das Programm `list_it` ruft mehrere Funktionen auf. Es enthält nur eine benutzerdefinierte Funktion – `display_usage`. Die Funktionen `fopen` in Zeile 19, `fprintf` in den Zeilen 21, 28, 36 und 37, `fgets` in Zeile 27 und `fclose` in Zeile 30 sind Bibliotheksfunktionen. Auf diese Bibliotheksfunktionen gehen die übrigen Lektionen näher ein.

Zusammenfassung

Diese Lektion war kurz aber wichtig, denn sie hat die Hauptkomponenten eines C-Programms eingeführt. Sie haben gelernt, dass der einzige erforderliche Teil jedes C-Programms die Funktion `main` ist. Die eigentliche Arbeit erledigen die Programmanweisungen, die den Computer instruieren, die gewünschten Aktionen auszuführen. Weiterhin haben Sie Variablen und Variablendefinitionen kennen gelernt und erfahren, wie man Kommentare im Quellcode verwendet.

Neben der Funktion `main` kann ein C-Programm zwei Arten von Funktionen enthalten: Bibliotheksfunktionen, die zum Lieferumfang des Compilers gehören, und benutzerdefinierte Funktionen, die der Programmierer erstellt.

Fragen und Antworten

F Welche Wirkung haben Kommentare auf ein Programm?

A *Kommentare sind für den Programmierer gedacht. Wenn der Compiler den Quellcode in Objektcode überführt, ignoriert er Kommentare sowie Leerzeichen, die nur der Gliederung des Quelltextes dienen (so genannte Whitespaces). Das bedeutet, dass Kommentare keinen Einfluss auf das ausführbare Programm haben. Ein Programm mit zahlreichen Kommentaren läuft genauso schnell wie ein Programm, das überhaupt keine oder nur wenige Kommentare hat. Kommentare vergrößern zwar die Quelldatei, was aber gewöhnlich von untergeordneter Bedeutung ist. Fazit: Verwenden Sie Kommentare und Whitespaces, um den Quellcode so verständlich wie möglich zu gestalten.*

F Worin besteht der Unterschied zwischen einer Anweisung und einem Block?

A *Ein Block ist eine Gruppe von Anweisungen, die in geschweifte Klammern (`{}`) eingeschlossen sind. Einen Block kann man an allen Stellen verwenden, wo auch eine Anweisung stehen kann.*

F Wie kann ich herausfinden, welche Bibliotheksfunktionen verfügbar sind?

A *Zum Lieferumfang vieler Compiler gehört ein Handbuch, das speziell die Bibliotheksfunktionen dokumentiert. Gewöhnlich sind die Funktionen in alphabetischer Reihenfolge aufgelistet. Das vorliegende Buch führt im Anhang E viele der verfügbaren Funktionen auf. Wenn Sie tiefer in C eingedrungen sind, empfiehlt sich das Studium der Anhänge, damit Sie eine schon vorhandene Bibliotheksfunktion nicht noch einmal von Grund auf neu schreiben.*

Workshop

Die Kontrollfragen im Workshop sollen Ihnen helfen, die neu erworbenen Kenntnisse zu den behandelten Themen zu festigen. Die Übungen geben Ihnen die Möglichkeit, praktische Erfahrungen mit dem gelernten Stoff zu sammeln. Die Antworten zu den Kontrollfragen und Übungen finden Sie im Anhang F.

Kontrollfragen

1. Wie nennt man eine Gruppe von C-Anweisungen, die in geschweifte Klammern eingeschlossen sind?
2. Welche Komponente muss in jedem C-Programm vorhanden sein?
3. Wie fügt man Programmkommentare ein, und wozu dienen sie?
4. Was ist eine Funktion?
5. C kennt zwei Arten von Funktionen. Wie nennt man diese und worin unterscheiden sie sich?
6. Welche Aufgabe erfüllt die `#include`-Direktive?
7. Lassen sich Kommentare verschachteln?
8. Dürfen Kommentare länger als eine Zeile sein?
9. Wie nennt man eine Include-Datei noch?
10. Was ist eine Include-Datei?

Übungen

1. Schreiben Sie das kleinste mögliche Programm.
2. Sehen Sie sich das folgende Programm an:

```
/* EX2-2.c */
#include <stdio.h>

void display_line(void);

int main()
{
    display_line();
    printf("\n C in 21 Tagen\n");
    display_line();

```

```
12:     return 0;
13: }
14:
15: /* Zeile mit Sternchen ausgeben */
16: void display_line(void)
17: {
18:     int counter;
19:
20:     for( counter = 0; counter < 21; counter++ )
21:         printf("*" );
22: }
23: /* Programmende */
```

a. Welche Zeilen enthalten Anweisungen?

b. Welche Zeilen enthalten Variablendefinitionen?

c. Welche Zeilen enthalten Funktionsprototypen?

d. Welche Zeilen enthalten Funktionsdefinitionen?

e. Welche Zeilen enthalten Kommentare?

3. Schreiben Sie einen Beispielkommentar.

4. Was bewirkt das folgende Programm? (Geben Sie es ein und starten Sie es.)

```
/* EX2-4.c */
#include <stdio.h>

int main()
{
   int ctr;

   for( ctr = 65; ctr < 91; ctr++ )
       printf("%c", ctr );

   return 0;
}
/* Programmende */
```

5. Was bewirkt das folgende Programm? (Geben Sie es ein und starten Sie es.)

```
/* EX2-5.c */
#include <stdio.h>
#include <string.h>
int main()
{
   char buffer[256];

    printf( "Bitte Name eingeben und <Eingabe> druecken:\n");
```

```
    gets( buffer );

    printf( "\nIhr Name enthält %d Zeichen (inkl. Leerzeichen).",
                     strlen( buffer ));

    return 0;
}
```

Daten speichern: Variablen und Konstanten

Woche
1

Computerprogramme arbeiten gewöhnlich mit unterschiedlichen Datentypen und brauchen eine Möglichkeit, die verwendeten Werte – zum Beispiel Zahlen oder Zeichen – zu speichern. C kann Zahlenwerte als Variablen oder als Konstanten speichern. Für beide Formen gibt es zahlreiche Optionen. Eine Variable ist eine Speicherstelle für Daten. Diese Speicherstelle nimmt einen Wert auf, der sich während der Programmausführung ändern lässt. Im Gegensatz dazu hat eine Konstante einen feststehenden Wert, den man im laufenden Programm nicht ändern kann.

Heute lernen Sie,

- wie man Variablennamen in C erstellt,
- wie man die unterschiedlichen Arten von numerischen Variablen verwendet,
- welche Unterschiede und Ähnlichkeiten zwischen Zeichen und Zahlenwerten bestehen,
- wie man Variablen deklariert und initialisiert,
- welche zwei Typen von numerischen Konstanten in C existieren.

Bevor Sie sich den Variablen zuwenden, sollten Sie die Arbeitsweise des Computerspeichers kennen.

Der Speicher des Computers

Wenn Sie bereits wissen, wie der Speicher eines Computers funktioniert, können Sie diesen Abschnitt überspringen. Haben Sie noch Unklarheiten, lesen Sie einfach weiter. Die hier vermittelten Kenntnisse helfen Ihnen, bestimmte Aspekte der C-Programmierung besser zu verstehen.

Ein Computer legt Informationen in einem Speicher mit wahlfreiem Zugriff (RAM, Random Access Memory) ab. Der RAM – oder Hauptspeicher – ist in Form so genannter Chips realisiert. Der Inhalt dieser Chips ist flüchtig, d.h. die Informationen werden je nach Bedarf gelöscht und durch neue ersetzt. Es bedeutet aber auch, dass sich der RAM nur solange der Computer läuft an diese Informationen »erinnert«. Schaltet man den Computer aus, gehen auch die gespeicherten Informationen verloren.

In jeden Computer ist RAM eingebaut. Den Umfang des installierten Speichers gibt man in Megabytes (MB) an. Die ersten PCs waren mit maximal 1 MB RAM ausgestattet. Die heute üblichen Computer bringen ein Minimum von 32 MB mit, üblich sind 64 MB, 128 MB und mehr. Ein Megabyte sind 1024 Kilobytes (KB), und ein Kilobyte umfasst 1024 Bytes. Ein System mit 4 MB RAM hat also tatsächlich eine Größe von 4 * 1024 Kilobytes bzw. 4096 KB. Das sind 4096 * 1024 Bytes oder 4 194 304 Bytes.

Ein Byte ist die grundlegende Speichereinheit eines Computers. Näheres über Bytes erfahren Sie in Lektion 20. Tabelle 3.1 gibt einen Überblick, wie viel Bytes für die Speicherung bestimmter Arten von Daten erforderlich sind.

Daten	**Anzahl Bytes**
Der Buchstabe x	1
Die Zahl 500	2
Die Zahl 241105	4
Der Text *C in 21 Tagen*	14
Eine Schreibmaschinenseite	etwa 3000

Tabelle 3.1: Speicherbedarf für verschiedene Arten von Daten

Der Hauptspeicher ist fortlaufend organisiert, ein Byte folgt auf ein anderes. Jedes Byte im Speicher lässt sich durch eine eindeutige Adresse ansprechen – eine Adresse, die ein Byte auch von jedem anderen Byte unterscheidet. Die Adressen sind den Speicherstellen in fortlaufender Reihenfolge beginnend bei 0 und wachsend bis zur maximalen Größe des Systems zugeordnet. Momentan brauchen Sie sich noch keine Gedanken über Adressen zu machen, der C-Compiler nimmt Ihnen die Adressierung ab.

Der RAM im Computer wird für mehrere Zwecke verwendet. Als Programmierer haben Sie es aber in erster Linie mit der Datenspeicherung zu tun. Daten sind die Informationen, mit denen ein C-Programm arbeitet. Ob ein Programm eine Adressenliste verwaltet, den Börsenmarkt überwacht, ein Haushaltsbudget führt oder die Preise von Schweinefleisch verfolgt – die Informationen (Namen, Aktienkurse, Ausgaben oder zukünftige Preise für Schweinefleisch) werden im RAM gehalten, während das Programm läuft.

Nach diesem kurzen Ausflug in die Welt der Computerhardware geht es wieder zurück zur C-Programmierung und der Art und Weise, wie C im Hauptspeicher Informationen aufbewahrt.

Variablen

Neuer Begriff

Eine *Variable* ist eine benannte Speicherstelle für Daten im Hauptspeicher des Computers. Wenn man den Variablennamen in einem Programm verwendet, bezieht man sich damit auf die Daten, die unter diesem Namen abgelegt sind.

Variablennamen

Um Variablen in C-Programmen zu verwenden, muss man wissen, wie Variablennamen zu erzeugen sind. In C müssen Variablennamen den folgenden Regeln genügen:

- Der Name kann Zeichen, Ziffern und den Unterstrich (_) enthalten.
- Das erste Zeichen eines Namens muss ein Buchstabe sein. Der Unterstrich ist ebenfalls als erstes Zeichen zulässig, allerdings sollte man auf diese Möglichkeit verzichten.
- C beachtet die Groß-/Kleinschreibung von Namen, d.h. die Variablennamen `zaehler` und `Zaehler` bezeichnen zwei vollkommen verschiedene Variablen.
- C-Schlüsselwörter sind als Variablennamen nicht zulässig. Ein Schlüsselwort ist ein Wort, das Teil der Sprache C ist. (Eine vollständige Liste der C-Schlüsselwörter finden Sie in Anhang B.)

Tabelle 3.2 gibt einige Beispiele für zulässige und nicht zulässige C-Variablennamen an.

Variablenname	**Zulässigkeit**
`Prozent`	erlaubt
`y2x5__fg7h`	erlaubt
`gewinn_pro_jahr`	erlaubt
`_steuer1990`	erlaubt, aber nicht empfohlen
`sparkasse#konto`	nicht zulässig: enthält das Zeichen #
`double`	nicht zulässig: ist ein C-Schlüsselwort
`9winter`	nicht zulässig: erstes Zeichen ist eine Ziffer

Tabelle 3.2: Beispiele für zulässige und nicht zulässige Variablennamen

Da C die Groß-/Kleinschreibung von Namen beachtet, sind `prozent`, `PROZENT` und `Prozent` drei unterschiedliche Variablennamen. C-Programmierer verwenden oftmals nur Kleinbuchstaben in Variablennamen, obwohl das nicht erforderlich ist. Die durchgängige Großschreibung ist dagegen für Konstanten (siehe später in dieser Lektion) üblich.

Bei vielen Compilern kann ein Variablenname bis zu 31 Zeichen lang sein. (Tatsächlich kann er sogar länger sein, der Compiler betrachtet aber nur die ersten 31 Zeichen des Namens.) Damit lassen sich Namen erzeugen, die etwas über die gespeicherten Daten aussagen. Wenn zum Beispiel ein Programm Darlehenszahlungen berechnet, könnte es den Wert der ersten Zinsrate in einer Variablen namens `zins_rate` speichern. Aus dem Variablennamen geht die Verwendung klar hervor. Man hätte auch eine Variable namens `x` oder sogar `johnny_carson` erzeugen können; für den Compiler spielt das keine Rolle. Falls sich aber ein anderer Programmierer Ihren Quelltext ansieht, bleibt ihm die Bedeutung derartiger Variablen völlig im Dunkeln. Auch wenn es etwas mehr Aufwand bedeutet, aussagekräftige Variablennamen einzutippen, der besser verständliche Quelltext ist diese Mühe allemal wert.

Es gibt zahlreiche Namenskonventionen für Variablennamen, die sich aus mehreren Wörtern zusammensetzen. Ein Beispiel haben Sie schon gesehen: `zins_rate`. Wenn man die Wörter durch einen Unterstrich voneinander absetzt, lässt sich der Variablenname leicht interpretieren. Der zweite Stil heißt *Kamelnotation*. Anstelle von Leerzeichen (die der Unterstrich verkörpern soll) schreibt man den ersten Buchstaben jedes Wortes groß und alle Wörter zusammen. Die Variable des Beispiels hat dann den Namen `ZinsRate`. Die Kamelnotation gewinnt immer mehr Anhänger, weil sich ein Großbuchstabe leichter eingeben lässt als der Unterstrich. Das Buch verwendet allerdings Variablennamen mit Unterstrichen, da derartige Namen besser zu erkennen sind. Entscheiden Sie selbst, welchem Stil Sie sich anschließen oder ob Sie einen eigenen entwickeln wollen.

Was Sie tun sollten	Was nicht
Verwenden Sie Variablennamen, die aussagekräftig sind. Entscheiden Sie sich für eine Schreibweise der Variablennamen und behalten Sie diesen Stil dann durchgängig bei.	Beginnen Sie Variablennamen nicht mit einem Unterstrich, sofern es nicht erforderlich ist. Verzichten Sie auf die durchgängige Großschreibung von Variablennamen. Diese Schreibweise hat sich für Konstanten eingebürgert.

Nummerische Variablentypen

C bietet mehrere Datentypen für numerische Variablen. Unterschiedliche Variablentypen sind erforderlich, da einerseits die verschiedenartigen numerischen Werte einen unterschiedlichen Speicherbedarf haben und andererseits die ausführbaren mathematischen Operationen nicht für alle Typen gleich sind. Kleine Ganzzahlen (zum Beispiel `1`, `199` und `-8`) erfordern weniger Speicher und der Computer kann mathematische Operationen mit derartigen Zahlen sehr schnell ausführen. Im Gegensatz dazu erfordern große Ganzzahlen und Gleitkommazahlen (beispielsweise `123000000`, `3.14` und `0.000000000871256`) mehr Speicherplatz und auch wesentlich mehr Zeit bei mathematischen Operationen. Wenn man die jeweils passenden Variablentypen wählt, kann man ein Programm effizienter machen.

Die numerischen C-Variablen lassen sich in zwei Kategorien einteilen:

- Integer-Variablen nehmen Werte auf, die keinen gebrochenen Anteil haben (d.h. nur ganze Zahlen). Dieser Datentyp hat zwei Varianten: Vorzeichenbehaftete Integer-Variablen können sowohl positive als auch negative Werte (und 0) speichern, während vorzeichenlose Integer-Variablen nur positive Werte (und 0) aufnehmen können.
- Gleitkommavariablen speichern Werte, die einen gebrochenen Anteil haben (d.h. Realzahlen).

Innerhalb dieser Kategorien gibt es zwei oder mehrere spezifische Variablentypen. Tabelle 3.3 fasst diese Datentypen zusammen und gibt auch den Speicherbedarf in Bytes an, den eine einzelne Variable des jeweiligen Typs auf einem Computer mit 16-Bit-Architektur belegt.

Variablentyp	**Schlüsselwort**	**Erforderliche Bytes**	**Wertebereich**
Zeichen	`char`	1	-128 bis 127
Ganzzahl	`int`	2	-32768 bis 32767
kurze Ganzzahl	`short`	2	-32768 bis 32767
lange Ganzzahl	`long`	4	-2147483648 bis 2147483647
Zeichen ohne Vorzeichen	`unsigned char`	1	0 bis 255
Ganzzahl ohne Vorzeichen	`unsigned int`	2	0 bis 65535
kurze Ganzzahl ohne Vorzeichen	`unsigned short`	2	0 bis 65535
lange Ganzzahl ohne Vorzeichen	`unsigned long`	4	0 bis 4294967295
Gleitkommazahl einfacher Genauigkeit	`float`	4	ca. -3.4E38 bis -1.2E-38 und 1.2E-38 bis 3.4E38 (Genauigkeit 7 Dezimalziffern)
Gleitkommazahl doppelter Genauigkeit	`double`	8	ca. -1.8E308 bis -4.9E-324 und 4.9E-308 bis 1.8E308 (Genauigkeit 19 Dezimalziffern)

Tabelle 3.3: Nummerische Datentypen in C

Hinweis

In Tabelle 3.3 sind die für `float` und `double` angegebenen Wertebereiche von der internen Darstellung, d.h. der binären Codierung abhängig. Die *Genauigkeit* gibt die Anzahl der signifikanten Stellen an, die nach der Umwandlung aus dem binären in das dezimale Format unter Beachtung von Rundungsfehlern als sicher gelten.

Wie Sie Tabelle 3.3 entnehmen können, sind die Variablentypen `int` und `short` identisch. Weshalb braucht man dann zwei verschiedene Datentypen? Die Variablentypen `int` und `short` sind auf 16-Bit-Intel-Systemen (PCs) tatsächlich identisch, können sich aber auf anderen Plattformen unterscheiden. Beispielsweise haben die Typen `int` und `short` auf VAX-Systemen nicht die gleiche Größe. Hier belegt ein `short` 2 Bytes, während ein `iNT` 4 Bytes benötigt. Denken Sie immer daran, dass C eine flexible und portable Sprache ist und deshalb zwei unterschiedliche Schlüsselwörter für die beiden Typen bereitstellt. Wenn Sie auf einem PC arbeiten, können Sie `int` und `short` gleichberechtigt verwenden.

Um eine Integer-Variable mit einem Vorzeichen zu versehen, ist kein spezielles Schlüsselwort erforderlich, da Integer-Variablen per Vorgabe ein Vorzeichen aufweisen. Optional kann man aber das Schlüsselwort `signed` angeben. Die in Tabelle 3.3 gezeigten Schlüsselwörter verwendet man in Variablendeklarationen, auf die der nächste Abschnitt eingeht.

Mit dem in Listing 3.1 vorgestellten Programm können Sie die Größe der Variablen für Ihren Computer ermitteln. Es kann durchaus sein, dass die Ausgaben des Programms nicht mit den weiter unten angegebenen Werten übereinstimmen.

Listing 3.1: Ein Programm, das die Größe von Variablentypen anzeigt

```
/* sizeof.c--Gibt die Größe der C-Datentypen in */
/*           Bytes aus */

#include <stdio.h>

int main()
{

    printf( "\nEin char      belegt %d Bytes", sizeof( char ));
    printf( "\nEin int       belegt %d Bytes", sizeof( int ));
    printf( "\nEin short     belegt %d Bytes", sizeof( short ));
    printf( "\nEin long      belegt %d Bytes", sizeof( long ));
    printf( "\nEin unsigned char  belegt %d Bytes", sizeof( unsigned char
));
    printf( "\nEin unsigned int   belegt %d Bytes", sizeof( unsigned int ));
    printf( "\nEin unsigned short belegt %d Bytes", sizeof( unsigned short
));
```

```
16:        printf( "\nEin unsigned long  belegt %d Bytes", sizeof( unsigned long
));
17:        printf( "\nEin float      belegt %d Bytes", sizeof( float ));
18:        printf( "\nEin double     belegt %d Bytes\n", sizeof( double ));
19:
20:        return 0;
21:    }
```

Ausgabe

```
Ein char        belegt 1 Bytes
Ein int         belegt 2 Bytes
Ein short       belegt 2 Bytes
Ein long        belegt 4 Bytes
Ein unsigned char  belegt 1 Bytes
Ein unsigned int   belegt 2 Bytes
Ein unsigned short belegt 2 Bytes
Ein unsigned long  belegt 4 Bytes
Ein float       belegt 4 Bytes
Ein double      belegt 8 Bytes
```

Wie die Ausgabe zeigt, gibt das Programm von Listing 3.1 genau an, wie viel Bytes jeder Variablentyp auf Ihrem Computer belegt. Wenn Sie mit einem 16-Bit-PC arbeiten, sollten die Ausgaben den in Tabelle 3.3 gezeigten Werten entsprechen.

Momentan brauchen Sie noch nicht zu versuchen, alle einzelnen Komponenten des Programms zu verstehen. Auch wenn einige Elemente wie zum Beispiel `sizeof` neu sind, sollten Ihnen andere bekannt vorkommen. Die Zeilen 1 und 2 sind Kommentare, die den Namen des Programms und eine kurze Beschreibung angeben. Zeile 4 bindet die Header-Datei für die Standard-Ein-/Ausgabe ein, um die Informationen auf dem Bildschirm ausgeben zu können. In diesem einfachen Beispielprogramm gibt es nur eine einzige Funktion, nämlich `main` in den Zeilen 7 bis 21. Die Zeilen 9 bis 18 bilden den Kern des Programms. Jede dieser Zeilen gibt eine verbale Beschreibung mit der Größe jedes Variablentyps aus, wobei das Programm die Größe der Variablen mit dem Operator `sizeof` ermittelt. In Lektion 19 erfahren Sie Näheres zu diesem Operator. Zeile 20 gibt den Wert 0 an das Betriebssystem zurück, bevor das Programm endet.

Auch wenn die Größe der Datentypen je nach Computerplattform unterschiedlich sein kann, gibt C Dank des ANSI-Standards einige Garantien. Auf die folgenden fünf Dinge können Sie sich verlassen:

- Die Größe eines `char` beträgt ein Byte.
- Die Größe eines `short` ist kleiner oder gleich der Größe eines `int`.

- Die Größe eines `int` ist kleiner oder gleich der Größe eines `long`.
- Die Größe eines `unsigned int` ist gleich der Größe eines `int`.
- Die Größe eines `float` ist kleiner oder gleich der Größe eines `double`.

Variablendeklarationen

Bevor man eine Variable in einem C-Programm verwenden kann, muss man sie deklarieren. Eine Variablendeklaration teilt dem Compiler den Namen und den Typ der Variablen mit. Die Deklaration kann die Variable auch mit einem bestimmten Wert initialisieren. Wenn ein Programm versucht, eine vorher nicht deklarierte Variable zu verwenden, liefert der Compiler eine Fehlermeldung. Eine Variablendeklaration hat die folgende Form:

```
Typbezeichner Variablenname;
```

Der *Typbezeichner* gibt den Variablentyp an und muss einem der in Tabelle 3.3 gezeigten Schlüsselwörter entsprechen. Der *Variablenname* gibt den Namen der Variablen an und muss den weiter vorn angegebenen Regeln genügen. Auf ein und derselben Zeile kann man mehrere Variablen desselben Typs deklarieren, wobei die einzelnen Variablennamen durch Kommas zu trennen sind:

```
int zaehler, zahl, start;       /* Drei Integer-Variablen */
float prozent, total;           /* Zwei Gleitkommavariablen */
```

Wie Lektion 12 zeigt, ist der Ort der Variablendeklaration im Quellcode wichtig, weil er die Art und Weise beeinflusst, in der ein Programm die Variablen verwenden kann. Fürs Erste können Sie aber alle Variablendeklarationen zusammen unmittelbar vor der Funktion `main` angeben.

Das Schlüsselwort typedef

Mit dem Schlüsselwort `typedef` lässt sich ein neuer Name für einen vorhandenen Datentyp erstellen. Im Grunde erzeugt `typedef` ein Synonym. Beispielsweise erstellt die Anweisung

```
typedef int integer;
```

die Bezeichnung `integer` als Synonym für `int`. Von nun an können Sie Variablen vom Typ `int` mit dem Synonym `integer` wie im folgenden Beispiel definieren:

```
integer zaehler;
```

Beachten Sie, dass `typedef` keinen neuen Datentyp erstellt, sondern lediglich die Verwendung eines anderen Namens für einen vordefinierten Datentyp erlaubt. Das Schlüsselwort `typedef` verwendet man vor allem in Verbindung mit zusammengesetzten Datentypen, wie es Lektion 11 zum Thema Strukturen erläutert. Ein zusammengesetzter Datentyp besteht aus einer Kombination der in der heutigen Lektion vorgestellten Datentypen.

Variablen initialisieren

Wenn man eine Variable deklariert, weist man den Compiler an, einen bestimmten Speicherbereich für die Variable zu reservieren. Allerdings legt man dabei nicht fest, welcher Wert – d.h. der Wert der Variablen – in diesem Bereich zu speichern ist. Dies kann der Wert 0 sein, aber auch irgendein zufälliger Wert. Bevor Sie eine Variable verwenden, sollten Sie ihr immer einen bekannten Anfangswert zuweisen. Das können Sie unabhängig von der Variablendeklaration mit einer Zuweisungsanweisung wie im folgenden Beispiel erreichen:

```
int zaehler;        /* Speicherbereich für die Variable zaehler reservieren */
zaehler = 0;        /* Den Wert 0 in der Variablen zaehler speichern */
```

Das Gleichheitszeichen in dieser Anweisung ist der Zuweisungsoperator der Sprache C. Auf diesen und andere Operatoren geht Lektion 4 näher ein. Hier sei lediglich erwähnt, dass das Gleichheitszeichen in der Programmierung nicht die gleiche Bedeutung hat wie in der Mathematik. Wenn man zum Beispiel

```
x = 12
```

als algebraischen Ausdruck betrachtet, bedeutet das: »x ist gleich 12«. In C dagegen drückt das Gleichheitszeichen den folgenden Sachverhalt aus: »Weise den Wert 12 an die Variable x zu.«

Variablen kann man in einem Zug mit der Deklaration initialisieren. Dazu schreibt man in der Deklarationsanweisung nach dem Variablennamen ein Gleichheitszeichen und den gewünschten Anfangswert:

```
int zaehler = 0;
double prozent = 0.01, steuersatz = 28.5;
```

Achten Sie darauf, eine Variable nicht mit einem Wert außerhalb des zulässigen Bereichs zu initialisieren. Zum Beispiel sind folgende Initialisierungen fehlerhaft:

```
int gewicht = 100000;
unsigned int wert = -2500;
```

Derartige Fehler bemängelt der C-Compiler nicht. Sie können das Programm kompilieren und linken, erhalten aber unerwartete Ergebnisse, wenn das Programm läuft.

Was Sie tun sollten	Was nicht
Stellen Sie fest, wie viel Bytes die einzelnen Variablentypen auf Ihrem Computer belegen.	Verwenden Sie keine Variable, die noch nicht initialisiert ist. Die Ergebnisse sind andernfalls nicht vorhersagbar.
Verwenden Sie `typedef`, um Ihre Programme verständlicher zu machen.	Verwenden Sie keine Variablen der Typen `float` oder `double`, wenn Sie lediglich Ganzzahlen speichern. Es funktioniert zwar, ist aber nicht effizient.
Initialisieren Sie Variablen wenn möglich bereits bei ihrer Deklaration.	Versuchen Sie nicht, Zahlen in Variablen zu speichern, deren Typ für die Größe der Zahl nicht ausreicht.
	Schreiben Sie keine negativen Zahlen in Variablen, die einen `unsigned` Typ haben.

Konstanten

Wie eine Variable ist auch eine *Konstante* ein Speicherbereich für Daten, mit dem ein Programm arbeitet. Im Gegensatz zu einer Variablen lässt sich der in einer Konstanten gespeicherte Wert während der Programmausführung nicht ändern. C kennt zwei Arten von Konstanten für unterschiedliche Einsatzgebiete:

- Literale Konstanten
- Symbolische Konstanten

Literale Konstanten

Neuer Begriff

Eine *literale Konstante* ist ein Wert, den man direkt im Quellcode angibt. D.h. man schreibt den Wert an allen Stellen, wo er vorkommt, »wörtlich« (literal) aus:

```
int zaehler = 20;
float steuer_satz = 0.28;
```

Die Zahlen `20` und `0.28` sind literale Konstanten. Die obigen Anweisungen speichern diese Werte in den Variablen `zaehler` und `steuer_satz`. Während der Compiler eine literale Konstante mit Dezimalpunkt als Gleitkommakonstante ansieht, gilt eine Konstante ohne Dezimalpunkt als Integer-Konstante.

Hinweis

In C sind Gleitkommazahlen mit einem Punkt zu schreiben, d.h. nicht mit einem Komma wie es in deutschsprachigen Ländern üblich ist.

Enthält eine literale Konstante einen Dezimalpunkt, gilt sie als Gleitkommakonstante, die der C-Compiler durch eine Zahl vom Typ `double` darstellt. Gleitkommakonstanten lassen sich in der gewohnten Dezimalschreibweise wie in den folgenden Beispielen schreiben:

```
123.456
0.019
100.
```

Beachten Sie, dass in der dritten Konstanten nach der Zahl `100` ein Dezimalpunkt steht, auch wenn es sich um eine ganze Zahl handelt (d.h. eine Zahl ohne gebrochenen Anteil). Der Dezimalpunkt bewirkt, dass der C-Compiler die Konstante wie eine Gleitkommazahl vom Typ `double` behandelt. Ohne den Dezimalpunkt nimmt der Compiler eine Integer-Konstante an.

Gleitkommakonstanten können Sie auch in wissenschaftlicher Notation angeben, die sich vor allem für sehr große und sehr kleine Zahlen anbietet. In C schreibt man Zahlen in wissenschaftlicher Notation als Dezimalzahl mit einem nachfolgenden `E` oder `e` und dem Exponenten:

Zahl in wissenschaftlicher Notation	Zu lesen als
1.23E2	1.23 mal 10 hoch 2 oder 123
4.08e6	4.08 mal 10 hoch 6 oder 4080000
0.85e-4	0.85 mal 10 hoch minus 4 oder 0.000085

Eine Konstante ohne Dezimalpunkt stellt der Compiler als Integer-Zahl dar. Integer-Zahlen kann man in drei verschiedenen Notationen schreiben:

- Eine Konstante, die mit einer Ziffer außer 0 beginnt, gilt als Dezimalzahl (d.h. eine Zahl im gewohnten Dezimalsystem, dem Zahlensystem zur Basis 10). Dezimale Konstanten können die Ziffern 0 bis 9 und ein führendes Minus- oder Pluszeichen enthalten. (Zahlen ohne vorangestelltes Minus- oder Pluszeichen sind wie gewohnt positiv.)
- Eine Konstante, die mit der Ziffer 0 beginnt, interpretiert der Compiler als oktale Ganzzahl (d.h. eine Zahl im Zahlensystem zur Basis 8). Oktale Konstanten können die Ziffern 0 bis 7 und ein führendes Minus- oder Pluszeichen enthalten.
- Eine Konstante, die mit 0x oder 0X beginnt, stellt eine hexadezimale Konstante dar (d.h. eine Zahl im Zahlensystem zur Basis 16). Hexadezimale Konstanten kön-

nen die Ziffern 0 bis 9, die Buchstaben A bis F und ein führendes Minus- oder Pluszeichen enthalten.

Hinweis

Im Anhang C finden Sie eine umfassende Erläuterung der dezimalen und hexadezimalen Notation.

Symbolische Konstanten

Neuer Begriff

Eine *symbolische Konstante* ist eine Konstante, die durch einen Namen (Symbol) im Programm dargestellt wird. Wie eine literale Konstante kann sich auch der Wert einer symbolischen Konstanten nicht ändern. Wenn Sie in einem Programm auf den Wert einer symbolischen Konstanten zugreifen wollen, verwenden Sie den Namen dieser Konstanten genau wie bei einer Variablen. Den eigentlichen Wert der symbolischen Konstanten muss man nur einmal eingeben, wenn man die Konstante definiert.

Symbolische Konstanten haben gegenüber literalen Konstanten zwei wesentliche Vorteile, wie es die folgenden Beispiele verdeutlichen. Nehmen wir an, dass Sie in einem Programm eine Vielzahl von geometrischen Berechnungen durchführen. Dafür benötigt das Programm häufig den Wert für die Kreiszahl π (ungefähr 3.14). Um zum Beispiel den Umfang und die Fläche eines Kreises bei gegebenem Radius zu berechnen, schreibt man:

```
umfang = 3.14 * ( 2 * radius );
flaeche = 3.14 * ( radius ) * ( radius );
```

Das Sternchen (*) stellt den Multiplikationsoperator von C dar. (Operatoren sind Gegenstand von Tag 4.) Die erste Anweisung bedeutet: »Multipliziere den in der Variablen `radius` gespeicherten Wert mit `2` und multipliziere dieses Ergebnis mit `3.14`. Weise dann das Ergebnis an die Variable `umfang` zu.«

Wenn Sie allerdings eine symbolische Konstante mit dem Namen `PI` und dem Wert `3.14` definieren, können Sie die obigen Anweisungen wie folgt formulieren:

```
umfang = PI * ( 2 * radius );
flaeche = PI * ( radius ) * ( radius );
```

Der Code ist dadurch verständlicher. Statt darüber zu grübeln, ob mit `3.14` tatsächlich die Kreiszahl gemeint ist, erkennt man diese Tatsache unmittelbar aus dem Namen der symbolischen Konstanten.

Der zweite Vorteil von symbolischen Konstanten zeigt sich, wenn man eine Konstante ändern muss. Angenommen, Sie wollen in den obigen Beispielen mit einer größeren Genauigkeit rechnen. Dazu geben Sie den Wert `PI` mit mehr Dezimalstellen an: `3.14159` statt `3.14`. Wenn Sie literale Konstanten im Quelltext geschrieben haben, müssen Sie den gesamten Quelltext durchsuchen und jedes Vorkommen des Wertes `3.14` in `3.14159` ändern. Mit einer symbolischen Konstanten ist diese Änderung nur ein einziges Mal erforderlich, und zwar in der Definition der Konstanten.

Symbolische Konstanten definieren

In C lassen sich symbolische Konstanten nach zwei Verfahren definieren: mit der Direktive `#define` und mit dem Schlüsselwort `const`. Die `#define`-Direktive verwendet man wie folgt:

```
#define KONSTANTENNAME wert
```

Damit erzeugt man eine Konstante mit dem Namen `KONSTANTENNAME` und dem Wert, der in `wert` als literale Konstante angegeben ist. Der Bezeichner `KONSTANTENNAME` folgt den gleichen Regeln wie sie weiter vorn für Variablennamen genannt wurden. Per Konvention schreibt man Namen von Konstanten durchgängig in Großbuchstaben. Damit lassen sie sich leicht von Variablen unterscheiden, deren Namen man per Konvention in Kleinbuchstaben oder in gemischter Schreibweise schreibt. Für das obige Beispiel sieht die `#define`-Direktive für eine Konstante `PI` wie folgt aus:

```
#define PI 3.14159
```

Beachten Sie, dass Zeilen mit `#define`-Direktiven nicht mit einem Semikolon enden. Man kann zwar `#define`-Direktiven an beliebigen Stellen im Quellcode angeben, allerdings wirken sie nur auf die Teile des Quellcodes, die nach der `#define`-Direktive stehen. In der Regel gruppiert man alle `#define`-Direktiven an einer zentralen Stelle am Beginn der Datei und vor dem Start der Funktion `main`.

Arbeitsweise von #define

Eine `#define`-Direktive weist den Compiler Folgendes an: »Ersetze im Quellcode die Zeichenfolge `KONSTANTENNAME` durch `wert`.« Die Wirkung ist genau die Gleiche, als wenn man mit dem Editor den Quellcode durchsucht und jede Ersetzung manuell vornimmt. Beachten Sie, dass `#define` keine Zeichenfolgen ersetzt, wenn diese Bestandteil eines längeren Namens, Teil eines Kommentars oder in Anführungszeichen eingeschlossen sind. Zum Beispiel wird das Vorkommen von `PI` in der zweiten und dritten Zeile nicht ersetzt:

```
#define PI 3.14159
/* Sie haben eine Konstante für PI definiert. */
#define PIPETTE 100
```

Hinweis

Die `#define`-Direktive gehört zu den Präprozessoranweisungen von C, auf die Tag 21 umfassend eingeht.

Konstanten mit dem Schlüsselwort const definieren

Eine symbolische Konstante kann man auch mit dem Schlüsselwort `const` definieren. Das Schlüsselwort `const` ist ein Modifizierer, der sich auf jede Variablendeklaration anwenden lässt. Eine als `const` deklarierte Variable lässt sich während der Programmausführung nicht modifizieren, sondern nur zum Zeitpunkt der Deklaration initialisieren. Dazu einige Beispiele:

```
const int zaehler = 100;
const float pi = 3.14159;
const long schulden = 12000000, float steuer_satz = 0.21;
```

Das Schlüsselwort `const` bezieht sich auf alle Variablen der Deklarationszeile. In der letzten Zeile sind `schulden` und `steuer_satz` symbolische Konstanten. Wenn ein Programm versucht, eine als `const` deklarierte Variable zu verändern, erzeugt der Compiler eine Fehlermeldung, wie es beispielsweise bei folgendem Code der Fall ist:

```
const int zaehler = 100;
zaehler = 200;   /* Wird nicht kompiliert! Der Wert einer Konstanten kann */
                 /* weder neu zugewiesen noch geändert werden. */
```

Welche praktischen Unterschiede bestehen zwischen symbolischen Konstanten, die man mit der `#define`-Direktive erzeugt, und denjenigen mit dem Schlüsselwort `const`? Das Ganze hat mit Zeigern und dem Gültigkeitsbereich von Variablen zu tun. Hierbei handelt es sich um zwei sehr wichtige Aspekte der C-Programmierung, auf die die Tage 9 und 12 näher eingehen.

Das folgende Programm demonstriert, wie man Variablen deklariert sowie literale und symbolische Konstanten verwendet. Das in Listing 3.2 wiedergegebene Programm fragt den Benutzer nach seinem Gewicht (in Pfund) und Geburtsjahr ab. Dann rechnet es das Gewicht in Gramm um und berechnet das Alter für das Jahr 2010. Das Programm können Sie entsprechend der in Lektion 1 vorgestellten Schritte eingeben, kompilieren und ausführen.

Listing 3.2: Ein Programm, das die Verwendung von Variablen und Konstanten zeigt

```
/* Zeigt Verwendung von Variablen und Konstanten */
#include <stdio.h>

/* Konstante zur Umrechnung von Pfund in Gramm definieren */
#define GRAMM_PRO_PFUND 454

/* Konstante für Beginn des nächsten Jahrzehnts definieren */
const int ZIEL_JAHR = 2010;

/* Erforderliche Variablen deklarieren */
```

```
11:   long gewicht_in_gramm, gewicht_in_pfund;
12    int jahr_der_geburt, alter_in_2010;
13:
14:   int main()
15:   {
16:       /* Daten vom Benutzer einlesen */
17:
18:       printf("Bitte Ihr Gewicht in Pfund eingeben: ");
19:       scanf("%d", &gewicht_in_pfund);
20:       printf("Bitte Ihr Geburtsjahr eingeben: ");
21:       scanf("%d", &jahr_der_geburt);
22:
23:       /* Umrechnungen durchführen */
24:
25:       gewicht_in_gramm = gewicht_in_pfund * GRAMM_PRO_PFUND;
26:       alter_in_2010 = ZIEL_JAHR - jahr_der_geburt;
27:
28:       /* Ergebnisse auf Bildschirm ausgeben */
29:
30:       printf("\nIhr Gewicht in Gramm = %ld", gewicht_in_gramm);
31:       printf("\nIm Jahr 2010 sind Sie %d Jahre alt.\n", alter_in_2010);
32:
33:       return 0;
34:   }
```

Eingabe/Ausgabe

```
Bitte Ihr Gewicht in Pfund eingeben: 175
Bitte Ihr Geburtsjahr eingeben: 1960

Ihr Gewicht in Gramm = 79450
Im Jahr 2010 sind Sie 50 Jahre alt.
```

Analyse

Das Programm deklariert in den Zeilen 5 und 8 zwei Arten von symbolischen Konstanten. Mit der in Zeile 5 deklarierten Konstante lässt sich die Umrechnung von Pfund in Gramm verständlicher formulieren, wie es in Zeile 25 geschieht. Die Zeilen 11 und 12 deklarieren Variablen, die in anderen Teilen des Programms zum Einsatz kommen. Aus den beschreibenden Namen wie `gewicht_in_gramm` lässt sich die Bedeutung einer Berechnung leichter nachvollziehen. Die Zeilen 18 und 20 geben Aufforderungstexte auf dem Bildschirm aus. Auf die Funktion `printf` geht das Buch später im Detail ein. Damit der Benutzer auf die Aufforderungen reagieren kann, verwenden die Zeilen 19 und 21 eine weitere Bibliotheksfunktion, `scanf`, mit der sich Eingaben über die Tastatur entgegennehmen lassen. Auch zu dieser Funktion erfahren Sie später mehr. Die Zeilen 25 und 26 berechnen das Gewicht des Benutzers in Gramm und sein Alter im Jahr 2010. Diese und andere Anweisungen kommen in der morgigen Lektion zur Sprache. Am Ende des Programms zeigen die Zeilen 30 und 31 die Ergebnisse für den Benutzer an.

Was Sie tun sollten	Was nicht
Verwenden Sie symbolische Konstanten, um Ihr Programm verständlicher zu formulieren.	Versuchen Sie nicht, den Wert einer Konstanten nach der Initialisierung erneut zuzuweisen.

Zusammenfassung

Die heutige Lektion hat sich mit numerischen Variablen beschäftigt, die man in einem C-Programm verwendet, um Daten während der Programmausführung zu speichern. Dabei haben Sie zwei Kategorien von numerischen Variablen kennen gelernt – Ganzzahlen (Integer) und Gleitkommazahlen. Innerhalb dieser Kategorien gibt es spezielle Variablentypen. Welchen Variablentyp – `int`, `long`, `float` oder `double` – man für eine bestimmte Anwendung einsetzt, hängt von der Natur der Daten ab, die in der Variablen zu speichern sind. Es wurde auch gezeigt, dass man in einem C-Programm eine Variable zuerst deklarieren muss, bevor man sie verwenden kann. Eine Variablendefinition informiert den Compiler über den Namen und den Typ der Variablen.

Ein weiteres Thema dieser Lektion waren Konstanten. Dabei haben Sie die beiden Konstantentypen von C – literale und symbolische Konstanten – kennen gelernt. Im Gegensatz zu Variablen lässt sich der Wert einer Konstanten während der Programmausführung nicht verändern. Literale Konstanten geben Sie direkt in den Quelltext ein, wann immer der entsprechende Wert erforderlich ist. Symbolischen Konstanten ist ein Name zugewiesen, und unter diesem Namen beziehen Sie sich im Quelltext auf den Wert der Konstanten. Symbolische Konstanten erzeugt man mit der `#define`-Direktive oder mit dem Schlüsselwort `const`.

Fragen und Antworten

F Variablen vom Typ `long int` können größere Werte speichern. Warum verwendet man nicht immer diesen Typ anstelle von `int`?

A *Eine Variable vom Typ* `long int` *belegt mehr Hauptspeicher als der kleinere Typ* `int`. *In kurzen Programmen stellt das zwar kein Problem dar, bei umfangreichen Programmen sollte man aber den verfügbaren Speicher möglichst effizient nutzen.*

F Was passiert, wenn ich eine Zahl mit gebrochenem Anteil an eine Integer-Variable zuweise?

A *Zahlen mit gebrochenem Anteil kann man durchaus einer Variablen vom Typ* `int` *zuweisen. Wenn Sie eine konstante Variable verwenden, gibt der Compiler möglicherweise eine Warnung aus. Der zugewiesene Wert wird am Dezimalpunkt abgeschnitten. Wenn Sie zum Beispiel* `3.14` *an eine Integer-Variable namens* `pi` *zuweisen, enthält* `pi` *den Wert* `3`. *Der gebrochene Anteil* `.14` *geht schlicht und einfach verloren.*

F Was passiert, wenn ich eine Zahl an eine Variable zuweise, deren Typ für die Zahl nicht groß genug ist?

A *Viele Compiler erlauben das, ohne einen Fehler zu signalisieren. Die Zahl wird dabei in der Art eines Kilometerzählers angepasst, d.h. wenn der Maximalwert überschritten ist, beginnt die Zählung wieder von vorn. Wenn Sie zum Beispiel* `32768` *an eine vorzeichenbehaftete Integer-Variable (Typ* `signed int`*) zuweisen, enthält die Variable am Ende den Wert* `-32768`. *Und wenn Sie dieser Integer-Variablen den Wert* `65535` *zuweisen, steht tatsächlich der Wert* `-1` *in der Variablen. Ziehen Sie den Maximalwert, den die Variable aufnehmen kann, vom zugewiesenen Wert ab. Damit erhalten Sie den Wert, der tatsächlich gespeichert wird.*

F Was passiert, wenn ich eine negative Zahl in eine vorzeichenlose Variable schreibe?

A *Wie in der vorherigen Antwort bereits erwähnt, bringt der Compiler wahrscheinlich keine Fehlermeldung. Er behandelt die Zahl genauso wie bei der Zuweisung einer zu großen Zahl. Wenn Sie zum Beispiel einer Variablen vom Typ* `unsigned int`*, die zwei Bytes lang ist, die Zahl* `-1` *zuweisen, nimmt der Compiler den größtmöglichen Wert, der sich in der Variablen speichern lässt (in diesem Fall* `65535`*).*

F Welche praktischen Unterschiede bestehen zwischen symbolischen Konstanten, die man mit der Direktive `#define` erzeugt, und Konstanten, die man mit dem Schlüsselwort `const` deklariert?

A *Die Unterschiede haben mit Zeigern und dem Gültigkeitsbereich von Variablen zu tun. Hierbei handelt es sich um zwei sehr wichtige Aspekte der C-Programmierung, auf die die Tage 9 und 12 eingehen. Fürs Erste sollten Sie sich merken, dass ein Programm verständlicher ist, wenn man Konstanten mit* `#define` *erzeugt.*

Workshop

Die Kontrollfragen im Workshop sollen Ihnen helfen, die neu erworbenen Kenntnisse zu den behandelten Themen zu festigen. Die Übungen geben Ihnen die Möglichkeit, praktische Erfahrungen mit dem gelernten Stoff zu sammeln. Die Antworten zu den Kontrollfragen und Übungen finden Sie im Anhang F.

Kontrollfragen

1. Worin besteht der Unterschied zwischen einer Integer-Variablen und einer Gleitkommavariablen?
2. Nennen Sie zwei Gründe, warum man eine Gleitkommavariable doppelter Genauigkeit (vom Typ `double`) anstelle einer Gleitkommavariablen einfacher Genauigkeit (Typ `float`) verwenden sollte.
3. Auf welche fünf Regeln des ANSI-Standards kann man sich immer verlassen, wenn man die Größen für Variablen reserviert?
4. Nennen Sie zwei Vorteile, die sich aus der Verwendung symbolischer Konstanten anstelle von literalen Konstanten ergeben.
5. Zeigen Sie zwei Verfahren, wie man eine symbolische Konstante mit dem Namen `MAXIMUM` und einem Wert von `100` erzeugt.
6. Welche Zeichen sind in C-Variablennamen erlaubt?
7. Welche Richtlinien sollten Sie befolgen, wenn Sie Namen für Variablen und Konstanten festlegen?
8. Worin liegt der Unterschied zwischen einer symbolischen und einer literalen Konstanten?
9. Welchen kleinsten Wert kann eine Variable vom Typ `int` speichern?

Übungen

1. Welcher Variablentyp eignet sich am besten, um die folgenden Werte zu speichern?
   a. Das Alter einer Person zum nächsten Jahr.
   b. Das Gewicht einer Person in Pfund.
   c. Der Radius eines Kreises.
   d. Das jährliche Gehalt.
   e. Der Preis eines Artikels.
   f. Die höchste Punktzahl in einem Test (angenommen, dass diese immer 100 ist).
   g. Die Temperatur.
   h. Das Eigenkapital einer Person.
   i. Die Entfernung zu einem Stern in Kilometern.
2. Geben Sie passende Variablennamen für die Werte aus Übung 1 an.
3. Schreiben Sie Deklarationen für die Variablen aus Übung 2.
4. Welche der folgenden Variablennamen sind gültig?
   a. `123variable`
   b. `x`
   c. `gesamt_stand`
   d. `Weight_in_#s`
   e. `eins`
   f. `brutto-preis`
   g. `RADIUS`
   h. `Radius`
   i. `radius`
   j. `eine_variable_die_die_breite_eines_rechtecks_speichert`

4

Anweisungen, Ausdrücke und Operatoren

Woche 1

C-Programme bestehen aus Anweisungen, und die meisten Anweisungen setzen sich aus Ausdrücken und Operatoren zusammen. Deshalb benötigen Sie zum Schreiben eines C-Programms gute Kenntnisse über Anweisungen, Ausdrücke und Operatoren. Heute lernen Sie

- was eine Anweisung ist,
- was ein Ausdruck ist,
- welche mathematischen, relationalen und logischen Operatoren C bietet,
- was man unter der Rangfolge der Operatoren versteht und
- wie man Bedingungen mit der `if`-Anweisung testet.

Anweisungen

Neuer Begriff

Eine *Anweisung* ist eine vollständige Vorschrift an den Computer, eine bestimmte Aufgabe auszuführen. Normalerweise nehmen Anweisungen in C eine ganze Zeile ein. Es gibt jedoch auch einige Anweisungen, die sich über mehrere Zeilen erstrecken. C-Anweisungen sind immer mit einem Semikolon abzuschließen (eine Ausnahme dazu bilden die Präprozessordirektiven `#define` und `#include`, die Tag 21 eingehender untersucht). Einige C-Anweisungen haben Sie bereits kennen gelernt. So ist zum Beispiel

```
x = 2 + 3;
```

eine Zuweisung. Sie weist den Computer an, die Werte 2 und 3 zu addieren und das Ergebnis der Variablen `x` zuzuweisen. Im Verlauf dieses Buches lernen Sie noch weitere Formen von Anweisungen kennen.

Whitespaces in Anweisungen

Neuer Begriff

Der Begriff *Whitespace* (»weißer Raum«) bezieht sich auf Leerzeichen, Tabulatoren und leere Zeilen in Ihrem Quelltext. Der C-Compiler ignoriert diese Whitespaces. Wenn der Compiler eine Anweisung im Quellcode liest, beachtet er nur die Zeichen in der Anweisung und das abschließende Semikolon, Whitespaces überspringt er einfach. Demzufolge ist die Anweisung

```
x=2+3;
```

äquivalent zu

```
x = 2 + 3;
```

aber auch äquivalent zu

```
x         =
2
     +
3  ;
```

Dadurch sind Sie sehr flexibel, was die Formatierung Ihres Quellcodes angeht. Eine Anordnung wie im letzten Beispiel ist jedoch unübersichtlich. Anweisungen sollten immer jeweils eine Zeile einnehmen und links und rechts von Variablen und Operatoren die gleichen Abstände aufweisen. Wenn Sie sich an die Formatierungskonventionen dieses Buches halten, können Sie nichts falsch machen. Mit zunehmender Erfahrung entwickeln Sie sicherlich einen eigenen Stil – lesbarer Code sollte aber immer Ihr oberstes Prinzip sein.

Die Regel, dass C Whitespaces ignoriert, hat natürlich auch eine Ausnahme: Tabulatoren und Leerzeichen innerhalb von literalen Stringkonstanten betrachtet der Compiler als Teil des Strings, d.h. der Compiler ignoriert diese Sonderzeichen nicht, sondern interpretiert sie als reguläre Zeichen. Ein *String* ist eine Folge von Zeichen. Literale Stringkonstanten sind Strings, die in Anführungszeichen stehen und die der Compiler (Leer-) Zeichen für (Leer-) Zeichen liest. Ein Beispiel für einen literalen String ist

```
"Franz jagt im komplett verwahrlosten Taxi quer durch Bayern."
```

Dieser literale String unterscheidet sich von:

```
"Franz   jagt   im   komplett   verwahrlosten   Taxi  quer  durch  Bayern."
```

Der Unterschied liegt in den zusätzlichen Leerzeichen. In literalen Strings werden Whitespace-Zeichen berücksichtigt.

Der folgende Code ist zwar extrem schlechter Stil, aber in C völlig legal:

```
printf(
"Hallo, Welt!"
);
```

Dagegen ist der folgende Code nicht zulässig:

```
printf("Hallo,
Welt!");
```

Um eine literale Stringkonstante auf der nächsten Zeile fortzusetzen, müssen Sie direkt vor dem Zeilenwechsel einen Backslash (\) einfügen. Folgendes Beispiel ist demnach zulässig:

```
printf("Hallo,\
Welt!");
```

Leeranweisungen erzeugen

Neuer Begriff

Wenn Sie ein vereinzeltes Semikolon allein in eine Zeile setzen, erzeugen Sie eine so genannte *Leeranweisung* – eine Anweisung, die keine Aufgabe ausführt. Dies ist in C absolut zulässig. Später in diesem Buch erfahren Sie, wofür Leeranweisungen nützlich sind.

Verbundanweisungen

Neuer Begriff

Eine *Verbundanweisung*, auch *Block* genannt, ist eine Gruppe von C-Anweisungen, die in geschweiften Klammern steht. Das folgende Beispiel zeigt einen Block:

```
{
    printf("Hallo, ");
    printf("Welt!");
}
```

In C kann man einen Block überall dort verwenden, wo auch eine einfache Anweisung stehen kann. In den Listings dieses Buches finden Sie viele Beispiele dafür. Beachten Sie, dass die geschweiften Klammern auch an einer anderen Position stehen können. Folgender Code ist demnach zu dem obigen Beispiel äquivalent:

```
{printf("Hallo, ");
printf("Welt!");}
```

Es ist ratsam, geschweifte Klammern jeweils allein in eigene Zeilen zu schreiben und damit den Anfang und das Ende eines Blockes deutlich sichtbar zu machen. Außerdem können Sie auf diese Art und Weise schneller feststellen, ob Sie eine Klammer vergessen haben.

Was Sie tun sollten	Was nicht
Gewöhnen Sie sich eine einheitliche Verwendung von Whitespace-Zeichen in Ihren Anweisungen an. Setzen Sie die geschweiften Klammern für Blöcke jeweils in eigene Zeilen. Dadurch ist der Code leichter zu lesen. Richten Sie die geschweiften Klammern für Blöcke untereinander aus, damit Sie Anfang und Ende eines Blocks auf einen Blick erkennen können.	Vermeiden Sie es, einfache Anweisungen über mehrere Zeilen zu schreiben, wenn dafür kein Grund besteht. Beschränken Sie nach Möglichkeit eine Anweisung auf eine einzige Zeile.

Ausdrücke

Neuer Begriff

In C versteht man unter einem *Ausdruck* alles, was einen nummerischen Wert zum Ergebnis hat. C-Ausdrücke können sowohl ganz einfach als auch sehr komplex sein.

Einfache Ausdrücke

Der einfachste C-Ausdruck besteht aus einem einzigen Element: Das kann eine einfache Variable, eine literale Konstante oder eine symbolische Konstante sein. Tabelle 4.1 zeigt einige Beispiele für Ausdrücke.

Ausdruck	Beschreibung
`PI`	Eine symbolische Konstante (im Programm definiert)
`20`	Eine literale Konstante.
`rate`	Eine Variable.
`-1.25`	Eine weitere literale Konstante.

Tabelle 4.1: Beispiele für C-Ausdrücke

Neuer Begriff

Eine *literale Konstante* stellt ihren Wert an sich dar. Eine *symbolische Konstante* ergibt den Wert, den Sie ihr mit der `#define`-Direktive zugewiesen haben. Der Wert einer Variablen ist der aktuell durch das Programm zugewiesene Wert.

Komplexe Ausdrücke

Neuer Begriff

Komplexe Ausdrücke sind im Grunde genommen nur einfache Ausdrücke, die durch Operatoren verbunden sind. So ist zum Beispiel

```
2 + 8
```

ein Ausdruck, der aus den zwei Unterausdrücken `2` und `8` und dem Additionsoperator + besteht. Der Ausdruck `2 + 8` liefert das Ergebnis `10`. Sie können in C auch sehr komplexe Ausdrücke schreiben:

```
1.25 / 8 + 5 * rate + rate * rate / kosten
```

Wenn ein Ausdruck mehrere Operatoren enthält, wird die Auswertung des Ausdrucks von der Rangfolge der Operatoren bestimmt. Auf die Rangfolge der Operatoren sowie Einzelheiten zu den Operatoren in C selbst geht dieses Kapitel später ein.

C-Ausdrücke weisen aber noch interessantere Eigenschaften auf. Sehen Sie sich die folgende Zuweisung an:

```
x = a + 10;
```

Diese Anweisung wertet den Ausdruck `a + 10` aus und weist das Ergebnis `x` zu. Darüber hinaus ist die ganze Anweisung `x = a + 10` als solche ein Ausdruck, der den Wert der Variablen links des Gleichheitszeichens liefert. Abbildung 4.1 verdeutlicht diesen Sachverhalt.

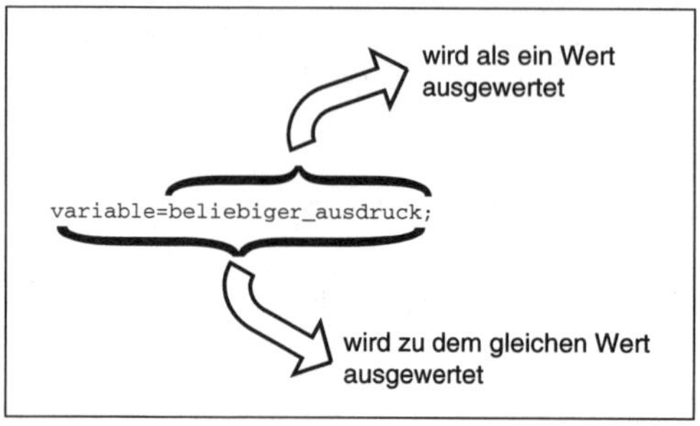

Abbildung 4.1: Eine Zuweisung ist selbst ein Ausdruck

Deshalb können Sie auch Anweisungen wie die Folgende schreiben, die den Wert des Ausdrucks `a + 10` sowohl der Variablen `x` als auch der Variablen `y` zuweist:

```
y = x = a + 10;
```

Es sind auch Anweisungen der folgenden Art möglich:

```
x = 6 + (y = 4 + 5);
```

In dieser Anweisung erhält `y` den Wert `9` und `x` den Wert `15`. Die Klammern sind erforderlich, damit sich die Anweisung kompilieren lässt. Auf Klammern geht dieses Kapitel später ein.

Operatoren

Neuer Begriff

Ein *Operator* ist ein Symbol, mit dem man in C eine Operation oder Aktion auf einem oder mehreren Operanden vorschreibt. Ein *Operand* ist das Element, das der Operator verarbeitet. In C sind alle Operanden Ausdrücke. Die C-Operatoren lassen sich in mehrere Kategorien aufteilen:

- Zuweisungsoperator
- Mathematische Operatoren
- Relationale Operatoren
- Logische Operatoren

Der Zuweisungsoperator

Der *Zuweisungsoperator* ist das Gleichheitszeichen (=). Seine Verwendung in der Programmierung unterscheidet sich von der, die Ihnen aus der normalen Mathematik her bekannt ist. Wenn Sie in einem C-Programm

```
x = y;
```

schreiben, ist damit nicht gemeint »x ist gleich y«. Hier bedeutet das Gleichheitszeichen »weise den Wert von y der Variablen x zu«. In einer C-Zuweisung kann die rechte Seite ein beliebiger Ausdruck sein, die linke Seite muss jedoch ein Variablenname sein. Die korrekte Syntax lautet demzufolge:

```
variable = ausdruck;
```

Das laufende Programm wertet den `ausdruck` aus und weist den daraus resultierenden Wert an `variable` zu.

Mathematische Operatoren

Die mathematischen Operatoren in C führen mathematische Operationen wie Addition und Subtraktion aus. C verfügt über zwei unäre und fünf binäre mathematische Operatoren.

Unäre mathematische Operatoren

Die *unären* mathematischen Operatoren wirken nur auf einen Operanden. In C gibt es zwei unäre mathematische Operatoren, die in Tabelle 4.2 aufgelistet sind.

Operator	**Symbol**	**Aktion**	**Beispiele**
Inkrement	++	Inkrementiert den Operanden um eins	`++x, x++`
Dekrement	--	Dekrementiert den Operanden um eins	`--x, x--`

Tabelle 4.2: Unäre mathematische Operatoren in C

Die Inkrement- und Dekrementoperatoren lassen sich ausschließlich auf Variablen und nicht auf Konstanten anwenden. Diese Operationen erhöhen bzw. verringern den Operanden um den Wert 1. Das heißt, die Anweisungen

```
++x;
--y;
```

sind äquivalent zu:

```
x = x + 1;
y = y - 1;
```

Wie aus Tabelle 4.2 hervorgeht, können die unären Operatoren sowohl vor dem Operanden (*Präfix*-Modus) als auch nach dem Operanden (*Postfix*-Modus) stehen. Der Unterschied zwischen beiden Modi besteht darin, wann die Inkrementierung bzw. Dekrementierung erfolgt.

- Im Präfix-Modus wirkt der Inkrement-/Dekrementoperator auf den Operanden, bevor er verwendet wird.
- Im Postfix-Modus wirkt der Inkrement-/Dekrementoperator auf den Operanden, nachdem er verwendet wurde.

Ein Beispiel soll dies veranschaulichen. Sehen Sie sich die folgenden Anweisungen an:

```
x = 10;
y = x++;
```

Nach Ausführung dieser Anweisungen hat `x` den Wert `11` und `y` den Wert `10`. Das Programm weist den Wert von `x` an `y` zu und inkrementiert erst dann den Wert von `x`. Im Gegensatz dazu führen die folgenden Anweisungen dazu, dass `y` und `x` beide den Wert `11` haben, da das Programm zuerst `x` inkrementiert und erst dann an `y` zuweist.

```
x = 10;
y = ++x;
```

Denken Sie daran, dass `=` der Zuweisungsoperator ist und keine »ist-gleich«-Anweisung. Als Gedächtnisstütze können Sie sich das `=`-Zeichen als »Fotokopier«-Operator vorstellen. Die Anweisung `y = x` bedeutet: »kopiere `x` nach `y`«. Nach diesem Kopiervorgang haben Änderungen an `x` keine Wirkung mehr auf `y`.

Das Programm in Listing 4.1 veranschaulicht den Unterschied zwischen dem Präfix- und dem Postfix-Modus.

Listing 4.1: Der Präfix- und der Postfix-Modus

```
/* Der Präfix- und der Postfix-Modus bei unären Operatoren */

#include <stdio.h>

int a, b;

int main(void)
{
    /* Setzt a und b gleich 5 */

    a = b = 5;

   /* Beide werden mehrfach ausgegeben und jedes Mal dekrementiert. */
   /* Für b wird der Präfix-Modus verwendet, für a der Postfix-Modus */
```

```
15:
16:     printf("\nPost  Prae");
17:     printf("\n%d    %d", a--, --b);
18:     printf("\n%d    %d", a--, --b);
19:     printf("\n%d    %d", a--, --b);
20:     printf("\n%d    %d", a--, --b);
21:     printf("\n%d    %d\n", a--, --b);
22:
23:     return 0;
24: }
```

Ausgabe

```
Post  Prae
5     4
4     3
3     2
2     1
1     0
```

Analyse

Dieses Programm deklariert in Zeile 5 die beiden Variablen `a` und `b`. Die Anweisung in Zeile 11 setzt die Variablen auf den Wert `5`. Wenn das Programm die `printf`-Anweisungen (Zeilen 17 bis 21) ausführt, dekrementiert es `a` und `b` jeweils um eins. Jede `printf`-Anweisung gibt zuerst `a` aus und dekrementiert dann den Wert, während `b` erst dekrementiert und dann ausgegeben wird.

Binäre mathematische Operatoren

Die binären mathematischen Operatoren in C wirken auf zwei Operanden. Tabelle 4.3 zeigt die binären Operatoren für die bei einem Computer üblichen arithmetischen Operationen.

Operator	**Symbol**	**Aktion**	**Beispiel**
Addition	+	Addiert zwei Operanden	x + y
Subtraktion	-	Subtrahiert den zweiten Operanden vom ersten Operanden	x – y
Multiplikation	*	Multipliziert zwei Operanden	x * y

Tabelle 4.3: Binäre mathematische Operatoren in C

Operator	Symbol	Aktion	Beispiel
Division	/	Dividiert den ersten Operanden durch den zweiten Operanden	x / y
Modulo-Operator	%	Liefert den Rest einer ganzzahligen Division des ersten Operanden durch den zweiten.	x % y

Tabelle 4.3: Binäre mathematische Operatoren in C

Die ersten vier Operatoren in Tabelle 4.3 setzt man wie gewohnt für die Grundrechenarten ein. Der fünfte Operator ist vielleicht neu für Sie. Der Modulo-Operator (`%`) liefert den Rest einer ganzzahligen Division zurück. So ist zum Beispiel `11 % 4` gleich 3 (das heißt 11 geteilt durch 4 ist gleich 2 mit dem Rest 3). Die folgenden Beispiele sollen diese Operation verdeutlichen:

```
100 % 9 ist gleich 1
10 % 5  ist gleich 0
40 % 6  ist gleich 4
```

Listing 4.2 zeigt, wie Sie mit dem Modulo-Operator eine große Sekundenzahl in Stunden, Minuten und Sekunden umwandeln können.

Listing 4.2: Beispiel für den Modulo-Operator

```
/* Beispiel für den Modulo-Operator. */
/* Liest eine Sekundenzahl ein und konvertiert diese */
/* in Stunden, Minuten und Sekunden. */

#include <stdio.h>

/* Definition von Konstanten */

#define SEK_PRO_MIN 60
#define SEK_PRO_STD 3600

unsigned sekunden, minuten, stunden, sek_rest, min_rest;

int main(void)
{
    /* Eingabe der Sekundenzahl */

    printf("Geben Sie eine Anzahl an Sekunden ein : ");
    scanf("%d", &sekunden);

    stunden = sekunden / SEK_PRO_STD;
```

```
22:       minuten = sekunden / SEK_PRO_MIN;
23:       min_rest = minuten % SEK_PRO_MIN;
24:       sek_rest = sekunden % SEK_PRO_MIN;
25:
26:       printf("%u Sekunden entsprechen ", sekunden);
27:       printf("%u h, %u min und %u s\n", stunden, min_rest, sek_rest);
28:
29:       return 0;
30:  }
```

```
Geben Sie eine Anzahl an Sekunden ein : 60
60 Sekunden entsprechen 0 h, 1 min, and 0 s
Geben Sie eine Anzahl an Sekunden ein : 10000
10000 Sekunden entsprechen 2 h, 46 min, and 40 s
```

Das Programm in Listing 4.2 hat den gleichen Aufbau wie alle vorigen Programme. Die Kommentare in den Zeilen 1 bis 3 beschreiben die Funktion des Programms. Zeile 4 ist eine reine Leerzeile und gehört somit zu den Whitespaces, mit denen man ein Programm übersichtlicher gestalten kann. Der Compiler ignoriert Leerzeilen genau so wie Whitespace-Zeichen in Anweisungen und Ausdrücken. Zeile 5 bindet die für dieses Programm notwendige Header-Datei ein. Die Zeilen 9 und 10 definieren zwei Konstanten, `SEK_PRO_MIN` und `SEK_PRO_STD`, um die Anweisungen verständlicher formulieren zu können. Zeile 12 deklariert alle benötigten Variablen. Manche Programmierer ziehen es vor, jede Variable auf einer eigenen Zeile zu deklarieren, statt sie alle in eine Zeile zu setzen. Doch dies ist, wie vieles in C, nur eine Frage des Stils. Beide Methoden sind erlaubt.

In Zeile 14 beginnt die Funktion `main`, die den Hauptteil des Programms enthält. Um Sekunden in Stunden und Minuten umzurechnen, muss man dem Programm zuerst die Werte übergeben, mit denen es arbeiten soll. Dazu gibt die Anweisung in Zeile 18 mit der `printf`-Funktion eine Eingabeaufforderung auf dem Bildschirm aus. Die Anweisung in der nächsten Zeile liest die eingegebene Zahl mithilfe der Funktion `scanf`. Die `scanf`-Anweisung speichert dann die umzuwandelnde Anzahl der Sekunden in der Variablen `sekunden`. Mehr zu den Funktionen `scanf` und `printf` erfahren Sie am Tag 7. Der Ausdruck in Zeile 21 dividiert die Anzahl der Sekunden durch die Konstante `SEK_PRO_STD`, um die Anzahl der Stunden zu ermitteln. Da `stunden` eine Integer-Variable ist, wird der Divisionsrest ignoriert. Zeile 22 verwendet die gleiche Logik, um die Gesamtzahl der Minuten für die eingegebene Sekundenzahl festzustellen. Da die in Zeile 22 errechnete Gesamtzahl der Minuten auch die Minuten für die Stunden enthält, verwendet Zeile 23 den Modulo-Operator, um die Gesamtzahl der Minuten durch die Anzahl an Minuten pro Stunde (entspricht dem Wert von SEK_PRO_MIN) zu teilen und so die restlichen Minuten zu erhalten. Zeile 24 führt eine ähnliche Berechnung zur Ermittlung der übrig gebliebenen Sekunden durch. Die Zeilen 26 und 27 dürften Ihnen inzwischen bekannt vorkommen, sie übernehmen die in den Ausdrücken errechneten Werte und geben sie aus. Zeile 29 beendet das Programm mit der return-Anweisung, die den Wert 0 an das Betriebssystem zurückgibt.

Klammern und die Rangfolge der Operatoren

Bei Ausdrücken mit mehreren Operatoren stellt sich die Frage, in welcher Reihenfolge das Programm die Operationen ausführt. Wie wichtig diese Frage ist, zeigt die folgende Zuweisung:

```
x = 4 + 5 * 3;
```

Führt das Programm die Addition zuerst aus, erhalten Sie als Ergebnis für x den Wert 27:

```
x = 9 * 3;
```

Hat dagegen die Multiplikation den Vorgang, sieht die Rechnung wie folgt aus:

```
x = 4 + 15;
```

Nach der sich anschließenden Addition erhält die Variable x den Wert 19. Es sind also Regeln für die Auswertungsreihenfolge der Operationen notwendig. In C ist diese so genannte *Operator-Rangfolge* streng geregelt. Jeder Operator hat eine bestimmte Priorität. Operatoren mit höherer Priorität kommen bei der Auswertung zuerst an die Reihe. Tabelle 4.4 zeigt die Rangfolge der mathematischen Operatoren in C. Die Zahl 1 bedeutet höchste Priorität und ein Programm wertet diese Operatoren zuerst aus.

Operatoren	**Relative Priorität**
++ --	1
* / %	2
+ -	3

Tabelle 4.4: Rangfolge der mathematischen Operatoren in C

Wie Tabelle 4.4 zeigt, gilt in allen C-Ausdrücken die folgende Reihenfolge für die Ausführung von Operationen:

- Unäre Inkrement- und Dekrementoperationen
- Multiplikation, Division und Modulo-Operation
- Addition und Subtraktion

Enthält ein Ausdruck mehrere Operatoren der gleichen Priorität, wertet das Programm die Operatoren von links nach rechts aus. So haben zum Beispiel in dem folgenden Ausdruck die Operatoren `%` und `*` die gleiche Priorität, aber `%` steht am weitesten links und wird deshalb auch zuerst ausgewertet:

```
12 % 5 * 2
```

Das Ergebnis dieses Ausdrucks lautet `4` (`12 % 5` ergibt `2`; `2` mal `2` ist `4`).

Kehren wir zum obigen Beispiel zurück. Nach der hier beschriebenen Operator-Rangfolge weist die Anweisung `x = 4 + 5 * 3;` der Variablen `x` den Wert `19` zu, da die Multiplikation vor der Addition erfolgt.

Was aber, wenn Sie bei der Berechnung Ihres Ausdrucks von der Rangfolge der Operatoren abweichen wollen? Wenn Sie etwa im obigen Beispiel erst `4` und `5` addieren und dann die Summe mit `3` multiplizieren wollen? In C können Sie mit Klammern auf die Auswertung des Ausdrucks beziehungsweise die Operator-Rangfolge Einfluss nehmen. Ein in Klammern gefasster Unterausdruck wird immer zuerst ausgewertet, unabhängig von der Rangfolge der Operatoren. So könnten Sie zum Beispiel schreiben:

```
x = (4 + 5) * 3;
```

C wertet den in Klammern gefassten Ausdruck `4 + 5` zuerst aus, so dass `x` in diesem Fall den Wert `27` erhält.

In einem Ausdruck können Sie mehrere Klammern verwenden und auch verschachteln. Bei verschachtelten Klammern wertet der Compiler die Klammern immer von innen nach außen aus. Sehen Sie sich den folgenden komplexen Ausdruck an:

```
x = 25 - (2 * (10 + (8 / 2)));
```

Die Auswertung dieses Ausdruck läuft wie folgt ab:

1. Zuerst wird der innerste Ausdruck, `8 / 2`, ausgewertet und ergibt den Wert `4`:

   ```
   25 - (2 * (10 + 4))
   ```

2. Eine Klammer weiter nach außen ergibt der Ausdruck `10 + 4` das Ergebnis `14`:

   ```
   25 - (2 * 14)
   ```

3. Anschließend liefert der Ausdruck `2 * 14` in der äußersten Klammer den Wert `28`:

   ```
   25 - 28
   ```

4. Schließlich wertet das Programm den letzten Ausdruck `25 - 28` aus und weist das Ergebnis `-3` der Variablen `x` zu:

   ```
   x = -3
   ```

Klammern können Sie auch einsetzen, um zum Beispiel in unübersichtlichen Ausdrücken die Beziehungen zwischen bestimmten Operationen zu verdeutlichen, ohne dass Sie die Rangfolge der Operatoren beeinflussen wollen. Klammern sind immer paarweise anzugeben, andernfalls erzeugt der Compiler eine Fehlermeldung.

Reihenfolge der Auswertung von Unterausdrücken

Wie bereits erwähnt, wertet der Compiler mehrere Operatoren der gleichen Priorität in einem C-Ausdruck immer von links nach rechts aus. So wird zum Beispiel im Ausdruck

```
w * x / y * z
```

zuerst `w` mit `x` multipliziert, dann das Ergebnis der Multiplikation durch `y` dividiert und schließlich das Ergebnis der Division mit `z` multipliziert.

Über die Prioritätsebenen hinweg ist die Auswertungsreihenfolge von links nach rechts nicht garantiert. Sehen Sie sich dazu folgendes Beispiel an:

```
w * x / y + z / y
```

Gemäß der Rangfolge wertet das Programm die Multiplikation und Division vor der Addition aus. In C gibt es jedoch keine Vorgabe, ob der Unterausdruck `w * x / y` oder `z / y` zuerst auszuwerten ist. Das folgende Beispiel soll verdeutlichen, warum diese Reihenfolge bedeutsam sein kann:

```
w * x / ++y + z / y
```

Wenn das Programm den linken Unterausdruck zuerst auswertet, wird `y` bei der Auswertung des zweiten Ausdrucks inkrementiert. Wertet es den rechten Ausdruck zuerst aus, wird `y` erst nach der Auswertung inkrementiert – das Ergebnis ist ein anderes. Deshalb sollten Sie in Ihren Programmen solche mehrdeutigen Ausdrücke vermeiden.

Eine Übersicht der Operator-Rangfolge finden Sie in Tabelle 4.12 am Ende der heutigen Lektion.

Was Sie tun sollten	Was nicht
Verwenden Sie Klammern, um die Auswertungsreihenfolge in Ausdrücken eindeutig festzulegen.	Formulieren Sie keine übermäßig komplexen Ausdrücke. Oft ist es sinnvoller, einen Ausdruck in zwei oder mehr Anweisungen aufzuspalten. Dies gilt vor allem, wenn Sie die unären Operatoren (`--` und `++`) in einem Ausdruck verwenden.

Vergleichsoperatoren

Die Vergleichsoperatoren in C dienen dazu, Ausdrücke zu vergleichen und dadurch Fragen wie »Ist x größer als 100?« oder »Ist y gleich 0?« zu beantworten. Ein Ausdruck mit einem Vergleichsoperator ergibt entweder wahr oder falsch. In Tabelle 4.5 sind die sechs Vergleichsoperatoren von C aufgeführt.

Tabelle 4.6 zeigt einige Anwendungsbeispiele für Vergleichsoperatoren. Diese Beispiele verwenden literale Konstanten. Das gleiche Prinzip lässt sich aber auch auf Variablen anwenden.

Hinweis: Das Ergebnis »wahr« ist gleichbedeutend mit »ja« und entspricht dem Zahlenwert 1, »falsch« ist gleichbedeutend mit »nein« und entspricht dem Zahlenwert 0.

Operator	Symbol	Frage	Beispiel
Gleich	==	Ist Operand 1 gleich Operand 2?	`x == y`
Größer als	>	Ist Operand 1 größer als Operand 2?	`x > y`
Kleiner als	<	Ist Operand 1 kleiner als Operand 2?	`x < y`
Größer oder gleich	>=	Ist Operand 1 größer als oder gleich Operand 2?	`x >= y`
Kleiner oder gleich	<=	Ist Operand 1 kleiner als oder gleich Operand 2?	`x <= y`
Nicht gleich	!=	Ist Operand 1 nicht gleich Operand 2?	`x != y`

Tabelle 4.5: Die Vergleichsoperatoren von C

Ausdruck	Ist zu lesen als	Liefert das Ergebnis
`5 == 1`	Ist 5 gleich 1?	0 (falsch)
`5 > 1`	Ist 5 größer als 1?	1 (wahr)
`5 != 1`	Ist 5 nicht gleich 1?	1 (wahr)
`(5 + 10) == (3 * 5)`	Ist (5 + 10) gleich (3 * 5)?	1 (wahr)

Tabelle 4.6: Anwendungsbeispiele für Vergleichsoperatoren

Was Sie tun sollten	Was nicht
Machen Sie sich klar, wie C wahr und falsch interpretiert. Bei Vergleichsoperatoren ist wahr gleichbedeutend mit `1` und falsch gleich dem Wert `0`.	Verwechseln Sie den Vergleichsoperator (==) nicht mit dem Zuweisungsoperator (=). Dies ist nebenbei bemerkt einer der häufigsten Fehler, der C-Programmierern unterläuft.

Die if-Anweisung

Mit Vergleichsoperatoren konstruiert man vor allem relationale Ausdrücke in `if`- und `while`-Anweisungen, die Thema von Tag 6 sind. An dieser Stelle geht es zunächst nur darum, wie man mit Vergleichsoperatoren in `if`-Anweisungen die Programmsteuerung realisiert.

Neuer Begriff

Ein C-Programm führt die Anweisungen normalerweise von oben nach unten aus, d.h. in der Reihenfolge, in der die Anweisungen im Quellcode erscheinen. Mit *Anweisungen zur Programmsteuerung* lässt sich der Programmablauf verändern. Man kann damit andere Programmanweisungen in Abhängigkeit von festgelegten Bedingungen mehrfach oder auch überhaupt nicht ausführen. Die `if`-Anweisung ist eine dieser Programmsteueranweisungen in C. Weitere Anweisungen dieser Art, wie `do` und `while`, behandelt Tag 6.

In ihrer grundlegenden Form wertet die `if`-Anweisung einen Ausdruck aus und legt abhängig vom Ergebnis dieser Auswertung fest, wo die Programmausführung fortzusetzen ist. Eine `if`-Anweisung hat folgende Form:

```
if (Ausdruck)
    Anweisung;
```

Wenn `Ausdruck` wahr ist, arbeitet das Programm die `Anweisung` ab. Ist `Ausdruck` hingegen falsch, wird `Anweisung` nicht ausgeführt. In beiden Fällen setzt sich die Programmausführung mit dem Code nach der `if`-Anweisung fort. Die Ausführung der `Anweisung` hängt also vom Ergebnis des `Ausdrucks` ab. Beachten Sie, dass die `if`-Anweisung sowohl aus der Zeile `if (Ausdruck)` als auch aus der Zeile `Anweisung;` besteht; es handelt sich also nicht um zwei getrennte Anweisungen.

Eine `if`-Anweisung kann die Ausführung mehrerer Anweisungen steuern, indem man für `Anweisung` eine Verbundanweisung (einen Block) verwendet. Wie bereits zu Beginn dieses Kapitels erwähnt, versteht man unter einem Block eine Gruppe von Anweisungen innerhalb von geschweiften Klammern. Ein Block lässt sich überall dort einsetzen, wo auch eine einfache Anweisung stehen kann. Eine `if`-Anweisung können Sie demnach auch wie folgt schreiben:

```
if (Ausdruck)
{
    Anweisung1;
    Anweisung2;
    /* hier steht weiterer Code */
    Anweisungen;
}
```

Was Sie tun sollten	Was nicht
Rücken Sie die Anweisungen innerhalb eines Blocks ein, um den Quelltext übersichtlicher zu gestalten. Dazu gehören auch die Anweisungen im Block einer `if`-Anweisung.	Vergessen Sie nicht, dass Sie von zuviel Programmieren C-krank werden können.

Warnung

Schließen Sie die `if`-Anweisung nicht irrtümlich mit einem Semikolon ab. Eine `if`-Anweisung sollte mit der Bedingung enden, die sich an das Schlüsselwort `if` anschließt. Im folgenden Codefragment endet die gesamte `if`-Konstruktion mit dem Semikolon auf der ersten Zeile. Damit gehört `Anweisung1` nicht mehr zur `if`-Anweisung und wird vollkommen unabhängig vom Test `x==2` immer ausgeführt:

```
if( x == 2);           /* hier darf kein Semikolon stehen!  */
Anweisung1;
```

Meistens setzt man `if`-Anweisungen in Verbindung mit Vergleichsausdrücken ein, also in der Form: »Führe die folgende(n) Anweisung(en) nur aus, wenn (engl. *if*) die nachstehende Bedingung wahr ist.« Dazu ein Beispiel:

```
if (x > y)
    y = x;
```

Dieser Code weist `y` den Wert von `x` nur dann zu, wenn `x` größer als `y` ist. Listing 4.3 verdeutlicht den Einsatz von `if`-Anweisungen.

Listing 4.3: Beispiel für if-Anweisungen

```
/* Beispiel für if-Anweisungen */

#include <stdio.h>

int x, y;
```

```
6:
7:   int main(void)
8:   {
9:       /* Liest zwei Werte ein, die getestet werden */
10:
11:      printf("\nGeben Sie einen Integer-Wert für x ein: ");
12:      scanf("%d", &x);
13:      printf("\nGeben Sie einen Integer-Wert für y ein: ");
14:      scanf("%d", &y);
15:
16:      /* Testet die Werte und gibt das Ergebnis aus */
17:
18:      if (x == y)
19:          printf("x ist gleich y\n");
20:
21:      if (x > y)
22:          printf("x ist größer als y\n");
23:
24:      if (x < y)
25:          printf("x ist kleiner als y\n");
26:
27:      return 0;
28:  }
```

Ausgabe

```
Geben Sie einen Integer-Wert für x ein: 100

Geben Sie einen Integer-Wert für y ein: 10
x ist größer als y
Geben Sie einen Integer-Wert für x ein: 10

Geben Sie einen Integer-Wert für y ein: 100
x ist kleiner als y
Geben Sie einen Integer-Wert für x ein: 10

Geben Sie einen Integer-Wert für y ein: 10
x ist gleich y
```

Analyse

Das Listing enthält drei `if`-Anweisungen (Zeile 18 bis 25). Viele Zeilen in diesem Programm sollten Ihnen vertraut sein. Zeile 5 deklariert zwei Variablen `x` und `y`, und die Zeilen 11 bis 14 fordern den Benutzer auf, Werte für diese Variablen einzugeben. Die `if`-Anweisungen in den Zeilen 18 bis 25 prüfen, ob `x` gleich `y`, `x` größer als `y` oder `x` kleiner als `y` ist. Es sei noch einmal daran erinnert, dass die doppelten Gleichheitszeichen den Operator zum Test auf Gleichheit symbolisieren. Verwechseln Sie den Gleichheitsoperator nicht mit dem Zuweisungsoperator, der nur aus einem Gleichheitszeichen besteht. Nachdem das Programm überprüft hat, ob die Variablen gleich sind, prüft es in Zeile 21, ob `x` größer ist als `y`, und in Zeile 24, ob `x` kleiner ist als `y`. Wenn bei Ihnen der Eindruck entsteht, dass diese Verfahrensweise etwas umständlich ist, haben Sie durchaus recht. Das nächste Programm zeigt, wie Sie diese Aufgabe effizienter lösen können. Probieren Sie aber erst einmal das Programm mit verschiedenen Werten für `x` und `y` aus, um die Ergebnisse zu verfolgen.

Hinweis Wie weiter vorn in diesem Kapitel erwähnt, sind die Anweisungen in der `if`-Klausel eingerückt, um den Quelltext übersichtlicher zu gestalten.

Die else-Klausel

Für den Fall, dass die `if`-Anweisung das Ergebnis falsch liefert, kann man einen Zweig mit alternativ auszuführenden Anweisungen in einer optionalen `else`-Klausel vorsehen. Die vollständige `if`-Konstruktion hat dann folgendes Aussehen:

```
if (Ausdruck)
    Anweisung1;
else
    Anweisung2;
```

Ergibt `Ausdruck` das Ergebnis wahr, wird `Anweisung1` ausgeführt. Andernfalls fährt das Programm mit der `else`-Anweisung, das heißt mit `Anweisung2` fort. Sowohl `Anweisung1` als auch `Anweisung2` können Verbundanweisungen oder Blöcke sein.

Listing 4.4 ist eine Neufassung des Programms aus Listing 4.3 und enthält diesmal eine `if`-Anweisung mit einer `else`-Klausel.

Listing 4.4: Eine if-Anweisung mit einer else-Klausel

```
/* Beispiel für eine if-Anweisung mit einer else-Klausel */

#include <stdio.h>

int x, y;

int main(void)
{
    /* Liest zwei Werte ein, die getestet werden */

    printf("\nGeben Sie einen Integer-Wert für x ein: ");
```

```
12:       scanf("%d", &x);
13:       printf("\nGeben Sie einen Integer-Wert für y ein: ");
14:       scanf("%d", &y);
15:
16:       /* Testet die Werte und gibt das Ergebnis aus. */
17:
18:       if (x == y)
19:          printf("x ist gleich y\n");
20:       else
21:          if (x > y)
22:             printf("x ist größer als y\n");
23:          else
24:             printf("x ist kleiner als y\n");
25:
26:       return 0;
27:    }
```

```
Geben Sie einen Integer-Wert für x ein: 99

Geben Sie einen Integer-Wert für y ein: 8
x ist größer als y
Geben Sie einen Integer-Wert für x ein: 8

Geben Sie einen Integer-Wert für y ein: 99

x ist kleiner als y
Geben Sie einen Integer-Wert für x ein: 99
Geben Sie einen Integer-Wert für y ein: 99
x ist gleich y
```

Die Zeilen 18 bis 24 weichen etwas vom vorherigen Listing ab. Zeile 18 prüft immer noch, ob `x` gleich `y` ist. Wenn diese Bedingung erfüllt ist, erscheint `x ist gleich y` auf dem Bildschirm, wie in Listing 4.3. Dann allerdings endet das Programm und überspringt somit die Zeilen 20 bis 24. Zeile 21 wird nur ausgeführt, wenn `x` nicht gleich `y` ist, oder wenn – um genau zu sein – der Ausdruck »x ist gleich y« falsch ist. Wenn `x` ungleich `y` ist, prüft Zeile 21, ob `x` größer als `y` ist. Wenn ja, gibt Zeile 22 die Nachricht `x ist größer als y` aus. Andernfalls (engl.: `else`) wird Zeile 24 ausgeführt.

Listing 4.4 verwendet eine verschachtelte `if`-Anweisung. Verschachteln bedeutet, eine oder mehrere C-Anweisungen in einer anderen C-Anweisung unterzubringen. In Listing 4.4 ist eine `if`-Anweisung in der `else`-Klausel der ersten `if`-Anweisung verschachtelt.

Die if-Anweisung

Syntax

Form 1

```
if( Ausdruck )
    Anweisung1;
Naechste_Anweisung;
```

In dieser einfachsten Form der `if`-Anweisung wird `Anweisung1` ausgeführt, wenn `Ausdruck` wahr ist, und andernfalls ignoriert.

Form 2

```
if( Ausdruck )
    Anweisung1;
else
    Anweisung2;
Naechste_Anweisung;
```

Dies ist die am häufigsten verwendete `if`-Anweisung. Wenn `Ausdruck` wahr ergibt, wird `Anweisung1` ausgeführt. Andernfalls wird `Anweisung2` ausgeführt.

Form 3

```
if( Ausdruck1 )
    Anweisung1;
else if( Ausdruck2 )
    Anweisung2;
else
    Anweisung3;
Naechste_Anweisung;
```

Das obige Beispiel ist eine verschachtelte `if`-Anweisung. Wenn `Ausdruck1` wahr ist, führt das Programm `Anweisung1` aus und fährt dann mit `Naechste_Anweisung` fort. Ist der erste Ausdruck nicht wahr, prüft das Programm `Ausdruck2`. Wenn der erste Ausdruck nicht wahr und der zweite wahr ist, führt es `Anweisung2` aus. Sind beide Ausdrücke falsch, wird `Anweisung3` ausgeführt. Das Programm führt also nur eine der drei Anweisungen aus.

Beispiel 1

```
if( gehalt > 450000 )
    steuer = .30;
else
    steuer = .25;
```

Beispiel 2

```
if( alter < 18 )
    printf("Minderjaehriger");
else if( alter < 65 )
    printf("Erwachsener");
else
    printf( "Senior");
```

Relationale Ausdrücke auswerten

Relationale Ausdrücke mit Vergleichsoperatoren sind C-Ausdrücke, die per Definition einen Ergebniswert liefern – und zwar entweder falsch (0) oder wahr (1). Derartige Vergleichsausdrücke setzt man zwar hauptsächlich in if-Anweisungen und anderen Bedingungskonstruktionen ein, man kann sie aber auch als rein numerische Werte verwenden. Listing 4.5 zeigt dazu ein Beispiel.

Listing 4.5: Relationale Ausdrücke auswerten

```
/* Beispiel für die Auswertung relationaler Ausdrücke */

#include <stdio.h>

int a;

int main(void)
{
    a = (5 == 5);            /* hat als Ergebnis 1 */
    printf("\na = (5 == 5)\na = %d", a);

    a = (5 != 5);            /* hat als Ergebnis 0 */
    printf("\na = (5 != 5)\na = %d", a);

    a = (12 == 12) + (5 != 1); /* hat als Ergebnis 1 + 1 */
    printf("\na = (12 == 12) + (5 != 1)\na = %d\n", a);
    return 0;
}
```

```
a = (5 == 5)
a = 1
a = (5 != 5)
a = 0
a = (12 == 12) + (5 != 1)
a = 2
```

Die Ausgabe dieses Listings mag auf den ersten Blick etwas verwirrend erscheinen. Denken Sie daran, dass der häufigste Fehler bei der Verwendung der Vergleichsoperatoren darin besteht, das einfache Gleichheitszeichen (den Zuweisungsoperator) mit dem doppelten Gleichheitszeichen zu verwechseln. Der folgende Ausdruck hat den Wert `5` (und weist gleichzeitig den Wert `5` der Variablen `x` zu):

```
x = 5
```

Dagegen ist das Ergebnis des folgenden Ausdrucks entweder `0` oder `1` (je nachdem, ob `x` gleich `5` ist oder nicht); der Wert von `x` bleibt unverändert:

```
x == 5
```

Wenn Sie also aus Versehen

```
if (x = 5)
   printf("x ist gleich 5");
```

schreiben, erscheint die Nachricht immer in der Ausgabe, da der mit der `if`-Anweisung geprüfte Ausdruck unabhängig vom Wert in `x` immer das Ergebnis wahr liefert.

Damit dürfte klar sein, warum die Variable `a` in Listing 4.5 die jeweils angegebenen Werte annimmt. In Zeile 9 ist der Wert `5` gleich `5`, so dass `a` den Wahrheitswert `1` erhält. In Zeile 12 ist die Anweisung »`5` ist ungleich `5`« falsch und `a` erhält den Wert `0`.

Fassen wir noch einmal zusammen: Mit Vergleichsoperatoren konstruiert man relationale Ausdrücke, die Fragen zu den Beziehungen zwischen den Ausdrücken beantworten. Ein relationaler Ausdruck liefert einen numerischen Wert, der entweder `1` (für wahr) oder `0` (für falsch) lautet.

Rangfolge der Vergleichsoperatoren

Den Vergleichsoperatoren sind genau wie den bereits behandelten mathematischen Operatoren Prioritäten zugeordnet, die die Auswertungsreihenfolge in Ausdrücken mit mehreren Operatoren bestimmen. Auch hier können Sie mit Klammern darauf Einfluss nehmen, in welcher Reihenfolge die Operatoren des relationalen Ausdrucks auszuführen sind. Der Abschnitt »Übersicht der Operator-Rangfolge« gegen Ende der heutigen Lektion gibt Ihnen einen Gesamtüberblick über die Prioritäten aller C-Operatoren.

Alle Vergleichsoperatoren stehen in der Rangfolge unter den mathematischen Operatoren. Zum Beispiel führt ein Programm die Codezeile

```
if (x + 2 > y)
```

wie folgt aus: Es addiert `2` zu `x` und vergleicht dann das Ergebnis mit `y`. Die folgende Zeile ist damit identisch, verdeutlicht die Abläufe aber mit Klammern:

```
if ((x + 2) > y)
```

Die Klammern um `(x+2)` sind zwar aus der Sicht des C-Compilers nicht erforderlich, machen aber besonders deutlich, dass die Summe aus `x` und `2` mit `y` zu vergleichen ist.

Tabelle 4.7 zeigt die zweistufige Rangfolge der Vergleichsoperatoren.

Operatoren	Relative Priorität
< <= > >=	1
!= ==	2

Tabelle 4.7: Die Rangfolge der Vergleichsoperatoren in C

Wenn Sie also schreiben

```
x == y > z
```

so entspricht dies

```
x == (y > z)
```

da C zuerst den Ausdruck `y > z` auswertet und dann feststellt, ob dieser Wert (entweder `0` oder `1`) gleich `x` ist. Derartige Konstruktionen sollten Sie zumindest kennen, auch wenn Sie sie wahrscheinlich selten oder überhaupt nicht einsetzen, weil der Zweck der Anweisung nicht auf einen Blick erkennbar ist.

Was Sie nicht tun sollten

Vermeiden Sie Zuweisungen in Testausdrücken von `if`-Anweisungen. Das könnte andere Programmierer, die mit Ihrem Code arbeiten, verwirren und auf den Gedanken bringen, dass hier ein Fehler vorliegt – eventuell »korrigieren« sie diese Anweisung in einen Vergleich.

Vermeiden Sie den Operator »Nicht gleich« (`!=`) in `if`-Anweisungen mit einer `else`-Klausel. Meist ist es verständlicher, die Bedingung mit dem Gleichheitsoperator (==) zu formulieren und die Anweisungen für das Ergebnis »Nicht gleich« in der `else`-Klausel unterzubringen. So sollte man zum Beispiel den Code

```
if ( x != 5 )
         Anweisung1;
else
         Anweisung2;
```

besser als

```
if ( x == 5 )
         Anweisung2;
else
         Anweisung1;
```

`schreiben.`

Logische Operatoren

Gelegentlich sind mehrere Vergleiche auf einmal auszuführen, wie zum Beispiel: »An einem Wochentag soll der Wecker um 7:00 Uhr klingeln, wenn ich keinen Urlaub habe.« Mit den logischen Operatoren in C können Sie mehrere relationale Ausdrücke zu einem einzigen Ausdruck zusammenfassen, der dann entweder wahr oder falsch ergibt. Tabelle 4.8 zeigt die drei logischen Operatoren von C.

Operator	**Symbol**	**Beispiel**
AND	`&&`	`ausdr1 && ausdr2`
OR	`||`	`ausdr1 || ausdr2`
NOT	`!`	`!ausdr1`

Tabelle 4.8: Die logischen Operatoren von C

Die Funktionsweise dieser logischen Operatoren erläutert Tabelle 4.9.

Ausdruck	Auswertung
`(ausdr1 && ausdr2)`	Nur wahr (1) wenn `ausdr1` und `ausdr2` wahr sind; andernfalls falsch (0).
`(ausdr1 || ausdr2)`	Wahr (1), wenn entweder `ausdr1` oder `ausdr2` wahr ist; nur falsch (0), wenn beide falsch sind.
`(!ausdr1)`	Falsch (0), wenn `ausdr1` wahr ist; wahr (1), wenn `ausdr1` falsch ist.

Tabelle 4.9: Funktionsweise der logischen Operatoren von C

Ausdrücke mit logischen Operatoren liefern je nach den Werten ihrer Operanden entweder wahr oder falsch als Ergebnis. Tabelle 4.10 zeigt einige konkrete Codebeispiele.

Ausdruck	Auswertung
`(5 == 5) && (6 != 2)`	Wahr (1), da beide Operanden wahr sind
`(5 > 1) || (6 < 1)`	Wahr (1), da ein Operand wahr ist
`(2 == 1) && (5 == 5)`	Falsch (0), da ein Operand falsch ist
`!(5 == 4)`	Wahr (1), da der Operand falsch ist

Tabelle 4.10: Codebeispiele für die logischen Operatoren von C

Sie können auch Ausdrücke erzeugen, die mehrere logische Operatoren enthalten. Zum Beispiel stellt der folgende Ausdruck fest, ob `x` gleich 2, 3 oder 4 ist:

```
(x == 2) || (x == 3) || (x == 4)
```

Mit den logischen Operatoren lassen sich Entscheidungen häufig auf verschiedene Art und Weise formulieren. Ist zum Beispiel `x` eine Integer-Variable, kann man den Test im obigen Beispiel auch als

```
(x > 1) && (x < 5)
```

oder

```
(x >= 2) && (x <= 4)
```

schreiben.

Mehr zu wahren und falschen Werten

Sie haben bereits gelernt, dass relationale Ausdrücke in C das Ergebnis `0` zurückgeben, wenn sie falsch sind, und `1`, wenn sie wahr sind. Es gilt aber auch, dass C jeden numerischen Wert entweder als wahr oder falsch interpretiert, wenn man ihn in Ausdrücken oder Anweisungen verwendet, die einen logischen Wert (das heißt, wahr oder falsch) erwarten. Die Regeln dafür lauten:

- Ein Wert von Null entspricht falsch.
- Jeder Wert ungleich Null entspricht wahr.

Das folgende Beispiel soll das verdeutlichen. Der Code gibt den Wert von `x` aus:

```
x = 125;
if (x)
   printf("%d", x);
```

Da `x` ein Wert ungleich Null ist, interpretiert die `if`-Anweisung den Ausdruck `(x)` als wahr. Dies lässt sich mit folgender Schreibweise für alle C-Ausdrücke noch weiter verallgemeinern:

```
(Ausdruck)
```

entspricht der folgenden Schreibweise

```
(Ausdruck != 0)
```

Beide werden als wahr ausgewertet, wenn `Ausdruck` ungleich Null ist, und als falsch, wenn `Ausdruck` gleich `0` ist. Mit dem `NOT`-Operator (`!`) kann man auch Folgendes schreiben:

```
(!Ausdruck)
```

diese Anweisung entspricht

```
(Ausdruck == 0)
```

Rangfolge der Operatoren

Wie Sie vielleicht schon vermutet haben, gibt es auch unter den logischen Operatoren in C eine Rangfolge, sowohl untereinander als auch zu den anderen Operatoren. Die Priorität des `!`-Operators entspricht der der unären mathematischen Operatoren `++` und `--`. Deshalb steht `!` in der Rangfolge höher als alle Vergleichsoperatoren und alle binären mathematischen Operatoren.

Im Gegensatz dazu haben die Operatoren `&&` und `||` eine viel niedrigere Priorität, niedriger als alle mathematischen und relationalen Operatoren, wenn auch `&&` eine höhere Priorität hat als `||`. Wie bei allen anderen C-Operatoren können Klammern auch bei den logischen Operatoren die Reihenfolge der Auswertung ändern.

Nehmen wir an, dass Sie einen logischen Ausdruck mit drei Vergleichen schreiben wollen:

1. Ist a kleiner als b?
2. Ist a kleiner als c?
3. Ist c kleiner als d?

Der ganze logische Ausdruck soll wahr ergeben, wenn Bedingung 3 wahr ist und entweder Bedingung 1 oder 2 wahr ist. In diesem Fall könnten Sie schreiben.

```
a < b || a < c && c < d
```

Dieser Ausdruck liefert jedoch nicht die erwarteten Ergebnisse. Da der `&&`-Operator eine höhere Priorität hat als `||`, ist der Ausdruck äquivalent zu

```
a < b || (a < c && c < d)
```

und wird wahr, wenn `(a < b)` wahr ist, unabhängig davon, ob die Beziehungen `(a < c)` und `(c < d)` wahr sind. Deshalb müssen Sie

```
(a < b || a < c) && c < d
```

schreiben, um zu erzwingen, dass `||` vor dem `&&` ausgewertet wird. Listing 4.6 zeigt dazu ein Beispiel, das beide Schreibweisen des Ausdrucks auswertet. Die Variablen sind so festgelegt, dass der Ausdruck falsch (0) ergeben sollte.

Listing 4.6: Rangfolge der logischen Operatoren

```
#include <stdio.h>

/* Initialisierung der Variablen. Beachten Sie, dass c nicht */
/* kleiner ist als d, eine der Bedingungen, auf die getestet wird. */
/* Deshalb sollte der gesamte Ausdruck falsch ergeben.*/

int a = 5, b = 6, c = 5, d = 1;
int x;

int main(void)
{
    /* Auswertung des Ausdrucks ohne Klammern */

    x = a < b || a < c && c < d;
    printf("\nOhne Klammern lautet das Ergebnis des Ausdrucks %d", x);

    /* Auswertung des Ausdrucks mit Klammern */

```

```
19:     x = (a < b || a < c) && c < d;
20:     printf("\nMit Klammern lautet das Ergebnis des Ausdrucks %d\n", x);
21:     return 0;
22: }
```

```
Ohne Klammern lautet das Ergebnis des Ausdrucks 1
Mit Klammern lautet das Ergebnis des Ausdrucks 0
```

Geben Sie den Code dieses Listings ein und führen Sie das Programm aus. Beachten Sie, dass die für den Ausdruck ausgegebenen Werte unterschiedlich sind.

Das Programm initialisiert in Zeile 7 vier Variablen mit den Werten, die der Vergleichsausdruck auswertet. Die in Zeile 8 deklarierte Variable x dient dazu, das Ergebnis für die Ausgabe zu speichern. Die Zeilen 14 und 19 verwenden die logischen Operatoren. Der Ausdruck in Zeile 14 enthält keine Klammern, so dass das Ergebnis von der Rangfolge der Operatoren abhängt. In diesem Fall entsprechen die Ergebnisse nicht Ihren Erwartungen. In Zeile 19 sind Klammern gesetzt, um die Auswertungsreihenfolge der Ausdrücke zu ändern.

Zusammengesetzte Zuweisungsoperatoren

Die zusammengesetzten Zuweisungsoperatoren in C bieten Ihnen die Möglichkeit, eine binäre mathematische Operation mit einer Zuweisung zu kombinieren. Wollen Sie beispielsweise den Wert x um 5 erhöhen, d.h. 5 zu x addieren und das Ergebnis an x zuweisen, können Sie schreiben:

```
x = x + 5;
```

Mit einem zusammengesetzten Zuweisungsoperator, den Sie sich als Kurzverfahren der Zuweisung vorstellen können, lässt sich formulieren:

```
x += 5;
```

Die verallgemeinerte Syntax für zusammengesetzte Zuweisungsoperatoren sieht folgendermaßen aus (wobei op für einen binären Operator steht):

```
ausdr1 op= ausdr2
```

Dies entspricht der folgenden Schreibweise:

```
ausdr1 = ausdr1 op ausdr2;
```

Sie können den Zuweisungsoperator mit den bereits behandelten mathematischen Operatoren kombinieren. Tabelle 4.11 gibt einige Beispiele an.

Wenn Sie schreiben...	entspricht dies
`x *= y`	`x = x * y`
`y -= z + 1`	`y = y - z + 1`
`a /= b`	`a = a / b`
`x += y / 8`	`x = x + y / 8`
`y %= 3`	`y = y % 3`

Tabelle 4.11: Beispiele für zusammengesetzte Zuweisungsoperatoren

Zusammengesetzte Operatoren reduzieren den Schreibaufwand. Die Vorteile zeigen sich vor allem, wenn die Variable links des Zuweisungsoperators einen langen Namen hat. Wie alle anderen Zuweisungen, ist auch eine zusammengesetzte Zuweisung ein Ausdruck und liefert den Wert, der der linken Seite zugewiesen wird. Die Ausführung der folgenden Anweisungen ergibt sowohl für `x` als auch für `z` den Wert 14:

```
x = 12;
z = x += 2;
```

Der Bedingungsoperator

Der Bedingungsoperator ist der einzige *ternäre* Operator in C, das heißt der einzige Operator, der mit drei Operanden arbeitet. Die Syntax lautet:

```
ausdr1 ? ausdr2 : ausdr3;
```

Wenn `ausdr1` wahr ist (das heißt einen Wert ungleich Null hat), erhält der gesamte Ausdruck den Wert von `ausdr2`. Wenn `ausdr1` falsch (d.h. Null) ist, erhält der gesamte Ausdruck den Wert von `ausdr3`. So weist zum Beispiel die folgende Anweisung `x` den Wert `1` zu, wenn `y` wahr ist, oder den Wert `100`, wenn `y` falsch ist:

```
x = y ? 1 : 100;
```

Dementsprechend können Sie `z` auf den Wert der größeren der beiden Variablen `x` oder `y` setzen:

```
z = (x > y) ? x : y;
```

Vielleicht ist Ihnen aufgefallen, dass der Bedingungsoperator ähnlich einer `if`-Anweisung arbeitet. Die obige Anweisung ließe sich auch wie folgt schreiben:

```
if (x > y)
z = x;
else
z = y;
```

Der Bedingungsoperator kann eine `if...else`-Konstruktion zwar nicht in allen Fällen ersetzen, ist aber wesentlich kürzer. Außerdem kann man den Bedingungsoperator auch dort verwenden, wo eine `if`-Anweisung nicht möglich ist – zum Beispiel im Aufruf einer anderen Funktion, etwa einer `printf`-Anweisung:

```
printf( "Der größere Wert lautet %d", ((x > y) ? x : y) );
```

Der Kommaoperator

In C verwendet man das Komma häufig als einfaches Satzzeichen, das Variablendeklarationen, Funktionsargumente etc. voneinander trennt. In bestimmten Situationen fungiert das Komma jedoch als Operator und nicht nur als einfaches Trennzeichen. Sie können einen Ausdruck bilden, indem Sie zwei Unterausdrücke durch ein Komma trennen. Das Ergebnis sieht folgendermaßen aus:

- Das Programm wertet beide Ausdrücke aus, den linken Ausdruck zuerst.
- Der gesamte Ausdruck liefert den Wert des rechten Ausdrucks.

Die folgende Anweisung weist `x` den Wert `b` zu, inkrementiert `a` und inkrementiert dann `b`:

```
x = (a++ , b++);
```

Aufgrund der Postfix-Notation erhält die Variable `x` den Wert von `b` vor der Inkrementierung. Hier sind Klammern nötig, da der Kommaoperator eine niedrige Priorität hat; seine Priorität liegt sogar noch unter der des Zuweisungsoperators.

Wie die morgige Lektion zeigt, verwendet man den Kommaoperator am häufigsten in `for`-Anweisungen.

Was Sie tun sollten	Was nicht
Verwenden Sie (`ausdruck == 0`) anstelle von (`!ausdruck`). Der Compiler erzeugt für beide Versionen den gleichen Code, allerdings ist die erste Form verständlicher. Verwenden Sie die logischen Operatoren `&&` und `||` anstelle von verschachtelten `if`-Anweisungen.	Verwechseln Sie den Zuweisungsoperator (=) nicht mit dem Gleichheitsoperator (==).

Übersicht der Operator-Rangfolge

Tabelle 4.12 gibt eine Übersicht über alle C-Operatoren, geordnet nach fallender Priorität. Operatoren auf derselben Zeile haben die gleiche Priorität. Einige Operatoren lernen Sie erst in späteren Lektionen dieses Buches kennen.

<table>
<tr><th>Priorität</th><th>Operatoren</th></tr>
<tr><td>1</td><td>-> . () (Funktionsoperator) [] (Array-Operator)</td></tr>
<tr><td>2</td><td>! ~ ++ – * (Indirektion) & (Adressoperator)
(Typ) (Typumwandlung)
sizeof + (unär) – (unär)</td></tr>
<tr><td>3</td><td>* (Multiplikation) / %</td></tr>
<tr><td>4</td><td>+ -</td></tr>
<tr><td>5</td><td><< >></td></tr>
<tr><td>6</td><td>< <= > >=</td></tr>
<tr><td>7</td><td>== !=</td></tr>
<tr><td>8</td><td>& (bitweises UND)</td></tr>
<tr><td>9</td><td>^</td></tr>
<tr><td>10</td><td>|</td></tr>
<tr><td>11</td><td>&&</td></tr>
<tr><td>12</td><td>||</td></tr>
<tr><td>13</td><td>?:</td></tr>
<tr><td>14</td><td>= += -= *= /= %= &= ^= |= <<= >>=</td></tr>
<tr><td>15</td><td>,</td></tr>
</table>

Tabelle 4.12: Rangfolge der C-Operatoren

Tipp

Diese Tabelle eignet sich gut als Referenz, bis Sie mit der Rangfolge der Operatoren besser vertraut sind. Später werden Sie sicherlich öfter darauf zurückgreifen.

Zusammenfassung

Die heutige Lektion war sehr umfangreich. Sie haben gelernt, was eine C-Anweisung ist, dass der Compiler Whitespace-Zeichen nicht berücksichtigt und dass Anweisungen immer mit einem Semikolon abzuschließen sind. Außerdem wissen Sie jetzt, dass man eine Verbundanweisung (Block) aus zwei oder mehreren Anweisungen in geschweiften Klammern überall dort einsetzen kann, wo auch eine einfache Anweisung möglich ist.

Viele Anweisungen bestehen aus einer Kombination von Ausdrücken und Operatoren. Denken Sie daran, dass man unter dem Begriff »Ausdruck« alles zusammenfasst, was einen numerischen Wert zurückliefert. Komplexe Ausdrücke können aus vielen einfacheren Ausdrücken – den so genannten Unterausdrücken – zusammengesetzt sein.

Operatoren sind C-Symbole, die den Computer anweisen, eine Operation auf einem oder mehreren Ausdrücken auszuführen. Die meisten Operatoren sind binär, d.h., sie wirken auf zwei Operanden. C kennt auch unäre Operatoren, die sich nur auf einen Operanden beziehen. Der Bedingungsoperator ist als einziger Operator ternär. Für die Operatoren ist in C eine feste Rangfolge definiert. Diese Prioritäten legen fest, in welcher Reihenfolge die Operationen in einem Ausdruck mit mehreren Operatoren auszuführen sind.

Die heute besprochenen C-Operatoren lassen sich in drei Kategorien unterteilen:

- Mathematische Operatoren führen auf ihren Operanden arithmetische Operationen aus (zum Beispiel Addition).
- Vergleichsoperatoren stellen Vergleiche zwischen ihren Operanden an (zum Beispiel größer als).
- Logische Operatoren lassen sich auf wahr/falsch-Ausdrücke anwenden. Denken Sie daran, dass C die Werte `0` und `1` verwendet, um falsch und wahr darzustellen, und dass jeder Wert ungleich Null als wahr interpretiert wird.

Weiterhin haben Sie die grundlegende `if`-Anweisung kennen gelernt. Damit lässt sich der Programmfluss abhängig vom Ergebnis eines Bedingungsausdrucks steuern.

Fragen und Antworten

F Welche Auswirkung haben Leerzeichen und leere Zeilen auf die Ausführung Ihres Programms?

A *Mit Whitespace-Zeichen (leere Zeilen, Leerzeichen, Tabulatoren) gestalten Sie Ihren Quellcode übersichtlicher. Diese Zeichen haben keinen Einfluss auf das ausführbare Programm, da sie der Compiler ignoriert. Setzen Sie Whitespace-Zeichen großzügig ein, um den Quelltext so übersichtlich wie möglich zu machen.*

F Ist es ratsamer, eine komplexe `if`-Anweisung zu formulieren oder mehrere `if`-Anweisungen zu verschachteln?

A *Der Code sollte verständlich sein. Wenn Sie `if`-Anweisungen verschachteln, werden diese nach den oben angeführten Regeln ausgewertet. Wenn Sie eine einzige komplexe `if`-Anweisung konstruieren, werden die Ausdrücke nur soweit ausgewertet, bis der gesamte Ausdruck falsch ergibt.*

F Was ist der Unterschied zwischen unären und binären Operatoren?

A *Wie die Namen schon verraten, arbeiten unäre Operatoren nur mit einer Variablen, binäre Operatoren hingegen mit zwei.*

F Ist der Subtraktionsoperator (`-`) binär oder unär?

A *Er ist beides! Der Compiler ist intelligent genug, um an der Anzahl der Variablen zu erkennen, welchen Operator Sie gerade meinen. In der folgenden Anweisung ist er unär:*

```
x = -y;
```

Bei der nächsten Anweisung handelt es sich dagegen um die binäre Form:

```
x = a - b;
```

F Sind negative Zahlen als wahr oder als falsch anzusehen?

A *Wie Sie wissen, steht `0` für falsch und jeder andere Wert für wahr. Dazu gehören dann auch die negativen Zahlen, d.h. negative Zahlen sind als wahr zu interpretieren.*

Workshop

Die Kontrollfragen im Workshop sollen Ihnen helfen, die neu erworbenen Kenntnisse zu den behandelten Themen zu festigen. Die Übungen geben Ihnen die Möglichkeit, praktische Erfahrungen mit dem gelernten Stoff zu sammeln. Die Antworten zu den Kontrollfragen und Übungen finden Sie im Anhang F.

Kontrollfragen

1. Wie nennt man die folgende C-Anweisung und was bedeutet sie?

```
x = 5 + 8;
```

2. Was ist ein Ausdruck?
3. Woraus ergibt sich die Reihenfolge, nach der Operationen in einem Ausdruck mit mehreren Operatoren ausgeführt werden?
4. Angenommen, die Variable `x` hat den Wert `10`. Wie lauten die Werte für `x` und `a`, wenn Sie die folgenden Anweisungen einzeln und unabhängig voneinander ausführen?

```
a = x++;
a = ++x;
```

5. Wie lautet das Ergebnis des Ausdrucks `10 % 3`?
6. Wie lautet das Ergebnis des Ausdrucks `5 + 3 * 8 / 2 + 2`?
7. Formulieren Sie den Ausdruck von Frage 6 mit Klammern so, dass das Ergebnis `16` lautet.
8. Welchen Wert hat ein Ausdruck, der zu falsch ausgewertet wird?
9. Welche Operatoren haben in der folgenden Liste die höhere Priorität?
   a. == oder <
   b. * oder +
   c. != oder ==
   d. >= oder >
10. Wie lauten die zusammengesetzten Zuweisungsoperatoren und wofür setzt man sie bevorzugt ein?

Übungen

1. Der folgende Code zeigt nicht gerade besten Programmierstil. Geben Sie den Code ein und kompilieren Sie ihn, um festzustellen, ob er sich ausführen lässt.

```
#include <stdio.h>
int x,y;int main(void){ printf(
"\nGeben Sie zwei Zahlen ein");scanf(
"%d %d",&x,&y);printf(
"\n\n%d ist größer",(x>y)?x:y);return 0;}
```

2. Formulieren Sie den Code aus Übung 1 so um, dass er lesbarer wird.
3. Ändern Sie Listing 4.1 so, dass aufwärts statt abwärts gezählt wird.
4. Schreiben Sie eine `if`-Anweisung, die der Variablen `y` den Wert von `x` nur dann zuweist, wenn `x` zwischen `1` und `20` liegt. Lassen Sie `y` unverändert, wenn `x` nicht in diesen Wertebereich fällt.
5. Verwenden Sie für die Aufgabe aus Übung 4 den Bedingungsoperator.
6. Ändern Sie die folgenden verschachtelten `if`-Anweisungen in eine einfache `if`-Anweisung mit logischen Operatoren ab:

```
if (x < 1)
   if ( x > 10 )
      anweisung;
```

7. Wie lauten die Ergebnisse der folgenden Ausdrücke?
   a. `(1 + 2 * 3)`
   b. `10 % 3 * 3 - (1 + 2)`
   c. `((1 + 2) * 3)`
   d. `(5 == 5)`
   e. `(x = 5)`
8. Stellen Sie fest, ob die folgenden Ausdrücke wahr oder falsch sind, wenn man `x = 4` und `y = 6` annimmt:
   a. `if( x == 4)`
   b. `if(x != y - z)`
   c. `if(z = 1)`
   d. `if(y)`
9. Formulieren Sie mit einer `if`-Anweisung einen Test, ob jemand juristisch gesehen ein Erwachsener (Alter 18) ist aber noch nicht das Rentenalter (65) erreicht hat.

10. **FEHLERSUCHE:** Beheben Sie die Fehler im folgenden Programm, so dass es sich ausführen lässt.

```
/* Ein Programm mit Problemen... */
#include <stdio.h>
int x= 1:
int main(void)
{
   if( x = 1);
      printf(" x ist gleich 1" );
   andernfalls
      printf(" x ist ungleich 1");
   return 0;
}
```

Hinweis

An dieser Stelle empfiehlt es sich, dass Sie den Abschnitt »Type & Run 2 – Zahlen raten« in Anhang D durcharbeiten.

Funktionen

Woche 1

In C nehmen Funktionen bei der Programmierung und der Philosophie des Programmentwurfs eine zentrale Stellung ein. Einige Bibliotheksfunktionen von C haben Sie bereits kennen gelernt. Dabei handelt es sich um fertige, vordefinierte Funktionen, die zum Lieferumfang des Compilers gehören. Gegenstand des heutigen Kapitels sind allerdings die so genannten benutzerdefinierten Funktionen, die – wie der Name schon verrät – der Programmierer erstellt. Heute lernen Sie

- was eine Funktion ist und woraus sie besteht,
- welche Vorteile die strukturierte Programmierung mit Funktionen bietet,
- wie man eine Funktion erzeugt,
- wie man lokale Variablen in einer Funktion deklariert,
- wie man einen Wert aus einer Funktion an das Programm zurückgibt und
- wie man einer Funktion Argumente übergibt.

Was ist eine Funktion?

In der heutigen Lektion erfahren Sie, was eine Funktion ist und wie man Funktionen einsetzt.

Definition einer Funktion

Neuer Begriff

Kommen wir zuerst zur Definition: Eine *Funktion* ist ein benanntes, unabhängiges C-Codefragment, das eine bestimmte Aufgabe ausführt und optional einen Wert an das aufrufende Programm zurückgibt. Werfen wir einen Blick auf die einzelnen Teile dieser Definition:

- *Eine Funktion ist benannt.* Jede Funktion hat einen eindeutigen Namen. Wenn Sie diesen Namen in einem anderen Teil des Programms verwenden, können Sie die Anweisungen, die sich hinter dieser benannten Funktion verbergen, ausführen. Man bezeichnet dies als *Aufruf* der Funktion. Eine Funktion lässt sich auch aus einer anderen Funktion heraus aufrufen.
- *Eine Funktion ist unabhängig.* Eine Funktion kann ihre Aufgabe ausführen, ohne dass davon andere Teile des Programms betroffen sind oder diese Einfluss auf die Funktion nehmen.
- *Eine Funktion führt eine bestimmte Aufgabe aus.* Eine Aufgabe ist ein bestimmter, klar definierter Job, den Ihr Programm im Rahmen seines Gesamtziels ausführen muss. Dabei kann es sich um das Versenden einer Textzeile an den

Drucker, das Sortieren eines Arrays in numerischer Reihenfolge oder die Berechnung einer Quadratwurzel handeln.

- *Eine Funktion kann einen Wert an das aufrufende Programm zurückgeben.* Wenn Ihr Programm eine Funktion aufruft, führt es die in der Funktion enthaltenen Anweisungen aus. Beim Rücksprung aus der Funktion können Sie mit entsprechenden Anweisungen Informationen an das aufrufende Programm übermitteln.

Soviel zum theoretischen Teil. Merken Sie sich die obige Definition für den nächsten Abschnitt.

Veranschaulichung

Folgendes Listing zeigt eine benutzerdefinierte Funktion.

Listing 5.1: Ein Programm mit einer Funktion, die die Kubikzahl einer Zahl berechnet

```
/* Beispiel für eine einfache Funktion */
#include <stdio.h>

long kubik(long x);

long eingabe, antwort;

int main(void)
{
   printf("Geben Sie eine ganze Zahl ein: ");
   scanf("%ld", &eingabe);
   antwort = kubik(eingabe);
   /* Hinweis: %ld ist der Konversionsspezifizierer für */
   /* einen Integer vom Typ long */
   printf("\nDie Kubikzahl von %ld ist %ld.\n", eingabe, antwort);

   return 0;
}

/* Funktion: kubik() - Berechnet die Kubikzahl einer Variablen */
long kubik(long x)
{
   long x_cubed;

   x_cubed = x * x * x;
   return x_cubed;
}
```

Ausgabe

```
Geben Sie eine ganze Zahl ein: 100

Die Kubikzahl von 100 ist 1000000.
Geben Sie eine ganze Zahl ein: 9

Die Kubikzahl von 9 ist 729.
Geben Sie eine ganze Zahl ein: 3

Die Kubikzahl von 3 ist 27.
```

Hinweis

Die folgende Analyse erläutert nicht das ganze Programm, sondern beschränkt sich auf die Teile des Programms, die direkt mit der Funktion in Zusammenhang stehen.

Analyse

Zeile 4 enthält den *Funktionsprototyp*, das heißt das Muster einer Funktion, die erst später im Programm auftaucht. Der Prototyp einer Funktion enthält den Namen der Funktion, eine Liste der Variablen, die ihr zu übergeben sind, und den Typ der Variablen, die die Funktion zurückgibt. Zeile 4 können Sie entnehmen, dass die Funktion `kubik` heißt, eine Variable vom Typ `long` benötigt und einen Wert vom Typ `long` zurückliefert. Die an eine Funktion übergebenen Variablen nennt man auch *Argumente*. Man gibt sie in Klammern hinter dem Namen der Funktion an. In diesem Beispiel lautet das Argument der Funktion `long x`. Das Schlüsselwort vor dem Namen der Funktion gibt an, welchen Variablentyp die Funktion zurückliefert. Hier ist es eine Variable vom Typ `long`.

Zeile 12 ruft die Funktion `kubik` auf und übergibt ihr den Wert der Variablen `eingabe` als Argument. Der Rückgabewert der Funktion wird der Variablen `antwort` zugewiesen. Zeile 6 deklariert die im Aufruf der Funktion und für die Aufnahme des Rückgabewerts verwendeten Variablen. Der Typ dieser Variablen entspricht dem Typ, den Zeile 4 im Prototyp der Funktion spezifiziert hat.

Neuer Begriff

Die Funktion selbst ist die so genannte *Funktionsdefinition*. In diesem Fall heißt sie `kubik` und steht in den Zeilen 21 bis 27. Wie schon der Prototyp besteht auch die Funktionsdefinition aus mehreren Teilen. Die Funktion beginnt mit dem *Funktions-Header* in Zeile 21. Der Funktions-Header leitet die Funktion ein und spezifiziert den Funktionsnamen (hier `kubik`). Außerdem enthält er den Rückgabetyp der Funktion und beschreibt ihre Argumente. Beachten Sie, dass der Funktions-Header mit dem Funktionsprototypen – bis auf das Semikolon – identisch ist.

Der Rumpf der Funktion (Zeilen 22 bis 27) ist von geschweiften Klammern umschlossen. Er enthält Anweisungen – wie in Zeile 25 – die das Programm bei jedem Aufruf der Funktion ausführt. Zeile 23 enthält eine Variablendeklaration, die äußerlich den bereits besprochenen Deklarationen gleicht, jedoch einen kleinen Unterschied aufweist: Sie ist lokal. Die Deklaration einer *lokalen* Variablen steht innerhalb des Funktionsrumpfes. (Auf lokale Deklarationen geht Tag 11 im Detail ein.) Den Abschluss der Funktion bildet die `return`-Anweisung in Zeile 26, die das Ende der Funktion anzeigt. Eine `return`-Anweisung gibt einen Wert an das aufrufende Programm zurück – im Beispiel den Wert der Variablen `x_cubed`.

Sicherlich ist Ihnen aufgefallen, dass die Struktur der Funktion `kubik` der von `main` entspricht – `main` ist ebenfalls eine Funktion. In den bisherigen Lektionen haben Sie außerdem die Funktionen `printf` und `scanf` kennen gelernt. Dabei handelt es sich zwar um Bibliotheksfunktionen (im Gegensatz zu benutzerdefinierten Funktionen), aber auch sie können, wie die von Ihnen erzeugten Funktionen, Argumente übernehmen und Werte zurückgeben.

Funktionsweise einer Funktion

Neuer Begriff

Ein C-Programm führt die Anweisungen in einer Funktion erst aus, wenn ein anderer Teil des Programms die Funktion aufruft. Das Programm kann der Funktion beim Aufruf Informationen in Form von Argumenten übergeben. Bei einem *Argument* handelt es sich um Programmdaten, die die Funktion verarbeitet. Das Programm führt dann die Anweisungen der Funktion aus und realisiert somit die der Funktion zugewiesene Aufgabe. Ist die Abarbeitung der Funktionsanweisungen abgeschlossen, springt die Ausführung zurück zu der Stelle, von der aus das Programm die Funktion aufgerufen hat. Die Programmausführung setzt dann mit der nächsten Anweisung nach dem Funktionsaufruf fort. Funktionen können Informationen in Form eines Rückgabewertes an das Programm zurückliefern.

Abbildung 5.1 zeigt ein Programm mit drei Funktionen, die das Programm jeweils einmal aufruft. Bei jedem Aufruf einer Funktion springt das Programm in die betreffende Funktion, arbeitet die Anweisungen der Funktion ab und kehrt dann zu der Stelle zurück, wo der Aufruf der Funktion steht. Ein Funktion lässt sich beliebig oft und in beliebiger Reihenfolge aufrufen.

Jetzt wissen Sie, was man unter Funktionen versteht und wie wichtig sie sind. Später erfahren Sie, wie Sie eigene Funktionen erstellen und einsetzen.

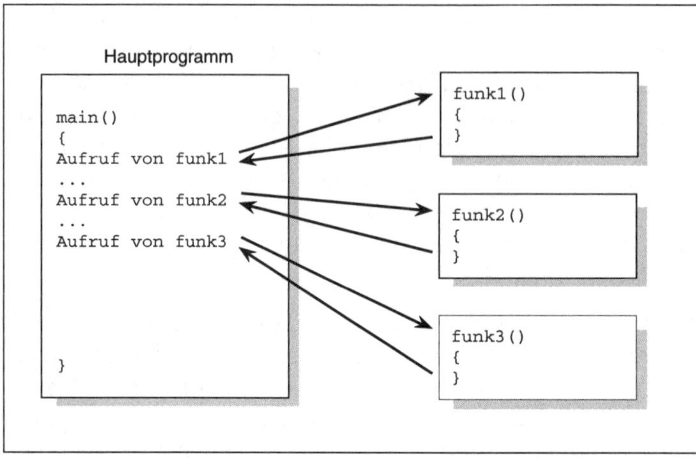

Abbildung 5.1: Wenn ein Programm eine Funktion aufruft, springt die Programmausführung in die Funktion und kehrt anschließend wieder zum aufrufenden Programm zurück

Funktionssyntax

Syntax

Funktionsprototyp

```
rueckgabe_typ funktion_name( arg-typ name-1,...,arg-typ name-n);
```

Funktionsdefinition

```
rueckgabe_typ funktion_name( arg-typ name-1,...,arg-typ name-n)
{
    /* Anweisungen; */
}
```

Der *Funktionsprototyp* liefert dem Compiler die Beschreibung einer Funktion, deren Definition später im Programm folgt. Der Prototyp umfasst den Rückgabetyp, d.h. den Typ der Variablen, die die Funktion an den Aufrufer zurückgibt, sowie den Funktionsnamen, der die Aufgabe der Funktion widerspiegeln sollte. Außerdem enthält der Prototyp die Variablentypen (`arg-typ`) der an die Funktion zu übergebenden Argumente. Optional kann man im Prototyp auch die Namen der zu übergebenden Variablen nennen. Der Prototyp ist mit einem Semikolon abzuschließen.

Bei der *Funktionsdefinition* handelt es sich um die eigentliche Funktion. Die Definition enthält den auszuführenden Code. Wenn der Prototyp die Namen der Variablen enthält, stimmt die erste Zeile der Funktionsdefinition, der so genannte *Funktions-Header*, bis auf das Semikolon mit dem Funktionsprototypen überein. Am Ende des Funktions-Headers darf kein Semikolon stehen. Im Prototyp kann man die Variablennamen der Argumente wahlweise angeben, im Funktions-Header muss man sie spezifizieren. Auf den Header folgt der Funktionsrumpf mit den Anweisungen, die die Funktion ausführen soll. Der Funktionsrumpf beginnt mit einer öffnenden geschweiften Klammer und endet mit einer schließenden geschweiften Klammer. Alle Funktionen mit einem anderen Rückgabetyp als `void` sollten eine `return`-Anweisung enthalten, die einen Wert des deklarierten Typs zurückgibt.

Beispiele für Funktionsprototypen

```
double quadriert( double zahl );
void bericht_ausgeben( int bericht_zahl );
int menue_option_einlesen( void );
```

Beispiele für Funktionsdefinitionen

```
double quadriert( double zahl )         /* Funktions-Header              */
{                                       /* öffnende geschweifte Klammer  */
   return( zahl * zahl );               /* Funktionsrumpf                */
}                                       /* schließende geschweifte Klammer */
void bericht_ausgeben( int bericht_zahl )
{
   if( bericht_zahl == 1 )
      puts( "Ausgabe des Berichts 1" );
   else
      puts( "Bericht 1 wird nicht ausgegeben" );
}
```

Funktionen und strukturierte Programmierung

Neuer Begriff

Mit Funktionen können Sie die *strukturierte Programmierung* in Ihren C-Programmen realisieren. Dabei übertragen Sie konkrete Programmaufgaben an unabhängige Codeabschnitte. Das erinnert an einen Teil der Definition, die diese Lektion eingangs für Funktionen gegeben hat. Funktionen und strukturierte Programmierung sind eng miteinander verbunden.

Die Vorteile der strukturierten Programmierung

Für die strukturierte Programmierung sprechen zwei gewichtige Gründe:

- Es ist einfacher, ein strukturiertes Programm zu schreiben, weil sich komplexe Programmierprobleme in eine Reihe kleinerer und leichterer Aufgaben zerlegen lassen. Eine Teilaufgabe löst man in einer Funktion, in der Code und Variablen vom Rest des Programms getrennt stehen. Sie kommen schneller voran, wenn Sie diese relativ einfachen Aufgaben einzeln betrachten und behandeln.

- Es ist einfacher, ein strukturiertes Programm zu debuggen. Enthält Ihr Programm einen Fehler (im Englischen »bug«), der die ordnungsgemäße Ausführung behindert, erleichtert ein strukturiertes Design die Eingrenzung des Problems auf einen bestimmten Codeabschnitt (zum Beispiel eine bestimmte Funktion).

Ein weiterer Vorteil der strukturierten Programmierung ist die damit verbundene Zeitersparnis. Wenn Sie eine Funktion schreiben, die eine bestimmte Aufgabe in einem Programm lösen soll, können Sie diese Funktion schnell und problemlos in einem anderen Programm verwenden, in dem die gleiche Aufgabe zu lösen ist. Auch wenn sich das Problem im neuen Programm etwas anders darstellt, werden Sie oft die Erfahrung machen, dass es einfacher ist, eine bereits bestehende Funktion zu ändern als sie ganz neu zu schreiben. Überlegen Sie einmal, wie oft Sie die beiden Funktionen `printf` und `scanf` verwendet haben, ohne den zugrunde liegenden Code überhaupt zu kennen. Wenn Sie Ihre Funktionen so schreiben, dass sie jeweils eine klar abgegrenzte Aufgabe ausführen, können Sie sie später leichter in anderen Programmen wieder verwenden.

Planung eines strukturierten Programms

Wenn Sie strukturierte Programme schreiben wollen, können Sie nicht einfach drauflosprogrammieren. Bevor Sie überhaupt eine Codezeile schreiben, legen Sie erst einmal alle Aufgaben fest, die das Programm ausführen soll. Dabei beginnen Sie mit dem Grobkonzept des Programms. Wenn Sie zum Beispiel eine Art Datenbank für Namen und Adressen realisieren wollen, welche Aufgaben soll dann das Programm erledigen? Eine Aufgabenliste könnte etwa folgendermaßen aussehen:

- Neue Namen und Adressen aufnehmen.
- Bestehende Einträge ändern.
- Einträge nach dem Nachnamen sortieren.
- Adressenetiketten ausdrucken.

Mit dieser Liste haben Sie das Programm in vier Hauptaufgaben aufgeteilt, für die sich jeweils eigene Funktionen implementieren lassen. Jetzt können Sie noch einen Schritt weiter gehen und diese Aufgaben in weitere Teilaufgaben zerlegen. So ließe sich zum Beispiel die Aufgabe »Neue Namen und Adressen aufnehmen« in folgende Teilaufgaben gliedern:

- Die bestehende Adressenliste von der Festplatte einlesen.
- Den Benutzer auffordern, einen oder mehrere neue Einträge einzugeben.
- Die neuen Daten der Liste hinzufügen.
- Die aktualisierte Liste auf die Festplatte zurückschreiben.

Auf gleiche Weise könnten Sie auch die Aufgabe »Bestehende Einträge ändern« wie folgt unterteilen:

- Die bestehende Adressenliste von der Festplatte einlesen.
- Einen oder mehrere Einträge ändern.
- Die aktualisierte Liste auf die Festplatte zurückschreiben.

Vielleicht ist Ihnen aufgefallen, dass diese beiden Listen zwei Teilaufgaben gemeinsam haben – und zwar die Aufgaben zum Einlesen und Zurückschreiben von Daten auf die Festplatte. Wenn Sie zur Aufgabe »Die bestehende Adressenliste von der Festplatte einlesen« eine Funktion schreiben, können Sie diese Funktion sowohl in »Neue Namen und Adressen aufnehmen« als auch in »Bestehende Einträge ändern« aufrufen. Das Gleiche gilt für die Teilaufgabe »Die aktualisierte Liste auf die Festplatte zurückschreiben«.

Damit dürfte Ihnen zumindest ein Vorteil der strukturierten Programmierung klar sein. Durch sorgfältiges Zerlegen des Programms in Aufgaben ergeben sich mitunter Programmteile, die gemeinsame Aufgaben zu erledigen haben. In unserem Beispiel können Sie eine »doppelt nutzbare« Festplattenzugriffsfunktion schreiben, die Ihnen Zeit spart und Ihre Programme kleiner und effizienter macht.

Diese Art der Programmierung hat eine *hierarchische* oder geschichtete Programmstruktur zur Folge. Abbildung 5.2 veranschaulicht die hierarchische Programmierung für das Adressenlisten-Programm.

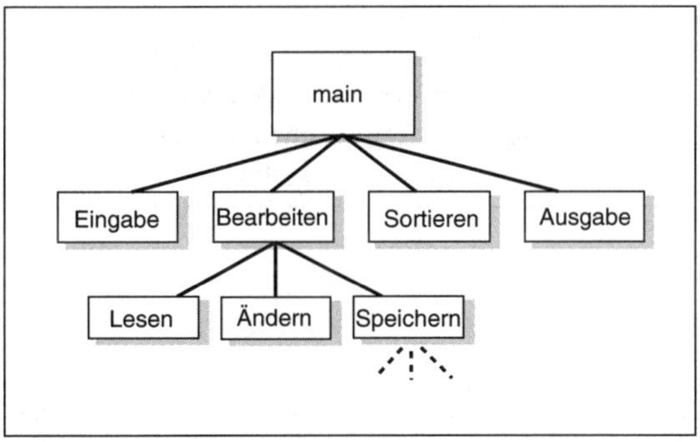

Abbildung 5.2: Ein strukturiertes Programm ist hierarchisch organisiert

Wenn Sie diesen Ansatz der Vorplanung verfolgen, erhalten Sie schnell eine Liste der einzelnen Aufgaben, die Ihr Programm zu erledigen hat. Anschließend können Sie die einzelnen Aufgaben nacheinander lösen, wobei Sie Ihre Aufmerksamkeit jeweils nur auf eine relativ einfache Aufgabe konzentrieren müssen. Wenn diese Funktion dann geschrieben ist und ordnungsgemäß funktioniert, können Sie sich der nächsten Aufgabe widmen. Und schon nimmt Ihr Programm Formen an.

Der Top-Down-Ansatz

Bei der strukturierten Programmierung folgt man dem *Top-Down-Ansatz (von oben nach unten)*. In Abbildung 5.2, in der die Programmstruktur einem umgedrehten Baum ähnelt, ist dieser Ansatz veranschaulicht. Häufig wird der Großteil der Arbeit in einem Programm von den Funktionen an den Spitzen der »Äste« erledigt. Die Funktionen näher am »Stamm« dienen vornehmlich dazu, die Programmausführung zu steuern.

Als Folge haben viele C-Programme nur wenig Code im Hauptteil des Programms – das heißt in `main`. Der größte Teil des Codes befindet sich in den Funktionen. In `main` finden Sie vielleicht nur ein paar Dutzend Codezeilen, die die Programmausführung steuern. Viele Programme präsentieren dem Benutzer ein Menü. Dann verzweigt die Programmausführung je nach Auswahl des Benutzers. Jeder Menüzweig führt zu einer eigenen Funktion.

Hinweis: Menüs bilden einen guten Ansatz für den Programmentwurf. Am Tag 13 erfahren Sie, wie Sie mit `switch`-Anweisungen ein universelles, menügesteuertes System erzeugen können.

Mittlerweile wissen Sie, was Funktionen sind und warum sie eine wichtige Rolle spielen. Als Nächstes erfahren Sie, wie Sie eigene Funktionen schreiben.

Was Sie tun sollten	Was nicht
Erstellen Sie einen Plan, bevor Sie Code schreiben. Wenn die Programmstruktur im Voraus klar ist, können Sie beim anschließenden Programmieren und Debuggen Zeit sparen.	Versuchen Sie nicht, alles in eine einzige Funktion zu packen. Eine Funktion sollte nur eine klar umrissene Aufgabe ausführen, wie zum Beispiel das Einlesen von Informationen aus einer Datei.

Eine Funktion schreiben

Bevor Sie eine Funktion schreiben, müssen Sie genau wissen, worin die Aufgabe der Funktion überhaupt besteht. Wenn das klar ist, schreibt sich die eigentliche Funktion fast wie von selbst.

Der Funktions-Header

Die erste Zeile einer jeden Funktion ist der Funktions-Header. Dieser besteht aus drei Teilen (siehe Abbildung 5.3), die jeweils eine bestimmte Aufgabe erfüllen. Die folgenden Abschnitte gehen näher auf diese Komponenten ein.

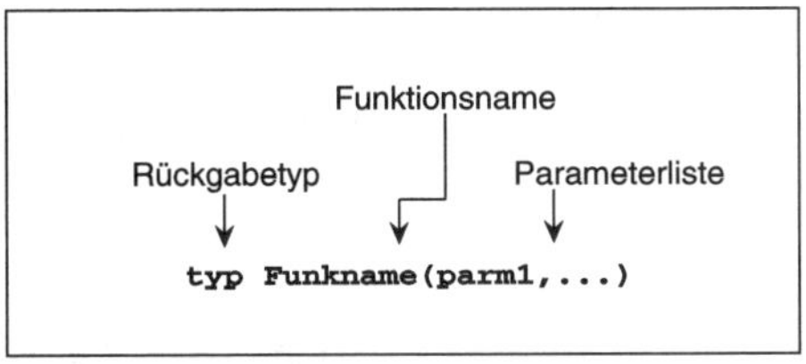

Abbildung 5.3:
Die drei Komponenten eines Funktions-Headers

Der Rückgabetyp einer Funktion

Der Rückgabetyp einer Funktion gibt den Datentyp an, den die Funktion an das aufrufende Programm zurückliefert. Das kann ein beliebiger C-Datentyp sein: `char`, `int`, `long`, `float` oder `double`. Man kann aber auch Funktionen definieren, die keinen Wert zurückgeben. Der Rückgabetyp muss dann `void` lauten. Die folgenden Beispiele zeigen, wie man den Rückgabetyp im Funktions-Header spezifiziert:

```
int funk1(...)          /* Gibt den Typ int zurück.   */
float funk2(...)        /* Gibt den Typ float zurück. */
void funk3(...)         /* Gibt nichts zurück.        */
```

In diesen Beispielen liefert `funk1` einen Integer, `funk2` eine Gleitkommazahl und `funk3` nichts zurück.

Der Funktionsname

Für Ihre Funktionen können Sie einen beliebigen Namen wählen, solange er den Regeln für Variablennamen in C entspricht (siehe auch Tag 3). Ein Funktionsname muss In C-Programmen eindeutig sein und darf nicht einer anderen Funktion oder Variablen zugewiesen werden. Es empfiehlt sich, einen Namen zu wählen, der die Aufgabe einer Funktion beschreibt.

Die Parameterliste

Viele Funktionen verwenden *Argumente*, d.h. Werte, die man der Funktion beim Aufruf übergibt. Eine Funktion muss wissen, welche Art von Argumenten – d.h. welche Datentypen – sie zu erwarten hat. Für die Argumente können Sie jeden Datentyp von C festlegen. Informationen zu den Datentypen der Argumente stellen Sie über die Parameterliste des Funktions-Headers bereit.

Für jedes Argument, das Sie der Funktion übergeben, muss die Parameterliste einen Eintrag enthalten. Dieser Eintrag gibt den Datentyp und den Namen des Parameters an. Zum Beispiel hat der Header der Funktion in Listing 5.1 folgenden Aufbau:

```
long kubik(long x)
```

Die Parameterliste besteht aus `long x` und drückt damit aus, dass die Funktion ein Argument vom Typ `long` übernimmt, das in der Funktion durch den Parameter `x` repräsentiert wird. Wenn die Funktion mehrere Parameter übernimmt, sind die einzelnen Parameter durch Komma zu trennen. Der Funktions-Header

```
void funk1(int x, float y, char z)
```

spezifiziert eine Funktion mit drei Argumenten: eines vom Typ `int` namens `x`, eines vom Typ `float` namens `y` und eines vom Typ `char` namens `z`. Wenn eine Funktion keine Argumente übernimmt, sollte die Parameterliste als Typ `void` angeben:

```
int funk2(void)
```

wie das in der Funktion `main(void)` der Fall ist.

Hinweis

Achten Sie darauf, hinter dem Funktions-Header kein Semikolon zu setzen. Andernfalls erhalten Sie vom Compiler eine Fehlermeldung.

Es ist nicht immer ganz klar, was die Begriffe Parameter und Argument bezeichnen. Viele Programmierer verwenden beide Begriffe gleichberechtigt und ohne Unterschied.

Ein *Parameter* ist ein Eintrag in einem Funktions-Header. Er dient als »Platzhalter« für ein Argument. Die Parameter einer Funktion sind unveränderbar, sie ändern sich nicht während der Programmausführung.

Ein *Argument* ist der eigentliche Wert, den das Programm an die aufgerufene Funktion übergibt. Bei jedem Aufruf kann das Programm andere Argumente an die Funktion übergeben. Der Übergabemechanismus in C verlangt, dass man in jedem Funktionsaufruf die gleiche Anzahl von Argumenten mit dem jeweils festgelegten Typ übergibt. Die Werte der Argumente können natürlich unterschiedlich sein. Die Funktion greift auf das Argument über den jeweiligen Parameternamen zu.

Ein Beispiel soll dies verdeutlichen. Die in Listing 5.2 enthaltene Funktion ruft das Programm zweimal auf.

Listing 5.2: Der Unterschied zwischen Argumenten und Parametern

```
/* Demonstriert den Unterschied zwischen Argumenten und Parametern. */

#include <stdio.h>

float x = 3.5, y = 65.11, z;

float haelfte_von(float k);

```

```
9:   int main(void)
10:  {
11:      /* In diesem Aufruf ist x das Argument zu haelfte_von(). */
12:      z = haelfte_von(x);
13:      printf("Der Wert von z = %f\n", z);
14:
15:      /* In diesem Aufruf ist y das Argument zu haelfte_von(). */
16:      z = haelfte_von(y);
17:      printf("Der Wert von z = %f\n", z);
18:
19:      return 0;
20:  }
21:
22:  float haelfte_von(float k)
23:  {
24:      /* k ist der Parameter. Bei jedem Aufruf von haelfte_von()   */
25:      /* erhält k den Wert, der als Argument übergeben wurde.  */
26:
27:      return (k/2);
28:  }
```

Ausgabe

```
Der Wert von z = 1.750000
Der Wert von z = 32.555000
```

Abbildung 5.4 zeigt die Beziehung zwischen Argumenten und Parametern.

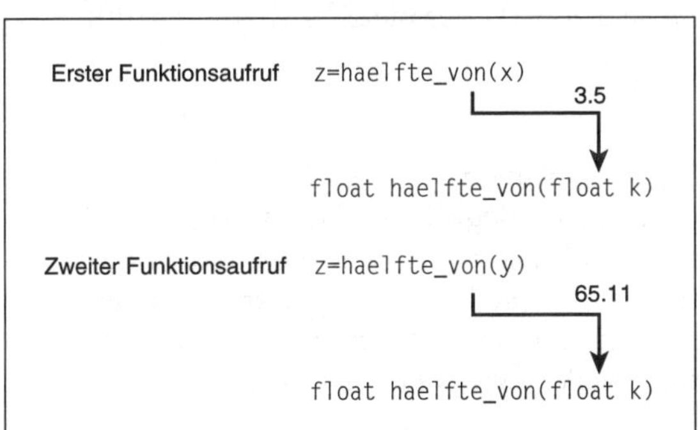

Abbildung 5.4: Bei jedem Funktionsaufruf werden die Argumente den Parametern der Funktion übergeben

Analyse

Listing 5.2 deklariert den Funktionsprototyp `haelfte_von` in Zeile 7. Die Zeilen 12 und 16 rufen `haelfte_von` auf und die Zeilen 22 bis 28 enthalten die eigentliche Funktion. Die Aufrufe in den Zeilen 12 und 16 übergeben jeweils unterschiedliche Argumente an `haelfte_von`. In Zeile 12 ist es das `x` mit dem Wert `3.5` und in Zeile 16 das `y` mit dem Wert `65.11`. Das Programm gibt jeweils den erwarteten Wert zurück. Die Funktion `haelfte_von` übernimmt die Werte über den Parameter `k` aus den Argumenten `x` und `y`. Die Übergabe findet so statt, als würde man beim ersten Mal den Wert von `x` in `k` und beim zweiten Mal den Wert von `y` in `k` kopieren. Die Funktion `haelfte_von` teilt dann den jeweiligen Wert durch 2 und gibt das Ergebnis zurück (Zeile 27).

Was Sie tun sollten	Was nicht
Wählen Sie für Ihre Funktion einen Namen, der den Zweck der Funktion beschreibt.	Übergeben Sie einer Funktion keine Werte, die sie nicht benötigt. Versuchen Sie nicht, einer Funktion weniger (oder mehr) Argumente zu übergeben als durch die Parameter vorgegeben ist. In C-Programmen muss die Anzahl der übergebenen Argumente mit der Zahl der Parameter übereinstimmen.

Der Funktionsrumpf

Der *Funktionsrumpf* ist von geschweiften Klammern umschlossen und folgt unmittelbar auf den Funktions-Header. Der Funktionsrumpf erledigt die eigentliche Arbeit. Wenn das Programm eine Funktion aufruft, beginnt die Ausführung am Anfang des Rumpfes und *endet* (das heißt »kehrt zum aufrufenden Programm zurück«), wenn sie auf eine `return`-Anweisung oder auf eine schließende geschweifte Klammer trifft.

Lokale Variablen

Neuer Begriff

Im Funktionsrumpf können Sie Variablen deklarieren. Dabei handelt es sich um so genannte *lokale Variablen*. Der Begriff *lokal* bedeutet, dass die Variablen privat zu dieser bestimmten Funktion sind und es zu keinen Überschneidungen mit gleichlautenden Variablen an anderer Stelle im Programm kommt. Die genauen Zusammenhänge lernen Sie später kennen; zunächst erfahren Sie, wie man lokale Variablen deklariert.

Lokale Variablen deklarieren Sie genau wie andere Variablen. Sie verwenden die gleichen Datentypen und es gelten auch die gleichen Regeln für die Benennung der Variablen, wie sie Tag 3 erläutert hat. Lokale Variablen können Sie bei der Deklaration auch initialisieren. Das folgende Beispiel zeigt vier lokale Variablen, die innerhalb einer Funktion deklariert werden:

```
int funk1(int y)
{
    int a, b = 10;
    float rate;
    double kosten = 12.55;
    /* hier steht der Funktionscode... */
}
```

Die obigen Deklarationen erzeugen die lokalen Variablen `a`, `b`, `rate` und `kosten`, auf die dann der Code in der Funktion zurückgreifen kann. Beachten Sie, dass die Funktionsparameter als Variablendeklarationen gelten. Deshalb sind die Variablen aus der Parameterliste (falls vorhanden) ebenfalls in der Funktion verfügbar.

Die in einer Funktion deklarierten Variablen sind völlig unabhängig von anderen Variablen, die Sie an anderer Stelle im Programm deklariert haben. Listing 5.3 verdeutlicht diesen Sachverhalt.

Listing 5.3: Ein Beispiel für lokale Variablen

```
/* Ein Beispiel für lokale Variablen. */

#include <stdio.h>

int x = 1, y = 2;

void demo(void);

int main(void)
{
  printf("\nVor dem Aufruf von demo(), x = %d und y = %d.", x, y);
  demo();
  printf("\nNach dem Aufruf von demo(), x = %d und y = %d\n.", x, y);

  return 0;
}

void demo(void)
{
    /* Deklariert und initialisiert zwei lokale Variablen. */

    int x = 88, y = 99;

    /* Zeigt die Werte an. */

    printf("\nIn der Funktion demo(), x = %d und y = %d.", x, y);
}
```

```
Vor dem Aufruf von demo(), x = 1 und y = 2.
In der Funktion demo(), x = 88 und y = 99.
Nach dem Aufruf von demo(), x = 1 und y = 2.
```

Listing 5.3 ist den heute bereits vorgestellten Programmen sehr ähnlich. Zeile 5 deklariert die Variablen `x` und `y`. Es handelt sich dabei um globale Variablen, da sie außerhalb einer Funktion deklariert sind. Zeile 7 enthält den Prototyp der Beispielfunktion `demo`. Da diese Funktion keine Parameter übernimmt, steht `void` im Prototyp. Die Funktion gibt auch keine Werte zurück, deshalb lautet der Typ des Rückgabewertes `void`. In Zeile 9 beginnt die Funktion `main`, die zuerst in Zeile 11 `printf` aufruft, um die Werte von `x` und `y` auszugeben. Anschließend ruft sie die Funktion `demo` auf. Beachten Sie, dass die Funktion `demo` in Zeile 22 ihre eigenen lokalen Versionen von `x` und `y` deklariert. Zeile 26 beweist, dass die lokalen Variablen vor anderen Variablen Vorrang haben. Nach dem Aufruf der Funktion `demo` gibt Zeile 13 erneut die Werte von `x` und `y` aus. Da sich das Programm nicht mehr in der Funktion `demo` befindet, erscheinen die ursprünglichen globalen Werte.

Wie dieses Programm zeigt, sind die lokalen Variablen `x` und `y` in der Funktion völlig unabhängig von den globalen Variablen `x` und `y`, die außerhalb der Funktion deklariert wurden. Für Variablen in Funktionen sind drei Regeln zu beachten:

- Um eine Variable in einer Funktion verwenden zu können, müssen Sie die Variable im Funktions-Header oder im Funktionsrumpf deklarieren (eine Ausnahme bilden die globalen Variablen, die Tag 12 behandelt).
- Damit eine Funktion einen Wert vom aufrufenden Programm übernimmt, ist dieser Wert als Argument zu übergeben.
- Damit das aufrufende Programm einen Wert aus einer Funktion übernehmen kann, muss die Funktion diesen Wert explizit zurückgeben.

Ehrlich gesagt, werden diese Regeln nicht immer befolgt und später erfahren Sie, wie man sie umgehen kann. Im Moment sollten Sie sich diese Regeln jedoch noch zu Herzen nehmen, um Ärger zu vermeiden.

Funktionen sind unter anderem deshalb unabhängig, weil man die Variablen der Funktion von den anderen Programmvariablen trennt. Eine Funktion kann jede denkbare Datenmanipulation durchführen und dabei ihren eigenen Satz an lokalen Variablen verwenden. Sie brauchen keine Angst zu haben, dass diese Manipulationen unbeabsichtigt andere Teile des Programms beeinflussen.

Funktionsanweisungen

Hinsichtlich der Anweisungen, die Sie in eine Funktion aufnehmen können, gibt es kaum Beschränkungen. Es ist zwar nicht möglich, innerhalb einer Funktion eine andere Funktion zu definieren, alle anderen C-Anweisungen können Sie aber verwenden. Dazu gehören auch Schleifen (die Tag 5 behandelt), `if`-Anweisungen und Zuweisungen. Und Sie können Bibliotheksfunktionen sowie benutzerdefinierte Funktionen aufrufen.

Wie umfangreich kann eine Funktion sein? In C gibt es keine Längenbeschränkungen für Funktionen. Es ist aber zweckmäßig, Funktionen möglichst kurz zu halten. Denken Sie an die strukturierte Programmierung, in der jede Funktion nur eine relativ einfache Aufgabe durchführen soll. Sollte Ihnen eine Funktion zu lang vorkommen, ist die zu lösende Aufgabe sicherlich zu komplex für eine einzige Funktion. Wahrscheinlich lässt sich die Aufgabe in mehrere kleine Funktionen aufteilen.

Wie lang ist zu lang? Auf diese Frage gibt es keine definitive Antwort, aber in der Praxis findet man selten eine Funktion, die länger als 25 bis 30 Codezeilen ist. Die Entscheidung liegt aber ganz bei Ihnen. Einige Programmieraufgaben erfordern längere Funktionen, andere hingegen kommen mit einigen wenigen Zeilen aus. Mit zunehmender Programmierpraxis fällt Ihnen die Entscheidung leichter, ob man eine Aufgabe in kleinere Funktionen zerlegen sollte und wann nicht.

Einen Wert zurückgeben

Um einen Wert aus einer Funktion zurückzugeben, verwenden Sie das Schlüsselwort `return` gefolgt von einem C-Ausdruck. Wenn die Programmausführung zu einer `return`-Anweisung gelangt, wertet das Programm den Ausdruck aus und gibt das Ergebnis an das aufrufende Programm zurück. Der Rückgabewert der Funktion ist also der Wert des Ausdrucks. Sehen Sie sich folgende Funktion an:

```
int funk1(int var)
{
    int x;
    /* hier steht der Funktionscode... */
    return x;
}
```

Wenn das Programm diese Funktion aufruft, führt es die Anweisungen im Funktionsrumpf bis zur `return`-Anweisung aus. Die Anweisung `return` beendet die Funktion und gibt den Wert von `x` an das aufrufende Programm zurück. Der nach dem Schlüsselwort `return` angegebene Ausdruck kann ein beliebiger gültiger C-Ausdruck sein.

Eine Funktion kann mehrere `return`-Anweisungen enthalten. Wirksam ist nur die erste `return`-Anweisung, zu der die Programmausführung gelangt. Mehrere `return`-Anweisungen bieten sich an, wenn man abhängig von Bedingungen verschiedene Werte aus einer Funktion zurückgeben will. Ein Beispiel hierzu finden Sie in Listing 5.4.

Listing 5.4: Mehrere return-Anweisungen in einer Funktion

```
/* Beispiel für mehrere return-Anweisungen in einer Funktion. */

#include <stdio.h>

int x, y, z;

int groesser_von( int a, int b);

int main(void)
{
    puts("Zwei verschiedene Integer-Werte eingeben: ");
    scanf("%d%d", &x, &y);

    z = groesser_von(x,y);

    printf("\nDer größere Wert beträgt %d.\n", z);

    return 0;
}

int groesser_von( int a, int b)
{
    if (a > b)
        return a;
    else
        return b;
}
```

Ausgabe

```
Zwei verschiedene Integer-Werte eingeben:
200 300

Der größere Wert beträgt 300.
Zwei verschiedene Integer-Werte eingeben:
300
200


Der größere Wert beträgt 300.
```

Wie schon in den anderen Beispielen beginnt Listing 5.4 mit einem Kommentar, der die Aufgabe des Programms beschreibt (Zeile 1). Die Header-Datei `stdio.h` ist einzubinden, um die Standardfunktionen für die Ein- und Ausgabe verfügbar zu machen. Mit diesen Funktionen kann das Programm Informationen auf dem Bildschirm anzeigen und Benutzereingaben einlesen. Zeile 7 enthält den Prototyp für die Funktion `groesser_von`. Die Funktion übernimmt zwei Variablen vom Typ `int` als Parameter und gibt einen Wert vom Typ `int` zurück. Zeile 14 ruft `groesser_von` mit `x` und `y` auf. Die Funktion `groesser_von` enthält mehrere `return`-Anweisungen. Die Funktion prüft in Zeile 23 mit einer `if`-Anweisung, ob `a` größer ist als `b`. Wenn ja, führt Zeile 24 eine `return`-Anweisung aus und beendet damit die Funktion sofort. In diesem Fall bleiben die Zeilen 25 und 26 unberücksichtigt. Wenn jedoch `a` nicht größer als `b` ist, überspringt das Programm Zeile 24, verzweigt zur `else`-Klausel und führt die `return`-Anweisung in Zeile 26 aus.

Mit Ihren bereits erworbenen Kenntnissen sollten Sie erkennen , dass das Programm – in Abhängigkeit von den übergebenen Argumenten an die Funktion `groesser_von` – entweder die erste oder die zweite `return`-Anweisung ausführt und den entsprechenden Wert an die aufrufende Funktion zurückgibt.

Noch eine Abschlussbemerkung zu diesem Programm. Zeile 11 zeigt eine neue Funktion, die in den bisherigen Beispielen noch nicht aufgetaucht ist. Die Funktion `puts` gibt einen String auf der Standardausgabe – normalerweise dem Computerbildschirm – aus. Auf Strings geht Tag 9 näher ein. Fürs Erste genügt es zu wissen, dass es sich dabei um Text in Anführungszeichen handelt.

Denken Sie daran, dass der Rückgabetyp einer Funktion im Funktions-Header und dem Funktionsprototyp festgelegt ist. Die Funktion muss einen Wert mit diesem Typ zurückgeben, andernfalls erzeugt der Compiler einen Fehler.

Die strukturierte Programmierung legt nahe, dass jede Funktion nur einen Einstieg und einen Ausstieg hat. Deshalb sollten Sie nur eine einzige `return`-Anweisung in Ihrer Funktion verwenden. Manchmal ist jedoch ein Programm mit mehreren `return`-Anweisungen übersichtlicher und leichter zu warten. In solchen Fällen sollten Sie der einfacheren Wartung den Vorrang geben.

Der Funktionsprototyp

Für jede Funktion in einem Programm ist ein Prototyp anzugeben. Beispiele für Prototypen finden Sie in Zeile 4 von Listing 5.1 sowie in anderen Listings. Was ist ein Funktionsprototyp und wozu dient er?

Von früheren Beispielen wissen Sie, dass der Prototyp einer Funktion mit dem Funktions-Header identisch ist, aber mit einem Semikolon abzuschließen ist. Der Funktionsprototyp enthält deshalb genau wie der Funktions-Header Informationen über den Typ des Rückgabewertes, den Namen und die Parameter der Funktion. Die Aufgabe des Prototyps ist es, diese Informationen dem Compiler mitzuteilen. Anhand dieser Informationen kann der Compiler bei jedem Aufruf der Funktion prüfen, ob die der Funktion übergebenen Argumente hinsichtlich Anzahl und Typ richtig sind und ob der Rückgabewert korrekt verwendet wird. Bei Unstimmigkeiten erzeugt der Compiler eine Fehlermeldung.

Genau genommen muss ein Funktionsprototyp nicht unbedingt mit dem Funktions-Header identisch sein. Die Parameternamen können sich unterscheiden, solange Typ, Anzahl und Reihenfolge der Parameter übereinstimmen. Allerdings gibt es keinen Grund, warum Header und Prototyp nicht übereinstimmen sollten. Durch identische Namen ist der Quellcode verständlicher. Es ist auch einfacher, das Programm zu schreiben, denn wenn Sie die Funktionsdefinition fertig gestellt haben, können Sie mit der Ausschneiden-und-Einfügen-Funktion des Editors den Funktions-Header kopieren und so den Prototyp erzeugen. Vergessen Sie aber nicht, das Semikolon anzufügen.

Es bleibt noch die Frage zu klären, wo man die Funktionsprototypen im Quellcode unterbringen soll. Am sinnvollsten ist es, sie vor `main` zu stellen oder vor die Definition der ersten Funktion. Der guten Lesbarkeit halber ist es zu empfehlen, alle Prototypen an einer Stelle anzugeben.

Was Sie tun sollten	**Was nicht**
Verwenden Sie so oft wie möglich lokale Variablen. Beschränken Sie jede Funktion auf eine einzige Aufgabe.	Versuchen Sie nicht, einen Wert zurückzugeben, dessen Typ vom festgelegten Rückgabetyp der Funktion abweicht. Achten Sie darauf, dass Funktionen nicht zu lang werden. Wenn ein bestimmtes Limit erreicht ist, sollten Sie die Aufgabe der Funktion in kleinere Teilaufgaben zerlegen. Vermeiden Sie möglichst Konstruktionen mit mehreren `return`-Anweisungen. Versuchen Sie, mit einer einzigen `return`-Anweisung auszukommen. Manchmal jedoch sind mehrere `return`-Anweisungen einfacher und klarer.

Argumente an eine Funktion übergeben

Um einer Funktion Argumente zu übergeben, führen Sie sie in Klammen nach dem Funktionsnamen auf. Anzahl und Typen der Argumente müssen mit den Parametern in Funktions-Header und Prototyp übereinstimmen. Wenn Sie zum Beispiel eine Funktion mit zwei Argumenten vom Typ `int` definieren, müssen Sie ihr auch genau zwei Argumente vom Typ `int` übergeben – nicht mehr, nicht weniger und auch keinen anderen Typ. Sollten Sie versuchen, einer Funktion eine falsche Anzahl und/oder einen falschen Typ zu übergeben, stellt das der Compiler anhand des Funktionsprototyps fest und gibt eine Fehlermeldung aus.

Wenn die Funktion mehrere Argumente übernimmt, werden die im Funktionsaufruf aufgelisteten Argumente den Funktionsparametern entsprechend ihrer Reihenfolge zugewiesen: das erste Argument zum ersten Parameter, das zweite Argument zum zweiten Parameter und so weiter, wie es Abbildung 5.5 zeigt.

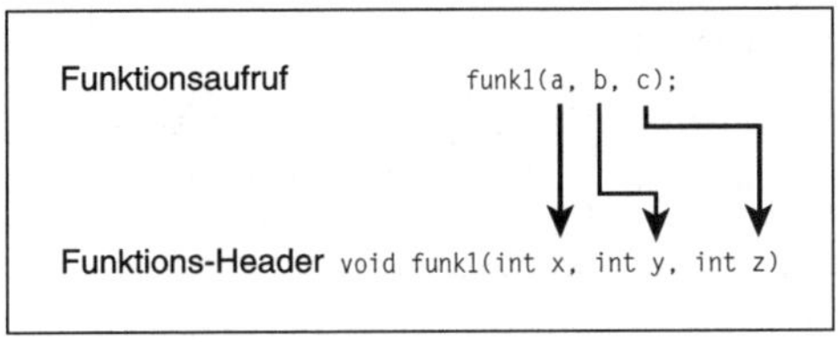

Abbildung 5.5:
Mehrere Argumente werden den Funktionsparametern entsprechend ihrer Reihenfolge zugewiesen

Jedes Argument kann ein beliebiger, gültiger C-Ausdruck sein: eine Konstante, eine Variable, ein arithmetischer oder logischer Ausdruck oder sogar eine andere Funktion (mit einem Rückgabewert). Wenn `haelfte`, `quadrat` und `drittel` Funktionen mit Rückgabewerten sind, können Sie zum Beispiel Folgendes schreiben:

```
x = haelfte(drittel(quadrat(haelfte(y))));
```

Das Programm ruft zuerst die Funktion `haelfte` auf und übergibt ihr `y` als Argument. Wenn die Ausführung von `haelfte` zurückkehrt, ruft das Programm `quadrat` auf und übergibt der Funktion den Rückgabewert von `haelfte` als Argument. Als Nächstes wird `drittel` mit dem Rückgabewert von `quadrat` als Argument aufgerufen. Schließlich ruft das Programm die Funktion `haelfte` ein zweites Mal auf, übergibt ihr diesmal aber den Rückgabewert von `drittel` als Argument. Zum Schluss weist das Programm den Rückgabewert von `haelfte` der Variablen `x` zu. Das folgende Codefragment bewirkt das Gleiche:

```
a = haelfte(y);
b = quadrat(a);
c = drittel(b);
x = haelfte(c);
```

Funktionen aufrufen

Eine Funktion lässt sich nach zwei Methoden aufrufen. Wie das folgende Beispiel zeigt, kann man einfach den Namen und die Liste der Argumente allein in einer Anweisung angeben. Hat die Funktion einen Rückgabewert, wird er verworfen:

```
warten(12);
```

Die zweite Methode kann man nur für Funktionen verwenden, die einen Rückgabewert haben. Da diese Funktionen sich zu einem Wert (ihrem Rückgabewert) auswerten lassen, sind sie als gültiger C-Ausdruck zu betrachten und lassen sich überall dort einsetzen, wo auch ein C-Ausdruck stehen kann. Sie haben bereits einen Ausdruck kennen gelernt, der einen Rückgabewert auf der rechten Seite einer Zuweisung verwendet. Es folgen nun weitere Beispiele.

Im ersten Codebeispiel ist die Funktion `haelfte_von` ein Parameter der Funktion `printf`:

```
printf("Die Hälfte von %d ist %d.", x, haelfte_von(x));
```

Zuerst wird die Funktion `haelfte_von` mit dem Wert von `x` aufgerufen und anschließend `printf` mit den Werten `Die Hälfte von %d ist %d.`, `x` und `haelfte_von(x)`.

Das zweite Beispiel verwendet mehrere Funktionen in einem Ausdruck:

```
y = haelfte_von(x) + haelfte_von(z);
```

Diese Anweisung ruft `haelfte_von` zweimal auf. Genau so gut hätte man auch zwei verschiedene Funktionen aufrufen können. Der folgende Code zeigt die gleiche Anweisung, diesmal jedoch über mehrere Zeilen verteilt:

```
a = haelfte_von(x);
b = haelfte_von(z);
y = a + b;
```

Die abschließenden zwei Beispiele zeigen Ihnen, wie Sie die Rückgabewerte von Funktionen effektiv nutzen können. Hier wird eine Funktion mit der `if`-Anweisung verwendet:

```
if ( haelfte_von(x) > 10 )
{
    /* Anweisungen; */          /* die Anweisungen können beliebig sein! */
}
```

Wenn der Rückgabewert der Funktion dem Kriterium entspricht (in diesem Fall soll `haelfte_von` einen Wert größer als 10 zurückliefern), ist die `if`-Anweisung wahr und das Programm führt die Anweisungen aus. Erfüllt der Rückgabewert das Kriterium nicht, überspringt das Programm die Anweisungen im `if`-Zweig und geht sofort zur ersten Anweisung nach der `if`-Konstruktion.

Das folgende Beispiel ist noch trickreicher:

```
if ( einen_prozess_ausfuehren() != OKAY )
{
    /* Anweisungen; */          /* Fehlerroutine ausführen */
}
```

Auch hier sind die eigentlichen Anweisungen nicht von Interesse. Außerdem ist `einen_prozess_ausfuehren` keine richtige Funktion. Dennoch ist dies ein wichtiges Beispiel. Der Code prüft den Rückgabewert eines Prozesses, um festzustellen, ob er korrekt läuft. Wenn nicht, übernehmen die im `if`-Zweig angegebenen Anweisungen die Fehlerbehandlung oder erledigen Aufräumarbeiten. So geht man zum Beispiel vor, wenn man auf Dateien zugreift, Werte vergleicht oder Speicher reserviert.

Warnung

Wenn Sie versuchen, eine Funktion mit dem Rückgabetyp `void` als Ausdruck zu verwenden, erzeugt der Compiler eine Fehlermeldung.

Was Sie tun sollten	Was nicht
Übergeben Sie Ihren Funktionen Parameter, um die Funktion generisch und damit wieder verwendbar zu machen. Nutzen Sie die Möglichkeit, Funktionen in Ausdrücken zu verwenden.	Machen Sie eine einzelne Anweisung nicht unnötig komplex, indem Sie eine Reihe von Funktionen darin unterbringen. Sie sollten nur dann Funktionen in Ihren Anweisungen verwenden, wenn der Code verständlich bleibt.

Rekursion

Neuer Begriff

Der Begriff *Rekursion* bezieht sich auf Situationen, in denen sich eine Funktion entweder direkt oder indirekt selbst aufruft. *Indirekte Rekursion* liegt vor, wenn eine Funktion eine andere aufruft, die wiederum die erste Funktion aufruft. In C sind rekursive Funktionen möglich und in manchen Situationen können Sie durchaus nützlich sein.

Zum Beispiel lässt sich die Fakultät einer Zahl per Rekursion berechnen. Die Fakultät der Zahl `x` schreibt man als `x!` und berechnet sie wie folgt:

```
x! = x * (x-1) * (x-2) * (x-3) * ... * (2) * 1
```

Für `x!` kann man auch eine rekursive Berechnungsvorschrift angeben:

```
x! = x * (x-1)!
```

Gehen wir noch einen Schritt weiter und berechnen wir mit der gleichen Prozedur (x-1)!:

(x-1)! = (x-1) * (x-2)!

Diese Rekursion setzt sich fort, bis der Wert 1 erreicht und die Berechnung damit abgeschlossen ist. Das Programm in Listing 5.5 berechnet Fakultäten mit einer rekursiven Funktion. Da es nur mit Ganzzahlen vom Typ unsigned arbeitet, sind nur Eingabewerte bis 14 erlaubt. Die Fakultäten von 15 und größeren Werten liegen außerhalb des zulässigen Bereichs für vorzeichenlose Ganzzahlen.

Listing 5.5: Programm mit einer rekursiven Funktion zur Berechnung von Fakultäten

```
/* Beispiel für Funktionsrekursion. Berechnet die */
/* Fakultät einer Zahl. */

#include <stdio.h>

unsigned int f, x;
unsigned int fakultaet(unsigned int a);

int main(void)
{
    puts("Geben Sie einen Wert zwischen 1 und 14 ein: ");
    scanf("%d", &x);

    if( x > 14 || x < 1)
    {
        printf("Es sind nur Werte von 1 bis 14 zulässig!\n");
    }
    else
    {
        f = fakultaet(x);
        printf("Der Fakultät von %u entspricht %u\n", x, f);
    }

    return 0;
}

unsigned int fakultaet(unsigned int a)
{
    if (a == 1)
        return 1;
    else
    {
```

```
33:         a *= fakultaet(a-1);
34:         return a;
35:     }
36: }
```

Ausgabe

```
Geben Sie einen Wert zwischen 1 und 14 ein:
6
Der Fakultät von 6 entspricht 720
```

Analyse

Die erste Hälfte dieses Programms ähnelt den anderen Programmen, die Sie inzwischen kennen gelernt haben. Es beginnt mit einem Kommentar in den Zeilen 1 und 2. Zeile 4 bindet die entsprechende Header-Datei für die Eingabe-/Ausgaberoutinen ein. Zeile 6 deklariert eine Reihe von Integer-Werten vom Typ `unsigned`. Zeile 7 enthält den Funktionsprototyp für die Fakultätsfunktion. Beachten Sie, dass diese Funktion als Parameter den Typ `unsigned int` übernimmt und den gleichen Typ zurückgibt. In den Zeilen 9 bis 25 steht die Funktion `main`. Die Zeile 11 fordert dazu auf, einen Wert zwischen 1 bis 14 einzugeben, und die Zeile 12 übernimmt dann diesen eingegebenen Wert.

Die Zeilen 14 bis 22 weisen eine interessante `if`-Anweisung auf. Da Werte größer 14 ein Problem darstellen, prüft diese `if`-Anweisung den eingegebenen Wert. Ist er größer als 14, gibt Zeile 16 eine Fehlermeldung aus. Andernfalls berechnet das Programm in Zeile 20 die Fakultät und gibt das Ergebnis in Zeile 21 aus. Wenn Sie wissen, dass sich ein derartiges Problem stellt (das heißt, die einzugebende Zahl einen bestimmten Wert nicht über- oder unterschreiten darf), sollten Sie mögliche Fehler von vornherein mit entsprechendem Code unterbinden.

Die rekursive Funktion `fakultaet` finden Sie in den Zeilen 27 bis 36. Der Parameter `a` übernimmt den an die Funktion übergebenen Wert. Zeile 29 prüft den Wert von `a`. Lautet der Wert `1`, gibt das Programm den Wert `1` zurück. Ist der Wert nicht `1`, erhält `a` den Wert `a` multipliziert mit der Fakultät von `fakultaet(a-1)`. Daraufhin ruft das Programm die Fakultätsfunktion erneut auf, diesmal aber mit Übergabe des Wertes `(a-1)`. Wenn `(a-1)` immer noch nicht gleich `1` ist, wird `fakultaet` noch einmal aufgerufen, diesmal mit `((a-1)-1)`, was gleichbedeutend mit `(a-2)` ist. Dieser Vorgang wiederholt sich, bis die `if`-Anweisung in Zeile 29 das Ergebnis wahr liefert. Haben Sie zum Beispiel den Wert 3 eingegeben, sieht die Berechnung der Fakultät wie folgt aus:

```
3 * (3-1) * ((3-1)-1)
```

Was Sie tun sollten	Was nicht
Machen Sie sich eingehend mit dem Mechanismus der Rekursion vertraut, bevor Sie sie in einem Programm verwenden, das Sie vertreiben wollen.	Verzichten Sie auf Rekursion, wenn es extrem viele Iterationen gibt. (Eine *Iteration* ist die Wiederholung einer Programmanweisung). Die Rekursion benötigt viel Ressourcen, da sie bei jedem Aufruf der Funktion unter anderem Kopien von Variablen anlegen und sich die Rücksprungadresse der Funktion merken muss.

Wohin gehört die Funktionsdefinition?

Vielleicht ist bei Ihnen die Frage aufgetaucht, wo die Definition einer Funktion im Quelltext erscheint. Im Moment sollten Sie sie in dieselbe Quelltextdatei schreiben, in der auch `main` steht, und sie hinter `main` anordnen. Abbildung 5.6 veranschaulicht die grundlegende Struktur eines Programms, das Funktionen verwendet.

```
/* Beginn des Quelltextes */
   ...
   Prototypen der Funktionen
   ...
   main()
   {
      ...
      ...
   }
   funk1()
   {
      ...
   }
   funk2()
   {
      ...
   }
/* Ende des Quelltextes */
```

Abbildung 5.6:
Setzen Sie die Funktionsprototypen vor main und die Funktionsdefinitionen hinter main

Sie können Ihre benutzerdefinierten Funktionen auch getrennt von `main` in einer separaten Quelltextdatei unterbringen. Diese Technik bietet sich an, wenn Sie umfangreiche Programme schreiben und wenn Sie den gleichen Satz an Funktionen in mehreren Programmen verwenden wollen. Mehr dazu erfahren Sie am Tag 21.

Zusammenfassung

Dieses Kapitel hat Ihnen mit den Funktionen einen wichtigen Bestandteil der C-Programmierung vorgestellt. Funktionen sind unabhängige Codeabschnitte, die spezielle Aufgaben durchführen. Wenn in Ihrem Programm eine Aufgabe zu bewältigen ist, ruft das Programm die für diese Aufgabe konzipierte Funktion auf. Die Verwendung von Funktionen ist eine wesentliche Voraussetzung für die strukturierte Programmierung – ein bestimmtes Programmdesign, das einen modularen Ansatz von oben nach unten propagiert. Mit strukturierter Programmierung lassen sich Programme effizienter entwickeln und einzelne Programmteile leichter wieder verwenden.

Sie haben gelernt, dass eine Funktion aus einem Header und einem Rumpf besteht. Der Header enthält Informationen über Rückgabewert, Name und Parameter der Funktion. Im Rumpf stehen die Deklarationen der lokalen Variablen und die C-Anweisungen, die das Programm beim Aufruf der Funktion ausführt. Außerdem wurde gezeigt, dass lokale Variablen – d.h. innerhalb einer Funktion deklarierte Variablen – völlig unabhängig von Variablen sind, die Sie an einer anderen Stelle im Programm deklarieren.

Fragen und Antworten

F Kann es passieren, dass man mehr als einen Wert aus einer Funktion zurückgeben muss?

A *Es kann durchaus sein, dass man mehrere Werte aus einer Funktion an den Aufrufer zurückgeben muss. Häufiger sind aber die an die Funktion übergebenen Werte durch die Funktion zu ändern, wobei die Änderungen nach dem Rücksprung aus der Funktion erhalten bleiben sollen. Auf dieses Verfahren geht Tag 18 näher ein.*

F Woher weiß ich, was ein guter Funktionsname ist?

A *Ein guter Funktionsname beschreibt kurz und knapp die Aufgabe einer Funktion.*

F Wenn man Variablen außerhalb von Funktionen vor `main` deklariert, lassen sie sich überall verwenden, während man auf lokale Variablen nur in der jeweiligen Funktion zugreifen kann. Warum deklariert man nicht einfach alle Variablen vor `main`?

A *Tag 12 geht ausführlich auf den Gültigkeitsbereich von Variablen ein. Dort erfahren Sie auch, warum es sinnvoller ist, Variablen lokal innerhalb von Funktionen zu deklarieren statt global vor* `main`.

F Gibt es andere Möglichkeiten, mit Rekursion zu arbeiten?

A *Die Berechnung der Fakultät ist das Standardbeispiel für die Rekursion. Fakultäten benötigt man unter anderem in statistischen Berechnungen. Die Rekursion verhält sich ähnlich einer Schleife, weist aber einen wichtigen Unterschied zu einer normalen Schleifenkonstruktion auf: Bei jedem Aufruf der rekursiven Funktion muss das Programm einen neuen Satz von Variablen anlegen. Bei Schleifen, die Sie in der nächsten Lektion kennen lernen, ist das nicht der Fall.*

F Muss `main` die erste Funktion in einem Programm sein?

A *Nein. In einem C-Programm wird die Funktion main zwar als erstes ausgeführt, allerdings kann die Definition der Funktion an einer beliebigen Stelle des Quelltextes stehen. Die meisten Programmierer setzen sie entweder ganz an den Anfang oder ganz an das Ende, um sie leichter zu finden.*

F Was sind Member-Funktionen?

A *Es handelt sich hierbei um spezielle Funktionen, die man in C++ und Java verwendet. Diese Funktionen sind Teil einer Klasse – d. h. einer speziellen Art von Struktur in C++ und Java.*

Workshop

Die Kontrollfragen im Workshop sollen Ihnen helfen, die neu erworbenen Kenntnisse zu den behandelten Themen zu festigen. Die Übungen geben Ihnen die Möglichkeit, praktische Erfahrungen mit dem gelernten Stoff zu sammeln. Die Antworten zu den Kontrollfragen und Übungen finden Sie im Anhang F.

Kontrollfragen

1. Nutzt man bei der C-Programmierung die strukturierte Programmierung?
2. Was verbirgt sich hinter dem Begriff strukturierte Programmierung?
3. Im welchen Zusammenhang stehen C-Funktionen zur strukturierten Programmierung?
4. Wie muss die erste Zeile einer Funktionsdefinition lauten und welche Informationen enthält sie?
5. Wie viele Werte kann eine Funktion zurückgeben?
6. Mit welchem Typ deklariert man eine Funktion, die keinen Rückgabewert hat?

7. Was ist der Unterschied zwischen einer Funktionsdefinition und einem Funktionsprototyp?
8. Was versteht man unter einer lokalen Variablen?
9. Wodurch zeichnen sich lokale Variablen gegenüber anderen Variablen aus?
10. Wo definiert man die Funktion `main`?

Übungen

1. Schreiben Sie einen Header für eine Funktion namens `tue_es`, die drei Argumente vom Typ `char` übernimmt und einen Wert vom Typ `float` an das aufrufende Programm zurückliefert.
2. Schreiben Sie einen Header für eine Funktion namens `eine_zahl_ausgeben`, die ein Argument vom Typ `int` übernimmt und keinen Wert an das aufrufende Programm zurückliefert.
3. Welchen Typ haben die Rückgabewerte der folgenden Funktionen?
   a. `int fehler_ausgeben ( float err_nbr);`
   b. `long datensatz_lesen ( int rec_nbr, int size );`
4. **FEHLERSUCHE:** Was ist falsch an folgendem Listing?

```
#include <stdio.h>
void print_msg( void );
int main(void)
{
    print_msg( "Diese Nachricht soll ausgegeben werden." );
    return 0;
}
void print_msg( void )
{
    puts( "Diese Nachricht soll ausgegeben werden." );
    return 0;
}
```

5. **FEHLERSUCHE:** Was ist falsch an der folgenden Funktionsdefinition?

```
int zweimal(int y);
{
    return (2 * y);
}
```

6. Schreiben Sie Listing 5.4 so um, dass es nur eine `return`-Anweisung in der Funktion `groesser_von` benötigt.

7. Schreiben Sie eine Funktion, die zwei Zahlen als Argumente übernimmt und das Produkt der Zahlen zurückgibt.
8. Schreiben Sie eine Funktion, die zwei Zahlen als Argumente übernimmt. Die Funktion soll die erste Zahl durch die zweite teilen. Unterbinden Sie die Division, wenn die zweite Zahl Null ist. (Hinweis: Verwenden Sie eine `if`-Anweisung.)
9. Schreiben Sie eine Funktion, die die Funktionen in den Übungen 7 und 8 aufruft.
10. Schreiben Sie ein Programm, das fünf Werte des Typs `float` vom Benutzer abfragt und daraus mit einer Funktion den Mittelwert berechnet.
11. Schreiben Sie eine rekursive Funktion, die die Potenz der Zahl `3` zu einem angegebenen Exponenten berechnet. Übergibt man zum Beispiel `4` als Argument, liefert die Funktion den Wert `81` zurück.

6

Grundlagen der Programmsteuerung

Woche 1

Am Tag 4 haben Sie die `if`-Anweisung kennen gelernt, mit der Sie zum ersten Mal auf den Programmablauf Einfluss nehmen konnten. Häufig stehen Sie jedoch vor dem Problem, dass die Entscheidung zwischen wahr und falsch allein nicht ausreicht. Heute lernen Sie daher drei weitere Methoden kennen, wie Sie den Programmfluss beeinflussen können; unter anderem erfahren Sie

- wie man einfache Arrays verwendet,
- wie man mit `for`-, `while`- und `do...while`-Schleifen Anweisungen mehrmals hintereinander ausführt,
- wie man Anweisungen zur Programmsteuerung verschachtelt.

Diese Lektion behandelt die genannten Themen zwar nicht erschöpfend, bietet aber genügend Informationen, damit Sie selbst richtige Programme schreiben können. Am Tag 13 können Sie dann Ihre Kenntnisse vertiefen.

Arrays: Grundlagen

Bevor wir zur `for`-Anweisung kommen, unternehmen wir einen kleinen Abstecher in die Grundlagen der Arrays. (Im Detail geht Tag 8 auf Arrays ein.) Die `for`-Anweisung und Arrays sind in C eng miteinander verbunden. Deshalb ist es schwierig, das eine ohne das andere zu erklären. Damit Sie die Arrays in den Beispielen zu den `for`-Anweisungen verstehen, gibt diese Lektion zunächst eine kurze Einführung zu Arrays.

Neuer Begriff

Ein *Array* ist eine Gruppe von Speicherstellen, die den gleichen Namen tragen und sich voneinander durch einen *Index* unterscheiden – eine Zahl in eckigen Klammern, die auf den Variablennamen folgt. Arrays sind genau wie andere Variablen zuerst zu deklarieren. Eine Arraydeklaration umfasst den Datentyp und die Größe des Arrays (die Anzahl der Elemente im Array). Zum Beispiel deklariert die folgende Anweisung ein Array namens `daten`, das vom Typ `int` ist und 1000 `int`-Elemente enthält:

```
int daten[1000];
```

Auf die einzelnen Elemente des Arrays greifen Sie über einen Index zu, im Beispiel von `daten[0]` bis `daten[999]`. Das erste Element lautet `daten[0]` und nicht `daten[1]`. In anderen Sprachen, wie zum Beispiel BASIC, ist dem ersten Element im Array der Index 1 zugeordnet. C verwendet jedoch einen nullbasierten Index.

Jedes Element dieses Arrays entspricht einer normalen Integer-Variablen und lässt sich auch genauso verwenden. Der Index eines Arrays kann auch eine andere C-Variable sein, wie folgendes Beispiel zeigt:

```
int daten[1000];
int zaehlung;
zaehlung = 100;
daten[zaehlung] = 12;      /* Identisch mit daten[100] = 12 */
```

Diese – wenn auch sehr kurze – Einführung in die Welt der Arrays soll fürs Erste genügen, damit Sie den Einsatz der Arrays in den nun folgenden Programmbeispielen verstehen. Tag 8 beschäftigt sich dann eingehender mit Arrays.

Was Sie nicht tun sollten
Deklarieren Sie Ihre Arrays nicht mit unnötig großen Indizes. Sie verschwenden nur Speicher. Vergessen Sie nicht, dass in C Arrays mit dem Index 0 und nicht mit 1 beginnen.

Die Programmausführung steuern

Ein C-Programm arbeitet die Anweisungen per Vorgabe von oben nach unten ab. Die Ausführung beginnt mit der `main`-Funktion und setzt sich Anweisung für Anweisung fort, bis das Ende von `main` erreicht ist. In richtigen C-Programmen ist dieser lineare Programmablauf nur selten zu finden. Die Programmiersprache C bietet eine Reihe von Anweisungen zur Programmsteuerung, mit denen Sie die Programmausführung beeinflussen können. Den Bedingungsoperator und die `if`-Anweisung haben Sie bereits kennen gelernt. Diese Lektion führt drei weitere Steueranweisungen ein:

- die `for`-Anweisung,
- die `while`-Anweisung und
- die `do...while`-Anweisung.

for-Anweisungen

Die `for`-Anweisung ist eine Programmkonstruktion, die einen Anweisungsblock mehrmals hintereinander ausführt. Man spricht auch von einer `for`-*Schleife*, weil die Programmausführung diese Anweisung normalerweise mehr als einmal durchläuft. In den bisher vorgestellten Beispielen sind Ihnen schon `for`-Anweisungen begegnet. Jetzt erfahren Sie, wie die `for`-Anweisung arbeitet.

Eine `for`-Anweisung hat die folgende Struktur:

```
for ( Initial; Bedingung; Inkrement )
    Anweisung;
```

`Initial`, `Bedingung` und `Inkrement` sind allesamt C-Ausdrücke. `Anweisung` ist eine einfache oder komplexe C-Anweisung. Wenn die Programmausführung zu einer `for`-Anweisung gelangt, passiert Folgendes:

1. Der Ausdruck `Initial` wird ausgewertet. `Initial` ist in der Regel eine Zuweisung, die eine Variable auf einen bestimmten Wert setzt.
2. Der Ausdruck `Bedingung` wird ausgewertet. `Bedingung` ist normalerweise ein relationaler Ausdruck (Vergleich).
3. Wenn `Bedingung` das Ergebnis `falsch` (das heißt, Null) liefert, endet die `for`-Anweisung und die Ausführung fährt mit der ersten Anweisung nach `Anweisung` fort.
4. Wenn `Bedingung` das Ergebnis `wahr` (das heißt, ungleich Null) liefert, führt das Programm die C-Anweisung(en) in `Anweisung` aus.
5. Der Ausdruck `Inkrement` wird ausgewertet und die Ausführung kehrt zu Schritt 2 zurück.

Abbildung 6.1 zeigt den Ablauf einer `for`-Anweisung. Beachten Sie, dass `Anweisung` niemals ausgeführt wird, wenn `Bedingung` bereits bei der ersten Auswertung `falsch` ergibt.

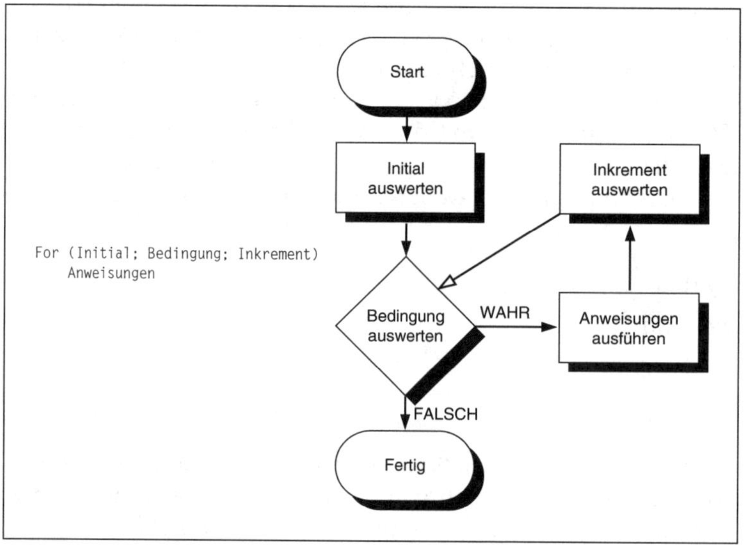

Abbildung 6.1: Schematische Darstellung einer for-Anweisung

Listing 6.1 enthält ein einfaches Beispiel für eine `for`-Anweisung, die die Zahlen von 1 bis 20 ausgeben soll. Sicherlich fällt Ihnen auf, dass der hier angegebene Code wesentlich kompakter und kürzer ist als separate `printf`-Anweisungen für jeden der 20 Werte.

Listing 6.1: Eine einfache for-Anweisung

```
/* Beispiel für eine einfache for-Anweisung */

#include <stdio.h>

int count;

int main(void)
{
    /* Gibt die Zahlen von 1 bis 20 aus */

    for (count = 1; count <= 20; count++)
        printf("%d\n", count);

    return 0;
}
```

```
1
2
3
4
5
6
7
8
9
10
11
12
13
14
15
16
17
18
19
20
```

Abbildung 6.2 veranschaulicht den Ablauf der `for`-Schleife in Listing 6.1.

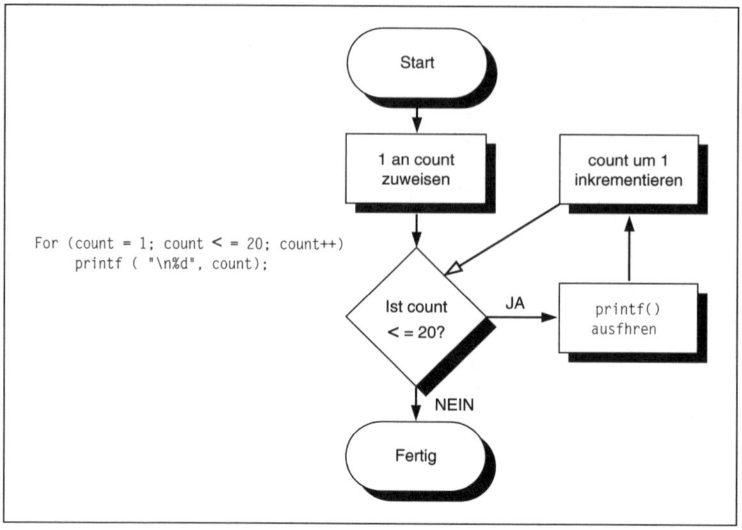

Abbildung 6.2: Funktionsweise der for-Schleife in Listing 6.1

Analyse

Zeile 3 bindet die Header-Datei für die Standard-Ein-/Ausgabe ein. Zeile 5 deklariert eine Variable vom Typ `int` namens `count`, auf die die `for`-Schleife zurückgreift. Die Zeilen 11 und 12 bilden die `for`-Schleife. Wenn das Programm die `for`-Schleife erreicht, führt es die Initialisierungsanweisung zuerst aus. In Listing 6.1 ist das die Anweisung `count = 1`. Das Programm initialisiert also die Zählvariable `count`, die man dann im Rumpf der Schleife verwenden kann. Im zweiten Schritt wertet das Programm die Bedingung der `for`-Anweisung (`count <= 20`) aus. Da `count` gerade den Anfangswert 1 erhalten hat und dieser Wert kleiner als 20 ist, führt das Programm den Anweisungsblock der `for`-Konstruktion aus, d.h. die Anweisung `printf`. Anschließend wertet das Programm den Inkrementausdruck `count++` aus und erhöht damit `count` um 1. Folglich enthält jetzt die Zählvariable `count` den Wert 2. Das Programm kehrt nun an den Beginn der Schleife zurück und prüft die Bedingung erneut. Wenn sie immer noch `wahr` ist, wird wieder `printf` ausgeführt, `count` (auf 3) inkrementiert und die Bedingung erneut geprüft. Dieser Ablauf setzt sich so lange fort, bis die Bedingung nicht mehr zutrifft, das heißt `falsch` ist. Daraufhin verlässt das Programm die Schleife und fährt mit der nächsten Zeile nach der `for`-Konstruktion fort (Zeile 14). Die `return`-Anweisung gibt 0 an den Aufrufer zurück und beendet das Programm.

Die `for`-Anweisung setzt man – wie im obigen Beispiel – häufig ein, um eine Zählvariable zu inkrementieren. Den Zähler kann man aber ebenso herunterzählen, d.h. die Zählvariable dekrementieren:

```
for (count = 100; count > 0; count-- )
```

Der Wert, um den Sie »hoch- bzw. herunterzählen« muss nicht 1 sein, wie folgendes Beispiel zeigt:

```
for (count = 0; count < 1000; count += 5)
```

Die for-Anweisung ist ziemlich flexibel. Zum Beispiel können Sie den Initialisierungsausdruck weglassen, wenn Sie die Variable bereits zuvor im Programm initialisiert haben. (Das Semikolon ist aber dennoch als Trennzeichen anzugeben.)

```
count = 1;
for ( ; count < 1000; count++)
```

Der Initialisierungsausdruck muss keine Initialisierung im eigentlichen Sinne darstellen, sondern kann ein beliebiger C-Ausdruck sein. Auf jeden Fall führt ihn das Programm einmal aus, sobald es die for-Anweisung erreicht. Zum Beispiel gibt der folgende Code die Meldung »Array wird sortiert...« aus:

```
count = 1;
for (printf("Array wird sortiert...") ; count < 1000; count++)
    /* Sortieranweisungen */
```

Sie können auch den Inkrementausdruck weglassen und die Aktualisierung im Rumpf der for-Anweisung erledigen. Vergessen Sie aber nicht, das Semikolon zu setzen. Das folgende Codebeispiel gibt nach dieser Methode die Zahlen von 0 bis 99 aus:

```
for (count = 0; count < 100; )
    printf("%d", count++);
```

Der Test, mit dem die Schleife endet, kann ein beliebiger C-Ausdruck sein. Solange er wahr (ungleich Null) ist, führt das Programm die for-Anweisung aus. Komplexe Textbedingungen können Sie mit den logischen Operatoren von C konstruieren. Die folgende for-Anweisung gibt die Elemente eines Arrays namens array[] aus und stoppt erst, wenn die Schleife alle Elemente ausgegeben hat oder ein Element mit dem Wert 0 vorliegt:

```
for (count = 0; count < 1000 && array[count] != 0; count++)
    printf("%d", array[count]);
```

Diese for-Schleife können Sie sogar noch einfacher formulieren. (Wenn Sie die Änderung an der Testbedingung nicht verstehen, sehen Sie noch einmal bei Tag 4 nach.)

```
for (count = 0; count < 1000 && array[count]; )
    printf("%d", array[count++]);
```

Auf die for-Anweisung kann eine Leeranweisung folgen, so dass die ganze Arbeit in der for-Anweisung selbst stattfindet. Zur Erinnerung: Eine Leeranweisung besteht aus einem allein auf der Zeile stehenden Semikolon. Um zum Beispiel alle Elemente eines Arrays mit 1000 Elementen auf den Wert 50 zu setzen, kann man schreiben:

```
for (count = 0; count < 1000; array[count++] = 50)
    ;
```

Diese for-Anweisung weist jedem Element des Arrays im Inkrementausdruck den Wert 50 zu.

Tag 4 hat bereits darauf hingewiesen, dass man den Kommaoperator am häufigsten in for-Anweisungen verwendet. In einem Ausdruck lassen sich zwei Unterausdrücke durch den Kommaoperator trennen. Das Programm wertet die beiden Unterausdrücke (von links nach rechts) aus und der Gesamtausdruck ergibt sich zum Wert des rechten Unterausdrucks. Mit dem Kommaoperator können Sie jeden Teil einer for-Anweisung mehrere Aufgaben ausführen lassen.

Angenommen Sie haben zwei Arrays a[] und b[] mit je 1000 Elementen und wollen den Inhalt von a[] in umgekehrter Reihenfolge nach b[] kopieren, so dass nach dem Kopiervorgang b[0] = a[999], b[1] = a[998] und so weiter ist. Wie man das realisiert, zeigt die folgende for-Anweisung:

```
for (i = 0, j = 999; i < 1000; i++, j-- )
    b[j] = a[i];
```

Der Kommaoperator dient hier dazu, die beiden Variablen i und j zu initialisieren sowie bei jedem Schleifendurchlauf zu inkrementieren bzw. zu dekrementieren.

Die Syntax der for-Anweisung

Syntax

```
for (Initial; Bedingung; Inkrement)
    Anweisung(en);
```

Initial ist ein beliebiger, gültiger C-Ausdruck. In der Regel ist es eine Zuweisung, die eine Variable auf einen bestimmten Wert setzt.

Bedingung ist ein beliebiger, gültiger C-Ausdruck, in der Regel ein relationaler Ausdruck. Wenn Bedingung das Ergebnis falsch (Null) liefert, endet die for-Anweisung und das Programm setzt mit der ersten Anweisung nach Anweisung(en); fort. Andernfalls führt es die Anweisung(en) aus.

Inkrement ist ein beliebiger, gültiger C-Ausdruck. In der Regel ist es ein Ausdruck, der eine durch den ersten Ausdruck initialisierte Variable inkrementiert.

Bei Anweisung(en) handelt es sich um die C-Anweisungen, die das Programm ausführt, solange die Bedingung wahr ist.

Die for-Anweisung ist eine Schleifenkonstruktion und kann einen Initialisierungs-, einen Bedingungs- und einen Inkrementteil enthalten. Als Erstes führt die for-Anweisung den Initialisierungsausdruck aus und prüft danach die Bedingung. Ergibt die Bedingung das Ergebnis wahr, führt das Programm den Anweisungsblock aus.

Anschließend wird der Inkrementausdruck ausgewertet. Dann prüft die `for`-Anweisung erneut die Bedingung und setzt mit den Anweisungen in der Schleife fort, bis die Bedingung das Ergebnis `falsch` ergibt.

Beispiel 1

```
/* Gibt beim Zählen von 0 bis 9 den Wert von x aus */
int x;
for (x = 0; x <10; x++)
    printf( "\nDer Wert von x ist %d", x );
```

Beispiel 2

```
/* Liest solange Werte ein, bis die Zahl 99 eingegeben wird */
int nbr = 0;
for ( ; nbr != 99; )
   scanf( "%d", &nbr );
```

Beispiel 3

```
/* Erlaubt die Benutzereingabe von bis zu 10 Integer-Werten  */
/* Die Werte werden in einem Array namens wert gespeichert. */
/* Wenn 99 eingegeben wird, stoppt die Schleife             */
int wert[10];
int ctr, nbr=0;
for (ctr = 0; ctr < 10 && nbr != 99; ctr++)
{
    puts("Geben Sie eine Zahl ein, mit 99 verlassen ");
    scanf("%d", &nbr);
    wert[ctr]  = nbr;
}
```

Verschachtelte for-Anweisungen

Eine `for`-Anweisung kann man innerhalb einer anderen `for`-Anweisung ausführen. Man spricht dann vom *Verschachteln* der `for`-Anweisungen. (Am Tag 4 haben Sie bereits verschachtelte `if`-Anweisungen kennen gelernt.) Mit verschachtelten `for`-Anweisungen lassen sich komplexe Programmierprobleme lösen. Listing 6.2 ist zwar nur ein einfaches Programm, zeigt aber, wie man zwei `for`-Anweisungen ineinander verschachtelt.

Listing 6.2: Verschachtelte for-Anweisungen

```
/* Beispiel für die Verschachtelung zweier for-Anweisungen */

#include <stdio.h>

void rechteck_zeichnen( int, int);
```

```
6:
7:  int main(void)
8:  {
9:      rechteck_zeichnen( 8, 35 );
10:
11:     return 0;
12: }
13:
14: void rechteck_zeichnen( int reihe, int spalte )
15: {
16:     int spa;
17:     for ( ; reihe > 0; reihe -- )
18:     {
19:         for (spa = spalte; spa > 0; spa -- )
20:             printf("X");
21:
22:         printf("\n");
23:     }
24: }
```

Ausgabe

```
XXXXXXXXXXXXXXXXXXXXXXXXXXXXXXXXXXX
XXXXXXXXXXXXXXXXXXXXXXXXXXXXXXXXXXX
XXXXXXXXXXXXXXXXXXXXXXXXXXXXXXXXXXX
XXXXXXXXXXXXXXXXXXXXXXXXXXXXXXXXXXX
XXXXXXXXXXXXXXXXXXXXXXXXXXXXXXXXXXX
XXXXXXXXXXXXXXXXXXXXXXXXXXXXXXXXXXX
XXXXXXXXXXXXXXXXXXXXXXXXXXXXXXXXXXX
XXXXXXXXXXXXXXXXXXXXXXXXXXXXXXXXXXX
```

Analyse

Das Programm leistet die Hauptarbeit in Zeile 20. Es gibt 280-mal den Buchstaben `X` in Form eines Rechtecks von 8 x 35 Zeichen auf dem Bildschirm aus. Das Programm enthält zwar nur einen einzigen Befehl zur Ausgabe des `X`, dieser Befehl steht aber in zwei verschachtelten Schleifen.

Zeile 5 deklariert den Funktionsprototyp für die Funktion `rechteck_zeichnen`. Die Funktion übernimmt die beiden Variablen `reihe` und `spalte` vom Typ `int`, die für die Abmessungen des auszugebenden Rechtecks vorgesehen sind. In Zeile 9 ruft `main` die Funktion `rechteck_zeichnen` auf und übergibt für `reihe` den Wert `8` und für `spalte` den Wert `35`.

Vielleicht fallen Ihnen in der Funktion `rechteck_zeichnen` einige Dinge auf, die nicht sofort verständlich sind: Warum deklariert die Funktion die lokale Variable `spa` und warum erscheint die Funktion `printf` in Zeile 22? Diese Fragen lassen sich klären, wenn Sie die beiden `for`-Schleifen untersuchen.

Die erste – äußere – for-Schleife beginnt in Zeile 17. Hier ist kein Initialisierungsteil vorhanden, weil die Funktion den Anfangswert für reihe als Parameter übernimmt. Ein Blick auf die Bedingung zeigt, dass diese for-Schleife so lange läuft, bis reihe gleich 0 ist. Bei der ersten Ausführung von Zeile 17 ist reihe gleich 8. Deshalb fährt das Programm mit Zeile 19 fort.

Zeile 19 enthält die zweite – innere – for-Anweisung. Der Initialisierungsausdruck kopiert den übergebenen Parameter spalte in die lokale Variable spa vom Typ int. Der Anfangswert von spa ist 35. Das ist der aus spalte übernommene Wert. Die Variable spalte behält ihren ursprünglichen Wert bei. Da spa größer als 0 ist, führt das Programm die printf-Anweisung in Zeile 20 aus und schreibt ein X auf den Bildschirm. Daraufhin wird spa dekrementiert und die Schleife fortgeführt. Wenn spa gleich 0 ist, endet die innere for-Schleife und der Programmablauf setzt sich in Zeile 22 fort. Die printf-Anweisung in Zeile 22 bewirkt, dass die Ausgabe auf dem Bildschirm mit einer neuen Zeile beginnt. (Mehr zur Ausgabe erfahren Sie am Tag 7.) Mit dem Sprung in die neue Bildschirmzeile hat die Programmausführung das Ende der Anweisungen in der ersten for-Schleife erreicht. Die äußere for-Anweisung wertet den Dekrementausdruck aus, der 1 von reihe subtrahiert, so dass der Wert jetzt 7 beträgt. Damit geht die Programmsteuerung zurück zu Zeile 19.

Beachten Sie, dass der Wert von spa nach dem letzten Durchlauf der inneren Schleife den Wert 0 erreicht hat. Wenn man anstelle von spa den übergebenen Parameter spalte verwendet, liefert der Bedingungsausdruck der inneren Schleife beim zweiten Durchlauf der äußeren Schleife sofort das Ergebnis falsch – auf dem Bildschirm erscheint nur die erste Zeile. Sie können sich selbst davon überzeugen, indem Sie in Zeile 19 den Initialisierungsteil löschen und die beiden spa-Variablen in spalte ändern.

<table>
<tr><th>Was Sie tun sollten</th><th>Was nicht</th></tr>
<tr><td>Denken Sie daran, das Semikolon zu setzen, wenn Sie eine for-Anweisung mit einer Leeranweisung verwenden. Setzen Sie das Semikolon als Platzhalter für die Leeranweisung in eine eigene Zeile oder fügen Sie ein Leerzeichen zwischen dem Semikolon und dem Ende der for-Anweisung ein. Übersichtlicher ist es, wenn das Semikolon in einer eigenen Zeile steht.
<pre>for (count = 0; count < 1000;
array[count] = 50) ;
/* beachten Sie das Leerzeichen!
*/</pre></td><td>Erliegen Sie nicht der Versuchung, in der for-Anweisung zu viele Arbeitsschritte unterzubringen. Sie können zwar auch mit dem Kommaoperator arbeiten, meistens ist es aber übersichtlicher, wenn der Rumpf die eigentliche Funktionalität der Schleife realisiert.</td></tr>
</table>

while-Anweisungen

Die `while`-Anweisung, auch `while`-*Schleife* genannt, führt einen Anweisungsblock aus, solange eine spezifizierte Bedingung `wahr` ist. Die `while`-Anweisung hat folgende Form:

```
while (Bedingung)
    Anweisung;
```

`Bedingung` ist ein beliebiger C-Ausdruck und `Anweisung` eine einfache oder komplexe C-Anweisung. Wenn die Programmausführung eine `while`-Anweisung erreicht, passiert Folgendes:

1. Der Ausdruck `Bedingung` wird ausgewertet.
2. Wenn `Bedingung` das Ergebnis `falsch` (das heißt Null) liefert, endet die `while`-Anweisung und die Ausführung fährt mit der ersten Anweisung nach `Anweisung` fort.
3. Wenn `Bedingung` das Ergebnis `wahr` (das heißt ungleich Null) liefert, führt das Programm die C-Anweisung(en) in `Anweisung` aus.
4. Die Ausführung kehrt zurück zu Schritt 1.

Abbildung 6.3 zeigt den Ablauf der Programmausführung in einer `while`-Anweisung.

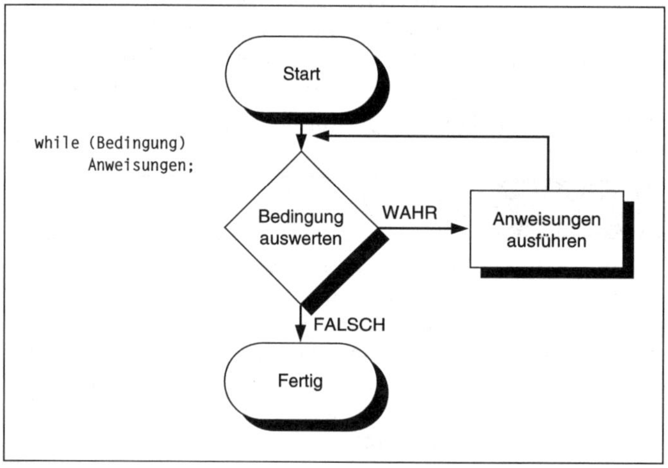

Abbildung 6.3: Ablauf der Programmausführung in einer while-Anweisung

Listing 6.3 enthält ein einfaches Programm, das in einer `while`-Schleife die Zahlen von 1 bis 20 ausgibt. (Die gleiche Aufgabe hat die `for`-Anweisung in Listing 6.1 erledigt.)

Listing 6.3: Eine einfache while-Anweisung

```
/* Beispiel einer einfachen while-Anweisung */

#include <stdio.h>

int count;

int main(void)
{
    /* Gibt die Zahlen von 1 bis 20 aus */

    count = 1;

    while (count <= 20)
    {
        printf("%d\n", count);
        count++;
    }
return 0;
}
```

Ausgabe

```
1
2
3
4
5
6
7
8
9
10
11
12
13
14
15
16
17
18
19
20
```

Analysieren Sie Listing 6.3 und vergleichen Sie es mit Listing 6.1, in der eine `for`-Anweisung die gleiche Aufgabe realisiert. Zeile 11 initialisiert `count` mit dem Wert `1`. Da die `while`-Anweisung keinen Initialisierungsabschnitt enthält, müssen Sie daran denken, alle Variablen vor der `while`-Schleife zu initialisieren. Zeile 13 enthält die eigentliche `while`-Anweisung, einschließlich der gleichen Bedingung wie in Listing 6.1: `count <= 20`. Zeile 16 inkrementiert in der `while`-Schleife die Zählvariable `count`. Wenn Sie die Anweisung in Zeile 16 weglassen, läuft das Programm endlos, da `count` immer `1` und damit immer kleiner als `20` bleibt.

Vielleicht haben Sie inzwischen bemerkt, dass eine `while`-Anweisung im Wesentlichen einer `for`-Anweisung entspricht, bei der die Initialisierungs- und Inkrementausdrücke fehlen. Demzufolge ist

```
for ( ; Bedingung ; )
```

äquivalent zu

```
while (Bedingung)
```

Aufgrund dieser Ähnlichkeit lässt sich alles, was mit einer `for`-Anweisung möglich ist, auch mit einer `while`-Anweisung formulieren. Wenn Sie jedoch mit `while` arbeiten, müssen Sie vorher alle erforderlichen Variablen in separaten Anweisungen initialisieren und dann innerhalb der `while`-Schleife selbst aktualisieren.

Wenn die Schleifenvariablen ohnehin zu initialisieren und zu aktualisieren sind, bevorzugen die meisten erfahrenen C-Programmierer die `for`-Anweisung – hauptsächlich wegen der besseren Lesbarkeit des Quelltextes. Eine `for`-Anweisung konzentriert die Ausdrücke für Initialisierung, Test und Inkrementierung an einer Stelle, so dass man sie leicht finden und ändern kann. Bei einer `while`-Anweisung stehen Initialisierung und Aktualisierung an getrennten Stellen und sind mitunter nicht leicht auszumachen.

Die Syntax der while-Anweisung

```
while (Bedingung)
    Anweisung(en);
```

`Bedingung` ist ein beliebiger, gültiger C-Ausdruck, in der Regel ein relationaler Ausdruck. Wenn `Bedingung` das Ergebnis `falsch` (Null) liefert, endet die `while`-Anweisung und die Ausführung fährt mit der ersten Anweisung nach `Anweisung(en);` fort. Andernfalls führt das Programm die `Anweisung(en)` aus.

Bei `Anweisung(en)` handelt es sich um die C-Anweisungen, die das Programm ausführt, solange die `Bedingung` das Ergebnis `wahr` liefert.

Die `while`-Anweisung ist eine Schleifenkonstruktion. Man kann damit eine Anweisung oder einen Anweisungsblock solange wiederholt ausführen lassen, wie eine gegebene Bedingung `wahr` (ungleich Null) ist. Wenn die `Bedingung` bereits bei der ersten Ausführung der `while`-Anweisung nicht `wahr` ist, werden die `Anweisung(en)` nie ausgeführt.

Beispiel 1

```
int x = 0;
while (x < 10)
{
    printf("\nDer Wert von x ist %d", x );
    x++;
}
```

Beispiel 2

```
/* Liest solange Werte ein, bis die Zahl 99 eingegeben wird */
int nbr=0;
while (nbr <= 99)
    scanf("%d", &nbr );
```

Beispiel 3

```
/* Erlaubt die Benutzereingabe von bis zu 10 Integer-Werten  */
/* Die Werte werden in einem Array namens wert gespeichert. */
/* Wenn 99 eingegeben wird, stoppt die Schleife             */
int wert[10];
int ctr = 0;
int nbr;
while (ctr < 10 && nbr != 99)
{
    puts("Geben Sie eine Zahl ein, mit 99 verlassen ");
    scanf("%d", &nbr);
    wert[ctr] = nbr;
    ctr++;
}
```

Verschachtelte while-Anweisungen

Genau wie `for`- und `if`-Anweisungen kann man auch `while`-Anweisungen verschachteln. Listing 6.4 zeigt ein Beispiel für verschachtelte `while`-Anweisungen. Dies ist zwar nicht der beste Einsatzbereich für eine `while`-Anweisung, aber das Beispiel zeigt auch neue Programmiertechniken.

Listing 6.4: Verschachtelte while-Anweisungen

```
/* Beispiel für verschachtelte while-Anweisungen */

#include <stdio.h>

int array[5];

int main(void)
{
   int ctr = 0,
       nbr = 0;

    printf("Dies Programm fordert Sie auf, 5 Zahlen einzugeben\n");
    printf("Jede Zahl muss zwischen 1 und 10 liegen\n");

    while ( ctr < 5 )
    {
        nbr = 0;
        while (nbr < 1 || nbr > 10)
        {
            printf("\nGeben Sie Zahl %d von 5 ein: ", ctr + 1 );
            scanf("%d", &nbr );
        }

        array[ctr] = nbr;
        ctr++;
    }

    for (ctr = 0; ctr < 5; ctr++)
        printf("Der Wert von %d lautet %d\n", ctr + 1, array[ctr] );

    return 0;
}
```

Ausgabe

```
Dies Programm fordert Sie auf, 5 Zahlen einzugeben
Jede Zahl muss zwischen 1 und 10 liegen

Geben Sie Zahl 1 von 5 ein: 3

Geben Sie Zahl 2 von 5 ein: 6
```

```
Geben Sie Zahl 3 von 5 ein: 3

Geben Sie Zahl 4 von 5 ein: 9

Geben Sie Zahl 5 von 5 ein: 2

Der Wert von 1 lautet 3
Der Wert von 2 lautet 6
Der Wert von 3 lautet 3
Der Wert von 4 lautet 9
Der Wert von 5 lautet 2
```

Wie schon in den vorherigen Listings enthält Zeile 1 einen Kommentar, der das Programm beschreibt, und Zeile 3 eine `#include`-Anweisung für die Header-Datei der Standard-Ein-/Ausgabe. Zeile 5 deklariert ein Array (namens `array`), das fünf Integer-Werte aufnehmen kann. Zusätzlich deklariert die Funktion `main` in den Zeilen 9 und 10 zwei lokale Variablen, `ctr` und `nbr`, und initialisiert sie gleichzeitig mit `0`. Eine Besonderheit ist der Kommaoperator am Ende von Zeile 9. Dadurch kann man `nbr` als `int` deklarieren, ohne den Typbezeichner wiederholen zu müssen. Deklarationen dieser Art sind gängige Praxis unter vielen C-Programmierern. Die in den Zeilen 12 und 13 ausgegebene Meldung informiert den Benutzer, was das Programm macht und was er eingeben soll. In den Zeilen 15 bis 26 stehen die Anweisungen der ersten `while`-Schleife. Darin ist in den Zeilen 18 bis 22 eine `while`-Schleife mit eigenen Anweisungen verschachtelt.

Die äußere Schleife läuft, solange `ctr` kleiner als `5` ist (Zeile 15). Die erste Anweisung in dieser Schleife setzt `nbr` auf den Anfangswert 0 (Zeile 17) und die verschachtelte innere `while`-Schleife (in den Zeilen 18 bis 22) liest eine Zahl in die Variable `nbr` ein. Zeile 24 legt die Zahl in `array` ab und Zeile 25 inkrementiert `ctr`. Die Aufgabe der äußeren Schleife besteht also darin, fünf Zahlen entgegen zu nehmen und sie jeweils in `array` an der Indexposition `ctr` abzulegen.

Die innere Schleife zeigt, wie man die `while`-Anweisung sinnvoll einsetzen kann. Im Programm stellen nur die Zahlen von 1 bis 10 gültige Eingaben dar und solange der Benutzer keine gültige Zahl eingibt, soll das Programm nicht fortgeführt werden. Die Zeilen 18 bis 22 enthalten den zugehörigen Code. Die `while`-Anweisung fordert bei Eingaben kleiner als 1 oder größer als 10 umgehend eine neue Zahl vom Benutzer an.

Die Zeilen 28 und 29 geben die Werte aus, die in `array` gespeichert sind. In der `for`-Anweisung kann man die Variable `ctr` wieder verwenden, weil die `while`-Anweisungen mit dieser Variablen abgeschlossen sind. Die `for`-Anweisung initialisiert die Variable `ctr` mit 0 und inkrementiert sie bei jedem Schleifendurchlauf um 1. Das Programm durchläuft die Schleife fünfmal und gibt jeweils den Wert von `ctr + 1` (da die Zählung bei Null beginnt) sowie den zugehörigen Wert von `array` aus.

Zur Übung sollten Sie in diesem Programm zwei Dinge ausprobieren. Erstens können Sie den Wertebereich, den das Programm akzeptiert, auf zum Beispiel 1 bis 100 erweitern. Zweitens können Sie die Anzahl der einzugebenden Werte variieren. Im jetzigen Programm sind das fünf Zahlen. Versuchen Sie es doch einmal mit 10.

Was Sie tun sollten	Was nicht

Verwenden Sie die `for`-Anweisung statt der `while`-Anweisung, wenn Sie in der Schleife Werte initialisieren und inkrementieren müssen. In der `for`-Schleife stehen die Initialisierungs-, Bedingungs- und Inkrementanweisungen unmittelbar beieinander; in der `while`-Anweisung nicht.	Verwenden Sie die folgende Konvention nur, wenn es unbedingt nötig ist:
	`while (x)`
	Halten Sie sich statt dessen an folgende Konvention:
	`while (x != 0)`
	Beide Konventionen sind möglich, doch die zweite ist verständlicher, wenn Sie den Code debuggen müssen. Der Compiler erzeugt ohnehin aus beiden Zeilen den gleichen Code.

do...while-Schleifen

Die dritte Schleifenkonstruktion von C ist die `do...while`-Schleife, die einen Anweisungsblock ausführt, solange eine bestimmte Bedingung `wahr` ist. Eine `do...while`-Schleife testet die Bedingung allerdings erst am Ende der Schleife und nicht am Anfang, wie das bei den `for`- und `while`-Schleifen der Fall ist.

Der Aufbau einer `do...while`-Schleife sieht folgendermaßen aus:

```
do
    Anweisung;
while (Bedingung);
```

`Bedingung` ist ein beliebiger C-Ausdruck und `Anweisung` eine einfache oder komplexe C-Anweisung. Wenn das Programm auf eine `do...while`-Anweisung trifft, passiert Folgendes:

1. Die Anweisungen in `Anweisung` werden ausgeführt.
2. Das Programm wertet die `Bedingung` aus. Ist sie `wahr`, kehrt die Ausführung zurück zu Schritt 1. Ist sie `falsch`, endet die Schleife.

Abbildung 6.4 zeigt die Abläufe in einer `do...while`-Schleife.

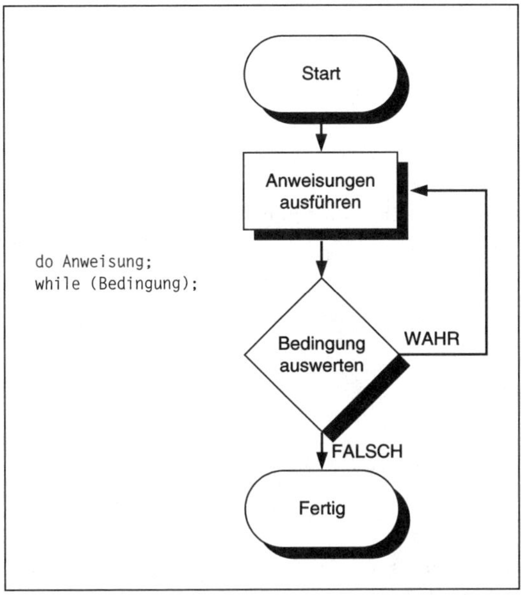

Abbildung 6.4:
Die Abläufe in einer do...while-Schleife

Das Programm führt die Anweisungen in einer `do...while`-Schleife in jedem Fall mindestens einmal aus, weil die Testbedingung erst am Ende der Schleife und nicht am Anfang steht. Demgegenüber werten die `for`- und `while`-Schleifen die Testbedingung zu Beginn der Schleife aus. Ist bei diesen Schleifen die Testbedingung bereits beim Eintritt in die Schleife `falsch`, führt das Programm die Anweisungen überhaupt nicht aus.

Verglichen mit `while`- und `for`-Schleifen verwendet man `do...while`-Schleifen seltener; sie bieten sich vor allem dort an, wo die Anweisungen der Schleife zumindest einmal auszuführen sind. Prinzipiell kann man jede Schleifenkonstruktion mit einer `while`-Schleife realisieren. Um eine `do...while`-Schleifen nachzubilden, muss man nur sicherstellen, dass die Testbedingung `wahr` ist, wenn die Programmausführung die Schleife das erste Mal erreicht. Allerdings ist in diesem Fall eine `do...while`-Schleife wahrscheinlich verständlicher.

Listing 6.5 zeigt ein Beispiel für eine `do...while`-Schleife.

Listing 6.5: Eine einfache do...while-Schleife

```
/* Beispiel für eine einfache do...while-Anweisung */

#include <stdio.h>

int menue_option_einlesen( void );
```

```

int main(void)
{
    int option;

    option = menue_option_einlesen();

    printf("Sie haben die Menü-Option %d gewählt\n", option );

    return 0;
}

int menue_option_einlesen( void )
{
    int auswahl = 0;

    do
    {
        printf("\n" );
        printf("\n1 - Datensatz hinzufügen" );
        printf("\n2 - Datensatz ändern ");
        printf("\n3 - Datensatz löschen ");
        printf("\n4 - Verlassen");
        printf("\n" );
        printf("\nGeben Sie Ihre Wahl ein: " );

        scanf("%d", &auswahl );

     }while ( auswahl < 1 || auswahl > 4 );

     return auswahl;
}
```

Ausgabe

```
1 - Datensatz hinzufügen
2 - Datensatz ändern
3 - Datensatz löschen
4 - Verlassen

Geben Sie Ihre Wahl ein: 8

1 - Datensatz hinzufügen
2 - Datensatz ändern
3 - Datensatz löschen
```

```
4 - Verlassen

Geben Sie Ihre Wahl ein: 4
Sie haben die Menü-Option 4 gewählt
```

Analyse

Dieses Programm stellt ein Menü mit vier Optionen bereit. Der Anwender wählt eine der vier Optionen aus, und das Programm gibt dann die gewählte Zahl aus. Spätere Programme in diesem Buch greifen dieses Konzept auf und erweitern es. Der größte Teil des Listings sollte Ihnen vom Verständnis her keine Schwierigkeiten bereiten. Die Funktion `main` in den Zeilen 7 bis 16 enthält nichts, was Sie nicht schon kennen.

Hinweis

Den Rumpf von `main` hätten Sie auch mit einer einzigen Zeile formulieren können:

```
printf( "Sie haben die Menü-Option %d gewählt", menue_option_einlesen()
);
```

Wenn man aber das Programm erweitern und auf die getroffene Auswahl reagieren möchte, benötigt man den von `menue_option_einlesen` zurückgegebenen Wert. Deshalb ist es ratsam, diesen Wert einer Variablen (wie `option`) zuzuweisen.

Die Zeilen 18 bis 37 enthalten die Funktion `menue_option_einlesen`. Diese Funktion gibt auf dem Bildschirm ein Menü aus (Zeilen 24 bis 30) und nimmt den Zahlencode der getroffenen Auswahl entgegen. Da Sie ein Menü mindestens einmal anzeigen müssen, um eine Antwort zu erhalten, bietet sich hier die Verwendung einer `do...while`-Schleife an. Das Programm zeigt das Menü sooft an, bis der Benutzer eine gültige Auswahl getroffen hat. Zeile 34 enthält den `while`-Teil der `do...while`-Anweisung und wertet den eingegebenen Wert für die Menüauswahl (sinnvollerweise `auswahl` genannt) aus. Wenn der eingegebene Wert nicht zwischen 1 und 4 liegt, bringt die Schleife das Menü erneut auf den Bildschirm und fordert den Benutzer zu einer neuen Auswahl auf. Gibt der Benutzer eine gültige Zahl ein, fährt das Programm mit Zeile 36 fort, die den Wert der Variablen `auswahl` zurückgibt.

Die Syntax der do...while-Anweisung

Syntax

```
do
{
    Anweisung(en);
}while (Bedingung);
```

Bedingung kann jeder gültige C-Ausdruck sein, wobei man meistens einen relationalen Ausdruck verwendet. Wenn Bedingung das Ergebnis falsch (Null) liefert, endet die while-Anweisung und die Ausführung fährt mit der ersten Anweisung nach der while-Anweisung fort. Im anderen Fall springt das Programm zurück zum do-Teil und das Programm führt die Anweisung(en) aus.

Bei Anweisung(en) handelt es sich um eine einfache C-Anweisung oder einen Block von Anweisungen. Das Programm führt eine do...while-Schleife und damit die Anweisungen in der Schleife mindestens einmal aus und danach so lange, wie die Bedingung das Ergebnis wahr ergibt.

Die do...while-Anweisung ist eine Schleifenkonstruktion. Man kann damit eine Anweisung oder einen Anweisungsblock solange wiederholt ausführen lassen, wie eine gegebene Bedingung wahr (ungleich Null) ist. Im Gegensatz zur while-Anweisung führt das Programm die Anweisungen in einer do...while-Schleife mindestens einmal aus.

Beispiel 1

```
/* Ausgabe erfolgt, auch wenn die Bedingung falsch ist! */
int x = 10;
do
{
    printf("\nDer Wert von x ist %d", x );
}while (x != 10);
```

Beispiel 2

```
/* Liest solange Werte ein, bis die Zahl 99 eingegeben wird */
int nbr;
do
{
    scanf("%d", &nbr );
}while (nbr <= 99);
```

Beispiel 3

```
/* Erlaubt die Benutzereingabe von bis zu 10 Integer-Werten  */
/* Die Werte werden in einem Array namens wert gespeichert. */
/* Wenn 99 eingegeben wird, stoppt die Schleife             */
int wert[10];
int ctr = 0;
int nbr;
do
{
    puts("Geben Sie eine Zahl ein, mit 99 verlassen ");
    scanf( "%d", &nbr);
    wert[ctr] = nbr;
    ctr++;
}while (ctr < 10 && nbr != 99);
```

Verschachtelte Schleifen

Der Begriff *verschachtelte Schleife* bezieht sich auf eine Schleife, die in einer anderen Schleife enthalten ist. Sie haben bereits einige Beispiele für verschachtelte Schleifen kennen gelernt. Bezüglich der Verschachtelungstiefe sind Ihnen in C praktisch keine Grenzen gesetzt. Sie müssen nur aufpassen, dass die äußere Schleife jede innere Schleife vollständig umschließt. Schleifen dürfen sich nicht überlappen. Aus diesem Grund ist folgender Code nicht erlaubt:

```
for ( count = 1; count < 100; count++)
{
    do
    {
        /* die do...while-Schleife */
} /* Ende der for-Schleife */
    }while (x != 0);
```

Wenn die `do...while`-Schleife komplett von der `for`-Schleife umschlossen ist, gibt es keine Probleme:

```
for (count = 1; count < 100; count++)
{
    do
    {
        /* die do...while-Schleife */
    }while (x != 0);
} /* Ende der for-Schleife */
```

Bei verschachtelten Schleifen müssen Sie darauf achten, dass Änderungen in der inneren Schleife unter Umständen Auswirkungen auf die äußere Schleife haben können. Die innere Schleife kann jedoch auch völlig unabhängig von den Variablen der äußeren Schleife sein. Im obigen Beispiel ist das nicht der Fall. Wenn Sie hier den Wert `count` in der inneren `do...while`-Schleife ändern, beeinflussen Sie die Anzahl der Durchläufe der äußeren `for`-Schleife.

Bei verschachtelten Schleifen sollten Sie die Anweisungen jeder Schleifenebene gegenüber der vorherigen Ebene weiter einrücken. Damit machen Sie deutlich, welcher Code zu welcher Schleife gehört.

Was Sie tun sollten	Was nicht
Verwenden Sie die `do...while`-Schleife, wenn Sie wissen, dass die Schleife mindestens einmal auszuführen ist.	Versuchen Sie nicht, Schleifen zu überlappen. Bei verschachtelten Schleifenkonstruktionen muss die äußere Schleife die innere Schleife vollständig umschließen.

Zusammenfassung

Nach der heutigen Lektion sind Sie schon fast gerüstet, um selbst richtige C-Programme zu schreiben.

In C gibt es drei Schleifenanweisungen, die den Programmfluss steuern: `for`, `while` und `do...while`. Mit diesen Konstruktionen können Sie einen Anweisungsblock abhängig vom aktuellen Wert bestimmter Programmvariablen mehrfach (oder auch überhaupt nicht) ausführen. Viele Programmieraufgaben lassen sich durch die wiederholte Ausführung, wie sie durch diese Schleifenanweisungen möglich sind, elegant lösen.

Auch wenn man die gleiche Aufgabe mit allen drei Anweisungen lösen kann, hat jede Konstruktion ihre Besonderheiten. Bei der `for`-Anweisung können Sie in einer einzigen Zeile initialisieren, auswerten und inkrementieren. Die `while`-Anweisung wird ausgeführt, solange eine Bedingung `wahr` ist. Die `do...while`-Anweisung führt die Anweisungen mindestens einmal aus und anschließend so lange, bis die Bedingung das Ergebnis `falsch` liefert.

Von Verschachteln spricht man, wenn man eine Anweisung innerhalb einer anderen Anweisung unterbringt. In C ist das für alle Anweisungen zulässig. Tag 4 hat diese Methode für `if`-Anweisungen vorgestellt. Heute haben Sie gelernt, wie man `for`-, `while`- und `do...while`-Anweisungen verschachtelt.

Fragen und Antworten

F Woher weiß ich, welche Anweisung – `for`, `while` oder `do...while` – für die Programmsteuerung geeignet ist?

A *Wenn Sie sich die einzelnen Syntaxbeispiele ansehen, werden Sie feststellen, dass man ein Schleifenproblem mit allen drei Konstruktionen lösen kann. Jede Anweisung hat jedoch ihre Besonderheiten. Die `for`-Anweisung eignet sich am besten, wenn Sie in der Schleife initialisieren und inkrementieren müssen. Wenn Sie lediglich eine Bedingung abfragen und keine bestimmte Anzahl von Schleifeniterationen durchführen wollen, bietet sich `while` an. Ist der zugehörige Anweisungsblock mindestens einmal auszuführen, stellt `do...while` die beste Wahl dar. Auf jeden Fall sollten Sie sich mit allen drei Konstruktionen vertraut machen und dann in der konkreten Programmiersituation entscheiden, welche Art der Schleife zu bevorzugen ist.*

F Wie tief kann ich meine Schleifen verschachteln?

A *Für die Verschachtelungstiefe sind Ihnen keine Grenzen gesetzt. Wenn Ihr Programm mehr als zwei Verschachtelungsebenen benötigt, sollten Sie über-*

legen, ob Sie nicht besser eine Funktion verwenden. Eine Funktion bietet sich auch an, wenn Sie bei hohen Verschachtelungstiefen durch die vielen geschweiften Klammern langsam den Überblick verlieren.

F Kann ich unterschiedliche Schleifenbefehle verschachteln?

A *Sie können* `if`, `for`, `while`, `do...while` *oder jeden anderen Befehl verschachteln. In vielen Programmen müssen Sie wenigstens einige dieser Befehle verschachteln.*

Workshop

Die Kontrollfragen im Workshop sollen Ihnen helfen, die neu erworbenen Kenntnisse zu den behandelten Themen zu festigen. Die Übungen geben Ihnen die Möglichkeit, praktische Erfahrungen mit dem gelernten Stoff zu sammeln. Die Antworten zu den Kontrollfragen und Übungen finden Sie im Anhang F.

Kontrollfragen

1. Wie lautet der Indexwert des ersten Elements in einem Array?
2. Worin besteht der Unterschied zwischen einer `for`- und einer `while`-Anweisung?
3. Worin besteht der Unterschied zwischen einer `while`- und einer `do...while`-Anweisung?
4. Stimmt es, dass man mit einer `while`-Anweisung die gleiche Aufgabe wie mit einer `for`-Anweisung realisieren kann?
5. Woran müssen Sie denken, wenn Sie Anweisungen verschachteln?
6. Kann man eine `while`-Anweisung in einer `do...while`-Anweisung verschachteln?
7. Wie lauten die vier Teile einer `for`-Anweisung?
8. Wie lauten die zwei Teile einer `while`-Anweisung?
9. Wie lauten die zwei Teile einer `do...while`-Anweisung?

Übungen

1. Deklarieren Sie ein Array, das 50 Werte vom Typ `long` enthält.
2. Schreiben Sie eine Anweisung, die dem 50ten Element im Array von Übung 1 den Wert 123.456 zuweist.

3. Wie lautet der Wert von x, nachdem die folgende Anweisung ausgeführt wurde?

```
for (x = 0; x < 100, x++) ;
```

4. Wie lautet der Wert von ctr, nachdem die folgende Anweisung ausgeführt wurde?

```
for (ctr = 2; ctr < 10; ctr += 3) ;
```

5. Wie viele X gibt der folgende Code aus?

```
for (x = 0; x < 10; x++)
    for (y = 5; y > 0; y-- )
        puts("X");
```

6. Schreiben Sie eine for-Anweisung, die in Dreierschritten von 1 bis 100 zählt.
7. Schreiben Sie eine while-Anweisung, die in Dreierschritten von 1 bis 100 zählt.
8. Schreiben Sie eine do...while-Anweisung, die in Dreierschritten von 1 bis 100 zählt.
9. **FEHLERSUCHE:** Was ist im folgenden Codefragment falsch?

```
datensatz = 0;
while (datensatz < 100)
{
    printf( "\nDatensatz %d ", datensatz );
    printf( "\nNächste Zahl..." );
}
```

10. **FEHLERSUCHE:** Was ist im folgenden Codefragment falsch? (MAXWERTE ist nicht das Problem!)

```
for (zaehler = 1; zaehler < MAXWERTE; zaehler++);
    printf("\nZaehler = %d", zaehler );
```

7 Grundlagen der Ein- und Ausgabe

Woche 1

In den meisten Ihrer Programme müssen Sie Informationen auf dem Bildschirm ausgeben oder Informationen von der Tastatur einlesen. In den bisher vorgestellten Beispielprogrammen haben Sie schon damit gearbeitet, auch wenn Sie vielleicht nicht verstanden haben, wie alles zusammenhängt. Heute lernen Sie

- die Grundlagen der Ein-/Ausgabeanweisungen in C kennen,
- wie man Informationen mit den Bibliotheksfunktionen `printf` und `puts` auf dem Bildschirm ausgibt,
- wie man Informationen auf dem Bildschirm formatiert und
- wie man Daten mit der Bibliotheksfunktion `scanf` von der Tastatur einliest.

Die heutige Lektion soll diese Themen nicht vollständig abhandeln, sondern lediglich die grundlegenden Informationen vermitteln, so dass Sie mit dem Schreiben »richtiger« Programme beginnen können. Später geht dieses Buch noch ausführlicher auf diese Themen ein.

Informationen am Bildschirm anzeigen

Die meisten Programme zeigen Informationen auf dem Bildschirm an. Diese Aufgabe realisiert man in C vornehmlich mit den Bibliotheksfunktionen `printf` und `puts`.

Die Funktion printf

Die Funktion `printf` ist Teil der C-Standardbibliothek und stellt wahrscheinlich die flexibelste Option zur Ausgabe von Daten auf den Bildschirm dar. Die Funktion `printf` ist Ihnen bereits in vielen Beispielen in diesem Buch begegnet. Jetzt sollen Sie erfahren, wie sie arbeitet.

Die Ausgabe einer Textmeldung auf dem Bildschirm ist einfach. Rufen Sie die Funktion `printf` auf und übergeben Sie ihr die entsprechende Nachricht in doppelten Anführungszeichen. Zum Beispiel geben Sie die Meldung »`Ein Fehler ist aufgetreten!`« mit der folgenden Anweisung auf dem Bildschirm aus:

```
printf("Ein Fehler ist aufgetreten!");
```

Oftmals müssen Sie nicht nur Textmeldungen, sondern auch die Werte von Programmvariablen ausgeben. Wollen Sie zum Beispiel den Wert der numerischen Variablen `x` zusammen mit erläuterndem Text auf dem Bildschirm ausgeben und die gesamte Meldung auf einer neuen Zeile beginnen lassen, können Sie die Funktion `printf` wie folgt verwenden:

```
printf("\nDer Wert von x ist %d", x);
```

Hat `x` den Wert `12`, sieht die Ausgabe auf dem Bildschirm folgendermaßen aus:

```
Der Wert von x ist 12
```

Diese Anweisung übergibt der Funktion `printf` zwei Argumente. Das erste Argument steht in doppelten Anführungszeichen und heißt *Formatstring*. Das zweite Argument ist der Name der Variablen (`x`), die den auszugebenden Wert enthält.

Formatstrings der Funktion printf

In der Funktion `printf` geben Sie mit einem Formatstring an, wie die Ausgabe zu formatieren ist. Der Formatstring kann aus den folgenden drei Komponenten bestehen:

- *Literaler Text* erscheint genau so in der Ausgabe, wie Sie ihn im Formatstring festlegen. Im obigen Beispiel beginnt dieser literale String mit dem Zeichen `D` (in `Der`) und erstreckt sich bis zum Leerzeichen vor dem Prozentzeichen `%` (das nicht mehr dazu gehört).
- *Escape-Sequenzen* bieten besondere Möglichkeiten zur Formatierung. Eine Escape-Sequenz besteht aus einem Backslash gefolgt von einem einfachen Zeichen. Im obigen Beispiel ist `\n` eine Escape-Sequenz, die das Zeichen für »Neue Zeile« – d.h. Wagenrücklauf/Zeilenvorschub – bezeichnet. Escape-Sequenzen verwendet man auch, um bestimmte Sonderzeichen auszugeben. Die gebräuchlichsten Escape-Sequenzen sind in Tabelle 7.1 zusammengestellt.
- *Konvertierungsspezifizierer* bestehen aus einem Prozentzeichen (`%`) gefolgt von einem weiteren Zeichen. Im obigen Beispiel lautet der Konvertierungsspezifizierer `%d`. Ein Konvertierungsspezifizierer teilt `printf` das gewünschte Format für die auszugebende Variable mit. Die Zeichen `%d` bedeuten, dass die Variable `x` als Dezimalzahl vom Typ `signed` (mit Vorzeichen) zu interpretieren ist.

Sequenz	**Bedeutung**
`\a`	Akustisches Signal
`\b`	Rückschritt (Backspace)
`\n`	Neue Zeile
`\t`	Horizontaler Tabulator
`\\`	Backslash
`\?`	Fragezeichen
`\'`	Einfaches Anführungszeichen

Tabelle 7.1: Die gebräuchlichsten Escape-Sequenzen

Die Escape-Sequenzen von printf

Mit Escape-Sequenzen lässt sich die Position der Ausgabe durch Verschieben des Cursors auf dem Bildschirm steuern. Man kann damit aber auch Zeichen ausgeben, die sonst eine spezielle Bedeutung für die Funktion `printf` haben. Um zum Beispiel einen einfachen Backslash auszugeben, müssen Sie einen doppelten Backslash (\\) im Formatstring schreiben. Der erste Backslash teilt `printf` mit, dass der zweite Backslash als literales Zeichen zu verstehen ist und nicht als Beginn einer Escape-Sequenz. Allgemein besagt der Backslash, dass die Funktion printf das nächste Zeichen in besonderer Weise interpretieren soll.

Im Allgemeinen teilen Sie `printf` mit dem Backslash mit, dass das nächste Zeichen in besonderer Weise zu interpretieren ist. Tabelle 7.2 gibt dazu einige Beispiele an.

Sequenz	Bedeutung
`n`	Das Zeichen n
`\n`	Neue Zeile
`\"`	Das doppelte Anführungszeichen
`"`	Anfang oder Ende eines Strings

Tabelle 7.2: Beispiele für auszugebende Zeichen mit besonderer Bedeutung

Tabelle 7.1 enthält die gebräuchlichsten Esacpe-Sequenzen. Eine vollständige Liste gibt Tag 15 an. Listing 7.1 zeigt, wie man Escape-Sequenzen in `printf` verwendet.

Listing 7.1: Escape-Sequenzen zusammen mit printf

```
/* Beispiele für die gängigsten Escape-Sequenzen */

#include <stdio.h>

#define VERLASSEN  3

int  menue_option_einlesen( void );
void bericht_anzeigen ( void );

int main(void)
{
    int option = 0;

    while (option != VERLASSEN)
    {
       option = menue_option_einlesen();
```

```

       if (option == 1)
           printf("\nAkustisches Signal des Computers\a\a\a" );
       else
       {
           if (option == 2)
               bericht_anzeigen();
       }
    }
    printf("Sie haben die Option Verlassen gewählt!\n");

    return 0;
}

int menue_option_einlesen( void )
{
    int auswahl = 0;

    do
    {
        printf( "\n" );
        printf( "\n1 - Akustisches Signal des Computers" );
        printf( "\n2 - Bericht anzeigen");
        printf( "\n3 - Verlassen");
        printf( "\n" );
        printf( "\nGeben Sie Ihre Wahl ein:" );

        scanf( "%d", &auswahl );

     }while ( auswahl < 1 || auswahl > 3 );

     return auswahl;
}

void bericht_anzeigen( void )
{
     printf( "\nMUSTERBERICHT " );
     printf( "\n\n Sequenz\tBedeutung" );
     printf( "\n=========\t=======" );
     printf( "\n\\a\t\tAkustisches Signal" );
     printf( "\n\\b\t\tRückschritt" );
     printf( "\n...\t\t...");
}
```

```
1 - Akustisches Signal des Computers
2 - Bericht anzeigen
3 - Verlassen

Geben Sie Ihre Wahl ein:1

Akustisches Signal des Computers

1 - Akustisches Signal des Computers
2 - Bericht anzeigen
3 - Verlassen

Geben Sie Ihre Wahl ein:2

MUSTERBERICHT
Sequenz         Bedeutung
=========       =======
\a              Beep (Akustisches Signal)
\b              Backspace
...             ...
1 - Akustisches Signal des Computers
2 - Bericht anzeigen
3 - Verlassen

Geben Sie Ihre Wahl ein:3
Sie haben die Option Verlassen gewählt!
```

Listing 7.1 ist im Vergleich zu den bisherigen Beispielen wesentlich länger und enthält einige Besonderheiten, die einer genaueren Erläuterung bedürfen. Zeile 3 bindet die Header-Datei `stdio.h` ein, weil der Code die Funktion `printf` aufruft. Zeile 5 definiert eine Konstante namens `VERLASSEN`. Wie Tag 3 erläutert hat, können Sie die Konstante `VERLASSEN` mit der `#define`-Direktive auf den Wert 3 setzen. Die Zeilen 7 und 8 enthalten Funktionsprototypen. Dieses Programm verwendet zwei Funktionen: `menue_option_einlesen` und `bericht_anzeigen`. Die Zeilen 31 bis 49 definieren die Funktion `menue_option_einlesen`, die der Menüfunktion aus Listing 6.5 ähnlich ist. Die Aufrufe von `printf` in den Zeilen 37 bis 42 geben die Escape-Sequenz für »Neue Zeile« und Textmeldungen (außer den Zeilen 37 und 41) aus. Wenn man Zeile 38 wie folgt ändert, kann man Zeile 37 auch weglassen:

```
printf( "\n\n1 - Akustisches Signal des Computers" );
```

Mit der zusätzlichen Zeile 37 ist das Programm jedoch leichter zu lesen.

In der Funktion main beginnt in Zeile 14 eine `while`-Schleife. Das Programm führt die Anweisungen dieser Schleife wiederholt aus, solange `option` ungleich `VERLASSEN` ist. Die symbolische Konstante `VERLASSEN` kann man ohne weiteres durch den ihr zugewiesenen Wert `3` ersetzen. Allerdings ist das Programm in der hier dargestellten Form verständlicher. Zeile 16 weist der Variablen `option` den vom Benutzer gewählten Menücode zu. Die if-Anweisung in den Zeilen 18 bis 24 wertet diesen Code aus. Wenn der Benutzer `1` wählt, gibt Zeile 19 das Neue-Zeile-Zeichen, eine Meldung und drei Warntöne aus. Hat der Benutzer `2` gewählt, ruft Zeile 23 die Funktion `bericht_anzeigen` auf.

Die Funktion `bericht_anzeigen` ist in den Zeilen 51 bis 59 definiert. Diese Funktion demonstriert, wie einfach es ist, mit `printf` und den Escape-Sequenzen formatierte Informationen auf dem Bildschirm auszugeben. Das Neue-Zeile-Zeichen haben Sie bereits kennen gelernt. In den Zeilen 54 bis 58 finden Sie darüber hinaus das Escape-Zeichen für den Tabulator (`\t`), das die Spalten des Berichts vertikal ausrichtet. Die Zeilen 56 und 57 mögen auf den ersten Blick etwas verwirren, wenn Sie aber die Zeichen einzeln von links nach rechts untersuchen, dürften Sie die Wirkung schnell erkennen. Zeile 56 gibt eine neue Zeile (`\n`), einen Backslash (`\`), den Buchstaben `a` und schließlich zwei Tabulatoren (`\t\t`) aus. Die Zeile endet mit einem beschreibenden Text (`Beep (Akustisches Signal)`). Zeile 57 folgt dem gleichen Muster.

Das Programm gibt einen Berichtstitel, die Überschriften für zwei Spalten und dann die ersten zwei Zeilen von Tabelle 7.1 aus. In Übung 9 am Ende dieser Lektion vervollständigen Sie das Programm, um die gesamte Tabelle darzustellen.

Die Konvertierungsspezifizierer von printf

Der Formatstring muss für jede ausgegebene Variable einen Konvertierungsspezifizierer enthalten. Die Funktion `printf` zeigt dann die Variablen so an, wie Sie es mit den Spezifizierern festgelegt haben. Mehr dazu erfahren Sie am Tag 15. Fürs Erste sollten Sie darauf achten, den Spezifizierer zu verwenden, der dem Typ der auszugebenden Variable entspricht.

Was bedeutet das überhaupt? Wenn Sie eine vorzeichenbehaftete Dezimalzahl (Typ `int` oder `long`) ausgeben wollen, nehmen Sie den Konvertierungsspezifizierer `%d`. Für vorzeichenlose Dezimalzahlen (Typ `unsigned int` oder `unsigned long`) verwendet man `%u` und für Gleitkommavariablen (Typ `float` oder `double`) den Spezifizierer `%f`. Tabelle 7.3 fasst die am häufigsten verwendeten Konvertierungsspezifizierer zusammen.

Spezifizierer	Bedeutung	konvertierte Typen
`%c`	Einfaches Zeichen	`char`
`%d`	Vorzeichenbehaftete Dezimalzahl	`int`, `short`
`%ld`	Große vorzeichenbehaftete Dezimalzahl	`long`
`%f`	Gleitkommazahl	`float`, `double`
`%s`	Zeichenstring	`char`-Arrays
`%u`	Vorzeichenlose Dezimalzahl	`unsigned int`, `unsigned short`
`%lu`	Große vorzeichenlose Dezimalzahl	`unsigned long`

Tabelle 7.3: Die gebräuchlichsten Konvertierungsspezifizierer

Hinweis

Binden Sie für alle Programme, die `printf` verwenden, die Header-Datei `stdio.h` ein.

Alle Zeichen außer den Escape-Sequenzen und den Konvertierungsspezifizierern gehören zum literalen Text eines Formatstrings. Der literale Text erscheint genau so in der Ausgabe, wie er im Formatstring angegeben ist – einschließlich aller Leerzeichen.

In einer einzigen `printf`-Anweisung kann man auch mehrere Variablen ausgeben. Die Anzahl der Variablen ist praktisch unbegrenzt. Auf jeden Fall muss der Formatstring für jede Variable einen Konvertierungsspezifizierer enthalten. Die Konvertierungsspezifizierer sind mit den Variablen paarweise verbunden und werden von links nach rechts gelesen. In der Anweisung

```
printf("Rate = %f, Betrag = %d", rate, betrag);
```

bildet also die Variable `rate` ein Paar mit dem Spezifizierer `%f` und die Variable `betrag` ein Paar mit dem Spezifizierer `%d`. Die Positionen der Konvertierungsspezifizierer im Formatstring legen die Positionen in der Ausgabe fest. Wenn Sie in `printf` mehr Variablen angeben, als es Konvertierungsspezifizierer gibt, erscheinen die überzähligen Variablen nicht in der Ausgabe. Gibt es hingegen mehr Spezifizierer als Variablen, bringen die unbenutzten Spezifizierer »Müll« auf den Bildschirm.

Mit `printf` können Sie nicht nur die Werte von Variablen ausgeben. Als Argument ist jeder gültige C-Ausdruck zulässig. Zum Beispiel gibt das folgende Codefragment die Summe von `x` und `y` aus:

```
z = x + y;
printf("%d", z);
```

Man kann aber auch Folgendes schreiben:

```
printf("%d", x + y);
```

Listing 7.2 veranschaulicht die Verwendung von `printf`. Am Tag 15 erhalten Sie ausführlichere Informationen zu dieser Funktion.

Listing 7.2: Mit printf nummerische Werte ausgeben

```
1:   /* Beispiel, das mit printf numerische Werte ausgibt. */
2:
3:   #include <stdio.h>
4:
5:   int a = 2, b = 10, c = 50;
6:   float f = 1.05, g = 25.5, h = -0.1;
7:
8:   int main(void)
9:   {
10:   printf("\nDezimalwerte ohne Tabulatoren: %d %d %d", a, b, c);
11:   printf("\nDezimalwerte mit Tabulatoren: \t%d \t%d \t%d", a, b, c);
12:
13:   printf("\nDrei Gleitkommazahlen in einer Zeile: \t%f\t%f\t%f",f,g,h);
14:   printf("\nDrei Gleitkommazahlen in drei Zeilen: \n\t%f\n\t%f\n\t%f",
15:                                                         f,g,h);
16:   printf("\nDie Quote beträgt %f%%", f);
17:   printf("\nDas Ergebnis von %f/%f = %f\n", g, f, g / f);
18:
19:   return 0;
20:  }
```

```
Dezimalwerte ohne Tabulatoren: 2 10 50
Dezimalwerte mit Tabulatoren:       2       10      50
Drei Gleitkommazahlen in einer Zeile:   1.050000   25.500000   -0.100000
Drei Gleitkommazahlen in drei Zeilen:
        1.050000
        25.500000
        -0.100000
Die Quote beträgt 1.050000%
Das Ergebnis von 25.500000/1.050000 = 24.285715
```

Listing 7.2 gibt sechs Formatstrings aus. Die Zeilen 10 und 11 geben jeweils drei Dezimalzahlen aus: `a`, `b` und `c`. In Zeile 10 stehen diese Zahlen ohne Tabulator einfach hintereinander, in Zeile 11 sind sie durch Tabulatoren getrennt. Die Zeilen 13 und 14 geben jeweils drei Variablen vom Typ `float` aus: `f`, `g` und `h`. In Zeile 13 werden sie in einer Zeile und in Zeile 14 in drei Zeilen ausgegeben. Zeile 16 gibt eine Gleitkommazahl, `f`, gefolgt von einem Prozentzeichen aus. Da die `printf`-Funktion ein Prozentzeichen als Formatspezifizierer interpretiert, müssen Sie zwei Prozentzeichen hintereinander setzen, um ein einfaches Prozentzeichen anzuzeigen – genau wie bei der Escape-Sequenz für den Backslash. Schließlich demonstriert Zeile 17 die Ausgabe von Ausdrücken – wie zum Beispiel `g/f`.

Was Sie nicht tun sollten

Vermeiden Sie es, mehrere Textzeilen in einer einzigen `printf`-Anweisung unterzubringen. Meistens ist es übersichtlicher, die einzelnen Zeilen auf mehrere `printf`-Anweisungen zu verteilen, statt nur eine `printf`-Anweisung mit den Escape-Zeichen für Neue Zeile (`\n`) zu überladen.

Vergessen Sie das Escape-Zeichen für Neue Zeile nicht, wenn Sie mehrere Zeilen mit Informationen in getrennten `printf`-Anweisungen ausgeben wollen.

Achten Sie auf die Schreibweise von `stdio.h`. Viele C-Programmierer vertippen sich häufig und schreiben `studio.h`. Die Header-Datei schreibt sich aber ohne `u`.

Die Syntax der printf-Funktion

Syntax

```
#include <stdio.h>
printf( Formatstring[,Argumente,...]);
```

Die Funktion `printf` gibt formatierte Informationen auf dem Standardausgabegerät – normalerweise dem Bildschirm – aus. Dazu übernimmt die Funktion einen Formatstring, der literalen Text, Escape-Sequenzen und Konvertierungsspezifizierer enthalten kann. Für jeden Konvertierungsspezifizierer ist ein zugehöriges `Argument` anzugeben. Wenn Sie `printf` in einem Programm aufrufen, müssen Sie die Header-Datei `stdio.h` für die Standard-Ein-/Ausgabe einbinden.

Der `Formatstring` ist obligatorisch, die `Argumente` sind optional. Zu jedem Argument muss es einen Konvertierungsspezifizierer geben. Die gebräuchlichsten Konvertierungsspezifizierer finden Sie in Tabelle 7.3.

Der `Formatstring` kann außerdem Escape-Sequenzen enthalten. Tabelle 7.1 gibt die gebräuchlichsten Escape-Sequenzen an.

Die folgenden Beispiele zeigen Aufrufe von `printf` und die dazugehörigen Ausgaben:

Beispiel 1 Eingabe

```
#include <stdio.h>
int main(void)
{
    printf("Dies ist ein Beispiel für eine Ausgabe!\n");
    return 0;
}
```

Beispiel 1 Ausgabe

```
Dies ist ein Beispiel für eine Ausgabe!
```

Beispiel 2 Eingabe

```
printf ("Dieser Befehl gibt ein Zeichen, %c\neine Zahl,
        %d\nund eine Gleitkommazahl, %f\naus ", 'z', 123, 456.789);
```

Beispiel 2 Ausgabe

```
Dieser Befehl gibt ein Zeichen, z
eine Zahl, 123
und eine Gleitkommazahl, 456.789
aus
```

Nachrichten mit puts ausgeben

Um lediglich Text auf dem Bildschirm anzuzeigen, können Sie auch die Funktion `puts` verwenden. Numerische Variablen lassen sich mit dieser Funktion nicht ausgeben. Die Funktion `puts` übernimmt einen einfachen String als Argument, gibt diesen aus und setzt den Cursor danach an den Beginn einer neuen Zeile. Die Anweisung

```
puts("Hallo, Welt.");
```

hat daher den gleichen Effekt wie

```
printf("Hallo, Welt.\n");
```

Der als Argument an `puts` übergebene String kann auch Escape-Sequenzen (einschließlich `\n`) enthalten. Diese bewirken das Gleiche wie bei der Funktion `printf`. (Tabelle 7.1 listet die gebräuchlichsten Escape-Sequenzen auf.)

Wie bei `printf` muss jedes Programm, das `puts` verwendet, die Header-Datei `stdio.h` einbinden. Achten Sie aber darauf, diese Header-Datei nicht mehrfach in das Programm aufzunehmen.

Was Sie tun sollten	Was nicht
Verwenden Sie die Funktion `puts` statt `printf`, wenn Sie lediglich Text ohne zusätzliche Variablen ausgeben wollen.	Versuchen Sie nicht, in der `puts`-Anweisung Konvertierungsspezifizierer zu verwenden.

Die Syntax der puts-Funktion

```
#include <stdio.h>
puts( string );
```

Die Funktion puts gibt einen String auf dem Standardausgabegerät – normalerweise dem Bildschirm – aus. Wenn Sie `puts` verwenden, müssen Sie die Header-Datei `stdio.h` für die Standard-Ein-/Ausgabe einbinden. Die Funktion `puts` hängt automatisch das Zeichen für Neue Zeile an das Ende des auszugebenden Strings an. Der Formatstring darf Escape-Sequenzen enthalten. Die gängigsten Escape-Sequenzen finden Sie in Tabelle 7.1.

Die folgenden Beispiele zeigen `puts`-Aufrufe mit der dazugehörigen Ausgabe:

Beispiel 1 Eingabe

```
puts("Dieser Text wird mit der puts-Funktion ausgegeben!");
```

Beispiel 1 Ausgabe

```
Dieser Text wird mit der puts-Funktion ausgegeben!
```

Beispiel 2 Eingabe

```
puts("Diese Ausgabe steht in der ersten Zeile.\nDiese in der zweiten.");
puts("Diese Ausgabe erfolgt in der dritten Zeile.");
puts("Mit printf würden die vier Zeilen in zwei Zeilen stehen!");
```

Beispiel 2 Ausgabe

```
Diese Ausgabe steht in der ersten Zeile.
Diese in der zweiten.
Diese Ausgabe erfolgt in der dritten Zeile.
Mit printf würden die vier Zeilen in zwei Zeilen stehen!
```

Nummerische Daten mit scanf einlesen

Programme müssen nicht nur Daten auf dem Bildschirm ausgeben, sondern auch von der Tastatur einlesen können. Am flexibelsten ist dabei die Bibliotheksfunktion `scanf`.

Die Funktion `scanf` liest Daten, die einem vorgegebenen Format entsprechen, von der Tastatur ein und weist diese einer oder mehreren Programmvariablen zu. Genau wie `printf` verwendet auch `scanf` einen Formatstring, um das Format der Eingabe festzulegen. Dabei kommen im Formatstring die gleichen Konvertierungsspezifizierer wie bei `printf` zur Anwendung. So liest zum Beispiel die Anweisung

```
scanf("%d", &x);
```

eine Dezimalzahl von der Tastatur ein und weist sie der Integer-Variablen `x` zu. Entsprechend liest die folgende Anweisung eine Gleitkommazahl von der Tastatur ein und weist sie dann der Variablen `rate` zu:

```
scanf("%f", &rate);
```

Was bedeutet aber das kaufmännische Und (`&`) vor dem Variablennamen? Das `&`-Symbol ist der Adressoperator von C, auf den Tag 9 ausführlich eingeht. Fürs Erste brauchen Sie sich nur zu merken, dass Sie in der Argumentliste von `scanf` vor jeden nummerischen Variablennamen das Symbol `&` setzen müssen (es sei denn, die Variable ist ein Zeiger, worauf Tag 9 ebenfalls eingeht).

Mit einer einzigen `scanf`-Funktion können Sie mehrere Werte einlesen. Voraussetzung ist jedoch, dass Sie mehrere Konvertierungsspezifizierer im Formatstring und mehrere Variablennamen (jeweils mit vorangestelltem `&`-Zeichen) in der Argumentliste angeben. Die folgende Anweisung nimmt einen Integer- und einen Gleitkommawert auf und weist sie den Variablen `x` bzw. `rate` zu:

```
scanf("%d %f", &x, &rate);
```

Um mehrere eingegebene Werte in Felder zu trennen, verwendet die Funktion `scanf` Whitespace-Zeichen. Das können Leerzeichen, Tabulatoren oder die Zeichen für Neue Zeile sein. Die Funktion ordnet jedem Konvertierungsspezifizierer im Formatstring ein Eingabefeld zu. Das Ende eines Eingabefelds erkennt die Funktion an einem Whitespace-Zeichen.

Dadurch lassen sich die Eingaben sehr flexibel gestalten. Für den oben gezeigten `scanf`-Aufruf ist zum Beispiel folgende Eingabe möglich:

```
10 12.45
```

Die Werte können Sie aber auch in der Form

```
10                    12.45
```

oder

```
10
12.45
```

eingeben. Zwischen den einzelnen Werten muss lediglich ein Whitespace-Zeichen stehen, damit `scanf` den Variablen die jeweiligen Werte zuweisen kann.

Wie schon bei den anderen heute vorgestellten Funktionen müssen Programme, die `scanf` aufrufen, die Header-Datei `stdio.h` einbinden. Listing 7.3 zeigt ein Beispiel für den Einsatz von `scanf`. (Eine umfassende Beschreibung des Programms finden Sie am Tag 15.)

Listing 7.3: Numerische Werte mit scanf einlesen

```
/* Beispiel für die Verwendung von scanf */

#include <stdio.h>

#define VERLASSEN 4

int menue_option_einlesen( void );

int main(void)
{
    int   option    = 0;
    int   int_var   = 0;
    float float_var = 0.0;
    unsigned unsigned_var = 0;

    while (option != VERLASSEN)
    {
        option = menue_option_einlesen();

        if (option == 1)
        {
         puts("\nGeben Sie eine vorzeichenbehaftete Dezimalzahl ein \
              (z.B. -123)");
            scanf("%d", &int_var);
        }
        if (option == 2)
        {
            puts("\nGeben Sie eine Gleitkommazahl ein (z.B. 1.23)");

            scanf("%f", &float_var);
        }
        if (option == 3)
```

```
            {
                puts("\nGeben Sie eine vorzeichenlose Dezimalzahl ein \
                    (z.B. 123)" );
                scanf( "%u", &unsigned_var );
            }
        }
        printf("\nIhre Werte lauten: int: %d  float: %f  unsigned: %u \n",
                                      int_var, float_var, unsigned_var );

     return 0;
 }

 int menue_option_einlesen( void )
 {
     int auswahl = 0;

     do
     {
         puts( "\n1 - Eine vorzeichenbehaftete Dezimalzahl einlesen" );
         puts( "2 - Eine Gleitkommazahl einlesen" );
         puts( "3 - Eine vorzeichenlose Dezimalzahl einlesen" );
         puts( "4 - Verlassen" );
         puts( "\nTreffen Sie eine Wahl:" );

         scanf( "%d", &auswahl );

      }while ( auswahl < 1 || auswahl > 4 );

      return auswahl;
 }
```

Ausgabe

```
1 - Eine vorzeichenbehaftete Dezimalzahl einlesen
2 - Eine Gleitkommazahl einlesen
3 - Eine vorzeichenlose Dezimalzahl einlesen
4 - Verlassen

Treffen Sie eine Wahl:
1

Geben Sie eine vorzeichenbehaftete Dezimalzahl ein (z.B. -123)
-123
```

```
1 - Eine vorzeichenbehaftete Dezimalzahl einlesen
2 - Eine Gleitkommazahl einlesen
3 - Eine vorzeichenlose Dezimalzahl einlesen
4 - Verlassen

Treffen Sie eine Wahl:
3

Geben Sie eine vorzeichenlose Dezimalzahl ein (z.B. 123)
321

1 - Eine vorzeichenbehaftete Dezimalzahl einlesen
2 - Eine Gleitkommazahl einlesen
3 - Eine vorzeichenlose Dezimalzahl einlesen
4 - Verlassen

Treffen Sie eine Wahl:
2

Geben Sie eine Gleitkommazahl ein (z.B. 1.23)
1231.123

1 - Eine vorzeichenbehaftete Dezimalzahl einlesen
2 - Eine Gleitkommazahl einlesen
3 - Eine vorzeichenlose Dezimalzahl einlesen
4 - Verlassen

Treffen Sie eine Wahl:
4

Ihre Werte lauten: int: -123  float: 1231.123047 unsigned: 321
```

Analyse

Listing 7.3 verwendet das gleiche Menükonzept wie Listing 7.1. Auch wenn die Unterschiede in der Funktion `menue_option_einlesen` (Zeilen 44 bis 61) nur geringfügig sind, lohnt sich eine nähere Betrachtung. Erstens kommt in Listing 7.3 die Funktion `puts` anstelle von `printf` zum Einsatz, weil hier keine Variablen auszugeben sind. Da `puts` automatisch eine Zeilenschaltung ausführt, sind die Zeichen für Neue Zeile aus den Zeilen 51 bis 53 verschwunden. Zeile 58 hat sich ebenfalls geändert und erlaubt jetzt die Eingabe von Werten zwischen 1 und 4, da der Benutzer unter vier Menüoptionen wählen kann. Die Arbeitsweise der – unveränderten – Anweisung in Zeile 56 (in Listing 7.1 Zeile 44) dürfte Ihnen mittlerweile klar sein: `scanf` liest einen Dezimalwert ein und legt ihn in der Variablen `auswahl` ab. Die Funktion `menu_option_einlesen` liefert in Zeile 60 den Wert von `auswahl` an das aufrufende Programm zurück.

Die Listing 7.1 und 7.3 verwenden die gleiche Struktur der Funktion `main`. Eine `if`-Anweisung wertet `option` aus, den Rückgabewert von `menue_option_einlesen`. Abhängig vom Wert der Variablen `option` gibt das Programm eine Meldung aus, bittet um die Eingabe einer Zahl und liest den Wert mittels `scanf` ein. Beachten Sie den Unterschied zwischen den Zeilen 23, 29 und 35. Jede dieser Zeilen liest eine Variable ein, aber jede Zeile erwartet einen anderen Variablentyp. Die Zeilen 12 bis 14 deklarieren Variablen der entsprechenden Typen.

Wählt der Benutzer die Menüoption *Verlassen*, gibt das Programm für alle drei Variablentypen die jeweils zuletzt eingegebene Zahl aus. Hat der Benutzer keinen Wert eingegeben, erscheint jeweils `0`, da die Zeilen 12 bis 14 alle drei Variablen mit `0` initialisieren. Noch eine letzte Bemerkung zu den Zeilen 20 bis 36: Die hier verwendeten `if`-Anweisungen sind nicht besonders gut strukturiert. Eigentlich ist hier eine `if...else`-Struktur angebracht. Eine noch bessere Lösung lernen Sie aber am Tag 14 mit der `switch`-Anweisung kennen.

Was Sie tun sollten	Was nicht
Verwenden Sie `printf` oder `puts` in Verbindung mit `scanf`. Mit den Ausgabefunktionen fordern Sie den Benutzer zur Eingabe von Werten auf; mit der Funktion `scanf` lesen Sie die Werte ein.	Vergessen Sie den Adressoperator (&) nicht, wenn Sie Variablen in `scanf` angeben.

Die Syntax der scanf-Funktion

Syntax

```
#include <stdio.h>
scanf( Formatstring[,Argumente,...]);
```

Die Funktion scanf liest Werte in die als Argumente übergebenen Variablen ein. Für jede Eingabevariable ist im Formatstring ein Konvertierungsspezifizierer vorzusehen. Als Argumente sind die Adressen der Variablen und nicht die Variablen selbst zu übergeben. Bei numerischen Variablen können Sie dazu den Adressoperator (&) vor den Variablennamen setzen. Wenn Sie scanf in einem Programm aufrufen, müssen Sie die Header-Datei `stdio.h` einbinden.

Die Funktion scanf liest die Eingabefelder aus dem Standardeingabestrom – normalerweise von der Tastatur – und legt den Wert jedes Feldes in einem Argument ab. Dabei konvertiert die Funktion die Daten in das Format des im Formatstring angegebenen Spezifizierers. Zu jedem Argument muss ein Konvertierungsspezifizierer existieren. Tabelle 7.3 enthält die gängigsten Konvertierungsspezifizierer.

Beispiel 1

```
int x, y, z;
scanf( "%d %d %d", &x, &y, &z);
```

Beispiel 2

```
#include <stdio.h>
int main(void)
{
    float y;
    int x;
    puts( "Geben Sie eine Gleitkommazahl ein und dann einen Integer" );
    scanf( "%f %d", &y, &x);
    printf( "\nIhre Eingabe lautete %f und %d ", y, x );
    return 0;
}
```

Zusammenfassung

Nach dem Studium der heutigen Lektion besitzen Sie das Rüstzeug, um mit der eigentlichen Programmierung in C zu beginnen. Durch die Kombination der Funktionen `printf`, `puts` und `scanf` mit den bereits an den vergangenen Tagen behandelten Anweisungen zur Programmsteuerung können Sie jetzt einfache Programme erstellen.

Mit den Funktionen `printf` und `puts` zeigen Sie Informationen auf dem Bildschirm an. Während sich `puts` nur für die Textausgabe eignet, können Sie mit der Funktion `printf` sowohl Text als auch Variablenwerte ausgeben. Beide Funktionen verwenden Escape-Sequenzen, um Steuerzeichen und Sonderzeichen an das Ausgabegerät zu senden.

Die Funktion `scanf` liest Werte von der Tastatur ein und interpretiert sie gemäß der im Formatstring festgelegten Konvertierungsspezifizierer. Die übernommenen und konvertierten Werte weist die Funktion an die übergebenen Programmvariablen zu.

Fragen und Antworten

F Warum soll ich `puts` verwenden, wenn `printf` den gleichen beziehungsweise einen größeren Leistungsumfang als `puts` hat?

A *Die Funktion* `printf` *ist zwar leistungsfähiger, weist aber auch mehr Overhead auf (d.h. zusätzlichen Code, der für die Funktionalität erforderlich ist). Wenn Sie kleine und effiziente Programme schreiben und wertvolle Ressourcen* *schonen wollen, nutzen Sie den geringen Overhead von* `puts`. *Im Allgemeinen sollten Sie auf die einfachsten der verfügbaren Ressourcen zurückgreifen.*

F Warum muss ich `stdio.h` einbinden, wenn ich `printf`, `puts` oder `scanf` verwende?

A *Die Header-Datei* `stdio.h` *enthält die Prototypen für die Standard-Ein-/Ausgabefunktionen. Drei dieser Standardfunktionen sind* `printf`, `puts` *und* `scanf`. *Versuchen Sie einmal, ein Programm ohne die Header-Datei* `stdio.h` *zu kompilieren, und schauen Sie sich die Fehlermeldungen und Warnungen an, die Sie zwangsläufig erhalten.*

F Welche Auswirkungen hat es, wenn ich den Adressoperator (`&`) bei einer `scanf`-Variablen vergesse?

A *Dieser Fehler kann sehr leicht passieren und die Ergebnisse sind unvorhersehbar. Wenn Sie nach dem Studium der Tage 9 und 13 mehr über Zeiger wissen, werden Sie das besser verstehen. Fürs Erste sei nur so viel gesagt, dass* `scanf` *bei Fehlen des Adressoperators die eingegebenen Informationen nicht in den vorgesehenen Variablen, sondern an einer anderen Stelle im Speicher ablegt. Die Folgen reichen von »scheinbar ohne Auswirkungen« bis »Programmabsturz mit erforderlichem Neustart«.*

Workshop

Die Kontrollfragen im Workshop sollen Ihnen helfen, die neu erworbenen Kenntnisse zu den behandelten Themen zu festigen. Die Übungen geben Ihnen die Möglichkeit, praktische Erfahrungen mit dem gelernten Stoff zu sammeln. Die Antworten zu den Kontrollfragen und Übungen finden Sie im Anhang F.

Kontrollfragen

1. Welcher Unterschied besteht zwischen `puts` und `printf`?
2. Wie heißt die Header-Datei, die Sie bei der Verwendung von `printf` einbinden müssen?
3. Was bewirken die folgenden Escape-Sequenzen?
   a. `\\`
   b. `\b`
   c. `\n`
   d. `\t`
   e. `\a`

4. Welche Konvertierungsspezifizierer sind erforderlich, um folgende Daten auszugeben?
   a. Einen Zeichenstring
   b. Eine vorzeichenbehaftete Dezimalzahl
   c. Eine Gleitkommazahl
5. Welche Unterschiede weisen die Ausgaben auf, wenn Sie die in den folgenden Beispielen angegebenen Zeichen im literalen Text von `puts` angeben?
   a. `b`
   b. `\b`
   c. `\`
   d. `\\`

Übungen

Hinweis

Ab der heutigen Lektion verlangen manche Übungsaufgaben, dass Sie vollständige Programme schreiben. Da es immer mehrere Lösungen gibt, um eine Aufgabe in C zu realisieren, sind die Antworten am Ende des Buches nicht als die einzig richtigen Lösungen anzusehen. Wenn die von Ihnen entwickelte Codeversion die geforderte Aufgabe erfüllt, sind Sie auf dem besten Weg zum professionellen Programmierer. Bei Problemen können Sie sich anhand der vorgeschlagenen Antworten orientieren. Die hier angegebenen Programme enthalten nur wenige Kommentare, da es eine gute Übung ist, die Arbeitsweise selbst herauszufinden.

1. Schreiben Sie je eine `printf`- und eine `puts`-Anweisung, die die Ausgabe mit einer neuen Zeile beginnen.
2. Schreiben Sie eine `scanf`-Anweisung, die ein Zeichen, eine vorzeichenlose Dezimalzahl und ein weiteres einfaches Zeichen einliest.
3. Schreiben Sie die Anweisungen, die einen ganzzahligen Wert einlesen und später ausgeben.
4. Ändern Sie die Anweisungen nach Übung 3 so ab, dass sie nur gerade Zahlen akzeptieren.
5. Ändern Sie die Anweisungen nach Übung 4 dahingehend ab, dass sie so lange Werte einlesen, bis der Benutzer die Zahl 99 oder sechs gerade Zahlen eingegeben hat. Speichern Sie die Zahlen in einem Array. (Hinweis: Sie benötigen eine Schleife.)

6. Wandeln Sie Übung 5 in ein ausführbares Programm um. Fügen Sie eine Funktion hinzu, die die Werte des Arrays getrennt durch Tabulatoren in einer einzigen Zeile ausgibt. (Geben Sie nur die eingegebenen Werte aus.)
7. **FEHLERSUCHE:** Finden Sie den/die Fehler in folgendem Codefragment:

```
printf( "Jack sagte, "Fischers Fritze fischt frische Fische."");
```

8. **FEHLERSUCHE:** Finden Sie den/die Fehler im folgenden Programm:

```
int hole_1_oder_2( void )
{
    int antwort = 0;
    while (antwort < 1 || antwort > 2)
    {
        printf(1 für Ja, 2 für Nein eingeben);
        scanf( "%f", antwort );
    }
    return antwort;
}
```

9. Erweitern Sie die Funktion `bericht_anzeigen` aus Listing 7.1, so dass das Programm alle Zeilen der Tabelle 7.1 ausgibt.
10. Schreiben Sie ein Programm, das zwei Gleitkommazahlen von der Tastatur einliest und das Produkt der beiden Zahlen ausgibt.
11. Schreiben Sie ein Programm, das 10 Ganzzahlen von der Tastatur einliest und dann deren Summe ausgibt.
12. Schreiben Sie ein Programm, das Ganzzahlen von der Tastatur einliest und sie in einem Array abspeichert. Verlassen Sie die Eingabeschleife, wenn der Benutzer eine Null eingibt oder das Ende des Arrays erreicht ist. Suchen Sie dann den größten und kleinsten Wert im Array und zeigen Sie ihn an. (Achtung: Dieses Problem ist nicht ganz einfach, da Arrays noch nicht komplett behandelt wurden. Falls Sie Schwierigkeiten haben, versuchen Sie die gestellte Aufgabe nach Tag 8 erneut zu lösen.)

1

Woche

Rückblick

Mit der C-Programmierung haben Sie sich jetzt bereits eine Woche beschäftigt. Es dürfte Ihnen nun keine Schwierigkeiten mehr bereiten, Programme einzugeben und Ihren Editor und Compiler zu verwenden. Das folgende Programm zeigt zur Wiederholung viele Elemente, die Sie in der ersten Woche kennen gelernt haben.

Dieser Abschnitt unterscheidet sich von den bisher vorgestellten Type & Run-Programmen. Im Anschluss an das Listing finden Sie eine ausführliche Analyse. Alle im Listing enthaltenen Themen sind in den letzten sieben Tagen zur Sprache gekommen. Ähnliche Wochenrückblicke finden Sie nach Woche 2 und Woche 3.

Listing 7.4: Das Programm zum Rückblick für Woche 1

```
/* Programmname: woche1.c                                      */
/*      Das Programm nimmt Alter und Einkommen von bis zu       */
/*      100 Personen (Angestellten) auf. Das Programm gibt auf  */
/*      der Grundlage der eingegebenen Zahlen einen Bericht aus. */
/*-------------------------------------------------------------*/
/*--------------------*/
/* eingebundene Dateien     */
/*--------------------*/
#include <stdio.h>

/*--------------------*/
/* definierte Konstanten  */
/*--------------------*/

#define MAX   100
#define JA      1
#define NEIN    0

/*--------------------*/
/* Variablen           */
/*--------------------*/

long    einkommen[MAX]; /* für die Einkommen     */
int     monat[MAX], tag[MAX], jahr[MAX]; /* für die Geburtstage */
int     ctr;    /* Zum Zählen          */

/*--------------------*/
/* Funktionsprototypen */
/*--------------------*/

int anweisungen_anzeigen(void);
void daten_einlesen(void);
void bericht_anzeigen(void);
```

```
int fortfahren_funktion(void);

/*--------------------*/
/* Beginn des Programms   */
/*--------------------*/

int main(void)
{
    int cont; /* Zur Programmsteuerung */

    cont = anweisungen_anzeigen();

    if ( cont == JA )
    {
        daten_einlesen();
        bericht_anzeigen();
    }
    else
        printf( "\nProgramm vom Anwender abgebrochen!\n\n");

    return 0;
}
/*-------------------------------------------------------------*
 *  Funktion:  anweisungen_anzeigen()                           *
 *  Zweck:     Diese Funktion zeigt Informationen zur Nutzung des  *
 *             Programms an und fordert den Benutzer auf, mit 0    *
 *             das Programm zu verlassen oder mit 1 weiterzugehen  *
 *  Rückgabewert:  NEIN  - wenn der Benutzer 0 eingibt             *
 *             JA - wenn der Benutzer eine Zahl ungleich 0 eingibt *
 *--------------------------------------------------------------*/

int anweisungen_anzeigen( void )
{
   int cont;

   printf("\n\n");
   printf("\nMit diesem Programm können Sie Einkommen und ");
   printf("\nGeburtstag von bis zu 99 Personen eingeben. Anschließend");
   printf("\nwerden die Daten (inklusive Gesamtlohnzahlungen ");
   printf("\nund durchschnittlichem Einkommen) ausgegeben.\n");

   cont = fortfahren_funktion();

   return cont;
}
/*-------------------------------------------------------------*
```

```
 * Funktion:  daten_einlesen()                                  *
 * Zweck:   Diese Funktion liest die Daten vom Anwender ein.   *
 *          Dies geht solange, bis fortfahren_funktion         *
 *          den Wert NEIN zurückliefert.                       *
 * Rückgabewert: Keiner                                        *
 * Hinweis: Geburtstage, bei denen sich der Anwender nicht     *
 *          sicher ist, können als 0/0/0 eingegeben werden.    *
 *          Außerdem sind 31 Tage in jedem Monat möglich       *
 *-------------------------------------------------------------*/

void daten_einlesen(void)
{
    int cont;

    for ( cont = JA, ctr = 0; ctr < MAX && cont == JA; ctr++ )
    {
        printf("\nBitte Informationen zur Person %d eingeben.", ctr+1 );
        printf("\n\tGeburtstag eingeben:");

        do
         {
             printf("\n\tMonat (0 - 12): ");
             scanf("%d", &monat[ctr]);
         } while (monat[ctr] < 0 || monat[ctr] > 12 );

         do
         {
             printf("\n\tTag (0 - 31): ");
             scanf("%d", &tag[ctr]);
         } while ( tag[ctr] <  0 || tag[ctr] > 31 );

         do
         {
             printf("\n\tJahr (0 - 2000): ");
             scanf("%d", &jahr[ctr]);
         } while ( jahr[ctr] < 0 || jahr[ctr] > 2000 );

         printf("\nBitte Jahreseinkommen angeben (in DM): ");
         scanf("%ld", &einkommen[ctr]);

         cont = fortfahren_funktion();
     }
     /* ctr entspricht der Anzahl der eingegebenen Personen.     */

     return;
}
```

```
/*-----------------------------------------------------------*
 *  Funktion: bericht_anzeigen()                             *
 *  Zweck:    Die Funktion gibt einen Bericht aus            *
 *  Rückgabewert:  keiner                                    *
 *  Hinweis:  Weitere Informationen können ausgegeben werden *
 *-----------------------------------------------------------*/

void bericht_anzeigen()
{
    int    y;   /* Zum Zählen */
    int    gesamt_summe;  /* Für die Gesamtsummen */


    gesamt_summe = 0;
    printf("\n\n\n");                     /* einige Zeilen überspringen*/
    printf("\n        GEHALTSÜBERBLICK");
    printf("\n        ================");

    for(y = 0; y < ctr; y++)  /* für alle Personen */
    {
        printf("\nPerson %d: \n",y);
        printf("\tGeburtstag %d %d %d\n",tag[y],monat[y],jahr[y]);
        printf("\tEinkommen %ld\n",einkommen[y]);

        gesamt_summe += einkommen[y];
    }
    printf("\n\nJahreswerte:");
    printf("\nDie Gesamtlohnzahlungen betragen %d",gesamt_summe);
    printf("\nDas Durchschnittseinkommen beträgt %d",gesamt_summe/ctr);

    printf("\n\n* * * Ende des Berichts * * *\n");
}
/*----------------------------------------------------------------*
 * Funktion: fortfahren_funktion()                                *
 * Zweck:  Die Funktion fragt den Benutzer, ob er fortfahren will.*
 * Rückgabewert:  JA - wenn der Benutzer fortfahren will          *
 *            NEIN- wenn der Benutzer das Programm verlassen will *
 *----------------------------------------------------------------*/

int fortfahren_funktion( void )
{
    int x;

    printf("\n\nMöchten Sie fortfahren? (0=NEIN/1=JA): ");
    scanf( "%d", &x );

```

```
172:     while( x < 0 || x > 1 )
173:     {
174:         printf("\n%d ist ungültig!", x);
175:         printf("\nBitte mit 0 verlassen oder mit 1 fortfahren: ");
176:         scanf("%d", &x);
177:     }
178:     if(x == 0)
179:         return NEIN;
180:     else
181:         return JA;
182: }
```

Analyse

Nachdem Sie die Kontrollfragen und Übungen der Tage 1 und 2 absolviert haben, sollten Sie dieses Programm eingeben und kompilieren können. Das Programm enthält mehr Kommentare als die anderen Listings in diesem Buch. Kommentare sind typisch für »richtige« C-Programme. Insbesondere fallen die Kommentare zu Beginn des Programms und vor jeder wichtigen Funktion auf. Die Kommentare in den Zeilen 1 bis 5 geben einen Überblick über das gesamte Programm und nennen den Programmnamen. Manche Programmierer verzeichnen darüber hinaus noch den Autor des Programms, das Copyright, Lizenzbedingungen, den verwendeten Compiler einschließlich seiner Versionsnummer, die zum Programm gelinkten Bibliotheken und das Erstellungsdatum des Programms. Die Kommentare vor den einzelnen Funktionen geben den Zweck der Funktion, mögliche Rückgabewerte, die Aufrufkonventionen und weitere Besonderheiten an.

Die Kommentare in den Zeilen 1 bis 5 teilen Ihnen mit, dass Sie Informationen für bis zu 100 Personen eingeben können. Vor der Dateneingabe ruft das Programm in Zeile 44 die Funktion `anweisungen_anzeigen` auf. Diese Funktion zeigt dem Benutzer eine kurze Bedienungsanleitung an und fragt ihn, ob er fortfahren oder das Programm verlassen will. Die Zeilen 65 bis 77 geben mit der am Tag 7 behandelten `printf`-Funktion die Benutzerhinweise auf dem Bildschirm aus.

In den Zeilen 165 bis 182 kommen in der Funktion `fortfahren_funktion` einige Merkmale von C zum Einsatz, die Sie gegen Ende dieser Woche kennen gelernt haben. Die Funktion fragt den Benutzer, ob er mit dem Programm fortfahren möchte (Zeile 169). Mit einer `while`-Anweisung (siehe Tag 6) stellt die Funktion sicher, dass die eingegebene Antwort entweder eine `1` oder eine `0` ist. Solange der Benutzer einen ungültigen Wert eingibt, bittet die Funktion um die erneute Eingabe einer Antwort. Nachdem das Programm eine ordnungsgemäße Antwort erhalten hat, gibt die jeweilige `return`-Anweisung in der `if...else`-Konstruktion (siehe Tag 4) den Wert einer der in den Zeilen 16 bzw. 17 definierten Konstanten zurück – entweder `JA` oder `NEIN`.

Das Kernstück dieses Programms besteht aus zwei Funktionen: `daten_einlesen` und `bericht_anzeigen`. Die Funktion `daten_einlesen` fordert den Benutzer auf, Daten einzugeben, und legt die Informationen in den Arrays ab, die zu Beginn des Programms deklariert wurden. Die Anweisungen in der `for`-Schleife ab Zeile 94 fordern den Benutzer auf, Daten einzugeben, bis die Variable `cont` – die das Programm auf den Rückgabewert der Funktion `fortfahren_funktion` setzt – ungleich der definierten Konstanten `JA` ist oder bis `ctr` einen Wert größer oder gleich der maximalen Anzahl der Array-Elemente (`MAX`) erreicht. Das Programm unterzieht alle eingegebenen Daten einer Gültigkeitsprüfung. Zum Beispiel fordern die Zeilen 99 bis 102 die Eingabe eines Monats an. Das Programm akzeptiert nur die Werte von `0` bis `12`. Wenn Sie eine größere Zahl als `12` eingeben, fordert Sie das Programm erneut auf, einen Monat einzugeben. Zeile 120 ruft `fortfahren_funktion` auf, um festzustellen, ob Sie noch weitere Daten eingeben wollen.

Wenn der Benutzer auf die Funktion `fortfahren_funktion` mit `0` reagiert oder bereits die maximale Anzahl (`MAX`) der Datensätze eingegeben hat, kehrt das Programm zu Zeile 49 in der Funktion `main` zurück, von wo aus der Aufruf von `bericht_anzeigen` erfolgt. Die Funktion `bericht_anzeigen` in den Zeilen 133 bis 157 zeigt einen Bericht auf dem Bildschirm an. In einer `for`-Schleife gibt die Funktion die Daten aller eingegebenen Personen aus. Weiterhin berechnet die Funktion die Gesamtlohnzahlungen sowie das durchschnittliche Einkommen und gibt diese Werte aus.

Dieses Programm verwendet alle Elemente, die Sie in der ersten Woche kennen gelernt haben. Immerhin haben Sie in dieser kurzen Zeit einen umfangreichen Lehrstoff gemeistert. Mit diesen Kenntnissen ausgerüstet können Sie bereits eigene C-Programme schreiben. Allerdings können Sie noch nicht alle Möglichkeiten der Sprache C ausschöpfen.

Nummerische Arrays

Woche 2

Arrays sind speziell organisierte Variablenspeicher, die man in C-Programmen häufig einsetzt. Eine kurze Einführung zu diesem Thema hat bereits Tag 6 gegeben. In der heutigen Lektion lernen Sie

- was ein Array ist,
- wie man eindimensionale und mehrdimensionale numerische Arrays definiert und
- wie man Arrays deklariert und initialisiert.

Was ist ein Array?

Neuer Begriff

Ein *Array* ist eine Sammlung von Daten*elementen*, die alle den gleichen Datentyp aufweisen und den gleichen Namen tragen. Wozu benötigen Sie Arrays in Ihren Programmen? Diese Frage lässt sich am besten mit einem Beispiel beantworten. Wenn Sie Ihre Geschäftsausgaben für das Jahr 2001 erfassen, können Sie Ihre Belege für jeden Monat in einem eigenen Ordner abheften. Bequemer ist es jedoch, wenn Sie alle Belege in einem einzigen Ordner mit 12 Registern aufbewahren.

Dieses Beispiel lässt sich auf die Computerprogrammierung übertragen. Nehmen wir an, Sie entwerfen ein Programm, um Ihre Geschäftsausgaben zu kontrollieren. In diesem Programm können Sie nun 12 einzelne Variablen deklarieren – je eine Variable für die Gesamtausgaben eines Monats. Dieser Ansatz entspricht den 12 einzelnen Ordnern für Ihre Belege. Eleganter ist eine Lösung, bei der Sie die Gesamtausgaben der einzelnen Monate in einem Array mit 12 Elementen speichern. Jedes Element des Arrays entspricht einem Register im erwähnten Ordner. Abbildung 8.1 veranschaulicht den Unterschied zwischen Einzelvariablen und einem Array.

Eindimensionale Arrays

Neuer Begriff

Eindimensionale Arrays kann man sich als lineare Anordnung der Array-Elemente vorstellen. Auf die einzelnen Elemente greift man über einen *Index* zu – eine Zahl in eckigen Klammern, die auf den Array-Namen folgt. Der Index gibt die Nummer eines Elements im Array an. Ein Beispiel soll dies verdeutlichen. In unserem Programm zur Kontrolle der Geschäftsausgaben können Sie mit der folgenden Zeile ein Array des Typs `float` deklarieren:

```
float ausgaben[12];
```

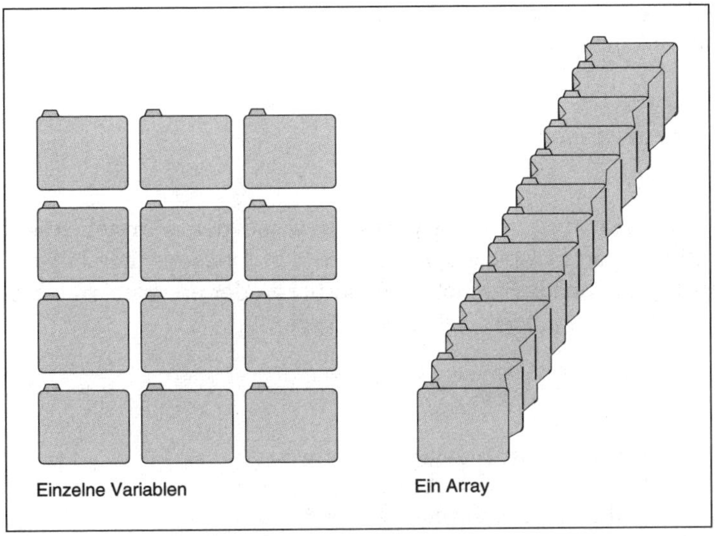

Abbildung 8.1: Variablen sind vergleichbar mit einzelnen Ordnern, während ein Array einem Ordner mit mehreren Registern entspricht

Das Array trägt den Namen `ausgaben` und enthält 12 Elemente. Jedes dieser 12 Elemente entspricht genau einer `float`-Variablen. Für Arrays können Sie jeden C-Datentyp verwenden. Die Array-Elemente sind in C fortlaufend nummeriert, wobei das erste Element immer die Nummer 0 hat. Die Elemente des Arrays `ausgaben` sind demnach von 0 bis 11 nummeriert. In diesem Beispiel speichert man die Gesamtausgaben für Januar in `ausgaben[0]`, die für Februar in `ausgaben[1]` usw.

Wenn Sie ein Array deklarieren, reserviert der Compiler einen Speicherblock, der das gesamte Array aufnimmt. Die einzelnen Array-Element sind nacheinander im Speicher abgelegt, wie es Abbildung 8.2 zeigt.

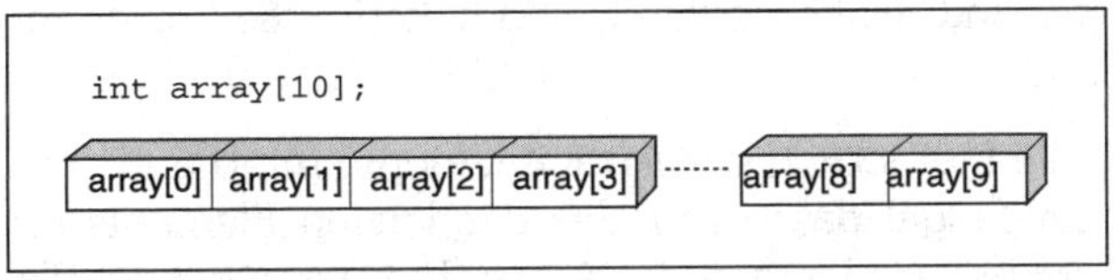

Abbildung 8.2: Array-Elemente werden hintereinander im Speicher abgelegt

Die Position der Array-Deklaration im Quellcode hat – wie bei normalen Variablen – Einfluss darauf, wie das Programm auf das Array zugreifen kann. Tag 12 geht näher auf die Gültigkeitsbereiche von Variablen ein. Momentan genügt es, wenn Sie Arrays an der gleichen Stelle wie die anderen Variablen deklarieren.

Ein Array-Element lässt sich in einem Programm überall dort verwenden, wo man auch eine normale Variable des gleichen Typs einsetzen kann. Um auf ein einzelnes Element des Arrays zuzugreifen, gibt man den Array-Namen und danach in eckigen Klammern den Index des Elements an. Die folgende Anweisung speichert den Wert

89.95 im zweiten Array-Element (zur Erinnerung, das erste Array-Element lautet ausgaben[0] und nicht ausgaben[1]):

```
ausgaben[1] = 89.95;
```

Genauso kann man mit der Anweisung

```
ausgaben[10] = ausgaben[11];
```

den Wert, der im Array-Element ausgaben[11] gespeichert ist, dem Array-Element ausgaben[10] zuweisen. Die obigen Beispiele spezifizieren den Index als literale Konstante. Man kann aber auch ganzzahlige Variablen, Ausdrücke oder andere Array-Elemente im Index angeben, wie die folgenden Beispiele zeigen:

```
float ausgaben[100];
int a[10];
/* weitere Anweisungen */
ausgaben[i] = 100;          /* i ist eine Integer-Variable */
ausgaben[2 + 3] = 100;      /* entspricht ausgaben[5] */
ausgaben[a[2]] = 100;       /* a[] ist ein Integer-Array */
```

Die letzte Zeile bedarf vielleicht einer Erklärung. Wenn Sie zum Beispiel in einem Integer-Array a[] den Wert 8 im Element a[2] gespeichert haben, dann hat der Ausdruck

```
ausgaben[a[2]]
```

die gleiche Bedeutung wie

```
ausgaben[8].
```

Beachten Sie immer die Nummerierung der Array-Elemente: In einem Array mit n Elementen reicht der zulässige Index von 0 bis n-1. Wenn Sie n als Index verwenden, führt das eventuell zu Programmfehlern. Der C-Compiler erkennt nicht, ob das Programm einen Array-Index außerhalb des Gültigkeitsbereiches verwendet. Das Programm lässt sich auch mit ungültigen Indizes kompilieren und linken – die Fehler zeigen sich erst im laufenden Programm.

Hinweis

Denken Sie daran, dass die Indizierung der Array-Elemente mit 0 und nicht mit 1 startet. Das hat zur Folge, dass der Index des letzten Elements um eins kleiner ist als die Anzahl der Elemente im Array. Ein Array mit 10 Elementen enthält also die Elemente 0 bis 9.

Manchmal ist es sinnvoller, die Elemente eines Arrays mit n Elementen von 1 bis n zu nummerieren. So bietet es sich im obigen Beispiel an, die Gesamtausgaben des Monats Januar in ausgaben[1], des Monats Februar in ausgaben[2] und so weiter zu speichern. Die einfachste Lösung besteht darin, ein Array mit einem zusätzlichen Element zu deklarieren und dann das Element 0 zu ignorieren. Das Array des Beispiels deklarieren Sie dann wie folgt:

```
float ausgaben[13];
```

In dem nun freien Element 0 können Sie aber auch zusätzliche Daten ablegen (beispielsweise die jährlichen Gesamtausgaben).

Das Programm in Listing 8.1 hat keine praktische Aufgabe, sondern zeigt lediglich, wie man Arrays einsetzt.

Listing 8.1: Einsatz eines Arrays

```
/* Beispiel für die Verwendung eines Arrays */

#include <stdio.h>

/* Deklaration eines Arrays und einer Zählervariablen */

float ausgaben[13];
int count;

int main(void)
{
    /* Daten von der Tastatur in den Array einlesen */

    for (count = 1; count < 13; count++)
    {
        printf("Ausgaben für Monat %d: ", count);
        scanf("%f", &ausgaben[count]);
    }

    /* Array-Inhalt ausgeben */

    for (count = 1; count < 13; count++)
    {
        printf("Monat %d = %.2f DM\n", count, ausgaben[count]);
    }
    return 0;
}
```

Ausgabe

```
Ausgaben für Monat 1: 100
Ausgaben für Monat 2: 200.12
Ausgaben für Monat 3: 150.50
Ausgaben für Monat 4: 300
Ausgaben für Monat 5: 100.50
Ausgaben für Monat 6: 34.25
```

```
Ausgaben für Monat 7: 45.75
Ausgaben für Monat 8: 195.00
Ausgaben für Monat 9: 123.45
Ausgaben für Monat 10: 111.11
Ausgaben für Monat 11: 222.20
Ausgaben für Monat 12: 120.00
Monat 1 = 100.00 DM
Monat 2 = 200.12 DM
Monat 3 = 150.50 DM
Monat 4 = 300.00 DM
Monat 5 = 100.50 DM
Monat 6 = 34.25 DM
Monat 7 = 45.75 DM
Monat 8 = 195.00 DM
Monat 9 = 123.45 DM
Monat 10 = 111.11 DM
Monat 11 = 222.20 DM
Monat 12 = 120.00 DM
```

Analyse

Das Programm fordert Sie als Erstes auf, die Ausgaben für die 12 Monate einzugeben. Die eingegebenen Werte speichert es in einem Array. Für jeden Monat ist eine Eingabe erforderlich. Nachdem Sie den zwölften Wert eingegeben haben, zeigt das Programm den Inhalt des Arrays auf dem Bildschirm an.

Der Programmablauf ist den bereits vorgestellten Listings ähnlich. Zeile 1 beginnt mit einem Kommentar, der das Programm beschreibt. Der Kommentar in Zeile 5 nennt den Verwendungszweck der nachstehend deklarierten Variablen. Zeile 7 deklariert ein Array mit 13 Elementen, obwohl eigentlich nur 12 Elemente für das Programm erforderlich sind (für jeden Monat ein Element). Das hat folgenden Grund: Die `for`-Schleife in den Zeilen 14 bis 18 ignoriert das Element `0`. Durch die Nummerierung der Elemente von 1 bis 12 lässt sich ein direkter Bezug zu den 12 Monaten herstellen.

Zeile 8 deklariert eine Variable namens `count`, die das Programm als Zähler und als Array-Index nutzt.

Die `main`-Funktion des Programms beginnt in Zeile 10. In einer `for`-Schleife gibt das Programm eine Eingabeaufforderung aus und nimmt einen Wert für jeden der 12 Monate entgegen. Beachten Sie, dass die Funktion `scanf` in Zeile 17 ein Array-Element verwendet. Da Zeile 7 das Array `ausgaben` mit dem Typ `float` deklariert hat, ist hier `%f` als Konvertierungsspezifizierer angegeben. Außerdem steht der Adressoperator (`&`) vor dem Array-Element – genau wie bei einer normalen `float`-Variablen.

Die Zeilen 22 bis 25 enthalten eine zweite `for`-Schleife, die die eingegebenen Werte auf dem Bildschirm ausgibt. Die `printf`-Funktion hat einen zusätzlichen Formatbefehl erhalten, um die Werte von `ausgaben` auf dem Bildschirm im Währungsformat darzustellen. Zur Erläuterung sei erwähnt, dass `%.2f` eine Gleitkommazahl mit zwei Stellen rechts des Dezimalpunktes ausgibt. Weitere Formatierungsbefehle finden Sie im Tag 14.

Was Sie tun sollten	Was nicht
Speichern Sie zusammengehörende Daten des gleichen Typs in Arrays statt in mehreren Einzelvariablen. Zum Beispiel empfiehlt es sich, die Gesamtumsätze für die einzelnen Monate in einem Array mit 12 Elementen abzulegen und nicht für jeden Monat eine eigene Variable zu verwenden.	Greifen Sie nicht auf Array-Elemente außerhalb des deklarierten Bereichs zu. Denken Sie daran, dass die Nummerierung der Elemente bei 0 beginnt und bis `Anzahl der Elemente - 1` läuft.

Mehrdimensionale Arrays

Auf die Elemente in einem mehrdimensionalen Array greift man über mehrere Indizes zu – zum Beispiel bei einem zweidimensionalen Array mit zwei Indizes, bei einem dreidimensionalen Array mit drei Indizes. Theoretisch lässt sich ein C-Array mit beliebig vielen Dimensionen erzeugen. Es gibt allerdings doch eine Grenze, die die Gesamtgröße des Arrays betrifft. Dazu erfahren Sie später in dieser Lektion mehr.

Nehmen wir an, Sie wollen ein Damespiel schreiben. Ein Damebrett (oder Schachbrett) besteht aus 64 Quadraten, die in acht Reihen und acht Spalten angeordnet sind. Das Brett lässt sich als zweidimensionales Array darstellen:

```
int dame[8][8];
```

Das resultierende Array weist 64 Elemente auf: `dame[0][0]`, `dame[0][1]`, `dame[0][2]`, ... ,`dame[7][6]`, `dame[7][7]`. Abbildung 8.3 zeigt die Struktur dieses zweidimensionalen Arrays.

Ein dreidimensionales Array kann man sich als Würfel vorstellen. Bei Arrays mit vier (und mehr) Dimensionen ist Ihre Phantasie gefragt. Unabhängig von der Anzahl der Dimensionen sind alle Array-Elemente im Speicher hintereinander abgelegt. Tag 15 geht noch ausführlich auf die Speicherung von Arrays ein.

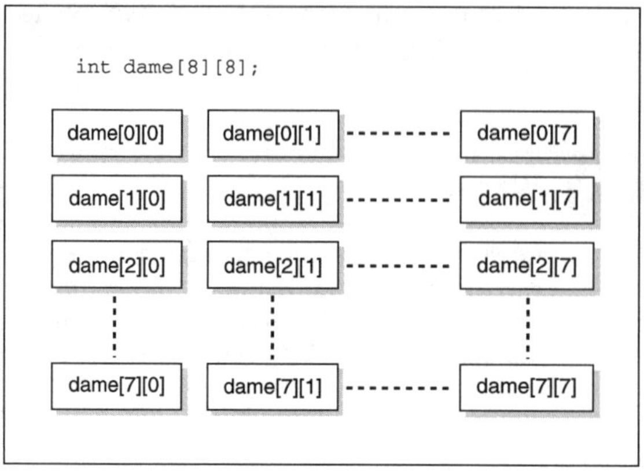

Abbildung 8.3: Ein zweidimensionales Array mit einer Reihen/Spalten-Struktur

Array-Namen und -Deklarationen

Die Regeln für die Namensgebung von Arrays entsprechen denen für Variablennamen, die Tag 3 bereits behandelt hat. Ein Array-Name muss eindeutig sein. Man kann ihn nicht für ein anderes Array oder einen anderen Bezeichner (Variable, Konstante etc.) erneut verwenden. Wie Sie sicherlich schon festgestellt haben, sieht die Deklaration eines Arrays fast wie eine normale Variablendeklaration aus, außer dass man bei einem Array die Anzahl der Elemente nach dem Array-Namen in eckigen Klammern angeben muss.

Wenn Sie ein Array deklarieren, können Sie die Anzahl der Elemente mit einer Konstanten angeben (wie dies auch in den obigen Beispielen geschehen ist) oder mit einer symbolischen Konstante, die Sie mit der `#define`-Direktive festgelegt haben. Die Anweisungen

```
#define MONATE 12
int array[MONATE];
```

sind demnach gleichbedeutend mit der folgenden Anweisung:

```
int array[12];
```

Die meisten Compiler lassen es allerdings nicht zu, die Anzahl der Array-Elemente mit symbolischen Konstanten – die man mit dem Schlüsselwort `const` erzeugt – zu deklarieren:

```
const int MONATE = 12;
int array[MONATE];          /* Nicht zulässig */
```

Listing 8.2 zeigt ein weiteres Beispiel mit einem eindimensionalen Array. Das Programm `noten.c` speichert 10 Noten in einem Array.

Listing 8.2: Programm, das 10 Noten in einem Array speichert

```
/* Beispielprogramm mit Array                           */
/* 10 Noten einlesen und den Durchschnittswert ermitteln */

#include <stdio.h>

#define MAX_NOTE 100
#define STUDENTEN  10

int noten[STUDENTEN];

int idx;
int gesamt = 0;            /* für den Durchschnittswert */

int main(void)
{
    for( idx=0;idx< STUDENTEN;idx++)
    {
        printf( "Geben Sie die Note von Person %d ein: ", idx +1);
        scanf( "%d", &noten[idx] );

        while ( noten[idx] > MAX_NOTE )
        {
            printf( "\nDie beste Note ist %d",
                    MAX_NOTE );
            printf( "\nGeben Sie eine korrekte Note ein: " );
            scanf( "%d", &noten[idx] );
        }

        gesamt += noten[idx];
    }

    printf( "\n\nDer Durchschnittswert beträgt %d\n",
                                       ( gesamt / STUDENTEN) );

    return (0);
}
```

Ausgabe

```
Geben Sie die Note von Person 1 ein: 95
Geben Sie die Note von Person 2 ein: 100
Geben Sie die Note von Person 3 ein: 60
```

```
Geben Sie die Note von Person 4 ein: 105

Die beste Note ist 100
Geben Sie eine korrekte Note ein: 100
Geben Sie die Note von Person 5 ein: 25
Geben Sie die Note von Person 6 ein: 0
Geben Sie die Note von Person 7 ein: 85
Geben Sie die Note von Person 8 ein: 85
Geben Sie die Note von Person 9 ein: 95
Geben Sie die Note von Person 10 ein: 85

Der Durchschnittswert beträgt 73
```

Analog zum vorangehenden Listing fordert dieses Programm den Benutzer als Erstes zur Eingabe der Noten für 10 Studenten auf. Das Programm gibt die Werte diesmal aber nicht nur aus, sondern bildet den Notendurchschnitt.

Wie Sie wissen, folgt die Benennung von Arrays den gleichen Regeln wie bei normalen Variablen. Zeile 9 deklariert ein Array mit dem Namen `noten`, das die eingegebenen Noten speichert. Die Zeilen 6 und 7 definieren zwei Konstanten, `MAX_NOTE` und `STUDENTEN`. Diese Konstanten können Sie ohne weiteres an Ihre eigenen Vorstellungen anpassen. Wenn Sie `STUDENTEN` mit dem Wert `10` definieren, wissen Sie, dass das Array `noten` 10 Elemente aufnimmt. Weiterhin deklariert das Programm die Variablen `idx` und `gesamt`. Die Abkürzung von »Index«, `idx`, dient sowohl als Zähler als auch als Array-Index. Die Gesamtsumme aller Noten speichert das Programm in der Variablen `gesamt`.

Das Kernstück dieses Programms ist die `for`-Schleife in den Zeilen 16 bis 30. Die `for`-Schleife initialisiert `idx` mit `0`, dem ersten Index im Array. Das Programm durchläuft die Schleife so lange, wie `idx` kleiner als die Zahl der Studenten ist. Die for-Schleife fordert in jedem Durchlauf den Benutzer auf, die Note für einen Studenten einzugeben (Zeilen 18 und 19), und inkrementiert dann `idx` um 1. Beachten Sie, dass Zeile 18 den Wert `idx + 1` ausgibt, um die Studenten von 1 bis 10 und nicht von 0 bis 9 zu nummerieren. Da Arrays mit dem Index 0 beginnen, kommt die erste Note in das Element `noten[0]`. Den Benutzer des Programms würde es aber vielleicht verwirren, wenn man ihn nach einer Note für den Studenten 0 fragt. Dieser kleine Trick ist also im Sinne der Benutzerfreundlichkeit.

In der `for`-Schleife ist in den Zeilen 21 bis 27 eine `while`-Schleife verschachtelt. Diese weist alle Eingaben ab, die größer als die in `MAX_NOTE` festgelegte Maximalnote sind, und fordert den Benutzer gegebenenfalls erneut zur Eingabe auf. Programmdaten sollten Sie nach Möglichkeit immer überprüfen.

Zeile 29 addiert die eingegebene Note zur Gesamtsumme `gesamt`. Zeile 32 berechnet mit diesem Wert den Durchschnitt (`gesamt/STUDENTEN`) und gibt das Ergebnis auf dem Bildschirm aus.

Was Sie tun sollten

Verwenden Sie `#define`-Anweisungen, um Konstanten für die Array-Deklaration zu definieren. Sie können die Anzahl der Elemente im Array dann ohne Mühe ändern. Um beispielsweise im obigen Programm die Anzahl der Studenten zu ändern, müssen Sie nur die `#define`-Anweisung anpassen – im Programm brauchen Sie dann keine weiteren Änderungen vorzunehmen.

Vermeiden Sie Arrays mit mehr als drei Dimensionen. Denken Sie daran, dass sich die Anzahl der Elemente aus der Multiplikation der für jede Dimension festgelegten Anzahl ergibt und schnell einen beachtlichen Umfang annehmen kann.

Arrays initialisieren

Sie können ein Array bei seiner Deklaration ganz oder teilweise initialisieren. Setzen Sie hinter die Array-Deklaration ein Gleichheitszeichen und geben Sie die Werte durch Komma getrennt in geschweiften Klammern an. Diese Listenwerte werden nacheinander den Array-Elementen ab Index 0 zugewiesen.

Sehen Sie sich dazu folgendes Beispiel an:

```
int array[4] = { 100, 200, 300, 400 };
```

Diese Array-Deklaration weist den Wert `100` dem Array-Element `array[0]`, den Wert `200` dem Element `array[1]`, den Wert `300` dem Element `array[2]` und den Wert `400` dem Element `array[3]` zu.

Wenn Sie die Größe des Arrays nicht angeben, erzeugt der Compiler ein Array mit der Anzahl der Elemente, die in der Initialisierungsliste aufgeführt sind. Die folgende Anweisung entspricht deshalb genau der obigen Array-Deklaration:

```
int array[] = { 100, 200, 300, 400 };
```

Sie können auch weniger Werte als in der Deklaration des Arrays angegeben initialisieren:

```
int array[10] = { 1, 2, 3 };
```

Wenn Sie ein Array-Element nicht explizit initialisieren, ist sein Wert beim Start des Programms unbestimmt. Der Compiler trifft keine Vorkehrungen, um die Elemente des Arrays zum Beispiel mit dem Wert 0 zu initialisieren. Wenn Sie mehr Werte als in der Deklaration angegeben initialisieren, erzeugt der Compiler eine Fehlermeldung.

Mehrdimensionale Arrays initialisieren

Mehrdimensionale Arrays können Sie ebenfalls initialisieren. Der Compiler weist die in der Liste aufgeführten Initialisierungswerte nacheinander den Array-Elementen zu, wobei er den letzten Index zuerst durchläuft. Die Deklaration

```
int array[4][3] = { 1, 2, 3, 4, 5, 6, 7, 8, 9, 10, 11, 12 };
```

resultiert also in folgenden Zuweisungen:

```
array[0][0] ist gleich 1
array[0][1] ist gleich 2
array[0][2] ist gleich 3
array[1][0] ist gleich 4
array[1][1] ist gleich 5
array[1][2] ist gleich 6
...
array[3][1] ist gleich 11
array[3][2] ist gleich 12
```

Um den Quellcode bei der Initialisierung mehrdimensionaler Arrays übersichtlicher zu gestalten, können Sie die Initialisierungslisten für die einzelnen Dimensionen mit zusätzlichen geschweiften Klammern gruppieren und außerdem auf mehreren Zeilen unterbringen. Die obige Initialisierung formulieren Sie dementsprechend wie folgt:

```
int array[4][3] = { { 1, 2, 3 } , { 4, 5, 6 } ,
                    { 7, 8, 9 } , { 10, 11, 12 } };
```

Denken Sie daran, die initialisierten Werte durch Kommas zu trennen – auch wenn dazwischen eine geschweifte Klammer steht. Weiterhin müssen die geschweiften Klammern immer paarweise erscheinen. Zu jeder öffnenden Klammer muss eine schließende Klammer vorhanden sein. Andernfalls kommt der Compiler mit der Initialisierungsliste nicht zurecht.

Das folgende Beispiel demonstriert die Vorteile von Arrays. Listing 8.3 erzeugt ein dreidimensionales Array mit 1000 Elementen und füllt es mit Zufallszahlen. Anschließend gibt das Programm die Array-Elemente auf dem Bildschirm aus. Stellen Sie sich einmal vor, wie viele Codezeilen erforderlich sind, um die gleiche Aufgabe mit normalen Variablen zu bewältigen.

In diesem Programm taucht eine neue Bibliotheksfunktion namens `getchar` auf. Diese Funktion liest ein einziges Zeichen von der Tastatur ein. In Listing 8.3 dient `getchar` dazu, das Programm so lange anzuhalten, bis der Anwender die [↵]-Taste betätigt hat. Näheres zur Funktion `getchar` erfahren Sie am Tag 14.

Listing 8.3: Dieses Programm zeigt den Einsatz eines mehrdimensionalen Arrays

```
/* Beispiel für die Verwendung eines mehrdimensionalen Arrays */

#include <stdio.h>
#include <stdlib.h>
/* Deklaration eines dreidimensionalen Arrays mit 1000 Elementen */

int zufall_array[10][10][10];
int a, b, c;

int main(void)
{
    /* Füllt das Array mit Zufallszahlen. Die Bibliotheksfunktion */
    /* rand() liefert eine Zufallszahl zurück. Verwenden Sie eine */
    /* for-Schleife für jeden Array-Index.                        */

    for (a = 0; a < 10; a++)
    {
        for (b = 0; b < 10; b++)
        {
            for (c = 0; c < 10; c++)
            {
                zufall_array[a][b][c] = rand();
            }
        }
    }

    /* Anzeige der Array-Elemente in Zehner-Einheiten */

    for (a = 0; a < 10; a++)
    {
        for (b = 0; b < 10; b++)
        {
           for (c = 0; c < 10; c++)
           {
               printf("\nzufall_array[%d][%d][%d] = ", a, b, c);
               printf("%d", zufall_array[a][b][c]);
           }
           printf("\n Weiter mit Eingabetaste, Verlassen mit STRG-C.");

           getchar();
        }
    }
    return 0;
}   /* Ende von main() */
```

```
zufall_array[0][0][0] = 346
zufall_array[0][0][1] = 130
zufall_array[0][0][2] = 10982
zufall_array[0][0][3] = 1090
zufall_array[0][0][4] = 11656
zufall_array[0][0][5] = 7117
zufall_array[0][0][6] = 17595
zufall_array[0][0][7] = 6415
zufall_array[0][0][8] = 22948
zufall_array[0][0][9] = 31126
Weiter mit Eingabetaste, Verlassen mit STRG-C.

zufall_array[0][1][0] = 9004
zufall_array[0][1][1] = 14558
zufall_array[0][1][2] = 3571
zufall_array[0][1][3] = 22879
zufall_array[0][1][4] = 18492
zufall_array[0][1][5] = 1360
zufall_array[0][1][6] = 5412
zufall_array[0][1][7] = 26721
zufall_array[0][1][8] = 22463
zufall_array[0][1][9] = 25047
Weiter mit Eingabetaste, Verlassen mit STRG-C.
...         ...
zufall_array[9][8][0] = 6287
zufall_array[9][8][1] = 26957
zufall_array[9][8][2] = 1530
zufall_array[9][8][3] = 14171
zufall_array[9][8][4] = 6951
zufall_array[9][8][5] = 213
zufall_array[9][8][6] = 14003
zufall_array[9][8][7] = 29736
zufall_array[9][8][8] = 15028
zufall_array[9][8][9] = 18968
Weiter mit Eingabetaste, Verlassen mit STRG-C.

zufall_array[9][9][0] = 28559
zufall_array[9][9][1] = 5268
zufall_array[9][9][2] = 20182
zufall_array[9][9][3] = 3633
zufall_array[9][9][4] = 24779
zufall_array[9][9][5] = 3024
```

```
zufall_array[9][9][6] = 10853
zufall_array[9][9][7] = 28205
zufall_array[9][9][8] = 8930
zufall_array[9][9][9] = 2873
Weiter mit Eingabetaste, Verlassen mit STRG-C.
```

Analyse

Am Tag 6 haben Sie ein Programm mit einer verschachtelten `for`-Anweisung kennen gelernt. Das Programm in Listing 8.3 weist zwei verschachtelte `for`-Anweisungen auf. Bevor wir dazu kommen, sei auf die Deklaration der vier Variablen in den Zeilen 7 und 8 hingewiesen. Die erste Variable ist ein Array namens `zufall_array`, das die Zufallszahlen aufnehmen soll. Es handelt sich um ein dreidimensionales Array vom Typ `int` mit 10 mal 10 mal 10 Elementen, d.h. 1000 Elementen vom Typ `int`. Stellen Sie sich einmal vor, Sie müssten ohne das Array auskommen und statt dessen 1000 Variablen mit eindeutige Namen kreieren! Zeile 8 deklariert drei Variablen (`a`, `b` und `c`), die zur Steuerung der `for`-Schleifen dienen.

Dieses Programm bindet in Zeile 4 die Header-Datei `stdlib.h` (für Standard Library = Standardbibliothek) ein. Diese Bibliothek ist erforderlich, um den Prototyp für die Funktion `rand` in Zeile 22 bereitzustellen.

Der größte Teil des Programms steht in zwei Anweisungsblöcken mit verschachtelten `for`-Schleifen. Der erste Block umfasst die Zeilen 16 bis 25, der zweite erstreckt sich über die Zeilen 29 bis 42. Beide weisen die gleiche Struktur auf. Sie arbeiten wie die Schleifen in Listing 5.2, gehen aber noch eine Ebene tiefer. Die erste verschachtelte `for`-Konstruktion führt Zeile 22 wiederholt aus. Diese Zeile weist den Rückgabewert der Funktion `rand` einem Element des Arrays `zufall_array` zu. `rand` ist eine Bibliotheksfunktion, die eine Zufallszahl zurückgibt.

Gehen wir im Listing schrittweise rückwärts: In Zeile 20 ist ersichtlich, dass die Variable `c` die Werte von `0` bis `9` annehmen kann. Diese `for`-Schleife durchläuft den letzten (rechts außen stehenden) Index des Arrays `zufall_array`. Zeile 18 realisiert die Schleife über `b`, den mittleren Index des Zufallszahlen-Arrays. Für jede Wertänderung von `b` durchläuft die weiter innen gelegene Schleife alle `c`-Elemente. Zeile 16 inkrementiert die Variable `a`, die für den Schleifendurchlauf des ersten Index zuständig ist. Für jede Änderung dieses Indexwertes durchläuft die mittlere `for`-Schleife alle 10 Werte von Index `b` und für jede Änderung des `b`-Wertes durchläuft die innerste Schleife alle 10 Werte von `c`. Diese Schleife initialisiert also alle Elemente in `zufall_array` mit einer Zufallszahl.

Die Zeilen 29 bis 42 enthalten den zweiten Block mit verschachtelten `for`-Anweisungen. Die Arbeitsweise entspricht der des ersten Blocks, allerdings geben die `for`-Anweisungen jetzt die im ersten Block zugewiesenen Werte aus. Nach der Anzeige von jeweils 10 Werten gibt Zeile 38 die Meldung aus, dass der Benutzer die [↵]-Taste drücken soll, um mit der Ausgabe fortzufahren. Die Funktion `getchar` fragt in Zeile 40 die Tastatur ab und wartet so lange, bis der Benutzer die ↵-Taste drückt. Führen Sie das Programm aus und beobachten Sie die angezeigten Werte.

Maximale Größe von Arrays

Die maximale Größe eines Arrays ist auf 32-Bit-Systemen nur durch die Größe des zur Verfügung stehenden Speichers beschränkt. Als Programmierer brauchen Sie sich mit den internen Abläufen nicht zu befassen; das Betriebssystem kümmert sich um alles, ohne dass Sie eingreifen müssen.

Die Anzahl der Bytes, die ein Array im Speicher belegt, ergibt sich aus der Anzahl der für das Array deklarierten Elemente und der Größe der Elemente selbst. Die Elementgröße hängt wiederum vom Datentyp des Arrays und von der Darstellung dieses Datentyps auf dem konkreten Computer ab.

Datentyp des Element s	Elementgröße (Bytes)
`int`	2 oder 4
`short`	2
`long`	4
`float`	4
`double`	8

Tabelle 8.1: Speicherbedarf der numerischen Datentypen für die meisten PCs

Um den Speicherbedarf eines Arrays zu ermitteln, multiplizieren Sie die Anzahl der Elemente im Array mit der Elementgröße. So benötigt zum Beispiel ein Array mit 500 Elementen vom Typ `float` einen Speicherplatz von 500x4 = 2000 Bytes.

Den Speicherbedarf können Sie innerhalb eines Programms mit dem C-Operator `sizeof` ermitteln. Dabei handelt es sich um einen unären Operator und nicht um eine Funktion. Der Operator übernimmt als Argument einen Variablennamen oder den Namen eines Datentyps und gibt die Größe des Arguments in Bytes zurück. Ein Beispiel zu `sizeof` finden Sie in Listing 8.4.

Listing 8.4: Den Speicherbedarf eines Arrays mit dem Operator sizeof ermitteln

```
/* Beispiel für den sizeof()-Operator */
#include <stdio.h>

/* Deklariert mehrere Arrays mit 100 Elementen */

int intarray[100];
```

```
long longarray[100];
float floatarray[100];
double doublearray[100];

int main(void)
{
    /* Zeigt die Größe der numerischen Datentypen an */

    printf("\nGröße von short = %d Bytes", (int) sizeof(short));
    printf("\nGröße von int = %d Bytes", (int) sizeof(int));
    printf("\nGröße von long = %d Bytes", (int) sizeof(long));
    printf("\nGröße von float = %d Bytes", (int) sizeof(float));
    printf("\nGröße von double = %d Bytes", (int) sizeof(double));

    /* Zeigt die Größe der vier Arrays an */

    printf("\nGröße von intarray = %d Bytes",(int) sizeof(intarray));
    printf("\nGröße von longarray = %d Bytes",(int) sizeof(longarray));
    printf("\nGröße von floatarray = %d Bytes",
           (int) sizeof(floatarray));
    printf("\nGröße von doublearray = %d Bytes\n",
           (int) sizeof(doublearray));

    return 0;
}
```

Auf einem 32-Bit-System mit Intel Pentium-Prozessor sieht die Ausgabe folgendermaßen aus:

```
Größe von short = 2 Bytes
Größe von int = 4 Bytes
Größe von long = 4 Bytes
Größe von float = 4 Bytes
Größe von double = 8 Bytes
Größe von intarray = 400 Bytes
Größe von longarray = 400 Bytes
Größe von floatarray = 400 Bytes
Größe von doublearray = 800 Bytes
```

Ein 64-Bit Linux-Rechner mit einem DEC/Compaq Alpha-Prozessor gibt Folgendes aus:

```
Größe von short = 2 Bytes
Größe von int = 4 Bytes
Größe von long = 8 Bytes
Größe von float = 4 Bytes
Größe von double = 8 Bytes
Größe von intarray = 400 Bytes
```

```
Größe von longarray = 800 Bytes
Größe von floatarray = 400 Bytes
Größe von doublearray = 800 Bytes
```

Analyse

Geben Sie den Quellcode aus dem Listing ein und kompilieren Sie das Programm, wie Sie es am Tag 1 gelernt haben. Das Programm zeigt die Größe der vier Arrays und der fünf numerischen Datentypen in Bytes an.

Am Tag 3 haben Sie ein ähnliches Programm kennen gelernt. Hier aber bestimmt der Operator `sizeof` den Speicherbedarf der Arrays. Die Zeilen 6 bis 9 deklarieren vier Arrays mit verschiedenen Typen. Die Zeilen 23 bis 28 geben die Größen der Arrays aus. Die jeweilige Größe sollte gleich der Größe des Array-Typs multipliziert mit der Anzahl der Elemente sein. Wenn zum Beispiel `iNT` 4 Bytes groß ist, sollte `intarray` 4 x 100 oder 400 Bytes groß sein. Führen Sie das Programm aus und überprüfen Sie die Werte. Wie Sie an der Ausgabe ablesen können, kann es auf unterschiedlichen Rechnern oder Betriebssystemen unterschiedlich große Datentypen geben.

Zusammenfassung

Die heutige Lektion hat numerische Arrays eingeführt. Damit lassen sich mehrere Datenelemente des gleichen Typs unter dem gleichen Namen zusammenfassen. Auf die einzelnen Elemente eines Arrays greift man über einen Index zu, den man nach dem Array-Namen angibt. Mit Arrays kann man Daten effizient speichern und verwalten. Das gilt vor allem für Programmieraufgaben, bei denen der Zugriff auf die Daten in Schleifenkonstruktionen erfolgt.

Wie normale Variablen muss man auch Arrays vor ihrer Verwendung deklarieren. Optional kann man Array-Elemente bei der Deklaration des Arrays initialisieren.

Fragen und Antworten

F Was passiert, wenn ich für ein Array einen Index verwende, der größer ist als die Zahl der Elemente im Array?

A *Wenn Sie einen Index verwenden, der mit der Array-Deklaration nicht übereinstimmt, lässt sich das Programm in der Regel dennoch kompilieren und ausführen. Ein solcher Fehler kann jedoch zu unvorhersehbaren Ergebnissen führen. Zudem sind solche Fehler meist nur sehr schwer zu finden. Lassen Sie deshalb bei der Initialisierung und dem Zugriff auf Ihre Array-Elemente größte Sorgfalt walten.*

F Was passiert, wenn ich ein Array verwende, ohne es zu initialisieren?

A *Dieser Fehler löst keinen Compilerfehler aus. Wenn Sie ein Array nicht initialisieren, können die Array-Elemente einen beliebigen Wert annehmen. Das Ergebnis kann unvorhersehbar sein. Sie sollten Variablen und Arrays immer initialisieren, so dass Sie genau wissen, was darin enthalten ist. Am Tag 12 lernen Sie die eine Ausnahme hierzu kennen. Bis dahin sollten Sie lieber auf Nummer sicher gehen.*

F Wie viele Dimensionen kann ein Array haben?

A *Wie Sie in der heutigen Lektion schon erfahren haben, können Sie so viele Dimensionen angeben, wie Sie wollen. Doch je mehr Dimensionen Sie hinzufügen, um so mehr Speicherplatz benötigen Sie. Sie sollten ein Array nur so groß wie nötig deklarieren, um keinen Speicherplatz zu vergeuden.*

F Gibt es eine einfache Möglichkeit, ein ganzes Array auf einmal zu initialisieren?

A *Jedes Element eines Arrays ist einzeln zu initialisieren. Der sicherste Weg für C-Einsteiger besteht darin, ein Array entweder – wie in der heutigen Lektion gezeigt – im Zuge der Deklaration oder mithilfe einer `for`-Anweisung zu initialisieren. Es gibt noch andere Möglichkeiten, ein Array zu initialisieren, doch gehen diese über den Rahmen dieses Buches hinaus.*

F Kann ich zwei Arrays addieren (oder multiplizieren, dividieren oder subtrahieren)?

A *Arrays lassen sich nicht so einfach wie normale Variablen addieren. Alle Elemente sind einzeln zu addieren.*

F Warum ist es besser, ein Array statt einzelner Variablen zu verwenden?

A *Mit Arrays können Sie gleiche Werte unter einem einzigen Namen zusammenfassen. Das Programm in Listing 8.3 hat 1000 Zufallszahlen gespeichert. Es ist völlig indiskutabel, 1000 eindeutige Variablennamen zu erzeugen und jede Variable einzelnen mit einer Zufallszahl zu initialisieren. Mit Arrays lässt sich diese Aufgabe dagegen effizient lösen.*

F Was ist zu tun, wenn die Größe eines Arrays nicht von vornherein bekannt ist?

A *Es gibt Funktionen in C, mit denen Sie en passant Speicher für Variablen und Arrays reservieren können. Zu diesen Funktionen kommen wir aber erst am Tag 15.*

Workshop

Die Kontrollfragen im Workshop sollen Ihnen helfen, die neu erworbenen Kenntnisse zu den behandelten Themen zu festigen. Die Übungen geben Ihnen die Möglichkeit, praktische Erfahrungen mit dem gelernten Stoff zu sammeln. Die Antworten zu den Kontrollfragen und Übungen finden Sie im Anhang F.

Kontrollfragen

1. Welche Datentypen von C kann man in einem Array verwenden?
2. Wie lautet der Index des ersten Elements eines Arrays, das für 10 Elemente deklariert wurde?
3. Wie lautet der Index des letzten Elements in einem eindimensionalen Array mit `n` Elementen?
4. Was passiert, wenn ein Programm auf ein Array-Element mit einem Index außerhalb des deklarierten Bereichs zugreifen will?
5. Wie deklarieren Sie ein mehrdimensionales Array?
6. Die folgende Anweisung deklariert ein Array. Wie viele Elemente enthält das Array insgesamt?

   ```
   int array[2][3][5][8];
   ```

7. Wie lautet der Name des zehnten Elements im Array aus Frage 6?

Übungen

1. Schreiben Sie eine C-Programmzeile, die drei eindimensionale Integer-Arrays namens `eins`, `zwei` und `drei` mit jeweils 1000 Elementen deklariert.
2. Schreiben Sie eine Anweisung, die ein Integer-Array mit 10 Elementen deklariert und alle Elemente mit `1` initialisiert.
3. Geben Sie den Code an, der alle Array-Elemente des folgenden Arrays mit dem Wert `88` initialisiert:

   ```
   int achtundachtzig[88];
   ```

4. Geben Sie den Code an, der alle Array-Elemente des folgenden Arrays mit dem Wert `0` initialisiert:

   ```
   int stuff[12][10];
   ```

5. **FEHLERSUCHE:** Was ist falsch an folgendem Codefragment?

```
int x, y;
int array[10][3];
int main(void)
{
   for ( x = 0; x < 3; x++ )
      for ( y = 0; y < 10; y++ )
         array[x][y] = 0;
   return 0;
}
```

6. **FEHLERSUCHE:** Was ist an folgendem Code falsch?

```
int array[10];
int x = 1;

int main(void)
{
   for ( x = 1; x <= 10; x++ )
      array[x] = 99;
.
   return 0;
}
```

7. Schreiben Sie ein Programm, das Zufallszahlen in ein zweidimensionales Array von 5 mal 4 Elementen ablegt. Geben Sie die Werte in Spalten auf dem Bildschirm aus. (Hinweis: Verwenden Sie die `rand`-Funktion aus Listing 8.3.)
8. Schreiben Sie Listing 8.3 so um, dass es ein eindimensionales Array vom Typ `short` verwendet. Zeigen Sie den Durchschnitt der 1000 Variablen an, bevor Sie die einzelnen Werte ausgeben (Hinweis: Vergessen Sie nicht, nach der Ausgabe von jeweils 10 Werten eine Pause einzuplanen.)
9. Schreiben Sie ein Programm, das ein Array mit 10 Elementen initialisiert. Jedes Element soll den Wert seines Indexes erhalten. Geben Sie anschließend die 10 Elemente aus.
10. Ändern Sie das Programm aus Übung 9. Nach der Ausgabe der initialisierten Werte soll das Programm die Werte in ein neues Array kopieren und zu jedem Wert 10 addieren. Geben Sie dann die neuen Werte aus.

Zeiger

Woche
2

Die heutige Lektion führt Sie in die Welt der Zeiger ein. Zeiger sind ein wesentlicher Bestandteil von C und ein flexibles Instrument zur Datenmanipulation in Ihren Programmen. Heute lernen Sie

- was ein Zeiger ist,
- wo man Zeiger einsetzt,
- wie man Zeiger deklariert und initialisiert,
- wie man Zeiger mit einfachen Variablen und Arrays verwendet und
- wie man Arrays mithilfe von Zeigern an Funktionen übergibt.

Wenn Sie sich mit den Themen der heutigen Lektion beschäftigen, fallen Ihnen die Vorteile von Zeigern vielleicht nicht sofort ins Auge. Es gibt Aufgaben, die man mit Zeigern besser erledigen kann, und Aufgaben, die sich nur mit Zeigern realisieren lassen. Was damit genau gemeint ist, erfahren Sie in dieser und den folgenden Lektionen. Auf jeden Fall gilt, dass Sie als angehender C-Experte profunde Kenntnisse im Umgang mit Zeigern benötigen.

Was ist ein Zeiger?

Um das Wesen von Zeigern zu verstehen, müssen Sie wissen, wie der Computer die Daten im Speicher ablegt. Der folgende Abschnitt stellt in etwas vereinfachter Form die Speicherverwaltung eines PCs dar.

Der Speicher Ihres Computers

Der Arbeitsspeicher eines PCs, auch RAM (random access memory) genannt, besteht aus vielen Millionen aufeinander folgender Speicherstellen, die sich durch eindeutige Adressen identifizieren lassen. Die Speicheradressen reichen von 0 bis zu einem Maximalwert, der vom Umfang des installierten Speichers abhängt.

Ein kleiner Teil des Hauptspeichers ist für das Betriebssystem des Computers und verschiedene Hardwareressourcen reserviert. Der weitaus größere »Rest« des Hauptspeichers steht für Programme und Daten zur Verfügung. Wenn Sie ein Programm starten, legt das Betriebssystem den Programmcode – d.h. die in Maschinensprache vorliegenden Befehle, die die Programmaufgaben realisieren – und die Daten – Informationen, mit denen das Programm arbeitet – in freien Bereichen des Hauptspeichers ab. Im Folgenden konzentrieren wir uns auf den Speicherbereich, in dem die Programmdaten stehen.

Wenn Sie in einem C-Programm eine Variable deklarieren, reserviert der Compiler eine Speicherstelle mit einer eindeutigen Adresse, um den Inhalt dieser Variablen zu speichern. Der Compiler verbindet diese Adresse mit dem Variablennamen. Wenn Sie in Ihrem Programm den Namen dieser Variablen verwenden, greifen Sie damit automatisch auf die richtige Stelle im Speicher zu. Dass sich dieser Zugriff über Speicheradressen abspielt, braucht Sie nicht zu interessieren und bleibt Ihnen auch verborgen.

Abbildung 9.1 zeigt schematisch, wie eine Variable `rate` mit dem Wert 100 im Speicher abgelegt ist. Der Compiler hat an der Adresse `1004` Speicher für diese Variable reserviert und die Adresse mit dem Namen `rate` verbunden.

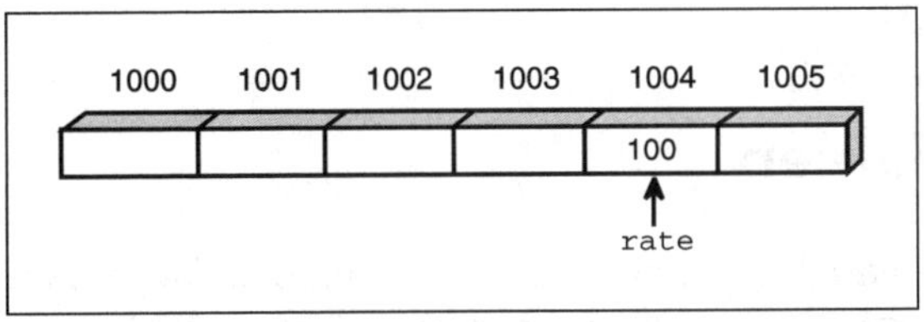

Abbildung 9.1:
Eine Programmvariable ist an einer speziellen Speicheradresse abgelegt

Einen Zeiger erzeugen

Die Adresse einer Variablen (im obigen Beispiel `rate`) ist eine Zahl und lässt sich wie jede andere Zahl in C behandeln. Wenn Sie die Adresse einer Variablen kennen, können Sie eine zweite Variable erzeugen, in der Sie die Adresse der ersten speichern. Als ersten Schritt deklarieren Sie eine Variable, nennen wir sie `z_rate`, die die Adresse von `rate` aufnimmt. Die Variable `z_rate` ist noch nicht initialisiert. Der Compiler hat zwar für `z_rate` Speicher reserviert, aber der darin enthaltene Wert ist noch nicht bestimmt (siehe Abbildung 9.2).

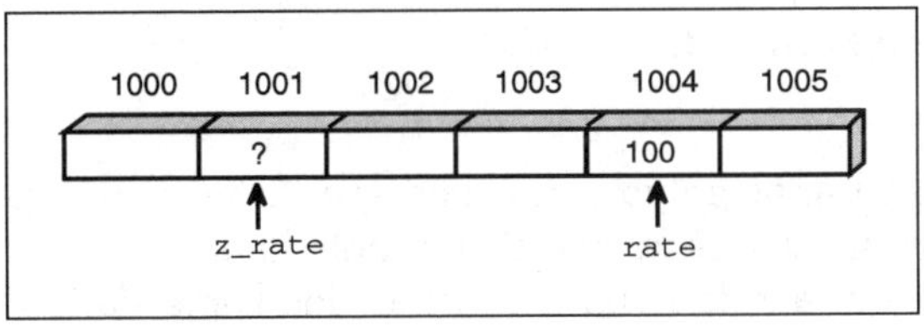

Abbildung 9.2:
Der Compiler hat für die Variable z_rate Speicher reserviert

Im nächsten Schritt speichern Sie die Adresse der Variablen `rate` in der Variablen `z_rate`. Da `z_rate` jetzt die Adresse von `rate` enthält, verweist die Variable auf die Stelle, an der `rate` im Speicher abgelegt ist. Der C-Programmierer sagt dann: `z_rate` zeigt auf `rate` oder ist ein Zeiger auf `rate`. Abbildung 9.3 veranschaulicht diesen Vorgang.

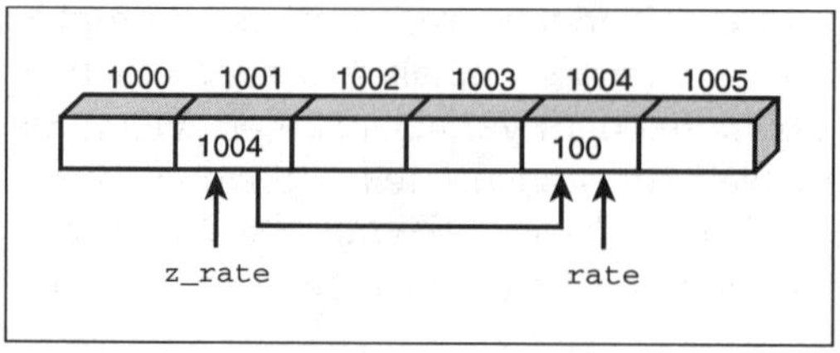

Abbildung 9.3:
Die Variable z_rate enthält die Adresse der Variablen rate und ist deshalb ein Zeiger auf rate

Fassen wir zusammen: Ein Zeiger ist eine Variable, die die Adresse einer anderen Variablen enthält. Als Nächstes geht es darum, wie man Zeiger in C-Programmen einsetzt.

Zeiger und einfache Variablen

Im obigen Beispiel verweist eine Zeigervariable auf eine einfache Variable. Dieser Abschnitt zeigt nun, wie man Zeiger auf einfache Variablen erzeugt und verwendet.

Zeiger deklarieren

Wie bereits erwähnt, ist ein Zeiger eine numerische Variable. Wie alle Variablen muss man auch Zeigervariablen deklarieren, bevor man sie verwenden kann. Die Benennung von Zeigervariablen folgt den gleichen Regeln wie für andere Variablen. Der Name muss eindeutig sein. In der heutigen Lektion halten wir uns an die Konvention, einen Zeiger auf die Variable `name` als `z_name` zu bezeichnen. Dies ist allerdings nicht zwingend. Sie können Ihren Zeigern beliebige Namen geben, solange sie den C-Regeln entsprechen.

Eine Zeigerdeklaration weist die folgende Form auf:

```
typname *zgrname;
```

Hierin steht `typname` für einen beliebigen Variablentyp von C und spezifiziert den Typ der Variablen, auf die der Zeiger verweist. Der Stern (*) ist der Indirektionsoperator und macht deutlich, dass `zgrname` ein Zeiger auf den Typ `typname` ist und keine Variable vom Typ `typname`. Zeiger kann man zusammen mit normalen Variablen deklarieren. Die folgenden Beispiele geben Zeigerdeklarationen an:

```
char *ch1, *ch2;         /* ch1 und ch2 sind Zeiger auf den Typ char */
float *wert, prozent;    /* wert ist ein Zeiger auf den Typ float und
                         /* prozent eine normale Variable vom Typ float */
```

Hinweis: Das Symbol * bezeichnet sowohl den Indirektionsoperator als auch den Multiplikationsoperator. Der Compiler erkennt am jeweiligen Kontext, ob die Indirektion oder die Multiplikation gemeint ist.

Neuer Begriff

Wenn der Indirektionsoperator auf einen Zeiger angewendet wird, sprechen wir davon, dass die Zeigervariable *dereferenziert* wird.

Zeiger initialisieren

Nachdem Sie einen Zeiger deklariert haben, müssen Sie sich darum kümmern, dass er auf ein konkretes Ziel – sprich eine Variable – verweist. Analog zu normalen Variablen gilt: Wenn Sie nicht-initialisierte Zeiger verwenden, sind die Ergebnisse unvorhersehbar und unter Umständen katastrophal. Ein Zeiger ist erst dann brauchbar, wenn er die Adresse einer Variablen enthält. Die Adresse gelangt jedoch nicht durch Zauberhand in die Zeigervariable. Ihr Programm muss sie dort mithilfe des Adressoperators (dem kaufmännischen Und &) ablegen. Wenn Sie diesen Adressoperator vor den Namen einer Variablen setzen, gibt er die Adresse der Variablen zurück. Daher initialisiert man Zeiger mit Anweisungen der folgenden Form:

```
zeiger = &variable;
```

Sehen Sie sich noch einmal das Beispiel in Abbildung 9.3 an. Die folgende Anweisung initialisiert die Zeigervariable `z_rate` so, dass sie auf die Variable `rate` weist:

```
z_rate = &rate;       /* weist z_rate die Adresse von rate zu */
```

Diese Anweisung weist der Zeigervariablen `z_rate` die *Adresse* von `rate` zu. Vor der Initialisierung zeigt `z_rate` auf keine konkrete Speicherstelle. Nach der Initialisierung ist `z_rate` ein Zeiger auf `rate`.

Zeiger verwenden

Nachdem Sie einen Zeiger deklariert und initialisiert haben, stellt sich nun Frage, wie man Zeiger verwendet. Hier kommt wieder der Indirektionsoperator (*) ins Spiel. Wenn das *-Zeichen vor dem Namen eines Zeigers steht, bezieht es sich auf die Variable, auf die der Zeiger verweist.

Kehren wir zum vorherigen Beispiel zurück, das die Zeigervariable `z_rate` so initialisiert hat, dass sie auf die Variable `rate` verweist. Wenn Sie also `*z_rate` schreiben, bezieht sich dies auf die Variable `rate`. Den Wert von `rate` (der im Beispiel `100` beträgt) können Sie mit der Anweisung

```
printf("%d", rate);
```

oder auch

```
printf("%d", *z_rate);
```

ausgeben.

In C sind diese beiden Anweisungen identisch. Wenn man auf den Inhalt einer Variablen über den Variablennamen zugreift, spricht man von *direktem Zugriff*. Den Zugriff auf den Inhalt einer Variablen über einen Zeiger auf diese Variable nennt man *indirekten Zugriff* oder *Indirektion*. Wie Abbildung 9.4 veranschaulicht, verweist ein Zeigername mit vorangestelltem Indirektionsoperator auf den Wert der Variablen, auf die der Zeiger gerichtet ist.

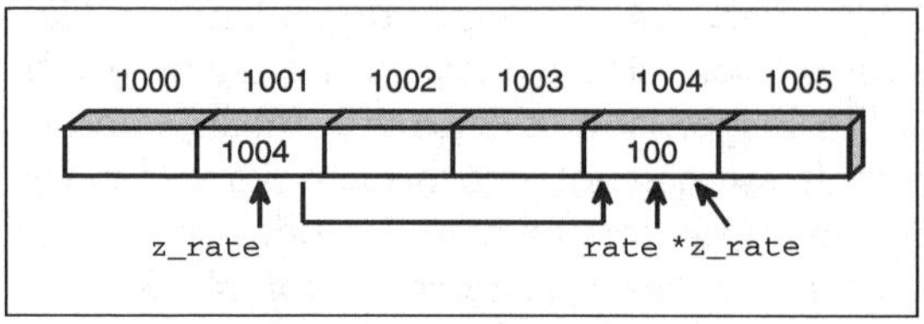

Abbildung 9.4: Der Indirektionsoperator vor Zeigern

Am besten legen Sie jetzt erst einmal eine kleine Pause ein, um das Gelernte zu verinnerlichen. Zeiger sind ein wesentlicher Bestandteil von C, deshalb müssen Sie hier sattelfest sein. Wiederholen Sie den Stoff ruhig noch einmal. Vielleicht genügt aber auch die folgende Zusammenfassung.

Wenn Sie einen Zeiger `zgr` deklarieren und ihn so initialisieren, dass er auf die Variable `var` zeigt, sind folgende Aussagen gültig:

- `*zgr` und `var` verweisen beide auf den Inhalt von `var` (das heißt auf den Wert, den das Programm dort abgelegt hat).
- `zgr` und `&var` verweisen auf die Adresse von `var`.

Mit dem Zeigernamen ohne den Indirektionsoperator greift man also auf den Zeigerwert selbst zu. Dieser Wert ist die Adresse der Variablen, auf die die Zeigervariable verweist.

Listing 9.1 demonstriert den grundlegenden Einsatz von Zeigern. Sie sollten dieses Programm eingeben, kompilieren und ausführen.

Listing 9.1: Einfaches Programmbeispiel für Zeiger

```
/* Einfaches Zeiger-Beispiel. */

#include <stdio.h>

/* Deklariert und initialisiert eine int-Variable */

int var = 1;

/* Deklariert einen Zeiger auf int */
```

```
10:
11: int *zgr;
12:
13: int main(void)
14: {
15:     /* Initialisiert zgr als Zeiger auf var */
16:
17:     zgr = &var;
18:
19:     /* Direkter und indirekter Zugriff auf var */
20:
21:     printf("\nDirekter Zugriff, var = %d", var);
22:     printf("\nIndirekter Zugriff, var = %d", *zgr);
23:
24:     /* Zwei Möglichkeiten, um die Adresse von var anzuzeigen */
25:
26:     printf("\n\nDie Adresse von var = %lu", (unsigned long)&var);
27:     printf("\nDie Adresse von var = %lu\n", (unsigned long)zgr);
28:
29:     return 0;
30: }
```

Ausgabe

```
Direkter Zugriff, var = 1
Indirekter Zugriff, var = 1

Die Adresse von var = 134518064
Die Adresse von var = 134518064
```

Hinweis

Die hier angegebene Adresse `134518064` der Variablen `var` kann auf Ihrem System anders lauten.

Analyse

Das Programm deklariert in Zeile 7 die Variable `var` als `int` und initialisiert sie mit `1`. Zeile 11 deklariert einen Zeiger `zgr` auf eine Variable vom Typ `int`. In Zeile 17 weist das Programm dem Zeiger `zgr` die Adresse von `var` mithilfe des Adressoperators (`&`) zu. Schließlich gibt das Programm die Werte der beiden Variablen auf dem Bildschirm aus. Zeile 21 zeigt den Wert von `var` an und Zeile 22 den Wert der Speicherstelle, auf die `zgr` verweist. Im Programm nach Listing 9.1 ist dieser Wert mit `1` festgelegt. Zeile 26 gibt die Adresse von `var` mithilfe des Adressoperators aus. Dieser Wert entspricht der Adresse, die Zeile 27 mithilfe der Zeigervariablen `zgr` ausgibt.

Hinweis

Die (unsigned long) in den Zeilen 26 und 27 nennt man auch *Typumwandlung*, ein Thema, das noch ausführlicher am Tag 18, »Vom Umgang mit dem Speicher« behandelt wird.

Dieses Listing ist ein gutes Studienobjekt. Es zeigt die Beziehung zwischen einer Variablen, ihrer Adresse, einem Zeiger und die Dereferenzierung eines Zeigers.

Was Sie tun sollten	Was nicht
Machen Sie sich eingehend mit Zeigern und ihrer Funktionsweise vertraut. Wer C beherrschen will, muss mit Zeigern umgehen können.	Verwenden Sie keine nicht-initialisierten Zeiger. Die Folgen können katastrophal sein.

Zeiger und Variablentypen

Bis jetzt haben wir die Tatsache außer Acht gelassen, dass der Speicherbedarf der verschiedenen Variablentypen unterschiedlich ist. In den meisten Betriebssystemen belegt ein int 4 Bytes, ein double 8 Bytes und so weiter. Jedes einzelne Byte im Speicher hat aber eine eigene Adresse, so dass eine Variable, die aus mehreren Bytes besteht, eigentlich mehrere Adressen aufweist.

Wie gehen Zeiger mit Adressen von Variablen um, die mehrere Bytes belegen? Die Adresse einer Variablen bezeichnet immer das erste (niedrigste) Byte, das die Variable im Speicher belegt. Das folgende Beispiel, das drei Variablen deklariert und initialisiert, veranschaulicht diese Tatsache:

```
int vint = 12252;
char vchar = 90;
double vdouble = 1200.156004;
```

Abbildung 9.5 zeigt die Anordnung dieser Variablen im Speicher. Im Beispiel belegt die Variable int 4 Bytes, die Variable char 1 Byte und die Variable double 8 Bytes.

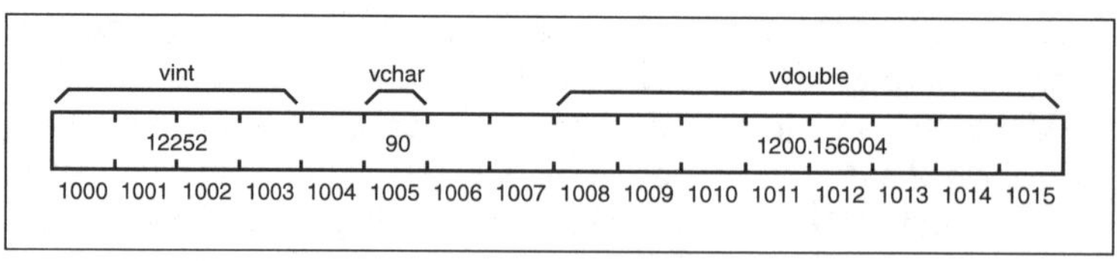

Abbildung 9.5: Verschiedene Typen der nummerischen Variablen haben einen unterschiedlichen Speicherbedarf

Der folgende Code deklariert und initialisiert Zeiger auf diese drei Variablen:

```
int *z_vint;
char *z_vchar;
double *z_vdouble;
/* hier steht weiterer Code */
z_vint = &vint;
z_vchar = &vchar;
z_vdouble = &vdouble;
```

Jede Zeigervariable enthält die Adresse des ersten Bytes der Variablen, auf die der Zeiger verweist. Für das Beispiel nach Abbildung 9.5 enthält `z_vint` die Adresse `1000`, `z_vchar` die Adresse `1005` und `z_vdouble` die Adresse `1008`. Wichtig ist die Tatsache, dass jeder Zeiger mit dem Typ der Variablen, auf die er zeigt, deklariert wird. Der Compiler weiß also, dass ein Zeiger auf den Typ `int` auf das erste von vier Bytes zeigt, ein Zeiger auf den Typ `double` auf das erste von acht Bytes und so weiter (siehe Abbildung 9.6).

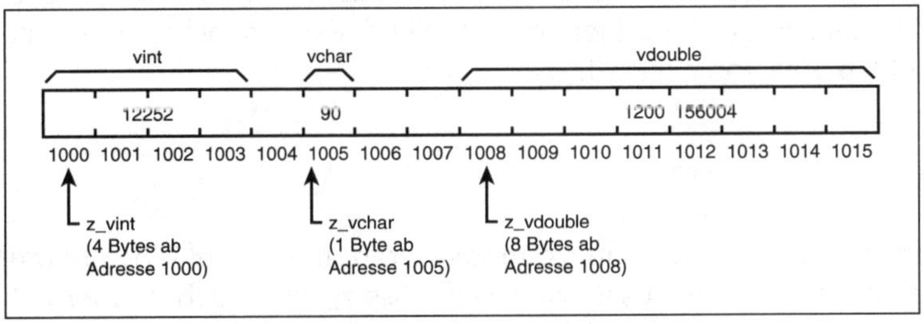

Abbildung 9.6: Der Compiler kennt die Größe der Variablen, auf die der Zeiger verweist

Hinweis

In den Abbildungen 9.5 und 9.6 befinden sich zwischen den drei Variablen leere Speicherstellen. Diese dienen hier nur der Übersichtlichkeit. In der Praxis legt der Compiler nach Möglichkeit die Variablen unmittelbar hintereinander im Speicher ab.

Zeiger und Arrays

Zeiger können bereits in Verbindung mit einfachen Variablen nützlich sein. Bei Arrays zeigt sich ihre Stärke noch deutlicher. In C besteht zwischen Zeigern und Arrays eine besondere Beziehung. Wenn Sie nämlich die Indizes von Arrays angeben, wie es Tag 8 vorgestellt hat, arbeiten Sie in Wirklichkeit mit Zeigern – ohne sich dessen bewusst zu sein. Die folgenden Abschnitte erläutern diesen Sachverhalt.

Der Array-Name als Zeiger

Ein Array-Name ohne eckige Klammern ist ein Zeiger auf das erste Element des Arrays. Wenn Sie also ein Array namens `daten[]` deklariert haben, ist `daten` die Adresse des ersten Array-Elements.

Moment mal! Braucht man nicht den Adressoperator, um die Adresse zu erhalten? Das ist natürlich richtig. Mit dem Ausdruck `&daten[]` erhält man die Adresse des ersten Array-Elements. In C gilt allerdings die Beziehung `daten == &daten[0]`, so dass beide Formen möglich sind.

Sie haben nun gesehen, dass der Name eines Arrays ein Zeiger auf das Array ist. Genauer gesagt, ist der Name eines Arrays eine Zeigerkonstante, die sich während der Programmausführung nicht ändern lässt und ihren Wert beibehält. Dies ist aus folgendem Grund sinnvoll: Wenn Sie nämlich den Wert ändern, hat der Array-Name keinen Bezug mehr zum Array (das an einer festen Speicherposition verbleibt).

Sie können aber eine Zeigervariable deklarieren und so initialisieren, dass sie auf das Array zeigt. Zum Beispiel initialisiert der folgende Code die Zeigervariable `z_array` mit der Adresse des ersten Elements von `array[]`:

```
int array[100], *z_array;
/* hier steht weiterer Code */
z_array = array;
```

Da `z_array` eine Zeigervariable ist, kann man sie modifizieren, um sie auf eine andere Speicherstelle zeigen zu lassen. Im Gegensatz zu `array` muss `z_array` nicht immer auf das erste Element von `array[]` zeigen. Beispielsweise kann man mit der Zeigervariablen auch andere Elemente in `array[]` ansprechen. Dazu müssen Sie aber wissen, wie Array-Elemente im Speicher abgelegt sind.

Anordnung der Array-Elemente im Speicher

Wie bereits Tag 8 erläutert hat, werden die Elemente eines Arrays in sequentieller Reihenfolge im Speicher abgelegt, wobei das erste Element an der niedrigsten Adresse steht. Die nachfolgenden Array-Elemente (deren Index größer als `0` ist) schließen sich nach höheren Adressen hin an. Der Bereich der belegten Adressen hängt dabei vom Datentyp (`char`, `int`, `double` und so weiter) ab, den man für die Elemente des Arrays deklariert hat.

Betrachten wir ein Array vom Typ `int`. Wie Sie am Tag 3 gelernt haben, belegt eine einzelne Variable vom Typ `iNT 4` Bytes im Speicher. Die Array-Elemente sind demnach in Abständen von vier Adressen hintereinander angeordnet, d.h. die Adresse eines Array-Elements ist um vier größer als die Adresse seines Vorgängers. Eine Variable vom Typ `double` belegt dagegen acht Bytes. In einem Array vom Typ `double` liegt jedes Array-Element acht Bytes über dem vorhergehenden Element, das heißt die Adresse jedes Array-Elements ist um acht größer als die Adresse des Vorgängers.

Abbildung 9.7 veranschaulicht die Beziehung zwischen Speicher und Adressen für ein `int`-Array mit drei Elementen und ein `double`-Array mit zwei Elementen.

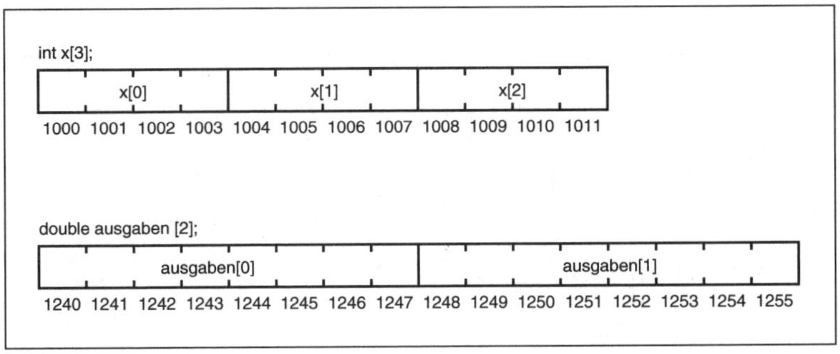

Abbildung 9.7: Arrays verschiedener Typen im Speicher

Aus Abbildung 9.7 sollten Sie ableiten können, dass die folgenden Beziehungen gelten:

```
1: x == 1000
2: &x[0] == 1000
3: &x[1] = 1004
4: ausgaben == 1240
5: &ausgaben[0] == 1240
6: &ausgaben[1] == 1248
```

Der Name `x` ohne eckige Array-Klammern entspricht der Adresse des ersten Elements (`x[0]`). Weiterhin ist zu sehen, dass `x[0]` an der Adresse `1000` liegt. Das geht auch aus Zeile 2 hervor. Diese Zeile können Sie folgendermaßen lesen: »Die Adresse des ersten Elements des Arrays `x` lautet `1000`«. Zeile 3 gibt die Adresse des zweiten Elements (mit dem Array-Index `1`) als `1004` an, was auch Abbildung 9.7 bestätigt. Die Zeilen 4, 5 und 6 sind praktisch identisch zu den Zeilen 1, 2 und 3. Sie unterscheiden sich nur in der Differenz zwischen den Adressen der beiden Array-Elemente. Im Array `x` vom Typ `int` beträgt die Differenz vier Bytes und im Array `ausgaben` vom Typ `double` liegen die Elemente acht Bytes auseinander.

Wie kann man nun über einen Zeiger auf diese sequenziell angeordneten Elemente zugreifen? Aus den obigen Beispielen geht hervor, dass man einen Zeiger um vier inkrementieren muss, um auf das jeweils nächste Element eines Arrays vom Typ `int` zuzugreifen, und um acht, wenn man auf das nächste Element eines Arrays vom Typ `double` zugreifen will. Allgemein gesagt, ist ein Zeiger jeweils um `sizeof(datentyp)` zu inkrementieren, um die aufeinander folgenden Elemente eines Arrays vom Typs `datentyp` zu adressieren. Wie Tag 2 erläutert hat, liefert der Operator `sizeof` die Größe eines C-Datentyps als Anzahl der Bytes zurück.

Listing 9.2 verdeutlicht die Beziehung zwischen Adressen und den Elementen von Arrays unterschiedlichen Datentyps. Das Programm deklariert Arrays der Typen `short`, `int`, `float` und `double`. Dann gibt es die Adressen aufeinander folgender Elemente aus.

Listing 9.2: Dieses Programm gibt die Adressen von aufeinander folgenden Array-Elementen aus

```
/* Verdeutlicht die Beziehung zwischen Adressen und den */
/* Elementen von Arrays unterschiedlichen Datentyps.    */

#include <stdio.h>

/* Deklariert drei Arrays und eine Zählervariable. */

 short s[10];
 int i[10], x;
 float f[10];
 double d[10];

 int main(void)
 {
      /* gibt die Tabellenüberschrift aus */

      printf("%19s %10s %10s %10s", "Short", "Integer",
              "Float", "Double");

      printf("\n================================");
      printf("=====================");

      /* Gibt die Adressen aller Array-Elemente aus. */

      for (x = 0; x < 10; x++)
      printf("\nElement %d: %lu  %lu  %lu  %lu", x,
           (unsigned long)&s[x], (unsigned long)&i[x],
           (unsigned long)&f[x], (unsigned long)&d[x]);

      printf("\n================================");
      printf("=====================\n");

      return 0;
 }
```

```
              Short     Integer      Float      Double
================================================================
Element 0: 134518864  134518720  134518656  134518784
Element 1: 134518866  134518724  134518660  134518792
Element 2: 134518868  134518728  134518664  134518800
Element 3: 134518870  134518732  134518668  134518808
ElemeNT 4: 134518872  134518736  134518672  134518816
Element 5: 134518874  134518740  134518676  134518824
Element 6: 134518876  134518744  134518680  134518832
Element 7: 134518878  134518748  134518684  134518840
Element 8: 134518880  134518752  134518688  134518848
Element 9: 134518882  134518756  134518692  134518856
================================================================
```

Die konkreten Adressen weichen auf Ihrem System sicherlich von den hier angegebenen ab, die Beziehungen sind aber gleich. Die Ausgabe zeigt, dass zwischen den `short`-Elementen 2 Bytes liegen, zwischen `int`- und `float`-Elementen jeweils 4 Bytes und zwischen `double`-Elemente 8 Bytes.

Einige Computer verwenden andere Größen für die Variablentypen. Die Abstände zwischen den Elementen weichen dann zwar von der obigen Darstellung ab, sie sind aber in jedem Fall für die einzelnen Typen einheitlich.

Das Programm in Listing 9.2 legt vier Arrays an: In Zeile 8 das Array `s` vom Typ `short`, in Zeile 9 das Array `i` vom Typ `int`, in Zeile 10 das Array `f` vom Typ `float` und in Zeile 11 das Array `d` vom Typ `double`. Die Zeilen 17 und 18 geben die Spaltenüberschriften für die resultierende Tabelle aus. Um den Bericht übersichtlicher zu gestalten, geben die Zeilen 20/21 und die Zeilen 30/31 jeweils eine doppelt gestrichelte Linie als obere und untere Begrenzung der Tabellendaten aus. Die `for`-Schleife in den Zeilen 25 bis 28 gibt die Zeilen der Tabelle aus: Zuerst die Nummer des Elements `x`, dann die Adresse des Elements für die vier Array-Typen. Wie Listing 9.1 verwendet auch dieses Listing die Typumwandlungen `(unsigned long)`, um Warnungen des Compilers zu vermeiden.

Zeigerarithmetik

Wenn Sie einen Zeiger auf das erste Array-Element haben und auf das nächste Element zugreifen wollen, müssen Sie den Zeiger inkrementieren. Die Größe des Inkrements entspricht der Größe des Datentyps der im Array gespeicherten Elemente. Die Operationen für den Zugriff auf Array-Elemente nach der Zeigernotation bezeichnet man als *Zeigerarithmetik*.

Sie brauchen nun keine neue Art von Arithmetik zu lernen. Die Zeigerarithmetik ist nicht schwierig und vereinfacht die Arbeit mit Zeigern in Ihren Programmen beträchtlich. Praktisch haben Sie es nur mit Zeigeroperationen zu tun: Inkrementieren und Dekrementieren.

Zeiger inkrementieren

Beim *Inkrementieren* erhöhen Sie den Wert des Zeigers. Wenn Sie zum Beispiel einen Zeiger um 1 inkrementieren, sorgt die Zeigerarithmetik automatisch dafür, dass der Inhalt der Zeigervariablen auf das nächste Array-Element zeigt. C kennt aus der Zeigerdeklaration den Datentyp, auf den der Zeiger verweist, und inkrementiert somit die in der Zeigervariablen gespeicherte Adresse um die Größe dieses Datentyps.

Nehmen wir an, dass `zgr_auf_int` eine Zeigervariable auf ein Element in einem Array vom Typ `int` ist. Die Anweisung

```
zgr_auf_int++;
```

erhöht dann den Wert von `zgr_auf_int` um die Größe des Typs `int` (4 Bytes) und `zgr_auf_int` zeigt auf das nächste Array-Element. Bei einem Zeiger `zgr_auf_double`, der auf ein Element eines `double`-Arrays zeigt, erhöht dementsprechend die Anweisung

```
zgr_auf_double++;
```

den Wert von `zgr_auf_double` um die Größe des Typs `double` (8 Bytes).

Diese Regel gilt auch für Inkremente größer als 1. Wenn Sie zu einem Zeiger den Wert `n` addieren, inkrementiert C den Zeiger um `n` Array-Elemente des betreffenden Datentyps. Die Anweisung

```
zgr_auf_int += 4;
```

vergrößert deshalb den Wert in `zgr_auf_int` um 16 (vorausgesetzt, dass ein Integer 4 Bytes groß ist), so dass der Zeiger jetzt um vier Array-Elemente weiter nach vorn gerückt ist. Entsprechend erhöht

```
zgr_auf_double += 10;
```

den Wert in `zgr_auf_double` um 80 (vorausgesetzt, ein `double` belegt 8 Bytes) und rückt den Zeiger um 10 Array-Elemente weiter.

Zeiger dekrementieren

Die Regeln für das Inkrementieren gelten auch für das Dekrementieren von Zeigern. Das Dekrementieren eines Zeigers kann man auch als Sonderfall der Inkrementoperation betrachten, bei der man einen negativen Wert addiert. Wenn Sie einen Zeiger mit den Operatoren `--` oder `-=` dekrementieren, verschiebt die Zeigerarithmetik den Zeiger automatisch um die Größe der Array-Elemente.

Das Beispiel in Listing 9.3 zeigt, wie man per Zeigerarithmetik auf Array-Elemente zugreifen kann. Durch das Inkrementieren von Zeigern kann das Programm alle Elemente der Arrays sehr effizient durchlaufen.

Listing 9.3: Mit Zeigerarithmetik und Zeigernotation auf Array-Elemente zugreifen

```
/* Mit Zeigern und Zeigerarithmetik auf Array-Elemente */
/* zugreifen. */

#include <stdio.h>
#define MAX 10

/* Ein Integer-Array deklarieren und initialisieren. */

int i_array[MAX] = { 0,1,2,3,4,5,6,7,8,9 };

/* Einen Zeiger auf int und eine int-Variable deklarieren. */

int *i_zgr, count;

/* Ein float-Array deklarieren und intialisieren. */

float f_array[MAX] = { .0, .1, .2, .3, .4, .5, .6, .7, .8, .9 };

/* Einen Zeiger auf float deklarieren. */

float *f_zgr;

int main(void)
{
    /* Die Zeiger initialisieren. */

    i_zgr = i_array;
    f_zgr = f_array;

    /* Array-Elemente ausgeben. */

    for (count = 0; count < MAX; count++)
        printf("%d\t%f\n", *i_zgr++, *f_zgr++);

    return 0;
}
```

Ausgabe

```
0       0.000000
1       0.100000
2       0.200000
3       0.300000
4       0.400000
5       0.500000
6       0.600000
7       0.700000
8       0.800000
9       0.900000
```

Analyse

Zeile 5 definiert die Konstante `MAX` mit dem Wert 10. In Zeile 9 dient `MAX` dazu, die Anzahl der Elemente in einem `int`-Array namens `i_array` festzulegen. Die Elemente in diesem Array werden bei der Deklaration des Arrays initialisiert. Zeile 13 deklariert zwei Variablen vom Typ `int`. Die erste ist ein Zeiger namens `i_zgr`, was am Indirektionsoperator (*) zu erkennen ist. Die andere Variable ist eine einfache Variable vom Typ `int` namens `count`. Zeile 17 deklariert ein Array vom Typ `float` der Größe `MAX` und initialisiert es mit `float`-Werten. Zeile 21 deklariert einen Zeiger auf einen `float` namens `f_zgr`.

Die Funktion `main` erstreckt sich über die Zeilen 23 bis 36. Das Programm weist in den Zeilen 27 und 28 die Anfangsadressen der beiden Arrays an Zeiger des jeweiligen Typs zu. Wie Sie bereits wissen, entspricht der Array-Name ohne Index der Anfangsadresse des Arrays. Die `for`-Anweisung in den Zeilen 32 und 33 zählt über die `int`-Variable `count` von 0 bis `MAX`. In jedem Schleifendurchlauf dereferenziert Zeile 33 die beiden Zeiger und gibt ihre Werte mit `printf` aus. Die Inkrementoperatoren bewirken, dass die Zeiger für beide Arrays vor dem nächsten Schleifendurchlauf auf das jeweils nächste Element zeigen.

In dieser einfachen Programmaufgabe hätte man ohne weiteres auf die Zeiger verzichten und die Array-Elemente über den Index ansprechen können. Bei größeren und komplexen Programmen bietet die Zeigernotation aber unbestreitbare Vorteile.

Beachten Sie, dass sich Inkrement- und Dekrementoperationen nicht auf Zeigerkonstanten ausführen lassen. (Ein Array-Name ohne eckige Klammern ist eine *Zeigerkonstante*.) Außerdem sollten Sie daran denken, dass der C-Compiler nicht prüft, ob Sie durch die Zeigermanipulationen den definierten Bereich der Array-Grenzen überschreiten. Die Flexibilität der Sprache C hat eben auch ihre Schattenseiten. Der Umgang mit Zeigern erfordert äußerste Sorgfalt. Diesbezügliche Programmfehler sind schwer zu lokalisieren und können katastrophale Auswirkungen haben.

Weitere Zeigermanipulationen

Die einzige noch zu besprechende Operation aus dem Bereich der Zeigerarithmetik ist die so genannte *Differenzbildung*, mit der man die Subtraktion zweier Zeiger bezeichnet. Wenn zwei Zeiger auf verschiedene Elemente desselben Arrays zeigen, können Sie die Werte der beiden Zeiger voneinander subtrahieren und damit feststellen, welchen Abstand die Elemente haben. Auch hier sorgt die Zeigerarithmetik dafür, dass Sie das Ergebnis automatisch als Anzahl der Array-Elemente erhalten. Wenn also `zgr1` und `zgr2` auf Array-Elemente (beliebigen Typs) zeigen, teilt Ihnen der folgende Ausdruck mit, wie weit diese Elemente auseinander liegen:

```
zgr1 - zgr2
```

Zeiger können Sie auch miteinander vergleichen. Allerdings sind Zeigervergleiche nur zwischen Zeigern gültig, die auf dasselbe Array zeigen. Unter diesen Voraussetzungen funktionieren die relationalen Operatoren ==, !=, >, <, >= und <= ordnungsgemäß. Niedrigere Array-Elemente (das sind die mit einem niedrigeren Index) haben immer eine niedrigere Adresse als höhere Array-Elemente. Wenn also `zgr1` und `zgr2` auf Elemente desselben Arrays zeigen, liefert der Vergleich

```
zgr1 < zgr2
```

das Ergebnis `wahr`, wenn `zgr1` auf ein Element zeigt, das vor dem liegt, auf das `zgr2` zeigt.

Das Thema Zeigeroperationen ist damit abgeschlossen. Manche arithmetische Operationen, die man mit normalen Variablen durchführen kann (wie zum Beispiel Multiplikation und Division), machen für Zeiger keinen Sinn. Außerdem lässt sie der C-Compiler nicht zu. Wenn zum Beispiel `zgr` ein Zeiger ist, dann erzeugt die Anweisung

```
zgr *= 2;
```

eine Fehlermeldung. Tabelle 9.1 fasst die sechs möglichen Zeigeroperationen zusammen. Alle diese Operationen haben Sie in der heutigen Lektion kennen gelernt.

Operation	**Beschreibung**
Zuweisung	Einem Zeiger können Sie einen Wert zuweisen. Das sollte eine Adresse sein, die von einer Zeigerkonstanten (Array-Name) kommt oder die Sie mit dem Adressoperator (&) ermittelt haben.
Indirektion	Der Indirektionsoperator (*) liefert den Wert an der Speicherstelle, auf die der Zeiger verweist.
Adresse ermitteln	Mit dem Adressoperator lässt sich die Adresse eines Zeigers ermitteln. Dadurch können Sie Zeiger auf Zeiger erzeugen. Auf dieses Thema für Fortgeschrittene geht Tag 15 ein.

Tabelle 9.1: Zeigeroperationen

Operation	Beschreibung
Inkrementieren	Zu einem Zeiger können Sie eine ganze Zahl addieren, so dass der Zeiger auf eine andere Speicherposition verweist.
Dekrementieren	Von einem Zeiger können Sie eine ganze Zahl subtrahieren, so dass der Zeiger auf eine andere Speicherposition verweist.
Differenzbildung	Zwei Zeiger können Sie voneinander subtrahieren und damit feststellen, wie weit die Elemente voneinander entfernt sind.
Vergleich	Nur gültig bei zwei Zeigern, die auf dasselbe Array zeigen.

Tabelle 9.1: Zeigeroperationen

Zeiger und ihre Tücken

Wenn Sie in einem Programm Zeiger verwenden, müssen Sie sich vor einem gravierenden Fehler hüten: Nicht-initialisierte Zeiger auf der linken Seite einer Zuweisung. Zum Beispiel deklariert die folgende Anweisung einen Zeiger vom Typ `int`:

```
int *zgr;
```

Dieser Zeiger ist noch nicht initialisiert und zeigt deshalb auf nichts. Um genau zu sein: Er zeigt auf keine *bekannte* Speicherstelle. Auch ein nicht-initialisierter Zeiger hat einen Wert; nur kennen Sie diesen Wert nicht. In vielen Fällen ist er gleich Null. Wenn Sie einen nicht-initialisierten Zeiger in einer Zuweisung verwenden, passiert Folgendes:

```
*zgr = 12;
```

Diese Anweisung schreibt den Wert `12` in die Speicherstelle, auf die `zgr` gerade zeigt. Und diese Adresse kann auf eine beliebige Speicherstelle verweisen – auch dorthin, wo das Betriebssystem oder der Programmcode gespeichert sind. Wenn Sie diese Bereiche ungewollt überschreiben (mit dem Wert `12` im Beispiel), führt das in der Regel zu seltsamen Programmfehlern oder sogar zu einem Systemabsturz.

Die linke Seite einer Zuweisung ist der denkbar gefährlichste Ort für Zeiger, die nicht initialisiert sind. Derartige Zeiger können außerdem noch andere, wenn auch weniger gravierende Fehler verursachen. Stellen Sie deshalb sicher, dass die Zeiger Ihres Programms ordnungsgemäß initialisiert sind, bevor Sie sie verwenden. Hierfür sind Sie ganz allein verantwortlich, denn der Compiler nimmt Ihnen diese Arbeit nicht ab.

Was Sie tun sollten	Was nicht
Machen Sie sich mit der Größe der Variablentypen auf Ihrem Computer vertraut. Diese Werte müssen Sie kennen, wenn Sie mit Zeigern operieren und auf den Hauptspeicher zugreifen.	Versuchen Sie nicht, mathematische Operationen wie Division, Multiplikation oder die Modulo-Operation auf Zeiger anzuwenden. Addition (Inkrementieren) und Subtraktion (Differenzbildung) sind die für Zeiger gültigen Operationen. Vergessen Sie nicht, dass die Zeigerarithmetik den Zeiger um die Größe des Datentyps verschiebt, auf den der Zeiger verweist. Das angegebene Inkrement bzw. Dekrement bezeichnet die Anzahl der Elemente und nicht den tatsächlichen Wert des Zeigers. Die Änderung des in der Zeigervariablen gespeicherten Adresswertes ist nur bei Zeigern auf 1-Byte-Zeichen mit dem im Operator angegebenen Wert identisch. Versuchen Sie nicht, eine Array-Variable zu inkrementieren oder zu dekrementieren. Weisen Sie der ersten Adresse des Arrays einen Zeiger zu und inkrementieren Sie diesen (siehe Listing 9.3).

Index-Zeigernotation bei Arrays

Ein Array-Name ohne eckige Klammern ist ein Zeiger auf das erste Element dieses Arrays. Deshalb können Sie über den Indirektionsoperator auf das erste Array-Element zugreifen. Wenn `array[]` ein deklariertes Array ist, so bezeichnet der Ausdruck `*array` das erste Element des Arrays, `*(array + 1)` das zweite Element und so weiter. Unabhängig vom Array-Typ gelten daher immer die folgenden Beziehungen:

```
*(array) == array[0]
*(array + 1) == array[1]
*(array + 2) == array[2]
...
*(array + n) == array[n]
```

Dies veranschaulicht den Zusammenhang zwischen der Index- oder der Zeigernotation bei Arrays. In Ihren Programmen können Sie beide Formen verwenden. Der C-Compiler betrachtet sie als zwei verschiedene Möglichkeiten, mithilfe von Zeigern auf Array-Daten zuzugreifen.

Arrays an Funktionen übergeben

Die heutige Lektion hat bereits die besondere Beziehung zwischen Zeigern und Arrays beleuchtet. Diese Beziehung kommt vor allem dann zum Tragen, wenn Sie ein Array als Argument einer Funktion übergeben müssen. Das lässt sich nämlich nur mithilfe von Zeigern bewerkstelligen.

Wie Tag 5 erläutert hat, ist ein Argument ein Wert, den das aufrufende Programm an eine Funktion übergibt. Dabei kann es sich um einen `int`, einen `float` oder einen anderen einfachen Datentyp handeln, aber es muss ein einfacher numerischer Wert sein. Das gilt auch für einzelne Array-Elemente, nicht aber für ganze Arrays. Wie kann man nun komplette Arrays an eine Funktion übergeben? Eine Möglichkeit besteht darin, einen Zeiger auf das Array zu definieren. Der Zeiger ist ein numerischer Wert, nämlich die Adresse des ersten Array-Elements. Wenn Sie diesen Wert an die Funktion übergeben, kennt die Funktion die Adresse des Arrays und kann über die Zeigernotation auf die Array-Elemente zugreifen.

Betrachten wir noch ein anderes Problem. In einer Funktion, die ein Array als Argument übernimmt, ist es manchmal wünschenswert, wenn man der Funktion Arrays unterschiedlicher Größe übergeben kann. Will man zum Beispiel in einer Funktion das größte Element eines Integer-Arrays suchen, ist diese Funktion nicht universell nutzbar, wenn sie auf Arrays einer bestimmten Größe beschränkt bleibt.

Wie kommt aber die Funktion zur Größe des Arrays, von dem sie nur die Adresse kennt? Denn der an die Funktion übergebene Wert ist ein Zeiger auf das erste Array-Element. Und das könnte das erste von 10 oder das erste von 10.000 Elementen sein. Es gibt zwei Methoden, einer Funktion die Größe des Arrays mitzuteilen.

Erstens kann man das letzte Array-Element »markieren«, indem man hier einen besonderen Wert ablegt. Wenn die Funktion mit dem Array arbeitet, testet sie in jedem Element auf diesen Wert. Hat die Funktion den Wert gefunden, ist das Ende des Arrays erreicht. Bei dieser Methode muss man aber einen Wert für das Kennzeichen des Array-Endes reservieren, so dass man Platz für die eigentlichen Daten verschenkt.

Die zweite Methode ist wesentlich flexibler und einfacher. In den Beispielen des Buches kommt sie deshalb bevorzugt zum Einsatz. Dabei übergibt man der Funktion die Array-Größe als zusätzliches Argument. Das Argument kann vom einfachen Typ `int` sein. Demzufolge erhält die Funktion zwei Argumente: einen Zeiger auf das erste Array-Element und einen Integer, der angibt, wie viele Elemente im Array enthalten sind.

Das Programm in Listing 9.4 fragt vom Anwender eine Liste von Werten ab und speichert sie in einem Array. Dann ruft es eine Funktion namens `groesster` auf und übergibt dieser das Array (sowohl Zeiger als auch Größe). Die Funktion ermittelt den größten Wert im Array und liefert ihn an das aufrufende Programm zurück.

Listing 9.4: Ein Array an eine Funktion übergeben

```
/* Ein Array einer Funktion übergeben. */

#include <stdio.h>

#define MAX 10

int array[MAX], count;

int groesster(int x[], int y);

int main(void)
{
    /* MAX Werte über die Tastatur einlesen */

    for (count = 0; count < MAX; count++)
    {
        printf("Geben Sie einen Integerwert ein: ");
        scanf("%d", &array[count]);
    }

    /* Ruft die Funktion auf und zeigt den Rückgabewert an. */
    printf("\n\nGrößter Wert = %d\n", groesster(array, MAX));

    return 0;
}
/* Die Funktion groesster() liefert den größten Wert */
/* in einem Integer-Array zurück */

int groesster(int x[], int y)
{
    int count, max = x[0];

    for ( count = 0; count < y; count++)
    {
        if (x[count] > max)
            max = x[count];
    }

    return max;
}
```

Ausgabe

```
Geben Sie einen Integerwert ein: 1
Geben Sie einen Integerwert ein: 2
Geben Sie einen Integerwert ein: 3
Geben Sie einen Integerwert ein: 4
Geben Sie einen Integerwert ein: 5
Geben Sie einen Integerwert ein: 10
Geben Sie einen Integerwert ein: 9
Geben Sie einen Integerwert ein: 8
Geben Sie einen Integerwert ein: 7
Geben Sie einen Integerwert ein: 6

Größter Wert = 10
```

Analyse

Die Funktion `groesster` übernimmt einen Zeiger auf ein Array. Der Funktionsprototyp steht in Zeile 9 und ist mit Ausnahme des Semikolons identisch mit dem Funktions-Header in Zeile 29.

Der Funktions-Header in Zeile 29 sollte Ihnen im Wesentlichen vertraut sein: `groesster` ist eine Funktion, die einen `int`-Wert an das aufrufende Programm zurückgibt. Das zweite Argument ist ein `int`, repräsentiert durch den Parameter `y`. Einzig neu an dieser Funktion ist der erste Parameter `int x[]`. Er besagt, dass das erste Argument ein Zeiger vom Typ `int` ist, dargestellt durch den Parameter `x`. Die Funktionsdeklaration und den Header können Sie auch folgendermaßen schreiben:

```
int groesster(int *x, int y);
```

Das ist äquivalent zur ersten Form: Sowohl `int x[]`als auch `int *x` bedeuten »Zeiger auf `int`«. Die erste Form ist vielleicht vorzuziehen, da sie deutlich macht, dass der Parameter einen Zeiger auf ein Array darstellt. Natürlich weiß der Zeiger nicht, dass er auf ein Array zeigt, aber die Funktion verwendet ihn als solchen.

Kommen wir jetzt zur Funktion `groesster`. Wenn das Programm diese Funktion aufruft, erhält der Parameter `x` den Wert des ersten Arguments und ist deshalb ein Zeiger auf das erste Element des Arrays. Den Parameter `x` können Sie überall dort einsetzen, wo sich ein Array-Zeiger verwenden lässt. Die Funktion `groesster` greift in den Zeilen 35 und 36 auf die Array-Elemente über die Indexnotation zu. Wenn Sie die Zeigernotation bevorzugen, formulieren Sie die `if`-Schleife wie folgt:

```
for (count = 0; count < y; count++)
{
   if (*(x+count) > max)
      max = *(x+count);
}
```

Listing 9.5 veranschaulicht die Übergabe eines Arrays als Zeiger.

Listing 9.5: Ein Array per Zeiger an eine Funktion übergeben

```
/* Ein Array einer Funktion übergeben. Alternative. */

#include <stdio.h>

#define MAX 10

int array[MAX+1], count;

int groesster(int x[]);

int main(void)
{
    /* MAX Werte über die Tastatur einlesen. */

    for (count = 0; count < MAX; count++)
    {
        printf("Geben Sie einen Integerwert ein: ");
        scanf("%d", &array[count]);

        if ( array[count] == 0 )
            count = MAX;               /* verlässt die for-Schleife */
    }
    array[MAX] = 0;

    /* Ruft die Funktion aus und zeigt den Rückgabewert an. */
    printf("\n\nGrößter Wert= %d\n", groesster(array));

    return 0;
}
/* Die Funktion groesster() liefert den größten Wert */
/* in einem Integer-Array zurück */

int groesster(int x[])
{
    int count, max = x[0];

    for ( count = 0; x[count] != 0; count++)
    {
        if (x[count] > max)
            max = x[count];
    }

    return max;
}
```

```
Geben Sie einen Integerwert ein: 1
Geben Sie einen Integerwert ein: 2
Geben Sie einen Integerwert ein: 3
Geben Sie einen Integerwert ein: 4
Geben Sie einen Integerwert ein: 5
Geben Sie einen Integerwert ein: 10
Geben Sie einen Integerwert ein: 9
Geben Sie einen Integerwert ein: 8
Geben Sie einen Integerwert ein: 7
Geben Sie einen Integerwert ein: 6

Größter Wert = 10
```

Die folgende Ausgabe zeigt ein weiteres Beispiel für den Aufruf des Programms:

```
Geben Sie einen Integerwert ein: 10
Geben Sie einen Integerwert ein: 20
Geben Sie einen Integerwert ein: 55
Geben Sie einen Integerwert ein: 3
Geben Sie einen Integerwert ein: 12
Geben Sie einen Integerwert ein: 0

Größter Wert = 55
```

In diesem Programm hat die Funktion `groesster` die gleiche Funktionalität wie die Funktion aus Listing 9.4. Der Unterschied betrifft die Übergabe des Arrays. Als Kennzeichen für das Ende des Arrays dient hier eine Markierung. Die `for`-Schleife in Zeile 37 sucht so lange nach dem größten Wert, bis sie auf eine `0` trifft. Dann weiß sie, dass der Anwender die Eingabe beendet hat.

Am Anfang des Programms sind bereits die Unterschiede zwischen Listing 9.5 und Listing 9.4 festzustellen. Als Erstes erhält das Array in Zeile 7 ein zusätzliches Element, das die Endemarke aufnimmt. Die zusätzliche `if`-Anweisung in den Zeilen 20 und 21 testet, ob der Benutzer eine `0` eingegeben hat, um die Eingabe der Werte zu beenden. Wenn der Benutzer eine 0 eingibt, setzt die Anweisung im `if`-Zweig die Variable `count` auf die Maximalzahl der Array-Elemente, um die `for`-Schleife ordnungsgemäß verlassen zu können. Zeile 23 stellt sicher, dass das letzte eingegebene Element eine `0` ist, falls der Benutzer die maximale Anzahl an Werten (`MAX`) eingegeben hat.

Durch die zusätzlichen Anweisungen für die Dateneingabe lässt sich die Funktion `groesster` für Arrays jeder Größe einsetzen. Allerdings gibt es einen Haken. Was passiert, wenn Sie die `0` am Ende des Arrays vergessen? Die `for`-Schleife in der Funktion `groesster` läuft dann über das Ende des Arrays hinaus und vergleicht die nachfolgenden Werte im Speicher, bis sie eine `0` findet.

Wie Sie sehen, ist es nicht besonders schwierig, ein Array an eine Funktion zu übergeben. Sie müssen lediglich einen Zeiger auf das erste Element im Array bereitstellen. Oftmals müssen Sie außerdem die Anzahl der Elemente im Array übergeben. In der Funktion können Sie mit dem Zeigerwert entweder nach der Index- oder nach der Zeigernotation auf die Array-Elemente zugreifen.

Warnung

Wie Tag 5 erläutert hat, wird eine einfache Variable nur als Kopie des Variablenwertes an eine Funktion übergeben. Die Funktion kann zwar mit diesem Wert arbeiten, hat aber keine Möglichkeit, den Originalwert zu ändern, da sie keinen Zugriff auf die Variable selbst hat. Wenn Sie einer Funktion ein Array übergeben, liegen die Dinge anders, da die Funktion die Adresse des Arrays und nicht nur eine Kopie der Werte im Array erhält. Der Code in der Funktion arbeitet mit den tatsächlichen Array-Elementen und kann die im Array gespeicherten Werte verändern.

Zusammenfassung

Die heutige Lektion hat in das Thema Zeiger eingeführt, ein wesentliches Konzept der C-Programmierung. Ein Zeiger ist eine Variable, die die Adresse einer anderen Variablen enthält. Ein Zeiger »zeigt« sozusagen auf die Variable, deren Adresse er enthält. Für die Arbeit mit Zeigern sind zwei Operatoren erforderlich: der Adressoperator (`&`) und der Indirektionsoperator (`*`). Der Adressoperator vor einem Variablennamen liefert die Adresse der Variablen zurück. Der Indirektionsoperator vor einem Zeigernamen liefert den Inhalt der Variablen, auf die der Zeiger verweist, zurück.

Zwischen Zeigern und Arrays besteht eine besondere Beziehung. Ein Array-Name ohne eckige Klammern ist ein Zeiger auf das erste Element des Arrays. Mit der Zeigerarithmetik von C kann man problemlos über Zeiger auf Array-Elemente zugreifen. Die Indexnotation für Array-Elemente ist genau genommen eine besondere Form der Zeigernotation.

Um gesamte Arrays – im Unterschied zu einzelnen Array-Elementen – an eine Funktion zu übergeben, stellt man der Funktion einen Zeiger auf das Array als Argument bereit. Hat man der Funktion die Adresse und die Länge des Arrays mitgeteilt, kann die Funktion per Zeiger- oder Indexnotation auf die Array-Elemente zugreifen.

Fragen und Antworten

F Warum sind Zeiger in C so wichtig?

A *Zeiger bieten eine größere Kontrolle über den Computer und die Daten. Wenn man Zeiger als Parameter von Funktionen übergibt, kann man innerhalb der Funktion die Werte der übergebenen Variablen ändern. Am Tag 15 lernen Sie weitere Einsatzbereiche für Zeiger kennen.*

F Woran erkennt der Compiler, ob das Symbol * für die Multiplikation, die Dereferenzierung oder die Deklaration eines Zeigers steht?

A *Der Compiler interpretiert das Sternchen je nach dem Kontext. Wenn die ausgewertete Anweisung mit einem Variablentyp beginnt, nimmt der Compiler an, dass das Sternchen eine Zeigerdeklaration symbolisiert. Kommt das Sternchen außerhalb einer Variablendeklaration in Verbindung mit einer als Zeiger deklarierten Variablen vor, handelt es sich um eine Dereferenzierung. Wird es hingegen in einem mathematischen Ausdruck ohne Zeigervariable verwendet, symbolisiert das Sternchen den Multiplikationsoperator.*

F Was passiert, wenn ich den Adressoperator auf einen Zeiger anwende?

A *Sie erhalten die Adresse der Zeigervariablen. Denken Sie daran, dass ein Zeiger nichts weiter als eine Variable ist, in der die Adresse einer anderen Variablen gespeichert ist.*

F Werden Variablen immer an derselben Speicherstelle abgelegt?

A *Nein. Bei jedem Start eines Programms können die Variablen an einer anderen Stelle im Hauptspeicher liegen. Deshalb sollten Sie einem Zeiger niemals eine konstante Adresse zuweisen.*

Workshop

Die Kontrollfragen im Workshop sollen Ihnen helfen, die neu erworbenen Kenntnisse zu den behandelten Themen zu festigen. Die Übungen geben Ihnen die Möglichkeit, praktische Erfahrungen mit dem gelernten Stoff zu sammeln. Die Antworten zu den Kontrollfragen und Übungen finden Sie im Anhang F.

Kontrollfragen

1. Wie heißt der Operator, mit dem man die Adresse einer Variablen ermittelt?
2. Mit welchem Operator bestimmt man den Wert der Speicherstelle, auf die der Zeiger verweist?
3. Was ist ein Zeiger?
4. Was versteht man unter Indirektion?
5. Wie werden die Elemente eines Arrays im Speicher abgelegt?
6. Geben Sie zwei Methoden an, um die Adresse für das erste Element des Arrays `daten[]` zu erhalten.
7. Wie lässt sich einer Funktion bei Übergabe eines Arrays mitteilen, wo das Ende des Arrays liegt?
8. Wie lauten die sechs Operationen, die sich mit einem Zeiger ausführen lassen und die diese Lektion erläutert hat?
9. Nehmen wir an, dass ein Zeiger auf das dritte Element und ein zweiter Zeiger auf das vierte Element in einem Array des Datentyps `short` zeigt. Welchen Wert erhalten Sie, wenn Sie den ersten Zeiger vom zweiten subtrahieren? (Denken Sie daran, dass die Größe von `short` 2 Bytes beträgt.)
10. Nehmen wir jetzt an, dass das Array aus Übung 9 `float`-Werte enthält. Welchen Wert erhält man, wenn man die beiden Zeiger voneinander subtrahiert? (Gehen Sie davon aus, dass die Größe von `float` 4 Bytes beträgt.)

Übungen

1. Deklarieren Sie einen Zeiger auf eine Variable vom Typ `char`. Nennen Sie den Zeiger `char_zgr`.
2. Es sei eine Variable namens `kosten` vom Typ `int` gegeben. Deklarieren und initialisieren Sie einen Zeiger namens `z_kosten`, der auf diese Variable zeigt.
3. Erweitern Sie Übung 2, indem Sie der Variablen `kosten` den Wert `100` zuweisen. Verwenden Sie dazu sowohl den direkten als auch den indirekten Zugriff.
4. Fortsetzung der Übung 3: Wie geben Sie den Wert des Zeigers und den Wert, auf den der Zeiger verweist, aus?
5. Zeigen Sie, wie man die Adresse eines `float`-Wertes namens `radius` einem Zeiger zuweist.
6. Geben Sie zwei Methoden an, um den Wert `100` dem dritten Element von `daten[]` zuzuweisen.

7. Schreiben Sie eine Funktion namens `sumarrays`, die zwei Arrays als Argument übernimmt, alle Werte in beiden Arrays addiert und den Gesamtwert an das aufrufende Programm zurückgibt.
8. Verwenden Sie die in Übung 7 erzeugte Funktion in einem einfachen Programm.
9. Schreiben Sie eine Funktion namens `addarrays`, die zwei Arrays gleicher Größe übernimmt. Die Funktion soll die Elemente mit gleichem Index in beiden Arrays addieren und die Ergebnisse in einem dritten Array ablegen.

Hinweis

An dieser Stelle empfiehlt es sich, dass Sie den Abschnitt »Type & Run 3 – Eine Pausenfunktion« in Anhang D durcharbeiten.

10

Zeichen und Strings

Woche 2

Ein *Zeichen* ist ein einzelner Buchstabe, eine Ziffer, ein Satzzeichen oder ein anderes Symbol. Unter einem *String* versteht man eine beliebige Folge von Zeichen. Strings dienen dazu, Textdaten aufzunehmen, die aus Buchstaben, Ziffern, Satzzeichen und anderen Symbolen bestehen. Zweifelsohne sind Zeichen und Strings in vielen Anwendungen unentbehrlich. Heute lernen Sie

- wie man in C den Datentyp `char` zur Aufnahme einfacher Zeichen verwendet,
- wie man Arrays vom Typ `char` erzeugt, um Strings aus mehreren Zeichen aufzunehmen,
- wie man Zeichen und Strings initialisiert,
- wie man Zeiger zusammen mit Strings verwendet und
- wie man Zeichen und Strings einliest und ausgibt.

Der Datentyp char

C verwendet für die Aufnahme von Zeichen den Datentyp `char`. Wie Tag 3 gezeigt hat, gehört `char` zu den numerischen Integer-Datentypen von C. Wenn aber `char` vom Typ her nummerisch ist, wie kann er dann Zeichen aufnehmen?

Dazu muss man wissen, wie C Zeichen speichert. Im Speicher des Computers sind alle Daten in binärer Form abgelegt. Es gibt kein spezielles Format, das ein Zeichen von anderen Daten unterscheidet. Jedem Zeichen ist jedoch ein numerischer Code zugeordnet – der so genannte *ASCII-Code* (ASCII steht für **A**merican **S**tandard **C**ode for **I**nformation **I**nterchange, zu Deutsch »amerikanischer Standardcode für den Informationsaustausch«). Der ASCII-Code ordnet allen Groß- und Kleinbuchstaben, Ziffern, Satzzeichen und anderen Symbolen Werte von 0 bis 255 zu. Die Gesamtheit dieser Zeichen bezeichnet man als *ASCII-Zeichensatz* (siehe Anhang A).

So stellt zum Beispiel die Zahl 97 den ASCII-Code für den Buchstaben `a` dar. Wenn Sie also das Zeichen `a` in einer Variablen vom Typ `char` speichern, steht in der Speicherstelle letztendlich der Wert 97. Da der zulässige Zahlenbereich für den Datentyp `char` mit dem Standard-ASCII-Zeichensatz übereinstimmt, eignet sich `char` optimal zum Speichern von Zeichen.

Möglicherweise taucht bei Ihnen jetzt die Frage auf: Wenn C die Zeichen als Zahlen speichert, woher weiß dann das Programm, ob eine gegebene Variable vom Typ `char` ein Zeichen oder eine Zahl ist? Wie diese Lektion noch zeigt, reicht es tatsächlich nicht, einfach eine Variable vom Typ `char` zu deklarieren. Es sind außerdem folgende Punkte zu berücksichtigen:

- Wenn eine char-Variable an einer Stelle im Programm auftaucht, wo der Compiler ein Zeichen erwartet, interpretiert er sie als Zeichen.
- Wenn eine char-Variable an einer Stelle im Programm auftaucht, wo der Compiler eine Zahl erwartet, interpretiert er sie als Zahl.

Damit haben Sie einen ersten Überblick, wie C ein Zeichen in Form numerischer Daten speichert. Kommen wir nun zu den Details.

Zeichenvariablen

Wie andere Variablen auch müssen Sie char-Variablen vor ihrer Verwendung deklarieren. Dabei können Sie die Variablen auch initialisieren. Hier einige Beispiele:

```
char a, b, c;          /* Deklariert 3 nicht-initialisierte char-Variablen */
char code = 'x';       /* Deklariert eine char-Variable namens code */
                       /* und speichert in ihr den Wert x */
code = '!';            /* Speichert ! in der Variablen namens code */
```

Um literale Zeichenkonstanten zu erzeugen, setzen Sie das betreffende Zeichen in einfache Anführungszeichen. Der Compiler übersetzt literale Zeichenkonstanten automatisch in den entsprechenden ASCII-Code und weist der Variablen den numerischen Code zu.

Symbolische Zeichenkonstanten können Sie entweder mithilfe der #define-Direktive oder mit dem Schlüsselwort const einrichten:

```
#define EX 'x'
char code = EX;      /* Setzt code gleich 'x' */
const char A = 'Z';
```

Nachdem Sie jetzt wissen, wie man Zeichenvariablen deklariert und initialisiert, soll Ihnen ein Beispiel diese Sachverhalte verdeutlichen. Listing 10.1 demonstriert die numerische Natur der Zeichenspeicherung mit der Funktion printf, die Sie am Tag 7 kennen gelernt haben. Mit dieser Funktion können Sie sowohl Zeichen als auch Zahlen ausgeben. Der Formatstring %c weist printf an, ein Zeichen auszugeben, während %d die Ausgabe einer ein ganzen Dezimalzahl spezifiziert. Das Programm initialisiert zwei Variablen vom Typ char und gibt sie einmal als Zeichen und einmal als Zahl aus.

Listing 10.1: Die numerische Natur von Variablen des Typs char

```
/* Beispiel für die numerische Natur von char-Variablen */

#include <stdio.h>

```

```
/* Deklariert und initialisiert zwei char-Variablen */

char c1 = 'a';
char c2 = 90;

int main(void)
{
    /* Gibt Variable c1 erst als Zeichen, dann als Zahl aus */

    printf("\nAls Zeichen lautet Variable c1: %c", c1);
    printf("\nAls Zahl lautet Variable c1: %d", c1);

    /* Das gleiche für Variable c2 */

    printf("\nAls Zeichen lautet Variable c2: %c", c2);
    printf("\nAls Zahl lautet Variable c2: %d\n", c2);

    return 0;
}
```

Ausgabe

```
Als Zeichen lautet Variable c1: a
Als Zahl lautet Variable c1: 97
Als Zeichen lautet Variable c2: Z
Als Zahl lautet Variable c2: 90
```

Analyse

Wie Tag 3 erläutert hat, reicht der zulässige Bereich für eine Variable vom Typ `char` nur bis 127, während die ASCII-Codes bis 255 definiert sind. Genau genommen besteht der ASCII-Zeichensatz aus zwei Teilen: Die Standardcodes von 0 bis 127 umfassen alle Buchstaben, Ziffern, Satzzeichen sowie andere Zeichen, die sich über die Tastatur eingeben lassen; die Codes von 128 bis 255 gehören zum erweiterten ASCII-Zeichensatz, der spezielle Zeichen wie zum Beispiel Umlaute, Akzentzeichen und grafische Symbole repräsentiert. (Anhang A gibt den vollständigen ASCII-Zeichensatz wieder.) Folglich können Sie für normale Textdaten Variablen vom Typ `char` verwenden. Wollen Sie Zeichen des erweiterten ASCII-Zeichensatzes ausgeben, müssen Sie die Variable mit dem Typ `unsigned char` deklarieren.

Listing 10.2 gibt einige Zeichen des erweiterten ASCII-Zeichensatzes aus.

Listing 10.2: Zeichen des erweiterten Zeichensatzes ausgeben

```
/* Demonstriert die Ausgabe der erweiterten ASCII-Zeichen */

#include <stdio.h>

unsigned char x;     /* Muss bei erweitertem ASCII unsigned sein */

int main()
{
    /* Erweiterte ASCII-Zeichen von 180 bis 203 ausgeben */

    for (x = 180; x < 204; x++)
    {
        printf("ASCII-Code %d liefert das Zeichen %c\n", x, x);

    }

        return 0;
}
```

Ausgabe

```
ASCII-Code 180 liefert das Zeichen +
ASCII-Code 181 liefert das Zeichen Á
ASCII-Code 182 liefert das Zeichen Â
ASCII-Code 183 liefert das Zeichen À
ASCII-Code 184 liefert das Zeichen _
ASCII-Code 185 liefert das Zeichen +
ASCII-Code 186 liefert das Zeichen |
ASCII-Code 187 liefert das Zeichen +
ASCII-Code 188 liefert das Zeichen +
ASCII-Code 189 liefert das Zeichen ¢
ASCII-Code 190 liefert das Zeichen ¥
ASCII-Code 191 liefert das Zeichen +
ASCII-Code 192 liefert das Zeichen +
ASCII-Code 193 liefert das Zeichen +
ASCII-Code 194 liefert das Zeichen +
ASCII-Code 195 liefert das Zeichen +
ASCII-Code 196 liefert das Zeichen -
ASCII-Code 197 liefert das Zeichen +
ASCII-Code 198 liefert das Zeichen ã
ASCII-Code 199 liefert das Zeichen Ã
ASCII-Code 200 liefert das Zeichen +
```

```
ASCII-Code 201 liefert das Zeichen +
ASCII-Code 202 liefert das Zeichen +
ASCII-Code 203 liefert das Zeichen +
```

Analyse

Dieses Programm deklariert in Zeile 5 die Zeichenvariable `x`. Der Typ `unsigned char` stellt sicher, dass die Variable alle Zeichen im Bereich von 0 bis 255 aufnehmen kann. Wie bei anderen numerischen Datentypen darf man eine `char`-Variable nicht mit einem Wert außerhalb des zulässigen Bereichs initialisieren, andernfalls erhält man unvorhersehbare Ergebnisse. Zeile 11 setzt den Anfangswert von `x` auf den Wert 180, der durch die Deklaration mit `unsigned` im zulässigen Bereich liegt, und inkrementiert ihn dann in der `for`-Schleife, bis der Wert 204 erreicht ist. Bei jedem Schleifendurchlauf gibt Zeile 13 den Wert von `x` zusammen mit dem zugehörigen ASCII-Zeichen aus. Der Formatspezifizierer `%c` legt die Ausgabe von `x` als (ASCII-) Zeichenwert fest.

Warnung

Wenn Sie mit Zeichen arbeiten, können Sie in der Regel davon ausgehen, dass die Werte von 0 bis 127 immer die gleichen Zeichen codieren. Der ASCII-Zeichensatz ist allerdings auf die Zeichen der englischen Sprache ausgerichtet. Zur Unterstützung der Zeichen anderer Sprachen (beispielsweise auch der deutschen Umlaute) gibt es etliche Erweiterungen (Zeichenwerte größer als 128). Verlassen Sie sich nicht darauf, dass ein bestimmter Zeichensatz auf allen Computern installiert ist. Deshalb kann die Ausgabe von Listing 10.2 bei Ihnen auch gänzlich anders aussehen.

Was Sie tun sollten	Was nicht
Verwenden Sie `%c` , um den Zeichenwert einer Zahl auszugeben. Verwenden Sie einfache Anführungszeichen, wenn Sie eine Zeichenvariable initialisieren. Sehen Sie sich den ASCII-Zeichensatz in Anhang A an, um sich über die druckbaren Zeichen zu informieren.	Speichern Sie keine Zeichen des erweiterten ASCII-Zeichensatzes in einer vorzeichenbehafteten `char`-Variablen. Verwenden Sie zur Initialisierung von Zeichenvariablen keine doppelten Anführungszeichen.

Strings verwenden

Variablen vom Typ `char` können nur ein einziges Zeichen aufnehmen. Deshalb sind sie nur begrenzt einsetzbar. Darüber hinaus benötigen Sie auch eine Möglichkeit, um Strings – das heißt, eine Folge von Zeichen – zu speichern. Name und Adresse einer Person sind zum Beispiel Strings. Da es keinen besonderen Datentyp für Strings gibt, behandelt C diese Art von Information als Arrays von Zeichen.

Arrays von Zeichen

Um zum Beispiel einen String von sechs Zeichen unterzubringen, müssen Sie ein Array vom Typ `char` mit sieben Elementen deklarieren. Arrays vom Typ `char` deklariert man wie alle anderen Arrays. Beispielsweise deklariert die Anweisung

```
char string[10];
```

ein Array vom Typ `char` mit 10 Elementen. Dieses Array kann einen String von maximal neun Zeichen aufnehmen.

Warum kann ein Array mit 10 Elementen nur 9 Zeichen aufnehmen? C definiert einen String als Sequenz von Zeichen, die mit einem Nullzeichen – einem durch `\0` dargestellten Zeichen – endet. Obwohl man im Code zwei Zeichen schreibt (Backslash und Null), ist das Nullzeichen ein Einzelzeichen mit dem ASCII-Wert 0 und gehört zu den Escape-Sequenzen, die Tag 7 behandelt hat.

Ein C-Programm speichert zum Beispiel den String `Alabama` mit den sieben Zeichen `A`, `l`, `a`, `b`, `a`, `m` und `a`, gefolgt vom Nullzeichen `\0` – was insgesamt acht Zeichen ergibt. Demzufolge passen in ein Zeichenarray nur Zeichenstrings, die um eins kleiner sind als die Gesamtzahl der Elemente im Array.

Zeichenarrays initialisieren

Wie andere Datentypen in C kann man Zeichenarrays bei ihrer Deklaration initialisieren. Dabei lassen sich die Zeichen nacheinander als einzelne Werte zuweisen, wie es folgendes Beispiel zeigt:

```
char string[10] = { 'A', 'l', 'a', 'b', 'a', 'm', 'a', '\0' };
```

Neuer Begriff

Es ist jedoch wesentlich bequemer, einen *literalen String* zu verwenden. Darunter versteht man eine Folge von Zeichen in doppelten Anführungszeichen:

```
char string[10] = "Alabama";
```

Wenn Sie einen literalen String in Ihrem Programm verwenden, hängt der Compiler automatisch das abschließende Nullzeichen an das Ende des Strings. Wenn Sie bei der Deklaration des Arrays die Anzahl der Indizes nicht angeben, errechnet der Compiler für Sie sogar noch die erforderliche Größe des Arrays. Die folgende Zeile erzeugt und initialisiert ein Array mit acht Elementen:

```
char string[] = "Alabama";
```

Denken Sie immer daran, dass Strings ein abschließendes Nullzeichen erfordern. Alle C-Funktionen zur Stringbearbeitung (die Tag 17 behandelt) ermitteln die Länge eines übergebenen Strings dadurch, dass sie nach dem Nullzeichen suchen. Diese Funktionen haben keine andere Möglichkeit, das Ende des Strings zu erkennen. Wenn das Nullzeichen fehlt, geht das Programm davon aus, dass sich der String bis zum nächsten Nullzeichen im Speicher erstreckt. Wenn Sie das Nullzeichen vergessen, kann dies ziemlich lästige Programmfehler verursachen.

Strings und Zeiger

Sie haben gelernt, dass Strings in Arrays vom Typ `char` gespeichert werden und dass das Ende eines Strings (der nicht das gesamte Array belegen muss) durch ein Nullzeichen markiert ist. Da das Ende eines Strings bereits markiert ist, benötigt man zur vollständigen Definition eines Strings eigentlich nur noch etwas, das auf den Anfang des Strings zeigt. Ist *zeigt* hier das richtige Wort? In der Tat.

Dieser Hinweis deutet schon an, worauf dieser Abschnitt abzielt. Wie Sie aus Tag 8 wissen, ist der Name eines Arrays ein Zeiger auf das erste Element im Array. Deshalb benötigen Sie für den Zugriff auf einen String, der in einem Array gespeichert ist, nur den Array-Namen. Diese Methode ist in C der übliche Weg, um auf einen String zuzugreifen.

So unterstützen beispielsweise auch die C-Bibliotheksfunktionen den Zugriff über den Array-Namen. Die C-Standardbibliothek bietet viele Funktionen zur Manipulation von Strings. (Diese Funktionen behandelt Tag 17 ausführlich.) Einen String übergeben Sie an diese Funktionen über den Array-Namen. Dies gilt auch für die beiden Funktionen `printf` und `puts` zur Ausgabe von Strings. Darauf geht diese Lektion später noch ein.

Bedeutet die Aussage »Strings, die in einem Array gespeichert werden« am Beginn dieses Abschnitts, dass es auch Strings außerhalb von Arrays gibt? Dass dem so ist, erläutert der nächste Abschnitt.

Strings ohne Arrays

Aus den vorangehenden Abschnitten wissen Sie, dass ein String durch den Namen eines Zeichenarrays und ein Nullzeichen definiert ist. Der Array-Name ist ein Zeiger vom Typ `char` auf den Anfang des Strings. Die Null markiert das Ende des Strings. Der tatsächlich vom String im Array belegte Platz ist nebensächlich. Genau genommen dient das Array lediglich dazu, Speicher für den String zu reservieren.

Wie sieht es aus, wenn man einen Speicherbereich finden kann, ohne Platz für ein Array zu reservieren? In diesem Speicherbereich kann man dann einen String mit seinem abschließenden Nullzeichen ablegen. Mit einem Zeiger auf das erste Zeichen kennzeichnet man dann – wie bei einem String in einem Array – den Anfang des Strings. Wie aber lässt sich feststellen, wo genügend Speicherplatz vorhanden ist? Es gibt zwei Möglichkeiten: Entweder man reserviert Speicher für einen literalen String (die Speicherreservierung erfolgt dann bei der Kompilierung des Programms) oder man bedient sich der Funktion `malloc`, um während der Programmausführung Speicher zu reservieren. Den letzteren Weg bezeichnet man auch als *dynamische Speicherreservierung*.

Stringspeicher zur Kompilierzeit zuweisen

Wie bereits erwähnt, kennzeichnet man den Beginn eines Strings durch einen Zeiger auf eine Variable vom Typ `char`. Sicherlich wissen Sie auch noch, wie man einen solchen Zeiger deklariert:

```
char *botschaft;
```

Diese Anweisung deklariert einen Zeiger namens `botschaft`, der auf Variablen vom Typ `char` zeigen kann. Mit dieser Deklaration weist der Zeiger noch auf keinen definierten Speicherbereich. Anders sieht es bei der folgenden Zeigerdeklaration aus:

```
char *botschaft = "Der Geist des großen Cäsar!";
```

Wenn das Programm diese Anweisung ausführt, legt es den String »Der Geist des großen Cäsar!« (inklusive des abschließenden Nullzeichens) im Speicher ab und der Zeiger `botschaft` zeigt nach der Initialisierung auf das erste Zeichen des Strings. Um die konkrete Speicherstelle brauchen Sie sich nicht zu kümmern – das ist Aufgabe des Compilers. Nach der Definition ist `botschaft` ein Zeiger auf den String und lässt sich als solcher verwenden.

Die obige Deklaration/Initialisierung entspricht der folgenden Anweisung. Auch die beiden Notationen `*botschaft` und `botschaft[]` sind äquivalent. Beide bedeuten »ein Zeiger auf«.

```
char botschaft[] = "Der Geist des großen Cäsar!";
```

Diese Methode, Speicher für die Aufnahme von Strings zu reservieren, ist praktisch, wenn der Speicherbedarf von vornherein bekannt ist. Wie sieht es aber aus, wenn der Speicherbedarf des Programms variiert, beispielsweise durch Benutzereingaben oder andere Faktoren, die man beim Erstellen des Programms nicht kennt? In derartigen Fällen verwendet man die Funktion `malloc`, mit der man Speicherplatz zur Laufzeit reservieren kann.

Die Funktion malloc

Die `malloc`-Funktion ist eine der C-Funktionen zur *Speicherreservierung*. Beim Aufruf von `malloc` übergeben Sie die Anzahl der benötigten Speicherbytes. Die Funktion `malloc` sucht und reserviert einen Speicherblock der erforderlichen Größe und gibt die Adresse des ersten Bytes im Block zurück. Wo diese Speicherstellen liegen, braucht Sie nicht zu kümmern; das herauszufinden ist Aufgabe der Funktion `malloc` und des Betriebssystems.

Die Funktion `malloc` liefert eine Adresse zurück, und zwar als Zeiger auf `void`. Warum `void`? Ein Zeiger vom Typ `void` ist zu allen Datentypen kompatibel. Da man in dem von `malloc` reservierten Speicher Daten beliebiger Datentypen ablegen kann, ist der Rückgabetyp `void` genau richtig.

Die Syntax der Funktion malloc

Syntax

```
#include <stdlib.h>
void *malloc(size_t groesse);
```

Die Funktion `malloc` reserviert einen Speicherblock, der die in `groesse` angegebene Anzahl von Bytes umfasst. Wenn Sie Speicher mithilfe von `malloc` bei Bedarf zuweisen, statt gleich bei Programmbeginn großzügig Speicher für zukünftige Aufgaben zu reservieren, können Sie den Arbeitsspeicher des Rechners effizienter nutzen. Wenn Sie malloc in einem Programm verwenden, müssen Sie die Header-Datei `stdlib.h` einbinden. Verschiedene Compiler bieten andere Header-Dateien, die Sie verwenden können. Um die Portabilität zu wahren, sollten Sie jedoch bei `stdlib.h` bleiben.

Die Funktion `malloc` liefert einen Zeiger auf den reservierten Speicherblock zurück. Wenn `malloc` den erforderlichen Speicherplatz nicht reservieren kann, lautet der Rückgabewert `NULL`. Aus diesem Grund sollten Sie bei jeder Speicherreservierung den Rückgabewert testen, auch wenn der zuzuweisende Speicher klein ist.

Beispiel 1

```
#include <stdlib.h>
#include <stdio.h>
int main(void)
{
   /* Speicher für einen String mit 100 Zeichen reservieren */
   char *str;
   if (( str = (char *) malloc(100)) == NULL)
   {
      printf( "Nicht genug Speicher, um den Puffer zu reservieren\n");
      exit(1);
   }
   printf( "Speicher für den String wurde reserviert!\n" );
   return 0;
}
```

Beispiel 2

```
/* Speicher für ein Array mit 50 Integer reservieren */
int *zahlen;
zahlen = (int *) malloc(50 * sizeof(int));
```

Beispiel 3

```
/* Speicher für ein Array mit 10 float-Werten reservieren */
float *zahlen;
zahlen = (float *) malloc(10 * sizeof(float));
```

Einsatz der Funktion malloc

Sie können mit `malloc` einen Speicherplatz für ein einziges Zeichen vom Typ `char` reservieren. Deklarieren Sie dazu zuerst einen Zeiger auf den Typ `char`:

```
char *zgr;
```

Danach rufen Sie die Funktion `malloc` auf und übergeben ihr die Größe des gewünschten Speicherblocks. Da ein Zeichen in der Regel nur ein Byte belegt, benötigen Sie lediglich einen Block von einem Byte. Den von `malloc` zurückgelieferten Wert weisen Sie dann dem Zeiger zu:

```
zgr = malloc(1);
```

Diese Anweisung reserviert einen Speicherblock von einem Byte und weist dessen Adresse `zgr` zu. Im Gegensatz zu den im Programm deklarierten Variablen besitzt dieses Speicherbyte keinen Namen – es bildet ein namenloses Speicherobjekt, auf das man nur über den Zeiger zugreifen kann. Um hier zum Beispiel das Zeichen `'x'` zu speichern, schreibt man:

```
*zgr = 'x';
```

In der gleichen Weise, in der man mit `malloc` Speicher für eine Variable vom Typ `char` reserviert, kann man mit `malloc` auch Speicher für einen String zuweisen. Allerdings müssen Sie jetzt den Umfang des zu reservierenden Speichers berechnen – das heißt, Sie müssen die maximale Anzahl der Zeichen im String kennen. Dieser Wert hängt vom Bedarf Ihres Programms ab. Nehmen wir als Beispiel an, dass Sie einen Speicherbereich für einen String von 99 Zeichen und das abschließende Nullzeichen (also insgesamt 100 Zeichen) zuweisen wollen. Dann deklarieren Sie zuerst einen Zeiger auf den Typ `char` und rufen dann `malloc` wie folgt auf:

```
char *zgr;
zgr = malloc(100);
```

Jetzt zeigt `zgr` auf einen reservierten Block von 100 Bytes, in dem Sie einen String speichern und manipulieren können. Für die Arbeit mit `zgr` ist es unerheblich, ob Sie den zugehörigen Speicher mit `malloc` oder durch die folgende Array-Deklaration reserviert haben:

```
char zgr[100];
```

Mithilfe von `malloc` können Sie Speicher nach Bedarf reservieren. Dabei versteht es sich von selbst, dass der verfügbare Speicherbereich nicht unbegrenzt ist. Wie viel Speicher zur Verfügung steht, hängt davon ab, wie viel Speicher Sie in Ihrem Rechner installiert haben und wie viel Platz das Betriebssystem und die laufenden Programme belegen. Wenn nicht genug Speicher verfügbar ist, liefert `malloc` eine nicht initialisierte Adresse (das heißt `NULL`) zurück. Ihr Programm sollte den Rückgabewert von `malloc` daher stets überprüfen, um sicherzustellen, dass der erforderliche Speicherbereich auch erfolgreich zugewiesen wurde. Vergleichen Sie den Rückgabewert von `malloc` mit der symbolischen Konstanten `NULL`, die in `stdlib.h` definiert ist. Listing 10.3 veranschaulicht den Einsatz von `malloc`. Jedes Programm, das von `malloc` Gebrauch macht, muss die Header-Datei `stdlib.h` einbinden.

Listing 10.3: Mit der Funktion malloc Speicher für Strings reservieren

```
/* Beispiel für die Verwendung von malloc zur */
/* Speicherreservierung für String-Daten. */

#include <stdio.h>
#include <stdlib.h>

char count, *zgr, *z;

int main(void)
{
   /* Reserviert einen Block von 35 Bytes. Testet auf Erfolg. */


```

```
14:     zgr = malloc(35 * sizeof(char));
15:
16:     if (zgr == NULL)
17:     {
18:         puts("Fehler bei der Speicherzuweisung.");
19:         return 1;
20:     }
21:
22:     /* Füllt den String mit Werten von 65 bis 90, */
23:     /* was den ASCII-Codes von A-Z entspricht. */
24:
25:     /* z ist ein Zeiger, mit dem der String durchlaufen wird. */
26:     /* zgr soll weiterhin unverändert auf den Anfang */
27:     /* des Strings zeigen. */
28:
29:     z = zgr;
30:
31:     for (count = 65; count < 91 ; count++)
32:         *z++ = count;
33:
34:     /* Fügt das abschließende Nullzeichen ein. */
35:
36:     *z = '\0';
37:
38:     /* Zeigt den String auf dem Bildschirm an. */
39:
40:     puts(zgr);
41:
42:     return 0;
43: }
```

```
ABCDEFGHIJKLMNOPQRSTUVWXYZ
```

Dieses Programm zeigt ein einfaches Beispiel für den Einsatz von `malloc`. Das Programm selbst scheint zwar lang, besteht aber zu einem großen Teil aus Kommentaren, die in den Zeilen 1, 2, 11, 22 bis 27, 34 und 38 detailliert darüber informieren, was das Programm macht. Zeile 5 bindet die für `malloc` notwendige Header-Datei `stdlib.h` und Zeile 4 die für die `puts`-Funktionen notwendige Header-Datei `stdio.h` ein. Zeile 7 deklariert zwei Zeiger und eine Zeichenvariable, die später im Listing eingesetzt werden. Keine dieser Variablen ist initialisiert. Deshalb sollten Sie sie – noch – nicht verwenden.

Die Anweisung in Zeile 14 ruft die Funktion `malloc` auf und übergibt ihr den Wert 35 multipliziert mit der Größe eines `char`. Wenn man lediglich den Wert 35 übergibt, müssen alle Benutzer des Programms einen Computer haben, der Variablen vom `char`-Typ in einem Byte speichert. Tag 3 hat bereits erwähnt, dass verschiedene Compiler unterschiedliche Variablengrößen verwenden können. Der `sizeof`-Operator erlaubt es, portablen Code zu schreiben.

Gehen Sie nie davon aus, dass `malloc` den von Ihnen gewünschten Speicher auch reservieren kann, denn im Grunde ist der *Befehl* zur Speicherreservierung lediglich eine *Anfrage*. Zeile 16 zeigt, wie Sie am einfachsten überprüfen können, ob `malloc` Speicher bereitstellen konnte. Hat die Funktion den Speicher zugewiesen, zeigt `zgr` darauf, andernfalls ist `zgr` gleich `NULL`. Wenn es dem Programm nicht gelungen ist, Speicher zu finden, geben die Zeilen 18 und 19 eine Fehlermeldung aus und sorgen für einen ordnungsgemäßen Programmabbruch.

Zeile 29 initialisiert den in Zeile 7 deklarierten Zeiger `z` mit dem gleichen Adresswert wie `zgr`. Eine `for`-Schleife verwendet diesen neuen Zeiger, um in dem reservierten Speicher Werte abzulegen. Zeile 31 weist `count` den Anfangswert `65` zu und inkrementiert diese Zählvariable bei jedem Schleifendurchgang um 1, bis der Wert `91` erreicht ist. Bei jedem Durchlauf der `for`-Schleife wird der Wert von `count` an der Adresse abgelegt, auf die `z` gerade zeigt. Beachten Sie, dass jeder Schleifendurchlauf nicht nur `count` inkrementiert, sondern auch die Adresse, auf die `z` zeigt. Das Programm legt also alle Werte hintereinander im Speicher ab.

Was Sie nicht tun sollten

Reservieren Sie nicht mehr Speicher, als Sie benötigen. Nicht jeder verfügt über einen großzügigen Arbeitsspeicher. Sie sollten deshalb sparsam damit umgehen.

Versuchen Sie nicht, in einem Zeichenarray mit festgelegter Länge einen größeren String zuzuweisen. So zeigt `ein_string` nach der folgenden Deklaration

```
char ein_string[] = "JA";
```

auf `"JA"`. Wenn Sie versuchen, diesem Array `"NEIN"` zuzuweisen, kann das schwerwiegende Fehler nach sich ziehen. Das Array ist dafür ausgelegt, nur drei Zeichen aufzunehmen – 'J', 'A' und eine Null. Der String `"NEIN"` ist jedoch fünf Zeichen lang – 'N', 'E', 'I','N' und eine Null. Und Sie wissen nicht, was Sie mit dem vierten und fünften Zeichen überschreiben.

Es sollte Ihnen aufgefallen sein, dass das Programm der Variablen `count`, die vom Typ `char` ist, Zahlen zuweist. Weiter oben hat diese Lektion die Zuordnung von numerischen Werten zu ASCII-Zeichen erläutert. Die Zahl 65 entspricht `A`, 66 entspricht `B`, 67 entspricht `C` und so weiter. Die `for`-Schleife endet, nachdem sie das gesamte Alphabet in dem reservierten Speicherbereich abgelegt hat. Zeile 36 schließt die erzeugte Zahlenfolge ab und schreibt eine Null in die letzte Adresse, auf die `z` zeigt. Durch das Anhängen der Null können Sie die Werte nun als String verwenden. Doch denken Sie daran, dass der Zeiger `zgr` immer noch auf den ersten Wert, `A`, verweist. Wenn Sie den Zeiger als String verwenden, werden alle Zeichen bis zur Null ausgegeben. Zeile 40 verwendet `puts`, um diesen Punkt zu prüfen und das Ergebnis unserer Bemühungen auszugeben.

Strings und Zeichen anzeigen

Wenn Ihr Programm mit Strings arbeitet, wird es diese wahrscheinlich irgendwann auf dem Bildschirm ausgeben müssen. Dies geschieht in der Regel mit den Funktionen `puts` oder `printf`.

Die Funktion puts

Die Bibliotheksfunktion `puts` ist Ihnen bereits in einigen Programmen dieses Buches begegnet. Mit dieser Funktion können Sie einen String auf dem Bildschirm ausgeben. `puts` übernimmt als einziges Argument einen Zeiger auf den auszugebenden String. Da ein literaler String als Zeiger auf einen String zu betrachten ist, kann man mit `puts` sowohl literale Strings als auch String-Variablen ausgeben. Die `puts`-Funktion fügt automatisch am Ende jedes ausgegebenen Strings ein Zeichen für Neue Zeile an, so dass jeder weitere mit `puts` ausgegebene String in einer eigenen Zeile steht.

Listing 10.4 gibt ein Beispiel für die Verwendung von `puts`.

Listing 10.4: Mit der Funktion puts Text auf dem Bildschirm ausgeben

```
/* Beispiel für die Ausgabe von Strings mit puts. */

#include <stdio.h>

char *meldung1 = "C";
char *meldung2 = "ist ";
char *meldung3 = "die";
char *meldung4 = "beste";
char *meldung5 = "Programmiersprache!!";

int main(void)
{
   puts(meldung1);
   puts(meldung2);
```

```
15:     puts(meldung3);
16:     puts(meldung4);
17:     puts(meldung5);
18:
19:     return 0;
20: }
```

Ausgabe

```
C
ist
die
beste
Programmiersprache!!
```

Analyse

Listing 10.4 bietet keine Besonderheiten. Zeile 3 bindet die Header-Datei `stdio.h` für die Ausgabefunktion `puts` ein. Die Zeilen 5 bis 9 deklarieren und initialisieren fünf Variablen. Jede dieser Variablen ist ein Zeiger auf `char` – d.h., eine Stringvariable. Die Zeilen 13 bis 17 geben die spezifizierten Strings mit der Funktion `puts` aus.

Die Funktion printf

Strings können Sie auch mit der Bibliotheksfunktion `printf` ausgeben. Tag 7 hat bereits erläutert, wie `printf` die Ausgabe mithilfe eines Formatstring und verschiedener Konvertierungsspezifizierer in Form bringt. Für die Ausgabe von Strings verwendet man den Konvertierungsspezifizierer `%s`.

Wenn die Funktion `printf` in ihrem Formatstring auf ein `%s` trifft, ersetzt sie `%s` durch das zugehörige Argument aus der Argumentliste. Für Strings muss dieses Argument ein Zeiger auf den auszugebenden String sein. Die `printf`-Funktion gibt den String Zeichen für Zeichen auf dem Bildschirm aus und hört erst damit auf, wenn sie das abschließende Nullzeichen erreicht.

```
char *str = "Eine anzuzeigende Nachricht";
printf("%s", str);
```

Sie können auch mehrere Strings oder die Strings als Mix von literalem Text und/oder numerischen Variablen ausgeben:

```
char *bank = "Sparkasse";
char *name = "Hans Schmidt";
int konto = 1000;
printf("Das Konto von %s bei der %s steht auf %d DM.",name,bank,konto);
```

Die Ausgabe lautet

```
Das Konto von Hans Schmidt bei der Sparkasse steht auf 1000 DM.
```

Damit haben Sie jetzt erst einmal ausreichend Informationen an der Hand, um Strings auszugeben. Eine vollständige Beschreibung der Funktion `printf` finden Sie am Tag 14.

Strings von der Tastatur einlesen

Programme müssen Strings nicht nur ausgeben, sondern auch in der Lage sein, die vom Benutzer über die Tastatur eingegebenen Strings entgegenzunehmen. In der C-Bibliothek stehen dafür zwei Funktionen zur Verfügung – `gets` und `scanf`. Um einen String von der Tastatur einzulesen, müssen Sie einen Platz im Hauptspeicher bereitstellen, wo Sie den String ablegen können. Das lässt sich mit den bereits beschriebenen Methoden erledigen – durch eine Array-Deklaration oder den Aufruf der Funktion `malloc`.

Strings mit der Funktion gets einlesen

Die Aufgabe von `gets` besteht darin, Zeichen von der Tastatur einzulesen und als String an das aufrufende Programm weiterzugeben. Die Funktion liest alle Zeichen bis zum ersten Neue-Zeile-Zeichen (das Sie durch die [↵]-Taste erzeugen) ein, unterdrückt das Neue-Zeile-Zeichen, fügt ein Nullzeichen an und übergibt den String an das aufrufende Programm. An die Funktion übergeben Sie einen Zeiger auf `char`. Dieser kennzeichnet die Position, an der die Funktion den gelesenen String ablegt. Wenn Sie die Funktion `gets` in einem Programm aufrufen, müssen Sie die Header Datei `stdio.h` einbinden. Listing 10.5 zeigt ein Beispiel für den Einsatz der Funktion `gets`.

Listing 10.5: Strings mit der Funktion gets von der Tastatur einlesen

```
/* Beispiel für die Bibliotheksfunktion gets. */

#include <stdio.h>

/* Ein Zeichen-Array für die Aufnahme der Eingabe reservieren. */

char eingabe[81];

int main()
{
    puts("Bitte Text eingeben und dann die Eingabetaste drücken: ");
```

```
12:     gets(eingabe);
13:     printf("Ihre Eingabe lautete: %s\n", eingabe);
14:
15:     return 0;
16: }
```

Ausgabe

```
Bitte Text eingeben und dann die Eingabetaste drücken:
Dies ist ein Test
Ihre Eingabe lautete: Dies ist ein Test
```

Analyse

In diesem Beispiel übernimmt die Funktion `gets` das Argument `eingabe`, das den Namen eines Arrays vom Typ `char` bezeichnet und damit einen Zeiger auf das erste Array-Element darstellt. Zeile 7 deklariert das Array mit 81 Zeichen, um ausreichend Platz für eine Eingabezeile und das abschließende Nullzeichen zu bieten.

Die Funktion `gets` hat auch einen Rückgabewert, den das Beispielprogramm allerdings ignoriert. Der Rückgabewert ist ein Zeiger vom Typ `char`. Er verweist auf die Adresse, an der die Funktion den Eingabestring abgelegt hat. Das ist zwar der gleiche Wert, den Sie an `gets` übergeben, allerdings bietet eine derartige Rückgabe die Möglichkeit, im Programm auf eine leere Zeile zu testen. Listing 10.6 zeigt dazu ein Beispiel.

Listing 10.6: Den Rückgabewert von gets auswerten

```
1:  /* Zeigt die Auswertung des Rückgabewertes von gets. */
2:
3:  #include <stdio.h>
4:
5:  /* Zeichenarray für den Eingabestring und einen Zeiger deklarieren. */
6:
7:  char input[81], *ptr;
8:
9:  int main()
10: {
11:     /* Bedienungsanleitung anzeigen. */
12:
13:     puts("Text zeilenweise eingeben und jeweils Eingabe drücken.");
14:     puts("Zum Beenden eine leere Zeile eingeben.");
15:
16:     /* Schleife, solange Eingabestring nicht leer. */
17:
```

```
18:     while ( *(ptr = gets(input)) != NULL)
19:         printf("Ihre Eingabe lautet: %s\n", input);
20:
21:     puts("Danke für Ihr Interesse an diesem Programm.\n");
22:
23:     return 0;
24: }
```

```
Text zeilenweise eingeben und jeweils Eingabe drücken.
Zum Beenden eine leere Zeile eingeben.
Erster String
Ihre Eingabe lautet: Erster String
Zweiter String
Ihre Eingabe lautet: Zweiter String
It's not a bug, it's a feature
Ihre Eingabe lautet: It's not a bug, it's a feature

Danke für Ihr Interesse an diesem Programm.
```

Das Programm liest einzelne Textzeilen ein und gibt sie aus. Wenn man eine leere Zeile eingibt (d.h. einfach die [↵]-Taste drückt), speichert das Programm den String trotzdem mit einem Nullzeichen am Ende. Da der leere String die Länge 0 hat, kommt das Nullzeichen an die erste Position. Auf diese Speicherstelle zeigt der Rückgabewert von gets. Wenn Sie also den Inhalt an dieser Position auswerten und ein Nullzeichen finden, wissen Sie, dass der Benutzer eine leere Zeile eingegeben hat.

Listing führt diesen Test in Zeile 18 mit der `while`-Anweisung aus, die etwas komplex aufgebaut ist. Abbildung 10.1 zeigt die Bestandteile dieser Anweisung.

Da man nicht immer weiß, wie viel Zeichen die Funktion `gets` tatsächlich liest, und weil `gets` über das Ende des Puffers hinaus Zeichen speichert, sollten Sie diese Funktion mit Vorsicht einsetzen.

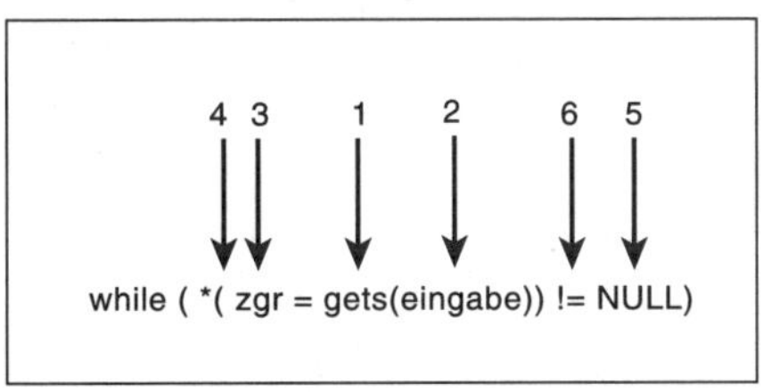

Abbildung 10.1:
Die Komponenten der while-Anweisung, die auf leere Eingaben testet

1. Die Funktion `gets` übernimmt die Eingabe von der Tastatur, bis die Funktion ein Neue-Zeile-Zeichen erkennt.
2. Die Funktion speichert den Eingabestring ohne das Neue-Zeile-Zeichen und mit einem angefügten Nullzeichen an der Speicherposition, auf die `eingabe` zeigt.
3. Die Funktion gibt die Adresse des Strings (den gleichen Wert wie `eingabe`) an den Zeiger `zgr` zurück.
4. Eine *Zuweisungsanweisung* ist ein Ausdruck, den C zum Wert der Variablen auf der linken Seite des Zuweisungsoperators auswertet. Demzufolge ergibt sich der gesamte Ausdruck `zgr = gets(eingabe)` zum Wert von `zgr`. Indem man diesen Ausdruck in Klammern setzt und den Indirektionsoperator (*) davor schreibt, erhält man den Wert an der Adresse, auf die dieser Zeiger verweist. Das ist natürlich das erste Zeichen des Eingabestrings.
5. `NULL` ist eine symbolische Konstante, die in der Header-Datei `stdio.h` definiert ist. Diese Konstante hat den Wert des Nullzeichens (`0`).
6. Wenn das erste Zeichen des Eingabestrings nicht das Nullzeichen ist (d.h., wenn der Benutzer keine Leerzeile eingegeben hat), liefert der Vergleichsoperator das Ergebnis `wahr` und die `while`-Schleife setzt mit dem nächsten Durchlauf fort. Handelt es sich beim ersten Zeichen um das Nullzeichen (nach Eingabe einer Leerzeile), ergibt der Vergleichsoperator das Ergebnis `falsch`, so dass die `while`-Schleife terminiert.

Arbeiten Sie mit `gets` oder einer anderen Funktion, die Daten über einen Zeiger speichert, sollten Sie sicherstellen, dass der Zeiger auf einen reservierten Speicherbereich verweist. Leicht macht man Fehler wie den folgenden:

```
char *zgr;
gets(zgr);
```

Den Zeiger `zgr` haben Sie mit diesen Anweisungen zwar deklariert aber nicht initialisiert. Er zeigt damit auf eine völlig unbekannte Speicherposition. Die Funktion `gets` weiß das nicht und speichert einfach den String an der Adresse, auf die `zgr` verweist. Dadurch kann der String zum Beispiel wichtigen Programmcode oder Teile des Betriebssystems überschreiben. Der Compiler kann derartige Fehler nicht abfangen. Bei solchen Konstruktionen muss der Programmierer äußerst umsichtig vorgehen.

Die Syntax der Funktion gets

Syntax

```
#include <stdio.h>
char *gets(char *str);
```

Die Funktion gets liest einen String str vom Standardeingabegerät, normalerweise von der Tastatur. Der String besteht aus allen eingegebenen Zeichen ohne das Neue-Zeile-Zeichen, das die Eingabe abschließt. Die Funktion hängt dafür an das Ende des Strings ein Nullzeichen an.

Nachdem die Funktion gets den String vollständig gelesen hat, gibt sie einen Zeiger an das aufrufende Programm zurück. Bei einem Fehler lautet der Rückgabewert Null.

Beispiel

```
/* Beispiel für die Funktion gets */
#include <stdio.h>
char zeile[256];
void main()
{
   printf( "Einen String eingeben:\n");
   gets( zeile );
   printf( "\nSie haben folgenden String eingegeben:\n");
   printf( "%s\n", zeile );
   return 0;
}
```

Strings mit der Funktion scanf einlesen

Am Tag 7 haben Sie gelernt, dass die Bibliotheksfunktion scanf numerische Daten von der Tastatur einliest. Die Funktion kann aber auch Strings einlesen. Wie Sie wissen, verwendet scanf einen Formatstring, der der Funktion mitteilt, wie die Eingabe zu lesen ist. Um einen String zu lesen, müssen Sie im Formatstring von scanf den Spezifizierer %s angeben. Der Funktion scanf übergeben Sie genau wie bei gets einen Zeiger auf den Pufferspeicher für den String.

Wie stellt scanf fest, wo der String beginnt und endet? Den Anfang markiert das erste Zeichen, das kein Whitespace-Zeichen ist. Das Ende lässt sich nach zwei Methoden angeben. Wenn Sie %s im Formatstring verwenden, reicht der String bis zum nächsten Whitespace-Zeichen (Leerzeichen, Tabulator oder Neue-Zeile-Zeichen), allerdings ohne dieses abschließende Whitespace-Zeichen. Bei %ns (wobei n eine Integer-Konstante ist, die eine Feldbreite angibt) liest scanf die nächsten n Zeichen ein, stoppt aber bereits vorher, falls ein Whitespace-Zeichen auftaucht.

Mit scanf können Sie auch mehrere Strings einlesen. Für jeden Eingabestring ist dann ein separates %s im Formatstring vorzusehen. Dabei beachtet scanf die eben genannten Regeln, um die angeforderte Anzahl von Strings in der Eingabe zu finden. Sehen Sie sich dazu folgendes Beispiel an:

```
scanf("%s%s%s", s1, s2, s3);
```

Wenn Sie als Antwort

```
Januar Februar März
```

eingeben, ordnet `scanf` den Teilstring `Januar` dem String `s1`, `Februar` dem String `s2` und `März` dem String `s3` zu.

Und wie sieht das mit dem Spezifizierer für die Feldbreite aus? Wenn sie die Anweisung

```
scanf("%3s%3s%3s", s1, s2, s3);
```

ausführen, und als Antwort `September` eingeben, wird `Sep` an `s1`, `tem` an `s2` und `ber` an `s3` zugewiesen.

Was passiert, wenn Sie weniger oder mehr Strings eingeben, als die Funktion `scanf` erwartet? Wenn Sie weniger Strings eingeben, wartet `scanf` auf die fehlenden Strings und hält das Programm an, bis der Benutzer diese Strings eingegeben hat. Wenn Sie zum Beispiel als Antwort auf die Anweisung

```
scanf("%s%s%s", s1, s2, s3);
```

nur `Januar Februar` eingeben, wartet das Programm auf den dritten String, der im `scanf`-Formatstring angegeben ist. Haben Sie mehr Strings als angefordert eingegeben, bleiben die nicht übernommenen Strings im Tastaturpuffer stehen und werden von nachfolgenden `scanf`- oder anderen Eingabeanweisungen gelesen. Wenn Sie zum Beispiel die Anweisungen

```
scanf("%s%s", s1, s2);
scanf("%s", s3);
```

mit der Eingabe `Januar Februar März` beantworten, weist der erste Aufruf von `scanf` den Teilstring `Januar` dem String `s1` und `Februar` dem String `s2` zu. Der zweite Aufruf von `scanf` übernimmt automatisch den im Tastaturpuffer verbleibenden Teilstring `März` und weist ihn an `s3` zu.

Der Rückgabewert der Funktion `scanf` ist ein Integer, der die Anzahl der erfolgreich gelesenen Elemente angibt. Den Rückgabewert lässt man meistens unter den Tisch fallen. Will man lediglich reinen Text einlesen, nimmt man vorzugsweise die Funktion `gets` anstelle von `scanf`. Die Funktion `scanf` sollte man nur dort verwenden, wo eine Kombination aus Text und numerischen Daten einzulesen ist. Listing 10.7 zeigt dazu ein Beispiel. Wie Tag 7 erläutert hat, müssen Sie den Adressoperator (&) verwenden, wenn Sie mit `scanf` nummerische Variablen einlesen wollen.

Listing 10.7: Mit scanf nummerische Daten und Text einlesen

```
1:  /* Beispiel für scanf. */
2:
3:  #include <stdio.h>
4:
5:  char nname[81], vname[81];
```

```
6:  int count, id_num;
7:
8:  int main(void)
9:  {
10:     /* Aufforderung an den Benutzer. */
11:
12:     puts("Geben Sie, durch Leerzeichen getrennt, Nachnamen, Vornamen");
13:     puts("und Kennnummer ein. Dann die Eingabetaste drücken.");
14:
15:     /* Einlesen der drei Elemente. */
16:
17:     count = scanf("%s%s%d", nname, vname, &id_num);
18:
19:     /* Daten ausgeben. */
20:
21:     printf("%d Elemente wurden eingegeben: %s %s %d \n",
                count, vname, nname, id_num);
22:
23:     return 0;
24: }
```

```
Geben Sie, durch Leerzeichen getrennt, Nachnamen, Vornamen
und Kennnummer ein. Dann die Eingabetaste drücken.
Meier Johann 12345
3 Elemente wurden eingegeben: Johann Meier 12345
```

Wie Sie bereits wissen, muss man die Argumente an `scanf` als Adressen übergeben. In Listing 10.7 sind `nname` und `vname` Zeiger (das heißt, Adressen), so dass sie den Adressoperator nicht benötigen. Im Gegensatz dazu ist `id_num` ein regulärer Variablenname, so dass hier das `&` bei der Übergabe an `scanf()` erforderlich ist (Zeile 17).

Manche Programmierer sind der Meinung, dass das Einlesen von Daten mit `scanf` fehleranfällig ist. Sie ziehen es vor, alle Daten – sowohl numerische Daten als auch Text – mit `gets` einzulesen. Im Programm filtern sie dann die Zahlenwerte heraus und konvertieren sie in numerische Variablen. Diese Verfahren gehen zwar über den Rahmen des Buches hinaus, sind jedoch eine gute Programmierübung. Sie benötigen dafür allerdings die Funktionen zur Stringmanipulation, die Tag 17 behandelt.

Zusammenfassung

Die heutige Lektion hat sich ausführlich mit dem Datentyp `char` beschäftigt. Ein Einsatzgebiet für `char`-Variablen ist das Speichern einzelner Zeichen. Sie haben gelernt, dass Zeichen eigentlich als Zahlen gespeichert werden: Der ASCII-Code ordnet jedem Zeichen einen numerischen Code zu. Deshalb können Sie `char`-Variablen auch dazu nutzen, um kleine Integer-Werte zu speichern. Variablen vom Typ `char` lassen sich sowohl mit als auch ohne Vorzeichen deklarieren.

Ein String ist eine Folge von Zeichen, die durch ein Nullzeichen abgeschlossen ist. Strings sind für Textdaten vorgesehen. C speichert Strings in Arrays vom Typ `char`. Um einen String der Länge `n` zu speichern, benötigen Sie ein Array vom Typ `char` mit `n+1` Elementen.

Wenn Sie Stringspeicher dynamisch zuweisen wollen, können Sie das mit der Funktion `malloc` erledigen. Diese Funktion bietet sich an, wenn Sie nicht von vornherein wissen, wie viel Speicher Ihr Programm benötigt. Ohne diese Möglichkeit müssen Sie den Speicherbedarf eventuell schätzen. Um auf der sicheren Seite zu bleiben, müssen Sie dann mehr Speicher als nötig reservieren.

Fragen und Antworten

F Was ist der Unterschied zwischen einem String und einem Zeichenarray?

A *C definiert einen String als Folge von Zeichen, die mit einem Nullzeichen endet. Ein Array ist eine Folge von Zeichen. Ein String ist demzufolge ein Array von Zeichen, das mit einem Nullzeichen abgeschlossen ist.*

Wenn Sie ein Array vom Typ `char` *definieren, müssen Sie das Nullzeichen berücksichtigen. Die maximale Länge des eigentlichen Strings ergibt sich also aus der Anzahl der in der Deklaration angegebenen Zeichen minus 1. Diese Größe ist außerdem bindend: Längere Strings dürfen Sie in diesem Array nicht ablegen. Dazu folgendes Beispiel:*

```
char land[10]="Philippinen";  /* Falsch! String länger als Array. */
char land2[10]="Polen";       /* OK, aber verschwendet Speicher, da */
                              /* String kürzer ist als das Array. */
```

Wenn Sie jedoch einen Zeiger auf den Typ `char` *definieren, gelten diese Beschränkungen nicht mehr. Die Variable ist lediglich ein Speicherplatz für den Zeiger. Die eigentlichen Strings sind an anderer Stelle im Speicher abgelegt (wobei die genaue Position nicht von Interesse ist). Es gibt keine Längenbeschränkung und auch keinen verschwendeten Speicherplatz. Der eigentliche*

String befindet sich in einem freien Speicherbereich. Ein Zeiger kann auf einen String beliebiger Länge zeigen.

F Warum deklariere ich zum Ablegen der Werte nicht einfach große Arrays, statt eine Funktion zur Speicherreservierung wie `malloc` zu verwenden?

A *Auch wenn es vielleicht leichter scheint, große Arrays zu deklarieren, ist zu bedenken, dass dies nicht gerade eine effektive Nutzung des Speicherplatzes darstellt. Kleine Programme, wie die in der heutigen Lektion, lassen die Verwendung einer Funktion wie* `malloc` *anstelle von Arrays unnötig komplex erscheinen. Aber mit zunehmendem Programmumfang werden Sie Speicher sicher nur nach Bedarf reservieren wollen. Darüber hinaus können Sie dynamisch reservierten Speicher, den Sie nicht mehr benötigen, wieder der allgemeinen Verwendung zuführen, indem Sie ihn freigeben. Diesen Speicher können dann andere Variablen oder Arrays in einem anderen Teil des Programms belegen. (Tag 20 behandelt die Freigabe von dynamisch reserviertem Speicher.)*

F Was passiert, wenn Sie in einem Zeichenarray einen String ablegen, der länger als das Array ist?

A *Dies kann zu Fehlern führen, die nur sehr schwer aufzuspüren sind. Der Compiler lässt zwar derartige Operationen zu, im laufenden Programm überschreiben Sie aber einen nicht bekannten Speicherbereich. Wenn Sie Glück haben, wird der betreffende Speicherbereich nicht genutzt. Genauso gut können dort aber auch Daten liegen, die Ihr Programm oder sogar das Betriebssystem benötigt. Was genau passiert, hängt davon ab, was Sie überschreiben. Oftmals tut sich eine Weile überhaupt nichts. Dennoch sollten Sie kein Risiko eingehen.*

Workshop

Die Kontrollfragen im Workshop sollen Ihnen helfen, die neu erworbenen Kenntnisse zu den behandelten Themen zu festigen. Die Übungen geben Ihnen die Möglichkeit, praktische Erfahrungen mit dem gelernten Stoff zu sammeln. Die Antworten zu den Kontrollfragen und Übungen finden Sie im Anhang F.

Kontrollfragen

1. Welchen Wertebereich umfasst der Standard-ASCII-Zeichensatz?
2. Wie interpretiert der C-Compiler ein einfaches Zeichen in einfachen Anführungszeichen?
3. Wie ist in C ein String definiert?
4. Was ist ein literaler String?
5. Um einen String von `n` Zeichen zu speichern, müssen Sie ein Zeichenarray mit `n+1` Elementen deklarieren. Wozu benötigen Sie das zusätzliche Element?
6. Wie interpretiert der C-Compiler literale Strings?
7. Bestimmen Sie anhand der Tabelle des ASCII-Zeichensatzes in Anhang A die numerischen Werte für folgende Zeichen:
   a. a
   b. A
   c. 9
   d. das Leerzeichen
8. Übersetzen Sie mithilfe der ASCII-Tabelle in Anhang A die folgenden ASCII-Werte in die äquivalenten Zeichen:
   a. `73`
   b. `32`
   c. `99`
   d. `97`
   e. `110`
   f. `0`
9. Wie viel Bytes Speicher werden für die folgenden Variablen reserviert? (ein Zeichen soll ein Byte groß sein.)
   a. `char *str1 = { "String 1" };`
   b. `char str2[] = { "String 2" };`
   c. `char string3;`
   d. `char str4[20] = { "Dies ist String 4" };`
   e. `char str5[20];`

10. Gegeben sei folgende Deklaration:

    ```
    char *string = "Ein String!";
    ```

    Geben Sie damit die Werte für die folgenden Ausdrücke an:

    a. `string[0]`
    b. `*string`
    c. `string[11]`
    d. `string[33]`
    e. `*(string+10)`
    f. `string`

Übungen

1. Deklarieren Sie in einer Codezeile eine `char`-Variable namens `buchstabe` und initialisieren Sie diese mit dem Zeichen `$`.
2. Deklarieren Sie in einer Codezeile ein Array vom Typ `char` und initialisieren Sie es mit »`Zeiger machen Spass!`«. Das Array soll gerade groß genug sein, um den String aufzunehmen.
3. Reservieren Sie in einer Codezeile Speicher für den String »`Zeiger machen Spass!`«, aber verwenden Sie diesmal kein Array.
4. Geben Sie den Code an, der Speicher für einen String mit 80 Zeichen reserviert und dann einen String von der Tastatur einliest und im reservierten Speicher ablegt.
5. Schreiben Sie eine Funktion, die ein Array von Zeichen in ein anderes Array kopiert. (Hinweis: Gehen Sie dabei wie in den Programmen aus Tag 9 vor.)
6. Schreiben Sie eine Funktion, die zwei Strings übernimmt. Zählen Sie die Anzahl der Zeichen in jedem String und liefern Sie einen Zeiger auf den längeren String zurück.
7. **OHNE LÖSUNG:** Schreiben sie eine Funktion, die zwei Strings übernimmt. Verwenden Sie die `malloc`-Funktion, um ausreichend Speicher für die Verkettung der beiden Strings zu reservieren. Liefern Sie einen Zeiger auf diesen neuen String zurück.

   Wenn Sie zum Beispiel »`Hallo `« und »`Welt!`« übergeben, soll die Funktion einen Zeiger auf »`Hallo Welt!`« zurückliefern. Am einfachsten ist es, die verketteten Strings in einem dritten String abzulegen. (Eventuell können Sie Ihre Antworten zu den Übungen 5 und 6 verwenden.)

8. **FEHLERSUCHE:** Ist der folgende Code korrekt?

```
char ein_string[10] = "Dies ist ein String";
```

9. **FEHLERSUCHE:** Ist der folgende Code korrekt?

```
char *zitat[100] = { "Lächeln, bald ist Freitag!" };
```

10. **FEHLERSUCHE:** Ist der folgende Code korrekt?

```
char *string1;
char *string2 = "Zweiter";
string1 = string2;
```

11. **FEHLERSUCHE:** Ist der folgende Code korrekt?

```
char string1[];
char string2[] = "Zweiter";
string1 = string2;
```

12. **OHNE LÖSUNG:** Schreiben Sie mithilfe der ASCII-Tabelle aus dem Anhang A ein Programm, das einen Kasten auf dem Bildschirm ausgibt, wobei Sie die waagerechten und senkrechten Linien mit dem Minuszeichen und dem vertikalen Strich, die Ecken mit dem Pluszeichen darstellen.

Warnung

In der heutigen Lektion haben Sie gelernt, wie man mit `malloc` dynamisch Speicher reserviert. Diesen Speicher sollten Sie dem Computersystem wieder zur Verfügung stellen, wenn Sie ihn nicht mehr benötigen. Dies geschieht, indem Sie den Speicher *freigeben*. Tag 20 geht näher auf dieses Thema ein.

Strukturen

Woche 2

Viele Programmieraufgaben lassen sich mit den so genannten *Strukturen*, einem speziellen Datenkonstrukt, leichter lösen. Eine Struktur ist ein von Ihnen definierter Datentyp, der direkt auf Ihre Programmierbedürfnisse zugeschnitten ist. Heute lernen Sie

- was man unter einfachen und komplexen Strukturen versteht,
- wie man Strukturen definiert und deklariert,
- wie man auf Daten in Strukturen zugreift,
- wie man Strukturen, die Arrays enthalten, und Arrays von Strukturen erzeugt,
- wie man Zeiger in Strukturen und Zeiger auf Strukturen deklariert,
- wie man Strukturen als Argumente an Funktionen übergibt,
- wie man Unions definiert, deklariert und verwendet,
- wie man Typendefinitionen mit Strukturen verwendet.

Einfache Strukturen

Neuer Begriff

Eine *Struktur* ist eine Sammlung von einer oder mehreren Variablen, die unter einem Namen zusammengefasst sind und sich dadurch leichter manipulieren lassen. Die Variablen in einer Struktur können im Gegensatz zu denen in einem Array unterschiedlichen Datentypen angehören. Eine Struktur kann jeden beliebigen C-Datentyp enthalten, einschließlich Arrays und andere Strukturen. Die Variablen einer Struktur bezeichnet man auch als *Elemente* dieser Struktur. Der nächste Abschnitt zeigt dazu ein Beispiel.

C macht zwar keinen Unterschied zwischen einfachen und komplexen Strukturen, dennoch sollten Sie sich diesem Thema zuerst mit einfacheren Strukturen nähern.

Strukturen definieren und deklarieren

In einem Grafikprogramm müssen Sie in der Regel mit den Koordinaten von Bildschirmpunkten arbeiten. Bildschirmkoordinaten setzen sich aus einem x-Wert für die horizontale Position und einem y-Wert für die vertikale Position zusammen. Zum Speichern der Koordinaten lohnt es sich, eine Struktur – im nachfolgenden Code heißt sie `koord` – zu definieren, die sowohl die x- als auch die y-Werte einer Bildschirmposition einschließt:

```
struct koord {
    int x;
    int y;
};
```

Auf das Schlüsselwort `struct`, das eine Strukturdefinition einleitet, folgt direkt der Name des Strukturtyps. Die sich an den Strukturnamen anschließenden geschweiften Klammern umfassen die Liste der Elementvariablen der Struktur. Für jede Elementvariable ist ein Datentyp und ein Name anzugeben.

Die obigen Anweisungen definieren einen Strukturtyp namens `koord`, der zwei Integer-Variablen, `x` und `y`, enthält. Die Anweisungen erzeugen allerdings noch keine Instanzen der Struktur `koord`, d.h. sie *deklarieren* keine Struktur (bzw. reservieren keinen Speicher). Es gibt zwei Möglichkeiten, Strukturvariablen zu deklarieren. Eine Möglichkeit besteht darin, die Strukturdefinition um eine Liste mit Variablennamen zu ergänzen:

```
struct koord {
    int x;
    int y;
} erste, zweite;
```

Diese Anweisungen definieren den Strukturtyp `koord` und deklarieren die zwei Strukturvariablen `erste` und `zweite`. Beide Variablen sind Instanzen vom Typ `koord` und enthalten jeweils zwei Integer-Elemente namens `x` und `y`.

Diese Art, eine Struktur zu deklarieren, kombiniert die Deklaration mit der Definition. Die zweite Möglichkeit besteht darin, die Deklaration der Strukturvariablen unabhängig von der Definition vorzunehmen. Die folgenden zwei Anweisungen deklarieren ebenfalls zwei Instanzen vom Typ `koord`:

```
struct koord {
    int x;
    int y;
};
/* Hier kann zusätzlicher Code stehen */
struct koord erste, zweite;
```

Zugriff auf Strukturelemente

Die einzelnen Strukturelemente lassen sich wie normale Variablen des gleichen Typs verwenden. Der Zugriff auf die Strukturelemente erfolgt über den *Strukturelement-Operator* (.), auch *Punktoperator* genannt, den man zwischen den Strukturnamen und den Elementnamen setzt. Um die Bildschirmposition mit den Koordinaten `x=50` und `y=100` in einer Strukturvariablen namens `erste` zu speichern, schreibt man zum Beispiel:

```
erste.x = 50;
erste.y = 100;
```

Die in der Strukturvariablen zweite gespeicherten Bildschirmkoordinaten kann man wie folgt anzeigen:

```
printf("%d,%d", zweite.x, zweite.y);
```

Der Vorteil der Strukturen gegenüber den einzelnen Variablen liegt vor allem darin, dass man Daten, die in Strukturen des gleichen Typs abgelegt sind, mit einer einfachen Zuweisung kopieren kann. So ist die Anweisung

```
erste = zweite;
```

äquivalent zu:

```
erste.x = zweite.x;
erste.y = zweite.y;
```

Wenn Ihr Programm komplexe Strukturen mit vielen Elementen enthält, kann Ihnen diese Notation viel Zeit sparen. Es gibt noch weitere Vorteile, die sich Ihnen im Laufe der Zeit und beim Erlernen weiter fortgeschrittener Programmiertechniken erschließen werden. Allgemein lässt sich sagen, dass Strukturen immer dann sinnvoll sind, wenn man Informationen unterschiedlicher Variablentypen als Gruppe bearbeiten muss. So könnten Sie zum Beispiel die Einträge in einer Adressdatenbank als Variablen einer Struktur betrachten, in der für jede einzelne Information (Name, Adresse, Stadt, und so weiter) ein eigenes Strukturelement deklariert ist.

Das Schlüsselwort struct

Syntax

```
struct name {
    struktur_element(e);
    /* Hier kann zusätzlicher Code stehen */
} instanz;
```

Das Schlüsselwort struct dient dazu, Strukturen zu deklarieren. Eine Struktur ist eine Sammlung von einer oder mehreren Variablen (struktur_elemente), die zur leichteren Bearbeitung unter einem Namen zusammengefasst sind. Die Variablen müssen nicht vom gleichen Datentyp sein und müssen auch keine einfachen Variablen sein. So können Strukturen auch Arrays, Zeiger und andere Strukturen enthalten.

Das Schlüsselwort struct kennzeichnet den Anfang einer Strukturdefinition. Danach steht der Name der Struktur. An den Strukturnamen schließen sich in geschweiften Klammern die Strukturelemente an. Eine Instanz, die Deklaration einer Strukturvariablen, kann man ebenfalls definieren. Wenn Sie die Struktur ohne die Instanz definieren, erhalten Sie lediglich eine Schablone, die ein Programm später zur Deklaration von Strukturvariablen verwenden kann. Das Format einer Schablone sieht wie folgt aus:

```
struct name {
    struktur_element(e);
    /* Hier können zusätzliche Anweisungen stehen */
};
```

Um auf der Grundlage der Schablone Instanzen zu deklarieren, verwenden Sie folgende Syntax:

```
struct name instanz;
```

Voraussetzung ist, dass Sie zuvor eine Struktur mit dem angegebenen Namen deklariert haben.

Beispiel 1

```
/* Deklariert eine Strukturschablone namens kunden_nr */
struct kunden_nr {
    int zahl1;
    char bindestrich1;
    int zahl2;
    char bindestrich2;
    int zahl3;
};
/* Verwendet die Strukturschablone */
struct kunden_nr aktueller_kunde;
```

Beispiel 2

```
/* Deklariert gleichzeitig eine Struktur und eine Instanz */
struct datum {
    char monat[2];
    char tag[2];
    char jahr[4];
} aktuelles_datum;
```

Beispiel 3

```
/* Deklariert und initialisiert eine Strukturvariable */
struct zeit {
    int stunden;
    int minuten;
    int sekunden;
} zeitpunkt_der_geburt = { 8, 45, 0 };
```

Komplexere Strukturen

Nachdem Sie sich mit einfachen Strukturen bekannt gemacht haben, kommen wir jetzt zu den interessanteren, weil komplexeren Strukturtypen. Dazu gehören Strukturen, die andere Strukturen oder auch Arrays als Elemente enthalten.

Strukturen, die Strukturen enthalten

Wie bereits erwähnt, kann eine Struktur jeden beliebigen C-Datentyp enthalten und damit auch andere Strukturen aufnehmen. Um das zu veranschaulichen, bauen wir das obige Beispiel etwas aus.

Nehmen wir an, ein Grafikprogramm soll Rechtecke unterstützen. Ein Rechteck ist durch die Koordinaten zweier gegenüberliegender Ecken bestimmt. Wie man eine Struktur zum Speichern von Koordinaten (x, y) definiert, haben Sie bereits gesehen. Zur Definition eines Rechtecks benötigen Sie zwei Instanzen dieser Struktur. Unter der Annahme, dass Sie bereits eine Struktur vom Typ `koord` definiert haben, könnte die Definition einer Struktur für Rechtecke wie folgt aussehen:

```
struct rechteck {
    struct koord obenlinks;
    struct koord untenrechts;
};
```

Diese Anweisung definiert eine Struktur vom Typ `rechteck`, die zwei Strukturen vom Typ `koord` enthält. Die beiden `koord`-Strukturen heißen `obenlinks` und `untenrechts`.

Die obige Anweisung definiert lediglich den Strukturtyp `rechteck`. Um eine Instanz der Struktur zu deklarieren, müssen Sie eine Anweisung wie die folgende hinzufügen:

```
struct rechteck meinfeld;
```

Wie bereits bei `koord` gezeigt, lassen sich Definition und Deklaration auch zusammenfassen:

```
struct rechteck {
    struct koord obenlinks;
    struct koord untenrechts;
} meinfeld;
```

Um auf die Speicherstellen der eigentlichen Daten (die Elemente vom Typ `int`) zuzugreifen, müssen Sie den Elementoperator (.) zweimal verwenden. So bezieht sich der Ausdruck

```
meinfeld.obenlinks.x
```

auf das Element `x` des Elements `obenlinks` der Strukturvariablen `meinfeld` vom Typ `rechteck`. Die folgenden Anweisungen definieren zum Beispiel ein Rechteck mit den Koordinaten (0, 10) und (100, 200):

```
meinfeld.obenlinks.x = 0;
meinfeld.obenlinks.y = 10;
meinfeld.untenrechts.x = 100;
meinfeld.untenrechts.y = 200;
```

Falls Sie noch Unklarheiten haben, sollten Sie am besten einen Blick auf Abbildung 11.1 werfen. Hier ist die Beziehung zwischen der Struktur vom Typ `rechteck`, den darin enthaltenen zwei Strukturen vom Typ `koord` sowie den darin jeweils enthaltenen zwei Variablen vom Typ `int` dargestellt. Die Namen der Strukturen entsprechen dem obigen Beispiel.

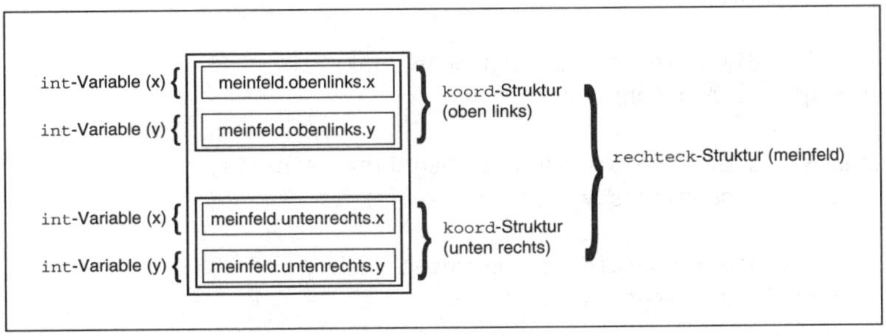

Abbildung 11.1: Die Beziehung zwischen einer Struktur, den Strukturen in dieser Struktur und den Strukturelementen

Listing 11.1 demonstriert die Verwendung von Strukturen, die andere Strukturen enthalten. Das Programm nimmt vom Benutzer die Koordinaten eines Rechtecks entgegen, berechnet daraus die Fläche des Rechtecks und gibt diesen Wert aus. Beachten Sie die Voraussetzungen für dieses Programm, die innerhalb eines Kommentars am Anfang des Programms stehen (Zeilen 3 bis 8).

Listing 11.1: Beispiel für eine Struktur, die andere Strukturen enthält

```
1:  /* Beispiel für Strukturen, die andere Strukturen enthalten. */
2:
3:  /* Übernimmt die Eingabe der Eck-Koordinaten eines Rechtecks
4:     und berechnet die Fläche. Geht davon aus, dass die y-Koordinate
5:     der unteren rechten Ecke größer ist als die y-Koordinate der
6:     oberen linken Ecke, dass die x-Koordinate der unteren rechten
7:     Ecke größer ist als die x-Koordinate der unteren linken Ecke
8:     und dass alle Koordinaten positiv sind. */
9:
10: #include <stdio.h>
11:
12: int laenge, hoehe;
```

```
long flaeche;
struct koord{
    int x;
    int y;
};
struct rechteck{
    struct koord obenlinks;
    struct koord untenrechts;
} meinfeld;
int main(void)
{
    /* Eingabe der Koordinaten */
    printf("\nGeben Sie die x-Koordinate von oben links ein: ");
    scanf("%d", &meinfeld.obenlinks.x);
    printf("\nGeben Sie die y-Koordinate von oben links ein: ");
    scanf("%d", &meinfeld.obenlinks.y);
    printf("\nGeben Sie die x-Koordinate von unten rechts ein: ");
    scanf("%d", &meinfeld.untenrechts.x);
    printf("\nGeben Sie die y-Koordinate von unten rechts ein: ");
    scanf("%d", &meinfeld.untenrechts.y);
    /* Länge und Höhe berechnen */
    hoehe = meinfeld.untenrechts.x - meinfeld.obenlinks.x;
    laenge = meinfeld.untenrechts.y - meinfeld.obenlinks.y;
    /* Fläche berechnen und ausgeben */
    flaeche = hoehe * laenge;
    printf("\nDie Fläche misst %ld Einheiten.\n", flaeche);
    return 0;
}
```

Ausgabe

```
Geben Sie die x-Koordinate von oben links ein: 1

Geben Sie die y-Koordinate von oben links ein: 1

Geben Sie die x-Koordinate von unten rechts ein: 10

Geben Sie die y-Koordinate von unten rechts ein: 10

Die Fläche misst 81 Einheiten.
```

Analyse

Die Struktur `koord` mit ihren zwei Elementen `x` und `y` ist in den Zeilen 15 bis 18 definiert. Die Zeilen 20 bis 23 deklarieren und definieren eine Instanz (`meinfeld`) der Struktur `rechteck`. Die zwei Elemente dieser Rechteck-Struktur lauten `obenlinks` und `untenrechts`. Beide Elemente sind Strukturen vom Typ `koord`.

Die Zeilen 29 bis 39 fordern zur Eingabe der Werte für die Struktur `meinfeld` auf. Da `meinfeld` nur zwei Elemente enthält, sieht es auf den ersten Blick so aus, als ob nur zwei Werte erforderlich sind. Jedes Element von `meinfeld` verfügt jedoch wieder über eigene Elemente (die Elemente `x` und `y` der `koord`-Struktur). Dadurch ergeben sich insgesamt vier Elemente, für die der Benutzer Werte eingeben muss. Nachdem das Programm diese Werte eingelesen hat, berechnet es mithilfe der Struktur und ihrer Elemente die Fläche. Beachten Sie, dass Sie für den Zugriff auf die `x`- und `y`-Werte über den Instanzennamen der Struktur gehen müssen. Da `x` und `y` in einer Struktur innerhalb einer Struktur verborgen sind, müssen Sie für die Berechnung der Fläche sogar über die Instanzennamen beider Strukturen auf die x- und y-Werte zugreifen – `meinfeld.untenrechts.x`, `meinfeld.untenrechts.y`, `meinfeld.obenlinks.x` und `meinfeld.obenlinks.y`.

Die Verschachtelungstiefe für Strukturen ist in C praktisch unbegrenzt. Solange es Ihr Speicher erlaubt, können Sie Strukturen definieren, die Strukturen enthalten, die Strukturen enthalten, die wiederum Strukturen enthalten, usw. Selbstverständlich gibt es einen Punkt, ab dem eine weitere Verschachtelung keine weiteren Vorteile bringt. In praktischen C-Programmen findet man selten mehr als drei Verschachtelungsebenen.

Strukturen, die Arrays enthalten

In C-Strukturen lassen sich auch Arrays als Elemente aufnehmen. Die Arrays können Elemente eines beliebigen C-Datentyps enthalten (`int`, `char` und so weiter). So definieren die Anweisungen

```
struct daten{
    int  x[4];
    char y[10];
};
```

eine Struktur vom Typ `daten`, die zwei Arrays enthält – eines mit vier Integer-Elementen namens `x` und eines mit 10 Zeichen namens `y`. Nach der Definition der Struktur `daten` können Sie eine Strukturvariable (`datensatz`) vom Typ der Struktur deklarieren:

```
struct daten datensatz;
```

Den Aufbau dieser Struktur zeigt Abbildung 11.2. Beachten Sie, dass in dieser Abbildung die Elemente des Arrays `x` wesentlich mehr Platz beanspruchen als die Elemente des Arrays `y`. Dies liegt daran, dass der Datentyp `int` in der Regel 4 Bytes Speicher belegt, während `char` nur 1 Byte beansprucht (wie Sie es am Tag 3 gelernt haben).

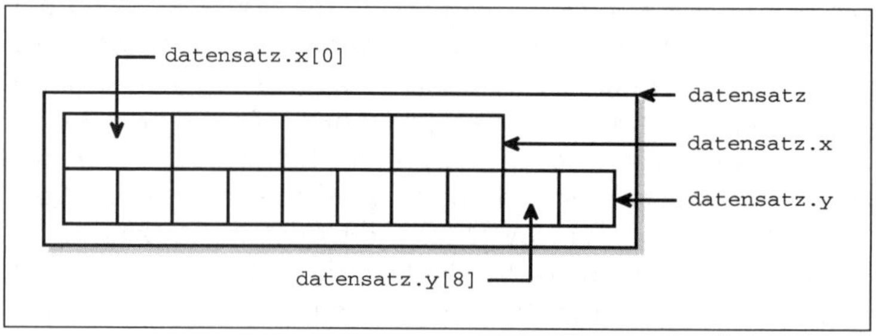

Abbildung 11.2: Der Aufbau einer Struktur, die Arrays als Elemente enthält

Der Zugriff auf die einzelnen Elemente eines Arrays, das Element einer Struktur ist, erfolgt über Elementoperatoren und Array-Indizes:

```
datensatz.x[2] = 100;
datensatz.y[1] = 'x';
```

Wie bereits erwähnt, verwendet man Zeichenarrays häufig, um Strings zu speichern. Weiterhin wissen Sie, dass der Name eines Arrays ohne eckige Klammern ein Zeiger auf das Array ist (siehe Tag 9). Das gilt natürlich auch für Arrays, die Elemente einer Struktur sind. Deshalb ist der Ausdruck

```
datensatz.y
```

ein Zeiger auf das erste Element im Array `y[]` der Struktur `datensatz`. Den Inhalt von `y[]` geben Sie dann mit folgender Anweisung auf dem Bildschirm aus:

```
puts(datensatz.y);
```

Betrachten wir ein weiteres Beispiel. Listing 11.2 verwendet eine Struktur, die eine Variable vom Typ `float` und zwei Arrays vom Typ `char` enthält.

Listing 11.2: Eine Struktur, die Arrays als Elemente enthält

```
/* Eine Struktur, die Arrays als Elemente enthält. */

#include <stdio.h>

/* Definiert und deklariert eine Struktur für die Aufnahme der Daten. */
/* Die Struktur enthält eine float-Variable und zwei char-Arrays. */

struct daten{
    float betrag;
    char vname[30];
    char nname[30];
} rec;

int main(void)
{
    /* Eingabe der Daten über die Tastatur. */

    printf("Geben Sie den Vor- und Nachnamen des Spenders,\n");
    printf("getrennt durch ein Leerzeichen, ein: ");
    scanf("%s %s", rec.vname, rec.nname);

    printf("\nGeben Sie die Höhe der Spende ein: ");
    scanf("%f", &rec.betrag);

    /* Zeigt die Informationen an. */
    /* Achtung: %.2f gibt einen Gleitkommawert aus, */
    /* der mit zwei Stellen hinter dem Dezimalpunkt */
    /* angegeben wird. */

    /* Gibt die Daten auf dem Bildschirm aus. */

    printf("\nDer Spender %s %s gab %.2f DM.\n", rec.vname,
            rec.nname, rec.betrag);

    return 0;
}
```

Ausgabe

```
Geben Sie den Vor- und Nachnamen des Spenders,
getrennt durch ein Leerzeichen, ein: Bradley Jones

Geben Sie die Höhe der Spende ein: 1000.00

Der Spender Bradley Jones gab 1000.00 DM.
```

Analyse

Dieses Programm enthält eine Struktur mit zwei Arrays – `vname[30]` und `nname[30]`. Beide sind Zeichenarrays und nehmen den Vor- beziehungsweise den Nachnamen einer Person auf. Die in den Zeilen 8 bis 12 deklarierte Struktur erhält den Namen `daten`. Sie enthält neben den Zeichenarrays `vname` und `nname` die `float`-Variable `betrag`. Eine derartige Struktur eignet sich hervorragend, um (in zwei Arrays) den Vor- und Nachnamen einer Person aufzunehmen und einen Wert, wie zum Beispiel den Betrag, den eine Person für einen sozialen Zweck gespendet hat.

Zeile 12 deklariert eine Instanz der Struktur namens `rec` (für Englisch record = Datensatz). Der Rest des Programms verwendet `rec`, um Werte vom Benutzer einzulesen (Zeilen 18 bis 23) und diese dann auszugeben (Zeilen 32 und 33).

Arrays von Strukturen

Wenn es Strukturen gibt, die Arrays enthalten, gibt es dann auch Arrays von Strukturen? Aber natürlich! Arrays von Strukturen stellen sogar ein besonders mächtiges und wichtiges Programmkonstrukt dar. Wie man dieses Konstrukt nutzt, wird im Folgenden erläutert.

Sie haben bereits gesehen, wie sich die Definition einer Struktur auf die Daten, mit denen ein Programm arbeitet, zuschneiden lässt. In der Regel muss ein Programm allerdings mit mehr als einer Instanz dieser Daten arbeiten. So könnten Sie zum Beispiel in einem Programm zur Verwaltung einer Telefonnummernliste eine Struktur definieren, die für jeden Eintrag in der Telefonliste den Namen der zugehörigen Person und die Telefonnummer enthält:

```
struct eintrag{
    char vname[10];
    char nname[12];
    char telefon[8];
};
```

Eine Telefonliste besteht aus vielen Einträgen. Deshalb wäre eine einzige Instanz der Struktur nicht besonders nützlich. Was Sie hier benötigen, ist ein Array von Strukturvariablen des Typs `eintrag`. Nachdem die Struktur definiert ist, können Sie das Array wie folgt deklarieren:

```
struct eintrag liste[1000];
```

Diese Anweisung deklariert ein Array namens `liste` mit 1.000 Elementen. Jedes Element ist eine Struktur vom Typ `eintrag` und wird – wie bei anderen Typen von Array-Elementen – durch einen Index identifiziert. Jede der Strukturvariablen im Array besteht aus drei Elementen, bei denen es sich um Arrays vom Typ `char` handelt. Dieses ziemlich komplexe Gebilde ist in Abbildung 11.3 grafisch veranschaulicht.

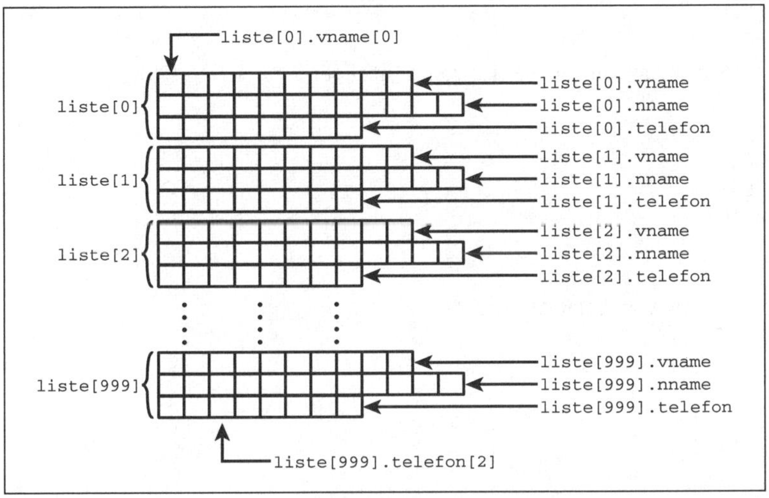

Abbildung 11.3: Der Aufbau des im Text definierten Arrays von Strukturen

Wenn Sie das Array für die Strukturvariablen deklariert haben, können Sie die Daten in vielfältiger Weise manipulieren. Um zum Beispiel die Daten in einem Array-Element einem anderen Array-Element zuzuweisen, können Sie schreiben:

```
liste[1] = liste[5];
```

Diese Anweisung weist jedem Element der Struktur `liste[1]` die Werte der entsprechenden Elemente von `liste[5]` zu. Sie können aber auch Daten zwischen den einzelnen Strukturelementen verschieben. Die Anweisung

```
strcpy(liste[1].telefon, liste[5].telefon);
```

kopiert den String aus `list[5].telefon` nach `liste[1].telefon`. (Die Bibliotheksfunktion `strcpy()` kopiert einen String in einen anderen String. Näheres dazu erfahren Sie am Tag 17.) Es lassen sich sogar Daten zwischen einzelnen Elementen der zur Struktur gehörenden Arrays verschieben:

```
liste[5].telefon[1] = liste[2].telefon[3];
```

Diese Anweisung verschiebt das zweite Zeichen der Telefonnummer in `liste[5]` an die vierte Position der Telefonnummer in `liste[2]`. (Zur Erinnerung: Die Indexzählung beginnt mit `0`.)

Listing 11.3 demonstriert, wie man Arrays von Strukturen einsetzen kann. Darüber hinaus zeigt dieses Programm sogar Arrays von Strukturen, die selbst wieder Arrays als Elemente enthalten.

Listing 11.3: Arrays von Strukturen

```
/* Beispiel für Arrays von Strukturen. */

#include <stdio.h>

/* Definiert eine Struktur zur Aufnahme von Einträgen. */

struct eintrag {
    char vname[20];
    char nname[20];
    char telefon[10];
};

/* Deklariert ein Array von Strukturen. */

struct eintrag liste[4];

int i;

int main(void)
{

    /* Durchläuft eine Schleife für die Eingabe der Daten von 4
       Personen. */
    for (i = 0; i < 4; i++)
    {
        printf("\nBitte Vornamen eingeben: ");
        scanf("%s", liste[i].vname);
        printf("Bitte Nachnamen eingeben: ");
        scanf("%s", liste[i].nname);
        printf("Bitte Telefonnummer im Format 123-4567 eingeben: ");
        scanf("%s", liste[i].telefon);
    }

    /* Zwei leere Zeilen ausgeben. */

    printf("\n\n");
```

```
37:
38:     /* Durchläuft eine Schleife zur Anzeige der Daten. */
39:
40:     for (i = 0; i < 4; i++)
41:     {
42:         printf("Name: %s %s", liste[i].vname, liste[i].nname);
43:         printf("\t\tTelefon: %s\n", liste[i].telefon);
44:     }
45:
46:     return 0;
47: }
```

Ausgabe

```
Bitte Vornamen eingeben: Bradley
Bitte Nachnamen eingeben: Jones
Bitte Telefonnummer im Format 123-4567 eingeben: 555-1212

Bitte Vornamen eingeben: Peter
Bitte Nachnamen eingeben: Aitken
Bitte Telefonnummer im Format 123-4567 eingeben: 555-3434

Bitte Vornamen eingeben: Melissa
Bitte Nachnamen eingeben: Jones
Bitte Telefonnummer im Format 123-4567 eingeben: 555-1212

Bitte Vornamen eingeben: Deanna
Bitte Nachnamen eingeben: Townsend
Bitte Telefonnummer im Format 123-4567 eingeben: 555-1234

Name: Bradley Jones          Telefon: 555-1212
Name: Peter Aitken           Telefon: 555-3434
Name: Melissa Jones          Telefon: 555-1212
Name: Deanna Townsend        Telefon: 555-1234
```

Analyse

Dieses Listing hat den gleichen allgemeinen Aufbau wie die vorhergehenden Listings. Es beginnt mit dem Kommentar in Zeile 1, gefolgt von der Einbindung der Header-Datei `stdio.h` für die Ein-/Ausgabefunktionen (`#include` in Zeile 3). Die Zeilen 7 bis 11 definieren eine Strukturschablone namens `eintrag`, die drei Zeichenarrays enthält: `vname`, `nname` und `telefon`. Zeile 15 verwendet diese Schablone, um ein Array `liste` für vier Strukturvariablen vom Typ `eintrag` zu definieren. Zeile 17 definiert eine Variable vom Typ `int`, die im weiteren Verlauf des Programms als Zähler dient. In Zeile 19 beginnt `main`. Die erste Aufgabe von `main` besteht darin, eine `for`-

Schleife viermal zu durchlaufen, um das Array der Strukturelemente mit Informationen zu »füttern«. Diese Schleife befindet sich in den Zeilen 24 bis 32. Beachten Sie, dass sich die Indizierung von `liste` nicht von der Indizierung der Array-Variablen in Tag 8 unterscheidet.

Zeile 36 schafft einen Abstand zwischen den Eingabeaufforderungen und der Ausgabe. Die Zeile gibt zwei Zeilenumbrüche aus, was Ihnen sicherlich nicht neu sein dürfte. Die Zeilen 40 bis 44 geben die Daten aus, die der Benutzer im vorherigen Schritt eingegeben hat. Die Werte im Array der Strukturelemente werden über den indizierten Array-Namen gefolgt vom Elementoperator (.) und dem Namen des Strukturelements ausgegeben.

Machen Sie sich mit den Techniken aus Listing 11.3 vertraut. Viele reale Programmieraufgaben lassen sich mit Arrays von Strukturen (deren Elemente wiederum Arrays sein können) am besten lösen.

Was Sie tun sollten	Was nicht
Deklarieren Sie Strukturinstanzen nach den gleichen Regeln für Gültigkeitsbereiche, die auch auf andere Variablen zutreffen. (Tag 12 beschäftigt sich umfassend mit diesem Thema.)	Vergessen Sie nicht den Instanzennamen der Struktur und den Elementoperator (.), wenn Sie auf die Elemente einer Struktur zugreifen. Verwechseln Sie nicht den Strukturnamen mit einer Instanz der Struktur! Der Name dient dazu, die Schablone bzw. das Format der Struktur zu deklarieren. Bei der Instanz handelt es sich um eine Variable, die mithilfe des Strukturnamens deklariert wird. Vergessen Sie nicht das Schlüsselwort `struct`, wenn Sie eine Instanz einer zuvor definierten Struktur deklarieren.

Strukturen initialisieren

Strukturen können Sie genau wie andere Variablentypen bei ihrer Deklaration initialisieren. Die Verfahrensweise ähnelt der zum Initialisieren von Arrays. Die Strukturdeklaration wird gefolgt von einem Gleichheitszeichen und einer Liste von initialisierten Werten, die – durch Kommata getrennt – in geschweiften Klammern stehen. Sehen Sie sich dazu folgende Anweisungen an:

```
1: struct verkauf {
2:     char  kunde[20];
3:     char  artikel[20];
4:     float betrag;
5: } meinverkauf = { "Acme Industries",
6:                   "Einspritzpumpe",
7:                   1000.00
8:                 };
```

Wenn ein Programm diese Anweisungen ausführt, laufen folgende Aktionen ab:

1. Es wird ein Strukturtyp namens `verkauf` definiert (Zeilen 1 bis 5).
2. Es wird eine Instanz des Strukturtyps `verkauf` namens `meinverkauf` deklariert (Zeile 5).
3. Es wird das Strukturelement `meinverkauf.kunde` mit dem String »`Acme Industries`« initialisiert (Zeile 5).
4. Es wird das Strukturelement `meinverkauf.artikel` mit dem String »`Einspritzpumpe`« initialisiert (Zeile 6).
5. Es wird das Strukturelement `meinverkauf.betrag` mit dem Wert `1000.00` initialisiert (Zeile 7).

Für eine Struktur, die Strukturen als Elemente enthält, erfolgt die Initialisierung der Strukturelemente in der Reihenfolge, in der sie in der Strukturdefinition aufgelistet sind. Die folgenden Anweisungen sind eine Erweiterung des obigen Beispiels:

```
1:  struct kunde {
2:      char firma[20];
3:      char kontakt[25];
4:  }
5:
6:  struct verkauf {
7:     struct kunde kaeufer;
8:     char   artikel[20];
9:     float  betrag;
10: } meinverkauf = { { "Acme Industries", "George Adams"},
11:                   "Einspritzpumpe",
12:                   1000.00
13:                 };
```

Diese Anweisungen bewirken folgende Initialisierungen:

1. Das Strukturelement `meinverkauf.kaeufer.firma` wird mit dem String »`Acme Industries`« initialisiert (Zeile 10).
2. Das Strukturelement `meinverkauf.kaeufer.kontakt` wird mit dem String »`George Adams`« initialisiert (Zeile 10).

3. Das Strukturelement `meinverkauf.artikel` wird mit dem String »`Einspritzpumpe`« initialisiert (Zeile 11).
4. Das Strukturelement `meinverkauf.betrag` wird mit dem Betrag `1000.00` initialisiert (Zeile 12).

Sie können auch Arrays von Strukturen initialisieren. Die von Ihnen angegebenen Initialisierungsdaten werden dabei der Reihe nach auf die Strukturen im Array angewendet. Die folgenden Anweisungen deklarieren zum Beispiel ein Array von Strukturen des Typs `verkauf` und initialisieren die ersten zwei Array-Elemente (das heißt, die ersten zwei Strukturen):

```
1:  struct kunde {
2:      char firma[20];
3:      char kontakt[25];
4:  };
5:
6:  struct verkauf {
7:      struct kunde kaeufer;
8:      char   artikel[20];
9:      float  betrag;
10: };
11:
12:
13: struct verkauf j1990[100] = {
14:      { { "Acme Industries", "George Adams"},
15:          "Einspritzpumpe",
16:           1000.00
17:      },
18:      { { "Wilson & Co.", "Ed Wilson"},
19:          "Typ 12",
20:           290.00
21:      }
22: };
```

Folgendes passiert in diesem Code:

1. Das Strukturelement `j1990[0].kaeufer.firma` wird mit dem String »`Acme Industries`« initialisiert (Zeile 14).
2. Das Strukturelement `j1990[0].kaeufer.kontakt` wird mit dem String »`George Adams`« initialisiert (Zeile 14).
3. Das Strukturelement `j1990[0].artikel` wird mit dem String »`Einspritzpumpe`« initialisiert (Zeile 15).
4. Das Strukturelement `j1990[0].betrag` wird mit dem Betrag `1000.00` initialisiert (Zeile 16).

5. Das Strukturelement `j1990[1].kaeufer.firma` wird mit dem String »`Wilson & Co.`« initialisiert (Zeile 18).
6. Das Strukturelement `j1990[1].kaeufer.kontakt` wird mit dem String »`Ed Wilson`« initialisiert (Zeile 18).
7. Das Strukturelement `j1990[1].artikel` wird mit dem String »`Typ 12`« initialisiert (Zeile 19).
8. Das Strukturelement `j1990[1].betrag` wird mit dem Betrag `290.00` initialisiert (Zeile 20).

Strukturen und Zeiger

Angesichts der Tatsache, dass Zeiger in C eine wichtige Stellung einnehmen, sollte es Sie nicht überraschen, dass man sie auch zusammen mit Strukturen einsetzen kann. Sie können sowohl Zeiger als Strukturelemente verwenden als auch Zeiger auf Strukturen deklarieren. Diese beiden Anwendungsbereiche sind Thema der folgenden Abschnitte.

Zeiger als Strukturelemente

Was die Verwendung von Zeigern als Strukturelemente angeht, haben Sie sämtliche Freiheiten. Zeigerelemente deklarieren Sie genauso wie normale Zeiger, die nicht Elemente von Strukturen sind – und zwar mithilfe des Indirektionsoperators (*). Dazu folgendes Beispiel:

```
struct daten {
    int *wert;
    int *rate;
} erste;
```

Diese Anweisungen definieren und deklarieren eine Struktur, deren Elemente Zeiger auf den Datentyp `int` sind. Wie bei anderen Zeigern auch, reicht die Deklaration allein nicht aus. Sie müssen diese Zeiger auch initialisieren, damit sie auf etwas zeigen. Denken Sie daran, dass Sie ihnen dazu auch die Adresse einer Variablen zuweisen können. Wenn Sie bereits `kosten` und `zinsen` als Variablen vom Typ `int` deklariert haben, können Sie beispielsweise schreiben:

```
erste.wert = &kosten;
erste.rate = &zinsen;
```

Nachdem die Zeiger initialisiert sind, können Sie mit dem Indirektionsoperator (*) wie am Tag 9 erläutert auf die referenzierten Werte zuzugreifen. Der Ausdruck `*erste.wert` greift auf den Wert von `kosten` zu und der Ausdruck `*erste.rate` auf den Wert von `zinsen`.

Der wahrscheinlich am häufigsten für Strukturelemente verwendete Zeigertyp ist ein Zeiger auf den Typ `char`. Zur Erinnerung: Am Tag 10 haben Sie gelernt, dass ein *String* eine Folge von Zeichen ist, die durch einen Zeiger auf das erste Zeichen des Strings und ein Nullzeichen für das Ende des Strings genau umrissen ist. Frischen Sie Ihre Kenntnisse noch ein wenig auf: Um einen Zeiger auf `char` zu deklarieren und auf einen String zu richten, schreiben Sie:

```
char *z_nachricht;
z_nachricht = "C-Programmierung in 21 Tagen";
```

Und genauso können Sie auch mit Zeigern auf den Typ `char` verfahren, die Strukturelemente sind:

```
struct nrt {
    char *z1;
    char *z2;
} meinezgr;
meinezgr.z1 = "C-Programmierung in 21 Tagen";
meinezgr.z2 = "Markt & Technik-Verlag";
```

Abbildung 11.4 illustriert das Ergebnis dieser Anweisungen. Jedes Zeigerelement der Struktur zeigt auf das erste Byte eines Strings, der an einer beliebigen Stelle im Speicher abgelegt ist. Vergleichen Sie dies mit Abbildung 11.2, die gezeigt hat, wie Daten in einer Struktur mit Arrays vom Typ `char` gespeichert sind.

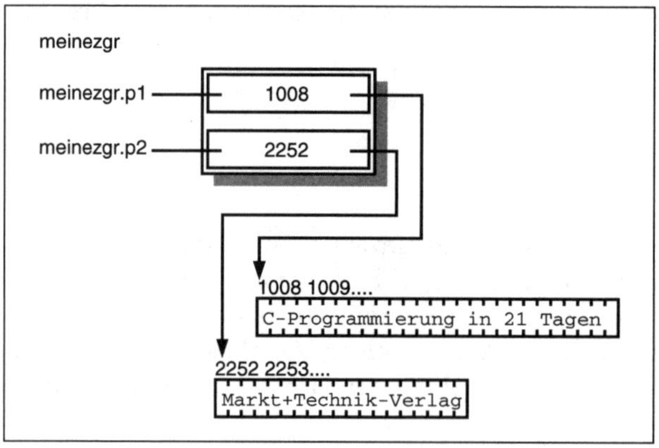

Abbildung 11.4: Eine Struktur mit Zeigern auf char

Zeiger auf Strukturelemente können Sie überall dort verwenden, wo auch ein normaler Zeiger möglich ist. Zum Beispiel gibt die folgende Anweisung den String, auf den der Zeiger verweist, aus:

```
printf("%s %s", meinezgr.z1, meinezgr.z2);
```

Wie unterscheidet sich ein Array vom Typ `char` als Strukturelement von einem Zeiger auf den Typ `char`? Beides sind Methoden, um einen String in einer Struktur zu »speichern«. Die nachfolgend definierte Struktur `nrt` demonstriert beide Methoden:

```
struct nrt {
    char z1[30];
    char *z2;      /* Achtung: nicht initialisiert */
} meinezgr;
```

Denken Sie daran, dass ein Array-Name ohne eckige Klammern ein Zeiger auf das erste Array-Element ist. Deshalb können Sie diese zwei Strukturelemente in gleicher Weise verwenden (initialisieren Sie `z2`, bevor Sie einen Wert dorthin kopieren):

```
strcpy(meinezgr.z1, "C-Programmierung in 21 Tagen");
strcpy(meinezgr.z2, "Markt & Technik-Verlag");
/* hier steht sonstiger Code */
puts(meinezgr.z1);
puts(meinezgr.z2);
```

Worin aber unterscheiden sich diese beiden Methoden? Wenn Sie eine Struktur definieren, die ein Array vom Typ `char` enthält, belegt jede Instanz dieses Strukturtyps einen Speicherbereich für ein Array der angegebenen Größe. Außerdem sind Sie auf die angegebene Größe beschränkt und dürfen keinen größeren String in der Struktur speichern. Folgendes Beispiel soll das verdeutlichen:

```
struct nrt {
    char z1[10];
    char z2[10];
} meinezgr;
...
strcpy(z1, "Minneapolis"); /* Falsch! String länger als Array.     */
strcpy(z2, "MN");          /* OK, aber verschwendet Speicherplatz, */
                           /* da der String kürzer als das Array ist.   */
```

Wenn Sie dagegen eine Struktur definieren, die Zeiger auf den Typ `char` enthält, gelten diese Beschränkungen nicht mehr. Die einzelnen Instanzen der Struktur belegen lediglich Speicherplatz für die Zeiger. Die eigentlichen Strings sind an anderen Stellen im Speicher abgelegt (wo genau, interessiert in diesem Zusammenhang nicht). Es gibt weder Längenbeschränkungen noch verschwendeten Speicherplatz. Die eigentlichen Strings werden nicht als Teil der Struktur gespeichert. Jeder Zeiger in der Struktur kann auf einen String einer beliebigen Länge zeigen. Damit wird der String Teil der Struktur, ohne in der Struktur selbst gespeichert zu sein.

Hinweis

Wenn Sie die Zeiger nicht initialisieren, laufen Sie Gefahr, anderweitig genutzten Speicher zu überschreiben. Wenn Sie einen Zeiger statt eines Arrays verwenden, müssen Sie vor allem daran denken, den Zeiger zu initialisieren. Dazu können Sie dem Zeiger die Adresse einer anderen Variablen zuweisen oder dynamisch Speicher für den Zeiger reservieren.

Zeiger auf Strukturen

Zeiger auf Strukturen deklariert und verwendet man genau so wie Zeiger auf jeden anderen Datentyp. Später zeigt diese Lektion, dass man Zeiger auf Strukturen vornehmlich dann verwendet, wenn Strukturen als Argumente an Funktionen zu übergeben sind. Zeiger auf Strukturen findet man darüber hinaus auch in einem sehr leistungsfähigen Konstrukt zur Datenspeicherung, den so genannten *verketteten Listen*, die Tag 15 ausführlich behandelt.

Zunächst sehen wir uns an, wie man Zeiger auf Strukturen erzeugt und verwendet. Dazu müssen Sie zuerst eine Struktur definieren:

```
struct teil {
    int zahl;
    char name[10];
};
```

Dann deklarieren Sie einen Zeiger auf den Typ `teil`:

```
struct teil *z_teil;
```

Denken Sie daran, dass der Indirektionsoperator (*) in der Deklaration besagt, dass `z_teil` ein Zeiger auf den Typ `teil`, und keine Instanz des Typs `teil` ist.

Kann man den Zeiger jetzt initialisieren? Nein. Auch wenn die Struktur `teil` bereits definiert ist, haben Sie noch keine Instanzen der Struktur deklariert. Denken Sie daran, dass sich Speicherplatz für Datenobjekte nur durch eine Deklaration und nicht durch eine Definition reservieren lässt. Da ein Zeiger eine Speicheradresse benötigt, auf die er zeigen kann, müssen Sie zuerst eine Instanz vom Typ `teil` deklarieren, auf die Sie verweisen können. Die Deklaration der Strukturvariablen sieht folgendermaßen aus:

```
struct teil gizmo;
```

Jetzt können Sie den Zeiger initialisieren:

```
z_teil = &gizmo;
```

Diese Anweisung weist dem Zeiger `z_teil` die Adresse von `gizmo` zu. (Vergessen Sie dabei nicht den Adressoperator `&`.) Abbildung 11.5 veranschaulicht die Beziehung zwischen einer Struktur und einem Zeiger auf eine Struktur.

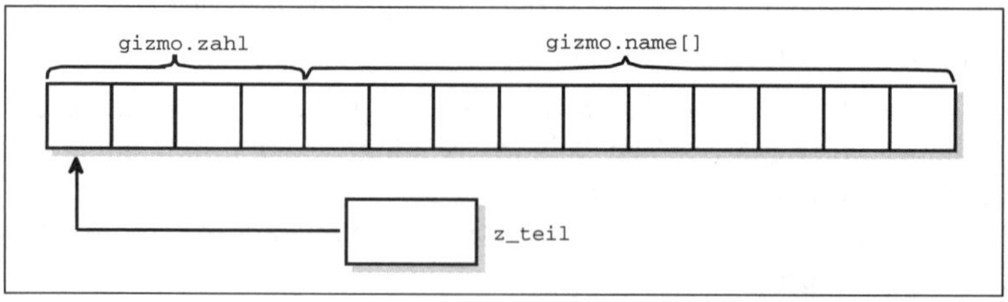

Abbildung 11.5: Ein Zeiger auf eine Struktur zeigt auf das erste Byte der Struktur

Was machen Sie jetzt mit diesem Zeiger auf die Struktur gizmo? Die erste Möglichkeit besteht darin, den Indirektionsoperator (*) zu verwenden. Wie Tag 9 erläutert hat, bezieht sich der Ausdruck *zgr auf das Datenobjekt, auf das ein Zeiger zgr verweist.

Übertragen wir dies auf unser Beispiel. Wir wissen, dass z_teil ein Zeiger auf die Struktur gizmo ist. Demzufolge verweist *z_teil auf gizmo. Mit dem Punktoperator (.) können Sie auf die einzelnen Elemente von gizmo zugreifen. Zum Beispiel weist der folgende Code dem Element gizmo.zahl den Wert 100 zu:

```
(*z_teil).zahl = 100;
```

Der Ausdruck *z_teil muss in Klammern stehen, da der Punktoperator (.) eine höhere Priorität hat als der Indirektionsoperator (*).

Die zweite Methode, um über einen Zeiger auf eine Struktur auf die Elemente der Struktur zuzugreifen, verwendet den *Elementverweis-Operator*, der aus den Zeichen -> (einem Bindestrich gefolgt von einem Größer-Zeichen) besteht. Beachten Sie, dass C diese Zeichen in der Kombination als einzelnen Operator behandelt und nicht als zwei verschiedene Operatoren.) Dieses Symbol setzt man zwischen den Zeigernamen und den Elementnamen. Zum Beispiel greift die folgende Anweisung mithilfe des Zeigers z_teil auf das gizmo-Element zahl zu:

```
z_teil->zahl
```

Betrachten wir ein weiteres Beispiel: Wenn str eine Struktur, z_str ein Zeiger auf str und elem ein Element von str ist, können Sie auf str.elem auch wie folgt zugreifen:

```
z_str->elem
```

Es gibt also drei Methoden, um auf die Elemente einer Struktur zuzugreifen:

- Über den Strukturnamen
- Über einen Zeiger auf die Struktur in Kombination mit dem Indirektionsoperator (*)
- Über einen Zeiger auf die Struktur in Kombination mit dem Elementverweis-Operator (->)

Wenn z_str ein Zeiger auf die Struktur str ist, dann sind die folgenden drei Ausdrücke äquivalent:

```
str.elem
(*z_str).elem
z_str->elem
```

Zeiger und Arrays von Strukturen

Sie haben gesehen, dass Arrays von Strukturen genauso wie Zeiger auf Strukturen sehr mächtige Programmkonstrukte darstellen. Sie können beide Konstrukte auch kombinieren und mit Zeigern auf Strukturen zugreifen, die Elemente eines Arrays sind.

Zur Veranschaulichung zeigt der folgende Code erst einmal die Definition einer Struktur aus einem früheren Beispiel:

```
struct teil {
    int zahl;
    char name[10];
};
```

Nachdem die Struktur `teil` definiert ist, können Sie ein Array mit Elementen vom Typ `teil` deklarieren:

```
struct teil daten[100];
```

Als Nächstes können Sie einen Zeiger auf den Typ `teil` deklarieren und so initialisieren, dass er auf die erste Struktur im Array `daten` zeigt:

```
struct teil *z_teil;
z_teil = &daten[0];
```

Denken Sie daran, dass der Name eines Arrays ohne eckige Klammern ein Zeiger auf das erste Array-Element ist, so dass man die zweite Zeile auch wie folgt formulieren kann:

```
z_teil = daten;
```

Damit haben Sie jetzt ein Array mit Strukturelementen des Typs `teil` und einen Zeiger auf das erste Array-Element (das heißt, die erste Struktur im Array). Jetzt können Sie zum Beispiel mit der folgenden Anweisung den Inhalt des ersten Elements ausgeben:

```
printf("%d %s", z_teil->zahl, z_teil->name);
```

Und wie gehen Sie vor, wenn Sie alle Array-Elemente ausgeben wollen? Wahrscheinlich schreiben Sie eine `for`-Schleife und geben bei jedem Durchgang der Schleife ein Array-Element aus. Um mithilfe der Zeigernotation auf die Elemente zuzugreifen, müssen Sie den Zeiger `z_teil` so inkrementieren, dass er bei jedem Durchlauf der Schleife auf das nächste Array-Element zeigt (das heißt, die nächste Struktur im Array). Die Frage ist nur, wie?

Abhilfe schafft in diesem Fall die Zeigerarithmetik von C. Der unäre Inkrementoperator (++) hat in Kombination mit einem Zeiger – dank der Regeln der Zeigerarithmetik – eine besondere Bedeutung. Diese besagt »inkrementiere den Zeiger um die Größe des

Objekts, auf das der Zeiger zeigt«. Anders ausgedrückt: Wenn Sie einen Zeiger `zgr` haben, der auf ein Datenobjekt vom Typ `obj` zeigt, hat die Anweisung

```
zgr++;
```

die gleiche Wirkung wie

```
zgr += sizeof(obj);
```

Dieser Aspekt der Zeigerarithmetik ist besonders für Arrays wichtig, da Array-Elemente sequenziell im Speicher abgelegt werden. Wenn ein Zeiger auf das Array-Element `n` zeigt, dann zeigt der Zeiger nach der Inkrementierung mittels des (++)-Operators auf das Element `n+1`. Als Beispiel zeigt Abbildung 11.6 ein Array `x[]` mit Elementen zu je 4 Bytes (beispielsweise Strukturen mit zwei Elementen vom Typ `short`, der üblicherweise 2 Bytes umfasst). Nach der Initialisierung zeigt der Zeiger `zgr` auf `x[0]` und nach jeder Inkrementierung auf das jeweils nächste Array-Element.

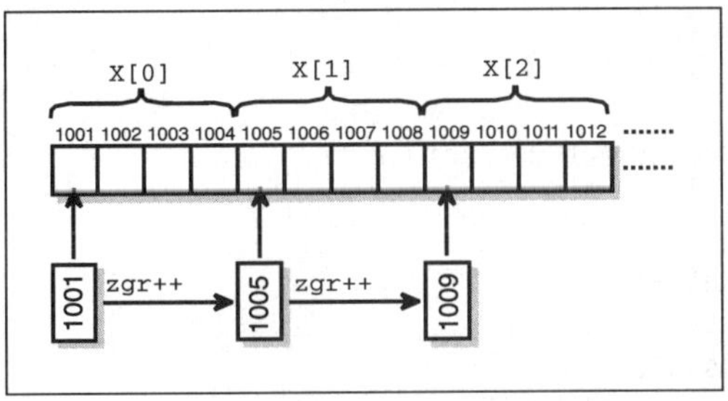

Abbildung 11.6: Mit jeder Inkrementierung rückt der Zeiger um ein Array-Element weiter

Dies bedeutet, dass Ihr Programm ein Array von Strukturen (oder ein Array eines beliebigen anderen Datentyps) durchlaufen kann, indem es einen Zeiger inkrementiert. Diese Art der Notation ist normalerweise leichter und kürzer als die Verwendung von Array-Indizes für die gleiche Aufgabe. Listing 11.4 demonstriert, wie das geht.

Listing 11.4: Zugriff auf sequenzielle Array-Elemente durch Inkrementierung eines Zeigers

```
/* Beispiel für den Durchlauf eines Arrays von Strukturen  */
/* mithilfe der Zeiger-Notation. */

#include <stdio.h>

#define MAX 4

/* Definiert eine Struktur und deklariert und initialisiert */
/* dann ein Array mit 4 Elementen der Strukturen. */

struct teil {
```

```
12:     int zahl;
13:     char name[10];
14: } daten[MAX] = { {1, "Schmidt"},
15:                  {2, "Meier"},
16:                  {3, "Adams"},
17:                  {4, "Walter"}
18:                };
19:
20: /* Deklariert einen Zeiger auf den Typ teil und eine Zähler-Variable. */
21:
22: struct teil *z_teil;
23: int count;
24:
25: int main()
26: {
27:     /* Initialisiert den Zeiger mit dem ersten Array-Element. */
28:
29:     z_teil = daten;
30:
31:     /* Durchläuft das Array und inkrementiert den Zeiger */
32:     /* mit jeder Iteration */
33:
34:     for (count = 0; count < MAX; count++)
35:     {
36:         printf("An Adresse %lu: %d %s\n",
37:                (unsigned long)z_teil, z_teil->zahl,
38:                 z_teil->name);
39:         z_teil++;
40:     }
41:
42:     return 0;
43: }
```

```
An Adresse 134517984: 1 Brand
An Adresse 134518000: 2 Meier
An Adresse 134518016: 3 Adams
An Adresse 134518032: 4 Walter
```

Zuerst deklariert und initialisiert dieses Programm ein Array von `teil`-Strukturen, das den Namen `daten` erhält (Zeilen 11 bis 18). Achten Sie darauf, dass jede Struktur in der Array-Initialisierung von einem Paar geschweifter Klammern umschlossen sein muss. Danach definiert Zeile 22 einen Zeiger namens `z_teil`, der auf die Struktur `daten` zeigen soll. Die erste Aufgabe der Funktion `main` besteht darin, in Zeile 29 den Zeiger `z_teil` auf das erste `teil` -Strukturelement in `daten` zu setzen. Anschließend geben die Anweisungen der `for`-Schleife in den Zeilen 34 bis 39 alle Elemente aus. Die `for`-Anweisung inkrementiert den Zeiger auf das Array bei jedem Durchlauf. Gleichzeitig gibt das Programm zu jedem Element die Adresse aus.

Schauen Sie sich die Adressen einmal genauer an. Die tatsächlichen Werte sehen auf Ihrem System sicherlich anders aus, aber die Inkrementierung sollte mit der gleichen Schrittweite erfolgen. In diesem Fall besteht die Struktur aus einem `int` (4 Bytes) und einem Array von 10 Zeichen namens `char`, was zusammen 14 Bytes ergibt. Wo kommen die zusätzlichen 2 Bytes her? Der C-Compiler versucht den Speicher so aufzuteilen, dass die CPU schnell und möglichst effizient auf die Daten zugreifen kann. Die CPU bevorzugt für die Speicherung von (4 Bytes langen) `int`-Variablen Speicheradressen, die durch vier teilbar sind. Deshalb werden zwischen Strukturen von 14 Bytes zwei Füllbytes untergebracht, so dass die nachfolgenden Strukturelemente wieder an 4-Byte-Grenzen ausgerichtet sind.

Strukturen als Argumente an Funktionen übergeben

Wie Variablen anderer Datentypen kann man auch Strukturen als Funktionsargumente übergeben. Listing 11.5 – eine Neufassung von Listing 11.2 – zeigt dazu ein Beispiel. Das Programm in Listing 11.5 gibt die Daten mithilfe einer eigenen Funktion auf den Bildschirm aus. Dagegen sind die diesbezüglichen Anweisungen in Listing 11.2 Teil von `main`.

Listing 11.5: Eine Struktur als Funktionsargument übergeben

```
/* Beispiel für die Übergabe einer Struktur als Argument. */

#include <stdio.h>

/* Deklariert und definiert eine Struktur zur Aufnahme der Daten. */

struct daten {
    float betrag;
    char vname[30];
    char nname[30];
} rec;

/* Der Funktionsprototyp. Die Funktion hat keinen Rückgabewert */
/* und übernimmt eine Struktur vom Typ daten als einziges Argument. */

void ausgabe(struct daten x);

```

```
18: int main(void)
19: {
20:     /* Eingabe der Daten über die Tastatur. */
21:
22:     printf("Geben Sie den Vor- und Nachnamen des Spenders,\n");
23:     printf("getrennt durch ein Leerzeichen, ein: ");
24:     scanf("%s %s", rec.vname, rec.nname);
25:
26:     printf("\nGeben Sie die Höhe der Spende ein: ");
27:     scanf("%f", &rec.betrag);
28:
29:     /* Aufruf der Funktion zur Ausgabe. */
30:     ausgabe( rec );
31:
32:     return 0;
33: }
34: void ausgabe(struct daten x)
35: {
36:     printf("\nSpender %s %s gab %.2f DM.\n", x.vname, x.nname,
37:             x.betrag);
38: }
```

```
Geben Sie den Vor- und Nachnamen des Spenders,
getrennt durch ein Leerzeichen, ein: Bradley Jones

Geben Sie die Höhe der Spende ein: 1000.00

Spender Bradley Jones gab 1000.00 DM.
```

In Zeile 16 finden Sie den Funktionsprototyp für die Funktion, die die Struktur als Argument übernehmen soll. Wie bei allen anderen Datentypen auch müssen Sie die korrekten Parameter deklarieren. In diesem Fall ist es eine Struktur des Typs `daten`. Zeile 34 wiederholt dies im Funktions-Header. Wenn Sie die Funktion aufrufen, müssen Sie nur den Namen der Strukturinstanz – hier `rec` (Zeile 30) – übergeben. Das ist schon alles. Die Übergabe einer Struktur an eine Funktion unterscheidet sich nicht sehr von der einer einfachen Variablen.

Eine Struktur können Sie an eine Funktion auch über die Adresse der Struktur (das heißt, einen Zeiger auf die Struktur) übergeben. Tatsächlich war dies in älteren Versionen von C die einzige Möglichkeit, um eine Struktur als Argument zu übergeben. Heutzutage ist das nicht mehr nötig, aber Sie können immer noch auf ältere Programme stoßen, die diese Methode verwenden. Wenn Sie einen Zeiger auf eine Struktur als Argument übergeben, müssen Sie allerdings mit dem Elementverweis-Operator (->) arbeiten, um in der Funktion auf die Elemente der Struktur zuzugreifen.

Was Sie tun sollten	Was nicht
Nutzen Sie die Vorteile, die die Deklaration von Zeigern auf Strukturen bietet – insbesondere wenn Sie Arrays von Strukturen verwenden. Verwenden Sie den Elementverweis-Operator (->), wenn Sie mit Zeigern auf Strukturen arbeiten.	Verwechseln Sie Arrays nicht mit Strukturen. Vergessen Sie bei der Inkrementierung eines Zeigers nicht, dass ihn die Zeigerarithmetik um einen Betrag entsprechend der Größe der Daten, auf die er gerade zeigt, verschiebt. Im Fall eines Zeiger auf eine Struktur ist dies die Größe der Struktur.

Unions

Unions sind Strukturen sehr ähnlich. Eine Union deklariert und verwendet man genauso wie eine Struktur. Der einzige Unterschied liegt darin, dass man in einer Union immer nur eines der deklarierten Elemente zu einem bestimmten Zeitpunkt verwenden kann. Das hat einen einfachen Grund: Alle Elemente einer Union belegen denselben Speicherbereich – sie liegen quasi übereinander.

Unions definieren, deklarieren und initialisieren

Unions deklariert und definiert man auf die gleiche Art und Weise wie Strukturen, außer dass man anstelle des Schlüsselwortes `struct` das Schlüsselwort `union` verwendet. Zum Beispiel definiert die folgende Anweisung eine einfache Union, die eine `char`-Variable und eine Integer-Variable enthält:

```
union shared {
    char c;
    int i;
};
```

Mit dieser Union namens `shared` kann man Instanzen einer Union erzeugen, die entweder einen Zeichenwert `c` oder einen Integer-Wert `i` aufnehmen. Dabei handelt es sich um eine ODER-Bedingung. Im Gegensatz zu einer Struktur, die beide Werte aufnimmt, kann die Union jeweils nur einen Wert enthalten. Abbildung 11.7 zeigt, wie die Union `shared` im Speicher angeordnet ist.

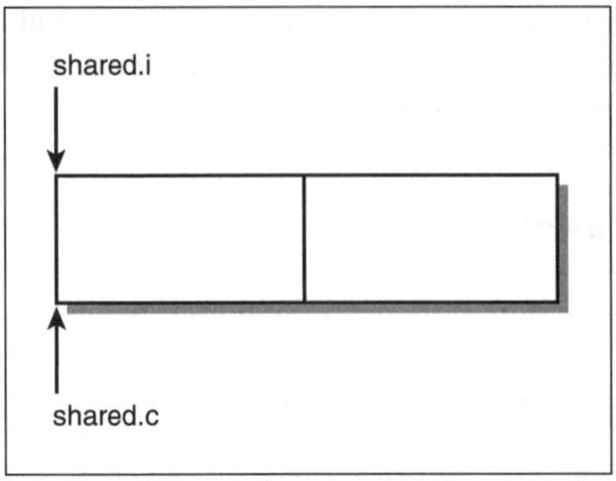

Abbildung 11.7: Eine Union kann jeweils nur einen Wert enthalten

Unions kann man bei ihrer Deklaration initialisieren. Da sich immer nur eines der Elemente verwenden lässt, kann man auch nur ein Element initialisieren und zwar – aus Gründen der Eindeutigkeit – nur das erste Element. Der folgende Code zeigt die Deklaration und Initialisierung einer Instanz der Union `shared`:

```
union shared generische_variable = {'@'};
```

Beachten Sie, dass die Union `generische_variable` genauso initialisiert wurde wie das erste Element einer Struktur.

Zugriff auf Union-Elemente

Auf die Elemente einer Union greift man genauso wie auf die Elemente einer Struktur zu – mit dem Punktoperator (.). Allerdings gibt es hier einen wichtigen Unterschied: Da eine Union ihre Elemente übereinander speichert, darf man nur jeweils ein Element zu einem bestimmten Zeitpunkt ansprechen. Listing 11.6 zeigt dazu ein Beispiel.

Listing 11.6: Ein Beispiel für die falsche Anwendung von Unions

```
/* Beispiel für den Zugriff auf mehr als ein Union-Element zur Zeit */
#include <stdio.h>

int main(void)
{
    union u_shared {
        char   c;
        int    i;
        long   l;
        float  f;
        double d;
    } shared;
```

```
13:
14:     shared.c = '$';
15:
16:     printf("\nchar c   = %c",  shared.c);
17:     printf("\nint i    = %d",  shared.i);
18:     printf("\nlong l   = %ld", shared.l);
19:     printf("\nfloat f  = %f",  shared.f);
20:     printf("\ndouble d = %f",  shared.d);
21:
22:     shared.d = 123456789.8765;
23:
24:     printf("\n\nchar c   = %c",  shared.c);
25:     printf("\nint i    = %d",  shared.i);
26:     printf("\nlong l   = %ld", shared.l);
27:     printf("\nfloat f  = %f",  shared.f);
28:     printf("\ndouble d = %f\n",  shared.d);
29:
30:     return 0;
31: }
```

Ausgabe

```
char c   = $
int i    = 36
long l   = 36
float f  = 0.000000
double d = -1.998047

char c   = 7
int i    = 1468107063
long l   = 1468107063
float f  = 284852666499072.000000
double d = 123456789.876500
```

Analyse

Die Zeilen 6 bis 12 definieren und deklarieren eine Union namens `shared`. Die Union `shared` enthält fünf Elemente von jeweils unterschiedlichem Datentyp. Die Zeilen 14 und 22 weisen verschiedenen Elementen von `shared` Anfangswerte zu. Die Zeilen 16 bis 20 und 24 bis 28 geben dann die Werte der einzelnen Elemente mit `printf`-Anweisungen aus.

Beachten Sie, dass mit Ausnahme von `char c = $` und `double d = 123456789.876500` die Ausgabe auf Ihrem Computer nicht gleichlautend sein muss. Weil Zeile 14 die Zeichenvariable `c` initialisiert, ist nur dieser Wert im weiteren Programmverlauf gültig. Ein anderes Element der Union dürfen Sie erst dann verwenden, nachdem Sie es initialisiert haben. Wenn das Programm also die anderen Elementvariablen der Union (`i`, `l`, `f` und `d`) in Zeile 16 bis 20 ausgibt, führt das zu unvorhersehbaren Ergebnissen. Zeile 22 legt einen Wert in der `double`-Variable `d` ab. Der in Zeile 14 an `c` zugewiesene Wert ist jetzt verloren, da ihn die Zuweisung des Anfangswertes an `d` in Zeile 22 überschrieben hat. Beachten Sie, dass auch hier wieder die Ausgabe der anderen Union-Elemente zu unvorhersehbaren Ergebnissen führt. Das Programm zeigt also, dass alle Elemente denselben Speicherplatz belegen.

Das Schlüsselwort union

Syntax

```
union name {
    union_element(e);
    /* hier stehen weitere Anweisungen */
}instanz;
```

Unions deklariert man mit dem Schlüsselwort `union`. Eine Union ist eine Sammlung von einer oder mehreren Variablen (`union_elemente`), die unter einem Namen zusammengefasst sind. Darüber hinaus belegen alle Union-Elemente denselben Speicherplatz.

Auf das Schlüsselwort `union`, das die Definition der Union einleitet, folgt der Name der Union. An den Namen schließt sich in geschweiften Klammern die Liste der Union-Elemente an. Gleichzeitig kann man eine *Instanz*, d.h. eine Union-Variable, deklarieren. Wenn Sie eine Union ohne Instanz definieren, erhalten Sie nur eine Schablone, die Sie später in einem Programm verwenden können, um Union-Variablen zu deklarieren. Das Format einer Schablone sieht folgendermaßen aus:

```
union name {
    union_element(e);
    /* hier stehen weitere Anweisungen */
};
```

Um auf der Grundlage der Schablone Instanzen zu deklarieren, verwenden Sie folgende Syntax:

```
union name instanz;
```

Dies Format setzt allerdings voraus, dass Sie bereits eine Union mit dem angegebenen Namen definiert haben.

Beispiel 1

```
/* Deklariert eine Unionschablone namens meine_union */
union meine_union {
    int nbr;
```

```
    char zeichen;
};
/* Nutzen der Unionschablone */
union meine_union beliebig_variable;
```

Beispiel 2

```
/* Deklariert eine Union zusammen mit einer Instanz */
union generischer_typ {
    char c;
    int i;
    float f;
    double d;
} generisch;
```

Beispiel 3

```
/* Initialisiert eine Union. */
union u_datum {
    char volles_datum[9];
    struct s_datum {
        char monat[2];
        char trennwert1;
        char tag[2];
        char trennwert2;
        char jahr[2];
    } teil_datum;
}datum = {"01.01.00"};
```

Das Beispiel in Listing 11.7 ist näher an der Praxis orientiert. Es ist zwar noch sehr einfach, beschreibt aber einen typischen Einsatzbereich einer Union.

Listing 11.7: Praxisnaher Einsatz einer Union

```
/* Typische Verwendung einer Union */

#include <stdio.h>

#define CHARACTER   'C'
#define INTEGER     'I'
#define FLOAT       'F'

struct s_generisch{
    char typ;
    union u_shared {
        char   c;
        int    i;
        float  f;
```

```
    } shared;
};

void ausgabe( struct s_generisch generisch );

int main(void)
{
    struct s_generisch var;

    var.typ = CHARACTER;
    var.shared.c = '$';
    ausgabe( var );

    var.typ = FLOAT;
    var.shared.f = (float) 12345.67890;
    ausgabe( var );

    var.typ = 'x';
    var.shared.i = 111;
    ausgabe( var );
    return 0;
}
void ausgabe( struct s_generisch generisch )
{
    printf("\nDer generische Wert ist...");
    switch( generisch.typ )
    {
        case CHARACTER: printf("%c\n",  generisch.shared.c);
                        break;
        case INTEGER:   printf("%d\n",  generisch.shared.i);
                        break;
        case FLOAT:     printf("%f\n",  generisch.shared.f);
                        break;
        default:        printf("Typ unbekannt: %c\n",
                                generisch.typ);
                        break;
    }
}
```

Ausgabe

```
Der generische Wert ist...$

Der generische Wert ist...12345.678711

Der generische Wert ist...Typ unbekannt: x
```

Dieses Programm gibt ein einfaches Beispiel für den Einsatz einer Union. Das Programm ist in der Lage, Variablen unterschiedlicher Datentypen an einer Speicherstelle abzulegen. Die Struktur `s_generisch` ermöglicht es, ein Zeichen, einen Integer oder eine Gleitkommazahl im selben Bereich zu speichern. Dieser Bereich ist eine Union, die den Namen `u_shared` trägt und sich genauso verhält wie die Union in Listing 11.6. Beachten Sie, dass die Struktur `s_generisch` ein zusätzliches Element namens `typ` deklariert. Dieses Element nimmt Informationen zum Typ der in `u_shared` enthaltenen Variablen auf. Die Auswertung von `typ` in einer `switch`-Anweisung verhindert, dass das Programm nicht initialisierte Werte der Union `shared` verwendet und fehlerhafte Daten – wie in Listing 11.6 – ausgibt.

Das Programm definiert in den Zeilen 5, 6 und 7 die Konstanten `CHARACTER`, `INTEGER` und `FLOAT`, um das Programm verständlicher formulieren zu können. Die Zeilen 9 bis 16 definieren die Struktur `s_generisch`. Zeile 18 enthält den Prototyp der Funktion `ausgabe`. In Zeile 22 wird die Strukturvariable `var` deklariert und in den Zeilen 24 und 25 mit einem Zeichenwert initialisiert. Ein Aufruf von `ausgabe` in Zeile 26 gibt den Wert aus. Die Zeilen 28 bis 30 und 32 bis 34 wiederholen diesen Vorgang für andere Werte.

Die Funktion `ausgabe` ist das Kernstück dieses Listings. Im Programm gibt diese Funktion den Wert einer `s_generisch`-Variablen aus. Mit einer ähnlich aufgebauten Funktion könnte man die Union auch initialisieren. Die Funktion `ausgabe` prüft den Inhalt des Elements `typ` und gibt dann den Inhalt der Union als Wert des gefundenen Variablentyps aus. Dadurch lassen sich fehlerhafte Ausgaben wie in Listing 11.6 vermeiden.

Was Sie tun sollten	Was nicht
Merken Sie sich, welches Union-Element gerade gültig ist. Wenn Sie ein Element des einen Typs initialisieren und dann versuchen, einen anderen Typ auszulesen, sind die Ergebnisse nicht mehr vorhersehbar.	Versuchen Sie nicht, mehr als das erste Union-Element zu initialisieren. Vergessen Sie nicht, dass die Größe einer Union gleich dem größten Element ist.

Mit typedef Synonyme für Strukturen definieren

Mit dem Schlüsselwort `typedef` können Sie ein Synonym für eine Struktur oder einen Union-Typ erzeugen. Die folgende Anweisung definiert zum Beispiel `koord` als Synonym für die angegebene Struktur:

```
typedef struct {
    int x;
    int y;
} koord;
```

Instanzen dieser Struktur können Sie dann mit dem `koord`-Bezeichner deklarieren:

```
koord obenlinks, untenrechts;
```

Beachten Sie, dass sich `typedef` von einem Strukturnamen, wie ihn diese Lektion weiter vorn beschrieben hat, unterscheidet. In der Anweisung

```
struct koord {
    int x;
    int y;
};
```

ist der Bezeichner `koord` der Name der Struktur. Sie können den Namen zur Deklaration von Instanzen der Struktur verwenden, müssen aber im Gegensatz zu `typedef` das Schlüsselwort `struct` voranstellen:

```
struct koord obenlinks, untenrechts;
```

Es macht eigentlich keinen großen Unterschied, ob Sie Strukturvariablen mit `typedef` oder dem Strukturnamen deklarieren. Durch `typedef` erhalten Sie etwas kürzeren Code, da Sie auf das Schlüsselwort `struct` verzichten können. Andererseits macht gerade das Schlüsselwort `struct` in Verbindung mit dem Strukturnamen deutlich, das hier eine Strukturvariable deklariert wird.

Zusammenfassung

Die heutige Lektion hat Ihnen gezeigt, wie sich Strukturen einsetzen lassen – ein Datentyp, den Sie individuell den Bedürfnissen Ihres Programms anpassen können. Strukturen können Elemente jedes beliebigen C-Datentyps und auch Zeiger, Arrays und sogar andere Strukturen enthalten. Der Zugriff auf die einzelnen Datenelemente einer Struktur erfolgt über den Punktoperator (.), der zwischen den Strukturnamen und den Elementnamen zu setzen ist. Strukturen kann man sowohl einzeln als auch in Arrays verwenden.

Unions sind den Strukturen sehr ähnlich. Der Hauptunterschied besteht darin, dass eine Union alle ihre Elemente im selben Speicherbereich ablegt. Dies hat zur Folge, dass man immer nur ein Element der Union zu einem bestimmten Zeitpunkt nutzen kann.

Fragen und Antworten

F Gibt es Gründe, eine Struktur ohne eine Instanz zu deklarieren?

A *Heute haben Sie drei Methoden kennen gelernt, eine Struktur zu deklarieren: Strukturrumpf, Name und Instanz können Sie auf einmal deklarieren oder Sie deklarieren einen Strukturrumpf und eine Instanz, aber keinen Strukturnamen. Die dritte Möglichkeit besteht darin, die Struktur und den Namen ohne eine Instanz zu deklarieren. Die Instanz lässt sich später mit dem Schlüsselwort* `struct`, *dem Strukturnamen und einem Namen für die Instanz »nachdeklarieren«. Unter Programmierern ist es allgemein üblich, entweder die zweite oder dritte Variante anzuwenden. Viele Programmierer deklarieren nur den Strukturrumpf und den Namen. Die Instanzen legen sie dann später im Programm bei Bedarf an. Tag 12 widmet sich den Gültigkeitsbereichen von Variablen. Diese Regeln gelten auch für Instanzen, hingegen nicht für den Strukturnamen oder den Strukturrumpf.*

F Was wird in der Praxis häufiger verwendet: `typedef` oder der Strukturname?

A *Viele Programmierer verwenden* `typedef`, *um ihren Code verständlicher zu gestalten. In der Praxis ist der Unterschied allerdings gering. Kommerziell angebotene Bibliotheken verwenden hauptsächlich* `typedef`, *um das jeweilige Produkt eindeutig zu kennzeichnen. Das gilt insbesondere für Datenbankbibliotheken.*

F Kann ich eine Struktur mit dem Zuweisungsoperator einer anderen Struktur zuweisen?

A *Ja und Nein. Neuere C-Compiler erlauben die Zuweisung einer Struktur an eine andere. Dagegen müssen Sie bei älteren C-Versionen unter Umständen sogar jedes Element der Struktur einzeln zuweisen. Das Gleiche gilt auch für Unions.*

F Wie groß ist eine Union?

A *Da jedes Element einer Union an ein und derselben Speicherstelle steht, ist der von der Union belegte Speicherplatz gleich dem Platz, den ihr größtes Element beansprucht.*

Workshop

Die Kontrollfragen im Workshop sollen Ihnen helfen, die neu erworbenen Kenntnisse zu den behandelten Themen zu festigen. Die Übungen geben Ihnen die Möglichkeit, praktische Erfahrungen mit dem gelernten Stoff zu sammeln. Die Antworten zu den Kontrollfragen und Übungen finden Sie im Anhang F.

Kontrollfragen

1. Worin unterscheidet sich eine Struktur von einem Array?
2. Was versteht man unter einem Punktoperator und wozu dient er?
3. Wie lautet das Schlüsselwort, mit dem man in C eine Struktur erzeugt?
4. Was ist der Unterschied zwischen einem Strukturnamen und einer Strukturinstanz?
5. Was geschieht im folgenden Codefragment?

```
struct adresse {
    char name[31];
    char adr1[31];
    char adr2[31];
    char stadt[11];
    char staat[3];
    char plz[11];
} meineadresse = { "Bradley Jones",
                "RTSoftware",
                "P.O. Box 1213",
                "Carmel", "IN", "46082-1213"};
```

6. Nehmen wir, Sie haben ein Array von Strukturen deklariert und einen Zeiger `zgr` auf das erste Array-Element (das heißt das erste Strukturelement im Array) gesetzt. Wie ändern Sie `zgr`, damit er auf das zweite Array-Element zeigt?

Übungen

1. Schreiben Sie Code, der eine Struktur namens `zeit` mit drei `int`-Elementen definiert.
2. Schreiben Sie Code, der zum einen eine Struktur namens `daten` mit einem Element vom Typ `int` und zwei Elementen vom Typ `float` definiert und zum anderen eine Instanz namens `info` vom Typ `daten` deklariert.
3. Fahren Sie mit Übung 2 fort und weisen Sie dem Integer-Element der Struktur `info` den Wert `100` zu.

4. Deklarieren und initialisieren Sie einen Zeiger auf `info`.
5. Fahren Sie mit Übung 4 fort und demonstrieren Sie zwei Möglichkeiten, wie man dem ersten `float`-Element von `info` nach der Zeigernotation den Wert `5.5` zuweisen kann.
6. Definieren Sie einen Strukturtyp namens `daten`, der einen einzigen String von maximal 20 Zeichen enthalten kann.
7. Erzeugen Sie eine Struktur, die fünf Strings enthält: `adresse1`, `adresse2`, `stadt`, `staat` und `plz`. Erzeugen Sie mit `typedef` ein Synonym namens `DATENSATZ`, mit dem sich Instanzen dieser Struktur anlegen lassen.
8. Verwenden Sie das `typedef`-Synonym aus Übung 7 und initialisieren Sie ein Element namens `meineadresse`.
9. **FEHLERSUCHE:** Was ist falsch an folgendem Code?

```
struct {
    char tierkreiszeichen[21];
    int monat;
} zeichen = "Löwe", 8;
```

10. **FEHLERSUCHE:** Was ist falsch an folgendem Code?

```
/* eine Union einrichten */
union daten{
    char ein_wort[4];
    long eine_zahl;
}generische_variable = { "WOW", 1000 };
```

12

Gültigkeitsbereiche von Variablen

Woche 2

Tag 5 hat gezeigt, dass sich die innerhalb und außerhalb von Funktionen definierten Variablen voneinander unterscheiden. Ohne es zu wissen, haben Sie dabei bereits das Konzept des *Gültigkeitsbereichs von Variablen* kennen gelernt. Dieses Konzept spielt in der C-Programmierung eine wichtige Rolle. Heute lernen Sie

- was man unter dem Gültigkeitsbereich von Variablen versteht und warum er so wichtig ist,
- was globale Variablen sind und warum man sie vermeiden sollte,
- welche Feinheiten bei lokalen Variablen zu beachten sind,
- worin sich statische und automatische Variablen unterscheiden,
- in welcher Beziehung lokale Variablen und Blöcke stehen,
- wie man eine Speicherklasse auswählt.

Was ist ein Gültigkeitsbereich?

Neuer Begriff

Als *Gültigkeitsbereich* einer Variablen bezeichnet man den Codeabschnitt, in dem man auf die Variable zugreifen kann – anders ausgedrückt, ein Abschnitt, in dem die Variable *sichtbar* ist. In C sind die Formulierungen »*die Variable ist sichtbar*« und »*man kann auf die Variable zugreifen*« gleichbedeutend. Das Konzept der Gültigkeitsbereiche gilt für alle Arten von Variablen – einfache Variablen, Arrays, Strukturen, Zeiger etc. – sowie für die symbolischen Konstanten, die Sie mit dem Schlüsselwort `const` definieren.

Neuer Begriff

Der Gültigkeitsbereich legt auch die *Lebensdauer* einer Variablen fest, d.h., wie lange eine Variable im Speicher existiert oder – anders ausgedrückt – wann ein Programm den Speicher für eine Variable reserviert und freigibt. Bevor es im Detail um Sichtbarkeit und Gültigkeitsbereiche geht, soll ein einführendes Beispiel den Sachverhalt verdeutlichen.

Den Gültigkeitsbereichen nachgespürt

Das Programm in Listing 12.1 definiert in Zeile 5 die Variable `x`, gibt in Zeile 11 mit `printf` den Wert von `x` aus und ruft dann die Funktion `wert_ausgeben` auf, um den Wert von `x` erneut anzuzeigen. Den Wert von `x` erhält die Funktion `wert_ausgeben` allerdings nicht als Argument. Die Funktion übernimmt einfach die Variable `x` und reicht sie als Argument an `printf` in Zeile 19 weiter.

Listing 12.1: Innerhalb der Funktion** `wert_ausgeben()` **kann man auf die Variable x zugreifen

```
/* Beispiel zur Illustration von Gültigkeitsbereichen. */

#include <stdio.h>

int x = 999;

void wert_ausgeben(void);

int main(void)
{
    printf("%d\n", x);
    wert_ausgeben();

    return 0;
}

void wert_ausgeben(void)
{
    printf("%d\n", x);
}
```

```
999
999
```

Das Programm lässt sich ohne Probleme kompilieren und ausführen. Im Folgenden nehmen wir eine kleine Änderung an diesem Programm vor und verschieben die Definition der Variablen `x` in die Funktion `main`. Den abgeänderten Quellcode mit der Definition von `x` in Zeile 9 sehen Sie in Listing 12.2.

Listing 12.2: Innerhalb der Funktion wert_ausgeben kann nicht auf die Variable x zugegriffen worden

```
1:  /* Demonstriert Gültigkeitsbereiche von Variablen. */
2:
3:  #include <stdio.h>
4:
5:  void wert_ausgeben(void);
6:
7:  int main(void)
```

```
8: {
9:     int x = 999;
10:
11:     printf("%d\n", x);
12:     wert_ausgeben();
13:
14:     return 0;
15: }
16:
17: void wert_ausgeben(void)
18: {
19:     printf("%d\n", x);
20: }
```

Wenn Sie versuchen, Listing 12.2 zu kompilieren, erzeugt der Compiler eine Fehlermeldung, die in etwa folgenden Wortlaut hat:

```
l1202.cpp(19) : error C2065: 'x' : nichtdeklarierter Bezeichner
```

In einer Fehlermeldung gibt die Zahl in Klammern die Programmzeile an, in der der Fehler aufgetreten ist. In unserem Beispiel ist das die Zeile 19 mit dem `printf`-Aufruf in der Funktion `wert_ausgeben`.

Diese Fehlermeldung teilt Ihnen mit, dass die Variable `x` in der Funktion `wert_ausgeben()` in Zeile 19 nicht deklariert oder, mit anderen Worten, nicht sichtbar ist. Beachten Sie jedoch, dass der Aufruf von `printf` in Zeile 11 keine Fehlermeldung ausgelöst hat. In diesem Teil des Programms – außerhalb von `wert_ausgeben` – ist die Variable `x` sichtbar.

Der einzige Unterschied zwischen den Listing 12.1 und 12.2 ist die Position, an der die Variable `x` definiert wird. Durch die Verschiebung der Definition von `x` ändern Sie den Gültigkeitsbereich der Variablen. Die Variable `x` ist in Listing 12.1 außerhalb von `main` definiert und deshalb eine *globale Variable*, deren Gültigkeitsbereich das gesamte Programm ist. Auf diese Variable kann man sowohl in der Funktion `main` als auch in der Funktion `wert_ausgeben` zugreifen. Dagegen ist die Variable `x` in Listing 12.2 innerhalb einer Funktion – hier `main` – definiert und deshalb eine *lokale Variable*, deren Gültigkeitsbereich auf die Funktion beschränkt bleibt, in der sie deklariert wurde (in unserem Beispiel `main`). Aus diesem Grunde existiert `x` für `wert_ausgeben` nicht und der Compiler erzeugt eine Fehlermeldung. Später in dieser Lektion erfahren Sie mehr zu lokalen und globalen Variablen, zuerst aber sollen Sie verstehen, warum Gültigkeitsbereiche so wichtig sind.

Warum sind Gültigkeitsbereiche so wichtig?

Um die Bedeutung der Gültigkeitsbereiche von Variablen zu verstehen, sollten Sie sich noch einmal die Erläuterungen zur strukturierten Programmierung von Tag 5 ins Gedächtnis rufen. Der strukturierte Ansatz gliedert das Programm in unabhängige Funktionen, die jeweils bestimmte Aufgaben ausführen. Dabei liegt die Betonung auf *unabhängig*. Echte Unabhängigkeit setzt allerdings voraus, dass die Variablen jeder Funktion gegenüber möglichen Einwirkungen durch Code in anderen Funktionen abgeschirmt sind. Nur dadurch, dass Sie die Daten der einzelnen Funktionen voneinander getrennt halten, können Sie sicherstellen, dass die Funktionen ihre jeweiligen Aufgaben bewältigen, ohne dass ihnen andere Teile des Programms in die Quere kommen. Indem Sie Variablen innerhalb von Funktionen definieren, können Sie die Variablen vor den anderen Teilen des Programms »verstecken«.

Eine vollständige Datenisolierung zwischen den Funktionen ist allerdings auch nicht immer erstrebenswert. Die Gültigkeitsbereiche bieten dem Programmierer ein Instrument, mit dem er den Grad der Isolierung beeinflussen kann.

Globale Variablen

Neuer Begriff

Eine *globale Variable* ist außerhalb aller Funktionen – d.h. auch außerhalb von `main` – definiert. Die bisher vorgestellten Beispielprogramme haben größtenteils globale Variablen verwendet und diese im Quellcode vor der Funktion `main` definiert. Man bezeichnet globale Variablen auch als *externe Variablen*.

Hinweis

Wenn Sie eine globale Variable bei der Definition nicht explizit initialisieren (der Variablen einen Anfangswert zuweisen), initialisiert sie der Compiler mit dem Wert `0`.

Der Gültigkeitsbereich globaler Variablen

Der Gültigkeitsbereich einer globalen Variablen erstreckt sich über das ganze Programm. Das bedeutet, dass eine globale Variable für jede Funktion – einschließlich `main` – sichtbar ist. So ist zum Beispiel die Variable `x` in Listing 12.1 eine globale Variable. Wie Sie an diesem Programm gesehen haben, ist `x` in beiden Funktionen des Programms (`main` und `wert_ausgeben`) sichtbar und wäre es auch für alle weiteren Funktionen, die Sie dem Programm hinzufügen.

Die Aussage, dass sich der Gültigkeitsbereich globaler Variablen auf das gesamte Programm erstreckt, ist genau genommen nicht ganz korrekt. Vielmehr umfasst der Gültigkeitsbereich die Quelldatei, in der die Variablendefinition steht. Viele kleine bis mittlere C-Programme – und insbesondere die hier vorgestellten Beispielprogramme – bestehen aber nur aus einer einzelnen Datei. In diesem Fall sind die beiden Definitionen für den Gültigkeitsbereich identisch.

Es ist aber auch möglich, dass der Quellcode eines Programms auf mehrere Dateien aufgeteilt ist. Wie und warum man das macht, erfahren Sie am Tag 21. Dort lernen Sie auch, welche besonderen Maßnahmen für globale Variablen in diesen Situationen zu treffen sind.

Einsatzbereiche für globale Variablen

Die bisher gezeigten Beispielprogramme haben meistens mit globalen Variablen gearbeitet. In der Praxis sollte man auf globale Variablen möglichst verzichten. Denn mit globalen Variablen verletzt man das Prinzip der *modularen Unabhängigkeit*, den Dreh- und Angelpunkt der strukturierten Programmierung. Der modularen Unabhängigkeit liegt das Prinzip zu Grunde, dass jede Funktion (und jedes Modul) eines Programms den gesamten Code und alle Daten für die Erledigung ihrer Aufgabe enthält. Bei den relativ kleinen Programmen, die Sie bisher geschrieben haben, mag das vielleicht noch nicht so ins Gewicht fallen, aber mit zunehmend längeren und komplexeren Programmen kann ein übermäßiger Gebrauch von globalen Variablen zu Problemen führen.

Wann sollte man globale Variablen verwenden? Definieren Sie eine Variable nur dann als global, wenn alle oder zumindest die meisten Funktionen Ihres Programms auf die Variable zugreifen müssen. Symbolische Konstanten, die Sie mit dem Schlüsselwort `const` definieren, sind häufig gute Kandidaten für den globalen Status. Wenn nur einige Ihrer Funktionen Zugriff auf eine Variable benötigen, übergeben Sie die Variable der Funktion als Argument statt sie global zu definieren.

Das Schlüsselwort extern

Wenn eine Funktion eine globale Variable verwendet, ist es guter Programmierstil, die Variable innerhalb der Funktion mit dem Schlüsselwort `extern` zu deklarieren. Die Deklaration hat dann folgende Form:

```
extern typ name;
```

Dabei steht `typ` für den Variablentyp und `name` für den Variablennamen. Wenn Sie zum Beispiel in Listing 12.1 die Deklaration von `x` in die Funktionen `main` und `wert_ausgeben` aufnehmen, sieht das resultierende Programm wie in Listing 12.3 aus.

Listing 12.3: Die globale Variable x wird in den Funktionen main und wert_ausgeben als extern deklariert

```
1:  /* Beispiel für die Deklaration externer Variablen. */
2:
3:  #include <stdio.h>
4:
5:  int x = 999;
6:
7:  void wert_ausgeben(void);
8:
9:  int main(void)
10: {
11:     extern int x;
12:
13:     printf("%d\n", x);
14:     wert_ausgeben();
15:
16:     return 0;
17: }
18:
19: void wert_ausgeben(void)
20: {
21:     extern int x;
22:     printf("%d\n", x);
23: }
```

Ausgabe

```
999
999
```

Analyse

Dieses Programm gibt den Wert von `x` zweimal aus. Zuerst in Zeile 13 als Teil von `main` und dann in Zeile 22 als Teil von `wert_ausgeben`. Zeile 5 definiert `x` als Variable vom Typ `int` mit dem Wert 999. Die Zeilen 11 und 21 deklarieren `x` als `extern int`. Beachten Sie den Unterschied zwischen einer Variablendefinition, die Speicher für die Variable reserviert, und einer Deklaration als `extern`. Letztere besagt: »Diese Funktion verwendet eine globale Variable, deren Typ und Name an einer anderen Stelle im Programm definiert sind.« In diesem Fall ist die `extern`-Deklaration eigentlich nicht erforderlich – das Programm lässt sich auch ohne die Zeilen 11 und 21 ausführen. Steht jedoch die Funktion `wert_ausgeben` in einem andere Codemodul (einer anderen Quelldatei) als die globale Deklaration der Variablen `x` (in Zeile 5), dann ist auch die Deklaration mit `extern` notwendig.

Lokale Variablen

Neuer Begriff

Eine *lokale Variable* ist innerhalb einer Funktion definiert. Der Gültigkeitsbereich einer lokalen Variablen beschränkt sich auf die Funktion, in der die Variable definiert ist. Tag 5 hat lokale Variablen bereits beschrieben – einschließlich ihrer Definition und ihrer Vorteile. Lokale Variablen initialisiert der Compiler nicht automatisch mit `0`. Wenn Sie lokale Variablen nicht bei der Definition initialisieren, erhalten sie einen undefinierten oder »unbrauchbaren« Wert. Lokalen Variablen müssen Sie also explizit einen Wert zuweisen, bevor Sie sie das erste Mal verwenden.

Variablen können auch lokal zur Funktion `main` sein, wie Sie es in Listing 12.2 gesehen haben. Dort ist die Variable `x` innerhalb von `main` definiert, und beim Kompilieren und Ausführen des Programms können Sie feststellen, dass sie auch nur innerhalb von `main` sichtbar ist.

Was Sie tun sollten	Was nicht
Verwenden Sie lokale Variablen für Programmelemente wie Schleifenzähler oder ähnliche Aufgaben. Verwenden Sie lokale Variablen, um deren Werte vom übrigen Programm zu isolieren.	Verzichten Sie auf globale Variablen, sofern diese nicht für einen großen Teil der Funktionen eines Programms erforderlich sind.

Statische und automatische Variablen

Lokale Variablen sind standardmäßig *automatisch*. Das bedeutet, dass ein Programm die lokalen Variablen bei jedem Aufruf der Funktion neu anlegt und beim Verlassen der Funktion wieder zerstört. Demnach behalten automatische Variablen zwischen den einzelnen Aufrufen der Funktion, in der sie definiert sind, ihre Werte nicht bei.

Nehmen wir an, Ihr Programm enthält eine Funktion mit einer lokalen Variablen `x`. Weiterhin sei angenommen, dass die Funktion beim ersten Aufruf der Variablen `x` den Wert `100` zuweist. Die Programmausführung springt nun wieder zum aufrufenden Programm zurück und das Programm ruft die Funktion im weiteren Verlauf erneut auf. Enthält die Variable `x` jetzt immer noch den Wert `100`? Nein. Das Programm hat die erste Instanz der Variablen `x` verworfen, als die Funktion zum Aufrufer zurückgekehrt ist. Beim erneuten Aufruf der Funktion erzeugt das Programm eine neue Instanz von `x`. Das alte `x` existiert nicht mehr.

Manchmal muss eine Funktion jedoch den Wert einer lokalen Variablen zwischen den einzelnen Aufrufen beibehalten. Zum Beispiel muss sich eine Druckfunktion die Anzahl der bereits an den Drucker gesendeten Zeilen merken, um nach einer festgelegten Zeilenzahl den Wechsel zu einer neuen Seite veranlassen zu können. Damit eine lokale Variable ihren Wert zwischen den Aufrufen behält, müssen Sie sie mit dem Schlüsselwort `static` als ***statisch*** definieren. Zum Beispiel:

```
void funk1(int x)
{
    static int a;
    /* hier steht weiterer Code */
}
```

Listing 12.4 verdeutlicht den Unterschied zwischen automatischen und statischen lokalen Variablen.

Listing 12.4: Der Unterschied zwischen automatischen und statischen lokalen Variablen

```
/* Beispiel für automatische und statische Variablen. */
#include <stdio.h>
void funk1(void);
int main(void)
{
   int count;

   for (count = 0; count < 20; count++)
   {
        printf("In Durchlauf %d: ", count);
        funk1();
    }

    return 0;
}

void funk1(void)
{
    static int x = 0;
    int y = 0;

    printf("x = %d, y = %d\n", x++, y++);
}
```

Ausgabe

```
In Durchlauf 0: x = 0, y = 0
In Durchlauf 1: x = 1, y = 0
In Durchlauf 2: x = 2, y = 0
In Durchlauf 3: x = 3, y = 0
In Durchlauf 4: x = 4, y = 0
In Durchlauf 5: x = 5, y = 0
In Durchlauf 6: x = 6, y = 0
In Durchlauf 7: x = 7, y = 0
In Durchlauf 8: x = 8, y = 0
In Durchlauf 9: x = 9, y = 0
In Durchlauf 10: x = 10, y = 0
In Durchlauf 11: x = 11, y = 0
In Durchlauf 12: x = 12, y = 0
In Durchlauf 13: x = 13, y = 0
In Durchlauf 14: x = 14, y = 0
In Durchlauf 15: x = 15, y = 0
In Durchlauf 16: x = 16, y = 0
In Durchlauf 17: x = 17, y = 0
In Durchlauf 18: x = 18, y = 0
In Durchlauf 19: x = 19, y = 0
```

Analyse

Die Funktion `funk1` (Zeilen 17 bis 23) definiert und initialisiert eine statische und eine automatische lokale Variable. Bei jedem Aufruf gibt die Funktion beide Variablen auf dem Bildschirm aus und inkrementiert sie (Zeile 22). Die Funktion `main` in den Zeilen 4 bis 15 enthält eine `for`-Schleife (Zeilen 8 bis 12), die in jedem der 20 Durchläufe eine Meldung ausgibt (Zeile 10) und dann die Funktion `funk1` aufruft (Zeile 11).

Wie die Ausgabe zeigt, erhöht sich der Wert der statischen Variablen `x` bei jedem Durchlauf, da sie den aktuellen Wert zwischen den Aufrufen beibehält. Dagegen erhält die automatische Variable `y` bei jedem Aufruf der Funktion `funk1` wieder den Anfangswert `0`, so dass sich ihr Wert nicht erhöhen kann.

Das Programm demonstriert auch, dass die explizite Initialisierung – d.h. die Initialisierung der Variablen bei ihrer Definition – für statische und automatische Variablen unterschiedlich wirkt. Eine statische Variable erhält den spezifizierten Anfangswert nur beim ersten Aufruf der Funktion. Das Programm merkt sich diesen Wert und ignoriert die Anweisung zur Initialisierung bei folgenden Aufrufen der Funktion. Die Variable behält den Wert, der beim Rücksprung aus der Funktion aktuell ist. Einer automatischen Variablen weist die Funktion dagegen bei jedem Aufruf den festgelegten Anfangswert zu.

Bei eigenen Experimenten mit automatischen Variablen erhalten Sie unter Umständen Ergebnisse, die den hier angegebenen Regeln widersprechen. Zum Beispiel können Sie Listing 12.4 so abändern, dass die Funktion `funk1` ihre lokalen Variablen nicht mehr bei der Definition initialisiert. Die Funktion `funk1` in den Zeilen 17 bis 23 sieht dann wie folgt aus:

```
17: void funk1(void)
18: {
19:     static int x;
20:     int y;
21:
22:     printf("x = %d, y = %d\n", x++, y++);
23: }
```

Wenn Sie dieses geänderte Programm ausführen, kann es durchaus sein, dass sich der Wert von `y` mit jedem Durchlauf um 1 erhöht. Heißt das nun, dass die Variable `y` ihren Wert zwischen den Funktionsaufrufen beibehält, obwohl es eine automatische lokale Variable ist? Können Sie also alles wieder vergessen, was Sie bisher über automatische Variablen und den Verlust ihrer Werte gelesen haben?

Nein – die bisher getroffenen Feststellungen sind uneingeschränkt gültig. Es ist reiner Zufall, dass eine automatische Variable ihren Wert über wiederholte Funktionsaufrufe hinweg beibehält. Bei jedem Aufruf legt die Funktion eine neue Variable `y` an. Das kann allerdings auch derselbe Speicherplatz wie im alten Funktionsaufruf sein. Wenn die Funktion `y` nicht explizit initialisiert, kann auf dieser Speicherstelle noch der alte Wert von `y` stehen. Dadurch entsteht der Eindruck, dass die Variable ihren alten Wert behalten hat. Definitiv kann man sich aber nicht darauf verlassen, dass dies jedes Mal zutrifft.

Da lokale Variablen standardmäßig automatisch sind, braucht man diese Eigenschaft nicht in der Variablendefinition anzugeben. Es schadet aber auch nichts, wenn Sie das Schlüsselwort `auto` vor die Typangabe setzen:

```
void funk1(int y)
{
    auto int count;
    /* Hier steht weiterer Code */
}
```

Der Gültigkeitsbereich von Funktionsparametern

Neuer Begriff

Variablen, die in der Parameterliste des Funktions-Headers erscheinen, haben einen *lokalen Gültigkeitsbereich*. Sehen Sie sich dazu folgendes Beispiel an:

```
void funk1(int x)
{
    int y;
    /* Hier steht weiterer Code */
}
```

Sowohl x als auch y sind lokale Variablen, deren Gültigkeitsbereich sich über die ganze Funktion funk1 erstreckt. Der Anfangswert von x ist der Wert, den das aufrufende Programm an die Funktion übergibt. In der Funktion können Sie x wie jede andere Variable verwenden.

Da Parametervariablen immer den Anfangswert erhalten, den ihnen der Aufrufer als Argument übergibt, ist eine Unterscheidung in »statisch« und »automatisch« bedeutungslos.

Statische globale Variablen

Sie können auch globale Variablen als statisch definieren. Dazu müssen Sie das Schlüsselwort static in die Definition aufnehmen:

```
static float rate;

int main(void)
{
    /* Hier steht weiterer Code */
}
```

Der Unterschied zwischen einer normalen und einer statischen globalen Variablen liegt in ihrem Gültigkeitsbereich. Eine normale globale Variable ist für alle Funktionen in der Datei sichtbar und kann von den Funktionen anderer Dateien verwendet werden. Eine statische globale Variable ist hingegen nur für die Funktionen in der eigenen Datei sichtbar und das auch nur ab dem Punkt ihrer Definition.

Diese Unterschiede betreffen verständlicherweise hauptsächlich Programme, deren Quellcode auf zwei oder mehr Dateien verteilt ist. Doch auf dieses Thema gehen wir noch ausführlich am Tag 21 ein.

Registervariablen

Neuer Begriff

Mit dem Schlüsselwort `register` können Sie den Compiler auffordern, eine automatische lokale Variable in einem *Prozessorregister* statt im Arbeitsspeicher abzulegen. Was aber ist ein Prozessorregister und welche Vorteile ergeben sich, wenn man Variablen hier ablegt?

Die CPU (Central Processing Unit) Ihres Computers verfügt über einen kleinen Satz eigener Speicherstellen, so genannte *Register*. In diesen CPU-Registern finden die eigentlichen Datenoperationen, wie Addition und Division, statt. Um Daten zu manipulieren, muss die CPU die Daten aus dem Speicher in ihre Register laden, die Manipulationen vornehmen und dann die Daten wieder zurück in den Speicher schreiben. Das Verschieben der Daten von und in den Speicher bedarf einer bestimmten Zeit. Wenn Sie eine bestimmte Variable im Register selbst ablegen, laufen die Manipulationen mit dieser Variablen wesentlich schneller ab.

Wenn Sie in der Definition einer automatischen Variablen das Schlüsselwort `register` verwenden, bitten Sie den Compiler, diese Variable in einem Register zu speichern. Sehen Sie sich dazu folgendes Beispiel an:

```
void funk1(void)
{
    register int x;
    /* Hier steht weiterer Code */
}
```

Achten Sie auf die Wortwahl: Es heißt *bitten* und nicht *befehlen*. In Abhängigkeit vom restlichen Code des Programms ist unter Umständen kein Register für die Variable verfügbar. Der Compiler behandelt dann die Variable wie eine normale automatische Variable. Das Schlüsselwort `register` ist also lediglich ein Vorschlag und kein Befehl. Von der Speicherklasse `register` profitieren vor allem Variablen, die eine Funktion häufig verwendet – zum Beispiel Zählvariablen für Schleifen.

Das Schlüsselwort `register` lässt sich nur für einfache numerische Variablen angeben und nicht für Arrays oder Strukturen. Weiterhin kann man es weder auf statische noch externe Speicherklassen anwenden. Zeiger auf Registervariablen sind nicht möglich.

Was Sie tun sollten	Was nicht
Initialisieren Sie lokale Variablen, da andernfalls ihr Anfangswert unbestimmt ist. Initialisieren Sie globale Variablen, obwohl sie der Compiler standardmäßig mit `0` initialisiert. Wenn Sie Variablen gewohnheitsmäßig initialisieren, ist die Wahrscheinlichkeit geringer, Probleme durch vergessene Initialisierungen lokaler Variablen zu bekommen. Übergeben Sie Daten, mit denen nur wenige Funktionen arbeiten, als Funktionsparameter statt sie global zu deklarieren.	Verwenden Sie keine Registervariablen für nicht numerische Werte, Strukturen oder Arrays.

Lokale Variablen und die Funktion main

Das bisher Gesagte gilt für main genauso wie für alle anderen Funktionen. Genau genommen ist `main` eine Funktion wie jede andere. Das Betriebssystem ruft `main` auf, wenn Sie das Programm starten, und von `main` aus geht die Steuerung bei Programmende wieder an das Betriebssystem über.

Das Programm erzeugt also die in `main` definierten lokalen Variablen beim Programmstart und ihre Lebensdauer erstreckt sich bis zum Programmende. Das Konzept einer statischen lokalen Variablen, die ihren Wert zwischen den Aufrufen von `main` behält, hat hier keine Bedeutung: Eine Variable kann nicht zwischen Programmausführungen existent bleiben. Deshalb gibt es in `main` keinen Unterschied zwischen automatischen und statischen lokalen Variablen. Zwar können Sie eine lokale Variable in `main` als statisch definieren, es bringt aber keinen Gewinn.

Was Sie tun sollten	Was nicht
Denken Sie daran, dass `main` in fast jeder Beziehung einer normalen Funktion gleicht.	Deklarieren Sie keine statischen Variablen in `main`, da Sie damit nichts gewinnen.

Welche Speicherklassen sollten Sie verwenden?

Tabelle 12.1 soll Ihnen als Entscheidungsgrundlage dienen, welche Speicherklasse für welche Variablen zu wählen ist. Hier finden Sie die fünf Speicherklassen, die in C zur Verfügung stehen.

Speicherklasse	Schlüsselwort	Lebensdauer	Definitionsort	Gültigkeitsbereich
Automatisch	_a	temporär	in einer Funktion	lokal
Statisch	`static`	temporär	in einer Funktion	lokal
Register	`register`	temporär	in einer Funktion	lokal
Extern	_b	permanent	außerhalb der Funktionen	global (alle Dateien)
Extern	`static`	permanent	außerhalb der Funktionen	global (eine Datei)

Tabelle 12.1: Die fünf Speicherklassen für Variablen

a. Das Schlüsselwort `auto` ist optional.
b. Mit dem Schlüsselwort `extern` deklariert man in Funktionen eine statische globale Variable, die an einer anderen Stelle im Programm definiert ist.

Wenn Sie eine Speicherklasse wählen, sollten Sie sich möglichst für die automatische Speicherklasse entscheiden und andere Speicherklassen nur bei Bedarf verwenden. Am besten halten Sie sich an die folgenden Regeln:

- Zu Beginn geben Sie jeder Variablen eine automatische lokale Speicherklasse.
- Ist die Variable häufig zu manipulieren, wie zum Beispiel bei einem Schleifenzähler, ergänzen Sie die Variablendefinition um das Schlüsselwort `register`.
- Variablen, deren Wert zwischen den Aufrufen der Funktion erhalten bleiben sollen, deklarieren Sie als statisch (in `main` ist das nicht nötig).
- Wenn die meisten Funktionen eines Programms auf die Variable zugreifen, definieren Sie sie mit der externen Speicherklasse.

Lokale Variablen und Blöcke

Diese Lektion hat sich bisher nur mit Variablen beschäftigt, die lokal zu einer Funktion sind. Auch wenn man lokale Variablen hauptsächlich auf diese Weise verwendet, kann man Variablen definieren, die lokal zu einem bestimmten Programmblock sind (das heißt, zu einem Programmabschnitt in geschweiften Klammern). Wenn Sie Variablen innerhalb eines Blocks deklarieren, müssen Sie daran denken, dass die Deklarationen vor den Anweisungen des Blocks stehen müssen. Listing 12.5 zeigt hierzu ein Beispiel.

Listing 12.5: Definition lokaler Variablen in einem Programmblock

```
/* Beispiel für lokale Variablen innerhalb eines Blocks. */

#include <stdio.h>

int main(void)
{
    /* Definiert eine Variable lokal zu main. */

    int count = 0;

    printf("\nAußerhalb des Blocks, count = %d", count);

    /* Anfang eines Blocks. */
    {
      /* Definiert eine Variable lokal zum Block. */

      int count = 999;
      printf("\nInnerhalb des Blocks, count = %d", count);
    }

    printf("\nErneut außerhalb des Blocks, count = %d\n", count);
    return 0;
}
```

```
Außerhalb des Blocks, count = 0
Innerhalb des Blocks, count = 999
Erneut außerhalb des Blocks, count = 0
```

Dieses Programm zeigt, dass die innerhalb des Blocks definierte Variable `count` unabhängig von der Variablen `count` ist, die außerhalb des Blocks definiert ist. Zeile 9 definiert `count` als Variable vom Typ `int` und initialisiert sie mit `0`. Da die Deklaration der Variablen am Beginn von `main` steht, kann man sie die gesamte `main`-Funktion hindurch verwenden. Die Ausgabe in Zeile 11 bestätigt, dass die Variable `count` mit `0` initialisiert wurde. Die Zeilen 14 bis 19 deklarieren einen Block und innerhalb des Blocks eine neue Variable `count` vom Typ `int`. Zeile 17 initialisiert diese `count`-Variable mit 999 und Zeile 18 gibt den Wert der `count`-Variablen für den Block aus. Da der Block in Zeile 19 endet, gibt die `printf`-Anweisung in Zeile 21 die originale `count`-Variable aus, die `main` in Zeile 9 deklariert hat.

Variablen, die lokal zu einem Block sind, verwendet man nicht allzu häufig in der C-Programmierung und vielleicht kommen Sie nie damit in Berührung. Sinnvoll sind derartige Variablen, wenn man ein Problem einkreisen will. Man kann dann verdächtige Codeabschnitte mithilfe von geschweiften Klammern vorübergehend isolieren und in diesem Block dann lokale Variablen als Hilfe zur Fehlersuche einrichten. Ein weiterer Vorteil ist der, dass man die Deklaration und Initialisierung näher an den Punkt rücken kann, wo man die Variablen tatsächlich verwendet. Auf diese Weise lässt sich das Programm verständlicher gestalten.

Was Sie tun sollten	Was nicht
Wenn Sie ein Problem einkreisen wollen, können Sie – vorübergehend – Variablen am Beginn eines Blocks definieren.	Versuchen Sie nicht, Variablendefinitionen an anderen Stellen als zu Beginn einer Funktion oder zu Beginn eines Blocks unterzubringen. Definieren Sie keine Variablen am Anfang eines Blocks, sofern es nicht für die Verständlichkeit des Programms erforderlich ist.

Zusammenfassung

Die heutige Lektion hat sich mit dem Gültigkeitsbereich und der Lebensdauer von Variablen im Zusammenhang mit den Speicherklassen beschäftigt. Jede C-Variable – egal ob es sich dabei um eine einfache Variable, ein Array, eine Struktur oder etwas anderes handelt – verfügt über eine bestimmte Speicherklasse, die zwei Dinge festlegt: ihren Gültigkeitsbereich (wo im Programm die Variable sichtbar ist) und ihre Lebensdauer (wie lange die Variable im Speicher verbleibt).

Die richtige Verwendung der Speicherklassen ist ein wichtiger Aspekt der strukturierten Programmierung. Definieren Sie Variablen nach Möglichkeit lokal in den Funktionen, die mit diesen Variablen arbeiten. Dadurch stellen Sie sicher, dass die Funktionen untereinander unabhängig bleiben. Variablen sollten grundsätzlich der automatischen Speicherklasse angehören, solange es keinen triftigen Grund gibt, sie als global oder statisch zu definieren.

Fragen und Antworten

F Wenn man globale Variablen überall im Programm verwenden kann, warum definiert man dann nicht gleich alle Variablen als global?

A *Große und komplexe Programme enthalten im Allgemeinen sehr viele Variablen. Globale Variablen belegen während der ganzen Ausführung des Programms Speicher, wohingegen automatische lokale Variablen nur während der Ausführungszeit der Funktion, in der sie definiert sind, Speicher beanspruchen. Vor allem aber verringern Sie mit lokalen Variablen die Gefahr, dass unbeabsichtigte Wechselwirkungen zwischen verschiedenen Teilen des Programms auftreten. Gleichzeitig geht dadurch die Zahl der Programmfehler zurück und das Prinzip der strukturierten Programmierung bleibt gewahrt.*

F Tag 11 hat festgestellt, dass der Gültigkeitsbereich einen Einfluss auf eine Strukturinstanz aber nicht auf einen Strukturnamen oder -rumpf hat. Warum nicht?

A *Wenn Sie eine Struktur ohne Instanzen deklarieren, erzeugen Sie eine Schablone, deklarieren aber keine Variablen. Erst wenn Sie eine Instanz dieser Struktur erzeugen, deklarieren sie eine Variable, die Speicher belegt und einen Gültigkeitsbereich hat. Aus diesem Grund können Sie einen Strukturrumpf extern zu allen Funktionen halten, ohne dass dies Auswirkung auf den Speicher hat. Viele Programmierer legen häufig verwendete Strukturdefinitionen (Name und Rumpf) in den Header-Dateien ab und binden diese Header-Dateien dann ein, wenn Sie eine Instanz der Struktur erzeugen müssen. (Header-Dateien sind das Thema von Tag 21.)*

F Woran erkennt der Computer den Unterschied zwischen einer globalen und einer lokalen Variablen, die beide den gleichen Namen tragen?

A *Die Antwort auf diese Frage geht über den Rahmen dieser Lektion hinaus. Dabei ist vor allem Folgendes wichtig: Wenn Sie eine lokale Variable mit dem gleichen Namen wie eine globale Variable deklarieren, ignoriert das Programm die globale Variable solange die lokale Variable gültig ist (üblicherweise also innerhalb der Funktion, in der die Variable definiert ist).*

F Kann ich eine lokale und eine globale Variable mit dem gleichen Namen aber mit unterschiedlichen Variablentypen deklarieren?

A *Ja. Wenn Sie eine lokale Variable mit dem gleichen Namen wie eine globale Variable deklarieren, erhalten Sie dadurch eine vollständig neue Variable. Das bedeutet, dass Sie für die Variable einen beliebigen Typ verwenden können. Dennoch ist Vorsicht angebracht, wenn Sie globale und lokale Variablen mit gleichem Namen deklarieren. Manche Programmierer versehen globale Variablennamen mit einem »g« für global (zum Beispiel* `gcount` *anstelle von* `count`*). Damit ist aus dem Quelltext sofort ersichtlich, welche Variablen global und welche lokal sind.*

Workshop

Die Kontrollfragen im Workshop sollen Ihnen helfen, die neu erworbenen Kenntnisse zu den behandelten Themen zu festigen. Die Übungen geben Ihnen die Möglichkeit, praktische Erfahrungen mit dem gelernten Stoff zu sammeln. Die Antworten zu den Kontrollfragen und Übungen finden Sie im Anhang F.

Kontrollfragen

1. Was versteht man unter einem Gültigkeitsbereich?
2. Was ist der wichtigste Unterschied zwischen einer lokalen Speicherklasse und einer globalen Speicherklasse?
3. Inwiefern beeinflusst die Position der Variablendefinition deren Speicherklasse?
4. Wie lauten bei der Definition einer lokalen Variablen die zwei Optionen für die Lebensdauer der Variablen?
5. Man kann sowohl automatische als auch statische lokale Variablen bei der Definition initialisieren. Wann finden die Initialisierungen statt?
6. Wahr oder falsch? Eine Registervariable wird immer in einem Register abgelegt.
7. Welchen Wert enthält eine nicht initialisierte globale Variable?
8. Welchen Wert enthält eine nicht initialisierte lokale Variable?
9. Was gibt Zeile 21 von Listing 12.5 aus, wenn Sie die Zeilen 9 und 11 entfernen? Überlegen Sie sich zuerst die Lösung, bevor Sie das geänderte Programm ausführen, um Ihre Voraussage zu bestätigen.

10. Wie ist die Variable zu deklarieren, wenn sich eine Funktion den Wert einer lokalen Variablen vom Typ `int` zwischen den Aufrufen merken soll?
11. Was bewirkt das Schlüsselwort `extern`?
12. Was bewirkt das Schlüsselwort `static`?

Übungen

1. Deklarieren Sie eine Variable, die das Programm in einem CPU-Register ablegen soll.
2. Korrigieren Sie Listing 12.2, so dass keine Fehlermeldung mehr auftritt. Verwenden Sie dabei keine globalen Variablen.
3. Schreiben Sie ein Programm, das eine globale Variable `var` vom Typ `int` deklariert. Initialisieren Sie `var` mit einem beliebigen Wert. Das Programm soll den Wert von `var` in einer Funktion (nicht `main`) ausgeben. Müssen Sie der Funktion `var` als Parameter übergeben?
4. Ändern Sie das Programm aus Übung 3. Jetzt deklarieren Sie `var` nicht als globale Variable, sondern als lokale Variable in `main`. Das Programm soll `var` jedoch immer noch in einer separaten Funktion ausgeben. Müssen Sie der Funktion `var` als Parameter übergeben?
5. Kann ein Programm eine globale und eine lokale Variable mit gleichem Namen enthalten? Schreiben Sie ein Programm, das eine globale und eine lokale Variable mit dem gleichen Namen verwendet, um Ihre Antwort zu bestätigen.
6. **FEHLERSUCHE:** Was stimmt nicht mit dem folgenden Code? (Hinweis: Achten Sie darauf, wo die Variablen deklariert sind.)

```
void eine_beispiel_funktion( void )
{
   int ctr1;

   for ( ctr1 = 0; ctr1 < 25; ctr1++ )
      printf( "*" );

   puts( "\nDies ist eine Beispielfunktion" );
   {
      char sternchen = '*';
      puts( "\nEs gibt ein Problem\n" );
      for ( int ctr2 = 0; ctr2 < 25; ctr2++ )
      {
         printf( "%c", sternchen);
      }
   }
}
```

7. **FEHLERSUCHE:** Was ist falsch an folgendem Code?

```
/*Zählt die Anzahl der geraden Zahlen zwischen 0 und 100. */

#include <stdio.h>

int main()
{
   int x = 1;
   static int anzahl = 0;

   for (x = 0; x < 101; x++)
   {
      if (x % 2 == 0)  /* wenn x gerade ist...*/
      anzahl++;..  /*addiere 1 zu anzahl.*/

   }

   printf("Es gibt %d gerade Zahlen.\n", anzahl);
   return 0;
}
```

8. **FEHLERSUCHE:** Ist das folgende Programm fehlerhaft?

```
#include <stdio.h>

void funktion_ausgeben( char sternchen );

int ctr;

int main()
{
   char sternchen;

   funktion_ausgeben( sternchen );
   return 0;
}

void funktion_ausgeben( char sternchen )
{
   char strich;

   for ( ctr = 0; ctr < 25; ctr++ )
   {
      printf( "%c%c", sternchen, strich );
   }
}
```

9. Welche Ausgabe liefert das folgende Programm? Führen Sie das Programm nicht aus – studieren Sie den Code und geben Sie die Lösung an.

```
#include <stdio.h>
void buchstabe2_ausgeben(void);     /* Funktionsprototyp */

int ctr;
char buchstabe1 = 'X';
char buchstabe2 = '=';

int main()
{
   for( ctr = 0; ctr < 10; ctr++ )
   {
      printf( "%c", buchstabe1 );
      buchstabe2_ausgeben();
   }
   return 0;
}

void buchstabe2_ausgeben(void)
{
   for( ctr = 0; ctr < 2; ctr++ )
      printf( "%c", buchstabe2 );
}
```

10. **FEHLERSUCHE:** Lässt sich das obige Programm ausführen? Wenn nicht – wo liegt das Problem? Ändern Sie das Programm so, dass es korrekt ist.

Hinweis

An dieser Stelle empfiehlt es sich, dass Sie den Abschnitt »Type & Run 4 – Geheime Botschaften« in Anhang D durcharbeiten.

13

Fortgeschrittene Programmsteuerung

Woche 2

Tag 6 hat bereits verschiedene Steueranweisungen von C eingeführt, mit denen Sie die Ausführungsreihenfolge anderer Anweisungen im Programm beeinflussen können. Die heutige Lektion vertieft das Thema der Programmsteuerung – einschließlich der `goto`-Anweisung – und zeigt interessante Details von Schleifenkonstruktionen.

Heute lernen Sie

- wie man die `break`- und `continue`-Anweisungen verwendet,
- was Endlosschleifen sind und wann sie sich sinnvoll einsetzen lassen,
- was sich hinter der `goto`-Anweisung verbirgt und warum man sie vermeiden sollte,
- wie man die `switch`-Anweisung verwendet,
- wie man Programme beendet,
- wie man Funktionen automatisch bei Beendigung des Programms ausführen lassen kann,
- wie Sie in Ihren Programmen Systembefehle ausführen.

Schleifen vorzeitig beenden

Am Tag 6 haben Sie gelernt, wie Sie mit der `for`-, der `while`- und der `do...while`-Schleife die Programmausführung kontrollieren können. Diese Schleifenkonstruktionen führen einen Block von C-Anweisungen entweder überhaupt nicht, mindestens einmal oder mehrmals aus, je nachdem, ob bestimmte Bedingungen im Programm erfüllt sind. In allen drei Fällen wird die Schleife nur beendet oder verlassen, wenn eine bestimmte Bedingung zutrifft.

Es kann jedoch vorkommen, dass Sie mehr Einfluss auf die Ausführung der Schleife nehmen wollen. Das ist mit den Anweisungen `break` und `continue` möglich.

Die break-Anweisung

Die `break`-Anweisung ist nur im Rumpf einer `for`-, `while`- oder `do...while`-Schleife zulässig. (Darüber hinaus kann man sie auch in einer `switch`-Anweisung einsetzen, doch darauf geht diese Lektion erst später ein.) Wenn das Programm auf eine `break`-Anweisung trifft, bricht es die Ausführung der Schleife sofort ab. Sehen Sie sich dazu folgendes Beispiel an:

```
for ( count = 0; count < 10; count++ )
{
   if ( count == 5 )
      break;
}
```

Ohne die `break`-Anweisung würde die `for`-Schleife 10 Durchläufe ausführen. Beim sechsten Durchlauf ist jedoch `count` gleich `5` und die `break`-Anweisung bewirkt, dass die `for`-Schleife sofort terminiert. Die Programmausführung springt damit zu der Anweisung, die direkt auf die schließende geschweifte Klammer der `for`-Schleife folgt. Wenn eine `break`-Anweisung innerhalb einer verschachtelten Schleife steht, tritt das Programm lediglich aus der innersten Schleife aus.

Listing 13.1 veranschaulicht die Verwendung einer `break`-Anweisung.

Listing 13.1: Beispiel für eine break-Anweisung

```
1:  /* Beispiel für eine break-Anweisung. */
2:
3:  #include <stdio.h>
4:
5:  char s[] = "Dies ist ein Test-String. Er enthält zwei Sätze.";
6:
7:  int main(void)
8:  {
9:     int count;
10:
11:     printf("\nOriginal-String: %s", s);
12:
13:     for (count = 0; s[count]!='\0'; count++)
14:     {
15:         if (s[count] == '.')
16:         {
17:             s[count+1] = '\0';
18:             break;
19:         }
20:     }
21:     printf("\nGeänderter String: %s\n", s);
22:
23:     return 0;
24: }
```

Ausgabe

```
Original-String: Dies ist ein Test-String. Er enthält zwei Sätze.
Geänderter String: Dies ist ein Test-String.
```

Analyse

Dieses Programm extrahiert den ersten Satz aus einem String. Es durchsucht den String zeichenweise nach dem ersten Punkt (der das Satzende markiert). Dies geschieht in der `for`-Schleife in den Zeilen 13 bis 20. Zeile

13 startet die for-Schleife und inkrementiert count, so dass count als Index auf die Zeichen im String s fungieren kann. Zeile 15 überprüft, ob das aktuelle Zeichen im String ein Punkt ist. Wenn ja, fügt die Anweisung in Zeile 18 direkt nach dem Punkt ein Nullzeichen ein und schneidet den String damit ab. Danach ist kein Schleifendurchlauf mehr erforderlich. Deshalb bricht die break-Anweisung in Zeile 18 die Schleife sofort ab und die Programmausführung setzt mit der ersten Anweisung nach der Schleife (Zeile 21) fort. Der String bleibt unverändert, wenn er keinen Punkt enthält.

Eine Schleife kann mehrere break-Anweisungen enthalten. Allerdings ist nur die erste ausgeführte break-Anweisung für den Programmablauf relevant (falls das Programm aufgrund der Bedingungen überhaupt eine break-Anweisung ausführt). Wenn kein break ausgeführt wird, endet die Schleife normal (entsprechend ihrer Testbedingung). Abbildung 13.1 zeigt den Ablauf der break-Anweisung.

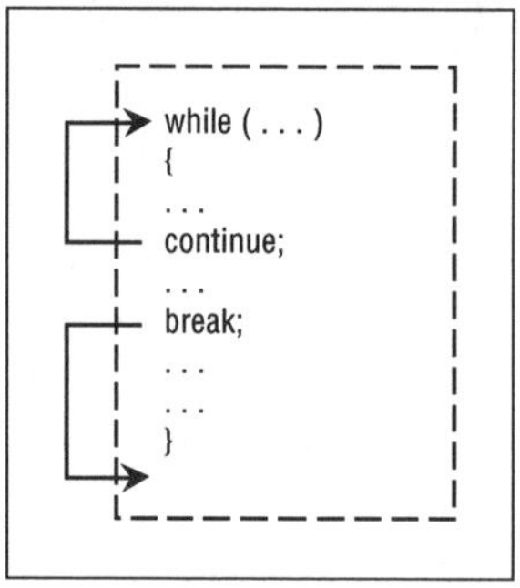

Abbildung 13.1:
Der Ablauf der break- und continue-Anweisungen

Die Syntax der break-Anweisung

```
break;
```

Die Anweisung break verwendet man innerhalb einer Schleife oder einer switch-Anweisung. Wenn die Programmausführung zu einer break-Anweisung gelangt, verlässt das Programm die aktuelle Schleife (for, while oder do...while) oder switch-Anweisung sofort – d.h. es gibt keine weiteren Schleifendurchläufe – und das Programm setzt mit der ersten Anweisung nach der Schleife oder nach der switch-Anweisung fort.

Beispiel

```
int x;
printf ( "Zählt von 1 bis 10\n" );

/* Ohne Abbruchbedingung in der Schleife würde diese endlos laufen */
for( x = 1; ; x++ )
{
   if( x == 10 )   /* Prüft, ob der Wert gleich 10 ist */
      break;       /* Beendet die Schleife */
   printf( "\n%d", x );
}
```

Die continue-Anweisung

Wie die `break`-Anweisung ist auch die `continue`-Anweisung nur im Rumpf einer `for`-, `while`- oder `do...while`-Schleife zulässig. Wenn der Programmablauf zu einer `continue`-Anweisung gelangt, verlässt das Programm die aktuelle Schleife und beginnt sofort mit dem nächsten Durchlauf der umhüllenden Schleife. Die Anweisungen zwischen der `continue`-Anweisung und dem Ende der Schleife werden dabei übersprungen. Wie `continue` den Programmablauf verändert, ist in Abbildung 13.1 dargestellt. Achten Sie dabei auf die Unterschiede zur `break`-Anweisung.

In Listing 13.2 finden Sie ein Beispiel für eine `continue`-Anweisung. Dieses Programm liest eine Zeile über die Tastatur ein, entfernt alle klein geschriebenen Vokale und zeigt die resultierende Zeile an.

Listing 13.2: Beispiel für eine continue-Anweisung

```
/* Beispiel für eine continue-Anweisung. */

#include <stdio.h>

int main(void)
{
   /* Deklariert den Puffer für die Eingabe und eine Zählervariable. */

    char puffer[81];
    int ctr;

    /* Einlesen einer Textzeile. */

    puts("Geben Sie eine Textzeile ein:");
    fgets(puffer,81,stdin);

```

```
17:     /* Durchläuft den String und zeigt nur die Zeichen an, */
18:     /* die keine kleingeschriebenen Vokale sind. */
19:
20:     for (ctr = 0; puffer[ctr] !='\0'; ctr++)
21:     {
22:
23:        /* Ist das Zeichen ein kleingeschriebener Vokal, gehe zurück */
24:        /* an den Anfang der Schleife, ohne ihn anzuzeigen. */
25:
26:        if (puffer[ctr] == 'a' || puffer[ctr] == 'e'
27:           || puffer[ctr] == 'i' || puffer[ctr] == 'o'
28:           || puffer[ctr] == 'u')
29:              continue;
30:
31:        /* Nur Nicht-Vokale anzeigen. */
32:
33:        putchar(puffer[ctr]);
34:     }
35:     return 0;
36: }
```

Ausgabe

```
Geben Sie eine Textzeile ein:
Dies ist eine Textzeile
Ds st n Txtzl
```

Analyse

Auch wenn dieses Programm keinen besonders praktischen Nutzen hat, zeigt es doch sehr wirkungsvoll den Einsatz der `continue`-Anweisung. Die Zeilen 9 und 10 deklarieren die Variablen des Programms. Das Array `puffer[]` nimmt den String auf, den das Programm mit der Anweisung in Zeile 15 abruft. Die Variable `ctr` dient als Index auf den Puffer und als Zählvariable in der `for`-Schleife, die in den Zeilen 20 bis 34 nach Vokalen sucht. Die `if`-Anweisung in den Zeilen 26 bis 28 prüft für jeden Buchstaben, ob es sich um einen kleingeschriebenen Vokal handelt. Ist dies der Fall, kommt es zur Ausführung der `continue`-Anweisung, die die Programmausführung zurück zu Zeile 20, d.h. an den Beginn der `for`-Schleife, schickt. Ist der Buchstabe kein Vokal, setzt das Programm mit Zeile 33 fort. Hier finden Sie auch eine neue Bibliotheksfunktion, `putchar`, die ein einzelnes Zeichen auf dem Bildschirm ausgibt.

Die Syntax der continue-Anweisung

```
continue;
```

Die Anweisung `continue` verwendet man innerhalb von Schleifen. Diese Anweisung bewirkt, dass das Programm den Rest der Schleife überspringt, sofort zum Anfang der Schleife zurückgeht und mit dem nächsten Schleifendurchlauf fortfährt.

Beispiel

```
int x;
printf("Gibt nur die geraden Zahlen von 1 bis 10 aus\n");
for( x = 1; x <= 10; x++ )
{
   if( x % 2 != 0 )     /* Prüft, ob die Zahl nicht gerade ist */
      continue;         /* Springt zum nächsten Wert für x */
   printf( "\n%d", x );
}
```

Die goto-Anweisung

Die `goto`-Anweisung gehört zu den *Sprung-* oder *Verzweigungsanweisungen*, die nicht mit einer Bedingung verknüpft sind. Wenn ein Programm auf eine `goto`-Anweisung trifft, springt bzw. verzweigt die Programmausführung direkt zu der Stelle, die in der `goto`-Anweisung angegeben ist – und zwar unabhängig von irgendwelchen Bedingungen im Programm (im Unterschied beispielsweise zur `if`-Anweisung).

Das Ziel einer `goto`-Anweisung ist durch eine Sprungmarke (Label) gefolgt von einem Doppelpunkt gekennzeichnet. Eine Sprungmarke kann allein in einer Zeile stehen oder am Anfang einer Zeile, die eine C-Anweisung enthält. Die Sprungmarken eines Programms müssen eindeutig sein.

Das Ziel einer `goto`-Anweisung muss sich in derselben Funktion wie die `goto`-Anweisung befinden, aber nicht notwendigerweise im selben Block. Listing 13.3 zeigt ein einfaches Programm, das eine `goto`-Anweisung verwendet.

Listing 13.3: Beispiel für eine goto-Anweisung

```
/* Beispiel für eine goto-Anweisung */

#include <stdio.h>

```

```
5: int main(void)
6: {
7:     int n;
8:
9: start:
10:
11:     puts("Geben Sie eine Zahl zwischen 0 und 10 ein: ");
12:     scanf("%d", &n);
13:
14:     if (n < 0 ||n > 10 )
15:         goto start;
16:     else if (n == 0)
17:         goto location0;
18:     else if (n == 1)
19:         goto location1;
20:     else
21:         goto location2;
22:
23: location0:
24:     puts("Ihre Eingabe lautete 0.\n");
25:     goto ende;
26:
27: location1:
28:     puts("Ihre Eingabe lautete 1.\n");
29:     goto ende;
30:
31: location2:
32:     puts("Sie haben einen Wert zwischen 2 und 10 eingegeben.\n");
33:
34: ende:
35:     return 0;
36: }
```

```
Geben Sie eine Zahl zwischen 0 und 10 ein:
1
Ihre Eingabe lautete 1.
Geben Sie eine Zahl zwischen 0 und 10 ein:
9
Sie haben einen Wert zwischen 2 und 10 eingegeben.
```

Das einfache Programm in Listing 13.3 liest eine Zahl zwischen 0 und 10 ein. Liegt die eingegebene Zahl nicht zwischen 0 und 10, springt das Programm mit einer `goto`-Anweisung zurück zur Marke `start` in Zeile 9. Andernfalls prüft das Programm in Zeile 16, ob die Zahl gleich 0 ist. Wenn ja, lässt eine `goto`-Anweisung in Zeile 17 die Ausführung mit `location0` (Zeile 23) fortfahren, woraufhin in Zeile 24 ein Text ausgegeben und anschließend eine weitere `goto`-Anweisung ausgeführt wird. Die `goto`-Anweisung in Zeile 25 bewirkt, dass die Programmausführung zur Marke `ende`, dem Ende des Programms, springt. Das Programm verfährt für die Eingabe des Wertes `1` und für alle Werte zwischen `2` und `10` nach den gleichen Regeln.

Die Sprungmarke kann entweder vor oder nach der `goto`-Anweisung stehen. Die einzige bereits erwähnte Einschränkung ist, dass `goto` und die Sprungmarke in derselben Funktion stehen müssen, allerdings unterschiedlichen Blöcken angehören dürfen. Mit `goto`-Anweisungen können Sie in Schleifen (beispielsweise `for`-Anweisungen) springen oder diese verlassen, aber Sie sollten das tunlichst vermeiden. Die meisten Programmierer lehnen `goto`-Anweisungen sogar rundweg ab, und das hat gute Gründe:

- In der strukturierten Programmierung ist `goto` schlicht überflüssig. Der erforderliche Code lässt sich immer mit einer der anderen Verzweigungsanweisungen von C formulieren.
- Die `goto`-Anweisung ist gefährlich. Auch wenn sie für bestimmte Programmieraufgaben eine optimale Lösung zu sein scheint, gerät man damit unversehens auf Abwege. Schnell hat man Code geschrieben, bei dem die Programmausführung durch einen regelrechten Missbrauch von `goto` wild hin- und herspringt. Das Ergebnis dieser Art der Programmierung bezeichnet man auch als *Spaghetticode*.

Es gibt Programmierer, die `goto` verwenden und dennoch perfekte Programme schreiben. Hin und wieder gibt es Situationen, in denen der wohlüberlegte Einsatz von `goto` die einfachste Lösung zu einem Programmierproblem darstellt. Es ist jedoch nie die einzige Lösung. Selbst wenn Sie diese Warnung ignorieren – lassen Sie zumindest Vorsicht walten!

Was Sie tun sollten	**Was nicht**
Vermeiden Sie nach Möglichkeit `goto` – es gibt immer eine elegantere Lösung.	Verwechseln Sie nicht `break` und `continue`. Während `break` eine Schleife beendet, startet `continue` sofort den nächsten Durchlauf der Schleife.

Die Syntax der goto-Anweisung

```
goto Ziel;
```

Die goto-Anweisung führt einen unbedingten Programmsprung zu der mit `Ziel` bezeichneten Sprungmarke (Label) aus. Eine *Label-Anweisung* besteht aus einem Bezeichner gefolgt von einem Doppelpunkt und optional einer C-Anweisung:

```
Ziel: eine C Anweisung;
```

Die Sprungmarke (das Label) können Sie auch allein in eine Zeile setzen. Manche Programmierer lassen in einem solchen Fall eine Leeranweisung folgen (ein Semikolon), was aber nicht notwendig ist:

```
Ziel: ;
```

Endlosschleifen

Was ist eine Endlosschleife und wann bietet es sich an, eine solche Schleife in einem Programmen zu verwenden? Unter Endlosschleifen versteht man Schleifen, die – auf sich allein gestellt – ewig laufen. Es kann sich dabei um eine `for`-, eine `while`- oder eine `do...while`-Schleife handeln. Wenn Sie zum Beispiel

```
while (1)
{
    /* hier steht weiterer Code */
}
```

schreiben, erzeugen Sie eine Endlosschleife. Der Bedingungsausdruck in der `while`-Schleife besteht lediglich aus der Konstanten `1`. Die Bedingung ist damit immer wahr und lässt sich auch nicht vom Programm ändern. Die Schleife wird deshalb nie beendet.

Im vorigen Abschnitt haben Sie gelernt, dass Sie mit der `break`-Anweisung eine Schleife verlassen können. Ohne `break`-Anweisung wäre eine Endlosschleife nutzlos. Mit `break` können Sie jedoch sinnvolle Endlosschleifen realisieren.

Mit `for` und `do...while` erzeugen Sie Endlosschleifen wie folgt:

```
for (;;)
{
    /* hier steht weiterer Code */
}
```

```
do
{
    /* hier steht weiterer Code */
} while (1);
```

Das Prinzip ist für alle drei Schleifentypen gleich. Für die Beispiele in diesem Abschnitt verwenden wir eine `while`-Schleife.

Endlosschleifen bieten sich zum Beispiel an, wenn man viele Abbruchbedingungen zu testen hat. Dabei kann es sich als kompliziert erweisen, alle Testbedingungen in Klammern nach der `while`-Anweisung anzugeben. Unter Umständen ist es einfacher, die Bedingungen einzeln im Rumpf der Schleife zu testen und dann bei Bedarf die Schleife mit einem `break` zu verlassen.

Mit einer Endlosschleife kann man auch ein Menüsystem erzeugen, das den Ablauf des Programms steuert. Wie Tag 5 bereits angesprochen hat, dient die Funktion `main` oftmals nur als eine Art Verteiler, der die eigentlichen Funktionen des Programms aufruft. Dazu realisiert man häufig ein Menü: Das Programm präsentiert dem Benutzer eine Liste von Optionen, aus denen er eine auswählen muss (eine der verfügbaren Optionen sollte das Programm beenden). Nachdem der Benutzer seine Wahl getroffen hat, sorgt eine geeignete Entscheidungsanweisung im Programm dafür, dass das Programm mit den gewünschten Funktionen fortfährt.

Listing 13.4 demonstriert die Verwendung eines Menüsystems.

Listing 13.4: Ein Menüsystem mit einer Endlosschleife implementieren

```
/* Beispiel für ein Menüsystem, das mit einer */
/* Endlosschleife implementiert wird. */
#include <stdio.h>
#define DELAY  1500000        /* Für Warteschleife. */

int menue(void);
void warten(void);

int main(void)
{
   int option;

   while (1)
   {

     /* Übernimmt die Auswahl des Benutzers. */

     option = menue();

```

```
    /* Verzweigt auf Basis der Eingabe. */

    if (option == 1)
    {
        puts("\nAufgabe A wird ausgeführt.");
        warten();
    }
    else if (option == 2)
         {
             puts("\nAufgabe B wird ausgeführt.");
             warten();
         }
    else if (option == 3)
         {
             puts("\nAufgabe C wird ausgeführt.");
             warten();
         }
    else if (option == 4)
         {
             puts("\nAufgabe D wird ausgeführt.");
             warten();
         }
    else if (option == 5)       /* Ende des Programms. */
         {
             puts("\nSie verlassen das Programm...\n");
             warten();
             break;
         }
         else
         {
             puts("\nUngültige Option, versuchen Sie es noch einmal.");
             warten();
         }
   }
   return 0;
}

/* Gibt ein Menü aus und liest die Auswahl des Benutzers ein. */
int menue(void)
{
    int antwort;

    puts("\nGeben Sie 1 für Aufgabe A ein.");
    puts("Geben Sie 2 für Aufgabe B ein.");
    puts("Geben Sie 3 für Aufgabe C ein.");
    puts("Geben Sie 4 für Aufgabe D ein.");
```

```
    puts("Geben Sie 5 zum Verlassen des Programms ein.");

    scanf("%d", &antwort);

    return antwort;
}

void warten( void )
{
    long x;
    for ( x = 0; x < DELAY; x++ )
        ;
}
```

```
Geben Sie 1 für Aufgabe A ein.
Geben Sie 2 für Aufgabe B ein.
Geben Sie 3 für Aufgabe C ein.
Geben Sie 4 für Aufgabe D ein.
Geben Sie 5 zum Verlassen des Programms ein.
1

Aufgabe A wird ausgeführt.

Geben Sie 1 für Aufgabe A ein.
Geben Sie 2 für Aufgabe B ein.
Geben Sie 3 für Aufgabe C ein.
Geben Sie 4 für Aufgabe D ein.
Geben Sie 5 zum Verlassen des Programms ein.
6

Ungültige Option, versuchen Sie es noch einmal.

Geben Sie 1 für Aufgabe A ein.
Geben Sie 2 für Aufgabe B ein.
Geben Sie 3 für Aufgabe C ein.
Geben Sie 4 für Aufgabe D ein.
Geben Sie 5 zum Verlassen des Programms ein.
5

Sie verlassen das Programm...
```

Analyse

Zeile 18 ruft eine Funktion namens `menue` auf, die in den Zeilen 58 bis 71 definiert ist. Die Funktion `menue` gibt ein Menü auf den Bildschirm aus, liest die Eingabe des Benutzers ein und übergibt sie an das Hauptprogramm. Die Funktion `main` testet den Rückgabewert der Funktion `menue` in einer Reihe von verschachtelten `if`-Anweisungen, die die Programmverzweigung zur gewählten Aufgabe realisieren. Das Beispielprogramm gibt hier lediglich Meldungen auf dem Bildschirm aus. Ein »richtiges« Programm springt hier wahrscheinlich in eine passende Funktion.

Weiterhin ruft das Programm die in den Zeilen 73 bis 78 definierte Funktion `warten` auf. Die einzige Aufgabe dieser Funktion besteht darin, Prozessorzeit zu verbrauchen. Das realisiert sie in einer `for`-Schleife mit `DELAY` Durchläufen. Auch die `for`-Schleife führt keine Anweisungen aus – abgesehen von der Leeranweisung in Zeile 77. Das Programm simuliert mit dieser Pausenfunktion die Ausführung der in diesem Beispiel nicht programmierten Aufgaben. Wenn Ihnen die Pause zu kurz oder zu lang erscheint, können Sie den Wert `DELAY` nach eigenen Vorstellungen anpassen.

Verschiedene Compiler bieten eine ähnliche Funktion: `sleep`. Diese Funktion realisiert eine Pause der Programmausführung für eine bestimmte Zeitdauer, die man der Funktion als Argument übergibt. Wenn Sie diese Funktion in einem Programm aufrufen, müssen Sie eine Header-Datei einbinden. Allerdings bringen die einzelnen Compiler unterschiedliche Header-Dateien mit; sehen Sie dazu bitte in der Dokumentation Ihres Compilers nach. Sofern Ihr Compiler eine derartige Funktion unterstützt, können Sie diese anstelle von `warten` einsetzen.

Hinweis

Es gibt bessere Möglichkeiten, eine Programmpause zu realisieren, als es Listing 13.4 zeigt. Allerdings ist eine Funktion wie die eben erwähnte `sleep`-Funktion mit Vorsicht zu genießen. Die Funktion `sleep` ist nicht ANSI-kompatibel und funktioniert deshalb möglicherweise nicht mit anderen Compilern oder auf allen Plattformen.

Die switch-Anweisung

Die wohl flexibelste Anweisung zur Steuerung des Programmflusses ist die `switch`-Anweisung. Mit ihr können Sie die weitere Programmausführung von Ausdrücken abhängig machen, die mehr als zwei Werte annehmen können. Die bisher in diesem Buch vorgestellten Anweisungen zur Programmsteuerung – wie zum Beispiel `if` – sind auf boolesche Testausdrücke beschränkt, deren Ergebnis nur wahr oder falsch ist. Mit verschachtelten `if`-Anweisungen wie in Listing 13.4 lässt sich der Programmfluss zwar auch in Abhängigkeit von mehr als zwei Werten steuern, bei vielen Werten sind derartige Konstruktionen aber schwer zu überblicken. Die `switch`-Anweisung bietet eine elegante Alternative zu verschachtelten `if`-Anweisungen.

Die allgemeine Form der switch-Anweisung lautet:

```
switch (Ausdruck)
{
    case  Konstante_1: Anweisung(en);
    case  Konstante_2: Anweisung(en);
    ...
    case  Konstante_n: Anweisung(en);
    default: Anweisung(en);
}
```

In dieser Anweisung ist Ausdruck ein beliebiger Ausdruck, der einen Integer-Wert des Typs long, int oder char ergibt. Die switch-Anweisung wertet Ausdruck aus und vergleicht diesen Wert mit den Konstanten, die auf die case-Marken folgen. Folgende Möglichkeiten ergeben sich:

- Bei der ersten Übereinstimmung zwischen Ausdruck und einer der Konstanten springt die Programmausführung zu der Anweisung, die auf die betreffende case-Marke folgt.
- Gibt es keine Übereinstimmung, springt die Programmausführung zu der Anweisung, die auf die optionale default-Marke folgt.
- Findet das Programm keine Übereinstimmung und ist auch keine default-Marke angegeben, setzt das Programm mit der ersten Anweisung nach der schließenden Klammer der switch-Anweisung fort.

Listing 13.5 zeigt ein Beispiel für eine switch-Anweisung, die eine Meldung auf der Basis der Benutzereingabe ausgibt.

Listing 13.5: Beispiel für eine switch-Anweisung

```
/* Beispiel für eine switch-Anweisung. */

#include <stdio.h>

int main(void)
{
    int antwort;

    puts("Geben Sie eine Zahl zwischen 1 und 5 ein:");
    scanf("%d", &antwort);

    switch (antwort)
    {
        case 1:
            puts("Ihre Eingabe lautete 1.");
```

```
        case 2:
            puts("Ihre Eingabe lautete 2.");
        case 3:
            puts("Ihre Eingabe lautete 3.");
        case 4:
            puts("Ihre Eingabe lautete 4.");
        case 5:
            puts("Ihre Eingabe lautete 5.");
        default:
            puts("Nicht gültig, versuchen Sie es noch einmal.");
    }

    return 0;
}
```

Ausgabe

```
Geben Sie eine Zahl zwischen 1 und 5 ein:
2
Ihre Eingabe lautete 2.
Ihre Eingabe lautete 3.
Ihre Eingabe lautete 4.
Ihre Eingabe lautete 5.
Nicht gültig, versuchen Sie es noch einmal.
```

Analyse

Hier liegt doch sicherlich ein Fehler vor? Es scheint, als ob die `switch`-Anweisung die erste übereinstimmende `case`-Marke findet und dann alle folgenden Anweisungen ausführt (und nicht nur die Anweisungen, die mit der `case`-Marke verbunden sind). Und genau das ist hier passiert, denn genau so soll `switch` arbeiten (als ob man mit `goto`-Anweisungen zu den übereinstimmenden `case`-Marken springen würde). Um sicherzustellen, dass das Programm nur die mit der übereinstimmenden `case`-Marke verbundenen Anweisungen ausführt, müssen Sie an allen erforderlichen Stellen eine `break`-Anweisung einfügen. Listing 13.6 enthält eine Neufassung des Programms mit den zusätzlichen `break`-Anweisungen. Damit funktioniert das Programm ordnungsgemäß.

Listing 13.6: Korrekte Verwendung von switch einschließlich aller benötigten break-Anweisungen

```
/* Korrektes Beispiel für eine switch-Anweisung. */

#include <stdio.h>

```

```
int main(void)
{
   int antwort;

   puts("\nGeben Sie eine Zahl zwischen 1 und 5 ein:");
   scanf("%d", &antwort);

   switch (antwort)
   {
     case 0:
         break;
     case 1:
        {
          puts("Ihre Eingabe lautete 1.\n");
          break;
        }
     case 2:
        {
          puts("Ihre Eingabe lautete 2.\n");
          break;
        }
     case 3:
        {
          puts("Ihre Eingabe lautete 3.\n");
          break;
        }
     case 4:
        {
          puts("Ihre Eingabe lautete 4.\n");
          break;
        }
     case 5:
        {
          puts("Ihre Eingabe lautete 5.\n");
          break;
        }
     default:
        {
          puts("Nicht gültig, versuchen Sie es noch einmal.\n");
        }
   }              /* Ende der switch-Anweisung */
   return 0;
}
```

Ausgabe

```
Geben Sie eine Zahl zwischen 1 und 5 ein:
1
Ihre Eingabe lautete 1.
Geben Sie eine Zahl zwischen 1 und 5 ein:
6
Nicht gültig, versuchen Sie es noch einmal.
```

Kompilieren und starten Sie diese Version, um sich von der korrekten Arbeitsweise zu überzeugen.

Häufig verwendet man die `switch`-Anweisung, um Menüs wie in Listing 13.4 zu implementieren. Listing 13.7 zeigt das gleiche Programm, dieses Mal aber mit `switch` anstelle von `if`. Verglichen mit den verschachtelten `if`-Konstruktionen von Listing 13.4 ist die Lösung mit `switch` wesentlich eleganter und übersichtlicher.

Listing 13.7: Realisierung eines Menüs mithilfe einer switch-Anweisung

```
/* Beispiel für die Implementierung eines Menüsystems mit */
/* einer Endlosschleife und einer switch-Anweisung. */
#include <stdio.h>
#include <stdlib.h>
#include <time.h>   // Hier gegebenenfalls die für Ihren Compiler
                    // spezifische Header-Datei einbinden.

int menue(void);

int main(void)
{

   while (1)
   {
  /*Liest die Benutzereingabe ein und verzweigt auf Basis der Eingabe.*/

      switch(menue())
      {
         case 1:
         {
           puts("\nAufgabe A wird ausgeführt.");
           sleep(1);
           break;
         }
         case 2:
         {
```

```
          puts("\nAufgabe B wird ausgeführt.");
          sleep(1);
          break;
        }
        case 3:
        {
          puts("\nAufgabe C wird ausgeführt.");
          sleep(1);
          break;
        }
        case 4:
        {
          puts("\nAufgabe D wird ausgeführt.");
          sleep(1);
          break;
        }
        case 5:     /* Ende des Programms. */
        {
          puts("\nSie verlassen das Programm...\n");
          sleep(1);
          exit(0);
        }
        default:
        {
          puts("\nUngültige Option, versuchen Sie es noch einmal.");
          sleep(1);
        }
     }  /* Ende der switch-Anweisung */
    }       /* Ende der while-Schleife  */
    return 0;
}

/* Gibt ein Menü aus und liest die Auswahl des Benutzers ein. */
int menue(void)
{
    int antwort;

    puts("\nGeben Sie 1 für Aufgabe A ein.");
    puts("Geben Sie 2 für Aufgabe B ein.");
    puts("Geben Sie 3 für Aufgabe C ein.");
    puts("Geben Sie 4 für Aufgabe D ein.");
    puts("Geben Sie 5 zum Verlassen des Programms ein.");

    scanf("%d", &antwort);

    return antwort;
}
```

```
Geben Sie 1 für Aufgabe A ein.
Geben Sie 2 für Aufgabe B ein.
Geben Sie 3 für Aufgabe C ein.
Geben Sie 4 für Aufgabe D ein.
Geben Sie 5 zum Verlassen des Programms ein.
1

Aufgabe A wird ausgeführt.

Geben Sie 1 für Aufgabe A ein.
Geben Sie 2 für Aufgabe B ein.
Geben Sie 3 für Aufgabe C ein.
Geben Sie 4 für Aufgabe D ein.
Geben Sie 5 zum Verlassen des Programms ein.
6

Ungültige Option, versuchen Sie es noch einmal.

Geben Sie 1 für Aufgabe A ein.
Geben Sie 2 für Aufgabe B ein.
Geben Sie 3 für Aufgabe C ein.
Geben Sie 4 für Aufgabe D ein.
Geben Sie 5 zum Verlassen des Programms ein.
5

Sie verlassen das Programm...
```

In diesem Programm taucht eine neue Bibliotheksfunktion auf: `exit`. Diese Funktion beendet im Zweig `case 5` das Programm (Zeile 46). Hier können Sie nicht wie in Listing 13.4 `break` verwenden. Mit `break` verlassen Sie lediglich die `switch`-Anweisung, nicht aber die umgebende `while`-Schleife. Der nächste Abschnitt geht ausführlicher auf die `exit`-Funktion ein.

Manchmal kann es nützlich sein, die Ausführung durch mehrere `case`-Klauseln einer `switch`-Konstruktion »durchfallen« zu lassen. Angenommen, Sie wollten für mehrere mögliche Werte des Kontrollausdrucks denselben Anweisungsblock ausführen. Lassen Sie einfach die `break`-Anweisungen fort und listen Sie die `case`-Marken vor den Anweisungen auf. Wenn der Kontrollausdruck mit einer der `case`-Konstanten übereinstimmt, »fällt« die Ausführung durch die folgenden `case`-Anweisungen durch und gelangt schließlich zum auszuführenden Codeblock. Ein Beispiel dafür finden Sie in Listing 13.8.

Listing 13.8: Eine weitere Möglichkeit für den Einsatz einer switch-Anweisung

```
/* Eine weitere Möglichkeit für den Einsatz einer switch-Anweisung. */

#include <stdio.h>
#include <stdlib.h>

int main()
{
   int antwort;

    while (1)
    {
      puts("\nGeben Sie einen Wert zwischen 1 und 10 ein, 0 für Ende:");
      scanf("%d", &antwort);

      switch (antwort)
      {
            case 0:
                exit(0);
            case 1:
            case 2:
            case 3:
            case 4:
            case 5:
                {
                  puts("Ihre Eingabe lautete 5 oder kleiner.\n");
                  break;
                }
            case 6:
            case 7:
            case 8:
            case 9:
            case 10:
                {
                  puts("Ihre Eingabe lautete 6 oder größer.\n");
                  break;
                }
            default:
                  puts("Zwischen 1 und 10 bitte!\n");
      } /* Ende der switch-Anweisung */
    }     /* Ende der while-Schleife */
    return 0;
}
```

```
Geben Sie einen Wert zwischen 1 und 10 ein, 0 für Ende:
11
Zwischen 1 und 10 bitte!

Geben Sie einen Wert zwischen 1 und 10 ein, 0 für Ende:
1
Ihre Eingabe lautete 5 oder kleiner.

Geben Sie einen Wert zwischen 1 und 10 ein, 0 für Ende:
6
Ihre Eingabe lautete 6 oder größer.

Geben Sie einen Wert zwischen 1 und 10 ein, 0 für Ende:
0
```

Dieses Programm liest einen Wert von der Tastatur ein und teilt Ihnen dann mit, ob der Wert gleich `5` oder kleiner, gleich `6` oder größer oder überhaupt nicht zwischen `1` und `10` liegt. Wenn der Wert `0` beträgt, ruft Zeile 18 die `exit`-Funktion auf und beendet das Programm.

Die Syntax der switch-Anweisung

```
switch (Ausdruck)
{
    case  Konstante_1: Anweisung(en);
    case  Konstante_2: Anweisung(en);
    ...
    case  Konstante_n: Anweisung(en);
    default: Anweisung(en);
}
```

Mit der `switch`-Anweisung können Sie in Abhängigkeit vom Wert eines Ausdrucks in mehrere Anweisungsblöcke verzweigen. Diese Vorgehensweise ist effizienter und leichter nachzuvollziehen als eine tief verschachtelte `if`-Anweisung. Eine `switch`-Anweisung wertet einen Ausdruck aus und verzweigt dann zu der `case`-Anweisung, deren Konstante mit dem Ergebnis des Ausdrucks übereinstimmt. Gibt es keine übereinstimmende `case`-Marke, springt die Programmsteuerung in den `default`-Zweig, der die

Standardfälle behandelt. Wenn die optionale `default`-Anweisung nicht angegeben ist, springt die Programmsteuerung an das Ende der `switch`-Anweisung.

Der Programmfluss bewegt sich von der `case`-Anweisung kontinuierlich nach unten, es sei denn, eine `break`-Anweisung zwingt das Programm, an das Ende der `switch`-Anweisung zu springen.

Beispiel 1

```
switch( buchstabe )
{
   case 'A':
   case 'a':
       printf( "Ihre Eingabe lautete A" );
       break;
   case 'B':
   case 'b':
       printf( "Ihre Eingabe lautete B");
       break;
   ...
   ...
   default:
       printf( "Ich habe keine case-Anweisung für %c", buchstabe );
}
```

Beispiel 2

```
switch( zahl )
{
   case 0:    puts( "Ihre Zahl ist 0 oder kleiner.");
   case 1:    puts( "Ihre Zahl ist 1 oder kleiner.");
   case 2:    puts( "Ihre Zahl ist 2 oder kleiner.");
   case 3:    puts( "Ihre Zahl ist 3 oder kleiner.");
   ...
   ...
   case 99:   puts( "Ihre Zahl ist 99 oder kleiner.");
              break;
   default:   puts( "Ihre Zahl ist größer als 99.");
}
```

Da es in diesem Beispiel für die ersten `case`-Anweisungen keine `break`-Anweisungen gibt, führt das Programm nach dem Sprung zur übereinstimmenden `case`-Marke alle nachfolgenden Ausgabeanweisungen aus, bis die Programmausführung auf das `break` der `case 99`-Klausel stößt. Lautet die Zahl zum Beispiel 3, teilt Ihnen das Programm mit, dass Ihre Zahl gleich 3 oder kleiner, 4 oder kleiner, 5 oder kleiner bis hin zu 99 oder kleiner ist. Das Programm fährt mit der Ausgabe fort, bis es auf die `break`-Anweisung in `case 99` trifft.

Was Sie tun sollten	Was nicht
Versehen Sie Ihre `switch`-Anweisungen mit `default`-Klauseln – auch wenn Sie davon überzeugt sind, dass Sie alle möglichen Fälle abgedeckt haben.	Vergessen Sie nicht, die erforderlichen `break`-Anweisungen in Ihre `switch`-Anweisungen einzubauen.
Verwenden Sie eine `switch`-Anweisung anstelle einer `if`-Anweisung, wenn mehr als zwei Bedingungen für die gleiche Variable auszuwerten sind.	
Richten Sie die `case`-Anweisungen untereinander aus, so dass sie leicht zu lesen sind.	

Das Programm verlassen

Ein C-Programm ist normalerweise zu Ende, wenn die Ausführung auf die schließende geschweifte Klammer der `main`-Funktion trifft. Sie können ein Programm jedoch jederzeit durch Aufruf der Bibliotheksfunktion `exit` beenden. Außerdem können Sie eine oder mehrere Funktionen angeben, die bei Programmende automatisch ausgeführt werden sollen.

Die Funktion exit

Die Funktion `exit` beendet die Programmausführung und gibt die Steuerung an das Betriebssystem zurück. Diese Funktion übernimmt ein einziges Argument vom Typ `int`, das sie an das Betriebssystem weiterreicht. Über dieses Argument kann man anzeigen, ob das Programm erfolgreich war oder nicht. Die Syntax der `exit`-Funktion lautet:

```
exit(status);
```

Die normale Programmbeendigung zeigt man mit dem Wert `0` für `status` an. Ein anderer Wert weist den Aufrufer – d.h. das Betriebssystem – darauf hin, dass ein Fehler aufgetreten ist. Wie Sie den Fehler auswerten, hängt vom jeweiligen Betriebssystem ab. Zum Beispiel können Sie unter DOS in einer Stapeldatei den Rückgabewert des Programms mit einer `if errorlevel`-Anweisung testen. In diesem Zusammenhang sei auf die zum Betriebssystem gehörende Dokumentation verwiesen.

Wenn Sie die Funktion exit in einem Programm aufrufen, müssen Sie die Header-Datei stdlib.h einbinden. Diese Header-Datei definiert außerdem zwei symbolische Konstanten, die Sie als Argumente für die exit-Funktion angeben können:

```
#define EXIT_SUCCESS   0
#define EXIT_FAILURE   1
```

Um das Programm zu beenden und die fehlerfreie Ausführung anzuzeigen, rufen Sie exit(EXIT_SUCCESS) auf. Ist in der Programmausführung ein Fehler aufgetreten, beenden Sie das Programm mit exit(EXIT_FAILURE).

Was Sie tun sollten
Verwenden Sie den Befehl exit, um das Programm zu verlassen, wenn ein Problem auftaucht.
Übergeben Sie der exit-Funktion sinnvolle Werte.

Befehle aus einem Programm heraus ausführen

Zur Standardbibliothek von C gehört die Funktion system, mit der sie Befehle des Betriebssystems in einem laufenden C-Programm ausführen können. Dies kann nützlich sein, wenn Sie das Verzeichnis einer Festplatte lesen oder eine Diskette formatieren wollen. Wenn Sie die Funktion system in einem Programm aufrufen, müssen Sie die Header-Datei stdlib.h einbinden. Das Format der system-Funktion lautet:

```
system(befehl);
```

Das Argument befehl kann entweder eine String-Konstante oder ein Zeiger auf einen String sein. Um zum Beispiel unter DOS ein Verzeichnis aufzulisten, schreibt man entweder

```
system("dir");
```

oder

```
char *befehl = "dir";
system(befehl);
```

Nachdem das Betriebssystem den Befehl ausgeführt hat, setzt das Programm mit der nächsten Anweisung nach dem Aufruf von system fort. Wenn der an system übergebene Befehl kein gültiger Betriebssystembefehl ist, erhalten Sie die Fehlermeldung command not found (»Befehl nicht gefunden«). Listing 13.9 zeigt ein Beispiel für die Funktion system.

Listing 13.9: Befehle des Betriebssystems mit der Funktion system ausführen

```
/* Beispiel für den Einsatz der system-Funktion. */
#include <stdio.h>
#include <stdlib.h>

int main()
{
    /* Deklariert einen Puffer für die Aufnahme der Eingabe. */

    char eingabe[40];

    while (1)
    {
      /* Liest den Befehl des Benutzers ein. */

      puts("\nSystembefehl eingeben (Eingabetaste für Ende)");
      fgets(eingabe, 40, stdin);

      /* Ende, wenn eine Leerzeile eingegeben wurde. */

      if (eingabe[0] == '\n')
          exit(0);

      /* Führt den Befehl aus. */

      system(eingabe);
    }
    return 0;
}
```

```
Systembefehl eingeben (Eingabetaste für Ende):
dir *.bak

 Datenträger in Laufwerk C: hat keine Bezeichnung
 Seriennummer des Datenträgers: 3208-1C09
 Verzeichnis von C:\

LIST1309 BAK         1416   01.04.00  21:53 List1309.bak
         1 Datei(en)                  1416 Bytes
         0 Verzeichnis(se)   1.069.449.216 Bytes frei

Systembefehl eingeben (Eingabetaste für Ende):
```

Analyse

Listing 13.9 veranschaulicht den Einsatz von `system`. Mit der `while`-Schleife in den Zeilen 11 bis 26 ermöglicht das Programm dem Benutzer die Ausführung von Betriebssystembefehlen. Die Zeilen 15 und 16 fordern den Benutzer auf, einen Betriebssystembefehl einzugeben. Wenn die `if`-Anweisung in der Zeile 20 erkennt, dass der Benutzer lediglich die [↵]-Taste gedrückt hat, ruft Zeile 21 die Funktion `exit` auf und beendet das Programm. Zeile 25 ruft `system` mit dem vom Benutzer eingegebenen Befehl auf. Die Ausgabe auf Ihrem System wird sich höchstwahrscheinlich von der hier gezeigten unterscheiden.

Die Befehle, die Sie an `system` übergeben können, sind nicht nur auf einfache Betriebssystembefehle – wie Verzeichnisse ausgeben oder Platten formatieren – beschränkt. Sie können genauso gut den Namen einer x-beliebigen ausführbaren Datei oder Stapeldatei übergeben – und das Betriebssystem führt dieses Programm ganz normal aus. Wenn Sie zum Beispiel das Argument `list1308` übergeben, starten Sie damit das gleichnamige Programm. Nachdem Sie dieses Programm beendet haben, kehrt die Ausführung an die Stelle zurück, von der aus der Aufruf von `system` erfolgt ist.

Die einzige Beschränkung beim Aufruf von `system` betrifft den Speicher. Während der Ausführung von `system` verbleibt das ursprüngliche Programm im RAM und das Betriebssystem versucht, sowohl eine neue Kopie des Kommandointerpreters als auch das zur Ausführung spezifizierte Programm in den Arbeitsspeicher zu laden. Verständlicherweise ist dies nur möglich, wenn Ihr Computer über genug Speicherkapazität verfügt. Wenn nicht, erhalten Sie eine Fehlermeldung.

Zusammenfassung

Die heutige Lektion hat eine Reihe von Themen zur Programmsteuerung behandelt. Dabei haben Sie die `goto`-Anweisung kennen gelernt und wissen jetzt, warum Sie sie in Ihren Programmen besser vermeiden sollten. Es wurden die Anweisungen `break` und `continue` vorgestellt, mit denen Sie größeren Einfluss auf die Ausführung von Schleifen nehmen können. In Verbindung mit Endlosschleifen lassen sich mit diesen Anweisungen komplexe Programmierprobleme lösen. Außerdem haben Sie gesehen, wie Sie mit der `exit`-Funktion ein Programm beenden können. Abschließend wurde gezeigt, wie Sie mit der `system`-Funktion Systembefehle aus einem Programm heraus ausführen können.

Fragen und Antworten

F Ist es besser, eine `switch`-Anweisung oder eine verschachtelte `if`-Anweisung zu verwenden?

A *Wenn Sie eine Variable prüfen, die mehr als zwei Werte annehmen kann, ist die* `switch`*-Anweisung fast immer die bessere Alternative. Der resultierende Code ist einfacher zu lesen. Wenn Sie eine wahr/falsch-Bedingung testen, ist die* `if`*-Anweisung vorzuziehen.*

F Warum sollte man `goto`-Anweisungen vermeiden?

A *Auf den ersten Blick scheint es, als ob die* `goto`*-Anweisung eine recht nützliche Einrichtung sei. Allerdings kann* `goto` *mehr Probleme verursachen als lösen. Eine* `goto`*-Anweisung ist ein unstrukturierter Befehl, der Sie zu einem anderen Punkt in einem Programm springen lässt. Viele Debugger (Software, mit der Sie Programme auf Fehler untersuchen) können* `goto`*-Anweisungen nicht immer zurückverfolgen. Außerdem führen* `goto`*-Anweisungen zu Spaghetticode – Code ohne strukturieren Programmfluss.*

F Warum bieten nicht alle Compiler die gleichen Funktionen?

A *In dieser Lektion haben Sie erfahren, dass bestimmte C-Funktionen nicht für alle Compiler oder Computersysteme verfügbar sind. Das trifft zum Beispiel auf die Funktion* `sleep` *zu.*

Obwohl es Standards gibt, die alle ANSI-Compiler befolgen, verbieten diese Standards den Compilerherstellern nicht, zusätzliche Funktionalität zu implementieren. Jeder Compilerhersteller sieht deshalb neue Funktionen vor, von denen er glaubt, dass sie für die Programmierer nützlich sind.

F Heißt es nicht, dass C eine standardisierte Sprache ist?

A *In der Tat ist C weitgehend standardisiert. Das ANSI-Komitee hat den ANSI-C-Standard entwickelt, der fast alle Einzelheiten der Sprache C – einschließlich der Funktionen – spezifiziert. Verschiedene Compilerhersteller haben aus Wettbewerbsgründen zusätzliche Funktionen, die nicht Teil des ANSI-Standards sind, in ihre Produkte aufgenommen. Darüber hinaus können Sie auch Compilern begegnen, die gar nicht auf den ANSI-Standard abzielen. Wenn Sie allerdings ausschließlich bei Compilern nach dem ANSI-Standard bleiben, werden Sie feststellen, dass diese 99 Prozent der Syntax und der Programmfunktionen gemeinsam haben.*

F Ist es ratsam, mit der `system`-Funktion Systemfunktionen auszuführen?

A *Die Funktion* `system` *scheint auf den ersten Blick gut dafür geeignet, Aufgaben wie zum Beispiel das Auflisten von Dateien in einem Verzeichnis in einfa-*

cher Weise erledigen zu können. Dennoch sollten Sie diese Funktion mit Vorsicht einsetzen. Die meisten derartigen Befehle sind betriebssystemspezifisch. Wenn Sie diese Befehle zusammen mit einem Aufruf von `system` *verwenden, ist Ihr Code unter Umständen nicht mehr portierbar. Wenn Sie ein anderes Programm (statt eines Betriebssystembefehls) ausführen wollen, dürften Sie keine Schwierigkeiten mit der Portierung haben.*

Workshop

Die Kontrollfragen im Workshop sollen Ihnen helfen, die neu erworbenen Kenntnisse zu den behandelten Themen zu festigen. Die Übungen geben Ihnen die Möglichkeit, praktische Erfahrungen mit dem gelernten Stoff zu sammeln. Die Antworten zu den Kontrollfragen und Übungen finden Sie im Anhang F.

Kontrollfragen

1. Wann ist es empfehlenswert, die `goto`-Anweisung zu verwenden?
2. Worin besteht der Unterschied zwischen einer `break`- und einer `continue`-Anweisung?
3. Was ist eine Endlosschleife und wie erzeugt man sie?
4. Welche zwei Ereignisse beenden die Programmausführung?
5. Zu welchen Variablentypen kann eine `switch`-Anweisung ausgewertet werden?
6. Was bewirkt die `default`-Anweisung?
7. Was bewirkt die `exit`-Funktion?
8. Was bewirkt die `system`-Funktion?

Übungen

1. Schreiben Sie eine Anweisung, die die Programmausführung veranlasst, zum nächsten Schleifendurchlauf zu springen.
2. Schreiben Sie eine Anweisung, die die Programmausführung veranlasst, an das Ende der Schleife zu springen.
3. Schreiben Sie eine Codezeile, die alle Dateien im aktuellen Verzeichnis auflistet.

4. **FEHLERSUCHE:** Enthält der folgende Code einen Fehler?

```
switch( antwort )
{
    case 'J': printf("Ihre Antwort lautete Ja");
              break;
    case 'N': printf( "Ihre Antwort lautete Nein");
}
```

5. **FEHLERSUCHE:** Enthält der folgende Code einen Fehler?

```
switch( option )
{
    default:
        printf("Sie haben weder 1 noch 2 gewählt");
    case 1:
        printf("Ihre Antwort lautete 1");
        break;
    case 2:
        printf( "Ihre Antwort lautete 2");
        break;
}
```

6. Bilden Sie die `switch`-Anweisung aus Übung 5 mit `if`-Anweisungen nach.
7. Implementieren Sie eine Endlosschleife mit `do...while`.

Aufgrund der vielen möglichen Antworten gibt es zu den folgenden Übungen im Anhang keine Lösungen. Prüfen Sie also selbstkritisch, ob Sie die gestellte Aufgabe gelöst haben.

8. **OHNE LÖSUNG:** Schreiben Sie ein Programm, das wie ein Taschenrechner arbeitet. Das Programm sollte Addition, Subtraktion, Multiplikation und Division beherrschen.
9. **OHNE LÖSUNG:** Schreiben Sie ein Programm, das ein Menü mit fünf verschiedenen Optionen bereitstellt. Vier Optionen sollen über die Funktion `system` verschiedene Systembefehle ausführen, die fünfte dient dem Beenden des Programms.

14

Mit Bildschirm und Tastatur arbeiten

Woche 2

Fast jedes Programm muss Daten einlesen und ausgeben. Wie gut ein Programm diese Ein- und Ausgabe handhabt, ist oft entscheidend für die Zweckmäßigkeit des Programms. Die grundlegende Vorgehensweise bei der Ein- und Ausgabe haben Sie bereits kennen gelernt. Heute lernen Sie

- wie C mit Streams die Ein- und Ausgabe realisiert,
- welche verschiedenen Möglichkeiten es gibt, um Eingaben von der Tastatur einzulesen,
- wie man Text und numerische Daten auf den Bildschirm ausgibt,
- wie man Ausgaben an den Drucker sendet,
- wie man die Ein- und Ausgabe eines Programms umleitet.

Streams in C

Bevor wir uns mit den Feinheiten der Ein- und Ausgabe befassen, müssen wir klären, was ein Stream ist. In C erfolgt die gesamte Ein- und Ausgabe über Streams, egal woher die Eingabe kommt oder wohin die Ausgabe geht. Wie Sie später in dieser Lektion sehen, hat dieser standardisierte Umgang mit der Ein- und Ausgabe unbestreitbare Vorzüge für den Programmierer. Das setzt natürlich voraus, dass Sie die Funktionsweise von Streams kennen. Als Erstes müssen Sie aber genau wissen, was die Begriffe *Eingabe* und *Ausgabe* bedeuten.

Was genau versteht man unter Programmeingabe und -ausgabe?

Wie bereits weiter vorn in diesem Buch erwähnt, legt ein laufendes C-Programm die Daten im RAM (Speicher mit wahlfreiem Zugriff) ab. Diese Daten haben die Form von Variablen, Strukturen und Arrays, die Sie im Programm deklariert haben. Woher aber stammen diese Daten und was kann das Programm damit anfangen?

- *Eingabedaten* sind Daten, die von externen Quellen in das Programm gelangen. Die häufigsten Quellen für Programmeingaben sind Tastatur und Dateien.
- *Ausgabedaten* sendet man an Ziele, die außerhalb des Programms liegen. Die häufigsten Ziele für die Ausgabe sind Bildschirm, Drucker und Datenträgerdateien.

Eingabequellen und Ausgabeziele bezeichnet man mit dem Oberbegriff *Geräte*. Einige Geräte (zum Beispiel die Tastatur) dienen nur der Eingabe, andere (wie der Bildschirm) nur der Ausgabe und wiederum andere (Dateien) sind für Ein- und Ausgabe geeignet (siehe Abbildung 14.1).

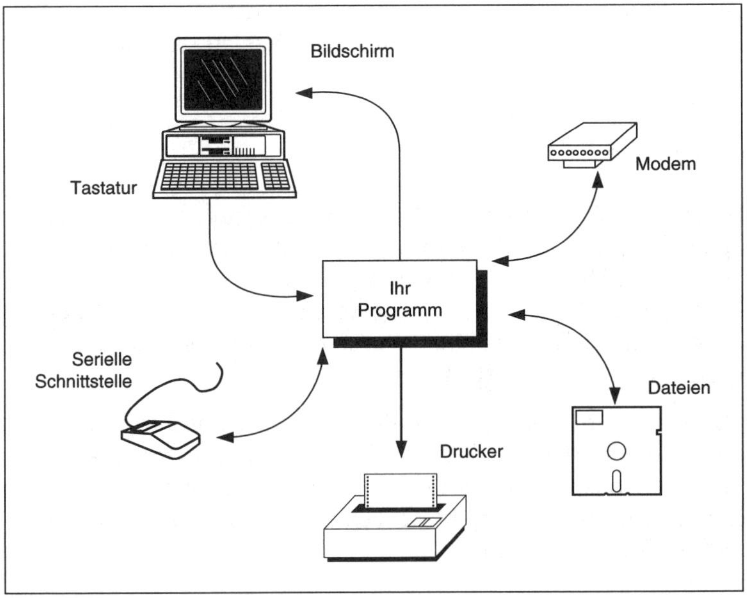

Abbildung 14.1: Die Ein- und Ausgabe kann zwischen einem Programm und einer Vielzahl externer Geräte stattfinden

Unabhängig vom Gerät – sei es für Eingabe oder Ausgabe – führt C alle Operationen mithilfe von Streams aus.

Was ist ein Stream?

Neuer Begriff

Ein *Stream* (zu Deutsch »Strom«) ist eine Folge von Zeichen. Genauer gesagt, handelt es sich um eine Folge von Datenbytes. Eine Folge von Bytes, die in ein Programm fließt, ist ein Eingabestrom, und eine Folge von Bytes, die aus einem Programm heraus fließt, ein Ausgabestrom. Durch das allgemeine Konzept der Streams kann sich der Programmierer auf die eigentlichen Aufgaben eines Programms konzentrieren und muss sich nicht mit den konkreten Details der Ein-/Ausgabe befassen. Vor allem aber sind Streams *geräteunabhängig*. Programmierer müssen keine speziellen Ein- und Ausgabefunktionen für jedes Gerät (Tastatur, Festplatte usw.) schreiben. Das Programm behandelt die Ein- und Ausgabe einfach als einen kontinuierlichen Strom von Bytes – egal woher die Eingabe kommt oder wohin die Ausgabe geht.

Neuer Begriff

In C ist jeder Stream mit einer Datei verbunden. Der Begriff *Datei* bezieht sich dabei nicht auf Datenträgerdateien im engeren Sinne. Es handelt sich hier vielmehr um eine Art Schnittstelle, die zwischen dem vom Programm behandelten Stream und dem eigentlichen physikalischen Gerät für die Ein- und Ausgabe vermittelt. Als Einsteiger in C brauchen Sie sich um diese Dateien kaum zu kümmern, da die C-Bibliotheksfunktionen und das Betriebssystem die Wechselwirkungen zwischen Streams, Dateien und Geräten automatisch regeln.

Text- und binäre Streams

C unterscheidet zwei Stream-Modi: Text und binär. Ein Text-Stream besteht nur aus Zeichen, wie zum Beispiel Text, den ein Programm an den Bildschirm sendet. Textströme sind in Zeilen organisiert. Die Zeilen können bis zu 255 Zeichen lang sein und sind durch ein Zeilenendezeichen (Neue Zeile) abgeschlossen. Bestimmte Zeichen in einem Textstrom haben eine spezielle Bedeutung, beispielsweise das Zeilenendezeichen. Diese Lektion beschäftigt sich mit Text-Streams.

Neuer Begriff

Ein *binärer* Stream kann beliebige Daten behandeln, nicht nur Textdaten. Die Datenbytes in einem binären Stream werden nicht in irgendeiner Form übersetzt oder interpretiert, sondern unverändert gelesen und geschrieben. Binäre Streams verwendet man hauptsächlich in Verbindung mit Datenträgerdateien, auf die Tag 16 eingeht.

Vordefinierte Streams

In ANSI C gibt es drei vordefinierte Streams, die man auch als *Standard-E/A-Dateien* bezeichnet. Wenn Sie auf einem IBM-kompatiblen PC unter DOS programmieren, stehen Ihnen zwei weitere Standard-Streams zur Verfügung. Diese Streams werden automatisch geöffnet, wenn die Ausführung eines C-Programms beginnt, und geschlossen, wenn das Programm terminiert. Der Programmierer muss keine besonderen Schritte unternehmen, um diese Streams verfügbar zu machen. Tabelle 14.1 enthält eine Übersicht über die Standard-Streams und die Geräte, mit denen die Streams normalerweise verbunden sind. Alle fünf Standard-Streams gehören zur Kategorie der Text-Streams.

Name	Streams	Geräte
`stdin`	Standardeingabe	Tastatur
`stdout`	Standardausgabe	Bildschirm
`stderr`	Standardfehlerausgabe	Bildschirm
`stdprn`	Standarddrucker	Drucker (LPT1:)
`stdaux`	Standardhilfsgerät	Serielle Schnittstelle (COM1:)

Tabelle 14.1: Die Standard-Streams (stdprn und stdaux sind nur unter DOS verfügbar)

Wenn Sie mit den Funktionen `printf` oder `puts` Text auf dem Bildschirm anzeigen, geschieht das über den Stream `stdout`. Entsprechend bemühen Sie den Stream `stdin`, wenn Sie mit den Funktionen `gets` oder `scanf` Tastatureingaben lesen. Die Standard-Streams werden automatisch geöffnet, andere Streams jedoch – beispielsweise Streams zur Bearbeitung von Daten, die auf der Platte gespeichert sind – müssen Sie explizit öffnen. Wie man dabei vorgeht, erfahren Sie am Tag 16. Die heutige Lektion behandelt ausschließlich die Standard-Streams.

Die Stream-Funktionen von C

In der Standardbibliothek von C gibt es eine Vielzahl von Funktionen, die für die Eingabe und Ausgabe von Streams zuständig sind. Die meisten dieser Funktionen gibt es in zwei Ausprägungen: Eine Version verwendet immer die Standard-Streams, bei der anderen Version muss der Programmierer den Stream angeben. Eine Liste dieser Funktionen finden Sie in Tabelle 14.2. Diese Tabelle enthält allerdings nicht alle Ein- und Ausgabefunktionen von C. Außerdem geht die heutige Lektion nicht auf alle in der Tabelle genannten Funktionen ein.

Verwendet einen der Standard-Streams	**Erfordert einen Stream-Namen**	**Beschreibung**
`printf`	`fprintf`	Formatierte Ausgabe
`vprintf`	`vfprintf`	Formatierte Ausgabe mit einer variablen Argumentliste
`puts`	`fputs`	String-Ausgabe
`putchar`	`putc, fputc`	Zeichenausgabe
`scanf`	`fscanf`	Formatierte Eingabe
`gets`	`fgets`	String-Eingabe
`getchar`	`getc, fgetc`	Zeicheneingabe
`perror`		String-Ausgabe nur an `stderr`

Tabelle 14.2: Die Stream-Funktionen der Standard-Bibliothek für die Ein- und Ausgabe

Um diese Funktionen verwenden zu können, müssen Sie die Header-Datei `stdio.h` einbinden. Die Funktionen `vprintf` und `vfprintf` erfordern außerdem die Datei `stdargs.h`. Auf UNIX-Systemen ist eventuell für die Funktionen `vprintf` und `vfprintf` auch die Header-Datei `varargs.h` einzubinden. Schauen Sie in der Bibliotheks-Referenz Ihres Compilers nach, ob Sie weitere oder alternative Header-Dateien benötigen.

Ein Beispiel

Das kleine Programm in Listing 14.1 demonstriert die Verwendung von Streams.

Listing 14.1: Die Gleichwertigkeit von Streams

```
1:  /* Beispiel für die Gleichwertigkeit von Stream-Eingabe und -Ausgabe. */
2:  #include <stdio.h>
3:
4:  main()
5:  {
6:     char puffer[256];
7:
8:     /* Liest eine Zeile ein und gibt sie sofort wieder aus. */
9:
10:    puts(gets(puffer));
11:
12:    return 0;
13: }
```

In Zeile 10 liest die Funktion `gets` eine Textzeile von der Tastatur (`stdin`) ein. Da `gets` einen Zeiger auf den String zurückliefert, kann man diesen als Argument an die Funktion `puts` verwenden, die den String auf dem Bildschirm (`stdout`) ausgibt. Das Programm liest eine vom Benutzer eingegebene Textzeile ein und gibt sie dann sofort auf dem Bildschirm aus.

Was Sie tun sollten	**Was nicht**
Nutzen Sie die Vorteile der Standard-Ein-/Ausgabe-Streams von C.	Vermeiden Sie es, die Standard-Streams unnötig umzubenennen oder zu ändern. Versuchen Sie nicht, einen Eingabestrom wie `stdin` für eine Ausgabefunktion wie `fprintf` zu verwenden.

Bei Ihren ersten Gehversuchen in C können Sie durchaus mit der Funktion `gets` arbeiten. In »richtigen« Programmen sollten Sie aber die Funktion `fgets` einsetzen, weil `gets` einige Risiken in Bezug auf die Programmsicherheit in sich birgt. Darauf geht diese Lektion später ein.

Tastatureingaben einlesen

Die meisten C-Programme sind darauf ausgelegt, Daten von der Tastatur (das heißt, von `stdin`) einzulesen. Die zur Verfügung stehenden Eingabefunktionen kann man in eine Hierarchie von drei Ebenen einordnen: Zeicheneingabe, Zeileneingabe und formatierte Eingabe.

Zeicheneingabe

Die Funktionen zur Zeicheneingabe holen die eingegebenen Zeichen einzeln aus dem Stream. Alle diese Funktionen liefern bei ihrem Aufruf entweder das nächste Zeichen im Stream zurück oder `EOF`, wenn das Ende der Datei erreicht oder ein Fehler aufgetreten ist. `EOF` ist eine symbolische Konstante, die in `stdio.h` als `-1` definiert ist. Die Zeicheneingabefunktionen unterscheiden sich hinsichtlich der Pufferung und dem Bildschirmecho.

- Einige Zeicheneingabefunktionen sind *gepuffert*. Das bedeutet, dass das Betriebssystem so lange alle eingegebenen Zeichen in einem temporären Speicher ablegt, bis der Benutzer die [↵]-Taste drückt. Erst dann schickt das System die Zeichen an den `stdin`-Stream. Die *ungepufferten* Funktionen schicken das Zeichen direkt an `stdin`, sobald der Benutzer die entsprechende Taste drückt.
- Einige Eingabefunktionen geben die gelesenen Zeichen automatisch wieder als *Echo* an `stdout` aus, d.h. der Benutzer kann auf dem Bildschirm die eingegebenen Zeichen verfolgen. Andere Eingabefunktionen senden das Zeichen nur an `stdin` und nicht an `stdout`.

`stdin` und `stdout` sind unter Linux und anderen Unix-ähnlichen Betriebssystemen standardmäßig gepufferte Streams. Der Standardfehler-Stream ist ungepuffert. Es gibt zwar die Möglichkeit, das Standardverhalten von `stdin` und `stdout` zu ändern, aber das würde den Rahmen dieses Buches sprengen. Lassen Sie uns deshalb in der heutigen Lektion einmal davon ausgehen, dass `stdin` und `stdout` gepufferte Streams sind.

Die folgenden Abschnitte zeigen, wie man die gepufferten und ungepufferten Eingabefunktionen mit und ohne Echo einsetzt.

Die Funktion getchar

Die Funktion `getchar` liest das nächste Zeichen aus dem Stream `stdin` ein. Die Funktion unterstützt die gepufferte Zeicheneingabe mit Echoverhalten. Der Prototyp lautet:

```
int getchar(void);
```

Listing 14.2 zeigt ein Beispiel für die Funktion `getchar`. Die später noch zu behandelnde Funktion `putchar` gibt ein einzelnes Zeichen auf dem Bildschirm aus.

Listing 14.2: Die Funktion getchar

```
1: /* Beispiel für die Funktion getchar. */
2:
3: #include <stdio.h>
4:
5: main()
6: {
7:     int ch;
8:
9:     while ((ch = getchar()) != '\n')
10:         putchar(ch);
11:
12:     return 0;
13: }
```

```
Dies wurde eingegeben.
Dies wurde eingegeben.
```

Zeile 9 ruft die Funktion `getchar` auf und wartet auf den Empfang eines Zeichens von `stdin`. Da `getchar` eine gepufferte Eingabefunktion ist, empfängt sie die Zeichen erst, nachdem der Benutzer die [↵]-Taste gedrückt hat. Allerdings erscheint jedes zu einer gedrückten Taste gehörende Zeichen sofort als Echo auf dem Bildschirm.

Wenn Sie die [↵]-Taste drücken, sendet das Betriebssystem alle Zeichen einschließlich des Neue-Zeile-Zeichens an `stdin`. Die Funktion `getchar` liefert diese Zeichen einzeln zurück und der Ausdruck in der `while`-Schleife von Zeile 9 weist sie an `ch` zu.

Außerdem vergleicht der Ausdruck in Zeile 9 jedes gelesene Zeichen mit dem Neue-Zeile-Zeichen `'\n'`. Wenn dieser Test keine Übereinstimmung liefert, ist die Bedingung der `while`-Schleife erfüllt. In diesem Fall führt das Programm die Anweisung in der Schleife aus (Zeile 10), die mit der Funktion `putchar` das Zeichen auf dem Bildschirm ausgibt. Liefert `getchar` ein Neue-Zeile-Zeichen zurück, verlässt das Programm die `while`-Schleife.

Mit der Funktion `getchar` lassen sich auch ganze Textzeilen einlesen, wie Listing 14.3 zeigt. Allerdings sind für diese Aufgabe andere Eingabefunktionen besser geeignet. Dazu später mehr in dieser Lektion.

Listing 14.3: Mit der Funktion getchar eine ganze Textzeile lesen

```
1: /* Mit getchar Strings einlesen. */
2:
3: #include <stdio.h>
4:
5: #define MAX 80
6:
7: main()
8: {
9:      char ch, puffer[MAX+1];
10:     int x = 0;
11:
12:     while ((ch = getchar()) != '\n' && x < MAX)
13:         puffer[x++] = ch;
14:
15:     puffer[x] = '\0';
16:
17:     printf("%s\n", puffer);
18:
19:     return 0;
20: }
```

```
Dies ist ein String
Dies ist ein String
```

Dieses Programm verwendet `getchar` in ähnlicher Weise wie Listing 14.2. Die `while`-Schleife hat jetzt aber eine zusätzliche Bedingung erhalten und akzeptiert so lange Zeichen von `getchar`, bis die Funktion entweder auf ein Neue-Zeile-Zeichen stößt oder 80 Zeichen eingelesen wurden. Die einzelnen Zeichen legt das Programm im Array `puffer` ab. Sobald alle Zeichen eingelesen sind, hängt Zeile 15 ein Nullzeichen an das Ende des Arrays, so dass die `printf`-Funktion in Zeile 17 den eingegebenen String ausgeben kann.

Warum deklariert Zeile 9 das Array `puffer` mit einer Größe von `MAX+1` und nicht einfach mit `MAX`? Im Beispiel soll das Array einen String von 80 Zeichen aufnehmen, d.h. die in `MAX` definierte Anzahl von Zeichen. Da ein String mit einem Nullzeichen abzuschließen ist und das Array auch dafür Platz bieten muss, sind 81 Elemente (`MAX+1`) zu deklarieren. Vergessen Sie nicht, am Ende Ihrer Strings Platz für das abschließende Nullzeichen einzuplanen!

Die Funktion getch

Die Funktion `getch` holt das nächste Zeichen aus dem Stream `stdin` und realisiert eine ungepufferte Eingabe ohne Echo. Da die Funktion `getch` nicht zum ANSI-Standard gehört, ist sie eventuell nicht auf jedem System verfügbar. Darüber hinaus können unterschiedliche Header-Dateien einzubinden sein. Im Allgemeinen lautet der Prototyp für `getch` in der Header-Datei `conio.h` wie folgt:

```
int getch(void);
```

Aufgrund der ungepufferten Arbeitsweise gibt `getch` jedes Zeichen zurück, sobald der Benutzer eine Taste drückt. Die Funktion wartet also nicht auf das Betätigen der [↵]-Taste. Da `getch` kein Echo der Eingabe liefert, erscheinen die eingegebenen Zeichen nicht auf dem Bildschirm. Listing 14.4 zeigt ein Beispiel für den Einsatz von `getch`.

Warnung

Das folgende Listing verwendet die Funktion `getch`, die nicht zum ANSI-Standard gehört. Gehen Sie mit derartigen Funktionen immer vorsichtig um, weil nicht alle Compiler sie unterstützen. Wenn Sie beim Kompilieren von Listing 14.4 Fehlermeldungen erhalten, kann das damit zusammenhängen, dass Ihr Compiler die Funktion `getch` nicht kennt.

Listing 14.4: Die Funktion getch

```
/* Demonstriert die Funktion getch. */
/* Code ist nicht ANSI-kompatibel */
#include <stdio.h>
#include <conio.h>

main()
{
    int ch;

     while ((ch = getch != '\r')
         putchar(ch);

     return 0;
}
```

Ausgabe

```
Testen der Funktion getch
```

In diesem Programm gibt die Funktion `getch` jedes Zeichen zurück, sobald der Benutzer eine Taste drückt – die Funktion wartet nicht auf die Betätigung der [↵]-Taste. Die Funktion `getch` liefert kein Echo. Damit die einzelnen Zeichen auf dem Bildschirm erscheinen, ruft das Programm in Zeile 11 die Funktion `putchar` auf. Die Arbeitsweise von `getch` können Sie besser verstehen, wenn Sie ein Semikolon am Ende von Zeile 10 anfügen und Zeile 11 auskommentieren. Bei dieser Programmversion erscheinen die eingetippten Zeichen nicht auf dem Bildschirm. Die Funktion `getch` holt die Zeichen, ohne sie als Echo an den Bildschirm auszugeben. Dass die Funktion die Zeichen tatsächlich von der Tastatur abgeholt hat, wissen Sie deshalb, weil das ursprüngliche Programm die Zeichen mit `putchar` zur Kontrolle angezeigt hat.

Weshalb vergleicht das Programm in Listing 14.4 jedes Zeichen mit `\r` und nicht mit `\n`? Der Code `\r` ist die Escape-Sequenz für das Wagenrücklaufzeichen. Wenn man [↵] drückt, sendet die Tastatur ein Wagenrücklaufzeichen an `stdin`. Die gepufferten Funktionen zur Zeicheneingabe übersetzen das Wagenrücklaufzeichen automatisch in ein Neue-Zeile-Zeichen, so dass das Programm in diesem Fall auf `\n` testen muss, um das Betätigen von [↵] festzustellen. Die ungepufferten Funktionen zur Zeicheneingabe nehmen keine Umwandlung der Zeichen vor. Das Wagenrücklaufzeichen gelangt also in Form von `\r` an den Aufrufer und auf diese Escape-Sequenz muss das Programm testen.

Das Programm in Listing 14.5 liest mit `getch` eine komplette Textzeile ein. Auch dieses Programm zeigt deutlich, dass `getch` kein Echo liefert. Abgesehen vom Austausch der Funktion `getchar` durch `getch` ist dieses Programm fast identisch mit Listing 14.3.

Listing 14.5: Mit der Funktion getch eine komplette Zeile eingeben

```
/* Mit getch Strings einlesen. */
/* Code ist nicht ANSI-kompatibel */
#include <stdio.h>
#include <conio.h>

#define MAX 80

main()
{
    char ch, buffer[MAX+1];
    int x = 0;

    while ((ch = getch != '\r' && x < MAX)
        buffer[x++] = ch;

```

```
    buffer[x] = '\0';

    printf("%s", buffer);

    return 0;
}
```

```
Das ist ein String
Das ist ein String
```

Denken Sie daran, dass getch nicht ANSI-kompatibel ist. Das heißt, dass verschiedene Compiler die Funktion eventuell nicht unterstützen. Symantec und Borland kennen getch, bei Microsoft heißt diese Funktion _getch. Sehen Sie am besten in der Dokumentation Ihres Compilers nach. Wenn Sie portable Programme schreiben wollen, sollten Sie generell auf Funktionen verzichten, die nicht zum ANSI-Standard gehören.

Die Funktion getche

Die Funktion getche entspricht der eben behandelten Funktion getch, gibt aber die Zeichen als Echo an stdout aus. Ersetzen Sie im Programm nach Listing 14.4 die Funktion getch durch getche. Das Programm zeigt dann jedes eingetippte Zeichen zweimal auf dem Bildschirm an – einmal als Echo von getche und ein zweites Mal als Ausgabe von putchar.

Die Funktion getche ist nicht ANSI-kompatibel, auch wenn viele Compiler sie unterstützen.

Die Funktionen getc und fgetc

Die Zeicheneingabefunktionen getc und fgetc arbeiten nicht automatisch mit stdin. Das Programm kann den Eingabestrom selbst festlegen. Man verwendet diese Funktionen hauptsächlich, um Zeichen von Datenträgerdateien zu lesen. Mehr dazu erfahren Sie am Tag 16.

Was Sie tun sollten	Was nicht
Machen Sie sich den Unterschied zwischen Eingaben mit und ohne automatischem Bildschirmecho klar. Machen Sie sich den Unterschied zwischen gepufferter und ungepufferter Eingabe klar.	Verzichten Sie auf Funktionen, die nicht ANSI-kompatibel sind, wenn Sie portablen Code schreiben wollen.

Ein Zeichen mit ungetc »zurückstellen«

Was bedeutet es, ein Zeichen »zurückzustellen«? An einem Beispiel lässt sich das wahrscheinlich am besten zeigen. Nehmen wir an, ein Programm liest Zeichen aus einem Eingabestrom und kann das Ende des Streams erst feststellen, nachdem es bereits ein Zeichen zu viel gelesen hat. Soll das Programm zum Beispiel eine Zahl einlesen, lässt sich das Ende der Eingabe am ersten Zeichen, das keine Ziffer ist, erkennen. Allerdings kann dieses letzte Zeichen ein wichtiger Bestandteil der nachfolgenden Daten sein. Die jeweilige Funktion zur Zeicheneingabe hat aber dieses Zeichen beim Lesevorgang aus dem Eingabestrom entfernt. Ist das Zeichen damit verloren? Nein. Man kann es wieder in den Eingabestrom zurückführen, so dass die nächste Leseoperation es als Erstes aus diesem Stream abholt.

Um ein Zeichen »zurückzustellen«, rufen Sie die Bibliotheksfunktion `ungetc` auf. Der Prototyp dieser Funktion lautet:

```
int ungetc(int ch, FILE *fp);
```

Das Argument `ch` ist das zurückzustellende Zeichen. Das Argument `*fp` gibt den Stream an, dem das Zeichen zuzuführen ist. Dabei kann es sich um einen beliebigen Eingabestrom handeln. Im Moment begnügen wir uns damit, als zweites Argument `stdin` zu übergeben: `ungetc(ch, stdin);`. Die Notation `FILE *fp` setzt man für Streams ein, die mit Datenträgerdateien verbunden sind (mehr dazu am Tag 16).

Zwischen den einzelnen Leseoperationen kann man jeweils nur ein Zeichen zurückstellen. `EOF` lässt sich überhaupt nicht zurückstellen. Die Funktion `ungetc` liefert im Erfolgsfall `ch` zurück oder `EOF`, wenn die Funktion das Zeichen nicht wieder in den Stream zurückführen kann.

Zeileneingabe

Die Zeileneingabefunktionen lesen ganze Zeilen aus einem Eingabestrom – d.h. alle Zeichen bis zum nächsten Neue-Zeile-Zeichen. In der Standardbibliothek stehen dafür zwei Funktionen zur Verfügung: `gets` und `fgets`.

Die Funktion gets

Die Funktion gets haben Sie bereits am Tag 9 kennen gelernt. Diese Funktion liest eine Zeile von stdin und speichert sie in einem String. Der Prototyp lautet:

```
char *gets(char *str);
```

Diesen Prototyp können Sie mittlerweile sicherlich selbstständig interpretieren. Die Funktion gets übernimmt einen Zeiger auf den Typ char als Argument und gibt einen Zeiger auf den Typ char zurück. Die Funktion liest Zeichen von stdin, bis sie auf ein Neue-Zeile-Zeichen (\n) oder EOF-Zeichen trifft. Das Neue-Zeile-Zeichen ersetzt sie durch ein Nullzeichen und speichert den String an der mit str angegebenen Position.

Der Rückgabewert ist ein Zeiger auf den String (der gleiche Wert wie str). Wenn gets einen Fehler erkennt oder ein EOF-Zeichen entdeckt, bevor alle Zeichen eingelesen sind, gibt die Funktion einen Nullzeiger zurück.

Bevor Sie gets aufrufen, müssen Sie genügend Speicher für den String reservieren. Verwenden Sie dazu die Verfahren, die Tag 10 erläutert hat. Die Funktion gets kann nicht erkennen, ob ausreichend Speicher zur Verfügung steht. Auf jeden Fall liest die Funktion den String ein und legt ihn ab der durch str bezeichneten Position ab. Wenn Sie an dieser Stelle keinen Speicher reserviert haben, kann der String andere Daten überschreiben und Programmfehler verursachen.

Beispiele für die Funktion gets finden Sie in den Listings 10.5 und 10.6.

Die Funktion fgets

Die Bibliotheksfunktion fgets ähnelt stark der Funktion gets; sie liest ebenfalls eine Textzeile aus einem Eingabestrom. Die Funktion fgets ist allerdings wesentlich vielseitiger einsetzbar, weil der Programmierer den zu verwendenden Eingabestrom sowie die maximale Anzahl der zu lesenden Zeichen selbst angeben kann. Man verwendet die Funktion fgets häufig, um Text aus Dateien einzulesen, worauf Tag 16 näher eingeht. Wenn Sie mit der Funktion von der Standardeingabe lesen wollen, geben Sie stdin als Eingabestrom an. Der Prototyp von fgets lautet:

```
char *fgets(char *str, int n, FILE *fp);
```

Im Parameter FILE *fp spezifizieren Sie den Eingabestrom. Fürs Erste geben Sie hier den Standardeingabestrom stdin an.

Der Zeiger str verweist auf den Speicherplatz, an dem die Funktion den Eingabestring ablegt. Das Argument n gibt die maximale Anzahl der zu lesenden Zeichen an. Die Funktion fgets liest so lange Zeichen aus dem Eingabestrom, bis sie auf ein Neue-Zeile-Zeichen trifft oder n-1 Zeichen eingelesen hat. Das Neue-Zeile-Zeichen nimmt sie in den String auf, schließt den String mit einem Nullzeichen (\0) ab und speichert ihn. Der Rückgabewert von fgets entspricht der weiter oben besprochenen Funktion gets.

Genau genommen liest `fgets` nicht genau eine einzelne Textzeile ein (wenn man eine Zeile als Folge von Zeichen versteht, die mit einem Neue-Zeile-Zeichen endet). Die Funktion kann auch weniger als eine ganze Zeile einlesen, wenn die Zeile mehr als `n-1` Zeichen enthält. In Verbindung mit `stdin` kehrt die Funktion erst zurück, wenn der Benutzer die [↵]-Taste betätigt, wobei aber nur die ersten `n-1` Zeichen im String gespeichert werden. Listing 14.6 veranschaulicht die Verwendung von `fgets`.

Listing 14.6: Die Funktion fgets für Tastatureingaben

```
/* Beispiel für die Funktion fgets. */

#include <stdio.h>

#define MAXLAEN 10

main()
{
   char puffer[MAXLAEN];

   puts("Geben Sie ganze Textzeilen ein. Ende mit Eingabetaste.");

   while (1)
   {
        fgets(puffer, MAXLAEN, stdin);

        if (puffer[0] == '\n')
            break;

        puts(puffer);
   }
   return 0;
}
```

```
Geben Sie ganze Textzeilen ein. Ende mit der Eingabetaste.
Rosen sind rot
Rosen sin
d rot
Veilchen sind blau
Veilchen
sind blau

Programmierung in C
```

```
Programmi
erung in
C

Für Leute wie Dich!
Für Leute
 wie Dich
!
```

Zeile 15 enthält die Funktion `fgets`. Beobachten Sie die Reaktion des Programms, wenn Sie Zeilen eingeben, die länger und kürzer sind als in `MAXLAEN` definiert. Bei einer Zeile länger als `MAXLAEN` liest die Funktion `fgets` die ersten `MAXLAEN-1` Zeichen. Die restlichen Zeichen verbleiben im Tastaturpuffer und werden beim nächsten Aufruf von `fgets` oder einer anderen Funktion, die aus `stdin` liest, abgeholt. Wenn der Benutzer eine Leerzeile eingibt, terminiert das Programm (siehe Zeilen 17 und 18).

Formatierte Eingabe

Die bisher beschriebenen Eingabefunktionen haben Zeichen aus einem Eingabestrom ausgelesen und im Speicher abgelegt, ohne die Eingabe zu interpretieren oder zu formatieren. Außerdem wissen Sie noch nicht, wie man numerische Variablen einliest. Wie würden Sie zum Beispiel den Wert `12.86` von der Tastatur einlesen und ihn einer Variablen vom Typ `float` zuweisen? Dazu stehen die Funktion `scanf` und `fscanf` zur Verfügung. Die Funktion `scanf` haben Sie bereits am Tag 7 kennen gelernt. Dieser Abschnitt beschäftigt sich nun detailliert mit dieser Funktion.

Die beiden Funktionen `scanf` und `fscanf` sind fast identisch. Während `scanf` immer mit `stdin` arbeitet, können Sie bei `fscanf` den Eingabestrom selbst spezifizieren. In diesem Abschnitt geht es zunächst um `scanf`. Die Funktion `fscanf` verwendet man im Allgemeinen für die Eingabe aus Dateien, die das Thema von Tag 16 ist.

Die Argumente der Funktion scanf

Die Funktion `scanf` kann eine beliebige Zahl von Argumenten übernehmen, erwartet allerdings mindestens zwei Argumente. Das erste Argument ist stets ein Formatstring, der `scanf` mithilfe spezieller Zeichen mitteilt, wie die Eingabe zu interpretieren ist. Das zweite und alle weiteren Argumente sind die Adressen der Variablen, in denen die Eingabedaten abgespeichert werden. Dazu folgendes Beispiel:

```
scanf("%d", &x);
```

Das erste Argument, `"%d"`, ist der Formatstring. Hier teilt `%d` der Funktion `scanf` mit, nach einem vorzeichenbehafteten Integer-Wert zu suchen. Das zweite Argument verwendet den Adressoperator (&), damit `scanf` den Eingabewert in der Variablen `x` speichern kann.

Der Formatstring von `scanf` kann folgende Elemente enthalten:

- Leerzeichen und Tabulatoren. Diese Elemente ignoriert die Funktion, man kann aber damit den Formatstring übersichtlicher gestalten.
- Zeichen (außer `%`), die mit den Zeichen der Eingabe, die keine Whitespaces sind, abgeglichen werden.
- Einen oder mehrere *Konvertierungsspezifizierer*, die aus einem `%`-Zeichen mit einem nachfolgenden Sonderzeichen bestehen. Für jede Variable gibt man im Formatstring einen eigenen Konvertierungsspezifizierer an.

Neuer Begriff

Im Formatstring sind nur die Konvertierungsspezifizierer obligatorisch. Jeder Konvertierungsspezifizierer beginnt mit einem `%`-Zeichen; darauf folgen optionale und obligatorische Komponenten, die in einer bestimmten Reihenfolge stehen müssen. Die `scanf`-Funktion wendet die Konvertierungsspezifizierer im Formatstring der Reihe nach auf die Eingabefelder an. Ein *Eingabefeld* ist eine Folge von Zeichen (außer Whitespaces), das endet, wenn in der Eingabe das nächste Whitespace-Zeichen auftaucht oder wenn die im Konvertierungsspezifizierer angegebene Feldlänge erreicht ist (falls der Spezifizierer eine Angabe für die Feldlänge enthält). Zu den Komponenten der Konvertierungsspezifizierer gehören:

- Das optionale Zuweisungsunterdrückungs-Flag (*) folgt direkt auf das %-Zeichen. Falls vorhanden, teilt dieses Zeichen `scanf` mit, dass die Eingabe entsprechend dem aktuellen Konvertierungsspezifizierer durchzuführen, das Ergebnis aber zu ignorieren ist (das heißt, die Eingabe wird nicht in der Variablen gespeichert).
- Die nächste Komponente, die Feldlänge, ist ebenfalls optional. Die Feldlänge ist eine Dezimalzahl, die die Länge des Eingabefeldes in Zeichen angibt; sie gibt also an, wie viele Zeichen die Funktion `scanf` aus dem Stream `stdin` in die aktuelle Konvertierung einbeziehen soll. Wenn keine Feldlänge angegeben ist, erstreckt sich das Eingabefeld bis zum nächsten Whitespace-Zeichen.
- Die nächste Komponente ist der optionale Genauigkeitsmodifizierer: ein einzelnes Zeichen, das entweder `h`, `l` oder `L` lauten kann. Falls vorhanden, ändert der Genauigkeitsmodifizierer die Bedeutung des darauf folgenden Typspezifizierers (später mehr dazu).
- Die einzige erforderliche Komponente des Konvertierungsspezifizierers (abgesehen von `%`) ist der Typspezifizierer. Er besteht aus einem oder mehreren Zeichen und teilt `scanf` mit, wie die Eingabe zu interpretieren ist. Eine Liste dieser Zeichen finden Sie in Tabelle 14.3. In der Spalte »Argument« sind die entsprechenden Typen der zugehörigen Variablen angegeben. So benötigt zum Beispiel der Typspezifizierer `d` ein `int*`-Argument (einen Zeiger auf den Typ `int`).

Typ	Argument	Bedeutung des Typs
d	int *	Eine Dezimalzahl.
i	int *	Ein Integer in Dezimal-, Oktal- (mit führender 0) oder Hexadezimalnotation (mit führendem 0X oder 0x).
o	int *	Ein Integer in Oktalnotation mit oder ohne führende 0.
u	unsigned int *	Eine vorzeichenlose Dezimalzahl.
x	int *	Ein hexadezimaler Integer mit oder ohne führendes 0X oder 0x.
c	char *	Die Funktion liest ein oder mehrere Zeichen ein und legt sie nacheinander an der Speicherstelle ab, die durch das Argument zu dem Spezifizierer vorgegeben ist. Es wird kein abschließendes \0 hinzugefügt. Wenn kein Argument für die Feldlänge angegeben ist, liest die Funktion nur ein Zeichen ein. Bei angegebener Feldlänge liest die Funktion die vorgegebene Anzahl an Zeichen, einschließlich der Whitespace-Zeichen (soweit vorhanden).
s	char *	Die Funktion liest einen String (außer Whitespaces) in die spezifizierte Speicherstelle ein und fügt ein abschließendes \0 an.
e,f,g	float *	Eine Gleitkommazahl. Zahlen können in Dezimalschreibweise oder wissenschaftlicher Notation eingegeben werden.
[...]	char *	Ein String. Die Funktion akzeptiert nur die Zeichen, die innerhalb der eckigen Klammern aufgelistet sind. Die Eingabe endet, sobald scanf auf ein nicht übereinstimmendes Zeichen trifft, die angegebene Feldlänge erreicht ist oder die [↵]-Taste gedrückt wurde. Um das]-Zeichen zu akzeptieren, geben Sie es als erstes Zeichen in der Liste an: []...]. Am Ende des Strings wird \0 angefügt.
[^...]	char *	Das Gleiche wie [...], außer dass die Funktion nur Zeichen akzeptiert, die nicht in den eckigen Klammern stehen.
%	Keine	Literal %. Liest das %-Zeichen. Es erfolgt keine Zuweisung.

Tabelle 14.3: Zeichen für die Typspezifizierer, wie sie in den scanf-Konvertierungsspezifizierern verwendet werden

Bevor wir zu den Beispielen mit scanf kommen, müssen Sie auch die Genauigkeitsmodifizierer kennen lernen, die Tabelle 14.4 angibt.

Genauigkeits-modifizierer	Bedeutung
h	Gibt vor den Typspezifizierern d, i, o, u oder x an, dass das Argument ein Zeiger auf den Typ short und nicht int ist.
l	Gibt vor den Typspezifizierern d, i, o, u oder x an, dass das Argument ein Zeiger auf den Typ long ist. Vor den Typspezifizierern e, f oder g gibt der Modifizierer l an, dass das Argument ein Zeiger auf den Typ double ist.
L	Gibt vor den Typspezifizierern e, f oder g an, dass das Argument ein Zeiger auf den Typ long double ist.

Tabelle 14.4: Genauigkeitsmodifizierer

Handhabung überflüssiger Zeichen

Die Eingabe für scanf ist gepuffert. Erst wenn der Benutzer die [↵]-Taste drückt, sendet stdin die Zeichen. Die Funktion scanf erhält dann die gesamte Zeichenzeile von stdin und verarbeitet sie Zeichen für Zeichen. Die Programmausführung gibt scanf erst wieder ab, wenn sie genügend Zeichen empfangen hat, um den Spezifikationen im Formatstring zu entsprechen. Außerdem verarbeitet scanf nur so viel Zeichen aus stdin, wie es der Formatstring verlangt. Eventuell noch vorhandene und nicht angeforderte Zeichen verbleiben in stdin und können Probleme verursachen. Warum das so ist, verrät ein genauer Blick auf die Funktionsweise von scanf.

Wenn das Programm die Funktion scanf aufruft und der Benutzer eine Zeile eingegeben hat, können drei verschiedene Situationen eintreten. Als Beispiel nehmen wir an, dass Sie scanf mit den folgenden Argumenten aufrufen: scanf("%d %d", &x, &y). Die Funktion scanf erwartet also zwei Dezimalwerte. Es gibt nun folgende Möglichkeiten:

- Die vom Benutzer eingegebene Zeile stimmt mit dem Formatstring überein. Nehmen wir an, der Benutzer gibt 12 14 ein und drückt die [↵]-Taste. In diesem Fall gibt es keine Probleme. Die Funktion scanf ist zufrieden gestellt und es verbleiben keine Zeichen in stdin.
- Die vom Benutzer eingegebene Zeile hat zu wenig Elemente, um dem Formatstring zu entsprechen. Nehmen wir an, der Benutzer gibt 12 ein und drückt die [↵]-Taste. In diesem Fall wartet scanf auf die noch fehlende Eingabe. Erst nachdem die Funktion diese Eingabe empfangen hat, setzt die Programmausführung fort und in stdin verbleiben keine Zeichen.
- Die vom Benutzer eingegebene Zeile hat mehr Elemente als der Formatstring anfordert. Nehmen wir an, der Benutzer gibt 12 14 16 ein und drückt die [↵]-Taste. In diesem Fall liest scanf die Felder 12 und 14 ein und kehrt dann zurück. Die übrigen Zeichen, 1 und 6, verbleiben in stdin.

Die angesprochenen Probleme können in der dritten Situation auftreten. Solange das Programm läuft, bleiben die nicht abgeholten Zeichen in `stdin` – bis das Programm erneut Eingaben aus `stdin` liest. Die als Nächstes aufgerufene Eingabefunktion liest die in `stdin` verbliebenen Zeichen – und das sogar, bevor der Benutzer überhaupt ein neues Zeichen eingegeben hat. Es liegt auf der Hand, dass dieses Verhalten zu Fehlern bei der Eingabe führt. Beispielsweise fordert der folgende Code den Benutzer auf, erst einen Integer und dann einen String einzugeben:

```
puts("Geben Sie Ihr Alter ein.");
scanf("%d", &alter);
puts("Geben Sie Ihren Vornamen ein.");
scanf("%s", name);
```

Nehmen wir nun an, der Benutzer gibt die sehr präzise Altersangabe `29.00` ein und drückt dann die ↵-Taste. Die Funktion `scanf` sucht beim ersten Aufruf nach einem Integer-Wert, liest deshalb die Zeichen `29` von `stdin` ein und weist diesen Wert der Variablen `alter` zu. Die Zeichen `.00` verbleiben in `stdin`. Im nächsten Aufruf sucht `scanf` nach einem String. In `stdin` stehen noch die Zeichen `.00` und `scanf` weist diesen String der Variablen `name` zu.

Wie kann man solche Fehler vermeiden? Es wäre unpraktisch, dem Benutzer übertriebene Vorschriften bezüglich seiner Eingaben zu machen und außerdem darauf zu vertrauen, dass der Benutzer nie einen Fehler macht.

Man sollte besser im Programm dafür sorgen, dass keine Zeichen in `stdin` vorhanden sind, wenn man den Benutzer um eine Eingabe bittet. Das lässt sich mit einem Aufruf von `gets` bewerkstelligen – einer Funktion, die alle verbliebenen Zeichen von `stdin` bis einschließlich dem Zeilenende einliest. Statt `gets` direkt aufzurufen, können Sie diesen Aufruf auch in einer separaten Funktion mit dem anschaulichen Namen `tastatur_loeschen` unterbringen , wie es Listing 14.7 zeigt.

Listing 14.7: Übrig gebliebene Zeichen aus stdin löschen, um Fehler zu vermeiden

```
/* Übrig gebliebene Zeichen in stdin löschen. */

#include <stdio.h>

void tastatur_loeschen(void);

main()
{
     int alter;
     char name[20];

     /* Fragt nach dem Alter des Benutzers. */

```

```
    puts("Geben Sie Ihr Alter ein.");
    scanf("%d", &alter);

    /* Löscht alle übrig gebliebenen Zeichen in stdin. */

    tastatur_loeschen();

    /* Fragt nach dem Namen des Benutzers. */

    puts("Geben Sie Ihren Vornamen ein.");
    scanf("%s", name);
    /* Gibt die Daten aus. */

    printf("Ihr Alter ist %d.\n", alter);
    printf("Ihr Name lautet %s.\n", name);

    return 0;
}

void tastatur_loeschen(void)

/* Löscht alle in stdin verbliebenen Zeichen. */
{
    char muell[80];
    gets(muell);
}
```

Ausgabe

```
Geben Sie Ihr Alter ein.
29 und keinen Tag älter!
Geben Sie Ihren Vornamen ein.
Bradley
Ihr Alter ist 29.
Ihr Name lautet Bradley.
```

Analyse

Wenn Sie das Programm aus Listing 14.7 ausführen, sollten Sie auf die Frage nach dem Alter einige zusätzliche Zeichen eingeben. Vergewissern Sie sich, dass das Programm diese Zeichen ignoriert und Sie korrekt nach Ihrem Namen fragt. Ändern Sie anschließend das Programm, indem Sie den Aufruf von `tastatur_loeschen` entfernen, und starten Sie es dann erneut. Alle zusätzlichen Zeichen, die Sie zusammen mit ihrem Alter eingegeben haben, stehen jetzt in der Variablen `name`.

Übrig gebliebene Zeichen mit fflush entfernen

Es gibt noch einen zweiten Weg, die zu viel eingegebenen Zeichen zu löschen. Die Funktion `fflush` entfernt die Daten in einem Stream – auch im Standardeingabestream. Man verwendet `fflush` im Allgemeinen mit Datenträgerdateien (die Tag 16 behandelt). Allerdings können Sie damit auch das Programm von Listing 14.7 vereinfachen. Listing 14.8 arbeitet mit der Funktion `fflush` anstelle der Funktion `tastatur_loeschen` von Listing 14.7.

Listing 14.8: Übrig gebliebene Zeichen mit fflush aus stdin löschen

```
/* Löscht alle übrig gebliebenen Zeichen in stdin */
/* mithilfe der Funktion fflush.                  */
#include <stdio.h>

main()
{
   int alter;
   char name[20];

    /* Fragt nach dem Alter des Benutzers. */
    puts("Geben Sie Ihr Alter ein.");
    scanf("%d", &alter);

    /* Löscht alle in stdin verbliebenen Zeichen. */
    fflush(stdin);

    /* Fragt nach dem Namen des Benutzers. */
    puts("Geben Sie Ihren Vornamen ein.");
    scanf("%s", name);

    /* Gibt die Daten aus. */
    printf("Ihr Alter ist %d.\n", alter);
    printf("Ihr Name lautet %s.\n", name);

    return 0;
}
```

Ausgabe

```
Geben Sie Ihr Alter ein.
29 und keinen Tag älter!
Geben Sie Ihren Vornamen ein.
Bradley
```

```
Ihr Alter ist 29.
Ihr Name lautet Bradley.
```

Dieses Listing ruft in Zeile 15 die Funktion `fflush` auf. Der Prototyp für `fflush` lautet:

```
int fflush( FILE *stream);
```

Hier bezeichnet `stream` den zu leerenden Stream. Listing 14.8 übergibt den Standardeingabestrom `stdin` als Wert für `stream`.

Beispiele für scanf

Mit der Funktionsweise von `scanf` machen Sie sich am besten in praktischen Beispielen vertraut. Die Funktion `scanf` ist zwar sehr leistungsfähig, manchmal aber nicht einfach zu verstehen. Experimentieren Sie mit der Funktion und beobachten Sie, was passiert. Listing 14.9 demonstriert einige der eher ungewöhnlichen Einsatzmöglichkeiten von `scanf`. Sie sollten dieses Programm kompilieren und ausführen und dann zur Übung kleine Änderungen an den Formatstrings von `scanf` vornehmen.

Listing 14.9: Einige Beispiele für den Einsatz von scanf zur Tastatureingabe

```
/* Beispiele für den Einsatz von scanf. */

#include <stdio.h>



main()
{
    int i1, i2;
    long l1;

    double d1;
    char puffer1[80], puffer2[80];

    /* Mit dem Modifizierer l long-Integer und double-Werte einlesen */

    puts("Geben Sie einen Integer und eine Gleitkommazahl ein.");
    scanf("%ld %lf", &l1, &d1);
    printf("\nIhre Eingabe lautete %ld und %f.\n",l1, d1);
    puts("Der Formatstring von scanf verwendete den Modifizierer l,");
    puts("um die Eingabe in long- und double-Werten zu speichern.\n");

    fflush(stdin);
```

```

    /* Aufsplittung der Eingabe durch Angabe von Feldlängen. */

    puts("Geben Sie einen Integer aus 5 Ziffern ein (z.B. 54321).");
    scanf("%2d%3d", &i1, &i2);

    printf("\nIhre Eingabe lautete %d und %d.\n", i1, i2);
    puts("Der Feldlängenspezifizierer in dem Formatstring von scanf");
    puts("splittete Ihre Eingabe in zwei Werte auf.\n");

    fflush(stdin);

    /* Verwendet ein ausgeschlossenes Leerzeichen, um eine */
    /* Eingabezeile beim Leerzeichen in zwei Strings aufzuteilen. */

    puts("Geben Sie Vor- u. Nachname getrennt durch Leerzeichen ein.");
    scanf("%[^ ]%s", puffer1, puffer2);
    printf("\nIhr Vorname lautet %s\n", puffer1);
    printf("Ihr Nachname lautet %s\n", puffer2);
    puts("[^ ] in dem Formatstring von scanf hat durch Ausschließen");
    puts("des Leerzeichens die Aufsplittung der Eingabe bewirkt.");

    return 0;
}
```

Ausgabe

```
Geben Sie einen Integer und eine Gleitkommazahl ein.
123 45.6789

Ihre Eingabe lautete 123 und 45.678900.
Der Formatstring von scanf verwendete den Modifizierer l,
um die Eingabe in long- und double-Werten zu speichern.

Geben Sie einen Integer aus 5 Ziffern ein (z.B. 54321).
54321

Ihre Eingabe lautete 54 und 321.
Der Feldlängenspezifizierer in dem Formatstring von scanf
splittete Ihre Eingabe in zwei Werte auf.

Geben Sie Vor- u. Nachname getrennt durch Leerzeichen ein.
Gayle Johnson

Ihr Vorname lautet Gayle
```

```
Ihr Nachname lautet Johnson
[^ ] in dem Formatstring von scanf hat durch Ausschließen
des Leerzeichens die Aufsplittung der Eingabe bewirkt.
```

Analyse

Dieses Listing beginnt mit der Definition einiger Variablen für die Dateneingabe (Zeilen 9 bis 13). Anschließend führt Sie das Programm schrittweise durch die Eingabe verschiedener Daten. Die Zeilen 17 bis 21 fordern Sie auf, einen Integer vom Typ `long` und eine Gleitkommazahl vom Typ `double` einzugeben, die das Programm dann auf dem Bildschirm anzeigt. Zeile 23 ruft die Funktion `fflush` auf, um unerwünschte Zeichen aus dem Standardeingabestrom zu löschen. Die Zeilen 27 und 28 lesen den nächsten Wert ein, einen Integer aus fünf Ziffern. Da im zugehörigen `scanf`-Aufruf Längenspezifizierer angegeben sind, teilt die Funktion die fünfstellige Ganzzahl in zwei Zahlen auf – eine mit zwei Ziffern und eine weitere mit drei Ziffern. Zeile 34 ruft erneut `fflush` auf, um den Tastaturpuffer zu löschen. Das letzte Beispiel in den Zeilen 36 bis 44 verwendet ein Ausschlusszeichen. In Zeile 40 legt der Konvertierungsspezifizierer `%[^ ]` fest, dass `scanf` einen String einliest, bei Leerzeichen aber stoppt. Auch damit lassen sich Eingabezeilen in mehrere Felder aufteilen.

Nehmen Sie sich etwas Zeit, um das Listing abzuwandeln, es mit anderen Eingaben zu »füttern« und die Ergebnisse zu analysieren.

Mit der Funktion `scanf` lässt sich ein weiter Bereich von Benutzereingaben realisieren. Das gilt vor allem für die Eingabe von Zahlenwerten. Strings liest man einfacher mit `gets` ein. Häufig lohnt es sich aber auch, spezialisierte Eingabefunktionen zu schreiben. Einige Beispiele für benutzerdefinierte Funktionen finden Sie am Tag 18.

Was Sie tun sollten	Was nicht
Nutzen Sie in Ihren Programmen die Zeichen des erweiterten Zeichensatzes. Achten Sie aber darauf, dass Sie zu anderen Programmen kompatibel bleiben. Verwenden Sie die Funktionen `gets` und `scanf` anstelle von `fgets` und `fscanf`, wenn Sie ausschließlich mit der Standardeingabedatei (`stdin`) arbeiten.	Vergessen Sie nicht, den Eingabestrom auf übrig gebliebene Zeichen zu testen.

Bildschirmausgabe

Die Funktionen für die Bildschirmausgabe lassen sich nach ähnlichen Kategorien wie die Eingabefunktionen gliedern: Zeichenausgabe, Zeilenausgabe und formatierte Ausgabe. Einige davon kennen Sie bereits von früheren Lektionen. Dieser Abschnitt behandelt alle Funktionen ausführlich.

Zeichenausgabe mit putchar, putc und fputc

Die Zeichenausgabefunktionen der C-Bibliothek schicken ein einzelnes Zeichen an einen Stream. Die Funktion `putchar` sendet die Ausgabe an `stdout` (normalerweise der Bildschirm). Die Funktionen `fputc` und `putc` senden ihre Ausgabe an den Stream, der als Argument spezifiziert ist.

Die Funktion putchar

Der Prototyp für die Funktion `putchar` ist in der Header-Datei `stdio.h` deklariert und lautet:

```
int putchar(int c);
```

Diese Funktion schreibt das in `c` gespeicherte Zeichen in den Standardausgabestrom `stdout`. Auch wenn der Prototyp ein Argument vom Typ `int` spezifiziert, übergeben Sie der Funktion `putchar` ein Argument vom Typ `char`. Allerdings können Sie auch einen Wert vom Typ `int` übergeben, solange der Wert des Arguments einem Zeichen entspricht (das heißt, im Bereich von 0 bis 255 liegt). Die Funktion gibt das geschriebene Zeichen zurück oder `EOF`, wenn ein Fehler aufgetreten ist.

Ein Beispiel für `putchar` haben Sie bereits in Listing 14.2 gesehen. Listing 14.10 gibt die Zeichen mit den ASCII-Werten zwischen 14 und 127 aus.

Listing 14.10: Die Funktion putchar

```
/* Beispiel für putchar. */

#include <stdio.h>
main()
{
    int count;

    for (count = 14; count < 128; )
         putchar(count++);

  return 0;
}
```

Mit der Funktion `putchar` können Sie Strings ausgeben (siehe Listing 14.11), obwohl andere Funktionen für diesen Zweck besser geeignet sind.

Listing 14.11: Einen String mit putchar ausgeben

```
/* Mit putchar Strings ausgeben. */

#include <stdio.h>

#define MAXSTRING 80

char nachricht[] = "Ausgegeben mit putchar.";
main()
{
    int count;

    for (count = 0; count < MAXSTRING; count++)
    {

        /* Sucht das Ende des Strings. Ist es gefunden, wird ein */
        /* Neue-Zeile-Zeichen geschrieben und die Schleife verlassen. */

        if (nachricht[count] == '\0')
        {
            putchar('\n');
            break;
        }
        else

        /* Wird kein Stringende gefunden, nächstes Zeichen schreiben. */

            putchar(nachricht[count]);
    }
    return 0;
}
```

Ausgabe

```
Ausgegeben mit putchar.
```

Die Funktionen putc und fputc

Diese beiden Funktionen führen die gleiche Aufgabe aus – sie senden jeweils ein Zeichen an einen spezifizierten Stream. `putc` ist eine Makro-Implementierung von `fputc`. Am Tag 21 erfahren Sie mehr über Makros. Im Moment halten Sie sich am besten an `fputc`. Der Prototyp dieser Funktion lautet:

```
int fputc(int c, FILE *fp);
```

Der Parameter `FILE *fp` mag Sie vielleicht etwas verwirren. Über dieses Argument übergeben Sie den Ausgabestrom an `fputc`. (Mehr dazu bringt Tag 16.) Wenn Sie `stdout` als Stream übergeben, verhält sich `fputc` genauso wie `putchar`. Demzufolge sind die beiden folgenden Anweisungen äquivalent:

```
putchar('x');
fputc('x', stdout);
```

String-Ausgabe mit puts und fputs

In Ihren Programmen müssen Sie häufiger Strings und nicht nur einfache Zeichen auf dem Bildschirm ausgeben. Die Bibliotheksfunktion `puts` zeigt Strings an. Die Funktion `fputs` sendet einen String an einen spezifizierten Stream; im Übrigen ist diese Funktion mit `puts` identisch. Der Prototyp für `puts` lautet:

```
int puts(char *cp);
```

Der Parameter `*cp` ist ein Zeiger auf das erste Zeichen des Strings, den Sie ausgeben wollen. Die Funktion `puts` gibt den ganzen String (ohne das abschließende Nullzeichen) aus und schließt die Ausgabe mit einem Neue-Zeile-Zeichen ab. Im Erfolgsfall liefert `puts` einen positiven Wert zurück, bei einem Fehler den Wert `EOF`. (Zur Erinnerung: `EOF` ist eine symbolische Konstante mit dem Wert `-1`, die in `stdio.h` definiert ist.)

Mit der Funktion `puts` können Sie einen beliebigen String ausgeben, wie es das Beispiel in Listing 14.12 zeigt.

Listing 14.12: Strings mit der Funktion puts ausgeben

```
/* Beispiel für die Funktion puts. */

#include <stdio.h>

/* Deklariert und initialisiert ein Array von Zeigern. */

char *nachrichten[5] = { "Dies", "ist", "eine", "kurze", "Nachricht." };

main()
```

```
10: {
11:     int x;
12:
13:     for (x=0; x<5; x++)
14:         puts(nachrichten[x]);
15:
16:     puts("Und dies ist das Ende!");
17:
18:     return 0;
19: }
```

```
Dies
ist
eine
kurze
Nachricht.
Und dies ist das Ende!
```

Das Listing deklariert ein Array von Zeigern – eine Konstruktion, die das Buch bisher noch nicht behandelt hat, in der morgigen Lektion aber nachholt. Die Zeilen 13 und 14 geben die Strings, die im Array `nachrichten` gespeichert sind, nacheinander aus.

Formatierte Ausgabe mit printf und fprintf

Die bisher vorgestellten Ausgabefunktionen haben nur Zeichen und Strings ausgegeben. Wie aber gibt man Zahlen aus? Dafür stehen die C-Bibliotheksfunktionen für die formatierte Ausgabe, `printf` und `fprintf`, zur Verfügung. Natürlich können Sie mit diesen Funktionen auch Strings und Zeichen ausgeben. Die Funktion `printf` hat Tag 7 »offiziell« eingeführt und seitdem haben Sie sie in fast jedem Beispielprogramm verwendet. Dieser Abschnitt liefert die noch fehlenden Details nach.

Die beiden Funktionen `printf` und `fprintf` sind praktisch identisch, bis auf den kleinen Unterschied, dass `printf` die Ausgabe immer an `stdout` schickt, während man `fprintf` den gewünschten Ausgabestrom als Argument übergibt. Im Allgemeinen setzt man `fprintf` für das Schreiben in Dateien ein. Dieses Thema kommt am Tag 16 zur Sprache.

Die Funktion `printf` übernimmt eine beliebige Anzahl an Argumenten, mindestens jedoch eines. Dieses Argument ist der Formatstring, der `printf` mitteilt, wie die Ausgabe zu formatieren ist. Die optionalen Argumente sind die Variablen und Ausdrücke, deren Werte Sie ausgeben wollen. Die folgenden einfachen Beispiele sollen Ihnen ein Gefühl für printf vermitteln, bevor es richtig in die Tiefe geht:

- Die Anweisung `printf("Hallo, Welt.");` gibt die Nachricht `Hallo, Welt.` auf dem Bildschirm aus. Dieses Beispiel verwendet als einziges Argument den Formatstring. Er enthält hier lediglich einen einfachen literalen String, den die Funktion auf dem Bildschirm ausgibt.
- Die Anweisung `printf("%d", i);` gibt den Wert der Integer-Variablen `i` auf dem Bildschirm aus. Der Formatstring enthält nur den Formatspezifizierer `%d`, der `printf` anweist, eine Dezimalzahl auszugeben. Das zweite Argument, `i`, ist der Name der Variablen, deren Wert auszugeben ist.
- Die Anweisung `printf("%d plus %d gleich %d", a, b, a+b);` gibt `2 plus 3 gleich 5` auf dem Bildschirm aus (unter der Voraussetzung, dass `a` und `b` Integer-Variablen mit den Werten `2` und `3` sind). Hier übernimmt `printf` vier Argumente – einen Formatstring mit literalem Text und Formatspezifizierern sowie zwei Variablen und einen Ausdruck, deren Werte auszugeben sind.

Der Formatstring von `printf` kann folgende Elemente haben:

- Keinen, einen oder mehrere Konvertierungsbefehle, die `printf` angeben, wie die zugehörigen Werte aus der Argumentliste auszugeben sind. Ein Konvertierungsbefehl besteht aus einem `%` gefolgt von einem oder mehreren Zeichen.
- Zeichen, die nicht Teil eines Konvertierungsbefehls sind und unverändert ausgegeben werden.

Der Formatstring des dritten Beispiels lautet: `%d plus %d gleich %d`. In diesem Fall sind die drei `%d` Konvertierungsbefehle, während der Rest des Strings – einschließlich der Leerzeichen – literale Zeichen darstellt und unverändert ausgegeben wird.

Als Nächstes zerlegen wir den Konvertierungsbefehl. Die folgende Zeile zeigt die Komponenten des Befehls. Die Erklärung folgt umgehend. Die in eckigen Klammern angegebenen Komponenten sind optional.

```
%[flag][feld_laenge][.[genauigkeit]][l]konvertierungszeichen
```

Abgesehen von `%` ist `konvertierungszeichen` der einzige erforderliche Teil eines Konvertierungsbefehls. Tabelle 14.5 bietet eine Übersicht über die Konvertierungszeichen und ihre Bedeutung.

Konvertierungs-zeichen	Bedeutung
d, i	Gibt eine vorzeichenbehaftete Ganzzahl in Dezimalschreibweise aus.
u	Gibt eine vorzeichenlose Ganzzahl in Dezimalschreibweise aus.
o	Gibt eine Ganzzahl in vorzeichenloser Oktalschreibweise aus.
x, X	Gibt eine Ganzzahl in vorzeichenloser Hexadezimalschreibweise aus. Verwenden Sie x für die Ausgabe in Kleinbuchstaben und X für Großbuchstaben.
c	Gibt ein einzelnes Zeichen aus (das Argument enthält den ASCII-Code des Zeichens).
e, E	Gibt einen float- oder double-Wert in wissenschaftlicher Notation aus (zum Beispiel erscheint 123.45 als 1.234500e+002 in der Ausgabe). Rechts des Dezimalpunktes stehen sechs Ziffern, sofern Sie nicht mit dem Spezifizierer f eine andere Genauigkeit angeben. Verwenden Sie e oder E, um die Groß- und Kleinschreibung der Ausgabe zu steuern.
f	Gibt einen float- oder double-Wert in Dezimalschreibweise aus (zum Beispiel erscheint 123.45 als 123.450000 in der Ausgabe). Rechts des Dezimalpunktes stehen sechs Ziffern, sofern Sie nicht eine andere Genauigkeit angeben.
g, G	Verwendet das Format e, E oder f. Die Funktion printf verwendet das Format e oder E, wenn der Exponent kleiner als -3 oder größer als die Genauigkeit ist (standardmäßig 6). Andernfalls wird das Format f verwendet. Nullen am Ende schneidet die Funktion ab.
n	Zeigt nichts an. Das einem n-Konvertierungsbefehl entsprechende Argument ist ein Zeiger auf den Typ int. Die Funktion printf weist dieser Variablen die Anzahl der bis dahin ausgegebenen Zeichen zu.
s	Gibt einen String aus. Das Argument ist ein Zeiger auf char. Die Funktion printf gibt eine Folge von Zeichen aus, bis sie auf ein Nullzeichen trifft oder die als Genauigkeit angegebene Anzahl Zeichen (standardmäßig 32767) ausgegeben hat. Das abschließende Nullzeichen wird nicht ausgegeben.
%	Gibt das %-Zeichen aus.

Tabelle 14.5: Die Konvertierungszeichen von printf und fprintf

Vor das Konvertierungszeichen können Sie den Modifizierer l setzen. Wenn Sie den Modifizierer auf die Konvertierungszeichen o, u, x, X, i, d und b anwenden, gibt er an, dass das Argument statt vom Typ int vom Typ long ist. Für die Konvertierungszeichen e, E, f, g oder G gibt der Modifizierer an, dass das Argument vom Typ double ist. Vor allen anderen Konvertierungszeichen wird der l-Modifizierer ignoriert.

Der Genauigkeitsspezifizierer besteht aus einem Dezimalpunkt (.), der entweder allein steht oder von einer Zahl gefolgt wird. Ein Genauigkeitsspezifizierer lässt sich nur in Verbindung mit den Konvertierungszeichen `e`, `E`, `f`, `g`, `G` und `s` verwenden. Er gibt die Anzahl der Ziffern an, die rechts vom Dezimalpunkt auszugeben sind. Zusammen mit `s` gibt der Genauigkeitsspezifizierer die Anzahl der auszugebenden Zeichen an. Der Dezimalpunkt allein bedeutet eine Genauigkeit von `0`.

Der Feldlängenspezifizierer legt die minimale Anzahl der auszugebenden Zeichen fest. Er kann folgende Formen annehmen:

- Eine dezimale Ganzzahl, die nicht mit 0 beginnt. Die Ausgabe wird links mit Leerzeichen aufgefüllt, um der geforderten Feldlänge zu entsprechen.
- Eine dezimale Ganzzahl, die mit 0 beginnt. Die Ausgabe wird links mit Nullen aufgefüllt, um der geforderten Feldlänge zu entsprechen.
- Das `*`-Zeichen. Der Wert des nächsten Arguments (der vom Typ `int` sein muss) gibt die Feldlänge an. Wenn zum Beispiel `w` vom Typ `int` ist und den Wert 10 hat, dann gibt die Anweisung `printf("%*d", w, a);` den Wert von `a` mit einer Feldlänge von 10 aus.

Wenn Sie keine Feldlänge angeben oder die angegebene Feldlänge kürzer als die Ausgabe ist, zeigt die Ausgabefunktion das Feld so breit wie nötig an.

Der letzte optionale Teil des Formatstrings von `printf` ist das Flag, das direkt auf das `%`-Zeichen folgt. Tabelle 14.6 zeigt die vier verfügbaren Flags.

`-`	Bewirkt, dass die Ausgabe im Feld linksbündig statt wie in der Voreinstellung rechtsbündig erfolgt.
`+`	Bewirkt, dass vorzeichenbehaftete Zahlen immer ein führendes + oder – erhalten.
`' '`	Ein Leerzeichen bewirkt, dass vor positiven Zahlen ein Leerzeichen steht.
`#`	Dieses Flag gilt nur für die Konvertierungszeichen `x`, `X` und `o`. Es gibt an, dass Zahlen ungleich Null mit einem führenden `0X` oder `0x` (für `x` und `X`) oder einer führenden `0` (für `o`) ausgegeben werden.

Tabelle 14.6: Flags im Formatstring von printf

Bei Aufruf von `printf` können Sie den Formatstring als Stringliteral in doppelten Anführungszeichen in der Argumentliste angeben. Der Formatstring kann aber auch ein nullterminierter String sein, der im Hauptspeicher abgelegt ist. In letzterem Fall übergeben Sie `printf` einfach einen Zeiger auf den String. So entspricht zum Beispiel die Anweisung

```
char *fmt = "Die Antwort lautet %f.";
printf(fmt, x);
```

der Anweisung:

```
printf("Die Antwort lautet %f.", x);
```

Wie bereits Tag 7 erläutert hat, kann der Formatstring von `printf` auch Escape-Sequenzen enthalten. In Tabelle 14.7 sind die gebräuchlichsten Escape-Sequenzen aufgeführt. Wenn Sie zum Beispiel die Sequenz für »Neue Zeile« (`\n`) im Formatstring angeben, erscheint die nächste Ausgabe auf dem Bildschirm in einer neuen Zeile.

Sequenz	**Bedeutung**
`\a`	Beep (Akustisches Signal)
`\b`	Backspace
`\n`	Neue Zeile
`\t`	Horizontaler Tabulator
`\\`	Backslash
`\?`	Fragezeichen
`\'`	Einfaches Anführungszeichen
`\"`	Doppeltes Anführungszeichen

Tabelle 14.7: Die gebräuchlichsten Escape-Sequenzen

Die Funktion `printf` ist etwas kompliziert. Den Umgang mit `printf` lernen Sie am besten, wenn Sie Beispiele studieren und selbst mit der Funktion experimentieren. Listing 14.13 zeigt viele Möglichkeiten für den Einsatz von `printf`.

Listing 14.13: Einige Möglichkeiten für den Einsatz von printf

```
/* Beispiele für printf. */

#include <stdio.h>

char *m1 = "Binaer";
char *m2 = "Dezimal";
char *m3 = "Oktal";
char *m4 = "Hexadezimal";

main()
{
    float d1 = 10000.123;
    int n, f;


```

```
    puts("Eine Zahl mit unterschiedlichen Feldlängen ausgeben.\n");

    printf("%5f\n", d1);
    printf("%10f\n", d1);
    printf("%15f\n", d1);
    printf("%20f\n", d1);
    printf("%25f\n", d1);

    puts("\n Weiter mit der Eingabetaste...");
    fflush(stdin);
    getchar();

    puts("\nVerwendet den Feldlängenspezifizierer *, um");
    puts("die Feldlänge aus der Argumentliste zu übernehmen.\n");

    for (n=5;n<=25; n+=5)
        printf("%*f\n", n, d1);

    puts("\n Weiter mit der Eingabetaste...");
    fflush(stdin);
    getchar();

    puts("\nNimmt führende Nullen mit auf.\n");

    printf("%05f\n", d1);
    printf("%010f\n", d1);
    printf("%015f\n", d1);
    printf("%020f\n", d1);
    printf("%025f\n", d1);

    puts("\n Weiter mit der Eingabetaste...");
    fflush(stdin);
    getchar();

    puts("\nAnzeige in oktaler, dezimaler und hexadezimaler Notation.");
    puts("# stellt oktalen und HEX-Ausgaben 0 oder 0X voran.");
    puts("- richtet Werte in Feldern linksbündig aus.");
    puts("Zuerst Spaltenüberschriften ausgeben.\n");

    printf("%-15s%-15s%-15s", m2, m3, m4);

    for (n = 1;n< 20; n++)
        printf("\n%-15d%-#15o%-#15X", n, n, n);

    puts("\n\n Weiter mit der Eingabetaste...");
    fflush(stdin);
```

```
    getchar();

    puts("\n\nMit dem Konvertierungsbefehl %n Zeichen zählen.\n");

    printf("%s%s%s%s%n", m1, m2, m3, m4, &n);

    printf("\n\nDer letzte printf-Aufruf gab %d Zeichen aus.\n", n);

    return 0;
}
```

```
Eine Zahl mit unterschiedlichen Feldlängen ausgeben.

10000.123047
10000.123047
   10000.123047
        10000.123047
             10000.123047

 Weiter mit der Eingabetaste...


Verwendet den Feldlängenspezifizierer *, um
die Feldlänge aus der Argumentliste zu übernehmen.

10000.123047
10000.123047
   10000.123047
        10000.123047
             10000.123047

 Weiter mit der Eingabetaste...


Nimmt führende Nullen mit auf.

10000.123047
10000.123047
00010000.123047
0000000010000.123047
000000000000010000.123047

 Weiter mit der Eingabetaste...
```

```
Anzeige in oktaler, dezimaler und hexadezimaler Notation.
# stellt oktalen und HEX-Ausgaben 0 oder 0X voran.
- richtet Werte in Feldern linksbündig aus.
Zuerst Spaltenüberschriften ausgeben.

Dezimal         Oktal           Hexadezimal
1               01              0X1
2               02              0X2
3               03              0X3
4               04              0X4
5               05              0X5
6               06              0X6
7               07              0X7
8               010             0X8
9               011             0X9
10              012             0XA
11              013             0XB
12              014             0XC
13              015             0XD
14              016             0XE
15              017             0XF
16              020             0X10
17              021             0X11
18              022             0X12
19              023             0X13

 Weiter mit der Eingabetaste...

Mit dem Konvertierungsbefehl %n Zeichen zählen.

BinaerDezimalOktalHexadezimal

Der letzte printf-Aufruf gab 29 Zeichen aus.
```

Ein- und Ausgabe umleiten

Neuer Begriff

Wenn Sie mit `stdin` und `stdout` arbeiten, können Sie von einem besonderen Feature des Betriebssystems, der so genannten *Umleitung*, Gebrauch machen. Die Umleitung ermöglicht Ihnen

- die an `stdout` gesendete Ausgabe statt zum Bildschirm zu einer Datei oder dem `stdin`-Stream eines anderen Programms zu schicken,
- die Programmeingabe aus `stdin` von einer Datei oder dem `stdout`-Stream eines anderen Programms statt von der Tastatur einzulesen.

Die Umleitung realisieren Sie nicht per Programmcode, sondern legen sie beim Start des Programms von der Befehlszeile fest. In DOS und den meisten UNIX-Systemen lauten die Symbole für Datei-Umleitung < und >. Zuerst kommen wir zur Umleitung der Ausgabe.

Erinnern Sie sich noch an Ihr erstes C-Programm, *hallo.c*? Es hat die Nachricht `Hallo, Welt` mit der Bibliotheksfunktion printf auf den Bildschirm ausgegeben. Jetzt wissen Sie, dass `printf` die Ausgabe an `stdout` sendet. Die Ausgabe lässt sich also umleiten. Wenn Sie das Programm über die Befehlszeile starten, setzen Sie direkt hinter den Programmnamen das >-Symbol und den Namen des neuen Ziels:

```
hallo > ziel
```

Wenn Sie also `hallo > prn` eingeben, geht die Programmausgabe zum Drucker statt zum Bildschirm (`prn` ist die DOS-Bezeichnung für den Drucker, der mit dem Anschluss LPT1: verbunden ist). Mit der Eingabe `hallo > hallo.txt` schreiben Sie die Ausgabe in eine Datei namens `hallo.txt`.

Seien Sie vorsichtig, wenn Sie die Ausgabe in eine Datei umleiten. Falls die Datei bereits existiert, wird die alte Kopie gelöscht und durch die neue Datei ersetzt. Existiert die Datei nicht, wird sie erzeugt. Für die Umleitung der Ausgabe in eine Datei können sie auch das Symbol >> verwenden. Damit hängen Sie die Programmausgabe an eine eventuell schon vorhandene Zieldatei an. Listing 14.14 zeigt ein Beispiel für die Umleitung.

Listing 14.14: Umleitung von Ein- und Ausgabe

```
/* Beispiel für die Umleitung von stdin und stdout. */

#include <stdio.h>

main()
{
   char puffer[80];

   gets(puffer);
   printf("Die Eingabe lautete: %s\n", puffer);
   return 0;
}
```

Analyse

Dieses Programm übernimmt eine Eingabezeile von `stdin`, sendet sie an `stdout` und stellt dabei die Worte `Die Eingabe lautete:` voran. Führen Sie das Programm nach dem Kompilieren und Linken ohne Umleitung aus, indem Sie in der Befehlszeile `./list1414` eingeben (vorausgesetzt, dass das Programm `list1414` heißt). Wenn Sie dann »`Ich kann mit C programmieren`« eingeben, liefert das Programm folgende Bildschirmausgabe:

```
Die Eingabe lautete: Ich kann mit C programmieren
```

Wenn Sie das Programm mit `./list1414 > test.txt` starten und den gleichen Text eingeben, bleibt der Bildschirm leer. Statt dessen legt das Betriebssystem im aktuellen Verzeichnis eine Datei namens `test.txt` an. Mit dem DOS-Befehl `type` (oder einem äquivalenten Befehl) zeigen Sie den Inhalt der Datei an:

```
type test.txt
```

So können Sie sich davon überzeugen, dass die Datei die Zeile »`Die Eingabe lautete: Ich kann mit C programmieren`« enthält.

Wenn Sie das Programm mit `list1414 >prnn` starten, erscheint die Ausgabe auf dem Drucker.

Führen Sie das Programm noch einmal aus und leiten Sie die Ausgabe diesmal mit dem >>-Symbol an `test.txt` um. Das Betriebssystem ersetzt die vorhandene Datei nicht, sondern hängt die neue Ausgabe an das Ende von `test.txt` an.

Eingaben umleiten

Kommen wir jetzt zum Umleiten von Eingaben. Dazu brauchen Sie zuerst eine Quelldatei. Verwenden Sie Ihren Editor, um eine Datei namens `eingabe.txt` zu erzeugen, die als einzige Zeile »`William Shakespeare`« enthalten soll. Starten Sie jetzt das Programm aus Listing 14.14 wie folgt:

```
list1414 < eingabe.txt
```

Das Programm wartet nicht, bis Sie eine Eingabe über die Tastatur vornehmen, sondern zeigt direkt die folgende Nachricht auf dem Bildschirm an:

```
Die Eingabe lautete: William Shakespeare
```

Das Betriebssystem hat den Stream `stdin` zur Datei `eingabe.txt` umgeleitet, so dass der Aufruf von `gets` eine Textzeile aus der Datei statt von der Tastatur liest.

Ein- und Ausgabe können Sie auch gleichzeitig umleiten. Versuchen Sie, das Programm mit dem folgenden Befehl auszuführen, um `stdin` zur Datei `eingabe.txt` und `stdout` in die Datei `muell.txt` umzuleiten:

```
list1414 < eingabe.txt > muell.txt
```

Die Umleitung von `stdin` und `stdout` erweist sich in vielen Situationen als nützlich. Zum Beispiel kann ein Sortierprogramm dank der Umleitung sowohl Tastatureingaben als auch den Inhalt einer Datei sortieren oder ein Mailinglisten-Programm kann die Adressen alternativ auf den Bildschirm ausgeben, zur Etikettenerstellung an den Drucker schicken oder in einer Datei speichern.

Hinweis

Denken Sie daran, dass die Umleitung von stdin und stdout ein Merkmal des Betriebssystems ist und nicht zur Sprache C selbst gehört. Allerdings liefert es ein weiteres Beispiel für die Flexibilität von Streams. Weitere Informationen zur Umleitung entnehmen Sie bitte der Dokumentation Ihres Betriebssystems.

Einsatzmöglichkeiten von fprintf

Wie bereits erwähnt, ist die Bibliotheksfunktion `fprintf` – bis auf das zusätzliche Argument für den Ausgabestrom – identisch zu `printf`. Die Funktion `fprintf` setzt man hauptsächlich in Verbindung mit Dateien ein, worauf Tag 16 noch näher eingeht. Es gibt jedoch noch zwei andere Einsatzbereiche, die die beiden nächsten Abschnitte erläutern.

Die Standardfehlerausgabe stderr

Einer der vordefinierten Streams von C ist `stderr` (Standardfehlerausgabe). Die Fehlermeldungen eines Programms werden üblicherweise an den Stream `stderr` und nicht an `stdout` geschickt. Warum ist das so?

Wie Sie gerade gelernt haben, lässt sich die Ausgabe an `stdout` zu einem anderen Ziel als den Bildschirm umleiten. Bei einer Umleitung von `stdout` bemerkt der Benutzer eventuell die Fehlermeldungen nicht, die das Programm an `stdout` ausgibt. Im Gegensatz zu `stdout` lässt sich `stderr` nicht umleiten und ist immer mit dem Bildschirm verbunden (zumindest in DOS – UNIX-Systeme können die Umleitung von `stderr` erlauben). Wenn Sie Fehlermeldungen an `stderr` richten, können Sie sicher sein, dass sie der Benutzer immer zu sehen bekommt. Das erledigen Sie mit der Funktion `fprintf`:

```
fprintf(stderr, "Ein Fehler ist aufgetreten.");
```

Statt `fprintf` direkt aufzurufen, können Sie auch eine spezielle Funktion zur Behandlung von Fehlermeldungen schreiben und diese im Fehlerfall aufrufen:

```
fehlermeldung("Ein Fehler ist aufgetreten.");

void fehlermeldung(char *msg)
{
    fprintf(stderr, msg);
}
```

Auf diese Weise erzielen Sie eine höhere Flexibilität (einer der Vorteile der strukturierten Programmierung). Wenn Sie zum Beispiel unter bestimmten Umständen die Fehlermeldungen eines Programm auf dem Drucker ausgeben oder in eine Datei umleiten wollen, müssen Sie nur die Funktion `fehlermeldung` ändern – und nicht unzählige `fprintf`-Aufrufe.

Druckausgabe unter DOS

Auf einem Computer mit dem Betriebssystem DOS oder Windows senden Sie die Ausgabe über den vordefinierten Stream `stdprn` an den Drucker. Auf IBM PCs und Kompatiblen ist der Stream `stdprn` mit dem Gerät `LPT1:` (d.h. der ersten Druckerschnittstelle) verbunden. Listing 14.15 zeigt dazu ein einfaches Beispiel.

Wenn Sie mit `stdprn` arbeiten, müssen Sie die ANSI-Kompatibilität Ihres Compilers deaktivieren. Sehen Sie dazu bitte in der Dokumentation zu Ihrem Compiler nach.

Listing 14.15: Ausgaben an den Drucker senden

```
/* Demonstriert die Druckerausgabe. */

#include <stdio.h>

main()
{
    float f = 2.0134;

     fprintf(stdprn, "\nDiese Nachricht wird gedruckt.\r\n");
     fprintf(stdprn, "Und jetzt einige Zahlen:\r\n");
     fprintf(stdprn, "Das Quadrat von %f ist %f.", f, f*f);

     /* Seitenvorschub senden. */
     fprintf(stdprn, "\f");

     return 0;
}
```

```
Diese Nachricht wird gedruckt.
Und jetzt einige Zahlen:
Das Quadrat von 2.013400 ist 4.053780.
```

Diese Ausgabe erscheint nur gedruckt und nicht auf dem Bildschirm.

Analyse

Wenn in Ihrem DOS-System ein Drucker an `LPT1:` angeschlossen ist, können Sie dieses Programm kompilieren und ausführen. Es druckt drei Zeilen auf eine Seite. Zeile 14 sendet die Escape-Sequenz `\f` an den Drucker, so dass der Drucker die nächste Ausgabe auf einer neuen Seite beginnt (oder bei einem Laserdrucker die aktuelle Seite auswirft).

Was Sie tun sollten	Was nicht
Verwenden Sie `fprintf` für Programme, die Ausgaben an `stdout`, `stderr`, `stdprn` oder andere Streams senden.	Verwenden Sie `stderr` nicht für Ausgaben, bei denen es sich weder um Fehlermeldungen noch um Warnungen handelt.
Verwenden Sie `fprintf` mit `stderr`, um Fehlermeldungen auf dem Bildschirm auszugeben.	Versuchen Sie nie, `stderr` umzuleiten.
Schreiben Sie Funktionen wie `fehlermeldung`, um den Code übersichtlicher zu gestalten und leichter warten zu können.	

Zusammenfassung

In dieser Lektion haben Sie eine Menge über die Programmein- und -ausgabe gelernt. C verwendet Streams, die die gesamte Ein- und Ausgabe als Folge von Bytes behandeln. Fünf dieser Streams sind in C vordefiniert:

- `stdin` Die Tastatur
- `stdout` Der Bildschirm
- `stderr` Der Bildschirm
- `stdprn` Der Drucker
- `stdaux` Die serielle Schnittstelle

Die Eingabe von der Tastatur kommt über den Stream `stdin`. Mit den Funktionen aus der C-Standardbibliothek können Sie die Tastatureingaben zeichenweise, zeilenweise oder als formatierte Zahlen und Strings übernehmen. Die Zeicheneingabe kann gepuffert oder ungepuffert sowie mit oder ohne Echo auf dem Bildschirm erfolgen.

Die Ausgabe auf dem Bildschirm verläuft normalerweise über den Stream `stdout`. Analog zur Eingabe stehen auch die Ausgabefunktionen für zeichenweise, zeilenweise oder formatierte Ausgabe von Zahlen und Strings zur Verfügung.

Mit den Streams `stdin` und `stdout` ist die Umleitung der Programmein- und -ausgabe möglich. Die Eingaben können Sie dann aus einer Datei übernehmen, statt sie von der Tastatur zu lesen; die Ausgaben lassen sich an den Drucker schicken oder in einer Datei speichern, statt sie auf dem Bildschirm anzuzeigen.

Abschließend haben Sie erfahren, warum Fehlermeldungen an den speziellen Stream `stderr` und nicht an `stdout` gesendet werden. Da `stderr` normalerweise mit dem Bildschirm verbunden ist, können Sie sicher sein, dass Sie alle Fehlermeldungen sehen, auch wenn Sie die Programmausgabe umleiten.

Fragen und Antworten

F Was passiert, wenn ich versuche, eine Eingabe von einem Ausgabestrom zu erhalten?

A *Sie können ein solches C-Programm schreiben, aber es wird nicht funktionieren. Wenn Sie zum Beispiel versuchen,* `stderr` *mit* `fscanf` *zu verwenden, lässt sich dass Programm in eine ausführbare Datei kompilieren, aber* `stderr` *ist nicht fähig, Eingaben zu senden. Deshalb funktioniert Ihr Programm nicht wie vorgesehen.*

F Was passiert, wenn ich einen der Standard-Streams neu definiere?

A *Dies kann zu Problemen im weiteren Verlauf des Programms führen. Wenn Sie einen Stream umdefinieren, müssen Sie dies wieder rückgängig machen, wenn Sie ihn später im selben Programm noch einmal benötigen. Viele der in diesem Kapitel beschriebenen Funktionen verwenden die Standard-Streams – und zwar alle die gleichen Streams. Wenn Sie also den Stream an einer Stelle im Programm ändern, bedeutet dies, dass Sie ihn auch für alle anderen Funktionen ändern. Probieren Sie es selbst einmal aus: Weisen Sie in einem der heute vorgestellten Programme dem Stream* `stdout` *den Stream* `stderr` *zu und beobachten Sie die Wirkung.*

F Ist es gefährlich, mit Funktionen zu arbeiten, die nicht dem ANSI-Standard entsprechen?

A *Zu den meisten Compilern gehören einige Funktionen, die nicht ANSI-kompatibel sind. Wenn Sie immer mit ein und demselben Compiler arbeiten und Ihren Code nicht auf andere Compiler oder Plattformen portieren wollen, gibt es keine Probleme. Andernfalls sollten Sie sich strikt an die ANSI-Kompatibilität halten.*

F Warum verwendet man nicht immer `fprintf` anstelle von `printf` oder `fscanf` anstelle von `scanf`?

A *Wenn Sie mit den Standard-Streams zur Eingabe und Ausgabe arbeiten, sollten Sie* `printf` *und* `scanf` *verwenden. Bei diesen einfachen Funktionen brauchen Sie die Streams nicht explizit zu benennen.*

Workshop

Die Kontrollfragen im Workshop sollen Ihnen helfen, die neu erworbenen Kenntnisse zu den behandelten Themen zu festigen. Die Übungen geben Ihnen die Möglichkeit, praktische Erfahrungen mit dem gelernten Stoff zu sammeln. Die Antworten zu den Kontrollfragen und Übungen finden Sie im Anhang F.

Kontrollfragen

1. Was ist ein Stream und wozu benötigt ein C-Programm Streams?
2. Handelt es sich bei den nachfolgend aufgeführten Geräten um Eingabe- oder Ausgabegeräte?
   a. Drucker
   b. Tastatur
   c. Modem
   d. Monitor
   e. Laufwerk
3. Nennen Sie die fünf vordefinierten Streams sowie die Geräte, mit denen sie verbunden sind.
4. Welche Streams verwenden die folgenden Funktionen?
   a. `printf`
   b. `puts`
   c. `scanf`
   d. `fgets`
   e. `fprintf`
5. Worin besteht der Unterschied zwischen gepufferter und ungepufferter Zeicheneingabe über `stdin`?

6. Worin besteht der Unterschied zwischen der Zeicheneingabe mit und ohne Echo von `stdin`?
7. Können Sie mit `ungetc` gleichzeitig mehrere Zeichen »zurückstellen«? Lässt sich das `EOF`-Zeichen zurückstellen?
8. Woran erkennen die C-Funktionen zur Zeileneingabe das Ende der Zeile?
9. Welche der folgenden Formatstrings enthalten gültige Typspezifizierer?
   a. `"%d"`
   b. `"%4d"`
   c. `"%3i%c"`
   d. `"%q%d"`
   e. `"%%%I"`
   f. `"%91d"`
10. Was ist der Unterschied zwischen `stderr` und `stdout`?

Übungen

1. Schreiben Sie eine Anweisung, die »`Hallo Welt`« auf dem Bildschirm ausgibt.
2. Realisieren Sie die Aufgabe aus Übung 1 mit zwei anderen C-Funktionen.
3. Schreiben Sie eine Anweisung, die »`Hallo, serieller Anschluss`« an `stdaux` ausgibt.
4. Schreiben Sie eine Anweisung, die einen String von maximal 30 Zeichen liest. Trifft die Anweisung auf ein Sternchen, soll der String an dieser Stelle abgeschnitten werden.
5. Schreiben Sie eine einfache Anweisung, die Folgendes ausgibt:

```
Hans fragte, "Was ist ein Backslash?"
Grete sagte, "Ein '\'-Zeichen"
```

Aufgrund der vielen möglichen Antworten gibt es zu den folgenden Übungen im Anhang F keine Lösungen. Prüfen Sie also selbstkritisch, ob Sie die gestellte Aufgabe gelöst haben.

6. **OHNE LÖSUNG:** Schreiben Sie ein Programm, das eine Datei zeichenweise auf einen Drucker umleitet.
7. **OHNE LÖSUNG:** Schreiben Sie ein Programm, das via Umleitung den Inhalt einer Datei liest. Das Programm soll dann zählen, wie oft jeder Buchstabe in der Datei vorkommt. Als Ergebnis soll das Programm eine Statistik auf den Bildschirm ausgeben. (Im Anhang F ist ein Hinweis angegeben.)

8. **OHNE LÖSUNG:** Schreiben Sie ein Programm, das Ihre C-Quelldateien druckt. Verwenden Sie die Umleitung, um die Quelldatei einzugeben, und die Funktion `fprintf`, um die Druckausgabe zu realisieren.
9. **OHNE LÖSUNG:** Modifizieren Sie das Programm aus Übung 8, so dass es Zeilennummern am Beginn jeder gedruckten Listingzeile einfügt. (Im Anhang F ist ein Hinweis angegeben.)
10. **OHNE LÖSUNG:** Schreiben Sie ein Programm, das eine Art »Schreibmaschine« simuliert: Das Programm übernimmt Tastatureingaben, gibt sie auf dem Bildschirm als Echo aus und reproduziert dann diese Eingabe auf dem Drucker. Weiterhin soll das Programm die Zeilen zählen und bei Bedarf einen Seitenwechsel für die Druckausgabe ausführen. Beenden Sie das Programm über eine Funktionstaste.

2 Woche

Rückblick

Die zweite Woche Ihres C-Kurses liegt nun hinter Ihnen. Mittlerweile kennen Sie fast alle grundlegenden C-Anweisungen und sollten mit der Sprache C schon einigermaßen vertraut sein. Im folgenden Programm finden Sie viele Themen der letzten Woche wieder.

Hinweis

Die Zahlen links neben den Zeilennummern kennzeichnen den Tag, der das Thema der Anweisung auf dieser Zeile behandelt hat. Wenn Ihnen die jeweilige Anweisung noch nicht ganz klar ist, können Sie noch einmal zur genannten Lektion zurückgehen.

```
/*---------------------------------------------------*/
/* Programname:  woche2.c                            */
/* Das Programm dient der Eingabe von Daten für bis  */
/* bis zu 100 Personen. Als Ergebnis wird ein Bericht */
/* auf Basis der eingegebenen Zahlen ausgegeben      */
/*---------------------------------------------------*/
/*---------------------*/
/* Eingebundene Dateien */
/*---------------------*/
#include <stdio.h>
#include <stdlib.h>

/*----------------------*/
/* Definierte Konstanten */
/*----------------------*/
#define MAX   100
#define JA   1
#define NEIN    0

/*-----------*/
/* Variablen */
/*-----------*/

struct datensatz {
    char vname[15+1];              /* Vorname + NULL       */
    char nname[20+1];              /* Nachname + NULL      */
    char phone[9+1];               /* Telefonnummer + NULL */
    long einkommen;                /* Einkommen            */
    int  monat;                    /* Geburtsmonat         */
    int  tag;                      /* Geburtstag           */
    int  jahr;                     /* Geburtsjahr          */
};

struct datensatz liste[MAX]; /* deklariert eigentliche Struktur */

int letzter_eintrag = 0;     /* Gesamtzahl der Einträge         */
```

```

/*---------------------*/
/* Funktionsprototypen */
/*---------------------*/
int main(void);
void daten_einlesen(void);
void bericht_anzeigen(void);
int  fortfahren_funktion(void);
void tastatur_loeschen(void);

/*----------------------*/
/* Beginn des Programms */
/*----------------------*/

int main()
{
   int cont = JA;
   int ch;

   while( cont == JA )
   {
      printf( "\n");
      printf( "\n     MENU");
      printf( "\n    ========\n");
      printf( "\n1.  Namen eingeben");
      printf( "\n2.  Bericht ausgeben");
      printf( "\n3.  Beenden");
      printf( "\n\nAuswahl eingeben ==> ");

      ch = getchar();

      fflush(stdin);  /* Tastaturpuffer leeren */

      switch( ch )
      {
        case '1': daten_einlesen();
                  break;
        case '2': bericht_anzeigen();
                  break;
        case '3': printf("\n\nAuf Wiedersehen!\n");
                  cont = NEIN;
                  break;
        default:  printf("\n\nAuswahl ungültig, 1 bis 3 wählen!");
                  break;
      }
   }    return 0;
```

```
}

/*-------------------------------------------------------*
 * Funktion:  daten_einlesen                              *
 * Zweck: Diese Funktion liest Daten vom Benutzer ein bis *
 *        entweder 100 Personen eingegeben wurden oder der *
 *        Benutzer abbricht.                              *
 * Rückgabewert: Nichts                                   *
 * Hinweis: Geburtstage, bei denen sich der Benutzer nicht *
 *        sicher ist, können als 0/0/0 eingegeben werden. *
 *        Außerdem sind 31 Tage in jedem Monat möglich.   *
 *-------------------------------------------------------*/

void daten_einlesen(void)
{
  int cont;

  for ( cont=JA;letzter_eintrag<MAX && cont==JA;letzter_eintrag++ )
  {
     printf("\n\nInfos für Person %d eingeben.",letzter_eintrag+1 );

     printf("\n\nVorname eingeben: ");
     gets(liste[letzter_eintrag].vname);

     printf("\nNachname eingeben: ");
     gets(liste[letzter_eintrag].nname);

     printf("\nTelefonnummer im Format 123-4567 eingeben: ");
     gets(liste[letzter_eintrag].phone);

     printf("\nJahreseinkommen eingeben (ganze DM): ");
     scanf("%ld", &liste[letzter_eintrag].einkommen);

     printf("\nGeburtstag eingeben:");

     do
     {
         printf("\n\tMonat (0 - 12): ");
         scanf("%d", &liste[letzter_eintrag].monat);
     }while ( liste[letzter_eintrag].monat < 0 ||
              liste[letzter_eintrag].monat > 12 );

     do
     {
         printf("\n\tTag (0 - 31): ");
         scanf("%d", &liste[letzter_eintrag].tag);
```

```
      }while ( liste[letzter_eintrag].tag <  0 ||
               liste[letzter_eintrag].tag > 31 );

      do
      {
         printf("\n\tJahr (1800 - 2010): ");
         scanf("%d", &liste[letzter_eintrag].jahr);
      }while (liste[letzter_eintrag].jahr != 0 &&
             (liste[letzter_eintrag].jahr < 1800 ||
              liste[letzter_eintrag].jahr > 2010 ));

      cont = fortfahren_funktion();
   }

   if( letzter_eintrag == MAX)
      printf("\n\nMaxiamle Anzahl von Namen wurde eingegeben!\n");
}

/*-------------------------------------------------------------------*
 *  Funktion:  bericht_anzeigen                                      *
 *  Zweck:     Diese Funktion gibt einen Bericht aus                 *
 *  Rückgabewert:   Nichts                                           *
 *  Hinweis:   Es könnten weitere Informationen angezeigt werden.    *
 *             Ändern Sie stdout in stdprn, um den Bericht zu drucken*
 *-------------------------------------------------------------------*/

void bericht_anzeigen()
{
   long   gesamt_monat = 0,
          gesamt_summe = 0;      /* Für Gesamtlohnzahlungen    */
   int    x, y;

   fprintf(stdout, "\n\n");      /* einige Zeilen überspringen */
   fprintf(stdout, "\n           BERICHT");
   fprintf(stdout, "\n          =========");

   for( x = 0; x <= 12; x++ )   /* für jeden Monat, inkl. 0    */
   {
      gesamt_monat = 0;
      for( y = 0; y < letzter_eintrag; y++ )
      {
         if( liste[y].monat == x )
         {
            fprintf(stdout,"\n\t%s %s %s %ld",liste[y].vname,
               liste[y].nname, liste[y].phone,liste[y].einkommen);
            gesamt_monat += liste[y].einkommen;
```

```
            }
         }
         fprintf(stdout, "\nSumme für Monat %d ist %ld",x,gesamt_monat);
         gesamt_summe += gesamt_monat;
      }
      fprintf(stdout, "\n\nBerichtssummen:");
      fprintf(stdout, "\nGesamteinkommen %ld", gesamt_summe);
      fprintf(stdout,
          "\nDurchschnittseinkommen %ld", gesamt_summe/letzter_eintrag );

      fprintf(stdout, "\n\n* * * Ende des Berichts * * *");
   }

   /*------------------------------------------------------------------*
    *  Funktion:  fortfahren_funktion                                   *
    *  Zweck:     Fragt den Benutzer, ob er fortfahren will             *
    *  Rückgabewerte:  JA - wenn der Benutzer fortfahren will           *
    *             NEIN  - wenn der Benutzer das Programm beenden will   *
    *------------------------------------------------------------------*/

   int fortfahren_funktion( void )
   {
      int ch;

      printf("\n\nMöchten Sie fortfahren? (J)a/(N)ein: ");

      fflush(stdin);
      ch = getchar();

      while( ch != 'n' && ch != 'N' && ch != 'j' && ch != 'J' )
      {
          printf("\n%c ist ungültig!", ch);
          printf("\n\n \'N\' für Ende oder \'J\' für Weiter eingeben: ");

          fflush(stdin);     /* löscht den Tastaturpuffer (stdin) */
          ch = getchar();
      }


      tastatur_loeschen();  /* diese Funktion ähnelt fflush(stdin) */

      if(ch == 'n' || ch == 'N')
          return(NEIN);
       else
          return(JA);
   }
```

```
220:
221: /*--------------------------------------------------------------*
222:  *  Funktion: tastatur_loeschen                                 *
223:  *  Zweck:    Löscht überflüssige Zeichen im Tastaturpuffer     *
224:  *  Rückgabewerte:   keine                                      *
225:  *  Hinweis:  Diese Funktion können Sie durch fflush(stdin); ersetzen*
226:  *--------------------------------------------------------------*/
227: void tastatur_loeschen(void)
228: {
229:         char muell[80];
230:         gets(muell);
231: }
```

Analyse

Vielleicht haben Sie den Eindruck, dass Ihre Programme um so länger werden, je mehr Sie über C lernen. Auch wenn dieses Programm dem Programm aus dem Rückblick zur ersten Woche ähnelt, hat es einige Änderungen erfahren und neue Funktionen bekommen. Wie im Programm zum Rückblick von Woche 1 können Sie bis zu 100 Datensätze mit Personendaten eingeben. Beachten Sie, dass dieses Programm bereits einen Bericht anzeigen kann, während Sie noch Daten eingeben. Im alten Programm können Sie den Bericht erst ausgeben, nachdem Sie alle Daten eingegeben haben.

Als Neuerung speichert dieses Programm die Datensätze in einer Struktur, deren Definition in den Zeilen 24 bis 32 steht. Strukturen bieten sich an, um ähnliche oder verwandte Daten zu gruppieren (siehe dazu Tag 11). Dieses Programm fasst alle Daten zu den Personen in einer Struktur namens `datensatz` zusammen. Der Großteil dieser Daten sollte Ihnen bekannt vorkommen. Einige Elemente sind jedoch neu. Die Zeilen 25 bis 27 deklarieren drei Arrays (oder Strings) für den Vornamen, den Nachnamen und die Telefonnummer. Beachten Sie in dieser Deklaration die Längenangabe der Strings mit +1. Wie Tag 10 erläutert hat, nimmt dieses zusätzliche Element das Nullzeichen auf, das einen String abschließt.

Das Programm demonstriert auch die korrekte Anwendung von Gültigkeitsbereichen für Variablen (siehe Tag 12). Die Zeilen 34 und 36 deklarieren zwei globale Variablen. Die in Zeile 36 deklarierte `int`-Variable namens `letzter_eintrag` nimmt die Anzahl der erfassten Personendatensätze auf. Das entspricht etwa der Variablen `ctr` aus dem Rückblick zu Woche 1. Die andere globale Variable lautet `liste[MAX]` und verkörpert ein Array von Datensatzstrukturen. Alle Funktionen des Programms definieren außerdem lokale Variablen.

Die Zeilen 70 bis 81 enthalten eine neue Steuerungsanweisung: die `switch`-Anweisung (siehe Tag 13). Damit lässt sich der Code übersichtlicher und eleganter formulieren als mit einer Reihe von `if...else`-Anweisungen. Die Zeilen 72 bis 79 führen die zur gewählten Menüoption gehörende Aufgabe aus. Beachten Sie die `default`-Anweisung, die ungültige Eingaben bei der Menüauswahl behandelt.

Beim Studium der Funktion daten_einlesen sollten Ihnen einige Ergänzungen zum Programm aus dem Rückblick zu Woche 1 auffallen. Die Zeilen 104 und 105 fragen nach einem String und Zeile 105 verwendet die Funktion gets (siehe Tag 14), um den Vornamen abzurufen. Die Funktion gets liest einen String ein und legt den Wert in liste[letzter_eintrag].vname ab. Wie Tag 11 erläutert hat, kommt bei dieser Operation der Vorname in das Element vname der Struktur liste.

Die Funktion bericht_anzeigen hat eine Änderung erfahren; sie verwendet jetzt die Funktion fprintf anstelle von printf, um die Informationen anzuzeigen. Das hat einen einfachen Grund: Wenn Sie den Bericht auf einen Drucker statt auf den Bildschirm ausgeben wollen, brauchen Sie nur in jeder fprintf-Anweisung stdout durch stdprn zu ersetzen. Tag 14 hat die Funktion fprintf sowie die Streams stdout und stdprn behandelt. Der Stream stdout sendet die Ausgaben zum Bildschirm, der Stream stdprn zum Drucker.

Auch die Funktion fortfahren_funktion in den Zeilen 194 bis 219 wurde überarbeitet. Jetzt antwortet der Benutzer auf die Eingabeaufforderung mit j oder n statt mit 0 oder 1. Das ist wesentlich benutzerfreundlicher. Weiterhin ist in Zeile 213 die Funktion tastatur_loeschen aus Listing 14.7 hinzugekommen, um überflüssige Zeichen aus der Benutzereingabe zu entfernen. Außerdem ruft dieses Programm die Funktion fflush auf, um eventuell im Puffer verbliebene Zeichen zu löschen.

Hinweis

Die Zeilen 229 und 230 können Sie durch fflush(stdin); ersetzen, ohne dadurch das Programm zu verändern. Dagegen ist es nicht möglich, alle Aufrufe von fflush durch tastatur_loeschen zu ersetzen. Wenn Sie den Grund dafür nicht erkennen, sollten Sie sich noch einmal mit Lektion 14 beschäftigen.

Dieses Programm verwendet viele Elemente, die Sie in den ersten beiden Wochen kennen gelernt haben. Mit den in der zweiten Woche vorgestellten Konzepten lassen sich Ihre C-Programme funktionaler gestalten und einfacher codieren. Woche 3 baut auf diesen Konzepten auf.

Zeiger für Fortgeschrittene

Woche 3

Tag 9 hat bereits in das Thema Zeiger eingeführt. Zeiger bilden einen wesentlichen Teil der Sprache C. Die heutige Lektion vertieft dieses Thema und erläutert einige kompliziertere Operationen, mit denen Sie flexibler programmieren können. Heute lernen Sie

- wie man Zeiger auf Zeiger deklariert,
- wie man Zeiger mit mehrdimensionalen Arrays einsetzt,
- wie man Arrays von Zeigern deklariert,
- wie man Zeiger auf Funktionen deklariert,
- wie man mithilfe von Zeigern verkettete Listen zur Datenspeicherung realisiert.

Zeiger auf Zeiger

Wie Sie am Tag 9 erfahren haben, ist ein *Zeiger* eine numerische Variable, deren Wert die Adresse einer anderen Variablen ist. Zur Deklaration eines Zeigers verwendet man den Indirektionsoperator (*). Zum Beispiel deklariert die Anweisung

```
int *zgr;
```

einen Zeiger namens `zgr`, der auf eine Variable vom Typ `int` verweist. Mithilfe des Adressoperators (&) können Sie den Zeiger danach auf eine bestimmte Variable des entsprechenden Typs richten. Wenn Sie `x` als Variable vom Typ `int` deklariert haben, weist die Anweisung

```
zgr = &x;
```

dem Zeiger `zgr` die Adresse von `x` zu, so dass `zgr` danach auf `x` zeigt. Mit dem Indirektionsoperator können Sie auch über den Zeiger auf die Variable, auf die der Zeiger verweist, zugreifen. Die beiden folgenden Anweisungen weisen `x` den Wert 12 zu:

```
x = 12;
*zgr = 12;
```

Da ein Zeiger selbst eine numerische Variable ist, wird er im Arbeitsspeicher des Computers unter einer bestimmten Adresse abgelegt. Folglich ist es möglich, einen Zeiger auf einen Zeiger zu erzeugen, also eine Variable deren Wert die Adresse eines Zeigers ist. Dabei geht man wie folgt vor:

```
int x = 12;                    /* x ist eine int-Variable. */
int *zgr = &x;                 /* zgr ist ein Zeiger auf x. */
int **zgr_auf_zgr = &zgr;      /* zgr_auf_zgr ist ein Zeiger auf einen */
                               /* Zeiger auf int. */
```

Beachten Sie den doppelten Indirektionsoperator (**) bei der Deklaration eines Zeigers auf einen Zeiger. Der doppelte Indirektionsoperator kommt auch zum Einsatz, wenn man einen Zeiger auf einen Zeiger verwendet, um auf eine Variable zuzugreifen. Die folgende Anweisung

```
**zgr_auf_zgr = 12;
```

weist somit der Variablen `x` den Wert 12 zu und die Anweisung

```
printf("%d", **zgr_auf_zgr);
```

gibt den Wert von `x` auf dem Bildschirm aus. Wenn Sie versehentlich nur einen einzelnen Indirektionsoperator verwenden, kommt es zu Fehlern. Die Anweisung

```
*zgr_auf_zgr = 12;
```

weist `zgr` den Wert `12` zu. Damit verweist `zgr` auf das, was unter der Speicheradresse `12` abgelegt ist. Offensichtlich liegt das nicht in der Absicht des Programmierers.

Neuer Begriff

Deklaration und Verwendung eines Zeigers auf einen Zeiger bezeichnet man auch als *mehrfache Indirektion*. Abbildung 15.1 verdeutlicht die Beziehung zwischen einer Variablen, einem Zeiger und einem Zeiger auf einen Zeiger. Für die mehrfache Indirektion gibt es im Übrigen keine Grenze – Sie können ohne Probleme einen Zeiger auf einen Zeiger auf einen Zeiger und so fort deklarieren, doch gibt es nur wenige Einsatzbereiche, wo es lohnt, über zwei Ebenen hinauszugehen. Zudem wirkt die mit jeder Ebene zunehmende Komplexität wie eine Einladung, Fehler zu machen.

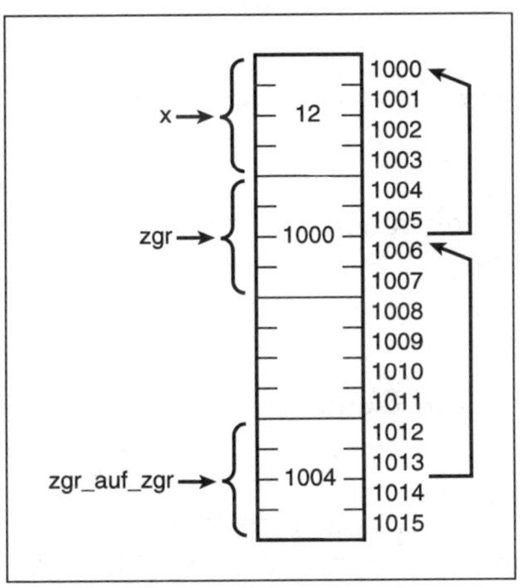

Abbildung 15.1: Ein Zeiger auf einen Zeiger

Wie setzt man Zeiger auf Zeiger sinnvoll ein? Am häufigsten nutzt man sie in Verbindung mit Arrays von Zeigern, die diese Lektion später im Detail behandelt. In Listing 19.5 von Tag 19 finden Sie ein Beispiel für den Einsatz der mehrfachen Indirektion.

Zeiger und mehrdimensionale Arrays

Tag 8 hat bereits auf das besondere Verhältnis zwischen Zeigern und Arrays hingewiesen. Insbesondere stellt der Name des Arrays ohne die folgenden Klammern einen Zeiger auf das erste Element des Arrays dar. Aus diesem Grund ist es für den Zugriff auf bestimmte Array-Typen einfacher, die Zeigernotation zu verwenden. Die Beispiele aus den bisherigen Lektionen haben sich allerdings auf eindimensionale Arrays beschränkt. Wie sieht es aber mit mehrdimensionalen Arrays aus?

Wie Sie mittlerweile wissen, deklariert man mehrdimensionale Arrays mit einem eigenen Klammernpaar für jede Dimension. Zum Beispiel deklariert die folgende Anweisung ein zweidimensionales Array, das 8 Variablen vom Typ `int` enthält:

```
int multi[2][4];
```

Zweidimensionale Arrays kann man sich als Tabelle mit Zeilen und Spalten vorstellen – in unserem Beispiel also zwei Zeilen und vier Spalten. Es gibt aber noch eine andere Betrachtungsweise für mehrdimensionale Arrays. Diese orientiert sich mehr an der Art und Weise, in der C die Arrays organisiert. Betrachten Sie `multi` einfach als Array mit zwei Elementen, wobei jedes Element aus einem Array von vier Integer-Werten besteht.

Abbildung 15.2 zeigt die einzelnen Bestandteile der Array-Deklaration und spiegelt somit die eben geschilderte Betrachtungsweise wider.

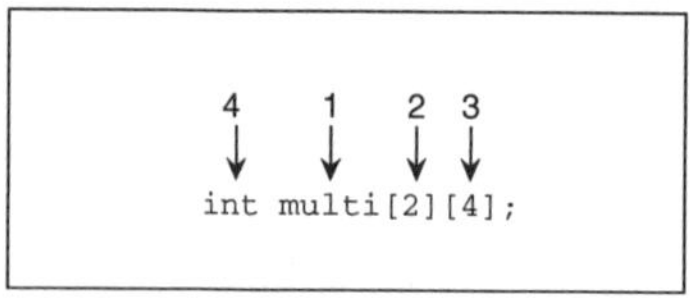

Abbildung 15.2: Bestandteile der Deklaration eines mehrdimensionalen Arrays

Die einzelnen Teile der Deklaration sind wie folgt zu interpretieren:

1. Deklariere ein Array namens `multi`.
2. Das Array `multi` enthält zwei Elemente.
3. Jedes dieser beiden Elemente enthält selbst wieder vier Elemente.
4. Jedes der untergeordneten Elemente ist vom Typ `int`.

Die Deklaration eines mehrdimensionalen Arrays liest man, indem man beim Array-Namen beginnt und von dort Klammer für Klammer nach rechts vorrückt. Hat man das letzte Klammernpaar (die letzte Dimension) gelesen, springt man zum Anfang der Deklaration, um den zugrunde liegenden Datentyp des Arrays zu ermitteln.

Nach diesem Schema der ineinander geschachtelten Arrays kann man sich ein mehrdimensionales Array wie in Abbildung 15.3 vorstellen.

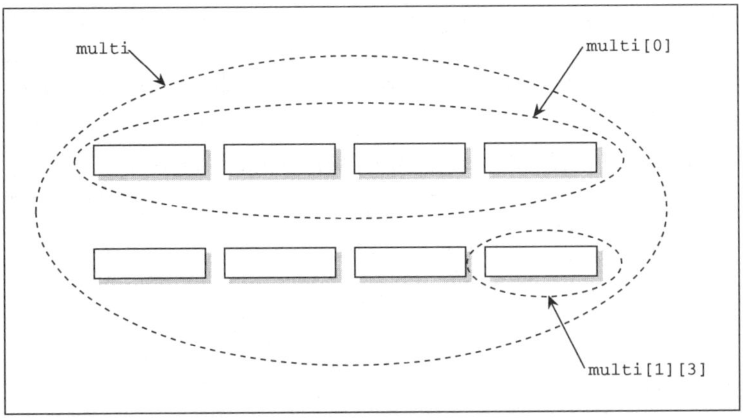

Abbildung 15.3: Ein zweidimensionales Array kann man sich als Array von Arrays vorstellen

Kommen wir noch einmal auf die Verwendung von Array-Namen als Zeiger zurück (schließlich geht es in dieser Lektion ja um Zeiger). Wie im Fall der eindimensionalen Arrays gilt auch für die mehrdimensionalen Arrays, dass der Name des Arrays auf das erste Element des Arrays verweist. Für unser obiges Beispiel bedeutet das, dass `multi` ein Zeiger auf das erste Element des als `int multi[2][4]` deklarierten zweidimensionalen Arrays ist. Was aber genau ist das erste Element von `multi`? Es ist nicht die `int`-Variable `multi[0][0]`, wie Sie vielleicht annehmen. Denken Sie daran, dass `multi` ein Array von Arrays ist. Das erste Element ist daher `multi[0]` – ein Array mit vier `int`-Variablen (und eines der beiden untergeordneten Arrays, die in `multi` enthalten sind).

Wenn nun `multi[0]` auch ein Array ist, stellt sich die Frage, ob `multi[0]` selbst wieder auf etwas verweist. Und tatsächlich, `multi[0]` zeigt auf sein erstes Element, `multi[0][0]`. Vielleicht wundern Sie sich, dass `multi[0]` ein Zeiger sein soll. Denken Sie daran, dass der Name eines Arrays ohne Klammern ein Zeiger auf das erste Array-Element darstellt. Der Ausdruck `multi[0]` ist der Name des Arrays `multi[0][0]` ohne das letzte Klammernpaar – und damit ein Zeiger.

Zugegebenermaßen ist dieses Thema nicht ohne weiteres zu durchschauen. Vielleicht helfen Ihnen die folgenden Regeln, die für alle n-dimensionalen Arrays gelten:

- Der Array-Name gefolgt von `n` Klammernpaaren (wobei jedes Paar einen passenden Index einschließt) bezeichnet die Array-Daten (d.h., die Daten aus dem spezifizierten Array-Element).
- Der Array-Name gefolgt von weniger als `n` Klammernpaaren hat den Wert eines Zeigers auf ein Array-Element.

Die Anwendung dieser Regeln auf das obige Beispiel zeigt, dass `multi` und `multi[0]` Zeiger sind, während `multi[0][0]` Array-Daten bezeichnet.

Sehen wir uns jetzt einmal an, worauf diese Zeiger tatsächlich verweisen. Listing 15.1 deklariert ein zweidimensionales Array – analog zu den angegebenen Beispielen – und gibt die Werte der zugehörigen Zeiger sowie die Adresse des jeweils ersten Array-Elements auf dem Bildschirm aus.

Listing 15.1: Beziehung zwischen mehrdimensionalen Arrays und Zeigern

```
/* Beispiel für Zeiger und mehrdimensionale Arrays. */

#include <stdio.h>

int multi[2][4];

int main()
{
     printf("multi = %lu\n", (unsigned long)multi);
     printf("multi[0] = %lu\n", (unsigned long)multi[0]);
     printf("&multi[0][0] = %lu\n",
                        (unsigned long)&multi[0][0]);
     return(0);
}
```

```
multi = 134518272
multi[0] = 134518272
&multi[0][0] = 134518272
```

Auch wenn auf Ihrem System ein anderer Wert als `134518272` erscheint – auf jeden Fall sind alle drei Werte gleich. Die Adresse des Arrays `multi` ist gleich der Adresse des Arrays `multi[0]` und beide Adressen sind wiederum identisch zur Adresse des ersten Integer-Wertes im Array `multi[0][0]`.

Wenn aber alle drei Zeiger den gleichen Wert haben, gibt es dann überhaupt aus Sicht eines Programms einen verwertbaren Unterschied zwischen den Zeigern? Wie Tag 9 erläutert hat, weiß der C-Compiler, worauf ein Zeiger verweist. Um ganz genau zu sein: Der Compiler kennt die Größe der Elemente, auf die ein Zeiger verweist.

Wie groß sind überhaupt die Elemente im Beispiel? Listing 15.2 verwendet den `sizeof`-Operator, um die Größe der Elemente in Bytes auszugeben.

Listing 15.2: Die Größe der Elemente bestimmen

```
/* Größe der Elemente eines mehrdimensionalen Arrays. */

#include <stdio.h>

int multi[2][4];

int main(void)
{
    printf("Die Größe von multi = %u\n", sizeof(multi));
    printf("Die Größe von multi[0] = %u\n", sizeof(multi[0]));
    printf("Die Größe von multi[0][0] = %u\n", sizeof(multi[0][0]));
    return(0);
}
```

Die Ausgabe dieses Programms auf einem Computer mit 2-Byte-Integern sieht folgendermaßen aus:

```
Die Größe von multi = 16
Die Größe von multi[0] = 8
Die Größe von multi[0][0] = 2
```

Bei Computern, die Integer mit 4 Byte darstellen, liefert das Programm folgende Ergebnisse:

```
Die Größe von multi = 32
Die Größe von multi[0] = 16
Die Größe von multi[0][0] = 4
```

Denken Sie daran, dass der Datentyp `int` unter Linux und auf einem Rechner mit Intel-kompatiblem Prozessor vier Byte belegt. Auf Linux-Maschinen mit DEC/Compaq-Alpha-Prozessor oder irgendeinem anderen 64-Bit-Prozessor wird die Ausgabe vermutlich etwas anders aussehen.

Diese Ergebnisse lassen sich – für 32-Bit-Systeme – wie folgt erklären: Das Array `multi` enthält zwei Arrays, die jeweils vier Integer-Werte umfassen. Jeder Integer belegt vier Bytes im Speicher. Für insgesamt acht Integer zu je vier Bytes kommt man auf eine Gesamtgröße von 32 Bytes.

Zweitens ist `multi[0]` ein Array mit vier Integern. Jeder Integer belegt 4 Bytes, so dass sich eine Größe von 16 Bytes für `multi[0]` ergibt.

Schließlich ist `multi[0][0]` ein Integer, dessen Größe natürlich 4 Bytes beträgt.

Erinnern Sie sich an die Zeigerarithmetik, auf die Tag 9 eingegangen ist. Der Compiler kennt die Größe des Objekts, auf das der Zeiger verweist, und die Zeigerarithmetik berücksichtigt diese Größe. Wenn Sie einen Zeiger inkrementieren, setzt die Zeigerarithmetik den Wert des Zeigers auf das nächste Element – unabhängig davon, auf welche Art von Element der Zeiger verweist. Der Zeiger wird also um die Größe des Objekts, auf das er verweist, inkrementiert.

In unserem Beispiel ist `multi` ein Zeiger auf ein 4-elementiges Integer-Array mit einer Größe von 16 Byte. Wenn Sie `multi` inkrementieren, erhöht sich sein Wert um 16 (die Größe eines 4-elementigen Integer-Arrays). Wenn `multi` auf `multi[0]` verweist, sollte demnach `(multi + 1)` auf `multi[1]` zeigen. Mit dem Programm in Listing 15.3 können Sie diese Aussagen überprüfen.

Listing 15.3: Zeigerarithmetik mit mehrdimensionalen Arrays

```
/* Wendet die Zeigerarithmetik auf Zeiger an, die auf */
/* mehrdimensionale Arrays verweisen. */

#include <stdio.h>

int multi[2][4];

int main(void)
{
    printf("Wert von (multi) = %lu\n",
                  (unsigned long)multi);
    printf("Wert von (multi + 1) = %lu\n",
                  (unsigned long)(multi+1));
    printf("Adresse von multi[1] = %lu\n",
                  (unsigned long)&multi[1]);
    return(0);
}
```

Ausgabe

```
Wert von (multi) = 134518304
Wert von (multi + 1) = 134518320
Adresse von multi[1] = 134518320
```

Analyse

Auch hier sehen die konkreten Werte auf Ihrem System sicherlich anders aus, aber die Relation muss die Gleiche sein. Wenn man den Zeiger `multi` um 1 inkrementiert, erhöht sich sein Wert (auf einem 32-Bit-System) um 16 und der Zeiger weist auf das nächste Element im Array, `multi[1]`.

Das Beispiel hat gezeigt, dass `multi` ein Zeiger auf `multi[0]` ist. Sie haben auch gesehen, dass `multi[0]` ebenfalls ein Zeiger ist (auf `multi[0][0]`). Demnach ist `multi` ein Zeiger auf einen Zeiger. Um über den Ausdruck `multi` auf einzelne Array-Elemente zuzugreifen, muss man sich daher der doppelten Indirektion bedienen. Zum Beispiel sind die folgenden drei Anweisungen äquivalent und geben den Wert von `multi[0][0]` aus:

```
printf("%d", multi[0][0]);
printf("%d", *multi[0]);
printf("%d", **multi);
```

Die gleichen Betrachtungen gelten auch für drei oder mehr Dimensionen. So ist ein dreidimensionales Array nichts anderes als ein Array, dessen Elemente zweidimensionale Arrays sind; jedes dieser Elemente ist wiederum ein Array von eindimensionalen Arrays.

Das Thema mehrdimensionale Arrays und Zeiger ist zweifelsohne nicht ganz einfach. Wenn Sie mit mehrdimensionalen Arrays arbeiten, behalten Sie folgende Regel im Hinterkopf: Die Elemente eines Arrays mit `n` Dimensionen sind selbst Arrays mit `n-1` Dimensionen. Wenn `n` gleich `1` ist, sind die Elemente des Arrays Variablen des Datentyps, den Sie bei der Deklaration des Arrays angegeben haben.

Bis jetzt haben wir nur Array-Namen verwendet, die Zeigerkonstanten sind und sich nicht ändern lassen. Wie deklariert man eine Zeigervariable, die auf ein Element eines mehrdimensionalen Arrays verweist? Dazu erweitern wir das obige Beispiel mit dem Array `multi`, das ein zweidimensionales Array wie folgt deklariert:

```
int multi[2][4];
```

Um eine Zeigervariable `zgr` zu deklarieren, die auf ein Element von `multi` verweisen kann (also auf ein 4-elementiges Integer-Array zeigt), schreiben Sie

```
int (*zgr)[4];
```

Der nächste Schritt besteht darin, `zgr` auf das erste Element in `multi` zu richten:

```
zgr = multi;
```

Die runden Klammern in der Zeigerdeklaration sind erforderlich, weil die eckigen Klammern (`[ ]`) eine höhere Priorität als das Sternchen `*` haben. Mit der Anweisung

```
int *zgr[4];
```

deklarieren Sie nämlich ein Array von vier Zeigern auf den Typ `int`. Natürlich kann man Arrays von Zeigern deklarieren und verwenden, doch darum geht es hier nicht.

Was kann man mit Zeigern auf Elemente von mehrdimensionalen Arrays anfangen? Genau wie bei eindimensionalen Arrays muss man Zeiger verwenden, wenn man Arrays an Funktionen übergeben will. Listing 15.4 stellt zwei Methoden vor, um mehrdimensionale Arrays an Funktionen zu übergeben.

Listing 15.4: Übergabe eines mehrdimensionalen Arrays an eine Funktion

```
/* Demonstriert die Übergabe eines Zeigers auf ein */
/* mehrdimensionales Array an eine Funktion. */

#include <stdio.h>

void printarray_1(int (*zgr)[4]);
void printarray_2(int (*zgr)[4], int n);

int main()
{
    int  multi[3][4] = { { 1, 2, 3, 4 },
                         { 5, 6, 7, 8 },
                         { 9, 10, 11, 12 } };

    /* zgr ist ein Zeiger auf ein Array von 4 Integern. */

    int (*zgr)[4], count;

    /* Richte zgr auf das erste Element von multi. */

    zgr = multi;

    /* Mit jedem Schleifendurchlauf wird zgr inkrementiert und auf */
    /* das nächste Element (das nächste 4-elementige Integer-Array)*/
    /* von multi gerichtet */
    for (count = 0; count < 3; count++)
        printarray_1(zgr++);

    puts("\n\nEingabetaste drücken...");
    getchar();
    printarray_2(multi, 3);
    printf("\n");
    return(0);
}

void printarray_1(int (*zgr)[4])
{
/* Gibt die Elemente eines einzelnen 4-elementigen Integer-Arrays */
/* aus. p ist ein Zeiger auf int. Um p die Adresse in zgr */
/* zuzuweisen, ist eine Typumwandlung nötig */

    int *p, count;
    p = (int *)zgr;
```

```

    for (count = 0; count < 4; count++)
        printf("\n%d", *p++);
}

void printarray_2(int (*zgr)[4], int n)
{
/* Gibt die Elemente eines n x 4-elementigen Integer-Arrays aus */

    int *p, count;
    p = (int *)zgr;

    for (count = 0; count < (4 * n); count++)
        printf("\n%d", *p++);
}
```

```
1
2
3
4
5
6
7
8
9
10
11
12

Eingabetaste drücken...

1
2
3
4
5
6
7
8
9
10
11
12
```

Das Programm deklariert und initialisiert in den Zeilen 11 bis 13 ein Array von Integern, `multi[3][4]`. Die Zeilen 6 und 7 enthalten die Prototypen für die Funktionen `printarray_1` und `printarray_2`, die den Inhalt des Arrays ausgeben.

Die Funktion `printarray_1` (Zeilen 36 bis 47) erwartet als einziges Argument einen Zeiger auf ein Array von vier Integern. Diese Funktion gibt alle vier Elemente des Arrays aus. Wenn `main` in Zeile 27 die Funktion `printarray_1` das erste Mal aufruft, übergibt sie einen Zeiger auf das erste Element (das erste 4-elementige Integer-Array) von `multi`. Danach ruft `main` die Funktion noch zweimal auf und inkrementiert jeweils vorher den Zeiger, so dass er auf das zweite und danach auf das dritte Element von `multi` zeigt. Diese drei Aufrufe haben die 12 Integer aus `multi` auf dem Bildschirm ausgegeben.

Die zweite Funktion, `printarray_2`, verfolgt einen anderen Ansatz. Die Funktion übernimmt ebenfalls einen Zeiger auf ein Array von vier Integern. Zusätzlich erwartet die Funktion jedoch noch eine Integer-Variable, die die Anzahl der Elemente (die Anzahl der Arrays von vier Integern) des mehrdimensionalen Arrays angibt. Ein einziger Aufruf von `printarray_2` in Zeile 31 gibt den gesamten Inhalt von `multi` auf dem Bildschirm aus.

Beide Funktionen bedienen sich der Zeigernotation, um die einzelnen Integer im Array durchzugehen. Die Syntax `(int *)zgr`, die in beiden Funktionen Verwendung findet (Zeilen 43 und 54), bedarf einer Erklärung. Der Ausdruck `(int *)` ist eine Typumwandlung, die den Datentyp der Variable vorübergehend vom deklarierten Datentyp in einen anderen Datentyp umwandelt. Für die Zuweisung des Wertes von `zgr` an `p` ist die Typumwandlung unabdingbar, da beide Zeiger unterschiedliche Typen haben (`p` ist ein Zeiger auf den Typ `int`, während `zgr` ein Zeiger auf ein Array von vier Integern ist). C erlaubt keine Zuweisungen zwischen Zeigern, die unterschiedlichen Datentypen angehören. Die Typumwandlung teilt dem Compiler mit: »Behandle den Zeiger `zgr` für die aktuelle Anweisung so, als ob es sich um einen Zeiger auf `int` handelt«. Tag 20 geht im Detail auf Typumwandlungen ein.

Was Sie tun sollten	Was nicht

Denken Sie daran, bei der Deklaration von Zeigern auf Arrays Klammern zu setzen.
Verwenden Sie folgende Syntax, um einen Zeiger auf ein Array von Zeichen zu deklarieren:
`char (*zeichen)[26];`
Verwenden Sie folgende Syntax, um ein Array von Zeigern auf Zeichen zu deklarieren:
`char *zeichen[26];`
	Vergessen Sie nicht den doppelten Indirektionsoperator (**), wenn Sie einen Zeiger auf einen Zeiger deklarieren.
	Vergessen Sie nicht, dass die Zeigerarithmetik den Zeiger um die Größe seines deklarierten Typs inkrementiert (normalerweise die Größe des Objekts, auf das der Zeiger verweist).

Arrays von Zeigern

Am Tag 8 haben Sie gelernt, dass ein Array ein zusammenhängender Block von Speicherstellen ist, die dem gleichen Datentyp angehören und über denselben Namen angesprochen werden. Da Zeiger ebenfalls zu den Datentypen von C gehören, können Sie auch Arrays von Zeigern deklarieren und verwenden. Arrays von Zeigern stellen eine leistungsfähige und in bestimmten Situationen sehr nützliche Konstruktion dar.

Am häufigsten setzt man Arrays von Zeigern in Verbindung mit Strings ein. Ein String ist eine Folge von Zeichen, die im Speicher abgelegt sind (siehe Tag 10). Ein Zeiger (vom Typ `char`) auf das erste Zeichen gibt den Beginn des Strings an. Ein Nullzeichen markiert das Ende des Strings. Indem Sie ein Array von Zeigern auf `char` deklarieren und initialisieren, können Sie auf elegante Weise eine große Zahl von Strings verwalten und manipulieren. Jedes Element im Array zeigt auf einen anderen String. Auf die einzelnen Strings können Sie zum Beispiel in einer Schleifenkonstruktion nacheinander zugreifen.

Strings und Zeiger: ein Rückblick

An dieser Stelle bietet es sich an, einige Punkte aus Tag 10 in Bezug auf die Reservierung und Initialisierung von Strings zu wiederholen. Eine Möglichkeit, Speicher für einen String zu reservieren und diesen zu initialisieren, besteht darin, ein Array vom Typ `char` zu deklarieren:

```
char meldung[] = "Dies ist eine Meldung.";
```

Das Gleiche lässt sich mit der Deklaration eines Zeigers auf `char` erreichen:

```
char *meldung = "Dies ist eine Meldung.";
```

Beide Deklarationen sind äquivalent. In beiden Fällen reserviert der Compiler Speicher, der groß genug ist, den String mit seinem abschließenden Nullzeichen aufzunehmen. Der Bezeichner `meldung` weist jeweils auf den Beginn des Strings. Was bewirken aber die folgenden beiden Deklarationen?

```
char meldung1[20];
char *meldung2;
```

Die erste Zeile deklariert ein Array vom Typ `char`, das 20 Zeichen lang ist; `meldung1` stellt einen Zeiger auf die erste Position im Array dar. Der Speicher für das Array ist damit zwar reserviert, aber nicht initialisiert. Der Inhalt des Arrays ist unbestimmt. Die zweite Zeile deklariert `meldung2`, einen Zeiger auf `char`. Diese Anweisung reserviert keinen Speicher – abgesehen vom Speicher für den Zeiger. Wenn Sie einen String erzeugen wollen, auf dessen Beginn `meldung2` zeigen soll, müssen Sie zuerst Speicher für den String reservieren. Am Tag 10 haben Sie gelernt, wie man das mit der Funktion `malloc` erledigt. Denken Sie daran, dass Sie für jeden String Speicher reservieren müssen – entweder zur Kompilierzeit im Rahmen einer Deklaration oder zur Laufzeit mit `malloc` oder einer ähnlichen Funktion zur Speicherreservierung.

Arrays von Zeigern auf char

Nach diesem kurzen Rückblick wollen wir uns anschauen, wie man ein Array von Zeigern deklariert. Die folgende Anweisung deklariert ein Array von 10 Zeigern auf `char`:

```
char *meldung[10];
```

Jedes Element im Array `meldung[]` ist ein individueller Zeiger auf `char`. Wie Sie sicherlich schon vermuten, können Sie die Deklaration mit der Initialisierung und Speicherreservierung der Strings kombinieren:

```
char *meldung[10] = { "eins", "zwei", "drei" };
```

Diese Deklaration bewirkt Folgendes:

- Sie reserviert ein 10-elementiges Array namens `meldung`. Die Elemente von `meldung` sind Zeiger auf `char`.
- Sie reserviert irgendwo im Arbeitsspeicher (wo ist für uns unerheblich) Platz für das Array. Die drei Initialisierungsstrings werden zusammen mit ihren abschließenden Nullzeichen an diesem Ort gespeichert.
- Sie initialisiert das Element `meldung[0]` mit einem Zeiger auf das erste Zeichen im String `"eins"`, das Element `meldung[1]` mit einem Zeiger auf das erste Zeichen im String `"zwei"` und das Element `meldung[2]` mit einem Zeiger auf das erste Zeichen im String `"drei"`.

Abbildung 15.4 veranschaulicht den Zusammenhang zwischen dem Array von Zeigern und den Strings. Die Array-Elemente von `meldung[3]` bis `meldung[9]` sind in diesem Beispiel nicht initialisiert und weisen folglich auf nichts Bestimmtes.

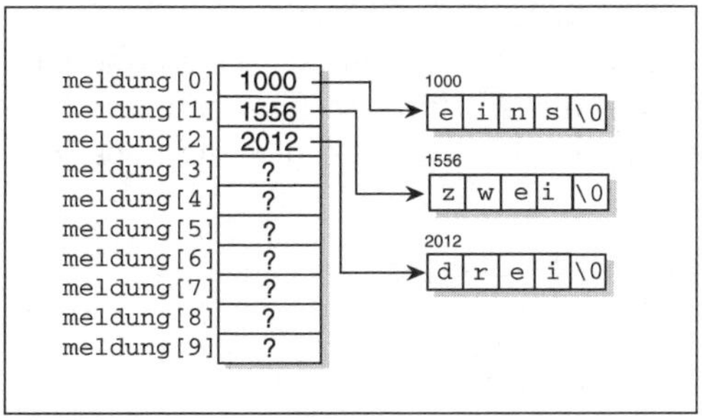

Abbildung 15.4: Ein Array von Zeigern auf char

Sehen Sie sich nun Listing 15.5 an, das ein Beispiel für die Verwendung eines Arrays von Zeigern enthält.

Listing 15.5: Ein Array von Zeigern auf char initialisieren und verwenden

```
1: /* Ein Array von Zeigern auf char initialisieren. */
2:
3: #include <stdio.h>
4:
5: main()
6: {
7:     char *meldung[6] = { "Vor", "vier", "Generationen",
8:                     "begannen", "unsere", "Vorväter" };
9:   int count;
10:
11:     for (count = 0; count < 6; count++)
12:         printf("%s ", meldung[count]);
13:     printf("\n");
14:     return(0);
15: }
```

Ausgabe

```
Vor vier Generationen begannen unsere Vorväter
```

Analyse

Das Programm deklariert ein Array von sechs Zeigern auf `char` und initialisiert diese so, dass sie auf sechs Strings verweisen (Zeilen 7 und 8). Danach gibt die `for`-Schleife in den Zeilen 11 und 12 die einzelnen Elemente des Arrays auf dem Bildschirm aus.

Bereits dieses kleine Programm macht deutlich, dass sich Strings in einem Array von Zeigern einfacher manipulieren lassen als die Strings an sich. Deutlicher tritt der Vorteil in komplexeren Programmen zutage – wie zum Beispiel im Listing 15.7 später in dieser Lektion. Dieses Programm zeigt auch, dass der größte Nutzen in Verbindung mit Funktionen zu verzeichnen ist. Es ist nämlich wesentlich einfacher, ein Array von Zeigern an eine Funktion zu übergeben als mehrere separate Strings. Davon können Sie sich selbst überzeugen, wenn Sie das Programm aus Listing 15.5 dahingehend ändern, dass es die Strings mit einer Funktion ausgibt. Listing 15.6 gibt die neue Programmversion wieder.

Listing 15.6: Ein Array von Zeigern an eine Funktion übergeben

```
/* Ein Array von Zeigern an eine Funktion übergeben. */

#include <stdio.h>

void strings_ausgeben(char *p[], int n);

int main(void)
{
    char *meldung[6] = { "Vor", "vier", "Generationen",
                        "begannen", "unsere", "Vorväter" };

     strings_ausgeben(meldung, 6);
     printf ("\n");
     return(0);
}

void strings_ausgeben(char *p[], int n)
{
     int count;

     for (count = 0; count < n; count++)
         printf("%s ", p[count]);
}
```

```
Vor vier Generationen begannen unsere Vorväter
```

Die Funktion strings_ausgeben übernimmt zwei Argumente (siehe Zeile 17). Das erste Argument ist ein Array von Zeigern auf char, das zweite gibt die Anzahl der Elemente im Array an. Mit der Funktion strings_ausgeben können Sie also Strings, auf die die Zeiger eines beliebigen Arrays von Zeigern auf char verweisen, ausgeben.

Wie Sie sich vielleicht noch erinnern, hat der Abschnitt »Zeiger auf Zeiger« ein Beispiel angekündigt. Genau das haben Sie eben gesehen. Listing 15.6 deklariert ein Array von Zeigern. Der Name dieses Arrays ist ein Zeiger auf sein erstes Element. Bei der Übergabe des Arrays an eine Funktion übergeben Sie einen Zeiger (den Array-Namen) auf einen Zeiger (das erste Array-Element).

Ein Beispiel

Es ist an der Zeit, dass wir ein komplexeres Beispiel angehen. Listing 15.7 verwendet viele der Programmiertechniken, die Sie bereits kennen gelernt haben – unter anderem auch Arrays von Zeigern. Das Programm liest ganze Zeilen von der Tastatur ein, reserviert dabei für jede Zeile Speicher und verwaltet die eingegebenen Zeilen mit einem Array von Zeigern auf char. Durch Eingabe einer Leerzeile signalisieren Sie dem Programm, dass die Eingabe beendet ist. Daraufhin sortiert das Programm die Strings und gibt sie auf dem Bildschirm aus.

Wenn Sie Programme wie dieses von Grund auf neu erstellen, sollten Sie bei der Planung einen Ansatz verfolgen, der der strukturierten Programmierung Rechnung trägt. Legen Sie als Erstes eine Liste der Aufgaben an, die das Programm erledigen soll:

1. Lies so lange einzelne Zeilen von der Tastatur ein, bis der Benutzer eine Leerzeile eingegeben hat.
2. Sortiere die Textzeilen in alphabetischer Reihenfolge.
3. Zeige die sortierten Zeilen auf dem Bildschirm an.

Aus dieser Liste geht hervor, dass das Programm zumindest drei Funktionen enthalten sollte: Einlesen der Zeilen, Sortieren der Zeilen und Ausgeben der Zeilen. Jetzt können Sie die einzelnen Funktionen unabhängig voneinander entwerfen. Was muss die Eingabefunktion – wir nennen Sie zeilen_einlesen – tun?

1. Zähle die eingegebenen Zeilen und liefere diesen Wert nach Beendigung der Eingabe an das aufrufende Programm zurück.
2. Erlaube nur eine bestimmte, maximale Zahl von Eingabezeilen.
3. Reserviere für jede Zeile Speicher.
4. Verwalte die Zeilen, indem Zeiger auf Strings in einem Array gespeichert werden.
5. Kehre nach Eingabe einer Leerzeile zum aufrufenden Programm zurück.

Wenden wir uns nun der zweiten Funktion zu, die für das Sortieren der Zeilen verantwortlich sein soll. Nennen wir sie deshalb `sortieren`. Das in dieser Funktion verwendete Sortierverfahren ist ebenso einfach wie primitiv. Es vergleicht aufeinander folgende Strings und vertauscht sie, wenn der zweite String kleiner als der erste ist. Um genauer zu sein: Dieses Verfahren vergleicht zwei Strings, deren Zeiger im Array nebeneinander liegen, und vertauscht bei Bedarf die beiden Zeiger.

Um das Array vollständig zu sortieren, muss man das Array vom Anfang bis zum Ende durchgehen, bei jedem Durchgang alle benachbarten String-Paare vergleichen und gegebenenfalls vertauschen. Für ein Array von `n` Elementen ist also das Array `n-1` mal zu durchlaufen. Warum ist das notwendig?

Bei jedem Durchlaufen des Arrays kann ein gegebenes Element bestenfalls um eine Position weiter rücken. Wenn also ein String an der letzten Position steht, aber nach der Sortierung an erster Stelle stehen muss, verschiebt ihn der erste Durchlauf auf die vorletzte Position. Beim zweiten – und natürlich jedem weiteren – Durchlauf rückt er jeweils um eine Position nach vorn. Insgesamt sind `n-1` Durchgänge erforderlich, um den String an die erste Position zu verschieben.

Das hier vorgestellte Sortierverfahren ist nicht gerade effizient, lässt sich aber leicht implementieren und verstehen. Zudem reicht es für die kurze Liste des Beispielprogramms vollauf.

Die letzte Funktion gibt die sortierten Zeilen auf dem Bildschirm aus. Im Grunde haben wir diese Funktion bereits in Listing 15.6 realisiert. Für das Programm in Listing 15.7 sind nur geringfügige Anpassungen notwendig.

Listing 15.7: Programm, das Textzeilen von der Tastatur einliest, diese alphabetisch sortiert und die sortierte Liste ausgibt

```
/* Liest Strings von der Tastatur ein, sortiert diese */
/* und gibt sie auf dem Bildschirm aus. */
#include <stdlib.h>
#include <stdio.h>
#include <string.h>

#define MAXZEILEN 25

int zeilen_einlesen(char *zeilen[]);
void sortieren(char *p[], int n);
void strings_ausgeben(char *p[], int n);

char *zeilen[MAXZEILEN];

int main(void)
{
```

```
    int anzahl_zeilen;

    /* Lese die Zeilen von der Tastatur ein. */

    anzahl_zeilen = zeilen_einlesen(zeilen);

    if ( anzahl_zeilen < 0 )
    {
        puts("Fehler bei Speicherreservierung");
        exit(-1);
    }

    sortieren(zeilen, anzahl_zeilen);
    strings_ausgeben(zeilen, anzahl_zeilen);
    return(0);
}

int zeilen_einlesen(char *zeilen[])
{
    int n = 0;
    char puffer[80];  /* Temporärer Speicher für die Zeilen. */

    puts("Geben Sie einzelne Zeilen ein; Leerzeile zum Beenden.");

    while ((n < MAXZEILEN) && (gets(puffer) != 0) &&
           (puffer[0] != '\0'))
    {
        if ((zeilen[n] = (char *)malloc(strlen(puffer)+1)) == NULL)
            return -1;
        strcpy( zeilen[n++], puffer );
    }
    return n;

} /* Ende von zeilen_einlesen() */

void sortieren(char *p[], int n)
{
    int a, b;
    char *x;

    for (a = 1; a < n; a++)
    {
        for (b = 0; b < n-1; b++)
        {
             if (strcmp(p[b], p[b+1]) > 0)
             {
```

```
63:                     x = p[b];
64:                     p[b] = p[b+1];
65:                     p[b+1] = x;
66:                 }
67:             }
68:         }
69: }
70:
71: void strings_ausgeben(char *p[], int n)
72: {
73:     int count;
74:
75:     for (count = 0; count < n; count++)
76:         printf("%s\n", p[count]);
77:  }
```

```
Geben Sie einzelne Zeilen ein; Leerzeile zum Beenden.
Hund
Apfel
Zoo
Programm
Mut

Apfel
Hund
Mut
Programm
Zoo
```

Es lohnt sich, bestimmte Details des Programms gründlicher zu untersuchen. Das Programm verwendet etliche neue Bibliotheksfunktionen zur Bearbeitung der Strings. An dieser Stelle gehen wir nur kurz darauf ein; Lektion 17 beschäftigt sich ausführlich damit. Um die Funktionen im Programm einsetzen zu können, ist die Header-Datei `string.h` einzubinden.

Die Funktion `zeilen_einlesen` steuert die Eingabe mit der `while`-Anweisung in Zeile 41:

```
while ((n < MAXZEILEN) && (gets(puffer) != 0) && (puffer[0] != '\0'))
```

Die Schleifenbedingung besteht aus drei Teilen. Der erste Teil, `n < MAXZEILEN`, stellt sicher, dass die maximale Anzahl der Eingabezeilen noch nicht erreicht ist. Der zweite Teil, `gets(puffer) != 0`, ruft die Bibliotheksfunktion `gets` auf, um eine einzelne Zeile von der Tastatur in `puffer` einzulesen. Außerdem prüft dieser Teil, dass kein `EOF`- oder ein anderer Fehler aufgetreten ist. Der dritte Teil, `puffer[0] != '\0'` testet, ob das erste Zeichen der gerade eingegebenen Zeile kein Nullzeichen ist, da ja das Nullzeichen an dieser Stelle eine Leerzeile signalisiert.

Wenn eine dieser drei Bedingungen nicht erfüllt ist, terminiert die Schleife und die Programmausführung springt zum aufrufenden Programm zurück. Dabei liefert die Funktion die Anzahl der eingegebenen Zeilen als Rückgabewert. Sind alle drei Bedingungen erfüllt, führt die Funktion die `if`-Anweisung in Zeile 47 aus:

```
if ((zeilen[n] = (char *)malloc(strlen(puffer)+1)) == NULL)
```

Diese Anweisung ruft `malloc` auf, um Speicher für den gerade eingegebenen String zu reservieren. Die Funktion `strlen` liefert die Länge des an sie übergebenen Strings zurück. Dieser Wert wird um 1 inkrementiert, so dass `malloc` Speicher für den String und das abschließende Nullzeichen reserviert. Der Ausdruck `(char *)` direkt vor `malloc` ist eine Typumwandlung, die den Datentyp des von `malloc` zurückgegebenen Zeigers in einen Zeiger auf `char` konvertiert (mehr zu Typumwandlungen bringt Tag 20).

Wie Sie wissen, gibt die Bibliotheksfunktion `malloc` einen Zeiger zurück. Die Anweisung speichert den Wert dieses Zeigers im nächsten freien Element des Zeiger-Arrays. Wenn `malloc` den Wert `NULL` liefert, sorgt die `if`-Bedingung dafür, dass die Programmausführung mit dem Rückgabewert `-1` an das aufrufende Programm zurückgeht. Der Code in `main` prüft den Rückgabewert von `zeilen_einlesen` und stellt fest, ob er kleiner als Null ist. Die Zeilen 23 bis 27 geben in diesem Fall eine Fehlermeldung für die gescheiterte Speicherreservierung aus und beenden das Programm.

Bei erfolgreicher Speicherreservierung ruft das Programm in Zeile 46 die Funktion `strcpy` auf, um den String aus dem temporären Speicher `puffer` in den gerade mit `malloc` reservierten Speicher zu kopieren. Danach beginnt ein neuer Schleifendurchgang, der eine weitere Eingabezeile liest.

Wenn die Programmausführung von `zeilen_einlesen` nach `main` zurückkehrt, sind folgende Aufgaben erledigt (immer vorausgesetzt, dass bei der Speicherreservierung kein Fehler aufgetreten ist):

- Die Funktion hat Textzeilen von der Tastatur eingelesen und als nullterminierte Strings im Speicher abgelegt.
- Das Array `zeilen[]` enthält Zeiger auf die gelesenen Strings. Die Reihenfolge der Zeiger im Array entspricht der Reihenfolge, in der der Benutzer die Strings eingegeben hat.
- Die Anzahl der eingegebenen Zeilen steht in der Variablen `anzahl_zeilen`.

Jetzt kommen wir zum Sortieren. Denken Sie daran, dass wir dazu nicht die Strings selbst, sondern nur die Zeiger aus dem Array `zeilen[]` umordnen. Schauen Sie sich den Code der Funktion `sortieren` an. Er enthält zwei ineinander geschachtelte for-Schleifen (Zeilen 57 bis 68). Die äußere Schleife führt anzahl_zeilen - 1 Durchläufe aus. Bei jedem Durchlauf der äußeren Schleife geht die innere Schleife das Zeiger-Array durch und vergleicht für alle n von 0 bis anzahl_zeilen - 1 den n-ten String mit dem n+1-ten String. Den eigentlichen Vergleich realisiert die Bibliotheksfunktion strcmp (Zeile 61), der man die Zeiger auf die beiden Strings übergibt. Die Funktion strcmp liefert einen der folgenden Werte zurück:

- Einen Wert größer Null, wenn der erste String größer als der zweite ist.
- Null, wenn beide Strings identisch sind.
- Einen Wert kleiner Null, wenn der zweite String größer als der erste ist.

Wenn strcmp einen Wert größer Null zurückliefert, bedeutet das für unser Programm, dass der erste String größer als der zweite ist und die Strings (d.h. die Zeiger auf die Strings im Array zeilen[]) zu vertauschen sind. Der ringförmige Austausch der Zeiger (Zeilen 63 bis 65) erfolgt mithilfe der temporären Variablen x.

Wenn die Programmausführung aus sortieren zurückkehrt, sind die Zeiger in zeilen[] in der gewünschten Reihenfolge angeordnet: Der Zeiger auf den »kleinsten« String ist in zeilen[0] abgelegt, der Zeiger auf den »zweit kleinsten« String steht in zeilen[1] und so weiter. Nehmen wir beispielsweise an, Sie hätten die folgenden fünf Zeilen eingegeben:

```
Hund
Apfel
Zoo
Programm
Mut
```

Abbildung 15.5 veranschaulicht die Situation vor dem Aufruf von sortieren. Wie das Array nach dem Aufruf von sortieren aussieht, können Sie Abbildung 15.6 entnehmen.

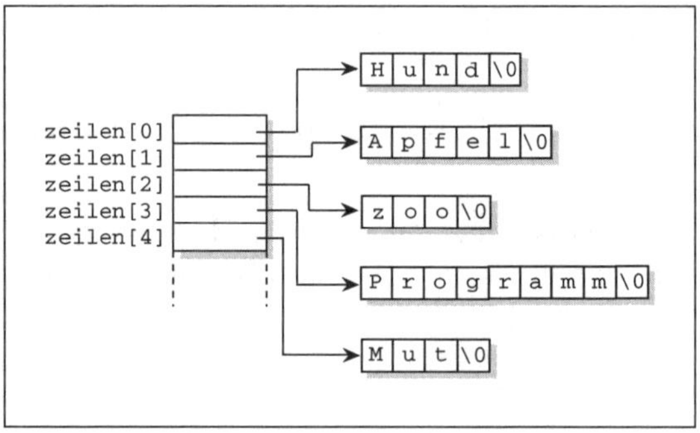

Abbildung 15.5: Vor dem Sortieren sind die Zeiger in der gleichen Reihenfolge im Array abgelegt, in der die Strings eingegeben wurden

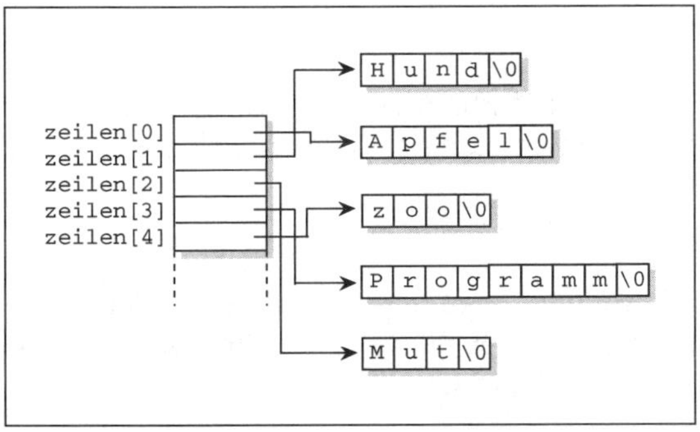

Abbildung 15.6: Nach dem Sortieren sind die Zeiger in alphabetischer Reihenfolge der Strings angeordnet

Zu guter Letzt ruft das Programm die Funktion `strings_ausgeben` auf, die die Liste der sortierten Strings auf dem Bildschirm anzeigt. Diese Funktion dürfte Ihnen noch von früheren Beispielen in dieser Lektion vertraut sein.

Das Programm aus Listing 15.7 ist das komplexeste Programm, dem Sie bisher in diesem Buch begegnet sind. Es nutzt viele der C-Programmiertechniken, die wir in den zurückliegenden Tagen behandelt haben. Mithilfe der obigen Erläuterungen sollten Sie in der Lage sein, dem Programmablauf zu folgen und die einzelnen Schritte zu verstehen. Wenn Sie auf Codeabschnitte stoßen, die Ihnen unverständlich sind, lesen Sie bitte noch einmal die relevanten Passagen im Buch.

Zeiger auf Funktionen

Zeiger auf Funktionen stellen eine weitere Möglichkeit dar, Funktionen aufzurufen. Wieso kann es Zeiger auf Funktionen geben? Zeiger enthalten doch Adressen, an denen Variablen gespeichert sind.

Es ist richtig, dass Zeiger Adressen beinhalten, doch muss dies nicht unbedingt die Adresse einer Variablen sein. Wenn das Betriebssystem ein Programm ausführt, lädt es den Code für die Funktionen in den Speicher. Dadurch erhält jede Funktion eine Startadresse, an der ihr Code beginnt. Ein Zeiger auf eine Funktion enthält dann ihre Startadresse – den Eintrittspunkt der Funktion, mit dem ihre Ausführung beginnt.

Wofür braucht man Zeiger auf Funktionen? Wie bereits erwähnt, lassen sich Funktionen damit flexibler aufrufen. Ein Programm kann zwischen mehreren Funktionen auswählen und die Funktion aufrufen, die unter den gegebenen Umständen am geeignetsten ist.

Zeiger auf Funktionen deklarieren

Wie für alle Variablen in C gilt auch für Zeiger auf Funktionen, dass man sie vor der Verwendung deklarieren muss. Die allgemeine Syntax einer solchen Deklaration sieht wie folgt aus:

```
typ (*zgr_auf_funk)(parameter_liste);
```

Diese Anweisung deklariert `zgr_auf_funk` als Zeiger auf eine Funktion, die den Rückgabetyp `typ` hat und der die Parameter in `parameter_liste` übergeben werden. Die folgenden Beispiele zeigen konkrete Funktionsdeklarationen:

```
int (*funk1)(int x);
void (*funk2)(double y, double z);
char (*funk3)(char *p[]);
void (*funk4)();
```

Die erste Zeile deklariert `funk1` als Zeiger auf eine Funktion, die ein Argument vom Typ `int` übernimmt und einen Wert vom Typ `int` zurückliefert. Die zweite Zeile deklariert `funk2` als Zeiger auf eine Funktion, die zwei `double`-Argumente übernimmt und `void` als Rückgabetyp hat (also keinen Wert zurückgibt). Die dritte Zeile deklariert `funk3` als Zeiger auf eine Funktion, die ein Array von Zeigern auf `char` als Argument übernimmt und einen Wert vom Typ `char` zurückliefert. Die letzte Zeile deklariert `funk4` als Zeiger auf eine Funktion, die kein Argument übernimmt und `void` als Rückgabetyp hat.

Wozu sind die Klammern um den Zeigernamen erforderlich? Warum kann man zum Beispiel die erste Deklaration nicht einfach wie folgt schreiben:

```
int *funk1(int x);
```

Der Grund für die Klammern ist die relativ niedrige Priorität des Indirektionsoperators `*`, die noch unter der Priorität der Klammern für die Parameterliste liegt. Obige Deklaration ohne Klammern um den Zeigernamen deklariert daher `funk1` als eine Funktion, die einen Zeiger auf `int` zurückliefert. (Zu Funktionen, die einen Zeiger zurückliefern, kommen wir später in dieser Lektion.) Vergessen Sie also nicht, den Zeigernamen und den Indirektionsoperator in Klammern zu setzen, wenn Sie einen Zeiger auf eine Funktion deklarieren. Andernfalls handeln Sie sich eine Menge Ärger ein.

Wenn Sie einen Zeiger auf eine Funktion deklarieren, vergessen Sie also nicht den Zeigernamen und den Indirektionsoperator in Klammern zu setzen.

Zeiger auf Funktionen initialisieren und verwenden

Es genügt nicht, einen Zeiger auf eine Funktion zu deklarieren, man muss den Zeiger auch initialisieren, damit er auf etwas verweist. Dieses »Etwas« ist natürlich eine Funktion. Für Funktionen, auf die verwiesen wird, gelten keine besonderen Regeln. Wichtig ist nur, dass Rückgabetyp und Parameterliste der Funktion mit dem Rückgabetyp und der Parameterliste aus der Zeigerdeklaration übereinstimmen. Der folgende Code deklariert und definiert eine Funktion und einen Zeiger auf diese Funktion:

```
float quadrat(float x);        /* Der Funktionsprototyp.  */
float (*p)(float x);           /* Die Zeigerdeklaration. */
float quadrat(float x)         /* Die Funktionsdefinition. */
{
return x * x;
}
```

Da die Funktion `quadrat` und der Zeiger `p` die gleichen Parameter und Rückgabetypen haben, können Sie `p` so initialisieren, dass er auf `quadrat` zeigt:

```
p = quadrat;
```

Danach können Sie die Funktion über den Zeiger aufrufen:

```
antwort = p(x);
```

So einfach ist das. Listing 15.8 zeigt ein praktisches Beispiel, das einen Zeiger auf eine Funktion deklariert und initialisiert. Das Programm ruft die Funktion zweimal auf, einmal über den Funktionsnamen und beim zweiten Mal über den Zeiger. Beide Aufrufe führen zu dem gleichen Ergebnis.

Listing 15.8: Eine Funktion über einen Funktionszeiger aufrufen

```
/* Beispiel für Deklaration und Einsatz eines Funktionszeigers.*/

#include <stdio.h>

/* Der Funktionsprototyp. */

double quadrat(double x);

/* Die Zeigerdeklaration. */

double (*p)(double x);

int main()
{
   /* p wird mit quadrat initialisiert. */

     p = quadrat;

    /* quadrat nach zwei Methoden aufrufen. */
    printf("%f  %f\n", quadrat(6.6), p(6.6));
    return(0);
```

```
22: }
23:
24: double quadrat(double x)
25: {
26:     return x * x;
27: }
```

```
43.560000  43.560000
```

Aufgrund der internen Darstellung von Gleitkommazahlen und die dadurch bedingten Rundungsfehler kann es bei manchen Zahlen zu einer geringfügigen Abweichung zwischen eingegebenem und angezeigtem Wert kommen. Zum Beispiel kann der genaue Wert `43.56` als `43.559999` erscheinen.

Zeile 7 deklariert die Funktion `quadrat`. Dementsprechend deklariert Zeile 11 den Zeiger `p` auf eine Funktion mit einem `double`-Argument und einem `double`-Rückgabetyp. Zeile 17 richtet den Zeiger `p` auf `quadrat`. Beachten Sie, dass weder bei `quadrat` noch bei `p` Klammern angegeben sind. Zeile 20 gibt die Rückgabewerte der Aufrufe `quadrat` und `p` aus.

Ein Funktionsname ohne Klammern ist ein Zeiger auf die Funktion. (Klingt das nicht nach dem gleichen Konzept, das wir von den Arrays her kennen?) Welchen Nutzen bringt es, einen separaten Zeiger auf eine Funktion zu deklarieren und zu verwenden? Der Funktionsname ist eine Zeigerkonstante, die sich nicht ändern lässt (wieder eine Parallele zu den Arrays). Den Wert einer Zeigervariablen kann man dagegen sehr wohl ändern. Insbesondere kann man die Zeigervariable bei Bedarf auf verschiedene Funktionen richten.

Das Programm in Listing 15.9 ruft eine Funktion auf und übergibt ihr ein Integer-Argument. In Abhängigkeit vom Wert dieses Arguments richtet die Funktion einen Zeiger auf eine von drei Funktionen und nutzt dann den Zeiger, um die betreffende Funktion aufzurufen. Jede der Funktionen gibt eine spezifische Meldung auf dem Bildschirm aus.

Listing 15.9: Mithilfe eines Funktionszeigers je nach Programmablauf unterschiedliche Funktionen aufrufen

```
/* Über einen Zeiger verschiedene Funktionen aufrufen. */

#include <stdio.h>

/* Die Funktionsprototypen. */
```

```

void funk1(int x);
void eins(void);
void zwei(void);
void andere(void);

int main()
{
     int a;

    for (;;)
    {
        puts("\nGeben Sie einen Wert (1 - 10) ein, 0 zum Beenden: ");
         scanf("%d", &a);

         if (a == 0)
            break;
        funk1(a);
    }
    return(0);
}

void funk1(int x)
{
    /* Der Funktionszeiger. */

    void (*zgr)(void);

    if (x == 1)
        zgr = eins;
    else if (x == 2)
        zgr = zwei;
    else
        zgr = andere;

    zgr();
}

void eins(void)
{
    puts("Sie haben 1 eingegeben.");
}

void zwei(void)
{
    puts("Sie haben 2 eingegeben.");
```

```
52: }
53:
54: void andere(void)
55: {
56:     puts("Sie haben einen anderen Wert als 1 oder 2 eingegeben.");
57: }
```

```
Geben Sie einen Wert (1 - 10) ein, 0 zum Beenden:
2
Sie haben 2 eingegeben.

Geben Sie einen Wert (1 - 10) ein, 0 zum Beenden:
9
Sie haben einen anderen Wert als 1 oder 2 eingegeben.

Geben Sie einen Wert (1 - 10) ein, 0 zum Beenden:
0
```

Die in Zeile 16 beginnende Endlosschleife führt das Programm solange aus, bis der Benutzer den Wert `0` eingibt. Werte ungleich `0` übergibt das Programm an `funk1()`. Beachten Sie, dass Zeile 32 innerhalb der Funktion `funk1` einen Zeiger `zgr` auf eine Funktion deklariert. Diese Deklaration erfolgt lokal in der Funktion `funk1`, weil das Programm den Zeiger in anderen Teilen des Programms nicht benötigt. In den Zeilen 34 bis 39 weist die Funktion `funk1` dem Zeiger `zgr` in Abhängigkeit vom eingegebenen Wert eine passende Funktion zu. Zeile 41 realisiert dann den einzigen Aufruf von `zgr` und springt damit in die vorher festgelegte Funktion.

Dieses Programm dient natürlich nur der Veranschaulichung. Das gleiche Ergebnis lässt sich problemlos auch ohne Funktionszeiger erreichen.

Schauen wir uns noch einen weiteren Weg an, wie man mithilfe von Zeigern verschiedene Funktionen aufrufen kann: Wir übergeben den Zeiger als Argument an eine Funktion. Listing 15.10 ist eine Überarbeitung von Listing 15.9.

Listing 15.10: Einen Zeiger als Argument an eine Funktion übergeben

```
/* Einen Zeiger als Argument an eine Funktion übergeben. */

#include <stdio.h>

/* Der Funktionsprototyp. Die Funktion funk1 übernimmt    */
/* als Argument einen Zeiger auf eine Funktion, die keine */
```

```
/* Argumente und keinen Rückgabewert hat.                    */

void funk1(void (*p)(void));
void eins(void);
void zwei(void);
void andere(void);

int main(void)
{
    /* Der Funktionszeiger. */
    void (*zgr)(void);
    int  a;

    for (;;)
    {
        puts("\nGeben Sie einen Wert (1 - 10) ein, 0 zum Beenden: ");
        scanf("%d", &a);

        if (a == 0)
            break;
        else if (a == 1)
            zgr = eins;
        else if (a == 2)
            zgr = zwei;
        else
            zgr = andere;
        funk1(zgr);
    }
    return(0);
}

void funk1(void (*p)(void))
{
    p();
}

void eins(void)
{
    puts("Sie haben 1 eingegeben.");
}

void zwei(void)
{
    puts("Sie haben 2 eingegeben.");
}

```

```
54: void andere(void)
55: {
56:     puts("Sie haben einen anderen Wert als 1 oder 2 eingegeben.");
57: }
```

Ausgabe

```
Geben Sie einen Wert (1 - 10) ein, 0 zum Beenden:
2
Sie haben 2 eingegeben.

Geben Sie einen Wert (1 - 10) ein, 0 zum Beenden:
11
Sie haben einen anderen Wert als 1 oder 2 eingegeben.

Geben Sie einen Wert (1 - 10) ein, 0 zum Beenden:
0
```

Analyse

Beachten Sie die Unterschiede zwischen Listing 15.9 und Listing 15.10. Die Deklaration des Funktionszeigers befindet sich jetzt in der Funktion `main` (Zeile 18), die den Zeiger auch benötigt. Jetzt initialisiert der Code in `main` den Zeiger in Abhängigkeit von der Benutzereingabe (Zeilen 26 bis 33) mit der gewünschten Funktion. Dann übergibt `main` den initialisierten Zeiger an `funk1`. In Listing 15.10 hat die Funktion `funk1` keine eigentliche Aufgabe; sie ruft lediglich die Funktion auf, deren Adresse in `zgr` steht. Auch dieses Programm dient nur zur Demonstration. Die gleichen Verfahren können Sie aber auch in »richtigen« Programmen anwenden, wie es das Beispiel im nächsten Abschnitt zeigt.

Funktionszeiger bieten sich beispielsweise an, wenn man Daten sortiert. Oftmals möchte man dabei auch verschiedene Sortierregeln anwenden – zum Beispiel in alphabetischer oder in umgekehrt alphabetischer Reihenfolge. Mit Funktionszeigern kann ein Programm die gewünschte Sortierfunktion aktivieren. Um genauer zu sein: In ein und derselben Sortierfunktion ruft man die jeweils passende Vergleichsfunktion auf.

Sehen Sie sich noch einmal Listing 15.7 an. In diesem Programm hat die Funktion `sortieren` die Sortierreihenfolge anhand des Rückgabewertes der Bibliotheksfunktion `strcmp` bestimmt. Dieser Wert gibt an, ob ein bestimmter String kleiner oder größer als ein anderer String ist. Die Funktionalität dieses Programms können Sie erweitern, indem Sie zwei Vergleichsfunktionen schreiben: Eine Funktion sortiert in alphabetischer Reihenfolge (von A bis Z), die andere in umgekehrt alphabetischer Reihenfolge (von Z bis A). Das Programm kann dann vom Benutzer die gewünschte Sortierreihenfolge abfragen und mithilfe eines Funktionszeigers die zugehörige Vergleichsfunktion aufrufen. In Listing 15.11 sind diese Erweiterungen zu Listing 15.7 eingebaut.

Listing 15.11: Mit Funktionszeigern die Sortierreihenfolge steuern

```
/* Liest Strings von der Tastatur ein, sortiert diese */
/* in aufsteigender oder absteigender Reihenfolge */
/* und gibt sie auf dem Bildschirm aus. */
#include <stdlib.h>
#include <stdio.h>
#include <string.h>

#define MAXZEILEN 25

int zeilen_einlesen(char *zeilen[]);
void sortieren(char *p[], int n, int sort_typ);
void strings_ausgeben(char *p[], int n);
int alpha(char *p1, char *p2);
int umgekehrt(char *p1, char *p2);

char *zeilen[MAXZEILEN];

 int main()
{
   int anzahl_zeilen, sort_typ;

   /* Lese die Zeilen von der Tastatur ein. */

   anzahl_zeilen = zeilen_einlesen(zeilen);

   if ( anzahl_zeilen < 0 )
   {
      puts("Fehler bei Speicherreservierung");
      exit(-1);
   }

   puts("0 für umgekehrte oder 1 für alphabet. Sortierung :" );
   scanf("%d", &sort_typ);

   sortieren(zeilen, anzahl_zeilen, sort_typ);
   strings_ausgeben(zeilen, anzahl_zeilen);
   return(0);
}

int zeilen_einlesen(char *zeilen[])
{
    int n = 0;
    char puffer[80];  /* Temporärer Speicher für die Zeilen. */
```

```

    puts("Geben Sie einzelne Zeilen ein; Leerzeile zum Beenden.");

    while (n < MAXZEILEN && gets(puffer) != 0 &&
           puffer[0] != '\0')
    {
        if ((zeilen[n] = (char *)malloc(strlen(puffer)+1)) == NULL)
        return -1;
        strcpy( zeilen[n++], puffer );
    }
    return n;

} /* Ende von zeilen_einlesen() */

void sortieren(char *p[], int n, int sort_typ)
{
    int a, b;
    char *x;

    /* Der Funktionszeiger.  */

    int (*vergleiche)(char *s1, char *s2);

    /* Initialisiere den Funktionszeiger je nach sort_typ */
    /* mit der zugehörigen Vergleichsfunktion. */

    vergleiche = (sort_typ) ? umgekehrt : alpha;

    for (a = 1; a < n; a++)
    {
        for (b = 0; b < n-1; b++)
        {
            if (vergleiche(p[b], p[b+1]) > 0)
            {
                x = p[b];
                p[b] = p[b+1];
                p[b+1] = x;
            }
        }
    }
}  /* Ende von sortieren() */

void strings_ausgeben(char *p[], int n)
{
    int count;

```

```
89:       for (count = 0; count < n; count++)
90:           printf("%s", p[count]);
91:  }
92:
93:  int alpha(char *p1, char *p2)
94:  /* Alphabetischer Vergleich. */
95:  {
96:      return(strcmp(p2, p1));
97:  }
98:
99:  int umgekehrt(char *p1, char *p2)
100: /* Umgekehrter alphabetischer Vergleich. */
101: {
102:      return(strcmp(p1, p2));
103:  }
```

```
Geben Sie einzelne Zeilen ein; Leerzeile zum Beenden.
Rosen sind rot
Veilchen sind blau
C gibt's schon lange,
Aber nur grau in grau!

0 für umgekehrte oder 1 für alphabet. Sortierung:
0

Veilchen sind blau
Rosen sind rot
C gibt's schon lange,
Aber nur grau in grau!
```

In der Funktion `main` fordern die Zeilen 32 und 33 den Benutzer auf, die gewünschte Sortierreihenfolge anzugeben. Die Variable `sort_typ` speichert diesen Wert. Weiter unten übergibt `main` diesen Wert zusammen mit den eingegebenen Zeilen und der Zeilenanzahl an die Funktion `sortieren`. Die Funktion `sortieren` hat einige Änderungen erfahren. Zeile 64 deklariert einen Zeiger namens `vergleiche` auf eine Funktion, die zwei Zeiger auf `char` (sprich zwei Strings) als Argumente übernimmt. Zeile 69 setzt `vergleiche` je nach dem Wert in `sort_typ` auf eine der in das Listing neu aufgenommenen Funktionen. Die beiden neuen Funktionen heißen `alpha` und `umgekehrt`. Die Funktion `alpha` verwendet die Bibliotheksfunktion `strcmp` in der gleichen Weise wie in Listing 15.7. Die Funktion `umgekehrt` vertauscht die Argumente an `strcmp`, so dass eine umgekehrte Sortierung erfolgt.

Was Sie tun sollten	Was nicht

Nutzen Sie die strukturierte Programmierung.
 	
Initialisieren Sie Zeiger, bevor Sie diese verwenden.
	Vergessen Sie nicht, bei der Deklaration von Funktionszeigern Klammern zu setzen.
	
	Einen Zeiger auf eine Funktion, die keine Argumente übernimmt und ein Zeichen zurückliefert, deklariert man als:
	
	`char (*funk)();`
	
	Eine Funktion, die einen Zeiger auf ein Zeichen zurückliefert, deklariert man als:
	
	`char *funk();`
	
	Verwenden Sie Funktionszeiger nicht mit anderen Argumenten oder Rückgabetypen als bei der Deklaration angegeben wurden.

Verkettete Listen

Neuer Begriff

Eine *verkettete Liste* ist eine effiziente Methode zur Datenspeicherung, die sich in C leicht implementieren lässt. Warum behandeln wir verkettete Listen zusammen mit Zeigern? Weil Zeiger die zentralen Elemente von verketteten Listen sind.

Es gibt verschiedene Arten von verketteten Listen: einfach verkettete Listen, doppelt verkettete Listen und binäre Bäume. Jede dieser Formen ist für bestimmte Aufgaben der Datenspeicherung besonders geeignet. Allen gemeinsam ist, dass die Verkettung der Datenelemente durch Informationen hergestellt wird, die in den Datenelementen selbst – in Form von Zeigern – abgelegt sind. Dies ist ein gänzlich anderes Konzept als wir es beispielsweise von Arrays kennen, wo sich die Verknüpfung der Datenelemente allein durch ihre Anordnung im Speicher ergibt. Der folgende Abschnitt beschreibt die grundlegende Form der verketteten Liste, die einfach verkettete Liste (im Folgenden nur noch als verkettete Liste bezeichnet).

Theorie der verketteten Listen

Jedes Datenelement in einer verketteten Liste ist in einer Struktur verkapselt. (Strukturen haben Sie am Tag 11 kennen gelernt.) Die Struktur definiert die Datenelemente, die die eigentlichen Daten speichern. Was für Datenelemente das sind, hängt von den

Anforderungen des jeweiligen Programms ab. Darüber hinaus gibt es noch ein weiteres Datenelement – einen Zeiger. Dieser Zeiger stellt die Verbindung zwischen den Elementen der verketteten Liste her. Schauen wir uns ein einfaches Beispiel an:

```
struct person {
char name[20];
struct person *next;    // Zeiger auf nächstes Element
};
```

Dieser Code definiert eine Struktur namens `person`. Zur Aufnahme der Daten enthält `person` ein 20-elementiges Array von Zeichen. In der Praxis setzt man für die Verwaltung derartig einfacher Daten keine verkettete Liste ein; dieses Beispiel eignet sich aber gut für eine Demonstration. Zusätzlich enthält die Struktur `person` noch einen Zeiger auf den Typ `person` – also einen Zeiger auf eine andere Struktur des gleichen Typs. Das heißt, dass Strukturen vom Typ `person` nicht nur Daten aufnehmen, sondern auch auf eine andere `person`-Struktur verweisen können. Abbildung 15.7 zeigt, wie man Strukturen auf diese Weise zu einer Liste verketten kann.

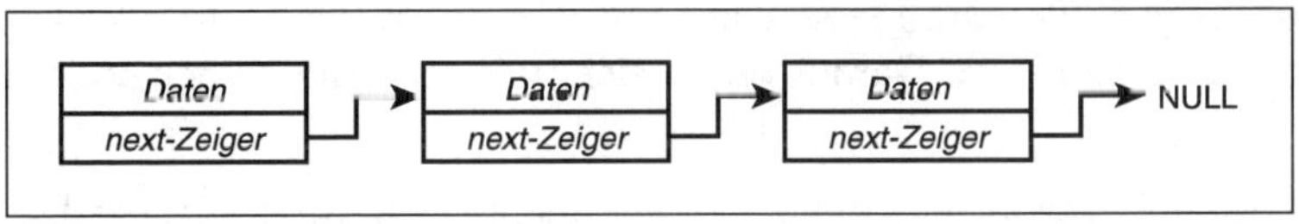

Abbildung 15.7: Verknüpfungen in einer verketteten Liste

Beachten Sie, dass in Abbildung 15.7 jede `person`-Struktur auf die jeweils nachfolgende `person`-Struktur verweist. Die letzte `person`-Struktur zeigt auf nichts. Das letzte Element einer verketteten Liste ist dadurch gekennzeichnet, dass sein Zeigerelement den Wert `NULL` enthält.

Hinweis Die Strukturen, aus denen eine verkettete Liste besteht, bezeichnet man als *Elemente*, *Links* oder *Knoten* der verketteten Liste.

Damit ist geklärt, wie der letzte Knoten einer verketteten Liste identifiziert wird. Wie sieht es aber mit dem ersten Knoten aus? Auf diesen Knoten weist der so genannte *Kopfzeiger*. Er zeigt immer auf das erste Element der verketteten Liste. Das erste Element enthält einen Zeiger auf das zweite Element, das zweite Element einen Zeiger auf das dritte Element. Das setzt sich fort, bis das Element mit dem Zeiger `NULL` erreicht ist. Wenn die Liste leer ist (keine Verknüpfungen enthält), wird der Kopfzeiger auf den Wert `NULL` gesetzt. Abbildung 15.8 zeigt den Kopfzeiger vor dem Anlegen der Liste und nach dem Einfügen des ersten Elements.

Hinweis Der *Kopfzeiger* ist ein Zeiger auf das erste Element einer verketteten Liste. Man bezeichnet ihn auch als *Top*- oder Wurzelzeiger (*root*).

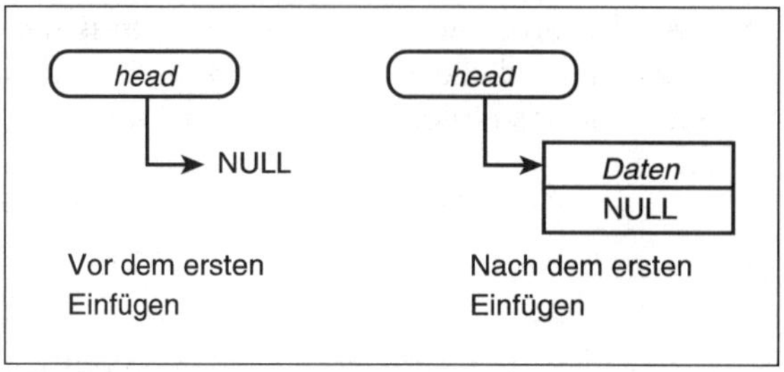

Abbildung 15.8: Der Kopfzeiger einer verketteten Liste

Mit verketteten Listen arbeiten

Wenn Sie mit einer verketteten Liste arbeiten, können Sie Elemente (oder Knoten) einfügen , löschen und bearbeiten. Während das Bearbeiten von Elementen nicht weiter schwierig ist, verlangt das Einfügen und Löschen von Elementen eine andere Technik als beispielsweise bei Arrays. Wie bereits erwähnt, sind die Elemente in einer Liste durch Zeiger verbunden. Wenn Sie Elemente einfügen und löschen, manipulieren Sie vor allem diese Zeiger. Elemente lassen sich am Beginn, in der Mitte oder am Ende einer verketteten Liste einfügen. Daraus ergibt sich, wie man die Zeiger ändern muss.

Später bringt dieses Kapitel sowohl ein einfaches als auch ein komplizierteres Demonstrationsprogramm für verkettete Listen. Bevor wir in die unvermeidbaren Details dieser Programme abtauchen, sollten wir uns vorab noch mit den wichtigsten Aufgaben bei der Programmierung von verketteten Listen vertraut machen. Dazu verwenden wir weiterhin die oben eingeführte Struktur `person`.

Vorarbeiten

Bevor Sie eine verkettete Liste aufbauen, müssen Sie eine Datenstruktur für die Liste definieren und den Kopfzeiger deklarieren. Für die anfangs leere Liste ist der Kopfzeiger mit `NULL` zu initialisieren. Weiterhin brauchen Sie einen Zeiger auf den Typ der Listenstruktur, um Datensätze einfügen zu können. (Unter Umständen sind mehrere Zeiger erforderlich, doch dazu später mehr.) Die Struktur sieht damit folgendermaßen aus:

```
struct person {
  char name[20];
  struct person *next;
};
struct person *neu;
struct person *head;
head = NULL;
```

Ein Element am Anfang einer Liste einfügen

Wenn der Kopfzeiger `NULL` ist, handelt es sich um eine leere Liste. Das eingefügte Element ist dann das einzige Element in der Liste. Hat der Kopfzeiger dagegen einen Wert ungleich `NULL`, enthält die Liste bereits ein oder mehrere Elemente. Die Vorgehensweise zum Einfügen eines neuen Elements am Anfang der Liste ist in beiden Fällen jedoch die gleiche:

1. Erzeugen Sie eine Instanz Ihrer Struktur, wobei Sie den Speicher mit `malloc` reservieren.
2. Setzen Sie den `next`-Zeiger des neuen Elements auf den aktuellen Wert des Kopfzeigers. Der aktuelle Wert ist `NULL`, wenn die Liste leer ist; andernfalls ist es die Adresse des Elements, das augenblicklich noch an erster Stelle steht.
3. Richten Sie den Kopfzeiger auf das neue Element.

Der zugehörige Code sieht wie folgt aus;

```
neu = (person*)malloc(sizeof(struct person));
neu->next = head;
head = neu;
```

Beachten Sie die Typumwandlung für `malloc`, die den Rückgabewert in den gewünschten Typ konvertiert – einen Zeiger auf die Datenstruktur `person`.

Warnung

Es ist wichtig, die korrekte Reihenfolge bei der Umordnung der Zeiger einzuhalten. Wenn Sie den Kopfzeiger zuerst umbiegen, verlieren Sie die Verbindung zur Liste.

Abbildung 15.9 verdeutlicht das Einfügen eines neuen Elements in eine leere Liste, während Abbildung 15.10 zeigt, wie man ein neues Element als erstes Element in eine bestehende Liste einfügt.

Beachten Sie, dass die Speicherreservierung für das neue Element mit `malloc` erfolgt. Grundsätzlich reserviert man für jedes neu einzufügende Element nur so viel Speicher, wie das jeweilige Element benötigt. Statt `malloc` können Sie auch die Funktion `calloc` verwenden, die den Speicherplatz für das neue Element nicht nur reserviert, sondern auch initialisiert.

Warnung

Das obige Codefragment verzichtet darauf, den Rückgabewert von `malloc` in Bezug auf eine erfolgreiche Speicherreservierung zu prüfen. In einem echten Programm sollten Sie die Rückgabewerte der Funktionen zur Speicherreservierung stets überprüfen.

Tipp

Zeiger sollten Sie bei der Deklaration immer mit `NULL` initialisieren. Damit halten Sie sich unnötigen Ärger vom Hals.

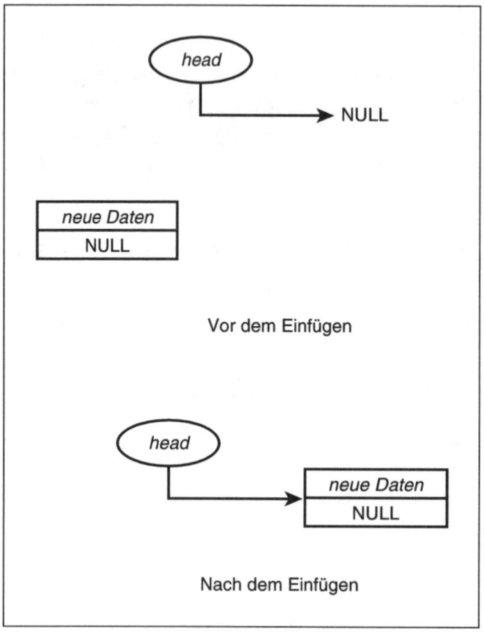

Abbildung 15.9: Einfügen eines neuen Elements in eine leere Liste

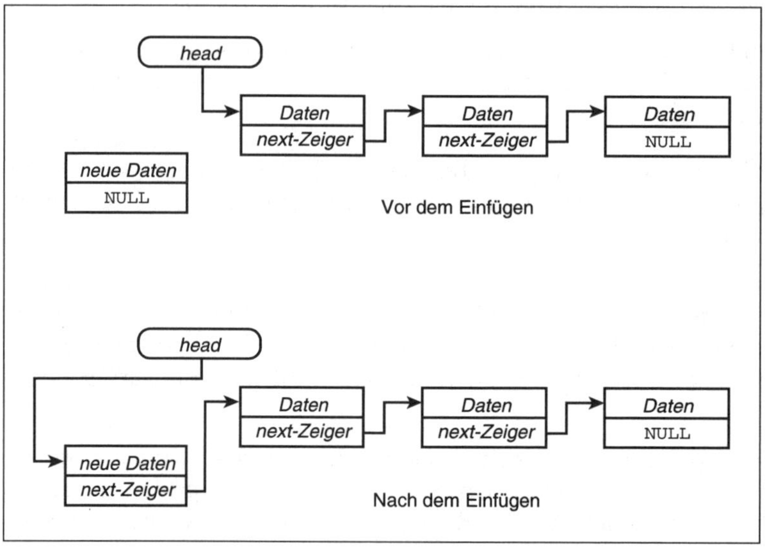

Abbildung 15.10: Einfügen eines neuen ersten Elements in eine bestehende Liste

Ein Element am Ende einer Liste einfügen

Um ein Element am Ende einer verketteten Liste einzufügen, müssen Sie – beginnend mit dem Kopfzeiger – die ganze Liste durchgehen, bis Sie beim letzten Element ankommen. Ist das Element gefunden, gehen Sie wie folgt vor:

1. Erzeugen Sie eine Instanz Ihrer Struktur, wobei Sie den Speicher mit `malloc` reservieren.
2. Setzen Sie den `next`-Zeiger des letzten Elements auf das neue Element (dessen Adresse `malloc` zurückgegeben hat).
3. Setzen Sie den `next`-Zeiger des neuen Elements auf `NULL`, um anzuzeigen, dass dieses Element das letzte Element in der Liste ist.

Der zugehörige Code sieht folgendermaßen aus:

```
person *aktuell;
...
aktuell = head;
while (aktuell->next != NULL)
    aktuell = aktuell->next;
neu = (person*)malloc(sizeof(struct person));
aktuell->next = neu;
neu->next = NULL;
```

Abbildung 15.11 verdeutlicht das Einfügen eines neuen Elements am Ende einer verketteten Liste.

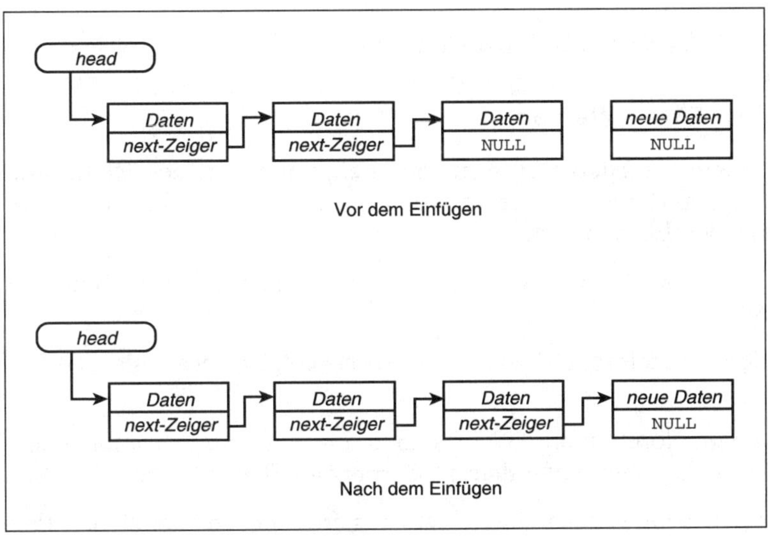

Abbildung 15.11: Einfügen eines neuen Elements am Ende einer verketteten Liste

Ein Element mitten in einer verketteten Liste einfügen

Am häufigsten sind Elemente mitten in der verketteten Liste einzufügen. Die konkrete Position hängt dabei von der Organisation der Liste ab – zum Beispiel kann die Liste nach einem oder mehreren Datenelementen sortiert sein. Zuerst müssen Sie also die Position in der Liste, wo das neue Element hingehört, bestimmen und dann das Element einfügen. Im Einzelnen schließt das folgende Schritte ein:

1. Bestimmen Sie das Listenelement, hinter dem das neue Element einzufügen ist. Wir nennen dieses Element *Marker-Element*.
2. Erzeugen Sie eine Instanz Ihrer Struktur, wobei Sie den Speicher mit `malloc` reservieren.
3. Setzen Sie den `next`-Zeiger des Marker-Elements auf das neue Element (dessen Adresse `malloc` zurückgegeben hat).
3. Setzen Sie den `next`-Zeiger des neuen Elements auf das Element, auf das bisher das Marker-Element verwiesen hat.

Der Code sieht beispielsweise wie folgt aus:

```
person *marker;
/* Hier steht der Code, der den Marker auf die gewünschte
   Einfügeposition setzt. */
...
neu = (person*)malloc(sizeof(PERSON));
neu->next = marker->next;
marker->next = neu;
```

Abbildung 15.12 veranschaulicht diese Operation.

Ein Element aus einer Liste entfernen

Um ein Element aus einer verketteten Liste zu entfernen, muss man lediglich die entsprechenden Zeiger manipulieren. Wie das genau zu geschehen hat, hängt von der Position des zu löschenden Elements ab:

- Um das erste Element zu löschen, setzt man den Kopfzeiger auf das zweite Element in der Liste.
- Um das letzte Element zu löschen, setzt man den `next`-Zeiger des vorletzten Elements auf `NULL`.
- Alle anderen Elemente löscht man, indem man den `next`-Zeiger des vorangehenden Elements auf das Element hinter dem zu löschenden Element setzt.

Außerdem ist der Speicher des gelöschten Elements freizugeben, damit das Programm keinen Speicher belegt, den es nicht benötigt (andernfalls entsteht eine so ge-

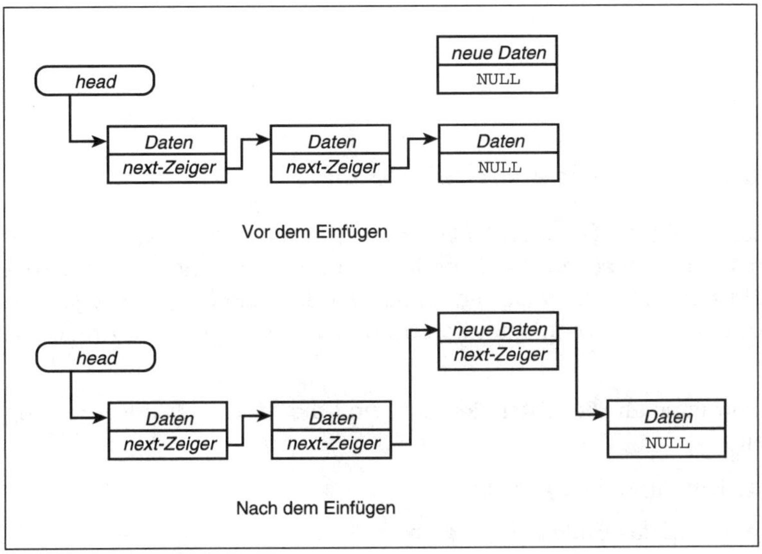

Abbildung 15.12: Einfügen eines neuen Elements in der Mitte einer Liste

nannte *Speicherlücke*). Den Speicher geben Sie mit der Funktion `free` frei, die Tag 20 im Detail behandelt. Der folgende Code löscht das erste Element einer verketteten Liste:

```
free(head);
head = head->next;
```

Der nächste Code löscht das letzte Element aus einer Liste mit zwei oder mehr Elementen:

```
person *aktuell1, *aktuell2;
aktuell1 = head;
aktuell2= aktuell1->next;
while (aktuell2->next != NULL)
{
    aktuell1 = aktuell2;
    aktuell2= aktuell1->next;
}
free(aktuell1->next);
aktuell1->next = NULL;
if (head == aktuell1)
    head = NULL;
```

Schließlich löscht der folgende Code ein Element aus der Mitte einer Liste:

```
person *aktuell1, *aktuell2;
/* Hier steht Code, der aktuell1 auf das Element direkt */
/* vor dem zu löschenden Element richtet. */
```

```
aktuell2 = aktuell1->next;
free(aktuell1->next);

aktuell1->next = aktuell2->next;
```

Ein einfaches Beispiel für eine verkettete Liste

Listing 15.12 veranschaulicht die Grundlagen verketteter Listen. Das Programm dient ausschließlich Demonstrationszwecken; es akzeptiert keine Benutzereingaben und hat keinen praktischen Nutzen – aber es zeigt den Code, mit dem Sie die grundlegenden Operationen in verketteten Listen implementieren können. Das Programm realisiert Folgendes:

1. Es definiert eine Struktur für die Listenelemente und die für die Listenverwaltung benötigten Zeiger.
2. Es fügt ein erstes Element in die Liste ein.
3. Es hängt ein Element an das Ende der Liste an.
4. Es fügt ein Element in der Mitte der Liste ein.
5. Es gibt den Inhalt der Liste auf dem Bildschirm aus.

Listing 15.12: Grundlegende Operationen verketteter Listen

```
/* Veranschaulicht den grundlegenden Einsatz */
/* verketteter Listen. */

#include <stdlib.h>
#include <stdio.h>
#include <string.h>

/* Die Struktur für die Listendaten. */
struct daten {
     char name[20];
     struct daten *next;
     };

/* Definiere typedefs für die Struktur und die darauf */
/* gerichteten Zeiger. */
typedef struct daten PERSON;
typedef PERSON *LINK;

int main(void)
{
     /* Zeiger für Head, neues und aktuelles Element. */
```

```
    LINK head = NULL;
    LINK neu = NULL;
    LINK aktuell = NULL;

    /* Erstes Listenelement einfügen. Wir gehen nicht davon */
    /* aus, dass die Liste leer ist, obwohl dies in */
    /* diesem Demoprogramm immer der Fall ist. */

    neu = (LINK)malloc(sizeof(PERSON));
    neu->next = head;
    head = neu;
    strcpy(neu->name, "Abigail");

    /* Element am Ende der Liste anhängen. Wir gehen davon aus, */
    /* dass die Liste mindestens ein Element enthält. */

    aktuell = head;
    while (aktuell->next != NULL)
    {
        aktuell = aktuell->next;
    }

    neu = (LINK)malloc(sizeof(PERSON));
    aktuell->next = neu;
    neu->next = NULL;
    strcpy(neu->name, "Katharina");

    /* Ein neues Element an der zweiten Position einfügen. */
    neu = (LINK)malloc(sizeof(PERSON));
    neu->next = head->next;
    head->next = neu;
    strcpy(neu->name, "Beatrice");

    /* Alle Datenelemente der Reihe nach ausgeben. */
    aktuell = head;
    while (aktuell != NULL)
    {
        printf("%s\n", aktuell->name);
        aktuell = aktuell->next;
    }

    printf("\n");
    return(0);
}
```

Ausgabe

```
Abigail
Beatrice
Katharina
```

Analyse

Einen ganzen Teil des Codes können Sie sicherlich schon selbst entschlüsseln. Die Zeilen 9 bis 12 deklarieren die Datenstruktur für die Liste. Die Zeilen 16 und 17 definieren die `typedefs` für die Datenstruktur und für einen Zeiger auf die Datenstruktur. An sich ist das nicht notwendig, aber es vereinfacht die Codierung, da man statt `struct daten` einfach `PERSON` und statt `struct daten*` einfach `LINK` schreiben kann.

Die Zeilen 22 bis 24 deklarieren einen Kopfzeiger und einige weitere Zeiger, die für die Bearbeitung der Liste erforderlich sind. Alle Zeiger erhalten den Anfangswert `NULL`.

Die Zeilen 30 bis 33 fügen am Kopf der Liste einen neuen Knoten ein. Zeile 30 reserviert Speicher für die neue Datenstruktur. Beachten Sie, dass das Programm stets von einer erfolgreichen Speicherreservierung mit `malloc` ausgeht – in einem echten Programm sollten Sie sich nie darauf verlassen und immer den Rückgabewert von `malloc` prüfen.

Zeile 31 richtet den `next`-Zeiger der neuen Struktur auf die Adresse, auf die der Kopfzeiger verweist. Warum setzt man diesen Zeiger nicht einfach auf `NULL`? Weil das nur gut geht, wenn man weiß, dass die Liste leer ist. So wie der Code im Listing formuliert ist, funktioniert er auch dann, wenn die Liste bereits Elemente enthält. Das neue erste Element weist danach auf das Element, das zuvor das erste in der Liste war – ganz so, wie wir es haben wollten.

Zeile 32 richtet den Kopfzeiger auf das neue Element und Zeile 33 füllt den Datensatz mit einigen Daten.

Das Hinzufügen eines Elements am Ende der Liste ist etwas komplizierter. In diesem Beispiel wissen wir zwar, dass die Liste nur ein Element enthält, doch davon kann man in echten Programmen nicht ausgehen. Es ist daher unumgänglich, die Liste Element für Element durchzugehen – so lange, bis das letzte Element (gekennzeichnet durch den auf `NULL` weisenden `next`-Zeiger) gefunden ist. Dann können Sie sicher sein, das Ende der Liste erreicht zu haben. Die Zeilen 38 bis 42 erledigen diese Aufgabe. Nachdem Sie das letzte Element gefunden haben, müssen Sie nur noch Speicher für die neue Datenstruktur reservieren, den Zeiger des bisher letzten Listenelements darauf verweisen lassen und den `next`-Zeiger des neuen Elements auf `NULL` setzen. Der Wert `NULL` zeigt an, dass es sich um das letzte Element in der Liste handelt. Die beschriebenen Schritte finden in den Zeilen 44 bis 47 statt. Beachten Sie, dass der

Rückgabewert von `malloc` in den Typ `LINK` umzuwandeln ist. (Am Tag 20 erfahren Sie mehr über Typumwandlungen.)

Die nächste Aufgabe besteht darin, ein Element in die Mitte der Liste einzufügen – in diesem Fall an die zweite Position. Nachdem Zeile 50 Speicher für eine zweite Datenstruktur reserviert hat, setzt Zeile 51 den `next`-Zeiger des neuen Elements auf das bisher zweite Element, das damit an die dritte Position rückt. Danach setzt Zeile 52 den `next`-Zeiger des ersten Elements auf das neue Element.

Zum Schluss gibt das Programm die Daten aller Elemente der verketteten Liste aus. Dazu geht man die Liste einfach Element für Element durch und beginnt mit dem Element, auf das der Kopfzeiger verweist. Das letzte Element ist erreicht, wenn man auf den `NULL`-Zeiger trifft. Der zugehörige Code steht in den Zeilen 56 bis 61.

Implementierung einer verketteten Liste

Nachdem Sie jetzt wissen, wie man Elemente in Listen einfügt, ist es an der Zeit, verkettete Listen in Aktion zu sehen. Listing 15.13 enthält ein umfangreicheres Programm, das mithilfe einer verketteten Liste fünf Zeichen speichert. Anstelle der Zeichen kann man genauso gut Namen, Adressen oder andere Daten nehmen. Die einzelnen Zeichen sollen das Beispiel lediglich so einfach wie möglich halten.

Das Komplizierte an diesem Programm ist die Tatsache, das es die Elemente beim Einfügen sortiert. Das ist aber auch genau das, was das Programm so wertvoll und interessant macht. Die Elemente kommen je nach ihrem Wert an den Anfang, an das Ende oder in die Mitte der Liste, so dass die Liste stets sortiert bleibt. Wenn man die Elemente einfach am Ende der Liste anhängt, ist zwar die Programmlogik wesentlich einfacher – das Programm wäre aber auch nicht so nützlich.

Listing 15.13: Implementierung einer verketteten Liste von Zeichen

```
/*============================================================*
 * Programm:  list1513.c                                      *
 * Buch:      C in 21 Tagen                                   *
 * Zweck:     Implementierung einer verketteten Liste         *
 *============================================================*/
#include <stdio.h>
#include <stdlib.h>

#ifndef NULL
  #define NULL 0
#endif

/* Datenstruktur der Liste */
```

```
struct list
{
 int    ch;          /* verwende int zum Aufnehmen der Zeichen */
 struct list *next_el;  /* Zeiger auf nächstes Listenelement */
};

/* typedefs für Struktur und Zeiger. */
typedef struct list LIST;
typedef LIST *LISTZGR;

/* Funktionsprototypen. */
LISTZGR in_Liste_einfuegen( int, LISTZGR );
void Liste_ausgeben(LISTZGR);
void Listenspeicher_freigeben(LISTZGR);

int main( void )
{
   LISTZGR first = NULL;  /* Head-Zeiger */
   int i = 0;
   int ch;
   char trash[256];       /* um stdin-Puffer zu leeren. */

   while ( i++ < 5 )      /* Liste aus 5 Elementen aufbauen */
   {
      ch = 0;
      printf("\nGeben Sie Zeichen %d ein, ", i);

      do
      {
          printf("\nMuss zwischen a und z liegen: ");
          ch = getc(stdin);  /* nächstes Zeichen einlesen  */
          fgets(trash,256,stdin);   /* Müll aus stdin löschen */
      } while( (ch < 'a' || ch > 'z') && (ch < 'A' || ch > 'Z'));

      first = in_Liste_einfuegen( ch, first );
   }

   Liste_ausgeben( first );            /* Ganze Liste ausgeben */
   Listenspeicher_freigeben( first );     /* Speicher freigeben */
   return(0);
}

/*========================================================*
 * Funktion  : in_Liste_einfuegen()
 * Zweck     : Fügt ein neues Element in die Liste ein
 * Parameter : int ch = abzuspeicherndes Zeichen
```

```
 *               LISTZGR first = Adresse des urspr. Head-Zeigers
 * Rückgabe  : Adresse des Head-Zeigers (first)
 *========================================================*/

LISTZGR in_Liste_einfuegen( int ch, LISTZGR first )
{
   LISTZGR new_el = NULL;         /* Adresse des neuen Elements */
   LISTZGR tmp_el = NULL;         /* temporäres Element         */
   LISTZGR prev_el = NULL;  /* Adresse des vorangehenden Elements */

   /* Speicher reservieren. */
   new_el = (LISTZGR)malloc(sizeof(LIST));
   if (new_el == NULL)      /* Speicherreservierung misslungen */
   {
      printf("\nSpeicherreservierung fehlgeschlagen!\n");
      exit(1);
   }

   /* Links für neues Element setzen */
   new_el->ch = ch;
   new_el->next_el = NULL;

   if (first == NULL)   /* Erstes Element in Liste einfügen */
   {
       first = new_el;
       new_el->next_el = NULL;  /* zur Sicherheit */
   }
   else    /* nicht das erste Element */
   {
      /* vor dem ersten Element einfügen? */
      if ( new_el->ch < first->ch)
      {
         new_el->next_el = first;
         first = new_el;
      }
      else   /* in Mitte oder am Ende einfügen? */
      {
         tmp_el = first->next_el;
         prev_el = first;

          /* wo wird das Element eingefügt? */

          if ( tmp_el == NULL )
          {
              /* zweites Element am Ende einfügen */
              prev_el->next_el = new_el;
```

```
          }
          else
          {
             /* in der Mitte einfügen? */
             while (( tmp_el->next_el != NULL))
             {
                if( new_el->ch < tmp_el->ch )
                {
                   new_el->next_el = tmp_el;
                   if (new_el->next_el != prev_el->next_el)
                   {
                      printf("FEHLER");
                      getc(stdin);
                      exit(0);
                   }
                   prev_el->next_el = new_el;
                   break;  /* Element ist eingefügt; while beenden*/
                }
                else
                {
                  tmp_el = tmp_el->next_el;
                  prev_el = prev_el->next_el;
                }
             }

             /* am Ende einfügen? */
             if (tmp_el->next_el == NULL)
             {
                if (new_el->ch < tmp_el->ch ) /* vor Ende */
                {
                   new_el->next_el = tmp_el;
                   prev_el->next_el = new_el;
                }
                else  /* am Ende */
                {
                   tmp_el->next_el = new_el;
                   new_el->next_el = NULL;  /* zur Sicherheit */
                }
             }
          }
       }
    }
    return(first);
 }

 /*==========================================================*
```

```
 * Funktion: Liste_ausgeben
 * Zweck   : Informationen über Zustand der Liste ausgeben
 *========================================================*/

void Liste_ausgeben( LISTZGR first )
{
   LISTZGR akt_zgr;
   int counter = 1;

   printf("\n\nElement-Adr   Position  Daten  Nachfolger\n");
   printf("===========   ========  =====   ===========\n");

   akt_zgr = first;
   while (akt_zgr != NULL )
   {
      printf("  %X   ", akt_zgr );
      printf("     %2i       %c", counter++, akt_zgr->ch);
      printf("      %X   \n",akt_zgr->next_el);
      akt_zgr = akt_zgr->next_el;
   }
}

/*========================================================*
 * Funktion: Listenspeicher_freigeben
 * Zweck   : Gibt den für die Liste reservierten Speicher frei
 *========================================================*/

void Listenspeicher_freigeben(LISTZGR first)
{
   LISTZGR akt_zgr, next_el;
   akt_zgr = first;                    /* Am Anfang starten */

   while (akt_zgr != NULL)             /* bis zum Listenende */
   {
      next_el = akt_zgr->next_el;  /* Adresse des nächsten Elem */
      free(akt_zgr);                   /* Aktuelles Elem freigeben */
      akt_zgr = next_el;              /* Neues aktuelles Element */
   }
}
```

Geben Sie Zeichen 1 ein,
Muss zwischen a und z liegen: **q**

```
Geben Sie Zeichen 2 ein,
Muss zwischen a und z liegen: b

Geben Sie Zeichen 3 ein,
Muss zwischen a und z liegen: z

Geben Sie Zeichen 4 ein,
Muss zwischen a und z liegen: c

Geben Sie Zeichen 5 ein,
Muss zwischen a und z liegen: a


Element-Adr   Position  Daten  Nachfolger
===========   ========  =====  ===========
0x8049ae8        1        a    0x8049b18
0x8049b18        2        b    0x8049af8
0x8049af8        3        c    0x8049b08
0x8049b08        4        q    0x8049b28
0x8049b28        5        z    0
```

Hinweis: Auf Ihrem System sind wahrscheinlich andere Adressen zu sehen.

Analyse: Dieses Programm demonstriert, wie man ein Element in eine verkettete Liste einfügt. Das Listing ist zwar nicht einfach zu verstehen, stellt aber letztlich eine Kombination der drei Operationen zum Einfügen von Elementen dar, wie sie die letzten Abschnitte erläutert haben. Mit dem Programm können Sie Elemente am Beginn, in der Mitte und am Ende einer verketteten Liste einfügen. Des Weiteren berücksichtigt das Listing auch die Spezialfälle, die das erste Element (am Beginn der Liste) und das zweite Element (in der Mitte der Liste) einfügen.

Tipp: Am einfachsten können Sie sich mit diesem Listing vertraut machen, wenn Sie das Programm zeilenweise mit dem Debugger Ihres Compilers ausführen und parallel dazu diese Analyse zu lesen. Das Listing erschließt sich Ihnen leichter, wenn Sie die logischen Abläufe verfolgen können.

Verschiedene Abschnitte am Anfang von Listing 15.13 sollten Sie ohne weiteres verstehen. Die Zeilen 9 bis 11 prüfen, ob der Wert `NULL` bereits definiert ist. Wenn nicht, definiert ihn Zeile 10 als `0`. Die Zeilen 14 bis 22 definieren die Struktur für die verkettete Liste und deklarieren auch die Typen, die die weitere Arbeit mit der Struktur und den Zeigern vereinfachen sollen.

Die Abläufe in der Funktion main sind leicht zu überblicken. Zeile 31 deklariert einen Kopfzeiger namens first und initialisiert ihn mit NULL. Denken Sie daran, Zeiger immer zu initialisieren. Die while-Schleife in den Zeilen 36 bis 49 liest fünf Buchstaben über die Tastatur ein. Innerhalb dieser äußeren while-Schleife mit fünf Durchläufen stellt eine do...while-Konstruktion sicher, dass es sich bei den eingegebenen Zeichen um Buchstaben handelt. Den Bedingungsausdruck dieser Schleife können Sie mit der Funktion isalpha vereinfachen.

Hat die do...while-Schleife einen Buchstaben eingelesen, ruft die Anweisung in Zeile 48 die Funktion in_Liste_einfuegen auf und übergibt ihr die einzufügenden Daten und den Zeiger auf den Anfang der Liste.

Am Ende der Funktion main gibt die Funktion Liste_ausgeben die Daten der Liste auf dem Bildschirm aus und die Funktion Listenspeicher_freigeben gibt den für die Listenelemente reservierten Speicher frei. Beide Funktionen sind ähnlich aufgebaut: Sie beginnen am Anfang der Liste (Kopfzeiger first) und gehen in einer while-Schleife mit dem Wert von next_zgr von einem Element zum nächsten. Ist next_zgr gleich NULL, hat die Schleife das Ende der verketteten Liste erreicht und die Funktion springt zurück.

Die wichtigste (und komplizierteste) Funktion in diesem Listing ist zweifellos die Funktion in_Liste_einfuegen, die in den Zeilen 56 bis 149 definiert ist. Die Zeilen 66 bis 68 deklarieren drei Zeiger, die auf die verschiedenen Elemente verweisen. Der Zeiger new_el verweist auf das Element, das neu einzufügen ist. Der Zeiger tmp_el zeigt auf das momentan in der Liste bearbeitete Element. Gibt es mehr als ein Element in der Liste, dient der Zeiger prev_el dazu, auf das zuvor besuchte Element zu verweisen.

Zeile 71 reserviert Speicher für das Element, das neu eingefügt wird. Der Zeiger new_el erhält den von malloc zurückgegebenen Wert. Falls die Funktion den angeforderten Speicher nicht reservieren kann, geben die Zeilen 74 und 75 eine Fehlermeldung aus und beenden das Programm. Steht genug Speicher zur Verfügung, setzt sich der Programmablauf weiter fort.

Zeile 79 setzt die Daten in der Struktur auf die an die Funktion übergebenen Daten. Das Beispielprogramm weist hier einfach den an die Funktion im Parameter ch übergebenen Buchstaben an das Zeichenfeld des neuen Listenelements zu (new_el->ch). In komplexeren Programmen sind hier wahrscheinlich mehrere Datenfelder zu füllen. Zeile 80 setzt den new_el-Zeiger des neuen Elements auf NULL, damit der Zeiger nicht auf eine zufällige Adresse weist.

In Zeile 82 beginnt der Code zum Einfügen eines Elements. Die Logik prüft als Erstes, ob es bereits Elemente in der Liste gibt. Wird das einzufügende Element zum ersten Element in der Liste (was der Kopfzeiger first mit NULL anzeigt), setzt Zeile 84 den Kopfzeiger auf die im new_el-Zeiger gespeicherte Adresse – und fertig.

Ist das einzufügende Element nicht das erste Element, setzt die Funktion mit dem else-Zweig in Zeile 87 fort. Zeile 90 prüft, ob das neue Element am Kopf der Liste einzufügen ist – das ist einer der drei Fälle zum Einfügen von Listenelementen. Wenn das Element tatsächlich am Anfang der Liste einzufügen ist, wird der next_el-Zeiger des neuen Elements auf das Element gesetzt, das bis dato das erste (englisch first) Element in der Liste war (Zeile 92). Danach setzt Zeile 93 den Kopfzeiger first auf das neue Element. Das neue Element kommt somit an den Beginn der Liste.

Wenn das einzufügende Element weder als erstes Element in eine leere Liste noch an den Anfang einer bestehenden Liste einzufügen ist, muss man es natürlich in die Mitte der Liste oder an das Ende der Liste einfügen. Die Zeilen 97 und 98 richten die weiter oben deklarierten Zeiger tmp_el und prev_el ein. Der Zeiger tmp_el erhält die Adresse des zweiten Elements in der Liste und der Zeiger prev_el die Adresse des ersten Elements in der Liste.

Wenn nur ein Element in der Liste vorhanden ist, hat tmp_el den Wert NULL, weil tmp_el den Wert des next_el-Zeigers des ersten Elements erhalten hat, der – da es nur ein Element gibt – gleich NULL ist. Zeile 102 fängt diesen Sonderfall ab. Wenn tmp_el gleich NULL ist, müssen wir das neue Element als zweites in die Liste einfügen. Da wir außerdem wissen, dass dieses Element nicht vor dem ersten Element kommt, müssen wir es am Ende der Liste einfügen. Dazu brauchen wir nur prev_el->next_el auf das neue Element zu richten.

Wenn der Zeiger tmp_el ungleich NULL ist, gibt es bereits mindestens zwei Elemente in der Liste. Die while-Anweisung in den Zeilen 110 bis 129 durchläuft dann die restlichen Elemente, um festzustellen, wo das neue Element einzufügen ist. Zeile 112 prüft, ob der Datenwert des neuen Elements kleiner als der Wert des aktuellen Elements ist, auf das der Zeiger tmp_el gerade verweist. Ist dies der Fall, müssen wir das neue Element hier einfügen. Sind die neuen Daten größer als die Daten des aktuellen Elements, müssen wir das nächste Element in der Liste untersuchen. Die Zeilen 126 und 127 setzen die Zeiger tmp_el und next_el auf das nächste Element.

Wenn das einzufügende Zeichen kleiner ist als das Zeichen im aktuellen Element, wenden Sie die oben vorgestellte Logik an, um ein Element in der Mitte der Liste einzufügen. Dieser Vorgang ist in den Zeilen 114 bis 122 implementiert. Zeile 114 weist dem next-Zeiger des neuen Elements die Adresse des aktuellen Elements (tmp_el) zu. Zeile 121 richtet den next-Zeiger des vorangehenden Elements auf das neue Element. Mehr ist nicht zu tun. Der Code verlässt die while-Schleife mithilfe einer break-Anweisung.

Hinweis

Die Zeilen 115 bis 120 enthalten Debugging-Code, der zu Lehrzwecken im Listing verblieben ist. Diese Zeilen können Sie entfernen; solange das Programm aber korrekt arbeitet, gelangt dieser Code ohnehin nicht zur Ausführung. Nachdem der next-Zeiger des neuen Elements auf den aktuellen Zeiger gesetzt wurde, sollte der Zeiger gleich dem next-Zeiger des vorangehenden Listenelements sein, das ebenfalls auf das aktuelle Element verweist. Wenn beide Zeiger nicht gleich sind, ist irgendetwas schief gegangen.

Der bis hierher beschriebene Code fügt neue Elemente in der Mitte der Liste ein. Wenn das Ende der Liste erreicht wird, endet die `while`-Schleife in den Zeilen 110 bis 129 ohne das Element einzufügen. Die Zeilen 132 bis 144 fügen dann das Element am Ende der Liste ein.

Wenn das letzte Element in der Liste erreicht ist, hat `tmp_el->next_el` den Wert `NULL`. Zeile 132 prüft diese Bedingung. Zeile 134 ermittelt, ob das neue Element vor oder nach dem letzten Element einzufügen ist. Gehört das Element hinter das letzte Element, setzt Zeile 141 den `next_el`-Zeiger des letzten Elements auf das neue Element und Zeile 142 den `next`-Zeiger des neuen Elements auf `NULL`.

Nachbemerkung zu Listing 15.13

Verkettete Listen sind nicht unbedingt einfach zu verstehen und zu implementieren. Wie Listing 15.13 gezeigt hat, sind sie aber hervorragend geeignet, um Daten sortiert zu speichern. Da es relativ einfach ist, neue Elemente in eine verkettete Liste einzufügen, lassen sich die Elemente wesentlich leichter in einer sortierten Reihenfolge halten als mit Arrays oder anderen Datenstrukturen. Das Programm können Sie ohne großen Aufwand so umgestalten, dass es Namen, Telefonnummern oder andere Daten sortiert speichert. Auch die Sortierreihenfolge lässt sich mühelos von der aufsteigenden Sortierung (A bis Z) in eine absteigende Sortierung (Z bis A) umwandeln.

Löschen aus einer verketteten Liste

Das Einfügen von Elementen gehört sicherlich zu den wichtigsten Aufgaben in einer verketteten Liste. Dennoch muss man hin und wieder auch Elemente aus der Liste entfernen. Das geschieht nach einer ähnlichen Logik wie beim Einfügen von Elementen. Man kann Elemente am Beginn, in der Mitte oder am Ende von verketteten Listen löschen. In jedem Fall sind die relevanten Zeiger anzupassen. Außerdem darf man nicht vergessen, den Speicher freizugeben, den die gelöschten Elemente beansprucht haben.

Hinweis

Vergessen Sie nicht, den Speicher freizugeben, wenn Sie verkettete Listen löschen.

Was Sie tun sollten	Was nicht
Machen Sie sich den Unterschied zwischen `calloc` und `malloc` klar. Denken Sie vor allem daran, dass `malloc` den reservierten Speicher nicht initialisiert – im Gegensatz zu `calloc`.	Vergessen Sie nicht, den Speicher für gelöschte Elemente freizugeben.

Zusammenfassung

Die heutige Lektion hat kompliziertere Einsatzfälle für Zeiger vorgestellt. Sicherlich haben Sie mittlerweile erkannt, dass Zeiger ein zentrales Konzept der Sprache C darstellen. Tatsächlich gibt es nur wenige echte C-Programme, die ohne Zeiger auskommen. Sie haben gesehen, wie Sie Zeiger auf Zeiger verwenden und wie man Arrays von Zeigern sinnvoll für die Verwaltung von Strings einsetzt. Weiterhin haben Sie gelernt, wie C mehrdimensionale Arrays als Arrays von Arrays behandelt und wie man auf solche Arrays über Zeiger zugreift. Diese Lektion hat auch erläutert, wie man Zeiger auf Funktionen deklariert und verwendet – eine wichtige und flexible Programmiertechnik. Schließlich haben Sie verkettete Listen implementiert und damit eine leistungsfähige und flexible Form der Datenspeicherung kennen gelernt.

Insgesamt war das heute eine lange Lektion. Einige der behandelten Themen waren recht kompliziert, dafür aber zweifelsohne auch interessant. Mit dieser Lektion haben Sie sich einige der anspruchsvolleren Konzepte der Sprache C erschlossen. Leistungsfähigkeit und Flexibilität sind wichtige Gründe dafür, dass C eine so populäre Sprache ist.

Fragen und Antworten

F Über wie viele Ebenen kann man Zeiger auf Zeiger richten?

A *Diese Frage müssen Sie anhand der Dokumentation zu Ihrem Compiler klären. In der Praxis gibt es kaum einen Grund, über mehr als drei Ebenen (Zeiger auf Zeiger auf Zeiger) hinauszugehen. Die meisten Programmierer nutzen höchstens zwei Ebenen.*

F Gibt es einen Unterschied zwischen einem Zeiger auf einen String und einem Zeiger auf ein Array von Zeichen?

A *Grundsätzlich gibt es keinen Unterschied: Strings sind letztlich nichts anderes als eine Folge (ein Array) von Zeichen. Unterschiede gibt es allerdings in der Handhabung. Für Zeiger auf* `char` *wird bei der Deklaration kein Speicher reserviert.*

F Muss man die am heutigen Tag vorgestellten Konzepte nutzen, wenn man von C profitieren will?

A *Sie können mit C programmieren, ohne jemals auf die komplexeren Zeigerkonstruktionen zurückzugreifen. Damit verzichten Sie aber auf eine der besonderen Stärken, die Ihnen C bietet. Mithilfe der heute vorgestellten Zeigeroperationen sollten Sie in der Lage sein, praktisch jede gestellte Programmieraufgabe schnell und effizient zu lösen.*

F Gibt es noch weitere sinnvolle Einsatzbereiche für Zeiger auf Funktionen?

A *Ja. Zeiger auf Funktionen setzt man auch ein, um Menüs zu realisieren. Je nach dem Wert, den die Menüauswahl liefert, setzt man einen Zeiger auf die zugehörige Funktion, die als Reaktion auf die Menüauswahl aufgerufen werden soll.*

F Welches sind die beiden wichtigsten Vorteile der verketteten Listen?

A *Erstens kann die Größe der Liste zur Laufzeit des Programms wachsen und schrumpfen. Der Programmierer muss die Größe nicht bereits beim Entwurf des Programms kennen oder abschätzen. Zweitens kann man verkettete Listen ohne große Mühe sortiert anlegen. Da sich Elemente an beliebigen Positionen in die Liste einfügen oder aus der Liste löschen lassen, ist es einfach, die Sortierung der Liste zu erhalten.*

Workshop

Die Kontrollfragen im Workshop sollen Ihnen helfen, die neu erworbenen Kenntnisse zu den behandelten Themen zu festigen. Die Übungen geben Ihnen die Möglichkeit, praktische Erfahrungen mit dem gelernten Stoff zu sammeln. Die Antworten zu den Kontrollfragen und Übungen finden Sie im Anhang F.

Kontrollfragen

1. Schreiben Sie Code, der eine Variable vom Typ `float` deklariert. Deklarieren und initialisieren Sie einen Zeiger, der auf die Variable verweist. Deklarieren und initialisieren Sie einen Zeiger auf diesen Zeiger.
2. Als Weiterführung der ersten Kontrollfrage nehmen wir an, Sie wollten den Zeiger auf einen Zeiger dazu verwenden, der Variablen `x` einen Wert von `100` zuzuweisen. Kann man dazu die folgende Anweisung verwenden?

   ```
   *ppx = 100;
   ```

   Falls nein, wie sollte die Anweisung aussehen?
3. Angenommen, Sie haben folgendes Array deklariert:

   ```
   int array[2][3][4];
   ```

   Wie ist dieses Array aus Sicht des Compilers aufgebaut?
4. Bleiben wir bei dem Array aus Kontrollfrage 3. Was bedeutet der Ausdruck `array[0][0]`?
5. Welche der folgenden Vergleiche sind für das Array aus Frage 3 wahr?

   ```
   array[0][0] == &array[0][0][0];
   array[0][1] == array[0][0][1];
   array[0][1] == &array[0][1][0];
   ```
6. Schreiben Sie den Prototyp einer Funktion, die als einziges Argument ein Array von Zeigern auf `char` übernimmt und `void` zurückliefert.
7. Wie kann die Funktion, für die Sie zu Frage 6 den Prototyp geschrieben haben, wissen, wie viele Elemente in dem ihr übergebenen Array von Zeigern enthalten sind?
8. Was ist ein Zeiger auf eine Funktion?
9. Deklarieren Sie einen Zeiger auf eine Funktion, die einen Wert vom Typ `char` zurückliefert und ein Array von Zeigern auf `char` als Argument übernimmt.
10. Vielleicht haben Sie Frage 9 wie folgt gelöst:

    ```
    char *zgr(char *x[]);
    ```

    Was stimmt nicht an dieser Deklaration?
11. Welches Element dürfen Sie nicht vergessen, wenn Sie eine Datenstruktur für eine verkettete Liste definieren?
12. Was bedeutet es, wenn der Kopfzeiger gleich `NULL` ist?
13. Wie sind die Elemente in einer einfach verketteten Listen miteinander verbunden?

14. Was deklarieren die folgenden Zeilen?

    a. `int *var1;`

    b. `int var2;`

    c. `int **var3;`

15. Was deklarieren die folgenden Zeilen?

    a. `int a[3][12];`

    b. `int (*b)[12];`

    c. `int *c[12];`

16. Was deklarieren die folgenden Zeilen?

    a. `char *z[10];`

    b. `char *y(int feld);`

    c. `char (*x)(int feld);`

Übungen

1. Deklarieren Sie einen Zeiger auf eine Funktion, die einen Integer als Argument übernimmt und eine Variable vom Typ `float` zurückliefert.
2. Deklarieren Sie ein Array von Funktionszeigern. Die Funktionen sollten einen Zeichenstring als Parameter übernehmen und einen Integer zurückliefern. Wofür könnte man ein solches Array verwenden?
3. Deklarieren Sie ein Array von 10 Zeigern auf `char`.
4. **FEHLERSUCHE:** Enthalten die folgenden Anweisungen Fehler?

```
int x[3][12];
int *zgr[12];
zgr = x;
```

5. Deklarieren Sie eine Struktur für eine einfach verkettete Liste. In der Struktur sollen die Namen und Adressen Ihrer Freunde abgelegt werden.

Für die folgenden Übungen bringt Anhang F keine Antworten, da jeweils viele korrekte Lösungen möglich sind.

6. Schreiben Sie ein Programm, das ein 12x12-Zeichenarray deklariert. Speichern Sie in jedem zweiten Array-Element ein `X`. Verwenden Sie einen Zeiger auf das Array, um die Werte in Gitterform auf dem Bildschirm auszugeben.

7. Schreiben Sie ein Programm, das mit Zeigern auf `double`-Variablen 10 Zahlenwerte vom Benutzer entgegennimmt, die Werte sortiert und dann auf dem Bildschirm ausgibt (Hinweis: siehe Listing 15.10.)
8. Modifizieren Sie das Programm nach Übung 7, um dem Benutzer die Angabe der Sortierreihenfolge – aufsteigend oder absteigend – zu gestatten.

16

Mit Dateien arbeiten

Woche 3

Daten, die ein Programm während der Laufzeit erzeugt oder die ein Benutzer eingibt, sind flüchtig, d.h. sie gehen am Ende des Programms oder beim Ausschalten des Computers verloren. Die meisten Programme müssen Daten aber permanent speichern, beispielsweise um Ergebnisse aufzubewahren oder Konfigurationsinformationen abzulegen. Diese Aufgaben realisiert man mit Dateien, die sich dauerhaft auf Datenträgern – vor allem Festplatten – speichern lassen.

Heute lernen Sie

- wie sich Streams zu Dateien verhalten,
- welche Dateiarten es in C gibt,
- wie man Dateien öffnet,
- wie man Daten in Dateien schreibt,
- wie man Daten aus Dateien liest,
- wie man Dateien schließt,
- wie man Dateien verwaltet,
- wie man temporäre Dateien verwendet.

Streams und Dateien

Tag 14 hat gezeigt, dass die gesamte Ein- und Ausgabe in C über Streams erfolgt – und das gilt auch für Dateien. Weiterhin haben Sie gelernt, dass die vordefinierten Streams in C mit bestimmten Geräten – wie zum Beispiel Tastatur, Bildschirm und (auf DOS-Systemen) Drucker – verbunden sind. Datei-Streams funktionieren praktisch in der gleichen Weise. Dies ist einer der Vorteile der Stream-Ein-/Ausgabe – die Verfahren, die Sie für einen Stream angewendet haben, lassen sich ohne bzw. nur mit geringfügigen Änderungen auf andere Streams übertragen. Im Unterschied zu Standard-Streams müssen Sie bei der Programmierung mit Datei-Streams explizit einen Stream für die jeweiligen Dateien erzeugen.

Dateitypen

Am Tag 14 haben Sie auch gelernt, dass C-Streams in zwei Versionen existieren: Text- und Binär-Streams. Beide Stream-Typen können Sie mit einer Datei verbinden. Allerdings müssen Sie wissen, wie sich beide Typen unterscheiden, um den richtigen Modus für Ihre Dateien zu wählen.

Text-Streams sind mit reinen Textdateien verbunden. Derartige Dateien bestehen aus einer Folge von Zeilen. Jede Zeile enthält Null oder mehrere Zeichen und endet mit einem oder mehreren Zeichen, die das Ende der Zeile markieren. Die maximale Zeilenlänge beträgt 255 Zeichen. Dabei ist zu beachten, dass eine »Zeile« in einer Textdatei nicht dasselbe ist wie ein C-String; in Textdateien gibt es kein abschließendes Nullzeichen (`\0`). Wenn Sie mit einem Text-Stream arbeiten, ist das Neue-Zeile-Zeichen von C (`\n`) durch das Zeilenendezeichen des jeweiligen Betriebssystems – bzw. umgekehrt – zu ersetzen. Auf DOS-Systemen ist das Zeilenendezeichen eine Kombination aus den Zeichen für Wagenrücklauf (Carriage Return – CR) und Zeilenvorschub (Line Feed – LF). Wenn ein Programm Daten in eine Textdatei schreibt, wird das Nullzeichen `\n` in ein CRLF übersetzt, beim Lesen von Daten aus einer Datei jedes CRLF zu einem `\n`. Auf UNIX-Systemen findet keine Übersetzung statt – die Neue-Zeile-Zeichen bleiben bestehen.

Binäre Streams sind mit Binärdateien verbunden. Dabei werden ausnahmslos alle Daten unverändert geschrieben und gelesen – ohne Trennung in einzelne Zeilen und ohne Zeilenendezeichen. Die Zeichen `NULL` und Zeilenende haben hier keine spezielle Bedeutung und werden wie jedes andere Datenbyte behandelt.

Manche Funktionen zur Ein-/Ausgabe von Dateien sind auf einen Dateimodus beschränkt, während andere Funktionen in beiden Modi arbeiten können. Diese Lektion zeigt, welcher Modus bei welcher Funktion anwendbar ist.

Dateinamen

Jede Datei hat einen Namen. Der Umgang mit Dateinamen sollte Ihnen vertraut sein, wenn Sie mit Dateien arbeiten. Dateinamen sind genau wie andere Textdaten als Strings gespeichert. Die Regeln, nach denen sich zulässige Dateinamen bilden lassen, sind in den einzelnen Betriebssystemen unterschiedlich. In DOS und Windows 3.x besteht ein vollständiger Dateiname aus einem Namen mit maximal 8 Zeichen, dem optional ein Punkt und eine Erweiterung mit maximal 3 Zeichen folgt. Dagegen erlauben die Betriebssysteme Windows 95/98/NT sowie die meisten UNIX-Systeme Dateinamen bis zu einer Länge von 256 Zeichen.

Die Betriebssysteme unterscheiden sich auch hinsichtlich der Zeichen, die in Dateinamen nicht zulässig sind. Zum Beispiel darf man in Windows 95/98 die folgenden Zeichen nicht in Dateinamen verwenden:

```
/ \ : * ? < > |
```

Wenn Sie Programme für verschiedene Betriebssysteme schreiben, müssen Sie die jeweils geltenden Regeln für Dateinamen beachten.

Ein Dateiname in einem C-Programm kann darüber hinaus Pfadinformationen enthalten. Ein *Pfad* bezeichnet das Laufwerk und/oder das Verzeichnis (oder den Ordner), in dem sich die Datei befindet. Wenn Sie einen Dateinamen ohne Pfad angeben, gilt in der Regel das Verzeichnis, das das Betriebssystem gerade als Standardverzeichnis oder aktuelles Verzeichnis ansieht. Es gehört zum guten Programmierstil, immer die Pfadinformationen als Teil der Dateinamen anzugeben.

Als Trennzeichen der Verzeichnisnamen in einem Pfad dient auf PCs der Backslash. Zum Beispiel bezieht sich die Angabe

```
c:\daten\liste.txt
```

in DOS und Windows auf eine Datei namens `liste.txt` im Verzeichnis `\daten` auf Laufwerk `C:`. Denken Sie daran, dass der Backslash in C eine besondere Bedeutung hat, wenn man ihn in einem String verwendet. Um das Backslash-Zeichen selbst darzustellen, muss man ihm einen zweiten Backslash voranstellen. Deshalb ist der Dateiname in einem C-Programm zum Beispiel wie folgt zu schreiben:

```
char *dateiname = "c:\\daten\\liste.txt";
```

Wenn Sie jedoch einen Dateinamen über die Tastatur eingeben, tippen Sie nur einen einzelnen Backslash ein.

In anderen Betriebssystemen sind andere Pfadtrennzeichen üblich. Zum Beispiel verwendet UNIX einen Schrägstrich:

```
c:/tmp/liste.txt
```

Eine Datei öffnen

Erzeugt man einen Stream, der mit einer Datei verbunden ist, spricht man vom *Öffnen* einer Datei. Eine geöffnete Datei ist zum Lesen (das heißt, für den Datentransfer von der Datei in das Programm), zum Schreiben (das heißt, für die Sicherung der Programmdaten in die Datei) oder für beides verfügbar. Wenn Sie die Datei nicht mehr benötigen, müssen Sie sie schließen. Darauf kommen wir später zurück.

Eine Datei öffnen Sie mit der Bibliotheksfunktion `fopen`. Der Prototyp von `fopen` steht in `stdio.h` und lautet folgendermaßen:

```
FILE *fopen(const char *filename, const char *mode);
```

Dieser Prototyp sagt aus, dass `fopen` einen Zeiger auf den Typ `FILE`, eine in `stdio.h` deklarierte Struktur, zurückgibt. Ein Programm verwendet die Elemente der `FILE`-Struktur bei den verschiedenen Operationen des Dateizugriffs. In der Regel brauchen Sie sich um diese Struktur nicht zu kümmern. Allerdings müssen Sie für jede Datei, die Sie öffnen wollen, einen Zeiger auf den Typ `FILE` deklarieren. Mit dem Aufruf von `fo-`

pen erzeugen Sie eine Instanz der Struktur `FILE` und liefern einen Zeiger auf diese Strukturinstanz zurück. Diesen Zeiger verwenden Sie dann bei allen nachfolgenden Operationen auf diese Datei. Scheitert der Aufruf von `fopen`, lautet der Rückgabewert `NULL`. Das kann zum Beispiel durch einen Hardwarefehler oder einen Dateinamen mit ungültiger Pfadangabe passieren.

Das Argument `filename` ist der Name der zu öffnenden Datei. Wie eingangs erwähnt, kann – und sollte – der Dateiname Pfadinformationen enthalten. Das Argument `filename` kann ein literaler String in doppelten Anführungszeichen oder ein Zeiger auf eine String-Variable sein.

Das Argument `mode` gibt den Modus an, in dem die Datei geöffnet werden soll – zum Lesen, zum Schreiben oder für beides. Tabelle 16.1 gibt die zulässigen Werte für `mode` an.

Modus	**Bedeutung**
`r`	Öffnet die Datei zum Lesen. Wenn die Datei nicht existiert, liefert `fopen` den Wert `NULL` zurück.
`w`	Öffnet die Datei zum Schreiben. Wenn es noch keine Datei des angegebenen Namens gibt, wird sie erzeugt. Existiert bereits eine Datei mit diesem Namen, wird sie ohne Warnung gelöscht und durch eine neue, leere Datei ersetzt.
`a`	Öffnet die Datei zum Anfügen. Wenn es noch keine Datei des angegebenen Namens gibt, wird sie erzeugt. Existiert die Datei, werden die neuen Daten an das Ende der Datei angehängt.
`r+`	Öffnet die Datei zum Lesen und Schreiben. Wenn es noch keine Datei des angegebenen Namens gibt, wird sie erzeugt. Existiert die Datei, kommen die neuen Daten an den Anfang der Datei und überschreiben dadurch bestehende Daten.
`w+`	Öffnet die Datei zum Lesen und Schreiben. Wenn es noch keine Datei des angegebenen Namens gibt, wird sie erzeugt. Existiert die Datei, wird sie überschrieben.
`a+`	Öffnet die Datei zum Schreiben und Anfügen. Wenn es noch keine Datei des angegebenen Namens gibt, wird sie erzeugt. Existiert die Datei, werden die neuen Daten an das Ende der Datei angehängt.

Tabelle 16.1: Werte für den Parameter mode der Funktion fopen

Der Standardmodus für eine Datei ist der Textmodus. Um eine Datei im Binärmodus zu öffnen, hängen Sie ein `b` an das Argument `mode` an.

Denken Sie daran, dass `fopen` den Wert `NULL` zurückgibt, wenn ein Fehler auftritt. Fehlerbedingungen, die zum Rückgabewert `NULL` führen, können auftreten, wenn Sie

- einen ungültigen Dateinamen angeben,
- versuchen, eine Datei auf einem Laufwerk zu öffnen, das noch nicht bereit ist (zum Beispiel wenn das Laufwerk nicht verriegelt oder die Festplatte nicht formatiert ist),
- versuchen, eine Datei in einem nicht vorhandenen Verzeichnis oder auf einem nicht vorhandenen Laufwerk zu öffnen,
- versuchen, eine nicht vorhandene Datei im Modus `r` zu öffnen.

Wenn Sie `fopen` aufrufen, sollten Sie immer auf Fehler testen. Es lässt sich zwar nicht ermitteln, welcher Fehler genau aufgetreten ist, man kann aber den Benutzer auf diesen Umstand hinweisen und versuchen, die Datei erneut zu öffnen. In hartnäckigen Fällen beenden Sie das Programm. Die meisten C-Compiler bieten proprietäre – d.h. nicht dem ANSI-Standard entsprechende – Erweiterungen, mit denen Sie Informationen über die Natur des Fehlers abrufen können. Sehen Sie dazu bitte in der Dokumentation zu Ihrem Compiler nach.

Listing 16.1 zeigt ein Beispiel für die Verwendung von `fopen`.

Listing 16.1: Mit fopen Dateien in verschiedenen Modi öffnen

```
 /* Beispiel für die Funktion fopen. */
#include <stdlib.h>
#include <stdio.h>

int main()
{
    FILE *fp;
    char ch, dateiname[40], modus[5];

    while (1)
    {

        /* Eingabe des Dateinamens und des Modus. */

        printf("\nGeben Sie einen Dateinamen ein: ");
        gets(dateiname);
        printf("\nGeben Sie einen Modus ein (max. 3 Zeichen): ");
        gets(modus);

        /* Versucht, die Datei zu öffnen. */

        if ( (fp = fopen( dateiname, modus )) != NULL )
        {
            printf("\n%s im Modus %s erfolgreich geöffnet.\n",
```

```
25:                         dateiname, modus);
26:                 fclose(fp);
27:                 puts("x für Ende, Weiter mit Eingabetaste.");
28:                 if ( (ch = getc(stdin)) == 'x')
29:                     break;
30:                 else
31:                     continue;
32:             }
33:             else
34:             {
35:                fprintf(stderr, "\nFehler beim Öffnen von %s im Modus %s.\n",
36:                        dateiname, modus);
37:                puts("x für Ende, neuer Versuch mit Eingabetaste.");
38:                if ( (ch = getc(stdin)) == 'x')
39:                     break;
40:                else
41:                     continue;
42:             }
43:        }
44:        return 0;
45: }
```

```
Geben Sie einen Dateinamen ein: hallo.txt

Geben Sie einen Modus ein (max. 3 Zeichen): w

hallo.txt im Modus w erfolgreich geöffnet.
x für Ende, Weiter mit Eingabetaste.

Geben Sie einen Dateinamen ein: Wiedersehen.txt

Geben Sie einen Modus ein (max. 3 Zeichen): r

Fehler beim Öffnen von Wiedersehen.txt im Modus r.
x für Ende, neuer Versuch mit Eingabetaste.
x
```

Das Programm fordert Sie in den Zeilen 15 bis 18 auf, den Dateinamen und den Modus einzugeben. Zeile 22 versucht dann, die Datei zu öffnen, und weist ihren Dateizeiger an `fp` zu. Guter Programmierstil verlangt, mit einer `if`-Anweisung zu prüfen, ob der Zeiger der geöffneten Datei ungleich `NULL` ist (Zeile 22). Wenn `fp` ungleich `NULL` ist, gibt das Programm eine Nachricht aus, dass die Datei erfolgreich geöffnet wurde und der Benutzer jetzt fortfahren kann. Wenn der Dateizeiger `NULL` ist, führt das Programm die `else`-Klausel der `if`-Anweisung aus. Der `else`-Zweig in den Zeilen 33 bis 42 gibt eine Meldung aus, dass ein Problem aufgetreten ist. Anschließend fragt das Programm den Benutzer, ob er fortfahren möchte.

Probieren Sie verschiedene Namen und Modi aus, um festzustellen, bei welchen Eingaben Fehler auftreten. Die als Beispiel angegebene Programmausgabe zeigt, dass die Eingabe von `Wiedersehen.txt` im Modus `r` einen Fehler ausgelöst hat, weil die Datei nicht auf der Festplatte existiert. Bei einem Fehler haben Sie die Wahl, die Informationen erneut einzugeben oder das Programm zu verlassen. Vielleicht möchten Sie auch prüfen, welche Zeichen in einem Dateinamen zulässig sind.

Schreiben und Lesen

Ein Programm kann Daten in eine Datei schreiben, Daten aus einer Datei lesen oder beide Vorgänge miteinander kombinieren. Das Schreiben in eine Datei erfolgt nach drei Methoden:

- Bei der formatierten Ausgabe schreibt man formatierte Textdaten in eine Datei. Man verwendet diese Form der Ausgabe hauptsächlich, um Dateien mit Text und numerischen Daten anzulegen und diese Daten anderen Programmen zur Verfügung zu stellen. Beispielsweise sind Tabellenkalkulationen und Datenbanken in der Lage, Daten aus Textdateien zu übernehmen.
- Bei der Zeichenausgabe schreibt man einzelne Zeichen oder ganze Zeilen in eine Datei. Es ist zwar technisch möglich, die Zeichenausgabe bei Binärdateien zu verwenden, doch ist das eine komplizierte Angelegenheit. Für die Zeichenausgabe sollte man sich auf Textdateien beschränken. Man verwendet diese Form der Ausgabe vor allem, um Text (aber keine numerischen Daten) zu speichern, so dass sowohl C als auch andere Programme – zum Beispiel Textverarbeitungen – diese Daten lesen können.
- Bei der direkten Ausgabe schreibt man den Inhalt eines Speicherbereichs direkt in eine Datei. Diese Methode lässt sich nur bei binären Dateien anwenden. Mit der direkten Ausgabe lassen sich zum Beispiel Daten für die spätere Nutzung durch ein C-Programm speichern.

Wenn Sie Daten aus einer Datei lesen wollen, stehen Ihnen die gleichen drei Optionen zur Verfügung: formatierte Eingabe, Zeicheneingabe oder direkte Eingabe. Welche Art von Eingabe infrage kommt, hängt dabei vor allem von der Art der zu lesenden Datei ab. Im Allgemeinen liest man die Daten im gleichen Modus, in dem man sie gespeichert hat. Das ist aber keine Bedingung. Wenn man allerdings Daten in einem abweichenden Format liest, setzt das fundierte Kenntnisse von C und der Dateiformate voraus.

Die oben genannten Einsatzbereiche der Dateitypen sind nur als Anhaltspunkt und nicht als Vorschrift gedacht. Die Sprache C ist sehr flexibel (einer ihrer größten Vorteile), so dass ein geschickter Programmierer jede Art der Dateiausgabe an seine speziellen Ziele anpassen kann. Für Einsteiger sind die folgenden Richtlinien aber hilfreich.

Formatierte Dateieingabe und -ausgabe

Formatierte Dateieingabe und -ausgabe (E/A oder I/O für Englisch »Input/Output«) betrifft Textdaten und numerische Daten, die in einer bestimmten Art und Weise formatiert sind. Sie entspricht der formatierten Tastatureingabe und Bildschirmausgabe mit den Funktionen `printf` und `scanf`, die Tag 14 behandelt hat.

Formatierte Dateiausgabe

Für formatierte Dateiausgaben verwendet man die Bibliotheksfunktion `fprintf`. Der Prototyp von `fprintf` steht in der Header-Datei `stdio.h` und lautet:

```
int fprintf(FILE *fp, char *fmt, ...);
```

Das erste Argument ist ein Zeiger auf den Typ `FILE`. Um Daten in eine bestimmte Datei zu schreiben, übergeben Sie den Zeiger, den Sie beim Öffnen der Datei als Rückgabewert von `fopen` erhalten haben.

Das zweite Argument ist der Formatstring. Tag 14 hat Formatstrings bereits im Zusammenhang mit der Funktion `printf` behandelt. Die Funktion `fprintf` folgt genau den gleichen Regeln. Schlagen Sie gegebenenfalls in Kapitel 14 nach.

Das letzte Argument lautet »...«. Was verbirgt sich dahinter? In einem Funktionsprototyp stellen Punkte eine beliebige Anzahl von Argumenten dar. Mit anderen Worten: Außer dem Dateizeiger und dem Formatstring kann `fprintf` weitere Argumente übernehmen – genau wie bei `printf`. Bei diesen optionalen Argumenten handelt es sich um die Namen von Variablen, die in den spezifizierten Stream auszugeben sind.

Denken Sie daran, dass `fprintf` genau wie `printf` funktioniert – nur dass die Ausgabe an den Stream geht, der in der Argumentliste spezifiziert ist. Wenn Sie also ein Stream-Argument `stdout` angeben, entspricht `fprintf` der Funktion `printf`.

Listing 16.2 zeigt ein Beispiel für die Verwendung von `fprintf`.

Listing 16.2: Äquivalenz der formatierten Ausgabe in eine Datei und an stdout mit fprintf

```
/* Beispiel für die Funktion fprintf. */

#include <stdio.h>
#include <stdlib.h>
```

```
void tastatur_loeschen(void);

int main()
{
     FILE *fp;
     float daten[5];
     int count;
     char dateiname[20];

     puts("Geben Sie 5 Gleitkommazahlen ein.");

     for (count = 0; count < 5; count++)
         scanf("%f", &daten[count]);

     /* Liest den Dateinamen ein und öffnet die Datei. Zuerst */
     /* werden aus stdin alle verbliebenen Zeichen gelöscht.  */

     tastatur_loeschen();

     puts("Geben Sie einen Namen für die Datei ein.");
     gets(dateiname);

     if ( (fp = fopen(dateiname, "w")) == NULL)
     {
       fprintf(stderr, "Fehler beim Öffnen der Datei %s.\n", dateiname);
       exit(1);
     }

     /* Schreibt die numerischen Daten in die Datei und in stdout. */

     for (count = 0; count < 5; count++)
     {
         fprintf(fp, "daten[%d] = %f\n", count, daten[count]);
         fprintf(stdout, "daten[%d] = %f\n", count, daten[count]);
     }
     fclose(fp);
     printf("\n");
     return(0);
}

void tastatur_loeschen(void)
/* Löscht alle verbliebenen Zeichen in stdin. */
{
     char muell[80];
     gets(muell);
}
```

Ausgabe

```
Geben Sie 5 Gleitkommazahlen ein.
3.14159
9.99
1.50
3.
1000.0001
Geben Sie einen Namen für die Datei ein.
zahlen.txt

daten[0] = 3.141590
daten[1] = 9.990000
daten[2] = 1.500000
daten[3] = 3.000000
daten[4] = 1000.000122
```

Analyse

Vielleicht fragen Sie sich, warum das Programm `1000.000122` anzeigt, wo sie doch nur `1000.0001` eingegeben haben. Dieser Wert ergibt sich aus der Art und Weise, wie C Zahlen speichert. Bestimmte Gleitkommazahlen lassen sich nicht genau in das interne Binärformat konvertieren. Daraus resultieren diese Ungenauigkeiten.

Das Programm verwendet in den Zeilen 37 und 38 die Funktion `fprintf`, um formatierten Text und numerische Daten an `stdout` und eine von Ihnen vorgegebene Datei zu senden. Der einzige Unterschied zwischen den beiden Aufrufen liegt im ersten Argument – das heißt, in dem Stream, an den die Daten gesendet werden. Nachdem Sie das Programm ausgeführt haben, werfen Sie doch einen Blick auf den Inhalt der Datei `zahlen.txt` (oder welchen Namen auch immer Sie angegeben haben), die im selben Verzeichnis wie die Programmdateien steht. Sie werden feststellen, dass der Text in der Datei eine genaue Kopie des Textes auf dem Bildschirm ist.

Listing 16.2 verwendet die am Tag 14 behandelte Funktion `tastatur_loeschen`. Diese Funktion entfernt alle Zeichen, die nach einem vorangehenden Aufruf von `scanf` eventuell noch im Tastaturpuffer stehen. Wenn Sie `stdin` nicht leeren und dann mit der Funktion `gets` den Dateinamen abrufen, liest `gets` als Erstes diese zusätzlichen Zeichen (insbesondere das Neue-Zeile-Zeichen). Die Folge ist ein verstümmelter Dateiname, der wahrscheinlich zu einem Fehler beim Anlegen der Datei führt.

Formatierte Dateieingabe

Für die formatierte Dateieingabe steht die Bibliotheksfunktion `fscanf` zur Verfügung. Man verwendet sie wie `scanf` (siehe Tag 14), außer dass die Eingaben von einem spezifizierten Stream statt von `stdin` kommen. Der Prototyp für `fscanf` lautet:

```
int fscanf(FILE *fp, const char *fmt, ...);
```

Das Argument `fp` ist ein Zeiger auf den Typ `FILE`, den `fopen` beim Öffnen der Datei zurückgegeben hat, und `fmt` ist ein Zeiger auf den Formatstring, der angibt, wie `fscanf` die Eingabe zu lesen hat. Die Komponenten des Formatstrings entsprechen denen von `scanf`. Die Auslassungszeichen (...) stehen für weitere Argumente – die Adressen der Variablen, in denen `fscanf` die Eingabe ablegen soll.

Bevor Sie sich mit `fscanf` beschäftigen, sollten Sie sich noch einmal den Abschnitt zu `scanf` von Tag 14 ansehen. Die Funktion `fscanf` funktioniert genau wie `scanf` – nur dass die Zeichen von einem angegebenen Stream und nicht von `stdin` stammen.

Für ein Beispiel mit `fscanf` brauchen wir eine Textdatei mit Zahlen oder Strings, deren Format die Funktion lesen kann. Erstellen Sie dazu mit Ihrem Editor eine Datei namens `eingabe.txt` und geben Sie fünf Gleitkommazahlen ein, die durch Leerzeichen oder Zeilenumbruch getrennt sind. Diese Datei könnte zum Beispiel folgendermaßen aussehen:

```
123.45     87.001
100.02
0.00456    1.0005
```

Kompilieren Sie jetzt das Programm aus Listing 16.3 und führen Sie es aus.

Listing 16.3: Mit fscanf formatierte Daten aus einer Datei einlesen

```
/* Mit fscanf formatierte Daten aus einer Datei lesen. */
#include <stdlib.h>
#include <stdio.h>

int main(void)
{
    float f1, f2, f3, f4, f5;
    FILE *fp;

     if ( (fp = fopen("eingabe.txt", "r")) == NULL)
     {
         fprintf(stderr, "Fehler beim Öffnen der Datei.\n");
         exit(1);
     }

```

```
16:     fscanf(fp, "%f %f %f %f %f", &f1, &f2, &f3, &f4, &f5);
17:     printf("Die Werte lauten %f, %f, %f, %f und %f\n.",
18:             f1, f2, f3, f4, f5);
19:
20:     fclose(fp);
21:     return(0);
22: }
```

Ausgabe

```
Die Werte lauten 123.449997, 87.000999, 100.019997, 0.004560 und 1.000500.
```

Hinweis

Die Genauigkeit des verwendeten Datentyps kann dazu führen, dass das Programm für einige Zahlen nicht exakt die gleichen Werte anzeigt, die es eingelesen hat. So kann zum Beispiel `100.02` in der Ausgabe als `100.01999` erscheinen.

Analyse

Dieses Programm liest die fünf Werte aus der Datei `eingabe.txt` – die Sie vorher angelegt haben – und gibt die Werte auf dem Bildschirm aus. Der Aufruf von `fopen` in der `if`-Anweisung von Zeile 10 öffnet die Datei im Lesemodus. Gleichzeitig prüft die `if`-Anweisung, ob das Öffnen erfolgreich verlaufen ist. Wenn `fopen` die Datei nicht öffnen konnte, zeigt Zeile 12 eine Fehlermeldung an und Zeile 13 beendet das Programm.

Zeile 16 enthält die Funktion `fscanf`. Mit Ausnahme des ersten Parameters ist `fscanf` identisch zur Funktion `scanf`, die Sie in den bisherigen Beispielen des Buches schon mehrfach eingesetzt haben. Der erste Parameter zeigt auf die Datei, aus der das Programm Daten lesen soll. Experimentieren Sie ruhig ein wenig mit `fscanf`. Erzeugen Sie mit Ihrem Editor eigene Eingabedateien und beobachten Sie, wie `fscanf` die Daten liest.

Zeichenein- und -ausgabe

Im Zusammenhang mit Dateien versteht man unter dem Begriff *Zeichen-E/A* das Einlesen sowohl einzelner Zeichen als auch ganzer Zeilen. Zur Erinnerung: Eine Zeile ist eine Folge von Zeichen, die mit einem Neue-Zeile-Zeichen abschließt. Die Zeichenein-/-ausgabe ist in erster Linie für Textdateien vorgesehen; die folgenden Abschnitte beschreiben die Funktionen für die Zeichen-E/A und geben dann ein Beispielprogramm an.

Zeicheneingabe

Es gibt drei Funktionen zur Zeicheneingabe: `getc` und `fgetc` für einzelne Zeichen und `fgets` für Zeilen.

Die Funktionen getc und fgetc

Die Funktionen `getc` und `fgetc` sind identisch und damit austauschbar; sie lesen ein Zeichen aus dem spezifizierten Stream ein. Der Prototyp der Funktion `getc` ist in der Header-Datei `stdio.h` deklariert und sieht wie folgt aus:

```
int getc(FILE *fp);
```

Das Argument `fp` ist der Zeiger, den die Funktion `fopen` beim Öffnen der Datei zurückgibt. Die Funktion `getc` liefert das eingegebene Zeichen zurück oder `EOF`, wenn ein Fehler aufgetreten ist.

Die Funktion `getc` haben wir bereits in früheren Programmen verwendet, um Zeichen von der Tastatur einzulesen. Das beweist wieder die Flexibilität der Streams in C – die selbe Funktion lässt sich sowohl für Eingaben von der Tastatur als auch zum Lesen aus Dateien verwenden.

Wenn `getc` und `fgetc` ein einzelnes Zeichen zurückliefern, warum ist dann im Prototyp der Rückgabewert mit dem Typ `int` angegeben? Das hat folgenden Grund: Wenn Sie Dateien lesen, müssen Sie auch in der Lage sein, das Dateiendezeichen zu lesen. Auf manchen Systemen ist dieses Dateiendezeichen nicht vom Typ `char`, sondern vom Typ `int`. Ein Beispiel für `getc` finden Sie später in Listing 16.10.

Die Funktion fgets

Mit der Bibliotheksfunktion `fgets` liest man eine ganze Zeile von Zeichen aus einer Datei ein. Der Prototyp lautet:

```
char *fgets(char *str, int n, FILE *fp);
```

Der Parameter `str` ist ein Zeiger auf einen Puffer, in dem die Funktion die Eingabe speichert. Der Parameter `n` gibt die maximale Anzahl der zu lesenden Zeichen an. Den Zeiger `fp` auf den Typ `FILE` gibt die Funktion `fopen` beim Öffnen der Datei zurück.

Die Funktion `fgets` liest Zeichen von `fp` in den Speicher ein, beginnend mit der Speicherposition, auf die `str` zeigt. Die Funktion liest so lange Zeichen, bis sie `n-1` Zeichen gelesen hat oder ein Neue-Zeile-Zeichen erscheint – je nachdem, welcher Fall zuerst eintritt. Setzen Sie `n` gleich der Anzahl der Bytes, die Sie für den Puffer `str` reserviert haben. Damit verhindern Sie, dass die Funktion über den reservierten Speicherbereich hinaus schreibt. (Mit `n-1` sichern Sie auch den Platz für das abschließende Nullzeichen `\0`, das `fgets` an das Ende des Strings anhängt.) Geht alles glatt, liefert `fgets` die Adresse von `str` zurück. Es können jedoch zwei Arten von Fehlern auftreten, die die Funktion mit dem Rückgabewert `NULL` anzeigt:

- Es kommt zu einem Lesefehler oder die Funktion liest `EOF`, bevor sie Zeichen an `str` zugewiesen hat. In diesem Fall gibt die Funktion `NULL` zurück und der Speicher, auf den `str` zeigt, bleibt unverändert.
- Es kommt zu einem Lesefehler oder die Funktion liest `EOF`, nachdem sie Zeichen an `str` zugewiesen hat. In diesem Fall gibt die Funktion `NULL` zurück und der Speicher, auf den `str` zeigt, enthält nicht verwertbare Zeichen.

Daran können Sie erkennen, dass `fgets` nicht unbedingt eine ganze Zeile einliest (das heißt, alles bis zum nächsten Neue-Zeile-Zeichen). Wenn die Funktion `n-1` Zeichen gelesen hat, bevor eine neue Zeile beginnt, stoppt `fgets` das Einlesen. Die nächste Leseoperation aus der Datei beginnt dort, wo die letzte aufgehört hat. Um sicherzustellen, dass `fgets` ganze Strings einliest und nur bei Neue-Zeile-Zeichen stoppt, sollten Sie den Eingabepuffer und den korrespondierenden Wert von `n`, der `fgets` übergeben wird, ausreichend groß festlegen.

Zeichenausgabe

Für die Zeichenausgabe stellt C die Funktionen `putc` und `fputs` bereit.

Die Funktion putc

Die Bibliotheksfunktion `putc` schreibt ein einzelnes Zeichen in einen angegebenen Stream. Der Prototyp ist in `stdio.h` definiert und lautet:

```
int putc(int ch, FILE *fp);
```

Das Argument `ch` ist das auszugebende Zeichen. Wie bei den anderen Zeichenfunktionen ist dieses Zeichen formal vom Typ `int`, die Funktion nutzt aber nur das niederwertige Byte. Das Argument `fp` ist der mit der Datei verbundene Zeiger (den die Funktion `fopen` beim Öffnen der Datei zurückgibt). Die Funktion `putc` liefert im Erfolgsfall das geschriebene Zeichen zurück oder `EOF`, wenn ein Fehler aufgetreten ist. Die symbolische Konstante `EOF` ist in `stdio.h` definiert und hat den Wert `-1`. Da kein »echtes« Zeichen diesen numerischen Wert hat, lässt sich `EOF` als Fehlerindikator verwenden (allerdings gilt das nur für Textdateien).

Die Funktion fputs

Mit der Bibliotheksfunktion `fputs` lässt sich eine ganze Zeile von Zeichen in einen Stream schreiben. Diese Funktion entspricht der bereits am Tag 14 besprochenen Funktion `puts`. Der einzige Unterschied liegt darin, dass Sie bei `fputs` den Ausgabestrom angeben können. Außerdem fügt `fputs` kein Neue-Zeile-Zeichen an das Ende des Strings an. Wenn Sie dieses Zeichen benötigen, müssen Sie es explizit in den auszugebenden String aufnehmen. Der Prototyp ist in der Header-Datei `stdio.h` definiert und lautet:

```
char fputs(char *str, FILE *fp);
```

Das Argument str ist ein Zeiger auf den zu schreibenden nullterminierten String und fp ein Zeiger auf den Typ FILE, den die Funktion fopen beim Öffnen der Datei zurückgibt. Die Funktion schreibt den String, auf den str zeigt, ohne das abschließende \0 in die Datei. Im Erfolgsfall liefert fputs einen nichtnegativen Wert zurück, bei einem Fehler den Wert EOF.

Direkte Dateiein- und -ausgabe

Die direkte Datei-E/A verwendet man vor allem, um Daten zu speichern, die später dasselbe oder ein anderes C-Programm lesen soll. Diesen Modus verwendet man nur bei Binärdateien. Die direkte Ausgabe schreibt Datenblöcke aus dem Speicher in eine Datei. Die direkte Dateieingabe kehrt diesen Vorgang um und liest einen Datenblock aus einer Datei in den Speicher. So kann zum Beispiel ein einziger Funktionsaufruf zur direkten Ausgabe ein ganzes Array vom Typ double in eine Datei schreiben und ein einziger Funktionsaufruf zur direkten Eingabe das ganze Array wieder aus der Datei in den Speicher zurückholen. Die Funktionen für die direkte Datei-E/A lauten fread und fwrite.

Die Funktion fwrite

Die Bibliotheksfunktion fwrite schreibt einen Datenblock aus dem Speicher in eine Binärdatei. Der Prototyp steht in der Header-Datei stdio.h und lautet:

```
int fwrite(void *buf, int size, int n, FILE *fp);
```

Das Argument buf ist ein Zeiger auf den Speicherbereich, in dem die zu schreibenden Daten stehen. Der Zeigertyp ist void und kann deshalb ein Zeiger auf beliebige Typen sein.

Das Argument size gibt die Größe der einzelnen Datenelemente in Bytes an und n die Anzahl der zu schreibenden Elemente. Wenn Sie zum Beispiel ein Integer-Array mit 100 Elementen sichern wollen, ist size gleich 4 (da jedes int-ElemeNT 4 Bytes belegt) und n hat den Wert 100 (da das Array 100 Elemente enthält). Das Argument size können Sie mit dem sizeof-Operator berechnen.

Das Argument fp ist natürlich wieder der Zeiger auf den Typ FILE, den die Funktion fopen beim Öffnen der Datei zurückgibt. Die Funktion fwrite liefert im Erfolgsfall die Anzahl der geschriebenen Elemente zurück. Ein Wert kleiner als n weist auf einen Fehler hin. Eine Fehlerprüfung beim Aufruf von fwrite lässt sich wie folgt programmieren:

```
if( (fwrite(puffer, groesse, anzahl, fp)) != anzahl)
  fprintf(stderr, "Fehler beim Schreiben in die Datei.");
```

Es folgen einige Beispiele zur Verwendung von `fwrite`. Die erste Anweisung schreibt eine einzelne Variable `x` vom Typ `double` in eine Datei:

```
fwrite(&x, sizeof(double), 1, fp);
```

Um ein Array `daten[]` mit 50 Strukturen vom Typ `adresse` in eine Datei zu schreiben, haben Sie zwei Möglichkeiten:

```
fwrite(daten, sizeof(adresse), 50, fp);
fwrite(daten, sizeof(daten), 1, fp);
```

Die erste Zeile gibt das Array als Folge von 50 Elementen aus, wobei jedes Element die Größe einer Struktur vom Typ `adresse` hat. Die zweite Methode behandelt das Array als ein einziges Element. Das Resultat ist für beide Aufrufe das Gleiche.

Der folgende Abschnitt stellt die Funktion `fread` vor und präsentiert zum Schluss ein Beispielprogramm für den Einsatz von `fread` und `fwrite`.

Die Funktion fread

Die Bibliotheksfunktion `fread` liest einen Datenblock aus einer Binärdatei in den Speicher. Der Prototyp in der Header-Datei `stdio.h` lautet:

```
int fread(void *buf, int size, int n, FILE *fp);
```

Das Argument `buf` ist ein Zeiger auf den Speicherbereich, in dem die Funktion die gelesenen Daten ablegt. Wie bei `fwrite` ist der Zeigertyp `void`.

Das Argument `size` gibt die Größe der einzelnen Datenelemente in Bytes an und `n` die Anzahl der Elemente. Dabei sollten Ihnen die Parallelen dieser Argumente zu den Argumenten von `fwrite` auffallen. Auch hier berechnet man das Argument `size` normalerweise mit dem `sizeof`-Operator. Das Argument `fp` ist (wie immer) der Zeiger auf den Typ `FILE`, den die Funktion `fopen` beim Öffnen der Datei zurückgibt. Die Funktion `fread` liefert die Anzahl der gelesenen Elemente zurück. Dieser Wert kann kleiner als `n` sein, wenn vorher das Dateiende erreicht wurde oder ein Fehler aufgetreten ist.

Listing 16.4 veranschaulicht den Einsatz von `fwrite` und `fread`.

Listing 16.4: Die Funktionen fwrite und fread für den direkten Dateizugriff

```
/* Direkte Datei-E/A mit fwrite und fread. */
#include <stdlib.h>
#include <stdio.h>

#define GROESSE 20

int main()
{
```

```
    int count, array1[GROESSE], array2[GROESSE];
    FILE *fp;

    /* Initialisierung von array1[]. */

    for (count = 0; count < GROESSE; count++)
        array1[count] = 2 * count;

    /* Öffnet eine Binärdatei */

    if ( (fp = fopen("direkt.txt", "wb")) == NULL)
    {
        fprintf(stderr, "Fehler beim Öffnen der Datei.\n");
        exit(1);
    }
    /* array1[] in der Datei speichern. */

    if (fwrite(array1, sizeof(int), GROESSE, fp) != GROESSE)
    {
        fprintf(stderr, "Fehler beim Schreiben in die Datei.");
        exit(1);
    }

    fclose(fp);

    /* Öffnet jetzt dieselbe Datei zum Lesen im Binärmodus. */

    if ( (fp = fopen("direkt.txt", "rb")) == NULL)
    {
        fprintf(stderr, "Fehler beim Öffnen der Datei.");
        exit(1);
    }

    /* Liest die Daten nach array2[]. */

    if (fread(array2, sizeof(int), GROESSE, fp) != GROESSE)
    {
        fprintf(stderr, "Fehler beim Lesen der Datei.");
        exit(1);
    }

    fclose(fp);

    /* Gibt beide Arrays aus, um zu zeigen, dass sie gleich sind. */

    for (count = 0; count < GROESSE; count++)
```

```
55:         printf("%d\t%d\n", array1[count], array2[count]);
56:     return(0);
57: }
```

Ausgabe

```
0       0
2       2
4       4
6       6
8       8
10      10
12      12
14      14
16      16
18      18
20      20
22      22
24      24
26      26
28      28
30      30
32      32
34      34
36      36
38      38
```

Analyse

Listing 16.4 zeigt, wie sich die Funktionen `fwrite` und `fread` einsetzen lassen. Die Zeilen 14 und 15 initialisieren ein Array. Die Funktion `fwrite` schreibt dann dieses Array in eine Datei (Zeile 26). Das Programm ruft in Zeile 44 die Funktion `fread` auf, um die Daten in ein anderes Array einzulesen. Zum Schluss geben die Zeilen 54 und 55 beide Arrays auf den Bildschirm aus und zeigen damit, dass beide Arrays die gleichen Daten enthalten.

Wenn Sie Daten mit `fwrite` speichern, kann nicht viel schief gehen. Gegebenenfalls ist ein Dateifehler – wie weiter oben gezeigt – abzufangen. Mit `fread` müssen Sie jedoch vorsichtig sein. Die Daten in der Datei stellen für die Funktion lediglich eine Folge von Bytes dar. Die Funktion weiß nicht, was die Daten bedeuten. Ein Block von 100 Bytes kann zum Beispiel folgende Elemente repräsentieren: 100 Variablen vom Typ `char`, 50 Variablen vom Typ `short`, 25 Variablen vom Typ `int` oder 25 Variablen vom Typ `float`. Mit `fread` lässt sich dieser Block anstandslos in den Speicher lesen. Wenn die Daten im Block aus einem Array vom Typ `int` stammen und Sie die Daten in ein Array vom Typ `float` abrufen, tritt zwar kein Fehler auf, aber Ihr Programm liefert unvorhersehbare Ergebnisse. Deshalb müssen Sie in Ihren Programmen gewährleisten, dass `fread` die Daten in Variablen und Arrays der passenden Typen liest. Listing 16.4 sieht für alle Aufrufe von `fopen`, `fwrite` und `fread` Prüfungen der korrekten Arbeitsweise vor.

Dateipuffer: Dateien schließen und leeren

Wenn Sie eine Datei nicht mehr benötigen, sollten Sie sie mit der Funktion `fclose` schließen. In den heutigen Beispielprogrammen ist Ihnen die Funktion `fclose` sicherlich schon aufgefallen. Ihr Prototyp lautet:

```
int fclose(FILE *fp);
```

Das Argument `fp` ist der `FILE`-Zeiger, der mit dem Stream verbunden ist. Im Erfolgsfall liefert `fclose` den Rückgabewert `0`, bei einem Fehler `-1`. Wenn Sie eine Datei schließen, wird der Puffer der Datei geleert (in die Datei geschrieben). Mit der Funktion `fcloseall` lassen sich alle geöffneten Streams mit Ausnahme der Standard-Streams (`stdin`, `stdout`, `stdprn`, `stderr` und `stdaux`) auf einen Schlag schließen. Der Prototyp der Funktion `fcloseall` lautet:

```
int flcoseall(void);
```

Diese Funktion leert auch alle Stream-Puffer und gibt die Anzahl der geschlossenen Streams zurück.

Wenn ein Programm terminiert (weil es das Ende von `main` erreicht oder die Funktion `exit` ausgeführt hat), werden alle Streams automatisch gelöscht und geschlossen. Es ist jedoch empfehlenswert, Streams explizit zu schließen, sobald Sie sie nicht mehr benötigen – vor allem diejenigen, die mit Dateien verbunden sind. Der Grund dafür sind die Stream-Puffer.

Wenn Sie einen Stream erzeugen, der mit einer Datei verbunden ist, wird automatisch ein Puffer erzeugt und mit dem Stream verknüpft. Ein Puffer ist ein Speicherblock, in dem die Funktionen vorübergehend Daten ablegen, nachdem sie die Daten gelesen haben oder bevor sie die Daten in die Datei schreiben. Puffer sind unentbehrlich, da Laufwerke blockorientierte Geräte sind, das heißt, sie arbeiten effizient, wenn sie die Daten in Blöcken einer bestimmten Größe lesen oder schreiben. Die Größe des idealen Blocks ist je nach verwendeter Hardware unterschiedlich. Normalerweise bewegt sie sich in der Größenordnung von einigen Hundert bis Tausend Bytes. Um die genaue Blockgröße brauchen Sie sich momentan noch nicht zu kümmern.

Der Puffer, der mit einem Dateistrom verbunden ist, dient als Schnittstelle zwischen dem Stream (der zeichenorientiert ist) und dem Speichermedium (das blockorientiert ist). Wenn Ihr Programm Daten in einen Stream schreibt, kommen die Daten erst einmal in den Puffer. Erst wenn der Puffer voll ist, wird der gesamte Inhalt des Puffers als Block in die Datei geschrieben. Das Lesen von Daten aus einer Datei erfolgt analog. Das Betriebssystem legt den Puffer an und realisiert auch die darüber ablaufenden Operationen. Mit diesen Aufgaben brauchen Sie sich nicht zu befassen. (C stellt zwar einige Funktionen zur Manipulation der Puffer zur Verfügung, doch Einzelheiten dazu gehen über den Rahmen dieses Buches hinaus.)

Für die Praxis bedeutet die automatische Pufferung, dass sich die von Ihrem Programm vermeintlich in die Datei geschriebenen Daten immer noch im Puffer befinden – und noch nicht in der Datei. Bei einem Programmabsturz, einem Stromausfall oder einem anderen Problem gehen die Daten im Puffer normalerweise verloren und der Zustand der Datei ist unbestimmt.

Deshalb kann man erzwingen, dass das Betriebssystem den Pufferinhalt in die Datei schreibt. Der Puffer eines Streams lässt sich mit der Bibliotheksfunktion `fflush` leeren, ohne ihn zu schließen. Rufen Sie `fflush` auf, wenn Sie den Inhalt eines Dateipuffers in die Datei übertragen, die Datei aber noch weiter benutzen und daher nicht schließen wollen. Verwenden Sie `flushall`, um die Puffer aller offenen Streams zu leeren. Die Prototypen für die beiden Funktionen lauten:

```
int fflush(FILE *fp);
int flushall(void);
```

Das Argument `fp` ist der `FILE`-Zeiger, den die Funktion `fopen` beim Öffnen der Datei zurückgibt. Wenn eine Datei zum Schreiben geöffnet ist, schreibt `fflush` den Inhalt des Puffers in die Datei. Haben Sie die Datei zum Lesen geöffnet, wird der Puffer gelöscht. Im Erfolgsfall liefert `fflush` den Rückgabewert `0` und bei einem Fehler den Wert `EOF`. Die Funktion `flushall` gibt die Anzahl der geöffneten Streams zurück.

Was Sie tun sollten	Was nicht
Öffnen Sie eine Datei, bevor Sie sie zum Lesen oder Schreiben verwenden. Berechnen Sie die Größe des `size`-Arguments für die Funktionen `fwrite` und `fread` mit dem `sizeof`-Operator. Schließen Sie alle von Ihnen geöffneten Dateien.	Gehen Sie nicht davon aus, dass Zugriffe auf Dateien stets fehlerfrei ablaufen. Prüfen Sie nach jeder Lese-, Schreib- oder Öffnen-Operation, ob die Funktion wunschgemäß ausgeführt wurde. Rufen Sie `fcloseall` nur dann auf, wenn es einen echten Grund gibt, alle Streams zu schließen.

Sequenzieller und wahlfreier Zugriff auf Dateien

Jeder geöffneten Datei ist ein Dateizeiger zugeordnet, der die Position der nächsten Lese- und Schreiboperation bezeichnet. Diese Position ist immer der Abstand (Offset) in Bytes vom Anfang der Datei. Beim Öffnen einer neuen Datei steht der Dateizeiger auf dem Anfang der Datei – Position 0. (Da eine neue Datei die Länge 0 hat, gibt es keine andere Position für den Dateizeiger.) Wenn Sie eine existierende Datei im Anfügen-Modus öffnen, steht der Dateizeiger am Ende der Datei, bei jedem anderen Modus am Anfang der Datei.

Die weiter vorn in dieser Lektion behandelten Datei-E/A-Funktionen arbeiten mit diesem Dateizeiger, auch wenn man als Programmierer wenig davon merkt, da die entsprechenden Operationen im Hintergrund ablaufen. Sämtliche Lese- und Schreiboperationen finden jeweils an der Stelle statt, auf die der Dateizeiger verweist. Diese Operationen aktualisieren auch die Position des Dateizeigers. Wenn Sie zum Beispiel eine Datei zum Lesen öffnen und 10 Bytes einlesen (die Bytes an den Positionen 0 bis 9), befindet sich der Dateizeiger nach der Leseoperation an Position 10 und die nächste Leseoperation beginnt genau dort. Wenn Sie also alle Daten einer Datei sequenziell lesen oder Daten sequenziell in eine Datei schreiben wollen, braucht Sie der Dateizeiger nicht zu kümmern. Überlassen Sie alles den Stream-E/A-Funktionen.

C bietet aber auch spezielle Bibliotheksfunktionen, mit denen sich der Wert des Dateizeigers feststellen und ändern lässt. Indem Sie den Dateizeiger kontrollieren, können Sie auf jede beliebige Stelle in einer Datei zugreifen (»wahlfreier Zugriff«), d.h., Sie können an jeder beliebigen Position der Datei lesen oder schreiben, ohne dazu alle vorhergehenden Daten lesen oder schreiben zu müssen.

Die Funktionen ftell und rewind

Die Bibliotheksfunktion `rewind` setzt den Dateizeiger an den Anfang der Datei. Der Prototyp steht in der Header-Datei `stdio.h` und lautet:

```
void rewind(FILE *fp);
```

Das Argument `fp` ist der `FILE`-Zeiger, der mit dem Stream verbunden ist. Nach dem Aufruf von `rewind` weist der Dateizeiger auf den Anfang der Datei (Byte 0). Verwenden Sie `rewind`, wenn Sie bereits Daten aus einer Datei eingelesen haben und bei der nächsten Leseoperation wieder beim Anfang der Datei beginnen wollen, ohne dazu die Datei schließen und wieder öffnen zu müssen.

Den Wert des Dateizeigers einer Datei ermitteln Sie mit der Funktion `ftell`. Der Prototyp dieser Funktion ist in `stdio.h` deklariert und lautet:

```
long ftell(FILE *fp);
```

Das Argument `fp` ist der `FILE`-Zeiger, den die Funktion `fopen` beim Öffnen der Datei zurückgibt. Die Funktion `ftell` liefert einen Wert vom Typ `long`, der die aktuelle Dateiposition als Abstand in Bytes vom Beginn der Datei angibt (das erste Byte steht an Position 0). Wenn ein Fehler auftritt, liefert `ftell` den Wert `-1L` (der Wert `-1` des Typs `long`).

Listing 16.5 zeigt ein Beispiel, wie man mit `rewind` und `ftell` programmiert.

Listing 16.5: Die Funktionen ftell und rewind

```
/* Beispiel für die Funktionen ftell und rewind. */
#include <stdlib.h>
#include <stdio.h>

#define PUFFERLAENGE 6

char msg[] = "abcdefghijklmnopqrstuvwxyz";

int main()
{
    FILE *fp;
    char puffer[PUFFERLAENGE];

    if ( (fp = fopen("text.txt", "w")) == NULL)
    {
        fprintf(stderr, "Fehler beim Öffnen der Datei.");
        exit(1);
    }

    if (fputs(msg, fp) == EOF)
    {
        fprintf(stderr, "Fehler beim Schreiben in die Datei.");
        exit(1);
    }

    fclose(fp);

    /* Öffnet jetzt die Datei zum Lesen. */

    if ( (fp = fopen("text.txt", "r")) == NULL)
    {
        fprintf(stderr, "Fehler beim Öffnen der Datei.");
        exit(1);
    }
    printf("\nDirekt nach dem Öffnen, Position = %ld", ftell(fp));

```

```
37:      /* Liest 5 Zeichen ein. */
38:
39:      fgets(puffer, PUFFERLAENGE, fp);
40:      printf("\nNach dem Einlesen von %s, Position = %ld",
                 puffer, ftell(fp));
41:
42:      /* Liest die nächsten 5 Zeichen ein. */
43:
44:      fgets(puffer, PUFFERLAENGE, fp);
45:      printf("\n\nDie nächsten 5 Zeichen sind %s, Position jetzt = %ld",
46:              puffer, ftell(fp));
47:
48:      /* Dateizeiger des Streams zurücksetzen. */
49:
50:      rewind(fp);
51:
52:      printf("\n\nNach dem Zurücksetzen ist die Position wieder %ld",
53:              ftell(fp));
54:
55:      /* Liest 5 Zeichen ein. */
56:
57:      fgets(puffer, PUFFERLAENGE, fp);
58:      printf("\nund das Einlesen beginnt von vorn: %s\n", puffer);
59:      fclose(fp);
60:      return(0);
61: }
```

Ausgabe

```
Direkt nach dem Öffnen, Position = 0
Nach dem Einlesen von abcde, Position = 5

Die nächsten 5 Zeichen sind fghij, Position jetzt = 10

Nach dem Zurücksetzen ist die Position wieder 0
und das Einlesen beginnt von vorn: abcde
```

Analyse

Dieses Programm schreibt den String `msg` in eine Datei namens `text.txt`. Der String besteht aus den 26 Buchstaben des Alphabets in geordneter Reihenfolge. Die Zeilen 14 bis 18 öffnen `text.txt` zum Schreiben und prüfen, ob die Datei erfolgreich geöffnet wurde. Die Zeilen 20 bis 24 schreiben `msg` mit der Funktion `fputs` in die Datei und prüfen, ob die Schreiboperation erfolgreich verlaufen ist. Zeile 26 schließt die Datei mit `fclose` und beendet damit das Erstellen der Datei, mit der das Programm im weiteren Verlauf arbeitet.

Die Zeilen 30 bis 34 öffnen die Datei erneut, diesmal jedoch zum Lesen. Zeile 35 gibt den Rückgabewert von ftell aus. Beachten Sie, dass diese Position am Anfang der Datei liegt. Zeile 39 führt die Funktion gets aus, um fünf Zeichen einzulesen. Die printf-Anweisung in Zeile 40 gibt diese fünf Zeichen und die neue Dateiposition aus. Beachten Sie, dass ftell den korrekten Offset zurückgibt. Zeile 50 ruft rewind auf, um den Zeiger wieder auf den Anfang der Datei zu setzen, bevor Zeile 52 diese Dateiposition erneut ausgibt und damit bestätigt, dass rewind die Position tatsächlich zurückgesetzt hat. Das bekräftigt eine weitere Leseoperation in Zeile 57, die erneut die ersten Zeichen vom Anfang der Datei einliest. Zeile 59 schließt die Datei, bevor das Programm endet.

Die Funktion fseek

Mehr Kontrolle über den Dateizeiger eines Streams bietet die Bibliotheksfunktion fseek. Mit dieser Funktion können sie den Dateizeiger an eine beliebige Stelle in der Datei setzen. Der Funktionsprototyp ist in stdio.h deklariert und lautet:

```
int fseek(FILE *fp, long offset, int ausgangspunkt);
```

Der Parameter fp ist der FILE-Zeiger, der mit der Datei verbunden ist. Der Parameter offset bezeichnet die Distanz, um die Sie den Dateizeiger verschieben wollen (in Bytes). Mit ausgangspunkt legen Sie die Position fest, von der aus die Verschiebung berechnet wird. Der Parameter ausgangspunkt kann drei verschiedene Werte annehmen, für die in der Header-Datei stdio.h symbolische Konstanten definiert sind (siehe Tabelle 16.2).

Konstante	**Wert**	**Beschreibung**
SEEK_SET	0	Verschiebt den Dateizeiger um offset Bytes vom Beginn der Datei aus gerechnet
SEEK_CUR	1	Verschiebt den Dateizeiger um offset Bytes von der aktuellen Position aus gerechnet
SEEK_END	2	Verschiebt den Dateizeiger um offset Bytes vom Ende der Datei aus gerechnet

Tabelle 16.2: Mögliche Werte für den Parameter ausgangspunkt der Funktion fseek

Die Funktion fseek liefert 0 zurück, wenn sie den Dateizeiger erfolgreich verschoben hat, andernfalls einen Wert ungleich Null. Das Programm in Listing 16.6 verwendet fseek für den wahlfreien Dateizugriff.

Listing 16.6: Wahlfreier Dateizugriff mit fseek

```
/* Wahlfreier Dateizugriff mit fseek. */

#include <stdlib.h>
#include <stdio.h>

#define MAX 50

int main()
{
    FILE *fp;
    int daten, count, array[MAX];
    long offset;

    /* Initialisiert das Array. */

    for (count = 0; count < MAX; count++)
        array[count] = count * 10;

    /* Öffnet eine binäre Datei zum Schreiben. */

    if ( (fp = fopen("wahlfrei.dat", "wb")) == NULL)
    {
        fprintf(stderr, "\nFehler beim Öffnen der Datei.");
        exit(1);
    }

    /* Schreibt das Array in die Datei und schließt sie dann. */

    if ( (fwrite(array, sizeof(int), MAX, fp)) != MAX)
    {
        fprintf(stderr, "\nFehler beim Schreiben in die Datei.");
        exit(1);
    }

    fclose(fp);

    /* Öffnet die Datei zum Lesen. */

    if ( (fp = fopen("wahlfrei.dat", "rb")) == NULL)
    {
        fprintf(stderr, "\nFehler beim Öffnen der Datei.");
        exit(1);
    }
```

```

    /* Fragt den Benutzer, welches Element gelesen werden soll. */
    /* Liest das Element ein und zeigt es an. Programmende mit -1. */

    while (1)
    {
       printf("\nGeben Sie das einzulesende Element ein, 0-%d, -1 für \
              Ende: ", MAX-1);
       scanf("%ld", &offset);

       if (offset < 0)
          break;
       else if (offset > MAX-1)
          continue;

       /* Verschiebt den Dateizeiger zum angegebenen Element. */

       if ( (fseek(fp, (offset*sizeof(int)), SEEK_SET)) != 0)
       {
          fprintf(stderr, "\nFehler beim Einsatz von fseek.");
          exit(1);
       }

       /* Liest einen einfachen Integer ein. */

       fread(&daten, sizeof(int), 1, fp);

       printf("\nElement %ld hat den Wert %d.", offset, daten);
    }

    fclose(fp);
    return(0);
}
```

Ausgabe

```
Geben Sie das einzulesende Element ein, 0-49, -1 für Ende: 5

Element 5 hat den Wert 50.
Geben Sie das einzulesende Element ein, 0-49, -1 für Ende: 6

Element 6 hat den Wert 60.
Geben Sie das einzulesende Element ein, 0-49, -1 für Ende: 49

ElemeNT 49 hat den Wert 490.
```

```
Geben Sie das einzulesende Element ein, 0-49, -1 für Ende: 1

Element 1 hat den Wert 10.
Geben Sie das einzulesende Element ein, 0-49, -1 für Ende: 0

Element 0 hat den Wert 0.
Geben Sie das einzulesende Element ein, 0-49, -1 für Ende: -1
```

Analyse

Die Zeilen 14 bis 35 finden sich in ähnlicher Form auch in Listing 16.5. Die Zeilen 16 und 17 initialisieren ein Array namens `array` mit 50 Werten vom Typ `int`. Der Wert, der in jedem Array-Element gespeichert ist, entspricht 10-mal dem Index. Das Programm schreibt dann dieses Array in eine binäre Datei namens `wahlfrei.dat`. Der `fopen`-Aufruf in Zeile 21 legt mit dem Modus »wbb« fest, dass es sich um eine Binärdatei handelt.

Zeile 39 öffnet die Datei erneut im binären Lesemodus. Danach tritt das Programm in eine Endlosschleife ein. Diese `while`-Schleife fragt vom Benutzer den Index des Array-Elements ab, das er lesen möchte. Die Zeilen 53 bis 56 prüfen, ob der eingegebene Index auf ein in der Datei gespeichertes Element verweist. Erlaubt C überhaupt, ein Element nach dem Dateiende zu lesen? Ja. Genauso wie man im RAM über das Ende eines Arrays hinaus schreiben kann, ist es in C auch möglich, über das Ende einer Datei hinaus zu lesen. Wenn Sie allerdings über das Ende hinaus (oder vor dem Dateianfang) lesen, sind die Ergebnisse unvorhersehbar. Deshalb empfiehlt es sich, immer die betreffende Dateiposition zu prüfen (wie es in den Zeilen 53 bis 56 geschieht).

Nachdem der Index des zu lesenden Elements bekannt ist, springt Zeile 60 mit einem Aufruf von `fseek` an die entsprechende Position. Da die relative Position mit `SEEK_SET` (siehe Tabelle 16.2) spezifiziert ist, erfolgt die Verschiebung relativ zum Anfang der Datei. Beachten Sie, dass der Dateizeiger der Datei nicht um `offset` Bytes, sondern um `offset` Bytes multipliziert mit der Größe eines Elements zu verschieben ist. Zeile 68 liest dann den Wert und Zeile 70 gibt ihn aus.

Das Ende einer Datei ermitteln

Ist die Länge einer Datei bekannt, brauchen Sie nicht zu prüfen, wann das Ende der Datei erreicht ist. Wenn Sie zum Beispiel mit `fwrite` ein 100-elementiges Integer-Array schreiben, wissen Sie, dass die Datei 400 Bytes lang ist. Es gibt aber auch Situationen, in denen Sie die Länge der Datei nicht kennen und trotzdem Daten aus dieser Datei lesen wollen – und zwar vom Anfang bis zum Ende der Datei. Dazu müssen Sie erkennen, wann das Dateiende erreicht ist. Das lässt sich nach zwei Methoden feststellen.

Wenn Sie eine Textdatei zeichenweise lesen, können Sie nach dem Zeichen für das Dateiende (im Englischen »End Of File«, abgekürzt EOF) suchen. Die symbolische Konstante `EOF` ist in `stdio.h` als `-1` definiert – ein Wert, der kein »echtes« Zeichen codiert. Wenn eine Funktion zur Zeicheneingabe ein `EOF` aus einem Stream im Textmodus einliest, können Sie sicher sein, dass Sie das Ende der Datei erreicht haben. Der Test auf das Dateiende lässt sich beispielsweise wie folgt formulieren:

```
while ( (c = fgetc( fp )) != EOF )
```

In einem Stream im Binärmodus können die Datenbytes beliebige Werte – den Wert -1 eingeschlossen – annehmen. Deshalb scheidet hier eine Suche nach -1 als Dateiende aus. Wenn nämlich ein Datenbyte diesen Wert hat, bricht die Eingabe aus dem Stream vorzeitig ab. Mit der Bibliotheksfunktion `feof` lässt sich das Dateiende sowohl für Binär- als auch für Textdateien ermitteln:

```
int feof(FILE *fp);
```

Das Argument `fp` ist der `FILE`-Zeiger, den die Funktion `fopen` beim Öffnen der Datei zurückgibt. Die Funktion `feof` liefert den Rückgabewert `0`, solange das Ende der Datei noch nicht erreicht ist, oder einen Wert ungleich Null, wenn sich der Dateizeiger am Ende der Datei befindet. Haben Sie mit `feof` das Ende der Datei festgestellt, dürfen Sie keine weiteren Leseoperationen aus dieser Datei durchführen. Erst müssen Sie den Dateizeiger mit `rewind` zurücksetzen bzw. mit `fseek` verschieben oder die Datei schließen und erneut öffnen.

Listing 16.7 zeigt die Verwendung von `feof`. Geben Sie auf die Frage nach einem Dateinamen einfach den Namen einer beliebigen Textdatei ein – zum Beispiel den Namen einer Ihrer C-Quellcodedateien. Wenn sich diese Datei nicht im aktuellen Verzeichnis befindet, müssen Sie den Pfad als Teil des Dateinamens angeben. Das Programm liest die Datei zeilenweise ein und gibt die einzelnen Zeilen an `stdout` aus. Wenn `feof` das Ende der Datei feststellt, endet das Programm.

Listing 16.7: Mit feof das Ende einer Datei ermitteln

```
/* Ende einer Datei (EOF) ermitteln. */
#include <stdlib.h>
#include <stdio.h>

#define PUFFERGROESSE 100

int main()
{
    char puffer[PUFFERGROESSE];
    char dateiname[60];
    FILE *fp;

```

```
13:     puts("Geben Sie den Namen der auszugebenden Textdatei ein: ");
14:     gets(dateiname);
15:
16:     /* Öffnet die Datei zum Lesen. */
17:     if ( (fp = fopen(dateiname, "r")) == NULL)
18:     {
19:        fprintf(stderr, "Fehler beim Öffnen der Datei.\n");
20:        exit(1);
21:     }
22:
23:     /* Zeilen einlesen und ausgeben. */
24:
25:     while ( !feof(fp) )
26:     {
27:        fgets(puffer, PUFFERGROESSE, fp);
28:        printf("%s",puffer);
29:     }
30:     printf("\n");
31:     fclose(fp);
32:     return(0);
33: }
```

Ausgabe

```
Geben Sie den Namen der auszugebenden Textdatei ein:
hallo.c
#include <stdio.h>
int main()
{
   printf("Hallo, Welt.");
   return(0);
}
```

Analyse

Der Aufbau der `while`-Schleife in diesem Programm (Zeilen 25 bis 29) ist typisch für Schleifen, wie man sie in komplexeren Programmen zur sequenziellen Verarbeitung von Daten einsetzt. Solange das Ende der Datei noch nicht erreicht ist, führt die `while`-Schleife den Code in den Zeilen 27 und 28 wiederholt aus. Erst wenn der Aufruf von `feof` einen Wert ungleich Null liefert, terminiert die Schleife, Zeile 31 schließt die Datei und das Programm endet.

Was Sie tun sollten	Was nicht
Prüfen Sie die aktuelle Position in der Datei, so dass Sie nicht über das Ende hinaus oder vor dem Anfang der Datei lesen. Setzen Sie den Dateizeiger mit `rewind` oder `fseek(fp, SEEK_SET, 0)` an den Anfang der Datei. Verwenden Sie `feof`, um in binären Dateien nach dem Ende der Datei zu suchen.	Verwenden Sie bei binären Dateien `EOF` nicht.

Funktionen zur Dateiverwaltung

Der Begriff *Dateiverwaltung* bezieht sich auf den Umgang mit bestehenden Dateien – nicht das Lesen aus oder das Schreiben in Dateien, sondern das Löschen, das Umbenennen und das Kopieren. Die C Standardbibliothek enthält Funktionen zum Löschen und Umbenennen von Dateien. Außerdem können Sie Ihr eigenes Programm zum Kopieren von Dateien schreiben.

Eine Datei löschen

Eine Datei löschen Sie mit der Bibliotheksfunktion `remove`. Der Prototyp ist in `stdio.h` deklariert und lautet:

```
int remove( const char *filename );
```

Der Parameter `*filename` ist ein Zeiger auf den Namen der zu löschenden Datei. (Siehe auch den Abschnitt zu Dateinamen weiter vorn in diesem Kapitel.) Die angegebene Datei muss nicht geöffnet sein. Wenn die Datei existiert, wird sie gelöscht (wie mit dem Befehl DEL an der Eingabeaufforderung von DOS oder mit dem Befehl `rm` in UNIX) und `remove` liefert `0` zurück. Der Rückgabewert lautet `-1`, wenn die Datei nicht existiert, die Datei schreibgeschützt ist, Ihre Zugriffsrechte nicht ausreichen oder ein anderer Fehler aufgetreten ist.

Listing 16.8 demonstriert den Einsatz von `remove`. Bei diesem Programm ist Vorsicht geboten: Wenn Sie eine Datei mit `remove` entfernen, ist diese unwiederbringlich gelöscht.

Listing 16.8: Mit der Funktion remove eine Datei löschen

```
1:  /* Beispiel für die Funktion remove. */
2:
3:  #include <stdio.h>
4:
5:  int main()
6:  {
7:     char dateiname[80];
8:
9:     printf("Geben Sie den Namen der zu löschenden Datei ein: ");
10:    gets(dateiname);
11:
12:    if ( remove(dateiname) == 0)
13:       printf("Die Datei %s wurde gelöscht.\n", dateiname);
14:    else
15:       fprintf(stderr, "Fehler beim Löschen der Datei %s.\n", dateiname);
16:    return(0);
17: }
```

```
Geben Sie den Namen der zu löschenden Datei ein: *.bak
Fehler beim Löschen der Datei *.bak.
Geben Sie den Namen der zu löschenden Datei ein: list1414.bak
Die Datei list1414.bak wurde gelöscht.
```

Zeile 9 fordert den Benutzer auf, den Namen der zu löschenden Datei einzugeben. Zeile 13 ruft dann `remove` auf, um die angegebene Datei zu löschen. Wenn der Rückgabewert `0` ist, hat die Funktion die Datei gelöscht und das Programm gibt eine entsprechende Nachricht aus. Bei einem Rückgabewert ungleich Null ist ein Fehler aufgetreten und die Funktion hat die Datei nicht gelöscht.

Eine Datei umbenennen

Die Funktion `rename` ändert den Namen einer existierenden Datei. Der Funktionsprototyp ist in `stdio.h` deklariert und lautet:

```
int rename( const char *old, const char *new );
```

Die Dateinamen, auf die `old` und `new` verweisen, folgen den gleichen Regeln, die diese Lektion bereits weiter vorn genannt hat. Die einzige zusätzliche Beschränkung ist, dass sich beide Namen auf dasselbe Laufwerk beziehen müssen. Sie können keine Datei umbenennen und gleichzeitig auf ein anderes Laufwerk verschieben. Die Funktion `rename` liefert im Erfolgsfall den Rückgabewert `0`, bei einem Fehler den Wert `-1`. Fehler können (unter anderem) durch folgende Bedingungen entstehen:

- Die Datei `old` existiert nicht.
- Es existiert bereits eine Datei mit dem Namen `new`.
- Sie versuchen, eine umbenannte Datei auf ein anderes Laufwerk zu verschieben.

Listing 16.9 zeigt ein Beispiel für den Einsatz von `rename`.

Listing 16.9: Mit der Funktion rename den Namen einer Datei ändern

```
1: /* Mit rename einen Dateinamen ändern. */
2:
3: #include <stdio.h>
4:
5: int main()
6: {
7:      char altername[80], neuername[80];
8:
9:      printf("Geben Sie den aktuellen Dateinamen ein: ");
10:     scanf("%80s",altername);
11:     printf("Geben Sie den neuen Namen für die Datei ein: ");
12:     scanf("%80s",neuername);
13:
14:     if ( rename( altername, neuername ) == 0 )
15:         printf("%s wurde in %s umbenannt.\n", altername, neuername);
16:     else
17:         fprintf(stderr, "Ein Fehler ist beim Umbenennen von %s \
                    aufgetreten.\n", altername);
18:     return(0);
19: }
```

Ausgabe

```
Geben Sie den aktuellen Dateinamen ein: list1509.c
Geben Sie den neuen Namen für die Datei ein: umbenennen.c
list1509.c wurde in umbenennen.c umbenannt.
```

Analyse

Listing 16.9 zeigt, wie leistungsfähig C sein kann. Mit nur 18 Codezeilen ersetzt dieses Programm einen Betriebssystembefehl und ist dabei noch wesentlich benutzerfreundlicher. Zeile 9 fordert den Namen der Datei an, die Sie umbenennen wollen. Zeile 11 fragt nach dem neuen Dateinamen. Zeile 14 ruft die Funktion `rename` innerhalb einer `if`-Anweisung auf. Diese `if`-Anweisung prüft, ob das Umbenennen der Datei korrekt verlaufen ist. Wenn ja, gibt Zeile 15 eine Bestätigung aus. Andernfalls meldet Zeile 17 einen aufgetretenen Fehler.

Eine Datei kopieren

Häufig ist es notwendig, die Kopie einer Datei anzulegen – ein genaues Duplikat mit einem anderen Namen (oder mit dem gleichen Namen, aber auf einem anderen Laufwerk und/oder in einem anderen Verzeichnis). In DOS können Sie dazu den Betriebssystembefehl `copy` verwenden; aber wie kopieren Sie eine Datei in einem C-Programm? Es gibt keine Bibliotheksfunktion, so dass Sie Ihre eigene Funktion schreiben müssen.

Auch wenn das kompliziert klingt – in der Praxis ist es Dank der Ein- und Ausgabeströme von C recht einfach. Gehen Sie in folgenden Schritten vor:

1. Öffnen Sie die Quelldatei zum Lesen im Binärmodus. (Mit dem Binärmodus stellen Sie sicher, dass die Funktion alle Arten von Dateien – nicht nur Textdateien – kopieren kann.)
2. Öffnen Sie die Zieldatei zum Schreiben im Binärmodus.
3. Lesen Sie ein Zeichen von der Quelldatei. Denken Sie daran, dass der Zeiger beim ersten Öffnen einer Datei auf den Anfang der Datei zeigt, so dass Sie den Dateizeiger nicht explizit positionieren müssen.
4. Wenn die Funktion `feof` anzeigt, dass Sie das Ende der Quelldatei erreicht haben, ist die Kopieroperation beendet. Dann können Sie beide Dateien schließen und wieder zum aufrufenden Programm zurückkehren.
5. Wenn Sie das Dateiende noch nicht erreicht haben, schreiben Sie das Zeichen in die Zieldatei und gehen zurück zu Schritt 3.

Listing 16.10 enthält eine Funktion namens `datei_kopieren`, die die Namen der Quell- und Zieldatei übernimmt und die Quelldatei gemäß den oben angegebenen Schritten kopiert. Wenn beim Öffnen einer der Dateien ein Fehler auftritt, versucht die Funktion gar nicht erst zu kopieren, sondern liefert `-1` an das aufrufende Programm zurück. Wenn die Kopieroperation erfolgreich beendet ist, schließt das Programm beide Dateien und liefert `0` zurück.

Listing 16.10: Eine Funktion, die eine Datei kopiert

```
/* Eine Datei kopieren. */

#include <stdio.h>

```

```
int datei_kopieren( char *altername, char *neuername );

int main()
{
    char quelle[80], ziel[80];

     /* Die Namen der Quell- und Zieldateien anfordern. */

     printf("\nGeben Sie die Quelldatei an: ");
     scanf("%80s",quelle);
     printf("\nGeben Sie die Zieldatei an: ");
     scanf("%80s",ziel);

     if (datei_kopieren ( quelle, ziel ) == 0 )
         puts("Kopieren erfolgreich");
     else
         fprintf(stderr, "Fehler beim Kopieren");
     return(0);
 }
 int datei_kopieren( char *altername, char *neuername )
 {
     FILE *falt, *fneu;
     int c;

     /* Öffnet die Quelldatei zum Lesen im Binärmodus. */

     if ( ( falt = fopen( altername, "rb" ) ) == NULL )
         return -1;

     /* Öffnet die Zieldatei zum Schreiben im Binärmodus. */

     if ( ( fneu = fopen( neuername, "wb" ) ) == NULL  )
     {
         fclose ( falt );
         return -1;
     }

     /* Liest jeweils nur ein Byte aus der Quelldatei. Ist das */
     /* Dateiende noch nicht erreicht, wird das Byte in die */
     /* Zieldatei geschrieben. */

     while (1)
     {
         c = fgetc( falt );

         if ( !feof( falt ) )
```

```
51:             fputc( c, fneu );
52:         else
53:             break;
54:     }
55:
56:     fclose ( fneu );
57:     fclose ( falt );
58:
59:     return 0;
60: }
```

Ausgabe

```
Geben Sie die Quelldatei an: list1610.c

Geben Sie die Zieldatei an: tmpdatei.c
Kopieren erfolgreich
```

Analyse

Mit der Funktion `datei_kopieren` lassen sich problemlos Dateien kopieren, von kleinen Textdateien bis hin zu großen Programmdateien. Allerdings gibt es auch Beschränkungen. Wenn zum Beispiel die Zieldatei bereits existiert, löscht sie die Funktion ohne vorherige Warnung. Als Programmierübung können Sie die Funktion `datei_kopieren` dahingehend abändern, dass sie vor dem Kopieren prüft, ob die Zieldatei bereits existiert. In diesem Fall fragen Sie den Benutzer, ob er die alte Datei überschreiben möchte.

Die Funktion `main` in Listing 16.10 sollte Ihnen bekannt vorkommen. Sie ist praktisch identisch zur `main`-Funktion in Listing 16.9, nur dass sie anstelle von `rename` die Funktion `datei_kopieren` aufruft. Da C keine Kopierfunktion kennt, definiert das Programm in den Zeilen 24 bis 60 eine solche Funktion. Die Zeilen 31 und 32 öffnen die Quelldatei `falt` im binären Lesemodus. Die Zeilen 36 bis 40 öffnen die Zieldatei `fneu` im binären Schreibmodus. Beachten Sie, dass Zeile 38 die Quelldatei schließt, wenn ein Fehler beim Öffnen der Zieldatei aufgetreten ist. Die `while`-Schleife in den Zeilen 46 bis 54 führt den eigentlichen Kopiervorgang aus. Zeile 48 liest ein Zeichen aus der Quelldatei `falt` ein. Zeile 50 prüft, ob es sich dabei um die Dateiendemarke handelt. Wenn das Ende der Datei erreicht ist, gelangt das Programm zu einer `break`-Anweisung und verlässt damit die `while`-Schleife. Andernfalls schreibt Zeile 51 das gelesene Zeichen in die Zieldatei `fneu`. Die Zeilen 56 und 57 schließen die beiden Dateien, bevor die Programmausführung zu `main` zurückkehrt.

Temporäre Dateien

Manche Programme benötigen für ihre Ausführung eine oder mehrere temporäre Dateien. Das sind Dateien, die ein Programm nur vorübergehend während der Programmausführung für einen bestimmten Zweck anlegt und wieder löscht, bevor das Programm endet. Für die temporäre Datei können Sie prinzipiell einen beliebigen Namen vergeben, nur müssen Sie darauf achten, dass dieser Name nicht bereits für eine andere Datei (im selben Verzeichnis) vergeben ist. Die Funktion `tmpnam` der C-Standardbibliothek erzeugt einen gültigen Dateinamen, der sich nicht mit bereits existierenden Dateinamen überschneidet. Der Prototyp der Funktion steht in `stdio.h` und lautet:

```
char *tmpnam(char *s);
```

Der Parameter `s` ist ein Zeiger auf einen Puffer, der groß genug sein muss, um den Dateinamen aufzunehmen. Sie können auch einen Nullzeiger (`NULL`) übergeben. Dann speichert `tmpnam` den Namen intern in einem Puffer und gibt einen Zeiger auf diesen Puffer zurück. Listing 16.11 enthält Beispiele für beide Methoden, temporäre Dateinamen mit `tmpnam` zu erzeugen.

Listing 16.11: Mit tmpnam temporäre Dateinamen erzeugen

```
/* Beispiel für temporäre Dateinamen. */

#include <stdio.h>

int main(void)
{
    char puffer[10], *c;

    /* Schreibt einen temporären Namen in den übergebenen Puffer. */

    tmpnam(puffer);

    /* Erzeugt einen weiteren Namen und legt ihn im internen */
    /* Puffer der Funktion ab. */

    c = tmpnam(NULL);

    /* Gibt die Namen aus. */

    printf("Temporärer Name 1: %s", puffer);
    printf("\nTemporärer Name 2: %s\n", c);
    return 0;
}
```

Ausgabe

```
Temporärer Name 1: \s3vvmr5p.
Temporärer Name 2: \s3vvmr5p.1
```

Hinweis

Die auf Ihrem Computer erzeugten temporären Namen weichen höchstwahrscheinlich von den hier angegebenen Namen ab.

Analyse

Das Programm hat einzig und allein die Aufgabe, temporäre Dateinamen zu erzeugen und auszugeben; die Dateien selbst legt es nicht an. Zeile 11 speichert einen temporären Namen im Zeichenarray `puffer`. Zeile 16 weist den von `tmpnam` zurückgegebenen Namen an den Zeichenzeiger `c` zu. Ihr Programm muss den erzeugten Namen verwenden, um die temporäre Datei zu öffnen und vor Programmende wieder zu löschen, wie es das folgende Codefragment demonstriert:

```
char tempname[80];
FILE *tmpdatei;
tmpnam(tempname);
tmpdatei = fopen(tempname, "w");  /* passenden Modus verwenden */
fclose(tmpdatei);
remove(tempname);
```

Was Sie nicht tun sollten

Entfernen Sie keine Dateien, die Sie vielleicht später noch benötigen.

Benennen Sie keine Dateien über Laufwerke hinweg um.

Vergessen Sie nicht, die von Ihrem Programm angelegten temporären Dateien wieder zu entfernen. Das Betriebssystem löscht diese Dateien nicht automatisch.

Zusammenfassung

Heute haben Sie gelernt, wie man in C-Programmen mit Dateien arbeitet. C behandelt eine Datei wie einen Stream (eine Folge von Zeichen), genau wie die vordefinierten Streams, die Sie am Tag 14 kennen gelernt haben. Einen Stream, der mit einer Datei verbunden ist, müssen Sie erst öffnen, bevor Sie ihn verwenden können. Wenn Sie den Stream nicht mehr benötigen, müssen Sie ihn wieder schließen. Ein Datei-Stream lässt sich entweder im Text- oder im Binärmodus öffnen.

Nachdem eine Datei geöffnet ist, können Sie sowohl Daten aus der Datei in Ihr Programm einlesen als auch Daten vom Programm in die Datei schreiben. Es gibt drei allgemeine Formen der Datei-E/A: formatiert, als Zeichen und direkt. Jede Form hat ihr spezielles Einsatzgebiet.

Jede geöffnete Datei verfügt über einen Dateizeiger, der die aktuelle Position in der Datei angibt. Die Position wird in Bytes ab dem Beginn der Datei gemessen. Einige Arten des Dateizugriffs aktualisieren den Dateizeiger automatisch, so dass Sie sich nicht darum kümmern müssen. Für den wahlfreien Dateizugriff bietet die C-Standardbibliothek Funktionen, mit denen Sie den Dateizeiger manipulieren können.

Schließlich stellt C einige grundlegende Funktionen zur Dateiverwaltung bereit. Damit können Sie Dateien löschen und umbenennen. Zum Abschluss der heutigen Lektion haben Sie Ihre eigene Funktion zum Kopieren von Dateien entwickelt.

Fragen und Antworten

F Kann ich im Dateinamen Laufwerk und Pfad angeben, wenn ich mit den Funktionen `remove`, `rename`, `fopen` und anderen Dateifunktionen arbeite?

A *Ja. Sie können einen vollständigen Dateinamen mit Pfad und Laufwerk verwenden oder einfach nur den Dateinamen selbst angeben. Wenn Sie nur den Dateinamen verwenden, suchen die genannten Funktionen nach der Datei im aktuellen Verzeichnis. Denken Sie daran, für den Backslash die Escape-Sequenz zu schreiben. In UNIX können Sie den Schrägstrich (/) als Trennzeichen von Verzeichnissen verwenden.*

F Kann ich über das Ende einer Datei hinaus lesen?

A *Ja. Sie können auch vor dem Anfang einer Datei lesen. Allerdings sind die Ergebnisse derartiger Operationen nicht vorherzusehen. Das Lesen von Dateien ist in dieser Hinsicht analog zum Umgang mit Arrays. Wenn Sie* `fseek` *verwenden, müssen Sie darauf achten, dass Sie das Ende der Datei nicht überschreiten.*

F Was passiert, wenn ich eine Datei nicht schließe?

A *Es gehört zum guten Programmierstil, alle geöffneten Dateien wieder zu schließen. In der Regel werden die Dateien automatisch geschlossen, wenn das Programm endet. Allerdings sollte man sich nicht darauf verlassen. Wenn Sie die Datei nicht korrekt schließen, können Sie vielleicht später nicht wieder darauf zugreifen, weil das Betriebssystem annimmt, dass die Datei noch in Benutzung ist.*

F Wie viele Dateien kann ich gleichzeitig öffnen?

A *Diese Frage lässt sich nicht mit einer einfachen Zahl beantworten. Die Anzahl hängt von den Einstellungen Ihres Betriebssystems ab. In DOS-Systemen bestimmt die Umgebungsvariable FILES die Anzahl der Dateien, die Sie gleichzeitig öffnen können. Dazu zählen aber auch laufende Programme. Am besten konsultieren Sie die Dokumentation zu Ihrem Betriebssystem.*

F Kann ich eine Datei mit den Funktionen für den wahlfreien Zugriff auch sequenziell lesen?

A *Wenn Sie eine Datei sequenziell lesen, besteht kein Grund, eine Funktion wie* `fseek` *einzusetzen. Da die Schreib- und Leseoperationen den Dateizeiger automatisch bewegen, befindet er sich immer an der Position, auf die Sie beim sequenziellen Lesen als Nächstes zugreifen möchten. Die Funktion* `fseek` *bringt hier überhaupt keinen Gewinn.*

Workshop

Die Kontrollfragen im Workshop sollen Ihnen helfen, die neu erworbenen Kenntnisse zu den behandelten Themen zu festigen. Die Übungen geben Ihnen die Möglichkeit, praktische Erfahrungen mit dem gelernten Stoff zu sammeln. Die Antworten zu den Kontrollfragen und Übungen finden Sie im Anhang F.

Kontrollfragen

1. Was ist der Unterschied zwischen einem Stream im Textmodus und einem Stream im Binärmodus?
2. Was muss Ihr Programm machen, bevor es auf eine Datei zugreifen kann?
3. Welche Informationen müssen Sie `fopen` zum Öffnen einer Datei übergeben, und wie lautet der Rückgabewert der Funktion?
4. Wie lauten die drei allgemeinen Methoden für den Dateizugriff?

5. Wie lauten die zwei allgemeinen Methoden zum Lesen von Dateiinformationen?
6. Welchen Wert hat die Konstante `EOF`?
7. Wann verwendet man `EOF`?
8. Wie ermitteln Sie das Ende einer Datei im Text- und im Binärmodus?
9. Was versteht man unter einem Dateizeiger und wie können Sie ihn verschieben?
10. Worauf zeigt der Dateizeiger, wenn eine Datei das erste Mal geöffnet wird? (Wenn Sie nicht sicher sind, gehen Sie zurück zu Listing 16.5.)

Übungen

1. Schreiben Sie Code, der alle Datei-Streams schließt.
2. Geben Sie zwei verschiedene Möglichkeiten an, den Dateizeiger auf den Anfang der Datei zu setzen.
3. **FEHLERSUCHE:** Ist an dem folgenden Code etwas falsch?

```
FILE *fp;
int c;

if ( ( fp = fopen( altername, "rb" ) ) == NULL )
     return -1;

while (( c = fgetc( fp)) != EOF )
     fprintf( stdout, "%c", c );

fclose ( fp );
```

Aufgrund der vielen möglichen Antworten gibt Anhang F zu den folgenden Übungen keine Lösungen an.

4. Schreiben Sie ein Programm, das eine Datei auf den Bildschirm ausgibt.
5. Schreiben Sie ein Programm, das eine Datei öffnet und sie auf den Drucker (`stdprn`) ausgibt. Das Programm soll maximal 55 Zeilen pro Seite drucken.
6. Modifizieren Sie das Programm von Übung 5, um auf jeder Seite Überschriften auszugeben. Die Überschriften sollen den Dateinamen und die Seitennummer enthalten.
7. Schreiben Sie ein Programm, das eine Datei öffnet und die Anzahl der Zeichen zählt. Das Programm soll am Ende die Anzahl der Zeichen ausgeben.
8. Schreiben Sie ein Programm, das eine existierende Textdatei öffnet und sie in eine neue Textdatei kopiert. Während des Kopiervorgangs soll das Programm alle Kleinbuchstaben in Großbuchstaben umwandeln und die restlichen Zeichen unverändert übernehmen.

9. Schreiben Sie ein Programm, das eine Datei öffnet, diese in Blöcken von je 128 Bytes liest und den Inhalt jedes Blocks auf dem Bildschirm in hexadezimalem und ASCII-Format ausgibt.

10. Schreiben Sie eine Funktion, die eine neue temporäre Datei in einem spezifizierten Modus öffnet. Alle temporären Dateien, die diese Funktion erzeugt hat, sollen bei Programmende automatisch geschlossen und gelöscht werden. (Hinweis: Verwenden Sie die Bibliotheksfunktion `atexit`).

Hinweis

An dieser Stelle empfiehlt es sich, dass Sie den Abschnitt »Type & Run 5 – Zeichen zählen« in Anhang D durcharbeiten.

17

Strings manipulieren

Woche 3

Textdaten, die C in Strings speichert, sind ein wichtiger Bestandteil vieler Programme. Bisher haben Sie gelernt, wie ein C-Programm Strings speichert und wie Sie Strings einlesen und ausgeben. Darüber hinaus gibt es aber noch eine Vielzahl von speziellen C-Funktionen, mit denen Sie weitere Manipulationen von Strings vornehmen können. Heute lernen Sie

- wie man die Länge von Strings bestimmt,
- wie man Strings kopiert und verknüpft,
- mit welchen Funktionen man Strings vergleicht,
- wie man Strings durchsucht,
- wie man Strings konvertiert,
- wie man auf bestimmte Zeichen prüft.

Stringlänge und Stringspeicherung

Aus den vorangehenden Kapiteln sollten Sie wissen, dass Strings in C als eine Folge von Zeichen definiert sind, auf deren Anfang ein Zeiger weist und deren Ende durch das Nullzeichen `\0` markiert ist. In bestimmten Situationen ist es jedoch erforderlich, auch die Länge eines Strings zu kennen – das heißt die Anzahl der im String enthaltenen Zeichen. Die Länge eines Strings lässt sich mit der Bibliotheksfunktion `strlen` ermitteln. Der Prototyp ist in der Header-Datei `string.h` deklariert und lautet:

```
size_t strlen(char *str);
```

Den Rückgabetyp `size_t` haben Sie bisher noch nicht kennen gelernt. Dieser Typ ist in der Header-Datei `string.h` als `unsigned int` definiert; die Funktion `strlen` gibt also eine vorzeichenlose Ganzzahl zurück. Viele Stringfunktionen arbeiten mit diesem Typ.

Als Argument übergibt man `strlen` einen Zeiger auf den String, dessen Länge man wissen will. Die Funktion `strlen` gibt die Anzahl der Zeichen zwischen `str` und dem nächsten Nullzeichen zurück (wobei das Nullzeichen selbst nicht mitzählt). Listing 17.1 zeigt ein Beispiel für `strlen`.

Listing 17.1: Mit der Funktion strlen die Länge eines Strings ermitteln

```
/* Einsatz der Funktion strlen. */

#include <stdio.h>
#include <string.h>

int main()
```

```
7: {
8:     size_t laenge;
9:     char puffer[80];
10:
11:     while (1)
12:     {
13:        puts("\nGeben Sie eine Textzeile ein, Beenden mit Leerzeile.");
14:        gets(puffer);
15:
16:        laenge = strlen(puffer);
17:
18:        if (laenge > 1)
19:           printf("Die Zeile ist %u Zeichen lang.\n", laenge-1);
20:        else
21:           break;
22:     }
23:      return(0);
24: }
```

Ausgabe

```
Geben Sie eine Textzeile ein, Beenden mit Leerzeile.
Nur keine Angst!

Die Zeile ist 16 Zeichen lang.
Geben Sie eine Textzeile ein, Beenden mit Leerzeile.
```

Analyse

Dieses Programm dient lediglich dazu, den Einsatz von `strlen` zu demonstrieren. Die Zeilen 13 und 14 geben eine Eingabeaufforderung aus und lesen einen Text in den String `puffer` ein. Zeile 16 ermittelt mit `strlen` die Länge des Strings `puffer` und weist das Ergebnis der Variablen `laenge` zu. Die `if`-Anweisung in Zeile 18 prüft, ob der String nicht leer ist, d.h. eine Länge ungleich 0 hat. Wenn der String nicht leer ist, gibt Zeile 19 die Größe des Strings aus.

Strings kopieren

In der C-Bibliothek gibt es drei Funktionen zum Kopieren von Strings. Da Strings in C praktisch eine Sonderstellung einnehmen, kann man nicht einfach einen String an einen anderen zuweisen, wie das in verschiedenen anderen Computersprachen möglich ist. Man muss den Quellstring von seiner Position im Speicher in den Speicherbereich des Zielstrings kopieren. Die Kopierfunktionen für Strings lauten `strcpy`, `strncpy` und strdup. Wenn Sie eine dieser drei Funktionen verwenden wollen, müssen Sie die Header-Datei string.h einbinden.

Die Funktion strcpy

Die Bibliotheksfunktion strcpy kopiert einen ganzen String an eine neue Speicherstelle. Der Prototyp lautet:

```
char *strcpy( char *destination, char *source );
```

Die Funktion strcpy kopiert den String (einschließlich des abschließenden Nullzeichens \0), auf den source (zu Deutsch: Quelle) zeigt, an die Speicherstelle, auf die destination (zu Deutsch: Ziel) verweist. Der Rückgabewert ist ein Zeiger auf den neuen String namens destination.

Wenn Sie strcpy verwenden, müssen Sie zuerst Speicherplatz für den Zielstring reservieren. Die Funktion kann nicht feststellen, ob destination auf einen reservierten Speicherplatz zeigt. Wenn Sie keinen Speicher zugewiesen haben, überschreibt die Funktion strlen(source) Bytes im Speicher, beginnend bei destination. Listing 17.2 zeigt den Einsatz von strcpy.

Hinweis

Wenn Sie mit der Funktion malloc wie in Listing 17.2 Speicher reservieren, gehört es zum guten Programmierstil, den Speicher spätestens am Ende des Programms mit der Funktion free wieder freizugeben. Mehr zu free erfahren Sie am Tag 20.

Listing 17.2: Vor dem Einsatz von strcpy müssen Sie Speicher für den Zielstring reservieren

```
/* Beispiel für strcpy. */
#include <stdlib.h>
#include <stdio.h>
#include <string.h>

char quelle[] = "Der Quellstring.";

int main()
{
     char ziel1[80];
     char *ziel2, *ziel3;

     printf("Quelle: %s\n", quelle );

     /* Kopieren in ziel1 OK, da ziel1 auf 80 Bytes */
     /* reservierten Speicher zeigt. */
```

```
17:
18:     strcpy(ziel1, quelle);
19:     printf("Ziel1:  %s\n", ziel1);
20:
21:     /* Um in ziel2 zu kopieren, müssen Sie Speicher reservieren. */
22:
23:     ziel2 = (char *)malloc(strlen(quelle) +1);
24:     strcpy(ziel2, quelle);
25:     printf("Ziel2:  %s\n", ziel2);
26:
27:     /* Nicht kopieren, ohne Speicher für den Zielstring zu reservieren*/
28:     /* Der folgende Code kann schwerwiegende Fehler verursachen. */
29:
30:     /* strcpy(ziel3, quelle); */
31:     return(0);
32: }
```

Ausgabe

```
Quelle: Der Quellstring.
Ziel1:  Der Quellstring.
Ziel2:  Der Quellstring.
```

Analyse

Dieses Programm zeigt, wie man Strings sowohl in Zeichen-Arrays (ziel1, deklariert in Zeile 10) als auch in Zeichenzeiger kopiert (ziel2 und ziel3, deklariert in Zeile 11). Zeile 13 gibt den ursprünglichen Quellstring aus. Diesen String kopiert dann Zeile 18 mit strcpy nach ziel1. Zeile 24 kopiert quelle nach ziel2. Das Programm gibt sowohl ziel1 als auch ziel2 aus und bestätigt damit, dass die Funktionsaufrufe erfolgreich verlaufen sind. Beachten Sie, dass malloc in Zeile 23 den erforderlichen Speicher für den Zeichenzeiger ziel2 reserviert, damit dieser die Kopie von source aufnehmen kann. Wenn Sie einen String in einen Zeichenzeiger kopieren, für den Sie keinen oder nur unzureichenden Speicher reserviert haben, kann das zu unerwarteten Ergebnissen führen.

Die Funktion strncpy

Die Funktion strncpy entspricht weitgehend der Funktion strcpy. Im Unterschied zu strcpy können Sie bei strncpy aber angeben, wie viele Zeichen Sie kopieren wollen. Der Prototyp lautet:

```
char *strncpy(char *destination, char *source, size_t n);
```

Die Argumente destination und source sind Zeiger auf die Ziel- und Quellstrings. Die Funktion kopiert maximal die ersten n Zeichen von source nach destination. Wenn source kürzer als n Zeichen ist, füllt die Funktion den String source mit so vielen Nullzeichen auf, dass sie insgesamt n Zeichen nach destination kopieren kann. Wenn source länger als n Zeichen ist, hängt die Funktion kein abschließendes Nullzeichen an destination an. Der Rückgabewert der Funktion ist destination.

Listing 17.3 gibt ein Beispiel für die Verwendung von strncpy an.

Listing 17.3: Die Funktion strncpy

```
/* Die Funktion strncpy. */

#include <stdio.h>
#include <string.h>

char ziel[] = "..........................";
char quelle[] = "abcdefghijklmnopqrstuvwxyz";

int main()
{
    size_t n;

    while (1)
    {
        puts("Anzahl der Zeichen, die kopiert werden sollen (1-26)");
        scanf("%d", &n);

        if (n > 0 && n< 27)
            break;
    }

    printf("Ziel vor Aufruf von strncpy = %s\n", ziel);

    strncpy(ziel, quelle, n);

    printf("Ziel nach Aufruf von strncpy = %s\n", ziel);
    return(0);
}
```

Ausgabe

```
Anzahl der Zeichen, die kopiert werden sollen (1-26)
15
Ziel vor Aufruf von strncpy = ..........................
Ziel nach Aufruf von strncpy = abcdefghijklmno...........
```

Analyse

Dieses Programm zeigt nicht nur, wie man strncpy verwendet, sondern gibt auch eine effiziente Methode an, nach der der Benutzer nur korrekte Informationen eingeben kann. Die Zeilen 13 bis 20 enthalten eine while-Schleife, die den Benutzer auffordert, eine Zahl zwischen 1 und 26 einzugeben. Die Schleife läuft so lange, bis der Benutzer einen gültigen Wert eingegeben hat – erst dann setzt das Programm fort. Nach Eingabe einer Zahl zwischen 1 und 26 gibt Zeile 22 den ursprünglichen Wert von ziel aus, Zeile 24 kopiert die vom Benutzer gewünschte Anzahl Zeichen von quelle nach ziel und Zeile 26 gibt den endgültigen Wert von ziel aus.

Warnung

Stellen Sie sicher, dass die Anzahl der kopierten Zeichen die reservierte Größe des Zielstrings nicht überschreitet; denken sie daran, für das Nullzeichen am Ende des Strings Platz vorzusehen.

Die Funktion strdup

Die Bibliotheksfunktion strdup entspricht weitgehend der Funktion strcpy. Die Funktion strdup reserviert aber selbst den Speicher für den Zielstring, indem Sie intern malloc aufruft. Dies entspricht der Vorgehensweise von Listing 17.2, das zuerst den Speicher mit malloc reserviert und dann strcpy aufgerufen hat. Der Prototyp für strdup lautet:

```
char *strdup( char *source );
```

Das Argument source ist ein Zeiger auf den Quellstring. Die Funktion liefert einen Zeiger auf den Zielstring zurück – das heißt den Speicherbereich, den malloc reserviert hat -oder NULL, wenn sich der benötigte Speicherbereich nicht reservieren lässt. Listing 17.4 zeigt ein Beispiel für strdup. Beachten Sie, dass die Funktion strdup nicht zum ANSI-Standard gehört, in vielen Compilern aber verfügbar ist.

Listing 17.4: strdup kopiert einen String mit automatischer Speicherreservierung

```
/* Die Funktion strdup. */
#include <stdlib.h>
#include <stdio.h>
#include <string.h>

char quelle[] = "Der Quellstring.";

int main()
{
    char *ziel;

    if ( (ziel = strdup(quelle)) == NULL)
```

```
13:     {
14:         fprintf(stderr, "Fehler bei der Speicherresevierung.\n");
15:         exit(1);
16:     }
17:
18:     printf("Das Ziel = %s\n", ziel);
19:     return(0);
20: }
```

```
Das Ziel = Der Quellstring.
```

In diesem Listing reserviert `strdup` den notwendigen Speicher für `ziel`. Dann kopiert die Funktion den in `source` übergebenen String. Zeile 18 gibt den kopierten String aus.

Strings verketten

Beim Verketten von Strings hängt man einen String an das Ende eines anderen Strings. Diese Operation bezeichnet man auch als *Konkatenierung*. Die C- Standardbibliothek enthält zwei Funktionen zur Verkettung von Strings: `strcat` und `strncat`. Beide Funktionen benötigen die Header-Datei `string.h`.

Die Funktion strcat

Der Prototyp von `strcat` lautet:

```
char *strcat(char *str1, char *str2);
```

Die Funktion hängt eine Kopie von `str2` an das Ende von `str1` und verschiebt das abschließende Nullzeichen an das Ende des neuen Strings. Sie müssen für `str1` so viel Speicher reservieren, dass `str1` den neuen String aufnehmen kann. Der Rückgabewert von `strcat` ist ein Zeiger auf `str1`. Ein Beispiel für `strcat` finden Sie in Listing 17.5.

Listing 17.5: Mit strcat Strings verketten

```
/* Die Funktion strcat. */

#include <stdio.h>
```

```
#include <string.h>

char str1[27] = "a";
char str2[2];

int main()
{
    int n;

    /* Schreibt ein Nullzeichen an das Ende von str2[]. */

    str2[1] = '\0';

    for (n = 98; n< 123; n++)
    {
        str2[0] = n;
        strcat(str1, str2);
        puts(str1);
    }
     return(0);
}
```

```
ab
abc
abcd
abcde
abcdef
abcdefg
abcdefgh
abcdefghi
abcdefghij
abcdefghijk
abcdefghijkl
abcdefghijklm
abcdefghijklmn
abcdefghijklmno
abcdefghijklmnop
abcdefghijklmnopq
abcdefghijklmnopqr
abcdefghijklmnopqrs
abcdefghijklmnopqrst
abcdefghijklmnopqrstu
abcdefghijklmnopqrstuv
```

```
abcdefghijklmnopqrstuvw
abcdefghijklmnopqrstuvwx
abcdefghijklmnopqrstuvwxy
abcdefghijklmnopqrstuvwxyz
```

Analyse

Die Zahlen von 98 bis 122 entsprechen den ASCII-Codes für die Buchstaben `b` bis `z`. Das Programm verwendet diese ASCII-Codes um die Arbeitsweise von `strcat` zu verdeutlichen. Die `for`-Schleife in den Zeilen 17 bis 22 weist die ASCII-Codes der Reihe nach an `str2[0]` zu. Da Zeile 15 bereits das Nullzeichen an `str2[1]` zugewiesen hat, enthält `str2` nacheinander die Strings »b«, »c«, und so weiter. Zeile 20 verkettet dann diese Strings mit `str1` und Zeile 21 zeigt den neuen `str1` auf dem Bildschirm an.

Die Funktion strncat

Die Bibliotheksfunktion `strncat` führt ebenfalls eine Stringverkettung durch. Allerdings können Sie jetzt angeben, wie viele Zeichen aus dem Quellstring an das Ende des Zielstrings anzuhängen sind. Der Prototyp lautet:

```
char *strncat(char *str1, char *str2, size_t n);
```

Wenn `str2` mehr als `n` Zeichen enthält, hängt die Funktion die ersten `n` Zeichen an das Ende von `str1` an. Enthält `str2` weniger als `n` Zeichen, hängt die Funktion `str2` als Ganzes an das Ende von `str1` an. In beiden Fällen fügt die Funktion ein abschließendes Nullzeichen an das Ende des resultierenden Strings an. Für `str1` müssen Sie so viel Speicher reservieren, dass der Ergebnisstring ausreichend Platz hat. Die Funktion liefert einen Zeiger auf `str1` zurück. Listing 17.6 realisiert mit `strncat` die gleiche Ausgabe wie Listing 17.5.

Listing 17.6: Mit der Funktion strncat Strings verketten

```
/* Die Funktion strncat. */

#include <stdio.h>
#include <string.h>

char str2[] = "abcdefghijklmnopqrstuvwxyz";

int main()
{
    char str1[27];
    int n;

    for (n=1; n< 27; n++)
    {
```

```
15:         strcpy(str1, "");
16:         strncat(str1, str2, n);
17:         puts(str1);
18:     }
19:     return(0);
20: }
```

Ausgabe

```
a
ab
abc
abcd
abcde
abcdef
abcdefg
abcdefgh
abcdefghi
abcdefghij
abcdefghijk
abcdefghijkl
abcdefghijklm
abcdefghijklmn
abcdefghijklmno
abcdefghijklmnop
abcdefghijklmnopq
abcdefghijklmnopqr
abcdefghijklmnopqrs
abcdefghijklmnopqrst
abcdefghijklmnopqrstu
abcdefghijklmnopqrstuv
abcdefghijklmnopqrstuvw
abcdefghijklmnopqrstuvwx
abcdefghijklmnopqrstuvwxy
abcdefghijklmnopqrstuvwxyz
```

Analyse

In Zeile 15 ist Ihnen vielleicht die Anweisung `strcpy(str1, "");` aufgefallen. Diese Zeile kopiert einen leeren String, der nur aus einem einzigen Nullzeichen besteht, nach `str1`. Im Ergebnis enthält das erste Zeichen in `str1` – d.h. das Element `str1[0]` – den Wert `0` (das Nullzeichen). Das Gleiche lässt sich auch mit der Anweisung `str1[0] = 0;` oder `str1[0] = '\0';` erreichen.

Strings vergleichen

Durch Stringvergleiche kann man feststellen, ob zwei Strings gleich oder nicht gleich sind. Sind sie nicht gleich, dann ist ein String größer oder kleiner als der andere. Diese Entscheidung basiert auf den ASCII-Codes der Zeichen. Im ASCII-Zeichensatz sind die Buchstaben entsprechend ihrer alphabetischen Reihenfolge fortlaufend nummeriert. Allerdings mutet es seltsam an, dass die Großbuchstaben »kleiner als« die Kleinbuchstaben sind. Das hängt damit zusammen, dass den Großbuchstaben von A bis Z die ASCII-Codes 65 bis 90 und den Kleinbuchstaben von a bis z die Werte 97 bis 122 zugeordnet sind. Demzufolge ist ein »`ZEBRA`« kleiner als ein »`elefant`« – zumindest wenn man die C-Funktionen verwendet.

Die ANSI-C-Bibliothek enthält Funktionen für zwei Arten von Stringvergleichen: Vergleich zweier ganzer Strings und Vergleich der ersten `n` Zeichen zweier Strings.

Komplette Strings vergleichen

Die Funktion `strcmp` vergleicht zwei Strings Zeichen für Zeichen. Der Prototyp lautet:

```
int strcmp(char *str1, char *str2);
```

Die Argumente `str1` und `str2` sind Zeiger auf die zu vergleichenden Strings. Die Rückgabewerte der Funktion finden Sie in Tabelle 17.1. Listing 17.7 enthält ein Beispiel für `strcmp`.

Rückgabewert	Bedeutung
< 0	`str1` ist kleiner als `str2`
0	`str1` ist gleich `str2`
> 0	`str1` ist größer als `str2`

Tabelle 17.1: Die Rückgabewerte von strcmp

Listing 17.7: Mit strcmp Strings vergleichen

```
/* Die Funktion strcmp. */

#include <stdio.h>
#include <string.h>

int main()
{
   char str1[80], str2[80];
```

```
    int x;

     while (1)
     {

         /* Zwei Strings einlesen. */

         printf("\n\nErster String (mit Eingabetaste beenden): ");
         gets(str1);

         if ( strlen(str1) == 0 )
             break;

         printf("\nZweiter String: ");
         gets(str2);

         /* Strings vergleichen und Ergebnis ausgeben. */

         x = strcmp(str1, str2);

         printf("\nstrcmp(%s,%s) liefert %d zurück", str1, str2, x);
     }
     return(0);
}
```

Ausgabe

```
Erster String (mit Eingabetaste beenden): Erster String

Zweiter String: Zweiter String

strcmp(Erster String,Zweiter String) liefert -1 zurück

Erster String (mit Eingabetaste beenden): Test-String
Zweiter String: Test-String

strcmp(test string,test string) liefert 0 zurück

Ersten String eingeben oder mit Eingabetaste beenden: zebra

Zweiten String eingeben: aardvark

strcmp(zebra,aardvark) liefert 1 zurück

Erster String (mit Eingabetaste beenden):
```

Hinweis

Auf manchen UNIX-Systemen geben die Funktionen zum Vergleichen von Strings nicht unbedingt die Werte `-1` bzw. `1` für ungleiche Strings zurück. Allerdings sind die Werte für ungleiche Strings immer ungleich Null.

Analyse

Das Programm demonstriert die Funktionsweise von `strcmp`. Es fragt vom Benutzer in den Zeilen 16, 17, 22 und 23 zwei Strings ab und zeigt in Zeile 29 das Ergebnis des Stringvergleichs mit `strcmp` an.

Experimentieren Sie ein wenig mit diesem Programm, um ein Gefühl dafür zu bekommen, wie `strcmp` Strings vergleicht. Geben Sie zwei Strings ein, die bis auf die Groß- und Kleinschreibung identisch sind (zum Beispiel `Morgen` und `morgen`). Dabei sehen Sie, dass `strcmp` die Groß-/Kleinschreibung berücksichtigt, d.h. Groß- und Kleinbuchstaben als unterschiedliche Zeichen betrachtet.

Teilstrings vergleichen

Die Bibliotheksfunktion `strncmp` vergleicht eine bestimmte Anzahl von Zeichen eines Strings mit den Zeichen eines anderen Strings. Der Prototyp lautet:

```
int strncmp(char *str1, char *str2, size_t n);
```

Die Funktion `strncmp` vergleicht `n` Zeichen von `str2` mit `str1`. Der Vergleich ist beendet, wenn die Funktion `n` Zeichen verglichen oder das Ende von `str1` erreicht hat. Die Vergleichsmethode und die Rückgabewerte sind mit `strcmp` identisch. Der Vergleich berücksichtigt die Groß- und Kleinschreibung. Listing 17.8 demonstriert die Verwendung der Funktion `strncmp`.

Listing 17.8: Mit der Funktion strncmp Teilstrings vergleichen

```
/* Die Funktion strncmp. */

#include <stdio.h>
#include <string.h>

char str1[] = "Der erste String.";
char str2[] = "Der zweite String.";

int main()
{
    size_t n, x;

    puts(str1);
    puts(str2);

    while (1)
```

```
17:     {
18:         puts("Anzahl der zu vergleichenden Zeichen (0 für Ende):");
19:         scanf("%d", &n);
20:
21:         if (n <= 0)
22:             break;
23:
24:         x = strncmp(str1, str2, n);
25:
26:         printf("Bei Vergleich von %d Zeichen liefert strncmp %d.\n\n",
                    n, x);
27:     }
28:     return(0);
29: }
```

```
Der erste String.
Der zweite String.

Anzahl der zu vergleichenden Zeichen (0 für Ende):
3

Bei Vergleich von 3 Zeichen liefert strncmp 0.

Anzahl der zu vergleichenden Zeichen (0 für Ende):
6

Bei Vergleich von 6 Zeichen liefert strncmp -1.

Anzahl der zu vergleichenden Zeichen (0 für Ende):
0
```

Die Zeilen 6 und 7 initialisieren zwei Strings, die das Programm später vergleicht. Die Zeilen 13 und 14 geben die Strings auf dem Bildschirm aus, so dass der Benutzer sehen kann, was verglichen wird. Die `while`-Schleife in den Zeilen 16 bis 27 erlaubt es, mehrere Vergleiche nacheinander durchzuführen. Wenn der Benutzer in den Zeilen 18 und 19 angibt, dass er Null Zeichen vergleichen will, gelangt das Programm zur `break`-Anweisung in Zeile 22 und endet. Andernfalls ruft es in Zeile 24 die Funktion `strncmp` auf und gibt das Ergebnis in Zeile 26 aus.

Groß-/Kleinschreibung bei Vergleichen ignorieren

Leider enthält die ANSI C-Bibliothek keine Funktionen für Stringvergleiche, die die Groß-/Kleinschreibung unberücksichtigt lassen. Die meisten C-Compiler bringen aber eigene Funktionen mit: Symantec kennt die Funktion `strcmpl`, Microsoft eine Funktion `_stricmp`. Borland bietet zwei Funktionen – `strcmpi` und `stricmp`. Informieren Sie sich am besten in der Dokumentation zu Ihrem Compiler, welche Funktion infrage kommt. Vergleichsfunktionen, die nicht zwischen Groß- und Kleinschreibung unterscheiden, betrachten Strings wie `Schmidt` und `SCHMIDT` als gleich. Ersetzen Sie in Zeile 27 von Listing 17.7 den Aufruf der Funktion `strcmp` durch die jeweilige Funktion, die Ihr Compiler für Vergleiche ohne Berücksichtigung der Groß-/Kleinschreibung bietet. Probieren Sie dann das Programm erneut aus.

Strings durchsuchen

Die C-Bibliothek enthält eine Reihe von Funktionen für das Durchsuchen von Strings. Mit diesen Funktionen können Sie feststellen, ob und wo ein String innerhalb eines anderen Strings enthalten ist. Sie haben die Wahl zwischen sechs verschiedenen Suchfunktionen, die alle in der Header-Datei `string.h` deklariert sind.

Die Funktion strchr

Die Funktion `strchr` sucht nach dem ersten Vorkommen eines angegebenen Zeichens in einem String. Der Prototyp lautet:

```
char *strchr(char *str, int ch);
```

Die Funktion `strchr` durchsucht `str` von links nach rechts, bis sie das Zeichen `ch` oder das abschließende Nullzeichen gefunden hat. Ist das Zeichen `ch` in `str` enthalten, liefert die Funktion einen Zeiger darauf zurück. Andernfalls lautet der Rückgabewert `NULL`.

Wenn die Funktion `strchr` das gesuchte Zeichen findet, liefert sie einen Zeiger auf das Zeichen zurück. Da `str` ein Zeiger auf das erste Vorkommen des Zeichens im String ist, lässt sich die Position des gefundenen Zeichens wie folgt ermitteln: Subtrahieren Sie `str` von dem Zeigerwert, den `strchr` zurückgibt. Denken Sie daran, dass sich das erste Zeichen in einem String an der Position `0` befindet. Wie die meisten Stringfunktionen von C berücksichtigt auch `strchr` die Groß-/Kleinschreibung. Deshalb findet die Funktion zum Beispiel im String `Kaffee` nicht das Zeichen `F`.

Listing 17.9: Mit strchr ein einfaches Zeichen in einem String suchen

```
1: /* Mit strchr nach einem einfachen Zeichen suchen. */
2:
3: #include <stdio.h>
4: #include <string.h>
5:
6: int main()
7: {
8:     char *loc, puffer[80];
9:     int ch;
10:
11:     /* Den String und das Zeichen eingeben. */
12:
13:     printf("Geben Sie den String ein, der durchsucht werden soll: ");
14:     gets(puffer);
15:     printf("Geben Sie das Zeichen ein, nach dem gesucht werden soll: ");
16:     ch = getchar();
17:
18:     /* Suche durchführen. */
19:
20:     loc = strchr(puffer, ch);
21:
22:     if ( loc == NULL )
23:         printf("Das Zeichen %c wurde nicht gefunden.\n", ch);
24:     else
25:         printf("Das Zeichen %c wurde an der Position %d gefunden.\n",
26:                 ch, (int)(loc-puffer));
27:     return(0);
28: }
```

```
Geben Sie den String ein, der durchsucht werden soll: Alles klar auf der
Andrea Doria?
Geben Sie das Zeichen ein, nach dem gesucht werden soll: D
Das Zeichen D wurde an der Position 26 gefunden.
```

Dieses Programm verwendet `strchr` in Zeile 20, um einen String nach einem Zeichen zu durchsuchen. Die Funktion `strchr` liefert einen Zeiger auf die Position zurück, an der das Zeichen das erste Mal auftaucht, oder `NULL`, wenn das gesuchte Zeichen nicht im String enthalten ist. Zeile 22 prüft, ob der Wert von `loc` gleich `NULL` ist, und gibt eine entsprechende Nachricht aus. Wie bereits erwähnt, ermittelt man die Position des Zeichens im

String, indem man den Stringzeiger von dem Wert subtrahiert, den die Funktion zurückgibt.

Die Funktion strrchr

Die Bibliotheksfunktion `strrchr` entspricht `strchr`, sucht aber nach dem letzten Vorkommen eines angegebenen Zeichens. Die Suche beginnt also am Ende des Strings. Der Prototyp lautet:

```
char *strrchr(char *str, int ch);
```

Die Funktion `strrchr` liefert einen Zeiger auf das letzte Vorkommen von `ch` in `str` zurück oder `NULL`, wenn das Zeichen `ch` nicht in `str` enthalten ist. Ersetzen Sie in Zeile 20 von Listing 17.9 den Aufruf von `strchr` durch `strrchr`, um die Arbeitsweise dieser Funktion kennen zu lernen.

Die Funktion strcspn

Die Bibliotheksfunktion `strcspn` durchsucht einen String nach dem ersten Vorkommen eines der Zeichen, die in einem zweiten String aufgelistet sind. Der Prototyp lautet:

```
size_t strcspn(char *str1, char *str2);
```

Die Funktion `strcspn` beginnt die Suche mit dem ersten Zeichen von `str1` und sucht nach allen Zeichen, die in `str2` angegeben sind. Beachten Sie, dass die Funktion nicht nach dem String `str2` sucht, sondern nur nach den einzelnen Zeichen, die er enthält. Bei einer Übereinstimmung gibt die Funktion die Position des Zeichens in `str1` zurück. Andernfalls liefert `strcspn` den Wert von `strlen(str1)` zurück und zeigt damit an, dass die erste Übereinstimmung das Nullzeichen ist, das den String abschließt. Listing 17.10 demonstriert, wie Sie `strcspn` einsetzen können.

Listing 17.10: Mit strcspn nach einem Satz von Zeichen suchen

```
/* Mit der Funktion strcspn suchen. */

#include <stdio.h>
#include <string.h>

int main()
{
    char  puffer1[80], puffer2[80];
    size_t loc;

     /* Strings eingeben. */
```

```
12:
13:     printf("Geben Sie den String ein, der durchsucht werden soll: ");
14:     gets(puffer1);
15:     printf("Geben Sie den String mit den zu suchenden Zeichen ein: ");
16:     gets(puffer2);
17:
18:     /* Suche durchführen. */
19:
20:     loc = strcspn(puffer1, puffer2);
21:
22:     if ( loc ==  strlen(puffer1) )
23:         printf("Es wurde keine Übereinstimmung gefunden.\n");
24:     else
25:         printf("Erste Übereinstimmung an Position %d.\n", loc);
26:     return(0);
27: }
```

```
Geben Sie den String ein, der durchsucht werden soll: Alles klar auf der
Andrea Doria?
Geben Sie den String mit den zu suchenden Zeichen ein: Das
Erste Übereinstimmung an Position 4.
```

Dieses Listing ist dem Listing 17.10 sehr ähnlich. Statt nach dem ersten Vorkommen eines einzigen Zeichens zu suchen, ermittelt das Programm das erste Vorkommen eines der Zeichen im zweiten String. Das Programm ruft `strcspn` in Zeile 20 mit `puffer1` und `puffer2` auf. Wenn beliebige Zeichen von `puffer2` auch in `puffer1` vorkommen, liefert `strcspn` die Position des ersten gefundenen Vorkommens in `str1` zurück. Zeile 22 prüft, ob der Rückgabewert gleich `strlen(puffer1)` ist. In diesem Fall hat die Funktion keine Zeichen gefunden und das Programm gibt in Zeile 23 eine entsprechende Nachricht aus. Wenn die Funktion ein Zeichen gefunden hat, zeigt das Programm eine Meldung mit der Zeichenposition im String an.

Die Funktion strspn

Diese Funktion ist eng mit der Funktion `strcspn` verwandt. Der Prototyp lautet:

```
size_t strspn(char *str1, char *str2);
```

Die Funktion `strspn` durchsucht `str1` und vergleicht den String Zeichen für Zeichen mit den Zeichen in `str2`. Als Ergebnis liefert die Funktion die Position des ersten Zeichens in `str1` zurück, das nicht mit einem Zeichen in `str2` übereinstimmt. Mit anderen

Worten: Die Funktion `strspn` liefert die Länge des ersten Abschnitts von `str1`, der gänzlich aus Zeichen besteht, die in `str2` enthalten sind. Gibt es keine Übereinstimmung, lautet der Rückgabewert `0`. Ein Beispiel für die Verwendung von `strspn` finden Sie in Listing 17.11.

Listing 17.11: Mit strspn nach dem ersten nicht übereinstimmenden Zeichen suchen

```
/* Mit der Funktion strspn suchen. */

#include <stdio.h>
#include <string.h>

int main()
{
    char  puffer1[80], puffer2[80];
    size_t loc;

     /* Strings eingeben. */

     printf("Geben Sie den String ein, der durchsucht werden soll: ");
     gets(puffer1);
     printf("Geben Sie den String mit den zu suchenden Zeichen ein: ");
     gets(puffer2);

     /* Suche durchführen. */

     loc = strspn(puffer1, puffer2);

     if ( loc ==  0 )
         printf("Es wurde keine Übereinstimmung gefunden.\n");
     else
         printf("Die Zeichen stimmen bis Position %d überein.\n", loc-1);
     return 0;
}
```

Ausgabe

```
Geben Sie den String ein, der durchsucht werden soll: Alles klar auf der
Andrea Doria?
Geben Sie den String mit den zu suchenden Zeichen ein: Alles klar oder?
Die Zeichen stimmen bis Position 11 überein.
```

Analyse

Dieses Programm entspricht dem vorherigen Beispiel, außer dass es in Zeile 20 die Funktion `strspn` statt `strcspn` aufruft und in Zeile 22 den Rückgabewert von `strspn` mit 0 vergleicht. Die Funktion gibt die Position des ersten Zeichens von `puffer1` zurück, das nicht in `puffer2` enthalten ist. Die Zeilen 22 bis 25 testen den Rückgabewert und zeigen eine entsprechende Nachricht an.

Die Funktion strpbrk

Die Bibliotheksfunktion `strpbrk` ist der Funktion `strcspn` sehr ähnlich. Sie durchsucht einen String nach dem ersten Vorkommen eines der Zeichen eines anderen Strings. Der Unterschied zu `strcspn` liegt darin, dass die Funktion die abschließenden Nullzeichen nicht mit in die Suche einbezieht. Der Prototyp der Funktion lautet:

```
char *strpbrk(char *str1, char *str2);
```

Die Funktion `strpbrk` liefert einen Zeiger auf das erste Zeichen in `str1` zurück, das einem der Zeichen in `str2` entspricht. Gibt es keine Übereinstimmung, liefert die Funktion `NULL` zurück. Wie schon bei der Funktion `strchr` erläutert, berechnet man die Position der ersten Übereinstimmung in `str1`, indem man den Zeiger `str1` von dem Zeiger, den `strpbrk` zurückgibt, subtrahiert (was natürlich nur geht, wenn der Wert ungleich `NULL` ist). Ersetzen Sie doch einfach einmal die Funktion `strcspn` in Zeile 20 von Listing 17.10 durch `strpbrk`.

Die Funktion strstr

Die letzte und vielleicht nützlichste C-Funktion zum Durchsuchen von Strings ist `strstr`. Diese Funktion sucht nach dem ersten Vorkommen eines Strings in einem anderen String, wobei sich die Suche auf den ganzen String und nicht nur nach den einzelnen Zeichen innerhalb des Strings erstreckt. Der Prototyp lautet:

```
char *strstr(char *str1, char *str2);
```

Die Funktion `strstr` liefert einen Zeiger auf das erste Vorkommen von `str2` in `str1`. Gibt es keine Übereinstimmung, liefert die Funktion `NULL` zurück. Wenn die Länge von `str2` gleich `0` ist, gibt die Funktion `str1` zurück. Wenn `strstr` eine Übereinstimmung findet, können Sie die Position des ersten Vorkommens von `str2` in `str1` berechnen, indem Sie die Zeiger – wie bereits für `strchr` erläutert – voneinander subtrahieren. Die Funktion `strstr` berücksichtigt die Groß-/Kleinschreibung. Listing 17.12 zeigt ein Beispiel für `strstr`.

Listing 17.12: Mit strstr nach einem String in einem String suchen

```
1: /* Mit strstr suchen. */
2:
3: #include <stdio.h>
4: #include <string.h>
5:
6: int main()
7: {
8:     char *loc, puffer1[80], puffer2[80];
9:
10:     /* Strings eingeben. */
11:
12:     printf("Geben Sie den String ein, der durchsucht werden soll: ");
13:     gets(puffer1);
14:     printf("Geben Sie den zu suchenden String ein: ");
15:     gets(puffer2);
16:
17:     /* Suche durchführen. */
18:
19:     loc = strstr(puffer1, puffer2);
20:
21:     if ( loc ==  NULL )
22:       printf("Es wurde keine Übereinstimmung gefunden.\n");
23:     else
24:       printf("%s wurde an Position %d gefunden.\n",puffer2,loc-puffer1);
25:     return(0);
26: }
```

Ausgabe

```
Geben Sie den String ein, der durchsucht werden soll: Alles klar auf der
Andrea Doria?
Geben Sie den zu suchenden String ein: auf
auf wurde an Position 11 gefunden.
```

Analyse

Diese Funktion bietet eine alternative Möglichkeit, einen String zu durchsuchen. Diesmal können Sie einen kompletten String innerhalb eines anderen Strings suchen. Die Zeilen 12 bis 15 fragen vom Benutzer zwei Strings ab. Zeile 19 sucht mit `strstr` nach dem zweiten String (`puffer2`) im ersten String (`puffer1`). Die Funktion liefert einen Zeiger auf das erste Vorkommen zurück oder `NULL`, wenn der zweite String nicht im ersten enthalten ist. Die Zeilen 21 bis 24 testen den Rückgabewert `loc` und geben eine entsprechende Nachricht aus.

Was Sie tun sollten	Was nicht
Denken Sie daran, dass es für viele der Stringfunktionen äquivalente Funktionen gibt, bei denen Sie die Anzahl der betroffenen Zeichen angeben können. Die Funktionen, in denen Sie die Anzahl der Zeichen angeben können, tragen in der Regel den Namen `strn`*`xxx`*, wobei *`xxx`* für die spezielle Funktion steht.	Vergessen Sie nicht, dass C zwischen Groß- und Kleinschreibung unterscheidet. Demnach sind `A` und `a` zwei verschiedene Zeichen.

Umwandlung von Strings

Viele C-Bibliotheken enthalten zwei Funktionen, mit denen sich die Groß-/Kleinschreibung in einem String ändern lässt. Diese Funktionen sind allerdings nicht im ANSI-Standard definiert und können sich deshalb zwischen einzelnen Compilern unterscheiden oder sogar ganz fehlen. Da sie aber oft nützlich sind, behandeln wir sie an dieser Stelle. Für den Microsoft C-Compiler sind die Prototypen in der Header-Datei `string.h` deklariert und lauten wie folgt:

```
char *strlwr(char *str);
char *strupr(char *str);
```

Die Funktion `strlwr` konvertiert alle Großbuchstaben von `str` in Kleinbuchstaben; die Funktion `strupr` geht den umgekehrten Weg und konvertiert alle Kleinbuchstaben von `str` in Großbuchstaben. Außer den Buchstaben bleiben alle Zeichen unverändert. Beide Funktionen geben `str` zurück. Beachten Sie, dass diese Funktionen die Umwandlung »an Ort und Stelle« durchführen, d.h. keinen neuen String erzeugen. Listing 17.13 zeigt diese Funktionen im Einsatz. Gegebenenfalls müssen Sie Ihrem Compiler mitteilen, dass es sich um Funktionen handelt, die nicht dem ANSI-Standard entsprechen.

Listing 17.13: Die Groß-/Kleinschreibung von Zeichen in einem String mit strlwr und strupr umwandeln

```
/* Groß-/Kleinschreibung mit strlwr und strupr umwandeln. */

#include <stdio.h>
#include <string.h>

int main()
{
```

```
8:     char puffer[80];
9:
10:    while (1)
11:    {
12:       puts("\nGeben Sie eine Textzeile ein, Beenden mit Leerzeile.");
13:       gets(puffer);
14:
15:       if ( strlen(puffer) == 0 )
16:          break;
17:
18:       puts(strlwr(puffer));
19:       puts(strupr(puffer));
20:     }
21:     return(0);
22: }
```

n. gef.
H:\M&T
\21tage
C\n. gef.
H:\M&T
\21tage
C\Einaus

```
Geben Sie eine Textzeile ein, Beenden mit Leerzeile.
Bradley L. Jones

bradley l. jones
BRADLEY L. JONES
Geben Sie eine Textzeile ein, Beenden mit Leerzeile.
```

Analyse

Das Programm ruft in den Zeilen 12 und 13 einen String vom Benutzer ab. Dann prüft es in Zeile 15, ob der String eine Leerzeile ist. Zeile 18 gibt den String nach der Umwandlung in Kleinbuchstaben und Zeile 19 nach der Umwandlung in Großbuchstaben aus.

Die Compiler von Symantec, Microsoft und Borland unterstützen die Funktionen `strlwr` und `strupr`. Auf jeden Fall sollten Sie die Dokumentation Ihres Compilers zu Rate ziehen, bevor Sie diese Funktionen einsetzen. Wenn Sie auf portablen Code bedacht sind, verzichten Sie besser auf Funktionen wie diese, die nicht zum ANSI-Standard gehören.

Verschiedene Stringfunktionen

Dieser Abschnitt behandelt einige Stringfunktionen, die sich keiner bisher genannten Kategorie zuordnen lassen. Alle Funktionen erfordern die Header-Datei `string.h`.

Die Funktion strrev

Die Funktion `strrev` kehrt die Reihenfolge aller Zeichen in einem String um. Der Prototyp lautet:

```
char *strrev(char *str);
```

Die Funktion ordnet alle Zeichen von `str` in umgekehrter Reihenfolge an, wobei das abschließende Nullzeichen am Ende des Strings bleibt. Der Rückgabewert der Funktion ist `str`. Ein Beispiel folgt im nächsten Abschnitt.

strset und strnset

Ebenso wie `strrev` gehören `strset` und `strnset` nicht zur ANSI C-Standardbibliothek. Die Funktion `strset` ändert alle Zeichen und die Funktion `strnset` eine spezifizierte Anzahl von Zeichen in das angegebene Zeichen. Die Prototypen lauten:

```
char *strset(char *str, int ch);
char *strnset(char *str, int ch, size_t n);
```

Die Funktion `strset` ändert alle Zeichen im String `str` mit Ausnahme des Nullzeichens in das Zeichen `ch`; die Funktion `strnset` ändert die ersten `n` Zeichen von `str` in `ch`. Wenn `n >= strlen(str)` ist, wandelt `strnset` alle Zeichen von `str` um. Listing 17.14 demonstriert diese beiden Funktionen und die im letzten Abschnitt behandelte Funktion `strrev`.

Listing 17.14: Eine Demonstration der Funktionen strrev, strset und strnset

```
/* Demonstriert die Funktionen strrev, strnset und strset. */
#include <stdio.h>
#include <string.h>

char str[] = "Das ist der Test-String.";

int main()
{
    printf("\nDer Originalstring lautet:  %s", str);
    printf("\nAufruf von strrev:          %s", strrev(str));
    printf("\nErneuter Aufruf von strrev: %s", strrev(str));
    printf("\nAufruf von strnset:         %s", strnset(str, '!', 5));
```

```
13:     printf("\nAufruf von strset:          %s", strset(str, '!'));
14:     printf("\n");
15:     return(0);
16: }
```

```
Der Originalstring lautet:  Das ist der Test-String.
Aufruf von strrev:          .gnirtS-tseT red tsi saD
Erneuter Aufruf von strrev: Das ist der Test-String.
Aufruf von strnset:         !!!!!st der Test-String.
Aufruf von strset:          !!!!!!!!!!!!!!!!!!!!!!!!
```

Das Programm demonstriert die drei Stringfunktionen `strrev`, `strset` und `strnset`. Zeile 5 initialisiert dazu einen Test-String, den Zeile 9 zur Kontrolle in der Originalform ausgibt. Zeile 10 kehrt die Reihenfolge der Zeichen mit der Funktion `strrev` um. Zeile 11 ruft `strrev` ein zweites Mal auf, um die Umkehrung rückgängig zu machen. Die Anweisung in Zeile 12 setzt mit der Funktion `strnset` die ersten fünf Zeichen von `str` auf das Ausrufezeichen und schließlich wandelt Zeile 13 mit der Funktion `strset` den gesamten String in Ausrufezeichen um.

Die Compiler von Symantec, Microsoft und Borland unterstützen alle drei Funktionen, auch wenn diese nicht zum ANSI-Standard gehören. Auf jeden Fall sollten Sie die Dokumentation Ihres Compilers zu Rate ziehen, bevor Sie diese Funktionen einsetzen.

Umwandlung von Strings in Zahlen

Manchmal ist es erforderlich, die Stringdarstellung einer Zahl in eine »echte« numerische Variable umzuwandeln – beispielsweise den String `"123"` in eine Variable vom Typ `int` mit dem Wert `123`. Für diesen Zweck stellt C drei Funktionen bereit, auf die die folgenden Abschnitte eingehen. Die Prototypen dieser Funktionen sind in der Header-Datei `stdlib.h` deklariert.

Die Funktion atoi

Die Bibliotheksfunktion `atoi` konvertiert einen String in einen Integer. Der Prototyp der Funktion lautet:

```
int atoi(char *ptr);
```

Die Funktion atoi wandelt den String, auf den ptr zeigt, in einen Integer um. Neben Ziffern kann der String auch führende Whitespace-Zeichen und ein Plus- oder Minuszeichen enthalten. Die Umwandlung beginnt am Anfang des Strings und setzt sich so lange fort, bis die Funktion auf ein nicht konvertierbares Zeichen (zum Beispiel einen Buchstaben oder ein Satzzeichen) trifft. Die Funktion gibt die resultierende Ganzzahl an das aufrufende Programm zurück. Enthält der String keine konvertierbaren Zeichen, liefert atoi den Wert 0 zurück. Tabelle 17.2 enthält einige Beispiele.

String	**Rückgabewerte von** atoi
"157"	157
"-1.6"	-1
"+50x"	50
"elf"	0
"x506"	0

Tabelle 17.2: Strings mit atoi in Ganzzahlen konvertieren

Das erste Beispiel ist eindeutig und bedarf wohl keiner Erklärung. Im zweiten Beispiel kann es Sie vielleicht etwas irritieren, dass ".6" einfach wegfällt. Denken Sie daran, dass es sich hier um eine Umwandlung von Strings zu Ganzzahlen handelt. Das dritte Beispiel ist ebenfalls eindeutig: Die Funktion interpretiert das Pluszeichen als Teil der Zahl und ignoriert das x. Das vierte Beispiel lautet "elf". Die atoi-Funktion sieht nur die einzelnen Zeichen und kann keine Wörter übersetzen, selbst wenn es Zahlwörter sind. Da der String nicht mit einer Zahl beginnt, liefert atoi das Ergebnis 0 zurück. Das Gleiche gilt auch für das letzte Beispiel.

Die Funktion atol

Die Bibliotheksfunktion atol entspricht im Großen und Ganzen der Funktion atoi. Allerdings liefert sie einen long-Wert zurück. Der Prototyp der Funktion lautet:

```
long atol(char *ptr);
```

Wenn Sie die Strings gemäß Tabelle 17.2 mit atol umwandeln, erhalten Sie die gleichen Ergebnisse wie für atoi, nur dass die Werte jetzt vom Typ long und nicht vom Typ int sind.

Die Funktion atof

Die Funktion atof konvertiert einen String in einen double-Wert. Der Prototyp lautet:

```
double atof(char *str);
```

Das Argument `str` zeigt auf den zu konvertierenden String. Dieser String kann führende Whitespace-Zeichen, ein Plus- oder ein Minuszeichen enthalten. Für die Zahl sind die Ziffern 0-9, der Dezimalpunkt und die Zeichen `e` oder `E` (als Exponent) zulässig. Wenn es keine konvertierbaren Zeichen gibt, liefert `atof` das Ergebnis `0` zurück. Tabelle 17.3 verdeutlicht anhand einiger Beispiele die Arbeitsweise von `atof`.

String	**Rückgabewerte von** `atof`
"12"	12.000000
"-0.123"	-0.123000
"123E+3"	123000.000000
"123.1e-5"	0.001231

Tabelle 17.3: Strings mit atof in Gleitkommazahlen konvertieren

Beim Programm in Listing 17.15 können Sie selbst Strings eingeben und in Zahlen konvertieren lassen.

Listing 17.15: Mit atof Strings in numerische Variablen vom Typ double konvertieren

```
/* Beispiel für die Verwendung von atof. */

#include <string.h>
#include <stdio.h>
#include <stdlib.h>

int main()
{
    char puffer[80];
    double d;

    while (1)
    {
        printf("\nUmzuwandelnder String (Leerzeile für Ende): ");
        gets(puffer);

        if ( strlen(puffer) == 0 )
            break;

        d = atof( puffer );

        printf("Der umgewandelte Wert lautet %f.\n", d);
    }
```

```
24:     return(0);
25:}
```

```
Umzuwandelnder String (Leerzeile für Ende):    1009.12
Der umgewandelte Wert lautet 1009.120000.
Umzuwandelnder String (Leerzeile für Ende):    abc
Der umgewandelte Wert lautet 0.000000.
Umzuwandelnder String (Leerzeile für Ende):    3
Der umgewandelte Wert lautet 3.000000.
Umzuwandelnder String (Leerzeile für Ende):
```

Die `while`-Schleife in den Zeilen 12 bis 23 führt das Programm so lange aus, bis Sie eine leere Zeile eingeben. Die Zeilen 14 und 15 fordern Sie auf, einen Wert einzugeben. Zeile 17 prüft, ob es sich um eine Leerzeile handelt. Wenn ja, steigt das Programm aus der `while`-Schleife aus und endet. Zeile 20 ruft `atof` auf und konvertiert den eingegebenen Wert (`puffer`) in einen Wert `d` vom Typ `double`. Zeile 22 gibt das Ergebnis der Umwandlung aus.

Zeichentestfunktionen

Die Header-Datei `ctype.h` enthält Prototypen für eine Reihe von Funktionen, mit denen sich einzelne Zeichen testen lassen. Die Funktionen geben `wahr` oder `falsch` zurück – je nachdem, ob das Zeichen einer bestimmten Klasse von Zeichen angehört oder nicht. Zum Beispiel können Sie mit diesen Funktionen prüfen, ob es sich bei einem Zeichen um einen Buchstaben oder um eine Zahl handelt. Die Funktionen `is`*`xxxx`* sind eigentlich Makros, die in `ctype.h` definiert sind. Näheres zu Makros erfahren Sie am Tag 21. Dann können Sie sich auch die Definitionen in `ctype.h` ansehen, um die Arbeitsweise zu studieren. Fürs Erste müssen Sie nur wissen, wie Sie die Makros einsetzen.

Die `is`*`xxxx`*-Makros haben alle den gleichen Prototyp:

```
int isxxxx(int ch);
```

Hierin bezeichnet `ch` das zu testende Zeichen. Der Rückgabewert ist `wahr` (ungleich Null), wenn das Zeichen der überprüften Klasse angehört, und `falsch` (Null), wenn das Zeichen nicht der Klasse angehört. In Tabelle 17.4 finden Sie die komplette Liste der `is`*`xxxx`*-Makros.

Makro	Aktion
`isalnum`	Liefert `wahr` zurück, wenn `ch` ein Buchstabe oder eine Ziffer ist
`isalpha`	Liefert `wahr` zurück, wenn `ch` ein Buchstabe ist
`isascii`	Liefert `wahr` zurück, wenn `ch` ein Standard-ASCII-Zeichen (zwischen 0 und 127) ist
`iscntrl`	Liefert `wahr` zurück, wenn `ch` ein Steuerzeichen ist
`isdigit`	Liefert `wahr` zurück, wenn `ch` eine Ziffer ist
`isgraph`	Liefert `wahr` zurück, wenn `ch` ein druckbares Zeichen (ohne das Leerzeichen) ist
`islower`	Liefert `wahr` zurück, wenn `ch` ein Kleinbuchstabe ist
`isprint`	Liefert `wahr` zurück, wenn `ch` ein druckbares Zeichen (einschließlich des Leerzeichens) ist
`ispunct`	Liefert `wahr` zurück, wenn `ch` ein Satzzeichen ist
`isspace`	Liefert `wahr` zurück, wenn `ch` ein Whitespace-Zeichen (Leerzeichen, horizontaler/vertikaler Tabulator, Zeilenvorschub, Seitenvorschub oder Wagenrücklauf) ist
`isupper`	Liefert `wahr` zurück, wenn `ch` ein Großbuchstabe ist
`isxdigit`	Liefert `wahr` zurück, wenn `ch` eine hexadezimale Ziffer (0-9, a-f, A-F) ist

Tabelle 17.4: Die isxxxx-Makros

Mit diesen Makros zum Testen von Zeichen lassen sich interessante Programmfunktionen realisieren. Nehmen Sie zum Beispiel die Funktion `get_int` aus Listing 17.16. Diese Funktion liest einen Integer-Wert Zeichen für Zeichen aus `stdin` ein und liefert ihn als Variable vom Typ `int` zurück. Die Funktion überspringt führende Whitespaces und gibt `0` zurück, wenn das erste auszuwertende Zeichen nicht zur Kategorie der numerischen Zeichen gehört.

Listing 17.16: Mit den Makros isxxxx eine Funktion implementieren, die einen Integer einliest

```
/* Mit den Zeichen-Makros eine Eingabefunktion */
/* für Ganzzahlen implementieren. */
#include <stdio.h>
#include <ctype.h>

int get_int(void);

int main()
{
```

```
    int x;
    printf("Geben Sie einen Integer ein: ") ;
    x =  get_int();
    printf("Sie haben %d eingegeben.\n", x);
    return 0;
}

int get_int(void)
{
    int ch, i, vorzeichen = 1;

    /* Überspringt alle führenden Whitespace-Zeichen. */

    while ( isspace(ch = getchar()) )
        ;

    /* Wenn das erste Zeichen nicht nummerisch ist, stelle das */
    /* Zeichen zurück und liefere 0 zurück. */

    if (ch != '-' && ch != '+' && !isdigit(ch) && ch != EOF)
    {
        ungetc(ch, stdin);
        return 0;
    }

    /* Wenn das erste Zeichen ein Minuszeichen ist, */
    /* setze vorzeichen entsprechend. */

    if (ch == '-')
        vorzeichen = -1;

    /* Wenn das erste Zeichen ein Plus- oder Minuszeichen war, */
    /* hole das nächste Zeichen. */

    if (ch == '+' || ch == '-')
        ch = getchar();

    /* Lies die Zeichen, bis eine Nicht-Ziffer eingegeben wird. */
    /* Weise die Werte i zu. */

    for (i = 0; isdigit(ch); ch = getchar() )
        i = 10 * i + (ch - '0');

    /* Vorzeichen für Ergebnis berücksichtigen. */

    i *= vorzeichen;
```

```
56:
57:     /* Wenn kein EOF angetroffen wurde, muss eine Nicht-Ziffer */
58:     /* eingelesen worden sein. Also zurückstellen. */
59:
60:     if (ch != EOF)
61:         ungetc(ch, stdin);
62:
63:     /* Den eingegebenen Wert zurückgeben. */
64:
65:     return i;
66: }
```

Ausgabe

```
Geben Sie einen Integer ein: -100
Sie haben -100 eingegeben.
Geben Sie einen Integer ein: abc3.145
Sie haben 0 eingegeben.
Geben Sie einen Integer ein: 9 9 9
Sie haben 9 eingegeben.
Geben Sie einen Integer ein: 2.5
Sie haben 2 eingegeben.
```

Analyse

Das Programm verwendet in den Zeilen 31 und 61 die Bibliotheksfunktion `ungetc`, die Sie bereits aus Tag 14 kennen. Denken Sie daran, dass diese Funktion ein Zeichen »zurückstellt«, d.h. an den angegebenen Stream zurückgibt. Die nächste Leseoperation des Programms holt dieses zurückgestellte Zeichen als erstes Zeichen aus dem Stream. Wenn die Funktion `get_int` ein nichtnumerisches Zeichen aus `stdin` liest, stellt sie dieses Zeichen wieder zurück, um es für eventuell nachfolgende Leseoperationen verfügbar zu machen.

Die Funktion `main` des Programms ist recht einfach gehalten. Zeile 10 deklariert die Integer-Variable `x`, Zeile 11 gibt eine Eingabeaufforderung aus und Zeile 12 weist den Rückgabewert der Funktion `get_int` an die Variable `x` zu. Schließlich gibt Zeile 14 den Wert auf den Bildschirm aus.

Die Funktion `get_int` erledigt in diesem Programm den Hauptteil der Arbeit. Zunächst entfernt die `while`-Schleife in den Zeilen 23 und 24 alle führenden Whitespaces, die der Benutzer eventuell eingegeben hat. Das Makro `isspace` prüft das aus der Funktion `getchar` erhaltene Zeichen `ch`. Wenn `ch` ein Leerzeichen ist, holt die Funktion `getchar` in einem weiteren Durchlauf der Schleife das nächste Zeichen. Das setzt sich so lange fort, bis ein Nicht-Whitespace erscheint. Zeile 29 prüft, ob das Zeichen verwendbar ist. Im Klartext lautet Zeile 29: »Wenn das gelesene Zeichen kein

Vorzeichen, keine Ziffer und kein Dateiendezeichen ist«. Ist diese Bedingung erfüllt, ruft Zeile 31 die Funktion `ungetc` auf, um das Zeichen zurückzustellen, und Zeile 32 führt den Rücksprung zu `main` aus. Ist das Zeichen dagegen verwendbar, setzt sich die Funktion `get_int` fort.

Die Zeilen 38 bis 45 behandeln das Vorzeichen der Zahl. Zeile 38 prüft, ob das eingegebene Zeichen ein negatives Vorzeichen ist. Wenn ja, setzt Zeile 39 die Variable `vorzeichen` auf `-1`. Auf diesen Wert greift Zeile 55 zurück, um nach der Umwandlung der Ziffern das Vorzeichen der Zahl festzulegen. Da Zahlen ohne Vorzeichen per Definition positiv sind, muss man lediglich das negative Vorzeichen berücksichtigen. Hat der Benutzer ein Vorzeichen eingegeben, muss die Funktion noch ein weiteres Zeichen lesen. Das übernehmen die Zeilen 44 und 45.

Das Herz der Funktion ist die `for`-Schleife in den Zeilen 50 und 51, die wiederholt Zeichen liest, solange es sich um Ziffern handelt. Zeile 51 mag Ihnen etwas ungewöhnlich erscheinen. Diese Zeile wandelt die eingegebenen Zeichen in eine Zahl um. Durch die Subtraktion des Zeichens `'0'` von der eingegebenen Ziffer, erhält man aus dem ASCII-Code der Ziffer einen echten Zahlenwert. Zeile 51 multipliziert den bisherigen Wert mit 10 und addiert den neu berechneten Wert. Da die Funktion die höchstwertige Ziffer zuerst liest, ergibt sich durch die fortlaufende Multiplikation mit 10 der Wert jeder Ziffer entsprechend ihrer Stellung im Positionssystem der Dezimalzahlen. Die `for`-Schleife läuft so lange, bis sie ein nichtnumerisches Zeichen erkennt. Dann hat man den Absolutwert der Zahl, den Zeile 55 noch mit dem Vorzeichen multipliziert. Die Umwandlung der Zeicheneingabe in eine Zahl ist damit abgeschlossen.

Bevor die Funktion zurückkehrt, muss sie noch einige Aufräumarbeiten erledigen. Wenn das letzte Zeichen kein `EOF` ist, muss sie es zurückstellen (falls es das Programm noch an anderer Stelle benötigt). Dieser Schritt erfolgt in Zeile 61. Mit Zeile 65 kehrt die Programmausführung schließlich aus `get_int` zurück.

Was Sie tun sollten	Was nicht
Nutzen Sie die verfügbaren Stringfunktionen.	Verwenden Sie keine Funktionen, die nicht dem ANSI-Standard entsprechen, wenn Ihr Programm auf andere Plattformen portierbar sein soll. Verwechseln Sie nicht Zeichen mit Zahlen. Man vergisst leicht, dass das Zeichen `"1"` nicht dasselbe ist wie die Zahl `1`.

Zusammenfassung

Die heutige Lektion hat verschiedene Möglichkeiten gezeigt, wie Sie Strings in C manipulieren können. Mit den Funktionen der C-Standardbibliothek – sowie einigen Funktionen, die nicht im ANSI-Standard definiert und für den jeweiligen Compiler spezifisch sind – lassen sich Strings kopieren, verketten, vergleichen und durchsuchen. Diese Aufgaben sind unverzichtbarer Bestandteil der meisten Programmierprojekte. Außerdem enthält die Standardbibliothek Funktionen für die Umwandlung in Groß- bzw. Kleinschreibung und für das Konvertieren von Strings in Zahlen. Schließlich gibt es in C eine Reihe von Funktionen – oder genauer: Makros – zum Testen von einzelnen Zeichen. Damit kann man prüfen, ob ein Zeichen einer bestimmten Kategorie angehört. Mit diesen Makros lassen sich leistungsfähige Eingabefunktionen erstellen.

Fragen und Antworten

F Woher weiß ich, ob eine Funktion ANSI-kompatibel ist?

A *Zu den meisten Compilern gehört eine Funktionsreferenz. Hier erfahren Sie, welche Bibliotheksfunktionen der Compiler bietet und wie man sie einsetzt. In der Regel gehören dazu auch Angaben zur Kompatibilität der Funktionen. Verschiedentlich geben die Beschreibungen nicht nur an, ob es sich um eine ANSI-Funktion handelt, sondern auch, ob sie mit DOS, UNIX, Windows, C++ oder OS/2 kompatibel ist. (Viele Compiler-Dokumentationen verzichten allerdings auf Hinweise zu Fremdprodukten.)*

F Hat die heutige Lektion alle verfügbaren Stringfunktionen behandelt?

A *Nein. Allerdings dürften Sie mit dem hier vorgestellten Repertoire den größten Teil Ihrer Programmieraufgaben bewältigen können. Informationen zu den anderen Funktionen finden Sie der Dokumentation Ihres Compilers.*

F Ignoriert `strcat` nachfolgende Leerzeichen?

A *Nein. Die Funktion* `strcat` *behandelt Leerzeichen wie jedes andere Zeichen.*

F Kann ich Zahlen in Strings konvertieren?

A *Ja. Schreiben Sie eine Funktion ähnlich der in Listing 17.16 oder suchen Sie in der Dokumentation, ob Ihr Compiler passende Funktionen bereithält. Zu den üblicherweise verfügbaren Funktionen gehören* `itoa`, `ltoa` *und* `ultoa`. *Sie können aber auch* `sprintf` *verwenden.*

Workshop

Die Kontrollfragen im Workshop sollen Ihnen helfen, die neu erworbenen Kenntnisse zu den behandelten Themen zu festigen. Die Übungen geben Ihnen die Möglichkeit, praktische Erfahrungen mit dem gelernten Stoff zu sammeln. Die Antworten zu den Kontrollfragen und Übungen finden Sie im Anhang F.

Kontrollfragen

1. Was ist die Länge eines Strings und wie kann man sie ermitteln?
2. Was müssen Sie unbedingt machen, bevor Sie einen String kopieren?
3. Was bedeutet der Begriff *Konkatenierung*?
4. Was bedeutet die Aussage: »Ein String ist größer als ein anderer String«?
5. Worin besteht der Unterschied zwischen `strcmp` und `strncmp`?
6. Worin besteht der Unterschied zwischen `strcmp` und `strcmpi`?
7. Auf welche Werte prüft `isascii`?
8. Welche Makros aus Tabelle 17.4 geben für `var` das Ergebnis `wahr` zurück?

   ```
   int var = 1;
   ```
9. Welche Makros aus Tabelle 17.4 geben für `x` das Ergebnis `wahr` zurück?

   ```
   char x = 65;
   ```
10. Wofür setzt man die Funktionen zum Testen von Zeichen ein?

Übungen

1. Welche Werte liefern die Testfunktionen zurück?
2. Was gibt die Funktion `atoi` zurück, wenn man ihr die folgenden Werte übergibt?
   a. `"65"`
   b. `"81.23"`
   c. `"-34.2"`
   d. `"zehn"`
   e. `"+12hundert"`
   f. `"negativ100"`

3. Was gibt die Funktion `atof` zurück, wenn man ihr die folgenden Werte übergibt?
   a. `"65"`
   b. `"81.23"`
   c. `"-34.2"`
   d. `"zehn"`
   e. `"+12hundert`
   f. `"1e+3"`
4. **FEHLERSUCHE:** Ist an folgendem Code etwas falsch?

```
char *string1, string2;
string1 = "Hallo Welt";
strcpy( string2, string1);
printf( "%s %s", string1, string2 );
```

Aufgrund der vielen möglichen Antworten gibt Anhang F zu den folgenden Übungen keine Lösungen an.

5. Schreiben Sie ein Programm, das vom Benutzer den Nachnamen und zwei Vornamen abfragt. Speichern Sie dann den Namen in einem neuen String in der Form: Initial, Punkt, Leerzeichen, Initial, Punkt, Leerzeichen, Nachname. Wenn die Eingabe zum Beispiel `Bradley`, `Lee` und `Jones` lautet, speichern Sie diese Eingabe als `B. L. Jones`. Geben Sie den neuen Namen auf dem Bildschirm aus.
6. Schreiben Sie ein Programm, das Ihre Antworten auf die Kontrollfragen 8 und 9 bestätigt.
7. Die Funktion `strstr` sucht das erste Vorkommen eines Strings in einem anderen String und berücksichtigt dabei die Groß-/Kleinschreibung. Schreiben Sie eine Funktion, die die gleiche Aufgabe ausführt, ohne jedoch die Groß-/Kleinschreibung zu berücksichtigen.
8. Schreiben Sie eine Funktion, die feststellt, wie oft ein String in einem anderen enthalten ist.
9. Schreiben Sie ein Programm, das eine Textdatei nach den Vorkommen eines vom Benutzer eingegebenen Strings durchsucht und für jedes Vorkommen die Zeilennummer ausgibt. Wenn Sie zum Beispiel eine Ihrer C-Quelltextdateien nach dem String »`printf`« durchsuchen lassen, soll das Programm alle Zeilen auflisten, die die Funktion `printf` aufrufen.
10. Listing 17.16 enthält ein Beispiel für eine Funktion, die einen Integer von `stdin` liest. Schreiben Sie eine Funktion `get_float`, die einen Gleitkommawert von `stdin` einliest.

18 Mehr aus Funktionen herausholen

Woche 3

Wie Sie mittlerweile wissen, bilden Funktionen den Dreh- und Angelpunkt der C-Programmierung. Heute lernen Sie weitere Möglichkeiten kennen, wie man Funktionen in einem Programm nutzen kann. Dazu gehört, wie man

- Zeiger als Argumente an Funktionen übergibt,
- Zeiger vom Typ `void` als Argumente übergibt,
- Funktionen mit einer variablen Anzahl von Argumenten verwendet,
- Zeiger aus Funktionen zurückgibt.

Zeiger an Funktionen übergeben

Argumente übergibt man normalerweise als Wert an eine Funktion. Die *Übergabe als Wert* bedeutet, dass die Funktion eine Kopie des Argumentwertes erhält. Diese Methode umfasst drei Schritte:

1. Der Argumentausdruck wird ausgewertet.
2. Das Ergebnis wird auf den *Stack* – einen temporären Speicherbereich – kopiert.
3. Die Funktion ruft den Wert des Arguments vom Stack ab.

Der Knackpunkt ist, dass der Code in der Funktion den Originalwert einer als Wert übergebenen Variablen nicht ändern kann. Abbildung 18.1 verdeutlicht diese Übergabemethode. In diesem Beispiel ist das Argument eine einfache Variable vom Typ `int`, wobei aber das Prinzip für andere Variablentypen und komplexere Ausdrücke gleich ist.

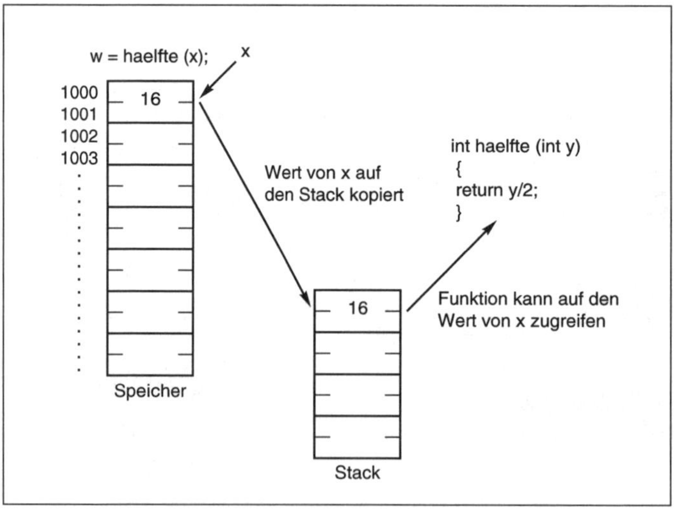

Abbildung 18.1: Ein Argument als Wert übergeben. Die Funktion kann den originalen Wert der Argumentvariablen nicht verändern

Bei der Übergabe einer Variablen als Wert an eine Funktion kann die Funktion zwar auf den Wert der Variablen zugreifen, nicht aber auf das Originalexemplar der Variablen. Im Ergebnis kann der Code in der Funktion den Originalwert nicht ändern. Das ist der Hauptgrund, warum die Übergabe als Wert das Standardverfahren für die Übergabe von Argumenten ist: Daten außerhalb einer Funktion sind gegenüber versehentlichen Änderungen geschützt.

Die Übergabe als Wert ist mit den Basistypen (`char`, `int`, `long`, `float` und `double`) sowie Strukturen möglich. Allerdings gibt es noch eine andere Methode, um ein Argument an eine Funktion zu übergeben: Man übergibt einen Zeiger auf die Argumentvariable statt die Argumentvariable selbst. Diese Methode heißt *Übergabe als Referenz*. Da die Funktion die Adresse der eigentlichen Variablen hat, kann die Funktion den Wert der Variablen ändern.

Wie Sie am Tag 9 gelernt haben, lassen sich Arrays ausschließlich als Referenz an eine Funktion übergeben; die Übergabe eines Arrays als Wert ist nicht möglich. Bei anderen Datentypen funktionieren dagegen beide Methoden. Wenn Sie in einem Programm große Strukturen verwenden und sie als Wert übergeben, führt das unter Umständen zu einem Mangel an Stackspeicher. Abgesehen davon bietet die Übergabe eines Arguments als Referenz statt als Wert sowohl Vor- als auch Nachteile:

- Der Vorteil der Übergabe als Referenz besteht darin, dass die Funktion den Wert der Argumentvariablen ändern kann.
- Der Nachteil bei der Übergabe als Referenz ist, dass die Funktion den Wert der Argumentvariablen ändern kann.

Wie war das? Ein Vorteil, der gleichzeitig ein Nachteil ist? Wie so oft hängt alles von der konkreten Situation ab. Wenn eine Funktion in Ihrem Programm den Wert einer Argumentvariablen ändern muss, stellt die Übergabe als Referenz einen Vorteil dar. Besteht eine derartige Forderung nicht, ist es ein Nachteil, da unbeabsichtigte Änderungen erfolgen können.

Warum verwendet man nicht einfach den Rückgabewert der Funktion, um den Wert des Arguments zu modifizieren? Wie das folgende Beispiel zeigt, ist dieses Vorgehen möglich:

```
x = haelfte;

float haelfte(float y)
{
    return y/2;
}
```

Man darf aber nicht vergessen, dass eine Funktion nur einen einzelnen Wert zurückgeben kann. Indem man ein oder mehrere Argumente als Referenz übergibt, versetzt man eine Funktion in die Lage, mehrere Werte an das aufrufende Programm »zurückzugeben«. Abbildung 18.2 zeigt die Übergabe als Referenz für ein einzelnes Argument.

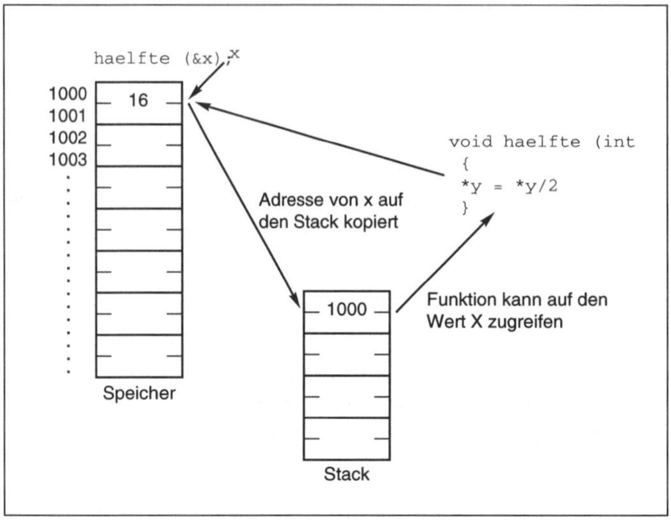

Abbildung 18.2: Die Übergabe als Referenz erlaubt einer Funktion, den originalen Wert der Argumentvariablen zu ändern

Die in Abbildung 18.2 verwendete Funktion ist zwar kein Paradebeispiel für ein echtes Programm, in dem man die Übergabe als Referenz einsetzt, verdeutlicht aber das Konzept. Wenn Sie als Referenz übergeben, müssen Sie auch sicherstellen, dass sowohl Funktionsdefinition als auch Prototyp die Tatsache widerspiegeln, dass es sich beim übergebenen Argument um einen Zeiger handelt. Im Rumpf der Funktion müssen Sie auch den Indirektionsoperator verwenden, um auf die als Referenz übergebene Variable zuzugreifen.

Listing 18.1 demonstriert die Übergabe als Referenz und die als Standardmethode der Übergabe als Wert. Die Ausgabe zeigt deutlich, dass eine Funktion den Wert einer als Referenz übergebenen Variablen ändern kann, was bei einer als Wert übergebenen Variablen nicht möglich ist. Natürlich muss eine Funktion den Wert einer als Referenz übergebenen Variablen nicht ändern. In diesem Fall ist es aber auch nicht notwendig, die Variable als Referenz zu übergeben.

Listing 18.1: Übergabe als Wert und als Referenz

```
/* Argumente als Wert und als Referenz übergeben. */

#include <stdio.h>

void als_wert(int a, int b, int c);
```

```
6:  void als_ref(int *a, int *b, int *c);
7:
8:  int main()
9:  {
10:     int x = 2, y = 4, z = 6;
11:
12:     printf("\nVor Aufruf von als_wert:  x = %d, y = %d, z = %d.",
13:         x, y, z);
14:
15:     als_wert(x, y, z);
16:
17:     printf("\nNach Aufruf von als_wert: x = %d, y = %d, z = %d.",
18:            x, y, z);
19:
20:     als_ref(&x, &y, &z);
21:     printf("\nNach Aufruf von als_ref:  x = %d, y = %d, z = %d.\n",
22:            x, y, z);
23:     return (0);
24: }
25:
26: void als_wert(int a, int b, int c)
27: {
28:     a = 0;
29:     b = 0;
30:     c = 0;
31: }
32:
33: void als_ref(int *a, int *b, int *c)
34: {
35:     *a = 0;
36:     *b = 0;
37:     *c = 0;
38: }
```

Ausgabe

```
Vor Aufruf von als_wert:  x = 2, y = 4, z = 6.
Nach Aufruf von als_wert: x = 2, y = 4, z = 6.
Nach Aufruf von als_ref:  x = 0, y = 0, z = 0.
```

Analyse

Das Programm demonstriert den Unterschied zwischen der Übergabe von Variablen als Wert und der Übergabe als Referenz. Die Zeilen 5 und 6 enthalten Prototypen für die beiden Funktionen, die das Programm aufruft. Die Funktion `als_wert` in Zeile 5 übernimmt drei Argumente vom Typ `int`. Dagegen deklariert Zeile 6 die Funktion `als_ref` mit drei Zeigern auf Variablen vom Typ `int`. Die Funktions-Header für diese Funktionen in den Zeilen 26 und 33 folgen dem gleichen Format wie die Prototypen. Die Rümpfe der Funktionen sind ähnlich, aber nicht identisch. Beide Funktionen weisen den Wert 0 an die drei als Parameter übergebenen Variablen zu. Die Funktion `als_wert` weist 0 direkt an die Variablen zu, während die Funktion `als_ref` mit Zeigern arbeitet, so dass die Variablen vor der Zuweisung zu dereferenzieren sind.

Die Funktion `main` ruft jede Funktion einmal auf. Zuerst weist Zeile 10 jeder Argumentvariablen einen von 0 verschiedenen Wert zu. Zeile 12 gibt diese Werte auf dem Bildschirm aus. Zeile 15 ruft die erste der beiden Funktionen (`als_wert`) auf. Zeile 17 zeigt die drei Variablen erneut an. Beachten Sie, dass sich die Werte nicht geändert haben. Die Funktion `als_wert` erhält die drei Variablen als Wert und kann demzufolge deren originalen Inhalt nicht ändern. Zeile 20 ruft die Funktion `als_ref` auf und Zeile 22 zeigt die Werte zur Kontrolle an. Dieses Mal haben sich alle Werte zu 0 geändert. Die Übergabe als Referenz ermöglicht der Funktion `als_ref` den Zugriff auf den tatsächlichen Inhalt der Variablen.

Man kann auch Funktionen schreiben, die einen Teil der Argumente als Referenz und andere Argumente als Wert übernehmen. Achten Sie aber darauf, die Variablen innerhalb der Funktion korrekt zu verwenden – greifen Sie also auf die als Referenz übergebenen Variablen mit dem Indirektionsoperator zu.

Was Sie tun sollten	Was nicht
Übergeben Sie Variablen als Wert, wenn Sie verhindern wollen, dass die Funktion die originalen Werte ändert.	Übergeben Sie größere Datenmengen nicht als Wert, sofern es nicht notwendig ist. Andernfalls kann es zu einem Mangel an Stackspeicher kommen. Vergessen Sie nicht, dass eine als Referenz übergebene Variable ein Zeiger sein muss. Verwenden Sie auch den Indirektionsoperator, um die Variable innerhalb der Funktion zu dereferenzieren.

Zeiger vom Typ void

Das Schlüsselwort `void` haben Sie bereits im Zusammenhang mit Funktionsdeklarationen kennen gelernt. Damit zeigen Sie an, dass die Funktion entweder keine Argumente übernimmt oder keinen Rückgabewert liefert. Mit dem Schlüsselwort `void` kann man auch einen generischen Zeiger erzeugen – einen Zeiger, der auf einen beliebigen Typ des Datenobjekts zeigen kann. Zum Beispiel deklariert die Anweisung

```
void *x;
```

die Variable `x` als generischen Zeiger. Damit haben Sie festgelegt, dass `x` auf etwas zeigt, nur nicht, worauf dieser Zeiger verweist.

Zeiger vom Typ `void` setzt man vor allem bei der Deklaration von Funktionsparametern ein. Zum Beispiel lässt sich eine Funktion erzeugen, die mit unterschiedlichen Typen von Argumenten umgehen kann. Einmal übergeben Sie der Funktion einen Wert vom Typ `int`, ein anderes Mal einen Wert vom Typ `float`. Indem Sie deklarieren, dass die Funktion einen `void`-Zeiger als Argument übernimmt, schränken Sie die Übergabe der Variablen nicht auf einen einzigen Datentyp ein. Mit einer derartigen Deklaration können Sie der Funktion einen Zeiger auf ein beliebiges Objekt übergeben.

Ein einfaches Beispiel soll das verdeutlichen: Sie wollen eine Funktion schreiben, die eine numerische Variable als Argument übernimmt, sie durch 2 dividiert und das Ergebnis in der Argumentvariablen zurückgibt. Wenn also die Variable `x` den Wert `4` enthält, ist nach einem Aufruf der Funktion `haelfte` der Wert der Variablen `x` gleich `2`. Da Sie das Argument innerhalb der Funktion modifizieren wollen, übergeben Sie es als Referenz. Außerdem soll die Funktion mit jedem numerischen Datentyp von C arbeiten, so dass Sie die Funktion für die Übernahme eines `void`-Zeigers deklarieren:

```
void haelfte(void *x);
```

Jetzt können Sie die Funktion aufrufen und ihr jeden beliebigen Zeiger als Argument anbieten. Allerdings ist noch eine Kleinigkeit zu beachten: Obwohl Sie einen `void`-Zeiger übergeben können, ohne den Datentyp zu kennen, auf den der Zeiger verweist, lässt sich der Zeiger nicht dereferenzieren. Bevor Sie im Code der Funktion überhaupt etwas mit dem Zeiger anfangen können, müssen Sie seinen Datentyp in Erfahrung bringen. Das erledigen Sie mit einer Typumwandlung, was nichts weiter heißt, als dass Sie dem Programm mitteilen, diesen `void`-Zeiger als Zeiger auf einen bestimmten Typ zu behandeln. Wenn `x` ein `void`-Zeiger ist, führen Sie die Typumwandlung wie folgt aus:

```
(typ *)x
```

Hier bezeichnet `typ` den passenden Datentyp. Um dem Programm mitzuteilen, dass `x` ein Zeiger auf den Typ `int` ist, schreiben Sie:

```
(int *)x
```

Um den Zeiger zu dereferenzieren, d.h. auf den `int` zuzugreifen, auf den `x` verweist, schreiben Sie:

```
*(int *)x
```

Auf Typumwandlungen geht Tag 20 näher ein. Kommen wir zum ursprünglichen Thema – der Übergabe eines `void`-Zeigers an eine Funktion – zurück: Um den Zeiger verwenden zu können, muss die Funktion den Datentyp kennen, auf den der Zeiger verweist. Für die als Beispiel angenommene Funktion, die ihr Argument durch 2 teilt, gibt es vier mögliche Typen: `int`, `long`, `float` und `double`. Sie müssen der Funktion also nicht nur den `void`-Zeiger auf die zu halbierende Variable übergeben, sondern auch mitteilen, von welchem Typ die Variable sein soll, auf die der Zeiger verweist. Die Funktionsdefinition lässt sich wie folgt modifizieren:

```
void haelfte(void *x, char typ);
```

Basierend auf dem Argument `typ` kann die Funktion den `void`-Zeiger `x` in den passenden Typ umwandeln. Dann lässt sich der Zeiger dereferenzieren und die Funktion kann mit dem Wert der Variablen, auf die der Zeiger verweist, arbeiten. Listing 18.2 zeigt die endgültige Version der Funktion `haelfte`.

Listing 18.2: Unterschiedliche Datentypen über einen Zeiger vom Typ void übergeben

```
/* void-Zeiger an Funktionen übergeben. */

#include <stdio.h>

void haelfte(void *x, char type);

int main()
{
   /* Eine Variable von jedem Typ initialisieren. */

    int i = 20;
    long l = 100000;
    float f = 12.456;
    double d = 123.044444;

    /* Anfangswerte der Variablen anzeigen. */

    printf("\n%d", i);
    printf("\n%ld", l);
    printf("\n%f", f);
    printf("\n%lf\n\n", d);

```

```
    /* Die Funktion haelfte für jede Variable aufrufen. */

    haelfte(&i, 'i');
    haelfte(&l, 'l');
    haelfte(&d, 'd');
    haelfte(&f, 'f');

    /* Die neuen Werte der Variablen anzeigen. */
    printf("\n%d", i);
    printf("\n%ld", l);
    printf("\n%f", f);
    printf("\n%lf\n", d);
    return 0;
}

void haelfte(void *x, char typ)
{
    /* Je nach dem Wert von typ den Zeiger x in den     */
    /* jeweiligen Typ umwandeln und durch 2 dividieren. */

    switch (typ)
    {
        case 'i':
            {
            *((int *)x) /= 2;
            break;
            }
        case 'l':
            {
            *((long *)x) /= 2;
            break;
            }
        case 'f':
            {
            *((float *)x) /= 2;
            break;
            }
        case 'd':
            {
            *((double *)x) /= 2;
            break;
            }
    }
}
```

Ausgabe

```
20
100000
12.456000
123.044444


10
50000
6.228000
61.522222
```

Analyse

In diesem Listing ist die Funktion `haelfte` in den Zeilen 38 bis 66 ohne Fehlerprüfung implementiert. Beispielsweise kann es sein, dass der Benutzer dieser Funktion ein Argument mit nicht zulässigem Typ übergibt. In einem echten Programm findet man kaum Funktionen, die so einfache Aufgaben wie die Division durch 2 realisieren. Hier dient das Beispiel aber nur der Demonstration.

Man könnte annehmen, dass es der Flexibilität der Funktion abträglich ist, wenn man den Typ für das Zeigerargument an die Funktion übergeben muss. Die Funktion wäre allgemeiner, wenn sie nicht den Typ des Datenobjekts kennen müsste. Allerdings ist das nicht die Art und Weise, in der C arbeitet. Man muss immer einen `void`-Zeiger in einen konkreten Typ umwandeln, bevor man den Zeiger dereferenzieren kann. Mit der hier vorgestellten Lösung schreiben Sie immerhin nur eine Funktion; ohne den `void`-Zeiger müssen Sie vier separate Funktionen erstellen – für jeden Datentyp eine.

Wenn Sie eine Funktion für unterschiedliche Datentypen brauchen, können Sie oftmals auch ein Makro schreiben, dass an die Stelle der Funktion tritt. Das eben vorgestellte Beispiel – in dem die Funktion nur eine einfache Aufgabe ausführen muss – ist ein guter Kandidat für ein Makro. Auf dieses Thema geht Tag 21 näher ein.

Was Sie tun sollten	**Was nicht**
Wandeln Sie den Typ eines `void`-Zeigers um, wenn Sie den Wert verwenden, auf den der Zeiger verweist.	Versuchen Sie nicht, einen `void`-Zeiger zu inkrementieren oder zu dekrementieren.

Funktionen mit einer variablen Zahl von Argumenten

Sie haben bereits mehrere Bibliotheksfunktionen, wie zum Beispiel `printf` und `scanf`, kennen gelernt, die eine beliebige Anzahl an Argumenten übernehmen. Sie können auch eigene Funktionen schreiben und ihnen eine beliebig lange Argumentliste übergeben. Programme mit Funktionen, die eine variable Anzahl von Argumenten übernehmen, müssen die Header-Datei `stdarg.h` einbinden.

Wenn Sie eine Funktion deklarieren, die eine variable Argumentliste übernimmt, geben Sie zuerst die festen Parameter an – das sind die, die immer zu übergeben sind. Es muss mindestens ein fester Parameter vorhanden sein. Anschließend setzen Sie an das Ende der Parameterliste eine Ellipse (...), um anzuzeigen, dass der Funktion null oder mehr Argumente übergeben werden. Denken Sie in diesem Zusammenhang bitte an den Unterschied zwischen einem Parameter und einem Argument, den Tag 5 erläutert hat.

Woher weiß eine Funktion, wie viele Argumente der Aufrufer ihr übergeben hat? Ganz einfach: Sie teilen es ihr mit. Einer der festen Parameter informiert die Funktion über die Gesamtzahl der Argumente. Wenn Sie zum Beispiel die `printf`-Funktion verwenden, kann die Funktion an der Zahl der Konvertierungsspezifizierer im Formatstring ablesen, wie viele weitere Argumente zu erwarten sind. Noch direkter geht es, wenn eines der festen Funktionsargumente die Anzahl der weiteren Argumente angibt. Das Beispiel, das Sie in Kürze sehen, verwendet diesen Ansatz; vorher sollten Sie aber einen Blick auf die Hilfsmittel werfen, die C für die Implementierung von Funktionen mit beliebig langen Argumentlisten zur Verfügung stellt.

Die Funktion muss von jedem Argument in der Liste den Typ kennen. Im Fall von `printf` geben die Konvertierungsspezifizierer den jeweiligen Typ des Arguments an. In anderen Fällen, wie im folgenden Beispiel, sind alle Argumente der beliebig langen Liste vom gleichen Typ, so dass es keine Probleme gibt. Um eine Funktion zu erzeugen, die verschiedene Typen in der Argumentliste akzeptiert, müssen Sie eine Methode finden, um die Informationen über die Argumenttypen zu übergeben. Zum Beispiel kann man einen Zeichencode vereinbaren, wie Sie es in der Funktion `haelfte` in Listing 18.2 gesehen haben.

Die Hilfsmittel zur Implementierung beliebig langer Argumentlisten sind in `stdarg.h` definiert. Die Funktion verwendet diese, um auf die Argumente aus der Argumentliste zuzugreifen. Tabelle 18.1 fasst diese Hilfsmittel zusammen.

Name	Beschreibung
`va_list`	Ein Zeigerdatentyp
`va_start`	Ein Makro zum Initialisieren der Argumentliste
`va_arg`	Ein Makro, mit dem die Funktion die einzelnen Argumente nacheinander aus der Argumentliste abrufen kann
`va_end`	Ein Makro für die Aufräumarbeiten, wenn alle Argumente abgerufen wurden

Tabelle 18.1: Hilfsmittel für variable Argumentlisten

Die folgenden Schritte zeigen, wie man diese Makros in einer Funktion einsetzt. Daran schließt sich ein Beispiel an. Beim Aufruf der Funktion muss der Code in der Funktion die folgenden Schritte befolgen, um auf die übergebenen Argumente zuzugreifen:

1. Deklarieren Sie eine Zeigervariable vom Typ `va_list`. Über diesen Zeiger greifen Sie auf die einzelnen Argumente zu. Es ist allgemein üblich, wenn auch nicht unbedingt erforderlich, diese Variable `arg_ptr` zu nennen.
2. Rufen Sie das Makro `va_start` auf und übergeben Sie ihm dabei den Zeiger `arg_ptr` und den Namen des letzten festen Arguments. Das Makro `va_start` hat keinen Rückgabewert; es initialisiert den Zeiger `arg_ptr` so, dass er auf das erste Argument in der Argumentliste zeigt.
3. Um die einzelnen Argumente anzusprechen, rufen Sie das Makro `va_arg` auf und übergeben ihm den Zeiger `arg_ptr` sowie den Datentyp des nächsten Arguments. Wenn die Funktion `n` Argumente übernommen hat, rufen Sie `va_arg` entsprechend `n`-mal auf, um die Argumente in der Reihenfolge abzurufen, in der sie im Funktionsaufruf aufgelistet sind.
4. Haben Sie alle Argumente aus der Argumentliste abgefragt, rufen Sie das Makro `va_end` auf und übergeben ihm den Zeiger `arg_ptr`. In einigen Implementierungen führt dieses Makro keine Aktionen aus, in anderen hingegen erledigt es alle notwendigen Aufräumarbeiten. Am besten rufen Sie `va_end` immer auf, dann sind Sie für unterschiedliche C-Implementierungen gerüstet.

Kommen wir jetzt zu dem Beispiel: Die Funktion `durchschnitt` in Listing 18.3 berechnet das arithmetische Mittel für eine Reihe von Integer-Werten. Das Programm übergibt der Funktion ein einziges festes Argument, das die Zahl der weiteren Argumente angibt, und danach die Liste der Zahlen.

Listing 18.3: Eine Funktion mit einer beliebig langen Argumentliste

```
1:  /* Funktionen mit einer beliebigen Zahl an Argumenten. */
2:
3:  #include <stdio.h>
4:  #include <stdarg.h>
```

```
float durchschnitt(int num, ...);

int main()
{
    float x;

    x = durchschnitt(10, 1, 2, 3, 4, 5, 6, 7, 8, 9, 10);
    printf("Der erste Durchschnittswert beträgt %f.\n", x);
    x = durchschnitt(5, 121, 206, 76, 31, 5);
    printf("Der zweite Durchschnittswert beträgt %f.\n", x);
    return(0);
}

float durchschnitt(int anz, ...)
{
    /* Deklariert eine Variable vom Typ va_list. */

    va_list arg_ptr;
    int count, gesamt = 0;

    /* Initialisiert den Argumentzeiger. */

    va_start(arg_ptr, anz);

    /* Spricht jedes Argument in der Variablenliste an. */

    for (count = 0; count < anz; count++)
        gesamt += va_arg( arg_ptr, int );

    /* Aufräumarbeiten. */

    va_end(arg_ptr);

    /* Teilt die Gesamtsumme durch die Anzahl der Werte, um den    */
    /* Durchschnitt zu erhalten. Wandelt gesamt in einen float-Typ */
    /* um, so dass der Rückgabewert vom Typ float ist. */

    return ((float)gesamt/anz);
}
```

Ausgabe

```
Der erste Durchschnittswert beträgt 5.500000.
Der zweite Durchschnittswert beträgt 87.800003.
```

Analyse

Der erste Aufruf der Funktion `durchschnitt` steht in Zeile 12. Das erste übergebene Argument – das einzige feste Argument – gibt die Zahl der Werte in der variablen Argumentliste an. Die Funktion ruft in den Zeilen 32 und 33 alle Argumente aus der Argumentliste ab und summiert sie in der Variablen `gesamt`. Nachdem die Funktion alle Argumente abgerufen hat, wandelt Zeile 43 die Variable `gesamt` in den Typ `float` um und teilt dann `gesamt` durch `anz`, um den Durchschnitt zu erhalten.

In diesem Listing sind zwei weitere Dinge hervorzuheben: Zeile 28 ruft `va_start` auf, um die Argumentliste zu initialisieren. Dieser Aufruf muss erfolgen, bevor man die Werte aus der Liste abruft. Zeile 37 ruft `va_end` für Aufräumarbeiten auf, nachdem die Funktion die Werte nicht mehr benötigt. Diese beiden Funktionen sollten Sie immer in Ihre Programme aufnehmen, wenn Sie eine Funktion mit einer beliebigen Anzahl von Argumenten implementieren.

Genau genommen muss eine Funktion, die eine beliebige Anzahl an Argumenten übernimmt, keinen festen Parameter haben, der die Zahl der übergebenen Argumente spezifiziert. Beispielsweise können Sie das Ende der Argumentliste mit einem besonderen Wert markieren, den Sie an keiner anderen Stelle im Programm verwenden. Allerdings schränken Sie mit dieser Methode die Argumente ein, die Sie übergeben können; am besten verzichten Sie ganz auf diese Variante.

Funktionen, die einen Zeiger zurückgeben

In den bisherigen Lektionen haben Sie mehrere Funktionen der C-Standardbibliothek kennen gelernt, die einen Zeiger als Rückgabewert liefern. Natürlich können Sie auch selbst derartige Funktionen schreiben. Wie Sie sicherlich schon vermuten, ist der Indirektionsoperator (*) sowohl in der Funktionsdeklaration als auch in der Funktionsdefinition anzugeben. Die allgemeine Form der Deklaration lautet:

```
typ *func(parameter_liste);
```

Diese Anweisung deklariert eine Funktion `func`, die einen Zeiger auf `typ` zurückgibt. Dazu zwei Beispiele:

```
double *func1(parameter_liste);
struct addresse *func2(parameter_liste);
```

Die erste Zeile deklariert eine Funktion, die einen Zeiger auf den Typ `double` zurückgibt. Die in der zweiten Zeile deklarierte Funktion gibt einen Zeiger auf den Typ `adresse` – eine benutzerdefinierte Struktur – zurück.

Verwechseln Sie eine Funktion, die einen Zeiger zurückgibt, nicht mit einem Zeiger auf eine Funktion. Wenn Sie ein zusätzliches Klammernpaar in der Deklaration angeben, deklarieren Sie einen Zeiger auf eine Funktion, wie es die folgenden zwei Beispiele zeigen:

```
double (*func)(...);  /* Zeiger auf eine Funktion, die
                         einen double zurückgibt. */
double *func(...);    /* Funktion, die einen Zeiger auf einen
                         double zurückgibt. */
```

Das Deklarationsformat ist nun klar; wie aber verwendet man eine Funktion, die einen Zeiger zurückgibt? Es gibt hier keine Besonderheiten zu beachten – man setzt diese Funktionen genau wie jede andere Funktion ein und weist ihren Rückgabewert an eine Variable des passenden Typs (in diesem Fall einen Zeiger) zu. Da der Funktionsaufruf ein C-Ausdruck ist, können Sie ihn an jeder Stelle verwenden, wo auch ein Zeiger dieses Typs zulässig ist.

Listing 18.4 zeigt ein einfaches Beispiel mit einer Funktion, die zwei Argumente übernimmt und den größten der beiden Werte bestimmt. Das Listing gibt dazu zwei Varianten an: Eine Funktion gibt einen `int` zurück, die andere einen Zeiger auf `int`.

Listing 18.4: Einen Zeiger aus einer Funktion zurückgeben

```
/* Funktion, die einen Zeiger zurückgibt. */

#include <stdio.h>

int groesser1(int x, int y);
int *groesser2(int *x, int *y);

int main()
{
    int a, b, max_wert1, *max_wert2;

    printf("Geben Sie zwei Integer-Werte ein: ");
    scanf("%d %d", &a, &b);

    max_wert1 = groesser1(a, b);
    printf("\nDer größere Wert lautet: %d.", max_wert1);
    max_wert2 = groesser2(&a, &b);
    printf("\nDer größere Wert lautet: %d.\n", *max_wert2);
    return 0;
}

int groesser1(int x, int y)
{
```

```
24:     if (y > x)
25:         return y;
26:     return x;
27: }
28:
29: int *groesser2(int *x, int *y)
30: {
31:     if (*y > *x)
32:         return y;
33:
34:     return x;
35: }
```

Ausgabe

```
Geben Sie zwei Integer-Werte ein: 1111 3000

Der größere Wert lautet: 3000.
Der größere Wert lautet: 3000.
```

Analyse

Diese Programm ist leicht zu überblicken. Die Zeilen 5 und 6 enthalten die Prototypen für die beiden Funktionen. Die erste Funktion, `groesser1`, übernimmt zwei `int`-Variablen und gibt einen `int` zurück. Die zweite Funktion, `groesser2`, übernimmt zwei Zeiger auf `int`-Variablen und gibt einen Zeiger auf einen `int` zurück. Die Funktion `main` in den Zeilen 8 bis 20 weist keine Besonderheiten auf. Zeile 10 deklariert vier Variablen: `a` und `b` speichern die beiden zu vergleichenden Werte, `max_wert1` und `max_wert2` nehmen die Rückgabewerte der Funktionen `groesser1` und `groesser2` auf. Beachten Sie, dass `max_wert2` ein Zeiger auf einen `int` und `max_wert1` einfach ein `int` ist.

Zeile 15 ruft `groesser1` mit zwei `int`-Variablen `a` und `b` auf und weist den Rückgabewert der Funktion an `max_wert1` zu. Diesen Wert gibt Zeile 16 aus. Dann ruft Zeile 17 die Funktion `groesser2` mit den Adressen der beiden `int`-Variablen auf. Der Rückgabewert aus `groesser2` – ein Zeiger – wird `max_wert2` – ebenfalls einem Zeiger – zugewiesen. Die folgende Zeile dereferenziert diesen Wert und gibt ihn aus.

Die beiden Vergleichsfunktionen sind sehr ähnlich; sie vergleichen die beiden Werte und geben den größeren zurück. Der Unterschied zwischen beiden Funktionen besteht darin, dass `groesser2` mit Zeigern arbeitet, während `groesser1` normale Variablen verwendet. Beachten Sie, dass in der Funktion `groesser2` der Indirektionsoperator in den Vergleichen erforderlich ist, jedoch nicht in den `return`-Anweisungen der Zeilen 32 und 34.

Wie in Listing 18.4 ist es in vielen Fällen fast gleich, ob man für den Rückgabewert einer Funktion einen Wert oder einen Zeiger verwendet. Welche Form die bessere ist, hängt ganz allein vom jeweiligen Programm ab – vor allem davon, wie Sie den Rückgabewert weiter verarbeiten wollen.

Was Sie tun sollten	Was nicht
Verwenden Sie alle in dieser Lektion beschriebenen Elemente, wenn Sie Funktionen mit einer variablen Anzahl von Argumenten schreiben. Das gilt auch dann, wenn Ihr Compiler nicht alle Elemente verlangt. Es handelt sich dabei um `va_list`, `va_start`, `va_arg` und `va_end`.	Verwechseln Sie Zeiger auf Funktionen nicht mit Funktionen, die Zeiger zurückgeben.

Zusammenfassung

Diese Lektion hat einige kompliziertere Punkte in Bezug auf Funktionen behandelt. Dabei haben Sie gelernt, worin der Unterschied zwischen der Übergabe von Argumenten als Wert und als Referenz besteht, und wie man mithilfe der Übergabe als Referenz eine Funktion in die Lage versetzt, mehrere Werte an das aufrufende Programm »zurückzugeben«. Weiterhin haben Sie erfahren, wie man mit dem Typ void einen generischen Zeiger erzeugt, der auf einen beliebigen Typ eines C-Datenobjekts zeigen kann. Zeiger vom Typ void setzt man vor allem bei Funktionen ein, an die man Argumente unterschiedlicher Datentypen übergeben will. Denken Sie daran, dass ein `void`-Zeiger in einen bestimmten Typ umzuwandeln ist, bevor Sie ihn dereferenzieren können.

Darüber hinaus hat diese Lektion die in der Header-Datei `stdarg.h` definierten Makros vorgestellt. Mit diesen Makros können Sie Funktionen schreiben, die eine variable Anzahl von Argumenten übernehmen. Derartige Funktionen sind sehr flexibel einsetzbar. Schließlich haben Sie gelernt, wie man eine Funktion schreibt, die einen Zeiger zurückgibt.

Fragen und Antworten

F Ist es gängige Praxis in der C-Programmierung, Zeiger als Funktionsargumente zu übergeben?

A *Auf jeden Fall! In vielen Fällen muss eine Funktion den Wert von mehreren Variablen ändern, was sich mit zwei Verfahren realisieren lässt. Erstens kann man globale Variablen deklarieren und verwenden. Bei der zweiten Methode übergibt man Zeiger, so dass die Funktion die Daten direkt modifizieren kann. Die erste Methode empfiehlt sich nur, wenn nahezu jede Funktion in einem Programm mit der betreffenden Variable arbeitet; im Allgemeinen sollte man globale Variablen vermeiden. (Siehe dazu Tag 12.)*

F Ist es besser, eine Variable zu modifizieren, indem man ihr den Rückgabewert einer Funktion zuweist oder indem man einen Zeiger auf die Variable an die Funktion übergibt?

A *Wenn Sie lediglich eine Variable mit einer Funktion modifizieren müssen, ist es in der Regel besser, den Wert aus der Funktion zurückzugeben, statt einen Zeiger an die Funktion zu übergeben. Licht und Schatten der Zeigerübergabe liegen dicht beieinander: Wenn Sie Argumente als Zeiger übergeben, kann die Funktion die Originalwerte ändern – gewollt oder ungewollt. Wenn die Funktion die Originalwerte nicht ändern muss, verzichten Sie auf die Zeigerübergabe; die Funktion arbeitet dann unabhängig vom übrigen Programm und Sie schützen Ihre Daten gegen versehentliche Änderungen.*

Workshop

Die Kontrollfragen im Workshop sollen Ihnen helfen, die neu erworbenen Kenntnisse zu den behandelten Themen zu festigen. Die Übungen geben Ihnen die Möglichkeit, praktische Erfahrungen mit dem gelernten Stoff zu sammeln. Die Antworten zu den Kontrollfragen und Übungen finden Sie im Anhang F.

Kontrollfragen

1. Worin liegt der Unterschied zwischen der Übergabe von Argumenten als Wert und als Referenz?
2. Was ist ein Zeiger vom Typ `void`?
3. Wofür verwendet man einen `void`-Zeiger?

4. Was versteht man in Bezug auf einen `void`-Zeiger unter einer Typumwandlung und wann muss man sie verwenden?
5. Kann man eine Funktion schreiben, die ausschließlich eine variable Anzahl von Argumenten und keinerlei feste Argumente übernimmt?
6. Welche Makros sollten Sie verwenden, wenn Sie Funktionen mit variablen Argumentlisten schreiben?
7. Um welchen Wert wird ein `void`-Zeiger inkrementiert?
8. Kann eine Funktion einen Zeiger zurückgeben?

Übungen

1. Schreiben Sie den Prototyp für eine Funktion, die einen Integer zurückgibt. Die Funktion soll einen Zeiger auf ein Zeichen-Array als Argument übernehmen.
2. Schreiben Sie einen Prototyp für eine Funktion namens `zahlen`, die drei Integer-Argumente übernimmt. Die Integer-Werte sollen als Referenz übergeben werden.
3. Zeigen Sie, wie Sie die Funktion `zahlen` aus Übung 2 mit drei Integer-Variablen `int1`, `int2` und `int3` aufrufen.
4. **FEHLERSUCHE:** Enthält der folgende Code einen Fehler?

```
void quadrat(void *nbr)
{
    *nbr *= *nbr;
}
```

5. **FEHLERSUCHE:** Enthält der folgende Code einen Fehler?

```
float gesamt ( int num, ...)
{
int count, gesamt = 0;
for ( count = 0; count < num; count++ )
gesamt += va_arg( arg_ptr, int );
return ( gesamt );
}
```

Aufgrund der vielen möglichen Antworten gibt Anhang F zu den folgenden Übungen keine Lösungen an.

6. Schreiben Sie eine Funktion, die eine variable Anzahl von Strings als Argumente übernimmt, die Strings nacheinander zu einem langen String verkettet und einen Zeiger auf den neuen String an das aufrufende Programm zurückgibt.
7. Schreiben Sie eine Funktion, die ein Array mit beliebigen numerischen Datentypen als Argument übernimmt, den größten und kleinsten Wert im Array sucht und

Zeiger auf diese Werte an das aufrufende Programm zurückgibt. (Hinweis: Sie brauchen eine Möglichkeit, um der Funktion die Anzahl der Elemente im Array mitzuteilen.)

8. Schreiben Sie eine Funktion, die einen String und ein Zeichen übernimmt. Die Funktion soll nach dem ersten Auftreten des Zeichens im String suchen und einen Zeiger auf diese Position zurückgeben.

19

Die Bibliothek der C-Funktionen

Woche 3

Wie bereits mehrfach erwähnt, beruht die Leistung von C zu einem großen Teil auf der Standardbibliothek. Die heutige Lektion behandelt einige Funktionen, die sich den Themen der bisherigen Lektionen nicht zuordnen lassen. Dazu gehören

- mathematische Funktionen,
- Funktionen, die sich mit Datum und Uhrzeit befassen,
- Funktionen zur Fehlerbehandlung,
- Funktionen zum Durchsuchen und Sortieren von Daten.

Mathematische Funktionen

Die Standardbibliothek von C enthält eine Reihe von Funktionen, die mathematische Operationen ausführen. Die Prototypen für diese Funktionen befinden sich in der Header-Datei `math.h`. Die mathematischen Funktionen liefern alle einen Wert vom Typ `double` zurück. Die trigonometrischen Funktionen arbeiten durchweg mit Winkeln im *Bogenmaß* und nicht im Gradmaß, mit dem Sie vielleicht eher vertraut sind. Im Bogenmaß ist die Einheit des Winkels der *Radiant*, Zeichen rad; 1 rad ist der Winkel, für den das Verhältnis der Längen von Kreisbogen und Radius gleich 1 ist; es gilt 1 rad = 57,296 Grad. Ein Vollkreis von 360 Grad entspricht im Bogenmaß `2p rad`.

Trigonometrische Funktionen

Die trigonometrischen Funktionen führen Berechnungen durch, wie sie in grafischen und technischen Programmen üblich sind. Tabelle 19.1 gibt eine Übersicht über diese Funktionen.

Funktion	Prototyp	Beschreibung
`acos`	`double acos(double x)`	Liefert den Arkuskosinus des Arguments zurück. Das Argument muss im Bereich `-1 <= x <= 1` liegen. Der Rückgabewert liegt im Bereich `0 <= acos <= p`.
`asin`	`double asin(double x)`	Liefert den Arkussinus des Arguments zurück. Das Argument muss im Bereich `-1 <= x <= 1` liegen. Der Rückgabewert liegt im Bereich `-p/2 <= asin <= p/2`.

Tabelle 19.1: Trigonometrische Funktionen

Funktion	Prototyp	Beschreibung
`atan`	`double atan(double x)`	Liefert den Arkustangens des Arguments zurück. Der Rückgabewert liegt im Bereich `-p/2 <= atan <= p/2`.
`atan2`	`double atan2 (double x, double y)`	Liefert den Arkustangens von `x/y` zurück. Der Rückgabewert liegt im Bereich `-p <= atan2 <= p`.
`cos`	`double cos(double x)`	Liefert den Kosinus des Arguments zurück.
`sin`	`double sin(double x)`	Liefert den Sinus des Arguments zurück.
`tan`	`double tan(double x)`	Liefert den Tangens des Arguments zurück.

Tabelle 19.1: Trigonometrische Funktionen

Exponential- und Logarithmusfunktionen

Exponential- und Logarithmusfunktionen benötigt man zum Beispiel für statistische Berechnungen oder für Vorgänge, die mit einer stetigen Zunahme oder Abnahme verbunden sind. Tabelle 19.2 gibt eine Übersicht zu den Exponential- und Logarithmusfunktionen.

Funktion	Prototyp	Beschreibung
`exp`	`double exp(double x)`	Liefert den natürlichen Exponenten des Arguments zurück – das heißt e^x, wobei e gleich 2.7182818284590452354 ist.
`log`	`double log(double x)`	Liefert den natürlichen Logarithmus des Arguments zurück. Das Argument muss größer als Null sein.
`log10`	`double log10(double x)`	Liefert den Logarithmus zur Basis 10 des Arguments zurück. Das Argument muss größer als Null sein.

Tabelle 19.2: Exponential- und Logarithmusfunktionen

Funktion	Prototyp	Beschreibung
frexp	double frexp (double x, int *y)	Die Funktion berechnet die normalisierte Mantisse zu dem Wert x. Der Rückgabewert r der Funktion ist eine Bruchzahl im Bereich 0.5 <= r <= 1.0. Die Funktion weist y einen Integer-Exponenten zu, so dass x = r * 2y ist. Wenn man der Funktion den Wert 0 übergibt, sind r und y gleich 0.
ldexp	double ldexp (double x, int y)	Liefert x * 2y zurück.

Tabelle 19.2: Exponential- und Logarithmusfunktionen

Hyperbolische Funktionen

Die hyperbolischen Funktionen führen hyperbolische trigonometrische Berechnungen aus. Tabelle 19.3 gibt einen Überblick über diese Funktionen.

Funktion	Prototyp	Beschreibung
cosh	double cosh(double x)	Liefert den hyperbolischen Kosinus des Arguments zurück
sinh	double sinh(double x)	Liefert den hyperbolischen Sinus des Arguments zurück
tanh	double tanh(double x)	Liefert den hyperbolischen Tangens des Arguments zurück

Tabelle 19.3: Hyperbolische Funktionen

Weitere mathematische Funktionen

Die Standardbibliothek in C enthält noch diverse andere mathematische Funktionen, die Tabelle 19.4 als Übersicht angibt.

Funktion	Prototyp	Beschreibung
`sqrt`	`double sqrt(double x)`	Liefert die Quadratwurzel des Arguments zurück. Das Argument muss größer oder gleich Null sein.
`ceil`	`double ceil(double x)`	Liefert den kleinsten Integer, der nicht kleiner als das Argument ist, zurück. So gibt zum Beispiel `ceil(4.5)` das Ergebnis `5.0` und `ceil(-4.5)` das Ergebnis `-4.0` zurück. Obwohl die Funktion `ceil` eine ganze Zahl liefert, ist der Rückgabewert für den Typ `double` deklariert.
`abs`	`int abs(int x)`	Liefert den absoluten Wert des Arguments zurück.
`floor`	`double floor(double x)`	Liefert den größten Integer zurück, der nicht größer ist als das Argument. So gibt zum Beispiel `floor(4.5)` das Ergebnis `4.0` und `floor(-4.5)` das Ergebnis `-5.0` zurück.
`modf`	`double modf(double x, double *y)`	Trennt `x` in einen ganzzahligen und einen gebrochenen Anteil auf, die beide das gleiche Vorzeichen wie `x` erhalten. Die Funktion liefert den Bruchteil als Rückgabewert und weist den ganzzahligen Teil an `*y` zu.
`pow`	`double pow(double x, double y)`	Liefert `xy` zurück. Es tritt ein Fehler auf, wenn `x == 0` und `y <= 0` ist oder wenn `x < 0` und `y` kein Integer ist.
`fmod`	`double fmod(double x, double y)`	Liefert den Gleitkommarest von `x/y` mit dem gleichen Vorzeichen wie `x` zurück. Die Funktion liefert `0`, wenn `x == 0` ist.

Tabelle 19.4: Verschiedene mathematische Funktionen

Ein Beispiel für die mathematischen Funktionen

Man könnte ein ganzes Buch mit Programmen zu mathematischen Funktionen füllen. Stellvertretend für die vielen Möglichkeiten zeigt Listing 19.1 ein einfaches Programm, das zumindest einige dieser Funktionen verwendet.

Listing 19.1: Mathematische Funktionen der C-Bibliothek

```
/* Einsatz der mathematischen C-Funktionen */

#include <stdio.h>
#include <math.h>
```

```
5:
6:  int main(void)
7:  {
8:
9:      double x;
10:
11:     printf("Geben Sie ein Zahl ein: ");
12:     scanf( "%lf", &x);
13:
14:     printf("\n\nOriginalwert: %lf", x);
15:
16:     printf("\nAufgerundet: %lf", ceil(x));
17:     printf("\nAbgerundet: %lf", floor(x));
18:     if( x >= 0 )
19:         printf("\nQuadratwurzel: %lf", sqrt(x) );
20:     else
21:        printf("\nNegative Zahl" );
22:
23:     printf("\nKosinus: %lf\n", cos(x));
24:     return(0);
25: }
```

Ausgabe

```
Geben Sie eine Zahl ein: 100.95

Originalwert: 100.950000
Aufgerundet: 101.000000
Abgerundet: 100.000000
Quadratwurzel: 10.047388
Kosinus: 0.913482
```

Analyse

Dieses Listing enthält nur einige der mathematischen Funktionen, die Ihnen in der C-Standardbibliothek zur Verfügung stehen. Zeile 12 liest eine Zahl vom Benutzer ein, die Zeile 14 unverändert anzeigt. Als Nächstes übergibt das Programm diesen Wert an vier mathematische C-Funktionen: `ceil`, `floor`, `sqrt` und `cos`. Beachten Sie, dass `sqrt` nur aufgerufen wird, wenn die Zahl nicht negativ ist, da Quadratwurzeln nicht für negative Zahlen definiert sind. Dieses Programm können Sie ohne weiteres mit anderen mathematischen Funktionen erweitern, um deren Funktionalität zu prüfen.

Datum und Uhrzeit

Die C-Bibliothek enthält mehrere Funktionen, mit denen Sie Zeitwerte behandeln können. In C bezieht sich der Begriff *Zeit* sowohl auf die Uhrzeit als auch auf das Datum. Die Funktionsprototypen und die Definition der Struktur `tm`, mit der viele Zeitfunktionen arbeiten, stehen in der Header-Datei `time.h`.

Darstellung der Zeit

Die Zeitfunktionen von C stellen Zeitangaben nach zwei unterschiedlichen Verfahren dar. Das erste gibt einfach die Zeit als Anzahl der seit Mitternacht des 1. Januars 1970 verstrichenen Sekunden an. Negative Werte beziehen sich auf Zeiten vor diesem Datum. Die Zeitwerte sind ganze Zahlen vom Typ `long`. Die Prototypen der Zeitfunktionen verwenden allerdings statt `long` die Typbezeichner `time_t` und `clock_t`, die in `time.h` mittels `typedef`-Anweisungen als `long` definiert sind.

Das zweite Verfahren repräsentiert Zeitangaben in Form der einzelnen Bestandteile (Jahr, Monat, Tag, usw.). Für diese Art der Darstellung verwenden die Zeitfunktionen die Struktur `tm`, die in `time.h` wie folgt definiert ist:

```
struct tm {
int tm_sec;     /* Sekunden nach der vollen Minute - [0,59]   */
int tm_min;     /* Minuten nach der vollen Stunde - [0,59]    */
int tm_hour;    /* Stunden seit Mitternacht - [0,23]   */
int tm_mday;    /* Tag des Monats - [1,31]             */
int tm_mon;     /* Monate seit Januar - [0,11]         */
int tm_year;    /* Jahre seit 1900                     */
int tm_wday;    /* Tage seit Sonntag - [0,6]           */
int tm_yday;    /* Tage seit dem 1. Januar - [0,365]   */
int tm_isdst;   /* Flag für Sommerzeit                 */
};
```

Die Zeitfunktionen

Dieser Abschnitt beschreibt die verschiedenen Bibliotheksfunktionen in C, die sich auf Zeitwerte beziehen. Denken Sie daran, dass der Begriff *Zeit* sowohl das Datum als auch die Stunden, Minuten und Sekunden umfasst. An die Beschreibungen der einzelnen Funktionen schließt sich ein Beispielprogramm an.

Die aktuelle Zeit ermitteln

Um die aktuelle Zeit von der internen Uhr Ihres Systems abzufragen, verwenden Sie die Funktion `time`, die wie folgt deklariert ist:

```
time_t time(time_t *ptr);
```

Denken Sie daran, dass `time_t` in `time.h` als Synonym für `long` definiert ist. Die Funktion `time` liefert die Anzahl der Sekunden zurück, die seit Mitternacht des 1. Januars 1970 verstrichen sind. Wenn Sie der Funktion einen Zeiger ungleich `NULL` übergeben, speichert `time` diesen Wert in der Variablen vom Typ `time_t`, auf die der Zeiger `ptr` zeigt. Zum Beispiel legt der folgende Code die aktuelle Zeit in der `time_t`-Variablen `jetzt` ab:

```
time_t jetzt;

jetzt = time(0);
```

Oder Sie verwenden die Rückgabe über das Argument:

```
time_t jetzt;
time_t *zgr_jetzt = &jetzt;
time(zgr_jetzt);
```

Die Zeitdarstellungen untereinander konvertieren

Oftmals ist es nicht besonders hilfreich, wenn man die Anzahl der seit dem 1. Januar 1970 verstrichenen Sekunden kennt. Deshalb stellt C die Funktion `localtime` zur Verfügung, mit der Sie einen `time_t`-Wert in eine `tm`-Struktur umwandeln können. Eine `tm`-Struktur enthält Tag, Monat, Jahr und andere Zeitinformationen in einem Format, das sich besser zur Anzeige eignet. Der Prototyp dieser Funktion lautet:

```
struct tm *localtime(time_t *ptr);
```

Die Funktion gibt einen Zeiger auf eine statische Strukturvariable vom Typ `tm` zurück, so dass Sie keine Strukturvariable vom Typ `tm` deklarieren müssen, sondern nur einen Zeiger auf den Typ `tm`. Jeder Aufruf von `localtime` verwendet diese Strukturvariable erneut und überschreibt sie. Wenn Sie den zurückgegebenen Wert sichern wollen, muss Ihr Programm eine separate Strukturvariable vom Typ `tm` deklarieren und in diese die Werte der statischen Strukturvariablen kopieren.

Die umgekehrte Konvertierung – von einer Strukturvariablen vom Typ `tm` in einen Wert vom Typ `time_t` – erfolgt mit der Funktion `mktime`. Der Prototyp lautet:

```
time_t mktime(struct tm *ntime);
```

Die Funktion liefert die Anzahl der Sekunden zwischen Mitternacht des 1. Januar 1970 und der Zeit, die die Strukturvariable vom Typ `tm`, auf die `ntime` zeigt, repräsentiert.

Zeitwerte anzeigen

Mit den Funktionen `ctime` und `asctime` lassen sich Zeitwerte in formatierte Strings konvertieren, die sich für eine Anzeige eignen. Diese Funktionen liefern die Zeit als String in einem speziellen Format zurück. Der Unterschied zwischen beiden Funktionen liegt darin, dass man die Zeit an `ctime` als Wert vom Typ `time_t` übergibt, während `asctime` die Zeit als Strukturvariable vom Typ `tm` entgegennimmt. Die Prototypen dieser Funktionen lauten:

```
char *asctime(struct tm *ptr);
char *ctime(time_t *ptr);
```

Beide Funktionen liefern einen Zeiger auf einen statischen, nullterminierten String zurück, der die Zeit des Funktionsarguments im folgenden 24-Stunden-Format angibt:

```
Thu Jun 13 10:22:23 1991
```

Beide Funktionen verwenden einen statischen String, den sie bei jedem Aufruf überschreiben.

Wenn Sie das Format der Zeit ändern wollen, steht Ihnen dazu die Funktion `strftime` zur Verfügung. Dieser Funktion übergeben Sie die zu formatierende Zeitangabe als Strukturvariable vom Typ `tm`. Die Formatierung erfolgt anhand eines Formatstrings. Der Prototyp der Funktion lautet:

```
size_t strftime(char *s, size_t max, char *fmt, struct tm *ptr);
```

Die Funktion übernimmt die zu formatierende Zeitangabe in der `tm`-Strukturvariablen, auf die der Zeiger `ptr` weist, formatiert sie nach Vorgabe des Formatstrings `fmt` und schreibt das Ergebnis als nullterminierten String an die Speicherposition, auf die `s` zeigt. Im Argument `max` geben Sie die Größe des Speicherbereichs an, der für `s` reserviert ist. Wenn der resultierende String (einschließlich des abschließenden Nullzeichens) mehr als `max` Zeichen enthält, liefert die Funktion `0` zurück und der String `s` ist ungültig. Im anderen Fall liefert die Funktion die Anzahl der geschriebenen Zeichen zurück – d.h. den Wert `strlen(s)`.

Der Formatstring besteht aus einem oder mehreren der Konvertierungsspezifizierer, die in Tabelle 19.5 aufgeführt sind.

Spezifizierer	In der Ausgabe erscheint
`%a`	Abgekürzte Bezeichnung des Wochentags
`%A`	Volle Bezeichnung des Wochentags
`%b`	Abgekürzter Monatsname
`%B`	Voller Monatsname

Tabelle 19.5: Konvertierungsspezifizierer für den Formatstring von strftime

Spezifizierer	In der Ausgabe erscheint
%c	Datums- und Zeitdarstellung (zum Beispiel, Tue Apr 18 10:41:50 2000)
%d	Tag des Monats als Dezimalzahl von 01 bis 31
%H	Die Stunde als Dezimalzahl von 00 bis 23
%I	Die Stunde als Dezimalzahl von 00 bis 11
%j	Der Tag des Jahres als Dezimalzahl von 001 bis 366
%m	Der Monat als Dezimalzahl von 01 bis 12
%M	Die Minute als Dezimalzahl von 00 bis 59
%p	AM oder PM
%S	Die Sekunde als Dezimalzahl von 00 bis 59
%U	Die Woche des Jahres als Dezimalzahl von 00 bis 53. Der Sonntag gilt als erster Tag der Woche.
%w	Der Wochentag als Dezimalzahl von 0 bis 6 (Sonntag = 0)
%W	Die Woche des Jahres als Dezimalzahl von 00 bis 53. Der Montag gilt als erster Tag der Woche
%x	Das Datum (zum Beispiel, 30-Jun-91)
%X	Die Zeit (zum Beispiel, 10:41:50)
%y	Das Jahr ohne Jahrhundert als Dezimalzahl von 00 bis 99
%Y	Das Jahr mit Jahrhundert als Dezimalzahl.
%Z	Der Name der Zeitzone, wenn die Information verfügbar ist, oder leer, wenn er nicht bekannt ist
%%	Ein einzelnes Prozentzeichen %

Tabelle 19.5: Konvertierungsspezifizierer für den Formatstring von strftime

Hinweis: Im Hinblick auf die Jahr-2000-Kompatibilität sollten Sie zweistellige Darstellungen des Jahres vermeiden.

Zeitunterschiede berechnen

Sie können den Zeitunterschied zwischen zwei Zeitangaben mit dem Makro `difftime` in Sekunden berechnen. Dieses Makro subtrahiert zwei `time_t`-Werte und liefert die Differenz zurück. Der Prototyp lautet:

```
double difftime(time_t zeit1, time_t zeit0);
```

Die Funktion subtrahiert `zeit0` von `zeit1` und liefert die Differenz – die Anzahl der Sekunden zwischen den beiden Zeiten – zurück. Die Funktion `difftime` setzt man häufig während der Programmentwicklung dazu ein, die Dauer von Programmabläufen zu bestimmen. Ein Beispiel dafür finden Sie in Listing 19.2.

Eine andere Zeitdauer können Sie mit der Funktion `clock` ermitteln. Die Funktion liefert die seit Programmstart verstrichene Zeit mit einer Auflösung von 1/100 Sekunde. Der Prototyp der Funktion lautet:

```
clock_t clock(void);
```

Wenn Sie die Zeit für die Ausführung eines bestimmten Programmabschnitts ermitteln wollen, rufen Sie `clock` zweimal – vor und nach dem betreffenden Codeblock – auf und subtrahieren dann die beiden Rückgabewerte voneinander.

Beispiele mit Zeitfunktionen

Listing 19.2 zeigt, wie Sie die Zeitfunktionen der C-Bibliothek einsetzen können.

Listing 19.2: Die Zeitfunktionen der C-Bibliothek

```
/* Beispiele für die Verwendung der Zeitfunktionen. */

#include <stdio.h>
#include <time.h>

int main(void)
{
        time_t beginn, ende, jetzt;
        struct tm *zgr;
        char *c, puffer1[80];
        double dauer;

        /* Die Zeit des Programmstarts festhalten. */

        beginn = time(0);

        /* Die aktuelle Zeit festhalten. Ruft time auf dem */
        /* zweiten Weg auf. */

        time(&jetzt);

        /* Konvertiert den time_t-Wert in eine Struktur vom Typ tm. */

        zgr = localtime(&jetzt);
```

```

    /* Erzeugt einen formatierten String mit der aktuellen */
    /* Zeit und gibt ihn aus. */

    c = asctime(zgr);
    puts(c);
    getc(stdin);

    /* Verwendet die strftime-Funktion, um verschiedene */
    /* formatierte Versionen der Zeit zu erzeugen. */

    strftime(puffer1,80,"Dies ist %U. Woche des Jahres %Y",zgr);
    puts(puffer1);
    getc(stdin);

    strftime(puffer1, 80, "Heute ist %A, %m/%d/%Y", zgr);
    puts(puffer1);
    getc(stdin);

    strftime(puffer1, 80, "Es ist %M Minuten nach %I.", zgr);
    puts(puffer1);
    getc(stdin);

    /* Liest die aktuelle Zeit ein u. berechnet die Programmdauer. */

    ende = time(0);
    dauer = difftime(ende, beginn);
    printf("Ausführungszeit mit time = %f Sekunden.\n", dauer);

    /* Gibt die Programmdauer mit clock in Hundertstel */
    /* Sekunden an. */

    printf("Ausführungszeit mit clock = %ld Hundertstel Sekunden.\n",
        clock());
    return(0);
}
```

Ausgabe

```
Wed Sep 15 12:21:27 1999

Dies ist 37. Woche des Jahres 1999

Heute ist Wednesday, 09/15/1999
```

```
Es ist 21 Minuten nach 12.

Ausführungszeit mit time = 48.000000 Sekunden.
Ausführungszeit mit clock = 48230 Hundertstel Sekunden.
```

Analyse

Die zahlreichen Kommentare in diesem Programm sollen Ihnen helfen, den Ablauf des Programms besser zu verstehen. Da das Programm Zeitfunktionen aufruft, bindet Zeile 4 die Header-Datei `time.h` ein. Zeile 8 deklariert drei Variablen vom Typ `time_t` – `beginn`, `ende` und `jetzt`. Diese Variablen können die Zeit als Anzahl der seit dem 1. Januar 1970 verstrichenen Sekunden aufnehmen. Zeile 9 deklariert einen Zeiger auf eine `tm`-Struktur. Die `tm`-Struktur hat diese Lektion weiter oben beschrieben. Die übrigen Variablen sind mit Typen deklariert, die Ihnen bereits bekannt sind.

Das Programm zeichnet in Zeile 15 seine Startzeit auf, wozu es die Funktion `time` aufruft. In Zeile 20 wiederholt sich das Ganze; allerdings verwendet das Programm diesmal nicht den von der `time`-Funktion zurückgegebenen Wert, sondern übergibt `time` einen Zeiger auf die Variable `jetzt`. Zeile 24 macht genau das, was der Kommentar in Zeile 22 aussagt: Sie konvertiert den `time_t`-Wert von `jetzt` in eine Strukturvariable vom Typ `tm`. Die nachfolgenden Abschnitte des Programms geben den Wert der aktuellen Zeit in unterschiedlichen Formaten auf dem Bildschirm aus. Zeile 29 verwendet die Funktion `asctime`, um die Informationen einem Zeichenzeiger `c` zuzuweisen. Zeile 30 gibt die formatierten Informationen aus. Das Programm wartet dann darauf, dass der Benutzer die [↵]-Taste drückt.

Die Zeilen 36 bis 46 zeigen das Datum mit der Funktion `strftime` in drei Formaten an. Anhand der Tabelle 19.5 sollten Sie feststellen können, was diese Zeilen ausgeben.

Das Programm bestimmt noch einmal die aktuelle Zeit in Zeile 50. Das ist die Zeit, zu der das Programm endet. Zeile 51 berechnet mit der Funktion `difftime` aus den Zeiten für Programmstart und -ende die Ausführungszeit des Programms. Diesen Wert gibt Zeile 52 aus. Als letzte Aktion gibt das Programm in Zeile 57 die mit der Funktion `clock` ermittelte Ausführungszeit aus.

Funktionen zur Fehlerbehandlung

Die C-Standardbibliothek enthält eine Reihe von Funktionen und Makros, die bei der Behandlung von Programmfehlern nützlich sind.

Die Funktion assert

Das Makro `assert` kann Programmfehler feststellen. Es ist in `assert.h` definiert und sein Prototyp lautet:

```
void assert(int Ausdruck);
```

Im Argument `Ausdruck` können Sie alles angeben, was Sie testen wollen – eine einzelne Variable oder einen beliebigen C-Ausdruck. Wenn `Ausdruck` das Ergebnis `wahr` ergibt, hat `assert` keine Wirkung auf den Programmablauf. Liefert `Ausdruck` dagegen das Ergebnis `falsch`, gibt `assert` eine Fehlermeldung an `stderr` aus und bricht die Programmausführung ab.

Normalerweise setzt man das Makro `assert` ein, um Programmfehlern (im Unterschied zu Compilerfehlern) auf die Spur zu kommen. Ein Programmfehler hat keinen Einfluss auf die Kompilierung des Programms, führt aber zu falschen Ergebnissen oder unerwünschtem Verhalten des Programms (zum Beispiel Endlosschleifen oder Programmabsturz). Nehmen wir an, ein Programm zur Finanzanalyse gibt gelegentlich falsche Ergebnisse aus. Nun vermuten Sie das Problem darin, dass die Variable `zins_rate` negative Werte annimmt – was eigentlich nicht passieren dürfte. Um dies zu überprüfen, platzieren Sie die Anweisung

```
assert(zins_rate >= 0);
```

an Positionen im Programm, an denen es den Wert `zins_rate` berechnet oder verwendet. Nimmt die Variable an einer dieser Stellen einen negativen Wert an, macht Sie das Makro `assert` darauf aufmerksam. Dann können Sie den betreffenden Code genauer untersuchen und damit das Problem einkreisen.

Die Funktionsweise von `assert` können Sie am Programm in Listing 19.3 studieren. Wenn Sie einen Wert größer Null oder gleich Null eingeben, zeigt das Programm diesen Wert an und endet normal. Geben Sie allerdings einen Wert kleiner Null ein, erzwingt das `assert`-Makro einen Programmabbruch. Welche Fehlermeldung Sie genau erhalten, hängt von Ihrem Compiler ab; die folgende Zeile zeigt ein typisches Beispiel:

```
Assertion failed: x >= 0, file e:\test\l19_03\l1903.c, line 13
```

Beachten Sie, dass Ihr Programm im Debug-Modus kompiliert sein muss, damit `assert` wirksam werden kann. Sehen Sie gegebenenfalls in der Dokumentation zu Ihrem Compiler nach, wie der Debug-Modus einzustellen ist. Nachdem Sie alle Programmfehler beseitigt haben und die endgültige Version des Programms im Release-Modus kompilieren, deaktivieren Sie damit gleichzeitig alle `assert`-Makros.

Listing 19.3: Das Makro assert

```
1:  /* Das Makro assert. */
2:
3:  #include <stdio.h>
4:  #include <assert.h>
5:
6:  int main(void)
7:  {
8:     int x;
9:
10:     printf("\nGeben Sie einen Integer-Wert ein: ");
11:     scanf("%d", &x);
12:
13:     assert(x >= 0);
14:
15:     printf("Ihre Eingabe lautete %d.\n\n", x);
16:     return(0);
17: }
```

Ausgabe

```
Geben Sie einen Integer-Wert ein: 10
Ihre Eingabe lautete 10.
Geben Sie einen Integer-Wert ein: -1

Assertion failed: x >= 0, file e:\test\l19_03\l1903.c, line 13
```

Die Fehlermeldung kann bei Ihnen je nach System und Compiler etwas anders lauten, die allgemeine Aussage ist aber gleich.

Analyse

Starten Sie das Programm und probieren Sie aus, ob die von `assert` in Zeile 13 ausgegebene Fehlermeldung aus dem fehlgeschlagenen Ausdruck, dem Namen der Datei und der Zeilennummer des `assert`-Aufrufs besteht.

Die Arbeit von `assert` hängt von einem anderen Makro namens `NDEBUG` (steht für »nicht debuggen«) ab. Wenn das Makro `NDEBUG` nicht definiert ist (der Standard), ist `assert` aktiv. Ist `NDEBUG` definiert, wird `assert` deaktiviert. Haben Sie `assert` an vielen Stellen im Programm zur Hilfe bei der Fehlersuche eingebaut und schließlich den Programmfehler beseitigt, können Sie `NDEBUG` definieren und damit `assert` abschalten. Das ist viel einfacher, als das ganze Programm nach den `assert`-Anweisungen durchzugehen und diese zu löschen (nur um später festzustellen, dass Sie sie doch wieder benötigen). Das Makro `NDEBUG` definieren Sie mit der `#define`-Direktive. Wenn Sie sich selbst von der Wirkung von `NDEBUG` überzeugen wollen, fügen Sie die Anweisung

```
#define NDEBUG
```

in die zweite Zeile von Listing 19.3 ein. Jetzt zeigt das Programm die eingegebenen Werte an und endet normal, auch wenn Sie `-1` eingeben.

Beachten Sie, dass die Definition von `NDEBUG` keine speziellen Angaben verlangt; es genügt, wenn `NDEBUG` in einer `#define`-Direktive steht. Mehr zur `#define`-Direktive erfahren Sie am Tag 21.

Die Header-Datei errno.h

Die Header-Datei `errno.h` definiert mehrere Makros, mit denen sich Laufzeitfehler definieren und dokumentieren lassen. Man setzt diese Makros in Verbindung mit der Funktion `perror` ein, auf die der nächste Abschnitt eingeht.

Die Definitionen in `errno.h` beinhalten eine globale Integer-Variable namens `errno`. Viele Bibliotheksfunktionen in C weisen dieser Variablen einen Wert zu, wenn während der Funktionsausführung ein Fehler auftritt. Die Datei `errno.h` definiert darüber hinaus eine Gruppe von symbolischen Konstanten für diese Fehler, die in Tabelle 19.6 aufgelistet sind.

Name	Wert	Meldung und Bedeutung
`E2BIG`	1000	Argumentliste zu lang (Listenlänge überschreitet 128 Bytes)
`EACCES`	5	Zugriff verweigert (zum Beispiel beim Versuch, in eine Datei zu schreiben, die nur zum Lesen geöffnet wurde)
`EBADF`	6	Fehlerhafter Datei-Deskriptor
`EDOM`	1002	Ein Argument, dass einer mathematischen Funktion übergeben wurde, befindet sich außerhalb des zulässigen Definitionsbereichs
`EEXIST`	80	Datei existiert bereits
`EMFILE`	4	Zu viele offene Dateien
`ENOENT`	2	Datei oder Verzeichnis existiert nicht
`ENOEXEC`	1001	Exec-Formatfehler
`ENOMEM`	8	Nicht genügend Speicher (zum Beispiel, nicht genügend Speicher um die `exec`-Funktion auszuführen)

Tabelle 19.6: Die in errno.h definierten symbolischen Fehlerkonstanten

Name	Wert	Meldung und Bedeutung
ENOPATH	3	Pfad nicht gefunden
ERANGE	1003	Ergebnis außerhalb des gültigen Bereichs (zum Beispiel ist das Ergebnis, das von einer mathematischen Funktion zurückgegeben wird, zu groß oder zu klein für den Datentyp des Rückgabewertes)

Tabelle 19.6: Die in errno.h definierten symbolischen Fehlerkonstanten

Die Variable errno können Sie nach zwei Methoden verwenden. Einige Funktionen signalisieren anhand ihres Rückgabewertes, dass ein Fehler aufgetreten ist. In einem solchen Fall können Sie den Wert von errno prüfen, um die Art des Fehlers festzustellen und entsprechend darauf zu reagieren. Andererseits können Sie errno auch prüfen, wenn Sie keinen speziellen Hinweis auf einen Fehler erhalten haben. Ist der Wert ungleich Null, liegt ein Fehler vor und der spezielle Wert von errno spiegelt die Art des Fehlers wider. Denken Sie daran, errno wieder auf Null zurückzusetzen, nachdem Sie den Fehler behoben haben. Der nächste Abschnitt ist der Funktion perror gewidmet; anschließend zeigt Listing 19.4 den Einsatz von errno und perror.

Die Funktion perror

Die Funktion perror ist ein weiteres C-Tool zur Fehlerbehandlung. Mit perror geben Sie eine Meldung in den Stream stderr aus; diese Meldung beschreibt den letzten Fehler, der während des Aufrufs einer Bibliotheksfunktion oder eines Systemaufrufs aufgetreten ist. Der Prototyp, der in stdio.h zu finden ist, lautet:

```
void perror(char *msg);
```

Das Argument msg zeigt auf eine optionale, benutzerdefinierte Meldung. Die Funktion perror gibt diesen Test zuerst aus, darauf folgt ein Doppelpunkt und die von der jeweiligen Implementierung abhängige Meldung, die den letzten Fehler beschreibt. Wenn Sie perror aufrufen und kein Fehler aufgetreten ist, lautet die Meldung »no error« (kein Fehler).

Ein Aufruf von perror ist noch keine Maßnahme zur Fehlerbehandlung. Es bleibt dem Programm überlassen, in Aktion zu treten – beispielsweise muss es den Benutzer auffordern, das Programm zu beenden, oder den Wert von errno abfragen und je nach Art des Fehlers gezielt reagieren. Beachten Sie, dass ein Programm die globale Variable errno verwenden kann, ohne die Header-Datei errno.h einbinden zu müssen. Die Header-Datei ist nur erforderlich, wenn Ihr Programm die symbolischen Fehlerkonstanten aus Tabelle 19.6 verwendet. Listing 19.4 veranschaulicht die Verwendung von perror und errno zur Behandlung von Laufzeitfehlern.

Listing 19.4: Mit perror und errno Laufzeitfehler behandeln

```
1:  /* Beispiel für Fehlerbehandlung mit perror und errno. */
2:
3:  #include <stdio.h>
4:  #include <stdlib.h>
5:  #include <errno.h>
6:
7:  int main(void)
8:  {
9:     FILE *fp;
10:     char dateiname[80];
11:
12:     printf("Geben Sie einen Dateinamen ein: ");
13:     gets(dateiname);
14:
15:     if (( fp = fopen(dateiname, "r")) == NULL)
16:     {
17:         perror("Daneben getippt");
18:         printf("errno = %d.\n", errno);
19:         exit(1);
20:     }
21:     else
22:     {
23:         puts("Datei zum Lesen geöffnet.");
24:         fclose(fp);
25:     }
26:     return(0);
27: }
```

Ausgabe

```
Geben Sie einen Dateinamen ein: 11904.c
Datei zum Lesen geöffnet.

Geben Sie einen Dateinamen ein: keinedatei.xxx
Daneben getippt: No such file or directory
errno = 2.
```

Analyse

Das Programm gibt eine von zwei Meldungen aus, je nachdem, ob sich eine Datei zum Lesen öffnen lässt oder nicht. Zeile 15 versucht, eine Datei zu öffnen. Läuft das ohne Fehler ab, verzweigt das Programm in den `else`-Teil der `if`-Schleife und zeigt die folgende Meldung an:

```
Datei zum Lesen geöffnet.
```

Tritt beim Öffnen der Datei ein Fehler auf, weil die Datei zum Beispiel nicht existiert, führt das Programm die Zeilen 17 bis 19 der `if`-Schleife aus. Zeile 17 ruft die `perror`-Funktion mit dem String »`Daneben getippt`« auf. Danach erscheinen der Fehlertext und die Fehlernummer. Das Ergebnis sieht wie folgt aus:

```
Daneben getippt: No such file or directory
errno = 2.
```

Was Sie tun sollten	Was nicht
Binden Sie die Header-Datei `errno.h` ein, wenn Sie die symbolischen Fehlercodes aus Tabelle 19.6 verwenden wollen. Prüfen Sie Ihre Programme auf mögliche Fehler. Gehen Sie niemals davon aus, dass alles fehlerfrei ist.	Binden Sie die Header-Datei `errno.h` nicht ein, wenn Sie die symbolischen Fehlercodes aus Tabelle 19.6 nicht verwenden wollen.

Suchen und sortieren

Zu den häufigsten Aufgaben, die Programme zu bewältigen haben, gehört das Suchen und Sortieren von Daten. In der C-Standardbibliothek finden Sie allgemeine Funktionen, mit denen sich diese Aufgaben lösen lassen.

Suchen mit bsearch

Die Bibliotheksfunktion `bsearch` führt eine binäre Suche in einem Datenarray durch, wobei sie nach einem Array-Element Ausschau hält, das mit einem gesuchten Wert (dem Schlüssel oder »key«) übereinstimmt. Damit `bsearch` funktioniert, muss das Array in aufsteigender Reihenfolge sortiert sein. Außerdem muss das Programm die Vergleichsfunktion bereitstellen, über die `bsearch` feststellt, ob ein Datenelement größer als, kleiner als oder gleich einem anderen Element ist. Der Prototyp von `bsearch` steht in `stdlib.h` und lautet:

```
void *bsearch(void *key, void *base, size_t num, size_t width,
              int (*cmp)(void *element1, void *element2));
```

Dieser Prototyp ist ziemlich komplex. Deshalb sollten Sie ihn sorgfältig studieren. Das Argument `key` ist ein Zeiger auf das gesuchte Datenelement und `base` ein Zeiger auf das erste Element in dem zu durchsuchenden Array. Beide sind mit dem Typ `void` deklariert, so dass sie auf ein beliebiges C-Datenobjekt zeigen können.

Das Argument `num` ist die Anzahl der Elemente im Array und `width` die Größe der Elemente in Bytes. Der Typspezifizierer `size_t` bezieht sich auf den Datentyp, den der `sizeof`-Operator zurückliefert und der vorzeichenlos ist. Normalerweise bestimmt man nämlich die Werte für `num` und `width` mit dem `sizeof`-Operator.

Das letzte Argument, `cmp`, ist ein Zeiger auf die Vergleichsfunktion. Dabei kann es sich um eine vom Programmierer geschriebene Funktion handeln, oder – wenn man Stringdaten durchsucht – um die Bibliotheksfunktion `strcmp`. Die Vergleichsfunktion muss die folgenden beiden Kriterien erfüllen:

- Sie muss Zeiger auf zwei Datenelemente übernehmen.
- Sie muss einen der folgenden `int`-Werte zurückgeben:
- `< 0` Element 1 ist kleiner als Element 2.
- `0` Element 1 ist gleich Element 2.
- `> 0` Element 1 ist größer als Element 2.

Der Rückgabewert von `bsearch` ist ein Zeiger vom Typ `void`. Die Funktion liefert einen Zeiger auf das erste Array-Element, das dem Schlüssel entspricht, oder `NULL`, wenn sie keine Übereinstimmung gefunden hat. Den Typ des zurückgegebenen Zeigers muss man entsprechend umwandeln, bevor man den Zeiger verwenden kann.

Der `sizeof`-Operator kann die `num`- und `width`-Argumente wie folgt bereitstellen: Wenn `array[]` das zu durchsuchende Array ist, dann liefert die Anweisung

```
sizeof(array[0]);
```

den Wert für `width` zurück, das heißt die Größe eines Array-Elements in Bytes. Da der Ausdruck `sizeof(array)` die Größe eines ganzen Arrays in Bytes zurückliefert, können Sie mit der folgenden Anweisung den Wert von `num` ermitteln, d.h. die Anzahl der Elemente im Array:

```
sizeof(array)/sizeof(array[0])
```

Der binäre Suchalgorithmus ist sehr effizient. Man kann damit ein großes Array sehr schnell durchsuchen. Er setzt allerdings voraus, dass die Array-Elemente in aufsteigender Reihenfolge sortiert sind. Und so funktioniert der Algorithmus:

1. Er vergleicht den Schlüssel mit dem Element in der Mitte des Arrays. Gibt es bereits an dieser Stelle eine Übereinstimmung, erübrigt sich eine weitere Suche. Andernfalls muss der Schlüssel entweder kleiner oder größer als das Array-Element sein.
2. Wenn der Schlüssel kleiner als das Array-Element ist, muss sich das gesuchte Element – falls überhaupt vorhanden – in der ersten Hälfte des Arrays befinden. Entsprechend befindet sich das gesuchte Element, wenn es größer als das Array-Element ist, in der zweiten Hälfte des Arrays.
3. Die Suche wird auf die betreffende Hälfte des Arrays beschränkt und der Algorithmus beginnt wieder mit Schritt 1.

Wie Sie sehen, eliminiert jeder Vergleich einer binären Suche die Hälfte des durchsuchten Arrays. So lässt sich zum Beispiel ein Array mit 1000 Elementen in nur 10 Suchläufen durchsuchen, und ein Array mit 16 000 Elementen in nur 14 Suchläufen. Allgemein benötigt eine binäre Suche n Suchläufe, um ein Array von 2^n Elementen zu durchsuchen.

Sortieren mit qsort

Die Bibliotheksfunktion `qsort` ist eine Implementierung des Quicksort-Algorithmus, der auf C.A.R. Hoare zurückgeht. Diese Funktion sortiert ein Array in eine vorgegebene Reihenfolge. In der Standardeinstellung erhält man eine aufsteigende Sortierung, aber `qsort` kann auch absteigend sortieren. Der Prototyp dieser Funktion ist in `stdlib.h` definiert und lautet:

```
void qsort(void *base, size_t num, size_t size,
         int (*cmp)(void *element1, void *element2));
```

Das Argument `base` zeigt auf das erste Element im Array, `num` ist die Anzahl der Elemente im Array und `size` gibt die Größe eines Array-Elements in Bytes an. Das Argument `cmp` ist eine Zeiger auf eine Vergleichsfunktion. Dafür gelten die gleichen Regeln wie für die Vergleichsfunktion, die `bsearch` verwendet und die der vorige Abschnitt beschrieben hat; oftmals setzt man für `bsearch` und `qsort` dieselbe Vergleichsfunktion ein. Die Funktion `qsort` hat keinen Rückgabewert.

Suchen und sortieren: Zwei Beispiele

Listing 19.5 veranschaulicht den Einsatz von `qsort` und `bsearch`. Das Programm sortiert und durchsucht ein Array von Werten. Beachten Sie, dass das Programm mit der Funktion `getc` arbeitet, die nicht zum ANSI-Standard gehört. Sollte Ihr Compiler diese Funktion nicht unterstützen, ersetzen Sie sie durch die ANSI-Funktion `getchar`.

Listing 19.5: Mit den Funktionen qsort und bsearch Werte suchen und sortieren

```
/* qsort und bsearch mit Werten verwenden.*/

#include <stdio.h>
#include <stdlib.h>

#define MAX 20

int intvgl(const void *v1, const void *v2);

int main(void)
```

```
{
    int arr[MAX], count, suche, *zgr;

    /* Werte einlesen. */

    printf("Geben Sie %d Integer-Werte ein.\n", MAX);

    for (count = 0; count < MAX; count++)
        scanf("%d", &arr[count]);

    puts("Betätigen Sie die Eingabetaste, um die Werte zu sortieren.");
    getc(stdin);

    /* Sortiert das Array in aufsteigender Reihenfolge. */

    qsort(arr, MAX, sizeof(arr[0]), intvgl);

    /* Gibt das sortierte Array aus. */

    for (count = 0; count < MAX; count++)
        printf("\narr[%d] = %d.", count, arr[count]);

    puts("\nWeiter mit Eingabetaste.");
    getc(stdin);

    /* Suchwert eingeben. */

    printf("Geben Sie einen Wert für die Suche ein: ");
    scanf("%d", &suche);

    /* Suche durchführen. */

    zgr = (int *)bsearch(&suche, arr, MAX, sizeof(arr[0]),intvgl);

    if ( zgr != NULL )
        printf("%d bei arr[%d] gefunden.\n", suche, (zgr - arr));
    else
        printf("%d nicht gefunden.\n", suche);
    return(0);
}

int intvgl(const void *v1, const void *v2)
{
    return (*(int *)v1 - *(int *)v2);
}
```

```
Geben Sie 20 Integer-Werte ein.
45
12
999
1000
321
123
2300
954
1968
12
2
1999
1776
1812
1456
1
9999
3
76
200
Betätigen Sie die Eingabetaste, um die Werte zu sortieren.

arr[0] = 1.
arr[1] = 2.
arr[2] = 3.
arr[3] = 12.
arr[4] = 12.
arr[5] = 45.
arr[6] = 76.
arr[7] = 123.
arr[8] = 200.
arr[9] = 321.
arr[10] = 954.
arr[11] = 999.
arr[12] = 1000.
arr[13] = 1456.
arr[14] = 1776.
arr[15] = 1812.
arr[16] = 1968.
arr[17] = 1999.
arr[18] = 2300.
```

```
arr[19] = 9999.
Weiter mit Eingabetaste.

Geben Sie einen Wert für die Suche ein:
1776
1776 bei arr[14] gefunden
```

Listing 19.5 vereint in sich alles, was die letzten Abschnitte zum Sortieren und Suchen gesagt haben. Zu Beginn des Programms können Sie bis zu `MAX` Werte eingeben (in diesem Fall 20). Dann sortiert das Programm die Werte und gibt sie in der neuen Reihenfolge aus. Anschließend können Sie einen Wert eingeben, nach dem das Programm im Array suchen soll. Eine Meldung informiert Sie über das Ergebnis der Suche.

Der Code in den Zeilen 18 und 19 sollte Ihnen vertraut sein; er liest die Werte für das Array ein. Zeile 26 ruft `qsort` auf, um das Array zu sortieren. Das erste Argument ist ein Zeiger auf das erste Element im Array. Darauf folgt das Argument `MAX`, die Anzahl der Elemente im Array. Das nächste Argument gibt die Größe des ersten Elements an, so dass `qsort` die Größe der Elemente kennt. Der Aufruf endet mit dem Argument für die Sortierfunktion `intvgl`.

Die Funktion `intvgl` ist in den Zeilen 52-55 definiert; sie liefert die Differenz der ihr übergebenen beiden Werte zurück. Das scheint auf den ersten Blick fast zu einfach, aber denken Sie daran, welche Werte die Vergleichsfunktion zurückliefern soll: Wenn die Elemente gleich sind, soll der Rückgabewert `0` lauten; ist das erste Element größer als das zweite, soll die Funktion eine positive Zahl zurückgeben; und wenn das erste Element kleiner ist als das zweite, gibt die Funktion eine negative Zahl zurück. Genau diese Funktionalität ist in `intvgl` realisiert.

Die Suche erfolgt mit `bsearch`. Beachten Sie, dass die Argumente für `bsearch` praktisch die gleichen sind wie für `qsort`. Der einzige Unterschied liegt darin, dass das erste Argument von `bsearch` der Schlüssel ist, nach dem gesucht wird. Die Funktion `bsearch` liefert einen Zeiger auf die Stelle zurück, an der sie den Schlüssel gefunden hat, oder `NULL`, wenn der Schlüssel nicht vorhanden ist. Zeile 43 weist den Rückgabewert von `bsearch` an `zgr` zu. Die `if`-Anweisung in den Zeilen 45 bis 48 testet `zgr`, um das Ergebnis der Suche auszugeben.

Listing 19.6 macht im Prinzip das Gleiche wie Listing 19.5, nur dass das Programm diesmal Strings sortiert und sucht.

Listing 19.6: Strings mit qsort und bsearch sortieren und suchen

```
/* qsort und bsearch für Strings verwenden. */

#include <stdio.h>
#include <stdlib.h>
```

```
#include <string.h>

#define MAX 20

int vergl(const void *s1, const void *s2);

int main(void)
{
    char *daten[MAX], puffer[80], *zgr, *suche, **suche1;
    int count;

    /* Eine Liste von Wörtern einlesen. */

    printf("Geben  Sie %d Wörter ein.\n",MAX);

    for (count = 0; count < MAX; count++)
    {
        printf("Wort %d: ", count+1);
        gets(puffer);
        daten[count] = malloc(strlen(puffer)+1);
        strcpy(daten[count], puffer);
    }

    /* Sortiert die Wörter (oder besser die Zeiger). */

    qsort(daten, MAX, sizeof(daten[0]), vergl);

    /* Die sortierten Wörter ausgeben. */

    for (count = 0; count < MAX; count++)
        printf("\n%d: %s", count+1, daten[count]);

    /* Einen Suchbegriff einlesen. */

    printf("\n\nGeben Sie einen Suchbegriff ein: ");
    gets(puffer);

    /* Führt die Suche durch. suche1 wird zum Zeiger */
    /* auf den Zeiger auf den Suchbegriff.*/

    suche = puffer;
    suche1 = &suche;
    zgr = bsearch(suche1, daten, MAX, sizeof(daten[0]), vergl);

    if (zgr != NULL)
        printf("%s gefunden.\n", puffer);
```

```
    else
        printf("%s nicht gefunden.\n", puffer);
    return(0);
}

int vergl(const void *s1, const void *s2)
{
    return (strcmp(*(char **)s1, *(char **)s2));
}
```

```
Geben  Sie 20 Wörter ein.
Wort 1: Apfel
Wort 2: Orange
Wort 3: Grapefruit
Wort 4: Pfirsich
Wort 5: Pflaume
Wort 6: Birne
Wort 7: Kirsche
Wort 8: Banane
Wort 9: Himbeere
Wort 10: Limone
Wort 11: Manderine
Wort 12: Sternfrucht
Wort 13: Wassermelone
Wort 14: Stachelbeere
Wort 15: Zwetschge
Wort 16: Erdbeere
Wort 17: Johannisbeere
Wort 18: Blaubeere
Wort 19: Traube
Wort 20: Preiselbeere

1: Apfel
2: Banane
3: Birne
4: Blaubeere
5: Erdbeere
6: Grapefruit
7: Himbeere
8: Johannisbeere
9: Kirsche
10: Limone
11: Mandarine
```

```
12: Orange
13: Pfirsich
14: Pflaume
15: Preiselbeere
16: Stachelbeere
17: Sternfrucht
18: Traube
19: Wassermelone
20: Zwetschge

Geben Sie einen Suchbegriff ein: Orange
Orange gefunden.
```

Analyse

Listing 19.6 weist einige interessante Details auf. Das Programm verwendet ein Array von Zeigern auf Strings – eine Technik, die Tag 15 vorgestellt hat. Wie diese Lektion erwähnt hat, können Sie die Strings »sortieren«, indem Sie das Array der Zeiger sortieren. Dazu müssen Sie allerdings die Vergleichsfunktion anpassen. Diese Funktion übernimmt jetzt Zeiger auf die beiden Array-Elemente, die zu vergleichen sind. Natürlich wollen Sie das Array von Zeigern nicht nach den Werten der Zeiger selbst sortieren, sondern nach den Werten der Strings, auf die die Zeiger verweisen.

Deshalb brauchen Sie eine Vergleichsfunktion, der Sie Zeiger auf Zeiger übergeben. Jedes Argument an `vergl` ist ein Zeiger auf ein Array-Element – und weil jedes Element selbst ein Zeiger (auf einen String) ist, stellt das Argument einen Zeiger auf einen Zeiger dar. Innerhalb der Funktion selbst dereferenzieren Sie die Zeiger, so dass der Rückgabewert von `vergl` von den Werten der Strings abhängt, auf die verwiesen wird.

Die Tatsache, dass die an `vergl` übergebenen Argumente Zeiger auf Zeiger sind, führt zu einem anderen Problem. Den Suchbegriff speichern Sie in `puffer[]` und Sie wissen auch, dass der Name eines Arrays (in diesem Fall `puffer`) ein Zeiger auf das Array ist. Jedoch ist nicht `puffer` selbst zu übergeben, sondern ein Zeiger auf `puffer`. Das Problem dabei ist, dass `puffer` eine Zeigerkonstante ist und keine Zeigervariable. `puffer` selbst hat keine Adresse im Speicher; es ist ein Symbol, das zur Adresse des Arrays ausgewertet wird. Deshalb können Sie keinen Zeiger auf `puffer` erzeugen, indem Sie den Adressoperator vor `puffer` (wie in `&puffer`) setzen.

Was ist in einem solchen Fall zu tun? Zuerst erzeugen Sie eine Zeigervariable und weisen ihr den Wert von `puffer` zu. Im Beispielprogramm trägt diese Zeigervariable den Namen `suche`. Da `suche` eine Zeigervariable ist, hat sie eine Adresse, und Sie können einen Zeiger erzeugen, der diese Adresse als Wert aufnimmt – hier `suche1`. Wenn Sie schließlich `bsearch` aufrufen, übergeben Sie als erstes Argument `suche1` – einen Zeiger auf einen Zeiger auf den Suchstring. Die Funktion `bsearch` übergibt das Argument an `vergl` und alles läuft wie erwartet.

Was Sie nicht tun sollten
Vergessen Sie nicht, das zu durchsuchende Array in aufsteigender Reihenfolge zu sortieren, bevor Sie `bsearch` verwenden.

Zusammenfassung

Die heutige Lektion hat eine Menge nützlicher Funktionen der C-Funktionsbibliothek behandelt: Funktionen zur Durchführung mathematischer Berechnungen, zur Verarbeitung von Zeitangaben und zur Fehlerbehandlung. Auch die Funktionen zum Suchen und Sortieren von Daten dürften für Sie interessant sein. Sofern Sie keine speziellen Sortieralgorithmen benötigen, können Sie viel Zeit sparen, wenn Sie auf diese Standardfunktionen in Ihren Programmen zurückgreifen.

Fragen und Antworten

F Warum geben fast alle mathematischen Funktionen einen Wert vom Typ `double` zurück?

A *Der Schwerpunkt liegt bei diesen Funktionen auf der Genauigkeit und nicht auf der Konsistenz. Der Typ* `double` *ist genauer als die anderen Datentypen; damit sind auch die Ergebnisse von Berechnungen genauer. Am Tag 20 erfahren Sie mehr zu Typumwandlungen und automatischen Konvertierungen, die auch Einfluss auf die Genauigkeit haben.*

F Sind `bsearch` und `qsort` die einzigen Möglichkeiten, wie man Daten in C sortieren und suchen kann?

A *Die beiden Funktionen* `bsearch` *und* `qsort` *sind Teil der Standardbibliothek; diese Funktionen müssen sie jedoch nicht verwenden. In vielen Büchern zur Programmierung finden Sie Anleitungen, wie Sie Ihre eigenen Such- und Sortierprogramme schreiben können. C stellt dazu alle erforderlichen Befehle bereit. Außerdem sind spezielle Such- und Sortierroutinen von kommerziellen Anbietern erhältlich. Der größte Vorteil von* `bsearch` *und* `qsort` *ist, dass sie bereits fertig implementiert sind und dass sie zum Lieferumfang jedes ANSI-kompatiblen Compilers gehören.*

F Prüfen die mathematischen Funktionen, ob die ihnen übergebenen Daten innerhalb des zulässigen Wertebereichs liegen?

A *Gehen Sie nie davon aus, dass die eingegebenen Daten korrekt sind. Prüfen Sie deshalb alle Daten, die der Benutzer eingibt. Wenn Sie zum Beispiel der Funktion* `sqrt` *einen negativen Wert anbieten, erzeugt die Funktion einen Fehler. Wenn Sie die Ausgabe formatieren, wollen Sie diesen Fehler sicherlich nicht so anzeigen wie er ist. Entfernen Sie doch einmal die* `if`*-Anweisung aus Listing 19.1 und geben Sie eine negative Zahl ein; dann dürfte Ihnen klar sein, warum man Fehler in einem Programm von vornherein berücksichtigen und geeignet behandeln sollte.*

Workshop

Die Kontrollfragen im Workshop sollen Ihnen helfen, die neu erworbenen Kenntnisse zu den behandelten Themen zu festigen. Die Übungen geben Ihnen die Möglichkeit, praktische Erfahrungen mit dem gelernten Stoff zu sammeln. Die Antworten zu den Kontrollfragen und Übungen finden Sie im Anhang F.

Kontrollfragen

1. Wie lautet der Rückgabetyp für die mathematischen Funktionen von C?
2. Welchem Variablentyp von C entspricht `time_t`?
3. Worin bestehen die Unterschiede zwischen den Funktionen `time` und `clock`?
4. Was unternimmt die Funktion `perror`, um einen bestehenden Fehler zu beheben?
5. Welche Voraussetzung muss erfüllt sein, bevor Sie ein Array mit `bsearch` durchsuchen?
6. Wie viele Vergleiche mit `bsearch` sind erforderlich, um ein Element in einem Array mit 16 000 Elementen zu finden?
7. Wie viel Vergleiche mit `bsearch` sind erforderlich, um ein Element in einem Array mit nur 10 Elementen zu finden?
8. Wie viel Vergleiche mit `bsearch` sind erforderlich, um ein Element in einem Array mit 2 000 000 Elementen zu finden?
9. Welche Werte muss eine Vergleichsfunktion für `bsearch` und `qsort` zurückliefern?
10. Was liefert die Funktion `bsearch` zurück, wenn sie das gesuchte Element nicht gefunden hat?

Übungen

1. Schreiben Sie einen Aufruf der Funktion `bsearch`. Durchsuchen Sie damit ein Array `namen`, das Zeichen als Werte enthält. Die Vergleichsfunktion heißt `vergl_namen`. Gehen Sie davon aus, dass alle Namen gleich groß sind.

2. **FEHLERSUCHE:** Was ist falsch an folgendem Programm?

```
#include <stdio.h>
#include <stdlib.h>
int main(void)
{
int werte[10], count, suche, ctr;

printf("Geben Sie Werte ein");
for( ctr = 0; ctr < 10; ctr++ )
scanf( "%d", &werte[ctr] );

qsort(werte, 10, vergleich_funktion());
}
```

3. **FEHLERSUCHE:** Ist an der Vergleichsfunktion etwas falsch?

```
int intvgl( int element1, int element2)
{
if ( element 1 > element 2 )
return -1;
else if ( element 1 < element2 )
return 1;
else
return 0;
}
```

Zu den folgenden Übungen sind im Anhang F keine Antworten angegeben:

4. Ändern Sie Listing 19.1 so ab, dass `sqrt` auch mit negativen Zahlen funktioniert. Verwenden Sie dazu den Absolutwert von `x`.

5. Schreiben Sie ein Programm mit einem Menü, das Optionen für verschiedene mathematische Funktionen enthält. Verwenden Sie so viele mathematische Funktionen wie möglich.

6. Schreiben Sie mit den heute behandelten Zeitfunktionen eine Funktion, die das Programm für ungefähr fünf Sekunden anhält.

7. Bauen Sie in das Programm nach Übung 4 die Funktion `assert` ein. Das Programm soll eine Meldung ausgeben, wenn der Benutzer einen negativen Wert eingegeben hat.

8. Schreiben Sie ein Programm, das 30 Namen einliest und diese mit `qsort` sortiert. Das Programm soll die sortierten Namen ausgeben.

9. Ändern Sie das Programm in Übung 8 so ab, dass es nach der Eingabe von »`ENDE`« keine weiteren Eingaben mehr entgegennimmt und die bis dahin eingegebenen Werte sortiert.

10. Tag 15 hat eine wenig effiziente Methode zum Sortieren eines Arrays von Zeigern auf Strings vorgeführt. Schreiben Sie ein Programm, das die erforderliche Zeit misst, um ein großes Array von Zeigern nach dieser Methode zu sortieren. Diese Zeit soll das Programm mit der Zeit vergleichen, die die Bibliotheksfunktion `qsort` für die gleiche Sortieraufgabe benötigt.

Hinweis

An dieser Stelle empfiehlt es sich, dass Sie den Abschnitt »Type & Run 6 – Hypothekenzahlungen berechnen« in Anhang D durcharbeiten.

Vom Umgang mit dem Speicher

Woche 3

Diese Lektion beschäftigt sich mit speziellen Aspekten der Speicherverwaltung in C-Programmen. Heute lernen Sie

- was Typumwandlungen sind,
- wie man Speicherplatz reserviert und wieder freigibt,
- wie man mit Speicherblöcken arbeitet,
- wie man einzelne Bits manipuliert.

Typumwandlungen

In C gehört jedes Datenobjekt einem bestimmten Typ an. Eine numerische Variable kann vom Typ `int` oder `float` sein, ein Zeiger kann ein Zeiger auf den Typ `double` oder `char` sein und so weiter. In vielen Programmen ist die Kombination von verschiedenen Typen in Ausdrücken und Anweisungen unumgänglich. Wie verfährt man in solchen Situationen? Manchmal behandelt C die unterschiedlichen Typen automatisch und Sie brauchen sich um nichts zu kümmern. In anderen Fällen müssen Sie explizit einen Datentyp in einen anderen umwandeln, um fehlerhafte Ergebnisse zu vermeiden. Derartige Verfahren haben Sie bereits in vorherigen Lektionen kennen gelernt, als Sie einen `void`-Zeiger vor seiner Verwendung in einen anderen Typ umwandeln beziehungsweise konvertieren mussten. In diesen und anderen Situationen sollten Sie immer eine klare Vorstellung davon haben, wann eine explizite Typumwandlung notwendig ist und welche Fehler auftreten können, wenn Sie diese Umwandlung nicht richtig anwenden. Die folgenden Abschnitte beschreiben automatische und explizite Typumwandlungen in C.

Automatische Typumwandlungen

Wie der Name schon verrät, nimmt Ihnen der C-Compiler bei automatischen Typumwandlungen die Arbeit ab. Trotzdem sollten Sie diese Vorgänge kennen, damit Sie verstehen, wie C Ausdrücke auswertet.

Typumwandlungen in Ausdrücken

Das Ergebnis eines ausgewerteten C-Ausdrucks hat einen bestimmten Datentyp. Sind dabei alle Komponenten des Ausdrucks vom gleichen Typ, erhält auch das Ergebnis diesen Typ. Wenn zum Beispiel `x` und `y` beide vom Typ `int` sind, hat das Ergebnis des folgenden Ausdrucks ebenfalls den Typ `int`:

```
x + y
```

Wie sieht aber das Ergebnis aus, wenn die Komponenten eines Ausdrucks unterschiedliche Typen haben? In diesem Fall erhält der ausgewertete Ausdruck den Typ der Komponente mit dem umfangreichsten Wertebereich. Die Reihenfolge der numerischen Datentypen vom kleinsten zum größten Wertebereich lautet:

```
char
int
long
float
double
```

Nach dieser Regel wertet C einen Ausdruck mit einem `int`- und einem `char`-Wert zum Typ `int` aus, einen Ausdruck mit einem `long`- und einem `float`-Wert zum Typ `float` und so weiter.

In den Teilausdrücken werden einzelne Operanden bei Bedarf zum Typ mit dem größeren Wertebereich heraufgestuft, um den zugeordneten Operanden im Ausdruck zu entsprechen. Dabei findet eine paarweise Anpassung der Operanden für jeden binären Operator im Ausdruck statt. Natürlich ist keine Anpassung nötig, wenn beide Operanden den gleichen Typ haben. Andernfalls läuft die Anpassung nach folgenden Regeln ab:

- Wenn einer der Operanden vom Typ `double` ist, wird der andere Operand in den Typ `double` umgewandelt.
- Wenn einer der Operanden vom Typ `float` ist, wird der andere Operand in den Typ `float` umgewandelt.
- Wenn einer der Operanden vom Typ `long` ist, wird der andere Operand in den Typ `long` umgewandelt.

Hat zum Beispiel `x` den Typ `int` und `y` den Typ `float`, bewirkt die Auswertung des Ausdrucks `x/y`, dass `x` vor dieser Auswertung den Typ `float` erhält. Das bedeutet jedoch nicht, dass sich der Typ der Variablen `x` ändert, sondern nur, dass eine Kopie von `x` mit dem Typ `float` angelegt und für die Auswertung des Ausdrucks herangezogen wird. Der Wert des Ausdrucks ist, wie Sie gerade gelernt haben, ebenfalls vom Typ `float`. Entsprechend erhält `y` den Typ `double`, falls `x` vom Typ `double` und `y` vom Typ `float` ist.

Umwandlung durch Zuweisung

Eine Typumwandlung kann auch durch den Zuweisungsoperator erfolgen. Der Ausdruck auf der rechten Seite der Zuweisung erhält immer den Typ des Datenobjekts, das links vom Zuweisungsoperator steht. Dadurch kann sich natürlich auch eine »Herabstufung« ergeben. Wenn `f` vom Typ `float` und `i` vom Typ `int` ist, erhält `i` in der folgenden Zuweisung den Typ `float`:

```
f = i;
```

Dagegen stuft die Zuweisung

```
i = f;
```

den Typ von `f` zum Typ von `int` herab. Der gebrochene Anteil von `f` geht bei der Zuweisung an `i` verloren. Denken Sie jedoch daran, dass `f` selbst unverändert bleibt. Die Typumwandlung betrifft nur die Kopie dieses Wertes. So hat die Variable `i` nach der Ausführung der folgenden Anweisungen

```
float f = 1.23;
int i;
i = f;
```

den Wert `1` und `f` immer noch den Wert `1.23`. Wie dieses Beispiel zeigt, geht der Nachkommateil verloren, wenn man eine Gleitkommazahl in einen Integer-Typ konvertiert.

Bei der Umwandlung eines Integer-Typs in einen Gleitkommatyp ist zu beachten, dass der resultierende Gleitkommatyp nicht immer eine genaue Entsprechung des Integer-Wertes ist, was mit der binären Darstellung von Gleitkommazahlen zusammenhängt. Zum Beispiel kann der folgende Code das Ergebnis `2.999995` statt `3` anzeigen:

```
float f;
int i = 3;
f = i;
printf("%f", f);
```

In den meisten Fällen lässt sich ein dadurch verursachter Genauigkeitsverlust vernachlässigen. Um auf der sicheren Seite zu bleiben, sollten Sie jedoch ganzzahlige Werte in Variablen vom Typ `int` oder `long` unterbringen.

Explizite Typumwandlungen

Bei dieser Art der Typumwandlung steuert man explizit mit dem Umwandlungsoperator, wo das Programm eine Typumwandlung vornehmen soll. Eine *explizite Typumwandlung* besteht aus einem in Klammern gesetzten Typnamen vor einem Ausdruck. Es lassen sich alle arithmetischen Ausdrücke und Zeiger umwandeln. Als Ergebnis erhält man den Typ, der in der Typumwandlung spezifiziert ist. Auf diese Art und Weise können Sie die Typen der Ausdrücke selbst festlegen und müssen sich nicht auf die automatischen Typumwandlungen in C verlassen.

Typumwandlung bei arithmetischen Ausdrücken

Durch die Typumwandlung eines arithmetischen Ausdrucks teilen Sie dem Compiler mit, den Wert des Ausdrucks in einer bestimmten Form darzustellen. Prinzipiell ähnelt die explizite Typumwandlung der oben besprochenen Herauf-/Herabstufung. Allerdings nehmen Sie hier die Typumwandlung selbst in die Hand und überlassen sie nicht dem Compiler. Wenn zum Beispiel `i` vom Typ `int` ist, realisieren Sie mit dem Ausdruck

```
(float)i
```

die Umwandlung von `i` in den Typ `float`. Mit anderen Worten: Das Programm legt eine interne Kopie des Wertes von `i` im Gleitkommaformat an.

Wann bietet es sich an, eine Typumwandlung für einen arithmetischen Ausdruck durchzuführen? Vor allem dann, wenn man verhindern will, dass bei einer Integer-Division der Nachkommateil verloren geht. Listing 20.1 soll dies verdeutlichen. Kompilieren Sie das Programm und führen Sie es aus.

Listing 20.1: Wenn ein Integer durch einen anderen geteilt wird, geht der Nachkommateil der Antwort verloren

```
1: #include <stdio.h>
2:
3: int main(void)
4: {
5:     int i1 = 100, i2 = 40;
6:     float f1;
7:
8:     f1 = i1/i2;
9:     printf("%f\n", f1);
10:    return(0);
11: }
```

```
2.000000
```

Die vom Programm ausgegebene Antwort lautet `2.000000`, obwohl 100/40 den Wert 2.5 ergibt. Was ist passiert? Der Ausdruck `i1/i2` in Zeile 8 enthält zwei Variablen vom Typ `int`. Nach den oben beschriebenen Regeln ist der Wert des Ausdrucks `i1/i2` ebenfalls vom Typ `int`, und da dieser Typ nur ganze Zahlen darstellen kann, geht der Nachkommateil des Ergebnisses verloren.

Eigentlich kann man erwarten, dass die Zuweisung des Divisionsergebnisses von `i1/i2` an eine `float`-Variable das Ergebnis zu einem `float`-Wert heraufstuft. Das stimmt auch; aber es ist leider zu spät, denn der Nachkommateil der Antwort ist bereits verloren.

Um derartige Ungenauigkeiten zu vermeiden, müssen Sie eine der `int`-Variablen in den Typ `float` umwandeln. Wenn man eine der Variablen in den Typ `float` umwandelt, dann hat das gemäß der obigen Regeln zur Folge, dass die andere Variable automatisch den Typ float erhält. Somit bleibt der Nachkommateil für das Ergebnis erhalten. Überzeugen Sie sich selbst davon, indem Sie die Zuweisung in Zeile 8 des Quelltextes wie folgt ändern:

```
f1 = (float)i1/i2;
```

Anschließend liefert das Programm das erwartete Ergebnis.

Zeiger umwandeln

Sie haben bereits eine Einführung in die Typumwandlung von Zeigern erhalten. Wie Tag 18 gezeigt hat, ist ein `void`-Zeiger ein generischer Zeiger, der auf beliebige Typen zeigen kann. Bevor Sie einen `void`-Zeiger verwenden können, müssen Sie ihn jedoch in den entsprechenden Typ umwandeln. Beachten Sie, dass Sie den Typ eines Zeigers nicht umwandeln müssen, um ihm einen Wert zuzuweisen oder ihn mit `NULL` zu vergleichen. Die Typumwandlung ist allerdings notwendig, wenn Sie den Zeiger dereferenzieren oder nach den Regeln der Zeigerarithmetik manipulieren wollen. Für weitere Details zu diesem Thema sei auf Tag 18 verwiesen.

Was Sie tun sollten	Was nicht
Arbeiten Sie mit Typumwandlungen, wenn Sie die Werte von Variablen herauf- oder herabstufen wollen.	Verwenden Sie keine Typumwandlung, um lediglich eine Compilerwarnung zu unterdrücken; zumindest sollten Sie vorher genau ergründen, warum der Compiler diese Warnung erzeugt und ob Sie sie gefahrlos ignorieren können.

Speicherreservierung

Die C-Bibliothek enthält Funktionen für die Speicherreservierung zur Laufzeit – die so genannte *dynamische Speicherreservierung*. (Statt Reservierung verwendet man auch den Begriff *Allokation*.) Diese Technik kann erhebliche Vorteile bringen gegenüber der expliziten Reservierung von Speicher, bei der man im Quellcode des Programms Variablen, Strukturen und Arrays deklariert. Die letztgenannte Methode, auch *statische Speicherreservierung* genannt, setzt voraus, dass Sie schon beim Schreiben des Programms wissen, wie viel Speicher Sie benötigen. Dank der dynamischen Speicherreservierung kann das Programm während der Laufzeit auf zusätzliche

Speicheranforderungen reagieren, beispielsweise aufgrund von Benutzereingaben. Für alle Funktionen der dynamischen Speicherreservierung ist die Header-Datei `stdlib.h` einzubinden; bei manchen Compilern ist zusätzlich `malloc.h` erforderlich. Beachten Sie, dass alle Funktionen der Speicherreservierung einen Zeiger vom Typ `void` zurückgeben. Wie Sie am Tag 18 gelernt haben, müssen Sie einen `void`-Zeiger in den passenden Typ umwandeln, bevor Sie den Zeiger verwenden können.

Bevor wir ins Detail gehen, sind ein paar Erläuterungen zur Speicherreservierung angebracht. Was genau ist darunter zu verstehen? Jeder Computer verfügt über fest installierten Arbeitsspeicher mit wahlfreiem Zugriff (RAM für Random Access Memory). Der Umfang dieses Speichers variiert von Computer zu Computer. Wann immer Sie ein Programm ausführen, sei es eine Textverarbeitung, ein Grafikprogramm oder ein selbst geschriebenes C-Programm, lädt das Betriebssystem dieses Programm von der Festplatte in den Arbeitsspeicher des Computers. Der Speicherbereich, den das Programm belegt, umfasst den Programmcode sowie die gesamten statischen Daten des Programms – d.h. die Datenelemente, die im Quelltext deklariert sind. Im noch freien Teil des Arbeitsspeichers können Sie mit den in diesem Abschnitt beschriebenen Funktionen Speicherbereiche dynamisch für das Programm reservieren.

Wie viel Speicher steht dafür zur Verfügung? Das ist ganz unterschiedlich. Wenn Sie ein großes Programm auf einem System ausführen, das nur eine begrenzte Speicherkapazität hat, ist der freie Speicher relativ klein. Wenn Sie jedoch ein kleines Programm auf einem Multi-Megabyte-System ausführen, gibt es Speicher in Hülle und Fülle. Letztendlich bedeutet dies, dass Ihre Programme nicht vorhersehen können, wie viel Speicher genau zur Verfügung steht. Wenn Sie eine Funktion zur Speicherreservierung aufrufen, müssen Sie anhand des Rückgabewertes prüfen, ob die Speicherreservierung erfolgreich verlaufen ist. Außerdem sollten Ihre Programme damit umgehen können, dass eine Anfrage auf Reservierung von Speicher fehlschlägt. Später in dieser Lektion lernen Sie ein Verfahren kennen, mit dem Sie genau bestimmen können, wie viel Speicher verfügbar ist.

Weiterhin ist zu beachten, dass auch das Betriebssystem einen Einfluss auf den verfügbaren Speicher haben kann. Manche Betriebssysteme stellen nur einen Teil des physikalischen RAM zur Verfügung. In diese Kategorie fallen DOS 6.x und frühere Versionen. Selbst wenn Ihr System mit mehreren Megabytes RAM ausgestattet ist, kann ein DOS-Programm nur auf die ersten 640 KB zugreifen. (Mit speziellen Lösungen lassen sich auch andere Speicherbereiche erschließen, allerdings geht das über den Rahmen dieses Buches hinaus.) Im Gegensatz dazu stellt UNIX normalerweise den gesamten physikalischen RAM für ein Programm bereit. Noch komplizierter liegen die Dinge bei Betriebssystemen wie Windows und OS/2, die mit virtuellem Speicher die Möglichkeit bieten, Speicher auf der Festplatte genau wie RAM zu reservieren. In diesem Fall umfasst die Größe des für ein Programm verfügbaren Speichers nicht nur den installierten RAM, sondern auch den virtuellen Speicherbereich auf der Festplatte.

Im Allgemeinen bleiben diese Unterschiede der Speicherreservierung in den einzelnen Betriebssystemen für Sie überschaubar. Wenn Sie eine der C-Funktionen zur Speicherreservierung verwenden, kann der Aufruf entweder erfolgreich sein oder fehlschlagen; über die hinter den Kulissen ablaufenden Vorgänge brauchen Sie sich keine Gedanken zu machen.

Die Funktion malloc

In vorangehenden Lektionen haben Sie bereits gelernt, wie man mithilfe der Bibliotheksfunktion `malloc` Speicherplatz für Strings reserviert. Damit ist aber der Einsatzbereich von `malloc` nicht erschöpft; die Funktion kann beliebige Speicheranforderungen erfüllen. Die Reservierung erfolgt byteweise. Wie Sie wissen, lautet der Prototyp von `malloc`:

```
void *malloc(size_t num);
```

Das Argument `size_t` ist in `stdlib.h` als `unsigned_int` oder `unsigned long` definiert. Die `malloc`-Funktion reserviert `num` Bytes Speicherplatz und gibt einen Zeiger auf das erste Byte zurück. Der Rückgabewert lautet `NULL`, wenn die Funktion den angeforderten Speicher nicht reservieren kann oder `num == 0` ist. Falls Sie mit dieser Operation noch nicht hundertprozentig klar kommen, wiederholen Sie am besten den Abschnitt »Die Funktion malloc« von Tag 10.

Listing 20.2 zeigt, wie Sie mit der Funktion `malloc` die Größe des freien Speichers in Ihrem System bestimmen können. Das Programm läuft problemlos unter DOS oder in einem DOS-Fenster unter älteren Versionen von Windows. Allerdings können unvorhersehbare Ergebnisse entstehen, wenn Sie es unter neueren Versionen von Windows, OS/2 und UNIX ausführen, weil diese Systeme Festplattenplatz als »virtuellen« Speicher zur Verfügung stellen. Das Programm kann ziemlich lange damit zubringen, bis es den verfügbaren Speicher verbraucht hat.

Listing 20.2: Mit malloc bestimmen, wie viel Speicher frei ist

```
/* Den freien Speicher mit malloc bestimmen.*/

#include <stdio.h>
#include <stdlib.h>

/* Definition einer Struktur mit einer Größe von
   1024 Bytes (1 KB). */

struct kilo {
   struct kilo *next;
   char dummy[1022];
};
```

```

int FreeMem(void);

int main()
{

   printf("Sie haben %d KB freien Speicher.\n", FreeMem) ;
   return 0;
}

int FreeMem(void)
{
   /* Freien Speicher in Kilobytes (1024 bytes)
      zurückgeben. */

   int counter;
   struct kilo *head, *current, *nextone;

   current = head = (struct kilo*) malloc(sizeof(struct kilo));

   if (head == NULL)
      return 0;      /* Kein Speicher verfügbar.*/

   counter = 0;
   do
   {
      counter++;
      current->next = (struct kilo*) malloc(sizeof(struct kilo));
      current = current->next;
   } while (current != NULL);

   /* counter enthält jetzt die Anzahl der Strukturen vom
      Typ kilo, die das Programm reservieren konnte. Bevor das
      Programm endet, ist dieser Speicher wieder freizugeben. */

   current = head;

   do
   {
      nextone = current->next;
      free(current);
      current = nextone;
   } while (nextone != NULL);

   return counter;
}
```

Ausgabe

```
Sie haben 4198405 KB freien Speicher.
```

Analyse

Listing 20.2 arbeitet mit »Brachialgewalt«: Das Programm ruft in `main` die Funktion `FreeMem` auf, die in einer Schleife Speicherblöcke zuweist, bis `malloc` den Rückgabewert `NULL` liefert und damit anzeigt, dass kein Speicher mehr verfügbar ist. Auf einem System mit umfangreicher Speicherausstattung kann die Ausführung mehrere Minuten dauern. Die Größe des verfügbaren Speichers ist gleich der Anzahl der reservierten Speicherblöcke multipliziert mit der Blockgröße. Die Funktion gibt dann alle reservierten Blöcke wieder frei und liefert die Anzahl der Blöcke als Rückgabewert an das aufrufende Programm. Die Blockgröße ist mit 1 KB so gewählt, dass der zurückgegebene Wert direkt die Größe des freien Speichers in Kilobytes anzeigt. Wie Sie wissen, umfasst ein Kilobyte (KB) nicht 1000 Bytes, sondern 1024 Bytes (gleich 2^{10}). Um ein Element zu erhalten, das genau 1024 Bytes umfasst, definiert das Programm eine Struktur namens `kilo`, die aus einem Array mit 1022 Bytes und einem Zeiger mit 2 Bytes besteht.

Die Funktion `FreeMem` bedient sich einer verketteten Liste, auf die Tag 15 im Detail eingegangen ist. Kurz gesagt, besteht eine verkettete Liste aus Strukturen, die – neben den eigentlichen Datenelementen – einen Zeiger auf ihren eigenen Typ speichern. Weiterhin gibt es einen Kopfzeiger (`head`), der auf das erste Element in der Liste weist. Im Beispielprogramm ist die Variable `head` ein Zeiger auf den Typ `kilo`. Das erste Element in der Liste zeigt auf das zweite, das zweite zeigt auf das dritte und so weiter. Das letzte Listenelement ist durch einen `NULL`-Zeiger markiert. Nähere Informationen zu verketteten Listen finden Sie in Lektion 15.

Die Funktion calloc

Die Funktion `calloc` reserviert ebenfalls Speicher. Allerdings nimmt sie die Reservierung nicht als Gruppe von Bytes vor (wie bei `malloc`), sondern als Gruppe von Objekten. Der Funktionsprototyp lautet:

```
void *calloc(size_t num, size_t size);
```

Das Argument `num` ist die Anzahl der Objekte, für die Speicherplatz zu reservieren ist, und `size` gibt die Größe eines jeden Objekts in Bytes an. Bei erfolgreicher Ausführung der Funktion ist der reservierte Speicher gelöscht (mit `0` initialisiert) und die Funktion gibt einen Zeiger auf das erste Byte zurück. Schlägt die Reservierung fehl oder ist `num` bzw. `size` gleich 0, gibt die Funktion `NULL` zurück.

Listing 20.3 verdeutlicht die Verwendung von `calloc`.

Listing 20.3: Mit der Funktion calloc dynamisch Speicher reservieren

```
1: /* Beispiel für calloc. */
2:
3: #include <stdlib.h>
4: #include <stdio.h>
5:
6: int main(void)
7: {
8:     unsigned anzahl;
9:     int *zgr;
10:
11:     printf("Für wie viele int-Werte soll Speicher reserviert werden: ");
12:     scanf("%d", &anzahl);
13:
14:     zgr = (int*)calloc(anzahl, sizeof(int));
15:
16:     if (zgr != NULL)
17:         puts("Die Speicherreservierung war erfolgreich.");
18:     else
19:         puts("Die Speicherreservierung ist fehlgeschlagen.");
20:     return(0);
21: }
```

```
Für wie viele int-Werte soll Speicher reserviert werden: 100
Die Speicherreservierung war erfolgreich.

Für wie viele int-Werte soll Speicher reserviert werden: 99999999
Die Speicherreservierung ist fehlgeschlagen.
```

Das Programm fordert Sie in Zeile 11 auf, einen Wert einzugeben. Diese Zahl legt fest, wie viel Speicherplatz das Programm reservieren soll. Das Programm versucht dann, Speicher für die angegebene Anzahl von `int`-Variablen zu reservieren (Zeile 14). Die Funktion `calloc` gibt den Wert `NULL` zurück, wenn die Reservierung gescheitert ist; im Erfolgsfall liefert `calloc` einen Zeiger auf den reservierten Speicherbereich. Das Programm übernimmt den Rückgabewert von `calloc` in den `int`-Zeiger `zgr`. Die `if`-Anweisung in den Zeilen 16 bis 19 prüft anhand des Wertes von `zgr` den Status der Speicherreservierung und gibt eine entsprechende Meldung aus.

Geben Sie verschiedene Werte ein, um festzustellen, wie viel Speicher Sie erfolgreich reservieren können. Die maximale Größe hängt unter anderem von Ihrer Systemkonfiguration und von der Größe eines `int`-Wertes ab.

Warnung

Bevor Sie dieses Programm ausführen, sollten Sie alle anderen Anwendungen schließen. Bei sehr großen Werten muss das System nämlich die im Speicher befindlichen Programme und Daten in den virtuellen Speicher auf der Festplatte auslagern. Dadurch kann dieses Testprogramm mehrere Minuten zur Ausführung benötigen. Der Rechner reagiert dann nur noch sehr träge auf Maus- und Tastatureingaben. Am Ende der Testroutine gibt das Programm den Speicher wieder frei und alle Vorgänge laufen in umgekehrter Richtung ab. Schließlich erscheint eine der oben angegebenen Meldungen. Das Schließen aller Anwendungen empfiehlt sich auch zum Schutz gegen einen Programmabsturz.

Die Funktion realloc

Mit der Funktion `realloc` können Sie die Größe eines Speicherblocks ändern, den Sie zuvor mit `malloc` oder `calloc` reserviert haben. Der Funktionsprototyp lautet:

```
void *realloc(void *ptr, size_t size);
```

Das Argument `ptr` ist ein Zeiger auf den ursprünglichen Speicherblock; `size` gibt die neue Größe in Bytes an. Das Ergebnis von `realloc` hängt von verschiedenen Faktoren ab:

- Wenn genügend Platz vorhanden ist, um den Speicherblock, auf den `ptr` zeigt, zu erweitern, reserviert `realloc` den zusätzlichen Speicher und gibt `ptr` zurück.
- Wenn nicht genügend Platz vorhanden ist, um den aktuellen Block an seiner aktuellen Stelle zu erweitern, reserviert `realloc` einen neuen Block der Größe `size`, kopiert die vorhandenen Daten aus dem alten Block an den Anfang des neuen Blocks, gibt den alten Block frei und liefert einen Zeiger auf den neuen Block zurück.
- Wenn das `ptr`-Argument `NULL` ist, verhält sich die Funktion wie `malloc` – d.h., sie reserviert einen Block von `size` Byte und liefert einen Zeiger darauf zurück.
- Wenn das Argument `size` gleich `0` ist, gibt die Funktion den Speicher, auf den `ptr` zeigt, frei und liefert `NULL` zurück.
- Wenn für die Neureservierung (sei es die Erweiterung des alten Blocks oder die Reservierung eines neuen) nicht genug Speicher vorhanden ist, liefert die Funktion `NULL` zurück und der originale Block bleibt unverändert.

Listing 20.4 veranschaulicht den Einsatz der Funktion `realloc`.

Listing 20.4: Mit realloc die Größe eines dynamisch reservierten Speicherblocks vergrößern

```
/* Mit realloc reservierten Speicher vergrößern. */

#include <stdio.h>
#include <stdlib.h>
#include <string.h>

int main(void)
{
    char puffer[80], *meldung;

    /* Einen String einlesen. */

    puts("Geben Sie eine Textzeile ein.");
    gets(puffer);

    /* Reserviert den ersten Block und kopiert String dort hinein. */

    meldung = realloc(NULL, strlen(puffer)+1);
    strcpy(meldung, puffer);

    /* Meldung ausgeben. */

    puts(meldung);

    /* Liest einen weiteren String vom Benutzer ein. */

    puts("Geben Sie eine weitere Textzeile ein.");
    gets(puffer);

    /* Vergrößert den Speicherblock und hängt dann den String an. */

    meldung = realloc(meldung,(strlen(meldung) + strlen(puffer)+1));
    strcat(meldung, puffer);

    /* Gibt die neue Meldung aus. */
    puts(meldung);
    return(0);
}
```

```
Geben Sie eine Textzeile ein.
Dies ist die erste Textzeile.
Dies ist die erste Textzeile.
Geben Sie eine weitere Textzeile ein.
Dies ist die zweite Textzeile.
Dies ist die erste Textzeile.Dies ist die zweite Textzeile.
```

Das Programm liest in Zeile 14 einen eingegebenen String in ein Zeichenarray namens `puffer` ein und kopiert anschließend in Zeile 19 den String an die Speicherstelle, auf die `meldung` zeigt. Den Speicher für `meldung` hat Zeile 18 mit `realloc` reserviert. Die Funktion `realloc` kann man auch dann verwenden, wenn vorher keine Speicherreservierung erfolgt ist. In diesem Fall übergibt man `NULL` als ersten Parameter.

Zeile 28 liest einen zweiten String in den Puffer `puffer` ein. Diesen String hängt das Programm an den bereits in `meldung` abgelegten String an. Da `meldung` gerade groß genug ist, um den ersten String aufzunehmen, ist der Speicherbereich neu zu reservieren, um sowohl für den ersten als auch den zweiten String Platz zu schaffen. Dies geschieht in Zeile 33. Abschließend gibt das Programm in Zeile 36 den verketteten String aus.

Die Funktion free

Wenn Sie Speicher mit `malloc` oder `calloc` reservieren, zweigen Sie damit Speicher vom *Heap* – einem dynamischen Speicherpool – ab, der nur einen begrenzten Umfang hat. Sobald Ihr Programm einen bestimmten dynamisch reservierten Speicherbereich nicht mehr benötigt, sollten Sie ihn freigeben, damit ihn das Programm im weiteren Verlauf erneut nutzen kann. Dynamisch reservierten Speicher geben Sie mit der Funktion `free` frei. Der Prototyp lautet:

```
void free(void *ptr);
```

Die Funktion `free` gibt den Speicher, auf den `ptr` zeigt, wieder frei. Diesen Speicher muss ein Programm mit `malloc`, `calloc` oder `realloc` reserviert haben. Wenn `ptr` gleich `NULL` ist, bewirkt `free` nichts. Listing 20.5 demonstriert den Einsatz von `free`. (Listing 20.2 hat diese Funktion ebenfalls verwendet.)

Listing 20.5: Dynamisch reservierten Speicher mit free freigeben

```
/* Mit free dynamisch reservierten Speicher freigeben. */

#include <stdio.h>
#include <stdlib.h>
#include <string.h>

#define BLOCKGROESSE 30000

int main(void)
{
    void *zgr1, *zgr2;

    /* Einen Block reservieren. */

    zgr1 = malloc(BLOCKGROESSE);

    if (zgr1 != NULL)
        printf("Erste Reservierung von %d Byte erfolgreich.\n",
                BLOCKGROESSE);
    else
    {
        printf("Reservierung von %d Byte misslungen.\n",
                BLOCKGROESSE);
        exit(1);
    }

    /* Weiteren Block allokieren. */

    zgr2 = malloc(BLOCKGROESSE);

    if (zgr2 != NULL)
    {
        /* Bei erfolgreicher Reservierung Meldung ausgeben u. beenden */

        printf("Zweite Reservierung von %d Byte erfolgreich.\n",
               BLOCKGROESSE);
        exit(0);
    }

    /* Wenn nicht erfolgreich, ersten Block freigeben und
       erneut versuchen.*/

```

```
40:     printf("Zweiter Versuch, %d Byte zu reservieren, misslungen.\n"
              ,BLOCKGROESSE);
41:     free(zgr1);
42:     printf("\nErster Block wurde freigegeben.\n");
43:
44:     zgr2 = malloc(BLOCKGROESSE);
45:
46:     if (zgr2 != NULL)
47:        printf("Nach free, Reservierung von %d Byte erfolgreich.\n",
48:              BLOCKGROESSE);
49:     return(0);
50: }
```

```
Erste Reservierung von 30000 Byte erfolgreich.
Zweite Reservierung von 30000 Byte erfolgreich.
```

Das Programm versucht, zwei Speicherblöcke dynamisch zu reservieren. Die Konstante `BLOCKGROESSE` legt fest, wie viel Speicher zu reservieren ist. Zeile 15 nimmt die erste Reservierung mit `malloc` vor. Die Zeilen 17 bis 23 prüfen anhand des Rückgabewertes, ob die Speicherreservierung erfolgreich verlaufen ist (Rückgabewert ungleich `NULL`) oder nicht, und geben eine entsprechende Meldung aus. Wenn die Reservierung fehlgeschlagen ist, endet das Programm. Zeile 27 versucht, einen zweiten Speicherblock zu reservieren. Die Zeilen 29 bis 36 testen erneut den Status der Reservierung. Wenn die zweite Reservierung erfolgreich war, beendet ein Aufruf von exit das Programm. Andernfalls zeigt Zeile 40 eine Meldung an, die den Benutzer über das Scheitern der Speicherreservierung informiert. Zeile 41 gibt dann mit `free` den ersten Block frei und Zeile 44 startet einen neuen Versuch, den zweiten Block zu reservieren.

Auf Systemen mit einem großen virtuellen Speicher sollten beide Reservierungen immer erfolgreich sein. Gegebenenfalls müssen Sie die Konstante `BLOCKGROESSE` anpassen. Bei Systemen mit weniger Speicher kann die Ausgabe des Programms wie folgt aussehen:

```
Erste Reservierung von 30000 Byte erfolgreich.
Zweiter Versuch, 30000 Byte zu reservieren, misslungen.
Erster Block wurde freigegeben.
Nach free, Reservierung von 30000 Byte erfolgreich.
```

Was Sie tun sollten	Was nicht
Geben Sie reservierten Speicher frei, wenn Sie ihn nicht mehr benötigen.	Gehen Sie nie davon aus, dass ein Aufruf von `malloc`, `calloc` oder `realloc` erfolgreich verläuft. Mit anderen Worten: Prüfen Sie immer, ob der Speicher auch wirklich reserviert wurde.

Speicherblöcke manipulieren

Die bisherigen Abschnitte haben Ihnen gezeigt, wie man Speicherblöcke reserviert und wieder freigibt. Die C-Bibliothek enthält aber auch Funktionen, mit denen man Speicherblöcke manipulieren kann – zum Beispiel alle Bytes in einem Block auf einen bestimmten Wert setzt oder Informationen von einer Stelle zu einer anderen verschiebt.

Die Funktion memset

Mit der Funktion `memset` lassen sich alle Bytes in einem Speicherblock auf einen bestimmten Wert setzen. Der Prototyp lautet:

```
void * memset(void *dest, int c, size_t count);
```

Das Argument `dest` zeigt auf den Speicherblock, mit `c` spezifizieren Sie den Wert, den Sie zuweisen möchten, und `count` ist die Anzahl der Bytes, die ab `dest` gesetzt werden sollen. Auch wenn `c` vom Typ `int` ist, behandelt die Funktion diesen Parameter wie den Typ `char` und verwendet nur das niederwertige Byte; für `c` sind deshalb nur Werte zwischen `0` bis `255` sinnvoll.

Nutzen Sie `memset`, um einen Speicherblock mit einem bestimmten Wert zu initialisieren. Da diese Funktion nur einen Initialisierungswert vom Typ `char` verwenden kann, ist sie für die Initialisierung von Blöcken mit anderen Datentypen nicht besonders nützlich – es sei denn, Sie wollen den Block mit `0` initialisieren. Listing 20.6 zeigt ein Beispiel für `memset`.

Die Funktion memcpy

Die Funktion `memcpy` kopiert Datenbytes zwischen Speicherblöcken (manchmal auch als *Puffer* bezeichnet). Die Funktion schenkt dem Typ der zu kopierenden Daten keine Beachtung – sie erstellt einfach eine exakte Byte-für-Byte-Kopie. Der Funktionsprototyp lautet:

```
void *memcpy(void *dest, void *src, size_t count);
```

Die Argumente dest und src zeigen auf den Ziel- und Quellspeicherblock; count gibt die Anzahl der zu kopierenden Bytes an. Der Rückgabewert ist dest. Wenn sich die beiden Speicherblöcke überlappen, kann die Funktion bereits Daten in src überschreiben, bevor sie eine Kopie davon erstellt hat. Verwenden Sie deshalb für überlappende Speicherblöcke die nachfolgend besprochene Funktion memmove. Ein Beispiel für memcpy finden Sie in Listing 20.6.

Die Funktion memmove

Die Funktion memmove ist memcpy sehr ähnlich; auch sie kopiert eine angegebene Zahl von Bytes aus einem Speicherblock in einen anderen. Allerdings ist die Funktion memmove flexibler, da sie überlappende Speicherblöcke in der richtigen Weise behandelt. Da memmove den gleichen Leistungsumfang wie memcpy hat, darüber hinaus aber auch das Kopieren überlappender Blöcke beherrscht, können Sie getrost auf memcpy verzichten. Der Prototyp von memmove lautet:

```
void *memmove(void *dest, void *src, size_t count);
```

Die Argumente dest und src zeigen auf den Ziel- und Quellspeicherblock; count gibt die Anzahl der zu kopierenden Bytes an. Der Rückgabewert ist dest. Bei überlappenden Speicherblöcken kopiert die Funktion zuerst die Daten aus dem alten Block in den neuen, bevor sie die Daten im alten Block überschreibt. In Listing 20.6 finden Sie Beispiele für memset, memcpy und memmove.

Listing 20.6: Ein Beispiel für memset, memcpy und memmove

```
/* Beispiele für memset, memcpyund memmove. */

#include <stdio.h>
#include <string.h>

char meldung1[60] = " Vier Hunde und sieben kleine Katzen...";
char meldung2[60] = "abcdefghijklmnopqrstuvwxyz";
char temp[60];

int main(void)
{
   printf("meldung1[] vor memset:\t%s\n", meldung1);
   memset(meldung1 + 5, '@', 17);
   printf("\nmeldung1[] nach memset:\t%s\n", meldung1);

   strcpy(temp, meldung2);
   printf("\nOriginalmeldung: %s\n", temp);
   memcpy(temp + 4, temp + 6, 10);
```

```
    printf("Nach memcpy ohne Überlappung:\t%s\n", temp);
    strcpy(temp, meldung2);
    memcpy(temp + 6, temp + 4, 10);
    printf("Nach memcpy mit Überlappung:\t%s\n", temp);

    strcpy(temp, meldung2);
    printf("\nOriginalmeldung: %s\n", temp);
    memmove(temp + 4, temp + 6, 10);
    printf("Nach memmove ohne Überlappung:\t%s\n", temp);
    strcpy(temp, meldung2);
    memmove(temp + 6, temp + 4, 10);
    printf("Nach memmove mit Überlappung:\t%s\n", temp);
    return (0);
}
```

```
meldung1[] vor memset:  Vier Hunde und sieben kleine Katzen...

meldung1[] nach memset: Vier @@@@@@@@@@@@@@@@@kleine Katzen...

Originalmeldung: abcdefghijklmnopqrstuvwxyz
Nach memcpy ohne Überlappung:   abcdghijklmnopopqrstuvwxyz
Nach memcpy mit Überlappung:    abcdefefefefefefqrstuvwxyz

Originalmeldung: abcdefghijklmnopqrstuvwxyz
Nach memmove ohne Überlappung:  abcdghijklmnopopqrstuvwxyz
Nach memmove mit Überlappung:   abcdefefghijklmnqrstuvwxyz
```

Die Funktionsweise von `memset` ist einfach. Beachten Sie, wie das Programm mit der Zeigernotation `meldung1 + 5` festlegt, dass die Funktion `memset` den Klammeraffen (@) erst ab dem sechsten Zeichen von `meldung1[]` setzt (zur Erinnerung: Arrays beginnen mit dem Index Null). Im Ergebnis haben sich die Zeichen in `meldung1[]` von Indexposition 6 bis 15 in Klammeraffen `@` geändert.

Wenn sich Quelle und Ziel nicht überlappen, gibt es mit `memcpy` keine Probleme. Die 10 Zeichen von `temp[]`, die bei Position 17 beginnen (die Buchstaben q bis z), hat die Funktion an die Positionen 5 bis 14 kopiert. Hier haben zuvor die Buchstaben e bis n gestanden. Wenn sich jedoch Quelle und Ziel überlappen, sehen die Dinge anders aus. Wenn die Funktion versucht, 10 Zeichen ab Position 4 an die Position 6 zu kopieren, kommt es zu einer Überlappung an 8 Positionen. Eigentlich sollte die Funktion die Buchstaben e bis n über die Buchstaben g bis p kopieren, statt dessen wiederholt sich die Gruppe aus den Buchstaben e und f fünfmal.

Gibt es keine Überlappung, funktioniert `memmove` wie `memcpy`. Im Fall einer Überlappung kopiert `memmove` die ursprünglichen Quellzeichen in das Ziel.

Was Sie tun sollten	Was nicht
Verwenden Sie `memmove` anstelle von `memcpy`, falls Sie mit überlappenden Speicherbereichen rechnen müssen.	Versuchen Sie nicht, mit `memset` Arrays vom Typ `int`, `float` oder `double` mit einem anderen Wert als `0` zu initialisieren.

Mit Bits arbeiten

Manchmal lässt sich eine Lösung am effizientesten programmieren, wenn man mit einzelnen Bits arbeiten kann. Mit den Bitoperatoren von C können Sie die einzelnen Bits von Integer-Variablen manipulieren. Zur Erinnerung: Ein *Bit* ist die kleinste Einheit zur Datenspeicherung und kann nur die Werte `0` oder `1` annehmen. Die Bitoperatoren lassen sich nur auf Integer-Typen anwenden: `char`, `int` und `long`. Bevor Sie mit diesem Abschnitt fortfahren, sollten Sie mit der Binärnotation vertraut sein – d.h., mit der Art und Weise, wie der Computer Ganzzahlen intern speichert. Gegebenenfalls können Sie sich im Anhang C sachkundig machen.

Bitoperatoren setzt man vor allem dann ein, wenn ein C-Programm direkt mit der Hardware interagiert – ein Thema, das über den Rahmen dieses Buches hinausgeht. Allerdings sind die Bitoperatoren nicht darauf beschränkt; die folgenden Abschnitte zeigen andere sinnvolle Anwendungsbereiche.

Die Shift-Operatoren

Es gibt zwei Shift-Operatoren, die die Bits in einer Integer-Variablen um eine spezifizierte Anzahl von Positionen verschieben. Der <<-Operator verschiebt die Bits nach links und der >>-Operator nach rechts. Die Syntax für diese binären Operatoren lautet:

```
x << n
```

und

```
x >> n
```

Diese Operatoren verschieben die Bits in der Variablen `x` um `n` Positionen in die angegebene Richtung. Eine Rechtsverschiebung füllt dabei die `n` höherwertigen Bits der Variablen mit Nullen auf, eine Linksverschiebung die `n` niederwertigen Bits. Dazu einige Beispiele:

- Binär 00001100 (dezimal 12) wird nach Rechtsverschiebung um 2 zu binär 00000011 (dezimal 3).
- Binär 00001100 (dezimal 12) wird nach Linksverschiebung um 3 zu binär 01100000 (dezimal 96).
- Binär 00001100 (dezimal 12) wird nach Rechtsverschiebung um 3 zu binär 00000001 (dezimal 1).
- Binär 00110000 (dezimal 48) wird nach Linksverschiebung um 3 zu binär 10000000 (dezimal 128).

Mit den Shift-Operatoren lässt sich auch die Multiplikation und Division von Integer-Variablen mit einem Vielfachen von 2 ausführen. Die Linksverschiebung eines Integers um n Stellen hat den gleichen Effekt wie die Multiplikation mit 2^n, die Rechtsverschiebung wie die Division durch 2^n. Die Ergebnisse einer Multiplikation durch Linksverschiebung sind aber nur dann korrekt, wenn es keinen Überlauf gibt – das heißt, keine Bits aus den höheren Positionen nach links hinausgeschoben werden und so »verloren gehen«. Eine Division durch Rechtsverschiebung ist eine Integer-Division, bei der der Nachkommateil des Ergebnisses verloren geht. Wenn Sie zum Beispiel den Wert 5 (binär 00000101) durch 2 dividieren wollen und deshalb nach rechts verschieben, lautet das Ergebnis 2 (binär 00000010) statt des korrekten Wertes 2.5, da der Nachkommateil (.5) verloren gegangen ist. Listing 20.7 zeigt den Einsatz der Shift-Operatoren.

Listing 20.7: Die Shift-Operatoren

```
/* Beispiel für die Shift-Operatoren. */

#include <stdio.h>

int main(void)
{
    unsigned char y, x = 255;
    int count;

    printf("%s %15s %13s\n","Dezimal","Linkssverschiebung","Ergebnis");

    for (count = 1; count < 8; count++)
    {
        y = x << count;
        printf("%6d %12d %16d\n", x, count, y);
    }
    printf("%s %16s %13s\n","Dezimal","Rechtsverschiebung","Ergebnis");

    for (count = 1; count < 8; count++)
```

```
    {
        y = x >> count;
        printf("%6d %12d %16d\n", x, count, y);
    }
    return(0);
}
```

Ausgabe

```
Dezimal  Linksverschiebung   Ergebnis
   255           1              254
   255           2              252
   255           3              248
   255           4              240
   255           5              224
   255           6              192
   255           7              128
Dezimal  Rechtsverschiebung   Ergebnis
   255           1              127
   255           2               63
   255           3               31
   255           4               15
   255           5                7
   255           6                3
   255           7                1
```

Die logischen Bitoperatoren

Es gibt drei logische Bitoperatoren, mit denen sich einzelne Bits in einem Integer-Datentyp manipulieren lassen (siehe Tabelle 20.1). Diese Operatoren tragen zum Teil die gleichen Namen wie die logischen WAHR/FALSCH-Operatoren, die Sie bereits in früheren Lektionen kennen gelernt haben, unterscheiden sich aber in der Funktionsweise.

Operator	Aktion
&	AND
|	OR
^	XOR (exklusives OR)

Tabelle 20.1: Die logischen Bitoperatoren

Diese binären Operatoren setzen die Ergebnisbits in Abhängigkeit von den Operanden auf 1 oder 0:

- Das bitweise AND setzt das Bit im Ergebnis nur dann auf 1, wenn die entsprechenden Bits in beiden Operanden 1 sind. Andernfalls wird das Bit auf 0 gesetzt. Mit dem AND-Operator lassen sich einzelne Bits in einem Wert ausschalten (zurücksetzen, löschen).
- Das bitweise inklusive OR setzt das Bit im Ergebnis nur dann auf 0, wenn die entsprechenden Bits in beiden Operanden 0 sind. Andernfalls wird das Bit auf 1 gesetzt. Mit dem OR-Operator lassen sich einzelne Bits in einem Wert anschalten (setzen).
- Das bitweise exklusive OR setzt das Bit in dem Ergebnis auf 1, wenn die entsprechenden Bits in den Operanden unterschiedlich sind (das heißt, wenn das eine Bit gleich 1 und das andere gleich 0 ist). Andernfalls wird das Bit auf 0 gesetzt.

Tabelle 20.2 gibt einige Beispiele für die Arbeitsweise dieser Operatoren an.

Operation	**Beispiel**
AND	11110000 & 01010101 ----------- 01010000
OR	11110000 | 01010101 ----------- 11110101
XOR	11110000 ^ 01010101 ----------- 10100101

Tabelle 20.2: Beispiele für die Arbeitsweise der Bitoperatoren

Was bedeutet es, wenn man mithilfe der Bitoperatoren Bits in einem Integer-Wert setzt bzw. löscht? Nehmen wir an, Sie wollen in einer Variablen vom Typ char die Bits in den Positionen 0 und 4 löschen (das heißt auf 0 setzen), während die anderen Bits ihre ursprünglichen Werte beibehalten sollen. Dazu verknüpfen Sie die Variable per AND-Operator mit einem zweiten Operanden, der den binären Wert 11101110 hat. Dabei laufen folgende Schritte ab:

An jeder Bitposition, an der im zweiten Wert eine `1` steht, behält die Variable den ursprünglichen Wert (`1` oder `0`) bei:

```
0 & 1 == 0
1 & 1 == 1
```

Die `AND`-Verknüpfung setzt jede Bitposition, an der im zweiten Wert eine `0` steht, auf das Ergebnis `0` – unabhängig vom Wert, der ursprünglich an dieser Stelle in der Variablen gestanden hat:

```
0 & 0 == 0
1 & 0 == 0
```

Das Setzen von Bits mit `OR` funktioniert ähnlich. An jeder Position, an der im zweiten Wert eine `1` steht, wird das Ergebnis eine `1` sein, und an jeder Position, an der im zweiten Wert eine `0` steht, bleibt das Ergebnis unverändert.

```
0 | 1 == 1
1 | 1 == 1
0 | 0 == 0
1 | 0 == 1
```

Der Komplement-Operator

Der letzte Bitoperator ist der Komplement-Operator `~`. Dabei handelt es sich um einen unären Operator. Seine Aufgabe besteht darin, jedes Bit in seinem Operanden umzukehren, das heißt alle Nullen in Einsen umzuwandeln und umgekehrt. Zum Beispiel liefert die Operation `~254` (binär `11111110`) das Ergebnis `1` (binär `00000001`).

Alle Beispiele in diesem Abschnitt beruhen auf Variablen vom Typ `char`, die 8 Bits enthalten. Das Ganze lässt sich aber unmittelbar auf größere Variablen, wie `int` oder `long`, übertragen.

Bitfelder in Strukturen

Das letzte Thema zur Bitprogrammierung betrifft den Einsatz von Bitfeldern in Strukturen. Am Tag 11 haben Sie gelernt, wie Sie eigene Datenstrukturen definieren und sie an die Anforderungen Ihres Programms anpassen. Mit Bitfeldern können Sie eine weitere Feinabstimmung realisieren und darüber hinaus noch Speicherplatz sparen.

Ein *Bitfeld* ist ein Strukturelement, das eine festgelegte Anzahl an Bits enthält. Man kann ein Bitfeld mit einer beliebigen Anzahl Bits deklarieren – je nach den Anforderungen, die sich aus den zu speichernden Daten ergeben. Welche Vorteile bringen derartige Datenstrukturen?

Nehmen wir an, Sie programmieren eine Datenbank, die Datensätze für die Angestellten der Firma aufnehmen soll. Viele der Informationen haben dabei den Charakter einer Ja/Nein-Aussage, wie zum Beispiel »Hat der Angestellte an den zahnärztlichen Untersuchungen teilgenommen?« oder »Hat der Angestellte einen Universitätsabschluss?« Jede Ja/Nein-Information lässt sich in einem einzigen Bit speichern, wobei `1` für Ja steht und `0` für Nein.

Der kleinste Typ, der sich mit den Standarddatentypen von C in einer Struktur angeben lässt, ist der Typ `char`. Natürlich können Sie in einem Strukturelement vom Typ `char` auch Ja/Nein-Aussagen speichern; damit verschwenden Sie aber Speicherplatz, weil sieben der acht Bits des `char`-Typs ungenutzt bleiben. Mit Bitfeldern können Sie 8 Ja/Nein-Werte in einem einzigen `char`-Typ unterbringen.

Bitfelder sind nicht nur auf Ja/Nein-Werte beschränkt. Nehmen wir für das obige Beispiel an, dass die Firma drei besondere Sozialversicherungspläne anbietet. Die Datenbank soll darüber Auskunft geben, welcher Plan für einen Angestellten zutrifft. Dabei können Sie `0` für die normale gesetzliche Sozialversicherung wählen und die Werte `1`, `2` und `3` für die drei speziellen Pläne. Ein Bitfeld mit zwei Bits reicht aus, da zwei binäre Bits die Werte `0` bis `3` darstellen können. Entsprechend kann ein Bitfeld mit drei Bits Werte im Bereich von `0` bis `7` aufnehmen, vier Bits den Wertebereich `0` bis `15` und so weiter.

Bitfelder erhalten eigene Namen, so dass man auf die Bitfelder in der gleichen Weise zugreifen kann wie auf die regulären Strukturelemente. Alle Bitfelder sind vom Typ `unsigned int`; die Größe des Feldes (in Bits) geben Sie an, indem Sie an den Elementnamen einen Doppelpunkt und die Anzahl der Bits anhängen. Die Definition einer Struktur, die ein 1-Bit-Element namens `zahn`, ein weiteres 1-Bit-Element namens `uni` und ein 2-Bit-Element namens `gesund` enthält, lautet folgendermaßen:

```
struct ang_daten {
unsigned zahn        : 1;
unsigned uni         : 1;
unsigned gesund      : 2;
...
};
```

Die Auslassungszeichen (`...`) deuten den Platz für weitere Strukturelemente an. Die Elemente können Bitfelder sein oder Felder, die aus regulären Datentypen bestehen. Beachten Sie, dass Bitfelder als Erstes in der Strukturdefinition erscheinen müssen. Um auf die Bitfelder zuzugreifen, verwenden Sie – wie bei den anderen Strukturelementen – den Punktoperator. Damit die obige Strukturdefinition einen gewissen praktischen Nutzen erhält, können Sie sie beispielsweise wie folgt erweitern:

```
struct ang_daten {
unsigned zahn        : 1;
unsigned uni         : 1;
```

```
unsigned gesund      : 2;
char vname[20];
char nname[20];
char svnummer[10];
};
```

Anschließend können Sie ein Array von Strukturen deklarieren:

```
struct ang_daten arbeiter[100];
```

Dem ersten Array-Element weisen Sie folgendermaßen Werte zu:

```
arbeiter[0].zahn = 1;
arbeiter[0].uni = 0;
arbeiter[0].gesund = 2;
strcpy(arbeiter[0].vname, "Mildred");
```

Natürlich ist der Code verständlicher, wenn Sie für die Arbeit mit 1-Bit-Feldern die Werte `1` und `0` durch die symbolischen Konstanten `JA` und `NEIN` ersetzen. In jedem Fall behandeln Sie jedes Bitfeld als einen kleinen vorzeichenlosen Integer mit der angegebenen Anzahl an Bits. Einem Bitfeld mit `n` Bits lässt sich ein Wertebereich von 0 bis 2^{n-1} zuweisen. Wenn Sie Werte außerhalb des zulässigen Bereichs zuweisen, erhalten Sie zwar keine Fehlermeldung vom Compiler, jedoch unvorhersehbare Ergebnisse.

Was Sie tun sollten	Was nicht
Verwenden Sie vordefinierte Konstanten wie `JA` und `NEIN` oder `WAHR` und `FALSCH`, wenn Sie mit Bits arbeiten. Damit ist der Quelltext wesentlich verständlicher als mit den nichts sagenden Werten `1` und `0`.	Definieren Sie keine Bitfelder, die 8 oder 32 Bits belegen. Dafür sind die verfügbaren Typen `char` und `int` mit dem gleichen Wertebereich besser geeignet.

Zusammenfassung

Die heutige Lektion hat verschiedene weiterführende Programmierthemen behandelt. Dabei haben Sie Speicher zur Laufzeit reserviert, neu reserviert und freigegeben. C bietet verschiedene Befehle, mit denen Sie Speicher für Ihre Programmdaten flexibler reservieren können. Weiterhin haben Sie erfahren, wie und wann man Typumwandlungen für Variablen und Zeiger einsetzt. Übersehene oder falsch verwendete Typumwandlungen sind eine häufige und schwer aufzuspürende Fehlerquelle. Es lohnt sich deshalb, dieses Thema zu wiederholen! Mit den Funktionen `memset`, `memmove` und `memcpy` können Sie Speicherblöcke manipulieren. Zum Schluss habe sie Möglichkeiten kennen gelernt, wie Sie einzelne Bits in Ihren Programmen einsetzen und manipulieren können.

Fragen und Antworten

F Worin liegen die Vorteile der dynamischen Speicherreservierung? Warum kann ich den Speicherplatz, den ich benötige, nicht einfach in meinem Quelltext deklarieren?

A *Wenn Sie alle Speicheranforderungen im Quellcode deklarieren, steht der für Ihr Programm verfügbare Speicher unveränderlich fest. Deshalb müssen Sie bereits beim Schreiben des Programms wissen, wie viel Speicher Sie benötigen. Dank der dynamischen Speicherreservierung kann Ihr Programm auf der Basis der aktuellen Bedingungen und etwaiger Benutzereingabe die Steuerung des Speicherbedarfs übernehmen.*

F Warum soll ich überhaupt Speicher freigeben?

A *Als Einsteiger in die C-Programmierung schreiben Sie in der Regel noch keine sehr großen Programme. Doch mit zunehmender Programmgröße steigt der Speicherbedarf. In Ihren Programmen sollten Sie möglichst effizient mit dem Speicher umgehen. Dazu gehört, dass man nicht mehr benötigten Speicher wieder freigibt. Wenn Sie in einer Multitasking-Umgebung arbeiten, kann es andere Anwendungen geben, die den Speicher benötigen, den Sie nicht mehr brauchen.*

F Was passiert, wenn ich einen String wieder verwende, ohne `realloc` aufzurufen?

A *Die Funktion* `realloc` *müssen Sie nicht aufrufen, wenn Sie bereits ausreichend Platz für den String reserviert haben. Rufen Sie* `realloc` *nur auf, wenn Ihr aktueller String nicht groß genug ist. Denken Sie daran, dass der C-Compiler Ihnen fast alles durchgehen lässt, auch Dinge, die Sie tunlichst vermeiden sollten! Sie können einen String mit einem größeren String überschreiben, solange die Länge des neuen Strings gleich oder kleiner als der reservierte Speicherplatz des Originalstrings ist. Ist jedoch der neue String größer, überschreiben Sie den Speicher, der auf den reservierten Bereich des Originalstrings folgt. Dieser Platz kann nicht belegt sein, aber auch wichtige Daten enthalten. Wenn Sie einen größeren Speicherabschnitt brauchen, rufen Sie* `realloc` *auf.*

F Welche Vorzüge haben die Funktionen `memset`, `memcpy` und `memmove`? Warum kann ich nicht einfach eine Schleife mit einer Zuweisung verwenden, um Speicher zu initialisieren oder zu kopieren?

A *In einigen Fällen können Sie eine Schleife mit einer Zuweisung verwenden, um Speicher zu initialisieren. Manchmal ist das sogar der einzige Weg – zum Beispiel wenn Sie alle Elemente eines* `float`*-Arrays auf den Wert* `1.23` *setzen wollen. Wenn Sie dagegen den Speicher nicht für ein Array oder eine Liste re-*

serviert haben, sind die `mem...`*-Funktionen die einzige Möglichkeit. Schließlich gibt es Fälle, in denen eine Schleife und eine Zuweisung möglich, aber die* `mem...`*-Funktionen einfacher und schneller sind.*

F Wann kommen die Shift-Operatoren und die logischen Bitoperatoren zum Einsatz?

A *Am häufigsten setzt man diese Operatoren ein, wenn ein Programm direkt mit der Computerhardware interagiert – eine Aufgabe, die oft die Erzeugung und Interpretation besonderer Bitmuster erforderlich macht. Dieses Thema geht aber über den Rahmen dieses Buches hinaus. Die Shift-Operatoren können Sie aber auch anderweitig nutzen – beispielsweise um Integer-Werte mit Vielfachen von 2 zu dividieren oder zu multiplizieren.*

F Bringen Bitfelder tatsächlich einen so großen Gewinn?

A *Ja. Der Gewinn durch den Einsatz von Bitfeldern ist nicht unerheblich. Betrachten wir einen Fall, der dem heutigen Beispiel sehr ähnlich ist und in dem Daten aus einer Umfrage in einer Datei gespeichert werden. Die Befragten sollen jede Frage mit* `Wahr` *oder* `Falsch` *beantworten. Wenn Sie 10.000 Personen je 100 Fragen stellen und jede Antwort als* `W` *oder* `F` *vom Typ* `char` *speichern, benötigen Sie 10.000 x 100 Byte Speicher (da jedes Zeichen 1 Byte groß ist). Dies entspricht einem Speicherbedarf von 1 Million Bytes. Wenn Sie statt dessen Bitfelder verwenden und für jede Antwort ein Bit reservieren, benötigen Sie 10.000 x 100 Bits. Da 1 Byte 8 Bit enthält, entspricht dies einem Datenumfang von 130.000 Bytes, der doch erheblich geringer ist als 1 Million Bytes.*

Workshop

Die Kontrollfragen im Workshop sollen Ihnen helfen, die neu erworbenen Kenntnisse zu den behandelten Themen zu festigen. Die Übungen geben Ihnen die Möglichkeit, praktische Erfahrungen mit dem gelernten Stoff zu sammeln. Die Antworten zu den Kontrollfragen und Übungen finden Sie im Anhang F.

Kontrollfragen

1. Worin besteht der Unterschied zwischen den Funktionen zur Speicherreservierung `malloc` und `calloc`?
2. Nennen Sie den häufigsten Grund für die Typumwandlung von numerischen Variablen.

3. Zu welchem Datentyp werden die folgende Ausdrücke ausgewertet, wenn `c` eine Variable vom Typ `char`, `i` eine Variable vom Typ `int`, `l` eine Variable vom Typ `long` und `f` eine Variable vom Typ `float` ist?

   a. `( c + i + l )`

   b. `( i + 32 )`

   c. `( c + 'A')`

   d. `( i + 32.0 )`

   e. `( 100 + 1.0 )`

4. Was versteht man unter der dynamischen Reservierung von Speicher?

5. Worin liegt der Unterschied zwischen den Funktionen `memcpy` und `memmove`?

6. Stellen Sie sich vor, Ihr Programm verwendet eine Struktur, die (als eines ihrer Elemente) den Tag der Woche als Wert zwischen `1` und `7` speichern muss. Welcher Weg ist hinsichtlich des Speicherbedarfs am effizientesten?

7. Was ist der kleinste Speicherbereich, in dem sich das aktuelle Datum speichern lässt? (Hinweis: Tag/Monat/Jahr.)

8. Zu welchem Ergebnis wird `10010010 << 4` ausgewertet?

9. Zu welchem Ergebnis wird `10010010 >> 4` ausgewertet?

10. Beschreiben Sie den Unterschied zwischen den Ergebnissen der folgenden beiden Ausdrücke:

```
(01010101 ^ 11111111 )
( ~01010101 )
```

Übungen

1. Reservieren Sie mit `malloc` Speicher für 1000 `long`-Variablen.

2. Reservieren Sie mit `calloc` Speicher für 1000 `long`-Variablen.

3. Angenommen, Sie haben folgendes Array deklariert:

```
float daten[1000];
```

   Zeigen Sie zwei Möglichkeiten, alle Elemente des Arrays mit `0` zu initialisieren. Nehmen Sie für die erste Methode eine Schleife und eine Zuweisung, für die andere Methode die `memset`-Funktion.

4. **FEHLERSUCHE:** Ist an dem folgenden Code etwas falsch?

```
void funk()
{
int zahl1 = 100, zahl2 = 3;
float antwort;
antwort = zahl1 / zahl2;
printf("%d/%d = %lf", zahl1, zahl2, antwort)
}
```

5. **FEHLERSUCHE:** Ist der folgende Code korrekt? Wenn nein, was ist falsch?

```
void *p;
p = (float*) malloc(sizeof(float));
*p = 1.23;
```

6. **FEHLERSUCHE:** Ist die folgende Strukturdefinition korrekt?

```
struct quiz_antworten {
char student_name[15];
unsigned antwort1   : 1;
unsigned antwort2   : 1;
unsigned antwort3   : 1;
unsigned antwort4   : 1;
unsigned antwort5   : 1;
}
```

Zu den folgenden Übungen sind im Anhang F keine Antworten angegeben:

7. Schreiben Sie ein Programm, das alle logischen Bitoperatoren verwendet. Das Programm soll die Bitoperatoren auf eine Zahl anwenden und die Ergebnisse anzeigen. Sehen Sie sich die Ausgabe an und versuchen Sie, die Ergebnisse der Operationen zu erklären.

8. Schreiben Sie ein Programm, das den binären Wert einer Zahl ausgibt. Wenn der Benutzer beispielsweise `3` eingibt, soll das Programm `00000011` anzeigen. (Hinweis: Sie benötigen die Bitoperatoren.)

Compiler für Fortgeschrittene

Woche 3

Diese Lektion behandelt einige weitergehende Möglichkeiten des C-Compilers. Heute lernen Sie

- wie man mit mehreren Quellcodedateien programmiert,
- wie man den C-Präprozessor einsetzt,
- wie man Befehlszeilenargumente verwendet.

Programmierung mit mehreren Quellcodedateien

Bis jetzt haben alle Ihre C-Programme nur aus einer einzigen Quellcodedatei bestanden (die Header-Dateien natürlich nicht mitgezählt). Insbesondere bei kleinen Programmen genügt eine einzige Quellcodedatei; allerdings können Sie den Quellcode für ein Programm auch auf mehrere Quellcodedateien verteilen. Man nennt diese Vorgehensweise auch *modulare Programmierung*. Die folgenden Abschnitte zeigen, welche Vorteile diese Art der Programmierung bietet.

Die Vorteile der modularen Programmierung

Der primäre Grund für den Einsatz der modularen Programmierung ist eng mit der strukturierten Programmierung und den Funktionen verbunden. Mit zunehmender Erfahrung als Programmierer entwickeln Sie allgemeinere Funktionen, die nicht nur auf ein bestimmtes Programm zugeschnitten sind, sondern sich auch in anderen Programmen einsetzen lassen. Zum Beispiel können Sie sich eine Sammlung von Universalfunktionen anlegen, die Informationen auf dem Bildschirm ausgeben. Diese Funktionen bringen Sie in einer eigenen Datei unter und können sie so in anderen Programmen, die ebenfalls Informationen auf dem Bildschirm ausgeben, wieder verwenden. In einem Programm, das aus mehreren Quellcodedateien besteht, bezeichnet man die einzelnen Quellcodedateien als *Module*.

Modulare Programmiertechniken

Ein C-Programm kann nur eine `main`-Funktion haben; diese steht im so genannten *Hauptmodul*. Die anderen Module nennt man *sekundäre Module*. Mit jedem sekundären Modul verbindet man normalerweise eine eigene Header-Datei – warum, erfahren Sie in Kürze. Zuerst einmal wollen wir ein paar einfache Beispiele betrachten, die die Grundkonzepte der modularen Programmierung veranschaulichen sollen. Die Listings 21.1, 21.2 und 21.3 enthalten das Hauptmodul, das sekundäre Modul und die Header-Datei für ein Programm, das den Benutzer zur Eingabe einer Zahl auffordert und das Quadrat der eingegebenen Zahl anzeigt.

Listing 21.1: list2101.c – Das Hauptmodul

```
/* Liest eine Zahl ein und gibt das Quadrat aus. */

#include <stdio.h>
#include "kalkul.h"

int main(void)
{
   int x;

    printf("Geben Sie einen Integer-Wert ein: ");
    scanf("%d", &x);
    printf("\nDas Quadrat von %d ist %ld.\n", x, sqr(x));
    return 0;
}
```

Listing 21.2: kalkul.c – Das sekundäre Modul

```
/* Das Modul mit den Rechenfunktionen. */

#include "kalkul.h"

long sqr(int x)
{
   return ((long)x * x);
}
```

Listing 21.3: kalkul.h – Die Header-Datei für kalkul.c

```
/* kalkul.h: Header-Datei für kalkul.c. */

long sqr(int x);

/* Ende von kalkul.h */
```

Ausgabe

```
Geben Sie einen Integer-Wert ein: 100

Das Quadrat von 100 ist 10000.
```

Analyse

Sehen wir uns die Komponenten dieser drei Dateien ausführlicher an. Die Header-Datei `kalkul.h` enthält den Prototyp für die Funktion `sqr` aus `kalkul.c`. Jedes Modul, das die Funktion `sqr` aufruft, muss den Prototyp von `sqr` kennen und demzufolge auch `kalkul.h` einbinden.

Das sekundäre Modul `kalkul.c` enthält die Definition der Funktion `sqr`. Es bindet die Header-Datei `kalkul.h` mit der `#include`-Direktive ein. Beachten Sie, dass der Name der Header-Datei in doppelten Anführungszeichen und nicht in spitzen Klammern steht. (Den Grund dafür erfahren Sie später in dieser Lektion.)

Das Hauptmodul `list2101.c` enthält die Funktion `main`. Dieses Modul bindet ebenfalls die Header-Datei `kalkul.h` ein.

Diese drei Dateien haben Sie mit Ihrem Editor angelegt. Wie kompilieren und linken Sie nun diese Dateien, um zu einem ausführbaren Programm zu kommen? Der Compiler steuert das automatisch. Geben Sie an der Eingabeaufforderung folgenden Befehl ein:

```
xxx list2101.c calc.c
```

Hier steht `xxx` für den Befehl zum Aufruf Ihres Compilers. Mit der vollständigen Befehlszeile weisen Sie damit Ihren Compiler an, dass er folgende Aufgaben ausführt:

1. Kompilieren der Datei `list2101.c`, um die Datei `list2101.obj` (oder `list2101.o` auf einem UNIX-System) zu erzeugen. Bei Fehlern zeigt der Compiler eine entsprechende Fehlermeldung an.
2. Kompilieren der Datei `kalkul.c`, um die Datei `kalkul.obj` (oder `kalkul.o` auf einem UNIX-System) zu erzeugen. Auch hier zeigt der Compiler gegebenenfalls eine Fehlermeldung an.
3. Linken der Dateien `list2101.obj` und `kalkul.obj` sowie aller erforderlichen Funktionen aus der Standardbibliothek, um die endgültige ausführbare Datei `list2101.exe` zu erzeugen.

Modulkomponenten

Wie Sie sehen, ist es recht einfach, ein Programm aus mehreren Modulen zu kompilieren und zu linken. Haben Sie diese Abläufe erst einmal verstanden, bleibt nur noch die Frage zu klären, wie der Code auf die einzelnen Dateien zu verteilen ist. Dieser Abschnitt gibt Ihnen dazu einige Anhaltspunkte.

Das sekundäre Modul sollte allgemeine Dienstfunktionen enthalten – das sind Funktionen, die Sie gegebenenfalls auch in anderen Programmen verwenden wollen. Es ist allgemein üblich, für jede Kategorie von Funktionen ein eigenes sekundäres Modul anzulegen – zum Beispiel `tastatur.c` für die Tastaturfunktionen, `bildschirm.c` für die Funktionen zur Bildschirmausgabe und so weiter.

Das Hauptmodul enthält natürlich die Funktion `main` sowie weitere Funktionen, die programmspezifisch – d.h., nicht universell einsetzbar – sind.

Normalerweise gibt es zu jedem sekundären Modul eine Header-Datei. Die Header-Dateien tragen üblicherweise den gleichen Namen wie das zugehörige Modul, allerdings mit der Dateierweiterung `.h`. In die Header-Datei gehören:

- die Prototypen der Funktionen aus dem sekundären Modul
- `#define`-Direktiven für alle symbolischen Konstanten und Makros, die im Modul verwendet werden
- Definitionen aller Strukturen oder externen Variablen, die im Modul verwendet werden

Da es oftmals erforderlich ist, eine Header-Datei in mehreren Quellcodedateien einzubinden, muss man verhindern, dass der Compiler die Header-Dateien nicht mehrfach kompiliert. Das lässt sich mit den Präprozessor-Direktiven für die bedingte Kompilierung erreichen, auf die diese Lektion später eingeht.

Externe Variablen und modulare Programmierung

In vielen Fällen findet die Datenkommunikation zwischen dem Hauptmodul und dem sekundären Modul nur über Argumente statt, die man den Funktionen übergibt und von diesen zurückerhält. In diesem Fall brauchen Sie keine besonderen Vorkehrungen hinsichtlich der Sichtbarkeit der Daten zu treffen. Wie aber steht es mit einer globalen Variablen, die in beiden Modulen sichtbar sein muss?

Wie Tag 12 erläutert hat, deklariert man globale Variablen außerhalb aller Funktionen. Eine globale Variable ist in der ganzen Quellcodedatei, in der sie deklariert ist, sichtbar. Für andere Module ist sie jedoch nicht automatisch sichtbar. Damit Sie auf Variablen aus anderen Modulen zugreifen können, müssen Sie die Variablen in jedem Modul mit dem Schlüsselwort `extern` deklarieren. Wenn Sie zum Beispiel im Hauptmodul eine globale Variable wie folgt deklariert haben:

```
float zins_rate;
```

machen Sie `zins_rate` in einem sekundären Modul sichtbar, indem Sie die folgende Deklaration in das sekundäre Modul (außerhalb der Funktionen) aufnehmen:

```
extern float zins_rate;
```

Das Schlüsselwort `extern` teilt dem Compiler mit, dass die ursprüngliche Deklaration von `zins_rate` (die den Speicherplatz für die Variable reserviert) an einer anderen Stelle steht, die Variable in diesem Modul aber ebenfalls sichtbar sein soll. Alle `extern`-Variablen sind statischer Natur und allen Funktionen in dem Modul zugänglich. Abbildung 21.1 veranschaulicht die Verwendung des Schlüsselwortes `extern` in einem Programm mit mehreren Modulen.

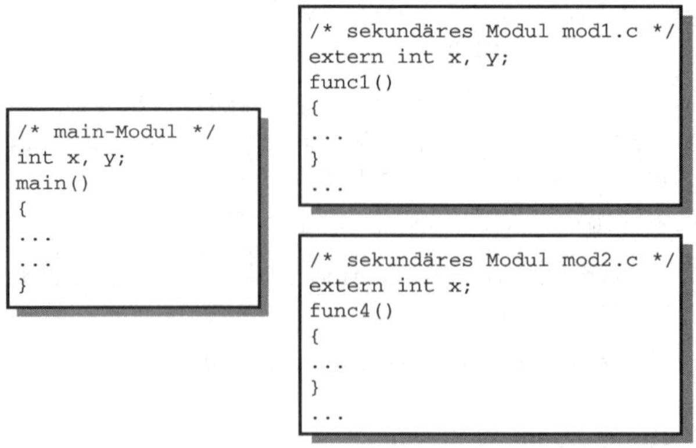

Abbildung 21.1: Mit dem Schlüsselwort extern lässt sich eine globale Variable über Modulgrenzen hinweg sichtbar machen

In Abbildung 21.1 ist die Variable `x` über alle drei Module hinweg sichtbar, während `y` nur im Hauptmodul und im sekundären Modul 1 sichtbar ist.

Objektdateien (.obj)

Nachdem Sie ein sekundäres Modul geschrieben und vollständig getestet haben, brauchen Sie es nicht jedes Mal erneut zu kompilieren, wenn Sie es in einem Programm einsetzen. Es ist nur noch erforderlich, die Objektdatei für den Modulcode mit jedem Programm zu linken, das die Funktionen des betreffenden Moduls aufruft.

Beim Kompilieren eines Programms erzeugt der Compiler eine Objektdatei mit dem gleichen Namen wie die C-Quellcodedatei, nur mit der Dateierweiterung .obj (bzw. .o auf UNIX-Systemen). Nehmen wir an, Sie entwickeln ein Modul namens `tastatur.c` und kompilieren es über den folgenden Befehl zusammen mit dem Hauptmodul `datenbank.c`:

```
tcc datenbank.c tastatur.c
```

Der Compiler legt damit auf Ihrer Festplatte auch die Datei `tastatur.obj` an. Haben Sie sich davon überzeugt, dass die Funktionen in `tastatur.c` fehlerfrei arbeiten, brauchen Sie dieses Modul nicht mehr zu kompilieren, wenn Sie das Modul `datenbank.c` (oder ein anderes Programm, das `tastatur.c` verwendet) nach einer Änderung neu kompilieren. Statt dessen linken Sie einfach die vorhandene Objektdatei. Dazu verwenden Sie folgenden Befehl:

```
tcc datenbank.c tastatur.obj
```

Der Compiler kompiliert dann die Datei `datenbank.c` und linkt die resultierende Objektdatei `datenbank.obj` mit der Datei `tastatur.obj`, um die ausführbare Datei `datenbank.exe` zu erzeugen. Das spart Zeit, weil der Compiler den Code in `tastatur.c` nicht noch einmal kompilieren muss. Wenn Sie jedoch den Code in `tastatur.c` ändern, ist auch diese Datei neu zu kompilieren. Außerdem müssen Sie bei Änderungen in der Header-Datei alle Module neu kompilieren, die diese Header-Datei einbinden.

Was Sie tun sollten	Was nicht
Erzeugen Sie generische Funktionen in ihren eigenen Quellcodedateien. Auf diese Weise kann man sie zu allen anderen Programmen linken, die sie benötigen.	Versuchen Sie nicht, mehrere Quellcodedateien zusammen zu kompilieren, wenn mehr als ein Modul eine `main`-Funktion enthält. Ein C-Programm darf nur eine `main`-Funktion enthalten. Verwenden Sie nicht immer die C-Quellcodedateien, wenn Sie mehrere Dateien zusammen kompilieren. Haben Sie bereits aus einer Quellcodedatei eine Objektdatei erzeugt, brauchen Sie den Quellcode nur dann erneut zu kompilieren, wenn sich die Datei geändert hat. Dadurch sparen Sie erheblich Zeit, um das ausführbare Programm zu erstellen.

Das Dienstprogramm make

Fast alle Systeme, die über einen C-Compiler verfügen, sind gleichzeitig mit einem `make`-Dienstprogramm ausgestattet, das Ihnen die Erstellung von Programmen aus mehreren Quellcodedateien erleichtern kann. Mit diesem Dienstprogramm, das normalerweise `nmake` heißt, lässt sich ein so genanntes Makefile erstellen. Ein Makefile definiert die Abhängigkeiten zwischen verschiedenen Programmkomponenten. Was ist unter diesen Abhängigkeiten zu verstehen?

Nehmen wir ein Projekt an, das aus einem Hauptmodul namens `programm.c` und einem sekundären Modul namens `sekund.c` besteht. Dazu gibt es zwei Header-Dateien, `programm.h` und `sekund.h`. Die Quellcodedatei `programm.c` bindet beide Header-Dateien ein, während `sekund.c` nur `sekund.h` einbindet. Der Code in `programm.c` ruft Funktionen aus `sekund.c` auf.

Die Datei `programm.c` ist von den beiden Header-Dateien abhängig, da beide Header-Dateien eingebunden sind. Wenn Sie eine oder beide Header-Dateien ändern, müssen Sie `programm.c` neu kompilieren, damit dieses Modul die Änderungen übernimmt. Im Gegensatz dazu ist `sekund.c` von `sekund.h` abhängig, nicht aber von `programm.h`. Wenn Sie also `programm.h` ändern, besteht kein Grund, `sekund.c` neu zu kompilieren – Sie können weiter die bestehende Objektdatei `sekund.obj`, die der Compiler beim letzten Kompilieren erzeugt hat, verwenden.

Eine `make`-Datei beschreibt die Abhängigkeiten, die in einem Projekt bestehen – wie zum Beispiel die oben angesprochenen Abhängigkeiten. Immer wenn Sie eine oder mehrere Ihrer Quellcodedateien bearbeiten, rufen Sie anschließend das Dienstprogramm `nmake` auf, um das *Makefile* »auszuführen«. Dieses Programm untersucht die Zeit- und Datumsstempel der Quellcodedatei und der Objektdateien und weist den Compiler an, auf der Basis der von Ihnen definierten Abhängigkeiten nur die Dateien neu zu kompilieren, die von der geänderten Datei abhängen. Das hat zur Folge, dass keine unnötige Kompilierung erfolgt und Sie mit höchster Effizienz arbeiten können.

Bei Projekten mit nur einer oder zwei Quellcodedateien ist es kaum der Mühe wert, ein Makefile zu definieren. Dagegen bringt ein Makefile bei größeren Projekten einen echten Nutzen. Sehen Sie bitte in der Dokumentation Ihres Compilers nach, wie Sie das Dienstprogramm `make` oder `nmake` verwenden.

Der C-Präprozessor

Der Präprozessor gehört zu allen C-Compilerpaketen. Wenn Sie ein C-Programm kompilieren, wird es als Erstes vom Präprozessor bearbeitet. In den meisten Compilern ist der Präprozessor Teil des Compilerprogramms. Wenn Sie also den Compiler aufrufen, startet der Präprozessor automatisch.

Der Präprozessor verändert den Quelltext auf der Grundlage von Instruktionen, so genannten *Präprozessor-Direktiven*, die im Quelltext selbst stehen. Die Ausgabe des Präprozessors ist eine geänderte Quellcodedatei, die dann als Eingabe für den nächsten Kompilierschritt dient. Normalerweise bekommen Sie diese Datei nicht zu Gesicht, da der Compiler sie löscht, nachdem er sie nicht mehr benötigt. Später in dieser Lektion erfahren Sie, wie Sie sich diese Zwischendatei anschauen können. Zuerst behandeln wir aber die Präprozessor-Direktiven, die alle mit dem Symbol # beginnen.

Die Präprozessor-Direktive #define

Mit der Präprozessor-Direktive `#define` lassen sich sowohl symbolische Konstanten als auch Makros erzeugen.

Einfache Substitutionsmakros mit #define

Substitutionsmakros haben Sie bereits am Tag 3 kennen gelernt, auch wenn sie diese Lektion mit dem Begriff *symbolische Konstanten* umschrieben hat. Substitutionsmakros erzeugt man mit `#define`, um einen Text durch einen anderen Text zu ersetzen. Um zum Beispiel `text1` durch `text2` zu ersetzen, schreiben Sie Folgendes:

```
#define text1 text2
```

Diese Direktive veranlasst, dass der Präprozessor die gesamte Quellcodedatei durchgeht und jedes Vorkommen von `text1` durch `text2` ersetzt. Die einzige Ausnahme davon sind Stellen, in denen `text1` in doppelten Anführungszeichen steht (also String-Literale). In einem solchen Fall nimmt der Präprozessor keine Ersetzung vor.

Am häufigsten setzt man Substitutionsmakros ein, um symbolische Konstanten zu erzeugen, wie es Tag 3 erläutert hat. Nehmen wir an, dass Ihr Programm die folgenden Zeilen enthält:

```
#define MAX 1000
x = y * MAX;
z = MAX - 12;
```

Nach der Vorverarbeitung sieht der geänderte Quellcode folgendermaßen aus:

```
x = y * 1000;
z = 1000 - 12;
```

Der Effekt ist der Gleiche, als hätten Sie in Ihrer Textverarbeitung den Suchen & Ersetzen-Befehl aufgerufen, um sämtliche Vorkommen von `MAX` in `1000` zu ändern. Der Präprozessor hat natürlich nicht die originale Quellcodedatei geändert, sondern eine temporäre Kopie mit den Änderungen angelegt. Beachten Sie, dass sich mit `#define` nicht nur symbolische numerische Konstanten erzeugen lassen. Zum Beispiel können Sie schreiben:

```
#define ZINGBOFFLE printf
ZINGBOFFLE("Hallo, Welt.");
```

Diese Definition hat zwar kaum einen praktischen Sinn, sie soll aber zeigen, dass so etwas möglich ist. Außerdem sollten Sie sich darüber im Klaren sein, dass manche Autoren mit `#define` definierte Konstanten ebenfalls als Makros betrachten. In diesem Buch verwenden wir den Begriff *Makro* aber ausschließlich für Konstruktionen, wie sie der nächste Abschnitt beschreibt.

Funktionsmakros mit #define

Mit der Direktive `#define` können Sie auch Funktionsmakros erzeugen. Ein Funktionsmakro ist eine Art Kurzform, die etwas ziemlich Kompliziertes in einfacher Form ausdrückt. Von *Funktions*makros spricht man, weil diese Art von Makro genau wie eine richtige C-Funktion Argumente übernehmen kann. Ein Vorteil der Funktionsmakros ist der, dass ihre Argumente nicht typspezifisch sind. Das heißt, Sie können einem Funktionsmakro, das ein numerisches Argument erwartet, jeden beliebigen nummerischen Variablentyp übergeben.

Ein Beispiel soll das veranschaulichen. Die Präprozessor-Direktive

```
#define HAELFTEVON(wert) ((wert)/2)
```

definiert ein Makro namens HAELFTEVON, das einen Parameter namens wert übernimmt. Immer wenn der Präprozessor im Quelltext auf den Text HAELFTEVON(wert) stößt, ersetzt er diesen Text durch den Definitionstext und fügt das gewünschte Argument ein. Zum Beispiel ersetzt er die Codezeile

```
ergebnis = HAELFTEVON(10);
```

durch die folgende Zeile:

```
ergebnis = ((10)/2);
```

Entsprechend wird aus

```
printf("%f", HAELFTEVON(x[1] + y[2]));
```

die Anweisung:

```
printf("%f", ((x[1] + y[2])/2));
```

Ein Makro kann mehr als einen Parameter definieren und jeder Parameter kann mehrmals im Ersetzungstext erscheinen. So hat zum Beispiel das folgende Makro, das den Durchschnitt von fünf Werten ermittelt, fünf Parameter:

```
#define MITTEL5(v, w, x, y, z) (((v)+(w)+(x)+(y)+(z))/5)
```

Das nächste Makro, in dem der Bedingungsoperator den größeren von zwei Werten bestimmt, verwendet seine Parameter zweimal. (Den Bedingungsoperator haben Sie am Tag 4 kennen gelernt.)

```
#define GROESSER(x, y) ((x) > (y) ? (x) : (y))
```

Ein Makro kann beliebig viele Parameter haben; aber alle Parameter in der Liste müssen im Ersetzungstext vorkommen. Zum Beispiel ist die Makrodefinition

```
#define SUMME(x, y, z) ((x) + (y))
```

ungültig, weil der Parameter z im Ersetzungstext nicht erscheint. Wenn Sie das Makro aufrufen, müssen Sie ihm auch die korrekte Anzahl an Argumenten übergeben.

In einer Makrodefinition muss die öffnende Klammer direkt auf den Makronamen folgen; dazwischen darf kein Whitespace (Leerzeichen, etc.) stehen. Die öffnende Klammer teilt dem Präprozessor mit, dass es sich hierbei um die Definition eines Funktionsmakros handelt und nicht nur um die Substitution einer einfachen symbolischen Konstanten. Werfen wir einen Blick auf die folgende Definition:

```
#define SUMME (x, y, z) ((x)+(y)+(z))
```

Aufgrund des Leerzeichens zwischen SUMME und der öffnenden Klammer behandelt der Präprozessor diese Definition wie ein einfaches Substitutionsmakro. Jedes Vorkommen von SUMME im Quelltext ersetzt der Präprozessor durch (x, y, z) ((x)+(y)+(z)) – und das ist sicherlich nicht das gewünschte Ergebnis.

Beachten Sie auch, dass im Substitutionsstring jeder Parameter in Klammern steht. Das ist notwendig, um unerwünschte Nebeneffekte bei der Übergabe von Ausdrücken als Argumente an das Makro zu verhindern. Das folgende Beispiel definiert ein Makro ohne diese Klammern:

```
#define QUADRAT(x) x*x
```

Wenn Sie dieses Makro mit einer einfachen Variablen als Argument aufrufen, gibt es keine Probleme. Was passiert aber, wenn Sie einen Ausdruck als Argument übergeben?

```
ergebnis = QUADRAT(x + y);
```

Die resultierende Makroexpansion liefert nicht das gewünschte Ergebnis:

```
ergebnis = x + y * x + y;
```

Mit Klammern an den richtigen Stellen können Sie dieses Problem vermeiden, wie es folgendes Beispiel zeigt:

```
#define QUADRAT(x) (x)*(x)
```

Die Expansion dieser Definition ergibt folgende Zeile und führt damit zum korrekten Ergebnis:

```
ergebnis = (x + y) * (x + y);
```

Noch flexibler lässt sich die Makrodefinition mit dem *Stringoperator* (#) gestalten, den man auch als *Operator für Stringliterale* bezeichnet. Wenn vor einem Makroparameter im Substitutionsstring ein # steht, wird das Argument beim Expandieren des Makros in Anführungszeichen eingeschlossen und als Stringliteral behandelt. Wenn Sie also ein Makro wie folgt definieren

```
#define AUSGEBEN(x) printf(#x)
```

und mit folgender Anweisung aufrufen

```
AUSGEBEN(Hallo Mama);
```

erweitert es der Präprozessor zur Anweisung:

```
printf("Hallo Mama");
```

Die vom Stringoperator durchgeführte Umwandlung berücksichtigt auch Sonderzeichen. Wenn es im Argument ein Zeichen gibt, das normalerweise ein Escape-Zeichen benötigt, fügt der #-Operator vor diesem Zeichen einen Backslash ein. Greifen wir dazu noch einmal auf unser obiges Beispiel zurück. Der Aufruf

```
AUSGEBEN("Hallo Mama");
```

expandiert demnach zu

```
printf("\"Hallo Mama\"");
```

Ein Beispiel für den #-Operator finden Sie in Listing 21.4. Doch zuvor behandeln wir noch einen anderen Operator, den man in Makros einsetzt – den *Verkettungsoperator* (##). Dieser Operator verkettet oder verbindet zwei Strings in der Makroexpansion. Er verwendet keine Anführungszeichen und sieht auch keine Sonderbehandlung für Escape-Zeichen vor; dieser Operator dient hauptsächlich dazu, Sequenzen von C-Quelltext zu erzeugen. Nehmen wir an, Sie definieren folgendes Makro:

```
#define HACKEN(x) funk ## x
```

Dieses Makro rufen Sie mit

```
salat = HACKEN(3)(q, w);
```

auf. Der Präprozessor erweitert dann das Makro zu:

```
salat = funk3 (q, w);
```

Wie Sie sehen, ist es mit Hilfe des ##-Operators möglich, zwischen dem Aufruf verschiedener Funktionen auszuwählen. Damit haben Sie praktisch den C-Quellcode modifiziert.

Listing 21.4 zeigt eine Möglichkeit, den #-Operator zu verwenden.

Listing 21.4: Der #-Operator in der Makroerweiterung

```
1: /* Einsatz des #-Operators in einer Makro-Expansion. */
2:
3: #include <stdio.h>
4:
5: #define AUSGABE(x) printf(#x " gleich %d.\n", x)
6:
7: int main(void)
8: {
9:    int wert = 123;
10:   AUSGABE(wert);
11:   return 0;
12: }
```

Ausgabe

```
wert gleich 123.
```

Analyse

Durch den #-Operator in Zeile 5 wird der Variablenname `wert` bei der Expansion des Makros als String in Anführungszeichen an die Funktion `printf` übergeben. Nach der Expansion sieht das Makro `AUSGABE` wie folgt aus:

```
printf("wert" " gleich %d.", wert );
```

Makros kontra Funktionen

Sie haben gesehen, dass Sie anstelle von richtigen Funktionen auch Funktionsmakros verwenden können – zumindest dort, wo der resultierende Code relativ kurz ist. Funktionsmakros können sich zwar durchaus über mehrere Zeilen erstrecken, werden dann aber schnell unhandlich. Welche Variante wählen Sie aber, wenn Sie sowohl eine Funktion als auch ein Makro verwenden können? Da heißt es, zwischen Programmgeschwindigkeit und Programmgröße abzuwägen.

Die Definition eines Makros wird so oft im Code expandiert, wie das Makro im Quellcode anzutreffen ist. Wenn Ihr Programm ein Makro 100-mal aufruft, gibt es 100 Kopien dieses expandierten Makrocodes im endgültigen Programm. Im Gegensatz dazu existiert der Code einer Funktion nur einmal. Deshalb wäre es hinsichtlich der Programmgröße besser, eine richtige Funktion zu wählen.

Wenn ein Programm eine Funktion aufruft, erfordert das einen bestimmten Zusatzaufwand (Overhead), um die Programmausführung an den Funktionscode zu übergeben und später wieder in das aufrufende Programm zurückzukehren. Beim »Aufrufen« eines Makros gibt es keinen Overhead, da der Code bereits direkt im Programm steht. Hinsichtlich der Geschwindigkeit liegen die Vorteile also bei den Funktionsmakros.

Der Einsteiger in die C-Programmierung muss sich wahrscheinlich noch keine Gedanken darüber machen, ob die Größe oder die Geschwindigkeit eines Programms im Vordergrund steht. Bei umfangreichen Programmen, die zudem noch zeitkritische Aufgaben ausführen müssen, spielen diese Betrachtungen jedoch eine wichtige Rolle.

Expandierte Makros anzeigen lassen

Hin und wieder möchte man sich die erweiterten Makros ansehen – besonders dann, wenn die Makros nicht ordnungsgemäß funktionieren. Um die expandierten Makros zu sehen, müssen Sie den Compiler anweisen, nach dem ersten Durchgang durch den Code (der die Makroexpansion mit einschließt) eine Ausgabedatei zu erstellen. In einer integrierten Entwicklungsumgebung ist das unter Umständen nicht möglich; in diesem Fall müssen Sie von der Befehlszeile aus arbeiten. Die meisten Compiler haben einen Schalter, der während der Kompilierung zu setzen ist. Diesen Schalter übergibt man dem Compiler als Befehlszeilenparameter.

Um den Präcompiler für ein Programm namens `programm.c` auszuführen, rufen Sie zum Beispiel den Microsoft-Compiler wie folgt auf:

```
cl /E programm.c
```

Bei einem UNIX-Compiler geben Sie ein:

```
cc -E programm.c
```

Der Präprozessor geht Ihren Quellcode als Erstes durch. Er bindet alle Header-Dateien ein, expandiert `#define`-Makros und führt andere Präprozessor-Direktiven aus. Je nach Compiler geht die Ausgabe entweder an `stdout` (das heißt, den Bildschirm) oder in eine Datei mit dem Programmnamen und einer speziellen Erweiterung. Der Microsoft-Compiler sendet die vorverarbeitete Ausgabe an `stdout`. Leider ist es nicht besonders hilfreich, den verarbeiteten Code auf dem Bildschirm vorbeihuschen zu sehen! Verwenden Sie den Umleitungsbefehl, um die Ausgabe an eine Datei zu senden, wie es folgendes Beispiel zeigt:

```
cl /E programm.c > programm.pre
```

Anschließend können Sie die Datei in Ihren Editor laden, um sie auszudrucken oder anzuzeigen.

Was Sie tun sollten	Was nicht
Verwenden Sie `#define` vor allem für symbolische Konstanten; damit gestalten Sie Ihren Code wesentlich verständlicher. Beispiele für Werte, die man als Konstanten definieren sollte, sind Farben, WAHR/FALSCH, JA/NEIN, Tastaturcodes und Maximalwerte. Die meisten Beispiele in diesem Buch verwenden symbolische Konstanten.	Übertreiben Sie es nicht mit den Makrofunktionen. Verwenden Sie sie dort, wo es nötig ist; vergewissern Sie sich aber vorher, ob eine normale Funktion nicht besser geeignet ist.

Die #include-Direktive

Die `#include`-Direktive haben Sie bereits mehrfach verwendet, um Header-Dateien in Ihr Programm einzubinden. Wenn der Präprozessor auf eine `#include`-Direktive trifft, liest er die spezifizierte Datei und fügt sie dort ein, wo die Direktive steht. Es lässt sich jeweils nur eine Datei in der `#include`-Direktive angeben, weil Platzhalter wie `*` oder `?` für Dateigruppen nicht erlaubt sind. Allerdings dürfen Sie `#include`-Direktiven verschachteln; d.h., eine eingebundene Datei kann selbst `#include`-Direktiven enthalten, die wiederum `#include`-Direktiven enthalten und so weiter. Die meisten Compiler beschränken zwar die Verschachtelungstiefe, aber normalerweise sind bis zu 10 Ebenen möglich.

Es gibt zwei Möglichkeiten, den Dateinamen für eine `#include`-Direktive anzugeben. Wenn der Dateiname in spitzen Klammern steht, wie in `#include <stdio.h>` (siehe auch die bisherigen Beispiele), sucht der Präprozessor die Datei zuerst im Standardverzeichnis. Wenn er die Datei hier nicht findet oder kein Standardverzeichnis angegeben ist, sucht er als Nächstes im aktuellen Verzeichnis.

Dabei stellt sich die Frage: »Was ist das Standardverzeichnis?« Im Betriebssystem DOS sind das alle Verzeichnisse, die Sie in der Umgebungsvariablen `PATH` angeben oder die der Compiler bei der Installation in einer eigenen Umgebungsvariablen mit dem Befehl `SET` eingerichtet hat. Konsultieren Sie dazu am besten die Dokumentation zu Ihrem Betriebssystem bzw. zum Compiler.

Bei der zweiten Methode setzen Sie den Dateinamen in doppelte Anführungszeichen: `#include "meinedatei.h"`. In diesem Fall durchsucht der Präprozessor nicht die Standardverzeichnisse, sondern nur das Verzeichnis, in dem auch die gerade kompilierte Quellcodedatei steht. Im Allgemeinen sollten Sie die Header-Dateien im selben Verzeichnis wie die zugehörigen Quellcodedateien ablegen und mit doppelten Anführungszeichen einbinden. Das Standardverzeichnis ist für die Header-Dateien des Compilers reserviert.

Bedingte Kompilierung mit #if, #elif, #else und #endif

Diese vier Präprozessor-Direktiven steuern die *bedingte Kompilierung*, d.h. der Compiler schließt entsprechend markierte Codeabschnitte nur dann in die Kompilierung ein, wenn die spezifizierten Bedingungen erfüllt sind. Die Familie der `#if`-Direktiven hat Ähnlichkeit mit der `if`-Anweisung von C. Während aber die `if`-Anweisung steuert, ob ein bestimmter Anweisungsblock auszuführen ist, kontrolliert `#if`, ob Anweisungen überhaupt kompiliert werden.

Die Struktur eines `#if`-Blocks sieht folgendermaßen aus:

```
#if Bedingung_1
Anweisungsblock_1
#elif Bedingung_2
Anweisungsblock_2
...
#elif Bedingung_n
Anweisungsblock_n
#else
Standardanweisungsblock
#endif
```

Als `Bedingung` kann man nahezu jeden Ausdruck angegeben, der als Ergebnis eine Konstante liefert. Nicht zulässig sind der `sizeof`-Operator, Typumwandlungen oder Werte vom Datentyp `float`. Mit `#if` testet man fast immer symbolische Konstanten, die mit der `#define`-Direktive erzeugt wurden.

Jeder `Anweisungsblock` besteht aus einer oder mehreren C-Anweisungen beliebiger Art, einschließlich der Präprozessor-Direktiven. Die Anweisungen müssen nicht in geschweiften Klammern stehen, aber es schadet auch nicht.

Die Direktiven `#if` und `#endif` sind obligatorisch, wohingegen `#elif` und `#else` optional sind. Sie können so viele `#elif`-Direktiven verwenden, wie Sie wollen, aber nur ein `#else`. Wenn der Compiler auf eine `#if`-Direktive trifft, testet er die damit verbundene Bedingung. Liefert die Bedingung das Ergebnis `wahr` (ungleich Null), kompiliert er die auf das `#if` folgenden Anweisungen. Wenn die Bedingung `falsch` (Null) ergibt, testet der Compiler nacheinander die mit jeder `#elif`-Direktive verbundenen Bedingungen und kompiliert die Anweisungen, die zur ersten wahren `#elif`-Bedingung gehören. Ist keine dieser Bedingungen `wahr`, kompiliert er die Anweisungen, die auf die `#else`-Direktive folgen.

Beachten Sie, dass der Compiler höchstens einen einzigen Anweisungsblock innerhalb der `#if...#endif`-Konstruktion kompiliert. Liefern alle Bedingungen das Ergebnis `falsch` und ist keine `#else`-Direktive angegeben, kompiliert er überhaupt keine Anweisungen.

Die Direktiven zur bedingten Kompilierung bieten Ihnen einen weiten Spielraum. Nehmen wir als Beispiel ein Programm an, das eine Unmenge landesspezifischer Informationen verwendet. Diese Informationen sind für jedes Land in einer eigenen Header-Datei untergebracht. Wenn Sie das Programm für verschiedene Länder kompilieren, können Sie eine `#if...#endif`-Konstruktion nach folgendem Schema formulieren:

```
#if ENGLAND == 1
#include "england.h"
#elif FRANKREICH == 1
#include "frankreich.h"
#elif ITALIEN == 1
#include "italien.h"
#else
#include "deutschland.h"
#endif
```

Dann definieren Sie noch mit `#define` eine symbolische Konstante und steuern damit, welche Header-Datei während der Kompilierung einzubinden ist.

Debuggen mit #if...#endif

Die Direktiven `#if...#endif` bieten sich auch an, um bedingten Debug-Code in ein Programm aufzunehmen. Wenn Sie zum Beispiel an kritischen Stellen im Programm Debug-Code einfügen und eine symbolische Konstante `DEBUG` mit den Werten `1` oder `0` definieren, können Sie die Ausführung dieses Codes steuern:

```
#if DEBUG == 1
hier Debug-Code
#endif
```

Wenn Sie während der Programmentwicklung DEBUG als 1 definieren, nimmt der Compiler den Debug-Code zur Hilfe bei der Fehlersuche in das Programm auf. Nachdem das Programm ordnungsgemäß läuft, können Sie DEBUG auf 0 setzen und das Programm ohne den Debug-Code neu kompilieren.

Der Operator defined ist nützlich, wenn Sie Direktiven zur bedingten Kompilierung schreiben. Dieser Operator prüft, ob ein bestimmter Name definiert ist. Der Ausdruck

```
defined( NAME )
```

liefert das Ergebnis wahr, wenn die symbolische Konstante NAME definiert ist, andernfalls das Ergebnis falsch. Mit defined können Sie die Kompilierung auf der Basis vorangehender Definitionen steuern, ohne den konkreten Wert eines Namens zu berücksichtigen. Der #if...#endif-Abschnitt des obigen Beispiels lässt sich damit wie folgt formulieren:

```
#if defined( DEBUG )
hier Debug-Code
#endif
```

Sie können defined auch dazu verwenden, einem bisher noch nicht definierten Namen eine Definition zuzuweisen. Neben defined kommt dabei der NOT-Operator (!) zum Einsatz:

```
#if !defined( TRUE )     /* wenn TRUE nicht definiert ist. */
#define TRUE 1
#endif
```

Beachten Sie, dass der defined-Operator nicht verlangt, dass Sie für den definierten Namen einen speziellen Wert festlegen. Zum Beispiel definiert die folgende Programmzeile den Namen ROT, ohne ihn als Synonym für einen bestimmten Wert einzuführen:

```
#define ROT
```

Der Ausdruck defined(ROT) liefert trotzdem das Ergebnis wahr. Allerdings ist Vorsicht geboten: Der Präprozessor entfernt alle Vorkommen von ROT im Quelltext ersatzlos.

Mehrfacheinbindungen von Header-Dateien vermeiden

Bei umfangreichen Programmen mit mehreren Header-Dateien kann es durchaus vorkommen, dass Sie eine Header-Datei mehrfach einbinden. Der Compiler kann dadurch hervorgerufene Konflikte nicht auflösen und bricht die Kompilierung ab. Derartige Probleme lassen sich aber mit den eben besprochenen Direktiven leicht vermeiden. Sehen Sie sich dazu das Beispiel in Listing 21.5 an.

Listing 21.5: Präprozessor-Direktiven für Header-Dateien

```
1: /* PROG.H - eine Header-Datei, die Mehrfacheinbindungen verhindert! */
2:
3. #if defined( PROG_H )
4: /* Die Datei wurde bereits eingebunden */
5: #else
6: #define PROG_H
7:
8: /* Hier stehen die eigentlichen Anweisungen der Header-Datei. */
9:
10:
11:
12: #endif
```

Analyse

Dieses Gerüst einer Header-Datei enthält folgende Elemente: Zeile 3 prüft, ob PROG_H bereits definiert ist. Beachten Sie, dass der Name PROG_H in Anlehnung an den Namen der Header-Datei gewählt wurde. Wenn PROG_H definiert ist, liest der Präprozessor als Nächstes den Kommentar in Zeile 4 und das Programm hält dann Ausschau nach dem #endif am Ende der Header-Datei – mehr passiert nicht.

Die Definition von PROG_H steht in Zeile 6. Wenn der Präprozessor diese Header-Datei das erste Mal einbindet, prüft er, ob PROG_H definiert ist. Da das zu diesem Zeitpunkt noch nicht geschehen ist, springt der Präprozessor zur #else-Anweisung und definiert dort als Erstes die symbolische Konstante PROG_H. Damit ist sichergestellt, dass der Präprozessor bei jedem weiteren Versuch, diese Datei einzubinden, den Rumpf der Datei überspringt. Die Zeilen 7 bis 11 können beliebig viele Befehle oder Deklarationen enthalten.

Die Direktive #undef

Die #undef-Direktive ist das Gegenteil von #define – sie entfernt die Definition eines Namens. Sehen Sie sich dazu folgendes Beispiel an:

```
#define DEBUG 1
/* In diesem Programmabschnitt werden die Vorkommen von DEBUG   */
/* durch 1 ersetzt, und der Ausdruck defined( DEBUG ) wird als  */
/* WAHR ausgewertet. */
#undef DEBUG
/* In diesem Programmabschnitt werden die Vorkommen von DEBUG   */
/* nicht ersetzt und der Ausdruck defined( DEBUG ) wird als     */
/* FALSCH ausgewertet. */
```

Mit #undef und #define können Sie auch einen Namen erzeugen, der nur in Teilen Ihres Quellcodes definiert ist. In Kombination mit der #if-Direktive (siehe oben) haben Sie noch mehr Kontrolle über die bedingte Kompilierung Ihres Quelltextes.

Vordefinierte Makros

Die meisten Compiler bringen eine Reihe vordefinierter Makros mit. Hier sind vor allem die Makros __DATE__, __TIME__, __LINE__ und __FILE__ erwähnenswert. Beachten Sie, dass diese Makros mit doppelten Unterstrichen beginnen und enden. Diese Schreibweise soll verhindern, dass Sie die vordefinierten Makros versehentlich durch eigene Definitionen überschreiben. Dabei geht man davon aus, dass die Programmierer ihre eigenen Makros höchstwahrscheinlich nicht mit führenden und abschließenden Unterstrichen erzeugen.

Diese Makros funktionieren genauso wie die heute bereits beschriebenen Makros. Wenn der Präcompiler auf eines dieser Makros trifft, ersetzt er das Makro durch den Makrocode. Für die Makros __DATE__ und __TIME__ setzt er das aktuelle Datum bzw. die aktuelle Uhrzeit ein; diese Angaben beziehen sich auf den Zeitpunkt der Präkompilierung. Diese Information kann von Nutzen sein, wenn Sie mit verschiedenen Versionen eines Programms arbeiten. Indem Sie von einem Programm Zeit und Datum der Kompilierung ausgeben lassen, können Sie feststellen, ob Sie die letzte oder eine frühere Version des Programms ausführen.

Die anderen beiden Makros sind sogar noch wertvoller. Der Präcompiler ersetzt __LINE__ durch die aktuelle Zeilennummer und __FILE__ durch den Dateinamen der Quellcodedatei. Diese beiden Makros eignen sich am besten zum Debuggen eines Programms oder zur Fehlerbehandlung. Betrachten wir einmal die folgende printf-Anweisung:

```
31:
32: printf( "Programm %s: (%d) Fehler beim Öffnen der Datei ",
            __FILE__, __LINE__ );
33:
```

Wenn diese Zeilen Teil eines Programms namens meinprog.c sind, lautet die Ausgabe:

```
Programm meinprog.c: (32) Fehler beim Öffnen der Datei
```

Im Moment mag dies vielleicht nicht allzu wichtig erscheinen. Wenn aber Ihre Programme an Umfang zunehmen und sich über mehrere Quellcodedateien erstrecken, lassen sich Fehler immer schwieriger aufspüren. Die Makros __LINE__ und __FILE__ erleichtern dann das Debuggen.

Was Sie tun sollten	Was nicht

Verwenden Sie die Makros __LINE__ und __FILE__, um Fehlermeldungen aussagekräftiger zu gestalten.
Setzen Sie Klammern um die Werte, die Sie einem Makro übergeben. Damit lassen sich Fehler vermeiden. Schreiben Sie zum Beispiel
`#define KUBIK(x)    (x)*(x)*(x)`
anstelle von
`#define KUBIK(x)    x*x*x`
	Vergessen Sie nicht, `#if`-Anweisungen mit `#endif` abzuschließen.

Befehlszeilenargumente

C-Programme können auch Argumente auswerten, die Sie dem Programm auf der Befehlszeile übergeben. Gemeint sind damit Informationen, die Sie im Anschluss an den Programmnamen angeben. Wenn Sie ein Programm von der Eingabeaufforderung `C:\>` starten, können Sie zum Beispiel Folgendes eingeben:

```
C:\>progname schmidt maier
```

Die beiden Befehlszeilenargumente `schmidt` und `maier` kann das Programm während der Ausführung abrufen. Stellen Sie sich diese Informationen als Argumente vor, die Sie der `main`-Funktion des Programms übergeben. Solche Befehlszeilenargumente erlauben es dem Benutzer, dem Programm bestimmte Informationen gleich beim Start und nicht erst im Laufe der Programmausführung zu übergeben – was in bestimmten Situationen durchaus hilfreich sein kann. Sie können beliebig viele Befehlszeilenargumente übergeben. Beachten Sie, dass Befehlszeilenargumente nur innerhalb von `main` verfügbar sind und dass `main` dazu wie folgt definiert sein muss:

```
int main(int argc, char *argv[])
{
/* hier stehen die Anweisungen */
}
```

Der Parameter `argc` ist ein Integer, der die Anzahl der verfügbaren Befehlszeilenargumente angibt. Dieser Wert ist immer mindestens `1`, da der Programmname als erstes Argument zählt. Der Parameter `argv[]` ist ein Array von Zeigern auf Strings. Die gültigen Indizes für dieses Array reichen von `0` bis `argc - 1`. Der Zeiger `argv[0]` zeigt auf den Programmnamen (einschließlich der Pfadinformationen), `argv[1]` zeigt auf das erste Argument, das auf den Programmnamen folgt, und so weiter. Beachten Sie, dass die Namen `argc` und `argv[]` nicht obligatorisch sind – Sie können jeden gültigen C-Variablennamen verwenden, um die Befehlszeilenargumente entgegenzunehmen. Allerdings gehören die Bezeichner `argc` und `argv[]` zur Tradition der C-Programmierung, so dass Sie wahrscheinlich ebenfalls daran festhalten.

Die Argumente in der Befehlszeile sind durch beliebige Whitespace-Zeichen getrennt. Wenn Sie ein Argument übergeben wollen, das ein Leerzeichen enthält, müssen Sie das ganze Argument in doppelte Anführungszeichen setzen. Wenn Sie das Programm zum Beispiel wie folgt aufrufen

```
C:>progname schmidt "und maier"
```

dann ist `schmidt` das erste Argument (auf das `argv[1]` zeigt) und `und maier` das zweite Argument (auf das `argv[2]` zeigt). Listing 21.6 veranschaulicht, wie man auf Befehlszeilenargumente zugreift.

Listing 21.6: Befehlszeilenargumente an main übergeben

```
/* Zugriff auf Befehlszeilenargumente */

#include <stdio.h>

int main(int argc, char *argv[])
{
    int count;

    printf("Programmname: %s\n", argv[0]);

     if (argc > 1)
     {
         for (count = 1; count < argc; count++)
             printf("Argument %d: %s\n", count, argv[count]);
     }
     else
         puts("Es wurden keine Befehlszeilenargumente eingegeben.");
     return 0;
}
```

Ausgabe

```
12106
Programmname: C:\L2106.EXE
Es wurden keine Befehlszeilenargumente eingegeben.
```

```
l2106 erstes zweites "3 4"
Programmname: C:\L2106.EXE
Argument 1: erstes
Argument 2: zweites
Argument 3: 3 4
```

Analyse

Dieses Programm gibt lediglich die Befehlszeilenparameter aus, die der Benutzer eingegeben hat. Beachten Sie, dass Zeile 5 die oben angesprochenen Parameter `argc` und `argv` aufführt. Zeile 9 gibt den Befehlszeilenparameter aus, der immer vorhanden ist, d.h. den Programmnamen. Wie schon gesagt, lautet dieser Parameter `argv[0]`. Zeile 11 prüft, ob es mehr als einen Befehlszeilenparameter gibt. Warum mehr als einen und nicht mehr als keinen? Weil es immer zumindest einen gibt – den Programmnamen. Falls weitere Argumente vorhanden sind, gibt sie die `for`-Schleife in den Zeilen 13 und 14 auf dem Bildschirm aus. Andernfalls erscheint eine entsprechende Meldung (Zeile 17).

Befehlszeilenargumente lassen sich in zwei Kategorien einordnen: Obligatorische Argumente sind für die Ausführung des Programms erforderlich, während optionale Argumente – wie zum Beispiel Schalter – die Arbeitsweise des Programms steuern. Nehmen wir zum Beispiel ein Programm an, das Daten in einer Datei sortiert. Wenn Sie das Programm so schreiben, dass es den Namen der zu sortierenden Datei über die Befehlszeile entgegennimmt, gehört der Name zu den obligatorischen Informationen. Wenn der Benutzer vergisst, den Dateinamen in der Befehlszeile anzugeben, muss das Programm mit dieser Situation fertig werden (meist gibt man in so einem Fall eine kleine Bedienungsanleitung aus, die den korrekten Aufruf des Programms beschreibt). Das Programm kann auch nach zusätzlichen Argumenten suchen – zum Beispiel nach einem Schalter `/r`, der eine Sortierung in umgekehrter Reihenfolge veranlasst. Dieses Argument ist optional; das Programm prüft zwar auf das Argument, läuft aber auch korrekt, wenn der Benutzer das Argument nicht angibt.

Was Sie tun sollten	**Was nicht**
Verwenden Sie `argc` und `argv` als Variablennamen für die Befehlszeilenargumente, die die Funktion `main` übernimmt. Den meisten C-Programmierern sind diese Namen vertraut.	Gehen Sie nicht davon aus, dass die Benutzer die korrekte Anzahl an Befehlszeilenargumenten eingeben. Analysieren Sie die Befehlszeile und zeigen Sie gegebenenfalls eine Hilfestellung zum Aufruf des Programms einschließlich der erforderlichen Argumente an.

Zusammenfassung

Die heutige Lektion hat einige Programmierwerkzeuge der C-Compiler behandelt, die schon zum Repertoire fortgeschrittener Programmierer gehören. Zuerst haben Sie gelernt, wie man den Quellcode eines Programms auf mehrere Dateien oder Module verteilt. Diese Technik der so genannten modularen Programmierung erleichtert es, universelle Funktionen in mehreren Programmen wiederzuverwenden. Weiterhin hat diese Lektion gezeigt, wie man Präprozessor-Direktiven einsetzt, um Funktionsmakros zu erstellen, den Quellcode bedingt zu kompilieren oder ähnliche Aufgaben zu realisieren. Schließlich wurden auch einige vordefinierte Makros des Compilers vorgestellt.

Fragen und Antworten

F Woher weiß der Compiler, welchen Dateinamen die ausführbare Datei tragen soll, wenn man diese aus mehreren Quellcodedateien kompiliert?

A *Man könnte annehmen, dass der Compiler den Namen der Datei wählt, in der die* `main`*-Funktion steht. Das ist jedoch nicht der Fall. Beim Aufruf des Compilers über die Befehlszeile ergibt sich der Name aus der ersten aufgeführten Datei. Wenn Sie zum Beispiel die folgende Befehlszeile für den Turbo C-Compiler von Borland ausführen, heißt die ausführbare Datei* `DATEI1.EXE`*:*

```
tcc datei1.c main.c prog.c
```

F Müssen Header-Dateien die Erweiterung `.h` aufweisen?

A *Nein. Einer Header-Datei können Sie einen beliebigen Namen geben. Es ist allerdings gängige Praxis, die Erweiterung* `.h` *zu verwenden.*

F Kann ich beim Einbinden von Header-Dateien explizit einen Pfad angeben?

A *Ja. Wenn Sie den Pfad zur Header-Datei angeben wollen, setzen Sie in der* `include`*-Anweisung den Pfad und den Namen der Header-Datei in Anführungszeichen.*

F Hat die heutige Lektion alle vordefinierten Makros und Präprozessor-Direktiven vorgestellt?

A *Nein. Die hier vorgestellten Makros und Direktiven werden von fast allen Compilern unterstützt. Darüber hinaus stellen viele Compiler noch eigene Makros und Konstanten zur Verfügung.*

F Ist der folgende Funktionskopf akzeptabel, wenn man Befehlszeilenargumente für `main` übernehmen möchte?

```
main( int argc, char **argv);
```

A *Diese Frage können Sie wahrscheinlich schon selbst beantworten. Die Deklaration verwendet einen Zeiger auf einen Zeichenzeiger statt eines Zeigers auf ein Zeichenarray. Da ein Array ein Zeiger ist, entspricht die obige Definition praktisch der Definition, die Sie in der heutigen Lektion kennen gelernt haben. Im Übrigen setzt man die obige Form recht häufig ein. (Hintergrundinformationen zu diesen Konstruktionen finden Sie in den Lektionen zu den Tagen 8 und 9.)*

Workshop

Die Kontrollfragen im Workshop sollen Ihnen helfen, die neu erworbenen Kenntnisse zu den behandelten Themen zu festigen. Die Übungen geben Ihnen die Möglichkeit, praktische Erfahrungen mit dem gelernten Stoff zu sammeln. Die Antworten zu den Kontrollfragen und Übungen finden Sie im Anhang F.

Kontrollfragen

1. Was bedeutet der Begriff *modulare Programmierung*?
2. Was ist in der modularen Programmierung das Hauptmodul?
3. Warum sollten Sie bei der Definition eines Makros alle Argumente in Klammern setzen?
4. Nennen Sie Vor- und Nachteile von Makros im Vergleich zu normalen Funktionen.
5. Was bewirkt der Operator `defined`?
6. Welche Direktive müssen Sie immer zusammen mit `#if` verwenden?
7. Welche Erweiterung erhalten kompilierte C-Dateien? (Nehmen Sie dabei an, dass die Dateien noch nicht zur ausführbaren Datei gelinkt wurden.)
8. Was bewirkt die `#include`-Direktive?
9. Worin liegt der Unterschied zwischen der Codezeile

   ```
   #include <meinedatei.h>
   ```

   und der folgenden Codezeile:

   ```
   #include "meinedatei.h"
   ```

9. Wofür wird `__DATE__` verwendet?

10. Worauf zeigt `argv[0]`?

Übungen

Aufgrund der vielen möglichen Antworten gibt Anhang F zu den folgenden Übungen keine Lösungen an.

1. Kompilieren Sie mit Ihrem Compiler mehrere Quellcodedateien zu einer einzigen ausführbaren Datei. (Sie können dazu die Listings 21.1, 21.2 und 21.3 oder Ihre eigenen Listings verwenden.)

2. Schreiben Sie eine Fehlerroutine, die als Argumente einen Fehlercode, eine Zeilennummer und den Modulnamen übernimmt. Die Routine soll eine formatierte Fehlermeldung ausgeben und dann das Programm abbrechen. Verwenden Sie vordefinierte Makros für die Zeilennummer und den Modulnamen. (Übergeben Sie die Zeilennummer und den Modulnamen von der Stelle, an der der Fehler aufgetreten ist.) Die Fehlermeldung könnte beispielsweise wie folgt aussehen:

```
modul.c (Zeile ##): Fehlercode ##
```

3. Überarbeiten Sie die Funktion aus Übung 2, um die Fehlermeldung verständlicher zu gestalten. Erstellen Sie mit Ihrem Editor eine Textdatei, in der Sie die Fehlercodes und die zugehörigen Meldungstexte ablegen. Eine solche Datei könnte folgende Informationen enthalten:

```
1    Fehler Nummer 1
2    Fehler Nummer 2
90   Fehler beim Öffnen der Datei
100  Fehler beim Lesen der Datei
```

   Nennen Sie die Datei `fehler.txt`. Durchsuchen Sie die Datei mit Ihrer Fehlerroutine und geben Sie die Fehlermeldung aus, die zum übergebenen Fehlercode gehört.

4. Wenn Sie ein modulares Programm schreiben, kann es passieren, dass der Compiler einige Header-Dateien mehrfach einbindet. Schreiben Sie das Gerüst einer Header-Datei, in der Sie mit Präprozessor-Direktiven sicherstellen, dass der Compiler diese Header-Datei nur beim ersten Mal kompiliert.

5. Schreiben Sie ein Programm, das als Befehlszeilenparameter zwei Dateinamen übernimmt. Das Programm soll die erste Datei in die zweite Datei kopieren. (Schlagen Sie gegebenenfalls in Lektion 16 nach, wenn Sie Hilfe beim Umgang mit Dateien benötigen.)

6. Für diese letzte Übung des Buches (abgesehen von der Bonuswoche) sollen Sie den Inhalt selbst bestimmen. Wählen sie eine Programmieraufgabe, die Sie interessiert und Ihnen gleichzeitig nützt. Zum Beispiel können Sie ein Programm schreiben, mit dem Sie Ihre CD-Sammlung verwalten, oder ein Programm, mit dem Sie Ihr Scheckbuch kontrollieren, oder auch ein Programm, mit dem Sie die Finanzierung eines geplanten Hauskaufes durchrechnen können. Die praktische Beschäftigung mit realen Programmierproblemen lässt sich durch nichts ersetzen. Auf diese Weise wiederholen Sie den Stoff dieses Buches, erweitern Ihre Kenntnisse und verbessern gleichzeitig Ihr Gefühl für die einzelnen Programmierverfahren.

3 Woche

Rückblick

Heute ist es soweit: Die dritte und letzte Woche zur C-Programmierung liegt hinter Ihnen. (Vergessen Sie aber nicht die Bonuswoche!) Begonnen haben Sie die Woche mit Themen wie Dateien und Textstrings. Die Lektionen in der Mitte der Woche haben zahlreiche Funktionen aus der Standardbibliothek von C vorgestellt. Zum Schluss der Woche haben Sie verschiedene Kleinigkeiten kennen gelernt, um Ihren C-Compiler bestmöglich nutzen zu können. Im folgenden Programm finden sich viele dieser Themen wieder.

Listing 21.7: woche3.c – Ein Telefonverzeichnis

```
/* Programmname:  woche3.c                                   */
/* Programm, das Namen und Telefonnummern verwaltet          */
/* Die Informationen werden in eine Datei geschrieben, die   */
/* mit einem Befehlszeilenparameter angegeben wird           */


#include <stdlib.h>
#include <stdio.h>
#include <time.h>
#include <string.h>

/*** definierte Konstanten ***/
#define JA          1
#define NEIN        0
#define REC_LAENGE  54

/*** Variablen ***/

struct datensatz {
   char vname[15+1];             /* Vorname + NULL        */
   char nname[20+1];             /* Nachname + NULL       */
   char mname[10+1];             /* Mittelname + NULL     */
   char telefon[10+1];           /* Telefonnummer + NULL */
} rec;

/*** Funktionsprototypen ***/

int  main(int argc, char *argv[]);
void verwendung_anzeigen(char *dateiname);
int  menu_anzeigen(void);
void daten_einlesen(FILE *fp, char *progname, char *dateiname);
void bericht_anzeigen(FILE *fp);
int  fortfahren_funktion(void);
int  adr_suchen( FILE *fp );

```

```
/* Beginn des Programms */

int main(int argc, char *argv[])
{
    FILE *fp;
    int  cont = JA;

    if( argc < 2 )
    {
       verwendung_anzeigen(argv[0]);
       exit (1);
    }

    /* Datei öffnen. */
    if ((fp = fopen( argv[1], "a+")) == NULL)
    {
        fprintf( stderr, "%s(%d)Fehler beim Öffnen der Datei %s",
                                     argv[0],__LINE__, argv[1]);
        exit(1);
    }

    while( cont == JA )
    {
       switch( menu_anzeigen() )
       {
         case '1': daten_einlesen(fp, argv[0], argv[1]); /* Tag 18 */
                   break;
         case '2': bericht_anzeigen(fp);
                   break;
         case '3': adr_suchen(fp);
                   break;
         case '4': printf("\n\nAuf Wiedersehen!\n");
                   cont = NEIN;
                   break;
         default:  printf("\n\nUngültige Option, 1 bis 4 wählen!");
                   break;
       }
    }
    fclose(fp);        /* Datei schließen */
    return 0;
}

/* menu_anzeigen */

int menu_anzeigen(void)
{
```

```
    char ch, puf[20];

    printf( "\n");
    printf( "\n     MENU");
    printf( "\n   ========\n");
    printf( "\n1.  Namen eingeben");
    printf( "\n2.  Bericht ausgeben");
    printf( "\n3.  Name suchen");
    printf( "\n4.  Ende");
    printf( "\n\nAuswahl eingeben  ==> ");
    gets(puf);
    ch = *puf;
    return ch;
}

/*****************************************************
   Funktion:  daten_einlesen
 *****************************************************/

void daten_einlesen(FILE *fp, char *progname, char *dateiname)
{
    int cont = JA;

    while( cont == JA )
    {
       printf("\n\nBitte geben Sie die Daten ein: " );

       printf("\n\nGeben Sie den Vornamen ein: ");
       gets(rec.vname);
       printf("\nGeben Sie den zweiten Vornamen ein: ");
       gets(rec.mname);
       printf("\nGeben Sie den Nachnamen ein: ");
       gets(rec.nname);
       printf("\nGeben Sie die Telefonnr im Format 1234-56789 ein: ");
       gets(rec.telefon);

       if (fseek( fp, 0, SEEK_END ) == 0)
          if( fwrite(&rec, 1, sizeof(rec), fp) != sizeof(rec))
          {
          fprintf(stderr,"%s(%d) Fehler beim Schreiben in die Datei %s",
                            progname,__LINE__, dateiname);
          exit(2);
          }
       cont = fortfahren_funktion();
    }
}
```

```

/*******************************************************
Funktion:  bericht_anzeigen
Zweck:     Die Namen und Telefonnummern der Personen in
           der Datei formatiert ausgeben.
*******************************************************/

void bericht_anzeigen(FILE *fp)
{
    time_t btime;
    int anz_an_dats = 0;

    time(&btime);

    fprintf(stdout, "\n\nLaufzeit: %s", ctime( &btime));
    fprintf(stdout, "\nListe der Telefonnummern\n");

    if(fseek( fp, 0, SEEK_SET ) == 0)
    {
       fread(&rec, 1, sizeof(rec), fp);
       while(!feof(fp))
       {
          fprintf(stdout,"\n\t%s, %s %c %s", rec.nname,
                                 rec.vname, rec.mname[0],
                                 rec.telefon);
          anz_an_dats++;
          fread(&rec, 1, sizeof(rec), fp);
       }
       fprintf(stdout, "\n\nGesamtzahl der Datensätze: %d",
               anz_an_dats);
       fprintf(stdout, "\n\n* * * Ende des Berichts * * *");
    }
    else
       fprintf( stderr, "\n\n*** FEHLER IM BERICHT ***\n");
}

/**************************************************
*  Funktion:  fortfahren_funktion
**************************************************/

int fortfahren_funktion( void )
{
    char ch, puf[20];
    do
    {
     printf("\n\nMöchten Sie fortfahren? (J)a/(N)ein ");
```

```
        gets(puf);
        ch = *puf;
    } while( strchr( "NnJj", ch) == NULL );

    if(ch == 'n' || ch == 'N')
        return NEIN;
    else
        return JA;
}

/**********************************************************
* Funktion:  verwendung_anzeigen
**********************************************************/

void verwendung_anzeigen( char *dateiname )
{
    printf("\n\nVERWENDUNG: %s dateiname", dateiname);
    printf("\n\n wobei dateiname eine Datei ist, in der Namen und");
    printf("\n Telefonnummer der Personen gespeichert werden.\n\n");
}

/************************************************
* Funktion:  adr_suchen
* Rückgabe:  Anzahl der übereinstimmenden Namen
************************************************/

int adr_suchen( FILE *fp )
{
    char tmp_nname[20+1];
    int  ctr = 0;

    fprintf(stdout,"\n\nGeben Sie den gesuchten Nachnamen ein: ");
    gets(tmp_nname);

    if( strlen(tmp_nname) != 0 )
    {
       if (fseek( fp, 0, SEEK_SET ) == 0)
       {
          fread(&rec, 1, sizeof(rec), fp);
          while( !feof(fp))
          {
             if( strcmp(rec.nname, tmp_nname) == 0 )
             /* bei Übereinstimmung */
             {
                fprintf(stdout, "\n%s %s %s - %s", rec.vname,
                                                   rec.mname,
```

```
220:                                                    rec.nname,
221:                                                    rec.telefon);
222:                    ctr++;
223:                  }
224:                  fread(&rec, 1, sizeof(rec), fp);
225:              }
226:          }
227:          fprintf( stdout, "\n\n%d Namen stimmen überein.", ctr );
228:      }
229:      else
230:      {
231:          fprintf( stdout, "\nEs wurde kein Name eingegeben." );
232:      }
233:      return ctr;
234: }
```

Analyse

In mancher Hinsicht ähnelt dieses Programm den Programmen aus den Rückblicken der ersten und zweiten Woche. Es verwaltet zwar weniger Datenelemente, erweitert dafür aber die Funktionalität. Mit diesem Programm kann der Benutzer die Namen und Telefonnummern von Freunden, Verwandten, Geschäftspartnern usw. verwalten. In der vorliegenden Fassung verwaltet es nur die Vor- und Nachnamen sowie die Telefonnummer. Es sollte Ihnen jedoch ohne Schwierigkeiten möglich sein, das Programm weiter auszubauen, damit es weitere Informationen aufnehmen kann; das empfiehlt sich auch als Übung. Im Unterschied zu den bisherigen Versionen legt Ihnen dieses Programm hier keinerlei Beschränkungen hinsichtlich der Anzahl der Personendatensätze auf. Diese Freiheit verdanken Sie der Tatsache, dass es die Daten in einer Datei speichert.

Beim Programmstart geben Sie den Namen der Datendatei in der Befehlszeile an. In Zeile 38 beginnt die Funktion main mit den Parametern `argc` und `argv`, die erforderlich sind, um die Parameter der Befehlszeile abzurufen. Wie das funktioniert, haben Sie am Tag 21 gelernt. Zeile 43 prüft den Wert von `argc`, um die Anzahl der eingegebenen Parameter zu ermitteln. Wenn `argc` kleiner als `2` ist, hat der Benutzer nur einen Parameter angegeben – und zwar lediglich den Befehl, um das Programm zu starten. In diesem Fall fehlt die Angabe des Dateinamens für die Datendatei und das Programm ruft die Funktion `verwendung_anzeigen` mit `argv[0]` als Argument auf. In `argv[0]` steht der erste Parameter der Befehlszeile – der Name des Programms.

Die Funktion `verwendung_anzeigen` finden Sie in den Zeilen 188 bis 193. Wenn ein Programm mit Argumenten der Befehlszeile arbeitet, sollte man immer eine Funktion wie `verwendung_anzeigen` vorsehen, um dem Benutzer gegebenenfalls mitzuteilen, wie das Programm korrekt aufzurufen ist. Warum verwendet man für den Programmnamen ein Befehlszeilenargument, statt den Namen im Quelltext fest zu codieren? Die Antwort ist einfach: Wenn Sie den Programmnamen von der Befehlszeile erhalten, brauchen Sie sich keine Gedanken darüber zu machen, ob der Benutzer das Programm umbenennt, denn die Beschreibung des Programmaufrufs ist immer korrekt.

Die neuen Konzepte in diesem Programm stammen hauptsächlich aus Lektion 16 und betreffen die Arbeit mit Dateien. Zeile 40 deklariert eine Dateizeiger `fp`, über den im Programm alle Zugriffe auf die Datendatei stattfinden. Zeile 50 versucht diese Datei im Modus `"a+"` zu öffnen (zur Erinnerung: `argv[1]` enthält das zweite Argument der Befehlszeile – den Dateinamen). In diesem Dateimodus lässt sich die Datei nicht nur lesen, man kann auch Daten an die bestehende Datei anfügen. Falls sich die Datei nicht öffnen lässt, zeigen die Zeilen 52 und 53 eine Fehlermeldung an, bevor Zeile 54 das Programm beendet. Beachten Sie, dass die Fehlermeldung aussagekräftige Informationen bietet: Unter anderem enthält sie die Nummer der Zeile, bei der der Fehler aufgetreten ist. Diese Information liefert das Makro `__LINE__` (siehe Tag 20).

Lässt sich die Datei erfolgreich öffnen, zeigt das Programm ein Menü an. Wenn der Benutzer das Programm beenden will, schließt Zeile 74 die Datei mit `fclose`, bevor das Programm die Steuerung an das Betriebssystem zurückgibt. Die anderen Menüoptionen erlauben es dem Benutzer, einen Datensatz einzugeben, alle Datensätze als Bericht anzuzeigen und nach einem bestimmten Namen zu suchen.

Gegenüber den Vorgängerversionen weist die Funktion `daten_einlesen` ein paar bedeutende Änderungen auf. Die Zeile 101 enthält den Funktions-Header. Die Funktion übernimmt jetzt drei Zeiger. Der erste ist am wichtigsten: Ein Handle auf die Datei, die die Daten aufnehmen soll. Die `while`-Schleife in den Zeilen 105 bis 126 liest so lange Daten ein, bis der Benutzer die Eingaberoutine verlassen will. Die Zeilen 107 bis 116 fordern die Daten im gleichen Format an, wie im Programm des zweiten Wochenrückblicks. Zeile 118 ruft `fseek` auf, um den Dateizeiger an das Ende der Datei zu setzen, damit das Programm neue Daten anfügen kann. Beachten Sie, dass keine Aktion erfolgt, wenn `fseek` fehlschlägt. In einem vollständigen Programm fängt man diesen Fehler natürlich ab; hier wurde aus Platzgründen darauf verzichtet. Zeile 119 schreibt die Daten mit einem Aufruf von `fwrite` in die Datei.

Auch die Funktion `bericht_anzeigen` hat sich in dieser Version geändert: Die Funktion gibt jetzt Datum und Uhrzeit im Berichtskopf an – ein Merkmal, das für die meisten »echten« Berichte typisch ist. Zeile 137 deklariert die Variable `btime`. Die Funktion übergibt diese Variable in Zeile 140 an die Funktion `time` und zeigt den resultierenden Wert in Zeile 142 mit der Funktion `ctime` an. Die Zeitfunktionen hat Tag 17 vorgestellt.

Bevor das Programm damit beginnen kann, die Datensätze der Datei auszugeben, muss es den Dateizeiger an den Anfang der Datei setzen. Dies geschieht in Zeile 145 mit einem Aufruf von `fseek`. Die Datensätze lassen sich nun nacheinander lesen. Zeile 147 leitet diesen Vorgang mit dem ersten Datensatz ein. Wenn das Lesen erfolgreich verläuft, tritt das Programm in eine `while`-Schleife ein, die so lange läuft, bis das Ende der Datei erreicht ist (wenn `feof` einen Wert ungleich Null zurückliefert). Solange das

Ende der Datei noch nicht erreicht ist, gibt Zeile 152 die Daten aus, Zeile 155 zählt die Datensätze und Zeile 156 versucht, den nächsten Datensatz zu lesen. Hier sei auf Folgendes hingewiesen: Damit die Programmlänge in einem vertretbaren Rahmen bleibt, verzichtet das Programm darauf, die Rückgabewerte der Funktionen zu testen. Gewöhnen Sie sich diesen Programmierstil bitte nicht erst an! Schützuden Sie Ihre Programm vor Fehlern, indem Sie die Rückgabewerte von Funktionsaufrufen testen und gegebenenfalls geeignete Maßnahmen ergreifen.

Eine Funktion in diesem Programm ist neu. Die Zeilen 200 bis 234 enthalten die Funktion `adr_suchen`, die alle Datensätze aus der Datei nach einem bestimmten Nachnamen durchsucht. Die Zeilen 205 und 206 rufen diesen Namen vom Benutzer ab und speichern ihn in der lokalen Variablen `tmp_nname`. Wenn `tmp_nname` nicht leer ist (Zeile 208), setzt die Funktion in Zeile 210 den Dateizeiger an den Anfang der Datei und liest dann die Datensätze. Mit `strcmp` (Zeile 225) vergleicht die Funktion den Nachnamen im aktuellen Datensatz mit `tmp_nname`. Wenn die Namen übereinstimmen, geben die Zeilen 218 bis 222 den Datensatz aus und setzen den Dateizeiger auf den nächsten Datensatz. Das setzt sich fort, bis das Ende der Datei erreicht ist. Auch hier wurde darauf verzichtet, die Rückgabewerte aller Funktionsaufrufe zu überprüfen. Denken Sie bitte an den Hinweis im letzten Absatz.

Mittlerweile sollten Sie in der Lage sein, das Programm an Ihre Vorstellungen anzupassen. Zum Beispiel können Sie die Struktur der Datensätze ändern, die Funktionalität erweitern und das Menü entsprechend umgestalten. Mit den Funktionen, die Sie in Woche 3 kennen gelernt haben, und den anderen Funktionen der C-Bibliothek sollten Sie so gut wie jedes Problem, das sich mit einem Programm realisieren lässt, bewältigen können.

Bonuswoche

Objektorientierte Programmier-sprachen

In den vergangenen 21 Tagen haben Sie gelernt, in C zu programmieren. C ist eine prozedurale Programmiersprache. In der Bonuswoche beschäftigen wir uns mit objektorientierten Programmiersprachen und der OOP (objektorientierten Programmierung). Heute lernen Sie

- welche Unterschiede zwischen einer objektorientierten Sprache und einer prozeduralen Sprache bestehen,
- die gebräuchlichsten objektorientierten Sprachen und ihre Konstrukte kennen,
- welche Unterschiede aus höherer Sicht zwischen C, C++ und Java bestehen,
- wie Sie Ihre erste Java-Anwendung schreiben.

Prozedurale und objektorientierte Sprachen

C ist der Kategorie der prozeduralen Sprachen zuzuordnen, wie es bereits Tag 1 erläutert hat. Eine prozedurale Sprache beginnt mit dem Programmablauf am Anfang des Programms und führt die einzelnen Zeilen nacheinander aus. Der Programmfluss kann zwar zu anderen Teilen des Codes verzweigen, dennoch hängt diese Umleitung von der vorhergehenden Codezeile ab. In einer prozeduralen Sprache basiert der Programmentwurf auf Prozeduren und Funktionen.

In den letzten Jahrzehnten haben sich verschiedene objektorientierte Sprachen herausgebildet; die bekanntesten und gebräuchlichsten sind C++ und Java. Wie sich aus der Bezeichnung ableiten lässt, hat man es in einer objektorientierten Sprache in erster Linie mit Objekten zu tun. Mehr zu Objekten lernen Sie in der gesamten heutigen Lektion. Kurz gesagt ist ein Objekt ein unabhängiger und wieder verwendbarer Abschnitt von Programmcode, der eine spezifische Aufgabe ausführt oder festgelegte Daten speichert. Objektorientierte Sprachen können zwar auch mit Prozeduren arbeiten, jedoch weisen diese Sprachen zusätzliche Merkmale auf, um Objekte zu definieren und zu verwenden.

Warum hat man objektorientierte Sprachen entwickelt? Der Hauptgrund liegt in der zunehmenden Komplexität der Programme. Trotz der Leistungsfähigkeit von Sprachen wie C, sind derartige Sprachen nicht besonders gut geeignet, um komplexe Anwendungen zu erstellen. Große Programme, wie zum Beispiel Textverarbeitungen oder Tabellenkalkulationen, sind schwer zu warten, zu modifizieren und zu debuggen, wenn man sie in einer prozeduralen Sprache schreibt. Objektorientierte Sprachen sollen vor allem dieses Problem lösen.

Auch wenn man mit C objektorientierte Programme erstellen kann, sind die dafür erforderlichen objektorientierten Merkmale nicht in diese Sprache integriert. Damit kommt eine Programmierung im objektorientierten Sinne für C praktisch nicht in

Frage. Sprachen wie C++ und Java sind von vornherein speziell auf den objektorientierten Lösungsansatz ausgelegt. Bevor Sie sich einige Details von C++ und Java ansehen, müssen Sie verstehen, wodurch sich eine objektorientierte Sprache auszeichnet.

Hinweis Die objektorientierte Programmierung kürzt man häufig mit OOP ab. Dieses Akronym hat sich sowohl im englischen als auch im deutschen Sprachraum eingebürgert.

Hinweis Auch wenn C++ eine objektorientierte Sprache ist, kann man damit Prozedurcode schreiben – allerdings ist das nicht der empfohlene Lösungsweg!

Die objektorientierten Konstrukte

Wie Sie bereits wissen, arbeiten objektorientierte Sprachen mit Objekten. Was genau sind diese Objekte? Es gibt drei Hauptmerkmale, die die Objekte einer objektorientierten Programmiersprache definieren. Die Implementierung dieser Merkmale macht eine objektorientierte Programmiersprache aus. Zu diesen Konstrukten gehören:

- Polymorphismus
- Kapselung
- Vererbung

Gelegentlich betrachtet man auch die Wiederverwendbarkeit als vierte Eigenschaft, mit der sich eine objektorientierte Programmiersprache definieren lässt. Unter Wiederverwendbarkeit versteht man hier einfach die Fähigkeit, denselben Code in mehreren Programmen einzusetzen, ohne dass man ihn in wesentlichen Teilen neu schreiben muss. Wenn Sie die drei Schlüsselmerkmale effektiv implementieren, erhalten Sie automatisch wieder verwendbaren Code.

Hinweis Einer der Gründe, warum Software-Entwickler einer prozeduralen Sprache wie C eine objektorientierte Sprache vorziehen, ist der Faktor der Wiederverwendbarkeit. In C lassen sich zwar ebenfalls Funktionen und Bibliotheken wieder verwenden, man hat damit aber noch nicht das Potenzial, das die Wiederverwendbarkeit von Klassen und Vorlagen bietet. Mehr zu Klassen lernen Sie am Bonustag 3.

Anpassung mit Polymorphismus

Das erste Charakteristikum einer objektorientierten Programmiersprache ist der Polymorphismus. *Poly* bedeutet viel und *morph* Gestalt – also Vielgestaltigkeit; ein polymorphes Programm kann viele Formen annehmen. Mit anderen Worten: Das Programm ist in der Lage, sich automatisch anzupassen. Sehen wir uns dazu ein Beispiel an. Welche Angaben braucht man, um einen Kreis zu zeichnen? Hat man den Mittelpunkt und einen Punkt auf dem Umfang, kann man den Kreis zeichnen. Sind drei Punkte auf dem Umfang gegeben, lässt sich der Kreis ebenfalls zeichnen. Als dritte Möglichkeit kann man einen Kreis konstruieren, wenn der Mittelpunkt und der Radius gegeben sind. Abbildung 1.1 illustriert diese drei Methoden zum Zeichnen eines Kreises.

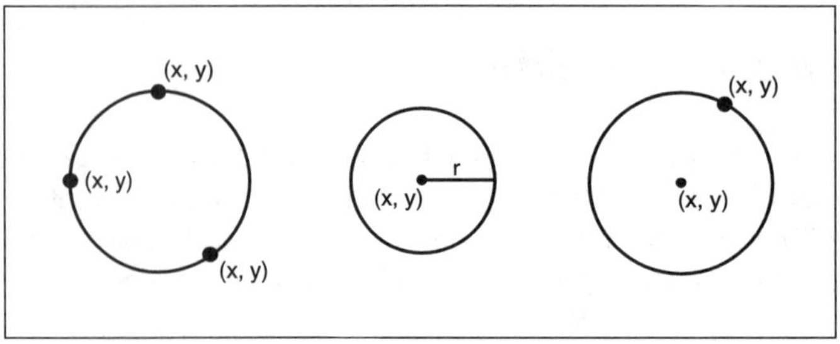

Abbildung 1.1: Verschiedene Parameter für das Zeichnen eines Kreises

Wenn Sie ein C-Programm schreiben, das einen Kreis zeichnen soll, können Sie sich mit drei verschiedenen Funktionen darauf einstellen, wie der Benutzer den Kreis zeichnen möchte. Es lassen sich auch drei eindeutig benannte Funktionen schreiben, wie im folgenden Beispiel:

```
zeichne_kreis_mit_punkten(int x1, int y1, int x2, int y2, int x3, int y3);
zeichne_kreis_mit_radius(int mpktX, int mpktY, long radius);
zeichne_kreis_mit_mittelpunkt_und_punkt
            (int mpktX, int mpktY, int x1, int y1);
```

Noch ungünstiger wäre es, die Funktionen beispielsweise mit `zeichne_kreis1`, `zeichne_kreis2` und `zeichne_kreis3` zu benennen – damit verschleiern Sie auch noch den Zweck der Funktionen. Die dargestellten Verfahren sind also nicht sehr praktisch. Sehen Sie sich nun Listing 1.1 an. Es dient dazu, zwei Quadrate zu zeichnen. Allerdings sind ein paar ungewöhnliche Dinge festzustellen. Es gibt mehr als eine Funktion mit dem gleichen Namen: `quadrat`! Das Beispiel verwendet Quadrate, da sie sich einfacher als Kreise zeichnen lassen.

Listing 1.1: Mehrere Funktionen zur Berechnung von Quadraten

```
/* Ein ungewöhnliches C-Listing, das eine */
/* Funktion quadrat() zweimal verwendet */

#include <stdlib.h>
#include <stdio.h>
// Funktion quadrat - die Erste!
void quadrat( int obenlinksX, int obenlinksY, long breite )
{
    int xctr = 0;
    int yctr = 0;
    // Listing nimmt an, dass untere Werte größer als obere Werte sind

    for ( xctr = 0; xctr < breite; xctr++)
    {
        printf("\n");

        for ( yctr = 0; yctr < breite; yctr++ )
        {
            printf("*");
        }
    }
}

// Funktion quadrat - die Zweite!
void quadrat( int obenlinksX, int obenlinksY,
              int untenlinksX, int untenlinksY)
{
    int xctr = 0;
    int yctr = 0;

    // Listing nimmt an, dass untere Werte größer als obere Werte sind

    for ( xctr = 0; xctr < untenlinksX - obenlinksX; xctr++)
    {
        printf("\n");

        for ( yctr = 0; yctr < untenlinksY - obenlinksY; yctr++ )
        {
            printf("*");
        }
    }
}

```

```
43: int main(int argc, char* argv[])
44: {
45:     int  pt_x1 = 0, pt_y1 = 0;
46:     int  pt_x2 = 5, pt_y2 = 5;
47:     int  pt_x3 = 0, pt_y3 = 0;
48:     long seite = 4;
49:
50:     // Funktion quadrat nach zwei verschiedenen Arten aufrufen
51:     quadrat( pt_x1, pt_y1, pt_x2, pt_y2);
52:
53:     printf("\n\n"); // Leerzeilen zwischen Quadrate setzen
54:
55:     quadrat( pt_x3, pt_y3, seite);
56:
57:     return 0;
58: }
```

```
*****
*****
*****
*****
*****


****
****
****
****
```

Dieses Listing enthält zwei Funktionen mit dem gleichen Namen (in den Zeilen 7 und 25). Weiterhin fällt auf, dass die Zeilen 51 und 55 die Funktion `quadrat` nach zwei verschiedenen Arten aufrufen. Weiter vorn in diesem Buch haben Sie gelernt, dass das in einem C-Programm nicht korrekt ist. In einer objektorientierten Sprache ist es dagegen erlaubt – Polymorphismus in Aktion. Beim Aufruf der Funktion `quadrat` bestimmt das Programm, welche Form in Frage kommt. Der Programmierer braucht sich nicht darum zu kümmern, welche Variante die richtige ist.

Listing 1.1 ist ein C-Listing, das ein Merkmal von C++ verkörpert. Wenn Sie Ihre Programme mit einem C++-Compiler (wie zum Beispiel Visual C++ von Microsoft oder C++ von Borland) kompilieren, lässt sich das obige Listing kompilieren und ausführen. Bei einem älteren C-Compiler erhalten Sie wahrscheinlich Fehlermeldungen, da C das Überladen von Funktionen nicht kennt. Haben Sie Ihren Compiler außerdem auf ANSI C-Kompatibilität eingestellt, so dass er ausschließlich ANSI C-Code kompiliert, funktioniert das Listing nicht, da es sich beim Überladen von Funktionen um ein Merkmal von ANSI C++ handelt.

Polymorphismus kann weit über dieses Demonstrationsbeispiel hinausgehen. Der Schlüssel zum Polymorphismus liegt darin, dass sich Ihre Programme an das anpassen können, was Sie wünschen. Das macht Ihr Programm und den Code wieder verwendbar.

In sich abgeschlossen durch Kapselung

Ein zweites Charakteristikum einer objektorientierten Sprache ist die Kapselung. Damit lassen sich Objekte erzeugen, die in sich abgeschlossen sind.

Hinweis

In Verbindung mit dem Polymorphismus erlaubt es die Kapselung, Objekte zu erzeugen, die unabhängig und demzufolge leicht wiederzuverwenden sind.

Durch Kapselung lässt sich die Funktionalität einer Blackbox realisieren. Das heißt, wenn ein anderer Programmierer Ihren Code einsetzt, muss er nicht wissen, wie er funktioniert. Statt dessen muss er nur wissen, wie er die Funktionalität aufruft und welche Ergebnisse er zurückerhält. Kommen wir noch einmal zum Kreisbeispiel zurück. Wenn man einen Kreis anzeigen möchte, genügt es zu wissen, wie man die Kreisroutinen aufruft. Abbildung 1.2 verdeutlicht ein noch besseres Beispiel.

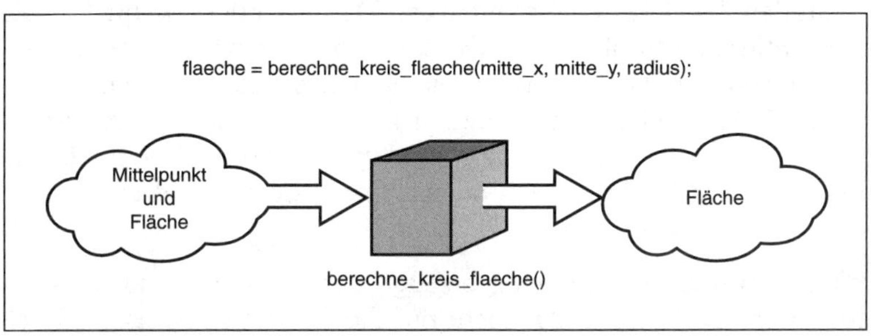

Abbildung 1.2: Kapselung wirkt wie eine Blackbox

Wie Abbildung 1.2 zeigt, ist die Routine `berechne_kreis_flaeche` eine Blackbox. Um sie zu verwenden, muss man nicht wissen, wie sie arbeitet. Man muss lediglich wissen, welche Parameter die Blackbox übernimmt und welchen Wert sie zurückgibt. Der folgende Code könnte Teil einer Routine `berechne_kreis_flaeche` sein:

```
1: ...
2: ...
3: PI = 3.14;
4: flaeche = PI * r * r;
5: ...
6: ...
```

Das ist kein vollständiges Listing, sondern lediglich ein Codefragment. Beachten Sie, dass die Routine in Zeile 3 die Variable `PI` gleich `3.14` setzt. Zeile 4 berechnet mit diesem Wert die Kreisfläche. Da der Wert eingekapselt ist, kann man ohne weiteres den Wert von `PI` ändern, ohne einen anderen Teil des Programms zu beeinflussen, das diese Routine aufruft. Beispielsweise kann man in Zeile 3 die Variable `PI` auf den genaueren Wert `3.14159` setzen und die Routine funktioniert weiterhin. Vielleicht werfen Sie jetzt – zurecht – ein, dass sich die Funktionalität auch mit regulären C-Funktionen auf diese Weise kapseln lässt. Allerdings geht die mit einer objektorientierten Sprache mögliche Kapselung noch einen Schritt weiter.

Daten kapseln

Neben der Kapselung der Funktionalität kann man auch Daten kapseln. Greifen wir noch einmal das Kreisbeispiel auf. Um Informationen über einen Kreis zu speichern, muss man lediglich den Mittelpunkt und den Radius kennen. Wie oben angesprochen, kann ein Benutzer verlangen, dass man einen Kreis anhand von drei Punkten zeichnet, die auf dem Umfang liegen, oder er kann verlangen, dass das Programm den Kreis aus den Werten für den Mittelpunkt und einem auf dem Umfang liegenden Punkt konstruiert. In der Blackbox können Sie den Mittelpunkt und den Radius speichern. Dem Benutzer brauchen Sie nicht mitzuteilen, dass Sie diese beiden Werte speichern; allerdings greifen Sie letztendlich auf diese Daten zurück, wenn Sie die Funktionalität für die betreffenden Routinen implementieren. Unabhängig von den Informationen, die der Benutzer bereitstellt, können Sie die Kreisroutine verwenden, indem Sie sich einfach den Radius und den Mittelpunkt merken. Zum Beispiel kann eine Funktion `berechne_kreis_flaeche` allein aus dem Radius und dem Mittelpunkt die Kreisfläche berechnen, ohne die konkret verwendeten Daten dem Benutzer bekannt zu machen.

Durch Kapselung von Daten und Funktionalität erzeugt man die Funktionalität einer Blackbox. Man erzeugt damit ein Objekt, das nicht nur die Daten des Kreises (Mittelpunkt und Radius) speichert, sondern auch weiß, wie der Kreis auf dem Bildschirm darzustellen ist. Eine derartige Blackbox lässt sich wieder verwenden, ohne dass deren interne Arbeitsweise bekannt ist. Auf dieser Ebene kann man auch die Implementierung der Funktionalität ändern, ohne dass es sich auf das aufrufende Programm auswirkt.

Hinweis Am Bonustag 3 lernen Sie Klassen und Objekte kennen. Mit Klassen können Sie in einer objektorientierten Programmiersprache wie C++ oder Java sowohl Daten als auch Funktionalität kapseln.

Aus der Vergangenheit durch Vererbung übernehmen

Das dritte Charakteristikum einer objektorientierten Programmiersprache ist die Vererbung. Dabei handelt es sich um die Fähigkeit, neue Objekte zu erzeugen, die die Eigenschaften vorhandener Objekte erweitern. Sehen Sie sich die weiter oben behandelte Funktionalität für ein Quadrat an. Ein Quadratobjekt kann die folgenden Informationen enthalten:

- Koordinate des Punktes in der linken oberen Ecke
- Länge der Seite
- Das Zeichen, mit dem das Quadrat zu zeichnen ist
- Eine Funktion, die die Fläche des Quadrates zurückgibt

Wenn Sie die linke obere Ecke und die Seitenlänge kennen, lässt sich das Quadrat konstruieren. Eine Funktion, die die Fläche des Quadrats zurückgibt, kann man ebenfalls im Quadratobjekt kapseln.

Per Vererbung kann man das Quadratobjekt zu einem Würfelobjekt erweitern. Praktisch erbt das Würfelobjekt vom Quadratobjekt. Alle Eigenschaften des Quadratobjekts werden zu einem Teil des Würfels. Das Würfelobjekt modifiziert die vorhandene Funktion zur Flächenberechnung und gibt das Volumen des Würfels statt der Fläche des Quadrats zurück; alles andere kann man aber direkt vom Quadratobjekt übernehmen. Ein Benutzer, der mit dem Würfelobjekt arbeitet, muss überhaupt nicht wissen, dass das Quadrat an dieser Berechnung beteiligt ist (siehe dazu Abbildung 1.3).

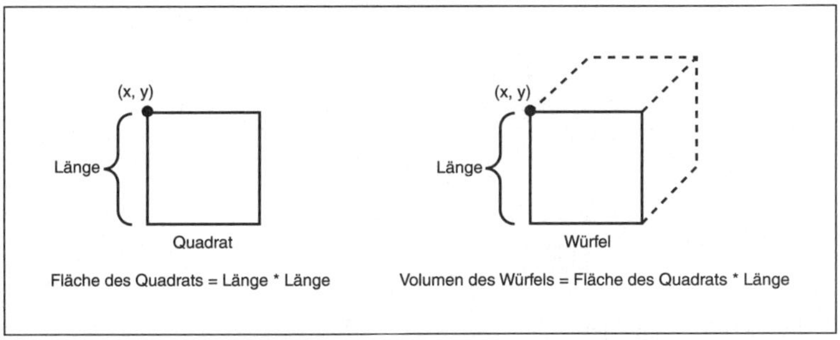

Abbildung 1.3: Ein Würfel erbt Teile eines Quadrates

OOP in Aktion

Das kleine C++-Programm in Listing 1.2 illustriert die drei Konzepte der objektorientierten Programmierung. Aus diesem Listing geht hervor, dass ein C++-Listing nicht genau wie ein C-Listing aussieht. Die nächsten Tage gehen näher auf die verschiedenen Elemente in diesem Listing ein.

Listing 1.2: C++-OOP in Aktion

```
// C++-Programm mit den Klassen quadrat und wuerfel
#include <iostream.h>

// Einfache quadrat-Klasse
class quadrat {
  public:
    quadrat();
    quadrat(int);
    int laenge;
    long raum();
    int zeichnen();
};

// Einfache wuerfel-Klasse, die von quadrat erbt
class wuerfel: public quadrat {
  public:
    wuerfel( int );
    long raum();
};

// Konstruktor für quadrat
quadrat::quadrat()
{
    laenge = 4;
}

// Überladener Konstruktor für quadrat
quadrat::quadrat( int init_laenge )
{
    laenge = init_laenge;
}

// Funktion raum der Klasse quadrat
long quadrat::raum( void )
{
    return((long) laenge * laenge);
}
```

```

// Funktion zeichnen der Klasse quadrat
int quadrat::zeichnen()
{
   int ctr1 = 0;
   int ctr2 = 0;

   for (ctr1 = 0; ctr1 < laenge; ctr1++ )
   {
       cout << "\n"; /* Neue Zeile */
       for ( ctr2 = 0; ctr2 < laenge; ctr2++)
       {
            cout << "*";
       }
   }
   cout << "\n";

   return 0;
}

// Konstruktor der Klasse wuerfel
wuerfel::wuerfel( int init_laenge)
{
    laenge = init_laenge;
}

// Funktion raum der Klasse wuerfel
long wuerfel::raum()
{
    return((long) laenge * laenge * laenge);
}

int main()
{
    quadrat quadrat1;
    quadrat1.laenge = 5;
    quadrat quadrat2(3);
    quadrat quadrat3;
    wuerfel wuerfel1(4);

    cout << "\nZeichne Quadrat 1 mit Fläche von " <<
            quadrat1.raum() << "\n";
    quadrat1.zeichnen();

    cout << "\nZeichne Quadrat 2 mit Fläche von " <<
            quadrat2.raum() << "\n";
```

```
    quadrat2.zeichnen();

    cout << "\nZeichne Quadrat 3 mit Fläche von " <<
            quadrat3.raum() << "\n";
    quadrat3.zeichnen();

    cout << "\nZeichne Würfel 1 mit Volumen von " <<
            wuerfel1.raum() << "\n";
    wuerfel1.zeichnen(); // Tatsächlich die Funktion zeichnen
            von quadrat verwenden

    return 0;
}
```

Ausgabe

```
Zeichne Quadrat 1 mit Fläche von 25

*****
*****
*****
*****
*****

Zeichne Quadrat 2 mit Fläche von 9

***
***
***

Zeichne Quadrat 3 mit Fläche von 16

****
****
****
****

Zeichne Würfel 1 mit Volumen von 64

****
****
****
****
```

Dieses C++-Programm führt zwar nicht gerade den besten Programmierstil vor, zeigt aber die Unterschiede zwischen C++ und C in relativ wenigen Codezeilen. Später in der heutigen Lektion erfahren Sie, dass Java ähnliche Konzepte verwendet. In den nächsten Tagen verbessern Sie dieses Listing. Heute lernen Sie noch mehr zur Ausgabe in C++ mit dem Objekt `cout`. In Listing 1.2 finden Sie dieses Objekt an mehreren Stellen.

Das Listing zeigt Polymorphismus, Kapselung und Vererbung. Die Zeilen 5 bis 12 definieren die Klasse `quadrat`. Auf die Einzelheiten einer Klasse geht Bonustag 3 ein. Beachten Sie fürs Erste, dass die Deklaration sowohl Funktionen (Zeilen 7, 8, 10 und 11) als auch Daten (Zeile 9) enthält. Damit lassen sich alle Merkmale eines Quadrats an einer Stelle kapseln. Die Zeilen 22 und 28 zeigen zwei verschiedene Arten, die Klasse `quadrat` einzurichten. Hier dokumentiert sich die polymorphe Natur einer Klasse. Das Konzept der Vererbung ist etwas komplizierter. In diesem Listing erbt die Klasse `wuerfel` von der Klasse `quadrat`, wie es in Zeile 15 zu sehen ist. Schließlich ist festzustellen, dass die Wiederverwendung ebenfalls im Listing realisiert ist. Die Deklaration von `wuerfel` greift auf die Funktionalität von `quadrat` zurück. Darüber hinaus sind die Deklarationen von `wuerfel` und `quadrat` so formuliert, dass man sie leicht in anderen Listings wieder verwenden kann. Diese Konzepte erscheinen Ihnen klarer, nachdem Sie sich am Bonustag 3 mit C++-Klassen und Objekten beschäftigt haben.

Das Verhältnis von C++ zu C

C++ ist eine Obermenge von C. Das bedeutet, dass alle Merkmale von C in C++ verfügbar sind. Umgekehrt sind aber nicht alle Features von C++ in C enthalten. Wenn Sie sich noch einmal Listing 1.2 ansehen, sollten Sie den Zweck der meisten Codeabschnitte herausfinden können. Nur einige Konstrukte sind tatsächlich neu.

Mit C++ wurde eine Programmiersprache geschaffen, in der man einfacher mit objektorientierten Konstrukten umgehen kann. Schlüsselwörter wie `class` und `template` erleichtern es, Objekte und wieder verwendbaren Code zu erzeugen. Darüber hinaus sind Schlüsselwörter wie `try` und `catch` hinzugekommen, um Fehler leichter aufspüren bzw. verhindern zu können. Alle diese Änderungen haben dazu beigetragen, eine Sprache zu schaffen, die die Eigenschaften der Wiederverwendung realisiert.

C++-Programme

Genau wie C setzt man auch C++ nicht nur dafür ein, ausführbare Programme zu erzeugen. Tabelle 1.1 zeigt die gebräuchlichsten Programmtypen, die man mit C++ erstellt.

Programmtyp	Beschreibung
Ausführbare Dateien	Programme, die sich durch ein Betriebssystem ausführen lassen
Bibliotheken	Vorgefertigte Routinen, die man beim Erstellen eines Programms linkt
DLLs	Vorgefertigte Routinen, die sich im Speicher befinden können und sich zu anderen Programmen zur Laufzeit binden lassen
Steuerelemente	Vorgefertigte Routinen, die sich für das Erstellen anderer Programme einsetzen lassen

Tabelle 1.1: Programmtypen in C++

Die Programmiersprache Java

Vielleicht klingt es nicht so recht glaubwürdig, aber die Sprache Java wurde ursprünglich mit dem Ziel entwickelt, Haushaltgeräte zu steuern. Der Urheber von Java, die Firma Sun Microsystems, hatte eine Vision, dass alle Geräte im Haushalt – unter anderem Videorecorder, Heizung, Stereoanlage, Kühlschrank usw. – über ein Netzwerk verbunden sind und durch einen zentralen Computer gesteuert werden. Welche Anforderungen muss eine derartige Sprache erfüllen? Zu den wichtigsten gehören:

- *Architekturneutral*: Die Arbeitsweise der Sprache soll nicht von der Hardware abhängig sein, auf der sie läuft.
- *Robust*: In Java geschriebene Programme müssen in hohem Maße resistent gegen Abstürze sein.
- *Objektorientiert*: Die Vorteile des objektorientierten Ansatzes verringern die Gefahr von unvorhersehbaren Fehlern.
- *Sicher*: Als Sprache für Netzwerke muss Java sicher gegen mögliche Virusangriffe sein.
- *Leistungsfähig und zugleich einfach*: Java soll den Programmierer nicht einschränken, muss aber gleichzeitig überschaubar und einfach zu erlernen sein.

Jeweils für sich betrachtet sind diese Merkmale nichts Neues. Neu ist allerdings der Versuch, alle Merkmale in eine einzige Programmiersprache einfließen zu lassen. Es hat sich recht schnell gezeigt, dass die Leistung dieser neuen Sprache viel mehr Einsatzfälle ermöglicht als nur die Programmierung von Haushaltsgeräten. Mittlerweile haben sich Zehntausende Entwickler für Java als Sprache der Wahl entschieden.

Die Beziehung von Java zu C und C++

Wenn Sie sich das erste Mal Java-Code ansehen, kommt Ihnen vieles bekannt vor. Das ist auch zu erwarten, weil Java auf der Sprache C++ basiert – und, wie Sie in der heutigen Lektion gelernt haben, basiert C++ seinerseits auf C. Jedoch gibt es signifikante Unterschiede zwischen der Java-zu-C++-Beziehung und der C++-zu-C-Beziehung.

Wie bereits erwähnt, ist C++ eine Obermenge von C. Das heißt, dass C++ alle Teile von C umfasst und ein ganzes Bündel neuer Elemente hinzufügt (vornehmlich die objektorientierten Merkmale). Das ist zunächst einleuchtend. Ist Java dann ein C++ mit noch mehr Neuerungen?

Nein. In der Tat ist es am besten, wenn man sich Java als C++ vorstellt, bei dem man einige Merkmale wieder herausgenommen hat. Das klingt zwar merkwürdig, ist aber sinnvoll. C++ ist eine extrem leistungsfähige und flexible Sprache; man kann damit nahezu alles und in jeder gewünschten Weise realisieren. Diese Flexibilität birgt aber auch Gefahren in sich und macht das Ganze komplizierter, was aber gegen die erklärten Ziele von Java verstößt. Somit ist Java ein C++ ohne die Merkmale, die unnötige Komplexität, Sicherheitsgefahren, Konflikte mit der Hardwareunabhängigkeit usw. bewirken.

Zwischen C++ und Java besteht ein weiterer Unterschied: C++ erlaubt, mit objektorientierter Programmierung zu arbeiten, Java fordert es. Damit ist gesichert, dass die Vorteile der objektorientierten Programmierung im gesamten Programm zum Tragen kommen.

Die Plattformunabhängigkeit von Java

Mit der Einführung von Java haben sich die Programmierer vor allem deshalb auf diese Sprache gestürzt, weil sie Plattformunabhängigkeit verspricht. Theoretisch kann man ein Java-Programm schreiben und es ohne jegliche Modifikationen auf einem PC, einem Macintosh, einer Sun Workstation oder jeder anderen Computerplattform, die Java unterstützt, laufen lassen. Das ist ein echter Vorteil. Wie funktioniert nun die Plattformunabhängigkeit von Java?

Egal in welcher Programmiersprache Sie ein Programm schreiben, Sie verwenden die dem Englischen entlehnten Anweisungen und Schlüsselwörter der jeweiligen Sprache. Ein Computer kann jedoch Ihr Programm nicht direkt verstehen. Die zentrale Verarbeitungseinheit eines Computers – die CPU (Central Processing Unit) – versteht nur die speziellen Binäranweisungen, für die sie konzipiert ist. Folglich muss die CPU Ihr Programm aus der jeweiligen Programmiersprache in binäre Anweisungen übersetzen, damit sie Ihren Quellcode verstehen und ausführen kann. Nichts anderes tun Sie, wenn Sie ein C-Programm kompilieren: Sie übersetzen den Quellcode in Binärcode.

Erschwerend kommt hinzu, dass verschiedene Computer mit unterschiedlichen CPUs arbeiten. Auch wenn die Grundprinzipien bei allen CPUs gleich sind, unterscheiden sie sich in wichtigen Details; in Bezug auf die Software gilt das vor allem für den konkreten Befehlssatz einer CPU. Das bedeutet, das der Binärcode für eine spezifische CPU zu generieren ist. Ein Macintosh versteht keinen Binärcode für einen PC und umgekehrt.

Java löst dieses Problem wie folgt: Ein Java-Programm wird beim Kompilieren nicht bis zu den eigentlichen Binäranweisungen übersetzt, sondern in den so genannten Bytecode. Man kann sich den Bytecode als Zwischenstufe zwischen Quellcode und Maschinencode vorstellen. Wichtig ist, dass der Bytecode keinerlei CPU-spezifische Elemente enthält. Mit anderen Worten ist er immer noch generisch und plattformunabhängig.

Jede Plattform oder jeder Computertyp hat seinen eigenen Java-Interpreter. Dieser Interpreter ist speziell darauf ausgerichtet, den Java-Bytecode in die CPU-spezifische Maschinensprache des jeweiligen Systems zu übersetzen. Dieser Interpreter ist die so genannte Java Virtual Machine (JVM). Die Übersetzung des Bytecodes in die Maschinenanweisungen erfolgt während der Programmausführung. Wenn Sie also ein Java-Programm schreiben, können Sie es mit demselben kompilierten Bytecode für jedes System vertreiben, auf dem eine JVM verfügbar ist.

Warnung

Obwohl Java plattformunabhängig sein soll, gilt das nicht in jedem Fall. Java ist zwar eine wesentlich bessere Wahl als irgendeine andere Sprache, dennoch hat eine Vielzahl von Faktoren dazu geführt, dass Java nicht 100%ig plattformunabhängig ist, wie es ursprünglich beabsichtigt war.

Pakete

Die Wiederverwendung von Code ist ein wesentlicher Punkt jeder objektorientierten Sprache und die Vererbung ist vielleicht das Hauptinstrument, durch das sich die Wiederverwendbarkeit erreichen lässt. Java geht mit den Paketen – auch Klassenbibliotheken genannt – noch einen Schritt weiter. Ein Java-Paket rationalisiert und vereinfacht die Wiederverwendung von Klassen (Objekten). In verschiedener Hinsicht ist ein Paket mit einer Bibliothek oder einer API (Application Programming Interface – Anwendungsprogrammierschnittstelle) in anderen Sprachen vergleichbar.

Mit Paketen lassen sich auch Namensbereiche verwalten. Das Konzept eines Namensbereiches bezieht sich auf die Tatsache, dass zwei verschiedene Klassen den gleichen Namen haben können. Da ein Java-Programm höchstwahrscheinlich mehrere Pakete verwendet – einige von der Sprache Java selbst, andere von Drittherstellern und wieder andere, die Sie selbst entwickelt haben –, können durchaus Konflikte zwischen gleich benannten Klassen auftreten. In Java definiert jedes Paket einen separaten Namensbereich; ein Klassenname muss nur innerhalb seines eigenen Namensbereiches eindeutig sein. Mit anderen Worten wird eine Klasse sowohl durch ihr Paket (Namensbereich) als auch ihren Namen spezifiziert.

Applets und Anwendungen in Java

Mit Java sollen sich verschiedenartige Programme schreiben lassen. Eine Anwendung ist ein voll ausgestattetes Programm, dass selbstständig laufen kann, genau wie die Programme, die Sie in C erstellt haben. Ein Applet ist eine spezielle Form eines Programms, das für die Verbreitung über das Internet und die Ausführung in einem Browser vorgesehen ist. Zum größten Teil gibt es keinen wesentlichen Unterschied zwischen Anwendungen und Applets, außer dass Applets etwas einfacher sind, weil der Browser, in dem sie laufen, einige Aufgaben übernimmt, die eine Java-Anwendung in eigener Regie erledigen muss.

Die Klassenbibliothek von Java

Java ist mehr als einfach nur eine Programmiersprache. Wenn Sie ein Java-Entwicklungswerkzeug installieren, erhalten Sie auch einen umfassenden Satz von Klassen, die unmittelbar einsatzfähig sind. Die Klassenbibliotheken von Java sind der Funktionsbibliothek von C und den Klassenbibliotheken des C++-Compilers ähnlich. Für die meisten der gebräuchlichen Programmfunktionen, wie zum Beispiel Bildschirmanzeige, Netzwerkarbeit oder Internet-Zugriff, finden Sie mit Sicherheit die benötigte Funktionalität in einer der Java-Klassenbibliotheken – getestet und bereit zum Einsatz. Mit welchem Java-Entwicklungswerkzeug Sie auch arbeiten, es bringt eine Dokumentation seiner Klassenbibliotheken mit.

Hello, World mit Java

Tag 1 hat Sie in die C-Programmierung mit dem traditionellen ersten C-Programm `Hello, World` eingeführt. Morgen lernen Sie, wie Sie `Hello, World` mit C++ verkünden. Jetzt ist aber erst einmal Java an der Reihe. Listing 1.3 zeigt den Java-Code für das Programm `Hello, World`.

Listing 1.3: Eine Java-Version von Hello, World

```
public class HelloWorld {

    public static void main(String args[]) {
    Say("Hello, world.");
   }
    private static void Say(String message) {
```

```
7:       System.out.println(message);
8:    }
9: }
```

```
Hello, World.
```

Das Programm ist sehr einfach, allerdings schon etwas komplexer als es sein muss, um eine Java-Funktion – eine so genannte Methode – vorzuführen. Zeile 1 beginnt die Definition des Programms `HelloWorld`. Beachten Sie, dass das Programm als Klasse definiert ist. Das ist ein Beispiel dafür, wie Java für alle Aspekte eines Programms die objektorientierten Verfahren durchsetzt. In Zeile 3 beginnt die Definition der Funktion `main`, die analog zu C ein obligatorischer Bestandteil aller Java-Anwendungen ist (während ein Java-Applet keine `main`-Funktion erfordert, wie Sie es in der nächsten Lektion lernen). Wenn Sie eine Java-Anwendung starten, beginnt die Ausführung in der Funktion main. Der Code in Zeile 4 ruft die Funktion `Say` auf und übergibt ihr das Argument `"Hello, world"`. Dann markiert die schließende geschweifte Klammer in Zeile 5 das Ende der Funktion `main`.

Die Funktion `Say` ist in den Zeilen 6 bis 8 definiert. Diese Funktion sieht fast wie eine C-Funktion aus, oder nicht? Das Funktionsargument ist vom Typ `String` – d.h. ein Objekt, das in den Klassenbibliotheken von Java vordefiniert ist. Zeile 7 erledigt die eigentliche Arbeit, d.h. die Ausgabe des Textes auf dem Bildschirm. `System.out` ist ein weiteres vordefiniertes Java-Objekt; es entspricht dem Stream `stdout` in C sowie dem Objekt `cout` in C++. Der Aufruf der Methode `println` des Objekts `System.out` zeigt den spezifizierten Text auf dem Bildschirm an.

Dieses Beispielprogramm ist eine Java-Konsolenanwendung, die nur mit Textein- und -ausgaben funktioniert. Wo die Ausgabe erscheint, hängt von den Details des Java-Entwicklungswerkzeugs ab, mit dem Sie arbeiten. Wenn Sie Java von der Befehlszeile ausführen, erscheint die Ausgabe auf der Befehlszeile. Verfügen Sie über eine der grafischen Java-Entwicklungsumgebungen, sehen Sie die Ausgabe in einem Fenster mit dem Titel `Java Console`.

Mit dem Objekt `cout` realisiert man in C++ die Ausgabe. Mehr zu `cout` lernen Sie in der morgigen Lektion.

Was Sie tun sollten	Was nicht
Lernen Sie C++ oder Java, wenn Sie große und komplexe Programme schreiben wollen.	Lassen Sie C nicht links liegen, denn diese Sprache ist ein sehr brauchbares Instrument für viele kleine bis mittlere Programmierprojekte.

Zusammenfassung

Die heutige Lektion hat die Grundlagen der objektorientierten Programmierung (OOP) behandelt. Dabei haben Sie Objekte kennen gelernt und die Konzepte, die eine objektorientierte Programmiersprache ausmachen: Polymorphismus, Vererbung, Kapselung und Wiederverwendung. Weiterhin hat diese Lektion gezeigt, dass die Grundzüge der Programmiersprache C++ genau die gleichen sind wie die der Programmiersprache C. Darüber hinaus haben Sie erfahren, dass Java lediglich eine andere Evolutionsstufe der Programmiersprachen C und C++ ist. In den nächsten sechs Bonustagen steigen Sie etwas tiefer in C++ und Java ein.

Fragen und Antworten

F Warum lerne ich C, wenn C++ und Java wesentlich mehr bieten?

A *Die objektorientierten Konstrukte sind etwas komplizierter anzuwenden. Für den Einsteiger ist C ein geeigneter Ausgangspunkt, weil es sich um eine prozedurale Sprache handelt und man dadurch den Programmablauf leicht verfolgen kann. Da sowohl C++ als auch Java auf C basieren, können Sie einen Großteil des Gelernten weiterhin anwenden, wenn Sie auf eine dieser objektorientierten Sprachen umsteigen. Wenn Sie große und komplexe Programme planen und sowohl den Code als auch die Funktionalität wieder verwenden wollen, sollten Sie sich für C++ oder Java entscheiden. Haben Sie auch mit der Wartung von bestehenden Programmen zu tun, brauchen Sie höchstwahrscheinlich C, weil noch Unmengen von C-Programmen in Benutzung sind.*

F Wie wichtig ist es, die objektorientierten Konzepte zu verstehen?

A *Diese Konzepte sind von grundlegender Bedeutung; Sie müssen sie beherrschen, wenn Sie die leistungsfähigen Werkzeuge der objektorientierten Sprachen effizient einsetzen wollen. Machen Sie sich keine Sorgen, wenn Sie Kapselung, Vererbung und Polymorphismus nicht auf Anhieb verstehen. Die »große Erleuchtung« kommt spätestens bei ihrer praktischen Arbeit mit C++ oder Java.*

Workshop

Die Kontrollfragen im Workshop sollen Ihnen helfen, die neu erworbenen Kenntnisse zu den behandelten Themen zu festigen. Die Übung gibt Ihnen die Möglichkeit, praktische Erfahrungen mit dem gelernten Stoff zu sammeln. Die Antworten zu den Kontrollfragen und der Übung finden Sie im Anhang F.

Kontrollfragen

1. Durch welche Charakteristika zeichnet sich eine objektorientierte Sprache aus?
2. Eine Funktion kann man mehrfach mit jeweils unterschiedlichen Parametern definieren. Wie bezeichnet man dieses Konzept?
3. Welche Schlüsselwörter gibt es in C, aber nicht in C++?
4. Kann man mit C objektorientiert programmieren?
5. Bietet Java alle Merkmale, die in C++ vorhanden sind?
6. Kann man ein prozedurales Programm in C++ oder Java schreiben?

Übung

1. Vergewissern Sie sich, ob Ihr C-Compiler auch C++-Programme kompilieren kann. Wenn das der Fall ist, ändern Sie die Compiler-Option in den Einstellungen Ihres Compilers, so dass er C++ statt C kompiliert (falls diese Änderung überhaupt erforderlich ist). Kompilieren Sie damit erneut einige C-Programme, die Sie in früheren Lektionen dieses Buches geschrieben haben.

Bonuswoche

Die Programmiersprache C++

C++ ist bekannteste und verbreitetste objektorientierte Programmiersprache. Gestern haben Sie die grundlegenden Charakteristika einer objektorientierten Sprache kennen gelernt. Weiterhin hat diese Lektion einige Eigenschaften von C++ dargestellt, die diese Sprache von C unterscheiden. Heute tauchen Sie direkt in die Programmiersprache C++ ein. In dieser Lektion

- schreiben Sie Ihr erstes C++-Programm,
- entdecken Sie die Ähnlichkeiten zwischen den Datentypen und Operatoren von C und C++,
- lernen Sie die Spezifika von überladenen Funktionen kennen,
- beschäftigen Sie sich mit Inline-Funktionen,
- lernen Sie die Schlüsselwörter von C++ kennen.

Hello C++ World!

Am Tag 1 haben Sie Ihr erstes C-Programm geschrieben. Listing 2.1 wiederholt es der Vollständigkeit halber.

Listing 2.1: Das C-Programm Hello World

```
#include <stdio.h>

int main()
{
    printf("Hello, World!\n");
    return 0;
}
```

```
Hello World!
```

Dieses Listing sollte Ihnen jetzt einfach vorkommen. Das erste C++-Listing ist genauso einfach. Listing 2.2 gibt ein zum Hello World-Listing fast äquivalentes Programm an, das in C++ geschrieben ist.

Listing 2.2: Das C++-Programm Hello World

```
1: #include <iostream.h>
2:
3: int main()
4: {
5:    cout << "Hello C++ World!\n";
6:    return 0;
7: }
```

Ausgabe

```
Hello C++ World!
```

Analyse

Wie Sie feststellen, gibt es nur wenige Unterschiede zwischen dem C++-Listing und dem in Listing 2.1 präsentierten C-Programm. Der erste Unterschied tritt in Zeile 1 zutage. In C++ arbeiten Sie mit einem anderen Satz von Bibliotheken und Routinen. Statt die Standardfunktionen von C einzubinden, nehmen Sie hier die objektorientierten Funktionen und Werte von C++ auf: Zeile 1 bindet die Header-Datei `iostream.h` anstelle von `stdio.h` ein. Die Datei `iostream.h` enthält die notwendigen Werte, um die Ein- und Ausgabe in C++ zu realisieren.

In Zeile 5 taucht die zweite große Änderung auf. Statt Funktionen und Klammern zu verwenden, schreibt man `cout`, um den Text an das Ausgabegerät zu senden. `cout` ist ein Objekt, das die Ausgabe realisiert. Statt die Werte an das `cout`-Objekt zu übergeben, leitet man die Werte zu diesem um. Der Umleitungsoperator (<<) leitet die Werte an `cout`. In diesem Fall leitet das Programm den String `Hello C++ World!` an dieses Objekt. Wie bei C-Anweisungen schließt ein Semikolon auch C++-Anweisungen ab.

Hinweis

Morgen lernen Sie mehr über Objekte und Klassen.

Ausgaben in C++

In Ihren C-Listings haben Sie eine Reihe von Funktionen wie `puts` und `printf` für die Ausgabe verwendet. Obwohl Sie diese C-Funktionen auch in einem C++-Listing aufrufen können, empfiehlt sich das nicht. Derartige Funktionen sind weder objektorientiert noch optimal auf C++ ausgerichtet.

Wie Listing 2.2 gezeigt hat, verwendet man für die Ausgabe in einem C++-Programm das Objekt `cout`, mit dem Sie Ausgaben an das Standardausgabegerät senden können.

Wie bereits erwähnt, rufen Sie `cout` nicht in der gleichen Weise wie eine Funktion in C auf, sondern leiten die Werte an `cout` um – und das Objekt sendet sie seinerseits an das Standardausgabegerät.

Das Objekt `cout` ist natürlich objektorientiert; es kapselt die Ausgabefunktionalität. Wenn Sie `printf` aufrufen, müssen Sie die Datentypen der auszugebenden Variablen spezifizieren. Beim Objekt `cout` ist das nicht erforderlich. Es passt sich automatisch an die Werte an, die Sie ihm zur Ausgabe anbieten. Listing 2.3 soll diesen Punkt verdeutlichen.

Listing 2.3: Ausgaben mit cout

```
// cout mit unterschiedlichen Datentypen verwenden
#include <iostream.h>

int main(int argc, char* argv[])
{
  int  an_int     = 123;
  long  a_long    = 987654321;
  float a_float   = (float) 123.456;
  char  a_char    = 'A';
  char *a_string  = "Ein String";
  bool  a_boolean = true;

  cout << "\n";
  cout <<    "Ein int:    " << an_int    << '\n';
  cout <<    "Ein long:   " << a_long    << '\n';
  cout <<    "Ein float:  " << a_float   << '\n';
  cout <<    "Ein char:   " << a_char    << '\n';
  cout <<    "Ein string: " << a_string  << '\n';
  cout <<    "Ein bool:   " << a_boolean << '\n';

  return 0;
}
```

```
Ein int:    123
Ein long:   987654321
Ein float:  123.456
Ein char:   A
Ein string: Ein String
Ein bool:   1
```

Analyse

Die Zeilen 6 bis 11 deklarieren mehrere Variablen mit unterschiedlichen Datentypen. Die Anweisungen in den Zeilen 14 bis 19 leiten die Werte dieser Variablen an `cout` um, so dass sie wie angegeben in der Ausgabe erscheinen.

Hinweis

Wenn Sie `cout` in einem Programm aufrufen, müssen Sie die Header-Datei `iostream.h` einbinden.

Die Schlüsselwörter von C++

Alle Schlüsselwörter der Programmiersprache C sind in C++ weiterhin gültig. Denken Sie daran, dass C++ eine Obermenge von C ist. Alles in einem C-Programm funktioniert auch in einem C++-Programm. Das bedeutet aber nicht, dass Sie alles, was Sie in einem C-Programm verwenden, auch in Ihre C++-Programme übernehmen sollten!

Außer den Schlüsselwörtern von C führt C++ weitere Schlüsselwörter ein. Tabelle 2.1 gibt die gebräuchlichsten Schlüsselwörter von C/C++ nach dem ANSI-Standard wieder. Alle Schlüsselwörter, die nur zu C++ und nicht zu C gehören, sind in Fettschrift hervorgehoben. Wie Sie der Tabelle entnehmen können, sind alle Ihnen bekannten C-Schlüsselwörter in C++ verfügbar. Außerdem entspricht die Funktionalität der C-Schlüsselwörter genau dem, was Sie bisher gelernt haben.

`break`	`case`	**catch**	**class**
`const`	`continue`	**delete**	`do`
`double`	`else`	`float`	`for`
`goto`	`if`	**inline**	`int`
`long`	**namespace**	**new**	**operator**
private	**protected**	**public**	`static`
`struct`	`switch`	**throw**	**try**
`union`	`void`	`while`	

Tabelle 2.1: Gebräuchlichste Schlüsselwörter in C++

Hinweis

Die in Tabelle 2.1 in Fettschrift hervorgehobenen Schlüsselwörter gehören zum ANSI C++-Standard, sind aber nicht Teil der ANSI C-Sprache.

Die Datentypen von C++

Am Tag 3 haben Sie die Datentypen von C kennen gelernt. Dieselben Datentypen sind auch in C++ verfügbar. Zusätzlich zu diesen Typen bietet C++ zwei häufig gebrauchte Datentypen: `bool` und `class`.

Der Datentyp `bool` ist eine boolesche Zahl, die nur ein Byte belegt. Der Wert eines `bool`-Typs ist entweder `True` (wahr) oder `False` (falsch).

Hinweis: Denken Sie daran, dass `False` den Wert `0` bedeutet und `True` eine beliebige andere Zahl.

Weiterhin bietet C++ die Fähigkeit, Daten in einem als Klasse (`class`) bezeichneten Format zu verpacken; Klassen definieren Objekte in C++. Darauf geht die morgige Lektion im Detail ein.

Variablen in C++ deklarieren

Ein weiterer Unterschied zu C hängt mit der Deklaration von Variablen in C++ zusammen. In C kann man Variablen am Beginn eines beliebigen Blocks deklarieren. Am häufigsten deklariert man eine Variable in C am Beginn einer Funktion; allerdings ist es auch möglich, Variablen an anderen Stellen eines Programms zu deklarieren, solange es sich um den Beginn eines Blocks handelt.

In C++ lassen sich Variablen zu jeder Zeit deklarieren. Das bedeutet, dass Sie mit der Deklaration einer Variablen warten können, bis Sie sie tatsächlich benötigen. Nach ihrer Deklaration bleiben die einfachen Variablen bis zum Ende des aktuellen Blocks gültig. Listing 2.4 verdeutlicht diese Fähigkeit, eine Variable an jedem Punkt deklarieren zu können.

Listing 2.4: Variablen nicht am Beginn eines Blocks deklarieren

```
// Variablendeklarationen nach Art von C++
#include <iostream.h>

int main(int argc, char* argv[])
{
  char a_char = 'x';

  for (int ctr = 1; ctr < 10; ctr++ )
  {
```

```
10:        cout << "\nZeile: " << ctr << " - Zeichen: " << a_char;
11:     }
12:
13:     char *just_for_fun = "Just For Fun!!!";
14:
15:     cout << "\n\njust_for_fun = " << just_for_fun << "\n";
16:
17:     return 0;
18: }
```

```
Zeile: 1 - Zeichen: x
Zeile: 2 - Zeichen: x
Zeile: 3 - Zeichen: x
Zeile: 4 - Zeichen: x
Zeile: 5 - Zeichen: x
Zeile: 6 - Zeichen: x
Zeile: 7 - Zeichen: x
Zeile: 8 - Zeichen: x
Zeile: 9 - Zeichen: x

just_for_fun = Just For Fun!!!
```

Dieses Listing ist recht einfach aufgebaut. Von Interesse ist vor allem Zeile 8, die die Variable `ctr` deklariert. In einem reinen C-Programm führt diese Anweisung zu einem Fehler, weil man dort `ctr` früher deklarieren muss – am Beginn der Funktion. Die Deklaration einer Variablen am Beginn einer Schleifenstruktur wie in Listing 2.2 ist in C++ dagegen übliche Praxis. Hier kann man eine Variable erst dann deklarieren, wenn man sie tatsächlich verwenden will.

Als zweites Beispiel deklariert Zeile 13 ebenfalls eine Variable, `just_for_fun`. Auch das geschieht weder am Beginn eines Blocks noch am Beginn der `main`-Funktion. In C++ ist diese Variable ohne weiteres gültig; die nächste Zeile gibt ihren Inhalt mithilfe des Objekts `cout` aus.

Dennoch sollten Sie bei der Deklaration von Variablen in der Mitte einer Funktion Vorsicht walten lassen. Auch wenn C++ es zulässt, Variablen an beliebigen Stellen zu deklarieren, empfiehlt es sich, die Deklarationen am Beginn eines Blocks vorzunehmen. Dadurch bleibt der Code auch für andere Programmierer verständlich und übersichtlich; schließlich erleichtert sich dadurch auch das Debuggen des Programms.

Was Sie tun sollten	Was nicht
Deklarieren Sie Variablen am Beginn des Blocks statt in der Mitte, um Ihre Programme übersichtlicher zu gestalten.	Vergessen Sie nicht, dass lokale Variablen den Vorrang gegenüber globalen Variablen des gleichen Namens haben.

Operatoren in C++

In C++ sind fast die gleichen Operatoren wie in C verfügbar. Demzufolge können Sie alles bisher Gelernte auf die Operatoren in C++ übertragen.

Für die Fehlerbehandlung führt C++ einen neuen Operator ein: `throw`. Es geht allerdings über den Rahmen dieses Buches hinaus, den `throw`-Operator und die damit verbundene Ausnahmebehandlung in C++ im Detail zu behandeln. Es sei hier nur soviel gesagt, dass sich die Fehlerbehandlung mit diesem Operator verbessern lässt.

Funktionen in C++

Gestern haben Sie ein Beispiel kennen gelernt, das Funktionen in C++ überladen hat. Einen Funktionsnamen kann man mehrmals verwenden. Die folgenden Abschnitte gehen auf die Spezifika der Überladung von Funktionen in C++ ein. Dabei lernen Sie auch einige andere Merkmale von C++ kennen, die mit Funktionen im Zusammenhang stehen. Dazu gehören unter anderem:

- Standardwerte für Funktionsparameter
- Inline-Funktionen

Funktionen überladen

Das Überladen von Funktionen ist die einfachste Form des Polymorphismus, die C++ unterstützt. Wie Sie in der gestrigen Lektion gesehen haben, beschwert sich C++ nicht, wenn Sie den gleichen Funktionsnamen mehr als einmal verwenden. Durch die Fähigkeit, einen Funktionsnamen wieder verwenden zu können, lassen sich Programme schreiben, die anpassungsfähig und somit intelligenter sind. Wenn Sie eine Funktion schreiben, die sich auf verschiedene Weise aufrufen lässt, bieten Sie dem Benutzer der Funktion Optionen an. Sehen Sie sich dazu die gestern präsentierten Beispiele an. Das Beispiel mit den Quadratfunktionen hat gezeigt, dass ein Benutzer ein Quadrat nach verschiedenen Methoden zeichnen kann. Das Programm hat das Quadrat anstandslos gezeichnet, ob man die Funktion nun mit zwei Punkten oder mit einem Punkt und der Seitenlänge aufruft.

Damit der C++-Compiler die polymorphe Natur von überladenen Funktionen unterstützen kann, müssen Sie ein paar Regeln befolgen. Einer Funktion erlauben Sie die Übernahme von unterschiedlichen Parametern, indem Sie mehrere Instanzen der Funktion deklarieren und definieren. Damit der Compiler die einzelnen Funktionen auseinander halten kann, muss sich jede Funktion in mindestens einem Parameter von allen anderen gleichnamigen Funktionen unterscheiden. Dieser Unterschied kann sich auch im Datentyp ausdrücken. Sehen Sie sich die folgenden beiden Funktionsaufrufe für eine Funktion namens `rechteck` an:

```
int rechteck( int obenlinksx, int obenlinksy, int breite, int laenge );
int rechteck( int obenlinksx, int obenlinksy, int untenrechtsx, int
                  untenrechts y );
```

Hierbei handelt es sich nur scheinbar um zwei verschiedene Arten, eine Funktion `rechteck` aufzurufen. Wenn Sie diese Funktion mit den obigen Deklarationen überladen wollen, erhalten Sie eine Fehlermeldung. Die übergebenen Parameter tragen zwar verschiedene Namen – die erste Funktion übernimmt Breite und Länge, die zweite einen Punkt mit zwei Koordinaten – aber der Compiler akzeptiert das nicht als Unterschiede. Statt dessen stellen sich die beiden Deklarationen für den Compiler als zwei Rechtecke mit je vier Argumenten vom Typ `int` dar.

Ändern Sie nun die zweite Deklaration wie folgt:

```
int rechteck( int obenlinksx, int obenlinksy, long untenrechtsx, long
                  untenrechts y );
```

Jetzt kann der Compiler den Unterschied zwischen beiden Funktionen erkennen: Eine Funktion übernimmt Werte vom Typ `long`, die andere Funktion Werte vom Typ `int`. Die folgende Zeile gibt eine weitere mögliche Deklaration für eine `rechteck`-Funktion an:

```
int rechteck( int obenlinksx, int obenlinksy );
```

Diese Funktion unterscheidet sich von den anderen, da sie nur zwei Parameter hat. Auch anhand einer abweichenden Anzahl von Parametern kann der Compiler die Funktionen voneinander unterscheiden. Allerdings ist diese dritte Funktion mit Vorsicht zu genießen, wie der nächste Abschnitt zeigt.

Standardwerte als Funktionsparameter

Man kann Funktionen nicht nur überladen, sondern auch Standardwerte für ihre Parameter einrichten. Dadurch kann sich eine Funktion anpassen, wenn ein Parameter im Aufruf nicht angegeben ist. Außerdem kann man definierte Werte festlegen, selbst wenn der Benutzer sie nicht bereitstellt. Sehen Sie sich dazu das Beispiel in Listing 2.5 an.

Listing 2.5: Standardwerte als Funktionsparameter

```
// Standardwerte für Parameter
#include <iostream.h>

// Funktionsprototyp mit Standardparametern
void rechteck (int breite = 3, int laenge = 3, char zeichen = 'X');

int main(int argc, char* argv[])
{
  cout << "\nRechteck( 8, 2, \'*\' );\n";
  rechteck( 8, 2, '*' );

  cout << "\nRechteck( 4, 5 );\n";
  rechteck( 4, 5 );

  cout << "\nRechteck( 2 );\n";
  rechteck( 2 );

  cout << "\nRechteck( );\n";
  rechteck( );

  return 0;
}

void rechteck ( int breite, int laenge, char zeichen )
{
  int ctr1 = 0;
  int ctr2 = 0;

  for (ctr1 = 0; ctr1 < laenge; ctr1++ )
  {
    cout << "\n";
    for ( ctr2 = 0; ctr2 < breite; ctr2++)
    {
      cout << zeichen;
    }
  }
   cout << "\n";
}
```

Ausgabe

```
Rechteck( 8, 2, '*' );
********
********

Rechteck( 4, 5 );

XXXX
XXXX
XXXX
XXXX
XXXX

Rechteck( 2 );

XX
XX
XX

Rechteck( );

XXX
XXX
XXX
```

Analyse

Wie dieses Listing zeigt, gibt es nur eine Deklaration und eine zugehörige Definition für die Funktion `rechteck`. Die Funktion unterscheidet sich von den vorherigen Beispielen, da sie mit Standardwerten arbeitet. Der Funktionsprototyp in Zeile 5 weist jedem Parameter einen bestimmten Wert zu. Diese Werte gelten als Standardwerte.

Der »normale« Aufruf der Funktion `rechteck` in Zeile 10 übergibt alle drei Parameter. Dagegen zeigt Zeile 13 einen Aufruf, in dem der Parameter `zeichen` nicht angegeben ist. Die Ausgabe demonstriert, dass das Programm trotzdem das Rechteck mit einem `'X'` zeichnet, weil der Prototyp dieses Zeichen in Zeile 5 als Standardparameter festgelegt hat. Die Zeilen 16 und 19 geben zwei weitere Aufrufe der Funktion `rechteck` an, jeweils mit einem Parameter weniger. In diesen Fällen greift die Funktion auf die im Prototyp eingerichteten Standardwerte zurück.

Der Compiler geht immer davon aus, dass die angegebenen Werte von links nach rechts gültig sind. Zum Beispiel kann man in der Funktion `rechteck` von Listing 2.5 nicht einfach ein Zeichen für die Anzeige übergeben, ohne die Werte für Breite und Länge zu bereitzustellen:

```
rechteck( '*' );
```

Dieser Aufruf von `rechteck` verwendet den ASCII-Wert von `'*'` für die Breite und nicht für das vorgesehene Darstellungszeichen. Bei der in Zeile 5 von Listing 2.5 deklarierten Funktion `rechteck` ist der erste Parameter der Rechteckfunktion immer die Breite, der zweite immer die Länge und der dritte das Zeichen für die Anzeige. Man könnte meinen, dass der Aufruf

```
rechteck ( , , '*' );
```

dieses Problem löst. Allerdings ernten Sie hier lediglich eine Fehlermeldung; Sie müssen die tatsächlichen Parameter übergeben.

Tipp: Parameter, die mit hoher Wahrscheinlichkeit als Standardwerte infrage kommen, sollten Sie in der Argumentliste so weit wie möglich nach rechts setzen.

Inline-Funktionen

Inline-Funktionen gehören ebenfalls zu den Merkmalen von C++, die in C nicht verfügbar sind. Eine Inline-Funktion verhält sich prinzipiell wie jede andere Funktion. Der Unterschied liegt darin, wie der Compiler die Funktion behandelt. Mit der Deklaration als inline fordert man den Compiler auf, alle Aufrufe der Inline-Funktion durch eine Kopie des Codes mit der Inline-Funktion zu ersetzen.

Inline-Funktionen verwendet man, um das Programm hinsichtlich der Geschwindigkeit zu optimieren. Bei jedem normalen Funktionsaufruf geht etwas Zeit verloren, wenn der Sprung in die Funktion und aus der Funktion zurück erfolgt. Durch die Deklaration als `inline` spart man diese Zeit ein, da der Code direkt im Programm eingebunden ist. Als Tribut an die Geschwindigkeit ergibt sich eine Vergrößerung des Programms. Der Code für die Funktion findet sich an allen Stellen, an denen einen Aufruf steht, als Duplikat. Wenn Sie also eine Inline-Funktion 15-mal aufrufen, gibt es am Ende 15 Kopien in Ihrem Programm. Listing 2.6 zeigt ein Beispiel mit Inline-Funktionen.

Listing 2.6: Eine Inline-Funktion verwenden

```
// Inline-Funktionen verwenden
#include <iostream.h>

inline long quadrat( long wert )
{
  return (wert * wert );
}

inline long haelfte( long wert )
{
```

```
11:   return (wert / 2);
12: }
13:
14: int main(int argc, char* argv[])
15: {
16:   long zahl;
17:
18:   cout <<"\nGeben Sie eine Zahl ein: ";
19:   cin >> zahl;
20:
21:   cout <<"\n\nQuadriert: " << quadrat(zahl);
22:   cout <<"\nHalbiert: " << haelfte(zahl);
23:
24:   cout <<"\nHälfte des Quadrats: ";
25:   cout << haelfte(quadrat(zahl));
26:
27:   cout << "\n\nFertig!\n";
28:
29:   return 0;
30: }
```

```
Geben Sie eine Zahl ein: 16

Quadriert: 256
Halbiert: 8
Hälfte des Quadrats: 128

Fertig!
```

Dieses Listing ist recht einfach aufgebaut. Der Benutzer gibt zunächst eine Zahl ein. Das Programm ruft diese Zahl mit dem Eingabeobjekt von C++, `cin`, ab. Das `cin`-Objekt ist das Gegenstück zum `cout`-Objekt, das Sie weiter vorn in dieser Lektion kennen gelernt haben. Die Eingabe können Sie vom `cin`-Objekt zu einer Variablen umleiten. In diesem Beispiel kommt die eingegebene Zahl in die Variable `zahl`. Nachdem das Programm den Wert geholt hat, gibt es ihn quadriert, halbiert und als Hälfte des quadrierten Wertes aus.

Die Zeilen 4 und 9 deklarieren und definieren zwei Inline-Funktionen. Abgesehen vom Schlüsselwort `inline` deklariert man Inline-Funktionen genau wie jede andere Funktion. Wie bereits erwähnt, stellt der Spezifizierer `inline` eine Anforderung an den Compiler dar, den Code dieser Funktionen inline zu platzieren. Wenn der Compiler die Anforderung anerkennt, dupliziert er den Code. Listing 2.7 vermittelt einen Eindruck, wie der resultierende Code in diesem Fall aussieht.

Hinweis

Listing 2.7 zeigt, wie Inline-Funktionen den Code beeinflussen. Der Compiler erweitert auch die eingebundenen Dateien, entfernt Kommentare, komprimiert Whitespaces und nimmt weitere Anpassungen vor.

Listing 2.7: Resultierender Code, wenn der Compiler die Inline-Anforderung anerkennt

```
// Inline-Funktionen verwenden
#include <iostream.h>

int main(int argc, char* argv[])
{
  long zahl;

  cout << "\nGeben Sie eine Zahl ein: ";
  cin >> zahl;

  cout <<"\n\nQuadriert: " << (zahl * zahl);
  cout <<"\nHalbiert: " << (zahl/2);

  cout <<"\nHälfte des Quadrats: ";
  cout << ((zahl * zahl)/2);

  cout << "\n\nFertig!\n";

  return 0;
}
```

Warnung

Wenn Sie eine Funktion als `inline` spezifizieren, ist noch nicht garantiert, dass der Compiler sie tatsächlich als Inline-Funktion realisiert. Es handelt sich nur um eine Bitte an den Compiler.

Tipp

Inline-Funktionen sollten Sie kurz und knapp halten. Wenn eine Funktion mehr als eine oder zwei Codezeilen umfasst, übersteigt sie normalerweise den Umfang, der für eine Inline-Funktion sinnvoll ist.

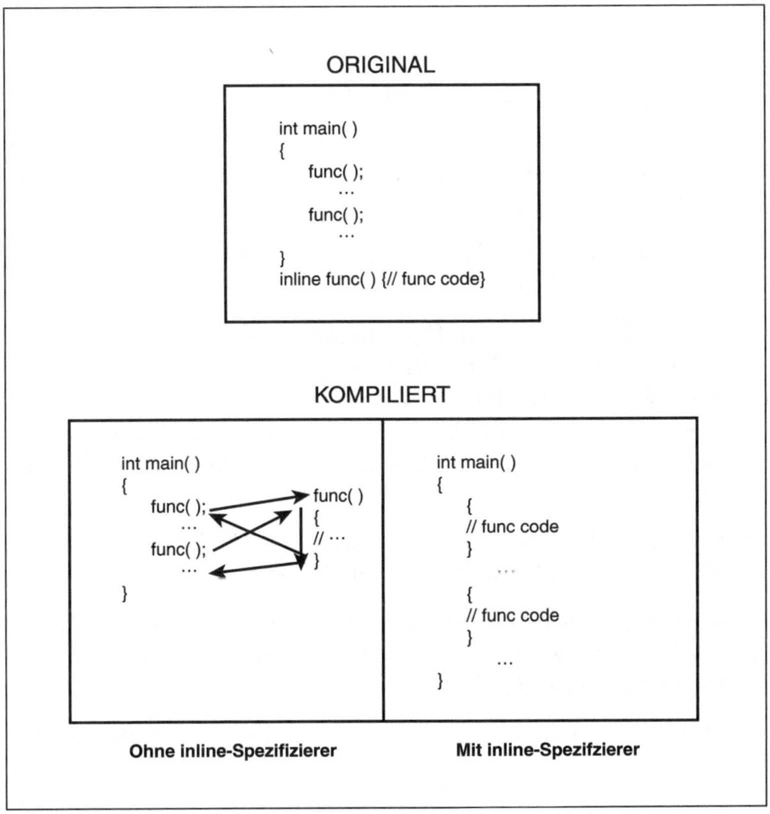

Abbildung 2.1: Inline-Funktionen und reguläre Funktionen

Zusammenfassung

Die heutige Lektion hat Sie in die Grundlagen der C++-Programmierung eingeführt. Insbesondere haben Sie gelernt, welche Operatoren und Schlüsselwörter zu C++, jedoch nicht zur Sprache C gehören. Diese Operatoren und Schlüsselwörter stellen die Bausteine von C++ dar. In der morgigen Lektion lernen Sie, wie man das Herzstück eines C++-Programms – eine Klasse – erstellt.

Fragen und Antworten

F Sind Funktionen das einzige Sprachelement, dass man überladen kann?

A *Nein. In C++ lassen sich auch Operatoren überladen; allerdings geht dieses Thema über den Rahmen des Buches hinaus. Morgen erfahren Sie, dass das Überladen von Operatoren üblich ist, wenn man mit Klassen arbeitet.*

F Wie unterscheiden sich die booleschen Werte (Variablen vom Typ `bool`) von den Werten, die man in einem Bit speichert?

A *Boolesche Werte belegen ein komplettes Byte, dessen Inhalt der Compiler als* `True` *oder* `False` *auswertet. In einem Byte lässt sich nur jeweils ein boolescher Wert speichern. Ein Bit kann ebenfalls die Werte* `true` *oder* `false` *haben (als 1 oder 0 festgelegt); allerdings lassen sich in einem Byte mehrere Bits unterbringen. In einem Byte mit 8 Bit kann man also 8 Bitwerte speichern, aber nur einen booleschen Wert.*

F Die heutige Lektion hat das Überladen von Funktionen und die Verwendung von Inline-Funktionen behandelt. Was sind Member-Funktionen?

A *Member-Funktionen sind ebenfalls ein Merkmal von C++, das nicht in C verfügbar ist. Derartige Funktionen sind Teil einer Klasse. Auf Klassen und Member-Funktionen geht die morgige Lektion ein.*

F Kann ich die Funktionen `printf` und `fprintf` in meinen C++-Programmen verwenden?

A *Obwohl man C-Funktionen in C++-Programmen verwenden kann, empfiehlt es sich nicht. Die Klasse* `cout` *ist wesentlich einfacher zu handhaben als die »sperrige« Funktion* `printf`*. Für* `cout` *spricht auch die objektorientierte Natur dieses Objekts. Wenn Sie dagegen mit* `printf` *arbeiten, rücken Sie vom Konzept der objektorientierten Programmierung ab.*

Workshop

Die Kontrollfragen im Workshop sollen Ihnen helfen, die neu erworbenen Kenntnisse zu den behandelten Themen zu festigen. Die Übungen geben Ihnen die Möglichkeit, praktische Erfahrungen mit dem gelernten Stoff zu sammeln. Die Antworten zu den Kontrollfragen und Übungen finden Sie im Anhang F.

Kontrollfragen

1. Welches C++-Objekt steht für die Ausgabe zur Verfügung?
2. Wann sollten Sie die Funktion `printf` in einem C++-Programm einsetzen?
3. Welche Werte lassen sich im Datentyp `bool` speichern?
4. Worin unterscheiden sich Variablendeklarationen in C++ und C?
5. Welche Operatoren sind in C++ aber nicht in C verfügbar?
6. Worin liegt der Unterschied zwischen der Verwendung von Standardwerten und dem Überladen von Funktionen?
7. Welche der folgenden Funktionsdeklarationen lassen sich einander überladen?

```
int dreieck( int winkel, int seite1, int seite2 );
int dreieck( int seite1, int seite2, int seite3 );
int dreieck( int seite1, int seite2, int winkel );
```

8. Deklarieren Sie eine Funktion `dreieck`, die drei Parameter übernimmt: `seite1`, `seite2` und `seite3`, alle drei vom Typ `int`. Legen Sie für alle Seiten den Standardwert `0` fest.
9. Richtig oder Falsch? Eine Inline-Funktion ist eine Funktion, die an jeder Stelle ihres Vorkommens im Listing in den Code kopiert wird.

Übungen

1. Schreiben Sie ein Programm, dass das Volumen einer Kiste berechnet. Der Benutzer soll Höhe, Breite und Länge der Kiste eingeben.
2. Modifizieren Sie das Programm nach Übung 1, um die Kosten für den Versand der Kiste zu berechnen. Nehmen Sie dabei an, dass die Kosten ausschließlich auf dem Volumen der Kiste basieren. Wenn die Kiste unter 100 Volumeneinheiten bleibt, betragen die Kosten 5 DM, zwischen 100 und 1000 Volumeneinheiten 10 DM und über 1000 Einheiten 20 DM. Erstellen Sie die Funktion mit einem Standardwert von 20 DM.

Bonuswoche

C++-Klassen und -Objekte

Die gestrige Lektion hat festgestellt, dass Klassen den Schlüssel zur objektorientierten Programmierung und damit zur C++-Programmierung bilden. Heute lernen Sie

- was eine Klasse ist,
- was Objekte sind,
- wie man ein Objekt instantiiert,
- wie man Funktionen und Daten in Klassen verwendet,
- wann man Konstruktoren und Destruktoren benötigt.

Komplexe Daten in C++

Mittlerweile wissen Sie, dass es eine Reihe verschiedener Datentypen gibt, in denen sich Informationen speichern lassen: In einer `int`-Variablen kann man einfache Ganzzahlen ablegen; eine `char`-Variable nimmt einzelne Zeichen auf; ein Zeichenarray erlaubt es, Strings zu speichern.

Im täglichen Leben hat man es mit vielen unterschiedlichen Objekten zu tun, zum Beispiel mit einer Rechnung, einer Figur, dem Namen einer Person, einem elektronischen Buch, einer Schecktransaktion usw. Mit den einfachen Datentypen von C und C++ lassen sich derartig komplexe Objekte nicht adäquat darstellen. Mit Strukturen kommt man der ganzen Sache schon näher; damit lassen sich benutzerdefinierte Datentypen erzeugen und man kann komplexe Daten wie einen Namen, ein Rechteck, eine Rechnung oder eine Schecktransaktion speichern. Zum Beispiel eignet sich die folgende Struktur, um die Uhrzeit aufzuzeichnen:

```
struct zeit {
  int stunden;
  int minuten;
  int sekunden;
};
```

Mit dieser `zeit`-Struktur kann man eine Reihe von `zeit`-Variablen deklarieren und damit arbeiten. Als Beispiel zeigt Listing 3.1 ein Programm, dass eine Startzeit und eine Endzeit speichert.

Listing 3.1: Eine zeit-Struktur einsetzen

```
// Eine zeit-Struktur in einem Programm verwenden
//
#include <iostream.h>

```

```
5:  struct zeit {
6:    int stunden;
7:    int minuten;
8:    int sekunden;
9:  };
10:
11: void zeit_ausgeben(struct zeit z);
12:
13: int main(int argc, char* argv[])
14: {
15:   struct zeit start_zeit;
16:   struct zeit end_zeit;
17:
18:   start_zeit.stunden = 8;
19:   start_zeit.minuten = 15;
20:   start_zeit.sekunden = 20;
21:
22:   end_zeit.stunden = 10;
23:   end_zeit.minuten = 11;
24:   end_zeit.sekunden = 12;
25:
26:   cout << "\nStartzeit: ";
27:   zeit_ausgeben(start_zeit);
28:   cout << "\n\nEndzeit:  ";
29:   zeit_ausgeben(end_zeit);
30:
31:   return 0;
32: }
33:
34: // Eine zeit-Struktur im Format h:min:s ausgeben
35: // - - - - - - - - - - - - - - - - - - - - - - - - -
36: void zeit_ausgeben(struct zeit z)
37: {
38:   cout << z.stunden << ":" << z.minuten << ":" << z.sekunden;
39: }
```

Ausgabe

```
Startzeit:  8:15:20

Endzeit:   10:11:12
```

Analyse

Listing 3.1 zeigt in den Zeilen 5 bis 9 eine einfache Struktur für die Uhrzeit in Stunden, Minuten und Sekunden. Die Zeilen 15 und 16 deklarieren zwei Strukturen als `start_zeit` und `end_zeit`. Die Zeilen 18 bis 24 initialisieren die Datenelemente dieser zeit-Strukturen. Die Funktion zeit_ausgeben gibt dann die Zeitwerte aus. Der Prototyp dieser Funktion steht in Zeile 11, die Definition in den Zeilen 36 bis 39.

Funktionen mit Strukturen verwenden

Listing 3.1 verwendet eine Struktur, um ein Datenelement für die Zeit zu erzeugen. Mit der zeit-Struktur kann man eine Reihe von Funktionen verbinden. Im Beispiel haben Sie bereits die Funktion zeit_ausgeben gesehen. Die folgenden zusätzlichen Funktionen kann man direkt mit der zeit-Struktur verbinden:

```
add_stunde
add_minute
add_sekunde
```

Die Funktionalität dieser Routinen sollte auf den ersten Blick klar sein: Die Funktion add_stunde addiert einen Wert zum Datenelement stunden der Struktur, add_minute addiert einen Wert zum minuten-Element und add_sekunde addiert einen Wert zum sekunden-Element. Listing 3.2 zeigt, wie man diese drei einfachen Funktionen mit den Strukturen start_zeit und end_zeit verwenden kann.

Listing 3.2: Die add_xxxx-Funktionen mit der zeit-Struktur verwenden

```
// Programm mit zusätzlichen Funktionen für die zeit-Struktur
// zum Addieren von Zeitwerten.

#include <iostream.h>

struct zeit {
  int stunden;
  int minuten;
  int sekunden;
};

void zeit_ausgeben(struct zeit z);
void add_stunde(struct zeit *z);
void add_minute(struct zeit *z);
void add_sekunde(struct zeit *z);

int main(int argc, char* argv[])
{
  struct zeit start_zeit = {7, 10, 15};
  struct zeit end_zeit = {11, 20, 30};

  // Anfangszeit ausgeben
```

```
  cout << "\nStartzeit: ";
  zeit_ausgeben(start_zeit);
  cout << "\nEndzeit:  ";
  zeit_ausgeben(end_zeit);

  //  1 Stunde, 1 Minute und 1 Sekunde zur Endzeit addieren
  add_stunde(&end_zeit);
  add_minute(&end_zeit);
  add_sekunde(&end_zeit);

  // Endgültige Zeiten ausgeben
  cout << "\n\nStartzeit: ";
  zeit_ausgeben(start_zeit);
  cout << "\nNeue Endzeit: ";
  zeit_ausgeben(end_zeit);

  return 0;
}

// Eine zeit-Struktur im Format h:min:s ausgeben
// - - - - - - - - - - - - - - - - - - - - - - - - - -
void zeit_ausgeben(struct zeit z)
{
  cout << z.stunden << ":" << z.minuten << ":" << z.sekunden;
}

// 1 zur Anzahl der Stunden addieren
// - - - - - - - - - - - - - - - - - - - - -
void add_stunde(struct zeit *z)
{
  z->stunden += 1;
  while (z->stunden >= 24 )
  {
    z->stunden -= 24;
  }
}

// 1 zur Anzahl der Minuten addieren
// - - - - - - - - - - - - - - - - - - - - -
void add_minute(struct zeit *z)
{
  z->minuten += 1;
  while (z->minuten >= 60)
  {
    add_stunde(z);
    z->minuten -= 60;
```

```
69:   }
70: }
71:
72: // 1 zur Anzahl der Sekunden addieren
73: // - - - - - - - - - - - - - - - - - - -
74: void add_sekunde(struct zeit *z)
75: {
76:   z->sekunden += 1;
77:   while (z->sekunden >= 60)
78:   {
79:     add_minute(z);
80:     z->sekunden -= 60;
81:   }
82: }
```

Ausgabe

```
Startzeit: 7:10:15
Endzeit:  11:20:30

Startzeit: 7:10:15
Neue Endzeit: 12:21:31
```

Analyse

Listing 3.2 unterscheidet sich in mehreren Punkten von Listing 3.1. Als Erstes sind die `add`-Funktionen hinzugekommen. Die Prototypen stehen in den Zeilen 13 bis 15, die eigentlichen Funktionen sind in den Zeilen 59 bis 82 definiert. In den Zeilen 29, 30 und 31 übergibt die Funktion `main` die Adresse der Struktur `end_zeit` an die einzelnen `add`-Funktionen. Daraufhin addieren die `add`-Funktionen den passenden Wert zu den Member-Variablen der Struktur.

Dieses Programm weist auch zusätzliche Funktionalität auf. Die einzelnen `add`-Funktionen prüfen mit wenigen Codezeilen, ob der Wert bereits so groß ist, dass die nächstgrößere Zeiteinheit zu inkrementieren ist. Wenn das Datenelement für die Sekunden den Wert 60 erreicht, ruft die Funktion `add_sekunde` die Funktion `add_minute` auf und setzt die Anzahl der Sekunden zurück. Eine ähnliche Logik ist für die Stunden und Minuten realisiert.

Hinweis

Listing 3.2 initialisiert auch die Werte für die Strukturen in einer anderen Form. Statt jedes Datenelement einzeln auf einen bestimmten Wert zu setzen, erhalten die Strukturen ihre Anfangswerte bereits bei der Deklaration (siehe die Zeilen 19 und 20).

Wenn Sie mit den Zeigern, wie sie Listing 3.2 verwendet, noch nicht ganz klar kommen, sollten Sie das Thema Zeiger in den Tagen 9 und 11 wiederholen.

Member-Funktionen

Bonustag 1 hat die Merkmale einer objektorientierten Sprache erläutert. Dazu gehört auch die Kapselung. Man versteht darunter die Fähigkeit, in sich abgeschlossene Objekte zu erzeugen. Mit C++ können Sie die `zeit`-Struktur zu einer in sich abgeschlossenen Einheit gestalten, indem Sie die mit Listing 3.2 eingeführten Funktionen mit der eigentlichen Struktur selbst verbinden. Analog zu den Datenelementen (Stunden, Minuten und Sekunden) lassen sich auch Member-Funktionen (oder: Elementfunktionen) realisieren. Diese Member-Funktionen können auf die gleiche Weise wie die Datenelemente Teil der Struktur sein. Listing 3.3 zeigt ein Programm, das ähnlich zu Listing 3.2 ist, aber die Funktionen `add_stunde`, `add_minute` und `add_sekunde` als Member-Funktionen der Struktur `zeit` darstellt.

Listing 3.3: Member-Funktionen in der Struktur zeit

```
// Programm, das eine zeit-Struktur mit Member-Funktionen verwendet

#include <iostream.h>

struct zeit {
  // Datenelemente:
  int stunden;
  int minuten;
  int sekunden;

  // Member-Funktionen:
  void zeit_ausgeben(void);
  void add_stunde(void);
  void add_minute(void);
  void add_sekunde(void);
};

int main(int argc, char* argv[])
{
  struct zeit start_zeit = {7, 10, 15};
  struct zeit end_zeit = {11, 20, 30};

  // Anfängliche Zeiten ausgeben
  cout << "\nStartzeit: ";
  start_zeit.zeit_ausgeben();
```

```
  cout << "\nEndzeit:  ";
  end_zeit.zeit_ausgeben();

  // 1 Stunde, 1 Minute und 1 Sekunde zur Endzeit addieren
  end_zeit.add_stunde();
  end_zeit.add_minute();
  end_zeit.add_sekunde();

  // Endgültige Zeiten ausgeben
  cout << "\n\nStartzeit: ";
  start_zeit.zeit_ausgeben();
  cout << "\nNeue Endzeit: ";
  end_zeit.zeit_ausgeben();

  return 0;
}

// Eine zeit-Struktur im Format h:min:s ausgeben
// - - - - - - - - - - - - - - - - - - - - - - - -
void zeit::zeit_ausgeben(void)
{
  cout << stunden << ":" << minuten << ":" << sekunden;
}

// 1 zur Anzahl der Stunden addieren
// - - - - - - - - - - - - - - - - - -
void zeit::add_stunde(void)
{
  stunden += 1;
  while (stunden >= 24 )
  {
    stunden -= 24;
  }
}

// 1 zur Anzahl der Minuten addieren
// - - - - - - - - - - - - - - - - - -
void zeit::add_minute(void)
{
  minuten += 1;
  while (minuten >= 60)
  {
    add_stunde();
    minuten -= 60;
  }
}
```

```
72:
73: // 1 zur Anzahl der Sekunden addieren
74: // - - - - - - - - - - - - - - - - - - - -
75: void zeit::add_sekunde(void)
76: {
77:   sekunden += 1;
78:   while (sekunden >= 60)
79:   {
80:     add_minute();
81:     sekunden -= 60;
82:   }
83: }
```

```
Startzeit: 7:10:15
Endzeit:  11:20:30

Startzeit: 7:10:15
Neue Endzeit: 12:21:31
```

Das Listing unterscheidet sich zwar vom vorhergehenden, realisiert aber die gleiche Aufgabe und liefert die gleichen Ergebnisse. Allerdings ist dieses Programm mehr objektorientiert. In den Zeilen 5 bis 16 steht die Deklaration der bekannten `zeit`-Struktur. Jetzt aber deklariert diese Struktur in den Zeilen 12 bis 15 auch die `add`-Funktionen und die Funktion `zeit_ausgeben` – wohlgemerkt: innerhalb der Struktur! Durch diese interne Deklaration werden diese Funktionen zu Elementen der `zeit`-Struktur, genau wie die Datenelemente in den Zeilen 7 bis 9 zur Struktur `zeit` gehören.

Die Zeilen 20 bis 24 zeigen, dass die Funktion `main` in diesem Listing mit den gleichen Anweisungen wie im vorherigen Listing beginnt. In Zeile 25 taucht der erste Unterschied auf – die Verwendung einer der Member-Funktionen. Wie diese Zeile zeigt, verwendet man Member-Funktionen in der gleichen Weise wie Datenelemente. Mit dem Punktoperator (.) greift man in der gleichen Form auf die Member-Funktion wie auf ein Datenelement zu. Wie Sie bereits gelernt haben, sieht der Zugriff auf ein Datenelement einer Struktur wie folgt aus:

```
struktur_name.daten_element_name
```

Analog dazu lautet das Format für den Zugriff auf eine Member-Funktion:

```
struktur_name.member_funktion_name([übergebene_werte])
```

Warum übergibt man aber den Namen der Struktur nicht auch an die Funktionen `add_xxxx` bzw. `zeit_ausgeben`? Jede Member-Funktion ist mit einer spezifischen Deklaration der Struktur verbunden, genau wie es bei den Datenelementen der Fall ist. Wenn man die Member-Funktion aufruft, gibt man auch an, welche `zeit`-Struktur zu verwenden ist. Zum Beispiel ruft Zeile 25 die Funktion `zeit_ausgeben` in der Struktur `start_zeit` auf; in Zeile 27 steht der Aufruf der Funktion `zeit_ausgeben` in der Struktur `end_zeit`. Da bekannt ist, auf welche Deklaration der Struktur sich der Funktionsaufruf bezieht, braucht man die Adresse der Struktur nicht mehr zu übergeben.

Auch in den Definitionen der `add_xxxx`-Funktionen selbst muss man die jeweilige Struktur nicht angeben (siehe Zeile 68). Da es eine bestimmte Instanz der aufgerufenen Struktur gibt, nimmt der Compiler an, dass man sich auf diese Struktur bezieht. Aus dem gleichen Grund kann man den Strukturnamen vor den Datenelementen auch weglassen.

Member-Funktionen definieren

Da Member-Funktionen unter dem gleichen Namen in mehreren Strukturen deklariert sein können, muss man die Member-Funktionen bei ihrer Definition mit der jeweiligen Struktur verbinden. Wie Listing 3.3 zeigt, erreicht man das mit einem leicht abgewandelten Format für die Funktions-Header in der Definition der Funktion. Beispielsweise enthält Zeile 52 den Funktions-Header für die Funktion `add_stunde`. Vor dem eigentlichen Funktionsnamen steht hier der Name der Struktur gefolgt von zwei Doppelpunkten. Dieser zusätzliche Code ordnet die Funktion eindeutig der Struktur zu.

Das allgemeine Format für die Definition einer Member-Funktion lautet:

```
rückgabe_typ klassen_name::member_funktion_name( parameter )
{
  // Funktionsrumpf
}
```

Denken Sie daran, dass Sie den Strukturnamen in dieser Form einbinden müssen, weil es mehrere Strukturen mit gleichnamigen Member-Funktionen geben kann. Nehmen wir als Beispiel die Strukturen `geburtstag` und `jahrestag`, die beide über die Datenelemente `tag`, `monat` und `jahr` verfügen. Außerdem können beide Strukturen gleich benannte Funktionen wie etwa `datum_anzeigen` enthalten. Indem Sie den Strukturnamen in die Funktionsdefinition aufnehmen (wie es in Listing 3.3 geschieht), verbinden Sie die jeweilige Funktionsdefinition mit der richtigen Struktur.

Hinweis

Wenn Sie eine Member-Funktion außerhalb einer anderen Member-Funktion aus derselben Struktur verwenden, müssen Sie den Strukturnamen angeben, andernfalls erhalten Sie eine Fehlermeldung vom Compiler. Member-Funktionen lassen sich ebenso wie Datenelemente nur im Kontext der Struktur verwenden.

Klassen

In Ihren C++-Programmen haben Sie bereits Klassen verwendet – wenn auch unbewusst. Eine Struktur ist eine spezielle Form einer Klasse. Mehr dazu lernen Sie in Kürze.

Das Schlüsselwort `class` ist nur in C++ und nicht in C vorhanden. Sie können damit genau wie mit `struct` eigene benutzerdefinierte Datentypen erzeugen; eine Klasse erstellen Sie in der gleichen Weise wie eine Struktur. Weiter vorn in dieser Lektion haben Sie einen neuen Datentyp namens `zeit` als Struktur erstellt. Die `zeit`-Struktur lässt sich statt dessen auch wie folgt deklarieren:

```
class zeit {
  int stunden;
  int minuten;
  int sekunden;
};
```

Damit ist der Datentyp `zeit` nicht mehr als Struktur, sondern als Klasse deklariert. Außer den Datenwerten können Sie auch die Member-Funktionen, die Listing 3.3 eingeführt hat, als Teil der Klasse `zeit` deklarieren.

Wenn Sie von einer Klasse Objekte deklarieren, brauchen Sie im Unterschied zu einer Struktur das Schlüsselwort `class` nicht anzugeben; der Name der Klasse genügt. Praktisch ähnelt das der Deklaration einer Struktur mit dem Schlüsselwort `typedef`. Um beispielsweise die Datenelemente `end_zeit` und `start_zeit` mit der Struktur `zeit` zu deklarieren, schreiben Sie:

```
struct zeit start_zeit;
struct zeit end_zeit;
```

Mit einer Klasse sieht das folgendermaßen aus:

```
zeit start_zeit;
zeit end_zeit;
```

Einfacher geht es kaum! Beachten Sie Folgendes: Wenn Sie ein neues Datenelement aus einer Klasse erzeugen, deklarieren Sie tatsächlich ein Objekt. Mit anderen Worten ist in C++ ein *Objekt* einfach ein Datenelement, das man mit einer Klasse deklariert. Sowohl `start_zeit` als auch `end_zeit` sind Objekte, die Sie von der Klasse `zeit` deklariert haben.

Auch wenn eine Struktur ein spezieller Typ einer Klasse ist, gibt es einige Unterschiede. Bevor wir aber diese Abweichungen in Listing 3.3 – das Klassen anstelle von Strukturen verwendet – untersuchen, sehen wir uns zunächst die Hauptunterschiede an. An erster Stelle steht dabei die Standardmethode für den Zugriff auf Daten in einer Struktur gegenüber dem Standardzugriff in einer Klasse.

Hinweis

Eine Klasse verwendet man, um ein Objekt zu erzeugen. Diesen Vorgang bezeichnet man als *Instantiieren* der Klasse, d.h. man erzeugt eine Instanz der Klasse.

Den Zugriff auf Daten in einer Klasse steuern

In einer Klasse – und folglich auch in einer Struktur – lässt sich steuern, welche Routinen auf die Daten zugreifen können. Zu diesem Zweck stellt C++ drei zusätzliche Schlüsselwörter bereit:

- `public` (öffentlich)
- `private` (privat)
- `protected` (geschützt)

In der Voreinstellung sind die Mitglieder einer Klasse privat. Das betrifft sowohl die Datenelemente als auch die Member-Funktionen. In Strukturen ist der Zugriff öffentlich. Dieser Unterschied ist von grundlegender Bedeutung.

Öffentliche Daten

Öffentlich deklarierte Daten sind nicht nur den Member-Funktionen in der Klasse oder Struktur zugänglich, sondern auch jeder externen Quelle in einem Programm. In einer Struktur wie

```
struct name {
  string vorname;
  string nachname;
  string name_formatiert();
}
```

können Sie auf alle diese Elemente zugreifen, weil sie in der Voreinstellung öffentlich sind. Das geschieht zum Beispiel wie folgt:

```
obj_name.vorname
obj_name.nachname
obj_name.name_formatiert()
```

Hier steht `obj_name` für den Namen der Variablen (Objekt), das Sie mit der Struktur `name` deklariert haben. Durch ihren öffentlichen Charakter lassen sich diese drei Elemente von einer beliebigen Stelle in Ihrem Programm ansprechen.

Private Daten

Standardmäßig sind Strukturen öffentlich, Klassen privat. Auf private Elemente kann man nur über die Member-Funktionen der Klasse zugreifen, von einer anderen Stelle des Programms ist der Zugriff auf private Elemente nicht möglich.

Nehmen wir an, Sie haben eine Klasse wie folgt deklariert:

```
class name {
  string vorname;
  string nachname;
  string name_formatiert();
}
```

In der Voreinstellung sind alle Elemente privat. Auf die Elemente `vorname` und `nachname` kann man einzig und allein aus den Member-Funktionen der Klasse `name` zugreifen. Im Beispiel hat also nur die Member-Funktion `name_formatiert` Zugriff auf die beiden Datenelemente. Der folgende Code liefert demzufolge einen Fehler:

```
class name {
  string vorname;
  string nachname;
  string name_formatiert();
};

int main(int argc, char* argv[])
{
  name meinName

  meinName.vorname = "Bradley"  // Fehler, Daten sind privat
  ...
  ...
  return 0;
}
```

Der Fehler in diesem Code resultiert daraus, dass `meinName` nur private Datenelemente enthält. Auf diese drei Elemente können nur andere Elemente im Objekt zugreifen.

Tipp Die Datenelemente einer Klasse sollten Sie als privat und nicht als öffentlich deklarieren. Auf die Daten kann man über Member-Funktionen zugreifen.

Geschützte Daten

Geschützte Datenelemente, die Sie mit dem Zugriffsspezifizierer `protected` deklarieren, nehmen eine Sonderstellung zwischen öffentlichen und privaten Elementen ein. Auf dieses Thema geht die morgige Lektion im Zusammenhang mit der Vererbung ein.

Den Zugriffstyp für Klassendaten festlegen

Wie bereits erwähnt, sind die Daten in Strukturen per Vorgabe öffentlich, während normale Klassen standardmäßig private Elemente enthalten. Wie lassen sich diese Zugriffsmodi ändern? Ganz einfach: Sie geben die Schlüsselwörter `public`, `private` und `protected` in den Klassen des Programms an. Listing 3.4 ist eine Neufassung von Listing 3.3 und verwendet explizit die Schlüsselwörter `public` und `private`.

Listing 3.4: Private und öffentliche Daten deklarieren, definieren und verwenden

```
// Den Zugriff auf Datenelemente und Member-Funktionen steuern
#include <iostream.h>

class zeit {

  private:
    // Datenelemente:
    int stunden;
    int minuten;
    int sekunden;

  public:
    // Member-Funktionen:
    void init( int h, int m, int s);
    void zeit_ausgeben(void);
    void add_stunde(void);
    void add_minute(void);
    void add_sekunde(void);
};

int main(int argc, char* argv[])
{
  zeit start_zeit;
  zeit end_zeit;

  start_zeit.init(7, 10, 15);
  end_zeit.init(10, 20, 30);

  // Anfängliche Zeiten ausgeben
  cout << "\nStartzeit: ";
  start_zeit.zeit_ausgeben();
  cout << "\nEndzeit:  ";
  end_zeit.zeit_ausgeben();

  // 1 Stunde, 1 Minute und 1 Sekunde zur Endzeit addieren
```

```
    end_zeit.add_stunde();
    end_zeit.add_minute();
    end_zeit.add_sekunde();

    // Endgültige Zeiten ausgeben
    cout << "\n\nStartzeit: ";
    start_zeit.zeit_ausgeben();
    cout << "\nNeue Endzeit: ";
    end_zeit.zeit_ausgeben();

    return 0;
}

// Eine zeit-Struktur im Format h:min:s ausgeben
// - - - - - - - - - - - - - - - - - - - - - - - -
void zeit::zeit_ausgeben(void)
{
    cout << stunden << ":" << minuten << ":" << sekunden;
}

// 1 zur Anzahl der Stunden addieren
// - - - - - - - - - - - - - - - - - - -
void zeit::add_stunde(void)
{
    stunden += 1;
    while (stunden >= 24 )
    {
      stunden -= 24;
    }
}

// 1 zur Anzahl der Minuten addieren
// - - - - - - - - - - - - - - - - - - -
void zeit::add_minute(void)
{
    minuten += 1;
    while (minuten >= 60)
    {
      add_stunde();
      minuten -= 60;
    }
}

// 1 zur Anzahl der Sekunden addieren
// - - - - - - - - - - - - - - - - - - -
void zeit::add_sekunde(void)
```

```
82: {
83:   sekunden += 1;
84:   while (sekunden >= 60)
85:   {
86:     add_minute();
87:     sekunden -= 60;
88:   }
89: }
90:
91: // Werte der Datenelemente initialisieren
92: // - - - - - - - - - - - - - - - - - - - - - - - -
93: void zeit::init(int h, int m, int s)
94: {
95:   stunden = h;
96:   minuten = m;
97:   sekunden = s;
98: }
```

```
Startzeit: 7:10:15
Endzeit:  10:20:30

Startzeit: 7:10:15
Neue Endzeit: 11:21:31
```

Das Programm in diesem Listing steuert den Zugriff auf die Elemente der Klasse `zeit`. Zeile 6 erzeugt mit dem Schlüsselwort `private` ausdrücklich private Werte. In diesem Listing sind alle Datenelemente – `stunden`, `minuten` und `sekunden` – privat. Damit können nur die Member-Funktionen der Klasse `zeit` auf diese privaten Datenelemente zugreifen. Das Schlüsselwort `public` in Zeile 12 dient dazu, öffentliche Werte zu deklarieren. Damit sind die Member-Funktionen `init`, `zeit_ausgeben` und die `add_xxxx`-Funktionen öffentlich.

Zeile 14 führt eine neue Member-Funktion in die Klasse `zeit` ein: Die Funktion `init` setzt die Anfangswerte der privaten Datenelemente. Weil die Datenelemente privat deklariert sind, kann man auf sie nur mithilfe einer Member-Funktion der Klasse zugreifen; die Werte lassen sich in diesem Listing also nicht aus der Funktion `main` heraus setzen, wie es in Listing 3.3 möglich ist.

Die Zeilen 26 und 27 rufen die Funktion `init` auf. Diese Funktion setzt die Werte der Datenelemente in der Klasse `zeit`. Wie die Definition der Funktion in den Zeilen 91 bis

98 zeigt, setzt die Funktion einfach die Werte für die Stunden, Minuten und Sekunden in der Klasse auf die Werte, die der Aufrufer an die Initialisierungsfunktion übergibt.

Um die Wirkung der Schlüsselwörter für den Zugriff zu verdeutlichen, fügen Sie die folgende Anweisung zwischen die Zeilen 27 und 29 ein:

```
zeit.stunden = 5;
```

Wenn Sie das Listing mit dieser Zeile ausführen, erhalten Sie einen Fehler. Die Variable `stunden` ist nämlich ein privates Element der Klasse `zeit` – und auf private Elemente kann man nur aus den Member-Funktionen in der Klasse zugreifen!

Zugriffsfunktionen

Wie kann man überhaupt auf Datenelemente zugreifen, wenn man sie als `private` deklariert hat? Listing 3.4 bietet keine Möglichkeit, die Werte der Stunden, Minuten oder Sekunden direkt zu erhalten. Wie lassen sich diese Werte einzeln setzen und abrufen? Die Überschrift dieses Abschnitts liefert die Antwort auf dieses Frage. Um auf die Daten zuzugreifen, richtet man einfach Member-Funktionen ein.

Neuer Begriff

Eine *Zugriffsfunktion* ist eine öffentliche Member-Funktion, die einzig und allein dazu dient, ein Datenelement in der Klasse zu setzen oder abzurufen. Im Allgemeinen bestehen solche Funktionen nur aus wenigen Zeilen. In Listing 3.5 ist die Klasse `zeit` jetzt mit Zugriffsfunktionen ausgestattet. Um die Größe des Listings überschaubar zu halten, wurden die `add_xxxx`-Funktionen gestrichen.

Listing 3.5: Zugriffsfunktionen verwenden

```
// Zugriffsfunktionen verwenden
#include <iostream.h>

class zeit {

  private:
    int    stunden;
    int    minuten;
    int    sekunden;

  public:
    void init( int h, int m, int s);
    void zeit_ausgeben(void);

    void set_stunden( int h );
```

```
    void set_minuten( int m );
    void set_sekunden( int s );

    int get_stunden( void );
    int get_minuten( void );
    int get_sekunden( void );
};

int main(int argc, char* argv[])
{
  zeit meineZeit;

  meineZeit.init(11, 43, 20);

  // Anfängliche Zeiten ausgeben
  cout << "\nMeine Zeit ist: ";
  meineZeit.zeit_ausgeben();

  // Die Datenelemente von zeit einzeln zurücksetzen
  cout << "\n\nZeit auf 3:12:30 zurücksetzen ...\n";

  meineZeit.set_stunden(3);
  meineZeit.set_minuten(12);
  meineZeit.set_sekunden(30);

  // Die Datenelemente von zeit einzeln ausgeben
  cout << "\nDie Stunden sind jetzt:  " << meineZeit.get_stunden();
  cout << "\nDie Minuten sind jetzt:  " << meineZeit.get_minuten();
  cout << "\nDie Sekunden sind jetzt: " << meineZeit.get_sekunden();

  return 0;
}

// Eine zeit-Struktur im Format h:min:s ausgeben
// - - - - - - - - - - - - - - - - - - - - - - - - -
void zeit::zeit_ausgeben(void)
{
  cout << stunden << ":" << minuten << ":" << sekunden;
}

// Werte der Datenelemente initialisieren
// - - - - - - - - - - - - - - - - - - - -
void zeit::init(int h, int m, int s)
{
  stunden = h;
  minuten = m;
```

```
62:   sekunden = s;
63: }
64:
65: // Zugriffsfunktionen
66: // - - - - - - - - - - - -
67: int zeit::get_stunden()
68: {
69:   return stunden;
70: }
71: int zeit::get_minuten()
72: {
73:   return minuten;
74: }
75: int zeit::get_sekunden()
76: {
77:   return sekunden;
78: }
79: void zeit::set_stunden( int h )
80: {
81:   stunden = h;
82: }
83: void zeit::set_minuten( int m )
84: {
85:   minuten = m;
86: }
87: void zeit::set_sekunden( int s )
88: {
89:   sekunden = s;
90: }
```

```
Meine Zeit ist: 11:43:20

Zeit auf 3:12:30 zurücksetzen ...

Die Stunden sind jetzt:  3
Die Minuten sind jetzt:  12
Die Sekunden sind jetzt: 30
```

Wie bereits erwähnt, fehlen in diesem Listing einige Member-Funktionen der Klasse `zeit`. Dafür sind sechs neue Member-Funktionen hinzugekommen: Die ersten drei in den Zeilen 15 bis 17 sind Zugriffsfunktionen, die jeweils ein Datenelement setzen. In den Zeilen 19 bis 21 stehen drei Zugriffsfunktionen, die jeweils einen Wert aus den Datenelementen abrufen. Die Funktionsdefinitionen finden Sie in den Zeilen 67 bis 90.

Warum deklariert man überhaupt Datenelemente als privat und verwendet dann Zugriffsfunktionen, wenn dadurch wesentlich mehr Code erforderlich ist? Die einfachste Lösung scheint doch zu sein, alle Datenelemente als öffentlich zu deklarieren!

Die zusätzlichen Zugriffsfunktionen bedeutet zwar mehr Arbeit, sie erlauben aber, die Funktionalität des Programms zu verkapseln. Außerdem hat man die Möglichkeit, Änderungen an den Datenelementen der Klasse vorzunehmen, ohne alle Programme ändern zu müssen, die mit dieser Klasse arbeiten. Sehen wir uns dazu ein Beispiel an. In der Struktur `zeit` sind die Stunden, Minuten und Sekunden in Integer-Variablen gespeichert. Man kann nun die Klasse ändern, so dass sie alle Werte in Zeichenvariablen ablegt. Da 60 der größte vorkommende Wert ist und eine Zeichenvariable auch noch Werte größer als 60 speichern kann, ist dieser Datentyp möglich.

Welche Änderungen sind nun erforderlich, um den Wechsel des Datentyps zu implementieren? Wenn Sie in Ihren Programmen direkt auf die Datenelemente zugreifen, müssen Sie sicherstellen, dass alle Programme jetzt einen Zeichenwert anstelle eines Integer-Wertes übergeben. Mithilfe von Zugriffsfunktionen können Sie dagegen weiterhin bei Integer-Werten bleiben. In den Zugriffsfunktionen wandeln Sie einfach die Ganzzahl in ein Zeichen um und umgekehrt. Damit lassen sich Ihre vorhandenen Programme weiterhin verwenden, ohne dass Sie überhaupt eine Änderung in den Programmen vornehmen müssen!

Die Änderung von einem Integer-Wert in ein Zeichen ist natürlich nur ein vereinfachtes Beispiel. Sehen wir uns ein zweites Beispiel an: Eine Rechteckklasse speichert den linken oberen Eckpunkt sowie die Breite und Länge eines Rechtecks. Vielleicht wollen Sie Ihre Klasse jetzt ändern und die Punkte für die rechte obere und linke untere Ecke speichern, dafür aber auf Breite und Länge verzichten. Eine derartige Änderung macht es im Allgemeinen erforderlich, alle Programme neu zu schreiben, die mit dem Rechteck arbeiten. Wenn Sie aber Zugriffsfunktionen einsetzen, lässt sich die Klasse wie bisher verwenden. Sie müssen lediglich in den Zugriffsfunktionen die erforderlichen Umrechnungen durchführen und können dann in der Klasse mit den Punkten arbeiten.

Was Sie tun sollten	Was nicht
Verwenden Sie Klassen anstelle von Strukturen, wenn Sie Member-Funktionen einbinden wollen. Verwenden Sie nach Möglichkeit Zugriffsfunktionen, statt direkten Zugriff auf die Datenelemente einer Klasse zu bieten.	Deklarieren Sie keine Elemente als öffentlich, sofern es nicht wirklich erforderlich ist.

Strukturen vs. Klassen

Es sei noch einmal darauf hingewiesen, dass Strukturen und Klassen zwar sehr ähnlich sind, dennoch aber Unterschiede aufweisen. In der Voreinstellung sind die Datenelemente einer Struktur öffentlich, d.h. außerhalb der Member-Funktionen der Struktur zugänglich. Bei Klassen ist der Zugriff standardmäßig privat. Auf die privaten Datenelemente können also nur die Member-Funktionen der Klasse zugreifen.

Aufräumarbeiten mit Klassen

Weiter vorn in dieser Lektion haben Sie gelernt, dass man Datenwerte mit der Funktion `init` auf einen Anfangswert setzt. C++ bietet auch einen Mechanismus, mit dem man die aus einer Klasse erzeugten Objekte bei ihrer Erstellung initialisieren kann. Darüber hinaus existiert ein Mechanismus, mit dem sich Aufräumarbeiten am Ende der Lebensdauer eines Objekts ausführen lassen. Diese Aufräumarbeiten erfolgen, wenn das Objekt abgebaut – oder zerstört – wird. Für die genannten Aufgaben stellt C++ Konstruktoren und Destruktoren bereit.

Beginnen mit Konstruktoren

Ein Konstruktor ist eine spezialisierte Member-Funktion in einer Klasse. Der Name des Konstruktors ist der gleiche wie der Name der zugehörigen Klasse. C++ stellt einen Standardkonstruktor bereit, der die Klasse einrichtet; Sie können aber auch einen eigenen Konstruktor erzeugen. In diesem Fall überschreiben Sie den Standardkonstruktor, den der Compiler anlegt.

Da ein Konstruktor beim Erstellen einer Klasse ausgeführt wird, eignet er sich hervorragend, um alle Datenelemente zu initialisieren und Speicherreservierungen für die Klasse vorzunehmen.

Beenden mit Destruktoren

Ein Destruktor ist ebenfalls eine spezialisierte Member-Funktion in einer Klasse und hat auch den gleichen Namen wie die Klasse. Zusätzlich steht eine Tilde (~) vor seinem Namen. Zum Beispiel hat der Destruktor der Klasse `zeit` den Namen `~zeit`. Wenn ein Objekt seinen Gültigkeitsbereich verliert, wird es zerstört, was den Aufruf des Destruktors bewirkt.

Im Destruktor lassen sich Aufräumarbeiten erledigen. Zum Beispiel weist eine Klasse dynamisch Speicher zu, wenn man aus ihr ein Objekt erzeugt. Die dynamische Zuweisung lässt sich mit einem Konstruktor realisieren. Im Destruktor gibt man dann den Speicher frei.

Konstruktoren und Destruktoren einsetzen

Listing 3.6 zeigt ein Beispiel für den Einsatz eines Konstruktors und eines Destruktors mit einer Klasse. Das Programm weist im Konstruktor dynamisch Speicher zu und gibt ihn im Destruktor wieder frei. Damit Sie nachvollziehen können, wann welche Funktion aufgerufen wird, gibt das Programm an den jeweiligen Stellen Meldungen aus. Weiterhin ist anzumerken, dass dieses Listing zwei neue Schlüsselwörter für die Speicherreservierung präsentiert.

Listing 3.6: Konstruktoren und Destruktoren einsetzen

```
// Konstruktoren und Destruktoren verwenden
#include <iostream.h>

class value {
  private:
    int val;
  public:
    int get_value();
    value(int nbr = 99);
    ~value();
};

int main(int argc, char* argv[])
{
  cout << "\nEs folgt die Deklaration von myValue.";

   value myValue;

   cout <<"\nmyValue ist jetzt deklariert.";

```

```
21:    cout <<"\n\nmyValue ausgeben: " << myValue.get_value();
22:
23:    cout << "\n\nProgramm beenden.";
24:
25:    return 0;
26: }
27:
28: int value::get_value()
29: {
30:    return val;
31: }
32:
33: // Konstruktor für Klasse value
34: // - - - - - - - - - - - - - - - - -
35: value::value( int nbr )
36: {
37:   // Initialisierungen ausführen.
38:   val = nbr;
39:   cout << "\n... Im Konstruktor von value...\n";
40: }
41:
42: // Destruktor für die Klasse value
43: // - - - - - - - - - - - - - - - - - -
44: value::~value()
45: {
46:   // Für diese Klasse sind keine Aufräumarbeiten erforderlich
47:   cout << "\n... Im Destruktor von value ...\n";
48: }
```

Ausgabe

```
Es folgt die Deklaration von myValue.
... Im Konstruktor von value...

myValue ist jetzt deklariert.

myValue ausgeben: 99

Programm beenden.
... Im Destruktor von value ...
```

Analyse

Listing 3.6 erzeugt eine einfache Klasse namens `value`, die einen Integer-Wert speichert. Als privates Datenelement dient eine einfache `int`-Variable `val`, die eine ganze Zahl speichert. Die Zeilen 9 und 10 enthalten die Deklarationen für den Konstruktor und den Destruktor, die als Member-Funktionen zur Klasse gehören. Der Konstruktor der Klasse `value` verwendet einen Standardwert – ein C++-Merkmal, das Bonustag 2 behandelt hat. Wenn man den Konstruktor von `value` ohne den Parameter `nbr` aufruft, initialisiert der Konstruktor die Variable `val` mit dem Wert 99.

Hinweis: Denken Sie daran, dass sich Standardwerte für beliebige Funktionen in C++ einsetzen lassen. Üblich sind Standardwerte vor allem in Konstruktoren, weil man damit auf jeden Fall einen definierten Wert zur Verfügung hat.

Die Zeilen 35 bis 40 enthalten die Definition des Konstruktors. Diese Funktion wird immer dann aufgerufen, wenn man von der Klasse `value` ein Objekt erzeugt. Der Konstruktor weist hier einfach den an das Objekt übergebenen Parameter an das Datenelement `val` zu (siehe Zeile 38). Dann gibt Zeile 39 eine Meldung aus, um den Eintritt in den Konstruktor zu dokumentieren.

Die Definition für den Destruktor der Klasse steht in den Zeilen 44 bis 48. Im Beispiel benötigt die Klasse `value` eigentlich keinen Destruktor; der vom Compiler erzeugte Standarddestruktor genügt vollauf. Hier dient der Destruktor lediglich dazu, eine Meldung auszugeben, dass das Programm den Destruktor aufgerufen hat. Die Ausgabe des Programms zeigt die interessante Tatsache, dass der Aufruf des Destruktors erst nach der Meldung `Programm beenden` (am Ende der Funktion `main`) erscheint. Der Aufruf des Destruktors erfolgt beim Zerstören des Objekts. In diesem Beispiel wird das Objekt abgebaut, wenn die Funktion `main` endet.

Noch einmal: Überladen von Funktionen

Die gestrige Lektion hat gezeigt, wie man Funktionen überlädt. Das Überladen von Funktionen lässt sich auf verschiedene Arten mit Klassen nutzen. Diese Einrichtung ist vor allem wertvoll, um den Konstruktor einer Klasse zu überladen. Nehmen wir als Beispiel den Konstruktor für eine Klasse `datum` an. Man kann eine Reihe von Konstruktoren erstellen, um Objekte mit einer beliebigen Anzahl von Formaten einzurichten:

- Drei numerische Werte für Tag, Monat und Jahr, wie zum Beispiel `6, 9, 2001`.
- Einen Stringwert, beispielsweise `"6. September 2001"`
- Einen String und zwei numerische Werte, zum Beispiel `6, "September"` und `2001`.

Damit eine Klasse möglichst universell einsetzbar ist, gibt man Konstruktoren und Funktionen an, die sich nach verschiedenen Arten aufrufen lassen.

Zusammenfassung

Die heutige Lektion hat sich mit den Kernkonzepten beschäftigt, die C++ zu einer objektorientierten Sprache machen. Dabei haben Sie Klassen kennen gelernt und die Objekte, die sich mit ihnen instantiieren lassen. Weiterhin hat diese Lektion Datenelemente und Member-Funktionen behandelt. Darüber hinaus haben Sie gelernt, wie man Konstruktoren und Destruktoren erstellt.

Insgesamt hat diese Lektion umfangreichen Stoff geboten; die hier erläuterten Konzepte müssen Sie jedoch beherrschen, wenn Sie tiefer in C++ eindringen wollen. Das Objekt ist Dreh- und Angelpunkt der objektorientierten Programmierung. Heute haben Sie gelernt, wie man Informationen in einem Objekt kapselt. Weiterhin haben Sie gesehen, wie man durch Überladen von Funktionen ein Objekt polymorph macht. Die morgige Lektion behandelt das dritte Charakteristikum einer objektorientierten Sprache in Bezug auf ein Objekt – die Vererbung.

Fragen und Antworten

F Wenn eine Struktur alles das realisieren kann, was auch eine Klasse beherrscht, warum verwendet man dann nicht durchgängig Klassen – oder durchgängig Strukturen?

A *In einer Struktur speichert man im Allgemeinen nur Datenelemente. Sobald Member-Funktionen hinzu kommen, empfiehlt sich eine Klasse statt einer Struktur.*

F Kann ich in meinen C-Programmen Member-Funktionen in Strukturen verwenden?

A *Nein. Denken Sie daran, dass C++-Strukturen ein spezieller Klassentyp sind; Member-Funktionen sind Teil einer Klasse. C kennt kein Klassenkonstrukt. Deshalb können Sie weder Klassen noch Member-Funktionen verwenden.*

Workshop

Die Kontrollfragen im Workshop sollen Ihnen helfen, die neu erworbenen Kenntnisse zu den behandelten Themen zu festigen. Die Übungen geben Ihnen die Möglichkeit, praktische Erfahrungen mit dem gelernten Stoff zu sammeln. Die Antworten zu den Kontrollfragen und Übungen finden Sie im Anhang F.

Kontrollfragen

1. Worin liegt der Unterschied zwischen einer Struktur und einer Klasse in C++?
2. Kann man einer Klasse Werte zuweisen?
3. Was ist ein Objekt?
4. Was bedeutet es, wenn man eine Klasse instantiiert?
5. Welche Charakteristika der objektorientierten Programmierung verwenden Klassen?
6. Wo können Sie in Ihren Programmen auf ein privates Datenelement einer Klasse zugreifen?
7. Wo können Sie in Ihren Programmen auf ein öffentliches Datenelement einer Klasse zugreifen?
8. Wann wird ein Konstruktor ausgeführt?
9. Wann wird ein Destruktor ausgeführt?

Übungen

1. Erstellen Sie eine Klasse `point`, die einen Punkt aufnimmt. Die Klasse soll einen X- und einen Y-Wert speichern, die beide privat sind. Verwenden Sie Zugriffsfunktionen für diese Daten.
2. Erstellen Sie eine Klasse für einen Kreis. Als Datenelemente kommen der Mittelpunkt und der Radius des Kreises in Frage. Verwenden Sie die Punktklasse aus Übung 1, um das Datenelement für den Mittelpunkt darzustellen.
3. Erstellen Sie einen Konstruktor für die Kreisklasse aus Übung 2. Verwenden Sie die Koordinaten (0, 0) als Standardparameter für den Kreismittelpunkt und 1 als Standardradius.

Bonuswoche

Objektorientierte Programmierung mit C++

Die gestrige Lektion hat Objekte und Klassen eingeführt. Jetzt erweitern Sie Ihr Wissen zum Thema Klassen und lernen zusätzliche Möglichkeiten kennen, die sich mit Klassen ergeben. In der heutigen Lektion

- wiederholen Sie, wie Klassen dazu beitragen, C++ zu einer objektorientierten Sprache zu machen,
- arbeiten Sie mit Klassen und Datenelementen,
- lernen Sie das Instrument der Vererbung kennen,
- wenden Sie die Vererbung auf C++-Klassen an,
- erfahren Sie, wie Sie mehr über C++ lernen können.

Wiederholung der OOP-Konstrukte in C++

Am ersten Bonustag haben Sie gelernt, dass C++ eine objektorientierte Programmiersprache ist und sich eine objektorientierte Sprache durch drei Charakteristika auszeichnet:

- Polymorphismus
- Kapselung
- Vererbung

Sie haben bereits erfahren, wie C++ Polymorphismus und Kapselung implementieren kann. Polymorphismus realisiert man in C++ in erster Linie durch Überladen von Funktionen. Damit lassen sich Routinen erzeugen, die auf unterschiedliche Parameter reagieren können. Mit dem Überladen von Konstruktoren können Sie Objekte erstellen, die unterschiedliche Parameter für die Initialisierung verwenden. Zum Beispiel haben Sie in der gestrigen Lektion `datum`-Objekte angelegt. Ein derartiges Objekt können Sie in einer Vielzahl unterschiedlicher Formate erzeugen, beispielsweise mit einem String wie »25. Dezember 2001«, drei Zahlen wie »25, 12, 2001« oder einer Kombination aus Text und Zahlen wie »25, »Dezember«, 2001«. Indem Sie den Konstruktor eines Objekts überladen, können Sie eine Funktion erzeugen, die in diesen Szenarios arbeiten kann.

Die gestrige Lektion ist außerdem auf Kapselung eingegangen. Mit diesem Instrument können Sie Informationen und Funktionalität in einer C++-Klasse verkapseln. Wenn Sie eine derartige Klasse verwenden, können Sie Objekte instantiieren, die sowohl Daten als auch Funktionen enthalten.

Das letzte Charakteristikum einer objektorientierten Sprache ist die Vererbung. Die heutige Lektion vermittelt Ihnen die Grundlagen der einfachen Vererbung. Bevor wir aber in dieses Thema einsteigen, sehen wir uns erst noch das Konzept der Klassen als Datenelemente in anderen Klassen an.

Klassen als Datenelemente

Beim Thema Strukturen und Schleifenkonstruktionen in C haben Sie auch das Konzept der Verschachtelung kennen gelernt. Dabei platziert man einfach ein Konstrukt in einem anderen. Alles, was Sie für C gelernt haben, lässt sich auf C++ anwenden – das gilt auch für die Verschachtelung.

Um es noch einmal zu sagen: Eine Klasse ist einfach eine spezielle Datenstruktur. Da man Datenstrukturen in einer Klasse verwenden kann, sollte man demzufolge auch eine Klasse in einer anderen Klasse verwenden können. Das ist tatsächlich möglich. Nehmen wir als Beispiel eine Klasse, die einen Punkt speichert:

```
class punkt {
  private:
    int x;
    int y;
  public:
    int get_x();
    int get_y();
    void set_x(int val);
    void set_y(int val);
    punkt();
    punkt(int valx, int valy);
};
```

In einer Übung am Ende der heutigen Lektion können Sie dieser Klasse Leben einhauchen. Momentan interessiert nur, dass die Klasse einen `x`- und `y`-Wert für einen Punkt speichert. Weiterhin enthält sie Zugriffsfunktionen, um diese Werte zu setzen und abzurufen. Schließlich sind zwei Konstruktoren vorgesehen: Der erste Konstruktor übernimmt keine Parameter, der zweite Konstruktor übernimmt einen `x`- und einen `y`-Wert.

Wenn Sie eine Klasse `linie` erstellen wollen, können Sie die Klasse `punkt` als Datenelement einsetzen. Eine Klasse `linie` lässt sich dann wie folgt deklarieren:

```
class linie {
  private:
    punkt start;
    punkt ende;
  public:
    punkt get_start();
    punkt get_ende();
    void set_start(punkt val);
    void set_ende(punkt val);
    punkt();
};
```

Diese Klasse verwendet Punkte in der gleichen Weise wie die oben eingeführte Klasse `punkt` mit Ganzzahlen arbeitet. Ein Startpunkt und ein Endpunkt markieren eine Linie. Die Klasse `linie` definiert zwei `punkt`-Objekte als ihre Datenelemente. Mit Zugriffsfunktionen kann man diese Punkte abrufen und setzen. Die Klasse verwendet die `punkt`-Objekte genau wie jedes andere Datenelement.

Auf Klassen in Klassen zugreifen

Auf eine Klasse in einer Klasse greifen Sie genauso zu, wie auf eine verschachtelte Struktur. Denken Sie daran, dass Sie mit Datenelementen arbeiten. Um den `x`-Wert des Startpunktes in einem `linie`-Objekt namens `linie1` anzusprechen, schreiben Sie:

```
linie1.start.x
```

Auf den `y`-Wert des Endpunktes im selben `linie`-Objekt greifen Sie wie folgt zu:

```
linie1.ende.y
```

Vererbung in C++

Auch wenn C++ die Möglichkeit bietet, Klassen in anderen Klassen zu verschachteln – es gibt ein noch leistungsfähigeres Instrument. Dabei handelt es sich um das dritte Merkmal einer objektorientierten Sprache: Vererbung.

Unter Vererbung versteht man die Fähigkeit, auf vorhandenen Klassen aufbauend neue Klassen zu erstellen. Ein Beispiel soll das verdeutlichen. Jeder Mensch lässt sich durch eine Reihe von Eigenschaften charakterisieren. Dazu gehören:

- Name
- Alter
- Staatsangehörigkeit
- verschiedene Merkmale

Sehen wir uns jetzt einen Mitarbeiter in einer Firma an. Nicht jede Person ist Mitarbeiter in einer Firma; allerdings ist jeder Mitarbeiter eine Person. Ein Mitarbeiter hat alle oben aufgeführten Merkmale einer Person. Darüber hinaus kann er folgende Merkmale haben:

- Name der Firma, für die er arbeitet
- Gehalt
- andere diverse Merkmale

Als dritte Spezies nehmen wir einen Studenten. Dieser ist kein Mitarbeiter, aber eine Person. Mithin weist er alle Merkmale einer Person auf und hat folgende zusätzliche Merkmale:

- Studenten-ID
- andere diverse Merkmale

In Bezug auf die Programmierung sagt man, dass ein Mitarbeiter die Charakteristika einer Person erbt. Außerdem erbt ein Student die Charakteristika einer Person. Abbildung 4.1 zeigt die Beziehungen zwischen diesen drei potenziellen Klassen.

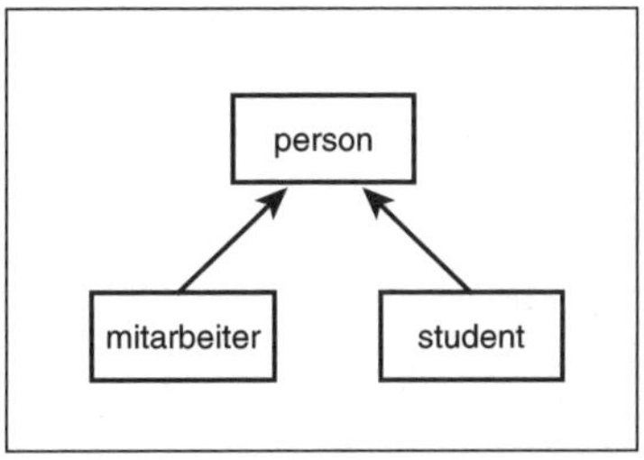

Abbildung 4.1:
Die Beziehungen zwischen den Klassen person, student und mitarbeiter

Wenn Sie Klassen anlegen, um Personen, Mitarbeiter und Studenten zu speichern, können Sie eine Reihe zusätzlicher Aussagen treffen:

- `person` ist eine Basisklasse.
- `mitarbeiter` und `student` sind Subklassen.
- Es gibt keine Beziehung zwischen `mitarbeiter` und `student`, obwohl sie dieselbe Basisklasse verwenden.

Hinweis

Eine *Basisklasse* ist einfach eine Klasse, von der eine andere Klasse erbt.

Hinweis

Eine *Subklasse* ist einfach eine Klasse, die von einer anderen Klasse *erbt*.

Eine Basisklasse für die Vererbung erstellen

Die Leistungsfähigkeit der Vererbung lässt sich am einfachsten an einem konkreten Beispiel demonstrieren. Dazu brauchen Sie zunächst eine Basisklasse, von der Sie erben können. Eine Basisklasse erstellen Sie genauso, wie Sie in der gestrigen Lektion Klassen erstellt haben. Die Basisklasse für das heutige Beispiel ist die Klasse `person`.

Listing 4.1 zeigt neben der Basisklasse auch etwas Code, mit dem sich die Basisklasse einsetzen lässt.

Listing 4.1: Die Klasse person ist so eingerichtet, dass sie sich als Basisklasse eignet

```
#include <iostream.h>
#include <string.h>

#define MAX_LEN 81

class person {
  protected:
    char vname[MAX_LEN];
    char nname[MAX_LEN];
    int alter;
  public:
    void set_vname(char vn[] ) { strcpy(vname, vn); };
    void set_nname(char nn[] ) { strcpy(nname, nn); };
    void set_alter( int a ) { alter = a ; };
    char *get_name(char *vollname);
    int   get_alter( void ) { return alter; };
    person(char vn[] = "leer", char nn[] = "leer");
};

person::person( char vn[], char nn[] )
{
  strcpy(vname, vn);
  strcpy(nname, nn);
  alter = -1;
}

char *person::get_name(char vollname[])
{
  strcpy(vollname, vname);
  strcat(vollname, " ");
  strcat(vollname, nname);

  return vollname;
}

int main(int argc, char* argv[])
{
  char voll[MAX_LEN + MAX_LEN];

  person brad("Bradley", "Jones");
  brad.set_alter(21);
```

```
42:
43:    person leer;
44:
45:    cout << "\nPerson brad: " << brad.get_name(voll);
46:    cout << "\nAlter:       " << brad.get_alter();
47:
48:    cout << "\nPerson leer: " << leer.get_name(voll);
49:    cout << "\nAlter:       " << leer.get_alter();
50:    cout << "\n";
51:
52:    return 0;
53: }
```

```
Person brad: Bradley Jones
Alter:       21
Person leer: leer leer
Alter:       -1
```

Listing 4.1 zeigt eine relativ einfache Klasse namens `person`. Zusätzlich finden Sie in den Zeilen 36 bis 53 eine `main`-Routine, die zwei `person`-Objekte instantiiert. Zeile 40 konstruiert ein Objekt namens `brad` mit übergebenen Werten. Die folgende Zeile legt auch das Alter für das `brad`-Objekt mit 21 Jahren fest. Zeile 43 instantiiert ein zweites Objekt namens `leer`. Dieses Objekt verwendet bei seiner Konstruktion alle Standardwerte. Das dokumentiert sich auch in der Ausgabe.

In der Basisklasse, die in den Zeilen 6 bis 34 zu finden ist, fallen einige Dinge auf: Bei vielen öffentlichen Member-Funktionen der Klasse `person` steht der Code direkt nach der Deklaration. Zum Beispiel finden Sie in Zeile 12 den Code für die Funktion `set_vname` – ein einfacher Aufruf zum Kopieren eines Strings – unmittelbar auf derselben Zeile nach der Deklaration der Funktion. Das ähnelt der Deklaration einer Inline-Funktion. Bei kurzen Routinen ist es einfacher und klarer, die Funktion inline in der Klasse zu deklarieren. Wenn eine Member-Funktion etwas länger ist, wie zum Beispiel `get_name` in Zeile 15, dann ist es besser, sie außerhalb der Klassendefinition zu definieren. Die Funktion `get_name` ist in den Zeilen 27 bis 34 definiert.

Das Listing enthält noch weitere Elemente, denen Sie in den bisherigen Listings noch nicht begegnet sind. Zeile 2 bindet die Header-Datei `string.h` ein, die für die Funktionen zum Kopieren und Verketten von Strings erforderlich ist. Zeile 4 definiert eine Konstante für die maximale Länge der verwendeten Strings.

Warnung

Beachten Sie, dass dieses Listing keine Fehlerprüfung enthält. Es gibt beispielsweise keine Vorkehrungen, die Namen mit mehr als 81 Zeichen verhindern. Das Listing verzichtet hier auf die Fehlerprüfung, damit Sie sich auf den Code für das Thema dieser Lektion konzentrieren können.

Der Modifizierer für den geschützten Datenzugriff

Die wichtigste Neuerung enthält Listing 4.1 in Zeile 7. Vielleicht haben Sie an dieser Stelle das Schlüsselwort `private` vermutet, aber hier steht `protected`. Wie Sie gestern gelernt haben, verhindert das Schlüsselwort `private`, dass andere Teile des Programms auf die Datenelemente oder Werte zugreifen können. Wenn Sie mit Vererbung arbeiten wollen, sollen die privaten Werte aber auch den Klassen zugänglich sein, die von der Basisklasse erben. Genau für diesen Zweck ist das Schlüsselwort `protected` vorgesehen. Es erlaubt nur der aktuellen Klasse und allen Klassen, die von der aktuellen Klasse erben, auf diese – geschützten – Werte zuzugreifen.

Vererbung von einer Basisklasse

Nachdem Sie mit der Klasse `person` aus Listing 4.1 über eine Basisklasse verfügen, können Sie davon andere Klassen ableiten. Listing 4.2 präsentiert eine Klasse `mitarbeiter`, die von der Klasse `person` erbt – die Klasse `mitarbeiter` ist eine Subklasse von `person`.

Hinweis

Zur Verdeutlichung sind in Listing 4.2 die zum Code aus Listing 4.1 hinzugefügten Teile in Fettschrift hervorgehoben.

Listing 4.2: Von der Klasse person erben

```
// Demonstration der Vererbung
#include <iostream.h>
#include <string.h>

#define MAX_LEN 81

class person {
  protected:
    char vname[MAX_LEN];
    char nname[MAX_LEN];
    int alter;
  public:
    void set_vname(char vn[] ) { strcpy(vname, vn); };
    void set_nname(char nn[] ) { strcpy(nname, nn); };
```

```
    void set_alter( int a ) { alter = a ; };
    char *get_name(char *vollname);
    int get_alter( void ) { return alter; };
    person(char vn[] = "leer", char nn[] = "leer");
};

class mitarbeiter : public person {
  protected:
    long gehalt;
  public:
    void set_gehalt(long geh) { gehalt = geh; };
    long get_gehalt() { return gehalt; };
    mitarbeiter(char vn[] = "mleer", char nn[] = "mleer");
};

person::person( char vn[], char nn[] )
{
  strcpy(vname, vn);
  strcpy(nname, nn);
  alter = -1;
}

char *person::get_name(char vollname[])
{
  strcpy(vollname, vname);
  strcat(vollname, " ");
  strcat(vollname, nname);

  return vollname;
}

mitarbeiter::mitarbeiter( char vn[], char nn[] ) : person(vn, nn)
{
  gehalt = 0;
}


int main(int argc, char* argv[])
{
  char voll[MAX_LEN + MAX_LEN];

  person brad("Bradley", "Jones");
  brad.set_alter(21);

  person leer;

```

```
61:    cout << "\nPerson brad: " << brad.get_name(voll);
62:    cout << "\nAlter:       " << brad.get_alter();
63:
64:    cout << "\nPerson leer: " << leer.get_name(voll);
65:    cout << "\nAlter:       " << leer.get_alter();
66:    cout << "\n";
67:
68:    mitarbeiter kyle( "Kyle", "Rinne" );
69:    kyle.set_gehalt( 50000 );
70:    kyle.set_alter(32);
71:
72:    cout << "\nMitarbeiter kyle: " << kyle.get_name(voll);
73:    cout << "\nAlter:            " << kyle.get_alter();
74:    cout << "\nGehalt:           " << kyle.get_gehalt();
75:    cout << "\n\n";
76:
77:    return 0;
78: }
```

Ausgabe

```
Person brad: Bradley Jones
Alter:       21
Person leer: leer leer
Alter:       -1

Mitarbeiter kyle: Kyle Rinne
Alter:            32
Gehalt:           50000
```

Analyse

Dieses Listing entspricht weitgehend dem vorhergehenden. Die Deklaration der Klasse hat sich gegenüber Listing 4.1 nicht geändert. Der neue Code ist in Fettschrift hervorgehoben, damit Sie die relevanten Stellen sofort erkennen.

In Zeile 21 tauchen die ersten Änderungen auf. Eine davon ist die Deklaration für die Klasse `mitarbeiter`, die sich folgendermaßen darstellt:

```
class mitarbeiter : public person {
```

Wie bei einer regulären Klasse beginnt die Definition der Klasse `mitarbeiter` mit dem Schlüsselwort `class`, gefolgt vom Namen der neuen Klasse – in diesem Fall `mitarbeiter`. Neu ist der Doppelpunkt und der sich anschließende Text. Der Doppelpunkt weist darauf hin, dass `mitarbeiter` eine Subklasse ist. Nach dem Doppelpunkt steht der Name der Basisklasse, von der `mitarbeiter` eine Subklasse ist – im Beispiel person. Das Schlüsselwort public bietet den Zugriff auf die Komponenten der Klasse person für die Klasse mitarbeiter. Wenn Sie eine Subklasse student erzeugen, beginnen Sie die Definition mit:

```
class student : public person {
```

Wenn Sie außerdem mitarbeiter als Basisklasse verwenden wollen, um eine neue Klasse namens temp_mitarbeiter zu erzeugen, leiten Sie die Definition der neuen Klasse wie folgt ein:

```
class temp_mitarbeiter : public mitarbeiter {
```

Die Klasse temp_mitarbeiter erbt von mitarbeiter. Und weil mitarbeiter ihrerseits von person erbt, hat temp_mitarbeiter Zugriff auf die Elemente und Merkmale von person. Listing 4.2 verdeutlicht diese Vererbungsstrukturen.

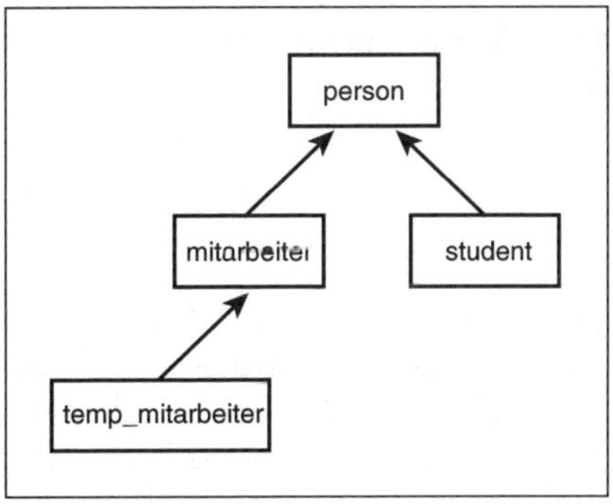

Abbildung 4.2: Eine Vererbungshierarchie

In Listing 4.2 fällt auf, dass die Deklaration für die Klasse mitarbeiter relativ kurz ist – und zwar deshalb, weil die Klasse alles übernimmt, was zur Klasse person gehört. Nur die neuen oder abweichenden Elemente sind in der Deklaration der Klasse aufzuführen. Im Beispiel handelt es sich dabei um ein einziges Datenelement namens gehalt, zwei Zugriffsfunktionen für gehalt und einen Konstruktor.

Den Konstruktor der Subklasse implementieren

Die Zeilen 46 bis 50 von Listing 4.2 enthalten den Konstruktor der Subklasse mitarbeiter. Er unterscheidet sich vom Konstruktor der Klasse person. Der erste Teil des Konstruktorkopfes ist noch gleich:

```
mitarbeiter::mitarbeiter( char vn[], char nn[] )
```

Der Konstruktor von mitarbeiter übernimmt einen Vornamen und einen Nachnamen. Zeile 27 übergibt den Standardwert mleer an die Funktion, wenn der Vorname bzw. der Nachname nicht angegeben ist.

Bei der Konstruktion eines mitarbeiter-Objekts konstruieren Sie eigentlich zuerst ein person-Objekt und dann das mitarbeiter-Objekt. Wenn das Programm den Konstruktor der Klasse mitarbeiter aufruft, wird als Erstes der Konstruktor der Basisklasse person aufgerufen. Ist die Ausführung des person-Konstruktors abgeschlossen, kommt der Konstruktor der Subklasse an die Reihe. Das Objekt gilt erst dann als konstruiert, wenn das Programm beide Konstruktoren erfolgreich ausgeführt hat. Später in dieser Lektion können Sie mit dem Programm von Listing 4.3 diese Schritte verfolgen.

Der Code in Listing 4.2 soll die an den mitarbeiter-Konstruktor übergebenen Werte an den person-Konstruktor weitergeben. Dazu fügt man die Werte an das Ende der Kopfzeile des Konstruktors an: Zeile 46 übergibt den Vornamen und den Nachnamen an den Konstruktor von person.

In Zeile 48 initialisiert der mitarbeiter-Konstruktor den Wert gehalt mit 0. Danach erhalten Vorname und Nachname die Werte, die man beim Instantiieren des mitarbeiter-Objekts übergibt, oder mleer, wenn dafür keine Werte angegeben sind. Das im person-Konstruktor initialisierte Alter enthält den Wert -1 und das Gehalt hat den Anfangswert 0.

Die Subklasse einsetzen

Zeile 68 von Listing 4.2 legt ein mitarbeiter-Objekt namens kyle an. Im Beispiel übergibt diese Anweisung die Werte "Kyle" und "Rinne" an den Konstruktor der Klasse. Zeile 69 ruft die Member-Funktion set_gehalt der Klasse mitarbeiter auf. Zeile 70 zeigt, dass man die Member-Funktion set_alter ebenfalls verwenden kann. Die Member-Funktion set_alter gehört zwar zur Klasse person, ist dort aber als public deklariert, so dass die Subklasse mitarbeiter diese Funktion genau wie ihre eigenen Elemente verwenden kann. In den Zeilen 72 bis 74 ist zu sehen, dass sich auch die Zugriffsfunktionen aufrufen lassen, um die jeweiligen Werte auszugeben.

Konstruktoren und Destruktoren auf der Spur

Der letzte Abschnitt hat erwähnt, dass Konstruktoren für Subklassen immer den Konstruktor der Basisklasse aufrufen. Das Gleiche gilt für Destruktoren, dieses Mal aber in der Reihenfolge Subklasse – Basisklasse. Für die Klasse mitarbeiter erfolgt zuerst der Aufruf des Destruktors von mitarbeiter, daran schließt sich der Aufruf des Destruktors von person an. Das Programm in Listing 4.3 gibt für jede dieser Funktionen eine Meldung aus. Dadurch können Sie die Reihenfolge der Konstruktor- und Destruktoraufrufe am Bildschirm verfolgen.

Listing 4.3: Reihenfolge der Aufrufe der Konstruktoren und Destruktoren mit Vererbung

```
#include <iostream.h>

class base {
  protected:
    int Bval;
  public:
    void set_Bval(int x) { Bval = x; };
    int get_Bval(int x) { return Bval; };
    base( int x = -99 );
    ~base();                  // Destruktor
};

class sub : public base {
  protected:
    int Sval;
  public:
    void set_Sval( int x ) { Sval - x; };
    int get_Sval() { return Sval; };
    sub( int x = -22 );
    ~sub();                   // Destruktor
};

base::base( int x )
{
  Bval = x;
  cout << "\n B >> Im Konstuktor der Basisklasse ...";
}

base::~base()
{
  cout << "\n B >> ... Im Destruktor der Basisklasse";
}

sub::sub( int x ) : base ( -1 )
{
  cout << "\n S >> Im Konstruktor der Subklasse ...";
}

sub::~sub()
{
  cout << "\n S >> ... Im Destruktor der Subklasse";
}
```

```

int main(int argc, char* argv[])
{
  cout << "\n . >> Eine Subklasse instantiieren ...\n";

  sub sub1;

  cout << "\n . >> ... Subklasse instantiiert ...";
  cout << "\n . >> ... Programm endet ...\n";

  return 0;
}
```

Ausgabe

```
. >> Eine Subklasse instantiieren ...

B >> Im Konstuktor der Basisklasse ...
S >> Im Konstruktor der Subklasse ...
. >> ... Subklasse instantiiert ...
. >> ... Programm endet ...

S >> ... Im Destruktor der Subklasse
B >> ... Im Destruktor der Basisklasse
```

Tipp

Studieren Sie die Ausgabe von Listing 4.3 und machen Sie sich die Abläufe klar. Wenn Sie über die Reihenfolge der Aufrufe genau Bescheid wissen, können Sie sich eine Menge Arbeit bei der Fehlersuche im Code und der zugrunde liegenden Logik sparen.

Bestandsaufnahme

In den letzten Tagen haben Sie eine ganze Menge über C++ und objektorientierte Programmierung gelernt. Allerdings war das nur ein Kratzen an der Oberfläche. C++ bietet weit mehr, als es sich in diesen wenigen Tagen darstellen lässt. Unter anderem ist die Bonuswoche auf wichtige Dinge wie die folgenden nicht eingegangen:

- mehrfache Vererbung
- Vorlagen
- RTTI (Run-Time Type Information – Typinformationen zur Laufzeit)
- Friend-Funktionen

- nichtöffentliche Vererbung
- Überschreiben im Gegensatz zum Überladen
- Überladen von Operatoren

Alle diese Merkmale bringen zusätzliche Funktionalität für Ihre C++-Programme und helfen, die Wiederverwendbarkeit Ihres C++-Codes zu erweitern. Aus diesem Grund findet man sie in vielen »richtigen« C++-Programmen. Natürlich lässt sich nicht alles im Rahmen einer Bonuswoche abhandeln. Dennoch sind Sie auf den Einsatz von C++ gut vorbereitet.

Zusammenfassung

Heute haben Sie zuerst die objektorientierten Konstrukte wiederholt, die in C++ implementiert sind. Als Nächstes hat diese Lektion gezeigt, wie man Klassen als Datenelemente in anderen Klassen verwenden kann. Nach einem kurzen Listing wurde die einfache Vererbung erläutert. Dabei haben Sie erfahren, wie man Basisklassen und Subklassen einsetzt. Weiterhin hat diese Lektion demonstriert, in welcher Reihenfolge die Aufrufe von Konstruktoren und Destruktoren in abgeleiteten Klassen erfolgen. Schließlich hat diese Lektion darauf hingewiesen, dass Sie gerade am Beginn Ihrer Reise durch C++ stehen und welche Merkmale der Sprache Sie noch vertiefen sollten.

In der morgigen Lektion ändert sich die Sicht der Dinge, wenn auch nur leicht: Sie erhalten eine Einführung in die neuere objektorientierte Sprache Java.

Fragen und Antworten

F Kann ich mit dem im Buch vermittelten Wissen voll funktionsfähige C++-Programme schreiben?

A *Die Bonuswoche hat genügend Stoff behandelt, damit Sie vollständige C++-Programme schreiben können. Allerdings haben Sie bis jetzt nur die wichtigsten Grundlagen der Sprache C++ kennen gelernt. Wenn Sie vorhandene C++-Programme aktualisieren oder modifizieren wollen, werden Sie feststellen, dass diese komplexer sind als die bisherigen Beispielprogramme.*

F Kann man von mehreren Basisklassen erben?

A *So wie Sie von Vater und Mutter abstammen, können Sie in Ihren Programmen auch von mehreren Basisklassen erben. Die neue Subklasse hat dann die Charakteristika beider Basisklassen. Allerdings geht es weit über den Rahmen dieses Buches hinaus, Einzelheiten zu diesem Thema zu behandeln.*

Workshop

Die Kontrollfragen im Workshop sollen Ihnen helfen, die neu erworbenen Kenntnisse zu den behandelten Themen zu festigen. Die Übungen geben Ihnen die Möglichkeit, praktische Erfahrungen mit dem gelernten Stoff zu sammeln. Die Antworten zu den Kontrollfragen und Übungen finden Sie im Anhang F.

Kontrollfragen

1. Worin liegt der Unterschied, wenn man eine Klasse anstelle eines anderen Datentyps als Datenelement verwendet?
2. Welche objektorientierten Merkmale kann C++ implementieren?
3. Angenommen, eine Klasse `guppy` erbt von einer Klasse `fisch`. Ist die Klasse `guppy` dann:

   a. die Basisklasse,

   b. die Subklasse,

   c. weder die Basisklasse noch die Subklasse?
4. Angenommen, eine Klasse `guppy` erbt von einer Klasse `fisch`. Ist die Klasse `fisch` dann:

   a. die Basisklasse,

   b. die Subklasse,

   c. weder die Basisklasse noch die Subklasse?
5. Wie sieht die Kopfzeile für die Deklaration der Klasse `guppy` gemäß Kontrollfrage 4 aus?
6. Was wird zuerst ausgeführt: Der Konstruktor der Basisklasse oder der Konstruktor der Subklasse?
7. Was wird zuerst ausgeführt: Der Destruktor der Basisklasse oder der Destruktor der Subklasse?

Übungen

1. Schreiben Sie den Code für die Klasse `punkt`, die Sie zu Beginn der heutigen Lektion kennen gelernt haben.
2. Schreiben Sie den Code für die Klasse `linie`, die am Beginn der heutigen Lektion vorgestellt wurde.
3. Überarbeiten Sie den Code für die Klasse `linie`, so dass sie von der Klasse `punkt` erbt und diese Klasse erweitert, indem sie zusätzlich die Länge (`laenge`) speichert.
4. Schreiben Sie Listing 4.3 so um, dass es für die Klasse `student` statt für die Klasse `mitarbeiter` funktioniert.

Bonuswoche

Grundlagen der Sprache Java

Java ist die jüngste Programmiersprache und zielt darauf ab, einerseits die Fallstricke von C und C++ zu vermeiden, andererseits aber die Stärken beizubehalten und neue Fähigkeiten einzubringen. Da Sie eben erst C gelernt haben, mag Ihnen Java etwas eigenwillig vorkommen, viele Programmierer ziehen Java aber allen anderen Programmiersprachen vor. Heute beginnen Sie mit einem Minikurs in dieser Sprache. Dabei lernen Sie Folgendes kennen:

- Basiskomponenten eines Programms
- Schlüsselwörter und Bezeichner
- Datentypen für Zahlen und Strings
- Textein- und -ausgabe
- Operatoren und Steuerung des Programmablaufs

Struktur eines Java-Programms

Wie Bonustag 1 erläutert hat, unterscheidet man zwei Arten von Java-Programmen: Applets und Anwendungen. *Applets* sind kleine bis mittelgroße Programme, die für die Verteilung und den Einsatz im World Wide Web – in der Regel auf einer Webseite – vorgesehen sind. *Eigenständige Anwendungen* sind Programme, die ohne weitere Hilfsmittel lauffähig sind – genau wie die C-Programme, die Sie in diesem Buch ausgeführt haben. Auch wenn das starke Interesse an Java-Applets auf den Wirbel um das Web zurückgeht, ist Java gleichermaßen geeignet, selbstständige Anwendungen zu erstellen. In dieser kurzen Einführung konzentrieren wir uns auf diese zweite Kategorie, da sie sich direkt mit dem Einsatz von C und C++ vergleichen lässt.

Basiselemente eines Java-Programms

Auf der einfachsten Ebene besteht ein Java-Programm aus zwei Teilen, wobei der eine Teil im anderen enthalten ist. Ein Programm ist wie nahezu alles in Java eine Klasse und man definiert es folgendermaßen:

```
public class ProgrammName {

}
```

Der gesamte Code eines Programms steht zwischen den geschweiften Klammern und die komplette Quellcodedatei ist auf dem Datenträger unter dem Namen `ProgrammName.java` gespeichert.

Der zweite wesentliche Bestandteil eines Java-Programms ist die Funktion `main`. Wenn Sie ein Java-Programm starten, beginnt die Ausführung in `main`, genau wie in C und C++. Das Gerüst eines Programms einschließlich der `main`-Funktion sieht folgendermaßen aus:

```
public class ProgrammName {

  public static void main (String args[]) {

  }
}
```

Die Funktion `main` übernimmt ein Argument namens `args[]`. Auf diese Weise übergibt man die Befehlszeilenargumente an ein Java-Programm.

Hinweis

Der Begriff Ausnahme (`exception`) steht in Java für einen Fehler. Tritt ein Fehler auf, löst das Programm eine Ausnahme aus (`throws`). Um diesen Fehler zu behandeln, müssen Sie Code bereitstellen, um die Ausnahme abzufangen (`catch`). Wenn Sie auf die Schlüsselwörter `throws`, `catch` und `try` in Ihrem Java-Code treffen, ist das ein Zeichen, dass sich diese Codeabschnitte mit Fehlern beschäftigen. Auf Ausnahmen geht Bonustag 6 näher ein.

Importe

Abgesehen von einfachsten Programmen enthält fast jedes Java-Programm eine oder mehrere `import`-Anweisungen, um dem Programm den Zugriff auf andere Klassen zu ermöglichen. Diese Anweisungen sind sowohl für Java-Klassen als auch für die von Ihnen geschriebenen Klassen erforderlich. Man gibt sie am Beginn der Java-Quellcodedatei noch vor der Klassendefinition an. Klassen kann man einzeln importieren, wie es das folgende Beispiel zeigt, das die Klasse `someClass` aus dem Paket `my.package` importiert:

```
import my.package.someClass;
```

Mit dem Platzhalterzeichen * lassen sich auch alle Klassen eines Pakets importieren:

```
import java.io.*;
```

Diese Zeile importiert alle Klassen im Paket `java.io`. Die zu Java gehörenden Pakete beginnen mit `java`. Wenn ein Programm auf Klassen zugreift, ohne sie zuvor zu importieren, generiert der Compiler einen Fehler. In einem Java-Programm können beliebig viele `import`-Anweisungen erscheinen.

Methoden

In Java stellt eine *Methode* praktisch das Gleiche dar wie eine Funktion in C oder C++. Java ist eine vollständig objektorientierte Sprache und im Sprachgebrauch der objektorientierten Programmierung sagt man, dass Objekte Methoden haben – keine Funktionen. Ein Beispiel für eine Methode haben Sie bereits im Programm `Hello, World` von Bonustag 1 gesehen. In einem Java-Programm besteht der größte Teil des Codes aus Methoden.

Kommentare

Eine Programmiersprache wäre nicht komplett, wenn man keine Kommentare in den Quellcode einfügen könnte. Java kennt drei verschiedene Kommentarstile.

Der erste entspricht einem C-Kommentar; der Compiler ignoriert alles, was zwischen den Zeichen `/*` und `*/` steht:

```
/* Das ist
alles
ein
     ein einziger großer
Kommentar */
```

Der zweite Stil entstammt der Sprache C++; alles nach den Zeichen `//` auf derselben Zeile gilt als Kommentar:

```
// Das ist ein einzeiliger Kommentar.
x = 5;  // Das ist ebenfalls ein Kommentar.
```

Der dritte Kommentarstil von Java ist für die automatische Dokumentation vorgesehen. Er ähnelt dem C-Kommentar, weist aber ein zusätzliches Sternchen in den einleitenden Kommentarzeichen auf:

```
/** Dieser Kommentar wird in die Klassendokumentation
    eingebunden, die das Tool Javadoc automatisch generiert. */
```

Im Rahmen dieser Einführung zu Java können wir auf Javadoc nicht weiter eingehen. Zumindest wissen Sie, was diese Kommentarzeichen bedeuten, wenn Sie Quellcode von anderen Programmierern lesen.

Java-Schlüsselwörter

Wie alle Programmiersprachen verfügt auch Java über einen Satz von Schlüsselwörtern, die den Kern der Sprache bilden. Schlüsselwörter dürfen Sie nicht als Bezeichner – wie zum Beispiel Variablennamen – in Ihren Programmen verwenden. Java hat zwar mehr Schlüsselwörter als C (ANSI C kennt 32 Schlüsselwörter, während es in

Java etwa 50 sind), dennoch bleibt alles überschaubar. Einige Schlüsselwörter sind für eine zukünftige Verwendung reserviert und momentan nicht in Gebrauch. Tabelle 5.1 listet die Java-Schlüsselwörter nach Kategorien geordnet auf. Natürlich können Sie jetzt noch nicht die Bedeutung aller Schlüsselwörter kennen. Allerdings lernen Sie in diesem und den beiden nächsten Bonustagen einen großen Teil dieser Schlüsselwörter kennen.

Kategorie	Schlüsselwörter
Integrierte Datentypen	`boolean`
	`byte`
	`char`
	`double`
	`float`
	`int`
	`long`
	`short`
	`strictfp`
	`widefp`
	`void`
Ausdrücke	`new`
	`this`
	`super`
Auswahlanweisungen	`break`
	`case`
	`default`
	`else`
	`if`
	`switch`
Schleifenanweisungen	`continue`
	`do`
	`for`
	`while`

Tabelle 5.1: Schlüsselwörter der Sprache Java

Kategorie	Schlüsselwörter
andere Anweisungen	`catch`
	`finally`
	`return`
	`synchronized`
	`throw`
	`try`
Modifizierer in Deklarationen	`abstract`
	`final`
	`private`
	`protected`
	`public`
	`static`
Klassen und Module	`class`
	`extends`
	`implements`
	`import`
	`instanceof`
	`interface`
	`native`
	`package`
	`throws`
	`transient`
	`volatile`
Für spätere Verwendung reserviert	`const`
	`goto`

Tabelle 5.1: Schlüsselwörter der Sprache Java

Java-Bezeichner

Ein *Bezeichner* ist ein Name, den Sie einer Variablen, einer Klasse oder einem anderen Programmelement zuweisen. Java ist hier sehr flexibel: Bezeichner können eine beliebige Länge haben und Buchstaben, den Unterstrich, das Dollarzeichen und die Ziffern 0 bis 9 enthalten. Allerdings darf das erste Zeichen eines Bezeichners keine Ziffer sein. Unter Buchstaben versteht Java nicht nur die 26 Buchstaben des Standardzeichensatzes, sondern all die Tausende von Zeichen der internationalen Sprachen, die im Unicode-Zeichensatz definiert sind. Praktisch bedeutet das, dass man alle Unicode-Zeichen mit einem hexadezimalen Wert größer als 00C0 in einem Java-Bezeichner verwenden kann. Dazu drei Beispiele:

```
zinsSatz
$_9
ø9ú
```

Wie bei den meisten Sprachen darf man Schlüsselwörter nicht als Bezeichner verwenden. Außerdem gehört es zum guten Programmierstil, mit einem Bezeichner den Zweck des jeweiligen Elements kurz und knapp zu beschreiben. Im obigen Beispiel trifft das nur für die erste Zeile zu. Die beiden anderen Bezeichner sind zwar gültig, verschleiern aber den Zweck eines Elements, so dass man darauf verzichten sollte.

Warnung

Java berücksichtigt bei Bezeichnern und Schlüsselwörtern genau wie C/C++ die Groß-/Kleinschreibung. Achten Sie also genau darauf, wie die Schreibweise eines Elements lautet. Für Bezeichner gibt es eine Reihe von Richtlinien, die einerseits zur Verständlichkeit beitragen und andererseits die Wahrscheinlichkeit für Fehler vermeiden sollen.

Namen von Klassen und Schnittstellen bezeichnet man mit Substantiven, bei denen jeweils der erste Buchstabe groß geschrieben ist. Beispiele dafür sind `AdressenListe` und `WegZeitDiagramm`. Schnittstellen erhalten manchmal das englische Suffix `-able`, wie in `Sortable` oder `Mailable`.

Namen von Objekten und Variablen sind Substantive oder Zusammensetzungen, wobei man das erste Wort durchgängig klein schreibt und für die nachfolgenden Wörter einen großen Anfangsbuchstaben wählt. Beispiele dafür sind `zinsSatz` und `berichtApril`.

Für die Namen von Methoden wählt man Verben oder Kombinationen von Verben und Substantiven, wobei man wieder das erste Wort klein und die nachfolgenden Wörter mit großen Anfangsbuchstaben schreibt, beispielsweise `berechneDurchschnitt` und `entferneAlleDaten`.

Konstantennamen schreibt man durchgängig in Großbuchstaben und trennt die Wörter durch einen Unterstrich. Beispiele hierfür sind `MAXIMALE_BREITE` und `ALTER_ZINS_SATZ`.

Datentypen

In Java unterscheidet man zwei Kategorien von Datentypen. Alle Typen, die sich nicht auf Objektdaten beziehen, nennt man *einfache* oder *primitive* Datentypen. Diese kennen Sie bereits von C bzw. C++, obwohl es in Java einige Abweichungen gibt. So existiert ein anderer Objekttyp für das Speichern und Manipulieren von Strings (Text) namens `String`. Auf die einzelnen Typen gehen die folgenden Abschnitte näher ein.

Die einfachen Datentypen

Java verfügt über 8 integrierte Datentypen, die man als *einfache* oder *primitive* Datentypen bezeichnet, weil sie keine Objekte sind. Ihre Namen lauten `boolean`, `char`, `byte`, `short`, `int`, `long`, `float` und `double`. Die einfachen Datentypen lassen sich nach der Art der Daten weiter unterteilen.

Wahr/Falsch-Aussagen

Mit dem Datentyp `boolean` lassen sich Daten der Art Wahr/Falsch, Ja/Nein oder An/Aus speichern. Die beiden möglichen Werte dieses Datentyps sind als `true` (wahr) und `false` (falsch) definiert. Im Gegensatz zu anderen Programmiersprachen, die `0` als `false` und `-1` (oder jede andere Zahl ungleich 0) als `true` interpretieren, basiert der Typ `boolean` in Java nicht auf numerischen Werten.

Ganzzahlige numerische Daten

Java hat vier einfache Datentypen für ganzzahlige numerische Daten, d.h. Daten ohne gebrochenen Anteil: `byte`, `short`, `int` und `long`. Diese Typen unterscheiden sich im Speicherbedarf und im Wertebereich, den sie aufnehmen können. Wenn Sie eine ganze Zahl speichern wollen, wählen Sie einen dieser einfachen Typen je nach dem größten und kleinsten Wert, den die Variable aufnehmen muss. Alle diese Typen sind vorzeichenbehaftet, sie speichern also negative und positive Zahlen. Tabelle 5.2 gibt die Einzelheiten zu den ganzzahligen Datentypen an.

Integer-Datentyp	Größe	Wertebereich
`byte`	1 Byte (8 Bits)	-128 bis 127
`short`	2 Bytes (16 Bits)	-32.768 bis 32.767

Tabelle 5.2: Die einfachen ganzzahligen Datentypen von Java

Integer-Datentyp	Größe	Wertebereich
`int`	4 Bytes (32 Bits)	-2.147.483.688 bis 2.147.483.647
`long`	8 Bytes (64 Bits)	etwa $-9,22*10^{18}$ bis $9,22*10^{18}$

Tabelle 5.2: Die einfachen ganzzahligen Datentypen von Java

Gleitkommazahlen

Für Gleitkommazahlen – Zahlen mit gebrochenem Anteil – bietet Java zwei einfache Typen. In den meisten Fällen greift man auf den Typ `double` zurück, der 8 Bytes im Speicher belegt, eine Genauigkeit von 14 bis 15 Dezimalstellen liefert und einen Wertebereich von ungefähr $-1,7*10^{308}$ bis $1,7*10^{308}$ umfasst.

Den zweiten Gleitkommatyp `float` stellt Java hauptsächlich aus Gründen der Kompatibilität mit den zahlreichen bereits existierenden Datendateien, die dieses Format verwenden, bereit. Der Typ `float` belegt 4 Bytes im Speicher, liefert eine Genauigkeit von lediglich 6 bis 7 Dezimalstellen und umfasst einen Wertebereich von etwa $-3,4*10^{38}$ bis $3,4*10^{38}$.

Zeichendaten

Zum Speichern von druckbaren Zeichen verfügt Java über einen Datentyp: `char`. Er hat eine Größe von 2 Bytes und kann Unicode-Zeichen mit vorzeichenlosen Werten von 0 bis 65.535 speichern. Aus technischer Sicht speichert der Typ `char` zwar eine Zahl, dennoch sollte man ihn nie für Zahlen »missbrauchen«.

Was Sie tun sollten	Was nicht
Wählen Sie den einfachen numerischen Datentyp, der dem zu erwartenden Bereich für die zu speichernden Zahlen angemessen ist.	Verwenden Sie den `float` nicht in Ihren Programmen, sofern es nicht die Kompatibiltität mit vorhandenen Datendateien erfordert.

Konstanten

Eine Konstante ist ein Datenelement, dessen Wert sich während der Programmausführung nicht ändern kann. Alle einfachen Java-Typen kann man als Konstanten verwenden. Um eine Konstante zu erzeugen, gibt man das Schlüsselwort `final` in der Deklaration an:

```
final double ZINS_SATZ = 0.05;
final int MAXIMALE_BREITE = 200;
```

Variablen deklarieren und initialisieren

Um Variablen eines einfachen Datentyps zu erzeugen, geben Sie den Namen des Typs und danach einen oder mehrere Variablennamen an:

```
double f;
int counter;
byte b1, b2, b3;
```

Es besteht die Möglichkeit, eine Variable zusammen mit ihrer Deklaration zu initialisieren. Schreiben Sie dazu nach dem Variablennamen den Zuweisungsoperator (=) und den gewünschten Anfangswert:

```
double f = 1.23;
int counter = 0;
byte b1, b2 = 13, b3;
```

Der Anfangswert muss dem jeweiligen Datentyp entsprechen. Die nachstehenden Initialisierungen erzeugen Fehlermeldungen – bei der ersten Anweisung ist der Wert 2000 zu groß für den Typ `byte` und die zweite Anweisung gibt eine Zahl mit gebrochenem Anteil an, was für den Typ `int` nicht zulässig ist:

```
byte b1 = 2000;
int counter = 1.23;
```

Gültigkeitsbereich von Variablen

In Java haben Variablen und andere Programmelemente, wie zum Beispiel Methoden und Objekte, einen Gültigkeitsbereich. Dieser bestimmt, wo man in einem Programm auf das jeweilige Element zugreifen kann. Der Gültigkeitsbereich lässt sich mit Schlüsselwörtern in der Deklaration des Elements sowie der Position seiner Deklaration festlegen. Wenn man ein Element in einer Methode deklariert, kann man nur in dieser Methode darauf zugreifen. In diesem Fall sind keine Schlüsselwörter anwendbar. Dagegen kann man bei Elementen, die man außerhalb einer Methode deklariert, den Zugriff wie folgt steuern:

- Schlüsselwort `private`: Das Element ist nur zugänglich in der Klasse, in der es deklariert ist.
- Kein Schlüsselwort: Das Element ist zugänglich in allen Klassen, die zum selben Paket gehören.
- Schlüsselwort `protected`: Das Element ist zugänglich in allen Klassen, die zum selben Paket gehören, sowie in allen Subklassen, die auf dieser Klasse basieren.
- Schlüsselwort `public`: Das Element ist zugänglich an allen Stellen, an denen auch die Klasse zugänglich ist.

Das folgende Codefragment gibt einige Beispiele für Gültigkeitsbereiche an. Die Kommentare im Code erläutern, wo die einzelnen Elemente zugänglich sind:

```
public class MeineKlasse {

  private int zaehler;              // Zugänglich nur in dieser Klasse
  long mittlGewicht;                // Zugänglich in anderen Klassen im
                                    // selben Paket
  protected boolean erhaltenZahlg;  // Zugänglich in anderen Klassen im
                                    // selben Paket und in den Subklassen
  public double summeZahlg;         // Überall zugänglich, wo die Klasse
                                    // MeineKlasse zugänglich ist
  public void eineMethode() {       // Diese Methode kann aufgerufen werden
                                    // von allen Stellen, wo die Klasse
                                    // zugänglich ist
    short tempGesamt;               // Zugänglich nur innerhalb von
                                    // eineMethode
  }

  private void andereMethode() {    // Diese Methode kann nur aus der Klasse
                                    // aufgerufen werden
    short tempGesamt;               // Zugänglich nur innerhalb von
                                    // andereMethode. Vollkommen unabhängig
                                    // von der gleichnamigen Variablen in
                                    // eineMethode

  }
}
```

Stringdaten speichern

Wie Sie wissen, kann sowohl C als auch C++ Stringdaten (Text) in Zeichenarrays speichern. Java hat das Verfahren zum Speichern von Strings wesentlich verbessert und stellt für diesen Zweck die Klasse `String` bereit. Diese Lösung bietet die Vorteile der objektorientierten Programmierung und vereinfacht auch die Arbeit des Programmierers. Das hängt damit zusammen, dass ein `String`-Objekt nicht nur einfach Stringdaten speichern kann, sondern über ein umfangreiches Repertoire von Methoden verfügt, die verschiedenartige Aktionen auf den gespeicherten Daten ausführen.

Strings deklarieren und kombinieren

Wie bei den einfachen Datentypen müssen Sie auch ein String-Objekt deklarieren, bevor Sie es verwenden können:

```
String nachName;
```

Nachdem Sie eine String-Variable haben, können Sie ihr mit dem Zuweisungsoperator Daten zuweisen:

```
nachName = "Schmidt";
```

Die Deklaration und die Zuweisung können Sie bei Bedarf in einer Zeile zusammenfassen:

```
String nachName = "Schmidt";
```

Strings lassen sich dem +-Operator verketten (*Konkatenierung*). Java erkennt, dass Sie mit Strings und nicht mit Zahlen arbeiten; deshalb verkettet Java die Strings, statt eine Addition zu versuchen. Dazu einige Beispiele:

```
String vollName, vorName, nachName;
vorName = "Willy";
nachName = "Tore";
vollName = vorName + " " + nachName;
```

Wie in diesem Beispiel zu sehen, schließt man Stringliterale in doppelte Anführungszeichen ein. Analog zu C und C++ stellt Java bestimmte Zeichen durch Escape-Sequenzen dar. Diese sind in Tabelle 5.3 angegeben.

Escape-Sequenz	Dargestelltes Zeichen
`\b`	Rückschritt (Backspace)
`\t`	Tabulator
`\n`	Neue Zeile
`\f`	Seitenvorschub (Form Feed)
`\r`	Wagenrücklauf (Carriage Return)
`\"`	Doppeltes Anführungszeichen
`\'`	Einfaches Anführungszeichen
`\\`	Backslash

Tabelle 5.3: Escape-Zeichen von Java

String-Methoden

Das `String`-Objekt verfügt über eine Reihe von Methoden für Operationen mit Stringdaten. Die Methode `length` gibt die Anzahl der Zeichen in einem String zurück:

```
MeinString = "Java-Programmierung";
n = MeinString.length();
// n hat jetzt den Wert 19.
```

Andere Methoden erlauben es zum Beispiel, einen String zu modifizieren, Stringvergleiche durchzuführen und Zeichen aus Strings zu extrahieren. Details zur `String`-Klasse und ihren Methoden finden Sie in der Dokumentation, die zum Lieferumfang des Java-Entwicklungswerkzeugs gehört.

Das Programm in Listing 5.1 demonstriert einige Methoden der `String`-Klasse.

Listing 5.1: StringTest.java demonstriert Anwendungen der Klasse String

```
1:  import java.lang.System;
2:  import java.lang.String;
3:
4:  public class StringTest {
5:
6:    public static void main(String args[]) {
7:
8:    String s1 = "Teach Yourself C in 21 Days";
9:
10:   System.out.println("Originalstring:          " + s1);
11:   System.out.println("In groß konvertiert:     " + s1.toUpperCase());
12:   System.out.println("In klein konvertiert:    " + s1.toLowerCase());
13:   System.out.println("Position des ersten Y:   " + s1.indexOf('Y'));
14:   System.out.println("'e' durch '!' ersetzt:   "+s1.replace('e', '!'));
15:   System.out.println("Der String hat " + s1.length()+" Zeichen.");
16:   System.out.println("String ist unverändert: " + s1);
17:   }
18: }
```

```
Originalstring:            Teach Yourself C in 21 Days
In groß konvertiert:       TEACH YOURSELF C IN 21 DAYS
In klein konvertiert:      teach yourself c in 21 days
Position des ersten Y:     6
'e' durch '!' ersetzt:     T!ach Yours!lf C in 21 Days
Der String hat 27 Zeichen.
Der String ist unverändert: Teach Yourself C in 21 Days
```

Dieses einfache Programm soll lediglich einige `String`-Methoden demonstrieren. Die Zeilen 1 bis 6 sind Ihnen mittlerweile vertraut; sie führen die erforderlichen Importe aus und definieren die Programmklasse sowie die `main`-Methode. In der Funktion `main` deklariert Zeile 8 eine Instanz der Klasse `String` und initialisiert sie. Dann verwendet der übrige Code einige Methoden der Klasse `String`, um den in Zeile 8 festgelegten String zu manipulieren und auf dem Bildschirm anzuzeigen. Beachten Sie, dass die Methoden der Klasse `String` den originalen String nicht modifizieren, sondern einen neuen String mit den Änderungen zurückgeben.

Eingabe und Ausgabe

Die grundlegende Form der Java-Anwendungen ist die so genannte *Konsolenanwendung*, die alle Eingaben als Text von der Tastatur entgegennimmt und alle Ausgaben auf dem Bildschirm anzeigt. Java verfügt auch über umfangreiche Grafikfähigkeiten, die im Abstract Window Toolkit (AWT) implementiert sind. Allerdings können wir im Rahmen dieser kurzen Einführung auf dieses Thema nicht eingehen. Um mit Java zu beginnen, genügen aber Konsolenanwendungen vollauf.

Text gibt man auf dem Bildschirm mit der Methode `println` der Klasse `System.out` aus. Diese Methode haben Sie bereits im Beispiel `Hello, World` von Bonustag 1 kennen gelernt. Die Syntax lautet:

```
System.out.println("Dieser Text erscheint auf dem Bildschirm.");
System.out.println(s);   // Nimmt an, dass s ein String-Objekt ist.
```

Die Texteingabe ist etwas komplizierter. Das Objekt `System.in` kann lediglich einzelne Zeichen von der Tastatur lesen. Um ganze Textzeilen einzugeben, muss man auf Klassen der höheren Hierarchieebenen wie `BufferedReader` und `InputStreamReader` zurückgreifen. Statt hier auf die Details dieser Stream-Klassen einzugehen, geben wir die erforderlichen Schritte an:

1. Importieren Sie die Klassen `java.lang.System`, `java.io.InputStreamReader` und `java.io.BufferedReader`.
2. Deklarieren Sie eine Variable vom Typ `BufferedReader`.
3. Initialisieren Sie die in Schritt 2 erzeugte Variable wie folgt (vorausgesetzt, dass die Variable mit `kb` benannt ist):

   ```
   kb = new BufferedReader(new InputStreamReader(System.in));
   ```
4. Rufen Sie die Methode `readLine` des Objekts `kb` auf, um eine Textzeile von der Tastatur zu lesen.

Listing 5.2 zeigt diese Schritte im Rahmen eines Beispielprogramms.

Listing 5.2: InputOutputTest.java demonstriert die Konsolen-E/A

```
import java.lang.System;
import java.io.InputStreamReader;
import java.io.BufferedReader;
import java.io.IOException;
```

```
5:
6:  public class InputOutputTest {
7:
8:    public static void main(String args[]) throws IOException {
9:    // Objekt für Tastatureingabe einrichten.
10:   BufferedReader kb;
11:   String s1;
12:
13:   kb = new BufferedReader(new InputStreamReader(System.in));
14:   System.out.println("Geben Sie eine Textzeile ein: ");
15:   s1 = kb.readLine();
16:   System.out.println("Ihre Eingabe lautet: " + s1);
17:
18:   }
19: }
```

Ausgabe

```
Geben Sie eine Textzeile ein: Java-Programmierung
Ihre Eingabe lautet: Java-Programmierung
```

Analyse

Die Zeilen 1 bis 4 importieren die erforderlichen Java-Klassen. Zeile 6 definiert die Klasse `InputOutputTest`, die das Testprogramm repräsentiert. In dieser Anweisung bezieht sich der Teil `throws IOException` auf den Mechanismus der Ausnahmebehandlung von Java, worauf Bonustag 6 eingeht. Zeile 10 deklariert ein Variable vom Typ `BufferedReader`. Die Bezeichnung `kb` steht für Keyboard (Tastatur) und zeigt an, dass diese Variable für Tastatureingaben vorgesehen ist. Zeile 11 deklariert die Variable `s1` vom Typ `String`, mit der man in Java Textdaten speichert (siehe weiter vorn in dieser Lektion). Zeile 13 initialisiert das Objekt `kb`, um es auf die Eingabe vorzubereiten. Zeile 14 zeigt eine Eingabeaufforderung auf dem Bildschirm an. Zeile 15 liest eine Textzeile von der Tastatur und speichert sie in `s1`. Schließlich zeigt Zeile 16 den eingegebenen Text zur Kontrolle auf dem Bildschirm an.

Das Thema Konsolenein-/-ausgabe ist damit zwar noch nicht erschöpft, jedoch genügen die hier angegebenen Verfahren für die im Rahmen dieser Einführung vorgestellten Java-Programme.

Arrays

Wie in C und C++ ist ein Java-Array eine Datenstruktur, auf die man über Indizes zugreifen kann. Jedes Element in einem Array hat den gleichen Namen; die einzelnen Elemente unterscheiden sich voneinander durch einen numerischen Index. Wenn man zum Beispiel ein Array namens `MeinArray` für 100 `int`-Variablen erzeugt, hat man damit die Elemente `MeinArray[0]`, `MeinArray[1]` bis `MeinArray[99]` zur Verfügung. Ein Array kann entweder einfache Datentypen oder Objekte speichern. In Java erzeugt man ein Array in zwei Schritten: Zuerst ist ein Bezeichner zu deklarieren, über den der Zugriff auf das Array erfolgt. Die Syntax lautet:

```
Typ ArrayBezeichner [];
```

Hier steht `Typ` für den Namen einer Klasse oder für einen einfachen Datentyp und `ArrayBezeichner` gibt den Namen des Arrays an. Die leeren eckigen Klammern unterscheiden eine Array-Deklaration von der Deklaration einer normalen Variablen. Im zweiten Schritt erzeugt man das eigentliche Array und legt damit eine Referenz auf den Array-Bezeichner fest:

```
ArrayBezeichner = new Typ [Elemente];
```

In dieser Anweisung steht `Typ` für den Datentyp des Arrays; es muss sich hierbei um den gleichen Typ wie in der Deklaration des Bezeichners handeln. `Elemente` gibt die Anzahl der Element im Array an. Die beiden Schritte zum Anlegen eines Java-Arrays lassen sich in einer Codezeile zusammenfassen:

```
Typ ArrayBezeichner = new Typ [Elemente];
```

Wenn Sie das Array für einen einfachen Datentyp oder den Typ `String` deklariert haben, können Sie es ohne weitere Schritte einsetzen:

```
String Namen = new String [50];
int Zahlen = new int [100];
...
Namen[1] = "Peter";
Namen[2] = "John";
Zahlen[1] = 2;
Zahlen[2] = Zahlen[1] + 5;
```

Bei Arrays eines Objekttyps müssen Sie dagegen jedes einzelne Element des Arrays mit einer Referenz auf ein Objekt initialisieren:

```
MeineKlasse ClassArray = new MeineKlasse [10];
for (int i=0; i<10; i++) {
  ClassArray[i] = new MeineKlasse; }
```

Java-Arrays können auch mehrere Dimensionen haben. Analog zu C/C++ erzeugen Sie mehrdimensionale Arrays mit je einem Paar eckiger Klammern für jede Dimension. Die Syntax entspricht der weiter oben erläuterten Syntax für eindimensionale Arrays:

```
int zweiDimensionalesArray [][] = new int[10][5];
byte vierDimensionalesArray [][][][];
vierDimensionalesArray = new byte[4][4][5][5];
```

Warnung

Der erste Array-Index lautet `0` und nicht `1`. Zum Beispiel besteht ein Array mit 100 Elementen aus den Elementen `[0]` bis `[99]`. Der Zugriff auf das Element `[100]` erzeugt einen Fehler. Wenn Sie ein Array von `1` bis `n` nummerieren wollen, um beispielsweise die Tage eines Jahres direkt von `Tag[1]` bis `Tag[365]` zu indizieren, legen Sie ein Array mit `n+1` Elementen an und ignorieren das Element `[0]`.

Operatoren

Ein Operator ist ein Symbol, das eine bestimmte Operation auf Daten bewirkt, beispielsweise Addition und Subtraktion. In Java haben Sie bereits den Zuweisungsoperator (=) kennen gelernt, mit dem Sie Werte zuweisen. Größtenteils sind die Java-Operatoren mit den Operatoren in C und C++ identisch. Java verfügt über die arithmetischen Operatoren für Addition (+), Subtraktion (-), Multiplikation (*), Division (/) und Modulo-Operation (%). Ebenso wie C/C++ kennt Java die unären Operatoren für das Inkrement (++) und das Dekrement (--), die einen Integer-Wert um 1 inkrementieren und dekrementieren. Weiterhin kann man die arithmetischen Operatoren mit dem Zuweisungsoperator kombinieren (+=, -=, *= und /=). Damit lassen sich mathematische Operationen mit dem Inhalt von Variablen in Kurzform ausdrücken. Zum Beispiel:

```
x += 5;      // Das Gleiche wie x = x + 5;
y *= 1.5;    // Das Gleiche wie y = y * 1.5;
```

Auch die Vergleichsoperatoren von Java entsprechen denjenigen in C und C++: Gleich (==), ungleich (!=), größer als (>), größer oder gleich (>=), kleiner als (<), kleiner oder gleich (<=).

Schließlich können Sie Ihr Wissen zu C/C++ auch auf die logischen Operatoren von Java übertragen: NOT (!), AND (&&) und OR (||).

Das soll als kurze Einführung zu den Operatoren von Java genügen. Einzelheiten zu diesem Thema können Sie auch der Beschreibung der C-Operatoren von Tag 4 entnehmen.

Programmsteuerung

Mit den Anweisungen zur Programmsteuerung nehmen Sie Einfluss darauf, welche Teile des Codes wann und wie oft auszuführen sind. Damit ist es überhaupt erst möglich, auf Benutzereingaben zu reagieren, Code in Abhängigkeit von Bedingungen auszuführen oder Fehler zu behandeln.

Hinweis

Java verwendet die geschweiften Klammern {}, um den Code in einer Klasse oder Methode einzuschließen. Mit den geschweiften Klammern erzeugt man auch Verbundanweisungen. Jede Gruppe von zwei oder mehreren Java-Anweisungen innerhalb von geschweiften Klammern stellt eine Verbundanweisung dar, die im Sinne der Programmausführung als Einheit behandelt wird.

if...else

Die Steuerungsstruktur `if` führt eine Java-Anweisung nur aus, wenn eine Bedingung `true` ist. Optional führt die `else`-Klausel eine alternative Anweisung aus, wenn die Bedingung `false` ergibt. Unter einer Anweisung ist immer eine einzelne Anweisung oder eine Verbundanweisung – die sich aus mehreren Einzelanweisungen zusammensetzt und in geschweifte Klammern eingeschlossen ist – zu verstehen. Die Syntax lautet:

```
if (Bedingung) Anweisung1 else Anweisung2;
```

Die `Bedingung` ist ein Ausdruck, der das Ergebnis `true` oder `false` ergibt. `Anweisung1` wird ausgeführt, wenn `Bedingung` gleich `true` ist, `Anweisung2`, wenn `Bedingung` das Ergebnis `false` liefert. Die `else`-Klausel können Sie weglassen, wenn bei `Bedingung` gleich `false` keine Anweisungen auszuführen sind:

```
if (Bedingung) Anweisung1;
```

Die `if...else`-Strukturen lassen sich bei Bedarf verschachteln, um mehrere Bedingungen zu testen:

```
if (Bedingung1) {
  if (Bedingung2)
    Anweisung1;
  else
    Anweisung2;
  }
else
  Anweisung3;
```

Die `if`-Anweisungen können Sie auch »stapeln«, wenn mehrere Bedingungen zu testen sind:

```
if (Bedingung1)
  Anweisung1;
else if (Bedingung2)
  Anweisung2;
else if (Bedingung3)
  Anweisung3;
else
  Anweisung4;
```

while und do...while

Die `while`- und `do...while`-Strukturen führen eine Anweisung wiederholt so lange aus, bis die angegebene Bedingung den Wert `true` ergibt. Die Syntax der `while`-Anweisung lautet:

```
while(Bedingung)
  Anweisung;
```

Die Syntax der `do...while`-Anweisung sieht folgendermaßen aus:

```
do
  Anweisung;
while (Bedingung)
```

Der wesentliche Unterschied zwischen beiden Konstruktionen besteht darin, dass die `while`-Struktur zuerst die `Bedingung` prüft, bevor sie die `Anweisung` ausführt. Ist also die `Bedingung` bereits zu Anfang gleich `false`, führt das Programm die Anweisung im `while`-Zweig überhaupt nicht aus. Dagegen prüft die `do...while`-Konstruktion die Bedingung erst, nachdem das Programm die `Anweisung` mindestens einmal ausgeführt hat.

switch

Mit der `switch`-Konstruktion lässt sich ein Ausdruck nacheinander mit mehreren Testausdrücken vergleichen; die Programmausführung setzt sich in dem Zweig fort, der eine Übereinstimmung beim Vergleich ergibt. Die Syntax der `switch`-Anweisung lautet:

```
switch (Ausdruck) {
  case Test1:
    Anweisungsblock1;
  case Test2:
    Anweisungsblock2;
  case Test3:
    Anweisungsblock3;
  default:
    Anweisungsblock4;
}
```

Wenn Ausdruck gleich Test1 ist, führt die switch-Anweisung den Anweisungsblock1 aus, ist Ausdruck gleich Test2, den Anweisungsblock2 usw. Das Schlüsselwort default ist optional. Wenn es fehlt und die Vergleiche keine Übereinstimmung liefern, führt das Programm keine Anweisungen in der switch-Konstruktion aus. Schließen Sie jeden Anweisungsblock in einer switch-Konstruktion mit einer break-Anweisung ab, um ein »Durchfallen« der Programmausführung zum nächsten case-Zweig zu verhindern. Das folgende Beispiel zeigt eine switch-Anweisung:

```
switch(anzahlDerGeschwister) {
  case 0:
    System.out.println("Aha, ein Einzelkind.");
    break;
  case 1:
    System.out.println("Die typische Familie.");
    break;
  case 2:
    System.out.println("Drei Kinder sind eine Menge.");
    break;
  default:
    System.out.println("In Ihrem Haus muss ein reges Treiben herrschen!");
}
```

Nehmen wir an, dass die break-Anweisung im Anweisungsblock von Zweig case 0: fehlt. Falls der Ausdruck anzahlDerGeschwister gleich 0 ist, führt das Programm zunächst wie erwartet den Code von case 0: aus, springt dann aber weiter in den Zweig case 1: und führt den zugehörigen Anweisungsblock aus. Mit anderen Worten beginnt die switch-Anweisung die Ausführung des Codes in dem Zweig, für den sie die erste Übereinstimmung gefunden hat, und setzt die Ausführung so lange fort, bis sie auf ein break trifft oder das Ende der switch-Konstruktion erreicht.

for

Mit der for-Konstruktion lässt sich ein Anweisungsblock wiederholt für eine angegebene Anzahl von Schleifendurchläufen ausführen. Die Syntax lautet:

```
for (Variable = AnfangsWert; Ausdruck1; Ausdruck2) {
  Anweisungsblock; }
```

Hier bezeichnet Variable eine beliebige numerische Variable und Ausdruck1 einen booleschen Ausdruck, der das Ergebnis true oder false liefert. Wenn das Programm eine for-Konstruktion erreicht, laufen folgende Schritte ab:

1. Die Variable wird auf den spezifizierten Anfangswert gesetzt.
2. Der Ausdruck1 wird ausgewertet. Liefert er true, führt das Programm den Anweisungsblock aus; bei false verlässt es die for-Konstruktion.

3. Der Ausdruck2 wird ausgewertet.
4. Die for-Konstruktion springt zu Schritt 2 zurück.

Häufig setzt man eine for-Konstruktion ein, um von einem Wert zu einem anderen zu zählen. Zum Beispiel zählt die folgende Schleife von 0 bis 100 und zeigt die Werte auf dem Bildschirm an:

```
for (i = 0; i < 101; i++) {
  System.out.println(i);
}
```

Die in der Schleife eingesetzte Variable können Sie entweder vorher im Programm oder als Teil der Schleife deklarieren.

Das folgende Beispiel zählt von 100 in 2er-Schritten abwärts bis zum Endwert 50:

```
for (int i = 100; i >= 50; i -=2) {
}
```

Die Schrittweite können Sie auch als Gleitkommazahl angeben, solange sich der Datentyp der Variablen dafür eignet:

```
for (double d = 0.0; d < .99; d += 0.01) {
}
```

Zusammenfassung

Heute haben Sie eine ganze Menge über die Grundlagen von Java gelernt. Trotz der nur kurzen Erläuterungen dürfte es Ihnen keine Schwierigkeiten bereitet haben, dem Stoff zu folgen, weil Java und C/C++ in Bezug auf die heute behandelten Themen sehr ähnlich sind. Sie kennen jetzt die Grundlagen der Programmstruktur von Java, die Schlüsselwörter, Bezeichner, Variablen, Arrays, Operatoren und Anweisungen zur Programmsteuerung. Damit sind Sie gerüstet, um sich in den beiden nächsten Tagen mit den interessanteren Teilen von Java zu beschäftigen.

Fragen und Antworten

F Ist Java hinsichtlich der Datentypen, Operatoren und Anweisungen zur Programmsteuerung identisch mit C und C++?

A *Größtenteils ja, aber nicht durchgängig. Es gibt einige Unterschiede, aber wenn Sie mit C/C++ vertraut sind, haben Sie bereits »einen Fuß in der Tür«, wenn Sie Java lernen.*

F Wie unterscheidet sich Java von C und C++ in Bezug auf die Speicherung von Textdaten?

A *Sowohl C als auch C++ verwenden Zeichenarrays, um Text (Strings) zu speichern; Java führt zu diesem Zweck die Klasse* `String` *ein. Da es sich um eine Klasse und nicht um ein einfaches Array handelt, bietet* `Strings` *mehr Leistung und Flexibilität, um mit Textdaten zu arbeiten.*

F Was ist eine Konsolenanwendung? Ist das der einzige Programmtyp von Java?

A *Eine Konsolenanwendung wickelt alle Ein- und Ausgaben in Form von Text ab – Eingaben gibt der Benutzer über die Tastatur ein, Ausgaben zeigt das Programm auf dem Bildschirm an. Java verfügt aber auch über ein ausgeklügeltes Grafiksystem, auf das wir aber im Rahmen dieser kurzen Einführung nicht eingehen können. Um die Grundlagen der Sprache zu zeigen, sind Ein- und Ausgaben über die Konsole ausreichend.*

Workshop

Die Kontrollfragen im Workshop sollen Ihnen helfen, die neu erworbenen Kenntnisse zu den behandelten Themen zu festigen. Die Antworten zu den Kontrollfragen finden Sie im Anhang F.

Kontrollfragen

1. Welcher einfache Java-Datentyp kann den größten Bereich von Integer-Werten aufnehmen?
2. Unterstützt Java Funktionen?
3. Mit welcher Java-Konstruktion führen Sie einen Anweisungsblock wiederholt aus, bis eine bestimmte Bedingung das Ergebnis wahr liefert?
4. Was bewirkt die Anweisung import?
5. Wie geben Sie in Java einen Kommentar an?
6. Wo liegt der Fehler in folgendem Code?

```
int count;
Count = 0;
```

Bonuswoche

Java-Klassen und -Methoden

Klassen sind für Java enorm wichtig – ohne sie läuft gar nichts. Einen großen Teil der Java-Programmierung verbringen Sie damit, eigene Klassen zu erstellen, um die konkreten Aufgaben für eine Anwendung zu realisieren. Heute lernen Sie

- wie man eine Klasse definiert,
- wie man Eigenschaften und Methoden von Klassen erzeugt,
- wie man Pakete definiert,
- wie man mit Vererbung arbeitet.

Eine Klasse definieren

Eine Klassendefinition besteht aus mehreren Teilen, einige davon sind optional. Die grundlegende Form einer Klassendefinition haben Sie in den Demoprogrammen von Bonustag 5 kennen gelernt. In Java ist alles eine Klasse – einschließlich des Programms selbst. Die meisten Java-Klassen sind allerdings keine Programme; man setzt sie in Programmen ein. Außerdem gibt es weitere Einzelheiten zur Klassendefinition. Die einfachste Syntaxform einer Klassendefinition lautet:

```
class klassenName {
}
```

In der Tat ist das sehr einfach und es sieht wie die Klassendefinition eines Programms aus (allerdings gibt es keine `main`-Methode). Das Schlüsselwort `class` ist erforderlich, um eine Klassendefinition zu kennzeichnen. Der `klassenName` ist Bezeichner für die zu erstellende Klasse. Dieser Bezeichner muss den Regeln entsprechen, die Bonustag 5 erläutert hat. Über diesen Namen beziehen Sie sich in Ihren Programmen auf die Klasse.

Normalerweise enthält eine Klassendefinition aber noch zusätzliche Elemente. Die vollständige Syntax für eine Klassendefinition – mit den optionalen Elementen in eckigen Klammern – lautet:

```
[Modifizierer] class klassenName [extends SuperKlassenName] {
}
```

Die Modifizierer steuern zwei Charakteristika der Klasse: Gültigkeitsbereich und Vererbung.

Erstens legt der *Gültigkeitsbereich* fest, für welche Teile des Programms die Klasse zugänglich ist (siehe Bonustag 5). Tabelle 6.1 gibt die Schlüsselwörter für den Gültigkeitsbereich an. Die meisten Klassen, die Sie selbst erstellen, sind öffentlich (`public`).

Schlüsselwort	Beschreibung
`public`	Klasse ist für jeden zugänglich
`private`	Klasse ist für niemanden zugänglich
(kein Schlüsselwort)	Klasse ist für das gesamte Paket zugänglich
`protected`	Klasse ist für das gesamte Paket und in Subklassen zugänglich

Tabelle 6.1: Schlüsselwörter des Gültigkeitsbereichs für Klassendefinitionen

Zweitens steuern die Modifizierer, welche Rolle die Klasse in Bezug auf die *Vererbung* spielen kann. Dafür können Sie eines der folgenden Schlüsselwörter (jedoch nicht beide) angeben:

- `abstract`: Von dieser Klasse können Sie zwar erben (d.h. die Klasse als Superklasse verwenden), aber keine Instanzen der Klasse erzeugen. Geben Sie das Schlüsselwort `abstract` an, wenn Sie eine Klasse erstellen, die als Vorlage für eine andere Klasse vorgesehen ist; die Klasse an sich können Sie nicht verwenden.
- `final`: Von einer derartigen Klasse lassen sich Instanzen erzeugen, aber Sie können die Klasse nicht als Superklasse verwenden (eine andere Klasse kann nicht von dieser Klasse erben).

Die optionale Klausel `extends superKlassenName` verwendet man im Rahmen der Vererbung – wenn die neue Klasse auf einer vorhandenen Klasse basiert. Die Klasse, von der Sie ableiten, kann eine zu Java gehörende Klasse oder eine von Ihnen erstellte Klasse sein, sofern sie nicht mit dem Schlüsselwort `final` deklariert ist. Wenn Sie von einer Basisklasse eine neue Klasse erzeugen, erbt die neue Klasse automatisch alle Methoden und Eigenschaften der Superklasse. Auf die Vererbung geht diese Lektion später ein.

Warnung

Eine Klasse – und damit auch ein Java-Programm – erfordert es, dass Sie alle Klassen und Pakete einbinden, die der Code in dieser Klasse nutzt. Die `import`-Anweisungen schreibt man in der Quellcodedatei unmittelbar vor die Klassendefinition.

Das Klassenpaket spezifizieren

Jede Klasse, die Sie in Java erstellen, ist Teil eines Paketes. Um das jeweilige Paket zu spezifizieren, geben Sie das Schlüsselwort package in der Definitionsdatei der Klasse an. Diese Anweisung sollte ganz am Anfang der Datei vor allen `import`-Anweisungen stehen:

```
package PaketName;
```

Wenn Sie kein Paket spezifizieren, kommt die Klasse in ein unbenanntes Standardpaket. Das ist allerdings keine empfehlenswerte Lösung. Erzeugen Sie immer Pakete, die verwandte Klassen enthalten, damit Sie den Überblick über Ihre Projekte behalten. Wenn dann eine andere Quellcodedatei die Klasse benötigt, können Sie mit der `import`-Anweisung das gesamte Paket oder auch einzelne Klassen aus dem Paket importieren.

Klasseneigenschaften erzeugen

Eine Eigenschaft ist ein Datenblock, der mit einer Klasse verbunden ist. Wenn Sie zum Beispiel eine Klasse `Kreis` erzeugen, hat sie wahrscheinlich eine Eigenschaft namens `Radius`. Eine Eigenschaft einer Klasse ist nichts weiter als eine Variable, die in der Klasse deklariert ist und für andere Programmelemente außerhalb der Klasse verfügbar gemacht wird. Bonustag 5 hat gezeigt, wie Sie Variablen deklarieren und verwenden. Eine Variable, die als Eigenschaft vorgesehen ist, müssen Sie am Beginn der Klassendefinition außerhalb aller Methoden deklarieren:

```
public class kreis {

public double radius;
public int andereEigenschaft;
public byte nochEineEigenschaft;
public MeineKlasse eineObjektEigenschaft;  // MeineKlasse ist eine vom
                                           // Programmierer definierte Klasse.
public String eineLetzteEigenschaft;

// Hier steht der übrige Code der Klasse.

}
```

Eine einfache Demonstration

Bevor es mit den Einzelheiten der Klassendefinitionen weitergeht, sollen Sie erst einmal sehen, wie man eine einfache Klasse erzeugt und verwendet. Das folgende Java-Projekt besteht aus zwei Dateien. Die Datei `SimpleClass.java` definiert eine sehr einfache Klasse, die lediglich zwei Eigenschaften bereitstellt: Eine Eigenschaft speichert eine Zahl und die andere einen Beispieltext. Die zweite Datei, `ClassBasicsDemo.java`, ist ein Programm, das die Klasse `SimpleClass` einsetzt. Listing 6.1 zeigt den Quellcode für `SimpleClass.java` und Listing 6.2 den Quellcode für `ClassBasicsDemo.java`.

Listing 6.1: Code in der Klasse SimpleClass.java

```
1:  import java.lang.String;
2:
3:  public class SimpleClass {
4:
5:    public double data;
6:    public String text;
7:  }
```

Listing 6.2: Code in der Klasse ClassBasicsDemo.java

```
1:  public class ClassBasicsDemo {
2:    public static void main(String args[]) {
3:
4:    SimpleClass MyClass;
5:
6:    MyClass = new SimpleClass();
7:    MyClass.data = 1.2345;
8:    MyClass.text = "Eine einfache Klasse.";
9:    System.out.print("Die in MyClass gespeicherte Zahl lautet: ");
10:   System.out.println(MyClass.data);
11:   System.out.print("Der in MyClass gespeicherte Text lautet: ");
12:   System.out.println(MyClass.text);
13:   }
14: }
```

```
Die in MyClass gespeicherte Zahl lautet: 1.2345
Der in MyClass gespeicherte Text lautet: Eine einfache Klasse.
```

Sehen wir uns zuerst die Klasse `SimpleClass.java` an. Zeile 1 importiert die Klasse `String`, die erforderlich ist, weil die erzeugte Klasse darauf zurückgreift. Zeile 3 ist die Klassendefinition, die anzeigt, dass die Klasse von keiner anderen Klasse erbt und dass sie öffentlich (`public`) sichtbar ist. Die Zeilen 4 und 5 deklarieren die beiden Variablen, die als Eigenschaften der Klasse dienen.

Die Klasse `ClassBasicDemo.java` ist etwas komplizierter. Zeile 1 ist natürlich die Klassendefinition. Zeile 2 definiert die Methode `main`, die in jedem eigenständigen Java-Programm erforderlich ist. Zeile 4 deklariert eine Variable vom Typ `SimpleClass` – d.h. eine Variable, die einen Verweis auf eine Instanz von `SimpleClass` aufnehmen kann. Dann legt Zeile 6 mit dem Schlüsselwort `new` eine Instanz der Klasse `SimpleClass` an und weist die zurückgegebene Referenz an die Variable `MyClass` zu. Die Zeilen 7 und 8 tragen mit der Standardsyntax `Objektname.Eigenschaftsname` Daten in die Objekteigenschaften ein. Schließlich zeigen die Zeilen 9 bis 12 die Eigenschaftswerte auf dem Bildschirm an.

Hinweis

Vielleicht ist Ihnen aufgefallen, dass das Programm `ClassBasicDemo` keine `import`-Anweisung für die Klasse `SimpleClass` enthält. In diesem Beispiel gehören beide Dateien zum selben Java-Projekt. Wenn Sie `SimpleClass` als Teil eines eigenen Paketes kompilieren, müssen Sie die `import`-Anweisung angeben.

Klassenmethoden

Auch wenn manche Klassen nur Eigenschaften enthalten, in den meisten Klassen sind eine oder mehrere Methoden vorhanden. Eine Methode ist einfach eine Java-Funktion. Es handelt sich um einen benannten Codeabschnitt, der Argumente übernehmen und einen Rückgabewert an das aufrufende Programm zurückgeben kann. Wie in allen Sprachen verwendet man auch in Java Methoden (Funktionen), um Codeabschnitte zu isolieren, die eine bestimmte Aufgabe ausführen. Eine Methode erstellen Sie nach folgender Syntax:

```
zugriffsSpezifizierer Typ methodenName (argument1, argument2, ...) {
...
}
```

Der `zugriffsSpezifizierer` legt fest, von welchen Programmteilen man die Methode aufrufen kann. Mit dem Schlüsselwort `public` legen Sie fest, dass sich die Methode von außerhalb der Klasse aufrufen lässt (das ist die übliche Zugriffsart für eine Methode). Mit dem Schlüsselwort `private` schränken Sie die Methode auf Aufrufe durch den Code in derselben Klasse ein.

Der `Typ` kennzeichnet den Rückgabetyp der Methode – d.h. den Typ der Daten, die die Methode an den Aufrufer zurückgibt. Das kann ein Objekttyp, wie zum Beispiel `String`, sein oder einer der einfachen Typen von Java.

Der `methodenName` bezeichnet den Namen der Methode, unter dem Sie sie aufrufen. Der Name ist entsprechend der Regeln für Java-Bezeichner zu bilden (siehe Bonustag 5).

Eine Methode kann beliebig viele Argumente übernehmen. Die Methodendeklaration enthält für jedes Argument den Typ und den Bezeichner. Das folgende Beispiel zeigt eine Methodendeklaration, die zwei Argumente vom Typ `int` übernimmt und einen Wert vom Typ `long` zurückgibt:

```
public long SomeMethod (int arg1, int arg2) {
...
}
```

Wenn eine Methode keine Argumente übernimmt, geben Sie eine leeres Klammernpaar nach dem Methodennamen an. Beim Aufruf der Methode müssen die übergebenen Argumente hinsichtlich Anzahl und Typ mit der Methodendefinition übereinstimmen.

Um einen Wert aus einer Methode zurückzugeben, verwenden Sie die `return`-Anweisung in der Methode entsprechend der folgenden Syntax:

```
return Ausdruck;
```

Der `Ausdruck` ist ein Java-Ausdruck und muss ein Ergebnis liefern, dessen Typ der Methodendeklaration entspricht. Wenn das Programm eine `return`-Anweisung erreicht, wertet es den `Ausdruck` aus und die Methode terminiert. Eine Methode kann mehrere `return`-Anweisungen enthalten, wobei nur die im Programmablauf als Erstes erreichte Anweisung wirksam ist.

Hinweis

Einige Methoden geben keinen Wert an das aufrufende Programm zurück. Eine derartige Methode erzeugen Sie in der Methodendefinition mit dem Schlüsselwort `void` für den Rückgabetyp. In der Methode schreiben Sie dann `return` ohne einen Ausdruck, um die Methode zu beenden. Fehlt die `return`-Anweisung, terminiert eine Methode vom Typ `void`, wenn die Programmausführung die schließende geschweifte Klammer erreicht.

Demoprogramm für Methoden

Das folgende Programm zeigt eine Klasse mit Methoden. Tatsächlich besteht diese Klasse lediglich aus Methoden und hat überhaupt keine Eigenschaften! Listing 6.3 gibt die Definition der Klasse `ClassWithMethods` an und Listing 6.4 enthält das Beispielprogramm, das diese Methoden aufruft.

Listing 6.3: Quellcode für die Klasse ClassWithMethods.java

```
import java.lang.String;

public class ClassWithMethods {

  public void displayText(String message, boolean newline) {
  // Zeigt eine Meldung auf der Konsole an und geht anschließend
  // nur dann an den Anfang einer neuen Zeile, wenn newline
  //  gleich true ist.
  if (newline)
    System.out.println(message);
```

```
  else
    System.out.print(message);
  }

  public double halfOf(double value) {
  // Gibt halben Wert des Arguments zurück
    return value / 2;
  }

  public long sumOf(long value1, long value2) {
  // Gibt Summe der Argumente zurück
    long result;
    result = value1 + value2;
    return result;
  }
}
```

Listing 6.4: MethodsDemo.java demonstriert die Verwendung von Klassenmethoden

```
import java.lang.Double;
import java.lang.Long;

public class MethodsDemo {
  public static void main(String args[]) {
    ClassWithMethods The_Class;
    String temp;
    double d;
    long l;

    The_Class = new ClassWithMethods();
    The_Class.displayText("ClassWithMethods verwenden:", true);
    The_Class.displayText("Die Hälfte von 99 ist ", false);
    d = The_Class.halfOf(99);
    temp = Double.toString(d);
    The_Class.displayText(temp, true);
    The_Class.displayText("Die Summe von 12345 und 997766 ist ", false);
    l = The_Class.sumOf(12345, 997766);
    temp = Long.toString(l);
    The_Class.displayText(temp, true);
  }
}
```

```
ClassWithMethods verwenden:
Die Hälfte von 99 ist 49.5
Die Summe von 12345 und 997766 ist 1010111
```

In `ClassWithMethods.java` importiert Zeile 1 die erforderliche Klasse `String`; Zeile 3 ist die Klassendefinition. Die Zeilen 5 bis 12 definieren die Methode `displayText`, die je ein Argument vom Typ `String` und vom Typ `boolean` übernimmt und keinen Rückgabewert hat. Der Code in der Methode testet den Wert des Arguments `newline`. Wenn er `true` ist, gibt `System.out.println` die Meldung auf dem Bildschirm aus und beginnt dann eine neue Zeile. Ist `newline` gleich `false`, zeigt `System.out.print` die Meldung an, ohne auf eine neue Zeile zu wechseln.

Die Zeilen 15 bis 18 definieren die Methode `halfOf`. Diese Methode übernimmt ein Argument vom Typ `double` und gibt einen Wert vom Typ `double` zurück. Die einzige Codezeile in dieser Methode dividiert das Argument durch 2 und gibt das Ergebnis zurück.

Die Zeilen 20 bis 24 definieren die Methode `sumOf`, die zwei Argumente vom Typ `long` übernimmt und ebenfalls einen `long`-Wert zurückgibt. Zeile 22 deklariert eine Variable, um das Ergebnis vorübergehend zu speichern, und Zeile 23 führt die Berechnung aus. Dann beendet Zeile 24 die Methode und gibt das Ergebnis an den Aufrufer zurück.

Kommen wir nun zur Methode `MethodsDemo.java`. Die Zeilen 1 und 2 importieren die beiden Klassen, mit denen das Programm arbeitet (Erläuterung folgt in Kürze). Die Zeilen 4 und 5 enthalten die Definitionen für die Programmklasse und die Methode `main`, wie Sie es bereits kennen. Zeile 6 deklariert eine Variable vom Typ `ClassWithMethods` und die Zeilen 7 bis 9 deklarieren mehrere einfache Variablen, die das Programm benötigt. Zeile 11 erzeugt eine Instanz von `ClassWithMethods`. Jetzt kann das Programm zur eigentlichen Arbeit übergehen.

Die Zeilen 12 und 13 zeigen mit `displayText` die beiden Meldungen auf der Konsole an. Nach der ersten Meldung wechselt die Ausgabe auf eine neue Zeile, nach der zweiten nicht. Zeile 14 berechnet mit der Methode `halfOf` die Hälfte von 99 und weist den Rückgabewert an die Variable `d` zu. Zeile 15 konvertiert mit der Methode `toString` der Java-Klasse `Double` den numerischen Wert von `d` in einen String und speichert ihn in `temp`. Zeile 16 zeigt diesen String auf der Konsole an.

Die Zeilen 17 bis 20 sind im Wesentlichen eine Wiederholung der Zeilen 13 bis 16, außer dass das Programm jetzt die Methode `sumOf` aufruft und mit der Methode `Long.toString` den numerischen Wert in Text umwandelt.

Java verfügt über einen Satz von Klassen, die den einfachen numerischen Datentypen entsprechen; die Klassen heißen `Boolean`, `Character`, `Integer`, `Long`, `Float` und `Double`. Jede dieser Klassen bietet einige nützliche Methoden. Zum Beispiel verwendet das obige Listing die Methode `toString`, um die Stringdarstellung eines numerischen Wertes zu erzeugen. Eine Beschreibung dieser praktischen Klassen finden Sie in der Java-Dokumentation.

Methoden überladen

Am Bonustag 1 haben Sie gelernt, dass eines der Merkmale der objektorientierten Programmierung das Überladen ist. Mit dieser Technik kann man zwei oder mehrere Methoden (Funktionen) mit dem gleichen Namen erzeugen, wobei sich die einzelnen Methoden in der Anzahl und/oder im Typ der Argumente unterscheiden. Wenn man eine überladene Methode aufruft, bestimmt Java automatisch anhand der übergebenen Argumente, welche konkrete Methode gemeint ist.

Zur Demonstration dieser Technik zeigt Listing 6.5 eine Klasse `Overloaded` mit drei Methoden namens `sumOf`, die jeweils die Summe ihrer Argumente zurückgeben. Eine Methode übernimmt zwei Argumente, eine andere Methode drei Argumente und die dritte Methode schließlich vier Argumente. Das Programm `OverloadDemo` in Listing 6.6 zeigt die Aufrufe der überladenen Methoden.

Listing 6.5: Die Klasse Overloaded hat eine überladene Methode

```
public class Overloaded {

  public double sumOf(double v1, double v2) {
    return v1 + v2;
  }

  public double sumOf(double v1, double v2, double v3) {
    return v1 + v2 + v3;
  }

  public double sumOf(double v1, double v2, double v3, double v4) {
    return v1 + v2 + v3 + v4;
  }
}
```

Listing 6.6: OverloadedDemo.java demonstriert die überladenen Methoden in der Klasse Overloaded

```
import java.lang.String;
import java.lang.Double;

public class OverloadDemo {

  public static void main(String args[]) {

    Overloaded MyClass;
    double d;

    MyClass = new Overloaded();
    System.out.println("Zwei Zahlen addieren:");
    System.out.print("Die Summe von 1.4 and 6.7 ist ");
    d = MyClass.sumOf(1.4, 6.7);
    System.out.println(Double.toString(d));
    System.out.println("Drei Zahlen addieren:");
    System.out.print("Die Summe von 1.4, 6.7 und 12.2 ist ");
    d = MyClass.sumOf(1.4, 6.7, 12.2);
    System.out.println(Double.toString(d));
    System.out.println("Vier Zahlen addieren:");
    System.out.print("Die Summe von 1.4, 6.7, 12.2 und -4.1 ist ");
    d = MyClass.sumOf(1.4, 6.7, 12.2, -4.1);
    System.out.println(Double.toString(d));
  }
}
```

Ausgabe

```
Zwei Zahlen addieren:
Die Summe von 1.4 und 6.7 ist 8.1
Drei Zahlen addieren:
Die Summe von 1.4, 6.7 und 12.2 ist 20.299999999999997
Vier Zahlen addieren:
Die Summe von 1.4, 6.7, 12.2 und -4.1 ist 16.199999999999996
```

Analyse

Der Code für die Klasse `Overloaded` in Listing 6.5 ist unkompliziert. Die Zeilen 3 bis 5 definieren die Methode `sumOf`, die zwei Argumente vom Typ `double` übernimmt. Die Zeilen 7 bis 9 und 11 bis 13 definieren die beiden anderen `sumOf`-Methoden, die jeweils 3 bzw. 4 Argumente übernehmen. In jeder Methode addiert der Code einfach die übergebenen Argumentwerte und gibt das Ergebnis zurück.

Die Zeilen 1 und 2 der Klasse `OverloadDemo` in Listing 6.6 importieren zwei Java-Klassen, die das Programm verwendet. Die Zeilen 8 und 9 deklarieren die beiden erforderlichen Variablen und Zeile 11 erzeugt eine Instanz der Klasse `Overloaded`. Die Zeilen 12 und 13 zeigen eine Erläuterung auf der Konsole an. Zeile 14 addiert mit der Methode `sumOf` zwei Zahlen und Zeile 15 zeigt das Ergebnis auf dem Bildschirm an. Die Zeilen 16 bis 19 und 20 bis 23 wiederholen diese Schritte für drei bzw. vier Zahlen.

Warnung: Beachten Sie in der Ausgabe dieses Beispiels, dass die Ergebnisse für die Summe von 3 und 4 Zahlen nicht ganz genau sind. Das hängt mit der internen Speicherung von Gleitkommazahlen im Computer zusammen. Für die meisten Anwendungen ist dieser geringe Genauigkeitsverlust allerdings unbedeutend.

Klassenkonstruktoren

Jede Klasse hat eine spezielle Methode – einen Konstruktor. Der Konstruktor einer Klasse wird automatisch aufgerufen, wenn das Programm eine neue Instanz der Klasse erzeugt. In den Konstruktor schreibt man Code, der Initialisierungsaufgaben für die Klasse ausführt – beispielsweise Anfangswerte an Eigenschaften zuweist. Einfache Klassen benötigen häufig keinen Konstruktor, so dass man ihn weglassen kann. Die meisten »richtigen« Klassen verfügen aber in der Regel über einen Konstruktor.

Die Syntax für einen Konstruktor lautet:

```
KlassenName (ParameterListe) {
}
```

Der Name des Konstruktors ist immer identisch mit dem Namen seiner Klasse. Die `ParameterListe` ist optional und enthält Parameter, die an den Konstruktor zu übergeben sind. Die Liste hat die gleiche Syntax wie die weiter oben in dieser Lektion behandelten Methodenargumente. Wenn der Konstruktor keine Argumente übernimmt, gibt man ein leeres Klammernpaar nach dem Namen an.

Das folgende Beispiel zeigt eine Klasse mit einem Konstruktor. Die Klasse `kreis` hat eine Eigenschaft namens `radius`. Um sicherzustellen, dass diese Eigenschaft immer auf einen definierten Wert gesetzt ist, legt man ihren Wert im Konstruktor fest. Listing 6.7 gibt den Code für die Klasse `kreis.java` an.

Listing 6.7: Die Klasse circle hat einen Konstruktor

```
public class circle {

  public double radius;

  circle (double r) {
```

```
6:       radius = r;
7:     }
8:  }
```

Das kurze Programm in Listing 6.8 demonstriert, wie man den Konstruktor verwendet.

Listing 6.8: Beim Erzeugen eines neuen circle-Objekts wird der Konstruktor aufgerufen

```
1:  import java.lang.String;
2:  import java.lang.Double;
3:
4:  public class ConstructorDemo {
5:    public static void main(String args[]) {
6:
7:      circle c1;
8:      c1 = new circle(1.25);
9:      System.out.println("Der Kreis hat einen Radius von "
                          + Double.toString(c1.radius));
10:   }
11: }
```

Ausgabe

```
Der Kreis hat einen Radius von 1.25
```

Analyse

Listing 6.7 definiert die Klasse `circle`. Zeile 1 ist die Klassendefinition und Zeile 3 deklariert eine Eigenschaft namens `radius`. Der Konstruktor in den Zeilen 5 bis 7 übernimmt ein Argument vom Typ `double`. Beim Aufruf des Konstruktors weist er den Wert im übergebenen Argument `r` an die Eigenschaft `radius` zu.

Listing 6.8 zeigt, wie man den Konstruktor verwendet. Die Zeilen 1 bis 5 bedürfen jetzt keiner Erklärung mehr. Zeile 7 deklariert eine Variable vom Typ `circle`. Zeile 8 erzeugt über das Schlüsselwort `new` eine Instanz der Klasse `circle`. Dabei wird der Konstruktor aufgerufen und der Wert `1.25` als Argument übergeben. Zeile 9 zeigt die Eigenschaft `radius` an, um nachzuweisen, dass der übergebene Wert tatsächlich in dieser Eigenschaft gespeichert ist.

Java achtet genau darauf, dass die an einen Konstruktor übergebenen Argumente und die als Teil des Konstruktors deklarierten Parameter übereinstimmen. Gibt es Abweichungen bei der Anzahl oder dem Typ, lässt sich das Programm nicht kompilieren.

Hat eine Klasse überhaupt keinen Konstruktor oder einen Konstruktor ohne Parameter, geben Sie ein Paar leerer Klammern an, wenn Sie die Instanz der Klasse erzeugen:

```
MeinObjekt = new KlassenName();
```

Wie jede Methode kann man auch einen Konstruktor überladen. Das ist oftmals nützlich, wenn sich das Objekt auf unterschiedliche Weise initialisieren lässt. Wie Sie mittlerweile wissen, haben überladene Methoden den gleichen Namen und man unterscheidet sie durch ihre Parameter. Um das zu demonstrieren, erweitern wir das vorherige Beispiel: Die Klasse `circle` erhält zusätzlich die Eigenschaft `name`, die eine Textbeschreibung des Objekts aufnimmt. Außerdem fügen wir zwei neue Konstruktoren in die Klasse ein, um sie nach den drei folgenden Verfahren initialisieren zu können:

- Keine Argumente übergeben: Die Eigenschaft `radius` erhält den Standardwert 0, die Eigenschaft `name` den Standardwert `"Unbenannt"`.
- Eine Zahl übergeben: Die Eigenschaft `radius` wird auf den Argumentwert gesetzt und `name` erhält den Standardwert `"Unbenannt"`.
- Eine Zahl und einen String übergeben: Sowohl `radius` als auch `name` werden mit den übergebenen Werten initialisiert.

Listing 6.9 zeigt den Quellcode für die neue Klasse und Listing 6.10 den Quellcode für das Demonstrationsprogramm.

Listing 6.9: Eine Klasse mit einem überladenen Konstruktor

```
import java.lang.String;

public class circle {

  public double radius;
  public String name;

  circle () {
    radius = 0;
    name = "Unbenannt";
  }

  circle (double r) {
    radius = r;
    name = "Unbenannt";
  }

  circle (double r, String n) {
```

```
        radius = r;
        name = n;
    }
}
```

Listing 6.10: Demonstration von überladenen Konstruktoren

```
import java.lang.String;
import java.lang.Double;

public class ConstructorDemo {
  public static void main(String args[]) {

    circle c1;
    circle c2;
    circle c3;

    c1 = new circle();
    c2 = new circle(99.99);
    c3 = new circle(0.001, "Harold");
    System.out.println("Für c1:");
    System.out.println("Der Radius ist: " + Double.toString(c1.radius));
    System.out.println("Der Name lautet: " + c1.name);
    System.out.println("Für c2:");
    System.out.println("Der Radius ist: " + Double.toString(c2.radius));
    System.out.println("Der Name lautet: " + c2.name);
    System.out.println("Für c3:");
    System.out.println("Der Radius ist: " + Double.toString(c3.radius));
    System.out.println("Der Name lautet: " + c3.name);
  }
}
```

Ausgabe

```
Für c1:
Der Radius ist: 0.0
Der Name lautet: Unbenannt
Für c2:
Der Radius ist: 99.99
Der Name lautet: Unbenannt
Für c3:
Der Radius ist: 0.0010
Der Name lautet: Harold
```

Analyse

Im Code für die Klasse `circle` deklarieren die Zeilen 5 und 6 zwei Eigenschaften der Klasse. Die Zeilen 8 bis 11 definieren einen Konstruktor, der keine Argumente übernimmt. Der zugehörige Code initialisiert die beiden Eigenschaften mit den Standardwerten. Die Zeilen 13 bis 16 definieren einen Konstruktor, der ein einzelnes Argument vom Typ `double` übernimmt. Der Code in diesem Konstruktor initialisiert die Eigenschaft `radius` mit dem übergebenen Wert und die Eigenschaft `name` mit dem Standardwert. Die Zeilen 18 bis 21 definieren einen dritten Konstruktor, der zwei Argumente übernimmt – ein Argument vom Typ `double` und ein Argument vom Typ `String`. Der Code in diesem Konstruktor initialisiert beide Eigenschaften der Klasse mit den übergebenen Werten.

Das Demonstrationsprogramm in Listing 6.10 erzeugt drei Instanzen der Klasse `circle`. Die Zeilen 7 bis 9 deklarieren die Variablen, die die Objektreferenzen aufnehmen. Zeile 11 erzeugt eine neue Instanz, ohne Argumente zu übergeben, so dass das Programm den ersten Konstruktor aufruft. Die Zeilen 12 und 13 erzeugen weitere Instanzen der Klasse und übergeben dabei ein bzw. zwei Argumente. Die übrigen Codezeilen zeigen die Eigenschaftswerte der drei `circle`-Objekte an, damit Sie die Initialisierung kontrollieren können.

Vererbung

Eines der leistungsfähigsten Merkmale von Java und anderer objektorientierter Programmiersprachen ist die Vererbung. Damit muss man neue Klassen nicht von Grund auf neu erstellen, sondern kann auf einer *Basisklasse* aufbauen. Die von der Basisklasse abgeleitete oder *untergeordnete* Klasse erhält oder *erbt* automatisch alle Eigenschaften und Methoden der Originalklasse oder *übergeordneten* Klasse. Die Basisklasse bezeichnet man auch als *Superklasse*, die untergeordnete Klasse als *Subklasse*. In die abgeleitete Klasse kann man dann weitere Eigenschaften und Methoden hinzufügen oder man kann Eigenschaften und Methoden der Basisklasse ersetzen.

Nehmen wir an, Sie schreiben ein Programm, das Finanzberechnungen durchführt. Sie haben eine Klasse, die alle gerade erforderlichen Berechnungen – Autokredite, Hypotheken usw. – erledigt, aber es fehlt eine Sache, die Sie unbedingt in Ihr Programm aufnehmen wollen: Leasing. Müssen Sie nun von vorn beginnen und eine komplett neue Klasse erzeugen, die alle erforderlichen Merkmale aufweist? Mit Vererbung ist das nicht nötig! Sie legen einfach eine untergeordnete Klasse zur vorhandenen Klasse an und fügen eine Methode für die gewünschten Leasing-Berechnungen hinzu.

Um eine untergeordnete Klasse zu erzeugen, geben Sie das Schlüsselwort `extends` in der Klassendefinition an:

```
public class SubKlassenName extends BasisKlassenName {
...
}
```

Warnung: Denken Sie daran, dass Sie nicht von einer Klasse ableiten können, die mit dem Schlüsselwort `final` deklariert ist. Finale Klassen lassen sich nicht als Basisklassen verwenden.

Sehen wir uns jetzt eine einfache Demonstration der Vererbung an. Nehmen wir an, Sie haben eine Klasse namens `ListOfNumbers` erstellt, die statistische Angaben einer Liste von Zahlen protokolliert, nämlich die Anzahl der Werte in der Liste und die Summe aller Werte. Die Klasse verfügt auch über eine Methode, mit der man Zahlen in die Liste aufnehmen kann. Beachten Sie, dass die Klasse die einzelnen Werte der Liste nicht speichert, sondern lediglich zählt und summiert. Listing 6.11 zeigt den Quellcode für die Klasse `ListOfNumbers`.

Listing 6.11: Die Klasse ListOfNumbers verwaltet die Anzahl und die Gesamtsumme von aufgenommenen Werten

```
public class ListOfNumbers {

  protected int icount;
  protected double itotal;

  // Konstruktor
  ListOfNumbers() {
    icount = 0;
    itotal = 0;
  }

  public void Add(double x) {
    icount++;
    itotal += x;
  }

  public int count() {
    return icount;
  }

  public double total() {
    return itotal;
  }
}
```

Die Zeilen 3 und 4 deklarieren zwei Variablen, die die Eigenschaften der Klasse aufnehmen. Beachten Sie, dass das Schlüsselwort `protected` angegeben ist, damit die Variablen nicht außerhalb der Klasse – mit Ausnahme ihrer Subklassen – sichtbar sind. Die Klasse legt die Eigenschaften über Methoden offen. Die Zeilen 7 bis 10 enthalten den Konstruktor, der beide Eigenschaften der Klasse mit 0 initialisiert. Die Zeilen 12 bis 15 definieren die Methode `Add`, mit der sich ein Wert in die Liste aufnehmen lässt. Der Code in dieser Methode aktualisiert die Eigenschaften `icount` und `itotal` mit den neuen Werten. Die Zeilen 17 bis 19 definieren die Methode `count`, die lediglich den Wert der Eigenschaft `icount` zurückgibt. Analog dazu gibt die Methode `total` in den Zeilen 21 bis 23 den Wert der Eigenschaft `itotal` zurück.

Diese Klasse führt die leistungsfähige Technik ein, die Eigenschaften einer Klasse privat oder öffentlich zu deklarieren und dann über Methoden der Klasse darauf zuzugreifen. Diese Technik setzt man häufig ein, um beispielsweise (wie in diesem Fall) einer Eigenschaft den Status »schreibgeschützt« zu geben. Da die Klasse eine Methode zum Lesen, aber nicht zum Setzen der Eigenschaft enthält, kann ein Programm, das mit dieser Klasse arbeitet, zwar die Werte von `icount` und `itotal` ermitteln, ihre Werte jedoch nicht direkt ändern.

Nachdem Sie die Klasse `ListOfNumbers` geschrieben und getestet haben, stellen Sie vielleicht fest, dass Sie eine Klasse benötigen, die eine ähnliche Liste realisiert, aber ein zusätzliches Merkmal aufweist – den Mittelwert aller in die Klasse eingefügten Werte zu berechnen. Statt nun den Quellcode für `ListOfNumbers` neu zu schreiben, erzeugen Sie einfach eine Subklasse basierend auf `ListOfNumbers` und fügen die gewünschte Funktionalität hinzu. Folgendes Listing zeigt den Quellcode für diese Klasse namens `BetterListOfNumbers`.

Listing 6.12: Die Klasse BetterListOfNumbers basiert auf der Klasse ListOfNumbers

```
class BetterListOfNumbers extends ListOfNumbers {

  public double average() {
    if (icount > 0)
      return itotal / icount;
    else
      return 0;
  }
}
```

Analyse

Zeile 1 leitet die Klassendefinition ein. Mit dem Schlüsselwort `extends` und dem Namen der Klasse `ListOfNumbers` weist diese Zeile darauf hin, dass `BetterListOfNumbers` eine Subklasse von `ListOfNumbers` sein soll, d.h. `BetterListOfNumbers` erbt von `ListOfNumbers`. Die Zeilen 3 bis 8 definieren für diese Klasse die einzige neue Methode namens `average`. Der Code in dieser Methode prüft den Wert von `icount`. Wenn er größer als 0 ist und die Liste folglich mindestens einen Wert enthält, berechnet die Methode den Mittelwert und gibt ihn zurück. Wenn `icount` gleich 0 ist (die Liste also keine Werte enthält), gibt die Methode 0 zurück, um eine unzulässige Division durch 0 zu unterbinden. Beachten Sie, dass die Variablen `icount` und `itotal` zwar in `ListOfNumbers` deklariert sind, aber auch in `BetterListOfNumbers` zur Verfügung stehen, weil die Deklaration mit dem Schlüsselwort `protected` erfolgt ist.

Listing 6.13 zeigt den Quellcode des Programms `NumberList`, das die beiden Klassen einsetzt.

Listing 6.13: NumberList demonstriert die Klassen ListOfNumbers und BetterListOfNumbers

```
public class NumberList {

  public static void main(String args[]) {

    ListOfNumbers MyList = new ListOfNumbers();
    BetterListOfNumbers MyBetterList = new BetterListOfNumbers();

    MyList.Add(4);
    MyList.Add(8);
    MyList.Add(9.6);
    MyBetterList.Add(4);
    MyBetterList.Add(8);
    MyBetterList.Add(9.6);

    System.out.println("Von Klasse ListOfNumbers:");
    System.out.print("Summe = ");
    System.out.println(MyList.total());
    System.out.print("Anzahl = ");
    System.out.println(MyList.count());
    System.out.println("Von Klasse BetterListOfNumbers:");
    System.out.print("Summe = ");
    System.out.println(MyBetterList.total());
    System.out.print("Anzahl = ");
    System.out.println(MyBetterList.count());
```

```
25:       System.out.print("Mittelwert = ");
26:       System.out.println(MyBetterList.average());
27:    }
28: }
```

```
Von Klasse ListOfNumbers:
Summe = 21.6
Anzahl = 3
Von Klasse BetterListOfNumbers:
Summe = 21.6
Anzahl = 3
Mittelwert = 7.2
```

Zeile 5 deklariert eine Variable vom Typ `ListOfNumbers` und verwendet auch das Schlüsselwort `new`, um eine neue Instanz der Klasse anzulegen. Zeile 6 tut das Gleiche für die Klasse `BetterListOfNumbers`. Die Zeilen 8 bis 10 fügen mit der Methode `add` drei Werte in das `ListOfNumbers`-Objekt ein, während die Zeilen 11 bis 13 die gleichen drei Werte in das `BetterListOfNumbers`-Objekt aufnehmen. Der übrige Code zeigt die Eigenschaftswerte der beiden Objekte an. Wie das Listing zeigt, hat das Objekt `BetterListOf Numbers` alle Eigenschaften und Methoden von ihrer übergeordneten Klasse geerbt und erweitert die Basisklasse durch die Methode `average`.

Zusammenfassung

Klassen bilden das Herz der Java-Programmierung. Die heutige Lektion hat die Grundlagen behandelt, wie man Klassen in einem Java-Programm erzeugt und verwendet. Eine Klasse ist eine unabhängige Softwarekomponente, die Eigenschaften (die Daten speichern) und Methoden (die Aktionen ausführen) haben kann. Die vom Programmierer erzeugten Java-Klassen werden in ein Paket mit verwandten Klassen aufgenommen. Weiterhin haben Sie gelernt, dass eine Java-Datei das Schlüsselwort `import` verwenden muss, damit sie auf Klassen außerhalb des Projekts zugreifen kann. Schließlich hat diese Lektion gezeigt, wie man die leistungsfähige, objektorientierte Technik der Vererbung nutzt, um neue Klassen basierend auf vorhandenen Klassen zu erstellen.

Fragen und Antworten

F Wie unterscheidet sich eine Java-Klasse, die als eigenständiges Programm laufen kann, von einer Klasse, die kein Programm ist?

A *Eine Klasse muss die Methode main einbinden, damit sie als Programm laufen kann. In dieser Methode beginnt die Programmausführung. Andere Klassen haben keine* `main`*-Methode.*

F Aus welchen beiden Hauptkomponenten bestehen Java-Klassen?

A *Die beiden Hauptkomponenten sind Eigenschaften und Methoden. In einer Eigenschaft speichert eine Klasse Daten. Eine Methode enthält den Code, der die Aktionen ausführt.*

F Wenn man eine Methode überlädt, haben die Methoden den gleichen Namen. Wie kann Java die Methoden auseinander halten?

A *Überladene Methoden haben zwar den gleichen Namen, sie müssen sich aber in der Anzahl und/oder den Datentypen ihrer Argumente unterscheiden. Wenn ein Programm eine überladene Methode aufruft, kann Java anhand der Anzahl und des Typs der Argumente ermitteln, welche konkrete Methode gemeint ist.*

F Wie unterscheiden sich Java-Methoden von Funktionen in C und C++?

A *Zwischen Java-Methoden und C/C++-Funktionen gibt es keinen wesentlichen Unterschied. Allerdings muss eine Java-Methode immer zu einer Klasse gehören.*

Workshop

Die Kontrollfragen im Workshop sollen Ihnen helfen, die neu erworbenen Kenntnisse zu den behandelten Themen zu festigen. Die Antworten zu den Kontrollfragen finden Sie im Anhang F.

Kontrollfragen

1. Welchen Namen sollte man dem Konstruktor einer Klasse zuweisen?
2. Wann und wo verwendet man das Schlüsselwort `extends`?
3. Geben alle Java-Methoden einen Wert an den Aufrufer zurück?
4. Lässt sich ein Konstruktor überladen?
5. Wann wird der Konstruktor aufgerufen?

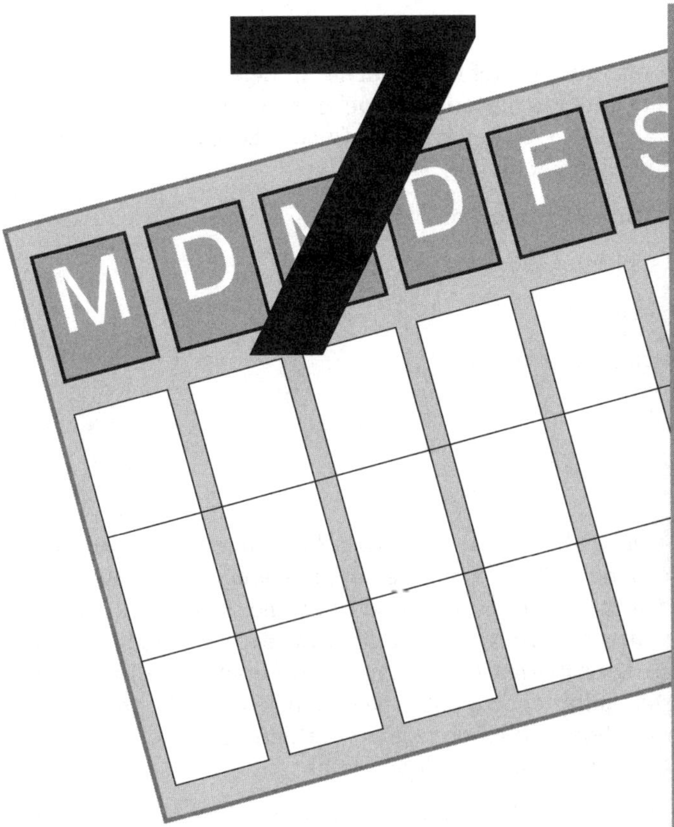

Bonuswoche

Weitere Java-Verfahren

Java ist eine voll ausgestattete und leistungsfähige Sprache. In den vergangenen beiden Tagen haben Sie die wichtigsten Grundlagen dafür gelernt. Natürlich gibt es noch viel mehr zu dieser Sprache zu sagen, im Rahmen dieses Buches können wir aber nur die wichtigsten Aspekte betrachten. Heute lernen Sie

- wie man Laufzeitfehler mit Ausnahmen behandelt,
- wie man Dateien liest und schreibt,
- wie man Grafiken in Java realisiert,
- wie man Java-Applets programmiert.

Java-Ausnahmen

Es spielt kaum eine Rolle, wie viel Erfahrung Sie bereits als Programmierer gesammelt haben: Es lässt sich nicht ausschließen, dass Sie mit Fehlerbedingungen tun haben. Es gibt viele Situationen, die sich Ihrer Kontrolle entziehen und die zu Fehlern führen können – beispielsweise fehlerhafte Benutzereingaben, Hardwareausfälle und gestörte Netzwerkverbindungen. Ein gut konzipiertes Programm kann Fehler auf die »sanfte Art« behandeln, d.h. unerwartet auftretende Fehler bewirken keinen Programmabsturz oder Datenverluste. Die richtige Fehlerbehandlung verhindert auch, dass eine Anwendung im Fehlerfall das gesamte System zu Boden reißt.

In Java bezieht sich ein Fehler auf das *Auslösen einer Ausnahme*. Verschiedenartige Fehler lösen unterschiedliche Arten von Ausnahmen aus und Java definiert eine Vielzahl von Ausnahmeklassen, die jeder nur denkbaren Fehlersituation entsprechen. Im Großen und Ganzen lässt sich die Java-Fehlerbehandung wie folgt beschreiben:

1. Mit dem Schlüsselwort `try` kennzeichnet man Codeblöcke, in denen man mit bestimmten Ausnahmen rechnen muss.
2. Mit dem Schlüsselwort `catch` kennzeichnet man Code, der zur Ausführung gelangt, wenn eine Ausnahme in einem spezifischen `try`-Block aufgetreten ist. Einen mit dem Schlüsselwort `catch` markierten Codeblock bezeichnet man als *Ausnahmebehandlungsroutine*. Für jeden Typ einer erwarteten Ausnahme gibt es einen separaten `catch`-Block.
3. Tritt ein Fehler in einem `try`-Block auf, wird eine Ausnahme entsprechend dem Fehlertyp ausgelöst oder generiert.
4. Die unter Punkt 3 generierte Ausnahme vergleicht Java mit den `catch`-Blöcken, die auf den `try`-Block folgen. Bei einer Übereinstimmung führt Java den Code in diesem `catch`-Block aus.

Wenn keine Ausnahme auftritt, überspringt die Programmausführung den Code in den `catch`-Blöcken. Das folgende Beispiel soll diese Punkte verdeutlichen:

```
try {
  // Hier steht Code, der eine Ausnahme generieren kann.
}
catch (AusnahmeTyp1 e) {
    // Hier steht Code, der den Fehler entsprechend dem
    // AusnahmeTyp1 behandelt.
}
catch (AusnahmeTyp2 e) {
    // Hier steht Code, der den Fehler entsprechend dem
    // AusnahmeTyp2 behandelt.
}
```

Verschiedene Klassen der Java-Bibliothek sind von vornherein darauf ausgelegt, Ausnahmen auszulösen. Wenn Sie in einem Programm mit derartigen Klassen arbeiten, müssen Sie entsprechende `try`- und `catch`-Blöcke vorsehen, da der Java-Compiler den Code sonst nicht akzeptiert. In diesem Fall erhalten Sie eine Mitteilung und können den Code nach Bedarf korrigieren. Als Besonderheit lassen sich Java-Ausnahmen entlang der Hierarchie der Methoden weiterreichen. Ruft zum Beispiel eine Methode A die Methode B auf, dann kann Methode B entweder alle von ihr ausgelösten Ausnahmen behandeln oder sie nach »oben« an die Methode A weiterreichen, um sie von A behandeln zu lassen.

Java-Ausnahmen sind ein komplexes Thema. Im Abschnitt zur Ein-/Ausgabe lernen Sie einige Details kennen, wie man Ausnahmen einsetzt.

Dateien lesen und schreiben

Java hat einen vollständigen Satz von Klassen für alle Arten der Datei-E/A. Diese Lektion beschränkt sich auf die grundsätzlichen Klassen für die Ein-/Ausgabe von Text, da es weit über den Rahmen dieses Buches hinausgehen würde, alle Details zu behandeln.

Textdateien lesen

Textdateien liest man mit den Klassen `FileReader` und `BufferedReader`, die zum Paket `java.io` gehören. Wenn Sie eine Instanz der Klasse `FileReader` erzeugen, übergeben Sie den Namen (einschließlich Pfad, falls erforderlich) der zu lesenden Datei:

```
FileReader inFile = new Filereader(filename);
```

Mit der Referenz auf das `FileReader`-Objekt legen Sie dann noch eine Instanz von `Bufferedreader` an:

```
BufferedReader buff = new Bufferedreader(inFile);
```

Jetzt können Sie Text mit der Methode `readLine` aus der Datei lesen; diese liest eine einzelne Textzeile und gibt sie als Wert vom Typ `String` zurück. Ist das Dateiende erreicht, gibt die Methode den speziellen Wert `null` zurück. Wenn Sie also `readLine` wiederholt aufrufen, bis der Rückgabewert `null` lautet, können Sie den gesamten Inhalt einer Datei zeilenweise lesen.

Dateimanipulationen sind naturgemäß fehleranfällig; deshalb müssen Sie mit der Fehlerbehandlung von Java Ausnahmen abfangen. Listing 7.1 zeigt, wie man dabei vorgeht. Passen Sie den Dateinamen in Zeile 6 bei Bedarf an.

Listing 7.1: Text zeilenweise aus einer Datei lesen

```
1:  import java.io.*;
2:  public class ReadTextFile {
3:  public static void main(String args[]) {
4:      String s;
5:      try {
6:      FileReader inFile = new FileReader("c:\\test.txt");
7:      BufferedReader buff = new BufferedReader(inFile);
8:      boolean endOfFile = false;
9:      while (!endOfFile) {
10:         s = buff.readLine();
11:         if (s == null)
12:             endOfFile = true;
13:         else
14:             System.out.println(s);
15:         }
16:     buff.close();
17:    }
18:    catch (IOException e) {
19:    System.out.println("Fehler: " + e.toString());
20:       }
21:    }
22: }
```

Ausgabe

Wenn die Datei nicht existiert:

```
Fehler: java.io.FileNotFoundException: c:\test.txt
(Die angegebene Datei wurde nicht gefunden.)
```

Wenn die Datei existiert:

```
Das ist eine Test-Datei.
Sie enthält 3 Textzeilen.
Das ist die letzte Zeile.
```

Analyse

Natürlich hängt die Ausgabe vom Inhalt der gewählten Datei ab. Die Zeilen 1 bis 4 sollten Ihnen mittlerweile vertraut sein und bedürfen keiner Erklärung. Zeile 5 leitet einen `try`-Block ein und markiert damit die Stelle im Code, wo Java nach Ausnahmen suchen soll. Zeile 6 legt ein Objekt vom Typ `FileReader` an und verbindet es mit der Datei `c:\test.txt`. Beachten Sie das doppelte Backslash-Zeichen, das in einem Dateinamen für den einzelnen Backslash zu schreiben ist, da der Backslash in Java zu den Escape-Codes gehört. Zeile 7 erzeugt ein `BufferedReader`-Objekt, das mit dem eben angelegten `FileReader`-Objekt verbunden ist. Die Variable vom Typ `Boolean` in Zeile 8 dient als Flag für das Ende der Datei. Die in Zeile 9 beginnende `while`-Schleife führt die Anweisungen in den Zeilen 10 bis 14 aus, solange `endOfFile` das Ergebnis `false` liefert. Zeile 10 liest eine Textzeile aus der Datei. Die Zeilen 11 bis 15 testen den Wert der Eingabe. Ist er `null`, setzt Zeile 12 das Flag `endOfFile` auf `true`, so dass die Schleife endet. Andernfalls zeigt Zeile 14 den Text auf dem Bildschirm an. Zeile 16 schließt die Datei und Zeile 17 markiert das Ende des `try`-Blocks.

Die Zeilen 18 bis 20 bilden den `catch`-Block, den Java ausführt, wenn der Code im `try`-Block eine Ausnahme vom Typ `IOException` auslöst. Der Code im `catch`-Block zeigt die Fehlermeldung an, die in der obigen Ausgabe als Erstes zu sehen ist.

Textdateien schreiben

Textdateien schreibt man mithilfe der Klasse `FileWriter`. Die Syntax für das Anlegen eines `FileWriter`-Objekts lautet:

```
FileWriter outFile = new FileWriter(filename, append);
```

Hier steht `filename` für den Namen (und gegebenenfalls den Pfad) der Datei. Das optionale Argument `append` ist nur für bereits existierende Dateien sinnvoll. Setzen Sie append auf `true`, wenn Sie die neuen Daten an die Datei anhängen wollen, auf `false`, wenn die Datei zu überschreiben ist. Erzeugen Sie dann ein `BufferedWriter`-Objekt, das auf dem `FileWriter`-Objekt basiert:

```
BufferedWriter buff = new BufferedWriter(outFile);
```

Jetzt können Sie mit der Methode `write` des `BufferedWriter`-Objekts Text in die Datei ausgeben:

```
buff.write(text);
```

In dieser Anweisung steht `text` für einen Wert vom Typ `String`, der den auszugebenden Text enthält. Die Methode beginnt die Ausgabe nicht mit einer neuen Zeile; wenn Sie den Text auf einer neuen Zeile ausgeben wollen, setzen Sie das Neue-Zeile-Zeichen (`\n`) an den Beginn des auszugebenden Textes. Soll der Text im Anschluss an eine bestehende Zeile erscheinen, geben Sie das Neue-Zeile-Zeichen am Textende an.

Das Programm in Listing 7.2 zeigt, wie man in eine Datei schreibt.

Listing 7.2: In eine Datei schreiben

```
import java.lang.System;import java.io.*;

public class WriteTextFile {
  public static void main(String args[]) {
  String s;
  BufferedReader kb;
  boolean fileError = false;

  kb = new BufferedReader(new InputStreamReader(System.in));
    try {
      FileWriter outFile = new FileWriter("c:\\output.txt");
      BufferedWriter buff = new BufferedWriter(outFile);
      System.out.println("Textzeilen zum Schreiben in Datei eingeben.");
      System.out.println("Leerzeile zum Beenden.");
      boolean done = false;
      while (!done) {
        s = kb.readLine();
        if (s.length() > 0 ) {
          s = s + "\n";
          buff.write(s);
        }
        else
          done = true;
      }
      buff.close();
    }
    catch (IOException e) {
      System.out.println("Fehler: " + e.toString());
      fileError = true;
    }
    if (!fileError)
      System.out.println("Datei erfolgreich geschrieben.");
    else
      System.out.println("Fehler - Datei wurde nicht geschrieben.");
  }
}
```

Wenn ein Fehler auftritt (zum Beispiel wenn beim Schreiben auf Laufwerk a: keine Diskette eingelegt ist):

```
Fehler: java.io.FileNotFoundException: a:\output.txt
  (Das Gerät ist nicht bereit.)
Fehler - Datei wurde nicht geschrieben.
```

Wenn kein Fehler aufgetreten ist:

```
Textzeilen zum Schreiben in Datei eingeben.
Leerzeile zum Beenden.
Das ist Zeile 1.
Das ist Zeile 2.
Das ist die letzte Zeile.
Datei erfolgreich geschrieben.
```

Die Zeilen 1 bis 5 erfordern keine Erklärung. Die Zeilen 6 bis 9 richten ein `BufferedReader`-Objekt ein, um Textzeilen von der Tastatur zu lesen. Diese Technik hat Bonustag 5 behandelt. Zeile 10 öffnet den `try`-Block, in dem Ausnahmen auftreten können. Die Zeilen 11 und 12 legen `FileWriter`- und `BufferedWriter`-Objekte an, über die das Programm den Text in die Datei schreibt. Dieser Code erzeugt eine Datei namens `output.txt` im Stammverzeichnis auf Laufwerk `C:`. Den Dateinamen müssen Sie gegebenenfalls an Ihre Erfordernisse anpassen.

Die Zeilen 13 und 14 zeigen eine kurze Bedienungsanleitung für den Benutzer an. Zeile 15 initialisiert das Flag `done` vom Typ `Boolean`. In Zeile 16 beginnt eine `while`-Schleife, die so lange läuft, bis das Flag `done` den Wert `false` liefert. Zeile 17 liest eine Textzeile von der Tastatur ein, Zeile 18 prüft die Länge des Textes. Wenn sie nicht 0 ist (d.h., der Benutzer hat Text eingegeben), fügt Zeile 19 ein Neue-Zeile-Zeichen an das Textende an und Zeile 20 schreibt den Text in die Datei. Wenn die Textlänge gleich 0 ist und damit eine Leerzeile signalisiert, setzt Zeile 23 das Flag `done` auf `true`, so dass die `while`-Schleife endet.

Die Zeilen 27 bis 30 stellen den `catch`-Block dar. Wenn eine Ausnahme auftritt, zeigt dieser Code die Fehlermeldung an und setzt die Variable `fileError` auf `true`. Tritt keine Ausnahme auf, führt das Programm den `catch`-Block natürlich nicht aus.

Schließlich zeigen die Zeilen 31 bis 35 – abhängig vom Wert des Flags `fileError` – eine abschließende Meldung an.

Grafik

Jede moderne Programmiersprache muss Grafikunterstützung bieten. Die bisher vorgestellten Konsolenanwendungen eignen sich zwar für den Einstieg, aber fast jedes »richtige« Programm erfordert heutzutage Fenster, Menüs, Dialogfelder und andere Grafikelemente. Die Entwickler von Java haben für derartige Programmieraufgaben das *Abstract Window Toolkit* (AWT) geschaffen. Es ist wahrscheinlich der komplexeste Teil von Java und ganze Bücher beschäftigen sich mit diesem Thema. Hier können wir nur einen kurzen Blick auf das AWT werfen; um tiefer einzusteigen, sollten Sie sich nach entsprechender Literatur umsehen.

Fensteranwendungen erstellen

In einem Java-Programm basieren Bildschirmfenster auf der Klasse `Frame`. Jede Anwendung, die Fenster verwendet, enthält eine Deklaration der folgenden Form:

```
public class MyWindowingApplication extends Frame {
}
```

Der Aufruf von `Frame` liefert die grundlegenden Elemente für die Fensterfunktionalität, zum Beispiel eine Titelleiste, einen Rahmen, die Möglichkeit zur Größenänderung des Fensters usw. Zusätzliche Elemente, die spezifisch für Ihr Programm sind, können Sie problemlos hinzufügen. Wie leicht das geht, demonstriert das Programm in Listing 7.3, das ein Fenster erzeugt und darin eine Nachricht anzeigt.

Listing 7.3: Eine Java-Programm, das eine Nachricht im Fenster anzeigt

```
import java.awt.*;

public class AWT_Test1 extends Frame {

  // Konstruktor
  public AWT_Test1(String title) {
    super(title);
    Label lbl = new Label("Hallo Java", Label.CENTER);
    lbl.setFont(new Font("Helvetica", Font.PLAIN, 16));
      add("Center", lbl);
  }

  public static void main(String args[]) {
    AWT_Test1 Test = new AWT_Test1("Ein Java-Fenster");
    Test.resize(350,250);
    Test.show();
  }
}
```

Ausgabe

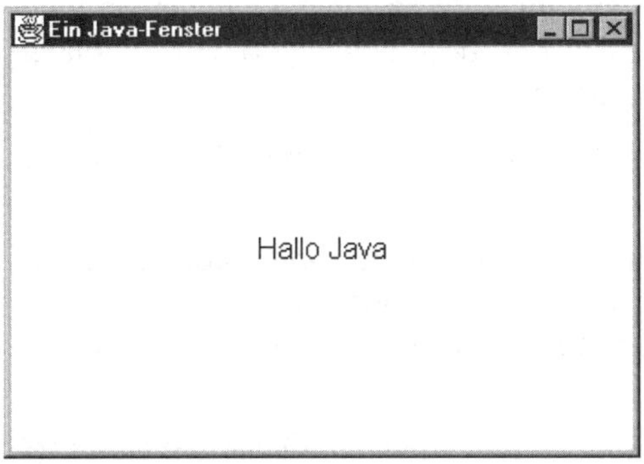

Abbildung 7.1:
Die Ausgabe des Programms nach Listing 7.3

Analyse

Das Programm importiert in Zeile 1 die Klassen im AWT. Zeile 3 deklariert die Klasse (das Programm) `AWT_Test1` als Subklasse von `Frame`. Die Zeilen 6 bis 10 bilden den Klassenkonstruktor; er übernimmt laut Deklaration ein Argument vom Typ `String`, das den Titel des Fensters darstellt. Zeile 7 verwendet das Schlüsselwort `super`, um den Titel an den Konstruktor der Superklasse zu übergeben – d.h. an den Konstruktor der Klasse `Frame` (siehe den nachfolgenden Hinweis zum Schlüsselwort `super`). Der übrige Code im Konstruktor erzeugt ein neues `Label`-Objekt mit dem Text `"Hallo Java"` (Zeile 8), definiert Schriftart und Größe für die Beschriftung (Zeile 9) und fügt die Beschriftung in der Mitte des Fensters ein (Zeile 10).

In der Methode `main` erzeugt Zeile 14 die Variable `Test` und initialisiert sie mit einer neuen Instanz der Klasse `AWT_Test1`. Das Erstellen einer neuen Instanz ruft den Klassenkonstruktor (Zeilen 6 bis 10) auf und übergibt ihm den String `"Ein Java-Fenster"`, der dann – wie oben beschrieben – an den Konstruktor der Superklasse weitergereicht wird. Zeile 15 legt die Fenstergröße auf 350 mal 250 Pixel fest. Schließlich zeigt Zeile 16 das Fenster auf dem Bildschirm an.

Wie Sie sehen, basiert die Grafik des Java-AWT gemäß der objektorientierten Natur von Java selbst vollständig auf Objekten.

Hinweis

In einer Subklasse ruft man mit dem Schlüsselwort `super` die Methoden der Superklasse auf. Somit ruft die Zeile `super.SomeMethod();` die Methode `SomeMethod` in der Superklasse auf. Das Schlüsselwort `super` an sich aktiviert den Konstruktor der Superklasse. Das ist einzig und allein in der ersten Zeile des Subklassenkonstruktors möglich. Der Konstruktor der Subklasse ruft zwar den Konstruktor der Superklasse automatisch auf, mit `super` lassen sich aber die zu übergebenden Argumente spezifizieren.

Figuren und Linien zeichnen

Das Java-AWT bietet viele Klassen, mit denen sich zweidimensionale und dreidimensionale Figuren zeichnen lassen. Die Klassen für das Zeichnen von Figuren sind im Paket `java.awt.geom` untergebracht. Grundsätzlich gibt es je eine Klasse für jeden Figurentyp: `rectangle`, `line`, `ellipse` und so weiter. Um derartige Figuren zu erzeugen und anzuzeigen, führen Sie die folgenden Schritte aus:

1. Erzeugen Sie ein Fenster (Rahmen, Klasse `Frame`), wie es das vorherige Demoprogramm gezeigt hat.
2. Erzeugen Sie eine Instanz für jeden Figurentyp, den Sie zeichnen wollen: Linien, Rechtecke, Ellipsen und so weiter. Setzen Sie die Eigenschaften, um die gewünschten Charakteristika wie zum Beispiel Position, Größe und Farbe bereitzustellen.
3. Erzeugen Sie eine Klasse, die auf der Klasse `Canvas` basiert. In dieser Klasse erstellen Sie eine `paint`-Methode, die den Code zum Zeichnen der Figuren enthält. Das Betriebssystem ruft die Methode `paint` automatisch auf, wenn die Bildschirmanzeige zu aktualisieren ist.
4. Erzeugen Sie eine Instanz der Klasse, die Sie in Schritt 3 definiert haben, und setzen Sie sie auf den Rahmen, den Sie in Schritt 1 erzeugt haben.

Es ist festzustellen, dass die Schritte zum Erzeugen der Figuren vollständig von den Schritten zur Anzeige der Figuren auf dem Bildschirm getrennt sind. Auf dieses relativ komplizierte Thema können wir an dieser Stelle nicht im Detail eingehen. Zumindest soll das Demoprogramm in Listing 7.4 die prinzipiellen Abläufe verdeutlichen. Das Programm erzeugt ein Fenster und zeichnet darin mehrere einfache Figuren.

Listing 7.4: Mit der Java-AWT Figuren auf dem Bildschirm zeichnen

```
import java.awt.*;
import java.awt.geom.*;

public class DrawingTest extends Frame {
  Shape shapes[] = new Shape[4];
  public DrawingTest (String title) {
    super(title);
    setSize(500, 400);
    drawShapes();
      add("Center", new MyCanvas());
  }
   public static void main(String args[]) {
     DrawingTest app = new DrawingTest("Demo zum Zeichnen");
     app.show();
```

```
    }
    void drawShapes () {
      shapes[0] = new Rectangle2D.Double(12.0,12.0, 98.0, 120.0);
      shapes[1] = new Ellipse2D.Double(150.0, 150.0,90.0,30.0);
      shapes[2] = new RoundRectangle2D.Double(200.0, 25,
                      235.0, 250.0, 50.0, 100.0);
      GeneralPath path = new GeneralPath(new Line2D.Double(100.0,
                      350.0, 150.0, 300.0));
      path.append(new Line2D.Double(150.0, 300.0,
                      200.0, 350.0), true);
      path.append(new Line2D.Double(200.0, 350.0,
                      250.0, 300.0), true);
      path.append(new Line2D.Double(250.0, 300.0,
                      300.0, 350.0), true);
      shapes[3] = path;
    }

    class MyCanvas extends Canvas {
      public void paint(Graphics graphics) {
        Graphics2D gr = (Graphics2D) graphics;
        for (int i=0; i<4; i++)
          gr.draw(shapes[i]);
      }
    }
}
```

Ausgabe

(Siehe Abbildung 7.2)

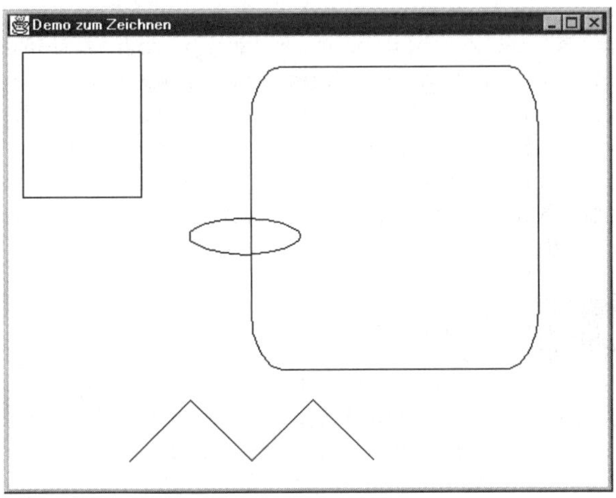

Abbildung 7.2: Grafikausgabe, die das Programm nach Listing 7.4 erzeugt hat

Analyse

Die Zeilen 1 und 2 importieren die erforderlichen AWT-Klassen. Zeile 4 definiert das Programm als Subklasse von `Frame`, was für die Anzeige eines Bildschirmfensters erforderlich ist. Zeile 5 deklariert ein Array vom Typ `Shape` (eine AWT-Klasse zum Zeichnen von Figuren).

Die Zeilen 6 bis 11 bilden den Klassenkonstruktor, der beim Instantiieren des Programms ausgeführt wird. Zeile 7 verwendet das Schlüsselwort `super`, um den Programmtitel an die Superklasse `Frame` zu übergeben. Zeile 8 setzt die Fenstergröße auf eine Breite von 500 Pixel und eine Höhe von 400 Pixel. Zeile 9 ruft die (weiter unten definierte) Methode `drawShapes` auf, um die Figuren zu erzeugen, und Zeile 10 erzeugt eine Instanz der (ebenfalls weiter unten definierten) Klasse `MyCanvas` und fügt sie zentriert in das Fenster ein.

Die Methode `main` in den Zeilen 12 bis 15 führt das Programm beim Start aus. Der Code ist recht einfach, weil das Programm den größten Teil der Arbeit an anderen Stellen verrichtet. Zeile 13 erzeugt eine Instanz des Programms; daraufhin wird der Konstruktor in den Zeilen 6 bis 11 aufgerufen. Zeile 14 ist dafür zuständig, dass das Programm auf dem Bildschirm zu sehen ist.

Die Methode `drawShapes` in den Zeilen 16 bis 25 übernimmt das Erstellen der Figuren. Die Zeilen 17 bis 19 erzeugen drei verschiedene Figuren und weisen sie den Elementen `0` bis `2` des weiter oben deklarierten Arrays `shapes[]` zu. Zeile 20 erzeugt ein `GeneralPath`-Objekt, mit dem sich mehrere separate Zeichenelemente zu einer Figur kombinieren lassen. Diese Anweisung nimmt eine Linie als erstes Element in den Pfad auf. Dann fügen die Zeilen 21 bis 23 drei weitere Linien an den Pfad an und Zeile 24 weist das resultierende Zeichenobjekt an Element 3 des Arrays `shapes[]` zu. Beachten Sie, dass dieser Code die Figuren lediglich erzeugt, sie aber noch nicht anzeigt.

Die Zeilen 27 bis 33 definieren die Klasse `MyCanvas` als Subklasse der AWT-Klasse `Canvas`. Wie sich aus dem Namen ableiten lässt (Canvas heißt Leinwand), liefert diese Klasse eine Oberfläche, auf der man zeichnen kann. Zeile 10 setzt eine Instanz von `MyCanvas` in das Fenster des Programms – die Zeichenfläche ist damit vorbereitet. Die Zeilen 28 bis 32 definieren die Methode `paint`; genau genommen ersetzt man dadurch die Methode `paint` der Klasse `Canvas`. Diese Methode wird automatisch aufgerufen, sobald das Fenster zu aktualisieren ist – zum Beispiel beim Programmstart oder wenn man es aus dem minimierten Zustand wiederherstellt. Der Code in dieser Methode erzeugt zunächst eine Instanz der Klasse `Graphics2D`, durchläuft dann das Array `shapes[]` und zeichnet dabei mit der Methode `draw` die einzelnen Figuren.

Was Sie tun sollten	Was nicht
Machen Sie sich mit den Klassen vertraut, die das AWT bietet, damit Sie Grafiken effizient programmieren können.	Vergessen Sie nicht, dass es sich beim Erzeugen einer Figur und ihrer tatsächlichen Darstellung um zwei verschiedene Schritte handelt.

Schaltflächen und Popup-Fenster

Oftmals ist es nützlich, wenn man in einem Programm Figuren zeichnen kann, häufiger aber muss ein Java-Programm auf vordefinierte Bildschirmelemente zugreifen, beispielsweise Schaltflächen, Menüs, Textfelder und ähnliche Dinge. Das AWT bietet einen umfangreichen Satz von Klassen für alle derartigen Bildschirmelemente, die Sie von Fensteranwendungen her kennen. Darüber hinaus hat Java die Fähigkeit, auf Benutzerereignisse zu reagieren – zum Beispiel wenn der Benutzer mit der Maus auf einen Menübefehl oder eine Schaltfläche klickt. In Ihrem Programm können Sie diese Ereignisse in der passenden Weise behandeln. Später stellt diese Lektion ein Programm vor, das einige dieser Fähigkeiten demonstriert; zuerst aber brauchen Sie ein paar Hintergrundinformationen.

Layout-Manager in Java

Wenn Sie ein Fenster mit einer Vielzahl von Elementen wie zum Beispiel Schaltflächen, Bezeichnungsfeldern und Textfeldern erstellen, wollen Sie diese Elemente natürlich in ansprechender Form anordnen – d. h. in einer sinnvollen Ordnung, die der Funktionalität des Programms entspricht. In bestimmten Programmiersprachen – wie zum Beispiel Visual Basic – kann der Programmierer die Position der Fensterelemente genau bestimmen; dazu positioniert er die Elemente per Drag & Drop während des Programmentwurfs oder bestimmt die Lage und Größe mit den jeweiligen Grafikbefehlen. Die Java-Entwickler haben einen anderen Ansatz gewählt, weil Java-Programme in erster Linie auf verschiedenartigen Plattformen mit der unterschiedlichsten Grafikhardware laufen sollen. Deshalb ist eine andere Strategie für das Layout der Elemente in einem Fenster erforderlich.

Die Java-Entwickler haben sich für den so genannten *Layout-Manager* entschieden. Wenn man ein Fenster erzeugt oder einen anderen Container, der visuelle Elemente enthält, verbinden Sie damit einen Layout-Manager. Fügen Sie dann Schaltflächen und andere Elemente in den Container ein, steuert der Layout-Manager, wie diese Elemente im Container angeordnet werden. Da das bei laufendem Programm passiert, kann der Layout-Manager über die zugrunde liegende Grafikhardware auf Informationen zurückgreifen und die Elemente für die aktuelle Anzeige passend anordnen.

Das Java-AWT hat fünf grundlegende Layout-Manager. Der Fluss-Layout-Manager (`FlowLayout`) arrangiert die Elemente von links nach rechts und von oben nach unten. Die anderen Manager heißen `GridLayout`, `BorderLayout`, `CardLayout` und `GridBagLayout`. Die Layout-Manager sind – wie alle Elemente in Java – Klassen, so dass Sie eine Instanz des gewünschten Managers anlegen müssen:

```
FlowLayout lm = new FlowLayout();
```

Als Nächstes verbinden Sie das Layout-Manager-Objekt über die Methode `setLayout` mit dem Containerobjekt. Normalerweise geschieht das im Konstruktor:

```
setLayout(lm);
```

Das nächste Demoprogramm zeigt, wie das im Detail funktioniert.

Ereignisse behandeln

Benutzerereignisse – wie das Klicken auf eine Schaltfläche oder eine andere Komponente – behandelt Java mit der Methode `action`. Die Syntax für diese Methode lautet:

```
public boolean action(Event evt, Object arg) {
   }
```

Das `Event`-Objekt repräsentiert das aufgetretene Ereignis. Das zweite Argument hängt von der Identität der Komponente ab, die das Ereignis empfängt (siehe Tabelle 7.1).

Komponente	**Typ des Arguments**	**Argumentdaten**
Schaltfläche (Button)	`String`	Die Beschriftung der Schaltfläche
Kontrollkästchen (Check Box)	`Boolean`	Immer `true`
Optionsfeld (Radio Button)	`Boolean`	Immer `true`
Menüauswahl	`String`	Beschriftung des ausgewählten Elements
Textfeld	`String`	Text im Textfeld.

Tabelle 7.1: Werte für das Argument Object in der Methode action für verschiedene Komponenten

Die Methode `action` wird jedes Mal aufgerufen, wenn ein zugehöriges Benutzerereignis auftritt. Der Code in der Methode muss die Argumente auswerten, um die Empfängerkomponente der Aktion zu bestimmen. Die Methode ist dann dafür verantwortlich, die Ausführung in der geeigneten Weise weiterzuleiten. Die Methode sollte `true` zurückgeben, wenn sie das Ereignis selbst behandelt hat, oder `false`, wenn das Ereignis in der Objekthierarchie weiter nach oben zu reichen ist, um es an anderer Stelle behandeln zu lassen.

Eine Demonstration

Das nächste Programm zeigt, wie man Schaltflächen, Layout-Manager, Popup-Fenster und Benutzerereignisse einsetzt. Das Programm zeigt ein Hauptfenster mit zwei Schaltflächen an. Klicken Sie auf die erste Schaltfläche, um ein Popup-Fenster zu öffnen, und klicken Sie dann auf die Schaltfläche SCHLIESSEN im Popup-Fenster, um es zu schließen. Klicken Sie schließlich auf die zweite Schaltfläche im Hauptfenster, um das Programm zu beenden. Listing 7.5 gibt den Code für die Klasse `PopUpWindow` an, Listing 7.6 stellt das Hauptprogramm dar.

Listing 7.5: Die Klasse PopUpWindow ist in PopUpWindow.java definiert

```
1:  import java.awt.*;
2:
3:  class PopUpWindow extends Frame {
4:
5:    FlowLayout lm = new FlowLayout(FlowLayout.CENTER);
6:
7:    public PopUpWindow(String title) {
8:      super(title);
9:      setSize(300, 100);
10:     setLayout(lm);
11:     Button b = new Button("Schließen");
12:     add(b);
13:   }
14:
15:   public boolean action(Event evt, Object arg) {
16:     hide();
17:     return true;
18:   }
19: }
```

Analyse

Zeile 3 definiert die Klasse `PopUpWindow` als Subklasse von `Frame`. Zeile 5 erzeugt ein `FlowLayout`-Objekt mit dem Argument `CENTER`; damit ist festgelegt, dass der Layout-Manager die Komponenten bestmöglich im Fenster zentrieren soll. Die Zeilen 7 bis 13 bilden den Klassenkonstruktor; dieser übernimmt ein Argument vom Typ `String`, das den Fenstertitel spezifiziert. Zeile 8 reicht mithilfe des Schlüsselwortes `super` den Fenstertitel an die Superklasse weiter. Zeile 9 definiert die Größe des Popup-Fensters und Zeile 10 legt fest, dass der vorher erzeugte Layout-Manager zu verwenden ist, um Komponenten anzuordnen. Die Zeilen 11 und 12 erzeugen ein neues `Button`-Objekt mit der Aufschrift »Schließen« und fügen es in das Fenster ein.

Die Zeilen 15 bis 18 definieren eine Behandlungsroutine für die Klasse. Da es nur ein mögliches Ereignis – das Klicken auf die Schaltfläche SCHLIESSEN – für diese Klasse gibt, braucht man die Art des Ereignisses nicht erst per Code zu bestimmen. Diese Behandlungsroutine ruft einfach die Methode `hide` auf, um das Fenster auszublenden, und zeigt dann mit dem Rückgabewert `true` an, dass sie das Ereignis selbst behandelt hat.

Listing 7.6: Das Programm PopUpDemo.java demonstriert die Klasse PopUpWindow und Benutzerereignisse

```
import java.lang.System.*;
import java.awt.*;

public class PopUpWindowDemo extends Frame {

  Button open, quit;
  Frame popup = new PopUpWindow("Ich bin ein Popup-Fenster");
  FlowLayout lm = new FlowLayout(FlowLayout.CENTER);
  public PopUpWindowDemo (String title) {
    super(title);
      setLayout(lm);
      setSize(400, 250);
      open = new Button("Popup-Fenster anzeigen");
      add(open);
      quit = new Button("Programm beenden");
      add(quit); }
  public static void main(String args[]) {
    PopUpWindowDemo app = new PopUpWindowDemo
           ("Demo für Popup-Fenster");
    app.show();
  }
  public boolean action(Event evt, Object arg) {
    if (evt.target instanceof Button) {
      String label = (String)arg;
        if (label.equals("Popup-Fenster anzeigen")) {
          if (!popup.isShowing())
            popup.show();
          }
          else {
            System.exit(0);
        }
      }
      return true;
    }
}
```

Ausgabe

(Siehe Abbildung 7.3)

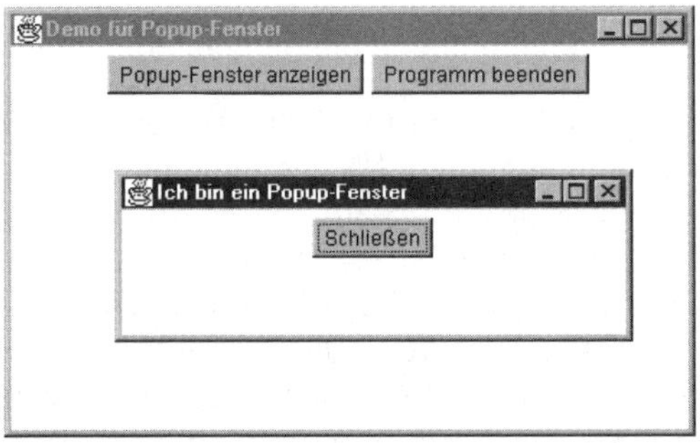

Abbildung 7.3:
Die Ausgabe des Demoprogramms für ein Popup-Fenster

Die ersten vier Zeilen des Programms bedürfen keiner Erläuterung. Zeile 6 erzeugt zwei Variablen vom Typ `Button`, über die das Programm auf die beiden Schaltflächen Bezug nimmt. Zeile 7 erzeugt eine Instanz der Klasse `PopUpWindow` und übergibt ihr den Text, der als Fenstertitel anzuzeigen ist. Wenn das Programm diese Zeile ausführt, wird damit auch das Popup-Fenster erzeugt, dessen Konstruktor ausgeführt, aber das Fenster noch nicht angezeigt. Zeile 8 erzeugt ein Layout-Manager-Objekt, das die Komponenten später in das Hauptfenster einfügen soll.

Die Zeilen 9 bis 16 stellen den Konstruktor für das Programm dar. Zeile 10 übergibt mithilfe von super den Fenstertitel an die Superklasse. Zeile 11 verbindet den in Zeile 8 erzeugten Layout-Manager mit der Klasse des Fensters. Zeile 12 legt die anfängliche Fenstergröße fest. Die Zeilen 13 bis 16 erzeugen zwei Schaltflächen – mit der Beschriftung »Popup-Fenster anzeigen« und »Programm beenden« – und fügen sie in das Fenster ein.

Die Methode `main` des Programms ist in den Zeilen 17 bis 19 zu sehen. Die Methode umfasst lediglich zwei Codezeilen. Zeile 18 legt eine Instanz des Programms an und Zeile 19 macht es auf dem Bildschirm sichtbar.

Die Zeilen 21 bis 33 bilden die `action`-Methode für dieses Programm. Zuerst prüft Zeile 22, ob ein Ereignis für das `Button`-Objekt aufgetreten ist. Falls ja, ruft Zeile 23 die Beschriftung der angeklickten Schaltfläche ab und schreibt sie in die Variable `label`. Hat der Benutzer die Schaltfläche »Popup-Fenster anzeigen« angeklickt, prüft der Code in Zeile 25, ob das Popup-Fenster bereits geöffnet ist. Falls ja, passiert hier weiter nichts. Andernfalls zeigt Zeile 26 das Popup-Fenster an. Hat der Benutzer die Schaltfläche BEENDEN angeklickt, beendet Zeile 29 das Programm.

Wie dieses Beispiel zeigt, lassen sich mit Java sogar in einem relativ kleinen Programm wie diesem recht intelligente Konstruktionen implementieren – einschließlich Schaltflächen, Fenster und Ereignisbehandlung. Natürlich bietet das Java-AWT noch weit mehr Möglichkeiten und es bleibt zu hoffen, dass Sie mit dieser Einführung Appetit auf mehr bekommen haben.

Java-Applets programmieren

Bisher haben wir Java nur zur Programmierung von eigenständigen Anwendungen eingesetzt. Die Popularität von Java ist aber nicht zuletzt darin begründet, dass man so genannte *Applets* programmieren kann. Das sind kleine Programme, die für die Verteilung im Web geeignet sind und sich in einem Webbrowser wie Netscape Navigator oder Microsoft Internet Explorer ausführen lassen. Ein Java-Applet ist als Bestandteil einer Webseite vorgesehen. Wenn Sie zu einer Website »surfen«, die Java-Applets verwendet, erscheinen die Applets einfach im Browser als Teil der Seite. Applets lassen sich für eine breite Palette von Aufgaben einsetzen. Dazu gehören unter anderem Animationen, Berechnungen oder was man sich in der Phantasie als Programmierer noch ausmalt.

Unterschiede zwischen Applets und Anwendungen

Größtenteils unterscheidet sich die Programmierung eines Java-Applets kaum von der Programmierung einer eigenständigen Anwendung. In der Tat ist es möglich, ein Java-Programm zu schreiben, das sowohl Anwendung als auch Applet ist. Die Unterschiede zwischen Applet und Anwendung lassen sich aus programmtechnischer Sicht wie folgt zusammenfassen:

- Aus Sicherheitsgründen ist es Applets nicht möglich, auf Dateien zuzugreifen. Sicherlich möchten Sie auch nicht, dass der Betreiber einer Website auf Ihrer Festplatte herumstöbert, persönliche Daten abruft oder wichtige Systemdateien löscht.
- Ein Applet benötigt keine `main`-Methode. Die Ausführung eines Applets steuert nämlich der Browser, in dem das Applet läuft. Wenn ein Programm sowohl Applet als auch Anwendung sein soll, hat es natürlich eine `main`-Methode, die aber nicht zum Zuge kommt, wenn das Programm als Applet läuft.
- Die Programmierung von Applets gestaltet sich etwas einfacher als die Programmierung von Anwendungen: Der Browser, der das Applet ausführt, kümmert sich um bestimmte Details, wie die Anpassung von Größe und Lage des Programmfensters – das sind Dinge, die eine eigenständige Anwendung in eigener Regie erledigen muss.
- Die Ein-/Ausgabe über die Konsole ist für ein Applet bedeutungslos.

Struktur eines Applets

Listing 7.7 vermittelt Ihnen einen ersten Eindruck, wie man Applets programmiert. Es handelt sich hier nicht um ein fertiges Applets, sondern lediglich um ein Gerüst. Die nachfolgende Analyse erläutert die einzelnen Bestandteile.

Listing 7.7: Das Gerüst eines Java-Applets

```
1: import java.applet.Applet;
2: public class AppletTest extends Applet {
3:   public void init() {}
4:   public void start() {}
5:   public void stop() {}
6:   public void destroy() {}
7:   public void paint() {}
8: }
```

Analyse

Zeile 1: Alle Applets müssen – neben den anderen erforderlichen Klassen – `java.applet.Applet` importieren.

Zeile 2: Applets sind als Subklassen der Java-Klasse `Applet` zu deklarieren. Diese Klasse realisiert die Abläufe »hinter den Kulissen«, die für die Funktionsweise von Applets erforderlich sind.

Zeile 3: Die Methode `init` wird beim Start eines Applets als Erstes aufgerufen. Es handelt sich hier um das Applet-Äquivalent eines Konstruktors.

Zeile 4: Die Methode `start` wird unmittelbar nach der Methode `init` aufgerufen. Man kann sie in vielen Beziehungen mit der Methode `main` einer eigenständigen Anwendung vergleichen.

Zeile 5: Die Methode `stop` wird kurz bevor das Applet terminiert aufgerufen. Diese Methode wird immer vor der Methode `destroy` aufgerufen.

Zeile 6: Die Methode `destroy` ist die als Letztes aufgerufene Methode, wenn das Applet herunterfährt.

Zeile 7: Die Methode `paint` wird aufgerufen, wenn der auf dem Bildschirm sichtbare Teil des Applets zu aktualisieren ist. In diese Methode schreiben Sie den Code, der die visuelle Oberfläche des Applets zeichnet.

Zeile 8: Hier steht nur die schließende Klammer zur Klassendefinition, die in Zeile 2 beginnt.

Die genannten Methoden rufen Sie niemals direkt auf. Der Browser, in dem das Applet läuft, erledigt das bei Bedarf automatisch. In diese Methoden schreiben Sie den Code, der die Initialisierungsschritte sowie die Aufräumarbeiten beim Beenden des Applets ausführt. Einfache Applets kommen mit einer oder zwei der genannten Methoden aus, komplexere Applets verwenden gegebenenfalls alle Methoden.

Ein Applet in eine Webseite einbauen

Die meisten modernen Browser unterstützen Java – ältere Browser nicht immer. Selbst bei Browsern, die Java unterstützen, schaltet man hin und wieder aus verschiedenen Gründen diese Unterstützung ab. Ein Browser ohne Java-Unterstützung ignoriert einfach ein Applet, das auf einer Webseite eingebunden ist.

Um ein Applet auf einer Webseite einzubinden, verwendet man das `<APPLET>`-Tag im HTML-Code der Seite. Die Syntax lautet:

```
<APPLET Name = AppletClassName
Code = FullPathToApplet
WIDTH = w
HEIGHT = h
ALT=text>
</APPLET>
```

`AppletClassName` gibt den Namen der Klassendatei (`appletname.class`) an, die beim Kompilieren des Applets angelegt wird. `FullPathToApplet` bezeichnet den vollständigen Pfad zur `.class`-Datei. Die Werte `w` und `h` spezifizieren die Größe des Applet-Fensters in Pixeln. Der Text erscheint nur, wenn der Browser *kein* Java unterstützt. Dieser Text ist zwar optional, aber empfehlenswert. Auf einer Webseite können mehrere Applets untergebracht sein. Jedes Applet definiert man mit einem eigenen `<APPLET>`-Tag. Dazu ein reales Beispiel:

```
<applet
  name="AppletTest"
  code="AppletTest" codebase="file:/E:/Test/AppletTest"
  width="200"
  height="100"
  align="Top"
  alt="Ein Java-fähiger Browser zeigt hier ein Applet an."
>
</applet>
```

Eine Applet-Demonstration

Applets gehören zu den faszinierenden Themen der Programmierung und es gibt viele Bücher, die sich ausschließlich mit Applets beschäftigen. Dieser dritte Tag zur Java-Programmierung bringt zum Abschluss ein Beispiel für ein Java-Applet, das die Grundlagen demonstriert. Das Programm zeigt Text in einem Browser-Fenster an. Wenn der Benutzer darauf klickt, ändern sich die Textfarben. Listing 7.8 zeigt den HTML-Code, der die Anzeige des Applets realisiert, Listing 7.9 enthält den eigentlichen Applet-Code. Damit Sie dieses Applet laden können, müssen Sie das `<APPLET>`-Tag anpassen, so dass es auf den Ordner verweist, in dem Sie die Klassendatei `AppletTest.class` gespeichert haben.

Listing 7.8: Der HTML-Code in AppletTest.html, um das Applet AppletTest anzuzeigen

```
<html>
<body>
Hier ist das Applet:
<applet
  name="AppletTest"
  code="AppletTest" codebase="file:/C:/WINDOWS/jws/AppletTest"
  width="400"
  height="100"
  align="Top"
  alt="Ein Java-fähiger Browser zeigt hier ein Applet an."
>
</applet>
</body>
</html>
```

Listing 7.9: AppletTest.java präsentiert ein einfaches Java-Applet

```
import java.applet.Applet;
import java.awt.*;

public class AppletTest extends Applet {
  Font f = new Font("TimesRoman", Font.BOLD, 36);
  boolean useRed = true;

  public void paint(Graphics screen) {
    screen.setFont(f);
    if (useRed)
      screen.setColor(Color.red);
    else
      screen.setColor(Color.blue);
    screen.drawString("Das ist ein Applet!", 5, 30);
  }

  public boolean mouseDown(Event evt, int x, int y) {
    useRed = !useRed;
    repaint();
    return true;
  }
}
```

(Siehe Abbildung 7.4)

Abbildung 7.4: Das Applet AppletTest, das im Microsoft Windows Explorer läuft

Die Zeilen 1 und 2 importieren die erforderlichen Klassen, wobei es sich hier um die `Applet`-Klasse und die AWT-Klassen handelt. Zeile 4 definiert die Anwendung als Subklasse von `Applet`. Zeile 5 erzeugt ein neues `Font`-Objekt mit der Schriftart Times Roman, 36 Punkt, Fettschrift. Zeile 6 initialisiert die Variable `useRed` vom Typ `boolean`, die die Farbe für die Textanzeige steuert.

Die Superklasse `Applet` ruft die in den Zeilen 8 bis 15 definierte `paint` automatisch auf. Zeile 9 legt fest, dass die in Zeile 5 erzeugte Schrift für die Textanzeige zu verwenden ist. Zeile 10 prüft den Wert des Flags `useRed`. Wenn er `true` ist, schaltet Zeile 11 die Bildschirmfarbe auf Rot. Beim Wert `false` setzt Zeile 13 die Bildschirmfarbe auf Blau. Schließlich zeigt Zeile 14 mit der Methode `drawstring` den Text an.

Die Zeilen 17 bis 20 definieren eine Methode, die auf Mausereignisse reagiert – in diesem Programm speziell auf das Klicken über dem Applet. Der Code in dieser Methode schaltet lediglich das Flag `useRed` von `true` auf `false` bzw. von `false` auf `true` um und ruft dann die Methode `repaint` auf, eine Methode der Superklasse `Applet`. Diese Methode ruft ihrerseits die Methode `paint` des Objekts `theAppletTest` auf, um den Text in der geänderten Farbe neu darzustellen.

Das <APPLET>-Tag gehört zu den zahlreichen HTML-Tags, mit denen man Webseiten gestaltet. Auch wenn Ihnen viele Tools für das Webdesign einen großen Teil der Arbeit abnehmen und die Tags automatisch generieren, sollten Sie sich etwas näher mit HTML (der Hypertext Markup Language – einer Seitenbeschreibungssprache) beschäftigen, damit Sie Webseiten effektiv gestalten können.

Zusammenfassung

Dieser letzte Bonustag hat die Einführung zu Java abgerundet. Java ist als relativ junge Programmiersprache weit verbreitet. Von allen anderen populären Sprachen unterscheidet sie sich darin, dass sie 100%ig objektorientiert ist. Der Einstieg gestaltet sich dadurch etwas schwieriger; wenn Sie aber die anfänglichen Hürden genommen haben, werden Sie feststellen, dass Java die Programmierung wesentlich vereinfacht. Es verringert sich auch der Aufwand, um ein Programm in seinem Lebenszyklus zu debuggen und zu warten. Darüber hinaus können Sie mit Applets Ihre Java-Kenntnisse auf das Web ausdehnen.

Fragen und Antworten

F Wie behandelt Java Laufzeitfehler?

A *Bei Java-Fehlern werden Ausnahmen ausgelöst. Jeder Codeabschnitt, der zu einer Ausnahme führen kann, sollte in einen* `try`*-Block eingeschlossen sein. Jeder* `try`*-Block muss von einem oder mehreren* `catch`*-Blöcken begleitet werden, um die Ausnahmen zu behandeln, die der Code im* `try`*-Block eventuell ausgelöst hat.*

F Muss man in Java-Programmen eine Ausnahmebehandlung durchführen?

A *Das hängt von den Umständen ab. In bestimmten Java-Klassen verlangt die Deklaration eine Ausnahmebehandlung, wenn man die Klassen verwendet, zum Beispiel die Klassen, die sich auf die Ein- und Ausgabe von Dateien beziehen (wo die Wahrscheinlichkeit für Ausnahmen sehr hoch ist). In anderen Situationen ist die Ausnahmebehandlung zwar nicht unbedingt notwendig, aber wie in jeder Programmiersprache empfiehlt es sich, Code vorzusehen, der einem Programm erlaubt, Laufzeitfehler sanft abzufangen.*

F Wenn man ein Fenster mit Komponenten in Java erzeugt, wie platziert man dann die verschiedenen Fensterelemente?

A *Die Anordnung der Elemente steuern Sie nicht direkt. Statt dessen weisen Sie dem Fenster einen Layout-Manager zu und der Layout-Manager arrangiert die Elemente entsprechend seiner Regeln.*

F Angenommen, Sie erzeugen ein grafisches Element, wie zum Beispiel eine Linie oder ein Rechteck, erscheint es dann automatisch auf dem Bildschirm?

A *Nein. Das Erzeugen eines Zeichenobjekts ist vollkommen getrennt von seiner Anzeige auf dem Bildschirm. Nachdem Sie das Objekt erzeugt haben, müssen Sie eine der Zeichenmethoden der AWT aufrufen, um das Element tatsächlich zu zeichnen.*

F Worin bestehen die Hauptunterschiede zwischen einem Java-Applet und einer Anwendung?

A *Ein Applet hat keine* `main`*-Methode; statt dessen beginnt die Ausführung mit den Methoden* `init` *und* `start`*. Darüber hinaus kann ein Applet keine Dateien lesen oder beschreiben.*

Workshop

Die Kontrollfragen im Workshop sollen Ihnen helfen, die neu erworbenen Kenntnisse zu den behandelten Themen zu festigen. Die Antworten zu den Kontrollfragen finden Sie im Anhang F.

Kontrollfragen

1. Muss zu jedem `try`-Block ein begleitender `catch`-Block vorhanden sein?
2. Beginnt die Methode `write` des Objekts `BufferedWriter` automatisch eine neue Zeile, wenn man Text in eine Datei schreibt?
3. Auf welcher Klasse basieren alle Java-Applets?
4. Mit welcher Methode machen Sie das Programm auf dem Bildschirm sichtbar, wenn Sie eine Anwendung mit Fenstern erzeugen?
5. Wie reagiert eine Java-Anwendung auf Benutzerereignisse?
6. Kann ein Java-Applet eine `main`-Methode enthalten?
7. Welche beiden Methoden werden in welcher Reihenfolge aufgerufen, wenn ein Java-Applet die Ausführung beginnt?

Bonus-woche

Woche

Rückblick

Mit Abschluss der Bonuswoche haben Sie den 21-Tage-Kurs zur C-Programmierung und eine Einführung zu C++ und Java hinter sich gebracht.

Wichtiger als die Grundlagen zu C++ und Java sind die Themen zur objektorientierten Programmierung. Am Bonustag 1 haben Sie erfahren, dass die erklärte Absicht der OOP darin besteht, Code wiederzuverwenden. Weiterhin haben Sie gelernt, dass sich eine objektorientierte Programmiersprache durch drei Charakteristika auszeichnet: Polymorphismus, Kapselung und Vererbung.

An den Bonustagen 2 bis 4 haben Sie einen Überblick über C++ erhalten und gelernt, dass eine Klasse die grundlegende Konstruktion ist, mit der man in C++ Objekte erzeugt. Sie haben nicht nur Klassen definiert, sondern auch gesehen, wie man Objekte aus einer Klasse erzeugt. Außer den Klassen haben diese Bonustage noch eine Reihe anderer Merkmale in C++ behandelt:

- Inline-Funktionen: Das sind Funktionen, bei denen der Compiler den Code für jeden Aufruf kopiert, so dass der Code der Funktion an Ort und Stelle – inline – erscheint.
- Funktionen überladen: Die Wiederverwendung eines Funktionsnamens mit unterschiedlichen Parametern.
- Standardparameter: Festlegung von Werten, die eine Funktion einsetzt, wenn man die betreffenden Argumente im Aufruf nicht explizit angibt.
- Member-Funktionen: Funktionen, die Teil einer Klasse sind.
- Konstruktoren: Eine Funktion, die aufgerufen wird, wenn man ein Objekt aus einer Klasse erzeugt.
- Destruktoren: Eine Funktion, die aufgerufen wird, wenn man ein Objekt abbaut.

In den letzten drei Tagen der Bonuswoche haben Sie Java kennen gelernt. Bonustag 5 hat die Basiskomponenten eines Java-Programms erläutert und ist auf Schlüsselwörter, Bezeichner, Programmfluss und Datentypen eingegangen. Bonustag 6 hat gezeigt, wie man Klassen, Objekte und Pakete in Java definiert. Dabei haben Sie erfahren, dass eine Klasse eine unabhängige Softwarekomponente ist – mit Eigenschaften (die Daten speichern) und Methoden (die Aktionen ausführen).

Bonustag 6 hat auch gezeigt, dass eine Java-Datei das Schlüsselwort `import` verwenden muss, um mit Klassen außerhalb des aktuellen Projekts arbeiten zu können. Zum Abschluss hat diese Lektion in die leistungsfähige objektorientierte Technik der Vererbung eingeführt. Damit lassen sich neue Klassen auf der Basis vorhandener Klassen erzeugen.

Der letzte Bonustag hat Ihre Grundkenntnisse zu Java abgerundet. Hier haben Sie gelernt, wie man Laufzeitfehler mit Ausnahmen abfängt, wie man Dateien liest und schreibt und wie man einfache Grafiken mit Java programmiert. Abschließend ist dieser Tag auf Java-Applets eingegangen und hat dazu ein Beispiel vorgestellt.

ASCII-Zeichentabelle

0	00	nul
1	01	soh
2	02	stx
3	03	etx
4	04	eot
5	05	enq
6	06	ack
7	07	bel
8	08	bs
9	09	ht
10	0A	lf
11	0B	vt
12	0C	ff
13	0D	cr
14	0E	so
15	0F	si
16	10	dle
17	11	dc1
18	12	dc2
19	13	dc3
20	14	dc4
21	15	nak
22	16	syn
23	17	etb
24	18	can
25	19	em
26	1A	sub
27	1B	esc
28	1C	fs
29	1D	gs
30	1E	rs
31	1F	us
32	20	leerzeichen
33	21	!
34	22	»

35	23	#
36	24	$
37	25	%
38	26	&
39	27	'
40	28	(
41	29	)
42	2A	*
43	2B	+
44	2C	'
45	2D	-
46	2E	.
47	2F	/
48	30	0
49	31	1
50	32	2
51	33	3
52	34	4
53	35	5
54	36	6
55	37	7
56	38	8
57	39	9
58	3A	:
59	3B	;
60	3C	<
61	3D	=
62	3E	>
63	3F	?
64	40	@
65	41	A
66	42	B
67	43	C
68	44	D
69	45	E
70	46	F
71	47	G

72	48	H
73	49	I
74	4A	J
75	4B	K
76	4C	L
77	4D	M
78	4E	N
79	4F	O
80	50	P
81	51	Q
82	52	R
83	53	S
84	54	T
85	55	U
86	56	V
87	57	W
88	58	X
89	59	Y
90	5A	Z
91	5B	[
92	5C	\
93	5D	]
94	5E	^
95	5F	-
96	60	`
97	61	a
98	62	b
99	63	c
100	64	d
101	65	e
102	66	f
103	67	g
104	68	h
105	69	i
106	6A	j
107	6B	k
108	6C	l

109	6D	m
110	6E	n
111	6F	o
112	70	p
113	71	q
114	72	r
115	73	s
116	74	t
117	75	u
118	76	v
119	77	w
120	78	x
121	79	y
122	7A	z
123	7B	{
124	7C	|
125	7D	}
126	7E	~
127	7F	-
128	80	Ç
129	81	ü
130	82	é
131	83	â
132	84	ä
133	85	à
134	86	å
135	87	ç
136	88	ê
137	89	ë
138	8A	è
139	8B	ï
140	8C	î
141	8D	ì
142	8E	Ä
143	8F	Å
144	90	É
145	91	æ

146	92	Æ
147	93	ô
148	94	ö
149	95	ò
150	96	û
151	97	ù
152	98	ÿ
153	99	Ö
154	9A	Ü
155	9B	¢
156	9C	£
157	9D	¥
158	9E	P
159	9F	ƒ
160	A0	á
161	A1	í
162	A2	ó
163	A3	ú
164	A4	ñ
165	A5	Ñ
166	A6	ª
167	A7	º
168	A8	¿
169	A9	¬
170	AA	¬
171	AB	½
172	AC	¼
173	AD	¡
174	AE	«
175	AF	»
176	B0	¦
177	B1	¦
178	B2	¦
179	B3	|
180	B4	+
181	B5	Á
182	B6	Â

183	B7	À
184	B8	_
185	B9	+
186	BA	|
187	BB	+
188	BC	+
189	BD	¢
190	BE	¥
191	BF	+
192	C0	+
193	C1	+
194	C2	+
195	C3	+
196	C4	–
197	C5	+
198	C6	ã
199	C7	Ã
200	C8	+
201	C9	+
202	CA	+
203	CB	+
204	CC	+
205	CD	–
206	CE	+
207	CF	¤
208	D0	_
209	D1	Đ
210	D2	Ê
211	D3	Ë
212	D4	È
213	D5	
214	D6	Í
215	D7	Î
216	D8	Ï
217	D9	+
218	DA	+
219	DB	¦

220	DC	_
221	DD	¦
222	DE	¦
223	DF	-
224	E0	a
225	E1	ß
226	E2	G
227	E3	p
228	E4	S
229	E5	s
230	E6	µ
231	E7	t
232	E8	F
233	E9	T
234	EA	O
235	EB	d
236	EC	8
237	ED	f
238	EE	e
239	EF	n
240	F0	=
241	F1	±
242	F2	=
243	F3	=
244	F4	(
245	F5	)
246	F6	÷
247	F7	˜
248	F8	°
249	F9	·
250	FA	·
251	FB	v
252	FC	n
253	FD	²
254	FE	¦
255	FF	_

B

Reservierte Wörter in C/C++

Die in Tabelle B.1 aufgelisteten Bezeichner sind reservierte Schlüsselwörter der Sprache C, die Sie nicht für andere Zwecke verwenden dürfen. In doppelten Anführungszeichen sind diese Wörter natürlich erlaubt.

Im Anschluss daran finden Sie eine Liste mit Wörtern, die nicht in C, sondern nur in C++ reserviert sind. Zu diesen Schlüsselwörtern ist keine Beschreibung angegeben; wenn Sie aber vorhaben, Ihre C-Programme irgendwann nach C++ zu portieren, dürfen Sie diese Schlüsselwörter ebenfalls nicht als Bezeichner in C-Programmen verwenden.

Schlüsselwort	**Beschreibung**
`asm`	Schlüsselwort, das die Integration von Assembler-Befehlen in den Quelltext erlaubt.
`auto`	Die automatische Speicherklasse.
`break`	Befehl, der `for`-, `while`-, `switch`- und `do...while`-Schleifen direkt und ohne Bedingung verlässt.
`case`	Befehl, der innerhalb der `switch`-Anweisung verwendet wird.
`char`	Der einfachste Datentyp von C.
`const`	Datenmodifizierer, der verhindert, dass eine Variable geändert wird. Siehe `volatile`.
`continue`	Befehl, der den aktuellen Durchlauf einer `for`-, `while`- oder `do...while`-Schleife beendet und den nächsten Schleifendurchlauf einleitet.
`default`	Befehl, mit dem man innerhalb von `switch`-Anweisungen die Fälle abfängt, die nicht von den `case`-Blöcken bearbeitet werden.
`do`	Schleifenbefehl, der zusammen mit der `while`-Anweisung verwendet wird. Die Schleife wird immer mindestens einmal ausgeführt
`double`	Datentyp, der Gleitkommazahlen doppelter Genauigkeit aufnehmen kann.
`else`	Anweisung, die einen alternativen Anweisungsblock einleitet, der ausgeführt wird, wenn eine `if`-Anweisung zu `FALSCH` ausgewertet wird.
`enum`	Datentyp, der die Deklaration von Variablen erlaubt, die nur bestimmte Werte annehmen.
`extern`	Datenmodifizierer, der darauf hinweist, dass eine Variable an anderer Stelle im Programm deklariert wird.
`float`	Datentyp, der für Gleitkommazahlen verwendet wird.
`for`	Schleifenbefehl, der aus Initialisierungs-, Inkrementierungs- und Bedingungsabschnitt besteht.

Tabelle B.1: Reservierte Schlüsselwörter von C

Schlüsselwort	Beschreibung
`goto`	Befehl, der einen Sprung zu einer vordefinierten Marke im Programm bewirkt.
`if`	Befehl, der den Programmfluss auf der Basis von `Wahr`/`Falsch`-Entscheidungen steuert.
`int`	Datentyp, der Integer-Werte aufnimmt.
`long`	Datentyp, der größere Integer-Werte als `int` aufnehmen kann.
`register`	Speichermodifizierer, der angibt, dass eine Variable nach Möglichkeit in einem Prozessorregister abgelegt wird.
`return`	Befehl, mit dem die aktuelle Funktion beendet und die Programmausführung an die aufrufende Funktion zurückgegeben wird. Mit dem Befehl lässt sich gleichzeitig ein einzelner Wert zurückgeben.
`short`	Datentyp, in dem Integer-Werte gespeichert werden. Er wird eher selten verwendet und hat auf den meisten Computern die gleiche Größe wie `int`.
`signed`	Modifizierer, der anzeigt, dass eine Variable sowohl positive als auch negative Werte annehmen kann. Siehe `unsigned`.
`sizeof`	Operator, der die Größe eines Elements in Bytes zurückgibt.
`static`	Modifizierer, der anzeigt, dass der Compiler den Wert einer Variablen beibehalten soll.
`struct`	Schlüsselwort, mit dem C-Variablen beliebiger Datentypen zu einer Gruppe zusammengefasst werden können.
`switch`	Befehl, mit dem der Programmfluss in eine Vielzahl von Richtungen verzweigen kann. Wird zusammen mit der `case`-Anweisung verwendet.
`typedef`	Modifizierer, mit dem neue Namen für bestehende Variablen- und Funktionstypen erzeugt werden können.
`union`	Schlüsselwort, mit dem es mehreren Variablen ermöglicht wird, denselben Speicherplatz zu belegen.
`unsigned`	Modifizierer, der anzeigt, dass eine Variable nur positive Werte annehmen kann. Siehe `signed`.
`void`	Schlüsselwort, das entweder anzeigt, dass eine Funktion nichts zurückliefert oder dass ein verwendeter Zeiger als generisch betrachtet wird, das heißt auf jeden Datentyp zeigen kann.
`volatile`	Modifizierer, der anzeigt, dass eine Variable geändert werden kann. Siehe `const`.
`while`	Schleifenanweisung, die einen Codeabschnitt solange ausführt, wie eine bestimmte Bedingung `WAHR` ist.

Tabelle B.1: Reservierte Schlüsselwörter von C

Zusätzlich zu den oben genannten Schlüsselwörtern gibt es für C++ noch folgende Schlüsselwörter:

`catch`	`inline`	`template`
`class`	`new`	`this`
`delete`	`operator`	`throw`
`except`	`private`	`try`
`finally`	`protected`	`virtual`
`friend`	`public`	

Binäre und hexadezimale Zahlen

Als Programmierer müssen Sie manchmal mit Zahlen arbeiten, die binär und hexadezimal dargestellt sind. Dieser Anhang erläutert die beiden Zahlensysteme und ihre Arbeitsweise. Zum besseren Verständnis dieser Systeme untersuchen wir zunächst das übliche Dezimalsystem.

Das Dezimalsystem

Das im täglichen Leben verwendete Dezimalsystem basiert auf der Zahl 10 – d.h., eine Zahl stellt Potenzen von 10 dar. Die erste Ziffer (gezählt von rechts) hat den Stellenwert 10 zur 0ten Potenz, die zweite Ziffer 10 zur 1ten Potenz usw. Alle Zahlen zur 0ten Potenz sind gleich 1 und alle Zahlen zur 1ten Potenz gleich sich selbst. So ergibt sich zum Beispiel für die Zahl 342 mit den entsprechenden Faktoren:

3 $3 * 10^2 = 3 * 100 = 300$
4 $4 * 10^1 = 4 * 10 = 40$
2 $2 * 10^0 = 2 * 1 = 2$
Summe = 342

Das Zahlensystem zur Basis 10 erfordert 10 Ziffern (von 0 bis 9). Die folgenden Regeln gelten sowohl für das Dezimalsystem als auch für Zahlensysteme mit einer anderen Basis als 10:

- Eine Zahl wird in Form von Potenzen ihrer Systembasis dargestellt.
- Das System zur Basis n erfordert n verschiedene Ziffern.

Kommen wir jetzt zu den beiden anderen Zahlensystemen.

Das Binärsystem

Das Binärsystem beruht auf der Basis 2 und erfordert demzufolge nur zwei Ziffern, 0 und 1. Für den Programmierer hat dieses Zahlensystem eine besondere Bedeutung, da der Computer sämtliche Daten als Kombination von Ein/Aus-Zuständen verarbeitet. Das folgende Beispiel zeigt die Umrechnung der Binärzahl 1011 in das gewohnte Dezimalsystem:

1 $1 * 2^3 = 1 * 8 = 8$
0 $0 * 2^2 = 0 * 4 = 0$
1 $1 * 2^1 = 1 * 2 = 2$
1 $1 * 2^0 = 1 * 1 = 1$
Summe = 11 (dezimal)

Die binäre Darstellung hat einen Mangel: Große Zahlen lassen sich damit nur umständlich schreiben und schwer lesen.

Das Hexadezimalsystem

Das Hexadezimalsystem basiert auf der Zahl 16 und erfordert somit 16 Ziffern. Dafür hat man die Ziffern 0 bis 9 und – für die dezimalen Werte von 10 bis 15 – die Buchstaben A bis F gewählt. Die Hexadezimalzahl 2DA lässt sich wie folgt in das Dezimalsystem umrechnen:

2 $2 * 16^2 = 2 * 256 = 512$
D $13 * 16^1 = 13 * 16 = 208$
A $10 * 16^0 = 10 * 1 = 10$
Summe = 730 (dezimal)

Das Hexadezimalsystem kann man auch als »komprimiertes Binärsystem« ansehen: Vier Binärziffern sind zu einer Hexadezimalziffer zusammengefasst. Diese enge Verwandtschaft zum Binärsystem und die übersichtlichere Darstellung der Zahlen sind für die Programmierung vorteilhaft. Mit zwei Hexadezimalziffern lassen sich 8 Bits ausdrücken – d.h. ein Byte. Tabelle C.1 zeigt Beispiele für Zahlen in hexadezimaler, dezimaler und binärer Darstellung. Die Binärzahlen sind dabei in Gruppen von vier Binärziffern angegeben, um die Verwandtschaft zum Hexadezimalsystem zu verdeutlichen.

Hexadezimalzahl	Dezimalzahl	Binärzahl
0	0	0000
1	1	0001
2	2	0010
3	3	0011
4	4	0100
5	5	0101
6	6	0110
7	7	0111
8	8	1000
9	9	1001
A	10	1010
B	11	1011
C	12	1100

Tabelle C.1: Hexadezimalzahlen und ihre dezimalen und binären Äquivalente

Hexadezimalzahl	Dezimalzahl	Binärzahl
D	13	1101
E	14	1110
F	15	1111
10	16	0001 0000
F0	240	1111 0000
FF	255	1111 1111

Tabelle C.1: Hexadezimalzahlen und ihre dezimalen und binären Äquivalente

D

Type & Run

Type & Run 1 – Listings drucken

Das im ersten Type & Run-Abschnitt vorgestellte Programm heißt »Drucken«. Mit diesem Programm können Sie Ihre Listings zu Papier bringen. Das Programm druckt aber nicht nur den eigentlichen Quelltext, sondern fügt auch die Zeilennummern hinzu, wie Sie es in den Beispielen des Buches sehen. Geben Sie das folgende Programm ein und kompilieren Sie es. Wenn Sie Fehlermeldungen erhalten, prüfen Sie, ob Sie alles korrekt eingegeben haben.

Das Programm rufen Sie mit

```
drucken Dateiname.ext
```

auf, wobei Sie für `Dateiname.ext` den Namen der gewünschten Quelldatei und die Dateierweiterung einsetzen. Beachten Sie, dass dieses Programm Zeilennummern in das Listing einfügt. (Lassen Sie sich nicht von der Länge des Programms abschrecken. Noch fehlt Ihnen die Erfahrung, um alle Teile zu verstehen. Das Programm wurde hier angegeben, um Ihnen den Vergleich Ihrer Ausdrucke mit den im Buch wiedergegebenen Listings zu erleichtern.)

Listing D.1: Das Programm drucken.c druckt Quelltexte mit Zeilennummern aus

```
/* drucken.c - Dieses Programm gibt ein Listing mit Zeilennummern aus! */
#include <stdlib.h>
#include <stdio.h>

void titel_anlegen(char *dateiname);

int zeile, seite;

int main( int argv, char *argc[] )
{
    char puffer[256];
    FILE *fp;

    if( argv < 2 )
    {
        printf("\nDie korrekte Eingabe lautet: " );
        printf("\n\ndrucken dateiname.ext\n" );
        exit(1);
    }

    if (( fp = fopen( argc[1], "r" )) == NULL )
    {
        fprintf( stderr, "Fehler beim Öffnen der Datei, %s!", argc[1]);
```

```
        exit(1);
    }

    seite = 0;
    zeile = 1;
    titel_anlegen( argc[1]);

    while( fgets( puffer, 256, fp ) != NULL )
    {
        if( zeile % 55 == 0 )
            titel_anlegen( argc[1] );

        printf("%4d:\t%s", zeile++, puffer );
    }

    printf("\f" );
    fclose(fp);
    return 0;
}

void titel_anlegen( char *dateiname )
{
    seite++;

    if ( seite > 1)
        printf("\f" );

    printf("Seite: %d, %s\n\n", seite, dateiname );
}
```

Hinweis

Dieses Listing verwendet einen Wert, den nicht alle Compiler bereitstellen. Im ANSI-Standard ist zwar `stdout` definiert, `stdprn` jedoch nicht. Vergewissern Sie sich, wie Ihr Compiler die Ausgaben an den Drucker realisiert.

Das Problem mit der ANSI-Kompatibilität können Sie zum Beispiel umgehen, wenn Sie die `stdprn`-Anweisungen in `stdout`-Anweisungen ändern. Damit gelangen alle Ausgaben zum Bildschirm. Mit den Möglichkeiten der Umleitung (oder mit Pipes, wenn Sie unter UNIX bzw. Linux arbeiten) können Sie die Ausgaben vom Bildschirm zum Drucker umleiten.

Mehr zur Arbeitsweise dieses Programms erfahren Sie am Tag 14, wenn es um Bildschirm, Drucker und Tastatur geht.

Type & Run 2 – Zahlen raten

Dieses Programm ist ein einfaches Ratespiel. Dabei versuchen Sie, eine Zahl zu erraten, die der Computer nach dem Zufallsprinzip generiert hat. Nach jedem Versuch teilt Ihnen das Programm mit, ob Ihre Zahl zu hoch oder zu niedrig war. Wenn Sie die gesuchte Zahl gefunden haben, erhalten Sie einen Glückwunsch und erfahren, wie viele Versuche Sie insgesamt benötigt haben.

Listing D.2: zahl.c

```
/* Name:      zahl.c
 * Zweck:     Dieses Programm wählt eine zufällige Zahl und lässt
 *            diese dann vom Anwender erraten
 * Rückgabe: Nichts
 */

#include <stdio.h>
#include <stdlib.h>
#include <time.h>

#define NEIN   0
#define JA  1

int main( void )
{
    int wert_raten = -1;
    int zahl;
    int anz_der_versuche;
    int fertig = NEIN;

    printf("\n\nZufallszahl wird ausgewählt\n");

    /* Zufallsgenerator mit der akt. Zeit initialisieren */
    srand( (unsigned) time( NULL ) );
    zahl = rand();

    anz_der_versuche = 0;
    while ( fertig == NEIN )
    {
        printf("\nWählen Sie eine Zahl zwischen 0 und %d> ", RAND_MAX);
        scanf( "%d", &wert_raten );  /* Zahl einlesen */

        anz_der_versuche++;

        if ( zahl == wert_raten )
```

```
        {
            fertig = JA;
        }
        else
        if ( zahl < wert_raten )
        {
            printf("\nIhre Zahl war zu hoch!");
        }
        else
        {
            printf("\nIhre Zahl war zu niedrig!");
        }
    }

    printf("\n\nSuper! Sie haben nach %d Versuchen richtig geraten!",
            anz_der_versuche);
    printf("\n\nDie Zahl lautet %d\n\n", zahl);

    return 0;
}
```

Wenn Sie ein wenig mogeln wollen, fügen Sie dem Programm eine Zeile hinzu, die Ihnen die Zufallszahl direkt nach ihrer Erzeugung mitteilt. Sie könnten beispielsweise nach dem ersten Austesten des Programms die folgende Zeile einfügen, um sich davon zu überzeugen, dass das Programm auch ordnungsgemäß funktioniert:

```
printf( "Die Zufallszahl (Antwort) lautet: %d", zahl ); /* Betrug */
```

Aber denken Sie daran, dieses Mogelzeile wieder zu entfernen, wenn Sie das Programm von Freunden ausführen lassen!

Type & Run 3 – Eine Pausenfunktion

Dieses Programm enthält eine Funktion, die Sie in anderen Programmen nutzen können. Die Funktion `sleep` realisiert eine Programmpause für die angegebene Anzahl von Sekunden. Während dieser Zeit prüft der Computer lediglich, ob die spezifizierte Zeit abgelaufen ist. Anschließend gibt die Funktion die Steuerung zurück. Diese Funktion oder Varianten davon können Sie vielfältig einsetzen. Da ein Computer sehr schnell arbeitet, muss man oftmals eine Pause realisieren, damit der Benutzer genügend Zeit hat, Informationen auf dem Bildschirm zu lesen – zum Beispiel zur Anzeige eines Copyright-Vermerkes beim Start einer Anwendung.

Listing D.3: Das Programm sekunden.c

```
/* sekunden.c */
/* Ein Programm, das eine Pause realisiert. */

#include <stdio.h>
#include <stdlib.h>
#include <time.h>

void sleep( int nbr_seconds );

 int main( void )
{
    int x;
    int wait = 13;

    /* Pause für eine Anzahl von Sekunden. Gibt für jede *
     * gewartete Sekunde einen Punkt aus.                */

    printf(”Pause für  %d Sekunden\n”, wait );
    printf(”>”);

    for (x=1; x <= wait; x++)
    {
       printf(”.”);        /* Einen Punkt ausgeben */
       fflush(stdout);     /* Ausgabe bei gepufferter Ausgabe erzwingen */
       sleep( (int) 1 );   /* Eine Sekunde Pause */
    }
    printf( ”Fertig!\n”);
    return (0);
}

/* Pausiert für eine festgelegte Anzahl von Sekunden */
void sleep( int nbr_seconds )
{
    clock_t goal;

    goal = ( nbr_seconds * CLOCKS_PER_SEC ) + clock();

    while( goal > clock() )
    {
       ; /* Schleifenanweisungen */
    }
}
```

Als einfache Demonstration gibt der Hauptteil dieses Programms eine Reihe von Punkten aus. Zwischen jedem Punkt hält das Programm eine Sekunde an. Dazu ruft es die eben erwähnte Funktion sleep auf. Wenn Sie mit dem Programm experimentieren, können Sie zum Beispiel die Pausenzeit erhöhen und dann mit einer Stoppuhr feststellen, wie genau der Computer die Pause realisiert.

Das Listing können Sie auch dahingehend abändern, dass es die Punkte (oder einen beliebigen anderen Wert) für die angegebene Zeit anzeigt statt in dieser Zeit zu pausieren. Ersetzen Sie zum Beispiel Zeile 40 durch die folgende Anweisung:

```
printf("x");
```

Type & Run 4 – Geheime Botschaften

Auch das vierte Type & Run-Programm enthält viele Elemente, die Ihnen bereits bekannt sind. Es bringt aber auch einen Vorgriff auf Tag 16, der sich mit Dateien beschäftigt.

Das Programm ermöglicht Ihnen, geheime Botschaften zu kodieren und zu dekodieren. Beim Start des Programms sind zwei Parameter auf der Befehlszeile anzugeben:

```
codierer dateiname aktion
```

Dabei ist `dateiname` entweder der Name einer zu erzeugenden Datei, in der sie die neue geheime Botschaft speichern, oder der Name einer vorhandenen Datei, in der eine zu dekodierende Botschaft enthalten ist. Als `aktion` können Sie entweder `D` für Dekodieren oder `C` für Codieren einer geheimen Botschaft angeben. Wenn Sie das Programm ohne die Übergabe dieser Parameter ausführen, zeigt es eine kurze Bedienungsanleitung an.

Da sich mit diesem Programm Botschaften kodieren und dekodieren lassen, können Sie es an Freunde und Bekannte weitergeben, um mit ihnen Botschaften in verschlüsselter Form auszutauschen. Bevor Sie eine Botschaft versenden, kodieren Sie sie mit diesem Programm. Wenn Sie eine verschlüsselte Botschaft erhalten, können Sie sie mit demselben Programm dekodieren. Ein Empfänger, der dieses Programm nicht besitzt, kann die Botschaften in den Dateien nicht lesen.

Listing D.4: Codierer.c

```
/* Program:  codierer.c
 * Aufruf:   codierer  [dateiname] [aktion]
 *                dateiname = Dateiname für/mit codierten Daten
 *                aktion = D zum Decodieren und alles andere zum
 *                         Codieren
 * - - - - - - - - - - - - - - - - - - - - - - - - - - - - - - */
```

```
#include <stdio.h>
#include <stdlib.h>
#include <string.h>

int zeichen_codieren( int ch, int wert );
int zeichen_decodieren( int ch, int wert );

int main( int argc, char *argv[])
{
    FILE *fh;                  /* Datei-Handle  */
    int rv = 1;                /* Rückgabewert  */
    int ch = 0;                /* Variable zur Aufnahme eines Zeichens */
    unsigned int ctr = 0;      /* Zähler */
    int wert = 5;              /* Wert, mit dem codiert wird */
    char puffer[256];          /* Puffer */

    if( argc != 3 )
    {
       printf("\nFehler:  Falsche Anzahl an Parametern..." );
       printf("\n\nVerwendung:\n   %s dateiname aktion", argv[0]);
       printf("\n\n   Wobei:");
       printf("\n   dateiname = zu codierende/decodierende Datei");
       printf("\n   aktion = D zum Decodieren, C zum Codieren\n\n");
       rv = -1;        /* Rückgabewert */
    }
    else
    if(( argv[2][0] == 'D') || (argv [2][0] == 'd' ))  /*decodieren*/
    {
        fh = fopen(argv[1], "r");   /* öffnet die Datei    */
        if( fh <= 0 )               /* prüft auf Fehler    */
        {
            printf( "\n\nFehler beim Öffnen der Datei..." );
            rv = -2;               /* Fehlercode setzen */
        }
        else
        {
            ch = getc( fh );      /* liest ein Zeichen ein */
            while( !feof( fh ) )  /* prüft das Ende der Datei */
            {
               ch = zeichen_decodieren( ch, wert );
               putchar(ch);  /* schreibt das Zeichen auf den Bildschirm
/

               ch = getc( fh);
            }

```

```
            fclose(fh);
            printf( "\n\nDatei auf dem Bildschirm decodiert.\n" );
        }
    }
    else  /* Codierung */
    {

        fh = fopen(argv[1], "w");
        if( fh <= 0 )
        {
            printf( "\n\nFehler beim Erzeugen der Datei..." );
            rv = -3;  /* Fehlercode setzen */
        }
        else
        {
            printf("\n\nZu codierenden Text eingeben. ");
            printf("Mit Leerzeile beenden.\n\n");

            while( fgets(puffer, 256, stdin) != NULL )
            {
                if( strlen (puffer) <= 1 )
                    break;

                for( ctr = 0; ctr < strlen(puffer); ctr++ )
                {
                 ch = zeichen_codieren( puffer[ctr], wert );
                 ch = fputc(ch, fh);  /*Zeichen in die Datei schreiben*/
                }
            }
            printf( "\n\nDatei codiert.\n" );
            fclose(fh);
        }

    }
    return (rv);
}

int zeichen_codieren( int ch, int wert )
{
    ch = ch + wert;
    return (ch);
}

int zeichen_decodieren( int ch, int wert )
{
    ch = ch - wert;
```

```
98:     return (ch);
99: }
```

Die folgende Zeile zeigt ein Beispiel für eine geheime Botschaft:

```
Injx%nxy%jnsj%ljmjnrj%Gtyxhmfky
```

Decodiert lautet diese Botschaft:

```
Dies ist eine geheime Botschaft!
```

Dieses Programm kodiert und dekodiert die Informationen einfach dadurch, dass es einen Wert zum angegebenen Zeichen addiert oder von diesem subtrahiert. Dieser Code ist ziemlich einfach zu »knacken«. Wenn Sie den Code weiter erschweren wollen, dann ersetzen Sie die Zeilen 91 und 97 durch:

```
ch = ch ^ wert;
```

Fürs Erste soll die Feststellung genügen, dass das Zeichen ^ ein binärer mathematischer Operator ist, der das Zeichen auf der Bitebene modifiziert. Die Verschlüsselung wird dadurch ein wenig sicherer.

Wenn Sie dieses Programm an mehrere Bekannte weitergeben wollen, können Sie auch einen dritten Parameter für die Befehlszeile vorsehen, der einen Wert für `wert` übernimmt. Die Variable `wert` speichert dann diesen Wert, den das Programm zum Kodieren und Dekodieren verwendet.

Type & Run 5 – Zeichen zählen

Das Programm in diesem Abschnitt öffnet die angegebene Textdatei und zählt, wie oft die einzelnen Zeichen darin enthalten sind. In diese Statistik fließen alle Standardzeichen der Tastatur, einschließlich Groß- und Kleinbuchstaben, Zahlen, Leerzeichen und Satzzeichen ein. Die Ergebnisse erscheinen auf dem Bildschirm. Das Programm hat nicht nur einen praktischen Wert, sondern es enthält auch einige interessante Programmierverfahren. Mit dem Umleitungsoperator (>) des Betriebssystems lässt sich die Ausgabe in eine Datei umleiten. Beispielsweise können Sie mit dem Befehl

```
zeichen > ergebnisse.txt
```

das Programm ausführen und die Ergebnisse in eine Datei namens `ergebnisse.txt` schreiben, statt sie auf dem Bildschirm anzuzeigen.

Listing D.5: zeichen.c – ein Programm zum Zählen der Zeichen in einer Datei

```
/* Zählt die Anzahl der Vorkommen der   */
/* einzelnen Zeichen in einer Datei.      */
#include <stdio.h>
```

```
#include <stdlib.h>

int datei_existiert(char *dateiname);

int main(void)
{
    char quelle[80];
    int  ch, index;
    int  count[127];
    FILE *fp;

    /* Liest die Namen der Quell- und Zieldatei ein. */
    fprintf(stderr, "\nGeben Sie den Namen der Quelldatei ein: ");
    fscanf(stdin, "%80s", quelle);

    /* Prüft, ob die Quelldatei existiert. */
    if (!datei_existiert(quelle))
    {
        fprintf(stderr, "\n%s existiert nicht.\n", quelle);
        exit(1);
    }
    /* Öffnet die Datei. */
    if ((fp = fopen(quelle, "rb")) == NULL)
    {
        fprintf(stderr, "\nFehler beim Öffnen von %s.\n", quelle);
        exit(1);
    }
    /* Array-Elemente auf Null setzen. */
    for (index = 31; index < 127 ; index++)
        count[index] = 0;

    while ( 1 )
    {
        ch = fgetc(fp);
        /* Bei End-of-File fertig */
        if (feof(fp))
            break;
        /* Nur Zeichen zwischen 32 und 126 zählen. */
     if (ch > 31 && ch < 127)
            count[ch]++;
     }

    /* Statistik ausgeben. */
    printf("\nZeichen\tAnzahl\n");
    for (index = 32; index < 127 ; index++)
       printf("[%c]\t%d\n", index, count[index]);
```

```
50:     /* Datei schließen und beenden. */
51:     fclose(fp);
52:     return(0);
53: }
54:
55: int datei_existiert(char *dateiname)
56: {
57:    /* Liefert WAHR zurück, wenn der Dateiname existiert,
58:     * und FALSCH, wenn nicht.
59:     */
60:    FILE *fp;
61:    if ((fp = fopen(dateiname, "r")) == NULL)
62:        return 0;
63:    else
64:    {
65:        fclose(fp);
66:        return 1;
67:    }
68: }
```

Betrachten wir zuerst die Funktion `datei_existiert` in den Zeilen 55 bis 68. Die Funktion übernimmt einen Dateinamen als Argument und gibt `wahr` zurück, wenn die Datei existiert, `falsch`, wenn die Datei nicht vorhanden ist. Um zu prüfen, ob die Datei vorhanden ist, versucht die Funktion, die Datei im Lesemodus zu öffnen (Zeile 61). Die Funktion eignet sich durch ihren allgemeinen Aufbau auch für andere Programme.

Als Nächstes fällt auf, dass das Programm die Nachrichten für den Benutzer (wie zum Beispiel in Zeile 16) mit der Funktion `fprintf` und nicht mit der Funktion `printf` realisiert. Da `printf` die Ausgabe immer an `stdout` sendet, würde der Benutzer weder Eingabeaufforderungen noch Fehlermeldungen auf dem Bildschirm sehen, wenn er die Ergebnisse des Programms mit dem Umleitungsoperator in eine Datei schreiben will. Deshalb erzwingt das Programm die Ausgabe derartiger Meldungen mit der Funktion `fprintf` an den Stream `stderr`, der immer mit dem Bildschirm verbunden ist.

Beachten Sie auch, wie der numerische Wert eines Zeichens als Index für das Ergebnis-Array dient (Zeilen 42 und 43). Zum Beispiel repräsentiert der numerische Wert 32 ein Leerzeichen, so dass das Array-Element `count[32]` die Anzahl aller Leerzeichen aufnimmt.

Type & Run 6 – Hypothekenzahlungen berechnen

Dieses Type & Run-Beispiel trägt den Namen *Hypothek* und kann, wie der Name schon verrät, die Zahlungen für eine Hypothek oder eine andere Form von Darlehen berechnen. Das Programm fragt von Ihnen die folgenden drei Informationen ab:

- Betrag: Wie viel Sie geliehen haben (auch Hypothekenbetrag genannt).
- Jährliche Zinsrate: Die Höhe des Zinssatzes, der pro Jahr erhoben wird. Das Programm akzeptiert keine Bruchzahlen; geben Sie die Rate also nicht als 8 1/2%, sondern in der Form 8.5 ein. Rechnen Sie den Prozentwert nicht in den tatsächlichen numerischen Wert um (im Beispiel 0.085), da Ihnen das Programm diese Arbeit abnimmt.
- Die Darlehensdauer in Monaten: Die Anzahl der Monate, über die Sie das Darlehen abzahlen müssen.

Wenn Sie das Programm eingeben und ausführen, können Sie die Zahlungen für eine Hypothek oder eine andere Formen von Darlehen berechnen.

Listing D.6: Der Hypothekenrechner

```
/* hypothek.c - Berechnet Darlehens-/Hypothekenzahlungen. */

#include <stdio.h>
#include <math.h>
#include <stdlib.h>

int main(void)
{
    float betrag, rate, zahlung;
    int laufzeit;
    char ch;

    while (1)
    {
       /* Darlehensdaten einlesen */
        puts("\nGeben Sie die Höhe der Hypothek ein: ");
        scanf("%f", &betrag);
        puts("\nGeben Sie die jährliche Zinsrate ein: ");
        scanf("%f", &rate);
        /* Anpassung für Prozentangaben . */
        rate /= 100;
        /* Anpassung für die monatliche Zinsrate . */
        rate /= 12;

```

```
25:         puts("\nGeben Sie die Darlehensdauer in Monaten an: ");
26:         scanf("%d", &laufzeit);
27:         zahlung = (betrag * rate) / (1 - pow((1 + rate), -laufzeit));
28:         printf("Ihre monatliche Belastung beträgt %.2f DM.\n",zahlung);
29:
30:         puts("Wünschen Sie eine weitere Berechnung (j oder n)?");
31:         do
32:         {
33:         ch = getchar();
34:         } while (ch != 'n' && ch != 'j');
35:
36:         if (ch == 'n')
37:             break;
38:     }
39:     return(0);
40: }
```

Das Programm geht von einem Standarddarlehen aus, wie zum Beispiel bei einem Konsumentenkredit oder der Finanzierung eines Autokaufs. Es berechnet die Rückzahlungen nach der folgenden Standardformel:

```
rueckzahlung = (B * R) / ( 1 - (1 + R)^(-D))
```

`B` ist der Betrag, `R` die Zinsrate und `D` die Darlehensdauer. Beachten Sie, dass das Symbol ^ hier »hoch« bedeutet. Diese Formel setzt voraus, dass Sie die Dauer und die Zinsrate in den gleichen Zeiteinheiten ausdrücken. Wenn Sie zum Beispiel die Darlehensdauer in Monaten angeben, ist die Zinsrate ebenfalls auf den Monat zu beziehen. Da Darlehen in der Regel einen jährlichen Zinssatz haben, teilt Zeile 23 die jährliche Zinsrate durch 12, um die monatliche Zinsrate zu erhalten. Die eigentliche Berechnung des zu zahlenden Betrags findet in Zeile 27 statt, Zeile 28 gibt das Ergebnis aus.

Allgemeine C-Funktionen

Dieser Anhang listet die Funktionsprototypen auf, die in den Header-Dateien der meisten C-Compiler enthalten sind. Funktionen, die dieses Buch behandelt hat, sind mit einem Sternchen gekennzeichnet.

Die Funktionen sind alphabetisch geordnet. Nach dem Namen und der Header-Datei ist der vollständige Prototyp angegeben. Beachten Sie, dass sich die Notation der Prototypen in den Header-Dateien von der im Buch verwendeten unterscheidet. Für die Parameter sind nur die Typen aufgeführt; Parameternamen sind nicht angegeben. Dazu zwei Beispiele:

```
int func1(int, int *);
int func1(in x, int *y);
```

Beide Deklarationen spezifizieren zwei Parameter – der erste Parameter ist vom Typ `int`, der zweite ein Zeiger auf den Typ `int`. Für den Compiler sind beide Deklarationen äquivalent.

Funktion	**Header-Datei**	**Prototyp**
abort*	stdlib.h	void abort(void);
abs	stdlib.h	int abs(int);
acos*	math.h	double acos(double);
asctime*	time.h	char *asctime(const struct tm *);
asin*	math.h	double asin(double);
assert*	assert.h	void assert(int);
atan*	math.h	double atan(double);
atan2*	math.h	double atan2(double, double);
atexit*	stdlib.h	int atexit(void (*)(void));
atof*	stdlib.h	double atof(const char *);
atof*	math.h	double atof(const char *);
atoi*	stdlib.h	int atoi(const char *);
atol*	stdlib.h	long atol(const char *);
bsearch*	stdlib.h	void *bsearch(const void *, const void *, size_t, size_t, int(*) (const void *, const void *));
calloc*	stdlib.h	void *calloc(size_t, size_t);
ceil*	math.h	double ceil(double);
elearerr	stdio.h	void clearerr(FILE *);
clock*	time.h	clock_t clock(void);
cos*	math.h	double cos(double);

Funktion	Header-Datei	Prototyp
cosh*	math.h	double cosh(double);
ctime*	time.h	char *ctime(const time_t *);
difftime	time.h	double difftime(time_t, time_t);
div	stdlib.h	div_t div(int, int);
exit*	stdlib.h	void exit(int);
exp*	math.h	double exp(double);
fabs*	math.h	double fabs(double);
fclose*	stdio.h	int fclose(FILE *);
fcloseall*	stdio.h	int fcloseall(void);
feof*	stdio.h	int feof(FILE *);
fflush*	stdio.h	int fflush(FILE *);
fgetc*	stdio.h	int fgetc(FILE *);
fgetpos	stdio.h	int fgetpos(FILE *, fpos_t *);
fgets*	stdio.h	char *fgets(char *, int, FILE *);
floor*	math.h	double floor(double);
flushall*	stdio.h	int flushall(void);
fmod*	math.h	double fmod(double, double);
fopen*	stdio.h	FILE *fopen(const char *, const char *);
fprintf*	stdio.h	int fprintf(FILE *, const char *, ...);
fputc*	stdio.h	int fputc(int, FILE *);
fputs*	stdio.h	int fputs(const char *, FILE *);
fread*	stdio.h	size_t fread(void *, size_t, size_t, FILE *);
free*	stdlib.h	void free(void *);
freopen	stdio.h	FILE *freopen(const char *, const char *, FILE *);
frexp*	math.h	double frexp(double, int *);
fscanf*	stdio.h	int fscanf(FILE *, const char *, ...);
fseek*	stdio.h	int fseek(FILE *, long, int);
fsetpos	stdio.h	int fsetpos(FILE *, const fpos_t *);
ftell*	stdio.h	long ftell(FILE *);
fwrite*	stdio.h	size_t fwrite(const void *, size_t, size_t, FILE *);
getc*	stdio.h	int getc(FILE *);

Funktion	Header-Datei	Prototyp
getch*	stdio.h	int getch(void);
getchar*	stdio.h	int getchar(void);
getche"	stdio.h	int getche(void);
getenv	stdlib.h	char *getenv(const char *);
gets*	stdio.h	char *gets(char *);
gmtime	time.h	struct tm *gmtime(const time_t *);
isalnum*	ctype.h	int isalnum(int);
isalpha*	ctype.h	int isalpha(int);
isascii*	ctype.h	int isascii(int);
iscntrl*	ctype.h	int iscntrl(int);
isdigit*	ctype.h	int isdigit(int);
isgraph*	ctype.h	int isgraph(int);
islower*	ctype.h	int islower(int);
isprint*	ctype.h	int isprint(int);
ispunct*	ctype.h	int ispunct(int);
isspace*	ctype.h	int isspace(int);
isupper*	ctype.h	int isupper(int);
isxdigit*	ctype.h	int isxdigit(int);
labs	stdlib.h	long int labs(long int);
ldexp	math.h	double ldexp(double, int);
ldiv	stdlib.h	ldiv_t div(long int, long int);
localtime*	time.h	struct tm *localtime(const time_t *);
log*	math.h	double log(double);
log10*	math.h	double log10(double);
malloc*	stdlib.h	void *malloc(size_t);
mblen	stdlib.h	int mblen(const char *, size_t);
mbstowcs	stdlib.h	size_t mbstowcs(wchar_t *, const char *, size_t);
mbtowc	stdlib.h	int mbtowc(wchar_t *, const char *, size_t);
memchr	string.h	void *memchr(const void *, int, size_t);
memcmp	string.h	int memcmp(const void *, const void *, size_t);
memcpy	string.h	void *memcpy(void *, const void *, size_t);

Funktion	Header-Datei	Prototyp
memmove	string.h	void *memmove(void *, const void*, size_t);
memset	string.h	void *memset(void *, int, size_t);
mktime*	time.h	time_t mktime(struct tm *);
modf	math.h	double modf(double, double *);
perror*	stdio.h	void perror(const char *);
pow*	math.h	double pow(double, double);
printf*	stdio.h	int printf(const char *, ...);
putc*	stdio.h	int putc(int, FILE *);
putchar*	stdio.h	int putchar(int);
puts*	stdio.h	int puts(const char *);
qsort*	stdlib.h	void qsort(void*, size_t, size_t, int (*)(const void*, const void *));
rand	stdlib.h	int rand(void);
realloc*	stdlib.h	void *realloc(void *, size_t);
remove*	stdio.h	int remove(const char *);
rename*	stdio.h	int rename(const char *, const char *);
rewind*	stdio.h	void rewind(FILE *);
scanf*	stdio.h	int scanf(const char *, ...);
setbuf	stdio.h	void setbuf(FILE *, char *);
setvbuf	stdio.h	int setvbuf(FILE *, char *, int, size_t);
sin*	math.h	double sin(double);
sinh*	math.h	double sinh(double)@
sleep*	time.h	void sleep(time_t);
sprintf	stdio.h	int sprintf(char *, const char *, ...);
sqrt*	math.h	double sqrt(double);
srand	stdlib.h	void srand(unsigned);
sscanf	stdio.h	int sscanf(const char *, const char *, ...);
strcat*	string.h	char *strcat(char *,const char *);
strchr*	string.h	char *strchr(const char *, int)
strcmp*	string.h	int strcmp(const char *, const char *);
strcmpl*	string.h	int strcmpl(const char *, const char *);
strcpy*	string.h	char *strcpy(char *, const char *);
strcspn*	string.h	size_t strcspn(const char *, const char *);

Funktion	Header-Datei	Prototyp
strdup*	string.h	char *strdup(const char *);
strerror	string.h	char *strerror(int);
strftime*	time.h	size_t strftime(char *, size_t, const char *, const struct tm *);
strlen*	string.h	size_t strlen(const char *);
strlwr*	string.h	char *strlwr(char *);
strncat*	string.h	char *strncat(char *, const char *, size_t);
strncmp*	string.h	int strncmp(const char *, const char *, size_t);
strncpy*	string.h	char *strncpy(char *, const char *, size_t);
strnset*	string.h	char *strnset(char *, int, size_t);
strpbrk*	string.h	char *strpbrk(const char *, const char *);
strrchr*	string.h	char *strrchr(const char *, int);
strspn*	string.h	size_t strspn(const char *, const char *);
strstr*	string.h	char *strstr(const char *, const char *);
strtod	stdlib.h	double strtod(const char *, char **);
strtok	string.h	char *strtok(char *, const char*);
strtol	stdlib.h	long strtol(const char *, char **, int);
strtoul	stdlib.h	unsigned long strtoul(const char*, char **, int);
strupr*	string.h	char *strupr(char *);
system*	stdlib.h	int system(const char *);
tan*	math.h	double tan(double);
tanh*	math.h	double tanh(double);
time*	time.h	time_t time(time_t *);
tmpfile	stdio.h	FILE *tmpfile(void);
tmpnam*	stdio.h	char *tmpnam(char *);
tolower	ctype.h	int tolower(int);
toupper	ctype.h	int toupper(int);
ungetc*	stdio.h	int ungetc(int, FILE *);
va_arg*	stdarg.h	(type) va_arg(va_list, (type));
va_end*	stdarg.h	void va_end(va_list);
va_start*	stdarg.h	void va_start(va_list, lastfix);

Funktion	Header-Datei	Prototyp
vfprintf	stdio.h	int vfprintf(FILE *, constchar *, ...);
vprintf	stdio.h	int vprintf(FILE*, constchar *, ...);
vsprintf	stdio.h	int vsprintf(char *, constchar *, ...);
wcstombs	stdlib.h	size_t wcstombs(char *, const wchar_t *, size_t);
wctomb	stdlib.h	int wctomb(char *, wchar_t);

Antworten

Dieser Anhang enthält die Antworten für die Kontrollfragen und Übungen am Ende jeder Lektion. Beachten Sie, dass für viele Übungen mehrere Lösungen möglich sind. In der Regel ist dafür nur eine Anweisung angegeben. In anderen Fällen finden Sie zusätzliche Informationen, die Ihnen helfen, die Übungsaufgaben zu lösen.

Tag 1

Antworten zu den Kontrollfragen

1. C ist eine leistungsfähige, populäre und portierbare Sprache.
2. Der Compiler übersetzt den C-Quellcode in Anweisungen der Maschinensprache, die der Computer versteht.
3. Bearbeiten, kompilieren und testen.
4. Die Antwort zu dieser Frage hängt von Ihrem Compiler ab. Konsultieren Sie dazu bitte die zugehörige Dokumentation.
5. Die Antwort zu dieser Frage hängt von Ihrem Compiler ab. Konsultieren Sie dazu bitte die zugehörige Dokumentation.
6. Die passende Erweiterung für C-Quellcodedateien ist `.c`.

   Hinweis: C++ verwendet die Erweiterung `.cpp`. Ihre C-Programme können Sie zwar auch mit einer `.cpp`-Erweiterung schreiben und kompilieren, dennoch ist die `.c`-Erweiterung passender.
7. Die Datei `filename.txt` lässt sich zwar kompilieren, dennoch sollten Sie die Erweiterung `.c` anstelle von `.txt` wählen.
8. Um die Probleme zu beheben, müssen Sie den Quellcode überarbeiten. Kompilieren und linken Sie dann das Programm erneut. Anschließend testen Sie das Programm, um festzustellen, ob die Korrekturen richtig gewesen sind.
9. Unter Maschinensprache versteht man die digitalen bzw. binären Anweisungen, die der Computer versteht. Da der Computer mit C-Quellcode nichts anfangen kann, müssen Sie den C-Code mit einem Compiler in Maschinensprache – auch Objektcode genannt – übersetzen.
10. Der Linker kombiniert den Objektcode Ihres Programms mit dem Objektcode aus der Funktionsbibliothek und erzeugt daraus eine ausführbare Datei.

Lösungen zu den Übungen

1. Wenn Sie sich die Objektdatei mit einem Editor ansehen, finden Sie viele kryptische Zeichen, gemixt mit Teilen der Quelldatei.
2. Das Programm berechnet die Fläche eines Kreises. Es fordert den Benutzer auf, einen Radius einzugeben, und zeigt dann die berechnete Fläche an.
3. Dieses Programm gibt ein Block von 10 x 10 Zeichen des Buchstabens X aus. Ein ähnliches Programm finden Sie am Tag 6.
4. Dieses Programm bewirkt einen Compilerfehler. Es erscheint eine Fehlermeldung, die wie folgt lauten kann:

   ```
   test0104.c(4) : error: Funktionskopf fehlt
   ```

   Dieser Fehler ist auf das Semikolon am Ende von Zeile 3 zurückzuführen. Wenn Sie das Semikolon entfernen, haben Sie den Fehler schon behoben.
5. Dieses Programm lässt sich zwar kompilieren, erzeugt aber einen Linkerfehler. Es erscheint eine Meldung, die wie folgt lauten kann:

   ```
   test0105.c(6) : error: 'do_it' : nichtdeklarierter Bezeichner
   ```

   Dieser Fehler entsteht, weil der Linker keine Funktion namens `do_it` finden kann. Um diesen Fehler zu korrigieren, ändern Sie `do_it` in `printf`.
6. Das Programm gibt jetzt einen Block von 10 x 10 Smileys aus.

Tag 2

Antworten zu den Kontrollfragen

1. Eine Gruppe von C-Anweisungen, die von geschweiften Klammern eingeschlossen ist, nennt man Block.
2. Die einzige Komponente, die in allen C-Programmen vorhanden sein muss, ist die Funktion `main`.
3. Jeder Text, der zwischen `/*` und `*/` steht, ist ein Programmkommentar und wird vom Compiler ignoriert. Kommentare verwendet man, um Anmerkungen zu Struktur und Funktionsweise des Programms in den Quelltext aufzunehmen.
4. Eine Funktion ist ein unabhängiger, mit einem Namen verbundener Abschnitt eines Programms, der eine bestimmte Aufgabe erledigt. Indem Sie den Funktionsnamen im Quelltext angeben, kann das Programm den Code in dieser Funktion ausführen.

5. Eine benutzerdefinierte Funktion wird vom Programmierer selbst erstellt, während Bibliotheksfunktionen zum Lieferumfang des Compilers gehören.
6. Eine #include-Direktive teilt dem Compiler mit, bei der Kompilierung den Code einer anderen Datei in Ihren Quellcode einzubinden.
7. Kommentare sollte man nicht verschachteln. Einige Compiler erlauben das zwar, manche jedoch nicht. Um die Portabilität Ihres Codes zu gewährleisten, sollten Sie Kommentare nicht verschachteln.
8. Ja. Kommentare können beliebig lang sein. Ein Kommentar beginnt mit einem /* und endet erst, wenn ein */ auftaucht.
9. Include-Dateien bezeichnet man auch als Header-Dateien.
10 Eine Include-Datei ist eine separate Datei, die Informationen enthält, die der Compiler benötigt.

Lösungen zu den Übungen

1. Denken Sie daran, dass in einem C-Programm als einziges die Funktion main obligatorisch ist. Das folgende Codefragment ist das denkbar kürzeste Programm. Leider kann man damit jedoch nichts anfangen:

   ```
   void main()
   {
   }
   ```

   Dieses Programm lässt sich auch wie folgt formulieren:

   ```
   void main() {}
   ```

2. a. Die Anweisungen stehen in den Zeilen 8, 9, 10, 12, 20 und 21.
   b. Die einzige Variablendefinition steht in Zeile 18.
   c. Der einzige Funktionsprototyp (für display_line) steht in Zeile 4.
   d. Die Funktionsdefinition für display_line steht in den Zeilen 16 bis 22.
   e. Kommentare stehen in den Zeilen 1, 15 und 23.
3. Ein Kommentar ist jeglicher Text, der zwischen /* und */ steht. Die folgenden Beispiele zeigen Kommentare:

   ```
   /* Dies ist ein Kommentar. */
   /* ??? */
   /*
   Dies ist ein
   dritter Kommentar */
   ```

4. Das Programm gibt das Alphabet in Großbuchstaben aus. Sie werden das Programm besser verstehen, wenn Sie Tag 10 durchgearbeitet haben.

   Die Ausgabe lautet `ABCDEFGHIJKLMNOPQRSTUVWXYZ`.

5. Dieses Programm zählt die Zeichen und Leerzeichen, die Sie eingeben, und zeigt die Gesamtanzahl an. Auch dieses Programm werden Sie nach Tag 10 besser verstehen.

Tag 3

Antworten zu den Kontrollfragen

1. Eine Integer-Variable kann eine ganze Zahl speichern (eine Zahl ohne gebrochenen Anteil), während eine Gleitkommavariable eine Gleitkommazahl (eine Zahl mit gebrochenem Anteil) speichert.
2. Eine Variable vom Typ `double` hat einen größeren Wertebereich als eine Variable vom Typ `float`. Außerdem ist eine `double`-Variable genauer als eine `float`-Variable.
3. a. Die Größe eines `char` beträgt ein Byte.

   b. Die Größe eines `short` ist kleiner oder gleich der Größe eines `int`.

   c. Die Größe eines `int` ist kleiner oder gleich der Größe eines `long`.

   d. Die Größe eines `unsigned int` ist gleich der Größe eines `int`.

   e. Die Größe eines `float` ist kleiner oder gleich der Größe eines `double`.
4. Mit symbolischen Konstanten lässt sich der Quellcode verständlicher formulieren. Außerdem ist es einfacher, den Wert einer Konstante zu ändern.
5. a. `#define MAXIMUM 100`

   b. `const int MAXIMUM = 100;`
6. Buchstaben, Zahlzeichen und Unterstriche.
7. Namen von Variablen und Konstanten sollten die gespeicherten Daten beschreiben. Variablennamen schreibt man üblicherweise in Kleinbuchstaben, Konstantennamen durchgehend mit Großbuchstaben.
8. Symbolische Konstanten sind Symbole, die literale Konstanten repräsentieren.
9. Wenn es sich um einen `unsigned int` mit einer Länge von 2 Bytes handelt, ist der kleinste Wert `0`, bei einer vorzeichenbehafteten `int`-Variablen mit 2 Bytes ist der kleinste Wert `-32.768`.

Lösungen zu den Übungen

1. a. Weil eine Person kein negatives Alter haben kann und weil man das Alter normalerweise als ganze Zahl angibt, empfiehlt sich der Typ `unsigned int`.

   b. `unsigned int`

   c. `float`

   d. Wenn Ihre Erwartungen für das Jahresgehalt nicht sehr hoch liegen, reicht eine einfache Variable vom Typ `unsigned int` aus. Haben Sie die Möglichkeit, über 65.535 DM zu kommen, bietet sich eine Variable vom Typ `long` an.

   e. `float` (Vergessen Sie nicht die Dezimalstellen für die Pfennige.)

   f. Da die höchste Punktzahl immer 100 ist, handelt es sich um eine Konstante. Verwenden Sie eine Anweisung mit `const int` oder `#define`.

   g. `float` (Wenn Sie nur ganze Zahlen verwenden, genügt ein `int` oder `long`.)

   h. Auf jeden Fall ein Typ mit Vorzeichen. Verwenden Sie `int`, `long` oder `float`. Siehe dazu auch Antwort 1.d.

   i. `double`

2. Die Antworten für die Übungen 2 und 3 sind hier zusammengefasst.

   Denken Sie daran, dass ein Variablenname eine annähernde Beschreibung des gespeicherten Wertes liefern soll. Eine Variablendeklaration ist eine Anweisung, die eine Variable anlegt. Bei der Deklaration kann man gleichzeitig den Wert der Variablen initialisieren. Für eine Variable sind beliebige Namen zulässig, ausgenommen die C-Schlüsselwörter.

   a. `unsigned int alter;`

   b. `unsigned int gewicht;`

   c. `float radius = 3;`

   d. `long jahres_gehalt;`

   e. `float preis = 29.95;`

   f. `const int max_punkte = 100;` oder `#define MAX_PUNKTE 100`

   g. `float temperatur;`

   h. `long eigen_kapital = -30000;`

   i. `double stern_entfernung;`

3. Siehe Antwort 2.

4. Die Variablennamen unter den Punkten b, c, e, g, h, i und j sind gültig.

Beachten Sie, dass der Name zu Punkt j zwar korrekt ist, aber derartig lange Variablennamen unpraktisch sind. (Außerdem: Wer möchte sie schon eintippen?) Die meisten Compiler berücksichtigen auch nicht den gesamten Namen, sondern beispielsweise nur die ersten 31 Zeichen.

Ungültig sind die folgenden Variablennamen:

a. Ein Variablenname darf nicht mit einer Ziffer beginnen.

d. Das Nummernzeichen (#) darf nicht in einem Namen auftauchen.

f. Ein Bindestrich (-) gilt als Minuszeichen und ist deshalb ebenfalls nicht in einem Variablennamen zulässig.

Tag 4

Antworten zu den Kontrollfragen

1. Man nennt eine Anweisung dieser Art *Zuweisung*. Sie teilt dem Computer mit, die Werte `5` und `8` zu addieren und das Ergebnis der Variablen `x` zuzuweisen.
2. Als Ausdruck bezeichnet man alles, was einen numerischen Wert zum Ergebnis hat.
3. Die relative Rangfolge der Operatoren.
4. Nach der ersten Anweisung ist der Wert von `a` gleich `10` und der Wert von `x` gleich `11`. Nach der zweiten Anweisung haben `a` und `x` beide den Wert `11`. (Die Anweisungen müssen getrennt ausgeführt werden.)
5. `1`, denn dies ist der Rest von `10` geteilt durch `3`.
6. `19`
7. `(5 + 3) * 8 / (2 + 2)`
8. `0`
9. Zur Bestimmung der Operator-Rangfolge können Sie die Tabelle 4.12 im Abschnitt »Übersicht der Operator-Rangfolge« von Tag 4 heranziehen. In dieser Tabelle sind die C-Operatoren und ihre Prioritäten angegeben.

   a. `<` hat eine höhere Priorität als `==`.

   b. `*` hat eine höhere Priorität als `+`.

   c. `!=` und `==` haben die gleiche Priorität, deshalb werden sie von links nach rechts ausgewertet.

d. >= und > haben die gleiche Priorität. Verwenden Sie Klammern, wenn Sie mehr als einen Vergleichsoperator in einer Anweisung oder einem Ausdruck verwenden müssen.

10. Zusammengesetzte Zuweisungsoperatoren ermöglichen die Kombination von binären mathematischen Operationen mit Zuweisungen. Sie stellen eine verkürzte Schreibweise dar. Die am Tag 4 vorgestellten zusammengesetzten Operatoren lauten +=, -=, *=, /= und %=.

Lösungen zu den Übungen

1. Das Listing lässt sich problemlos kompilieren und ausführen, auch wenn der Code schlecht strukturiert ist. Es soll zeigen, das Whitespaces für die Ausführung des Programms keine Bedeutung haben, für die Lesbarkeit des Quellcodes aber enorm wichtig sind.

2. Im Folgenden sehen Sie das Listing aus Übung 1 in einer übersichtlicheren Form:

```
#include <stdio.h>

int x,y;

int main(void)
{
    printf("\nGeben Sie zwei Zahlen ein: ");
    scanf("%d %d",&x,&y);
    printf("\n\n%d ist größer\n",(x>y)?x:y);
    return 0;
}
```

   Das Programm fordert Sie auf, zwei Zahlen einzugeben, und gibt dann die größere der beiden Zahlen aus.

3. Die einzigen Änderungen, die in Listing 4.1 nötig sind, betreffen folgende Zeilen:

```
17:     printf("\n%d    %d", a++, ++b);
18:     printf("\n%d    %d", a++, ++b);
19:     printf("\n%d    %d", a++, ++b);
20:     printf("\n%d    %d", a++, ++b);
21:     printf("\n%d    %d\n", a++, ++b);
```

4. Das folgende Codefragment zeigt nur eine von vielen möglichen Lösungen. Es prüft, ob x größer gleich 1 und kleiner gleich 20 ist. Wenn diese beiden Bedingungen erfüllt sind, wird x der Variablen y zugewiesen. Andernfalls wird x nicht y zugewiesen und y behält seinen Wert.

```
if ((x >= 1) && (x <= 20))
    y = x;
```

5. Der Code lautet:

```
y = (x >= 1) && (x <= 20)) ? x : y;
```

Auch hier gilt: Wenn die `if`-Anweisung `WAHR` ist, wird `x` der Variablen `y` zugewiesen; andernfalls wird `y` sich selbst zugewiesen – d.h., der Wert ändert sich nicht.

6. Der Code lautet:

```
if (x < 1 && x > 10 )
      anweisung;
```

7. a. 7
   b. 0
   c. 9
   d. 1
   e. 5

8. a. WAHR
   b. FALSCH
   c. WAHR. Beachten Sie, dass hier nur ein einfaches Gleichheitszeichen steht, wodurch die `if`-Anweisung praktisch zu einer Zuweisung wird.
   d. WAHR

9. Das folgende Codefragment zeigt eine mögliche Lösung:

```
if (alter < 18)
    printf("Sie sind noch nicht erwachsen");
else if (alter >= 65)
    printf("Sie haben bereits das Rentenalter erreicht");
else
    printf("Sie sind ein Erwachsener");
```

10. Dieses Programm weist vier Fehler auf. Der erste Fehler befindet sich in Zeile 3, die mit einem Semikolon und nicht mit einem Doppelpunkt abzuschließen ist. Der zweite Fehler ist das Semikolon am Ende der `if`-Anweisung in Zeile 6. Der dritte Fehler kommt sehr häufig vor: In der `if`-Anweisung wird der Zuweisungsoperator (=) statt des Vergleichsoperators (==) verwendet. Der letzte Fehler ist das Wort `andernfalls` in Zeile 8. Es sollte eigentlich `else` heißen. Der Code lautet korrekt:

```
#include <stdio.h>
int x= 1;
int main(void)
{
   if( x == 1)
      printf(" x ist gleich 1" );
```

```
    else
        printf(" x ist ungleich 1");
    return 0;
}
```

Tag 5

Antworten zu den Kontrollfragen

1. Ja! (Das ist natürlich eine Fangfrage; Sie sollten aber besser mit »Ja« antworten, wenn Sie ein guter C-Programmierer werden wollen.)
2. In der strukturierten Programmierung zerlegt man ein komplexes Programmierproblem in eine Reihe von kleineren Aufgaben, die einzeln einfacher zu handhaben sind.
3. Nachdem Sie Ihr Programm in eine Reihe von kleineren Aufgaben zerlegt haben, können Sie für jede Aufgabe eine eigene Funktion schreiben.
4. Die erste Zeile einer Funktionsdefinition ist der Funktions-Header. Er enthält den Namen der Funktion, den Typ ihres Rückgabewertes und ihre Parameter.
5. Eine Funktion kann entweder einen oder keinen Wert zurückliefern. Der Typ dieses Wertes kann jeder gültige C-Typ sein. Am Tag 18 erfahren Sie, wie Sie aus einer Funktion mehrere Werte zurückgeben können.
6. Eine Funktion, die keinen Wert zurückgibt, ist mit dem Typ `void` zu deklarieren.
7. Eine Funktionsdefinition ist eine komplette Funktion, einschließlich des Headers und der zugehörigen Anweisungen. Die Definition legt fest, welche Befehle ausgeführt werden, wenn man die Funktion aufruft. Der Prototyp besteht aus einer Zeile, die identisch zum Funktions-Header ist, aber mit einem Semikolon endet. Der Prototyp informiert den Compiler über den Funktionsnamen, den Typ des Rückgabewertes und die Parameterliste.
8. Eine lokale Variable ist innerhalb einer Funktion deklariert.
9. Lokale Variablen sind von anderen Variablen im Programm unabhängig.
10. Die Funktion `main` sollte die erste Funktion in Ihrem Listing sein.

Lösungen zu den Übungen

1. `float tue_es(char a, char b, char c)`

   Um aus diesem Header einen Funktionsprototyp zu machen, setzen Sie an das Ende der Zeile ein Semikolon. Als Funktions-Header sollte diese Zeile von den in geschweiften Klammern stehenden Funktionsanweisungen gefolgt werden.

2. `void eine_zahl_ausgeben(int zahl)`

   Dies ist eine `void`-Funktion. Wie in Übung 1 können Sie daraus einen Funktionsprototyp machen, indem Sie an das Ende der Zeile ein Semikolon setzen. Im eigentlichen Programm folgen dem Header die Anweisungen der Funktion in geschweiften Klammern.

3. a. `int`

   b. `long`

4. Dieses Listing weist zwei Probleme auf. Erstens ist die Funktion `print_msg` als `void` deklariert, sie gibt aber einen Wert zurück. Entfernen Sie hier die `return`-Anweisung. Das zweite Problem befindet sich in Zeile 5. Der Aufruf von `print_msg` übergibt einen Parameter (einen String). Im Funktionsprototyp ist aber festgelegt, dass die Parameterliste der Funktion leer ist – deswegen darf man auch keine Argumente übergeben. Das korrigierte Listing sieht folgendermaßen aus:

```
#include <stdio.h>
void print_msg( void );
int main(void)
{
    print_msg();
    return 0;
}
void print_msg( void )
{
    puts( "Diese Nachricht soll ausgegeben werden." );
}
```

5. Am Ende des Funktions-Headers darf kein Semikolon stehen.

6. Es ist nur die Funktion `groesser_von` zu ändern:

```
int groesser_von( int a, int b)
{
    int tmp;
    if (a > b)
        tmp = a;
    else
        tmp = b;
    return tmp;
}
```

7. Die folgende Funktion geht davon aus, dass die beiden Zahlen Integer-Werte sind und dass die Funktion deshalb auch einen Integer zurückliefert:

```
int produkt(int x, int y)
{
    return (x * y);
}
```

8. Die Division durch Null erzeugt einen Fehler. Deshalb prüft die folgende Funktion vor der Division, ob der zweite Wert Null ist. Gehen Sie nie davon aus, dass die übergebenen Werte korrekt sind.

```
int teile(int a, int b)
{
    if (b == 0)
        return 0;
    return (a / b);
}
```

9. Statt `main` wie im folgenden Beispiel könnte auch jede andere Funktion die Funktionen `produkt` und `teile` aufrufen. Die Zeilen 12, 13 und 14 zeigen Aufrufe der beiden Funktionen. Die Zeilen 16 bis 19 geben die Werte aus. Das Listing enthält bereits alle erforderlichen Ergänzungen (Funktionsprototypen, Code aus den Übungen 7 und 8), damit Sie es als Programm kompilieren und ausführen können.

```
1:  #include <stdio.h>
2:
3:  int produkt(int x, int y);
4:  int teile(int a, int b);
5:
6:  int main (void)
7:  {
8:      int zahl1 = 10,
9:          zahl2 = 5;
10:     int x, y, z;
11:
12:     x = produkt(zahl1, zahl2);
13:     y = teile(zahl1, zahl2);
14:     z = teile(zahl1, 0);
15:
16:     printf("zahl1 ist %d und zahl2 ist %d\n", zahl1, zahl2);
17:     printf("zahl1 * zahl2 gleich %d\n", x);
18:     printf("zahl1 / zahl2 gleich %d\n", y);
19:     printf("zahl1 / 0 gleich %d\n", z);
20:
21:     return 0;
22: }
23:
24: int produkt(int x, int y)
```

```
{
    return (x * y);
}

int teile(int a, int b)
{
    if (b == 0)
        return 0;
    return (a / b);
}
```

10. Eine Lösung könnte lauten:

```
/* Bildet Mittelwert von fünf Werten, die der Benutzer eingibt. */
#include <stdio.h>

float mittelwert (float a, float b, float c, float d, float e);

int main (void)
{
    float v, w, x, y, z, antwort;

    puts("Geben Sie 5 Zahlen ein:");
    scanf("%f%f%f%f%f", &v, &w, &x, &y, &z);

    antwort = mittelwert(v, w, x, y, z);

    printf("Der Mittelwert beträgt %f\n", antwort);

    return 0;
}

float mittelwert (float a, float b, float c, float d, float e)
{
    return ((a+b+c+d+e)/5);
}
```

11. Die folgende Lösung verwendet Variablen vom Typ `int`; sie funktioniert nur mit Werten kleiner oder gleich 19:

```
/* Ein Programm mit einer rekursiven Funktion. */
#include <stdio.h>

int drei_hoch(int exponent);

int main (void)
{
    int a = 4, b = 19;
```

```

    printf("3 hoch %d gleich %d\n", a, drei_hoch(a));
    printf("3 hoch %d gleich %d\n", b, drei_hoch(b));

    return 0;
}

int drei_hoch (int exponent)
{
    if (exponent < 1)
        return ( 1 );
    else
        return (3 * drei_hoch(exponent -1));
}
```

Tag 6

Antworten zu den Kontrollfragen

1. In C ist der erste Indexwert eines Arrays immer 0.
2. Die `for`-Anweisung enthält als Teil des Befehls Ausdrücke für die Initialisierung, Bedingung und Inkrementierung/Dekrementierung, während die `while`-Anweisung nur einen Bedingungsteil enthält.
3. Bei einer `do...while`-Anweisung steht die `while`-Bedingung nach dem Anweisungsblock, weshalb die Schleife mindestens einmal ausgeführt wird.
4. Ja. Eine `while`-Anweisung kann die gleichen Aufgaben erledigen wie eine `for`-Anweisung. Allerdings sind dann noch zwei weitere Schritte erforderlich: Sie müssen alle Variablen vor dem Start der Schleife initialisieren und das Inkrementieren bzw. Dekrementieren innerhalb der `while`-Schleife vornehmen.
5. Schleifen dürfen sich nicht überlappen. Eine verschachtelte Schleife muss komplett von einer äußeren Schleife umschlossen sein.
6. Ja. Eine `while`-Anweisung kann man in einer `do...while`-Anweisung verschachteln. Jeder Befehl lässt sich in einem anderen Befehl verschachteln.
7. Die vier Teile einer `for`-Anweisung lauten: Initialisierung, Bedingung, Inkrementierung und Anweisung(en).
8. Die beiden Teile einer `while`-Anweisung lauten: Bedingung und Anweisung(en).
9. Die beiden Teile einer `do...while`-Anweisung lauten: Bedingung und Anweisung(en).

Lösungen zu den Übungen

1. `long array[50];`
2. Beachten Sie, dass das 50te Element im folgenden Array den Index 49 erhält. Dies liegt daran, dass Array-Indizes mit 0 beginnen.

   ```
   array[49] = 123.456;
   ```
3. Wenn die Schleife beendet ist, enthält x den Wert 100.
4. Wenn die Schleife beendet ist, enthält ctr den Wert 11. (Die Variable ctr erhält den Anfangswert 2 und wird um 3 inkrementiert, solange sie kleiner als 10 ist.)
5. Die innere Schleife gibt fünf X aus. Die äußere Schleife führt die innere Schleife zehnmal aus. Das bedeutet, dass insgesamt 50 X ausgegeben werden.
6. Der Code lautet wie folgt:

   ```
   int x;
   for(x = 1; x <= 100; x +=3);
   ```
7. Der Code lautet wie folgt:

   ```
   int x = 1;
   while(x <= 100)
       x += 3;
   ```
8. Der Code lautet wie folgt:

   ```
   int x = 1;
   do
   {
       x += 3;
   }
   while(x <= 100)
   ```
9. Dieses Programm endet nicht. Die Variable datensatz erhält den Anfangswert 0. Die while-Schleife prüft dann, ob datensatz kleiner als 100 ist. Da 0 kleiner als 100 ist, wird die Schleife ausgeführt und gibt die beiden Meldungen aus. Anschließend testet sie die Bedingung erneut. Der Wert in datensatz ist immer noch 0, bleibt auch weiterhin 0 und ist damit immer kleiner als 100, so dass die Schleife ständig läuft. Innerhalb der geschweiften Klammern müssen Sie datensatz inkrementieren. Fügen Sie die folgende Zeile nach dem zweiten Aufruf von printf ein:

   ```
   datensatz++;
   ```

   Der vollständige Code sieht dann so aus:

   ```
   datensatz = 0;
   while (datensatz < 100)
   {
   ```

```
    printf( "\nDatensatz %d ", datensatz );
    printf( "\nNächste Zahl..." );
    datensatz++;
}
```

10. Definierte Konstanten sind in Schleifen gängige Praxis. Beispiele dafür finden Sie in den Wochen 2 und 3. Das Problem bei diesem Codefragment ist schnell behoben: Am Ende der `for`-Anweisung sollte kein Semikolon stehen. Dieser Fehler kommt sehr häufig vor.

Tag 7

Antworten zu den Kontrollfragen

1. Es gibt zwei Unterschiede zwischen `puts` und `printf`:

   `printf` kann Variablenparameter ausgeben.

   `puts` gibt immer ein Neue-Zeile-Zeichen nach dem String aus.
2. Sie müssen bei Verwendung von `printf` die Header-Datei `stdio.h` einbinden.
3. a. `\\` gibt einen Backslash aus.
   b. `\b` gibt einen Rückschritt aus.
   c. `\n` gibt ein Neue-Zeile-Zeichen aus.
   d. `\t` gibt einen Tabulator aus.
   e. `\a` (für »Alarm«) gibt ein akustisches Signal aus.
4. a. `%s` für einen Zeichenstring
   b. `%d` für eine vorzeichenbehaftete Dezimalzahl
   c. `%f` für eine Gleitkommazahl
5. a. `b` gibt das Zeichen b aus.
   b. `\b` gibt einen Rückschritt (Backspace) aus.
   c. `\` betrachtet das nächste Zeichen als Escape-Zeichen (siehe Tabelle 7.1).
   d. `\\` gibt einen Backslash aus.

Lösungen zu den Übungen

1. Die `puts`-Anweisung gibt automatisch eine neue Zeile aus, `printf` hingegen nicht. Der Code sieht wie folgt aus:

```
printf("\n");
puts("");
```

2. Der Code lautet:

```
char c1, c2;
unsigned int d1;
scanf("%c %ud %c", c1, d1, c2);
```

3. Eine mögliche Lösung lautet:

```
#include <stdio.h>

int main(void)
{
    int x;

    puts("Geben Sie einen Integer ein:");
    scanf("%d", &x);
    printf("Der eingegebene Wert lautete %d.\n", x);
    return 0;
}
```

4. Es kommt häufig vor, dass man Programme ändert, so dass sie nur bestimmte Werte akzeptieren. Die Lösung könnte folgendermaßen aussehen:

```
#include <stdio.h>

int main(void)
{
    int x;

    puts("Geben Sie eine gerade Zahl ein:");
    scanf("%d", &x);
    while (x % 2 != 0)
    {
      printf("%d ist keine gerade Zahl.\nVersuchen Sie es erneut\n",x);
      scanf("%d", &x);
    }

    printf("Der eingegebene Wert lautet %d.\n", x);

    return 0;
}
```

5. Eine mögliche Lösung lautet:

```
#include <stdio.h>

int main(void)
{
    int array[6], x, zahl;

    /* Durchlaufen Sie die Schleife sechsmal oder
       bis der letzte Wert 99 beträgt. */
    for(x = 0; x < 6 && zahl != 99; x++)
    {
     puts("Geben Sie eine gerade Zahl ein oder 99 zum Verlassen:");
     scanf("%d", &zahl);
     while (zahl % 2 == 1 && zahl != 99)
     {
       printf("%d ist keine gerade Zahl.\nVersuchen Sie es erneut\n",x);
       scanf("%d", &zahl);
     }
     array[x] = zahl;
    }

    /* Zahlen ausgeben. */
    for(x = 0; x < 6 && zahl != 99; x++)
        printf("Der eingegebene Wert lautet %d.\n", array [x]);

    return 0;
}
```

6. Die vorherigen Antworten sind bereits ausführbare Programme. Die einzige notwendige Änderung betrifft `printf`. Um jeden Wert durch einen Tabulator getrennt auszugeben, muss die endgültige `printf`-Anweisung wie folgt lauten:

```
printf ("%d\t", array [x]);
```

7. Sie können Anführungszeichen nicht innerhalb von Anführungszeichen setzen. Um Anführungszeichen ineinander zu verschachteln, müssen Sie Escape-Sequenzen verwenden:

```
printf( "Jack sagte, \"Fischers Fritze fischt frische Fische.\"");
```

8. Dieses Programm enthält drei Fehler. Der erste Fehler besteht in den fehlenden Anführungszeichen in der `printf`-Anweisung, der zweite Fehler im fehlenden Adressoperator im Aufruf von `scanf`. Der letzte Fehler liegt ebenfalls in der `scanf`-Anweisung. Die Variable `antwort` ist vom Typ `int`; der korrekte Konvertierungsspezifizierer für Integer-Werte lautet `%d` und nicht `%f`. Die korrigierte Version sieht wie folgt aus:

```
int hole_1_oder_2( void )
{
    int antwort = 0;
    while (antwort < 1 || antwort > 2)
    {
        printf("1 für Ja, 2 für Nein eingeben");
        scanf( "%d", &antwort );
    }
    return antwort;
}
```

9. Die vollständige Funktion `bericht_anzeigen` für Listing 7.1 hat folgendes Aussehen:

```
void bericht_anzeigen( void )
{
     printf( "\nMUSTERBERICHT" );
     printf( "\n\nSequenz\Bedeutung" );
     printf( "\n=========\t=======" );
     printf( "\n\\a\t\tAkustisches Signal" );
     printf( "\n\\b\t\tRückschritt" );
     printf( "\n\\n\t\tNeue Zeile" );
     printf( "\n\\t\t\tHorizontaler Tabulator" );
     printf( "\n\\\\\t\tBackslash" );
     printf( "\n\\\?\t\tFragezeichen" );
     printf( "\n\\\'\t\tEinfaches Anführungszeichen" );
     printf( "\n\\\"\t\tDoppeltes Anführungszeichen" );
     printf( "\n...\t\t...");
}
```

10. Eine mögliche Lösung sieht wie folgt aus:

```
/* Liest zwei Gleitkommazahlen ein und  */
/* gibt ihr Produkt aus.                 */
#include <stdio.h>

int main(void)
{
    float x, y;

    puts("Geben Sie zwei Werte ein: ");
    scanf("%f %f", &x, &y);
    printf("Das Produkt von %f und %f ist %f.\n", x, y, x*y);
    return 0;
}
```

11. Das folgende Programm liest 10 Integer-Werte von der Tastatur ein und gibt ihre Summe aus:

```
#include <stdio.h>

int main(void)
{
    int count, temp, gesamt = 0;

    for(count = 1; count <= 10; count++)
    {
        printf("Geben Sie den %d-ten Integer-Wert ein: ", count);
        scanf("%d", &temp);
        gesamt += temp;
    }

    printf("Die Gesamtsumme beträgt %d.\n", gesamt);

    return 0;
}
```

12. Eine Lösung lautet:

```
/* Liest Ganzzahlen ein und speichert sie in einem Array. */
/* Stoppt die Eingabe, wenn Benutzer eine 0 eingibt.      */
/* Sucht kleinsten und größten Wert im Array und zeigt    */
/* diese Werte an.                                        */

#include <stdio.h>

#define  MAX  100

int main(void)
{
    int array [MAX];
    int count = -1, maximum, minimum, eingegeben, temp;

    puts("Geben Sie einen Integer pro Zeile ein.");
    puts("Geben Sie 0 ein, wenn Sie fertig sind.");

    do
    {
        scanf("%d", &temp);
        array[++count] = temp;
    } while (count < (MAX-1) && temp != 0);

    eingegeben = count;
```

```
    /* Den größten und kleinsten Wert suchen.          */
    /* Am Anfang Maximum auf einen sehr kleine Wert    */
    /* setzen, Minimum auf einen sehr großen.          */
    maximum = -32000;
    minimum = 32000;

    for(count = 1; count < eingegeben; count++)
    {
        if (array[count] > maximum)
            maximum = array[count];
        if (array[count] < minimum)
            minimum = array[count];

    }

    printf("Der größte Wert ist %d.\n", maximum);
    printf("Der kleinste Wert ist %d.\n", minimum);

    return 0;
}
```

Tag 8

Antworten zu den Kontrollfragen

1. Alle, wobei aber der Typ für alle Elemente des Arrays gleich sein muss.
2. Unabhängig von der Größe eines Arrays beginnen in C alle Arrays mit dem Index `0`.
3. `n-1`.
4. Das Programm lässt sich zwar kompilieren, kann aber zu Programmabstürzen oder unvorhersehbaren Ergebnissen führen.
5. Setzen Sie in der Deklarationsanweisung hinter dem Array-Namen für jede Dimension ein Paar eckige Klammern. Jeder Satz eckiger Klammern enthält die Zahl der Elemente in der entsprechenden Dimension.
6. `240`. Diesen Wert erhalten Sie durch die Multiplikation von 2*3*5*8.
7. `array [0][0][1][1]`

Lösungen zu den Übungen

1. `int eins[1000], zwei[1000], drei[1000];`
2. `int array [10] = { 1, 1, 1, 1, 1, 1, 1, 1, 1, 1 };`
3. Das Problem lässt sich auf mehreren Wegen lösen. Der erste besteht darin, das Array bei seiner Deklaration zu initialisieren:

```
int achtundachtzig[88] = { 88, 88, 88, 88, 88, 88, 88,
                           88, 88, ...... , 88 };
```

   Dieser Ansatz erfordert jedoch die Eingabe von 88-mal »88« in den geschweiften Klammern. Diese Methode eignet sich nicht besonders gut für große Arrays. Die folgende Lösung ist besser:

```
int achtundachtzig[88];
int x;

for(x = 0; x < 88 x++)
    achtundachtzig[x] = 88;
```

4. Der Code lautet:

```
int stuff [12][10];
int sub1, sub2;

for(sub1 = 0; sub1 < 12; sub1++)
    for(sub2 = 0; sub2 < 10 ; sub2++)
        stuff [sub1][sub2] = 0;
```

5. Seien Sie vorsichtig mit diesem Codefragment, denn der hier gezeigte Fehler passiert sehr leicht: das Array ist als `10*3`-Array deklariert, wird aber als `3*10`-Array initialisiert. Nähern wir uns dem Problem von einer anderen Seite. Der linke Index wurde als `10` deklariert, aber die `for`-Schleife verwendet `x` als linken Index und inkrementiert `x` nur dreimal. Der rechte Index ist als `3` deklariert, aber die zweite Schleife verwendet `y` als Index und inkrementiert `y` zehnmal. Dies wird zu unerwarteten Ergebnissen führen, schlimmstenfalls stürzt Ihr Programm ab. Der Fehler im Programm lässt sich nach zwei Methoden beheben. Bei der ersten Methode vertauschen Sie `x` und `y` in der Zuweisung:

```
int x, y;
int array[10][3];
int main(void)
{
   for ( x = 0; x < 3; x++ )
      for ( y = 0; y < 10; y++ )
         array[y][x] = 0;   /* geändert! */
   return 0;
}
```

Die zweite (und empfohlene) Methode besteht darin, die Werte in den `for`-Schleifen zu tauschen:

```
int x, y;
int array[10][3];
int main(void)
{
   for ( x = 0; x < 10; x++ )      /* geändert! */
      for ( y = 0; y < 3; y++ )   /* geändert! */
         array[x][y] = 0;
   return 0;
}
```

6. Dieser Fehler sollte leicht zu finden sein. Das Programm initialisiert ein Array-Element, das außerhalb der Array-Grenzen liegt. Wenn Sie ein Array mit 10 Elementen haben, laufen die Indizes der Elemente von 0 bis 9. Das Programm initialisiert die Array-Elemente mit den Indizes von 1 bis 10. Sie können aber das Element `array[10]` nicht initialisieren, da es nicht existiert. Die `for`-Anweisung sollte wie folgt geändert werden:

```
for ( x = 1; x <= 9; x++ )  /* initialisiert 9 der 10 Elemente */
```

oder:

```
for ( x = 0; x < 10; x++ )
```

Beachten Sie, dass `x <= 9` gleichbedeutend ist mit `x < 10`. Beides ist möglich, obwohl meist `x < 10` verwendet wird.

7. Der folgende Code zeigt eine von vielen möglichen Antworten:

```
#include <stdio.h>
#include <stdlib.h>

int main(void)
{
    int array[5][4];
    int a, b;

    for(a = 0 ; a < 5; a++)
        for(b = 0; b < 4; b++)
            array[a][b] = rand();

    /* Gibt die Array-Elemente aus. */
    for(a = 0 ; a < 5; a++)
    {
       for(b = 0; b < 4; b++)
            printf("%12d\t", array [a][b]);
```

```
        printf("\n"); /* Springt in eine neue Zeile */
    }

    return 0;
}
```

8. Eine der möglichen Lösungen lautet:

```
#include <stdio.h>
#include <stdlib.h>

int main(void)
{
    /* Eindimensionales Array mit 1000 Elementen deklarieren */
    short zufall[1000];
    int a;
    int total = 0;

    for(a = 0 ; a < 1000; a++)
    {
         zufall[a] = rand();
         total += zufall[a];
    }

    printf("Durchschnitt ist %d\n", total / 1000);

    /* Elemente in 10er-Einheiten anzeigen. */
    for(a = 0 ; a < 1000; a++)
    {
        printf("Zufallszahl [%4d] = %d\n", a, zufall[a]);

        if (a % 10 == 0 && a > 0)
        {
          printf("Weiter mit Eingabetaste, Verlassen mit STRG-C.\n");
          getchar();
        }
    }

    return 0;
}
```

9. Nachstehend sind zwei Lösungen angegeben. Die erste initialisiert das Array bei seiner Deklaration, die zweite Lösung initialisiert es in einer `for`-Schleife:

   Lösung 1

```
#include <stdio.h>

int main(void)
{
    int elemente[10] = { 0, 1, 2, 3, 4, 5, 6, 7, 8, 9 };
    int idx;

    for(idx = 0 ; idx < 10; idx++)
        printf("elemente[%d] = %d\n", idx, elemente[idx]);

    return 0;
}
```

   Lösung 2

```
#include <stdio.h>

int main(void)
{
    int elemente[10];
    int idx;

    for(idx = 0 ; idx < 10; idx++)
        elemente[idx] = idx;

    for(idx = 0 ; idx < 10; idx++)
        printf("elemente[%d] = %d\n", idx, elemente[idx]);

    return 0;
}
```

10. Eine der möglichen Lösungen lautet:

```
#include <stdio.h>

int main(void)
{
    int elemente[10] = { 0, 1, 2, 3, 4, 5, 6, 7, 8, 9 };
    int neues_array [10];
    int idx;

    for(idx = 0 ; idx < 10; idx++)
        neues_array[idx] = elemente[idx] + 10;
```

```
    for(idx = 0 ; idx < 10; idx++)
        printf("elemente[%d] = %d\nneues_array[%d] = %d\n",
        idx, elemente[idx], idx, neues_array [idx]);

    return 0;
}
```

Tag 9

Antworten zu den Kontrollfragen

1. Der Adressoperator ist das kaufmännische Und (&).
2. Es wird der Indirektionsoperator * verwendet. Wenn Sie dem Namen des Zeiger ein * voranstellen, beziehen Sie sich auf den Wert, auf den gezeigt wird.
3. Ein Zeiger ist eine Variable, die die Adresse einer anderen Variablen enthält.
4. Als Indirektion bezeichnet man den Zugriff auf den Inhalt einer Variablen mithilfe eines Zeigers auf diese Variable.
5. Sie werden hintereinander im Speicher abgelegt, wobei die ersten Array-Elemente die niedrigeren Adressen erhalten.
6. `&daten[0]` und `daten`.
7. Eine Möglichkeit besteht darin, der Funktion die Länge des Arrays als eigenen Parameter zu übergeben. Die andere Möglichkeit besteht darin, einen speziellen Wert in das Array aufzunehmen, beispielsweise Null, und damit das Ende des Arrays zu kennzeichnen.
8. Zuweisung, Indirektion, Adresse von, Inkrementierung, Dekrementierung und Vergleich.
9. Die Subtraktion zweier Zeiger liefert die Anzahl der Elemente, die zwischen den beiden Adressen liegen. In diesem Fall ist die Antwort 1. Die Größe der Elemente im Array hat keine Bedeutung.
10. Die Antwort ist immer noch 1.

Lösungen zu den Übungen

1. `char *char_zgr;`
2. Der folgende Code deklariert einen Zeiger auf einen `int` und weist ihm dann die Adresse von `kosten` (`&kosten`) zu:

```
int *z_kosten;
p_cost = &cost;
```

3. Direkter Zugriff: `kosten = 100;`

   Indirekter Zugriff: `*z_kosten = 100;`

4. Der Code lautet:

```
printf("Zeigerwert : %p, zeigt auf Wert : %d\n",
        z_kosten, *z_kosten);
```

5. Der Code lautet:

```
float *variable = &radius;
```

6. Der Code lautet:

```
daten[2] = 100;
*(daten+2) = 100;
```

7. Der folgende Code enthält auch die Antwort auf Übung 8:

```
#include <stdio.h>

#dcfine MAX1 5
#define MAX2 8

int array1[MAX1] = { 1, 2, 3, 4, 5 };
int array2[MAX2] = { 1, 2, 3, 4, 5, 6, 7, 8 };
int total;

int sumarrays(int x1[], int laen_x1, int x2[], int laen_x2);

int main(void)
{
   total = sumarrays(array1, MAX1, array2, MAX2);
   printf("Die Gesamtsumme beträgt %d\n", total);

   return 0;
}

int sumarrays(int x1[], int laen_x1, int x2[], int laen_x2)
{

   int total = 0, count = 0;

   for (count = 0; count < laen_x1; count++)
      total += x1[count];

   for (count = 0; count < laen_x2; count++)
```

```
      total += x2[count];

   return total;
}
```

8. Siehe Antwort für Übung 7.
9. Eine mögliche Antwort lautet:

```
#include <stdio.h>

#define GROESSE 10

/* Funktionsprototypen */
void addarrays( int [], int []);

int main(void)
{
   int a[GROESSE] = {1, 1, 1, 1, 1, 1, 1, 1, 1, 1};
   int b[GROESSE] = {9, 8, 7, 6, 5, 4, 3, 2, 1, 0};

   addarrays(a, b);

   return 0;
}

void addarrays( int erstes[], int zweites[])
{
    int total[GROESSE];
    int ctr = 0;

    for (ctr = 0; ctr < GROESSE; ctr ++ )
    {
      total[ctr] = erstes[ctr] + zweites[ctr];
      printf("%d + %d = %d\n", erstes[ctr], zweites[ctr], total[ctr]);
    }
}
```

Tag 10

Antworten zu den Kontrollfragen

1. Die Werte des ASCII-Zeichensatzes reichen von 0 bis 255. Der Standardzeichensatz umfasst den Bereich 0 bis 127 und der erweiterte Zeichensatz den Bereich von 128 bis 255. Der erweiterte Teil des Zeichensatzes ändert sich je nach der länderspezifischen Konfiguration des Rechners.
2. Als ASCII-Code des Zeichens.
3. Ein String ist ein Folge von Zeichen, die mit einem Nullzeichen abgeschlossen wird.
4. Eine Folge von einem oder mehreren Zeichen in doppelten Anführungszeichen.
5. Um das abschließende Nullzeichen des Strings aufzunehmen.
6. Als Folge von ASCII-Zeichenwerten gefolgt von einer 0 (dem ASCII-Code für das Nullzeichen).
7. a. `97`
   b. `65`
   c. `57`
   d. `32`
8. a. `I`
   b. Leerzeichen
   c. `c`
   d. `a`
   e. `n`
   f. `NUL`
9. a. 9 Bytes. Eigentlich ist die Variable ein Zeiger auf einen String, und der String benötigt 9 Bytes an Speicherplatz – 8 für den String und 1 für das Nullzeichen.
   b. 9 Bytes
   c. 1 Byte
   d. 20 Bytes
   e. 20 Bytes

10. a. `E`
    b. `E`
    c. `0` (Nullzeichen)
    d. Dies geht über das Ende des Strings hinaus. Der Wert ist somit nicht vorhersehbar.
    e. `!`
    f. Dieser Wert enthält die Adresse des ersten Elements des Strings.

Lösungen zu den Übungen

1. `char buchstabe = '$';`
2. `char array[21] = "Zeiger machen Spass!";`
3. `char *array = "Zeiger machen Spass!";`
4. Der Code lautet:

```
char *zgr;
zgr = malloc(81);
gets(zgr);
```

5. Das folgende Listing zeigt nur eine von mehreren möglichen Lösungen. Ein vollständiges Programm sieht beispielsweise folgendermaßen aus:

```
#include <stdio.h>

#define GROESSE 10

/* Funktionsprototypen */
void kopiere_arrays( char [], char []);

int main(void)
{
    int ctr=0;
    char a[GROESSE] = {'1', '2', '3', '4', '5', '6',
                       '7', '8', '9', '0'};
    char b[GROESSE];

    /* Werte vor dem Kopieren */
    for (ctr = 0; ctr < GROESSE; ctr ++ )
    {
      printf( "a[%d] = %c, b[%d] = %c\n",
              ctr, a[ctr], ctr, b[ctr]);
    }
```

```
        kopiere_arrays(a, b);

    /* Werte nach dem Kopieren */
    for (ctr = 0; ctr < GROESSE; ctr ++ )
    {
       printf( "a[%d] = %c, b[%d] = %c\n",
               ctr, a[ctr], ctr, b[ctr]);
    }

    return 0;
}

void kopiere_arrays( char quelle[], char ziel[])
{
    int ctr = 0;

    for (ctr = 0; ctr < GROESSE; ctr ++ )
    {
        ziel[ctr] = quelle[ctr];
    }
}
```

6. Eine mögliche Lösung lautet:

```
#include <stdio.h>
#include <string.h>

/* Funktionsprototypen */
char * vergleiche_strings( char *, char *);

int main(void)
{
    char *a = "Hallo";
    char *b = "Programmierer!";
    char *laenger;

    laenger = vergleiche_strings(a, b);

    printf( "Der längere String ist: %s\n", laenger );

    return 0;
}

char * vergleiche_strings( char * erster, char * zweiter)
{
    int x, y;
```

```
    x = strlen(erster);
    y = strlen(zweiter);

    if( x > y)
       return(erster);
    else
       return(zweiter);
}
```

7. Diese Übung sollten Sie ohne Hilfe lösen!
8. Die Variable `ein_string` ist als Array mit 10 Zeichen deklariert, wird aber mit einem String initialisiert, der länger als 10 Zeichen ist. Das Array `ein_string` muss größer sein.
9. Wenn diese Codezeile einen String initialisieren sollte, ist der Code falsch. Verwenden Sie entweder `*zitat` oder `zitat[100]`.
10. Ja.
11. Nein. Sie können zwar einen Zeiger einem anderen zuweisen, aber mit Arrays geht das nicht. Am besten ändern Sie die Zuweisung in einen Befehl zum Kopieren von Strings, wie zum Beispiel `strcpy`.
12. Diese Übung sollten Sie ebenfalls ohne Hilfe lösen.

Tag 11

Antworten zu den Kontrollfragen

1. Die Datenelemente in einem Array müssen alle den gleichen Typ aufweisen. In einer Struktur dürfen die Elemente unterschiedlichen Typs sein.
2. Der Punktoperator ist, wie der Name schon verrät, ein Punkt; man greift damit auf die Elemente einer Struktur zu.
3. `struct`
4. Ein Strukturname ist an eine Strukturschablone gebunden und stellt somit keine wirkliche Variable dar. Eine Strukturinstanz ist eine Variable vom Typ einer Struktur, für die der Compiler bei der Deklaration Speicher reserviert hat und die Daten aufnehmen kann.
5. Diese Anweisungen definieren eine Struktur und deklarieren eine Instanz namens `meineadresse`. Das Strukturelement `meineadresse.name` wird mit »`Bradley Jones`« initialisiert, `meineadresse.adr1` mit »`RTSoftware`«, `meineadresse.adr2` mit »`P.O. Box 1213`«, `meineadresse.stadt` mit »`Carmel`«, `meineadresse.staat` mit »`IN`« und `meineadresse.plz` mit »`46032-1213`«.

6. Die folgende Anweisung ändert zgr so, dass der Zeiger auf das zweite Array-Element zeigt:

```
zgr++;
```

Lösungen zu den Übungen

1. Der Code lautet:

```
struct zeit {
      int stunden;
      int minuten;
      int sekunden ;
} ;
```

2. Der Code lautet:

```
struct daten {
     int wert1;
     float wert2, wert3;
} info;
```

3. Der Code lautet:

```
info.wert1 = 100;
```

4. Der Code lautet:

```
struct daten *ptr;
ptr = &info;
```

5. Der Code lautet:

```
ptr->wert2 = 5.5;
(*ptr).wert2 = 5.5;
```

6. Der Code lautet:

```
struct daten {

     char name [21]

};
```

7. Der Code lautet:

```
typedef struct {
     char adresse1[31];
     char adresse2[31];
     char stadt[11];
     char staat[3];
     char plz[11];
} DATENSATZ;
```

8. Der folgende Code verwendet zur Initialisierung die Werte aus Kontrollfrage 5:

```
DATENSATZ meineadresse = { "RTSoftware",
                          "P.O. Box 1213",
                         "Carmel", "IN", "46082-1213"};
```

9. Dieses Codefragment weist zwei Fehler auf. Erstens muss die Struktur einen Namen erhalten. Zweitens ist die Initialisierung von `zeichen` falsch. Die Initialisierungswerte müssen in geschweiften Klammern stehen. Und so sieht der Code korrekt aus:

```
struct tierkreis {
     char tierkreiszeichen [21];
     int monat ;
} zeichen = { "Löwe", 8 } ;
```

10. Die Deklaration von `union` ist nur in einer Hinsicht falsch. Man kann immer jeweils nur eine Variable der Union verwenden. Das gilt auch für die Initialisierung. Nur das erste Element der Union lässt sich initialisieren. Die korrekte Anweisung sieht folgendermaßen aus:

```
/* eine Union einrichten */
union daten{
    char ein_wort[4];
    long eine_zahl;
} generische_variable = { "WOW" } ;
```

Tag 12

Antworten zu den Kontrollfragen

1. Der Gültigkeitsbereich einer Variablen bezieht sich auf den Bereich, in dem Teile eines Programms Zugriff auf die Variable haben bzw. in dem die Variable sichtbar ist.
2. Eine Variable mit lokaler Speicherklasse ist nur in der Funktion sichtbar, in der sie definiert ist. Eine Variable mit globaler Speicherklasse ist im gesamten Programm sichtbar.
3. Durch die Definition einer Variablen innerhalb einer Funktion wird die Variable lokal. Eine Definition außerhalb aller Funktionen macht sie global.
4. Eine automatische Variable wird bei jedem Funktionsaufruf neu erzeugt und mit Ende der Funktion zerstört. Eine statische lokale Variable bleibt bestehen und behält ihren Wert zwischen den Aufrufen der Funktion, in der sie enthalten ist.

5. Eine automatische Variable wird bei jedem Funktionsaufruf neu initialisiert, eine statische Variable nur beim ersten Funktionsaufruf.
6. Falsch. Wenn Sie Registervariablen deklarieren, sprechen Sie eine Bitte aus. Es gibt keine Garantie, dass der Compiler dieser Bitte nachkommt.
7. Eine nicht initialisierte globale Variable wird automatisch mit 0 initialisiert. Es ist jedoch immer besser, Variablen explizit zu initialisieren.
8. Eine nicht initialisierte lokale Variable wird nicht automatisch initialisiert; sie kann deshalb einen beliebigen Wert enthalten. Nicht initialisierte Variablen sollte man nicht verwenden; denken Sie daher immer daran, Ihre Variablen vorab zu initialisieren.
9. Da die übrig gebliebene Variable count jetzt lokal zum Block ist, hat die Funktion printf keinen Zugriff mehr auf eine Variable namens count. Der Compiler generiert eine Fehlermeldung.
10. Wenn sich die Funktion den Wert merken soll, deklarieren Sie die Variable als statisch. Für eine int-Variable namens vari lautet die Deklaration beispielsweise:

    ```
    static int vari;
    ```

11. Das Schlüsselwort extern wird als Speicherklassen-Modifizierer verwendet. Es weist darauf hin, dass die Variable an einer anderen Stelle im Programm deklariert worden ist.
12. Das Schlüsselwort static wird als Speicherklassen-Modifizierer verwendet. Es teilt dem Compiler mit, den Wert einer Variablen oder Funktion für die Dauer des Programms zu behalten. Innerhalb einer Funktion behält die Variable ihren Wert zwischen den Funktionsaufrufen.

Lösungen zu den Übungen

1. `register int x = 0;`
2. Der Code lautet:

```
/* Demonstriert Gültigkeitsbereiche von Variablen. */
#include <stdio.h>
void wert_ausgeben (int x);
int main(void)
{
    int x = 999;

    printf("%d\n", x);
    wert_ausgeben(x);

    return 0;
```

```
}

void wert_ausgeben (int x)
{
    printf("%d\n", x);
}
```

3. Da Sie die Variable `var` als global deklarieren, brauchen Sie sie nicht als Parameter zu übergeben.

```
/* Eine globale Variable verwenden */

#include <stdio.h>

void wert_ausgeben(void);

int var = 99;

int main(void)
{
    wert_ausgeben();

    return 0;
}

void wert_ausgeben (void)
{
    printf("Der Wert ist %d.\n", var);
}
```

4. Ja, Sie müssen die Variable `var` übergeben, um sie in einer anderen Funktion auszugeben.

```
/* Eine lokale Variable verwenden */
#include <stdio.h>

void wert_ausgeben (int x);

int main(void)
{
    int var = 99;

    wert_ausgeben(var);

    return 0;
}

void wert_ausgeben (int x)
```

```
{
    printf("Der Wert ist %d.\n", x);
}
```

5. Ja, ein Programm kann eine lokale und gleichzeitig eine gleichnamige globale Variable haben. In solchen Fällen haben die aktiven lokalen Variablen Priorität.

```
#include <stdio.h>

void wert_ausgeben(void);

int var = 99;

int main(void)
{
  int var = 77;
  printf ("Ausgabe in Funktion mit lokaler u. globaler Variablen.\n");
  printf("Der Wert von var ist %d.\n", var);
  wert_ausgeben();

  return 0;
}

void wert_ausgeben (void)
{
    printf("Der Wert ist %d.\n", var);
}
```

6. Die Funktion `eine_beispiel_funktion` weist nur ein Problem auf. Variablen müssen zu Beginn eines Blocks deklariert werden, so dass die Deklarationen von `ctr1` und `sternchen` korrekt sind. Die andere Variable, `ctr2`, wird jedoch nicht zu Beginn des Blocks deklariert. Das nachstehende Listing zeigt die korrigierte Funktion in einem vollständigen Programm.

   Hinweis: Mit einem C++-Compiler lässt sich das fehlerhafte C-Programm kompilieren und ausführen. C++ lässt Variablendeklarationen auch an anderen Stellen zu. Dennoch sollten Sie sich an die Regeln von C halten, selbst wenn Ihr Compiler alternative Möglichkeiten bietet.

```
#include <stdio.h>

void eine_beispiel_funktion( void );

int main(void)
{
    eine_beispiel_funktion();
    puts("");
```

```
    return 0;
}

void eine_beispiel_funktion( void )
{
   int ctrl;

   for ( ctrl = 0; ctrl < 25; ctrl++ )
      printf( "*" );
   puts( "\nDies ist eine Beispielfunktion" );
   {
      char sternchen = '*';
      int ctr2;   /* Damit wird der Fehler behoben. */
      puts( "\nEs gibt kein Problem\n" );
      for ( ctr2 = 0; ctr2 < 25; ctr2++ )
      {
         printf( "%c", sternchen);
      }
   }
}
```

7. Dies Programm läuft fehlerfrei, lässt sich aber verbessern. Vor allem gibt es keinen Grund, die Variable `x` mit `1` zu initialisieren, da sie in der `for`-Anweisung den Anfangswert `0` erhält. Außerdem ist es nicht nötig, die Variable `anzahl` als statisch zu deklarieren, denn das Schlüsselwort `static` hat in der `main`-Funktion keine Wirkung.

8. Welche Werte haben `sternchen` und `strich`? Diese zwei Variablen werden nicht initialisiert. Da beide lokale Variablen sind, können sie jeden Wert enthalten. Auch wenn sich das Programm ohne Fehlermeldungen oder Warnungen kompilieren lässt, bleibt das Problem der nicht initialisierten Werte bestehen.

   Weiterhin sollten Sie in diesem Programm auf folgendes Problem achten: Die Variable `ctr` wird als global deklariert, aber nur in `funktion_ausgeben` verwendet. Diese Zuweisung ist nicht besonders glücklich. Besser ist es, `ctr` als lokale Variable in der Funktion `funktion_ausgeben` zu deklarieren.

9. Das Programm gibt das folgendes Muster unendlich oft aus (siehe Übung 10):

   `X==X==X==X==X==X==X==X==X==X==X==X==X==X==X==X==...`

10. Das Problem dieses Programms liegt im globalen Gültigkeitsbereich der Variablen `ctr`, denn `main` und `buchstabe2_ausgeben` verwenden beide die Variable `ctr` in ihren verschachtelten Schleifen. Da `buchstabe2_ausgeben` den Wert ändert, wird die `for`-Schleife in `main` nie abgeschlossen. Den Fehler können Sie auf verschiedenen Wegen beheben. Zum Beispiel können Sie zwei verschiedene Zählvariablen verwenden. Weiterhin können Sie den Gültigkeitsbereich der Zählvariablen `ctr` än-

dern – deklarieren Sie die Variable sowohl in main als auch in buchstabe2_ausgeben als lokale Variable.

Außerdem ist es sinnvoll, die anderen globalen Variablen buchstabe1 und buchstabe2 in die Funktionen zu verschieben, in denen sie benötigt werden. Das korrigierte Listing sieht folgendermaßen aus:

```
#include <stdio.h>

void buchstabe2_ausgeben(void);

int main(void)
{
   char buchstabe1 = 'X';
   int  ctr;

   for( ctr = 0; ctr < 10 ; ctr++ )
   {
       printf("%c", buchstabe1);
       buchstabe2_ausgeben();
   }
   puts ("");
   return 0;
}

void buchstabe2_ausgeben(void)
{
   char buchstabe2 = '=';
   int  ctr;          /* Diese Variable ist lokal */
                      /* sie unterscheidet sich von ctr in main() */

   for( ctr = 0; ctr < 2 ; ctr++ )
       printf("%c", buchstabe2);
}
```

Tag 13

Antworten zu den Kontrollfragen

1. Nie. (Es sei denn, Sie gehen sehr sorgsam mit dieser Anweisung um.)
2. Wenn das Programm auf eine break-Anweisung trifft, verlässt die Ausführung sofort die for-, while- oder do...while-Schleife, welche die break-Anweisung enthält. Wenn das Programm auf eine continue-Anweisung trifft, beginnt sofort der nächste Durchlauf der Schleife.

3. Eine Endlosschleife läuft ewig. Man erzeugt sie, indem man eine `for`-, `while`- oder `do...while`-Schleife mit einer Bedingung verknüpft, die immer WAHR ist.
4. Die Ausführung ist beendet, wenn das Programm das Ende der Funktion `main` erreicht hat oder die Funktion `exit` aufruft.
5. Der Ausdruck in einer `switch`-Anweisung kann zu einem Wert vom Typ `long`, `int` oder `char` ausgewertet werden.
6. Die `default`-Anweisung ist ein spezieller Fall in der `switch`-Anweisung. Liefert der Ausdruck in der `switch`-Anweisung einen Wert, zu dem es keine übereinstimmende `case`-Konstante gibt, springt die Programmausführung zu `default`.
7. Die Funktion `exit` beendet das Programm. Dieser Funktion kann man einen Wert übergeben, den das Programm an das Betriebssystem zurückgibt.
8. Die Funktion `system` führt einen Befehl des Betriebssystem aus.

Lösungen zu den Übungen

1. `continue;`
2. `break;`
3. Für ein DOS-System lautet die Antwort zum Beispiel:

   ```
   system ("dir");
   ```

4. Dieses Beispiel ist korrekt. Sie brauchen keine `break`-Anweisung nach der `printf`-Anweisung im Zweig für `'N'`, weil die `switch`-Anweisung hier ohnehin endet.
5. Vielleicht denken Sie, dass der `default`-Zweig am Ende der `switch`-Anweisung stehen muss, aber dem ist nicht so. Der `default`-Zweig kann an einer beliebigen Stelle in der `switch`-Anweisung erscheinen. Der Fehler in diesem Code liegt darin, dass am Ende des `default`-Zweiges keine `break`-Anweisung steht.
6. Der Code lautet:

   ```
   if (option == 1)
       printf("Ihre Antwort lautete 1");
   else if (option == 2)
       printf("Ihre Antwort lautete 2");
   else
       printf("Sie haben weder 1 noch 2 gewählt");
   ```

7. Der Code lautet:

   ```
   do {
       /* beliebige C-Anweisungen. */
   } while (1);
   ```

Tag 14

Antworten zu den Kontrollfragen

1. Ein Stream ist eine Folge von Bytes. C-Programme verwenden Streams für die Ein- und Ausgabe.
2. a. Ein Drucker ist ein Ausgabegerät.

   b. Eine Tastatur ist ein Eingabegerät.

   c. Ein Modem ist beides, Ein- und Ausgabegerät.

   d. Ein Bildschirm ist ein Ausgabegerät. (Ein Touchscreen-Bildschirm ist sowohl Ein- als auch Ausgabegerät.)

   e. Ein Laufwerk kann beides sein, Ein- und Ausgabegerät.
3. Alle C-Compiler unterstützen drei vordefinierte Streams: `stdin` (Tastatur), `stdout` (Bildschirm) und `stderr` (Bildschirm). Einige Compiler, einschließlich DOS, unterstützen `stdprn` (Drucker) und `stdaux` (serieller Anschluss COM1). Beachten Sie, dass der Macintosh keine `stdprn`-Funktionen unterstützt.
4. a. `stdout`

   b. `stdout`

   c. `stdin`

   d. `stdin`

   e. `fprintf` kann einen beliebigen Ausgabestrom verwenden – von den fünf Standardstreams sind das `stdout`, `stderr`, `stdprn` und `stdaux`.
5. Gepufferte Eingaben werden erst dann an das Programm geschickt, wenn der Benutzer die Eingabetaste drückt. Ungepufferte Eingaben sendet das Betriebssystem Zeichen für Zeichen, sobald der Benutzer eine Taste gedrückt hat.
6. Eingaben mit Echo senden automatisch jedes Zeichen an `stdout`, sobald das Programm die Eingabe empfängt. Eingaben ohne Echo geben die Zeichen nicht automatisch aus.
7. Sie können zwischen zwei Leseoperationen jeweils nur ein Zeichen »zurückstellen«. Das `EOF`-Zeichen lässt sich nicht mit `ungetc` in den Eingabestrom zurückstellen.
8. Mit einem Neue-Zeile-Zeichen, was dem Drücken der [Eingabe]-Taste durch den Benutzer entspricht.

9. a. Gültig.
   b. Gültig.
   c. Gültig.
   d. Nicht gültig, `q` ist kein gültiger Formatspezifizierer.
   e. Gültig.
   f. Gültig.
10. Der Stream `stderr` lässt sich nicht umleiten; er sendet die Ausgaben immer an den Bildschirm. Der Stream `stdout` lässt sich an andere Geräte umleiten.

Lösungen zu den Übungen

1. `printf("Hallo Welt");`
2.
```
fprintf(stdout, "Hallo Welt");
puts("Hallo Welt");
```
3. `fprintf(stdaux, "Hallo, serieller Anschluss");`
4. Der Code lautet:
```
char puffer[31];
scanf("%30[^*]s"", puffer);
```
5. Der Code lautet:
```
printf("Hans fragte, \"Was ist ein Backslash\?\"\nGrete sagte, \"Ein \'\\\'-
Zeichen\"");
```

Die Übungen 6 bis 10 sollen Sie ohne Hilfe lösen; lediglich für die Übungen 7 und 9 sind zwei Hinweise angegeben.

7. Hinweis: Verwenden Sie ein Array mit 26 Integer-Elementen. Um die Zeichen zu zählen, inkrementieren Sie das Array-Element, das dem gelesenen Zeichen entspricht.
9. Hinweis: Lesen Sie die Strings nacheinander. Geben Sie dann eine formatierte Zeilennummer, einen Tabulator und anschließend den String aus. Zweiter Hinweis: Sehen Sie sich das Programm `Drucken` im Abschnitt Type & Run 1 von Anhang D an.

Tag 15

Antworten zu den Kontrollfragen

1. Der Code lautet:

```
float x;
float *px = &x;
float **px = &px;
```

2. Der Fehler besteht darin, dass die Zuweisung einen einfachen Indirektionsoperator verwendet und damit den Wert `100` an `px` und nicht an `x` zuweist. Schreiben Sie die Anweisung mit einem doppelten Indirektionsoperator:

```
**ppx = 100;
```

3. `array` ist ein Array mit zwei Elementen. Jedes dieser Elemente ist selbst ein Array, das drei Elemente enthält. Jedes dieser drei Elemente ist ein Array, das vier `int`-Variablen enthält.
4. `array[0][0]` ist ein Zeiger auf das erste vierelementige Array vom Typ `int[]`.
5. Der erste und der dritte Vergleich sind wahr, der zweite ist falsch.
6. `void funk(char *zgr[]);`
7. Die Funktion kann das nicht wissen. Normalerweise markiert man bei derartigen Funktionen das Ende des Arrays, zum Beispiel mit einem `NULL`-Zeiger.
8. Ein Zeiger auf eine Funktion ist ein Zeiger, der die Speicheradresse enthält, an der die Funktion gespeichert ist.
9. `char (*zgr)(char *x[]);`
10. Wenn Sie die Klammern um `*zgr` vergessen, ist die Zeile ein Prototyp einer Funktion, die einen Zeiger vom Typ `char` zurückliefert.
11. Die Struktur muss einen Zeiger auf eine Struktur des gleichen Typs enthalten.
12. Es bedeutet, dass die Liste leer ist.
13. Jedes Element in der Liste enthält einen Zeiger, der auf das nächste Element in der Liste verweist. Auf das erste Element in der Liste verweist der Kopfzeiger.
14. a. `var1` ist ein Zeiger auf einen Integer.
    b. `var2` ist ein Integer.
    c. `var3` ist ein Zeiger auf einen Zeiger auf Integer.
15. a. `a` ist ein Array von 36 (3 * 12) Integer-Elementen.
    b. `b` ist ein Zeiger auf ein Array von 12 Integer-Elementen.
    c. `c` ist ein Array von 12 Zeigern auf Integer-Elemente.

18. a. z ist ein Array von 10 Zeigern auf Zeichen.

    b. y ist eine Funktion, die ein Integer-Argument übernimmt und einen Zeiger auf ein Zeichen zurückliefert.

    c. x ist ein Zeiger auf eine Funktion, die ein Integer-Argument übernimmt und ein Zeichen zurückliefert.

Lösungen zu den Übungen

1. `float (*funk)(int field);`

2. `int (*menue_optionen[10])(char *titel);`

   Ein Array von Funktionszeigern kann man beispielsweise zum Aufbau eines Menüs verwenden. Die Nummer des ausgewählten Menübefehls nimmt man als Index auf ein Array mit Funktionszeigern. Wenn der Benutzer zum Beispiel den fünften Menübefehl wählt, ruft das Programm die Funktion auf, deren Adresse im fünften Array-Element verzeichnet ist.

3. `char *zgr[10];`

4. Ja, zgr wird als Array von 12 Zeigern auf Integer-Werte deklariert und nicht als Zeiger auf ein Array von 12 Integer-Werten. Der korrekte Code lautet:

```
int x[3][12];
int (*zgr)[12];
zgr = x;
```

5. Die folgende Lösung ist nur eine von vielen:

```
struct freund
{
    char name[32];
    char adresse[64];
    struct freund *next;
};
```

Tag 16

Antworten zu den Kontrollfragen

1. Ein Stream im Textmodus übersetzt automatisch das Zeichen für neue Zeile (\n), mit dem C das Ende einer Zeile markiert, in das Zeichenpaar für Wagenrücklauf/Zeilenvorschub, mit dem DOS das Ende einer Zeile kennzeichnet. Im Gegensatz dazu führt ein Binärstrom keine Umwandlung durch; alle Bytes werden ohne Änderungen ein- bzw. ausgegeben.

2. Öffnen Sie die Datei mit der Bibliotheksfunktion `fopen`.
3. Wenn Sie `fopen` verwenden, müssen Sie den Namen der zu öffnenden Datei angeben und den Modus, in dem Sie die Datei öffnen wollen. Die Funktion `fopen` liefert einen Zeiger auf den Typ `FILE` zurück. Diesen Zeiger verwenden die später aufgerufenen Funktionen für den Dateizugriff, um sich auf eine bestimmte Datei zu beziehen.
4. Formatiert, zeichenweise und direkt.
5. Sequentiell und wahlfrei.
6. Der Wert von `EOF` ist eine symbolische Konstante, die `-1` entspricht und das Ende einer Datei markiert.
7. `EOF` verwendet man bei Textdateien, um das Ende einer Datei zu ermitteln.
8. In binären Dateien ermittelt man das Ende der Datei mithilfe der Funktion `feof`. In Textdateien können Sie sowohl nach dem `EOF`-Zeichen suchen als auch `feof` verwenden.
9. Der Dateizeiger kennzeichnet in einer gegebenen Datei die Position, an der die nächste Lese- oder Schreiboperation stattfindet. Sie können den Dateizeiger mit `rewind` und `fseek` verschieben.
10. Wenn Sie eine Datei das erste Mal öffnen, zeigt der Dateizeiger auf das erste Zeichen – sprich den Offset `0`. Die einzige Ausnahme hierzu sind Dateien, die Sie im Modus »Anfügen« öffnen; hier zeigt der Dateizeiger auf das Ende der Datei.

Lösungen zu den Übungen

1. `fcloseall;`
2.
```
rewind(fp);
fseek(fp, 0, SEEK_SET);
```
3. Für eine Binärdatei können Sie `EOF` nicht verwenden. Nehmen Sie statt dessen die Funktion `feof`.

Tag 17

Antworten zu den Kontrollfragen

1. Die Länge eines Strings ergibt sich aus der Anzahl der Zeichen zwischen dem Anfang des Strings und dem abschließenden Nullzeichen (das nicht mitgezählt wird). Sie können die Stringlänge mithilfe der Funktion `strlen` ermitteln.
2. Bevor Sie einen String kopieren, müssen Sie sicherstellen, dass Sie genügend Speicherplatz für den neuen String reserviert haben.
3. *Konkatenierung* bedeutet die Verkettung zweier Strings, wobei man einen String an das Ende eines anderen Strings anhängt.
4. Wenn Sie Strings vergleichen, bedeutet »größer als«, dass die ASCII-Werte des einen Strings größer sind als die des zweiten Strings.
5. Die Funktion `strcmp` vergleicht zwei komplette Strings, während `strncmp` nur eine bestimmte Anzahl von Zeichen innerhalb der Strings vergleicht.
6. Die Funktion `strcmp` vergleicht zwei Strings unter Berücksichtigung der Groß-/Kleinschreibung (das heißt, `'a'` und `'A'` gelten als unterschiedliche Buchstaben). Mit der Funktion `strcmpi` können Sie ohne Rücksicht auf die Groß-/Kleinschreibung vergleichen (hier gelten `'a'` und `'A'` als gleiche Buchstaben).
7. Die Funktion `isascii` prüft, ob ein Zeichen innerhalb des Wertebereichs 0 bis 127 liegt – d.h., ob es sich um ein Standard-ASCII-Zeichen handelt. Die Funktion testet nicht auf Zeichen des erweiterten ASCII-Zeichensatzes.
8. Die Funktionen `isascii` und `iscntrl` geben beide `wahr` zurück, alle anderen Makros liefern das Ergebnis `falsch`. Denken Sie daran, dass diese Makros nach dem Zeichenwert suchen.
9. Der Wert `65` entspricht im ASCII-Zeichensatz dem Zeichen `'A'`. Die folgenden Makros liefern `wahr` zurück: `isalnum`, `isalpha`, `isascii`, `isgraph`, `isprint` und `isupper`.
10. Die Zeichentestfunktionen bestimmen, ob ein Zeichen eine bestimmte Bedingung erfüllt – zum Beispiel, ob das Zeichen ein Buchstabe, ein Satzzeichen oder irgendetwas anderes ist.

Lösungen zu den Übungen

1. `Wahr` (`1`) oder `Falsch` (`0`).
2. a. `65`

   b. `81`

c. `-34`

d. `0`

e. `12`

f. `0`

3. a. `65.000000`

   b. `81.230000`

   c. `-34.200000`

   d. `0.000000`

   e. `12.00000`

   f. `1000.0000`

4. Das Codefragment verwendet `string2`, ohne zuvor Speicher für den String zu reservieren. Es lässt sich daher nicht vorhersagen, wohin `strcpy` den Wert von `string1` kopiert.

Tag 18

Antworten zu den Kontrollfragen

1. Die Übergabe als Wert bedeutet, dass die Funktion eine Kopie des Wertes der Argumentvariablen erhält. Bei der Übergabe als Referenz empfängt die Funktion die Adresse der Argumentvariablen. Durch die Übergabe als Referenz kann die Funktion die Originalvariable modifizieren, während sie bei einer Übergabe als Wert keinen Zugriff auf diese Variable hat.
2. Ein Zeiger vom Typ `void` kann auf jedes beliebige C-Datenobjekt zeigen. Ein `void`-Zeiger ist also ein generischer Zeiger.
3. Mit einem void-Zeiger lässt sich ein generischer Zeiger erzeugen, der auf jedes beliebige Objekt verweisen kann. Diese Eigenschaft nutzt man häufig, um Funktionsparameter zu deklarieren. Damit lässt sich eine Funktion erstellen, die unterschiedliche Typen von Argumenten behandeln kann.
4. Eine Typumwandlung liefert Informationen über den Typ des Datenobjekts, auf den der `void`-Zeiger momentan zeigt. Man muss den Typ eines `void`-Zeigers erst umwandeln, bevor man ihn dereferenziert.

5. Eine Funktion, die eine beliebig lange Argumentliste übernimmt, muss mindestens ein festes Argument haben. Über das feste Argument teilt man der Funktion die Anzahl der Argumente mit, die ihr bei jedem Aufruf übergeben werden.
6. Mit `va_start` initialisiert man die Argumentliste, mit `va_arg` ruft man die Argumente ab und mit `va_end` führt man Aufräumarbeiten aus, nachdem man alle Argumente abgerufen hat.
7. Fangfrage! Einen `void`-Zeiger kann man nicht inkrementieren, da der Compiler die Größe des Objekts, auf das der Zeiger verweist, nicht kennt.
8. Eine Funktion kann einen Zeiger auf jeden beliebigen C-Variablentyp zurückliefern. Ebenso lässt sich aus einer Funktion ein Zeiger auf Speicherbereiche wie Arrays, Strukturen und Unions zurückgeben.

Lösungen zu den Übungen

1. `int funk( char array[] );`
2. `int zahlen( int *nbr1, int *nbr2, int *nbr3);`
3. Der Code lautet:

```
int int1 = 1, int2 = 2, int3 = 3;
zahlen( &int1, &int2, &int3);
```

4. Der Code sieht zwar ungewöhnlich aus, ist aber korrekt. Diese Funktion übernimmt den Wert, auf den `nbr` zeigt, und multipliziert ihn mit sich selbst.
5. Bei einer Liste mit einer variablen Anzahl von Argumenten sollte man immer alle Makro-Tools verwenden. Dazu gehören `va_list`, `va_start`, `va_arg` und `va_end`. Listing 18.3 zeigt, wie man variable Argumentlisten richtig einsetzt.

Tag 19

Antworten zu den Kontrollfragen

1. `double`.
2. Bei den meisten Compilern entspricht er dem Typ `long`; allerdings ist das nicht garantiert. Sehen Sie in der Datei `time.h` oder in der Dokumentation Ihres Compilers nach, um den konkreten Datentyp zu ermitteln.
3. Der Rückgabewert der Funktion `time` ist die Anzahl der Sekunden, die seit Mitternacht des 1. Januar 1970 verstrichen sind. Die Funktion `clock` gibt die Anzahl der Hundertstelsekunden seit Programmbeginn zurück.

4. Nichts; die Funktion `perror` gibt lediglich eine Meldung aus, die den Fehler beschreibt.
5. Sortieren Sie das Array in aufsteigender Reihenfolge.
6. 14
7. 4
8. 21
9. `0` wenn die Werte gleich sind, `>0`, wenn der Wert von Element 1 größer ist als Element 2 und `<0`, wenn Element 1 kleiner ist als Element 2.
10. `NULL`

Lösungen zu den Übungen

1. Der Code lautet:

```
bsearch(meinname, namen, (sizeof(namen)/sizeof(namen[0])),
                sizeof(namen[0]), vergl_namen);
```

2. Es gibt drei Fehler. Erstens ist im Aufruf von `qsort` keine Feldlänge angegeben. Zweitens dürfen hinter dem Funktionsnamen `qsort` keine Klammern stehen und drittens fehlt dem Programm die Vergleichsfunktion. `qsort` verwendet `vergleich_funktion`, die im Programm nicht definiert ist.
3. Die Vergleichsfunktion liefert die falschen Werte zurück; sie sollte einen positiven Wert zurückgeben, wenn `element1 > element2` ist, und einen negativen Wert, wenn `element1 < element2`.

Tag 20

Antworten zu den Kontrollfragen

1. Die Funktion `malloc` reserviert eine bestimmte Anzahl an Bytes, während `calloc` ausreichend Speicher für eine vorgegebene Anzahl an Elementen einer bestimmten Größe reserviert. Die Funktion `calloc` setzt außerdem die Bytes im Speicher auf 0, wohingegen `malloc` keine Initialisierung vornimmt.
2. Der häufigste Grund besteht darin, den Nachkommateil des Ergebnisses zu bewahren, wenn man zwei Ganzzahlen dividiert und das Ergebnis einer Gleitkommavariablen zuweist.

3. a. `long`
   b. `int`
   c. `char`
   d. `float`
   e. `float`
4. Dynamisch reservierter Speicher wird zur Laufzeit reserviert – während das Programm läuft. Mit der dynamischen Speicherreservierung ist es möglich, zum einen genau so viel Speicher zu reservieren, wie das Programm benötigt, und zum anderen nur dann Speicher zu reservieren, wenn er tatsächlich gebraucht wird.
5. Die Funktion `memmove` arbeitet auch dann korrekt, wenn sich die Speicherbereiche von Quelle und Ziel überlappen (im Gegensatz zur Funktion `memcpy`). Wenn sich Quell- und Zielbereiche nicht überlappen, sind die beiden Funktionen identisch.
6. Indem man ein Bitfeld definiert, das 3 Bits groß ist. Da 2^3 gleich 8 ist, bietet dieses Feld genügend Platz, um die Werte von 1 bis 7 aufzunehmen.
7. 2 Bytes. Mit Bitfeldern lässt sich folgende Struktur deklarieren:

```
struct datum
{
    unsigned monat : 4;
    unsigned tag   : 5;
    unsigned jahr  : 7;
};
```

   Diese Struktur speichert das Datum in 2 Bytes (16 Bits). Das 4-Bit-Feld `monat` kann Werte von `0` bis `15` enthalten, was für die Aufnahme der 12 Monate ausreicht. Entsprechend kann das 5-Bit-Feld `tag` Werte von `0` bis `31` und das 7-Bit-Feld `jahr` Werte von `0` bis `127` aufnehmen. Wir setzen dabei voraus, dass sich das Jahr aus der Addition von 1900 und dem gespeicherten Wert errechnet, so dass Jahreswerte von 1900 bis 2027 möglich sind.
8. `00100000`
9. `00001001`
10. Diese beiden Ausdrücke liefern das gleiche Ergebnis. Die Verwendung des exklusiven `OR` mit dem binären Wert `11111111` führt zum gleichen Ergebnis wie die Verwendung des Komplement-Operators. Jedes Bit im ursprünglichen Wert wird negiert.

Lösungen zu den Übungen

1. Der Code lautet:

```
long *zgr;
zgr = malloc (1000 * sizeof(long));
```

2. Der Code lautet:

```
long *zgr;
zgr = calloc (1000, sizeof(long));
```

3. Mit einer Schleife und einer Zuweisung:

```
int count;
for(count = 0 ; count < 1000; count++)
    daten[count] = 0;
```

   Mit der memset-Funktion:

```
memset(daten, 0, 1000 * sizeof(float));
```

4. Dieser Code lässt sich ohne Fehler kompilieren und ausführen; trotzdem sind die Ergebnisse nicht korrekt. Da sowohl zahl1 als auch zahl2 Integer-Variablen sind, ist das Ergebnis ihrer Division ein Integer-Wert. Dabei geht ein möglicher Nachkommateil des Ergebnisses verloren. Um eine korrekte Antwort zu erhalten, müssen Sie den Typ des Ausdrucks in float umwandeln:

```
antwort = (float) zahl1 / zahl2;
```

5. Da p ein void-Zeiger ist, müssen Sie ihn zuerst in den passenden Typ umwandeln, bevor Sie den Zeiger in einer Zuweisung verwenden können. Die dritte Zeile lautet dann:

```
*(float*)p = 1.23;
```

6. Nein. Wenn Sie Bitfelder verwenden, müssen Sie sie in der Struktur zuerst aufführen. Die folgende Definition ist korrekt:

```
struct quiz_antworten {
unsigned antwort1   : 1;
unsigned antwort2   : 1;
unsigned antwort3   : 1;
unsigned antwort4   : 1;
unsigned antwort5   : 1;
char student_name[15];
};
```

Tag 21

Antworten zu den Kontrollfragen

1. Mit *modularer Programmierung* bezeichnet man eine Methode der Programmentwicklung, bei der man ein Programm in mehrere Quellcodedateien aufteilt.
2. Das Hauptmodel enthält die `main`-Funktion.
3. Durch die Klammern stellt man sicher, dass komplexe Ausdrücke, die man als Argumente übergibt, zuerst vollständig ausgewertet werden. Dadurch lassen sich unerwünschte Nebeneffekte vermeiden.
4. Im Vergleich zu einer Funktion ist die Ausführung eines Makro schneller, hat aber den Preis eines größeren Programmumfangs.
5. Der Operator `defined` prüft, ob ein bestimmter Name definiert ist. Wenn ja, gibt er das Ergebnis `wahr` zurück, andernfalls das Ergebnis `falsch`.
6. Auf ein `#if` muss ein korrespondierendes `#endif` folgen.
7. Kompilierte Quelldateien werden zu Objektdateien mit einer `.obj`-Erweiterung.
8. `#include` kopiert den Inhalt der angegebenen Datei in die aktuelle Datei.
9. Eine `#include`-Anweisung mit doppelten Anführungszeichen weist den Compiler an, die `include`-Datei im aktuellen Verzeichnis zu suchen. Eine `#include`-Anweisung, bei der der Dateiname in spitzen Klammern steht (<>), weist den Compiler an, in den Standardverzeichnissen zu suchen.
10. Das Makro `__DATE__` verwendet man, um das Kompilierungsdatum des Programms in das Programm aufzunehmen.
11. `argv[0]` zeigt auf einen String, der den Namen des aktuellen Programms einschließlich der Pfadinformationen enthält.

Bonustag 1

Antworten zu den Kontrollfragen

1. Die objektorientierte Sprache zeichnet sich durch folgende Charakteristika aus:

   Polymorphismus

   Kapselung

   Vererbung

   Wiederverwendbarkeit

2. Polymorphismus
3. Keine. In einem C++-Programm lassen sich alle C-Befehle verwenden.
4. Theoretisch kann man mit C objektorientiert programmieren, in der Praxis ist das aber sehr kompliziert. Auf jeden Fall ist es besser, mit einer objektorientierten Sprache wie zum Beispiel C++ oder Java zu arbeiten.
5. Nein. Java kann man sich als »bereinigtes« C++ vorstellen – d.h., Java verzichtet auf alle Merkmale, die zu unnötiger Komplexität führen und die Wahrscheinlichkeit für Fehler erhöhen.
6. Für C++ lautet die Antwort Ja. In einem Programm kann man sowohl prozedurale als auch objektorientierte Verfahren einsetzen. Für Java lautet die Antwort Nein. Java ist grundsätzlich auf objektorientierte Verfahren ausgerichtet.

Bonustag 2

Antworten zu den Kontrollfragen

1. `cout`
2. In einem C++-Programm sollte man generell auf `printf` verzichten.
3. Wahrheitswerte, d.h. `true` oder `false`.
4. In C++ kann man Variablen an jeder Stelle im Listing deklarieren.
5. `throw`
6. Mit Standardwerten lassen sich Funktionen erzeugen, die eine unterschiedliche Anzahl von Parametern übernehmen können. Durch Überladen erzeugt man verschiedene Funktionen mit dem gleichen Namen, aber unterschiedlichen Datentypen und/oder einer unterschiedlichen Anzahl von Parametern.
7. Alle drei Funktionen haben die gleiche Anzahl von Parametern mit den gleichen Datentypen. Deshalb lässt sich keine dieser Funktionen durch eine der anderen überladen.
8. `int dreieck(int seite1=0,int seite2=0, int seite3=0);`
9. Das ist fast eine Fangfrage. Für die Definition der Inline-Funktion ist die Feststellung richtig. Der Compiler setzt diese Anforderung aber nicht für jede als `inline` spezifizierte Funktion um. Wenn er annimmt, dass der resultierende Code für eine normale Funktion effizienter ist, ignoriert er den `inline`-Spezifizierer.

Bonustag 3

Antworten zu den Kontrollfragen

1. Eine Struktur ist eine spezielle Form der Klasse in C++. Die Mitglieder der Struktur sind in der Voreinstellung öffentlich, die Mitglieder einer Klasse privat. Wenn Sie mit Member-Funktionen arbeiten, sollten Sie eine Klasse anstelle einer Struktur verwenden.
2. Eine Klasse ist lediglich eine Definition, so dass man ihr keine Werte zuweisen kann. Man verwendet eine Klasse, um ein Objekt zu erzeugen. Dem Objekt kann man dann Werte zuweisen.
3. Ein Objekt ist eine Variable, die aus einer Klasse erzeugt wurde.
4. Eine Klasse zu instantiieren heißt, ein Objekt unter Verwendung der Klasse zu erzeugen.
5. Klassen weisen alle drei objektorientierten Charakteristika auf. Alle Daten und die gesamte Funktionalität sind in einem einzigen Konstrukt enthalten – das ist das Merkmal der Kapselung. Der Polymorphismus drückt sich darin aus, dass Klassen überladene Funktionen (besser: Methoden) einschließlich ihrer Konstruktoren haben können. Ein weiteres Merkmal von Klassen ist die Vererbung, auf die Bonustag 4 näher eingeht.
6. Auf ein privates Datenelement kann man nur von Member-Funktionen innerhalb einer Klasse zugreifen.
7. Auf ein öffentliches Datenelement kann man direkt von jedem Teil des Programms zugreifen, wenn das Objekt gültig ist.
8. Ein Konstruktor wird beim Instantiieren eines Objekts ausgeführt.
9. Ein Destruktor wird beim Abbau eines Objekts ausgeführt.

Bonustag 4

Antworten zu den Kontrollfragen

1. Klassen kann man genauso als Datenelemente einsetzen wie andere Datentypen, d.h. wie Ganzzahlen, Zeichen oder jeden anderen Datentyp.
2. C++ kann alle Charakteristika einer objektorientierten Programmiersprache implementieren. Dazu gehören Polymorphismus, Kapselung und Vererbung. Durch die Implementierung dieser Merkmale erleichtert C++ auch die Wiederverwendung.

3. Der `guppy` ist die Subklasse.
4. Der `fisch` ist die Basisklasse.
5. `class guppy : public fisch {`
6. Der Konstruktor der Basisklasse wird zuerst ausgeführt.
7. Der Destruktor der Subklasse wird zuerst ausgeführt.

Bonustag 5

Antworten zu den Kontrollfragen

1. Der Typ `long`.
2. Ja. Man spricht hier aber von *Methoden*.
3. Entweder `while` oder `do...while`.
4. Mit der `import` Anweisung macht man einem Java-Programm andere Klassen zugänglich.
5. Java kennt drei Kommentarstile:

   Alles zwischen den Zeichen `/*` und `*/` ist ein Kommentar.

   Alles auf einer Zeile nach den Zeichen `//` ist ein Kommentar.

   Alles zwischen den Zeichen `/**` und `*/` ist ein Kommentar.
6. Java beachtet bei Bezeichnern die Groß-/Kleinschreibung. Somit beziehen sich `count` und `Count` auf zwei verschiedene Dinge.

Bonustag 6

Antworten zu den Kontrollfragen

1. In dieser Hinsicht haben Sie keine Wahl. Konstruktormethoden haben immer den gleichen Namen wie die Klasse, zu der sie gehören.
2. Das Schlüsselwort extends gibt man in der ersten Zeile einer Klassendefinition an. Damit spezifiziert man die übergeordnete Klasse (Basisklasse), von der die neue Klasse erbt.

3. Nein. Wenn der Rückgabetyp einer Methode als `void` deklariert ist, gibt die Methode keinen Wert zurück.
4. Ja, solange die verschiedenen Konstruktormethoden alle eine unterschiedliche Anzahl und/oder unterschiedliche Typen von Argumenten haben.
5. Der Aufruf einer Konstruktormethode erfolgt, wenn eine Instanz der Klasse erzeugt wird.

Bonustag 7

Antworten zu den Kontrollfragen

1. Ja. Der Java-Compiler erlaubt es nicht, dass ein `try`-Block ohne einen folgenden `catch`-Block vorkommt.
2. Nein. Sie müssen das Neue-Zeile-Zeichen `\n` an den String anfügen, wenn Sie eine neue Zeile beginnen wollen.
3. Alle Java-Applets basieren auf der Klasse `java.applet.Applet`.
4. Eine Anwendung zeigen Sie mit der Methode `show` an.
5. Es gibt verschiedene Verfahren, um auf Benutzerereignisse zu reagieren; das wichtigste ist die Methode `action`. Java ruft diese Methode automatisch auf, wenn ein Ereignis – zum Beispiel ein Mausklick – auftritt.
6. Ja. Allerdings wird die `main`-Methode bei der Ausführung des Applets ignoriert.
7. Wenn ein Applet mit der Ausführung beginnt, ruft Java erst die Methode `init` und dann die Methode `start` auf.

Die CD zum Buch

Auf der Service-CD-ROM, die diesem Buch beiliegt, finden Sie u.a. Folgendes:

Unter EBOOKS befindet sich dieses Ihnen vorliegende Buch komplett im HTML-Format. So können Sie z.B. eine Lektion auch mal am Laptop durcharbeiten oder auf die Schnelle bereits auf Papier durchgearbeitete Lernschritte noch mal wiederholen. Als Bonusbuch, ebenfalls im HTML-Format, steht dort auch der Bestseller-Titel *Visual C++ 6 in 21 Tagen* (ISBN 3-8272-2035-1), der ebenfalls im Markt+Technik-Verlag erschienen ist.

Die Listings im Unterverzeichnis SOURCE sind getrennt nach Tagen bzw. Anhängen in den Dateien L*nn*.doc untergebracht, wobei *nn* für die Nummer des Tages (von 01 bis 21) bzw. den Anhang (AA bis AF) steht. Innerhalb der Dateien sind die Listings fortlaufend genau wie im Buch nummeriert. Bei verschiedenen Tagen sind auch die Listings der Übungen enthalten.

Das Verzeichnis DIENSTE schließlich bietet Ihnen u.a. aktuelle Browser-Versionen.

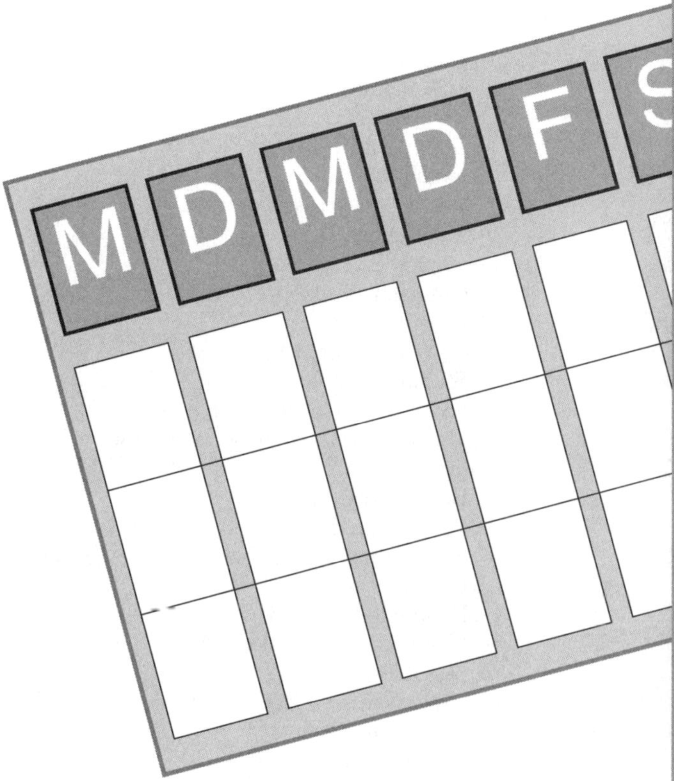

Stichwortverzeichnis

L

P

Vom Kenner zum Experten

Jesse Liberty

C++ – in 21 Tagen

Das Standardeinführungsbuch in die objektorientierte Programmierung, Gestaltung und Analyse. Leser erhalten Schritt für Schritt ein fundiertes Verständnis von allen Basis-Konzepten, wie memory management, Programmablauf, compiling und debugging. Durch ausführliche Beispiele wird das Schreiben von schnellen, leistungsstarken Programmen, die Kompilierung von Quellcode und ausführbaren Dateien erlernt.

Nach Abschluß des kompletten Lehrgangs dient dieses Buch inklusive Glossar darüber hinaus als strukturierte Referenz, da die einzelnen Lektionen nach bestimmten Problemstellungen sortiert sind.

ca. 900 Seiten, 1 CD-ROM
ISBN 3-827**2-5624**-0, DM 89,95

Markt&Technik-Produkte erhalten Sie im Buchhandel, Fachhandel und Warenhaus.
Pearson Education Deutschland GmbH · Martin-Kollar-Straße 10–12 · 81829 München · Telefon (0 89) 4 60 03-0 · Fax (0 89) 4 60 03-100
Aktuelle Infos rund um die Uhr im Internet: www.mut.de

Pearson Education

WOCHE 1	**Tag 1**	**Tag 2**	**Tag 3**	**Tag 4**	**Tag 5**	**Tag 6**	**Tag 7**
	Erste Schritte mit C Die erste Lektion zeigt, wie Sie mit Compiler und Editor umgehen, und erläutert den Entwicklungszyklus eines Programms.	**Die Komponenten eines C-Programms** Lernen Sie die Teile Ihres ersten Programms Zeile für Zeile kennen und dokumentieren Sie Ihr Programm mit Kommentarzeilen.	**Daten speichern: Variablen und Konstanten** C-Programme speichern Daten in Variablen und Konstanten. Sie lernen die verschiedenen Datentypen kennen und erfahren, wie Sie Variablen und Konstanten deklarieren.	**Anweisungen, Ausdrücke und Operatoren** Verwenden Sie Operatoren, um C-Ausdrücke zu manipulieren. Mit der if-Anweisung erhalten Sie einen ersten Eindruck von der Programmsteuerung.	**Funktionen** Mit Funktionen und strukturierter Programmierung dringen Sie zu den Kernkonzepten von C vor.	**Grundlagen der Programmsteuerung** In dieser Lektion lernen Sie die drei Schleifenkonstruktionen von C kennen: for, while und do...while. Damit lassen sich Anweisungen wiederholt ausführen.	**Grundlagen der Ein- und Ausgabe** Dieser Tag behandelt die Programmein- und -ausgabe mit den Funktionen printf, puts und scanf.
WOCHE 2	**Tag 8**	**Tag 9**	**Tag 10**	**Tag 11**	**Tag 12**	**Tag 13**	**Tag 14**
	Numerische Arrays Gruppieren Sie Daten mit numerischen Arrays. Diese Lektion zeigt Ihnen, wie Sie ein- und mehrdimensionale numerische Arrays definieren, deklarieren und initialisieren.	**Zeiger** Um ein guter C-Programmierer zu werden, benötigen Sie profunde Kenntnisse über Zeiger. Diese Lektion erläutert, wie Sie Zeiger deklarieren, definieren, initialisieren und einsetzen.	**Zeichen und Strings** Diese Lektion zeigt, wie Sie Textdaten speichern, verarbeiten, einlesen und ausgeben. Außerdem geht es um die Grundlagen der Speicherverwaltung.	**Strukturen** Hier lernen Sie eine weitere Methode kennen, um verwandte Daten zu gruppieren: Strukturen. Die Lektion behandelt sowohl die Grundlagen als auch komplexere Themen zu diesen benutzerdefinierten Datentypen.	**Gültigkeitsbereiche von Variablen** Diese Lektion zeigt, was globale und lokale Variablen sind und wie man den Gültigkeitsbereich von Variablen festlegt.	**Fortgeschrittene Programmsteuerung** Aufbauend auf Tag 6 behandelt die Lektion weitere Anweisungen zur Programmsteuerung: break, continue, goto und switch.	**Mit Bildschirm und Tastatur arbeiten** Hier dringen Sie tiefer in die Mechanismen der Ein-/Ausgabe ein. Thema dieser Lektion sind die fünf vordefinierten Streams von C und ihre Arbeitsweise.
WOCHE 3	**Tag 15**	**Tag 16**	**Tag 17**	**Tag 18**	**Tag 19**	**Tag 20**	**Tag 21**
	Zeiger für Fortgeschrittene Noch einmal: Zeiger. Dieser Tag erläutert kompliziertere Aspekte beim Einsatz von Zeigern.	**Mit Dateien arbeiten** Daten speichern Sie dauerhaft auf der Festplatte. Diese Lektion zeigt, wie Sie Dateien anlegen, öffnen, schließen, lesen und schreiben.	**Strings manipulieren** Diese Lektion führt das Thema von Tag 10 fort und behandelt Funktionen, mit denen Sie Strings vergleichen, konvertieren und verketten können.	**Mehr aus Funktionen herausholen** Diese Lektion ist eine Fortsetzung von Tag 5. Jetzt geht es vor allem um die Parameterübergabe. Dabei erfahren Sie auch, wie man Zeiger in Verbindung mit Funktionen einsetzt.	**Die Bibliothek der C-Funktionen** Dieser Tag ist der Funktionsbibliothek von C gewidmet – mathematische Funktionen, Datums-/Zeitfunktionen und Funktionen zur Fehlerbehandlung.	**Vom Umgang mit dem Speicher** Der zweite Tag zur Speicherverwaltung zeigt, wie Sie Speicher reservieren und freigeben sowie mit Speicherblöcken arbeiten. Weiterhin geht diese Lektion auf Typumwandlungen und Bitmanipulationen ein.	**Compiler für Fortgeschrittene** Hier vertiefen Sie Ihre Kenntnisse zur strukturierten Programmierung. Sie arbeiten mit mehreren Quellcode-Dateien, lernen Präprozessor-Direktiven kennen und verwenden Befehlszeilenargumente.

Vom Kenner zum Experten

...IN 21 TAGEN

Laura Lemay / Rogers Candenhead

Java 2 – in 21 Tagen

Das bewährte Kurskonzept – jedes Kapitel mit Testfragen und F&A-Session – findet auch in Laura Lemays Update seine Fortsetzung. Auf der Buch-CD finden Sie zudem den kompletten Inhalt im HTML-Format, alle Sourcedateien zu den Beispielen sowie das komplette Java-Entwicklungspaket von Sun in Version 2.

752 Seiten, 1 CD-ROM
ISBN 3-8272-**5578**-3, DM 89,95

Markt&Technik-Produkte erhalten Sie im Buchhandel, Fachhandel und Warenhaus.
Pearson Education Deutschland GmbH · Martin-Kollar-Straße 10–12 · 81829 München · Telefon (0 89) 4 60 03-0 · Fax (0 89) 4 60 03-100
Aktuelle Infos rund um die Uhr im Internet: www.mut.de

Pearson Education